普通高等教育"十一五"国家级规划教材

无机化学

第二版

古国榜　李朴　主编
华南理工大学无机化学教研室　编

化学工业出版社
·北京·

本书是根据2001年出版的《无机化学》修订编写的，在保持第一版框架的基础上，对部分内容进行了调整和更新，力求反映无机化学的基础性、系统性、应用性，以及无机化学发展的新成果。全书共20章，分绪论、上篇“化学原理”、中篇“元素化学”和下篇“继往开来的无机化学”。

本书可供高等学校化学化工类、材料类、轻工类、冶金类、生物工程等专业作为教材使用。

图书在版编目(CIP)数据

无机化学/古国榜，李朴主编；华南理工大学无机化学教研室编．—2版．—北京：化学工业出版社，2007.7
(2023.2重印)
普通高等教育“十一五”国家级规划教材
ISBN 978-7-5025-8781-9

Ⅰ．无…　Ⅱ．①古…②李…③华…　Ⅲ．无机化学-高等学校-教材　Ⅳ．O61

中国版本图书馆CIP数据核字（2007）第104329号

责任编辑：陈有华　梁　虹　　文字编辑：昝景岩
责任校对：王素芹　　装帧设计：尹琳琳

出版发行：化学工业出版社（北京市东城区青年湖南街13号　邮政编码100011）
印　　装：北京建宏印刷有限公司
787mm×1092mm　1/16　印张30　彩插1　字数758千字　2023年2月北京第2版第10次印刷

购书咨询：010-64518888　　售后服务：010-64518899
网　　址：http：//www.cip.com.cn
凡购买本书，如有缺损质量问题，本社销售中心负责调换。

定　价：59.80元

前　言

本书第一版自2001年出版以来，已在高等院校应用化学专业以及化工类各专业的无机化学教学中广为使用，来自教学第一线的反馈信息表明：本教材的内容编排科学、合理，具有较好的系统性，于教师而言便于系统地实施教学，于学生而言易于学习和掌握课程要求的基本知识。但在使用过程中也发现一些问题需要改进，如某些原理、定义的阐述不够规范，理论的介绍还需完善，化学原理与元素知识的联系不够深入，在编写及印刷时的疏漏及错误需要纠正。此外，教材是教学改革的体现，为适应新世纪“厚基础、宽适应、强能力”人才培养的需要，教材使用更新的原则，以及我们在教学实践中的经验，决定在第一版的基础上，对本教材进行如下修订：

（1）教材基本保留第一版的编写系统和格局，仍为“化学原理”、“元素化学”和“继往开来的无机化学”三个知识模块，但在内容上进行了适当的调整和更新，注重无机化学的基础性、系统性，以及与其他化学课程的衔接，同时也力图展现无机化学发展的新成果。

（2）考虑到学时和各专业对教学内容的要求，对部分内容进行了调整和删选。由第一版的22章变更为20章，原第6章“沉淀反应”并入“电离平衡”一章，原第21章“生物酶与生物模拟”并入“生物无机化学”一节。将“碳、硅、硼”和“铝、锗、锡、铅”两章调整为“碳族元素”和“硼族元素”两章。卤素含氧酸重点介绍氯的含氧酸，删除锗、锆、铌和钽等内容。删除内容重复的核外电子运动状态小结。

（3）新增等离子体、超临界流体、超强酸、核能与核电站、人工合成元素、清洁生产等无机化学的新进展和应用的内容。

（4）“水和大气”更名为“水环境　大气化学”，“氢——21世纪最有希望的能源”更名为“氢和氢能源”，“无机材料”更名为“新型无机材料”并进行相应的修改，使之在内容上更能体现出无机化学的新进展、新用途。

（5）带有“*”的内容可根据教学要求酌情进行取舍。

（6）书后附“部分习题参考答案”，以便于学生学习。

（7）为便于读者使用，增加了附有英文的“索引”。

（8）采用中华人民共和国国家标准GB 3100—93～GB 3102—93所规定的符号和单位。尽量采用较新的热力学数据。

本书由古国榜教授担任主编，负责全书的策划、编排和审订，李朴参与主编并进行最后的统稿、复核。参加各部分内容编写工作的有李朴（绪论、第1章、第2章、第4章、第18章）、魏小兰（第3章、第8章、第11～13章、第20章）、邹智毅（第5～7章、第9章、第10章）、柳松（第14～16章）、刘海洋（第17章）、展树中（第19章）。

本书在修订过程中得到了华南理工大学化学科学学院无机化学教研室同仁的支持，提供了不少素材和修改建议。化学工业出版社为本书的编辑出版做了大量的工作。在此谨向他们致以诚挚的谢意。

编写时也参考了兄弟院校的教材和公开出版的书刊及互联网上的相关内容，在此对有关的作者和出版社表示衷心的感谢。

由于我们水平所限，修订版中仍难免有不妥之处，敬请同行和读者批评指正。

编　者

2007 年 4 月

第一版前言

化学作为一门中心学科，在社会的进步和科技的发展过程中起着举足轻重的作用。现代社会的一切文明，包括航空航天技术、尖端军事技术、原子能工业、通讯、交通、建筑、能源、环境工程、生物工程等等，以至于人类的衣、食、住、行、用，无不依赖于化学工业提供的物质基础。与此同时，化学自身也在不断地发展、完善，并交叉、渗透到各个领域。化学的研究范围不断扩大，也派生出了许多新的交叉学科，如能源化学、环境化学、生物化学、材料化学、地球化学、星际化学等。这一切都说明化学是基础学科，也是一门生机勃勃、大有希望的学科。

对于化工类各专业（包括应用化学专业）的本科学生来说，学好无机化学这门课程是十分重要的。为配合国家高等教育的改革，培养基础扎实、知识面广、能力强、思维开阔的面向21世纪的高素质创新人才，本教材在选材上力求做到内容的基础性、科学性、先进性、新颖性。在保证无机化学的基本原理、基本知识的基础上，紧密结合和突出化学与当今各科学技术领域的联系，介绍化学在能源、环境、材料、生命科学中的应用。

本教材分上、中、下三篇。

上篇——化学原理。它由两大知识面组成，其一，是物质结构与性质，包括原子结构与元素周期表，化学键与分子结构、晶体结构，配位化学。其二，是化学反应的基本规律和基本理论，包括化学动力学，化学热力学及其相关的化学平衡——溶液中的离子平衡、沉淀与溶解平衡、氧化还原反应平衡和配位平衡。在突出重点的同时，介绍一些理论联系实际的实例。如，在实际生产中如何利用化学平衡和化学反应速率来合理地选择反应进行的条件，以培养学生分析问题和解决问题的能力。

中篇——元素化学。着重介绍一些重要的物质（单质和化合物）的性质、制备和应用，并结合化学的基本原理以及物质结构的理论对其性质加以解释，同时根据物质的性质，介绍它们在一些新领域、新技术中的应用。

下篇——继往开来的无机化学。以现代化学的基本知识和基本原理为主线，贯穿可持续发展的思想，阐述化学与当今社会特别关注的能源、环境、材料和生命科学等学科的交叉内容。

本书在编写时特别注意以下几点。

1. 注重内容的系统性、严谨性。

2. 贯彻理论联系实际的原则，系统阐述本课程的基本理论基本知识的同时，重视学科发展的新动态，适当加入如飞秒化学、超分子化学、分子工程学、绿色化学、纳米技术和材料等新的信息和技术。

3. 本书采用了1988年IUPAC建议的分族方法，把元素周期表从左到右依次分成18个族。并把常见周期表中的镧系元素（57号镧～71号镥）中的镥、锕系元素（89号锕～103号铹）中的铹，定位在第3（Ⅲ）族，不再属于镧系、锕系元素之内。

4. 认真贯彻使用《中华人民共和国法定计量单位》规定的符号和单位。

本书最初的构想和编排由谷云骊提出，最后内容的选定、统稿和修改由李朴完成。参加编写工作的有谷云骊（绪论、第18章）、李朴（第1、2、4、19章，以及第9章中的稀有气体）、魏小兰（第3、12、14、22章，以及第9章中的卤素）、邹智毅（第5、6、8、10章）、于书平（第7、11、13、20章）、柳松（第15、16、17章）、刘海洋（第21章）。全书由古国榜教授详细审阅，并提出了许多宝贵的意见，化学工业出版社为本书的编辑出版做了大量的工作，在此谨向他们致以诚挚的谢意。

此外，本书在编写时也曾参考了兄弟院校的教材和公开出版的书刊中的有关内容，在此对有关的作者和出版社表示衷心的感谢。

限于编者的水平，本书虽经多次修改，但难免有不妥之处，敬请同行和读者批评指正。

编　者

2001年2月

目　录

上篇　化学原理

中篇 元素化学

下篇 继往开来的无机化学

绪 论

0.1 化学的发展和展望

0.1.1 化学在社会发展中的作用和地位

人类的生存和人类社会的发展无不依赖于物质基础，而化学的研究对象就是物质。化学是在分子、原子、离子层次上研究物质的组成、性质、结构及反应规律的一门科学。因此，化学与人类之间有着十分密切的关系。火的发现和使用，就是人类认识的第一个化学现象。原始人类正是在懂得了火的使用之后才由野蛮进入了文明，随后又逐渐掌握了铜、铁等金属的冶炼，烧制陶瓷，酿造，染色，造纸，火药等与化学过程相关的工艺，并在此过程中了解了一些物质的性质，积累了一些有价值的化学实践经验。17 世纪中叶以后波义耳（R. Boyle）科学元素说的提出，以及道尔顿（J. Dalton）的原子论、阿伏加德罗（A. Avogadro）分子假说的确立，门捷列夫（Д. И. Менделеев）元素周期表的发现……使化学从一门经验性、零散性的技术发展成为一门有自己科学理论的、独立的科学，并形成了无机化学、有机化学、分析化学、物理化学四大分支学科。

19 世纪末 20 世纪初，由于 X 射线、放射性和电子、中子的发现，打开了探索原子和原子核结构的大门，以量子化学为基础的原子结构和分子结构理论揭示了微观世界的奥秘，使化学在研究内容、研究方法、实验技术和应用等方面取得了长足的进步和深刻的变化，化学的发展迈入了现代化学的新时期。化学的研究从宏观深入到微观，从定性走向定量，从描述过渡到推理，从静态推进到动态。化学形成了以说明物质的结构、性质、反应以及它们之间的相互关系及变化规律为主体的较为完整的理论体系。

化学研究的方法和分析测试的手段越来越现代化。现代化的实验技术如超高压、超低温、超高真空、超临界、等离子体及光声电等在化学反应中的应用，使一些反应能够在极端条件下进行，从而合成出常规条件下难以制备的新化合物。各种光谱仪、色谱仪、质谱仪、核磁共振仪、热谱仪、能谱仪、电子显微镜等高精度、高灵敏度、多功能、全自动的现代分析仪器能够准确地测定化合物的物相、组成、含量、分子结构和晶体结构。高新技术的使用使化学家不但有能力合成、模拟出大量自然界已有的物质，还创造出了数以千万计的自然界不存在的新物质，甚至能够根据化学原理设计、制备具有特殊功能的新化合物，为人类的生存、发展和进步奠定了丰厚的物质基础。

化学研究的范围也在不断地扩大，除原有的四大分支学科，又形成了高分子化学、环境化学、化学工程等学科，并通过这些二级学科的相互渗透、交叉，以及与其他学科的融合，不断分化产生新的分支学科和边缘学科，如配位化学、金属有机化学、生物无机化学、量子有机化学、化学计量学、生物电化学、等离子体化学、超分子化学、界面化学、仿生化学，以及星际化学、地球化学、海洋化学、材料化学和能源化学等等，使化学从单一的学科向综合学科的方向发展。

化学基础研究的发展也推动着化学工业的进步，使与化学相关的工农业各领域均相应地得到了很大的进展。例如在世界经济发展中占重要地位的石油化工工业，从炼油生产各类油品，到裂解得到分子量较小的碳氢化合物等基本有机化学品，都离不开催化，催化剂和催化反应已成为石油化工的核心技术。高分子化学的发展促成了三大合成材料——塑料、纤维、橡胶工业的崛起，为人类的日常生活提供了丰富多彩的各类材料。涤纶、锦纶、腈纶等合成纤维已超过羊毛和棉花，成为纺织业的主要原料；氯丁橡胶、顺丁橡胶、异戊橡胶等合成橡胶的性能和产量已超过天然橡胶；性能优良、用途广泛、品种繁多的塑料在人们的生活中扮演着十分重要的角色，以至于汽车、轮船、飞机的制造，各种机械零件的加工，电机、机器的生产也需要工程塑料。这三大合成材料的总产量已超过全部金属的产量，当今世界已被称为聚合物时代。又如，随着世界人口的增多，粮食短缺问题日益严重，而粮食的增产离不开优质的化肥。廉价的铁催化剂的发现使合成氨的大规模工业化生产得以实现，满足了农业生产对氮肥的需求。除此之外，与人类健康息息相关的医药工业的发展也与化学紧密相关，化学工作者在医药的开发和研制中肩负着重要的使命，化学合成药物在医药工业中占据着主导的地位。而其他在国民经济中起重要作用的行业和部门，如能源、航天航空、军事、原子能工业、现代通讯技术、信息技术、交通、建筑、生物技术等的快速发展都需要化学为之提供物质基础。种种这些都说明化学已成为现代科学技术和社会生活的一个枢纽，是“一门满足社会需要的中心科学”。

展望未来，社会的进一步发展必将对化学提出新的、更高的要求。化学学科也将顺应发展的需要，通过化学家的努力继续担当起“中心科学”的重任。面对人口增长、资源匮乏、能源短缺、环境恶化等问题，化学在解决粮食短缺、开发新能源、合理利用资源、提供性能优良的新材料，以及在消除污染、保障人类的生存质量和生存安全等方面继续发挥举足轻重的作用。《展望 21 世纪的化学》一书对未来化学发展的特色做了如下归纳：

① 深入研究由原子组合成分子的方法和技巧，实现原子经济性反应和提高反应效率将成为化学家们关注的重点内容。

② 对分子以上层次现象的研究，分子间相互作用及由此构成的多分子体系将成为重要的研究对象。

③ 与其他学科进一步的渗透、交叉将是未来化学发展的必然趋势。

④ 从化学基础研究的重大突破到形成高新技术产业化的周期将会大大缩短，即科学—技术—生产力的链节将会缩短，从而加速生产力的发展。

0.1.2 无机化学的范畴、地位和作用

无机化学是研究元素及其化合物的结构、性质、反应、制备及其相互关系的一门化学分支学科。准确地讲，除去碳氢化合物及其大多数衍生物外，无机化学是对所有元素及其化合物的性质和反应进行实验研究和理论解释的科学。

人类最早接触到的化学知识便是无机化学，如金属冶炼、玻璃制造以及陶器、印染技术的应用。化学科学开始的研究对象多为无机物。近代无机化学的建立，实际上标志着近代化学的创立。化学中最重要的一些概念和规律，如元素、分子、化合、分解、定比定律和元素周期律等，大都是无机化学早期发展过程中形成和发现的。

目前无机化学仍是化学科学中最基础的部分，并已形成了一套自己的理论体系，如原子结构理论、分子结构理论、晶体结构理论、酸碱理论、配位化学理论等等。在现代无机化学的研究中广泛采用物理学和物理化学的实验手段和理论方法，结合各种现代化的谱学测试手段，如 X 射线衍射、电子顺磁共振谱、光电子能谱、穆斯堡尔谱、核磁共振谱、红外和拉曼光谱等，获得无机化合物的几何结构信息，及化学键的性质、自旋分布、能级结构等电子

结构的信息，并运用分子力学、分子动力学、量子化学等理论，进行深入的分析，了解原子、分子和分子集聚体层次无机化合物的结构及其与性能的关系，探求化学反应的微观历程和宏观化学规律的微观依据。另外，无机合成依然是无机化学的基础。现代无机合成除了常规的合成方法外，更重视发展新的合成方法，尤其是特殊的和极端条件下的合成，如超高压、超高温、超低温、强磁场、电场、激光、等离子体等条件下合成多种多样在一般条件下难以得到的新化合物、新物相、新物态，合成出了如超微态、纳米态、微乳与胶束、无机膜、非晶态、玻璃态、陶瓷、单晶、晶须、微孔晶体等多种特殊聚集态，及具有团簇、层状、某些特定的多型体、层间嵌插结构、多维结构的复杂的无机化合物，而且很多化合物都具有如激光发射、发光、光电、光磁、光声、高密度信息存储、永磁性、超导性、储氢、储能等特殊的功能，有着广泛的应用前景。

无机化学一方面继续自身的发展，另一方面一直在进行着与其他学科的交叉和渗透。如无机化学与有机化学交叉形成了有机金属化学；无机化学与固体物理结合形成了无机固体化学，无机化学向生物学渗透形成了生物无机化学，等等。事实上，无机化学已经在材料、能源、信息、环保、生命科学及生物模拟等领域起着举足轻重的作用。不仅如此，无机化学的作用还将体现在上述各领域在未来的发展和突破之中。可以预见，无机化学以其现代的实验技术和科学理论为基础，立足于天然资源的开发、新型材料的合成、高新技术的广泛应用，将在科学发展和社会进步的进程中，发挥愈来愈重要的作用。

0.2 化学的计量

0.2.1 物质的量

在物理学中，通常用质量来描述物质量的多少。在化学中，由于化学反应是分子与分子之间的反应，参与反应的各种分子在数量上存在一定的简单比例关系，则通常采用分子的数量来计量物质的多少。例如：

$$2H_2 + O_2 \longrightarrow 2H_2O$$

反应中，2 个 H_2 分子与 1 个 O_2 分子结合成 2 个 H_2O 分子，它们之间在分子数量上存在 2∶1∶2 的关系。

化学中，规定用“物质的量”来表示某物质的数量，其单位是摩尔（mol）。1mol 某物质表示有 6.023×10^{23} 个该物质的粒子（例如，分子、原子、离子或一些“特定”的粒子）。6.023×10^{23} 就是阿伏加德罗常数。1mol 某物质的质量称为该物质的摩尔质量 M（单位为 $g \cdot mol^{-1}$）。按此定义，物质的摩尔质量在数值上等于该物质的相对分子质量[1]。因此，B 物质的物质的量

$$n_B = \frac{W_B(g)}{M(g \cdot mol^{-1})} \qquad (0\text{-}1)$$

式中，W_B 表示 B 物质的质量，g。

例如，H_2SO_4 的相对分子质量为 98.0。10.0g 硫酸，以 H_2SO_4 表示时的物质的量为

$$n(H_2SO_4) = \frac{10.0g}{98.0g \cdot mol^{-1}} = 0.102mol$$

[1] 相对分子质量以前称分子量。

如果特定的“粒子”为$\frac{1}{2}H_2SO_4$，则其物质的量

$$n\left(\frac{1}{2}H_2SO_4\right)=\frac{10.0g}{49.0g \cdot mol^{-1}}=0.204mol$$

由上可见，同样质量的一种物质，以不同的特定“粒子”表示物质的量时，其数值是不同的。所以物质的量必须注明其“粒子”的符号，才有真实的含义。

0.2.2 反应进度

在研究化学反应的过程中，常需要了解物质的量的变化情况。例如，合成氨反应

$$N_2+3H_2 \longrightarrow 2NH_3 \quad (0\text{-}2)$$

如果 N_2 消耗了 0.1mol，H_2 就消耗 0.3mol，而 NH_3 则增加 0.2mol。由于此反应各物质的计量系数不同，以及对反应物来讲是量的减少，对生成物则是量的增加，因而在表示反应过程中量的变化时，用不同的物质来表示将有不同的值。

国际纯粹与应用化学联合会（IUPAC）推荐使用比利时化学家唐德（T. de. Donder）提出的“反应进度”概念。

对于反应

$$N_2+3H_2 \longrightarrow 2NH_3$$

可作如下变换：

$$0=2NH_3+(-N_2)+(-3H_2)$$

一般的化学反应都可进行这一变换，得到反应通式：

$$0=\sum_B \nu_B B \quad (0\text{-}3)$$

式中，B 表示参与反应的反应物和生成物；ν_B 为其计量系数，对反应物取负值，生成物取正值；$\sum_B$ 表示各项相加。

反应进度的符号是 ξ，其定义为：对于某一反应 $0=\sum_B \nu_B B$，当物质的量从开始的 $n_B(0)$ 变为 $n_B(\xi)$ 时：

$$\xi=\frac{n_B(\xi)-n_B(0)}{\nu_B}=\frac{\Delta n_B}{\nu_B} \quad (0\text{-}4)$$

由于 ν_B 是一个纯数，所以 ξ 的单位是 mol。

由于反应进度 ξ 是将反应中某物质的变化量除以其计量系数，这样就消除了因计量系数不同而引起的差异。因此，用不同物质的变化计算出的反应进度都是一样的。例如，反应式（0-2）中，消耗了 0.1mol N_2 和 0.3mol H_2，生成了 0.2mol NH_3，其反应进度用 N_2、H_2、NH_3 表示的都是一样的值。

$$\xi=\frac{\Delta n(N_2)}{\nu(H_2)}=\frac{-0.1mol}{-1}=0.1mol$$

$$\xi=\frac{\Delta n(H_2)}{\nu(H_2)}=\frac{-0.3mol}{-3}=0.1mol$$

$$\xi=\frac{\Delta n(NH_3)}{\nu(NH_3)}=\frac{0.2mol}{2}=0.1mol$$

即

$$\xi=\frac{\Delta n(N_2)}{\nu(H_2)}=\frac{\Delta n(H_2)}{\nu(H_2)}=\frac{\Delta n(NH_3)}{\nu(NH_3)}$$

因此，反应中只要测量出某一物质的量变化，就可以计算出该反应的进度。

值得注意的是：ξ的数值与反应方程式的写法有关，在上例中，如果合成氨的方程式写成：

$$\frac{1}{2}N_2+\frac{3}{2}H_2 \longrightarrow NH_3$$

即
$$0=NH_3+\left(-\frac{1}{2}\right)N_2+\left(-\frac{3}{2}\right)H_2$$

则
$$\nu(N_2)=-\frac{1}{2},\ \nu(H_2)=-\frac{3}{2},\ \nu(NH_3)=1$$

反应进度为：

$$\xi=\frac{-0.1\text{mol}}{-\frac{1}{2}}=\frac{-0.3\text{mol}}{-\frac{3}{2}}=\frac{0.2\text{mol}}{1}=0.2\text{mol}$$

所以反应进度的数值必须对应于某一具体的反应式才有意义。

利用反应进度可以进行化学方程式有关的计算。

【例 0-1】 50mL $c(H_2SO_4)=0.20\text{mol}\cdot L^{-1}$恰能与40mL NaOH溶液完全中和，试求NaOH溶液的浓度？

解 依题意，已知$c(H_2SO_4)=0.20\text{mol}\cdot L^{-1}$，$V(H_2SO_4)=50\text{mL}=0.050\text{L}$，$V(\text{NaOH})=40\text{mL}=0.040\text{L}$，求$c(\text{NaOH})$。

设反应方程式为：

$$H_2SO_4+2NaOH \longrightarrow Na_2SO_4+2H_2O$$

根据反应进度的概念，则有

$$\xi=\frac{\Delta n(H_2SO_4)}{\nu(H_2SO_4)}=\frac{\Delta n(\text{NaOH})}{\nu(\text{NaOH})}$$

上式中

$$\Delta n(H_2SO_4)=0-c(H_2SO_4)V(H_2SO_4)=-c(H_2SO_4)V(H_2SO_4)$$
$$\Delta n(\text{NaOH})=0-c(\text{NaOH})V(\text{NaOH})=-c(\text{NaOH})V(\text{NaOH})$$
$$\nu(H_2SO_4)=-1 \qquad \nu(\text{NaOH})=-2$$

代入上式得

$$\frac{-c(H_2SO_4)V(H_2SO_4)}{\nu(H_2SO_4)}=\frac{-c(\text{NaOH})V(\text{NaOH})}{\nu(\text{NaOH})}$$
$$\frac{-0.20\text{mol}\cdot L^{-1}\times 0.050\text{L}}{-1}=\frac{-c(\text{NaOH})\times 0.040\text{L}}{-2}$$

解得
$$c(\text{NaOH})=0.50\text{mol}\cdot L^{-1}$$

0.3 物质的聚集状态

任何物质在一定条件下都以一定的聚集状态存在。我们日常生活中接触到的气体、液体和固体就是物质的三种常见聚集状态，通称为物质的“三态”。物质的每一种聚集状态都有各自的特性。在一定的条件下，物质总是以一定的聚集状态参加化学反应。对于某一特定的反应，由于物质的聚集状态不同，其反应的速率和能量关系也不同。同一物质的“三态”，依一定条件可以相互转化。晶体熔化为液体，需要吸收一定的热量。液体蒸发为气体也要吸收热量。由此可见，相同质量的同一种物质具有的能量，以气态最高，液态次之，固态最低。

气体没有一定的形状，容易被压缩，可以自动扩散而均匀地充满容器。气体分子间距离比较大，相互作用力小。在化学反应中，气体物质可以与其他反应物充分接触，使得反应能充分进行，例如气体燃料（天然气、煤气等）的燃烧就比较充分，因而液体燃料燃烧时也尽量使之汽化，以便燃烧完全。

将气体冷却到一定温度，可以转化为液体。液体具有较好的流动性，无一定形状，但不易被压缩，密度比气体大得多。液体与气体一样都可以用管道输送，这为工业生产提供了十分便利的条件。液体分子间的距离比气体的小得多，分子间依靠较强的作用力使分子聚在一起。这种既有较强的分子间作用力又有较好流动性的特点使得其他一些物质可以溶解在液体中，成为均匀的溶液，如盐酸、医用碘酒、氢氧化钠水溶液等。溶液不具有气体体积太大和固体没有流动性的缺点，所以很多反应都设法在溶液中或液体状态下进行。生命活动也都是在溶液环境中起源、发展和演化的。由此可见，溶液在化学中占有十分重要的地位。

将液体的温度降低到一定程度，可转化为固体。固体有一定的形状和体积，分子或原子在固体中的位置相对固定，因此可以研究固体的结构。一般按固体中分子（或原子）排布是否有规律，把固体分为晶体和非晶体两大类。关于这方面的内容将在第 3 章中介绍。

0.3.1 理想气体[1]状态方程和分压定律

(1) 理想气体状态方程

对于一定的理想气体来说，气体的压力（p）、体积（V）和温度（T）三者之间存在如下关系：

$$pV=nRT \tag{0-5}$$

式中，R 称为摩尔气体常数，$R=8.31\mathrm{J\cdot K^{-1}\cdot mol^{-1}}$；$n$ 为气体的物质的量，mol，等于气体的质量 W_B(g) 除以该气体的摩尔质量 $M(\mathrm{g\cdot mol^{-1}})$：

$$n=\frac{W_\mathrm{B}(\mathrm{g})}{M(\mathrm{g\times mol^{-1}})}$$

则式(0-5) 可改写为：

$$pV=\frac{W_\mathrm{B}}{M}RT \tag{0-6}$$

上式中 p、V、W_B、M、T 五个物理量，确定了其中四个即可求得另一个。在计算时，压力、体积、温度和物质的量的单位均应采用 SI 国际单位制。

在常温常压下，一般的真实气体可用理想气体状态方程［式(0-5)］进行计算。但在一些特殊条件下，如低温或高压时，由于真实气体与理想气体有较大的差别，式(0-5) 必须进行修正，方可使用。

(2) 分压定律

在科学实验和生产实际中，常遇到由几种气体组成的气体混合物。实验研究表明，只要各组分气体之间互不反应，就可视为互不干扰，就像各自单独存在一样。在混合气体中，某组分气体所产生的压力称为该组分气体的分压。它等于在温度相同条件下，该组分气体单独占有与混合气体相同体积时所产生的压力。事实上，我们不可能测量出混合气体中某组分气

[1] 理想气体是指严格遵循有关气体基本定律的气体。从微观的角度来看，理想气体是分子本身的体积和分子间的作用力都可以忽略不计的气体。

体的分压，而只能测出混合气体的总压。

混合气体中某一组分气体B的分压p_B等于总压$p_总$乘以气体B的物质的量分数x_B（摩尔分数）：

$$p_B = p_总 x_B \tag{0-7}$$

因为
$$x_B = \frac{n_B}{n_总}$$

所以
$$p_B = p_总\left(\frac{n_B}{n_总}\right) \tag{0-8}$$

由分压的定义可以引申出分压定律：混合气体中各组分气体的分压之和等于该混合气体的总压力。即

$$p = p_1 + p_2 + \cdots = \sum_B p_B \tag{0-9}$$

证明如下：

设混合气体由C和D两组分组成，则

$$p_C + p_D = p_总 x_C + p_总 x_D = p_总(x_C + x_D)$$

因为
$$x_C + x_D = 1$$

所以
$$p_C + p_D = p_总$$

(3) 分体积定律

在混合气体的计算中经常会遇到分体积和体积分数的问题。混合气体中组分B的分体积是指该组分气体单独存在并具有与混合气体相同温度和压力时占有的体积。分体积用V_B表示。与分压类似，在一定温度和压力下，混合气体中组分的分体积也等于混合气体总体积乘以物质B的物质的量分数。推导如下：

根据理想气体的状态方程，有
$$p_总 V_总 = n_总 RT$$
$$p_B V_B = n_B RT$$
$$\frac{V_B}{V_总} = \frac{n_B}{n_总}$$

所以
$$V_B = V_总 x_B = V_总\left(\frac{n_B}{n_总}\right) \tag{0-10}$$

实验结果表明：混合气体的体积等于各组分气体的分体积之和。这一规律就叫做分体积定律。即

$$V = V_1 + V_2 + \cdots = \sum_B V_B \tag{0-11}$$

在生产和科学实验中，常用体积分数来表示混合气体的组成。某组分气体的体积分数φ_B等于其分体积除以混合气体的总体积（或再乘100%）。

$$\varphi_B = \frac{V_B}{V_总} \tag{0-12}$$

根据式(0-8)和式(0-10)，可以整理出：

$$\frac{p_B}{p_总} = \frac{V_B}{V_总} = \frac{n_B}{n_总} \tag{0-13}$$

【例0-2】 有一煤气罐容积为100L，27℃时压力为500kPa，经气体分析，煤气中含CO的体积分数为0.600，H_2的体积分数为0.100，其余气体的体积分数为0.300，求此储罐中CO、H_2的物质的量。

解 根据式(0-11)，解此题的关键就是要先求出$n_总$。

已知：$V=100\text{L}=0.100\text{m}^3$，$p_{总}=500\text{kPa}=5.00\times10^5\text{Pa}$，$T=(273+27)\text{K}=300\text{K}$。

根据 $p_{总}V_{总}=n_{总}RT$，

$$n_{总}=\frac{p_{总}V_{总}}{RT}=\frac{5.00\times10^5\text{Pa}\times0.100\text{m}^3}{8.31\text{Pa}\cdot\text{m}^3\cdot\text{K}^{-1}\cdot\text{mol}^{-1}\times300\text{K}}=20.1\text{mol}$$

$$\frac{n_{\text{B}}}{n_{总}}=\frac{V_{\text{B}}}{V_{总}}\qquad n_{\text{B}}=n_{总}\frac{V_{\text{B}}}{V_{总}}$$

储罐中 CO、H_2 的物质的量分别为：

$$n(\text{CO})=20.1\text{mol}\times0.600=12.1\text{mol}$$

$$n(\text{H}_2)=20.1\text{mol}\times0.100=2.01\text{mol}$$

本题亦可先求出 $V(\text{CO})$、$V(\text{H}_2)$，然后根据 $p_{总}V_{\text{B}}=n_{\text{B}}RT$ 求出 $n(\text{CO})$、$n(\text{H}_2)$。

0.3.2　液体的蒸气压

水在通常状态下即可挥发，这是一个常识，这表明水在没有沸腾的条件下也可以变成水蒸气挥发出去。液体表面一部分能量较高的分子可以脱离液体而成为气体分子，这个过程称为汽化。在该过程中液体分子变成动能较大的气体分子，需要从周围环境中吸收热量，所以汽化过程是一个吸热过程。另一方面，气体分子在与液面碰撞时，一部分气体分子可以被液体“捕获”而重新成为液体分子，这一与“汽化”相反的过程称为冷凝。冷凝过程则是一个放热过程。如果液体处于敞口容器中，汽化所产生的气体分子可以扩散到更大的空间［见图 0-1(a)］，很少有机会再与液体表面碰撞，从而冷凝过程进行得很少，液体可以渐渐地完全汽化。湿的衣服就是这样晾干的。如果液体处于密闭的容器中，情况就不同了［见图 0-1(b)］，汽化后的气体分子不能扩散到更大的空间中，当气体分子增加到一定数量时，单位时间内从液体中逸出的气体分子数目与单位时间内回到液体里面的气体分子数目相等，即汽化和冷凝这两个相反的过程达成了一种动态平衡。在这种平衡状态下，该气体在容器中的分压叫做饱和蒸气压，简称为蒸气压。表 0-1 列出了一些常见液体的蒸气压。

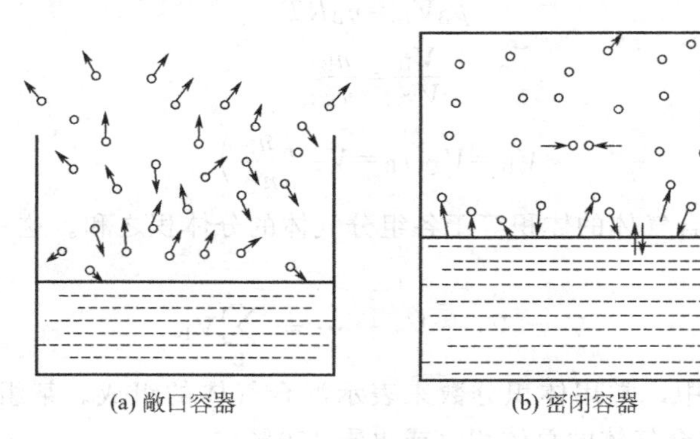

(a) 敞口容器　　(b) 密闭容器

图 0-1　液体的汽化过程示意图

(o表示气体分子)

表 0-1　一些液体的蒸气压（20℃）

液体名称	水	乙醇	苯	乙醚	汞
蒸气压/kPa	2.338	5.853	9.959	57.73	1.60×10^{-4}

从表 0-1 可见：不同的液体有不同的蒸气压。这说明蒸气压的大小与液体的本性有关。在温度一定时，每一种液体的蒸气压是恒定的。这是因为温度一定时，液体中动能较大的分子数目占总分子数目的比是恒定的。图 0-2 示出了水的蒸气压与温度的关系（曲线 1）。随着

温度的升高，蒸气压增大。这主要是温度升高时，液体分子的动能增加，有更多的分子可以成为气体分子，汽化过程加强，与此同时，冷凝过程也随之加强，汽化与冷凝在较高的蒸气压下达成新的平衡，也就是说，液体的温度越高，其蒸气压越大。

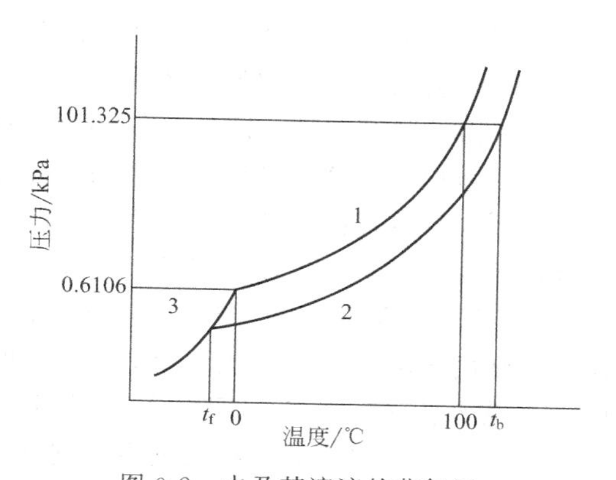

图 0-2 水及其溶液的蒸气压曲线示意图

1—水的蒸气压曲线；2—水溶液的蒸气压曲线；3—冰的蒸气压曲线

当液体的蒸气压等于外界压力时，汽化过程不仅仅在液体表面进行，也可以在液体内部进行，从液体内部冒出气泡来，这就是常见的沸腾现象。沸腾时的温度称为沸点。同一种液体，外界压力越高，沸点越高。当外界压力一定时，沸点高低便取决于液体分子间力的大小。蒸气压大的液体，沸点低。从温度与蒸气压的关系可以知道，外界压力越高，沸点也就越高。高山上的大气压较低，所以在高山上烧水时，不到100℃水就开了。工业生产和实验室中常利用沸点与外界压力的关系，对一些容易在高温下分解或氧化的物质进行减压蒸馏，以达到分离或提纯的目的。即通过抽出气体的方法，使得蒸发器内的压力降低，也就是降低了液体的沸点，因而液体可在较低的温度下沸腾。

0.3.3 溶液的性质

（1）溶液的概念

物质以分子、原子或离子状态分散于另一物质中所组成的均匀分散体系叫做溶液。溶液应包括气态、液态和固态溶液。空气就是气态溶液，有些合金是固态溶液。但通常所指的溶液是液态溶液，所以在这里只讨论液态溶液。

溶液由溶剂和溶质组成。溶剂是溶解其他物质的液体，而溶质则是溶解于溶剂中的物质，这些物质可以是固、气、液态物质。对于由液体溶于液体所组成的溶液来说，溶质和溶剂是相对的，一般将含量较多的组分称为溶剂，而将含量较少的组分称为溶质。

（2）溶液的蒸气压——拉乌尔定律

当溶剂中溶解有难挥发物质时，由于被溶解的粒子（分子或离子溶剂合物）或多或少地占据着溶剂的表面，使得在单位时间内，从单位液面上逸出的溶剂分子数目减少，在达到平衡状态时，溶液的蒸气压就会比纯溶剂的小。又由于这里讨论的溶质是难挥发的，所以溶液的蒸气压实际上是溶液中溶剂的蒸气压。纯溶剂的蒸气压与溶液蒸气压之差称为溶液的蒸气压下降，如图 0-2 中曲线 2 所示。

1887 年拉乌尔（F. M. Raoult）从难挥发的非电解质的稀溶液中总结出一条重要的经验定律，即拉乌尔定律。该定律指出：恒温下，在稀溶液中，溶液（溶剂）的蒸气压等于纯溶剂的蒸气压乘以溶液中溶剂的摩尔分数，而与溶质的本性无关。即

$$p_A = p_A^* x_A \tag{0-14}$$

式中，p_A^* 代表纯溶剂的蒸气压；x_A 代表溶液中溶剂 A 的摩尔分数。若溶液中仅有 A、B 两个组分，则 $x_A + x_B = 1$，上式可改写为

$$p_A = p_A^* (1 - x_B)$$

$$\frac{p_A^* - p_A}{p_A^*} = \frac{\Delta p}{p_A^*} = x_B \tag{0-15}$$

即溶液的蒸气压下降值与纯溶剂的蒸气压之比等于溶质的摩尔分数。由此可见，溶液的蒸气压下降值仅与溶质的粒子数目有关。

由于溶液的蒸气压下降，为使溶液沸腾，就必须提高溶液的温度，其产生的蒸气压才能与外界压力相等，这就是说，溶液的沸点将上升。在实验室内，为了提高水浴加热的温度，在水中加入一些食盐，就可使水浴温度略高于100℃。另外，由于溶液的蒸气压下降，还将使溶液的凝固点下降。物质的凝固点是其固态蒸气压等于液态蒸气压时的温度。例如，在100kPa下纯水冷却到0℃结冰，此时冰的蒸气压等于水的蒸气压，冰与水共存。若这时加入食盐，则由于溶液的蒸气压下降，即0℃时水的蒸气压小于冰的蒸气压，因此冰就会溶解，也就是说冰点（凝固点）下降了。人们利用这个道理，在清除道路上的积雪时，撒些盐使雪融化；把食盐和冰的混合物用做冷冻剂（温度低于0℃）。

由于难挥发的非电解质的稀溶液的蒸气压下降值只与溶质的粒子数有关，而与溶质的性质无关，因此在研究溶液的凝固和沸腾时，拉乌尔提出了沸点上升 Δt_f 与溶液的浓度成正比的关系式。即

$$\Delta t_b = K_b m_B \tag{0-16}$$

$$\Delta t_f = K_f m_B \tag{0-17}$$

式中，m_B 为质量摩尔浓度[1]；K_b 和 K_f 分别称为沸点升高常数和冰点降低常数。这些常数只与溶剂的性质有关，而与溶质的性质无关。对水来说，沸点升高常数 K_b 等于0.52，冰点降低常数 K_f 等于1.86。

大量实验结果表明：拉乌尔定律只适用于难挥发的非电解质稀溶液，而对于电解质溶液或浓溶液则会出现较大的偏差。

0.3.4 等离子体

物质常见的聚集状态是固、液、气三态，随着温度的升高，物质的聚集状态可由固态变为液态，再变为气态。高温气体分子，平均动能很大，经过激烈的相互碰撞，可以解离成单个原子。在足够高的温度下，当外界所供给的能量足以破坏气体分子中的原子核和电子的结合时，部分气体就发生电离，产生一种新的流体。这种流体是由自由电子、正离子及中性的分子、原子组成的，其中正电荷总数等于负电荷总数，整体呈电中性，所以称之为等离子体（plasma）。等离子体实际上是高度电离的气体，与气、液、固三态在组成和性质上有着本质的区别，被看做是物质的第四种聚集状态。表0-2中列出了等离子体与气体的区别。

表0-2 气体和等离子体的比较

性质	气 体	等离子体
粒子间作用力	粒子间距大，不存在净电磁力，粒子间相互作用可忽略不计	带电粒子之间存在库仑力，带电粒子群间存在有特征的群体运动
导电性	不导电	是一种电导率很高的流体，整体保持电中性
电磁场影响	粒子运动不受电磁场影响	等离子体运动受电磁场的影响和束缚
电离情况	气体中仅少数气体粒子产生电离形成电离气体，但这种电离气体的粒子间互不相关	电离部分超过0.1%，电离气体的粒子间互有牵连
离子排列的有序度	完全无序	有序度低于气体

[1] 质量摩尔浓度 m_B 表示在1000g溶剂中含溶质B的物质的量，其单位为 $mol \cdot kg^{-1}$。对稀水溶液来说，质量摩尔浓度 m_B 和物质的量浓度 c_B 在数值上近乎相等，如 $0.1mol \cdot kg^{-1} \approx 0.1mol \cdot L^{-1}$。

等离子体是1927年物理化学家朗缪尔（I. Langmuir）在研究低压下汞蒸气放电现象时最先提出的术语。等离子体在自然界是大量存在的。宇宙中绝大多数（或99%以上）的物质都是以等离子状态存在的。太阳就是一个灼热的等离子体，火球、恒星、星际空间都是等离子体。地球的大气上层被太阳辐射形成的电离层也是等离子体。在日常生活中也常常遇到等离子体，如闪电、极光等，霓虹灯的灯光就是氖或氩通过放电产生的等离子体发出的光，电焊弧光的周围也有等离子体存在。

但应指出，并不是任何电离气体都是等离子体。只有当带电粒子的密度达到其建立的空间电荷足以限制其自身运动时，带电粒子才会对系统的限制产生显著的影响，具有这样密度的电离气体才成为等离子体。

等离子体可以在温度很高的条件下产生，但加热的方法并不是获得等离子体的实用途径，因为需要的温度很高。如在常压下约要10000℃的高温才能使 N_2 产生0.1%以上的等离子体。通常气体放电是最常用的人工产生等离子体的方法，此外还可以用微波加热、激光加热、高能粒子束轰击等方法产生等离子体。

等离子体是一个高温能源，且具有极强的导电性，用磁场可以控制它的位置、形状和运动，同时等离子体的带电粒子集体运动又可形成电磁场。富集了大量的离子、电子、激发态原子、分子的等离子体能够产生相应的活性物种，因而具有较高的反应活性。

20世纪中期以后，等离子技术发展较为迅速。它是一门涉及物理学、气体动力学、电磁学、化学等的新兴交叉学科。各种人工产生的等离子体可用于等离子体切割、等离子体喷涂、聚合反应，以及材料制备、化合物制备、科学实验等。例如，等离子体提供的新工艺可用于无机合成中，用等离子体合成 TiO_2 已进入大规模生产；以硼砂和尿素为原料，在直流电弧等离子体中，制备高纯六方氮化硼粉，所得产品纯度高、成本低、流程简单。等离子体还可用于高分子聚合，制备单晶、多晶及研究各种光学材料、半导体、超导和磁性材料等。又如，以等离子体作为辐射源的等离子体光谱可依据辐射特征谱线波长和强度进行定性和定量分析。该法由于光源稳定、再现性好、检出限量低（可达 10^{-9} 级）、精度高、线性范围广而且快速，已广泛用于医学、环保及工农业等领域。总之，等离子体技术将会在新材料的合成、新的测试手段、改变传统的加工工艺、促进工艺革新和技术进步等方面具有很广阔的应用前景。

思考题

1. 试述化学在科学技术及社会生活中的地位。
2. 无机化学的地位和作用如何？
3. 何为物质的量？
4. 反应进度在化学计算中有何优点？
5. 叙述等离子体的特征及用途。

习　题

1. 计算下列物质的量

① 53g Na_2CO_3　② 80g NaOH　③ 9g Al　④ 98g H_2SO_4

2. 用反应进度的概念，计算80g NaOH能完全中和0.2mol·L^{-1} H_2SO_4 多少升？
3. 2mol·L^{-1} H_2SO_4 溶液5L与足量锌反应，在压力为100kPa和300K时，能制得多少体积的氢气？
4. 在等温条件下，计算下列情况混合气体的总压力和各组分的摩尔分数。

① 把中间开关打开，让其自动混合。

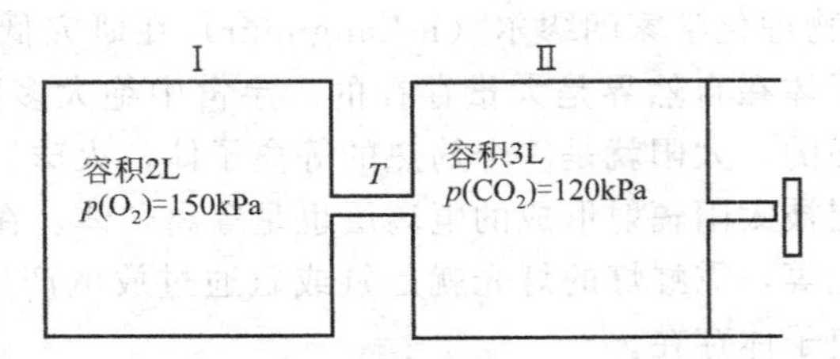

② 把中间开关打开，将容器Ⅱ的 CO_2 全部压缩到容器Ⅰ中。

5. 在27℃时，测得某一煤气罐压力为500kPa，体积为30L，经取样分析其各组分气体的体积分数为：CO 60%、H_2 10%、其他气体30%。试求CO、H_2 的分压以及CO和 H_2 的物质的量。

6. 试定性比较下列溶液的蒸气压下降值的大小：

$0.02mol\cdot L^{-1}$ NaCl、$0.02mol\cdot L^{-1}$ Na_2SO_4、$0.02mol\cdot L^{-1}$ 蔗糖、$0.015mol\cdot L^{-1}$ Na_2SO_4、$0.015mol\cdot L^{-1}$ 蔗糖

上篇 化学原理

HUAXUE YUANLI

人类在很早以前就开始从事与化学有关的活动了，比如火的使用、制陶、酿造、造纸、制药、冶金等等，并在这些实践活动中积累、总结了不少经验和技艺。但这些毕竟都只是零散的、经验性的，很难上升为科学。直到18世纪道尔顿确立了原子论的学说之后，化学才开始逐渐形成了一整套理论体系，真正从一门简单的技术上升为一门独立的科学，并在此基础上得到了突飞猛进的发展。化学的基本原理包括物质结构理论和与能量相关的化学热力学及化学动力学。原子结构、分子结构和晶体结构等理论揭示了微观世界的奥秘，使人们可在分子、原子的层次上了解物质的性质，以及物质变化的基本规律。而化学热力学和化学动力学则在宏观上对一些化学反应的过程和现象做出解释和推测。因此，应从微观上进一步了解物质的结构，并从宏观上认识、掌握它们的运动规律，合理地设计反应路线，控制反应的条件，合成更多的新物质，以满足人们对新能源、新材料、新药物等的需求，同时也促进化学学科自身的发展。

第1章 原子结构与元素周期表

长期以来，人们一直致力于研究、探索和认识人类生活的这个物质世界。古希腊哲学家德谟克里特（Demokritos）就提出万物皆由“原子”产生，原子意为“不可分割”。19世纪初，道尔顿在其建立的近代原子论中也认为：原子是有质量的、不可再分的，同一种元素的原子相同，不同元素的原子则不同。而19世纪末、20世纪初，英国物理学家汤姆逊（J. J. Thomson）通过对阴极射线管放电现象的研究，发现了带负电荷的电子。继而英国物理学家卢瑟福（E. Rutherford）又从α粒子的散射现象中，发现了原子核，并提出了带核的原子模型，推翻了人们认为原子是构成物质不可再分割的最小微粒的旧观念，使人们对物质世界的认识进入了一个更深的层次。随后，卢瑟福的学生莫塞莱（H. G. J. Moseley）通过对X射线谱的研究，确定了各元素原子的核电荷数，同时，也证明了元素的原子序数等于原子核所带的正电荷数，从而有力地支持了卢瑟福的带核模型。原子是由原子核和电子组成的，在化学反应的过程中，原子核并不发生变化，只是核外电子在发生变化。因此，研究核外电子的运动状态，是深入研究化学反应的基础。而能够合理地描述电子等微观粒子运动规律的则是量子力学，在此基础上研究原子内部结构的理论，即为原子的量子力学模型。

本章着重介绍原子核外电子的运动规律及元素的性质随原子结构变化呈周期性变化的规律。

1.1 核外电子的运动状态

1.1.1 氢原子光谱和玻尔模型

当一束白光通过棱镜时，不同频率的光由于折射率不同，因而得到红、橙、黄、绿、青、蓝、紫连续分布的带状光谱，称为连续光谱，如图1-1所示。

各种气态原子在高温火焰、电火花或电弧作用下也会发光，但产生不连续的线状光谱，称为原子光谱。不同的原子具有自己特征的谱线位置。

最简单的原子光谱是氢原子光谱。它是由低压氢气放电管中发出的光通过棱镜后得到的

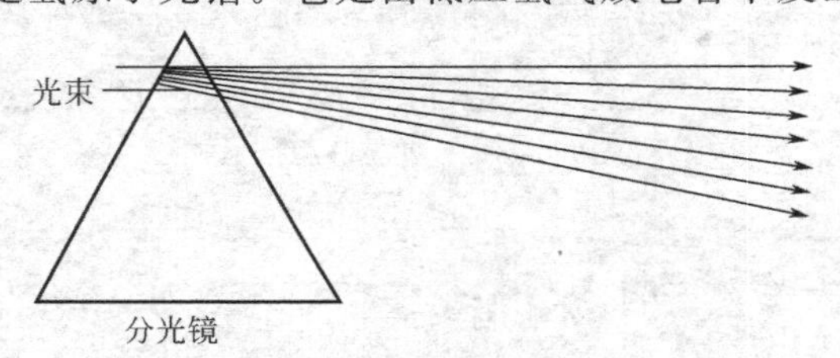

图1-1 不同波数的光经棱镜后折射率不同示意图

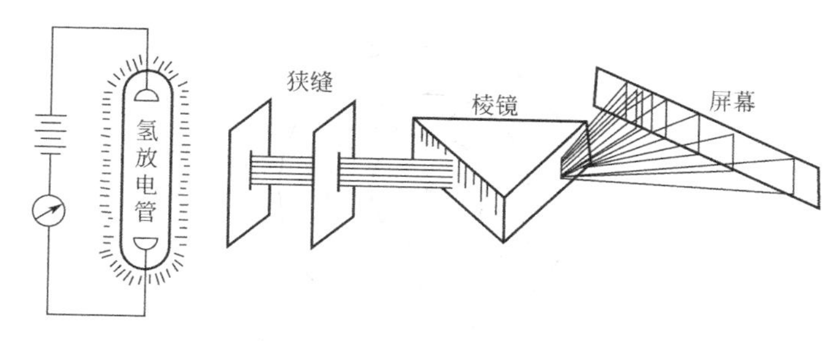

图 1-2　氢原子光谱实验示意图

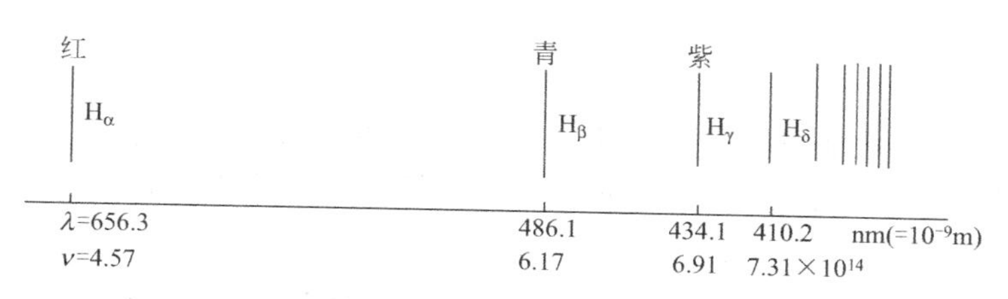

图 1-3　氢原子光谱

光谱，如图 1-2 所示。在可见光区可观察到四条分立的谱线，分别是 H_α、H_β、H_γ 和 H_δ，并称之为巴尔麦线系，如图 1-3 所示。以后发现氢原子光谱在红外区和紫外区也存在若干线系。从谱线的位置可以确定发射光的波长和频率，从而确定发射光的能量。

卢瑟福的带核原子模型无法解释以上的实验结果。若按照经典电磁学理论，电子绕核旋转时，必然会发射电磁波，电子的能量将越来越小，逐渐向核靠近，最终落在原子核上，原子毁灭。而且电子不断地绕核运动，释放出的能量是连续的，即得到的原子光谱应是连续光谱。这显然不符合实验事实。

1990 年，德国物理学家普朗克（M. Plank）首先提出了能量量子化概念，他认为，物质吸收或辐射的能量是不连续的，是按照一个基本量或基本量的整数倍吸收或辐射能量，这种情况称为能量量子化，这个最小的基本量被称为能量子或量子。量子的能量与辐射的频率成正比：

$$E = h\nu$$

式中，E 为量子的能量，J；ν 为频率，s^{-1}；h 为普朗克常数，$h=6.626\times10^{-34}$ J·s。

物质吸收或辐射的能量为：

$$E=nh\nu \tag{1-1}$$

式中，n 为正整数，$n=1,2,3,\cdots$。

1913 年，丹麦物理学家玻尔（N. Bohr）在前人工作的基础上，运用普朗克能量量子化的概念，提出了关于原子结构的假设，即玻尔模型，其中心思想是：

① 电子在原子核外特定的轨道上运动，这些轨道的半径和能量是确定的。电子在这些特定的轨道上运动时，既不吸收能量，也不放出能量，原子处于稳定的状态，称为定态。每一定态具有一定的能量（能级）E，其中能量最低的定态称为基态，其余的定态称为激发态，如图 1-4 所示。

② 当电子从一种定态 E_1 跃迁至另一种定态 E_2 时，将吸收或放出能量。能量的变化可以用电磁波的形式表示，电磁波的频率为 ν。

$$\Delta E = E_2 - E_1 = h\nu \tag{1-2}$$

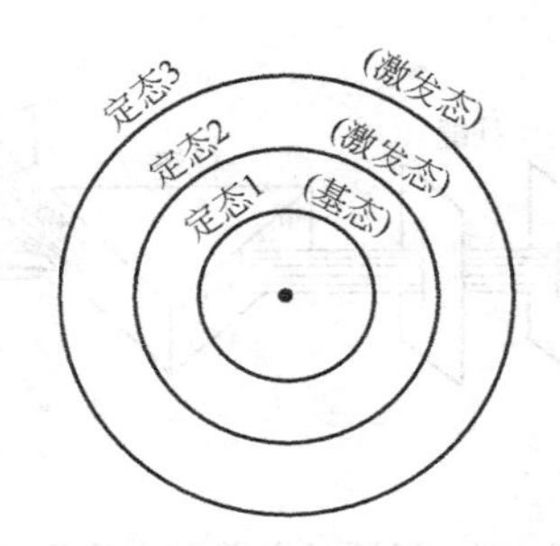

图 1-4 氢原子定态假设示意图

$$\nu = \frac{E_2 - E_1}{h}$$

当 $E_2 > E_1$ 时，电子吸收能量，称为激发；当 $E_2 < E_1$ 时，电子放出能量。

玻尔根据以上假设，应用经典力学的方法，计算了氢原子各个定态的轨道和能量。

氢原子的轨道半径为：

$$r = a_0 n^2 \quad (n=1,2,3,\cdots) \tag{1-3}$$

式中，a_0 为玻尔半径，即 $n = 1$ 时的氢原子轨道半径，$a_0 = 52.9\text{pm}$。

氢原子定态的能量为：

$$E = -B\frac{1}{n^2} \quad (n=1,2,3,\cdots) \tag{1-4}$$

式中，$B = 13.6\text{eV} = 2.179 \times 10^{-18}\text{J}$。

将式(1-4) 代入式(1-2)，可得

$$\Delta E = B\left(\frac{1}{n_1^2} - \frac{1}{n_2^2}\right)$$

$$\nu = \frac{B}{h}\left(\frac{1}{n_1^2} - \frac{1}{n_2^2}\right) = \frac{2.179 \times 10^{-18}}{h}\left(\frac{1}{n_1^2} - \frac{1}{n_2^2}\right)$$

当电子从 $n_2 = 3, 4, 5, 6$ 能级跳回到第二级（$n_1 = 2$）时，在可见光区就可以观察到四条谱线。

由此可见，玻尔模型较成功地解释了氢原子光谱的不连续性，而且还提出了原子轨道能级的概念，明确了原子轨道能量量子化的特性。但人们进一步对原子结构进行研究发现，玻尔模型还存在着局限性，它不能解释多电子原子发射的原子光谱，也不能解释氢原子光谱的精细结构等。究其原因，在于玻尔模型虽然引入了量子化的概念，但却未能摆脱经典力学的束缚。因为微观粒子的运动规律已不再遵循经典力学的运动规律，它除了能量量子化外，还具有波粒二象性的特征，在描述其运动状态时，应运用量子力学的运动规律。

1.1.2 核外电子运动的波粒二象性

光在传播的过程中会产生干涉、衍射等现象，具有波的特性；而光在与实物作用时所表现的特性，如光的吸收、发射等又具有粒子的特性，这就是光的波粒二象性。

1924 年，德布罗依（de Broglie）在光的波粒二象性的启发下，大胆地预言了微观粒子的运动也具有波粒二象性，并导出了德布罗依关系式：

$$\lambda = \frac{h}{P} = \frac{h}{mv} \tag{1-5}$$

式中，波长 λ 代表物质的波动性；动量 P、质量 m、速率 v 代表物质的粒子性。德布罗依关系式通过普朗克常数将物质的波动性和粒子性定量地联系在一起。

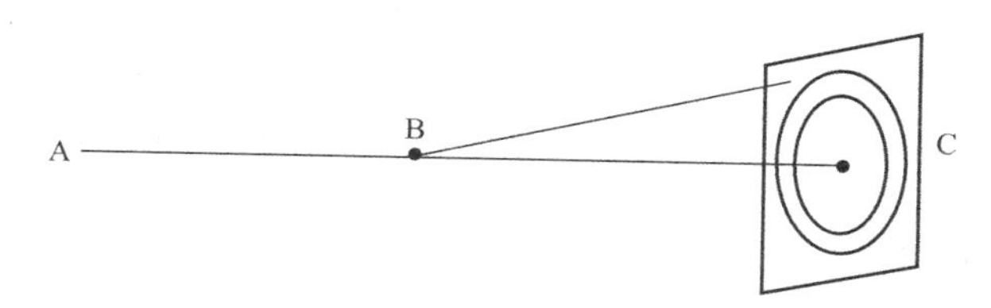

图 1-5　电子的衍射

1927 年，戴维森（C. J. Davisson）等人通过电子衍射实验证实了德布罗依的假设，如图 1-5 所示。

经加速后的电子束从 A 点射出，通过起光栅作用的晶体粉末 B 后，投射到屏幕 C 上，从屏幕上可以观察到明暗相间的环纹。这说明电子运动与光相似，都具有波动性，以后用 α 粒子、中子、原子或分子等微观粒子进行类似的实验，都可以观察到类似的衍射现象，从而证实了微观粒子运动的确具有波动性。一般将实物粒子产生的波称为物质波或德布罗依波。当然实物粒子的波动性不同于经典力学中波的概念。

那么物质波究竟是一种什么样的波呢？

电子衍射实验表明，用较强的电子流可在短时间内得到电子衍射环纹；若用很弱的电子流，只要时间够长，也可以得到衍射环纹。假设用极弱电流进行衍射实验，电子是逐个通过晶体粉末的，在屏幕上只能观察到一些分立的点，这些点的位置是随机的。经过足够长时间，有大量的电子通过晶体粉末后，在屏幕上就可以观察到明暗相间的衍射环纹。

由此可见，实物粒子的波动性是大量粒子统计行为形成的结果，它服从统计规律。在屏幕上衍射强度大的地方（明条纹处），波的强度大，电子在该处出现的机会多或概率高；衍射强度小的地方（暗条纹处），波的强度小，电子在该处出现的机会少或概率低。因此实物粒子的波动性实际上是在统计规律上呈现出的波动性，又称之为概率波。

1.1.3　核外电子运动状态的近代描述

（1）薛定谔方程

机械波的运动状态可以用数学函数式，即波函数 ψ 来描述。微观粒子具有波粒二象性，其运动状态也可用波函数 ψ 来描述。1926 年，奥地利物理学家薛定谔（E. Schrödinger）首先提出了微观粒子运动的波动方程，称为薛定谔方程。它是量子力学的基本方程，是一个二阶偏微分方程：

$$\frac{\partial^2\psi}{\partial x^2}+\frac{\partial^2\psi}{\partial y^2}+\frac{\partial^2\psi}{\partial z^2}=-\frac{8\pi^2 m}{h^2}(E-V)\psi \tag{1-6}$$

式中，x，y，z 为微观粒子的空间坐标；E 为系统的总能量；V 为系统的势能；m 为微观粒子的质量；h 为普朗克常数；ψ 为波函数，它是空间位置的函数；$\frac{\partial^2\psi}{\partial x^2}$、$\frac{\partial^2\psi}{\partial y^2}$、$\frac{\partial^2\psi}{\partial z^2}$为微积分中的符号，分别表示 ψ 对 x、y、z 的二阶偏导数。

求解薛定谔方程就是解出其中的波函数 ψ 和与之相对应的能量 E，以了解电子运动的状态和能量的高低。由于具体求薛定谔方程的过程涉及较深的数理知识，超出了本课程的要求，本书在这里不做详细的介绍，只是定性地介绍用量子力学讨论原子结构的思路。

为了方便求解，可把薛定谔方程中的直角坐标（x,y,z）转换成球极坐标（r,θ,ϕ），即将表达式 $\psi(x,y,z)$ 转化成 $\psi(r,\theta,\phi)$。

如图 1-6 所示，直角坐标和球极坐标的变换为：

$$x = r\sin\theta\cos\phi$$
$$y = r\sin\theta\sin\phi$$
$$z = r\cos\theta$$
$$r = \sqrt{x^2 + y^2 + z^2}$$

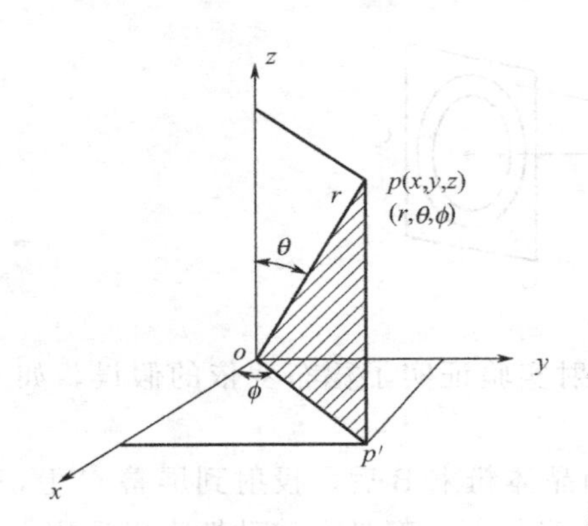

图 1-6 直角坐标与球极坐标的关系

再经过变量分离法（数学方法）将 $\psi(r,\theta,\phi)$ 变换成几个只含有一个变数的函数的乘积，即

$$\psi(r,\theta,\phi) = R(r)\Theta(\theta)\Phi(\phi)$$

式中，R 是电子离核距离 r 的函数；Θ、Φ 分别是 θ、ϕ 的函数。通常把与角度有关的两个函数合并为 $Y(\theta,\phi)$，则上式变为：

$$\psi(r,\theta,\phi) = R(r)Y(\theta,\phi) \tag{1-7}$$

式中，$R(r)$ 是波函数的径向部分，只与电子离核的距离有关；$Y(\theta,\phi)$ 是波函数的角度部分，只与 θ、ϕ 两个角度有关。

(2) 波函数和原子轨道

从数学角度去求解薛定谔方程，可以得到很多个解，但并不是每一个解都能够满足量子力学的要求。因此为了求得具有特定物理意义的解，在解方程的过程中引入了三个参数 n、l_i 和 m_i。这些参数在量子力学中被称为量子数。为了使求得的解能够合理地表示核外电子运动的稳定状态，各量子数的取值限定为：

主量子数 $n = 1,2,3,\cdots$，正整数值；

轨道角动量量子数 $l_i = 0,1,2,\cdots,(n-1)$，共可取 n 个数；

磁量子数 $m_i = 0$，±1，±2，±3，$\cdots$，$\pm l_i$，共可取 $2l_i+1$ 个数值。

由此可见，n、l_i、m_i 三个量子数的取值不是任意的，m_i 的取值受 l_i 的限制，l_i 的取值受 n 的限制。

每一个由一组特定的量子数所确定的波函数 $\psi(n,l_i,m_i)$ 称为一个原子轨道函数，简称为原子轨道。

应明确指出的是，量子力学中的原子轨道与玻尔理论或经典力学中轨道的概念有着本质的区别，后者指的是有确定轨迹的轨道（如玻尔理论中某个确定的圆形轨道），而量子力学中的原子轨道则是描述电子在核外运动的某种稳定状态，无特定的轨迹。表 1-1 列出了三个量子数组合允许的状态。

三个量子数的组合形式不同，就得到不同的原子轨道，其中把 n 相同的原子轨道归为一个主层。例如：$n=1$，只有一个原子轨道，称为第一主层；$n=2$ 的 4 个原子轨道称为第二主层。把 n、l_i 值相同的原子轨道归为一个亚层。例如：1s 的 1 个轨道称为 1s 亚层；2p 的 3 个轨道称为 2p 亚层；3d 的 5 个轨道称为 3d 亚层。

(3) 概率密度与电子云

在光的传播理论中，波函数 ψ 表示电场或磁场的大小，$|\psi|^2$ 与光的强度即光的密度成正比。量子力学中，具有波粒二象性的电子在原子核外运动时，虽然没有特定的运动轨迹，但是，可以用统计规律来描述，即用概率波描述电子的波动性。电子在空间某处出现的机会的大小称为概率。概率的大小与光传播理论中的强度大小是对应的。可用概率密度表示核外电子在空间出现的概率。概率密度 $|\psi|^2$ 的意义为电子在原子核外空间某处单位体积内的概率。两者关系如下：

$$概率 = 概率密度 \times 体积$$

表 1-1　三个量子数组合允许的状态

n	l_i	m_i	$\psi(n,l_i,m_i)$	n 相同的轨道数	
1	0	0	$\psi(1,0,0)$	1	1^2
2	0	0	$\psi(2,0,0)$	1	2^2
	1	+1	$\psi(2,1,1)$	3	
	1	0	$\psi(2,1,0)$		
	1	−1	$\psi(2,1,-1)$		
3	0	0	$\psi(3,0,0)$	1	3^2
	1	+1	$\psi(3,1,1)$	3	
	1	0	$\psi(3,1,0)$		
	1	−1	$\psi(3,1,-1)$		
	2	+2	$\psi(3,2,2)$	5	
	2	+1	$\psi(3,2,1)$		
	2	0	$\psi(3,2,0)$		
	2	−1	$\psi(3,2,-1)$		
	2	−2	$\psi(3,2,-2)$		

因此概率密度反映了电子在空间的概率分布。为了形象地描述$|\psi|^2$的大小，可用小黑点的疏密来表示，电子就好像云一样分散在原子核周围的空间内，故称之为“电子云”。小黑点少而稀的地方表示概率密度小，单位体积内电子出现的机会少；小黑点多而密的地方表示概率密度大，单位体积内电子出现的机会多。图 1-7 所示的是氢原子的 1s 电子云。它在核外呈球形，离核越近，单位体积内电子出现的机会越大。

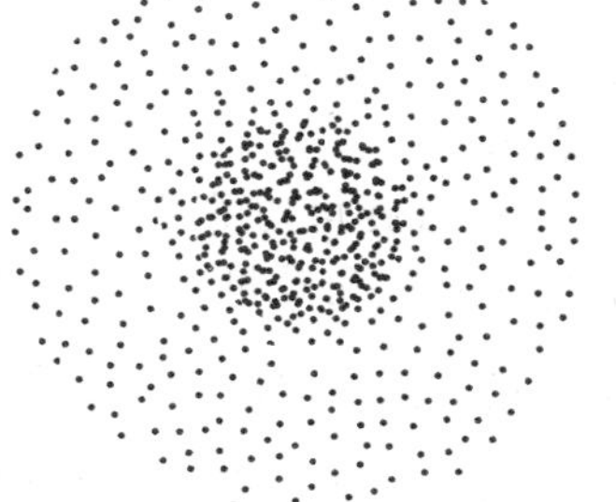

图 1-7　氢原子的 1s 电子云

（4）四个量子数

前面已经讲过，在解薛定谔方程时，引入了三个量子数，它们是：主量子数 n、轨道角动量量子数 l_i 和磁量子数 m_i。用这三个量子数可以描述原子轨道的运动状态，并能够解释一般的原子光谱。但是经过更深一步实验和理论研究证明，只用这三个量子数还不能解释原子光谱的精细结构和在磁场中谱线发生的分裂现象。实际上，电子除了绕核运动之外，其自身还做自旋运动，所以需要用第四个量子数——自旋角动量量子数 s_i 来描述。在描述原子核外每一个电子的运动状态时，必须用 n、l_i、m_i、s_i 四个量子数。下面分别介绍这四个量子数的物理意义。

① 主量子数 n　它决定电子出现概率最大的区域离原子核的平均距离。主量子数也是决定电子运动时能量高低的主要因素，n 越大，电子离核的平均距离越远，能量越高。常将同一主量子数的各轨道并为一个电子层。主量子数的取值是除零以外的正整数，在光谱学中用一些符号表示电子层，其对应关系为：

主量子数 n	1	2	3	4	5	…
电子层	K	L	M	N	O	…

② 轨道角动量量子数 l_i[1] 它决定电子轨道运动的角动量。l_i 可取 0～($n-1$) 的正整数，它的取值受 n 的限制，不能超过 ($n-1$)。通常用光谱符号表示相对应的 l_i 值。

l_i	0	1	2	3	4	…
光谱符号	s	p	d	f	g	…

比如，$n=1$、$l_i=0$ 时，可表示为 1s；$n=2$、$l_i=1$ 时，可表示为 2p。这种表示的符号叫做组态符号。

n	1	2		3			4			
l_i	0	0	1	0	1	2	0	1	2	3
组态符号	1s	2s	2p	3s	3p	3d	4s	4p	4d	4f

轨道角动量量子数 l_i 也是决定原子轨道能量高低的因素之一，在同一电子层中 l_i 值越大，轨道的能量越高。即

$$E_{ns}<E_{np}<E_{nd}$$

因此，每一个 l_i 值代表一个亚层。第一电子层有一个亚层，第二电子层有两个亚层，……

轨道角动量量子数 l_i 还确定了原子轨道和电子云的形状。s 亚层的原子轨道和电子云呈球形；p 亚层的原子轨道和电子云呈哑铃形；d 亚层的原子轨道和电子云呈花瓣形。如图 1-9 所示。f 亚层的原子轨道和电子云的形状更为复杂。

③ 磁量子数 m_i 它确定原子轨道和电子云在磁场作用下在空间的伸展方向。m_i 的数值是从 $-l_i$ 到 $+l_i$ 之间，包括 0 在内的整数，因此它的取值受 l_i 的限制。当 l_i 确定后，最多可取 $2l_i+1$ 个 m_i 数值。如，$l_i=0$ 时，$m_i=0$，所以 s 轨道和电子云只有一个伸展方向，即 s 亚层只有一个原子轨道；$l_i=1$ 时，$m_i=0$，±1，p 轨道和电子云有三个伸展方向：p_x、p_y、p_z，p 亚层有三个原子轨道；$l_i=2$ 时，$m_i=0$，±1，±2，d 轨道和电子云有五个伸展方向：d_{xy}，d_{xz}，d_{yz}，$d_{x^2-y^2}$，d_{z^2}，d 亚层有五个原子轨道；f 亚层有七个伸展方向，即有七个原子轨道。

④ 自旋角动量量子数 s_i[2] 电子除了绕核运动之外，还存在自旋运动。电子的自旋运动状态用自旋角动量量子数来描述，由于电子有两个相反的自旋方向，因此，自旋角动量量子数 s_i 只有两个取值，$+\frac{1}{2}$ 和 $-\frac{1}{2}$，也可用向上或向下的两个箭头表示，即“↑”和“↓”。

总之，如要完整地表示原子核外的每一个电子的运动状态，必须用四个量子数，缺一不可。而且这四个量子数的取值和组合不是任意的，要受量子数取值规则的限制。

(5) 原子轨道和电子云的形状

波函数的函数值在球面空间中有一定的分布形态，当 r、θ、ϕ 连续变化时，波函数 ψ 在空间的分布图形就是原子轨道的图像。但由于波函数的数学表达式比较复杂，难以用适当的图形描绘原子轨道的空间形状。因此，只在平面上画出波函数中的角度部分 $Y(\theta, \phi)$ 随角度 θ 和 ϕ 变化的分布图形，并称之为原子轨道的角度分布图，也简称原子轨道的形状。

原子轨道角度分布图的做法是：先由薛定谔方程解出 $Y(\theta, \phi)$，再以原子核为原点，在每一个 (θ, ϕ) 方向上引出一条长度为 Y 的直线，将这些直线的端点连接起来，就形成了原

[1] 轨道角动量量子数以前称为角动量量子数，用符号 l 来表示。

[2] 自旋角动量量子数以前称为自旋量子数，用符号 m_s 来表示。

子轨道角度分布图。它在空间形成一曲面，在平面上形成一曲线。

【例 1-1】 画出 s 轨道的角度分布图。

求解薛定谔方程可知：

$$Y_s=\sqrt{\frac{1}{4\pi}}$$

这是个与角度无关的函数，做出的图形是一个半径为 $\sqrt{\frac{1}{4\pi}}$ 的球面。在平面上就是一个圆。所以，s 原子轨道的角度分布图是球形对称的，如图 1-9(a) 所示。

【例 1-2】 画出 p_z 原子轨道的角度分布图。

求解薛定谔方程可知：

$$Y_{p_z}=\sqrt{\frac{3}{4\pi}}\cos\theta$$

所以 Y_{p_z} 是与 θ 角有关的函数。当角度 θ 取不同的值时，Y_{p_z} 亦有不同的函数值。下表列出了 Y_{p_z} 随 θ 从 0°～180°时的函数值。

θ	0°	15°	30°	45°	60°	90°	120°	150°	180°
$\cos\theta$	1	0.966	0.866	0.707	0.5	0	−0.5	−0.866	−1
Y_{p_z}	A	0.966A	0.866A	0.707A	0.5A	0	−0.5A	−0.866A	−A

从坐标原点引出与 z 轴成 θ 角的直线，直线的长度为相应的 $|Y_{p_z}|$ 值，连接所有线段的端点，再沿 z 轴旋转 360°，即可得到 p_z 原子轨道的角度分布图，如图 1-8 所示。

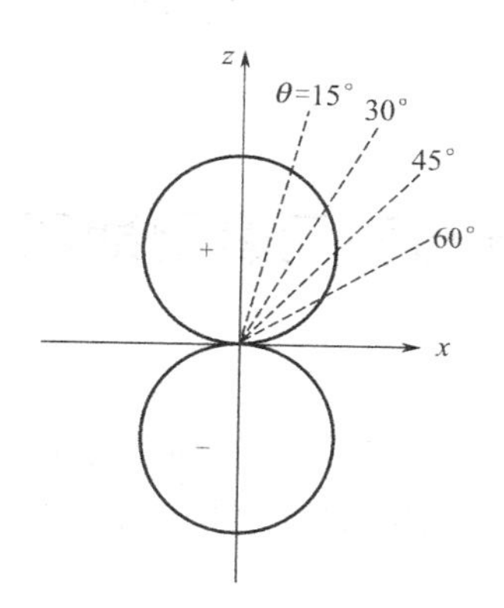

图 1-8　p_z 原子轨道的角度分布图

图 1-9(a) 给出了 s、p、d 原子轨道的角度分布图。s 轨道的角度分布呈球形，p 轨道的角度分布呈哑铃形，有正值和负值部分；d 轨道的角度分布呈花瓣形，也有正值和负值部分。

应当注意的是，原子轨道角度分布图中的“+”、“−”号，只代表原子轨道角度部分的正、负值，并不代表波函数取值的正、负。另外，原子轨道角度分布图中的“+”、“−”号也不代表电荷的正、负，它指的是原子轨道的对称性，这在讨论共价键的形成等问题时，是十分重要的。

将 $|\varphi|^2$ 的角度部分 Y^2 随 θ、ϕ 变化作图，可得到电子云的角度分布图，如图 1-9(b) 所示。

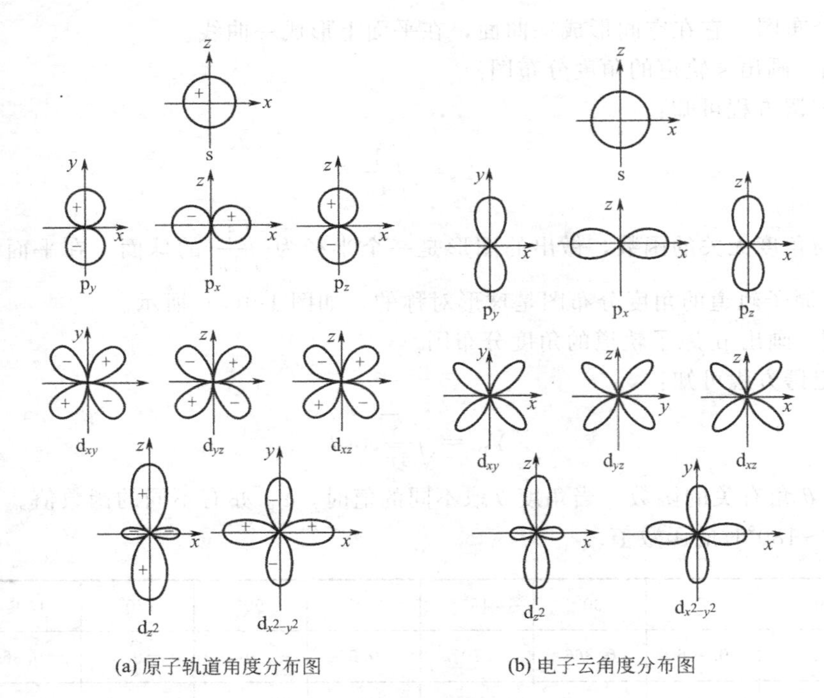

图 1-9 角度分布图（剖面）

电子云的角度分布图与原子轨道的角度分布图的图形相似，但也有不同之处，原子轨道的角度分布图有正、负号，而电子云的角度分布图因为$|Y|^2$为正值，故均为正值（通常不标出），另外由于Y值小于1，$|Y|^2$值就更小，所以电子云的角度分布图的图形比原子轨道的角度分布图的图形要“瘦”一些。

1.2 原子核外电子排布和元素周期表

1.2.1 多电子原子的能级

由于氢原子或类氢离子（如He^+、Li^{2+}等）的原子核外只有一个电子，只存在核与电子云之间的作用力，因此决定原子轨道能量的只有主量子数n，即n相同的各轨道能量相同，n越大，能量越高。

$$E_{1s}<E_{2s}<E_{3s}$$

$$E_{2p}<E_{3p}<E_{4p}$$

$$E_{2s}=E_{2p}$$

$$E_{3s}=E_{3p}=E_{3d}$$

而多电子原子中，原子核外的电子不止一个，除了核与电子之间的吸引力之外，还有电子与电子之间的排斥力，因此原子轨道的能量除了与主量子数n有关外，还与角动量量子数l_i有关。

目前还不能通过精确求解薛定谔方程来确定多电子原子的原子轨道能量，只能根据多电子原子的光谱数据，进行分析、归纳，总结出一些近似的结果。

（1）鲍林近似能级图

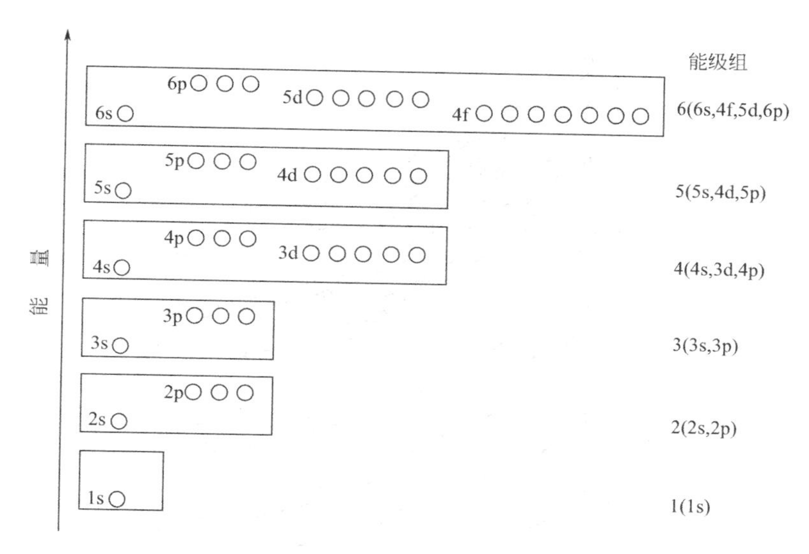

图 1-10　鲍林近似能级图

美国化学家鲍林根据光谱实验的结果，总结出了多电子原子中各轨道能级相对高低的一般情况。如图 1-10 所示。

其中，每一个小圆圈代表一个原子轨道，并按能级的高低进行排列，能量相近的能级组成一个能级组（图中方框内各原子轨道能量相近，构成一个能级组）。能级组之间能量相差较大。

从图 1-10 可以看出：

① n 和 l_i 都相同时，原子轨道的能量也相同，这些能量相同的原子轨道称为等价轨道或简并轨道。如 np 亚层有三个等价轨道（p_x、p_y、p_z），nd 亚层有五个等价轨道（d_{xy}，d_{xz}，d_{yz}，$d_{x^2-y^2}$，d_{z^2}），nf 亚层有七个等价轨道。

② 当 n 相同，l_i 不相同时，l_i 值越大，轨道能量越高，如

$$E_{ns} < E_{np} < E_{nd} < E_{nf}$$

③ 当 n 不同，l_i 相同时，n 值越大，轨道能量越高，如

$$E_{1s} < E_{2s} < E_{3s} < E_{4s}$$

$$E_{2p} < E_{3p} < E_{4p}$$

$$E_{3d} < E_{4d} < E_{5d}$$

④ 当 n 和 l_i 都不相同时，可能出现某些主量子数较大的轨道的能级反而比主量子数小的轨道的能级要低，即发生“能级交错”的现象。如

$$E_{4s} < E_{3d}$$

鲍林近似能级图是按轨道能量由低到高顺序排列的，并假定所有元素原子的轨道能量高低次序是一样的。但事实上原子轨道能量的次序是随原子序数的增加而变化的，美国化学家科顿（F. A. Cotton）的能级图就反映了原子轨道能量与原子序数之间的关系。如图 1-11 所示。

从图 1-11 可见：①图中 ns、np、nd、nf 等能级从左边（纵坐标上）同一点开始，表明氢原子的轨道能量只决定于主量子数，与角动量量子数无关，n 越大，能量越高。②当原子序数 Z 增加时，ns 亚层能量下降最快，np 次之，nd 又次之。在 nd、nf 曲线上出现近似的平台，而且随 n 增大，平台增长，于是出现能级交错。③对每一元素的原子来说，内

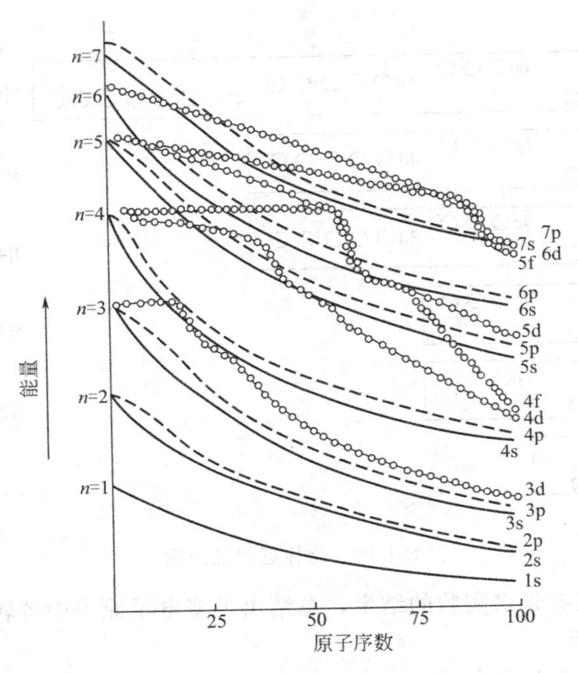

图 1-11 原子轨道能量与原子序数的关系图

层（$\leqslant n-2$）轨道能量，n 越大者，能量越高，当 n 相同时，l_i 越大者，能量越高，所以内层轨道的能量顺序是 1s，2s，2p，3s，3p，3d，4s，4p，4d，4f。这个顺序表现在图 1-11 的右边。

多电子原子的电子是按原子轨道能量由低到高排布的，但科顿能级图较复杂，难于记忆，不方便使用。所以在讨论电子排布时，仍用鲍林近似能级图作为电子填充轨道的顺序。

我国化学家徐光宪从光谱数据归纳总结出这样的规律：

① 对于原子的外层电子来说，（$n+0.7l_i$）越大，轨道能量越高，并且把（$n+0.7l_i$）的第一位数相同的各能级合并为一个能级组，根据该数值，确定能级组的序号；

② 对于离子的外层电子来说，（$n+0.4l_i$）越大，轨道能量越高；

③ 对于原子或离子的较深内层电子来说，能级的高低基本上决定于 n。

例如，4s、3d 和 4p 的（$n+0.7l_i$）依次等于 4.0、4.4 和 4.7，它们的第一位数均为 4，因此，4s、3d 和 4p 都是第四能级组，且 $E_{4s}<E_{3d}<E_{4p}$。

（$n+0.7l_i$）规则计算出的能级高低顺序与鲍林近似能级图一致，且由于（$n+0.7l_i$）规则只是对外层电子而言，所以比鲍林近似能级图更完善。

对于能级交错现象，可用屏蔽效应和钻穿效应来解释。

*(2) 屏蔽效应

在多电子原子中，由于原子核对电子的吸引作用，使电子靠近原子核，但电子和电子之间的排斥作用却使电子远离原子核。某一电子由于受其他电子的排斥作用，而削弱了核对该电子的吸引力，这种现象就称为屏蔽效应。由于屏蔽效应，使该电子所受原子核的吸引力降低，即核电荷 Z 减少，通常把某电子实际受到的核电荷称为有效核电荷，用 Z^* 表示，则：

$$Z^*=Z-\sigma \tag{1-8}$$

式中，σ 为屏蔽常数，代表了电子之间排斥作用的大小，可通过斯莱特（J. C . Slater）提出的计算屏蔽常数的经验规则计算出来。其规则如下：

① 轨道分组，(1s)、(2s，2p)、(3s，3p)、(3d)、(4s，4p)、(4d)、(4f)、(5s，5p)、…

② 外层电子对内层电子无屏蔽作用，即 $\sigma = 0$。

③ 同组中每一个其他电子对被屏蔽电子的 σ 为 0.35（同组为 1s 时，$\sigma = 0.30$）。

④ $(n-1)$ 电子层中每个电子对 n 层被屏蔽的 s、p 电子的 σ 为 0.85；$(n-2)$ 层以及更内层的电子对 n 层被屏蔽电子的 σ 为 1.00。

⑤ 如被屏蔽电子为 (nd) 或 (nf) 组中的电子，同组中其他电子对被屏蔽电子的 σ 为 0.35，内组电子对被屏蔽电子的 σ 均为 1.00。

对同一原子来说，离核越近的电子层上的电子受其他电子的屏蔽程度越小，核对该电子的吸引力越大，能量越低，但是它对外层电子产生的屏蔽作用越强。离核越远的电子层上的电子，受到内层电子的屏蔽程度越大，核对它的吸引力越小，能量越高。

如，基态钾原子的电子排布（参见 1.2.2）可有以下两种方式。

① $1s^2 2s^2 2p^6 3s^2 3p^6 4s^1$。最后填入的电子进入 4s 轨道，该电子所受到的有效核电荷为：

$$Z^* = Z - \sigma = 19 - (0.85 \times 8 + 1.00 \times 10) = 2.20$$

② $1s^2 2s^2 2p^6 3s^2 3p^6 3d^1$。最后填入的电子进入 3d 轨道，该电子所受到的有效核电荷为：

$$Z^* = Z - \sigma = 19 - (18 \times 1.00) = 1.00$$

计算结果表明，最后填入的电子进入 4s 轨道所受到的有效核电荷大于进入 3d 轨道，即 4s 轨道的能量低于 3d 轨道的能量。基态钾原子的电子排布式应为方式①，而非方式②。由此可以很好地解释能级交错现象。

*(3) 钻穿效应

多电子原子的外层电子所受到的屏蔽作用的大小一方面与其他电子的数目和状态有关，另一方面也与该电子自身所处的状态有关。从量子力学的角度来看，核外电子可以出现在原子内的任何位置处，即外层电子也有可能出现在离原子核很近的地方而靠近原子核。外层电子在某种程度上钻入内电子层，在离核较近的地方出现的现象称为钻穿。外层电子钻穿的结果降低了其他电子对它的屏蔽，起到了有效核电荷增加、能量降低的作用。这种由于电子钻穿而引起能量变化的现象就称为钻穿效应。电子钻穿得离核越近，能量降低得越多。

电子钻穿效应的大小可通过径向分布函数图来说明。

原子核外距离为 r 的球面的面积为 $4\pi r^2$，其厚度为 dr，则薄层球壳的体积为 $4\pi r^2 dr$，如图 1-12 所示。电子在该薄层球壳内出现的概率为 $4\pi r^2 |\psi|^2 dr$。令 $D(r) = 4\pi r^2 |\psi|^2$，$D(r)$ 称为径向分布函数。以 $D(r)$ 对半径 r 作图，就得到概率的径向分布图。

图 1-13 是氢原子各类电子的概率径向分布图。由图可见，每种状态都有 $(n-l_i)$ 个最大峰，如 3s、3p 和 3d 分别有 3、2 和 1 个最大峰。当 n 相同时，l_i 越小，峰越多，电子在核附近出现的机会越大。即某一电子层各轨道上的电子钻穿到内部空间靠近原子核的本领：ns＞np＞nd＞nf。所以有：$E_{ns} < E_{np} < E_{nd} < E_{nf}$。

当 n 和 l_i 都不相同时，比如 3d、4s 和 4p 电子，它们的径向分布见图 1-14。4s 最大峰虽然比 3d 的峰离核远得多，但由于它有小峰钻到离核很近处，即 4s 比 3d 穿透的程度要大，4s 能量比 3d 要低；而 3d 最大峰比 4p 更靠近原子核，3d 的能量比 4p 低，因此造成能级交错，即 $E_{4s} < E_{3d} < E_{4p}$。同理，钻穿效应也可以解释 $E_{5s} < E_{4d} < E_{5p}$ 和 $E_{6s} < E_{4f} < E_{5d} < E_{6p}$ 等能级交错现象。

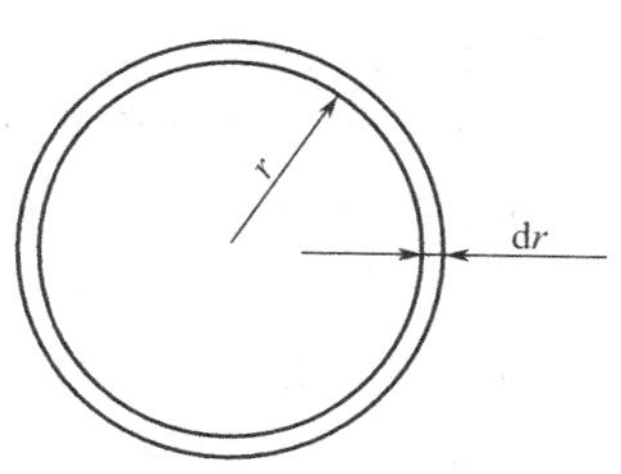

图 1-12　薄层球壳示意图

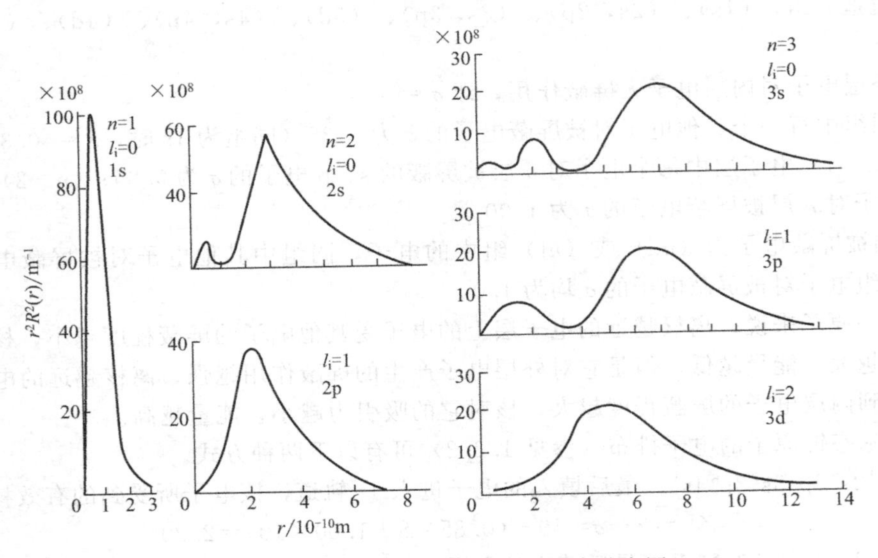

图 1-13 氢原子各类电子的概率径向分布图

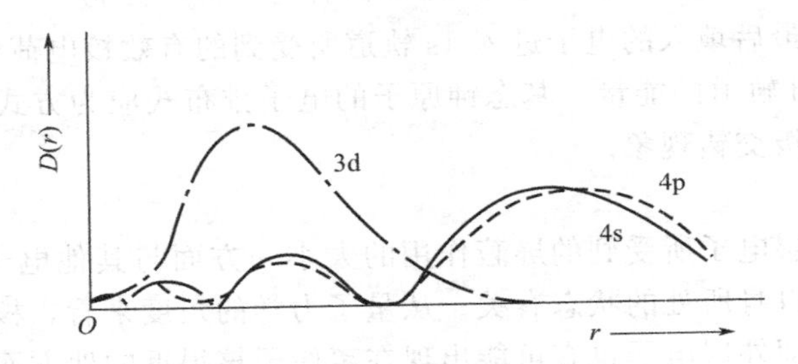

图 1-14 3d、4s 和 4p 电子的径向分布图

1.2.2 核外电子排布规律

原子核外的电子都有各自的运动状态，它们的排布应遵循以下三个原则。

(1) 泡利（W. Pauli）不相容原理

1925 年，泡利根据原子光谱现象和考虑到周期表中每一周期元素的数目，提出一个原则：一个原子中不可能存在四个量子数完全相同的两个电子。这就是泡利不相容原理。根据泡利不相容原理可知：每一个原子轨道最多只能容纳两个电子，而且这两个电子的自旋方向必须相反。所以对于主量子数为 n 的电子层，其原子轨道的总数为 n^2 个，该层能容纳的最多电子数为 $2n^2$ 个。

(2) 能量最低原理

能量最低原理规定：在不违背泡利不相容原理的前提下，电子的排布方式应使得系统的能量最低。按照这一原理，电子应尽可能优先占据能量最低的轨道。因此在排布电子时，电子依据近似能级图的能级顺序由低到高依次布入原子轨道。

电子排布顺序如图 1-15 所示。按照箭头所提示的顺序，将电子逐个布入原子轨道中。

(3) 洪德（F. Hund）规则

1925 年，德国物理学家洪德根据大量光谱实验数据，总结出一条普通规则：在等价轨道上排布的电子将尽可能分占不同的轨道，而且自旋平行（即自旋方向相同）。例如，碳原子有 6 个电子，按照泡利不相容原理和能量最低原理，其电子排布式为 $1s^22s^22p^2$。根据洪德规则，两个 2p 电子的排列应是 (↑)(↑)( )，而不是 (↑↓)( )( ) 或 (↑)(↓)( )。

因为当一个轨道上已占有一个电子时，要使另一电子与之配对，必须克服电子与电子之间的排斥力，所需的能量叫做电子成对能。这样，就会使得系统的能量增加，不符合能量最低原理。因此，在等价轨道上电子只有按照洪德规则进行排布，才有利于系统的能量降低。

根据光谱实验得到的结果，还可总结出一个规律：当等价轨道处于半充满、全充满或全空的状态时，原子所处的状态较稳定。这些状态可以看做是洪德规则的特例。

半充满	p^3、d^5或 f^7
全充满	p^6、d^{10}或 f^{14}
全　空	p^0、d^0或 f^0

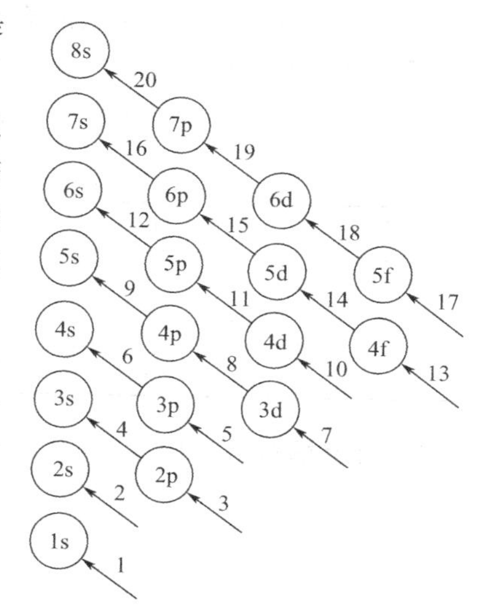

图 1-15　基态原子电子排布的顺序

根据上述三个原理，可以写出各元素基态原子的电子层结构。原子的电子层结构一般有以下三种方式。

① 电子排布式。以原子核外各亚层的分布情况来表示。如

$$_{15}P \quad 1s^2 2s^2 2p^6 3s^2 3p^3$$

$_{26}Fe$ 按照其电子布入轨道的顺序是：$1s^2 \rightarrow 2s^2 \rightarrow 2p^6 \rightarrow 3s^2 \rightarrow 3p^6 \rightarrow 4s^2 \rightarrow 3d^6$。

但由于在写基态原子的电子层结构时，应将同一主层（主量子数相同）的各亚层写在一起，并由小到大依次进行排列。所以，整理后的电子排布式为

$$_{26}Fe \quad 1s^2 2s^2 2p^6 3s^2 3p^6 3d^6 4s^2$$

$_{53}I$ 按照电子布入轨道的顺序是：$1s^2 \rightarrow 2s^2 \rightarrow 2p^6 \rightarrow 3s^2 \rightarrow 3p^6 \rightarrow 4s^2 \rightarrow 3d^{10} \rightarrow 4p^6 \rightarrow 5s^2 \rightarrow 4d^{10} \rightarrow 5p^5$。

整理后的电子排布式为：

$$_{53}I \quad 1s^2 2s^2 2p^6 3s^2 3p^6 3d^{10} 4s^2 4p^6 4d^{10} 5s^2 5p^5$$

由于参与化学反应的只是原子的外层电子，内层电子结构一般是不变的，因此，可以用"原子实"来表示原子的内层电子结构。当内层电子构型与稀有气体的电子构型相同时，就用以方括号括起来的该稀有气体的元素符号来表示原子的内层电子构型，并称之为原子实。如 [He] 表示具有 He 的电子构型 $1s^2$ 的原子实，[Ne] 表示具有 Ne 的电子构型 $1s^2 2s^2 2p^6$ 的原子实，[Ar] 表示具有 Ar 的电子构型 $1s^2 2s^2 2p^6 3s^2 3p^6$ 的原子实，依此类推。这样上述$_{15}P$、$_{26}Fe$、$_{53}I$ 可表示为：

$$_{15}P \quad [Ne]\,3s^2 3p^3$$

$$_{26}Fe \quad [Ar]\,3d^6 4s^2$$

$$_{53}I \quad [Kr]\,4d^{10} 5s^2 5p^5$$

原子实实际上就是原子的电子排布式中除去最高能级组以外的原子实体。

有些元素如$_{24}Cr$、$_{29}Cu$ 的电子构型例外，这是为了满足洪德规则特例的要求，其电子排布式为：

$$_{24}Cr \quad [Ar]\,3d^5 4s^1 \quad 而不是 \quad [Ar]\,3d^4 4s^2$$

$$_{29}Cu \quad [Ar]\,3d^{10} 4s^1 \quad 而不是 \quad [Ar]\,3d^9 4s^2$$

化学上，将电子最后布入的能量最高的能级组中的轨道合称为外围电子层，它实际上是按原子实书写电子排布式时，原子实以外的部分。在外围电子层上的电子排布称为外围电子构型。表 1-2 列出了一些元素原子的外围电子构型。

表 1-2 某些元素原子的外围电子构型

元素	电子排布式	外围电子构型	元素	电子排布式	外围电子构型
$_{4}$Be	[He] $2s^2$	$2s^2$	$_{53}$I	[Kr] $4d^{10}5s^25p^5$	$4d^{10}5s^25p^5$
$_{15}$P	[Ne] $3s^23p^3$	$3s^23p^3$	$_{80}$Hg	[Xe] $4f^{14}5d^{10}6s^2$	$4f^{14}5d^{10}6s^2$
$_{24}$Cr	[Ar] $3d^54s^1$	$3d^54s^1$	$_{95}$Am	[Rn] $5f^77s^2$	$5f^77s^2$

② 轨道排布式。用“□”、“○”、“—”来表示原子轨道的排布情况。如：

$_{15}$P [Ne] $3s^2$ (⇅) $3p^3$ (↑)(↑)(↑)

$_{24}$Cr [Ar] $3d^5$ (↑)(↑)(↑)(↑)(↑) $4s^1$ (↑)

$_{26}$Fe [Ar] $3d^6$ (⇅)(↑)(↑)(↑)(↑) $4s^2$ (⇅)

轨道排布式可以直观地将洪德规则表示出来。

③ 以四个量子数 n、l_i、m_i 和 s_i 来表示原子核外的电子。如 $_{15}$P 的外围电子构型可表示为：$\left(3, 0, 0, +\frac{1}{2}\right)$、$\left(3, 0, 0, -\frac{1}{2}\right)$、$\left(3, 1, 1, +\frac{1}{2}\right)$、$\left(3, 1, 0, +\frac{1}{2}\right)$、$\left(3, 1, -1, +\frac{1}{2}\right)$。

表 1-3 列出了原子序数 1～109 个元素基态原子的电子层结构。

从表 1-3 可以看出，大多数元素的电子层结构都是满足核外电子排布的三个规则的。只有少数例外，如$_{41}$Nb、$_{44}$Ru、$_{45}$Rh、$_{46}$Pd、$_{78}$Pt 以及一些镧系和锕系元素。这些元素的电子层结构式都是由光谱实验得出的，目前还不能得到圆满的解释，说明相关的理论还需要完善和发展。所以在遇到理论与实验有出入时，我们应以科学的态度，尊重实验事实。

1.2.3 原子的电子层结构与元素周期表

(1) 元素性质呈周期性的内在原因

人们最早认识到元素性质具有周期性变化规律，是以相对原子质量的变化为基准的。1869 年，俄国的化学巨匠门捷列夫在研究元素的性质并对其进行分类时，认为元素的性质随它们的相对原子质量的变化，呈周期性的变化，将当时已发现的 63 种元素排列成元素周期表，第一次对元素进行了科学的分类，使化学进入了一个系统化发展的阶段，为现代化学的发展奠定了基础。

随着人们对原子结构的深入了解，证明决定元素性质呈周期性变化的因素不是相对原子质量，而是原子序数即核电荷。元素周期律就是元素性质随原子序数（元素原子的核电荷）递增而呈周期性的变化，从核外电子排布规律可以看出，元素的最外层电子构型周期性地从 ns^1 变化到 ns^2np^6，最外层电子的数目也从 1 变化到 8，每一周期都是以“新”的电子层布入电子开始的。正是由于元素的核电荷增加，使原子的电子层结构呈现出周期性，所以决定元素性质的最根本的原因是原子的电子层结构。

表 1-3　原子的电子层结构（基态）

周期	原子序数	元素符号	电子层																	
			K	L		M			N				O				P			Q
			1s	2s	2p	3s	3p	3d	4s	4p	4d	4f	5s	5p	5d	5f	6s	6p	6d	7s
1	1	H	1																	
	2	He	2																	
2	3	Li	2	1																
	4	Be	2	2																
	5	B	2	2	1															
	6	C	2	2	2															
	7	N	2	2	3															
	8	O	2	2	4															
	9	F	2	2	5															
	10	Ne	2	2	6															
3	11	Na	2	2	6	1														
	12	Mg	2	2	6	2														
	13	Al	2	2	6	2	1													
	14	Si	2	2	6	2	2													
	15	P	2	2	6	2	3													
	16	S	2	2	6	2	4													
	17	Cl	2	2	6	2	5													
	18	Ar	2	2	6	2	6													
4	19	K	2	2	6	2	6		1											
	20	Ca	2	2	6	2	6		2											
	21	Sc	2	2	6	2	6	1	2											
	22	Ti	2	2	6	2	6	2	2											
	23	V	2	2	6	2	6	3	2											
	24	Cr	2	2	6	2	6	5	1											
	25	Mn	2	2	6	2	6	5	2											
	26	Fe	2	2	6	2	6	6	2											
	27	Co	2	2	6	2	6	7	2											
	28	Ni	2	2	6	2	6	8	2											
	29	Cu	2	2	6	2	6	10	1											
	30	Zn	2	2	6	2	6	10	2											
	31	Ga	2	2	6	2	6	10	2	1										
	32	Ge	2	2	6	2	6	10	2	2										
	33	As	2	2	6	2	6	10	2	3										
	34	Se	2	2	6	2	6	10	2	4										
	35	Br	2	2	6	2	6	10	2	5										
	36	Kr	2	2	6	2	6	10	2	6										
5	37	Rb	2	2	6	2	6	10	2	6			1							
	38	Sr	2	2	6	2	6	10	2	6			2							
	39	Y	2	2	6	2	6	10	2	6	1		2							
	40	Zr	2	2	6	2	6	10	2	6	2		2							
	41	Nb	2	2	6	2	6	10	2	6	4		1							
	42	Mo	2	2	6	2	6	10	2	6	5		1							
	43	Tc	2	2	6	2	6	10	2	6	5		2							
	44	Ru	2	2	6	2	6	10	2	6	7		1							
	45	Rh	2	2	6	2	6	10	2	6	8		1							
	46	Pd	2	2	6	2	6	10	2	6	10									
	47	Ag	2	2	6	2	6	10	2	6	10		1							
	48	Cd	2	2	6	2	6	10	2	6	10		2							
	49	In	2	2	6	2	6	10	2	6	10		2	1						
	50	Sn	2	2	6	2	6	10	2	6	10		2	2						
	51	Sb	2	2	6	2	6	10	2	6	10		2	3						
	52	Te	2	2	6	2	6	10	2	6	10		2	4						
	53	I	2	2	6	2	6	10	2	6	10		2	5						
	54	Xe	2	2	6	2	6	10	2	6	10		2	6						

续表

周期	原子序数	元素符号	电子层																	
			K	L		M			N				O				P			Q
			1s	2s	2p	3s	3p	3d	4s	4p	4d	4f	5s	5p	5d	5f	6s	6p	6d	7s
6	55	Cs	2	2	6	2	6	10	2	6	10		2	6			1			
	56	Ba	2	2	6	2	6	10	2	6	10		2	6			2			
	57	La	2	2	6	2	6	10	2	6	10		2	6	1		2			
	58	Ce	2	2	6	2	6	10	2	6	10	1	2	6	1		2			
	59	Pr	2	2	6	2	6	10	2	6	10	3	2	6			2			
	60	Nd	2	2	6	2	6	10	2	6	10	4	2	6			2			
	61	Pm	2	2	6	2	6	10	2	6	10	5	2	6			2			
	62	Sm	2	2	6	2	6	10	2	6	10	6	2	6			2			
	63	Eu	2	2	6	2	6	10	2	6	10	7	2	6			2			
	64	Gd	2	2	6	2	6	10	2	6	10	7	2	6	1		2			
	65	Tb	2	2	6	2	6	10	2	6	10	9	2	6			2			
	66	Dy	2	2	6	2	6	10	2	6	10	10	2	6			2			
	67	Ho	2	2	6	2	6	10	2	6	10	11	2	6			2			
	68	Er	2	2	6	2	6	10	2	6	10	12	2	6			2			
	69	Tm	2	2	6	2	6	10	2	6	10	13	2	6			2			
	70	Yb	2	2	6	2	6	10	2	6	10	14	2	6			2			
	71	Lu	2	2	6	2	6	10	2	6	10	14	2	6	1		2			
	72	Hf	2	2	6	2	6	10	2	6	10	14	2	6	2		2			
	73	Ta	2	2	6	2	6	10	2	6	10	14	2	6	3		2			
	74	W	2	2	6	2	6	10	2	6	10	14	2	6	4		2			
	75	Re	2	2	6	2	6	10	2	6	10	14	2	6	5		2			
	76	Os	2	2	6	2	6	10	2	6	10	14	2	6	6		2			
	77	Ir	2	2	6	2	6	10	2	6	10	14	2	6	7		2			
	78	Pt	2	2	6	2	6	10	2	6	10	14	2	6	9		1			
	79	Au	2	2	6	2	6	10	2	6	10	14	2	6	10		1			
	80	Hg	2	2	6	2	6	10	2	6	10	14	2	6	10		2			
	81	Tl	2	2	6	2	6	10	2	6	10	14	2	6	10		2	1		
	82	Pb	2	2	6	2	6	10	2	6	10	14	2	6	10		2	2		
	83	Bi	2	2	6	2	6	10	2	6	10	14	2	6	10		2	3		
	84	Po	2	2	6	2	6	10	2	6	10	14	2	6	10		2	4		
	85	At	2	2	6	2	6	10	2	6	10	14	2	6	10		2	5		
	86	Rn	2	2	6	2	6	10	2	6	10	14	2	6	10		2	6		
7	87	Fr	2	2	6	2	6	10	2	6	10	14	2	6	10		2	6		1
	88	Ra	2	2	6	2	6	10	2	6	10	14	2	6	10		2	6		2
	89	Ac	2	2	6	2	6	10	2	6	10	14	2	6	10		2	6	1	2
	90	Th	2	2	6	2	6	10	2	6	10	14	2	6	10		2	6	2	2
	91	Pa	2	2	6	2	6	10	2	6	10	14	2	6	10	2	2	6	1	2
	92	U	2	2	6	2	6	10	2	6	10	14	2	6	10	3	2	6	1	2
	93	Np	2	2	6	2	6	10	2	6	10	14	2	6	10	4	2	6	1	2
	94	Pu	2	2	6	2	6	10	2	6	10	14	2	6	10	6	2	6		2
	95	Am	2	2	6	2	6	10	2	6	10	14	2	6	10	7	2	6		2
	96	Cm	2	2	6	2	6	10	2	6	10	14	2	6	10	7	2	6	1	2
	97	Bk	2	2	6	2	6	10	2	6	10	14	2	6	10	9	2	6		2
	98	Cf	2	2	6	2	6	10	2	6	10	14	2	6	10	10	2	6		2
	99	Es	2	2	6	2	6	10	2	6	10	14	2	6	10	11	2	6		2
	100	Fm	2	2	6	2	6	10	2	6	10	14	2	6	10	12	2	6		2
	101	Md	2	2	6	2	6	10	2	6	10	14	2	6	10	13	2	6		2
	102	No	2	2	6	2	6	10	2	6	10	14	2	6	10	14	2	6		2
	103	Lr	2	2	6	2	6	10	2	6	10	14	2	6	10	14	2	6	1	2
	104	Rf	2	2	6	2	6	10	2	6	10	14	2	6	10	14	2	6	2	2
	105	Db	2	2	6	2	6	10	2	6	10	14	2	6	10	14	2	6	3	2
	106	Sg	2	2	6	2	6	10	2	6	10	14	2	6	10	14	2	6	4	2
	107	Bh	2	2	6	2	6	10	2	6	10	14	2	6	10	14	2	6	5	2
	108	Hs	2	2	6	2	6	10	2	6	10	14	2	6	10	14	2	6	6	2
	109	Mt	2	2	6	2	6	10	2	6	10	14	2	6	10	14	2	6	7	2

注：单框中的元素是过渡元素，双框中的元素是镧系或锕系元素。

（2）原子的电子层结构与周期的划分

随着原子序数的递增，由于原子的最外电子层结构呈现出周期性的变化，每一“新”的电子层开始，就出现“新”的周期。因此，周期表中元素所在的周期就等于该元素原子的电子层数或最外电子层的主量子数 n，也等于最大能级组的序数。比如，$_{19}K$ 的电子排布式为 $1s^2 2s^2 2p^6 3s^2 3p^6 4s^1$，其电子层数为 4，最外层 4s 的主量子数 $n=4$，最高能级组的序数也为 4，因此钾元素在第四周期。

某一周期所能容纳的元素数目就等于相应能级组的各个亚层轨道所能容纳的电子数目。比如，第一能级组为 1s 亚层，有 1 个轨道，只能容纳 2 个电子，所以第一周期只有两种元素，为特短周期；第二能级组为 2s、2p 亚层，有 4 个轨道，可容纳 8 个电子，所以第二周期有八种元素，依此类推。见表 1-4。第七周期本应有 32 种元素，但目前只发现（93 号以后的元素为人工合成）了 26 种元素❶，因此为不完全周期。

表 1-4 各周期元素的数目与新填充亚层的关系

周 期	能级组	新布入的亚层(能级组)	元素数目
1	一	1s	2
2	二	2s,2p	8
3	三	3s,3p	8
4	四	4s,3d,4p	18
5	五	5s,4d,5p	18
6	六	6s,4f,5d,6p	32
7	七	7s,5f,6d,7p	32(现发现 26,未完)

（3）原子的电子层结构与族的划分

在长式周期表中一共有 18 个列，以往在国际上存在着两种惯例：一种是美国化学会（CAS）采用的形式，把第 3 列（钪族）至第 12 列（锌族）划为 B 族，其余为 A 族，这是我国教科书中经常采用的方法。其缺点是把 A 族分为两块，B 族的第Ⅰ A、Ⅱ B 排在第Ⅷ B 之后，缺乏完整性和连贯性。另一种是以前国际纯粹与应用化学联合会（IUPAC）建议使用的形式，从第 1 列至第 10 列划为 A 族，其中 8、9、10 列统称为Ⅷ A 族，第 11 列至第 18 列划为 B 族，这种方法虽然完整性较好，但与电子构型联系不明显。为了统一起见，1988 年 IUPAC 建议以长周期为分族基础，共分为 18 个族，不分 A、B 族，以使外围电子构型与族号密切地联系起来，本书就是采用这种新的方法。这种新方法中以阿拉伯数字代替罗马数字，作为族号。从左到右，依次为第 1 至第 18 族。表 1-5 是现代周期表的一种形式。

按照新的分族法，元素所在的族号就等于其外围电子层上的电子的总数（He、镧系、锕系元素除外）。例如，$_{24}Cr$ 外围电子构型是 $3d^5 4s^1$，有 6 个电子，所以 Cr 在第 6 族；$_{35}Br$ 外围电子构型是 $3d^{10} 4s^2 4p^5$，有 17 个电子，所以 Br 在第 17 主族。但对于短周期元素（第二周期 B 到 Ne，第三周期 Al 到 Ar），其族号应是外围电子层上电子的总数，再加 10。例如 $_8O$ 元素的外围电子构型是 $2s^2 2p^4$，有 6 个电子，所以 O 元素应在第 16 族。

（4）原子的电子层结构与元素的分区

元素周期表除可以按上面的方法分为周期和族外，还可以根据其外围电子构型分为 s、p、d 和 f 四个区❷。如图 1-16 所示。

---

❶ 也有报道称已通过核反应人工合成出了 112～118 号元素。

❷ 也有人主张分为 s、p、d、ds 和 f 五个区，将 d 区中第 11、12 族划为 ds 区。

表 1-5　现代周期表

周期＼族	1	2	3	4	5	6	7	8	9	10	11	12	13	14	15	16	17	18
	s区		过渡元素(d区)										p区					
	ⅠA	ⅡA	ⅢB	ⅣB	ⅤB	ⅥB	ⅦB	ⅧB	ⅧB	ⅧB	ⅠB	ⅡB	ⅢA	ⅣA	ⅤA	ⅥA	ⅦA	ⅧA
1	1 H																	2 He
2	3 Li	4 Be											5 B	6 C	7 N	8 O	9 F	10 Ne
3	11 Na	12 Mg											13 Al	14 Si	15 P	16 S	17 Cl	18 Ar
4	19 K	20 Ca	21 Sc	22 Ti	23 V	24 Cr	25 Mn	26 Fe	27 Co	28 Ni	29 Cu	30 Zn	31 Ga	32 Ge	33 As	34 Se	35 Br	36 Kr
5	37 Rb	38 Sr	39 Y	40 Zr	41 Nb	42 Mo	43 Tc	44 Ru	45 Rh	46 Pd	47 Ag	48 Cd	49 In	50 Sn	51 Sb	52 Te	53 I	54 Xe
6	55 Cs	56 Ba	*71 Lu	72 Hf	73 Ta	74 W	75 Re	76 Os	77 Ir	78 Pt	79 Au	80 Hg	81 Tl	82 Pb	83 Bi	84 Po	85 At	86 Rn
7	87 Fr	88 Ra	**103 Lr	104 Rf	105 Db	106 Sg	107 Bh	108 Hs	109 Mt	110 Uun	111 Uuu	112 Uub						

内过渡元素(f区)														
*镧系元素	57 La	58 Ce	59 Pr	60 Nd	61 Pm	62 Sm	63 Eu	64 Gd	65 Tb	66 Dy	67 Ho	68 Er	69 Tm	70 Yb
**锕系元素	89 Ac	90 Th	91 Pa	92 U	93 Np	94 Pu	95 Am	96 Cm	97 Bk	98 Cf	99 Es	100 Fm	101 Md	102 No

注：1. 用阿拉伯数字表示的族号，是 1988 年由 IUPAC 建议的；用罗马数字表示的族号，是以前通常采用的，其中第ⅧB 族原称Ⅷ，第ⅧA 族原称零族。

2. 常见周期表认为 f 区元素是从 58 号 Ce→71 号 Lu，90 号 Th→103 号 Lr，近期光谱研究表明，f 区元素应从 57 号 La→70 号 Yb，89 号 Ac→102 号 No，把 71 号 Lu、103 号 Lr 作为 6、7 周期 d 区元素第一个成员排在第 3 族（ⅢB）才合理。

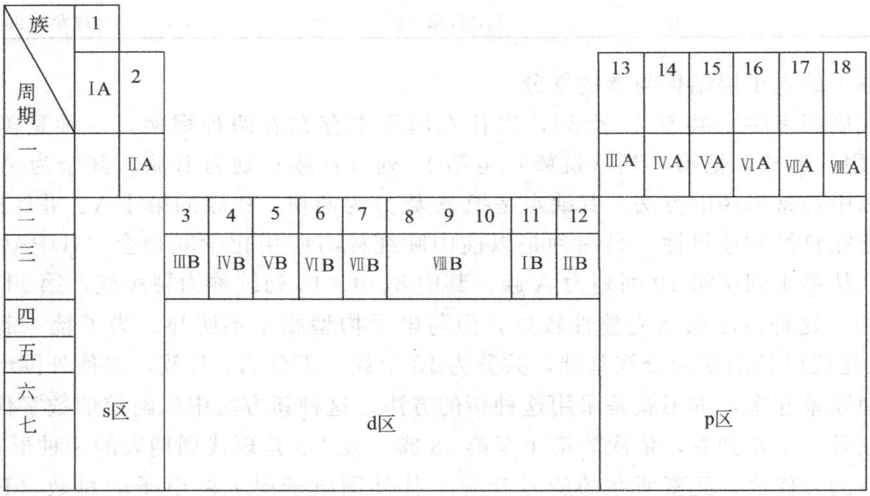

族　周期
一　二　三　四　五　六　七
1 ⅠA　2 ⅡA　s区
3 ⅢB　4 ⅣB　5 ⅤB　6 ⅥB　7 ⅦB　8 9 10 ⅧB　11 ⅠB　12 ⅡB　d区
13 ⅢA　14 ⅣA　15 ⅤA　16 ⅥA　17 ⅦA　18 ⅧA　p区
* 镧系　锕系　f区

图 1-16　长式周期表元素分区示意图

s 区元素：最后一个电子布入 *n*s 亚层的元素称为 s 区元素，包括第 1（ⅠA）族碱金属和第 2（ⅡA）族碱土金属元素。

p 区元素：最后一个电子布入 *n*p 亚层的元素称为 p 区元素，包括第 13～18（ⅢA～ⅧA）族元素，除 H、He 的外围电子构型为 $1s^{1\sim2}$ 外。

d 区元素：最后一个电子布入（*n*−1）d 亚层的元素称为 d 区元素，包括第 3～12（ⅢB～

ⅧB）族元素。

f 区元素：最后一个电子布入 $(n-2)$f 亚层的元素称为 f 区元素，包括镧系和锕系元素。

各区元素随原子核电荷递增而递增的电子布入亚层以及外围电子构型的特点列于表 1-6。

表 1-6　元素的分区与外围电子构型

分　区	s 区	p 区	d 区	f 区
递增的电子布入的亚层	ns	np	$(n-1)$d	$(n-2)$f
外围电子构型	$ns^{1\sim2}$	$ns^2np^{1\sim5}$ 或 $(n-1)d^{10}ns^2np^{1\sim6}$	$(n-1)d^{1\sim10}ns^{0\sim2}$	$(n-2)f^{0\sim14}(n-1)d^{0\sim2}ns^2$

1.3　原子结构与元素的性质

1.3.1　有效核电荷

前面已介绍过有效核电荷就是多电子原子中某一电子由于受其余电子的屏蔽而实际受到的核电荷。随着原子序数的递增，有效核电荷是呈周期性变化的。图 1-17 所示的是最外层电子的有效核电荷随原子序数呈现周期性变化的情况。

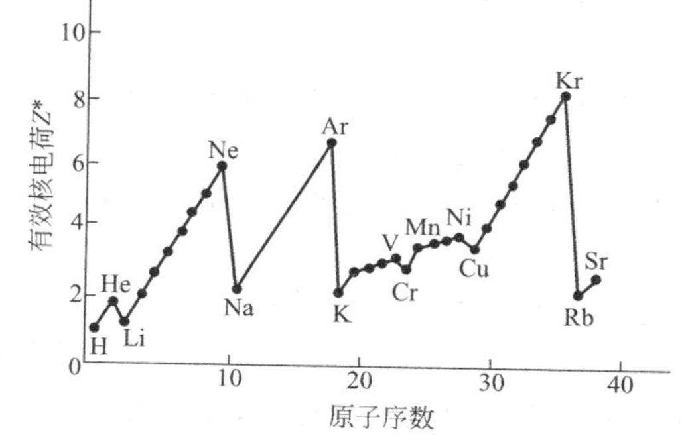

图 1-17　有效核电荷随原子序数增加的周期性变化

在短周期元素中，从左至右电子依次布入到最外层，由于同层电子间屏蔽作用减弱，有效核电荷明显增加。在长周期元素中，从第 3（ⅢB）族开始，电子布入到次外层上，该新增加到次外层上的电子对外层电子有较强的屏蔽作用，因此，随着核电荷的增大，有效核电荷增加不明显；当次外层布满 18 个电子时，由于 18 电子层的屏蔽作用较大，因此有效核电荷的增加量略有下降；但在长周期的后半部，电子又布入到最外层，因而有效核电荷有明显增大。

同一族元素中，由上至下，虽然核电荷增加较多，但相邻两元素之间依次增加了一个电子层，使屏蔽作用增大，结果有效核电荷增加不明显。

1.3.2　原子半径

由于电子在原子核外的运动是概率分布的，因而没有明显的界限，这样就很难确定原子的实际大小。但组成物质的原子之间是以化学键的形式结合的，可通过实验测得相邻两原子的原子核之间的距离（核间距），所以核间距就被形象地认为是这两个原子的半径之和。通常根据原子之间成键的类型不同，将原子半径分为：共价半径、金属半径和范德华（J. D. Van der Waals）半径。当两相同原子形成共价键时，其核间距的一半就是共价半径；金属晶体中相邻原子的核间距的一半为该金属原子的金属半径；而第 18（ⅧA）族元素（稀有气体）由于是单原子分子，它们只能靠范德华力（即分子间力，参见 2.5）接近，所测得的半径为范德华半径。表 1-7 列出了周期表中各元素的原子半径［第 18（ⅧA）族元素除外］。

表 1-7 周期表中各元素的原子半径[①]/pm

H 37																	He 122
Li 152	Be 110											B 88	C 77	N 70	O 66	F 64	Ne 160
Na 186	Mg 160											Al 143	Si 117	P 110	S 104	Cl 99	Ar 191
K 227	Ca 197	Sc 161	Ti 145	V 132	Cr 125	Mn 124	Fe 124	Co 125	Ni 125	Cu 128	Zn 133	Ga 122	Ge 122	As 121	Se 117	Br 114	Kr 198
Rb 248	Sr 215	Y 181	Zr 160	Nb 143	Mo 136	Tc 136	Ru 133	Rh 135	Pd 138	Ag 144	Cd 149	In 163	Sn 141	Sb 141	Te 137	I 133	Xe 217
Cs 265	Ba 217	*Lu 173	Hf 159	Ta 143	W 137	Re 137	Os 134	Ir 136	Pt 136	Au 144	Hg 160	Tl 170	Pb 175	Bi 155	Po 153	At	Rn

*	La	Ce	Pr	Nd	Pm	Sm	Eu	Gd	Tb	Dy	Ho	Er	Tm	Yb
	188	183	183	182	181	180	204	180	178	178	177	177	176	194

① 其中金属元素为金属半径，稀有气体为范德华半径，其余元素为共价半径。

原子半径的大小主要由原子的有效核电荷和核外电子的层数来决定。

同一短周期（18 族元素除外）中，从左到右，随着原子序数的递增，有效核电荷明显增加，核对外层电子的吸引力增强，原子半径是逐渐减少的。

同一长周期（18 族元素除外）中，从左到右，原子半径总的趋势是减少的，但由于 d 区元素的新增电子排在次外层（$n-1$）d 轨道上，内层电子对外层电子的屏蔽作用较大，削弱了核对外层电子的吸引力，因而原子半径从左到右只是略有减少。而到了第 11(ⅠB) 族，由于（$n-1$)d 轨道完全充满，屏蔽作用明显增大，外层电子受核的吸引力明显降低，结果原子半径反而有所增大。

特长周期的 f 区元素，从左到右过渡时，新增电子排在（$n-2$)f 轨道上，外层电子受到的屏蔽作用更强，使原子半径减少的幅度更小。但镧系元素从镧到镱，再到第 3 族的镥，原子半径却总共减少了 15pm，镧系元素的这种原子半径缩小的现象称为镧系收缩[❶]。

由于镧系收缩，使得镧系以后的同族第五、第六周期的过渡元素的原子半径非常接近，如锆和铪、铌和钽、钼和钨，造成锆和铪、铌和钽、钼和钨的性质非常相似，在自然界中常共生在一起，并且难以分离。

同族的 s 区和 p 区元素，从上到下，由于电子层数增加，原子半径呈明显增大的趋势。而同族 d 区元素，原子半径自上而下有所增大，但增大的幅度不大，也不规律。第五、六周期的同族元素，由于镧系收缩，它们的原子半径很接近。

1.3.3 电离能

气态原子在基态时失去最外层的一个电子成为＋1 价气态离子所需要的能量叫做第一电离能（I_1）。气态＋1 价离子再失去一个电子成为气态＋2 价离子所需要的能量叫做第二电离

❶ 镧系收缩体现在 Ln^{3+}（Ln 代表镧系元素的符号）上更有规律，也更明显，参见 16.1.1。

能（I_2）。依此类推，还有 I_3，I_4，…。例如：

$$Mg(g) - e \longrightarrow Mg^{+}(g) \qquad I_1 = 738\ kJ \cdot mol^{-1}$$

$$Mg^{+}(g) - e \longrightarrow Mg^{2+}(g) \qquad I_2 = 1450\ kJ \cdot mol^{-1}$$

$$Mg^{2+}(g) - e \longrightarrow Mg^{3+}(g) \qquad I_3 = 7740\ kJ \cdot mol^{-1}$$

对于同一原子，I_1 最小，因为从正离子中电离出电子远比从中性原子中电离出电子困难得多。表 1-8 列出了元素的第一电离能。一般书中未标明的电离能数据通常是指第一电离能。

表 1-8　元素的第一电离能/kJ · mol⁻¹

H 1312																	He 2372
Li 520	Be 899											B 801	C 1086	N 1402	O 1314	F 1631	Ne 2081
Na 496	Mg 738											Al 578	Si 786	P 1012	S 1000	Cl 1251	Ar 1521
K 419	Ca 590	Sc 631	Ti 658	V 650	Cr 623	Mn 717	Fe 759	Co 758	Ni 737	Cu 745	Zn 906	Ga 579	Ge 762	As 947	Se 941	Br 1140	Kr 1351
Rb 403	Sr 550	Y 616	Zr 660	Nb 664	Mo 685	Tc 702	Ru 711	Rh 720	Pd 805	Ag 804	Cd 868	In 558	Sn 709	Sb 834	Te 869	I 1008	Xe 1170
Cs 376	Ba 503	La 540	Hf 675	Ta 761	W 770	Re 760	Os 839	Ir 878	Pt 868	Au 890	Hg 1007	Tl 589	Pb 716	Bi 703	Po 812	At 917	Rn 1041

电离能的大小反映了原子失去电子的难易程度，电离能愈大，原子失去电子时需要的能量愈大，原子愈难失去。决定电离能大小的因素主要是：有效核电荷、原子半径和原子的电子层结构。有效核电荷越大，原子半径越小，原子的外围电子构型越稳定，原子就越难失去电子，电离能也就越大。

在同一周期中，从左到右，元素的有效核电荷逐渐增加，原子半径逐渐减少，核对外层电子的吸引力逐渐增强，元素的电离能呈增大趋势。长周期的 d 区元素由于电子布入到次外层，有效核电荷增加不多，原子半径减少缓慢，电离能增加不显著且没有规律。稀有气体由于具有较稳定的电子层结构，在同一周期元素中第一电离能最大。虽然同一周期元素的第一电离能有增大的趋势，但中间仍稍有起伏。如，Be 和 Mg 由于 ns 亚层上的电子已成对，与相邻元素相比，它们的电离能稍大一些。N 和 P 由于 np 亚层上的电子已经半充满，具有较稳定的结构，因而它们的电离能也比相邻元素的电离能稍高一点。

在 s 区、p 区的同族元素中，从上到下电离能减少。这是因为随着电子层数增多，原子半径明显增大，核对外层电子的吸引力减弱。

值得注意的是，d 区元素原子的轨道能级按照近似能级图是 $(n-1)d > ns$，电子先布入 ns 轨道后布入 $(n-1)$d 轨道。但在原子电离时，则总是先电离出最外层的电子。例如，Fe 的外围电子排布为 $3d^6 4s^2$，电离时先失去 4s 上的两个电子，所以 Fe^{2+} 的外围电子构型是 $3d^6 4s^0$，而不是 $3d^4 4s^2$。原因是阳离子的有效核电荷比原子的多，使基态阳离子的轨道能级与基态原子的轨道能级不同。根据对光谱数据的研究，可归纳出如下经验规律。

基态原子外层电子布入原子轨道的顺序：$\rightarrow ns \rightarrow (n-2)f \rightarrow (n-1)d \rightarrow np$

价电子电离的顺序：$\rightarrow np \rightarrow ns \rightarrow (n-1)d \rightarrow (n-2)f$

1.3.4 电子亲和能

气态原子在基态时获得一个电子成为−1价的气态离子所放出的能量称为电子亲和能（Y）。

$$O(g) + e \longrightarrow O^-(g) \qquad Y^{❶} = 142\ kJ \cdot mol^{-1}$$

表1-9列出了元素的电子亲和能的数据。由于电子亲和能的测定比较困难，一般常用间接方法计算而得，因此，数据不全且准确度较低。

表1-9 元素的电子亲和能/$kJ \cdot mol^{-1}$

H 72.375									He (−21.23)
Li 59.83	Be (−241.25)			B 23.16	C 122.555	N 0.0	O 141.855	F 322.31	Ne (−28.95)
Na 53.075	Mg (−231.6)			Al 44.39	Si 119.66	P 74.305	S 200.72	Cl 348.365	Ar (−34.74)
K 48.25	Ca (−156.33)	…	Cu 123.52	Ga (35.705)	Ge 115.8	As 77.2	Se 194.93	Br 324.24	Kr (−38.6)
Rb 47.285	Sr (−119.66)	…	Ag 125.45	In (33.775)	Sn 120.625	Sb 101.325	Te 190.105	I 295.29	Xe (−40.53)
Cs 45.355	Ba (−52.11)	…	Au 222.915	Tl (48.25)	Pb 101.325	Bi 101.325			

注：括弧内为估算值。

从表1-9可以看出，非金属元素的电子亲和能均为正值，说明非金属元素易得到电子；而金属元素的电子亲和能则是较小的正值或是负值，说明金属元素不易得到电子。

电子亲和能的大小反映了元素的原子得电子的难易程度。影响电子亲和能的主要因素有：有效核电荷、原子半径和原子的电子层结构。有效核电荷越大，原子半径越小，越易与电子形成稳定的电子层结构的原子，其电子亲和能就越大。

同周期元素中，从左到右，原子的有效核电荷增大，原子半径减小，同时由于最外层电子数逐渐增多，易与电子结合形成8电子稳定结构，因此，元素的电子亲和能呈逐渐增大的趋势，至卤素达到最大值。第15（ⅤA）族元素由于其外围电子构型为ns^2np^3的半充满稳定状态，电子亲和能较小。稀有气体的外围电子构型为ns^2np^6的稳定结构，因而，电子亲和能非常小。

同族元素中，从上到下，电子亲和能总的趋势是减少的。

1.3.5 电负性

电离能和电子亲和能各自都只从一个侧面反映了原子得失电子的能力。为了全面衡量分子中原子争夺电子的能力，1932年鲍林首先提出了元素电负性的概念。元素的电负性是指原子在分子中吸引电子的能力，用χ来表示。鲍林指定氟的电负性$\chi(F) = 4.0$，并通过对比依次求出了其他元素的电负性，因此，电负性的数值是相对的。此后，不少人也对电负性进行了深入的研究，由于计算的方法不同，现在已有几套电负性数值。比如密立根（R. S. Muliken）从元素的电离能和电子亲和能、阿莱-罗周（A. L. Allred-E. G. Rochaow）从原子核对电子的静电引力等角度出发，都各自计算了一套电负性数值 。这些方法计算出的电负性数值虽然不同，但在电负性大小顺序中元素的相对位置大致相同，而且相互之间的数值换算可以找到一定的关系式。目前较常用的还是鲍林的电负性数值。表1-10列出了各

❶ 该反应是放热的，在化学热力学中，$\Delta_r H_m^{\ominus} = -141\ kJ \cdot mol^{-1}$（见4.1.1），$Y = -\Delta_r H_m^{\ominus}$。

表 1-10　元素的电负性

H 2.1																
Li 1.0	Be 1.5											B 2.0	C 2.5	N 3.0	O 3.5	F 4.0
Na 0.9	Mg 1.2											Al 1.5	Si 1.8	P 2.1	S 2.5	Cl 3.0
K 0.8	Ca 1.0	Sc 1.3	Ti 1.5	V 1.6	Cr 1.6	Mn 1.5	Fe 1.8	Co 1.9	Ni 1.9	Cu 1.9	Zn 1.6	Ga 1.6	Ge 1.8	As 2.0	Se 2.4	Br 2.8
Rb 0.8	Sr 1.0	Y 1.2	Zr 1.4	Nb 1.6	Mo 1.8	Tc 1.9	Ru 2.2	Rh 2.2	Pd 2.2	Ag 1.9	Cd 1.7	In 1.7	Sn 1.8	Sb 1.9	Te 2.1	I 2.5
Cs 0.79	Ba 0.9	Lu 1.2	Hf 1.3	Ta 1.5	W 1.7	Re 1.9	Os 2.2	Ir 2.2	Pt 2.2	Au 2.4	Hg 1.9	Tl 1.8	Pb 1.9	Bi 1.9	Po 2.0	At 2.2

元素的电负性。

从表 1-10 可以看出，元素的电负性也是呈周期性变化的。同一周期元素从左到右，随着原子序数递增，有效核电荷增加，原子半径减少，原子在分子中对电子的吸引力逐渐增强，因而电负性是逐渐增大的。

同一族元素中，从上到下，s 区和 p 区元素的电负性随电子层数增多，原子半径增大，电负性是逐渐减少的。

通常，金属元素的电负性小于 2.0，非金属元素的电负性大于 2.0。

1.3.6　元素的金属性和非金属性

元素的金属性是指其原子失去电子成为正离子的性质；元素的非金属性是指其原子得到电子成为负离子的性质。元素的原子越易失去电子，其金属性就越强；元素的原子越易得到电子，其非金属性就越强。

可以用电离能和电子亲和能来衡量元素的金属性或非金属性的强弱。电离能越小，元素的金属性就越强；电子亲和能的代数值越大，元素的非金属就越强。由于电负性综合考虑了元素得失电子的能力，所以，通常直接用电负性的大小来判断金属性或非金属性的强弱。电负性越小，金属性就越强；电负性越大，非金属性就越强。表 1-11 列出了周期表中各元素的金属性与非金属性的递变。

从表 1-11 可以看出，s 区（除氢外）、d 区、f 区都是金属元素，p 区中有一部分是金属元素，有一部分是非金属元素。

值得注意的是：某些元素的原子难失去电子，并不意味着该原子就容易得到电子。例如，稀有气体既难失去电子又不易得到电子。

1.3.7　氧化态

为了说明化合物中某一元素的原子与其他元素原子化合的能力，可用离子价、共价、配位数、氧化态等概念来表征。在无机化学中最常用的是氧化态。我们把氧化态（有关氧化态的详述，参见 6.1.1）定义为：当分子中原子之间的共用电子对被指定属于电负性较大的原子后，各原子所带的形式电荷数就是氧化态。这个定义相当于中学化学中化合价的概念。

表 1-11　周期表中各元素的金属性与非金属性的递变

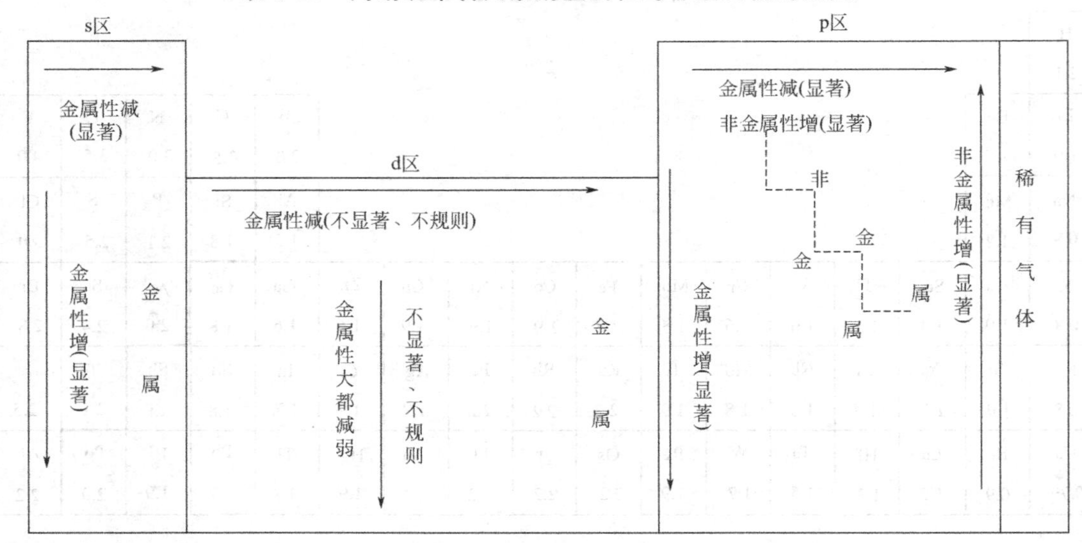

元素原子参加化学反应时，通常通过得失电子或共用电子等方式达到最外电子层为 2、8 或 18 个电子的较稳定结构。

在化学反应中参与形成化学键的电子称为价电子。价电子所在的亚层统称为价层。原子的价电子层结构是指价层的电子排布式，它能反映出该元素原子的电子层结构的特征。但价层上的电子并不一定都是价电子，例如，$_{29}Cu$ 的价电子层结构为 $3d^{10}4s^1$，其中 10 个 3d 电子并不都是价电子。有时价电子层结构的表示形式会与外围电子构型不同，例如，$_{35}Br$ 的价电子层结构为 $4s^24p^5$，而其外围电子构型为 $3d^{10}4s^24p^5$。

价电子的数目取决于原子的外围电子构型。对于 s 区、p 区元素来说，外围电子构型为 $ns^{1\sim2}$、$ns^2np^{1\sim6}$ [或 $(n-1)d^{10}\ ns^2np^{1\sim6}$]，它们次外电子层已经排满，所以，最外层电子是价电子，其最高氧化态等于最外层 ns 和 np 亚层上电子数的总和。

对于 d 区元素，外围电子构型为 $(n-1)d^{1\sim10}ns^{1\sim2}$，未充满的次外层 d 电子也可能是价电子，它们的最高氧化态等于 $(n-1)$ d 电子 [已达到 $(n-1)d^{7\sim10}$ 除外] 与 ns 电子数目之和。

表 1-12 列出了 d 区元素可能的最高氧化态。

表 1-12　d 区元素可能的最高氧化态

族　号	3(ⅢB)	4(ⅣB)	5(ⅤB)	6(ⅥB)	7(ⅦB)
价电子构型	$(n-1)d^1\ ns^2$	$(n-1)d^2\ ns^2$	$(n-1)d^3\ ns^2$	$(n-1)d^5\ ns^1$	$(n-1)d^5\ ns^2$
最高氧化态	+3	+4	+5	+6	+7
族　号	8(ⅧB)	9(ⅧB)	10(ⅧB)	11(ⅠB)	12(ⅡB)
价电子构型	$(n-1)d^6\ ns^2$	$(n-1)d^7\ ns^2$	$(n-1)d^8\ ns^2$	$(n-1)d^{10}\ ns^1$	$(n-1)d^{10}\ ns^2$
最高氧化态	+8	+6	+4	+3	+2

思考题

1. 量子力学怎样描述电子在原子中的运动状态？一个原子轨道要用哪几个量子数来描述？

2. 下列概念有何异同？

① 基态和激发态；

② 电子云和原子轨道；
③ 概率密度和电子云；
④ 波函数 ψ 和 $|\psi|^2$；
⑤ 波函数和原子轨道；
⑥ $|\psi|^2$ 和电子云。

3. 如何理解原子核外电子运动无固定轨道可循？

4. 下列说法是否正确，为什么？
① 电子云图中黑点越密的地方电子越多；
② p轨道的角度分布为“8”字形，表明电子沿“8”字轨道运动；
③ 磁量子数为零的轨道，都是s轨道；
④ 一个原子不可能存在两个运动状态完全相同的电子。

5. 说明四个量子数的物理意义和取值要求，并说明 n、l_i、m_i 之间的关系。

6. 原子轨道的角度分布图和电子云的角度分布图有何异同？

7. 碳原子的外围原子结构为什么是 $2s^2sp^2$，而不是 $2s^12p^3$？为什么碳原子的两个2p电子是成单而不是成对的？

8. 在3s、p_x、p_y、p_z、d_{xy}、d_{xz}、d_{yz}、$d_{x^2-y^2}$、d_{z^2} 轨道中：
① 对于氢原子，哪些是等价轨道？
② 对于多电子原子，哪些是等价轨道？

9. 为什么铜原子的外围电子构型是 $3d^{10}4s^1$，而不是 $3d^94s^2$？

10. 为什么周期表中1～4周期的元素数目，分别是2、8、8、18，而根据 $2n^2$ 计算每层电子最大容量为2、8、18、32？

11. s区、p区、d区和f区元素的原子结构有何特征？

12. 何谓有效核电荷？它与核电荷是否成正比关系？试简要说明之。

13. 何谓电负性？电负性大小说明元素的什么性质？

14. Cl和Mn的价电子数均为7，它们的最高氧化态均为+7，但Cl是非金属元素，而Mn却是金属元素，试从原子结构加以解释。

习　题

1. 写出下列各组中缺少的量子数：

① $n=?$　$l_i=2$　$m_i=0$　$s_i=+\frac{1}{2}$

② $n=2$　$l_i=?$　$m_i=-1$　$s_i=-\frac{1}{2}$

③ $n=4$　$l_i=2$　$m_i=0$　$s_i=?$

④ $n=3$　$l_i=1$　$m_i=?$　$s_i=-\frac{1}{2}$

2. 下列各组量子数哪些是不合理的，为什么？
① $n=2$　$l_i=1$　$m_i=0$
② $n=3$　$l_i=2$　$m_i=-1$
③ $n=3$　$l_i=0$　$m_i=0$
④ $n=3$　$l_i=1$　$m_i=+1$
⑤ $n=2$　$l_i=0$　$m_i=-1$
⑥ $n=2$　$l_i=3$　$m_i=+2$

3. 多电子原子中，当量子数 $n=4$ 时，有几个能级？各能级有几个轨道？最多能容纳多少个电子？

4. 写出具有电子构型为 $1s^22s^22p^3$ 的原子中各电子的全套量子数。

5. 写出原子序数分别为13、19、27、33元素原子的电子排布式，并指出它们各属于哪一区、哪一族、哪一周期。

6. 从下列原子的价电子层结构，推断元素的原子序数，并指出它在周期表中的哪一区、族和周期以及最高氧化态。

$4s^2$　　$3d^2 4s^2$　　$4s^2 4p^3$

7. 具有下列电子构型的元素位于周期表哪一区？是金属还是非金属？

ns^2　　$ns^2 np^6$　　$(n\text{-}1)d^5 ns^2$　　$(n\text{-}1)d^{10} ns^1$

8. 已知元素 A 的原子，电子最后布入 3d 轨道，最高氧化态为 4；元素 B 的原子，电子最后布入 4p 轨道，最高氧化态为 5。回答下列问题：

① 写出 A、B 两元素原子的电子排布式；

② 根据电子排布，指出它们在周期表中的位置（周期、族、区）。

9. 写出下列离子的电子排布式：

S^{2-}　　I^-　　K^+　　Ag^+　　Pb^{2+}　　Mn^{2+}　　Co^{2+}

10. 现有第四周期的 A、B、C 三种元素，其价电子数依次为 1、2、7，其原子序数按 A、B、C 顺序增大。已知 A、B 次外层电子数为 8，而 C 的次外层电子数为 18。根据这些条件判断：

① 哪些是金属元素？

② C 与 A 的简单离子是什么？

③ 哪一元素的氢氧化物的碱性最强？

④ B 与 C 两元素能形成何种化学物？试写出化学式。

11. 某一周期（其稀有气体原子的最外层电子构型为 $4s^2 4p^6$）中有 A、B、C、D 四种元素，已知它们的最外电子层电子数分别为 2、2、1、7；A、C 的次外层电子数为 8，B、D 次外层电子数为 18。问 A、B、C、D 是哪几种元素？

第2章 分子结构

化学反应的本质是旧化学键断裂和新化学键形成的过程，从而原料分子转化成了生成物分子。分子是组成物质的基本微粒之一，也是保持物质性质的最小微粒，及物质参与化学反应的基本单元。分子由原子组成，化学键是组成分子的原子之间的一种较强的相互作用力。了解分子结构和化学键的相关理论，有助于进一步认识物质的性质及其变化规律。物质的性质一方面取决于组成分子的原子，另一方面取决于原子与原子之间相互结合的化学键的形式和强弱，以及原子在空间的分布状态。按照形成化学键时原子之间作用力的不同，化学键可分为：离子键、共价键和金属键。此外，分子与分子之间还存在着较弱的作用力，即分子间力。分子间力的强度虽然小于化学键，但它对物质的物理性质起着关键性的作用。

本章着重介绍共价键的基本理论，简单分子的几何构型，以及分子间的作用力。有关离子键和金属键的内容将在第 3 章中加以讨论。

2.1 共价键

原子在形成分子时，若原子间电负性相差较大，则可通过原子间的电子得失形成化学键（离子键，见第 3 章）；若原子间电负性相差不大，甚至相同，就要通过共享电子的形式形成化学键。这种以共用电子对的方式形成的化学键，就称为共价键。最早的共价键理论是 1916 年路易斯（G. N. Lewis）提出的，他认为元素的原子通过共用电子对达到稀有气体的稳定结构而形成共价键，即八隅体规则。例如，HCl 分子的形成：

$$\mathrm{H}\cdot + \ddot{\underset{\times\times}{\mathrm{Cl}}}\!: \longrightarrow \mathrm{H}\!:\!\ddot{\underset{\times\times}{\mathrm{Cl}}}\!:$$

H 原子和 Cl 原子之间的两个电子为两个原子共有，从而使两个原子都具有稀有气体的稳定结构。

路易斯的共价键理论初步提出了不同于离子键的共价键的概念，使对分子结构的认识前进了一步。但是路易斯的共价键理论只能解释一些简单共价分子的形成，它不能解释有些能稳定存在的非八隅体分子，如 BF_3、PCl_5 分子，其中 B 的外围有 6 个电子，P 的外围有 10 个电子。对某些分子的特性也难以做出解释。例如，根据八隅体规则，SO_2 的结构式为 $:\ddot{\mathrm{O}}\!:\!\ddot{\mathrm{S}}\!::\!\mathrm{O}\!:$，其中 S 原子与一个 O 原子以单键结合，与另一个 O 原子应以双键结合，但实际发现两个 S—O 是完全等同的。又如 NO、NO_2 分子中都存在单电子，应该是不稳定的，但这两种物质都是稳定的氮氧化合物。另外，路易斯理论也不能说明共价键的本质和分子的几何构型。后来，由于量子力学的建立和发展，1927 年德国的物理学家海特勒（W. Heitler）和伦敦（F. London）用量子力学处理 H_2 分子，提出了共价键理论（VB 法），从而奠定了现代共价键理论的基础，阐明了共价键的本质。1931 年鲍林又提出了杂化轨道理论，对分子的几何构型作出了解释。1932 年美国化学家密立根（R. S. Mulliken）和德国化学家洪德（F. Hund）从另一角度提出了分子轨道理论（MO 法），从整体来讨论分子中共价键的形成情况，成功地解释了许多分子的性质及反应性能等问题。

2.1.1　现代共价键理论

（1）共价键的形成

当两个独立的、距离很远的 H 原子相互靠近欲形成 H_2 分子时，有两种情况：

① 若两个 H 原子各带一个自旋方向相反的电子，当它们靠近到一定距离时，虽然存在核与核、电子与电子之间的排斥作用，但一个 H 原子的原子核对另一个 H 原子的电子之间的吸引力占主导地位，系统的能量是降低的，随着两个 H 原子的进一步靠近，当核间距达到平衡距离（R_0）时，系统的能量最低，为 E_0。如图 2-1(a)、图 2-2 所示。此时，H 原子核间的电子概率密度最大，核对电子的吸引力最强，因而形成了稳定的 H_2 分子，这种状态称为吸引态（基态）。当核间距离进一步缩短（$<R_0$）时，两原子核间的排斥力开始增加，系统的能量也相应上升。

② 若两个 H 原子各带一个自旋方向相同的电子，随着核间距的缩短，排斥力占主要，两个 H 原子核间的电子概率密度减少，系统的能量升高，不能形成稳定的 H_2 分子，这种状态称为排斥态（激发态）。如图 2-1(b)、图 2-2 所示。

实验测得的能量曲线与海特勒和伦敦的计算结果非常接近：

实验值　$R_0 = 74\text{pm}$　$E_0 = 458\text{kJ} \cdot \text{mol}^{-1}$

理论值　$R_0 = 87\text{pm}$　$E_0 = 303\text{kJ} \cdot \text{mol}^{-1}$

所以说，海特勒和伦敦的处理方法基本上是正确的。

第 1 章已介绍过氢原子的玻尔半径是 $a_0 = 52.9\text{pm}$，而实际测得的 H_2 分子的核间距 $74\text{pm} < (52.9 \times 2)\text{pm}$，说明在形成 H_2 分子时，两个 H 原子的原子轨道发生了重叠，即原子轨道重叠是共价键形成的本质。

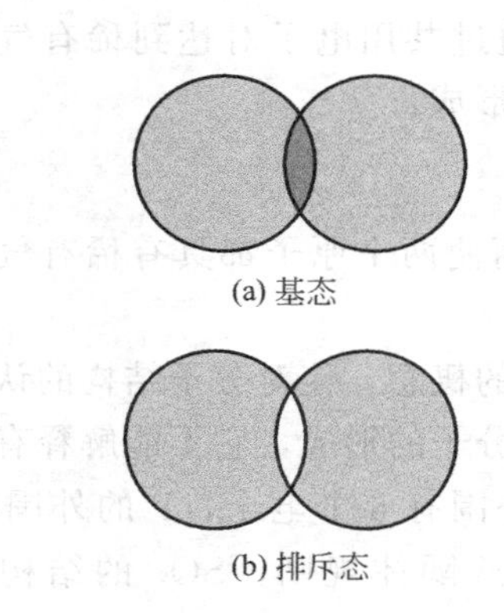

图 2-1　H_2 的基态和排斥态

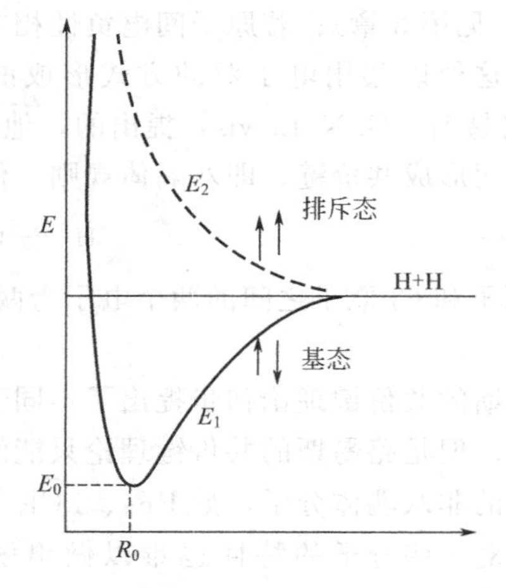

图 2-2　H_2 能量曲线

（2）价键理论的要点

把量子力学对 H_2 分子的处理结果推广到其他分子体系，就可得到价键理论。价键理论是建立在形成分子的原子应有未成对电子的基础上的，这些未成对的电子在自旋反向时才可以两两配对形成共价键，所以，价键理论又称为电子配对理论。其要点如下：

① 成键两原子相互靠近时，只有自旋反向的电子可以配对形成共价键。

② 两原子在形成共价键时，其原子轨道要发生重叠，重叠的程度越大，形成的共价键越稳定——最大重叠原理。

为了使系统的能量降低，参与重叠的原子轨道必须满足：

① 参与重叠的原子轨道的能量相近。

② 参与重叠的原子轨道的对称性应匹配，即只有同号的原子轨道重叠（“+”与“+”、“−”与“−”的重叠）才能使系统的能量降低，重叠才是有效的。异号的原子轨道重叠（“+”与“−”的重叠）使系统的能量升高，是无效重叠。

③ 原子轨道在可能的范围内进行最大限度的重叠。

这三个原则通常被称为共价键的成键三原则。

例如，HCl 分子的形成。当 H 原子的 1s 轨道与 Cl 原子的 $3p_x$ 轨道沿键轴（x 轴）进行重叠时，可能的重叠方式有三种。如图 2-3 所示。

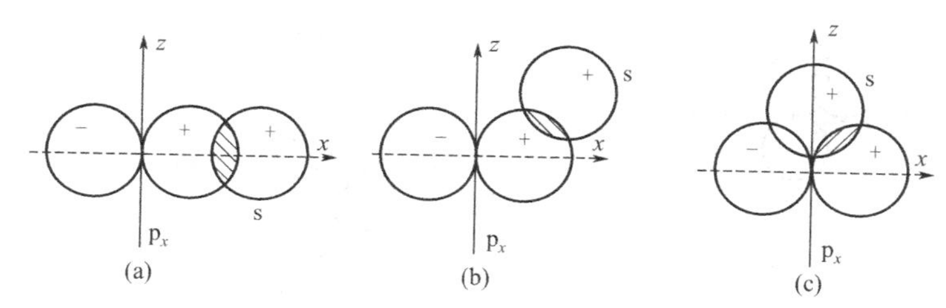

图 2-3　H 原子的 1s 轨道与 Cl 原子的 $3p_x$ 轨道的重叠方式

其中（a）、（b）为同号重叠，但核间距一定时，（a）的重叠程度比（b）的重叠程度大，所以（a）是有效重叠。（c）由于同号重叠和异号重叠的两部分相互抵消，是零重叠，不能形成稳定的共价键，是无效的。所以 HCl 分子只有采用（a）重叠方式形成共价键才是最有效的。

由于 p、d、f 原子轨道都有一定的方向性，因而它们要沿着一定的方向进行有效重叠。如图 2-4 所示。

2.1.2　共价键的特征

（1）共价键的饱和性

由于在形成共价键时，成键原子之间需要共用未成对电子，一个原子有几个未成对电子，就只能和几个自旋方向相反的电子配对成键，也就是说，原子形成共价键的数目是有限的。所以共价键具有饱和性。

如果成键原子 A 和 B 各有一个未成对电子，就只能形成一个共价单键，如 H—H；如果 A 和 B 各有两个或三个未成对电子，则形成共价双键或三键，如 N≡N ；如果 A 有三个未成对电子，B 有一个未成对电子，这时可形成 AB_3 型共价分子，如 NH_3。

（2）共价键的方向性

成键原子的原子轨道进行重叠时，在满足对称性匹配原则的基础上，为使系统能量将至最低，还应尽可能沿着重叠程度最大的方向进行重叠，这就使得共价键具有一定的方向性。

2.1.3　共价键的类型

按形成共价键时原子轨道重叠的方式不同，共价键一般分为 σ 键和 π 键。

（1）σ 键

当两成键原子沿着键轴（连接两原子核的直线）方向靠近时，如果原子轨道采取“头碰头”的形式进行重叠，形成的共价键称为 σ 键。σ 键原子轨道的重叠部分相对于键轴呈圆柱

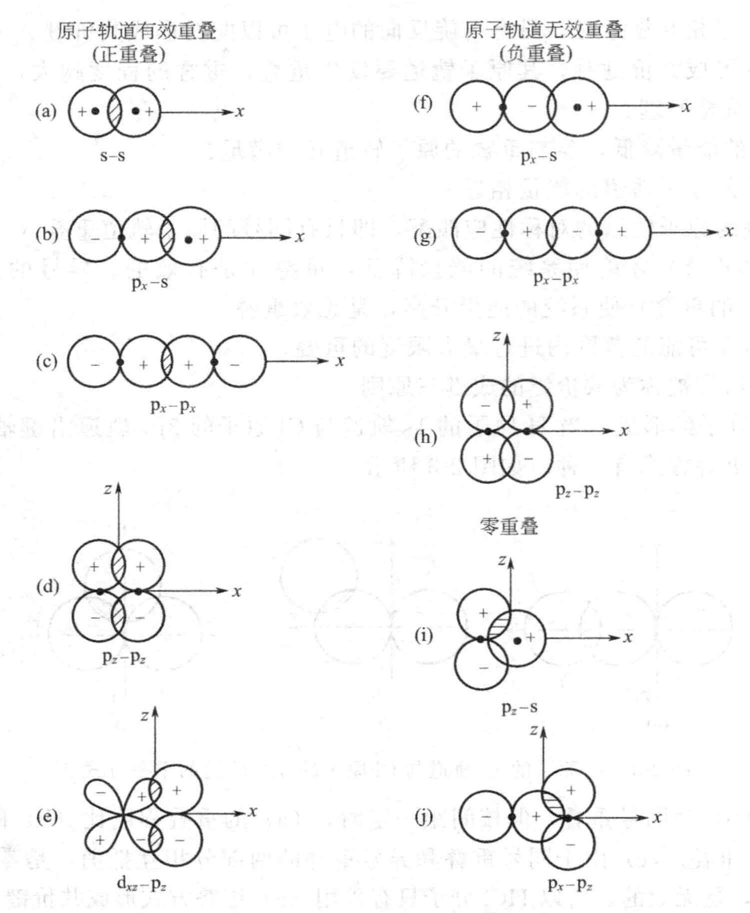

图 2-4 原子轨道重叠的几种方式（图中·为核所在的位置）

形对称，即沿键轴方向旋转任何角度，轨道的形状、大小、符号均不变。如图 2-4(a)、(b)、(c) 所示。若以 x 轴为键轴，s-s、s-p_x、p_x-p_x 的重叠形成 σ 键。σ 键的电子云密集在键轴处。如图 2-5(a) 所示。

(2) π 键

当两成键原子沿着键轴方向靠近，其原子轨道采取“肩并肩”的形式重叠，形成的共价键称为 π 键。π 键原子轨道的重叠部分对等地分布在包括键轴在内的平面（节面）的上、下两侧，形状、大小相同，符号相反，呈镜面反对称。如图 2-4(d)、(e) 所示。若以 x 轴为键轴，p_y-p_y、p_z-p_z、d_{xz}-p_z 的重叠可形成 π 键。π 键的电子云密集在节面的上、下两侧，而节面上的电子云密度为零。如图 2-5(b) 所示。

通常“头碰头”重叠的程度比“肩并肩”重叠要大，所以 σ 键比 π 键更稳定一些。一般共价单键是一个 σ 键；双键是一个 σ 键和一个 π 键；三键是一个 σ 键和两个 π 键。例如，N_2 分子，N

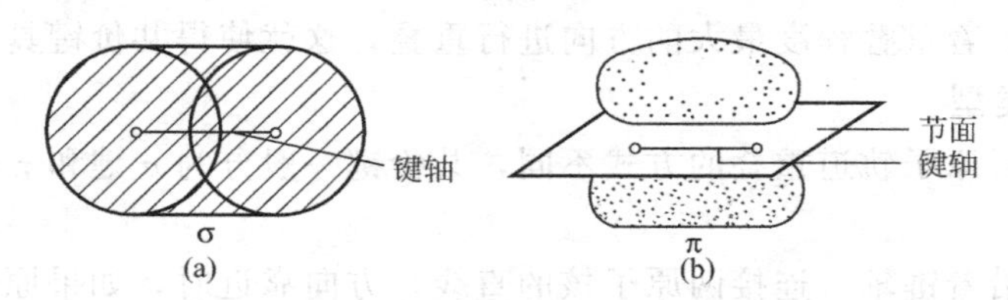

图 2-5 σ 键和 π 键电子云分布示意图

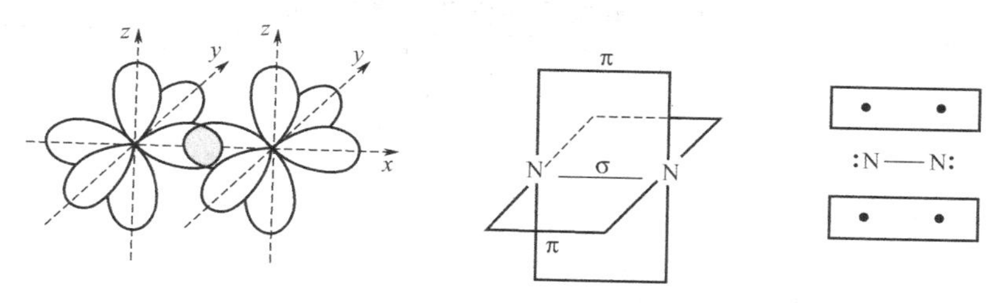

图 2-6　N_2 分子中的三键示意图

的外层电子构型为 $2s^2 2p^3$，有三个未成对的 p 电子（$2p_x^1$、$2p_y^1$、$2p_z^1$），当两个 N 原子沿键轴（x 轴）靠近时，形成 $\sigma(p_x\text{-}p_x)$、$\pi(p_y\text{-}p_y)$ 和 $\pi(p_z\text{-}p_z)$ 三个共价键，如图 2-6 所示。

2.1.4　共价键参数

键参数是用以表征化学键性质的物理量。常见的键参数有键能、键长、键角和键距。利用键参数可以判断分子的几何构型、分子的极性及热稳定性等。

（1）键能（E_B）

键能是衡量键强弱的物理量，它表示拆开一个键或形成一个键的难易程度。由于形成共价键必须放出能量，那么拆开共价键时，就需要供给能量。键能 E_B 的定义为：在 298.15K 和 100kPa 的条件下，拆开 1mol 键所需要的能量，单位是 $kJ \cdot mol^{-1}$。

对双原子来说，在上述温度、压力的条件下，将 1mol 理想气体拆开为理想气态原子所需的能量称为离解焓 $\Delta_D H_m^\ominus$[1]，也就是键能 E_B。如：

$$H_2(g) \longrightarrow 2H(g) \qquad E_B = \Delta_D H_m^\ominus = 436kJ \cdot mol^{-1}$$

对于多原子分子来说，将气态分子拆开为气态原子，要经过多次离解，每一次离解都有一个离解焓，此时的键能就不再等于离解焓，而是等于离解焓的平均值。如 H_2O 分子有两个等价的 O—H 键，由光谱实验得知，由于离解的先后次序不同，O—H 键的离解焓是有差别的。

$$H_2O \longrightarrow H(g) + OH(g) \qquad \Delta_D H_m^\ominus(1) = 501.9kJ \cdot mol^{-1}$$

$$+)\quad OH \longrightarrow H(g) + O(g) \qquad \Delta_D H_m^\ominus(2) = 423.4kJ \cdot mol^{-1}$$

$$H_2O \longrightarrow 2H(g) + O(g) \qquad \Delta_D H_m^\ominus = \Delta_D H_m^\ominus(1) + \Delta_D H_m^\ominus(2)$$

$\Delta_D H_m^\ominus$ 为 $H_2O(g)$ 离解为 H(g) 和 O(g) 的总离解焓。此时 O—H 键的键能为

$$E_B = \frac{\Delta_D H_m^\ominus}{2} = \frac{501.9 + 423.4}{2} = 462.7(kJ \cdot mol^{-1})$$

表 2-1 列出了一些常见共价键的平均键能。一般来说，键能愈大，表明共价键愈牢固，由该化学键形成的分子也就愈稳定。

由相同的原子形成的共价键的键能有：

$$E_B(\text{单键}) < E_B(\text{双键}) < E_B(\text{三键})$$

例如，$E_B(C—C) = 356kJ \cdot mol^{-1} < E_B(C=C) = 598kJ \cdot mol^{-1} < E_B(C\equiv C) = 813kJ \cdot mol^{-1}$。

而且，$E_B(\text{单键}) \neq \frac{1}{2}E_B(\text{双键}) \neq \frac{1}{3}E_B(\text{三键})$。

（2）键长（l）

分子中两成键原子间作用力达到平衡时，原子核间的平均距离称为键长。键长可通过分子光谱、X 射线衍射等实验测得。表 2-1 列出了一些非金属元素形成的共价键的键长。

[1] 严格来讲应为键焓 $\Delta_B H_m^\ominus$，焓的定义见第 4 章。

表 2-1 一些常见共价键的键能和键长

键	键长/pm	键能/kJ·mol^{-1}	键	键长/pm	键能/kJ·mol^{-1}
H—H	74	436	C—H	109	416
O—O	148	146	N—H	101	391
S—S	205	226	O—H	96	467
F—F	128	158	F—H	92	566
Cl—Cl	199	242	B—H	123	293
Br—Br	228	193	Si—H	152	323
I—I	267	151	S—H	136	347
C—F	127	485	P—H	143	322
B—F	126	548	Cl—H	127	431
I—F	191	191	Br—H	141	366
C—N	147	305	I—H	161	299
C—C	154	356	N—N	146	160
C═C	134	598	N═N	125	418
C≡C	120	813	N≡N	110	946

在不同的分子中，两原子间形成相同类型的化学键时，其键长是基本相同的。相同原子形成的共价键的键长，单键＞双键＞三键，如表 2-1 中 C—C、C═C、C≡C 的键长。通常键长越短，键能越大，如表 2-1 中 F—H、Cl—H、Br—H、I—H 的键长。

（3）键角（θ）

在分子中，键和键之间的夹角称为键角（θ）。键角和键长是表征分子几何构型的重要参数。键角的数据可通过分子光谱和 X 射线衍射实验测得。对于双原子分子，分子的几何构型总是直线型；对于多原子分子，分子的几个构型则要根据原子在空间的排列情况而定。表 2-2 列出了一些分子的键角、键长和分子的几何构型。知道了分子的键长和键角，就可以确定分子的几何构型。

表 2-2 一些分子的键长、键角和分子构型

分子式	键长/pm（实验值）	键角 θ（实验值）	分子构型
H_2O	95.8	104.5°	H、O、H；104.5°；95.8pm（角型）
CO_2	116	180°	O、C、O；116pm、116pm；180°（直线型）
NH_3	100.8	107.3°	N、H、H、H；100.8pm；107.3°（三角锥型）
CH_4	109.1	109.5°	H、C、H、H、H；109.1pm；109.5°（四面体型）

(4) 键矩 (μ_B)

由于成键原子对电子的吸引力不同，共用电子的电子云在两原子之间的分布有以下两种情况：

① 当两相同原子以共价键结合时，共用电子对的电荷分布是对称的，成键电子云的中心分布在两原子核的中间，使正、负电荷中心重合。这种共价键称为非极性共价键，简称为非极性键。例如，非金属单质形成的分子如 H_2、Cl_2、O_2 以及金刚石、晶态硅等分子中的共价键。

② 当不同原子形成共价键时，由于原子的电负性不同，对电子的吸引力不同，成键电子云偏向电负性大的原子一方。此时，电荷的分布是不对称的，电负性大的原子一端呈部分负电性，电负性小的原子一端呈部分正电性，正、负电荷中心不重合。这种共价键称为极性共价键，简称极性键。例如，HCl 分子中，Cl 原子的电负性较大，成键电子云偏向 Cl 原子，所以 H—Cl 键是极性键，可表示为 $\overset{+\delta}{H}—\overset{-\delta}{Cl}$。

键的极性大小可用键的偶极矩（简称键矩 μ_B）来衡量。键矩定义为键的两极上电荷 q 与两极长度 l（即核间距或键长）的乘积。

$$\mu_B = ql \qquad \overset{q^+}{\cdot}\xrightarrow[\mu_B]{\quad l \quad}\overset{q^-}{\cdot}$$

式中，q 的单位为库仑 (C)，l 的单位为米 (m)，所以，μ_B 的单位为库仑·米 (C·m)。键矩是矢量，其方向规定为由正到负[1]。键矩可以通过实验或计算得来。表 2-3 列出了一些共价键的键矩。

表 2-3　一些共价单键的键矩

键 A—B	H—C	H—N	H—O	H—F	H—Cl	H—Br	H—I
$\mu(A\rightarrow B)/10^{-30}C\cdot m$	1.33	4.37	5.04	6.47	3.60	2.6	1.27
$\chi_B-\chi_A$	0.4	0.8	1.2	1.8	1.0	0.8	0.5

键矩的大小与成键两原子之间的电负性差值有关，电负性差值越大，键矩越大，键的极性越大。

2.2 杂化轨道理论与分子的几何构型

价键理论较好地解释了双原子分子共价键的形成，但是却无法解释多原子分子的几何构型，例如 $BeCl_2$、BCl_3、CH_4，它们的几何构型如图 2-7 所示。

其中，Be、B、C 原子都利用了 s 电子和 p 电子形成共价键，每个分子中各键的键长均是相等的。根据 p 轨道的方向性，分子中应出现 90°的键角，而上述分子的键角却均大于 90°。

为了解释这些现象，1931 年鲍林在价键理论的基础上，根据电子的波动性和波的叠加原理提出了杂化轨道理论。杂化轨道理论的要点是：一个原子和周围原子成键时，其价层的若干个能量相近的不同类型的原子轨道（s、p、d）经过叠加，重新分配能量和调整伸展方向，组合成新的利于成键的轨道，这个过程称为原子轨道的杂化，简称为杂化，形成的新轨

[1] 国外有些书规定偶极矩的方向为由负到正。

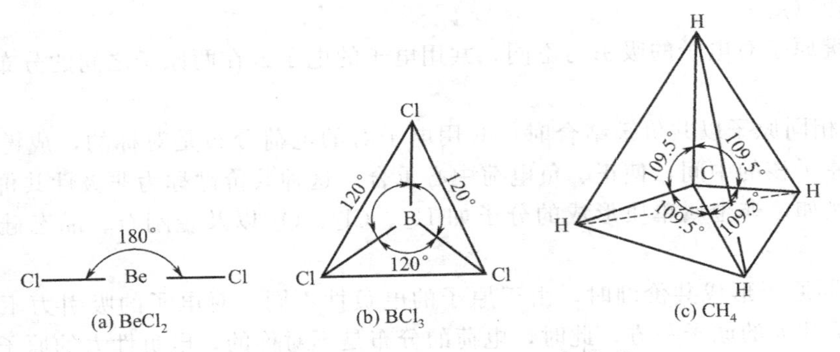

图 2-7 $BeCl_2$、BCl_3、CH_4 的几何构型

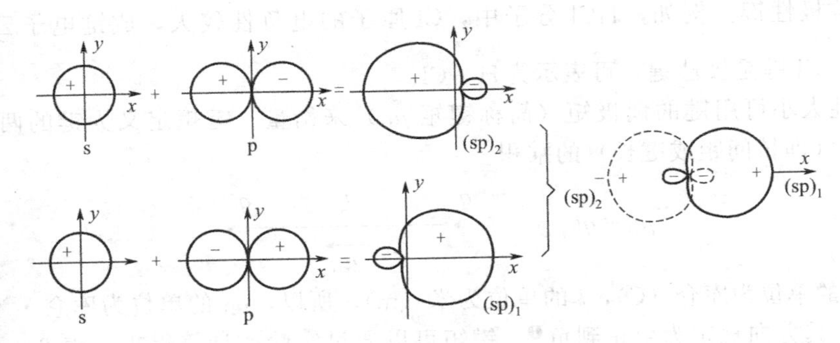

图 2-8 sp 杂化轨道形成示意图

道称为杂化轨道。有几个原子轨道进行杂化，就形成几个新的杂化轨道。杂化轨道比原来未杂化轨道的原子轨道的成键能力更强，形成的化学键更牢固，分子的稳定性更强。

由 s 和 p 轨道组合形成杂化轨道的过程称为 s-p 杂化，最常见的 s-p 杂化类型有 sp、sp^2 和 sp^3 三种，相对应的杂化轨道为 sp、sp^2 和 sp^3 杂化轨道。下面分别加以介绍。

2.2.1 sp 杂化

原子在形成分子时，由同一原子的一个 *n*s 原子与一个 *n*p 原子轨道进行杂化的过程叫做 sp 杂化，可形成两个 sp 杂化轨道。sp 杂化轨道的形成过程如图 2-8 所示。

当 s 轨道（波函数角度部分值均为正值）和 p 轨道（波函数角度部分值一半为正，另一半为负）叠加（杂化）时，正与正叠加时，叠加区域增大；正与负叠加时，叠加区域缩小。所以 sp 轨道一头大（正值区），一头小（负值区），形似葫芦，与纯粹的 p 轨道比较，具有更强的成键能力。

根据实验测定，气态 $BeCl_2$ 是直线型分子，Be 位于 2 个 Cl 的中间，键角为 180°，两个 Be—Cl 键的键长和键能均相同。如图 2-7(a) 所示。

Be 原子的基态价层电子构型为 $2s^2$。成键时，Be 原子的 1 个 2s 电子激发到 2p 轨道上，成为激发态 $2s^1 2p^1$。与此同时，Be 原子的 2s 轨道与一个 2p 轨道（有一个电子占据）进行 sp 杂化，形成 2 个能量相等的 sp 杂化轨道：

2s ⇅　2p ○○○ —激发→ 2s ↑　2p ↑○○ —杂化→ ↑↑（2个sp轨道）○○

其中每一个 sp 杂化轨道中都含有 $\frac{1}{2}$s 和 $\frac{1}{2}$p 成分。这两个 sp 杂化轨道的夹角为 180°，并且各有一个电子。成键时，两个 sp 杂化轨道都以比较大的一头与 Cl 原子的 3p 轨道（只有一个电子占据）重叠，形成两个 σ 键。因而 $BeCl_2$ 分子为直线型。

2.2.2　sp^2 杂化

原子在形成分子时，由同一原子的一个 ns 原子轨道与两个 np 轨道进行杂化的过程叫做 sp^2 杂化，可形成三个 sp^2 杂化轨道。

例如，BCl_3 分子，其中 B 原子的基态价层电子构型为 $2s^2 2p^1$，成键时，B 原子的一个 2s 电子被激发到 2p 轨道上，成为激发态 $2s^1 2p^2$。与此同时，B 原子的一个 2s 轨道与两个 2p 轨道进行杂化形成三个能量相等的 sp^2 杂化轨道：

2s　2p　—激发→　2s　2p　—杂化→　3个sp^2轨道

其中每一个 sp^2 杂化轨道中含有 $\frac{1}{3}$s 和 $\frac{2}{3}$p 成分。这三个 sp^2 杂化轨道的夹角为 120°，并且各有一个电子。如图 2-9 所示。B 原子的这三个 sp^2 杂化轨道分别与三个 Cl 原子的 3p 轨道重叠，形成具有平面三角形结构的 BCl_3 分子。如图 2-7(b) 所示。

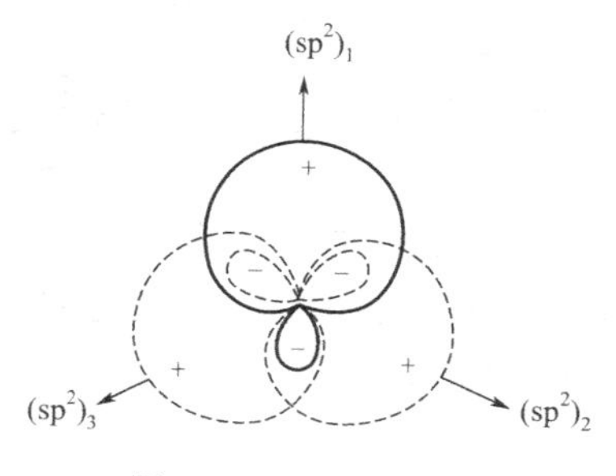

图 2-9　sp^2 杂化轨道

2.2.3　sp^3 杂化

原子在形成分子时，由同一原子的 ns 原子轨道与三个 np 原子轨道进行杂化的过程叫做 sp^3 杂化，可以形成四个 sp^3 杂化轨道。

例如，CH_4 分子，其中 C 原子的基态价层电子构型为 $2s^2 2p^2$，激发后成为 $2s^1 2p^3$，再进行 sp^3 杂化，形成四个能量相等的 sp^3 杂化轨道：

2s　2p　—激发→　2s　2p　—杂化→　4个sp^3轨道

其中每一个 sp^3 杂化轨道中各含有 $\frac{1}{4}$s 和 $\frac{3}{4}$p 成分。这四个 sp^3 杂化轨道的夹角为 109.5°。成键时，C 原子利用这四个各带有一个电子的 sp^3 杂化轨道分别与四个 H 原子的 1s 轨道重叠，形成具有正四面体结构的 CH_4 分子。如图 2-10 所示。

2.2.4　不等性杂化

以上讨论的三种类型的 s-p 杂化，每种杂化类型形成的杂化轨道都具有相同的能量，所含的 s 及 p 的成分相同，成键能力也相同，这样的杂化称为等性杂化，形成的杂化轨道称为等性杂化轨道。

如果 s-p 杂化之后，形成的杂化轨道的能量不完全相等，所含的 s 及 p 成分也不相同，这样的杂化就称为不等性杂化，形成的杂化轨道称为不等性杂化轨道。例如，NH_3 和 H_2O 分子中的 N、O 原子就是以不等性 sp^3 杂化轨道成键的。由于 N、O 原子的价层分别有 5 个

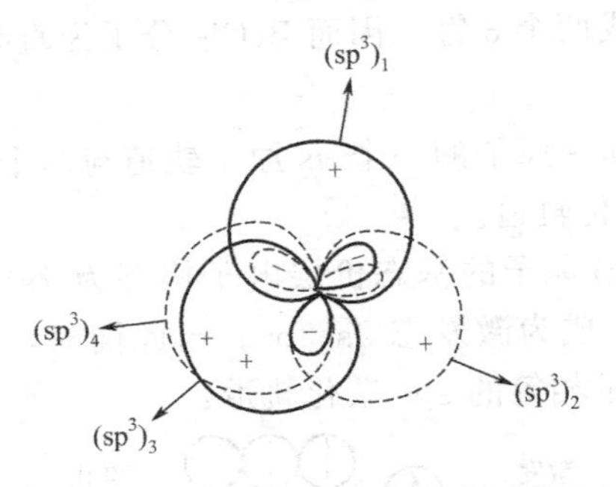

图 2-10　sp^3 杂化轨道

和 6 个电子，而参与杂化的轨道只有四个，只能形成 4 个 sp^3 杂化轨道，这样有的杂化轨道上必然会被孤电子对所占据，而被孤电子对占据的杂化轨道所含的 s 成分比单个电子占据的杂化轨道略大，更靠近中心原子（如 NH_3、H_2O 分子中的 N、O 原子）的原子核，对成键电子对具有一定的排斥作用。

在 NH_3 分子中，N 原子的价层电子构型为 $2s^2 2p^3$，其杂化过程如下：

$2s$ ⇅　$2p$ ↑ ↑ ↑ $\xrightarrow{sp^3\text{不等性杂化}}$ ⇅ ↑ ↑ ↑ 不等性sp^3

成键时，3 个 sp^3 杂化轨道的单电子分别与 3 个 H 原子的 1s 电子配对形成三个 σ 键，而另一个含孤电子对的杂化轨道则没有参与成键，由于它离 N 原子核更近，对成键电子对产生排斥作用，而使 N—H 键之间的键角小于 109.5°，氨分子呈三角锥型结构，如图 2-11(a) 所示。

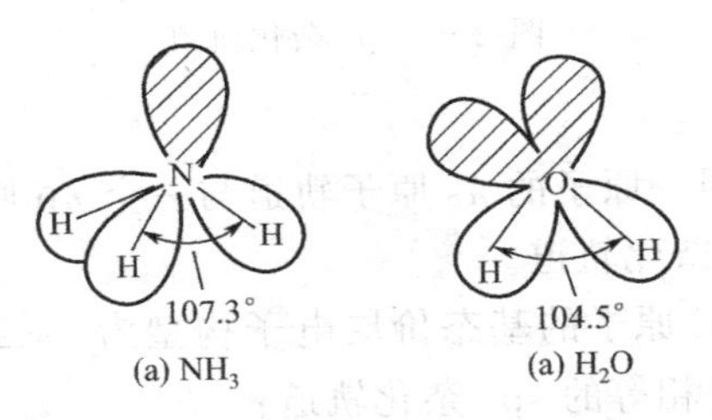

图 2-11　NH_3 分子和 H_2O 分子的结构

（阴影处为孤电子对占据的杂化轨道）

H_2O 分子中，O 原子的基态价层电子构型为 $2s^2 2p^4$，其杂化过程为：

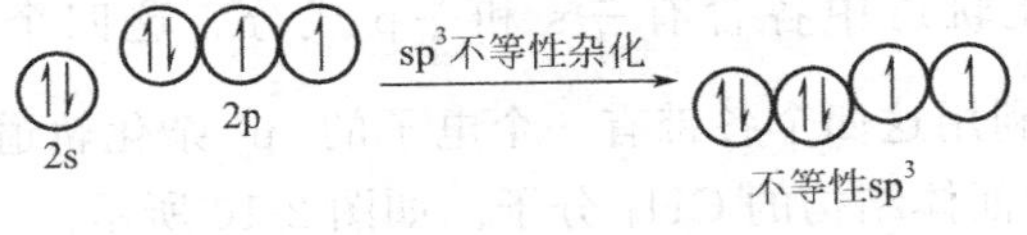

其中 2 个 sp^3 杂化轨道的单电子分别与 2 个 H 原子的 1s 电子形成 2 个 σ 键，另两个含孤电子对的杂化轨道没有成键，它们对成键电子对的排斥作用更大，使 O—H 键之间的键角更小。水分子呈 V 形结构，如图 2-11(b) 所示。

由于键合的原子不同，也可以引起中心原子的不等性杂化。例如，$CHCl_3$ 分子中，C 原子进行 sp^3 杂化，与 Cl 原子键合的 3 个 sp^3 杂化轨道，每个含 s 成分为 0.258，而与 H 原子键合的 1 个 sp^3 杂化轨道的 s 成分为 0.226，所以 $CHCl_3$ 分子中 C 原子是不等性 sp^3 杂化。

还应指出，杂化轨道是原子在成键时为适应成键需要而形成的。除了上述 ns、np 可以进行杂化外，nd、$(n-1)$d、$(n-2)$f 原子轨道也可以参与杂化。具体进行何种类型的杂化，应视具体成键要求而定。

20 世纪 50 年代，我国化学家唐敖庆教授提出 f 轨道参与杂化的新概念，并推导出包括 f 轨道在内的等性杂化轨道夹角的计算公式。70 年代中期以来，鲍林和他的学生重新对杂化轨道理论做了一系列定量的研究。杂化轨道理论已从定性或半定量地说明一些分子结构过渡到定量地阐明结构化学的有关问题。杂化轨道理论可以看做价键理论的发展和补充。

表 2-4 概括了杂化轨道与分子几何构型的关系。对于含有双键或三键的分子，其分子几何构型由 σ 键决定。

表 2-4 杂化轨道与分子几何构型

杂化轨道类型	sp	sp^2	sp^3	sp^3（不等性）		
参加杂化的轨道	1 个 s，1 个 p	1 个 s，2 个 p	1 个 s，3 个 p	1 个 s，3 个 p		
杂化轨道数	2	3	4	4		
成键轨道夹角 θ	180°	120°	109.5°	$90° < \theta < 109.5°$		
空间构型	直线型	平面三角形	（正）四面体	三角锥型	V 形	四面体
实例	$BeCl_2$，$HgCl_2$	BF_3，BCl_3	CH_4，$SiCl_4$，SiF_4	NH_3，PH_3	H_2O，H_2S	$CHCl_3$，CH_3Cl
中心原子	Be，Hg	B	C，Si	N，P	O，S	C

*2.3 价层电子对互斥理论

氨分子和水分子的几何构型，除了可以用不等性杂化 sp^3 来说明外，还可以用价层电子对互斥理论（VSEPR）来说明。这个理论是 1940 年由英国科学家西奇威克（N. V. Sidgwick）和美国科学家鲍威尔（H. M. Powell）首先提出的，随后由加拿大科学家吉莱斯皮（R. J. Gillespie）和尼霍姆（R. S. Nyholm）进一步整理而成。

价层电子对互斥理论认为：简单分子的几何构型主要决定于其中心原子[1]价层上的电子对数目。由于价层上电子对之间的互斥作用，使得它们彼此之间尽可能远离，以便保持系统斥力最小，能量最低。

可以用 AX_nE_m 来表示分子或离子，其中 A 代表中心原子；X 为配位原子（与中心原子键合的原子）；n 代表配位原子的数目；E 代表中心原子价层上的孤电子对，与成键电子对相比，它在价层上占有较大的空间；m 代表孤电子对的数目。价层电子对包括中心原子 A 的价层内成键电子对和孤电子对。

若把中心原子的价层看做是圆球体，那么从几何构型可知，按照表 2-5 所示的电子对的排布方式，是价层上各电子对距离最远时的情况。此时，系统的能量最低，形成的分子最稳定。

中心原子的价层电子对数目可用以下经验公式来确定。

$$价层电子对数目=\frac{N_A+N_X+Q}{2}$$

式中，N_A 为中心原子的价电子数目；N_X 为配位原子提供的未成对价电子数目，若O、S

[1] 中心原子是指非过渡元素或价层上含 d^0、d^5、d^{10} 的过渡元素的原子。

表 2-5 VSEPR 理论预言的价层上电子对的排布与分子的几何构型

分子类型	价层上电子对数目			预言的电子对的几何排布	预言的分子的几何构型	实例
	成键电子对	孤电子对	总数			
AX_2	2	0	2	X——A——X	直线型	$BeCl_2$
AX_3	3	0	3		平面正三角形	BF_3
AX_2E	2	1	3		V 形	$SnCl_2$
AX_4	4	0	4		正四面体型	CCl_4
AX_3E	3	1	4		三角锥体型	NF_3
AX_2E_2	2	2	4		V 形	H_2O
AX_5	5	0	5		三角双锥体型	PCl_5
AX_4E	4	1	5		四面体型	SF_4
AX_3E_2	3	2	5		T 形	ClF_3

续表

分子类型	价层上电子对数目			预言的电子对的几何排布	预言的分子的几何构型	实例
	成键电子对	孤电子对	总数			
AX_2E_3	2	3	5		直线型	XeF_2
AX_6	6	0	6		八面体型	SF_6
AX_5E	5	1	6		四棱锥型	IF_5
AX_4E_2	4	2	6		平面四方形	XeF_4

作配位原子，其提供的价电子数目作为零计；Q 为离子所带的电荷数，若是负离子取正值，若是正离子则取负值。当出现单电子时，单电子算作一对，如$\frac{9}{2}=5$。

例如，BF_3 分子中，B 原子是中心原子，其价电子数为 3，每个 F 原子各提供 1 个电子，B 原子的价层电子对数$=\frac{3+3\times1}{2}=3$，由于配位原子数 $n=3$，孤电子对数 $m=0$，故 BF_3 是 AX_3 型分子。

在 NF_3 分子中，中心原子是 N 原子，其价电子数为 5，每个 F 原子各提供 1 个电子，N 原子的价层电子对数$=\frac{5+3\times1}{2}=4$，配位原子数 $n=3$，还有一对孤对电子，所以 NF_3 是 AX_3E 型分子。

CO_3^{2-} 中，中心原子是 C 原子，其价电子数为 4，有三个氧原子（提供的电子数为零），另外还有 2 个负电荷，C 原子的价层电子对数$=\frac{4+3\times0+2}{2}=3$，配位原子数 $n=3$，孤电子对数 $m=0$，所以 CO_3^{2-} 是 AX_3 型分子。

NH_4^+ 中，中心原子是 N 原子，其价电子数为 5，每个 H 原子各提供 1 个电子，N 原子的价层电子对数$=\frac{5+4\times1-1}{2}=4$，配位原子数 $n=4$，孤电子对数 $m=0$，所以 NH_4^+ 是 AX_4 型分子。

在确定了中心原子的价电子对数目和分子的类型后，就可以根据表 2-5 推测出分子的几何构型。在推测 AX_nE_m 分子大致的几何构型时，可忽略重键和单键的区别，把重键当作单键处理。例如，下面的二氧化硫和甲醛分子。

分子	价层上电子对数目			分子类型	分子的几何构型
	成键电子对	孤电子对	总数		
二氧化硫 O=S=O（S上有孤电子对）	2	1	3	AX_2E	V形
甲醛 H₂C=O	3	0	3	AX_3	平面三角形

影响 AX_nE_m 分子几何构型的因素有价层电子对之间的排斥力大小、配位原子和中心原子的电负性等。

用 B. P 来表示成键电子对，L. P 来表示孤电子对。价层电子对之间的排斥力的顺序是：

L. P-L. P＞L. P-B. P＞B. P-B. P

在 NH_3 分子中，由于孤电子对与成键电子对之间的斥力大于成键电子对之间的斥力，成键轨道的夹角（键角）就由原来的 109.5°缩小至 107.3°。H_2O 分子中，由于有两对孤电子对，对成键电子对的排斥更大，因而水分子的键角缩小到 104.5°，比 NH_3 的键角更小。

又如，XeF_4 属于 AX_4E_2 型分子，它可能的几何构型有两种。如图 2-12 所示。

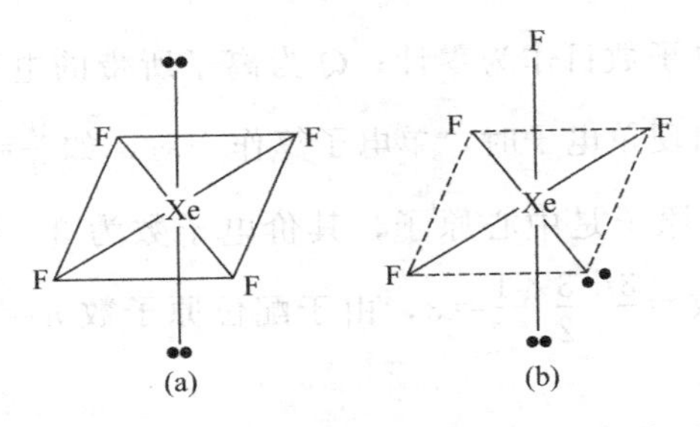

图 2-12 XeF_4 分子可能具有的两种几何构型

比较分子中斥力大小时，应考虑电子对之间的角度，角度越小，电子对之间的距离越近，排斥力也越大。先列出各种可能构型中角度较小（通常是 90°）的三种电子对之间（L. P-L. P、L. P-B. P 、B. P-B. P）的作用力数目，并进行比较，L. P-L. P 数目最小的构型斥力最小；若 L. P-L. P 数目相等，再比较 L. P-B. P 的数目来确定最稳定的构型。下面列出（a）、（b）两种构型中电子对之间的夹角为 90° 时，三种电子对之间作用力的数目：

	L. P-L. P	L. P-B. P	B. P-B. P
(a)	0	8	4
(b)	1	6	5

结果表明，(a) 型斥力最小，所以 XeF_4 分子的几何构型是平面四方形。

表 2-6　键角与中心原子电负性之间的关系

分　子	∠HAH	分　子	∠HAH
NH_3	107.3°	H_2O	104.5°
PH_3	93.3°	H_2S	93.3°
AsH_3	91.8°	H_2Se	91.0°
SbH_3	91.3°	H_2Te	89.5°

（左栏：中心原子电负性减小↓；右栏：键角缩小↓）

中心原子相同，而配位原子不同的分子，配位原子的电负性越大的分子，其键角越小。例如，Cl 原子的电负性大于 Br 原子的电负性，PCl_3 的键角∠ClPCl＝100.3°，而 PBr_3 的键角∠BrPBr＝101.5°。

中心原子不同，而配位原子相同的分子，中心原子的电负性越大的分子，其键角越大。如表 2-6 所示。

价层电子对互斥理论和杂化轨道理论，从不同的角度来确定分子的几何构型，所得结果大致相符。价层电子对互斥理论能够较简便地判断分子或离子的几何构型，但它也有一定的局限性。价层电子对互斥理论只适用于孤立的简单分子或离子，不适用于固体。而且它只能定性描述分子的几何构型，缺乏定量计算基础，对分子中共价键的形成和稳定性也不能作出预测和解释。

2.4　分子轨道理论

前面所讨论的价键理论可以直接利用原子的电子层结构简要地说明共价键的形成和特性，以及共价键的本质，方法直观，易于接受。但由于价键理论在讨论共价键时，只考虑了未成对电子，而且只是自旋方向相反的电子两两配对才能形成稳定的共价键，将成键电子对定域在两成键原子之间。这就使得它在应用上受到限制，对许多分子的结构和性质不能做出解释。例如，用价键理论来处理 O_2 分子，由于 O 原子有两个未成对的 2p 电子，O_2 分子中应配对形成一个 σ 键和一个 π 键，不应有未成对电子存在，将 O_2 分子置于磁场中，应呈反磁性[❶]，但事实上，O_2 分子却是顺磁性物质，这说明 O_2 分子一定存在未成对电子。又如，有些含奇数电子的分子或离子，如 NO、NO_2、H_2^+ 等是能够稳定存在的。这些都不能通过价键理论做出合理的解释。于是分子轨道理论日渐引起了人们的重视。分子轨道理论把分子看做一个整体，较全面地反映了分子内部电子的各种运动状态，不仅解决了价键理论不能解释的问题，而且提出了单电子键、三电子键、多中心键及 σ 轨道、π 轨道等概念。特别是 20 世纪 50 年代以后，计算机技术的迅速发展，使很多复杂的分子体系的计算得以实现，尤其在解释一些分子的结构和性能方面更显示出其优越性，对研究新反应、合成新化合物等都具有很好的指导作用。

分子轨道理论从分子的整体出发，认为分子中的每一个电子，都是处在所有原子核及其余电子组成的统一势场中运动。这类似于多电子原子中，每个电子处在原子核及其余电子所

❶ 物质的磁性是指它在外磁场中所表现的性质。若在外磁场中，能被外磁场吸引的为顺磁性物质，其分子含有未成对电子；若被外磁场排斥的为反磁性物质，其分子不含有未成对电子。

组成的势场中运动的情况。分子中的所有相对应的原子轨道重新进行组合（重叠），产生一系列新的轨道（称为分子轨道），所有的电子都在这些分子轨道上排布，成键电子在整个分子内运动。

2.4.1 分子轨道理论的要点

① 电子在整个分子中运动，电子的运动状态可以用波函数 ψ 及自旋状态来描述。ψ 就称为分子轨道。

② 分子轨道是由原子轨道线性组合而成的，原子轨道的组合遵循成键三原则，即能量相近、对称性匹配和最大重叠原理。

③ 有 n 个原子轨道进行组合，就产生 n 个分子轨道，其中半数$\left(\frac{1}{2}n\right)$的分子轨道的能量比原子轨道的能量低，称为成键（分子）轨道，有半数$\left(\frac{1}{2}n\right)$的分子轨道的能量比原子轨道的能量高，称为反键（分子）轨道。

④ 电子在分子轨道上排布时，遵循能量最低原理、泡利不相容原理和洪德规则。分子的总能量等于各电子能量之和。

2.4.2 分子轨道的形成

原子轨道经线性组合可形成分子轨道。当原子轨道沿着联结两原子核的轴线靠近时，以“头碰头”的形式重叠产生的分子轨道称为 σ 分子轨道，简称 σ 轨道；以“肩并肩”的形式重叠产生的分子轨道称为 π 分子轨道，简称 π 轨道。

下面就原子轨道重叠组合成分子轨道的类型加以描述。

（1）s-s 原子轨道组合

一个原子的 ns 原子轨道与另一原子的 ns 原子轨道重叠可得到两个 σ 分子轨道，其中一个能量较低的称为成键 σ 轨道，以 σ_{ns} 表示，另一个能量较高称为反键 σ 轨道，以 σ_{ns}^* 表示。如图 2-13 所示。

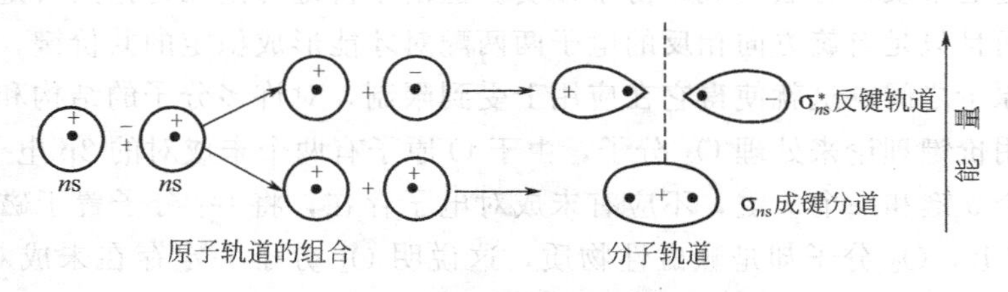

图 2-13 s-s 原子轨道组合形成分子轨道示意图

由图可见，成键 σ 轨道的电子云在两原子核之间分布密集，原子核对电子的吸引力增强，使形成的化学键更稳定，有利于增强分子的稳定性；而反键 σ 轨道的电子云在两原子核之间的分布很少，核对电子的吸引力较弱，不利于形成稳定的化学键。

（2）p-p 原子轨道组合

p 轨道在空间有 p_x、p_y、p_z 三种取向，当两原子沿 x 轴（键轴）方向彼此靠近时，np_x 与 np_x 原子轨道将以“头碰头”的形式重叠，形成沿键轴对称分布的成键 σ_{np_x} 轨道与反键 $\sigma_{np_x}^*$ 轨道。如图 2-14 所示。

除此之外，两个原子的 np_y 和 np_y 还以“肩并肩”的形式重叠，形成成键 π_{np_y} 轨道和反键 $\pi_{np_y}^*$ 轨道。如图 2-15 所示。

同样，两原子的 np_z 和 np_z 原子轨道也可以“肩并肩”形式重叠，形成成键 π_{np_z} 轨道和

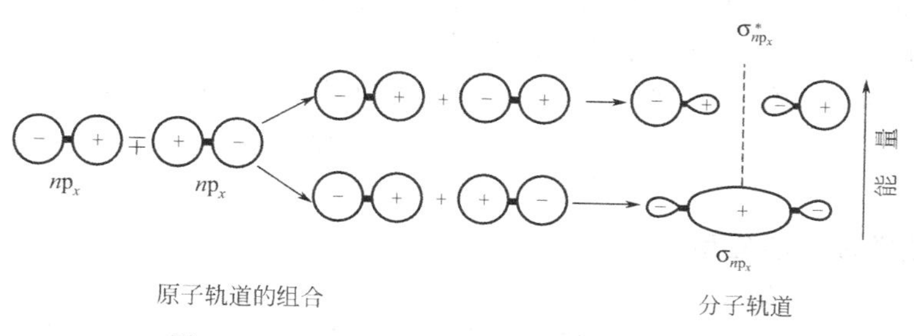

图 2-14　p-p 原子轨道组合形成 σ 轨道示意图

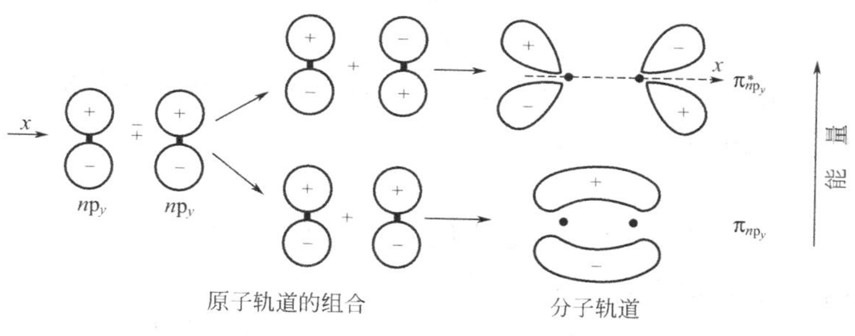

图 2-15　p-p 原子轨道组合形成 π 轨道示意图

反键 $\pi_{np_z}^*$ 轨道。π_{np_y} 和 π_{np_z} 轨道，$\pi_{np_y}^*$ 和 $\pi_{np_z}^*$ 轨道，形状相同、能量相等，是两组简并轨道。

2.4.3　分子轨道的能级

分子轨道的能量可以通过光谱实验来确定。图 2-16 列出了第一、第二周期元素形成的同核双原子分子的分子轨道能级次序。其中图 2-16(a) 是 O_2、F_2 的分子轨道能级顺序。即

$$\sigma_{1s}<\sigma_{1s}^*<\sigma_{2s}<\sigma_{2s}^*<\sigma_{2p_x}<\pi_{2p_y}=\pi_{2p_z}<\pi_{2p_y}^*=\pi_{2p_z}^*<\sigma_{2p_x}^*$$

而图 2-16(b) 是 N 元素及 N 之前的第一、二周期元素形成的同核双原子分子的分子轨道能级顺序。即

$$\sigma_{1s}<\sigma_{1s}^*<\sigma_{2s}<\sigma_{2s}^*<\pi_{2p_y}=\pi_{2p_z}<\sigma_{2p_x}<\pi_{2p_y}^*=\pi_{2p_z}^*<\sigma_{2p_x}^*$$

O_2 和 F_2 分子轨道能级顺序与第一、二周期其他元素的同核双原子分子的分子轨道能

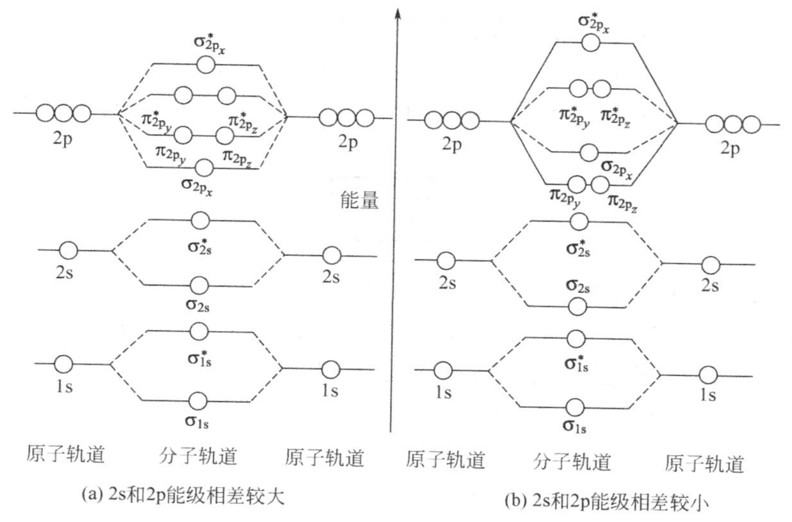

图 2-16　同核双原子分子的分子轨道能级图

级顺序不同的原因在于：O、F原子的2s和2p轨道的能量差较大，可以不考虑2s与2p轨道的组合，而其他双原子分子中原子的2s轨道与2p轨道的能量差不大，因此原子轨道组合成分子轨道时，不仅要考虑2s-2s、2p-2p之间的相互作用，还要考虑2s-2p之间的作用，2s与2p轨道组合的结果，使得σ_{2p_x}轨道的能量升高，以至于高于π_{2p_y}和π_{2p_z}轨道的能量。

2.4.4 分子轨道理论的应用

（1）推测分子的结构

① H_2^+、H_2分子的结构 H_2分子由2个H原子组成，H原子的电子结构为$1s^1$，所以H_2分子的电子总数为2，这2个电子在分子轨道中的分布为：

$$H_2[(\sigma_{1s})^2]$$

即H_2分子由一个σ电子形成了一个双电子σ键，称为σ键，其结构式为：H—H。

而H_2^+的分子轨道中的电子排布式为：

$$H_2^+[(\sigma_{1s})^1]$$

存在一个单电子σ键。由于系统的能量是降低的，因而H_2^+是可以稳定存在的。实验结果也证实了H_2^+的存在。其结构式为：$[H\cdot H]^+$。

② He^{2+}、He_2分子的结构 He^{2+}中有3个电子，其电子排布式为：

$$He_2{}^+[(\sigma_{1s})^2(\sigma_{1s}^*)^1]$$

由一对σ电子和一个σ*电子构成一个三电子σ键。其结构式为：$[He\vdots He]^+$。

而He_2分子中有4个电子，其电子排布式为：

$$He_2[(\sigma_{1s})^2(\sigma_{1s}^*)^2]$$

因为成键σ轨道上的电子数与反键σ*轨道上的电子数相同，成键电子所降低的能量与反键电子升高的能量相抵消，不能形成共价键，因此He_2分子是不存在的。

③ N_2分子 由于N原子的电子构型为$1s^22s^22p^3$，所以在N_2分子中有14个电子，这些电子在分子轨道中的分布为：

$$N_2[(\sigma_{1s})^2(\sigma_{1s}^*)^2(\sigma_{2s})^2(\sigma_{2s}^*)^2(\pi_{2p_y})^2(\pi_{2p_z})^2(\sigma_{2p_x})^2]$$

因为σ_{1s}和σ_{1s}^*轨道上的电子是内层电子，可用符号KK来表示，其中每一个K代表K层原子轨道上的2个电子。这样N_2分子的电子排布式为：

$$N_2[KK(\sigma_{2s})^2(\sigma_{2s}^*)^2(\pi_{2p_y})^2(\pi_{2p_z})^2(\sigma_{2p_x})^2]$$

在N_2分子中存在着由4个π电子形成的两个π键和一对σ电子形成的一个σ键，其结构式为：

[• •]
:N——N:
[• •]

其中每一个N原子各有一对孤电子对，这是因为$(\sigma_{2s})^2$和$(\sigma_{2s}^*)^2$的作用相互抵消，原来分属于两个N原子的两对2s电子，仍为这两个N原子所有。一条短线代表一个σ键，长方框内的电子表示π电子，[• •]表示双电子π键。

④ O_2分子 由于O原子的电子构型为$1s^22s^22p^4$，所以在O_2分子中有16个电子，其电子排布式为：

$$O_2[KK(\sigma_{2s})^2(\sigma_{2s}^*)^2(\sigma_{2p_x})^2(\pi_{2p_y})^2(\pi_{2p_z})^2(\pi_{2p_y}^*)^1(\pi_{2p_z}^*)^1]$$

其中，σ_{2p_x}上的两个电子形成一个σ键，而$(\pi_{2p_y})^2$与$(\pi_{2p_y}^*)^1$、$(\pi_{2p_z})^2$与$(\pi_{2p_z}^*)^1$形成两个

三电子 π 键。

O_2 分子的结构式可表示为：

```
 [ •  •  • ]
 :O——O:
 [ •  •  • ]
```

其中[• • •]代表三电子 π 键。由于三电子 π 键中有一个反键 π^* 电子，抵消了一部分成键 π 电子的作用，所以三电子 π 键的结合力（稳定性）小于双电子 π 键，2 个三电子 π 键大致相当于 1 个双电子 π 键。

（2）解释分子的性质

① 稳定性　分子的稳定性可用键级来判断。键级定义为：

$$\text{键级}=\frac{\text{成键电子的数目}-\text{反键电子的数目}}{2}$$

由此可见，键级越大，净成键电子数越多，成键作用就越大，原子间的结合力越牢固，分子越稳定。

【例 2-1】 计算 N_2、O_2、O_2^{2-} 的键级。

解　N_2 分子的电子排布式为：

$$N_2[KK(\sigma_{2s})^2(\sigma_{2s}^*)^2(\pi_{2p_y})^2(\pi_{2p_z})^2(\sigma_{2p_x})^2]$$

$$N_2\text{的键级}=\frac{8-2}{2}=3$$

O_2 分子的电子排布式为：

$$O_2[KK(\sigma_{2s})^2(\sigma_{2s}^*)^2(\sigma_{2p_x})^2(\pi_{2p_y})^2(\pi_{2p_z})^2(\pi_{2p_y}^*)^1(\pi_{2p_z}^*)^1]$$

$$O_2\text{的键级}=\frac{8-4}{2}=2$$

O_2^{2-} 的电子排布式为：

$$O_2^{2-}[KK(\sigma_{2s})^2(\sigma_{2s}^*)^2(\sigma_{2p_x})^2(\pi_{2p_y})^2(\pi_{2p_z})^2(\pi_{2p_y}^*)^2(\pi_{2p_z}^*)^2]$$

$$O_2^{2-}\text{的键级}=\frac{8-6}{2}=1$$

应该指出的是，键级只能够粗略地估计分子稳定性的相对大小，事实上键级相同的分子的稳定性可能仍有一定的差别。

② 磁性　前面已提到，含有未成对电子的分子在磁场中呈顺磁性，而不含未成对电子的分子在磁场中呈反磁性。以 O_2 分子为例，由于其 $\pi_{2p_y}^*$ 和 $\pi_{2p_z}^*$ 上各有一个未成对电子，因而 O_2 分子具有顺磁性。而 N_2 分子中，所有的电子均已成对，不含未成对电子，所以 N_2 分子呈反磁性。

2.5　分子间力

分子间力就是分子与分子之间的相互作用力，它的强度弱于化学键，一般只有几至几十千焦每摩尔。但与决定物质化学性质的化学键不同，分子间力主要影响物质的物理性质，如熔点、沸点、汽化热、熔化热、溶解度、黏度、表面张力等等。正是由于分子间力的存在，才使得气态物质可凝聚成液态，液态物质可凝固成固态。分子间力最早是由荷兰物理学家范德华提出的，因此又称之为范德华力。1930 年伦敦（London）用量子力学原理阐明了分子间力的本质就是电吸引力。

为了更好地理解分子间力，先介绍分子的极性。

2.5.1 分子的极性

分子中包含有带正电荷的原子核和带负电荷的电子，由于正、负电荷的数目相等，所以分子是电中性的。但正、负电荷在分子中的分布对于不同的分子会有所不同。设想分子中有一个“正电荷中心”和一个“负电荷中心”。有些分子的正、负电荷中心是重合的，这类分子就是非极性分子，如 H_2 分子，如图 2-17(a) 所示；有些分子的正、负电荷中心是不重合的，这类分子就是极性分子，如 HCl 分子，如图 2-17(b) 所示。

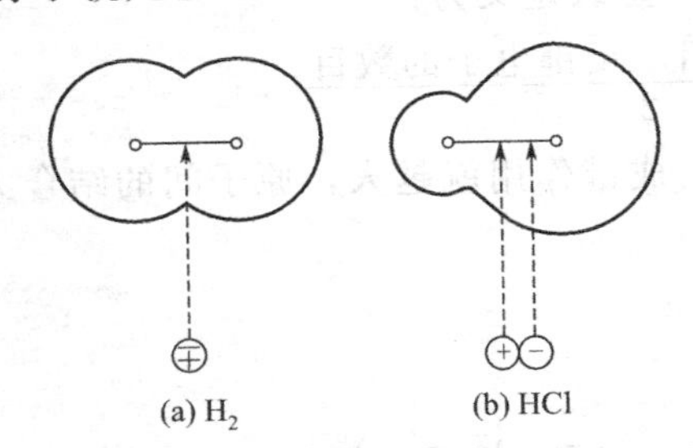

图 2-17 H_2 分子和 HCl 分子的电荷分布示意图

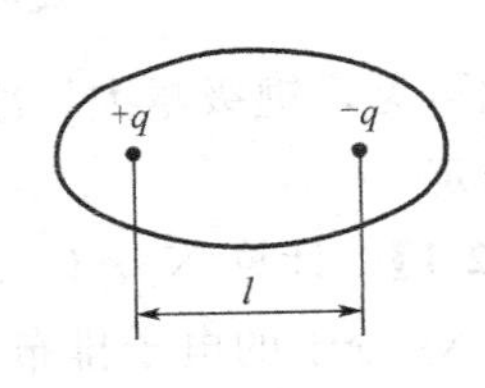

图 2-18 分子的偶极矩

在极性分子中，始终存在着正、负两极，分子的极性大小可用偶极矩（μ）来衡量。如果正、负电荷中心的电量为 q，两中心的距离为 l（见图 2-18），则偶极矩定义为：

$$\mu = q\,l$$

偶极矩是个矢量，单位为库仑·米（C·m），它等于分子中各共价键键矩的矢量和。对于双原子分子来说，分子的偶极矩就等于键矩，化学键有极性，分子就有极性；化学键没有极性，分子就没有极性。而对多原子分子来说，分子的偶极矩除与键矩的大小有关外，还与键矩的方向有关，键有极性，分子不一就有极性，还要看分子的几何构型。例如，HF 是双原子分子，H—F 键是极性键，所以 HF 是极性分子。

$$\mathrm{H} \xrightarrow{\mu} \mathrm{F} \qquad \mu \neq 0$$

H_2O 分子中，H—O 键是极性键，分子是 V 形结构，两个 H—O 键的键矩之和不等于零，$\mu(H_2O) = 6.17 \times 10^{-30}$ C·m，所以 H_2O 分子是极性分子。

CO_2 分子中 C═O 键是极性键，但分子是直线形结构，分子内两个 C═O 键的键矩大小相等，方向相反，矢量和为零，$\mu = 0$，所以 CO_2 是非极性分子。

$$\bar{\mathrm{O}} = \overset{+}{\mathrm{C}} = \bar{\mathrm{O}} \qquad \mathrm{O} \xleftarrow{\mu_B} \mathrm{C} \xrightarrow{\mu_B} \mathrm{O}$$

$$\mu(CO_2) = 0$$

表 2-7 列出了一些分子的偶极矩和分子的几何构型。

从表 2-7 可以看出，结构为对称的直线型、平面正三角形、正四面体型的多原子分子的偶极矩为零，为非极性分子；而结构为 V 形、四面体、三角锥型的多原子分子的偶极矩不为零，为极性分子。

2.5.2 分子的极化和变形性

前面所讨论的极性分子和非极性分子，只是考虑了孤立分子的电荷分布的情况。如果将分子置于外加电场中，则分子的内部结构就会发生变化，其性质也将受到影响。

表 2-7　一些分子的偶极矩与分子的几何构型

分子	偶极矩 /10^{-30}C·m	分子几何构型	分子	偶极矩 /10^{-30}C·m	分子几何构型
H_2	0	直线	SO_2	5.28	V 形
N_2	0	直线	$CHCl_3$	3.63	四面体
CO_2	0	直线	CO	0.33	直线
CS_2	0	直线	O_3	1.67	V 形
CCl_4	0	正四面体	HF	6.47	直线
CH_4	0	正四面体	HCl	3.60	直线
H_2S	3.63	V 形	HBr	2.60	直线
H_2O	6.17	V 形	HI	1.27	直线
NH_3	4.29	三角锥	BF_3	0	平面正三角形

若将非极性分子置于外加电场中，由于受外电场正、负极的作用，原来重合的正、负电荷中心发生了位移，正电荷中心偏向电场的负极，负电荷中心偏向电场的正极。分子发生了变形，产生了极性。这种在外加电场的作用下产生的偶极称为诱导偶极，其过程称为分子的极化，如图 2-19 所示。电场越强，分子变形越甚，诱导偶极越大。当外加电场消失时，偶极也消失，分子又变为非极性分子。若外加电场的强度相同，由于不同分子的变形性不同，产生的诱导偶极也不相同。分子的变形性与分子的结构、分子的大小有关。若分子结构相似，变形性就主要取决于分子的大小，分子越大，其变形性就越大。

对于极性分子来说，其自身就存在着偶极，称为固有偶极或永久偶极。气态的极性分子在空间无规律地运动着，在外加电场的作用下，分子的正极偏向电场的负极，分子的负极偏向电场的正极。所有的极性分子都依电场的方向而取向，该过程叫做分子的定向极化。同时在外电场的作用下，分子也会发生变形，产生诱导偶极。所以，极性分子在外电场中的偶极是固有偶极与诱导偶极之和，分子的极性也进一步加强。如图 2-20 所示。

分子的极化不仅能在外电场的作用下产生，在分子之间相互作用时也会产生极化作用。

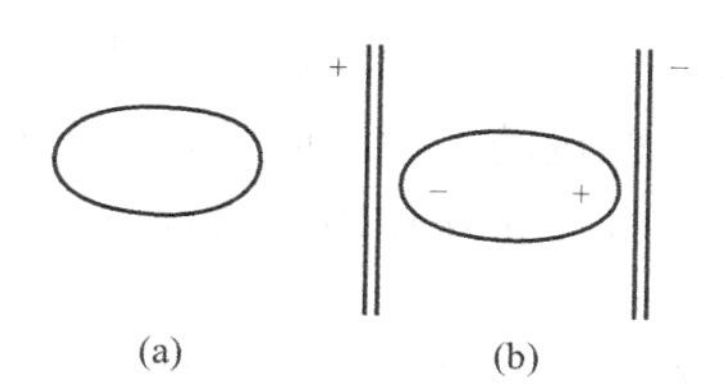

图 2-19　非极性分子在电场中的极化

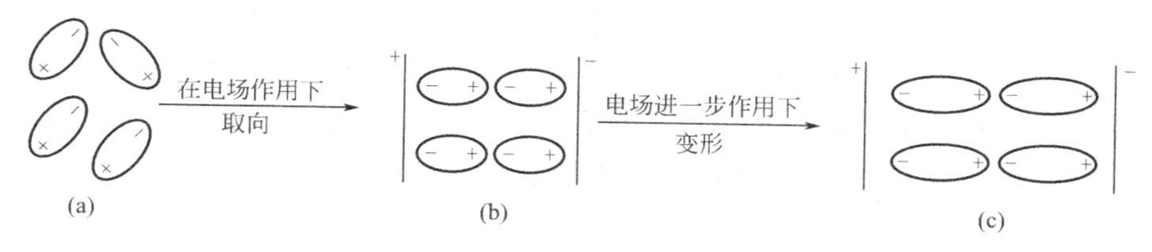

图 2-20　极性分子在电场中的极化

2.5.3　分子间力

（1）取向力

由于极性分子存在着固有偶极，当极性分子相互靠拢时，同极相斥，异极相吸，使得分子发生相对位移，并尽可能位于异极相邻的位置，这种由于极性分子固有偶极的取向而产生的分子间相互作用力，叫做取向力。如图 2-21 所示。

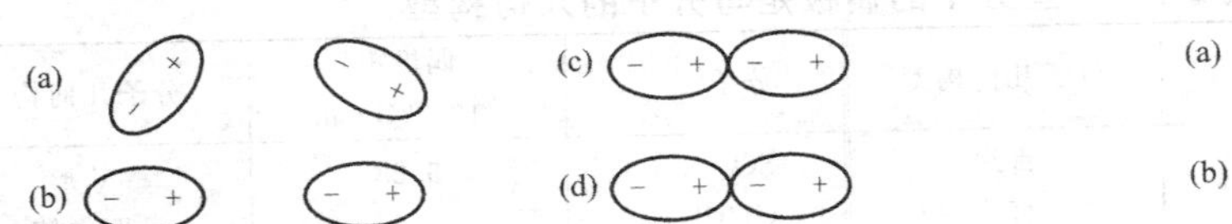

图 2-21 极性分子之间产生取向作用和诱导作用示意图

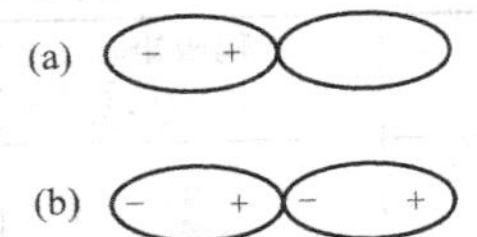

图 2-22 极性分子与非极性分子之间产生诱导偶极示意图

取向力的大小与极性分子的偶极矩及分子间的距离有关。分子的极性越大，取向力越大；分子间的距离增大，取向力将减弱。此外，当温度升高时，取向力也会减小。因为温度升高时，分子的热运动加剧，破坏了分子的有序排列，降低了取向的趋势。

取向力只存在于极性分子与非极性分子之间。

（2）诱导力

当极性分子与非极性分子相互作用时，由于极性分子的偶极所产生的电场的作用，使非极性分子的正、负电荷中心发生相对位移，从而产生了诱导偶极。另外，产生的诱导偶极又使极性分子偶极间的距离进一步加大，增强了极性分子的极性。这种由极性分子的固有偶极与诱导偶极产生的相互作用，称为诱导力。如图 2-22 所示。

诱导力随分子的极性增大而增大，也随分子的变形性增大而增大。当分子间的距离增大时，诱导力会迅速减弱。

诱导力除存在于极性分子和非极性分子之间，还存在于极性分子之间。因为极性分子与极性分子相互靠近，在发生取向的同时，也会相互极化，使双方变形，从而产生诱导偶极，并使得分子的偶极矩增大。

（3）色散力

非极性分子没有偶极矩，它们之间似乎不会有相互作用存在。但由于分子中的电子是在不停地运动着的，原子核也在不停地振动着，在某一瞬间，正电荷中心和负电荷中心会发生瞬时不重合，从而产生了瞬时偶极，且该瞬时偶极必然处于异极相邻的状态。瞬时偶极存在的时间很短，但由于电子和原子核的运动，使瞬时偶极不断地产生，异极相邻的状态不断地重现着，使得分子间始终存在这种电性相互作用。这种由于瞬时偶极的作用而产生的分子间作用力称为色散力。如图 2-23 所示。

色散力主要与分子的变形性有关。分子的变形性越大，色散力越强。

色散力产生于核与电子作相对位移时产生的瞬时偶极，而在极性分子中也存在着瞬时偶极，所以色散力也存在于极性分子之间，以及极性分子与非极性分子之间。

综上所述，分子间力包括取向力、诱导力和色散力，它们均为电性引力。与共价键不同，分子间力既无方向性，又无饱和性。对大多数分子而言，色散力起着主要的作用，只有极性很大，且分子间存在氢键的分子，取向力才占主要地位，如 H_2O。诱导力一般是很小的。

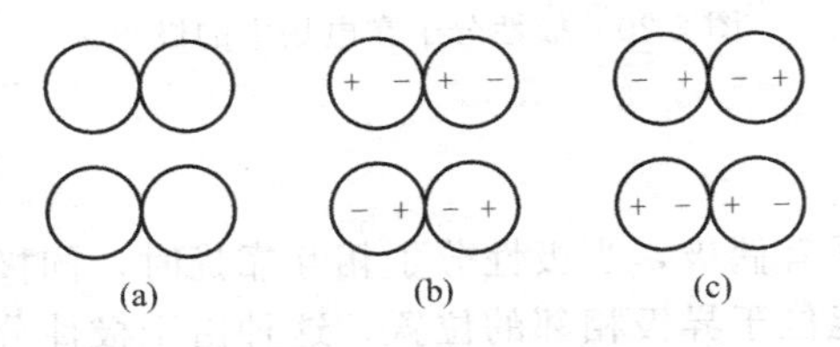

图 2-23 非极性分子之间产生瞬时偶极示意图

色散力≫取向力>诱导力

分子间力的作用范围不大，一般在 300～500pm 之间，小于 300pm 时，分子间作用力迅速增大，大于 500pm 时，分子间作用力会显著减弱。表 2-8 列出了一些分子的分子间作用能。

表 2-8　一些共价分子间作用能的分配（293K，分子间距离为 400pm）

分子	偶极矩 $/10^{-30}C \cdot m$	取向力 $/kJ \cdot mol^{-1}$	诱导力 $/kJ \cdot mol^{-1}$	色散力 $/kJ \cdot mol^{-1}$	总计 $/kJ \cdot mol^{-1}$
HI	1.27	0.005	0.025	5.62	5.65
HBr	2.60	0.091	0.060	2.59	2.74
HCl	3.60	0.274	0.079	1.54	1.89
CO	0.33	0.00005	0.0008	0.99	0.991
NH_3	5.00	1.24	0.15	1.37	2.76
H_2O	6.17	2.79	0.15	0.69	3.63

分子间作用力对物质的物理性质影响较大。分子间作用力越大，物质的熔、沸点越高，硬度越大。一些结构相似的同系列物质，相对分子质量越高，分子的变形性越大，色散力越强，其熔、沸点就越高。例如，F_2、Cl_2、Br_2、I_2 分子的熔、沸点依次升高，是因为它们的相对分子质量依次增大，分子的变形性依次增加，因而色散力也依次增强的缘故。

分子间力对液体的互溶以及固、气态非电解质溶解在液体中的溶解度也有一定的影响，溶质和溶剂间的分子间力越大，溶解度也越大。

2.5.4　氢键

图 2-24 绘出了一些同族元素氢化物的熔点、沸点变化曲线。从图中可以看出，除了 HF、H_2O、NH_3 的熔点、沸点反常地高外，其余同系列物质的熔点、沸点的变化规律，都可以用分子间力来解释。而 HF、H_2O、NH_3 的异常，是因为在它们的分子间除了分子间力外，还存在着氢键。

氢键是由电负性大的原子 Y（通常是 F、O、N 原子）以其孤电子对吸引强极性键 H—X（X 为 F、O、N 原子）中的 H 原子（几乎是裸核）形成的，通常表示为 Y---H—X。例如，在 HF 分子之间就存在着很强的氢键。HF 分子中，H 原子的原子核外仅有的一个电子与 F 原子的一个未成对电子配对形成共价键，由于 F 原子的电负性很大，这对共用电子对又强烈地偏向 F 原子，使得 H 原子几乎呈质子状态（裸核）。又因 H 原子半径很小，H 原子的正电荷密度很大，当另一个 HF 分子中有含有孤电子对的 F 原子从一定方向靠近时，就可以形成氢键，F---H—F，如图 2-25 所示。

不同分子之间也可以形成氢键。例如，氨和水分子之间、水和乙醇分子之间。

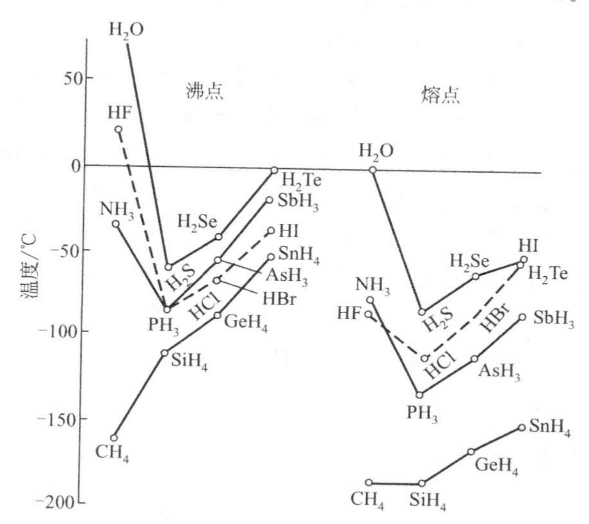

图 2-24　一些同族元素的氢化物的熔点、沸点的变化规律

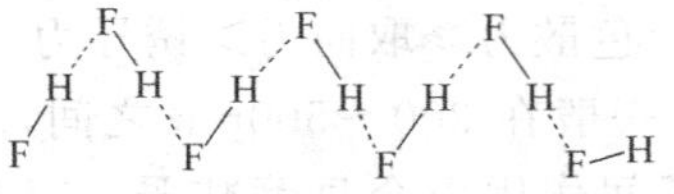

图 2-25 固体 HF 中氢键的结构

为了便于氢键 Y---H—X 的形成，要求 X 和 Y 都应是电负性很大的原子，由于 H 原子很小，还要求 X、Y 应是体积较小的原子。通常 X、Y 可以是相同的原子，也可以是不同的原子。氢键的键能一般在 $42kJ \cdot mol^{-1}$以下，远小于共价键的键能，与分子间力相近，所以常把氢键看成是另一种分子间力。

氢键具有方向性和饱和性，这一点与共价键相同。这是由于 X、Y 都是电负性很大的原子，对电子的吸引力较大，共用电子对偏向它们，使得它们都带有较多的负电荷，而且氢原子的半径很小。所以，Y 原子在与 H—X 键形成氢键时，只有当 Y---H—X（尽可能）在同一直线上时，Y 与 X 原子离得最远，它们之间的排斥力才最小，形成的氢键最强。故氢键具有方向性。又因为 X、Y 原子的半径比 H 原子的半径大得多，当 Y 和 H 形成氢键 Y---H—X 后，若另一个极性分子中的 Y 原子再接近它们时，该原子受 X 和 Y 的排斥力大于受 H 原子的吸引力，所以 H—X 只能与一个 Y 原子相结合，这就是氢键的饱和性。

氢键除了存在于分子之间之外，有些分子内也有氢键存在，例如，HNO_3、邻羟基苯甲酸等分子（见图 2-26）。

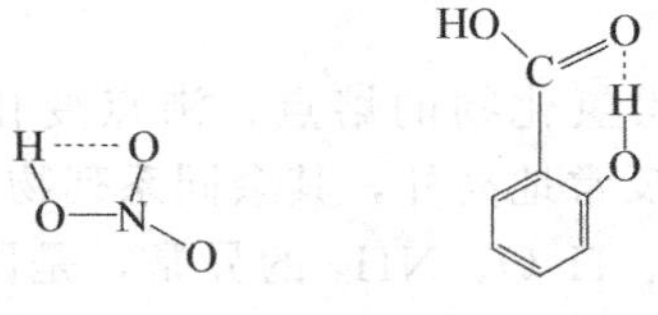

图 2-26 HNO_3、邻羟基苯甲酸分子内氢键示意图

氢键广泛存在于无机含氧酸、有机羧酸、醇、胺等分子之间，特别是在脱氧核糖核酸（DNA）分子中，碱基对通过氢键将两条多肽链连接组成双螺旋结构，并在 DNA 的复制过程中起着非常重要的作用。

分子间生成了氢键，就会使物质的熔点、沸点升高。这是因为当固体熔化和液体汽化时，除需克服分子间力外，还要破坏氢键，消耗的能量增多。HF、H_2O、NH_3 分子就是因为分子间存在着氢键，它们的熔点、沸点才异常地高。碳族元素的氢化物中，如 CH_4，其中 C 原子电负性小，半径大，不能形成氢键。

若溶质分子与溶剂分子之间能形成氢键，则溶质在溶剂中的溶解度就会增加。例如，NH_3 易溶于水中，就是 NH_3 与 H_2O 形成氢键的缘故。

液体分子间若有氢键存在，其黏度一般较大。例如，甘油、磷酸、浓硫酸，都是因为分子间有氢键存在，通常为黏稠状的液体。

思考题

1. 举例说明下列名词。

对称性匹配原理	最大重叠原理	等性杂化	不等性杂化	
键参数	键级	诱导偶极	固有偶极	氢键

2. 简述价键理论的要点。

3. BF_3 的几何构型为平面正三角形，而 $[BF_4]^-$ 却是正四面体型，试用杂化轨道理论说明。

4. 下列几种重叠方式，哪些可以形成共价键，哪些不能？

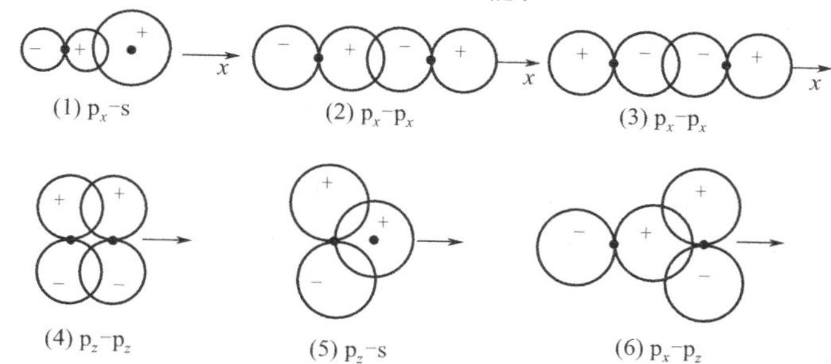

5. 下列说法中哪些是正确的，哪些是错误的？为什么？

① 若原子轨道的重叠部分对键轴呈圆柱型对称，所形成的共价键称为 σ 键；

② 键的极性越大，键就越强；

③ C ═C 键的键能是 C—C 键能的两倍；

④ 一切非极性分子中的化学键都是非极性的；

⑤ 在 N_2^+ 中存在一个单电子 σ 键和两个 π 键；

⑥ 原子在基态时没有未成对电子，就一定不能形成共价键。

6. 用分子轨道理论说明 N_2 和 O_2 分子的磁性。

7. 试以 O_2 和 F_2 为例，比较价键理论和分子轨道理论的优缺点。

8. 指出下列说法的不妥之处：

① 直线型分子一定是非极性分子；

② 色散力只存在于非极性分子之间；

③ 诱导力只存在于极性分子与非极性分子之间；

④ 所有含氢化合物之间都存在氢键。

9. 用分子间力说明以下事实：

① 常温下 F_2、Cl_2 是气体，Br_2 是液体，I_2 是固体；

② HCl、HBr、HI 的溶、沸点依次升高；

③ NH_3 易溶于水，而 CH_4 却难溶于水；

④ 水的沸点高于同族其他氢化物的沸点。

习　题

1. 根据价键理论，写出下列分子的价键结构式：

F_2　　H_2S　　N_2　　NH_3

2. 根据下列分子的空间构型，推断中心原子的杂化类型，并简要说明它们的成键过程。

SiH_4（正四面体型）　　$HgCl_2$（直线型）

BCl_3（正三角形）　　CS_2（直线型）

3. 用杂化轨道理论，推测下列分子的中心原子的杂化类型，并预测分子或离子的几何构型。

SbH_3　　BeH_2　　BI_3　　$SiCl_4$　　NH_4^+　　H_2Te　　CH_3Cl　　CO_2

4. 通过杂化轨道理论比较下列分子键角的大小：

NH_3　　PCl_4^+　　BF_3　　$HgCl_2$　　H_2S

5. 用价层电子对互斥理论预测下列分子或离子的几何构型。

OF_2　　XeF_2　　AsF_5　　IO_6^{5-}　　PO_4^{3-}　　NF_3　　SF_6　　XeO_4

6. 列出下列分子或离子的分子轨道表达式，计算它们的键级，并预测分子的稳定性及其磁性。

Li_2　　Be_2　　B_2　　C_2　　N_2^+　　O_2^{2-}　　F_2

7. 比较下列物质的稳定性。

① O_2^+　　O_2　　O_2^-　　O_2^{2-}　　O_2^{3-}；

② B_2^+ B_2 B_2^-。

8. 用分子轨道理论解释为何 N_2 的离解能比 N_2^+ 的离解能大，而 O_2 的离解能却比 O_2^+ 的离解能小？

9. 试用电负性估计下列键的极性顺序：

H—Cl，Be—Cl，Li—Cl，Al—Cl，Si—Cl，C—Cl，N—Cl，O—Cl

10. 已知下列分子的偶极矩

HF 6.47×10^{-30} C·m　　HCl 3.60×10^{-30} C·m

HBr 2.60×10^{-30} C·m　　HI 1.27×10^{-30} C·m

设它们的极上电荷分别为 $q(HF)=7.03\times10^{-20}$C，$q(HCl)=2.83\times10^{-20}$C，$q(HBr)=1.84\times10^{-20}$C，$q(HI)=7.89\times10^{-20}$C。求它们的偶极长度，并比较它们的极性大小。

11. 判断下列分子的极性

He　F_2　HCl　AsH_3　CS_2　H_2S　CCl_4　BBr_3　$CHCl_3$

12. 在下列情况下，要克服哪种类型的作用力：

① 冰融化；

② 食盐溶于水中；

③ $MgCO_3$ 分解为 MgO；

④ 硫黄粉溶于 CCl_4 中。

13. 下列物质中存在哪些分子间力：

① 液态水；

② 氨水；

③ 酒精水溶液；

④ 碘的四氯化碳溶液；

⑤ 碘的酒精溶液；

⑥ 硫化氢水溶液。

14. 预测下列各组物质的熔、沸点高低：

① CH_4　CCl_4　CBr_4　CI_4；

② H_2O　H_2S；

③ CH_4　SiH_4　GeH_4；

④ He　Ne　Ar　Kr。

第3章 晶体结构

在常温常压下，物质主要呈现气、液、固三种状态。仔细研究固体发现，有的固体具有规则的外形，有的没有。对它们的内部结构进行现代物理实验研究发现，有的固体内部粒子有规则地排列，有的则没有规律。人们把前一类固体称为晶体，后一类固体称为非晶体，也叫无定形体。本章将在原子和分子结构的基础上，介绍晶体结构的规律性和不同类型晶体的特征。

3.1 晶体的基本知识

自然界中绝大多数的固体都是晶体，只有极少数属于非晶体。非晶体是当温度骤然下降到液体的凝固点以下，物质内部的粒子来不及进行有规则排列时形成的，如玻璃、石蜡、沥青和炉渣等。非晶体内部的结构通常类似于液体，是不稳定的聚集态。当固体内部粒子进行规律排列时，就会形成晶体。晶体具有许多独特的宏观性质。

3.1.1 晶体的宏观特征

与非晶体相比，晶体具有以下几方面的宏观特征：①晶体具有规则的外形。自然生成的晶体，虽然常常不完整，但人们总能观察到它们具有平滑的面、笔直的棱和尖锐的角。图 3-1是几种晶体的外形。玻璃虽然也有一定的形状，但那是人为造成的。②晶体具有固定的熔点。晶体被加热到一定温度时，开始熔化，但在晶体完全熔化前，温度保持不变，直到晶体完全熔化后温度才会继续上升。非晶体被加热到某一温度后开始软化，流动性增加，最后变成液体，从开始软化到完全融化，温度一直在变化，因此，非晶体没有固定的熔点。③晶体具有各向异性。晶体在不同方向上具有不同的性质（力、光、电、热等），例如云母容易沿着层状结构的方向剥离，石墨的层内电导率比层间电导率高出一万倍。也可以利用 X 射线衍射或电子衍射实验来判断固体样品是晶体还是非晶体。

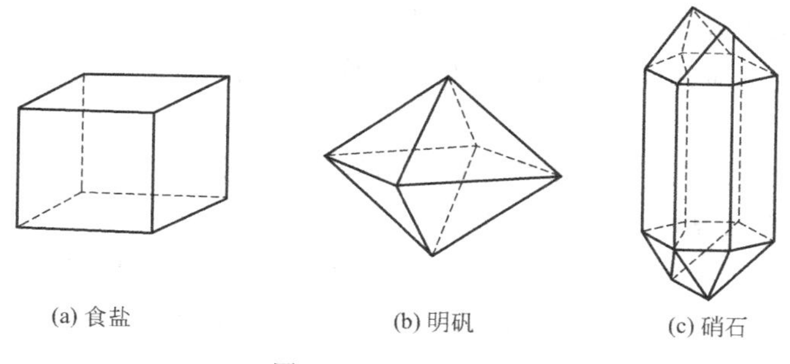

图 3-1 晶体的外形

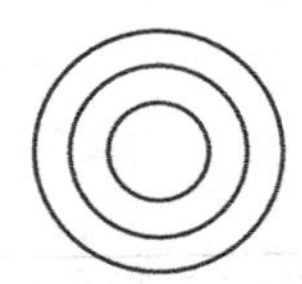
(a) 晶体的X射线衍射图

(b) 非晶体的X射线衍射图

图 3-2 晶体和非晶体的 X 射线衍射图

晶体样品的 X 射线衍射图形是一系列以入射线为轴的明锐的同心环或规则的衍射斑点，非晶体的 X 射线衍射图是由宽的晕和弥散的环组成的，没有任何表征结晶程度的鲜明的环或者斑点。如图 3-2 所示。

3.1.2 晶体的微观结构

晶体的宏观特性是由其独特的微观结构所决定的。人们对晶体的内部结构进行了多方面的研究。空间点阵学说把晶体内部的粒子（原子、分子和离子）抽象成质点，然后研究质点在空间排列的规律性。研究表明，晶体内部各种微粒排列的顺序和相对距离都是固定的，存在着空间排列的周期性和对称性（又称为原子排列的长程有序）。这些质点成行成列地排列起来叫做点阵。点与点连接起来成为格子（图 3-3），这种格子称为晶格。质点所占据的位置叫晶格结点。晶格结点上粒子不同，可以形成不同类型的晶体，如离子晶体、原子晶体等。从晶格中可以清楚地显示出晶体中微粒排列的规律。

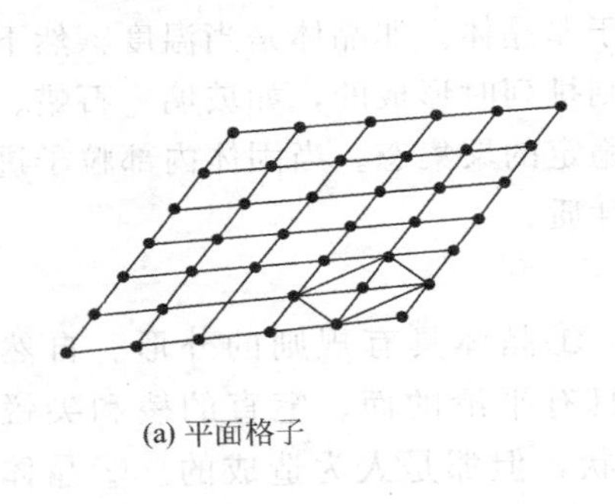
(a) 平面格子

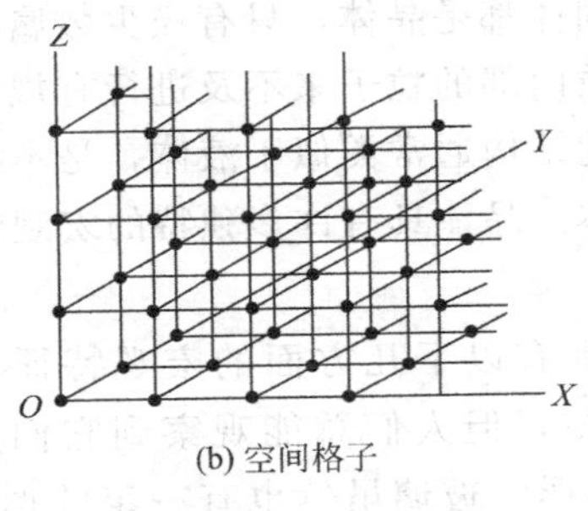

(b) 空间格子

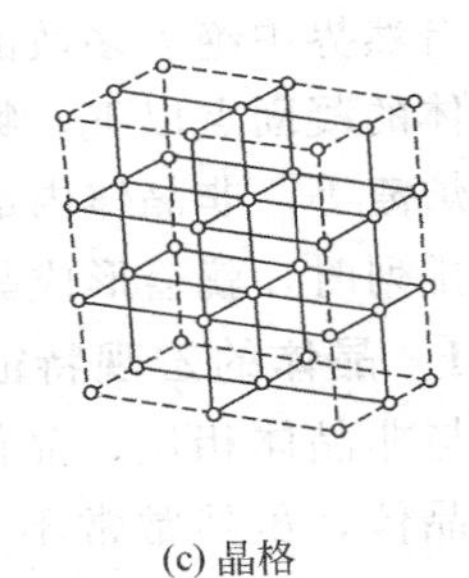
(c) 晶格

图 3-3 格子与晶格

由于晶格只是不断重复着的某种有序排列，因此，只需从中抽出一个基本单元就可以了解整个晶格，这个基本单元就是晶胞。晶胞是由若干个粒子组成的六面体，它包含了晶格的全部信息。晶胞在空间不断重复，就形成整个晶体。所以，晶胞的大小、形状和组成完全决定了整个晶体的结构和性质。

晶胞六面体有三个边长 a、b、c，和由三个边长构成的夹角 α、β、γ，这六个数值称为晶胞参数。按照晶胞参数的不同，把晶体分为七类，称为七大晶系，见图 3-4 和表 3-1。七大晶系的晶体在空间的对称性各不相同，其中对称性最高的是立方晶系，对称性最低的是三斜晶系。

根据晶胞是否有“心”，七大晶系又有十四种晶格，如图 3-5 所示。图 3-5 中的符号 P 表示“不带心”的简单晶格，符号 I 表示“体心”，符号 C 表示“底心”。符号“R”及“H”分别是“斜方或菱形”及“六方”的英文名称的第一个字母。这些晶格的划分是 X 射线晶体结构分析的结果。实验证明，几乎所有晶体的内部排列方式都属于七大晶系十四种晶格中的一种，具有不同程度的对称性。

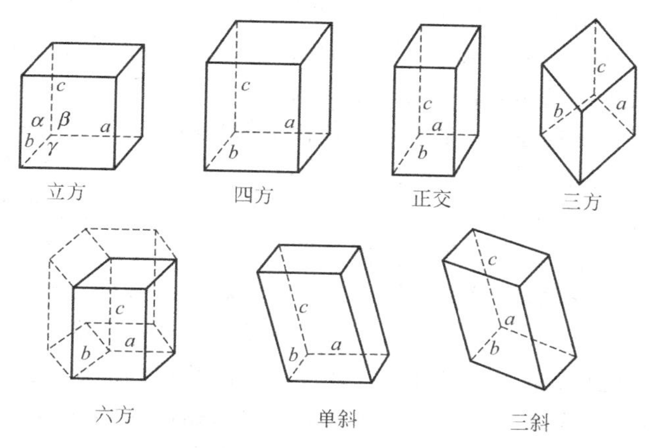

图 3-4　七种晶胞

表 3-1　七大晶系

晶系	边长	夹角	晶体实例
立方(Cubic)	$a=b=c$	$\alpha=\beta=\gamma=90°$	Cu ,NaCl
四方(Tetragonal)	$a=b\neq c$	$\alpha=\beta=\gamma=90°$	Sn,SnO_2
正交(Rhombic)	$a\neq b\neq c$	$\alpha=\beta=\gamma=90°$	I_2, $HgCl_2$
三方(Rhombohedral)	$a=b=c$	$\alpha=\beta=\gamma\neq 90°$	Bi, Al_2O_3
六方(Hexagonal)	$a=b\neq c$	$\alpha=\beta=90°$, $\gamma=120°$	Mg, AgI
单斜(Monoclinic)	$a\neq b\neq c$	$\alpha=\gamma=90°$, $\beta\neq 90°$	S, $KClO_3$
三斜(Triclinic)	$a\neq b\neq c$	$\alpha\neq\beta\neq\gamma\neq 90°$	$CuSO_4\cdot 5H_2O$

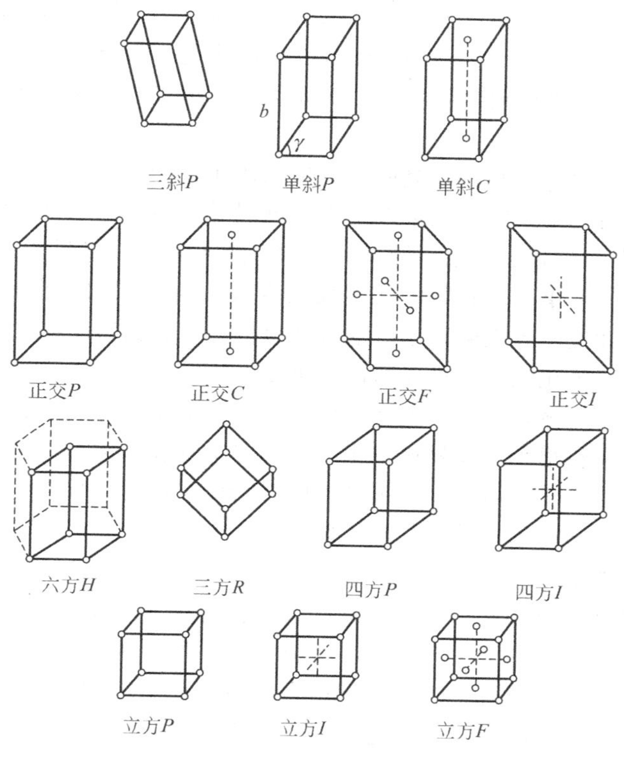

图 3-5　十四种可能的晶格

研究发现，尽管属于七大晶系的晶体数目庞大，外形各异，但其宏观对称性类型只有32种（又称32种点群）。这一结论已被数以万计的已知或新发现的晶体所证实。然而这一结论，近年来受到一类被称之为准晶体的新相的严重挑战，迫切需要用新的观点来解释这些事实，并提出新的概念和新的理论来描述这些新物质，使传统的晶体学理论得以完善和发展。

准晶体是指那些具有相当明锐的电子衍射斑点（晶体的特征），但不能标定成晶体的32种宏观对称类型中的任何一种的新相。进一步研究表明，这类新相的内部具有长程取向有序，但不具有长程平移有序。1990年，美国的贝尔（Bell）实验室宣称，它们使用了一种精确到足以探查单个原子的扫描隧道显微镜（STM），对Al-Co-Cu合金材料的原子切片进行表面探查，在电视屏幕上显示出了每个原子的清晰投影，证实了准晶体的存在。

准晶体是人们对高温液体金属进行急冷处理并企图获得非晶态金属时发现的。人们最关心的是准晶体的性能，在这方面，人们还知之甚少。根据准晶体的结构特点，有理由推测它具有某些不同于普通晶体的性能。这一点，已经在准晶体的电阻和磁性的研究中得到了证实。

3.1.3 单晶体和多晶体

晶态固体还有单晶体和多晶体的区别。单晶体是由一个晶核向各个方向均衡生长而形成的，整个晶体结构由同一晶格所贯穿。多晶体是由很多取向不同的单晶颗粒拼凑而成的。由于每个单晶颗粒的取向不同，各个单晶的各向异性互相抵消，因此多晶固体表现出各向同性。多晶体中的每个单晶小颗粒之间存在着晶界。晶界的厚度通常为几纳米到几微米，在晶界上尤其是晶界的外层，原子排列十分混乱，致使晶界具有如下性质：①原子在晶界中的扩散比晶粒内部要快得多；②晶界的熔点一般比晶粒低；③杂质容易在晶界中析出和集中；④晶界存在许多电子俘获中心；⑤晶界容易有晶格空位出现；⑥晶界的力学性质与晶粒不同。因此，多晶固体有一些不同于单晶的性质。基于晶界性质②，较细的粉末可以在低于熔点的温度烧结；基于性质④和⑤，一些微晶固体可以作催化剂；由于性质③和⑥，一些多晶固体材料的力学性质比单晶材料的要略差一些，例如，相同组成的铁镍合金，单晶所能耐受的高温比多晶要高。

大多数金属和非金属固体都是多晶固体。单晶体比较少见，但可以由人工培养长成，例如，人们已经成功地制造出单晶铁镍飞机发动机涡轮叶片，使发动机工作温度提高了约150℃，发电机工作寿命延长了四倍。因此，减少晶界可以改善材料的力学性质。另一方面，当多晶物质内部的每一个单晶体颗粒的尺寸大幅度减小时（例如，小到纳米尺寸），材料中晶粒内部和晶界间的性质差异就会减小，这种多晶固体就会具有一些大颗粒多晶固体所没有的特性，例如，纳米二氧化钛陶瓷可以弯曲（见20.3.3）。

有一些固体看似非晶体，但实际上是晶粒尺寸很小的多晶体，例如，活性炭等，它们是微晶体。由于活性炭晶粒很小，晶界比例很大，晶界上存在着大量电子俘获中心，使活性炭具有很强的吸附能力，化学性质也比石墨和金刚石活泼。由此可以看出，晶体颗粒大小的变化（物理性质）有时也会影响物质的化学性质。

3.1.4 晶体的基本类型

前面介绍的是把晶体内部粒子抽象成质点后，它们在空间排列的规律性。现在我们把质点分别还原成原子、分子或离子，会发现，由于质点和质点间作用力不同，晶体的性质各不相同。根据晶体中质点以及质点之间相互作用力的不同，可以把晶体主要分为：离子晶体、金属晶体、原子晶体和分子晶体。另外还有一些晶体具有链状或层状结构，质点间具有两种或两种以上的作用力，这种晶体又叫混合晶体。下面分别介绍这些类型的晶体。

3.2 离子晶体

离子晶体的晶格结点上交替排列着正、负离子，晶格结点之间以静电作用力相结合。这种正、负离子之间的静电作用力称为离子键。下面讨论离子键的本质和离子晶体的性质。

3.2.1 离子键和离子晶体的性质

(1) 离子键的本质

在离子键的模型中，可以近似地把正、负离子视为球形电荷。这样，只要空间允许，每个离子周围会尽可能多地吸引异号离子。但是，异号离子之间除了有静电吸引力之外，还存在电子与电子、原子核与原子核之间的斥力，斥力和引力共同作用使每个离子都处于一平衡位置，不至于过分靠近，也不至于过分远离，这时体系能量最低，因此，离子键的特征是既没有方向性也没有饱和性。

然而，离子晶体中的离子并不是刚性的电荷，在异号离子作用下，离子的电子云会发生变形，正负离子的原子轨道也会有部分重叠，所以，离子晶体中正负离子间的作用力存在着一定程度的共价键成分。共价键成分的大小与形成离子晶体的元素的电负性差别有关，电负性差别越大，离子键中的共价性成分就越小。表 3-2 列出了单键的离子性百分数与电负性差值之间的关系。

表 3-2　单键的离子性百分数与电负性差值之间的关系

$\chi_A-\chi_B$	离子性成分/%	$\chi_A-\chi_B$	离子性成分/%
0.2	1	1.8	55
0.4	4	2.0	63
0.6	9	2.2	70
0.8	15	2.4	76
1.0	22	2.6	82
1.2	30	2.8	86
1.4	39	3.0	89
1.6	47	3.2	92

离子键的强弱通常用晶格能的大小来衡量。晶格能是指，在标准状态下，拆开单位物质的量的离子晶体，使其变为无限远离的气态离子时，体系所吸收的能量❶，用符号 U 表示。

由于实验技术上的困难，目前大多数离子晶体物质的晶格能是利用“玻恩-哈伯循环法”间接测定的。现以金属钠与氯气的反应为例说明之。

由实验可知，在 298.15K，100kPa 下，由 1mol Na 与 0.5 mol Cl_2 反应生成 1mol NaCl 晶体时，能放出 411kJ 的能量。

为了理解能量的来源，可以设想反应分为以下几个步骤进行：

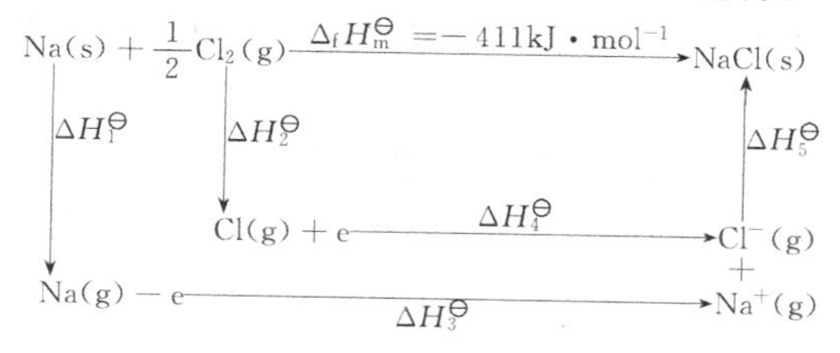

❶ 有些书中把晶格能定义为，标准状态下，由气态阳离子和气态阴离子结合成单位物质的量的离子晶体放出的能量。使用时注意晶格能的定义。

金属钠升华

$Na(s) \longrightarrow Na(g)$; $\Delta H_1^\ominus = \Delta_S H^\ominus = 106 kJ \cdot mol^{-1}$

氯分子离解

$\frac{1}{2}Cl_2(g) \longrightarrow Cl(g)$; $\Delta H_2^\ominus = \frac{1}{2}D^\ominus(Cl-Cl) = 121 kJ \cdot mol^{-1}$

气态钠原子电离

$Na(g) - e \longrightarrow Na^+(g)$; $\Delta H_3^\ominus = I_1 = 496 kJ \cdot mol^{-1}$

气态氯原子结合电子

$Cl(g) + e \longrightarrow Cl^-(g)$; $\Delta H_4^\ominus = Y_1 = -348 kJ \cdot mol^{-1}$

气态钠离子和氯离子结合成氯化钠晶体

$Na^+(g) + Cl^-(g) \longrightarrow NaCl(s)$; $\Delta H_5^\ominus = -U$

根据能量守恒定律，由金属钠和氯气生成 NaCl 晶体的生成焓（见 4.1.1）应等于各步骤能量变化的总和。即

$$\Delta_f H_m^\ominus = \Delta H_1^\ominus + \Delta H_2^\ominus + \Delta H_3^\ominus + \Delta H_4^\ominus + \Delta H_5^\ominus$$
$$= \Delta_S H^\ominus + 1/2\ D^\ominus(Cl—Cl) + I_1 + Y_1 - U$$

式中，$\Delta_f H_m^\ominus$、$\Delta_S H^\ominus$、$D^\ominus(Cl—Cl)$、I_1、Y_1 等一般可从化学手册中查到。这样应用“玻恩-哈伯循环法”，就可以计算离子晶体物质的晶格能的近似值。对于 NaCl 晶体来说：

$$U = [106 + 121 + 496 - 348 - (-411)] kJ \cdot mol^{-1} = 786 kJ \cdot mol^{-1}$$

表 3-3 列出一些离子晶体物质的晶格能和对应的物理性质。

表 3-3 晶格能与物理性质

NaCl 型晶体	NaI	NaBr	NaCl	NaF	BaO	SrO	CaO	MgO
离子电荷	1	1	1	1	2	2	2	2
核间距/pm	318	294	279	231	277	257	240	210
晶格能/$kJ \cdot mol^{-1}$	704	747	785	923	3054	3223	3401	3791
熔点/℃	661	747	801	993	1918	2430	2614	2852
硬度(金刚石=10)	—	—	2.5	2～2.5	3.3	3.5	4.5	5.5

从表 3-3 中数据可以看出，对晶体结构相同的离子化合物，离子电荷数越多，核间距越短，晶格能就越大，熔化或破坏离子晶体时消耗的能量就越大，相应的熔点就越高、硬度就越大。因此，利用晶格能数据可以解释和预测离子晶体物质的某些物理性质。

(2) 离子晶体的性质

离子晶体的熔点一般较高，硬度也较大，而且难以挥发。这是因为离子键的强度比较大，破坏离子晶体需要较大的能量克服这种力。

在离子晶体中，正、负离子处于相对固定的位置，没有可自由移动的带电离子，因此，离子晶体不导电（有缺陷的离子晶体除外）。但当离子晶体溶于水或被熔融时，正、负离子可以自由迁移，这时就可以导电。

离子晶体一般比较脆。这是因为，当离子晶体物质受到机械力作用时，晶体结点上离子发生相对位移，原来异号离子相间的稳定排列状态，就会转变为同号离子接触的排斥状态，晶体结构就遭到破坏。

离子晶体物质一般易溶于水。这是因为离子容易与众多的极性水分子形成水合离子并放出热量，放出的热量可以补偿破坏离子晶体所需要的能量。但是，当离子键很强或者离子键带有比较多的共价性成分时，离子晶体在水中的溶解度就会比较小。

3.2.2　离子晶体中最简单的结构类型

离子键没有方向性和饱和性，每个离子周围尽可能多地排列异电荷离子。但是由于空间的限制，离子周围排列的异号离子数目是有限的。通常把晶体内（也可以是分子内）某一粒子周围最接近的粒子数目，称为该粒子的配位数。离子晶体中某一离子的配位数与正负离子的相对大小有关，正负离子的相对大小不同，配位数不同，形成的离子晶体类型也不同。实际上，在离子晶体中，负离子一般比正离子大，负离子的堆积是离子晶体结构的主要框架，正离子也可以看成是填入负离子堆积形成的空隙中，不同大小的正离子可以填入不同大小的空隙，形成配位数不同的离子晶体类型。这里介绍三种最常见的AB型离子晶体：NaCl型、CsCl型和立方ZnS型，如图3-6所示。

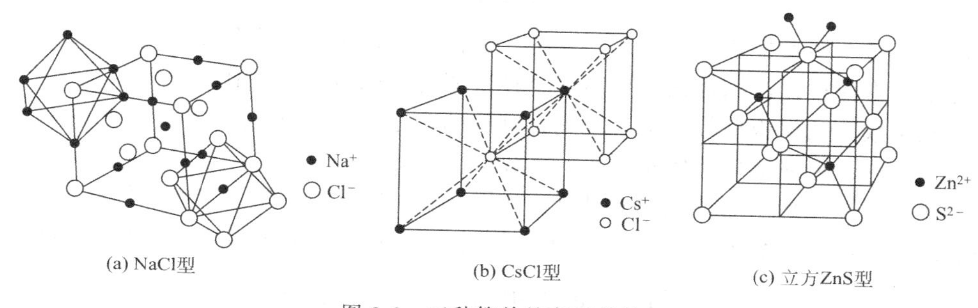

图 3-6　三种简单的离子晶体

（1）NaCl 型

NaCl 型晶体具有立方晶胞。负离子按照面心立方结构堆积，正离子填入负离子形成的八面体空隙中。正、负离子的配位数均为 6。KI、LiF、NaBr、MgO、CaS 等都属于 NaCl 型。属于这种类型的晶体，其正、负离子的半径比一般介于 0.414～0.732 之间。

（2）CsCl 型

CsCl 型晶体也具有立方晶胞，但负离子按简单立方结构堆积，正离子填入负离子堆积的立方体空隙中。正、负离子的配位数均为 8。TlCl、CsBr、CsI 等都属于 CsCl 型。这类晶体的正离子半径比较大，正、负离子的半径比一般介于 0.732～1 之间。

（3）立方 ZnS 型

立方 ZnS 型晶体也具有立方晶胞。负离子按照面心立方结构堆积，正离子填入负离子堆积的部分四面体空隙中。正、负离子的配位数均为 4。BeO、ZnSe 等晶体属于立方 ZnS 型。这类晶体的正离子半径比较小，正、负离子的半径比通常介于 0.225～0.414 之间。

从上述离子晶体的结构可以看出，离子晶体的结构类型可能与正、负离子的半径比有关。另外，离子晶体中没有单独存在的分子。整个晶体可以看成是一个巨型分子。人们习惯的离子晶体“分子式”实际上是离子晶体的化学式，它表示离子晶体中正、负离子数目的比例。

3.2.3　半径比规则

事实上，离子晶体的结构类型，与离子半径、离子电荷及离子的电子层排布等多种因素有关，其中与正、负离子半径相对大小的关系更为密切。因为，只有当正、负离子能紧密接触时，所形成的离子晶体构型才是稳定的。

（1）离子半径

离子半径本来应该指离子电子云分布的范围，但是电子云没有一个断然的界面，因此，

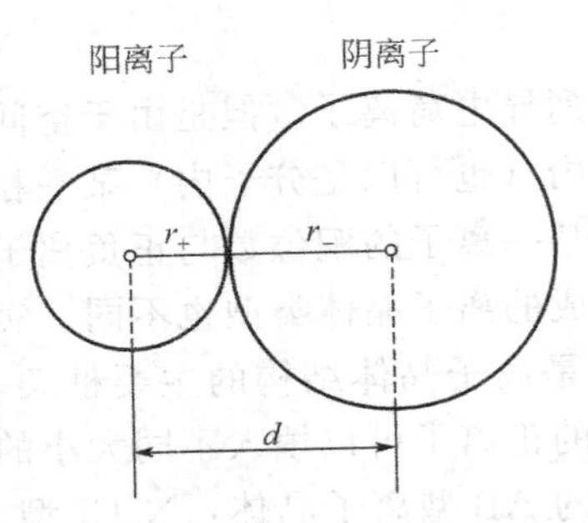

图 3-7 离子半径和核间距的关系

严格地来说，一个离子的半径是不确定的。一般所了解的离子半径是：离子晶体中正、负离子的核间距离（两个原子核间的平均距离）是正、负离子的半径和，即 $d=r_++r_-$，如图 3-7 所示。核间距 d 的数值可以通过晶体的 X 射线分析实验测定，这样只要知道其中一个离子半径，另一个离子半径也就可以求出。1926 年，哥德希密德（V. M. Goldschmidt）由晶体的结构数据推出了 F^- 和 O^{2-} 的半径分别是 133pm 和 132pm。以这两个数据为标准，从各种离子化合物的核间距（d）数据中，计算出了其他离子的有效半径。例如，$d_{NaF}=230pm$，则钠离子（Na^+）的半径 $r_+=231-133=98pm$。

目前，已经有多种推算离子半径的方法。最常用的是由鲍林推导出来的一套离子半径数据。与哥德希密德相比，鲍林在推导离子半径数据时，同时考虑了作用于外层电子上的有效核电荷、配位数、几何构型等因素，因此，鲍林的离子半径数据与哥德希密德的略有不同。表 3-4 列出了哥德希密德和鲍林的离子半径数据。

还要注意的是，离子晶体的结构类型不同，配位数不同，正、负离子的核间距也会不同。一般来说，以配位数为 6 的 NaCl 型作为标准，对其余结构类型离子晶体的半径要做一

表 3-4 哥德希密德和鲍林的离子半径数据/pm

离子	G	P	离子	G	P	离子	G	P	离子	G	P
H^-	—	208	Si^{4-}	198	271	Ti^{3+}	75	69	Cu^+	—	96
Li^+	70	60	Si^{4+}	40	41	Ti^{4+}	64	68	Cu^{2+}	72	—
Be^{2+}	34	31	P^{3-}	186	212	V^{2+}	88	66	Zn^{2+}	83	74
B^{3+}	—	20	P^{3+}	44	—	V^{5+}	—	59	Ga^{3+}	62	62
C^{4-}	—	260	P^{5+}	35	34	Cr^{3+}	65	64	Ge^{2+}	65	—
C^{4+}	20	15	S^{2-}	182	184	Cr^{5+}	36	52	Ge^{4+}	55	53
N^{3-}	—	171	S^{4+}	37	—	Mn^{2+}	91	80	As^{3-}	191	222
N^{3+}	16	—	S^{6+}	30	29	Mn^{4+}	52	—	As^{3+}	69	47
N^{5+}	15	11	Cl^-	181	181	Mn^{7+}	—	46	Se^{2-}	193	198
O^{2-}	132	140	Cl^{5+}	34	—	Fe^{2+}	83	75	Se^{6+}	35	42
F^-	133	136	Cl^{7+}	—	26	Fe^{3+}	67	60	Br^-	196	195
Na^+	98	95	K^+	133	133	Co^{2+}	82	72	Br^{5+}	47	—
Mg^{2+}	78	65	Ca^{2+}	105	99	Co^{3+}	65	—	Br^{7+}	—	39
Al^{3+}	55	50	Sc^{3+}	83	81	Ni^{2+}	78	70	Rb^+	149	148
Sr^{2+}	118	113	In^{3+}	92	81	Ba^{2+}	138	135	Hg_2^{2+}	127	—
Y^{3+}	95	93	Sn^{2+}	102	—	La^{3+}	115	—	Hg^{2+}	112	110
Zr^{4+}	80	80	Sn^{4+}	74	71	Hf^{4+}	86	—	Tl^+	149	144
Nb^{5+}	—	70	Sb^{3-}	208	245	Ta^{5+}	73	—	Tl^{3+}	105	95
Mo^{6+}	65	62	Sb^{3+}	90	—	W^{6+}	65	—	Pb^{2+}	132	121
Tc^{7+}	56	—	Sb^{5+}	—	62	Re^{7+}	56	—	Pb^{4+}	84	84
Ru^{4+}	65	—	Te^{2-}	212	221	Os^{4+}	88	—	Bi^{3+}	120	—
Rh^{4+}	65	—	Te^{4+}	89	—	Os^{6+}	69	—	Bi^{5+}	—	74
Pd^{2+}	80	—	Te^{3+}	—	56	Ir^{4+}	66	—	Po^{6+}	67	—
Pd^{4+}	65	—	I^-	220	216	Pt^{2+}	106	—	At^{7+}	62	—
Ag^+	113	126	I^{5+}	94	—	Pt^{4+}	92	—	Fr^+	180	—
Ag^{2+}	89	—	I^{7+}	—	50	Au^+	—	137	Ra^{2+}	142	—
Cd^{2+}	99	97	Cs^+	170	169	Au^{3+}	85	—			

注：G 为哥德希密德离子半径；P 为鲍林离子半径。

定的校正。当配位数为 12、8、4 时，这些数据应分别乘以 1.12、1.03、0.94。例如，CsI 晶体属 CsCl 型，配位数为 8。Cs^+ 和 I^- 的离子半径和为 385pm，乘以 1.03 后为 396.6pm，与实验测得 CsI 晶体的离子间距离为 396pm 基本一致。

从表 3-4 可以看出离子半径相对大小的规律：①周期表中，具有相同电荷数的同族离子的半径依次增大。同一周期中阳离子电荷数越大，它的半径越小；阴离子电荷数越大，其半径越大。②阳离子的半径小于其相应的原子半径；阴离子半径大于其相应的原子半径。例如，钠原子的半径为 157pm，而钠离子（Na^+）的半径为 97pm；氯原子的半径为 99pm，而氯离子（Cl^-）的半径为 181pm。③同种元素离子的半径随离子电荷代数值增大而减小。例如，S^{2-}、S^{4+}、S^{6+} 的半径分别为 184pm、37pm、29pm。

（2）半径比规则

在 3.2.3 的开始就提到，只有当正、负离子能紧密接触时，所形成的离子晶体构型才是稳定的。现以配位数为 6 的离子晶体构型中的某一层为例说明。如图 3-8 所示。

令 $r_-=1$，则 $ac=4$；

$$ab=bc=2+2r_+$$

因为$\triangle abc$ 为直角三角形，所以

$$ac^2=ab^2+bc^2$$

$$4^2=2(2+2r_+)^2$$

$$r_+=0.414$$

即当 $r_+/r_-=0.414$ 时，正、负离子直接接触，负离子也两两接触。如果 r_+/r_- 小于 0.414 或大于 0.414 时，就会出现如图 3-9 所示的情况。

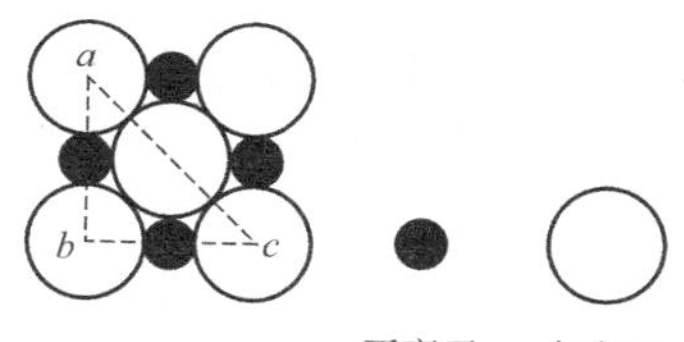

图 3-8　配位数为 6 的晶体中正、负离子半径比

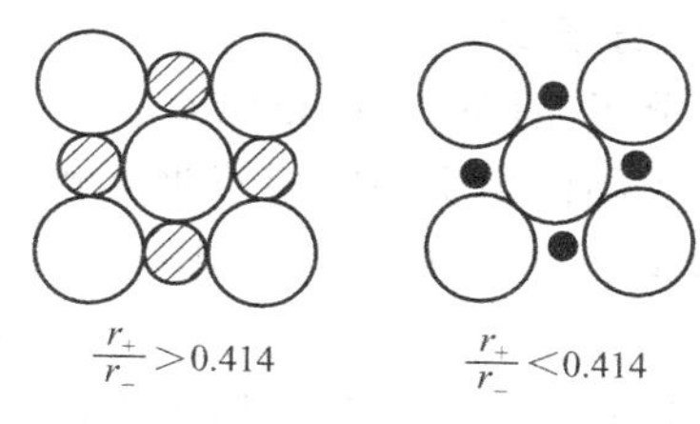

图 3-9　半径比与配位数的关系

当 r_+/r_- 大于 0.414 时，虽然负离子接触不良，但是正、负离子能紧靠在一起，这样的结构仍然是稳定的。当 r_+/r_- 小于 0.414 时，负离子相互接触（排斥），而正、负离子接触不良，这样的构型是不稳定的，会迫使晶体向配位数减少的构型转变，如转变成 4 配位。但当 r_+/r_- 大于 0.732 时，正离子表面就有可能接触上更多的负离子，使配位数转变成 8。表 3-5 列出了 AB 型化合物的离子半径和配位数的关系，也称半径比规则。

我们可以根据 AB 型离子半径比来推测 AB 型离子晶体的结构类型和配位数。对于非 AB 型离子晶体来说，其离子半径比与晶体构型的关系比较复杂，这里不作介绍。

需要指出的是：①由于一般离子键或多或少带有某些共价键成分，因此，严格地说，半

表 3-5　AB 型化合物离子半径与配位数的关系

r_+/r_-	配位数	空间构型
0.225～0.414	4	ZnS
0.414～0.732	6	NaCl
0.732～1.00	8	CsCl

径比规则只适用于典型的离子型晶体。②当离子化合物的半径比值接近两个极限值（0.723或0.414）时，该物质可能同时具有两种晶型。③在某些情况下，配位数与正、负离子的半径比可能不一致，例如RbCl晶体，其$r_+/r_-=0.82$，理论上的配位数应该是8，实际上它是NaCl型的，配位数为6，这时我们要尊重实验事实。④离子晶体的构型还与外界条件有关。例如，CsCl晶体在常温下是CsCl型，但在高温下可以转变成NaCl型。这种化学组成相同而有不同晶体构型的现象称为同质多晶现象。

3.3 原子晶体和分子晶体

3.3.1 原子晶体

原子晶体中，晶格结点上排列着原子，晶格结点之间以共价键结合。由于共价键极强，要破坏这种键就需要更多的能量，因此原子晶体的熔点极高，硬度极大。金刚石是典型的原子晶体，晶体中碳原子占据晶格结点的位置，碳原子间以共价键结合，每个碳原子都以sp^3杂化轨道分别与四个相邻的碳原子形成四个等同的共价键，这种结合方式不断重复形成了宏观晶体，如图3-10所示。因此，在金刚石内不存在独立的小分子。金刚石的晶胞与立方ZnS晶胞［见图3-6(c)］类似，只要把硫原子和锌原子全部换成碳原子，就可以得出金刚石的晶胞结构，如图3-11所示。

属于原子晶体的物质不多。除金刚石外，还有单质硅（Si）、单质硼（B）、碳化硅（SiC）、石英（SiO_2）、碳化硼（B_4C）、立方氮化硼（BN）、氮化铝（AlN）等。

3.3.2 分子晶体

在分子晶体中，晶格结点上排列着分子，晶格结点之间以微弱的范德华力相结合。因此，分子晶体物质一般熔点低，硬度小，易挥发。干冰（固体CO_2）是典型的分子晶体，其晶胞是面心立方结构，如图3-12所示。

CO_2是以整个分子为单位，占据立方晶胞的顶点和面心的位置。虽然分子内原子间是以共价键结合的（这种作用力决定了分子的化学性质），但分子之间却以微弱的范德华力相结合（这种力决定了CO_2的物理性质）。不同的分子晶体，其晶胞可能有所不同，但分子间都是以分子间力（有些可能还同时存在着氢键）相结合，因此，有些分子晶体物质，在常温常压下即以气态存在；有些分子晶体物质（如碘、萘等）甚至不经过熔化阶段而直接升华。分子晶体物质不导电。

稀有气体、大多数非金属单质和非金属之间的化合物以及大部分有机化合物，在固态时都是分子晶体。

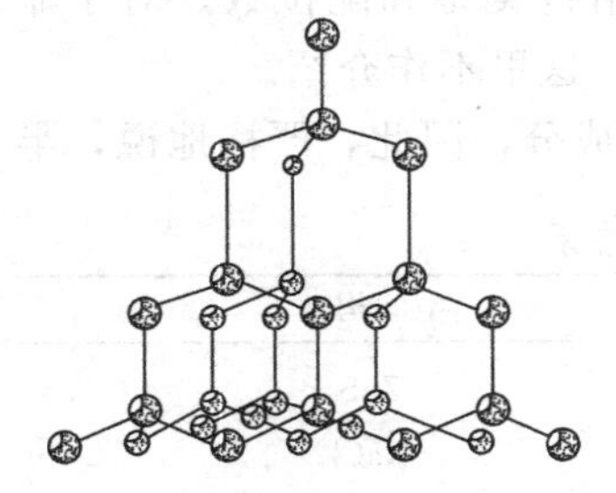
图3-10 金刚石的晶体结构

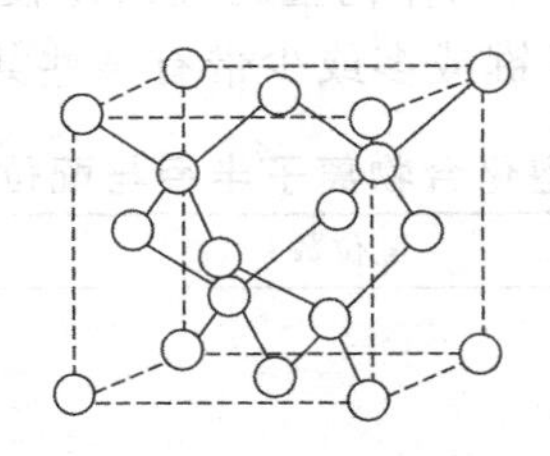
图3-11 金刚石的晶胞结构

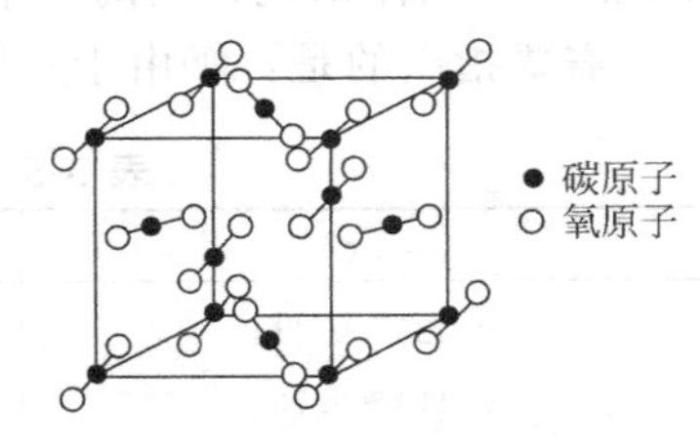

图3-12 干冰的晶体结构

3.4 金属晶体

3.4.1 金属晶体的结构

金属晶体中，晶格结点上排列着金属原子，晶格结点之间以金属键（见 3.4.2）相结合。在纯金属晶体中，金属原子的排列方式可以近似地看成是等径圆球的堆积。为了形成稳定的金属结构，金属原子采取最紧密的堆积方式形成金属（简称金属密堆积），所以金属一般密度较大，而且每个原子都被较多的相同原子包围，配位数也较大。

根据研究，等径圆球的密堆积有三种基本构型：六方最密堆积、面心立方最密堆积和体心立方密堆积，如图 3-13 所示。

这三种典型的密堆积晶胞见图 3-14。

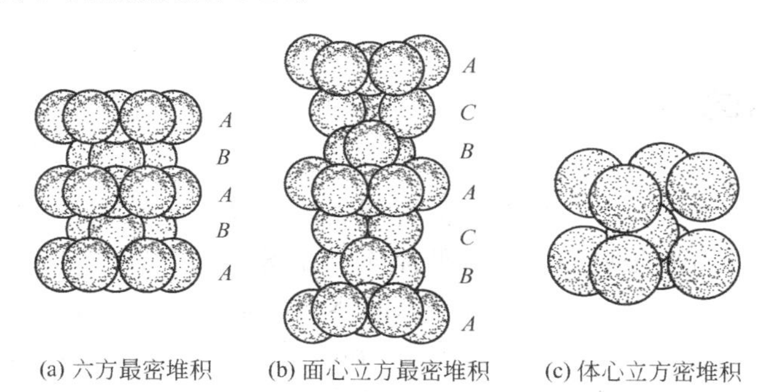

(a) 六方最密堆积　(b) 面心立方最密堆积　(c) 体心立方密堆积

图 3-13　等径圆球密堆积

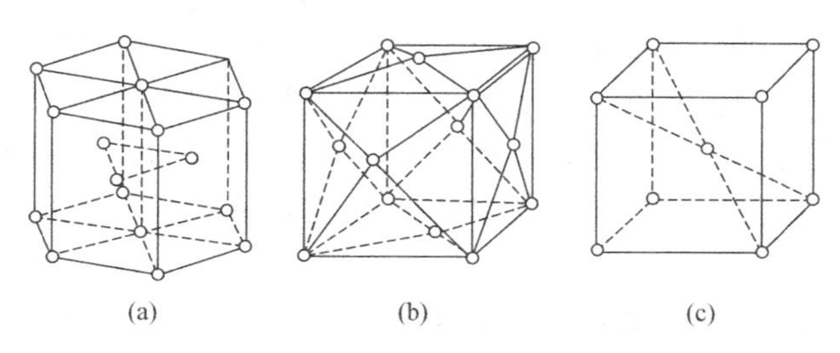

(a)　(b)　(c)

图 3-14　三种类型密堆积的晶胞

不同金属单质，可能具有不同的晶格类型。同种金属在不同的温度下，也可以发生晶格类型的转变，例如，纯铁在室温下为体心立方结构，称为 α-Fe；在 910～1390 ℃温度下为面心立方结构，称为 γ-Fe。表 3-6 列出一些金属单质所属的晶格类型。

表 3-6　一些金属单质的晶格类型

晶体类型	配位数	金　属　单　质
六方	12	Mg、Ca、Co、Ni、Zn、Cd 及部分镧系元素等
面心立方	12	Ca、Al、Cu、Au、Ag、γ-Fe 等
体心立方	8	Ba、Ti、Cr、Mo、W、α-Fe 等

3.4.2 金属键

使金属晶体采取密堆积的作用力是金属键。关于金属键的本质，1916 年荷兰科学家洛伦茨（H. A. Lorentz）提出“自由电子”理论，认为在金属晶体中存在“自由电子”。由于金属原子的电离能和电负性都比较小，最外层的价电子容易脱离金属原子，而在整个金属晶格中自由地运动，由此成为自由电子。自由电子能把金属离子紧密地键合在晶格结点上形成金属晶体。20 世纪 50 年代，应用量子力学方法发展了自由电子理论，提出金属键的改性共价键理论，认为在金属晶体中，晶格结点上的原子和离子是靠共用晶体内的自由电子结合起来的。这些共用的自由电子不定域在某个或某几个原子或离子周围运动，而是处于整个晶体之中，因此称为非定域的自由电子。金属键不同于一般共价键，没有饱和性和方向性，所以称为改性共价键。

改性共价键理论可以解释金属具有良好的导电性、导热性和延展性。但金属结构毕竟很复杂，使某些金属的熔点、硬度相差很大，例如：

金属	熔点	金属	硬度
汞	－38.87℃	钠	0.4
钨	3410℃	铬	9.0

3.5 混合晶体

除了上述四种类型的晶体外，还存在混合型晶体。混合型晶体的晶格结点之间存在两种或两种以上的结合力。石墨是典型的混合型晶体，如图 3-15 所示。

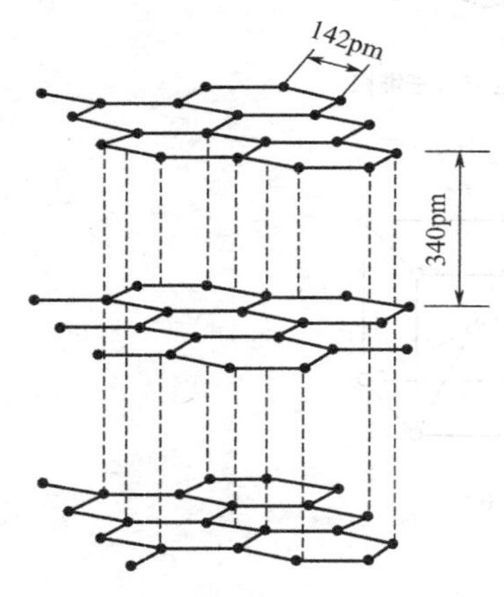

图 3-15 石墨的层状结构

在石墨的晶体中，碳原子是一层一层堆积起来的，层与层之间相隔 340pm，距离较大，以微弱的范德华力相结合。层内，每个碳原子以三个 sp^2 杂化轨道，与另外三个相邻碳原子形成三个 $\sigma(sp^2\text{-}sp^2)$ 键；六个碳原子在同一平面上形成正六边形的环，重复伸展形成片层结构；每个碳原子上还有一个 p 电子，其轨道与片层垂直，这些 p 电子“肩并肩”重叠，在整个片层内形成一个 π 键，这种由多个原子共同形成的 π 键又叫做 Π 键，碳原子之间的 σ 键和 Π 键使片层内每个 C—C 键长为 142pm。Π 键是一种非定域 π 键，成键的电子并不是束缚在两个原子之间，而是在整个片层内自由移动，Π 键中的电子沿层伸展的方向活动能力很强，与金属中的自由电子类似（石墨可作电极材料），故石墨沿层面方向的电导率很大。由此可见，在石墨晶体中，同时存在着层间的范德华力、层内的共价键和非定域 Π 键，所以石墨晶体是混合晶体。

云母、黑磷等也都属于层状混合晶体。另外，纤维状石棉属于链状混合晶体，链中 Si 和 O 之间以共价键结合，带负电荷的硅氧链之间由阳离子以离子键结合。由于链间的离子键不如链内共价键强，故石棉容易被撕成纤维。

*3.6 晶体的缺陷

前面介绍的主要是理想晶体的结构知识。在理想晶体中，粒子（原子、离子或分子）在空间是完全有规则排列的。而在实际晶体中，其结构通常会有这样或那样的缺陷。

3.6.1　晶体的缺陷

晶体的缺陷通常可以分为结构缺陷和化学缺陷。结构缺陷是指在晶体中，粒子排列时出现的偏离理想规则的现象，属于几何缺陷。化学缺陷是指，由掺入杂质引起的或由纯物质形成了非整比化合物引起的缺陷，掺杂或形成非整比化合物也常常会引起结构缺陷。下面分别介绍这些缺陷。

（1）结构缺陷

结构缺陷按照纯几何特征可以分为点缺陷、线缺陷、面缺陷和体缺陷。点缺陷是指发生在晶体中一个原子尺寸范围内的非周期排列，例如，空位、粒子离开正常位置填充在晶格间的情况等。线缺陷是指发生在晶体内一个方向上的非周期排列，例如，位错、点缺陷链等。面缺陷是指发生在一个层面上的非周期排列，例如，堆垛位错、多晶固体内晶粒间的界面等。体缺陷是指在三维方向上相对尺寸比较大的缺陷，例如，固体中的空洞等。

（2）化学缺陷

晶体中掺入杂质，或由较为纯净的晶体形成了非整比化合物都属于化学缺陷。理想晶体中掺入杂质是实际晶体中最常见的缺陷之一，因为完全纯净的物质是不存在的。由杂质引起的缺陷有两种情况：①置换式，即杂质原子取代基质原子，位于晶格结点上，例如，在半导体硅中掺入砷就是这种情况。②填隙式，即杂质原子填入基质晶体的晶格间隙位置，例如，钢中的碳原子就填在铁的晶格间隙位置。

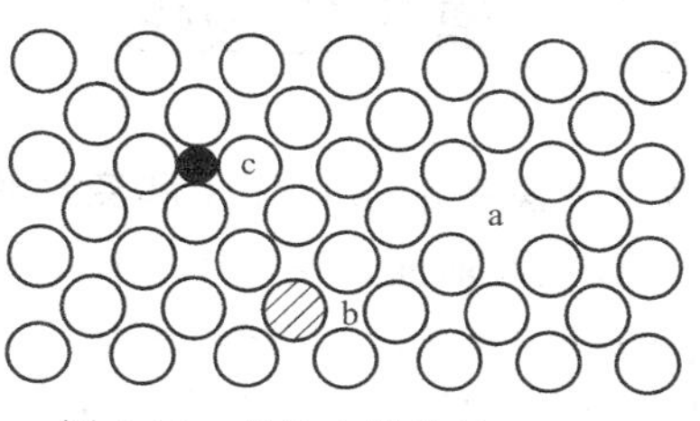

图3-16　晶体点缺陷的示意图

a—空穴；b—置换；c—间充

形成非整比化合物在固体中也比较常见。对于这种缺陷，曾以离子晶体为例作了研究。例如，把NaCl在Na蒸气中加热，就会形成$Na_{1+x}Cl$这种非整比化合物，在这种化合物中出现了Cl^-的空位的点缺陷。图3-16是晶体点缺陷的示意图。

晶体的缺陷对晶体的物理、化学和力学性质会产生重要影响。某些缺陷在材料科学、多相反应动力学领域具有重要的理论意义和实用价值。例如，在纯铁中加入适量碳或某些金属可以制得各种优质钢材；在纯硅中掺入砷或硼原子可以分别制得n-型半导体或p-型半导体；刚玉（晶体氧化铝）中掺入铬离子就是红宝石，它能在一定的条件下振荡出激光，是重要的激光材料；晶体颗粒细小而表面积大的晶体界面缺陷往往正是多相催化反应催化剂的活性中心，等等。

当然有些缺陷是不利的，例如，当钢材中所含的硫等杂质过多时，会对钢材的力学性质产生不利的影响；又例如，内部无晶体界面的单晶铁镍合金飞机螺旋桨，比相同组成的多晶铁镍合金飞机螺旋桨，所能耐受的最高工作温度要高出约150℃，这对于提高飞行效率、降低油耗、延长喷气发动机寿命、提高商业竞争力具有重要意义，在这里晶体内部的界面就是不利的。

3.6.2　非整比化合物

我们知道，非整比化合物是一类具有化学缺陷的晶体，近年来，随着固体化学研究的深入，出现了一系列具有重要用途的非整比化合物。

非整比化合物是指，原子的相对数目不能以最小整数比来表示的化合物。严格地说，所有晶体的原子数量之比都是非整比的，但仅在一定种类的晶体中才会表现出化学配比的明显偏离，并表现出一些特殊的性质。所以，研究非整比化合物的组成、结构、价态、自旋状态与性能，对探索新型无机功能材料具有重要的实际意义。高温超导体$YBa_2Cu_3O_{7-x}$是这类化合物的典型代表，它是一类具有二价和三价铜的混合价态的非整比化合物。其他具有混合价态的非整比化合物有 $La_xSr_{1-x}FeO_{3-\delta}$、$PrO_x$、$TbO_x$ 等，它们的电学、磁学和催化特性正日益引起人们的重视。

非整比是固体的一种性质。它产生的原因被认为是：①一种原子的一部分从有规则的结构位置中失去（如 $Fe_{1-\delta}O$）；②存在着超过结构所需数量的原子（$Zn_{1+\delta}O$）；③被另一种原子所取代。

现以 $Zn_{1+\delta}O$ 为例来说明非整比化合物的形成、结构和性质的变化：把氧化锌（ZnO）晶体在 600～1200℃的锌蒸气中加热，蒸气中的锌原子进入氧化锌（ZnO）晶体的晶格间隙，形成了具有相当小的化学配比偏差的红色晶体 $Zn_{1+\delta}O$。由于间充锌原子的外围电子容易失去进入晶体，使晶体易于吸收部分可见光，使之显红色，而且还会使它们在室温下的电导比化学计量 ZnO 的有一定的提高。从这一例子可以看出，非整比化合物的性质与整比化合物相比有一定的差异，对研究和开发无机功能材料具有重要的意义。

3.7　离子的极化

3.7.1　离子的极化作用和变形性

我们在前面讨论离子晶体时，把正负离子近似地看做是球形电荷，如图 3-17 所示的未极化离子。实际上，离子和分子一样，正、负离子（也称阳、阴离子）在自身电场的作用下也会产生诱导偶极，从而导致离子的极化，即离子的正、负电荷中心不再重合，如图 3-17 所示。

一般来说，阳离子具有较高的正电荷，半径比较小，外层电子较少，它会对相邻的阴离子起诱导作用，使之变形，这种作用叫做离子的极化作用。阴离子半径一般比较大，在外层上有较多的电子，在被诱导过程中容易变形，产生临时的诱导偶极。这种性质通常称为离子的变形性，如图 3-17 所示。另外，阴离子中产生的诱导偶极会反过来诱导阳离子，如果阳离子容易变形的话（如 18 电子、18＋2 电子、9～17 电子构型的大半径低电荷阳离子），阳离子中也会产生偶极。由此，阴、阳离子之间会产生额外的吸引力，又称为附加极化作用，如图 3-17 所示。具有离子极化作用，特别是还具有附加极化作用的正、负离子会靠得更近，有可能使正、负离子的电子云发生重叠，使离子间作用力带有共价键成分，甚至形成共价键。从这个观点也可以看出，离子键和共价键之间没有严格的界限，两者之间有一系列的过渡，见图 3-18。

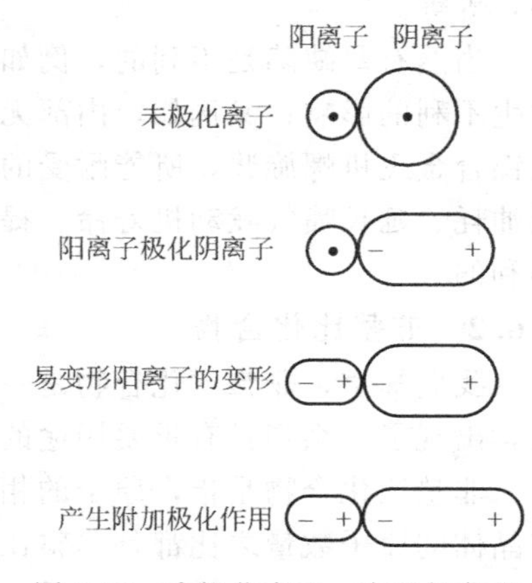

图 3-17　未极化离子、离子极化和离子附加极化作用示意图

并不是所有离子具有等同程度的极化作用和变形性。一般来说，阳离子主要表现的是对阴离子的极化作用；阴离子主要表现的是自身的变形性。下面分别予以讨论。

（1）离子的极化作用

① 离子的正电荷越多，半径越小，离子的极化作用越强，如 $Ba^{2+}<Mg^{2+}$，$La^{3+}<Al^{3+}$，$Mg^{2+}<Al^{3+}$。

② 当离子电荷相同、半径相近时，不同外围电子构型的离子极化作用也不相同，其相对大小如下：具有 18

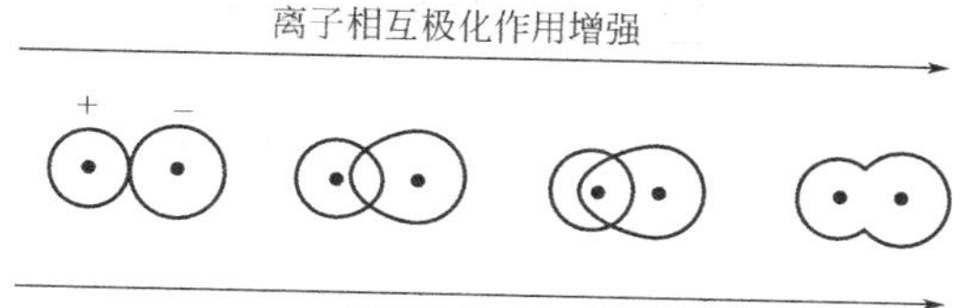

图 3-18　由离子键向共价键的过渡

电子（如 Cu^{+}、Ag^{+}、Hg^{2+} 等）、18＋2 电子（如 Sn^{2+}、Pb^{2+}、Bi^{3+} 等）以及 2 电子构型的离子（如 Li^{+}、Be^{2+}）具有强的极化能力；9～17 电子构型（即过渡金属）的离子（如 Fe^{2+}、Cu^{2+}、Mn^{2+} 等）次之；8 电子构型（即稀有气体构型）的离子（如 Na^{+}、K^{+}、Ca^{2+}、Mg^{2+} 等）极化能力最弱。

③ 复杂阴离子的极化作用通常较小，但电荷高的复杂阴离子也有一定的极化作用，如 SO_4^{2-}、PO_4^{3-} 等。

（2）离子的变形性

① 电子层结构相同的离子，其半径越大，变形性越大，例如：

$$Li^{+}<Na^{+}<K^{+}<Rb^{+}<Cs^{+}；F^{-}<Cl^{-}<Br^{-}<I^{-}$$

② 电子层结构相同的离子，正电荷越高的阳离子变形性越小，例如：

$$Si^{4+}<Al^{3+}<Mg^{2+}<Na^{+}<Ne<F^{-}<O^{2-}$$

③ 9～17 电子、18 电子和 18＋2 电子构型的阳离子，其变形性比半径相近的稀有气体型阳离子要大得多。

④ 复杂负离子，虽然有较大的半径，但由于离子内部原子间相互结合紧密并形成了对称性极强的原子集团，它们的变形性通常不大。现将一些负离子按照变形性增加的顺序排列，同时与水分子进行比较：

一价负离子：$ClO_4^{-}<F^{-}<NO_3^{-}<H_2O<OH^{-}<CN^{-}<Cl^{-}<Br^{-}<I^{-}$

二价负离子：$SO_4^{2-}<H_2O<CO_3^{2-}<O^{2-}<S^{2-}$

综上所述，最容易变形的是体积大的简单负离子，以及 18 电子和 18＋2 电子构型的低电荷正离子；最不容易变形的是半径小、电荷数多的稀有气体型的正离子。离子极化对物质的结构和性质具有一定的影响。

3.7.2　离子极化对物质结构和性质的影响

正、负离子在形成离子化合物时，如果相互完全没有极化作用，那么它们将会形成纯粹的离子键，可以用半径比规则来判断 AB 型离子晶体的结构类型。但是，当它们之间具有极化作用时，离子间的作用力就带有共价键的成分，极化作用强，特别是还具有附加极化作用的离子之间，有时实际上形成了极性共价键，这一点在介绍离子极化概念时已有阐述。另外，如果离子之间有很强的极化作用，离子之间会强烈地靠近，使核间距大为缩短，这样会使晶格的类型向低配位数结构类型转变，下面以卤化银为例说明。

在 AgCl、AgBr 和 AgI 中，由于 Ag^{+} 是 18 电子构型的离子，有较强的极化作用，同时具有较大的变形性，而 Cl^{-}、Br^{-}、I^{-} 负离子的变形性逐渐增大，它们形成离子化合物时，阴、阳离子间的相互极化作用逐渐增强，而且附加极化作用也逐渐增强，使得阴、阳离子之间的共价键成分逐渐增大，因此，它们在水中的溶解度逐渐减小。从 AgCl、AgBr 到 AgI，其核间距离与理论值相比，缩小程度也逐渐增大，以至于 AgI 按理论半径比计算来看，应以 NaCl 型晶格存在，但实际上是以立方 ZnS 型晶格存在，如表 3-7 所示。

表 3-7 卤化银的晶体构型

卤化银	AgCl	AgBr	AgI
理论核间距/pm	126+181=307	126+195=321	126+216=342
实际核间距/pm	277	288	281
变形靠近值/pm	30	33	61
理论 r_+/r_-	0.695	0.63	0.58
理论晶体构型	NaCl 型	NaCl 型	NaCl 型
实际晶体构型	NaCl 型	NaCl 型	ZnS 型
配位数	6	6	4

极化作用使离子化合物性质发生变化的例子还很多，例如，NaCl 和 CuCl 晶体，正离子电荷相同，Na^+ 半径（95pm）和 Cu^+ 半径（96pm）相近，但 NaCl 在水中有较大的溶解度，而 CuCl 在水中溶解度很小，其原因用离子极化作用可以得到很好的解释。

思考题

1. 晶体和非晶体有何区别？晶体有哪些基本类型？

2. 指出下列各组概念的区别和联系：

① 微晶和无定形体；

② 晶格和晶胞；

③ 晶格类型和晶体类型；

④ 单独分子和巨型分子；

⑤ 分子间力和共价键；

⑥ 单晶体和多晶体。

3. 试述 AB 型离子晶体离子半径比与晶体构型的对应关系。

4. 试指出下列物质固化时可以结晶成何种类型的晶体：

① O_2；② H_2S；③ Pt；④ KCl；⑤ Ge 。

5. 下列说法是否正确？

① 稀有气体固化后是由原子组成的，属原子晶体；

② 熔化或压碎离子晶体所需要的能量，数值上等于晶格能；

③ 溶于水能导电的晶体必为离子晶体；

6. 常用的硫粉是一种硫的微晶，熔点为 112.8℃，溶于 CS_2、CCl_4 等溶剂中。试判断它属于哪一类晶体？

7. 试解释下列现象：

① 为什么 CO_2 和 SiO_2 的物理性质差得很远？

② 卫生球（萘 $C_{10}H_8$ 的晶体）的气味很大，这与它的结构有什么关系？

③ 为什么 NaCl 和 AgCl 的阴离子都是+1 价离子（Na^+、Ag^+），但 NaCl 易溶于水，AgCl 不易溶于水？

④ MgO 为什么可作为耐火材料？

⑤ 为什么金属 Al、Fe 能压成片，抽成丝，而石灰石则不能？

8. 在组成分子晶体的分子中，原子间是共价键结合，在组成原子晶体的原子间也是共价键结合，为什么分子晶体与原子晶体的性质有很大区别？

9. 物质的硬度是指抵抗硬的物体压入表面的能力。试从阳离子的电荷数多少、离子半径大小、配位数的高低来讨论对离子晶体物质硬度的影响。

10. 金属键是怎样形成的？金属为什么具有优良的导电性、导热性和延展性？

11. 实际晶体内部结构上的缺陷有几种类型？晶体内部结构上的缺陷对晶体的物理性质、化学性质有无影响？

习 题

1. 填写下表

物 质	晶格结点上质点	质点间作用力	晶格类型	预言熔点高低
$MgCl_2$	正、负离子，Mg^{2+}、Cl^-	离子键	离子晶体	
O_2				
SiC				
HF				
H_2O				
MgO				

2. 试推测下列物质中何者熔点高？何者熔点低？

① NaCl KBr KCl MgO

② N_2 Si NH_3

3. 结合下列物质讨论键型的过渡。

Cl_2 HCl AgI NaF

4. 已知各离子的半径如下：

离子	Na^+	Rb^+	Ag^+	Ca^{2+}	Cl^-	I^-	O^{2-}
离子半径/pm	95	148	126	99	181	216	140

根据半径比规则，试推算 RbCl、AgCl、NaI、CaO 的晶体构型。

5. 试推测下列物质分别属于哪一类晶体

物质	B	LiCl	BCl_3
熔点/℃	2300	605	−107.3

6. 已知 KI 的晶格能 $U=649\text{kJ}\cdot\text{mol}^{-1}$，K 的升华热 $\Delta_S H^\ominus=90\text{kJ}\cdot\text{mol}^{-1}$，K 的电离能 $I_1=418.9\text{kJ}\cdot\text{mol}^{-1}$，$I_2$ 的键解能 $D^\ominus(\text{I—I})=152.549\text{kJ}\cdot\text{mol}^{-1}$，$I_2$ 的升华热 $\Delta_S H^\ominus=62.4\text{kJ}\cdot\text{mol}^{-1}$，I 的电子亲和能 $Y=295.29\text{kJ}\cdot\text{mol}^{-1}$，求 KI 的生成焓 $\Delta_f H_m^\ominus$。

7. 写出下列各种离子的电子分布式，并指出它们各属于何种离子电子构型？

Fe^{3+}、Ag^+、Ca^{2+}、Li^+、Br^-、S^{2-}、Pb^{2+}、Pb^{4+}、Bi^{3+}

8. MgSe 和 MnSe 的离子间距离均为 0.273nm，但 Mg^{2+}、Mn^{2+} 的离子半径不相同，如何解释此事实？

9. 试用离子极化作用解释二元化合物（AB 型）中，由于离子间相互极化作用的加强，晶体构型由 CsCl 型→NaCl 型→ZnS 型→分子晶体的转变，以及相应的配位数变化。

10. 试用离子极化的观点解释：

① KCl、$CaCl_2$ 的熔点、沸点高于 $GeCl_4$；

② $ZnCl_2$ 的熔点、沸点低于 $CaCl_2$；

③ $FeCl_3$ 的熔点、沸点低于 $FeCl_2$。

11. MgO 和 BaO 的晶格都是 NaCl 型，为什么 MgO 的熔点和硬度比 BaO 的高？

第4章 化学反应速率和化学平衡

物质分子的组成或结构的变化是通过化学反应来实现的。研究化学反应、掌握化学反应的规律是化学研究的主要任务。而化学热力学和化学动力学是研究化学反应的两个十分重要的组成部分。化学热力学是从宏观的角度去考察化学反应的进行，并不涉及物质的微观结构及变化过程的细节。在给定的条件下，反应物能否自动发生反应，转化为预期的产物（化学反应进行的方向）；如果能反应，按照反应式进行反应所能得到的最大产率是多少（反应进行的程度）反应进行时能量的变化情况；以及外界条件的改变对反应方向和限度的影响等都属于化学热力学研究的范畴。而化学动力学研究的则是化学反应进行的快慢和反应的历程等问题。它需要经过化学热力学已确定了在给定条件下反应可以进行为前提条件，在此基础上研究反应物是如何转化为产物的，转化所需要的时间，以及影响转化过程的因素，同时还对物质的结构、性质与反应性能的关系等加以探讨。

在实际应用时，化学热力学和化学动力学是相辅相成的。如 H_2 和 O_2 生成水的反应，热力学证明这是一个完全可以进行的反应，但由于反应速率太慢，以至于 H_2 和 O_2 混合后，长时间观察不到水的生成。又如 NO 氧化为 NO_2 的反应从热力学角度来看反应能够进行，但趋势并不很大，可事实上 NO 一遇到 O_2 就立即变成红棕色 NO_2 气体，说明该反应的速率很快。因此，应从化学热力学和化学动力学全面地研究化学反应。若某一化学反应经热力学研究表明是在任何条件下都不可能进行的，则不必要再去研究其反应的速率等问题。综合考虑化学热力学和化学动力学对化学反应的影响，可以帮助我们用科学的方法合理地选择和控制反应的条件，减少副反应的发生，提高产品的产率和质量，对理论研究和实际生产都具有很好的指导作用。

本章首先介绍化学热力学的一些基本概念，然后从焓、熵和吉布斯函数等概念了解化学反应的方向和限度及其影响因素，同时对化学反应速率及其相关理论加以阐述。

4.1 化学热力学初步

经典热力学理论是建立在热力学第一定律（能量守衡）和热力学第二定律（能量转化的方向和限度）的基础上的。到了20世纪初，热力学第三定律的提出，规定了熵的数值，就使得热力学理论更加完善。应用热力学基本原理来研究物质的物理变化及化学变化的方向、限度等问题的学科就是化学热力学。

现代的能源大部分来自化学反应，例如，矿石燃料（煤、石油、天然气）的燃烧，化学电池放出的电能，以及通过化学反应放出的热能等。因此，研究化学反应中能量的变化是十分重要的。本节将在热力学第一定律的基础上对此问题加以阐述。在此之前先介绍一些基本概念。

4.1.1 基本概念和术语

（1）系统、环境和相

化学上为了研究问题的方便，常常把研究的对象从周围环境划分出来。当以一定种类和质量的物质所组成的整体作为研究对象时，这个整体就称为系统。系统以外的一切称为该系统的环境。例如，为研究水的蒸发情况，我们就把水和蒸汽所组成的整体作为一个系统（以往书刊常用体系这一术语，现按国标规定称为系统），而把盛装溶液的容器及周围空间称为环境。

根据系统中物质的形态和分布的不同，又将系统分为不同的相。把系统中任何具有相同的物理性质和相同化学性质的均匀部分称为相。相与相之间存在明显的界面。所有的气体都是一个相。无论它含有多少种成分，只要是气态，它们就构成一个相。均匀的液体是一个相。例如，纯水是一个相；氯化钠水溶液也是一个相。油和水放在一起则形成两个相。这是因为二者互不相溶，它们之间存在着界面，且界面两边的物理、化学性质也不相同。系统中同一物质如果处于不同的聚集状态也形成不同的相，气体部分称为气相，液体部分称为液相，固体部分称为固相。

我们研究化学反应，反应物和生成物就可以组成一个系统。如果在这系统中反应物和生成物都是气体，称为单相反应系统，也称为均相反应系统；如果反应是在溶液中进行，且没有第二相（如气、液、固）生成，也是均相反应系统。如是固体之间的反应或有气体、液体参与的反应，则称为多相反应系统，也称为非均相反应系统。

（2）系统的状态和状态函数

系统的宏观可测的性质，如体积、压力、温度、质量、黏度、表面张力等所描述的状态称为系统的状态，只要系统所有的性质都是一定的，系统的状态就是确定的，而其中任何一个性质发生了变化，系统的状态也随之发生变化。这些用来描述系统的状态的物理量就叫做状态函数。对于系统的某一状态来说，其状态函数之间是相互关联的。例如，处于某一状态下的纯水，若温度和压力一定，其密度、黏度等就有一定的数值。

状态函数的特征就是当系统从一种状态（始态）变化到另一种状态（终态）时，状态函数的变化值仅取决于系统的始态和终态，与系统状态变化的过程无关。例如，欲使一杯水的温度从 10℃（始态）变化到 50℃（终态），可以通过几种途径来完成，但温度的变化值始终都是 $\Delta t=40℃$。其表示如下：

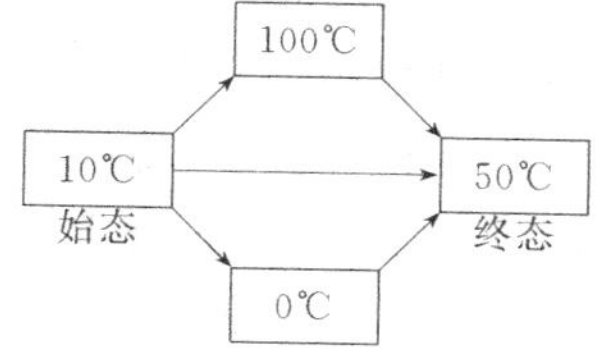

根据状态函数与系统中物质的量的关系，系统的状态函数可分为以下两类：

① 广度性质状态函数。其数值与系统的数量成正比。例如体积、质量等。此种性质具有加和性，即整个系统的某种广度性质是系统中各部分该种性质的总和。

② 强度性质状态函数。它的数值取决于系统自身的特性，与系统的数量无关。例如温度、压力、密度、黏度等。此种性质不具有加和性。

系统的某种广度性质状态函数除以总质量或总物质的量，或者把系统的两个广度性质状态函数相除之后就成为强度性质状态函数。例如，体积是广度性质状态函数，而摩尔体积

（体积除以物质的量）、密度（质量除以体积）就是强度性质状态函数。

由于强度性质状态函数与系统的量无关，通常总是尽可能用易于直接测定的一些强度性质状态函数，再加上必要的广度性质状态函数来描述系统的状态。

（3）热力学能（U）

热力学能过去常称为内能，它是系统内部能量的总和，包括分子运动的平动能、转动能、电子及核的能量，以及分子与分子之间相互作用的势能等等，但不包括系统整体运动的动能和系统整体处于外力场中所具有的势能。

热力学能 U 是状态函数。系统的状态一定，热力学能也一定；系统的状态改变，热力学能也随之变化，且变化值只与系统的始态和终态有关，与变化的过程无关。

热力学能是广度性质状态函数，与系统的物质的量成正比。

由于物质内部分子、原子、电子等的运动及相互作用很复杂，人们对物质内部各种运动形式的认识有待深入，热力学能的绝对值还无法确定。但是当系统从始态变化到终态时，可以通过环境的变化来衡量系统热力学能的变化值 ΔU。

（4）热和功

热和功是系统的状态发生变化时，系统与环境之间能量转换的两种不同的形式。如果系统和环境存在着温度差，则两者间交换或传递的能量就叫做热，常用符号 Q 来表示。若系统从环境吸收热量，$Q>0$；若系统放热给环境，$Q<0$。

除热以外，系统与环境之间以其他各种形式传递的能量都叫做功，常用符号 W 来表示。若环境对系统做功，$W>0$；若系统对环境做功，$W<0$[1]。功有不同种类，如机械功、电功、表面功、体积功（膨胀功）等。化学上把体积功以外的其他功都称为非体积功。所谓的体积功就是指系统对抗外压、体积膨胀时所做的功，用符号 W_V 来表示：

$$W_V=-p_{外}\Delta V$$

式中，$p_{外}$ 为外压；ΔV 为系统的体积变化。如果外压小于系统的压力（$p_{内}$），即 $p_{外}<p_{内}$，则系统发生体积膨胀，$\Delta V>0$，此时，体积功 $W_V<0$，系统对环境做功；如果 $p_{外}>p_{内}$，则系统的体积被压缩，$\Delta V<0$，此时，$W_V>0$，环境对系统做功。

热和功都不是状态函数，它们的数值不仅取决于系统状态变化的始态和终态，还决定于变化的途径，因此被称为非状态函数。

4.1.2 热力学第一定律和热化学

（1）热力学第一定律

热力学第一定律就是能量守恒定律，即能量既不能自生，也不会消失，只能从一种形式转化为另一种形式，而在转化和传递的过程中能量的总值是不变的。

设始态时，系统的热力学能为 U_1，当系统从环境吸热 Q，并对环境做功 W($W<0$) 时，系统的状态变化到终态，其热力学能为 U_2。根据热力学第一定律有：

$$U_2=U_1+Q+W$$

或

$$\Delta U=U_2-U_1=Q+W \tag{4-1}$$

式(4-1) 中 ΔU 为状态函数，Q 和 W 都是与过程有关的非状态函数。

【例 4-1】 ① 在 100kPa 的压力下，1g 纯水从 14.5℃ 变为 15.5℃，系统从环境吸热 1.0000J，环境对系统做功 3.1855J，求系统的热力学能的变化。

② 1g 纯水在绝热过程中发生上述变化，环境需对系统做多少功？

---

[1] 有些书的规定与本书相反，即规定：系统对环境做功时，$W>0$；环境对系统做功时，$W<0$。阅读时请注意。

③ 在无功的过程中，1g纯水发生上述变化，系统需从环境吸收多少热量？

解　① 根据题意 $Q=1.0000\text{J}$，$W=3.1855\text{J}$，则系统的热力学能变化：

$$\Delta U=Q+W=1.0000\ \text{J}+3.1855\ \text{J}=4.1855\text{J}$$

② 由于系统的始态和终态没有发生变化，所以 $\Delta U=4.1855\text{J}$。绝热过程，系统与环境之间没有热交换，$Q=0$。

$$W=\Delta U-Q=4.1855\text{J}-0=4.1855\text{J}$$

③ 无功的过程，$W=0$，$U=4.1855\text{J}$。

$$Q=\Delta U-W=4.1855\text{J}-0=4.1855\text{J}$$

从上面的例题可以看出，只要系统的始态和终态不变，状态函数的变化值就不会变化，但热和功则随系统状态变化的过程不同而异。

化学反应中热能的变化，可以用量热的方法来测量，即测量反应放出（吸收）的热量。在通常条件下进行的化学反应，一般不考虑非体积功。如果反应在密闭的容器（恒容）中进行，即无功的过程，则热力学能的变化全部以热的形式表现出来。恒容条件下，反应放出（吸收）的热量称为恒容热效应，用符号 Q_V 表示。

$$\Delta U=Q_V \tag{4-2}$$

如果反应过程中系统的压力维持恒定，这时的反应热效应称为恒压热效应，用符号 Q_p 表示。在恒压条件下，系统的体积有可能变化。变化的过程中，系统对环境做功。

$$W=-p\Delta V \tag{4-3}$$

此时

$$\Delta U=Q+W$$
$$=Q_p-p\Delta V$$

即

$$Q_p=\Delta U+p\Delta V \tag{4-4}$$

（2）化学反应的焓变

由于大多数化学反应都是在敞口的容器中进行的，即在恒压的条件下进行，所以多数情况下，测得的化学反应热效应是恒压热效应 Q_p。

$$Q_p=\Delta U+p\Delta V=(U_2-U_1)+p(V_2-V_1)$$

即

$$Q_p=(U_2+pV_2)-(U_1+pV_1) \tag{4-5}$$

将 $(U+pV)$ 合并起来，定义一个新的状态函数——焓（H），令 $H\equiv U+pV$。

由于不能得到 U 的绝对值，所以焓的绝对值也无法确定。但可以从系统和环境之间热量的传递来衡量系统的焓的变化值，从式(4-5) 可知：

$$Q_p=H_2-H_1=\Delta H \tag{4-6}$$

即在不做非体积功的条件下，系统在恒压过程中所吸收的热量全部用来使焓值增加。

由于 U、p、V 都是状态函数，所以焓也是状态函数，焓的变化只与系统变化的始态和终态有关，与变化的过程无关。焓具有能量的单位。

焓的变化值（焓变）对研究化学反应中能量的变化是十分重要的。由式(4-5) 可知，恒压反应的热效应就等于化学反应焓变，用符号 $\Delta_r H$（下标 r 是化学反应 reaction 的缩写）来表示。

$$\Delta_r H=Q_p$$

以反应进度去除 $\Delta_r H$，则有

$$\Delta_r H_m=\frac{\Delta_r H}{\xi}$$

式中，$\Delta_r H_m$ 为摩尔反应焓变，$\text{kJ}\cdot\text{mol}^{-1}$；下标 m 代表按反应方程式进行，反应进度

为 1mol。

(3) 热化学

① 标准状态 在化学反应中，物质处于不同的状态，就有不同的热力学函数。为了研究方便，对物质的状态做一统一的规定，即化学热力学中常用的标准状态，简称标准态。

对于固体和纯液体，规定压力为 100kPa、温度为 T 的状态为标准态。标准压力用 $p^{\ominus}=100\text{kPa}$ 来表示，右上角的“$\ominus$”代表标准态。每一个温度条件下都有一个标准态。

对于纯气体，以温度为 T、压力为 $p^{\ominus}$ 时，具有理想气体性质的状态为标准态。由于实际气体在压力为 $p^{\ominus}$ 时的性质与理想气体的性质还有差异，故纯气体的标准态只是一种假想状态。

对于溶液中的溶质，其标准态是在温度为 T、压力为 $p^{\ominus}$ 时，溶质的浓度 $m=1\text{mol}\cdot\text{kg}^{-1}$ 或 $c=1\text{mol}\cdot\text{L}^{-1}$，具有理想溶液性质的状态，以 $m^{\ominus}=1\text{mol}\cdot\text{kg}^{-1}$ 或 $c^{\ominus}=1\text{mol}\cdot\text{L}^{-1}$ 来表示。它也是一种假想的状态。

确定了标准态后，可将标准态下的摩尔反应焓变称为标准摩尔反应焓变，用符号 $\Delta_r H_m^{\ominus}$ 来表示，单位为 $\text{kJ}\cdot\text{mol}^{-1}$。

② 热化学方程式 热化学方程式就是在化学反应方程式中标出了反应的热效应的方程式。如：

$$H_2(g)+\frac{1}{2}O_2(g)\longrightarrow H_2O(l) \qquad \Delta_r H_m^{\ominus}=-285.83\text{kJ}\cdot\text{mol}^{-1}$$

上式表明，在该反应的标准态下，单位摩尔反应放出的热量为 $-285.83\text{kJ}\cdot\text{mol}^{-1}$。

书写热化学方程式时应注意以下几点：

a. 应注明反应的温度和压力。由于大多数反应是在 $p^{\ominus}$ 下进行的，所以可用 $\Delta_r H_m^{\ominus}(T)$ 表示温度为 T 时的标准摩尔反应焓变。若反应温度是 298.15K，则可以不用注明温度。

b. 由于反应热效应与反应的方向、物态、物质的量有关，因此，一定要注明各物质的聚集状态。通常用 g、l、s 分别表示气态、液态、固态，用 aq 表示水合离子状态。如

$$H_2(g)+\frac{1}{2}O_2(g)\longrightarrow H_2O(g) \qquad \Delta_r H_m^{\ominus}=-241.82\text{kJ}\cdot\text{mol}^{-1}$$

c. 同一化学反应，由于反应式的写法不同，$\Delta_r H_m^{\ominus}$ 值也不同。如

$$2H_2(g)+O_2(g)\longrightarrow 2H_2O(l) \qquad \Delta_r H_m^{\ominus}=-571.66\text{kJ}\cdot\text{mol}^{-1}$$

(4) 标准摩尔生成焓

为了计算标准摩尔反应焓变，引入了化合物的标准摩尔生成焓，用符号 $\Delta_f H_m^{\ominus}$ 表示，“f”表示生成的意思。其定义为：在恒温和标准态下，由指定的稳定单质生成 1mol 纯物质的反应焓变称为该物质的标准摩尔生成焓。根据定义，指定的稳定单质的标准摩尔生成焓等于零。但碳的单质有石墨和金刚石两种，指定石墨的 $\Delta_f H_m^{\ominus}$（石墨）$=0$，而金刚石的 $\Delta_f H_m^{\ominus}$(金刚石)$\neq 0$。又如

$$H_2(g)+\frac{1}{2}O_2(g)\longrightarrow H_2O(l) \qquad \Delta_f H_m^{\ominus}(H_2O,l)=-285.83\text{kJ}\cdot\text{mol}^{-1}$$

$$H_2(g)+\frac{1}{2}O_2(g)\longrightarrow H_2O(g) \qquad \Delta_f H_m^{\ominus}(H_2O,g)=-241.82\text{kJ}\cdot\text{mol}^{-1}$$

$$C(\text{石墨})+O_2(g)\longrightarrow CO_2(g) \qquad \Delta_f H_m^{\ominus}(CO_2,g)=-393.51\text{kJ}\cdot\text{mol}^{-1}$$

在一定温度下，各种化合物的 $\Delta_f H_m^{\ominus}$ 是个常数值，可以从手册中查出。本书在附录Ⅱ中列出了 298.15K 时常见化合物的 $\Delta_f H_m^{\ominus}$ 值。

(5) 盖斯定律及其应用

1880年，盖斯（G. H. Hess）在研究了大量的实验事实后，总结了出了一条规律：化学反应不管是一步完成的，还是多步完成的，其热效应都是相同的。即化学反应的热效应只决定于反应物的始态和生成物的终态，与反应经历的过程无关。这就是盖斯定律。

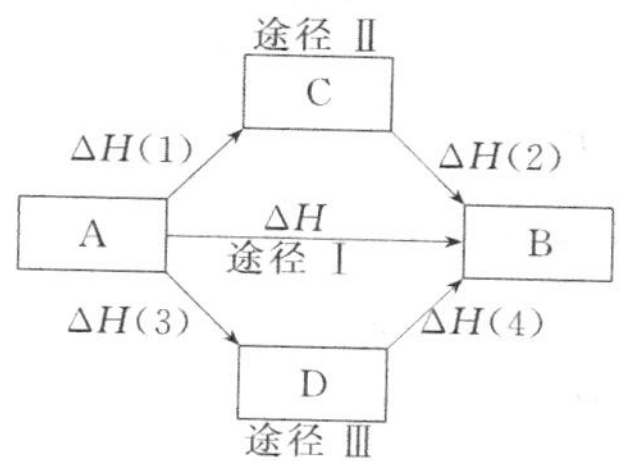

例如，从反应物A到生成物B，可以有三种途径。

途径Ⅰ：A→B，其热效应为 ΔH

途径Ⅱ：A→C→B，其热效应为 $\Delta H(1)+\Delta H(2)$

途径Ⅱ：A→D→B，其热效应为 $\Delta H(3)+\Delta H(4)$

根据盖斯定律，有 $\Delta H=\Delta H(1)+\Delta H(2)=\Delta H(3)+\Delta H(4)$。

利用盖斯定律可以从参与化学反应的各物质的标准摩尔生成焓来计算该化学反应的标准摩尔反应焓变 $\Delta_r H_m^\ominus$。

【例 4-2】 计算反应 $2NaOH(s)+H_2SO_4(l) \longrightarrow Na_2SO_4(s)+2H_2O(l)$ 的 $\Delta_r H_m^\ominus$。

解 由盖斯定律，可将该反应看做是：

$2NaOH(s)+H_2SO_4(l)$ —— $\Delta_r H_m^\ominus$ ——→ $Na_2SO_4(s)+2H_2O(l)$

$\Delta_r H_m^\ominus(1)$ ↓ $2Na(s)+3O_2(g)+2H_2(g)+S(s)$ ↑ $\Delta_r H_m^\ominus(2)$

$$\Delta_r H_m^\ominus=\Delta_r H_m^\ominus(1)+\Delta_r H_m^\ominus(2)$$

$$\Delta_r H_m^\ominus(1)=-2\Delta_f H_m^\ominus(NaOH,s)-\Delta_f H_m^\ominus(H_2SO_4,l)$$

$$\Delta_r H_m^\ominus(2)=\Delta_f H_m^\ominus(Na_2SO_4,s)+2\Delta_f H_m^\ominus(H_2O,l)$$

所以

$$\Delta_r H_m^\ominus=\Delta_f H_m^\ominus(Na_2SO_4,s)+2\Delta_f H_m^\ominus(H_2O,l)-2\Delta_f H_m^\ominus(NaOH,s)-\Delta_f H_m^\ominus(H_2SO_4,l)$$

由附录Ⅱ查得

$$\Delta_f H_m^\ominus(Na_2SO_4,s)=-1387.08\text{kJ}\cdot\text{mol}^{-1}$$

$$\Delta_f H_m^\ominus(H_2O,l)=-285.83\text{kJ}\cdot\text{mol}^{-1}$$

$$\Delta_f H_m^\ominus(NaOH,s)=-425.61\text{kJ}\cdot\text{mol}^{-1}$$

$$\Delta_f H_m^\ominus(H_2SO_4,l)=-813.99\text{kJ}\cdot\text{mol}^{-1}$$

$$\Delta_r H_m^\ominus=(-1387.08)+2\times(-285.83)-2\times(-425.61)-(-813.99)$$
$$=-293.53\text{kJ}\cdot\text{mol}^{-1}$$

从上面的计算可以概括出由 $\Delta_f H_m^\ominus$ 计算 $\Delta_r H_m^\ominus$ 的通式。

对于反应：

$$0=\sum_B \nu_B B$$

$$\Delta_r H_m^\ominus=\sum_B \nu_B \Delta_f H_m^\ominus(B) \tag{4-7}$$

利用盖斯定律还可以间接计算一些难以测定的化合物的标准摩尔生成焓。例如，碳燃烧时有两种产物，CO和 CO_2。当氧气充足时生成 CO_2，容易直接测得；但在氧气不足时，生成的产物既有 CO 也有 CO_2，这样直接测定 $\Delta_f H_m^\ominus$（CO）就比较困难。现通过盖斯定律间接地求出 $\Delta_f H_m^\ominus$（CO）。

始态 终态

C(石墨) + $O_2(g)$ —— $\Delta_r H_m^\ominus(1)$ 途径 Ⅰ → $CO_2(g)$

$\Delta_r H_m^\ominus(2)$ $\Delta_r H_m^\ominus(3)$

$CO(g)+\frac{1}{2}O_2(g)$

途径 Ⅱ

途径Ⅰ　$C(石墨)+O_2(g)\longrightarrow CO_2(g)$　　$\Delta_r H_m^\ominus(1)=\Delta_f H_m^\ominus(CO_2,g)$

途径Ⅱ　$C(石墨)+\frac{1}{2}O_2(g)\longrightarrow CO(g)$　　$\Delta_r H_m^\ominus(2)=\Delta_f H_m^\ominus(CO,g)$

$CO+1/2O_2(g)\longrightarrow CO_2(g)$　　$\Delta_r H_m^\ominus(3)$

由盖斯定律可知

$$\Delta_r H_m^\ominus(1)=\Delta_r H_m^\ominus(2)+\Delta_r H_m^\ominus(3)$$

$$\Delta_f H_m^\ominus(CO_2,g)=\Delta_f H_m^\ominus(CO,g)+\Delta_r H_m^\ominus(3)$$

即

$$\Delta_f H_m^\ominus(CO,g)=\Delta_f H_m^\ominus(CO_2,g)-\Delta_r H_m^\ominus(3)$$

查表得出 $\Delta_f H_m^\ominus(CO_2,g)$ 数值，通过实验测出 $\Delta_r H_m^\ominus(3)$，便可求出 $\Delta_f H_m^\ominus(CO,g)$。

【例 4-3】 已知下列反应

① $C(石墨)+O_2(g)\longrightarrow CO_2(g)$　　$\Delta_r H_m^\ominus(1)=-393.51kJ\cdot mol^{-1}$

② $C_6H_{12}O_6(s)+6O_2(g)\longrightarrow 6CO_2(g)+6H_2O(l)$　　$\Delta_r H_m^\ominus(2)=-2815.00kJ\cdot mol^{-1}$

试计算③ $C_6H_{12}O_6(s)\longrightarrow 6C(石墨)+6H_2O(l)$　　$\Delta_r H_m^\ominus(3)=?$

解 因为

	① $C(石墨)+O_2(g)\longrightarrow CO_2(g)$	$\times(-6)$
+)	② $C_6H_{12}O_6(s)+6O_2(g)\longrightarrow 6CO_2(g)+6H_2O(l)$	$\times 1$
	③ $C_6H_{12}O_6(s)\longrightarrow 6C(石墨)+6H_2O(l)$	

由盖斯定律可知

$$\begin{aligned}\Delta_r H_m^\ominus(3)&=\Delta_r H_m^\ominus(1)\times(-6)+\Delta_r H_m^\ominus(2)\\&=(-393.51)\times(-6)+(-2815.00)\\&=-453.94kJ\cdot mol^{-1}\end{aligned}$$

利用盖斯定律还可以计算燃烧热。在标准态下，单位物质的量的某物质完全燃烧时放出的热量称为该物质的标准摩尔燃烧热（或燃烧焓）。例如，求甲烷的标准燃烧热。甲烷燃烧的反应如下：

$$CH_4(g)+2O_2(g)\longrightarrow CO_2(g)+2H_2O(l)$$

查表得

$$\Delta_f H_m^\ominus(CH_4,g)=-74.81kJ\cdot mol^{-1}$$

$$\Delta_f H_m^\ominus(CO_2,g)=-393.51kJ\cdot mol^{-1}$$

$$\Delta_f H_m^\ominus(H_2O,l)=-285.83kJ\cdot mol^{-1}$$

甲烷的燃烧热

$$\begin{aligned}\Delta_r H_m^\ominus(1)&=\Delta_f H_m^\ominus(CO_2,g)+2\Delta_f H_m^\ominus(H_2O,l)-\Delta_f H_m^\ominus(CH_4,g)\\&\quad-2\Delta_f H_m^\ominus(O_2,g)\\&=(-393.51)+2\times(-285.83)-(-74.81)-2\times 0\\&=-890.36kJ\cdot mol^{-1}\end{aligned}$$

4.1.3 化学反应的方向

在自然界里，一切变化都有一定的方向性。如水会自动地从高处流向低处，物体的温度会自动地从高温降至低温。这些过程都是自发进行的，无需借助外力。这种不需借助外力，能自动进行的过程称为自发过程。自发过程的逆过程叫做非自发过程。非自发过程需要借助外力的帮助才能进行。如用抽水机做功才可把水从低处引向高处；通过加热才能使物体的温度从低温升到高温。因此，自发过程具有一定的方向性，且它们不会自动逆转。

水之所以能够自发地从高处流向低处，是因为存在着水位差，整个过程中势能是降低的。同样，物体的温度从高温降到低温的过程中，热能也在散失。通常的物理自发变化的方向，有使系统能量降低的倾向，而且能量越低，系统的状态就越稳定。因此有人曾提出，既然放热可使系统的能量降低，那么自发进行的反应应该是放热的。即以反应的焓变小于零（$\Delta_r H<0$）作为化学反应自发性的判据。实验表明，许多 $\Delta_r H<0$ 的反应确实可以自发进行。例如：

$$2H_2(g)+O_2(g)\longrightarrow 2H_2O(l) \qquad \Delta_r H_m^\ominus=-571.66\text{kJ}\cdot\text{mol}^{-1}$$

$$2Fe(s)+\frac{3}{2}O_2(g)\longrightarrow Fe_2O_3(s) \qquad \Delta_r H_m^\ominus=-824.2\text{kJ}\cdot\text{mol}^{-1}$$

这些都是能够自发进行的放热反应。

但是有些吸热的反应过程也是可以自发进行的。比如，硝酸钾晶体溶解在水中的过程是吸热的：

$$KNO_3(s)\longrightarrow K^+(aq)+NO_3^-(aq)$$

N_2O_5 在常温下进行自发分解的过程也是吸热的：

$$2N_2O_5(s)\longrightarrow 4NO_2(g)+O_2(g)$$

这些说明，只用反应的热效应来判断化学反应的自发性是不全面的，一定还有其他的因素在起作用。

(1) 熵的概念

硝酸钾溶解在水中和 N_2O_5 分解反应的共同点就是变化之后系统的粒子数目增多，混乱程度增大。在 KNO_3 晶体中 K^+ 和 NO_3^- 是有规则地排列着的，然而溶于水后，K^+ 和 NO_3^- 形成水合离子分散在水中，并做无规则的热运动，使系统的混乱程度明显增大。同样，N_2O_5 固体分解变成气体后，系统的粒子数增多，气体分子运动的混乱程度更大。据此，又有人以系统的混乱程度增加作为导致自发变化发生的判据。

我们把物质中一切微观粒子在相对位置和相对运动方面的不规则程度称为混乱度，并且引入了“熵”这个概念来衡量系统混乱度的大小。熵用符号 S 来表示。熵值越大，系统的混乱度就越大。

在热力学零度（0K）时，任何纯净的完整晶体中粒子的排列处于完全有序的状态，此时系统的混乱度最小，熵值定为零（$S_0=0$）。物质的熵值有零起点，因而物质的熵是有绝对值的。熵是状态函数，当系统的状态一定时，就有确定的熵值。

某一纯物质从 0K 升温至温度 T 时，可测得此过程的熵值变化（熵变）ΔS。

$$\Delta S=S_T-S_0=S_T$$

式中，S_T 就是在温度 T 时该物质的熵值。

同一物质，不同聚集状态时，熵值的大小顺序为：

$$S(\text{固态})<S(\text{液态})<S(\text{气态})$$

由此可见，聚集状态改变时，熵值是有较大变化的。例如：

物质	冰	水	水蒸气
$S^{\ominus}_{m,T}$/J·mol⁻¹·K⁻¹	39.3	69.91	188.825

若物质的聚集状态不变，温度升高时，熵值有所增加，但增加得不多。若是气体，压力增大，气体物质运动的自由程度降低，熵值将减少。但加压对液体和固体的熵值影响很小，原因是液态和固态物质的压缩性很小。

同类物质，相对分子质量越大，物质的熵值越大。

相同聚集状态的不同物质，分子结构越复杂，物质的熵值也越大。例如：

物质	$F_2(g)$	$Cl_2(g)$	$I_2(g)$	$CH_4(g)$	$C_2H_6(g)$	$C_3H_8(g)$
$S^{\ominus}_{m,T}$/J·mol⁻¹·K⁻¹	202.78	223.066	260.69	186.264	229.60	269.7

单位物质的量的某纯物质在标准态下的熵值就是该物质的标准摩尔熵，用符号 $S^{\ominus}_{m,T}$ 表示，单位为 $J \cdot mol^{-1} \cdot K^{-1}$。一些常见物质的 $S^{\ominus}_{m,T}$ 值可在手册中查到。若温度是 298.15K，可表示为 $S^{\ominus}_m$。本书在附录Ⅱ中列出了一些常见物质在 298.15K 时的标准摩尔熵。

由于熵是状态函数，化学反应的熵变就只与反应的始态和终态有关。因此，反应熵变的计算就与反应焓变的计算类似。在标准态下，按反应式进行反应，当反应进度 $\xi=1mol$ 时的反应熵变就是标准摩尔反应熵变，用符号 $\Delta_r S^{\ominus}_m$ 来表示，单位是 $J \cdot mol^{-1} \cdot K^{-1}$。标准摩尔反应熵变等于生成物标准摩尔熵的总和与反应物标准摩尔熵的总和之差。

对于反应：

$$0 = \sum_B \nu_B B$$

$$\Delta_r S^{\ominus}_m = \sum_B \nu_B S^{\ominus}_m(B) \tag{4-8}$$

【例 4-4】 计算 298.15K 时，反应 $2N_2O_5(s) \longrightarrow 4NO_2(g) + O_2(g)$ 的 $\Delta_r S^{\ominus}_m$。

解 $2N_2O_5(s) \longrightarrow 4NO_2(g) + O_2(g)$

查表得 $S^{\ominus}_m$/J·mol⁻¹·K⁻¹ 113.4 240.06 205.14

$$\begin{aligned}\Delta_r S^{\ominus}_m &= 4S^{\ominus}_m(NO_2,g) + S^{\ominus}_m(O_2,g) - 2S^{\ominus}_m(N_2O_5,s)\\ &= 4\times240.06 + 205.14 - 2\times113.4\\ &= 938.58 J \cdot mol^{-1} \cdot K^{-1}\end{aligned}$$

【例 4-5】 计算 298.15K 时，反应 $HCl(g) + NH_3(g) \longrightarrow NH_4Cl(s)$ 的 $\Delta_r S^{\ominus}_m$。

解 $HCl(g) + NH_3(g) \longrightarrow NH_4Cl(s)$

查表得 $S^{\ominus}_m$/J·mol⁻¹·K⁻¹ 186.9 192.45 94.6

$$\begin{aligned}\Delta_r S^{\ominus}_m &= S^{\ominus}_m(NH_4Cl,s) - S^{\ominus}_m(NH_3,g) - S^{\ominus}_m(HCl,g)\\ &= 94.6 - 186.9 - 192.45\\ &= -284.75 J \cdot mol^{-1} \cdot K^{-1}\end{aligned}$$

很多自发进行的反应（过程）的确有使系统的混乱度增大的趋向，如上例中固体 N_2O_5 的分解反应。气态的 HCl 与 NH_3 反应生成固体 NH_4Cl 的反应是熵减少的反应，系统的混乱度降低，然而这个反应却是自发进行的。因此，仅用系统的混乱度增加来判断反应的自发性也是不全面的。1878 年，美国物理化学家吉布斯（J. W. Gibbs）在总结了大量实验的基础上，把焓与熵综合在一起，同时考虑了温度的因素，提出了一个新的函数——吉布斯函数，并用吉布斯函数的变化值来判断反应的自发性。

（2）吉布斯函数与化学反应的方向

吉布斯函数用符号 G 来表示，其定义为：

$$G=H-TS$$

式中，H、T、S 都是状态函数，所以吉布斯函数 G 也是状态函数。吉布斯函数的单位是能量单位。在恒温、恒压的条件下，化学反应的吉布斯函数变化为：

$$\Delta_r G=\Delta_r H-T\Delta_r S \tag{4-9}$$

吉布斯提出：在恒温、恒压的封闭系统[1]内，系统不做非体积功的条件下，可以用 $\Delta_r G$ 来判断反应的自发性。即

$$\begin{cases}\Delta_r G<0\text{，自发过程}\\ \Delta_r G=0\text{，平衡状态}\\ \Delta_r G>0\text{，非自发过程}\end{cases}$$

表明在恒温、恒压的封闭系统内，系统不做非体积功的条件下，任何自发的反应总是朝着吉布斯函数减少的方向进行。当 $\Delta_r G=0$ 时，反应达平衡，系统的吉布斯函数降至最小值。

式(4-9) 不仅将反应的吉布斯函数 $\Delta_r G$ 与焓变 $\Delta_r H$ 和熵变 $\Delta_r S$ 联系起来，而且还表明了温度对 $\Delta_r G$ 的影响。从式(4-9) 可见，$\Delta_r G$ 的符号决定于 $\Delta_r H$ 和 $\Delta_r S$ 这两项的大小。下面分别加以讨论。

① $\Delta_r S=0$（此种情况极少）、$\Delta_r H<0$（放热）时，有 $\Delta_r G<0$，反应自发地向能量降低的方向进行。

② $\Delta_r H=0$（此种情况也极少）、$\Delta_r S>0$（熵增）时，有 $\Delta_r G<0$。反应自发地向增加混乱度的方向进行。

③ $\Delta_r H\neq 0$、$\Delta_r S\neq 0$ 时，$\Delta_r G$ 的正负号需要作具体分析，下面加以讨论。

a. 若 $\Delta_r H<0$（放热）、$\Delta_r S>0$（熵增），则 T 取任何值，均有 $\Delta_r G<0$，说明该反应在任何温度条件下均可自发进行。例：

$$2NaOH(s)+H_2SO_4(l)\longrightarrow Na_2SO_4(s)+2H_2O(l)$$

b. 若 $\Delta_r H>0$（吸热）、$\Delta_r S<0$（熵减），则 T 取任何值，均是 $\Delta_r G>0$，说明该反应在任何温度条件下均为非自发的。例：

$$CO(g)\longrightarrow C(s)+\frac{1}{2}O_2(g)$$

c. 若 $\Delta_r H<0$、$\Delta_r S<0$，则只有当 $T<\dfrac{\Delta_r H}{\Delta_r S}$时，反应才可自发进行；当 $T>\dfrac{\Delta_r H}{\Delta_r S}$时，反应为非自发过程。例如：

$$HCl(g)+NH_3(g)\longrightarrow NH_4Cl(s)$$

只有在温度低于 346℃时才能自发进行，当温度高于 346℃时，是非自发反应。

d. 若 $\Delta_r H>0$、$\Delta_r S>0$，则只有在 $T>\dfrac{\Delta_r H}{\Delta_r S}$时，反应才可自发进行；当 $T<\dfrac{\Delta_r H}{\Delta_r S}$时，反应是非自发过程。例如，反应

$$CaCO_3(s)\longrightarrow CaO(s)+CO_2(g)$$

只有当温度高于 840℃时才可自发进行。

以上四种情况总结于表 4-1 中。

[1] 在整个反应进行的过程中，系统和环境间无物质交换，即没有不断地加入反应物或取走生成物。

表 4-1 $\Delta_r H$、$\Delta_r S$ 及 T 对反应自发性的影响

类型	$\Delta_r H$	$\Delta_r S$	$\Delta_r G$	温度的影响
a	−	+	−	自发反应，与温度无关
b	+	−	+	非自发反应，与温度无关
c	−	−	+	$T>\frac{\Delta_r H}{\Delta_r S}$时，反应非自发
			−	$T<\frac{\Delta_r H}{\Delta_r S}$时，反应自发
d	+	+	−	$T>\frac{\Delta_r H}{\Delta_r S}$时，反应自发
			+	$T<\frac{\Delta_r H}{\Delta_r S}$时，反应非自发

如果化学反应在恒温、标准态下进行，且反应进度 $\xi=1\text{mol}$ 时，则式(4-9) 可改写为：

$$\Delta_r G_m^\ominus=\Delta_r H_m^\ominus-T\Delta_r S_m^\ominus \tag{4-10}$$

式中，$\Delta_r G_m^\ominus$ 是标准摩尔反应吉布斯函数变。由此式可以看出，通过计算化学反应的 $\Delta_r H_m^\ominus$ 和 $\Delta_r S_m^\ominus$，可以得到 $\Delta_r G_m^\ominus$ 值。应该注意的是，在恒压及参与反应的物质自身不产生相变的情况下，$\Delta_r H_m^\ominus$ 和 $\Delta_r S_m^\ominus$ 随温度变化产生的变化量是很小的，常可忽略。而 $\Delta_r G_m^\ominus$ 却是一个随温度变化而变化的量，不同的温度条件下，$\Delta_r G_m^\ominus$ 的数值也不相同。

在恒温条件下，当反应物和生成物都处于标准态时，有

$$\Delta_r G_m=\Delta_r G_m^\ominus$$

因此，系统的反应方向可由 $\Delta_r G_m^\ominus$ 值的正、负来确定。若是非标准态，则一定要用 $\Delta_r G_m$ 来判断。一般认为：若 $\Delta_r G_m^\ominus<-40\text{kJ}\cdot\text{mol}^{-1}$ 或 $\Delta_r G_m^\ominus>40\text{kJ}\cdot\text{mol}^{-1}$ 时，仍可用 $\Delta_r G_m^\ominus$ 粗略估计反应的方向；当 $\Delta_r G_m^\ominus$ 值介于 $-40\sim40\text{kJ}\cdot\text{mol}^{-1}$ 时，则需结合反应条件，算出 $\Delta_r G_m$ 值，并依据 $\Delta_r G_m$ 的符号判断反应的方向。

(3) 标准摩尔生成吉布斯函数

在恒温和标准态下，由指定的稳定单质生成单位物质的量的某化合物时，反应的标准摩尔吉布斯函数变就称为该化合物的标准摩尔生成吉布斯函数，用符号 $\Delta_f G_m^\ominus$ 来表示。由定义可知，指定的稳定单质的 $\Delta_f G_m^\ominus$ 等于零。如，指定石墨的 $\Delta_f G_m^\ominus$(石墨)=0，而金刚石的 $\Delta_f G_m^\ominus$(金刚石)≠0。又如

$H_2(g)\frac{1}{2}O_2(g)\longrightarrow H_2O(l)$　　　$\Delta_f G_m^\ominus(H_2O,l)=-237.129\text{kJ}\cdot\text{mol}^{-1}$

$H_2(g)+\frac{1}{2}O_2(g)\longrightarrow H_2O(g)$　　　$\Delta_f G_m^\ominus(H_2O,g)=-228.572\text{kJ}\cdot\text{mol}^{-1}$

C(石墨)$+O_2(g)\longrightarrow CO_2(g)$　　　$\Delta_f G_m^\ominus(CO_2,g)=-394.359\text{kJ}\cdot\text{mol}^{-1}$

物质的 $\Delta_f G_m^\ominus$ 数据可从手册中查出。本书附录Ⅱ列出了一些常见的化合物在 298.15K 时的 $\Delta_f G_m^\ominus$。

同计算标准摩尔反应焓变类似，化学反应的标准摩尔反应吉布斯函数变等于生成物各物质的 $\Delta_f G_m^\ominus$ 的总和与反应物各物质的 $\Delta_f G_m^\ominus$ 的总和之差。即，对反应：

$$0=\sum_B \nu_B B$$

有

$$\Delta_r G_m^\ominus=\sum_B \nu_B \Delta_f G_m^\ominus(B) \tag{4-11}$$

【例 4-6】 计算下列反应的 $\Delta_r G_m^\ominus$：

$$2NaOH(s)+H_2SO_4(l)\longrightarrow Na_2SO_4(s)+2H_2O(l)$$

解
$$2NaOH(s)+H_2SO_4(l) \longrightarrow Na_2SO_4(s)+2H_2O(l)$$

查表得 $\Delta_f G_m^\ominus/kJ\cdot mol^{-1}$ -379.494 -690.10 -1270.16 -237.129

$$\begin{aligned}\Delta_r G_m^\ominus &= \Delta_f G_m^\ominus(Na_2SO_4,s)+2\times\Delta_f G_m^\ominus(H_2O,l)-2\times\Delta_f G_m^\ominus(NaOH,s)\\ &\quad -\Delta_f G_m^\ominus(H_2SO_4,l)\\ &=(-1270.16)+2\times(-237.129)-2\times(-379.494)-(-690.10)\\ &=-295.33kJ\cdot mol^{-1}\end{aligned}$$

4.2 化学反应速率

化学反应在进行时，其反应速率的差异是很大的。有的反应在瞬间完成，如爆炸反应和酸碱中和反应；而有的反应则进行得非常缓慢，如煤、石油的生成，室温下氢气和氧气化合成水的反应等。即使是同一反应，在不同的条件下反应速率也不相同。例如，钢铁在室温下氧化缓慢，在高温下则迅速被氧化。因此，对化学反应速率的研究，无论对生产实践还是日常生活都是十分重要的。通常人们要采取一些措施，加快需要的反应的速率，以提高生产效率；而对于不利的反应，如金属的腐蚀，塑料、橡胶的老化以及在化工生产中对生产不利的副反应等，就要采取适当的办法来抑制这些反应的速率。此外，在化学反应的过程中，反应物分子彼此接近，旧的化学键如何断裂，新的化学键如何形成，最终变成产物，这些都是研究化学动力学最关心的反应历程的问题。

在这一节里我们着重对化学反应速率的概念及其影响因素加以介绍，另外简单地介绍相关的反应速率理论。

4.2.1 化学反应速率的概念和表示方法

化学反应速率是衡量化学反应进行的快慢的物理量，它反映了在单位时间内反应物或生成物量的变化情况。对于在恒容条件下进行的均相反应，可采用在单位时间内，单位体积中反应物或生成物量的变化来表示反应速率，亦即采用反应物浓度或生成物浓度的变化速率来表示反应速率。反应速率用符号 v 来表示，单位是 $mol\cdot L^{-1}\cdot s^{-1}$、$mol\cdot L^{-1}\cdot min^{-1}$ 或 $mol\cdot L^{-1}\cdot h^{-1}$。

在具体表示反应速率时，可选择参与反应的任一物质（反应物或生成物），但一定要注明。如反应：

$$2N_2O_5 \longrightarrow 4NO_2+O_2$$

其反应速率可分别表示为：

$$\bar{v}(N_2O_5)=-\frac{\Delta c(N_2O_5)}{\Delta t} \tag{4-12}$$

$$\bar{v}(NO_2)=\frac{\Delta c(NO_2)}{\Delta t} \tag{4-13}$$

$$\bar{v}(O_2)=\frac{\Delta c(O_2)}{\Delta t} \tag{4-14}$$

式中，Δt 为时间间隔；$\Delta c(N_2O_5)$、$\Delta c(NO_2)$ 和 $\Delta c(O_2)$ 分别表示在 Δt 期间内反应物 N_2O_5 以及生成物 NO_2 和 O_2 的浓度变化。当用反应物浓度变化表示反应速率时，由于其浓度变化为负值（随着反应的进行，反应物在不断被消耗），为保证速率是正值，在浓度变化值前加一负号。

上述反应速率表达式表示的反应速率都是在 Δt 时间间隔内的平均反应速率，而实验结果表明，在化学反应进行的过程中，每一时刻的反应速率都是不同的。因此，真实的反应速率是某一瞬间的反应速率，即瞬时反应速率。时间间隔越短，平均速率就越接近真实速率。当 Δt 趋于无限小时，即 $\Delta t \to 0$，反应速率的表达式是：

$$v(N_2O_5)=\lim_{\Delta t\to 0}\frac{-\Delta c(N_2O_5)}{\Delta t}=\frac{-dc(N_2O_5)}{dt} \tag{4-15}$$

$$v(NO_2)=\lim_{\Delta t\to 0}\frac{\Delta c(NO_2)}{\Delta t}=\frac{dc(NO_2)}{dt} \tag{4-16}$$

$$v(O_2)=\lim_{\Delta t\to 0}\frac{\Delta c(O_2)}{\Delta t}=\frac{dc(O_2)}{dt} \tag{4-17}$$

式(4-15)～式(4-17) 都是表示同一个化学反应的反应速率，但由于化学计量系数不同，选用不同物质的浓度变化来表示反应速率时，其数值不一定相同。为了统一起见，根据 IUPAC 的推荐和近年我国国家标准的表述，反应速率是反应进度（ξ）随时间的变化率，其符号为 $\dot{\xi}$。对于反应：

$$0=\sum_B \nu_B B$$

当反应系统发生一微小变化时，反应速率也相应地有一微小的变化。

$$d\xi=\frac{dn_B}{\nu_B} \tag{4-18}$$

在无限小的时间间隔内，则有反应速率

$$\dot{\xi}=\frac{d\xi}{dt}=\frac{dn_B}{\nu_B dt} \tag{4-19}$$

在恒容、均相的反应条件下，以浓度变化表示的反应速率则为：

$$v=\frac{\dot{\xi}}{V}=\frac{1}{V}\times\frac{d\xi}{dt}=\frac{1}{V}\times\frac{dn_B}{\nu_B dt}=\frac{dc_B}{\nu_B dt} \tag{4-20}$$

此处的 v 是单位体积内反应进度随时间的变化率，也是瞬时速率，但与前面的 $v(N_2O_5)$、$v(NO_2)$ 和 $v(O_2)$ 是有区别的。联系前面的例子，反应速率为：

$$v=-\frac{dc(N_2O_5)}{2dt}=\frac{dc(NO_2)}{4dt}=\frac{dc(O_2)}{dt}$$

应该注意的是，由于反应进度与反应式的写法有关，所以在用反应速率 $\dot{\xi}$ 和 v 时，一定要同时给出或注明相应的反应方程式。

4.2.2　反应速率理论

反应速率理论对研究化学反应速率的快慢及其影响因素是十分重要的。碰撞理论和过渡状态理论是其中两种重要的理论。

（1）碰撞理论

碰撞理论是建立在参与反应的反应物分子（原子、原子团、离子）发生碰撞的基础上的，而且这些分子是忽略了其内部结构和内部运动的硬球。它认为反应速率的快慢与分子碰撞的次数有关。当然并不是每次碰撞都能发生化学反应。例如，HI 气体在 500℃时的分解反应：

$$2HI(g) \longrightarrow H_2(g)+I_2(g)$$

若 HI 气体的起始浓度为 $1.0\times10^{-3}\,mol\cdot L^{-1}$，经计算可知，分子间每秒的碰撞次数约为 $3.5\times10^{28}\,L^{-1}\cdot s^{-1}$。如果每次碰撞都能发生反应，则 HI 在该条件下的分解速率应是 $5.8\times10^{4}\,mol\cdot L^{-1}\cdot s^{-1}$，但实际测得的反应速率只有 $1.2\times10^{-8}\,mol\cdot L^{-1}\cdot s^{-1}$。说明大多数

碰撞是无效的，即分子在碰撞之后又分开，不发生化学反应，只有少数分子间的碰撞才能发生反应。这些能够发生化学反应的碰撞叫做有效碰撞。

由于化学反应是旧的化学键断裂和新的化学键形成的过程。要破坏原有的化学键就需要能量，因而发生有效碰撞的分子一定要有足够大的能量。在一定温度下，气体分子具有一定的平均能量。有些分子的能量高一些，有些分子的能量低一些。那些具有较高能量能够发生有效碰撞的分子称为活化分子，其余的为非活化分子。非活化分子吸收足够的能量后可以转化为活化分子。通常温度恒定时，对某一特定的反应来说，活化分子的分数（活化分子在所有分子中所占的百分数）是一定的。当温度改变时，活化分子的分数将有明显的变化。例如，温度升高时，部分非活化分子吸收能量转化为活化分子后，活化分子的分数将增大。

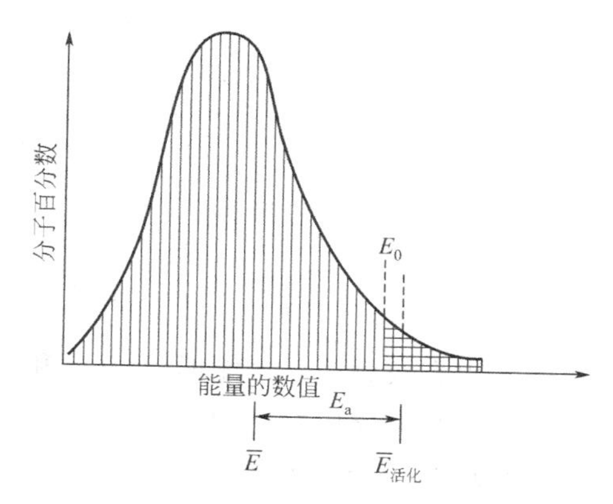

图 4-1　分子能量分布示意图

图 4-1 给出了在某一温度下，气体分子能量分布的情况。图中横坐标为能量，纵坐标为具有一定能量的分子所占的百分数。$\bar{E}$ 表示分子的平均能量，E_0 表示活化分子具有的最低能量，$\bar{E}_{活化}$ 是活化分子的平均能量。图中能量分布曲线与横坐标所包括的面积（画有垂线的面积）是全部具有不同能量的分子分数之和，等于 1。其中画有横线的面积大小表示活化分子在所有分子中所占的分数。

活化分子的平均能量（$\bar{E}_{活化}$）与所有分子的平均能量（$\bar{E}$）之差，称为活化能（E_a）。即

$$E_a = \bar{E}_{活化} - \bar{E}$$

活化能可以看做是化学反应的“能障”，每一个化学反应都有一定的活化能。活化能的大小是影响化学反应速率快慢的重要因素。活化能 E_a 越大，图 4-1 中 E_0、$\bar{E}_{活化}$ 在横坐标的位置越靠右，活化分子数越少，反应速率也就越慢。反之，活化能越小，反应速率越快。表 4-2 列出了一些反应的活化能。

化学反应的活化能大都在 $60 \sim 240 kJ \cdot mol^{-1}$。活化能小于 $40 kJ \cdot mol^{-1}$ 的属于快反应，其反应速率难以用一般的方法测定；活化能大于 $100 kJ \cdot mol^{-1}$ 的属于慢反应，若活化能大于 $400 kJ \cdot mol^{-1}$ 的反应则非常慢，甚至可以认为不发生反应。

除了具有一定能量的活化分子的数目影响反应速率外，活化分子碰撞时的方向，即空间取向也要符合要求，才能发生有效碰撞。例如

$$NO_2 + CO \xrightarrow{500℃} NO + CO_2$$

当反应物中的活化分子 NO_2、CO 碰撞时，要求 CO 分子中的 C 原子与 NO_2 分子中的

表 4-2　一些反应的活化能

化学反应	$E_a/kJ \cdot mol^{-1}$	化学反应	$E_a/kJ \cdot mol^{-1}$
$2SO_2 + O_2 \longrightarrow 2SO_3$	240	$2NO_2 \longrightarrow 2NO + O_2$	114
$2HI \longrightarrow H_2 + I_2$	180	$2H_2O_2 \longrightarrow 2H_2O + O_2$	75
$CO_2 + C \longrightarrow 2CO$	167	$Zn + 2HCl \longrightarrow ZnCl_2 + H_2$	18
$2O_3 \longrightarrow 3O_2$	117	$HCl + NaOH \longrightarrow NaCl + H_2O$	13～26

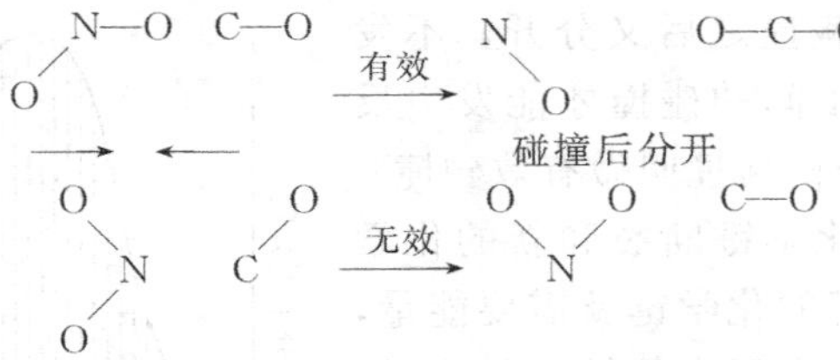

图 4-2　碰撞空间取向示意图

O 原子发生有效碰撞，才能形成 CO_2 和 NO。如图 4-2 所示。

因此，只有反应物中的活化分子进行有效的定向碰撞才能发生化学反应。

(2) 过渡状态理论

过渡状态理论认为：反应物的活化分子相互碰撞时，先形成一过渡状态——活化配合物，活化配合物的能量高，不稳定，寿命短促（约为 10～100fs[1] 之间），一经形成很快就转变成产物分子。

例如，反应

$$A+BC \longrightarrow AB+C$$

设 A 为单原子分子。当反应物的活化分子按符合要求的空间取向（即 A 与 BC 沿 A┈B—C 的直线方向）进行碰撞，新的 A┈B 键部分地形成，而旧的 B—C 键部分地断裂，从而形成了活化配合物 $[A\cdots B\cdots C]^{\neq}$。能量高、不稳定的活化配合物很快转化为产物分子，使系统能量降低。其过程是：

$$A+B—C \longrightarrow \underset{\text{过渡状态}}{[A\cdots B\cdots C]^{\neq}} \longrightarrow A—B+C$$

比较碰撞理论和过渡状态理论，前者是以有效碰撞的次数为基础，主要考虑分子的外部运动，以大量分子的统计行为来解释各种因素对化学反应速率的影响。而后者则是从分子的层次上来研究反应的动力学。

过渡状态理论是 20 世纪 30 年代初 H. Eyring 和 M. Polanyi 等人在统计力学和量子力学的基础上提出的。过渡状态是反应过程中非常重要的中间阶段，要彻底了解反应的全部真实过程，必须清楚分子内部的能量传递、反应物和生成物的能量状态，以及过渡态的真实情况。但是由于过渡状态的寿命极短暂，要用宏观动力学的手段和方法对其进行实时监测非常困难。在过去的几十年里，化学家们一直在试图通过各种方法直接观察到过渡态，以求对化学反应有一个全面深入的了解。20 世纪 50 年代，科学家们用快速动力学方法，可分辨出千分之一秒（ms）的化学中间体。60 年代，又采用了分子束技术来探索分子碰撞的动态过程，实现了对单个分子碰撞过程的研究，但仍只是停留在对成分进行分析的水平上。70 年代末，激光技术和分子束技术相结合用于研究化学反应的过程。到了 80 年代中期，超短激光脉冲和分子束技术的结合应用制成了分子“照相机”，其分辨率可达 6fs，大大地小于分子的振动周期。这些技术应用于化学反应的研究，向深层次了解反应的过程迈进了一步，逐渐实现了对反应物进行造态和对产物新生态进行检测，使分子反应动态学跨入了态-态反应动力学的新阶段。在这一领域中，美籍华裔科学家李远哲和哈佛大学的赫希巴哈（D. R. herschbach）及多伦多大学的波拉尼（J. C. Polang）因用交叉分子束技术对分子反应动力学的研究做出了重大贡献而荣获 1986 年诺贝尔化学奖。1999 年，美国加州理工学院的泽外尔

[1] fs 即飞秒，$1fs=10^{-15}s$。

(A. H. Zewail) 又因在利用飞秒激光脉冲技术研究化学反应方面的开拓性成就荣获诺贝尔化学奖。随着激光技术的发展，尤其是超短脉冲激光技术的发展及其在分子反应动态学中的应用，形成了一门以飞秒为时标来研究超快化学反应过程的新兴学科——飞秒化学。通过飞秒化学的研究，人们可以进一步了解发生在气相、液相、固相、团簇和界面中的分子动力学行为，还可以了解发生在生物体系中的种种变化，同时也为从量子态-态相互作用的层次上对化学反应过程实现“控制”提供了可能性。因此，飞秒化学对化学、物理、生命科学和材料科学等领域的研究都将起到十分重要的作用。

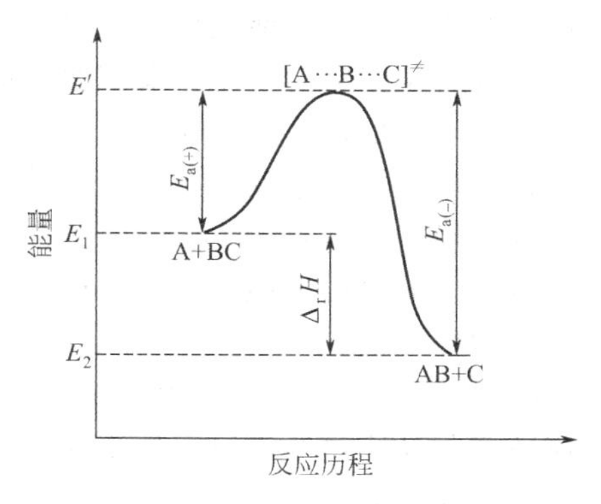

图 4-3　反应系统中能量变化示意图

4.2.3　热效应和活化能

如图 4-3 所示，对于下列反应：

$$A+BC \rightleftharpoons AB+C$$

始态（A+BC）的能量为 E_1，终态（AB+C）的能量为 E_2，终态和始态的能量之差为反应热 $\Delta_r H$，即

$$\Delta_r H = E_2 - E_1$$

反应要经过一个中间过渡态（活化配合物）$[A\cdots B\cdots C]^{\neq}$，其能量为 E'。设正反应的活化能为 $E_{a(+)}$，逆反应的活化能为 $E_{a(-)}$，则有：

$$E_1 = E' - E_{a(+)}$$

$$E_2 = E' - E_{a(-)}$$

$$E_2 - E_1 = [E' - E_{a(-)}] - [E' - E_{a(+)}] = E_{a(+)} - E_{a(-)}$$

所以

$$\Delta_r H = E_{a(+)} - E_{a(-)} \tag{4-21}$$

式(4-21)反映了反应的活化能和热效应之间的关系：

若 $E_{a(+)} < E_{a(-)}$，$\Delta_r H < 0$，反应放热；

若 $E_{a(+)} > E_{a(-)}$，$\Delta_r H > 0$，反应吸热。

4.2.4　影响反应速率的因素

化学反应速率除了与反应物自身的性质有关外，还受外界条件如浓度、压力、温度及催化剂的影响。

(1) 浓度或分压对反应速率的影响

实验证明，在一定温度下，反应物浓度越大，反应速率就越快；反之，浓度越低，反应速率就越慢。例如，物质在纯氧中的燃烧速率就比在空气中要快得多。通常随着反应时间的延长，反应物浓度不断减少，反应速率也相应减慢。如图 4-4 所示。

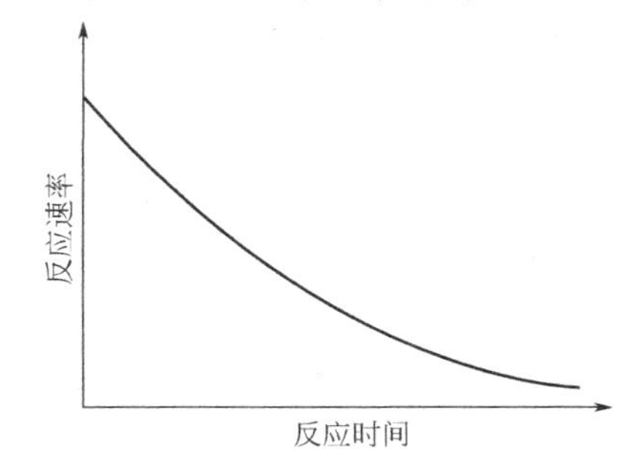

图 4-4　反应速率与反应时间的关系

这是因为对某一化学反应来讲，活化分子的数目与反应物浓度和活化分子分数有关：

活化分子数目＝反应物浓度×活化分子分数

而在一定温度下，反应物的活化分子分数是一定的，所以增加反应物浓度，活化分子数目增加，单位时间内有效碰撞的次数也随之增多，因而反应速率加快。相反，若反应物浓度降低，活化分子数目减少，反应速率减慢。由于气体的分压与浓度成正比，因而增加气态反应物的分压，反应速率加快；反之则减慢。

为了定量地描述反应速率与反应物浓度之间的关系，可用动力学方程式进行表述。

化学动力学根据反应历程把化学反应分为基元反应和非基元反应。所谓基元反应就是反应物分子经碰撞后直接一步转化为产物的反应。若反应不是一步碰撞就完成，而是经过两步或两步以上的过程才能完成，这样的反应就叫做非基元反应。非基元反应是由若干个基元反应组成的。

① 基元反应及其动力学方程式——质量作用定律　大量的实验事实证明：基元反应的反应速率与反应物浓度幂（以反应方程式中反应物前的计量系数为方次）的乘积成正比。即对任一基元反应

$$a\mathrm{A}+b\mathrm{B} \longrightarrow \text{生成物}$$

其反应速率

$$v=kc^{a}(\mathrm{A})c^{b}(\mathrm{B}) \tag{4-22}$$

这就是质量作用定律，又称为基元反应的速率方程式或动力学方程式。式中 k 为速率常数。当反应物的浓度都等于单位浓度，即 $1\mathrm{mol}\cdot\mathrm{L}^{-1}$ 时，反应速率与速率常数相等。所以速率常数就是反应物浓度为单位浓度时的反应速率。在相同的条件下，可以通过比较不同反应的 k 值，大致确定反应速率的快慢。k 值越大，反应进行得越快。k 是化学反应的本性，它与浓度或压力无关，但与温度有关。当温度一定时，k 为一定值；温度变化时，k 值也随之变化。不同的反应有不同的速率常数，k 值可通过实验测定。

例如，对于基元反应

$$NO_2+CO \longrightarrow NO+CO_2$$

其动力学方程式为

$$v=kc(NO_2)c(CO)$$

目前人们已确认的基元反应为数不多，大多数反应都是非基元反应。由于质量作用定律只适用于基元反应，对非基元反应，则不能根据总反应方程式写出其动力学方程式。

② 非基元反应及其动力学方程式　非基元反应的总反应方程式标出的只是反应物与最终产物。非基元反应的动力学方程式（速率方程式）要通过实验才能确定。质量作用定律虽然不适用于非基元反应，但适用于组成非基元反应的每一步基元反应。例如，NO_2 与 CO 在 225℃以上的反应是基元反应，而在 225℃以下的反应则是非基元反应，其总反应仍是

$$NO_2+CO \longrightarrow NO+CO_2$$

但这个反应是通过以下两个基元反应来完成的：

第一步　$NO_2+NO_2 \longrightarrow NO+NO_3$　（慢）

第二步　$NO_3+CO \longrightarrow NO_2+CO_2$　（快）

其中第一步是慢反应，第二步是快反应。总反应的速率大小取决于慢反应的速率。所以，总反应速率与之成正比，其动力学方程式为：

$$v=kc^{2}(NO_2)$$

由此可见，由于非基元反应的速率是由慢反应控制的，其动力学方程式虽不能从总反应式写出，但可以根据其反应机理，由慢反应的动力学方程式推导得出。当然，推导得出的动力学方程式一定要与实验结果相符。

应该注意的是，判断一个反应是基元反应还是非基元反应，不能凭总反应方程式，也不能只看反应的动力学方程式。因为有一些非基元反应的动力学方程式中浓度的方次可能会与反应式中反应物的系数完全一致。例如，氢和碘蒸气在 227～427℃下的反应：

$$H_2 + I_2 \longrightarrow 2HI$$

实验测得的动力学方程式为：

$$v = kc(H_2)c(I_2)$$ [1]

早期曾认为这是一个基元反应，但后来的研究表明，这实际上是非基元反应，其反应机理为：

$$I_2(g) \rightleftharpoons 2I(g) \quad (快)$$

$$H_2(g) + 2I(g) \longrightarrow 2HI(g) \quad (慢)$$

因此，判断反应是否为基元反应一定要以反应机理为依据，而反应机理的确定则要通过实验得出，并要经过实验进行充分的验证。

在表述动力学方程时，应注意以下几点：

a. 若反应是在稀溶液中进行，稀溶液的溶剂也作为反应物，在动力学方程中可以不标出溶剂的浓度。因为溶剂的量很大，反应中消耗的量很小，因而可以忽略。这样可将溶剂的浓度看做是一不变的量，并入速率常数中。例如，蔗糖在稀溶液中水解为葡萄糖和果糖的反应：

$$\underset{蔗糖}{C_{12}H_{22}O_{11}} + H_2O \xrightarrow{H^+} \underset{葡萄糖}{C_6H_{12}O_6} + \underset{果糖}{C_6H_{12}O_6}$$

将

$$v = k'c(C_{12}H_{22}O_{11})c(H_2O)$$

写为

$$v = kc(C_{12}H_{22}O_{11})$$

同理，对反应过程中浓度维持恒定的反应物，其浓度也不必在动力学方程中标出。

b. 固体或纯液体为反应物的反应，可将它们的浓度看做常数，不必在动力学方程中标出。例如，一定条件下，煤的燃烧反应：

$$C(s) + O_2(g) \longrightarrow CO_2(g)$$

其动力学方程式为：

$$v = kc(O_2)$$

c. 气态反应物的反应，在动力学方程中以气态物质的分压来代替其浓度。这样上例煤燃烧反应的动力学方程式可表示为

$$v = kp(O_2)$$

d. 反应级数。动力学方程式中反应物浓度幂的方次之和称为该反应的反应级数，用 n 来表示。对动力学方程

$$v = kc^a(A)c^b(B)\cdots$$

反应级数 $n = a + b + \cdots$，此反应称为 n 级反应。而对于组分 A、B、…来讲，分别是 a、b、…级反应。

反应级数既适用于基元反应，也适用于非基元反应。只是基元反应的反应级数都是正整数，而非基元反应的反应级数则有可能不是正整数。

---

[1] 由于慢反应的速率决定了总反应的速率，所以

$$v = k'c(H_2)c^2(I)$$

快反应是一可逆反应，在快速达到平衡后有

$$\frac{c^2(I)}{c(I_2)} = K \quad （K 为经验平衡常数，参见 4.3）$$

得

$$c^2(I) = Kc(I_2)$$

$$v = k'c(H_2)c^2(I) = k'Kc(H_2)c(I_2)$$

常数 k'、K 的乘积也是常数，以 k 表示，即 $k = k'K$。

故

$$v = kc(H_2)c(I_2)$$

表 4-3 一些反应及其反应级数和速率方程

反应级数	反应物系数和	k 的单位	反应方程式	动力学方程式
1	2	s^{-1}	$2N_2O_5 \longrightarrow 4NO_2+O_2$	$v=kc(N_2O_5)$
	2		$2H_2O_2 \longrightarrow 2H_2O+O_2$	$v=kc(H_2O_2)$
	1		$SO_2Cl_2 \longrightarrow SO_2+Cl_2$	$v=kc(SO_2Cl_2)$
2	2	$mol^{-1} \cdot L \cdot s^{-1}$	$2NO_2 \longrightarrow 2NO+O_2$	$v=kc^2(NO_2)$
	2		$NO_2+CO \xrightarrow{225℃以上} NO+CO_2$	$v=kc(NO_2)c(CO)$
	2		$NO_2+CO \xrightarrow{225℃以下} NO+CO_2$	$v=kc^2(NO_2)$
2.5	2	$mol^{-1.5} \cdot L^{1.5} \cdot s^{-1}$	$CO+Cl_2 \longrightarrow COCl_2$	$v=kc(CO)c^{3/2}(Cl_2)$
3	3	$mol^{-2} \cdot L^2 \cdot s^{-1}$	$2NO+O_2 \longrightarrow 2NO_2$	$v=kc^2(NO)c(O_2)$
	4		$2NO+2H_2 \longrightarrow N_2+2H_2O$	$v=kc^2(NO)c(H_2)$

由于反应速率的单位是 $mol \cdot L^{-1} \cdot s^{-1}$，浓度的单位是 $mol \cdot L^{-1}$，所以速率常数 k 也是有单位的，其单位为 $mol^{1-n} \cdot L^{n-1} \cdot s^{-1}$。表 4-3 列出了一些反应及其反应级数和速率方程。

在固体表面上发生的反应有不少是零级反应。这类反应以匀速进行，其速率与反应物浓度的变化及反应时间的长短无关。例如：

$$N_2O \xrightarrow{Au} N_2+\frac{1}{2}O_2$$

$$v=kc^0(N_2O)=k$$

这个反应进行时，每一单位时间内浓度下降的数量是等同的。

【例 4-7】 某气体反应的实验数据如下：

序号	起始浓度/$mol \cdot L^{-1}$		起始速率/$mol \cdot L^{-1} \cdot min^{-1}$
	c(A)	c(B)	
1	1.0×10^{-2}	0.5×10^{-3}	0.25×10^{-6}
2	1.0×10^{-2}	1.0×10^{-3}	0.50×10^{-6}
3	2.0×10^{-2}	0.5×10^{-3}	1.00×10^{-6}
4	3.0×10^{-2}	0.5×10^{-3}	2.25×10^{-6}

求该反应的动力学方程表达式及反应级数 n。

解 令该反应的动力学方程式为：

$$v=kc^a(A)c^b(B)$$

由实验 1 和实验 2 可得

$$v_1=kc_1{}^a(A)c_1{}^b(B)$$

$$v_2=kc_2{}^a(A)c_2{}^b(B)$$

两式相除，因 $c_1(A)=c_2(A)$，得

$$\frac{v_1}{v_2}=\left[\frac{c_1(B)}{c_2(B)}\right]^b$$

即

$$\frac{0.25 \times 10^{-6}}{0.50 \times 10^{-6}}=\left(\frac{0.5 \times 10^{-3}}{1.0 \times 10^{-3}}\right)^b$$

$$b=1$$

再由实验 3 和实验 4 得

$$v_3=kc_3{}^a(A)c_3{}^b(B)$$

$$v_4 = kc_4^{a}(A)c_4^{b}(B)$$

两式相除，因 $c_3(B)=c_4(B)$，得

$$\frac{v_3}{v_4} = \left[\frac{c_3(A)}{c_4(A)}\right]^a$$

即
$$\frac{1.0\times10^{-6}}{2.25\times10^{-6}} = \left(\frac{2.0\times10^{-2}}{3.0\times10^{-2}}\right)^a$$

$$a=2$$

故反应的动力学方程式为 $v=kc^2(A)c(B)$

反应级数 $n=2+1=3$

(2) 温度对反应速率的影响——阿仑尼乌斯公式

温度升高时，绝大多数反应的速率都会加快。因此，升高温度是加速化学反应进行的常用方法之一。往往有些反应在常温下短时间内观察不到反应的发生，但当温度升到一定程度后，反应速率就会大大加快。如 H_2 和 O_2 生成水的反应，在常温下难以观察到反应的进行，但在 500℃时，反应会剧烈进行甚至发生爆炸。

温度升高使反应速率显著提高的原因是：升温使反应物分子的能量增加，大量的非活化分子获得能量后转变成活化分子，系统中活化分子分数大大增加，有效碰撞次数增多，因而反应速率明显加快。

由于反应速率随温度升高而加快，使得速率常数也随温度升高而增大。1884 年，荷兰的范特霍夫（J. H. Van'tHoff）在大量的实验基础上总结出：对一般反应来说，在一定温度范围内，每升高 10℃，反应速率增加到原来的 2～4 倍[1]，速率常数也按同样的倍数增加。这个倍数称为反应的温度系数。

$$反应的温度系数 = \frac{v_{(t+10℃)}}{v_t} = \frac{k_{(t+10℃)}}{k_t}$$

不同的反应有不同的温度系数。由表 4-4 中数据可知，对于反应 $NO_2+CO \longrightarrow NO+CO_2$，当温度从 600K 到 800K 时，速率常数几乎增大上千倍。

表 4-4 温度与速率常数的关系（$NO_2+CO \longrightarrow NO+CO_2$）

T/K	600	650	700	750	800
k/L·mol^{-1}·s^{-1}	0.028	0.22	1.3	6.0	23

温度系数对温度与反应速率的相互关系的概括过于粗略，1889 年瑞典的阿仑尼乌斯（S. A. Arrhenius）在总结了大量的实验事实的基础上提出了一个经验公式，称为阿仑尼乌斯公式。

$$k = Ae^{-E_a/(RT)} \tag{4-23}$$

式中，k 是速率常数；A 是（碰撞）指前因子，对一定的反应，可视作常数；e 是自然对数的底，e=2.718；R 为气体常数，$R=8.314\mathrm{J\cdot mol^{-1}\cdot K^{-1}}$；$T$ 是热力学温度；E_a 为反应的活化能。

阿仑尼乌斯公式给出了速率常数与反应温度之间的定量关系。由于 E_a 和 A 不随温度变化，k 与 T 呈指数关系，因而温度的变化对速率常数的影响非常大。

对式(4-23) 取对数有：

[1] 这里指的是一般的反应情况。也有特殊的反应，如爆炸反应，当温度达到一定程度时，反应速率急剧增大。而有些反应的速率随温度的升高而减慢。

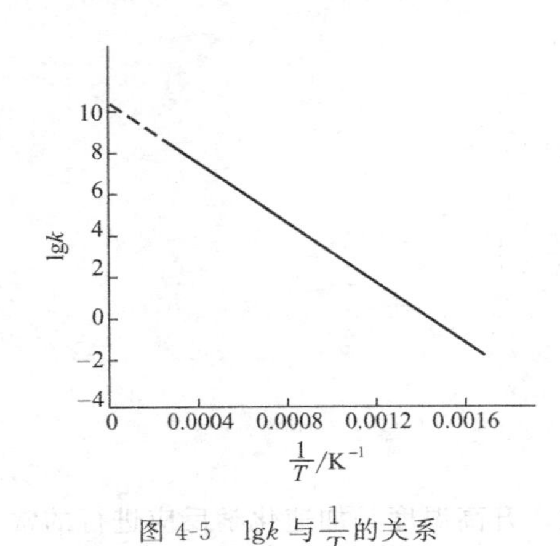

图 4-5 lgk 与$\frac{1}{T}$的关系

$$\ln k=-\frac{E_a}{RT}+\ln A \tag{4-24}$$

或
$$\lg k=\lg A-\frac{E_a}{2.303RT} \tag{4-25}$$

由式(4-25) 可以看出 $\lg k$ 与$\frac{1}{T}$呈直线关系，直线的斜率是$-\frac{E_a}{2.303R}$，截距为 $\lg A$。通过实验测得反应在不同温度下的 k 值，以 $\lg k$-$\frac{1}{T}$作图，从而可求得 E_a 和 A。例如，将表 4-2 中的数据绘成 $\lg k$-$\frac{1}{T}$关系图（见图 4-5），可得到反应的 $E_a=133.8\text{kJ}\cdot\text{mol}^{-1}$，$A=1.23\times10^{10}$。

阿仑尼乌斯公式在一定的温度范围内适用于许多反应，包括基元反应和非基元反应，可用来计算反应的活化能和在不同温度下反应的速率常数。若已知反应在温度 T_1 和 T_2 时的速率常数分别为 k_1 和 k_2，据式(4-25) 可得：

$$\lg k_1=\lg A-\frac{E_a}{2.303RT_1}$$

$$\lg k_2=\lg A-\frac{E_a}{2.303RT_2}$$

两式相减得
$$\lg\frac{k_2}{k_1}=\frac{E_a}{2.303R}\left(\frac{1}{T_1}-\frac{1}{T_2}\right)$$

即
$$\lg\frac{k_2}{k_1}=\frac{E_a}{2.303R}\left(\frac{T_2-T_1}{T_1T_2}\right) \tag{4-26}$$

利用式(4-26) 可以求得 E_a 或 k。

【例 4-8】 已知某反应的温度系数是 2.5，问该反应在 400K 时的速率是 300K 时的多少倍？反应的活化能是多少？

解 据题意

$$k_{400\text{K}}=2.5\times k_{390\text{K}}=2.5^2\times k_{380\text{K}}=(2.5)^{10}\times k_{300\text{K}}$$
$$=9537k_{300\text{K}}$$

即该反应在 400K 时的反应速率是 300K 时的 9537 倍。

由式(4-26) 可得

$$\lg\frac{k_{400\text{K}}}{k_{300\text{K}}}=\frac{E_a}{2.303R}\times\left(\frac{400-300}{300\times400}\right)$$

$$\lg9537=\frac{E_a}{2.303R}\times\left(\frac{400-300}{300\times400}\right)$$

$$\lg9537=\frac{E_a}{2.303\times8.31}\times\left(\frac{400-300}{300\times400}\right)$$

解得
$$E_a=9.14\times10^4\text{J}\cdot\text{mol}^{-1}=91.4\text{kJ}\cdot\text{mol}^{-1}$$

【例 4-9】 某反应在 300℃时的速率常数为 $2.41\times10^{-10}\text{s}^{-1}$，活化能为 $272\text{kJ}\cdot\text{mol}^{-1}$。问该反应在 400℃时的反应速率为 300℃时的多少倍？

解 由题知 $T_1=273+300=573\text{K}$，$T_2=273+400=673\text{K}$，$k_1=2.41\times10^{-10}$，$E_a=272\times10^3\text{kJ}\cdot\text{mol}^{-1}$

代入式(4-26)

$$\lg \frac{k_2}{2.41\times10^{-10}}=\frac{272\times10^3}{2.303\times8.31}\left(\frac{1}{573}-\frac{1}{673}\right)$$

得

$$k_2=1.17\times10^{-6}\text{s}^{-1}$$

$$\frac{k_2}{k_1}=\frac{1.17\times10^{-6}}{2.41\times10^{-10}}=4855$$

即该反应在 400℃时的速率是 300℃时的 4855 倍。

同理，反应 $2NO_2 \longrightarrow 2NO+O_2$ 的活化能为 $114kJ\cdot mol^{-1}$，600K 时 $k_1=0.75mol^{-1}\cdot L\cdot s^{-1}$，计算得出 700K 时 $k_2=20mol^{-1}\cdot L\cdot s^{-1}$，即 700K 时的速率是 600K 时的 26 倍。

考察式(4-26) 和上述计算结果可以看出：不同的反应，在温度范围相近、温度变化差值差不多的情况下，活化能较小的反应的反应速率受温度变化的影响小于活化能大的反应，即加热能够更有效地提高慢反应（活化能大）的速率；另一方面，若温度差相近或相同，高温时的温度变化对反应速率的影响小于低温时的影响，所以对在较低温度下进行的反应，升高温度可以明显地提高反应速率。

(3) 催化剂对化学反应速率的影响

升高温度虽然可以提高大多数化学反应的速率，但有时升温依然不能达到有效地加快预期反应速率的目的，如有时温度的升高，也促进了副反应的进行，使希望发生的反应受到影响；另外有些反应本身就要在高温下才能进行，再继续使用升温的方法会受到一些限制，且对设备的要求也更加严格，耗能高，成本大。此时使用催化剂就是提高化学反应速率的一种很有效的办法。据统计，在现代化工生产中使用催化剂的反应已占 85%，甚至更高。许多进行得很慢以至于在生产上无实用价值的反应，在使用了良好的催化剂后，就能够在生产中得以实现。例如，在硫酸生产中的一个主要步骤是将 SO_2 氧化为 SO_3，若没有催化剂存在，氧化反应的速率非常慢，反应甚至要经过数年才能完成。在使用了 V_2O_5 作催化剂后，只需几个小时就能完成反应，使接触法制备硫酸的工业化生产得以实现。另外，石油化工、新能源、新材料和新药物的合成都离不开催化剂。即使在日常生活中，催化剂的使用也十分普遍，例如，为防止食品变质而加入的保鲜剂或防腐剂，为减少汽车尾气对空气的污染而使用的负载在氧化铝、氧化硅和氧化铁上的铂-铑催化剂等等。

催化剂就是能使反应速率发生改变，而其自身的组成和质量在反应的前、后保持不变的一类物质。它对化学反应所起的作用称为催化作用。通常提到的催化剂是能使反应速率大大提高的正催化剂。例如，能使 H_2 和 O_2 发生爆炸反应的铂黑、合成氨反应中的铁、SO_2 氧化成 SO_3 反应中的 V_2O_5 等。

催化剂之所以可以提高化学反应速率，是因为它参与了化学反应，改变了反应的历程，降低了反应的活化能。如图 4-6 所示。图中途径Ⅰ为未加催化剂时反应进行过程中能量的变化情况，E_a 为活化能。反应的过程为：

$$A+B\longrightarrow AB$$

途径Ⅱ反映的是加了催化剂后的过程，此时反应历程发生了改变，为：

$A+K\longrightarrow AK$　　　活化能为 E_1

$AK+B\longrightarrow AB+K$　　　活化能为 E_2

E_1、E_2 均小于 E_a，这样使部分原来能量较低的非活化分

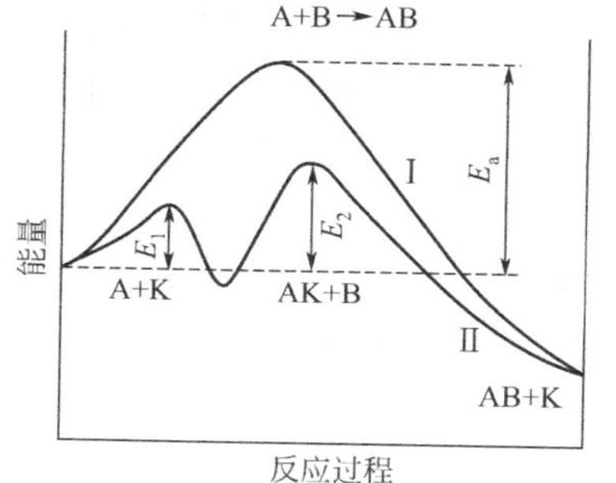

图 4-6　催化剂改变反应历程示意图

表 4-5 催化剂对一些化学反应活化能的影响

化学反应式	活化能/kJ·mol^{-1}	
	未加催化剂	加入催化剂
$2SO_2+O_2 \longrightarrow 2SO_3$	251	63(Pt)
$2N_2O \longrightarrow 2N_2+O_2$	245	136(Pt)
$N_2+3H_2 \longrightarrow 2NH_3$	326.4	176(Fe)
$2HI \longrightarrow H_2+I_2$	183.1	58(Pt)
$C_{12}H_{22}O_{11}+H_2O \longrightarrow C_6H_{12}O_6+C_6H_{12}O_6$ 蔗糖 葡萄糖 果糖	1340	109 (H^+) 48.1(转化酶)

子变成了活化分子，活化分子的百分数增加，有效碰撞次数增多，从而使反应速率大大提高。表 4-5 列出了催化剂对一些化学反应活化能的影响。

除了正催化剂外，还有一类能降低反应速率的催化剂，它对抑制一些不希望发生的化学反应是十分有用的。如，为防止橡胶、塑料老化，需加入防老剂；为减缓钢铁的腐蚀，而使用缓蚀剂；为防止油脂类物质酸败，而使用抗氧剂。这些防老剂、缓蚀剂和抗氧剂等都是负催化剂。但除非特别指明，在通常情况下所指的催化剂都是正催化剂。

有催化剂存在的反应称为催化反应。按催化剂与反应物所处的状态来分，有均相催化和多相催化。均相催化是指催化剂和参与反应的物质处于同一个相中进行的反应。如酸对蔗糖水解的催化反应就是均相催化。催化剂和参与反应的物质不同相的反应为多相催化。如合成氨反应，催化剂铁粉为固相，反应物 H_2、N_2 和 NH_3 都是气相。

催化反应的发生有时不一定需要另外加入催化剂，有些化学反应会自动产生催化作用。例如，在经过处理的不含氮氧化物的硝酸中加入铜片，开始反应很慢，但随着氮氧化物的生成，反应速率大大加快，这是因为生成的氮氧化物正好是该反应的催化剂。

有些物质在反应中自身不起催化作用，但由于它的存在却能提高催化剂的作用，这样的物质被称为助催化剂。例如，合成氨反应中使用的铁催化剂中，直接起催化作用的是铁粉，其中 Al_2O_3 和 K_2O 是助催化剂。

催化剂除了具有改变反应速率的作用外，还具有一定的选择性，即一种催化剂只对某一反应或某类反应有催化作用，对其他反应没有催化作用。例如，甲酸在加热分解时会发生两个反应，一是脱水生成水和 CO；另一是脱氢生成 H_2 和 CO_2。在固体 Al_2O_3 存在下，只发生脱水反应；而在 ZnO 催化剂存在下，则只发生脱氢反应。由此可见，不同的反应要选择不同的催化剂。同时，选择合适的催化剂一方面可以加速生成目的产物的反应，另一方面使其他反应（副反应）得以抑制。

综上所述，催化剂具有加快反应速率、选择性好、用量少、可重复使用等特点。

关于催化剂对反应速率的影响还应注意以下几点：

① 由图 4-6 可以看出，催化剂只是加快化学反应的速率，不影响反应物和产物的能量，即不改变反应的始态和终态。

② 对于可逆反应，催化剂同等程度地降低了正、逆反应的活化能，所以也同等程度地加快了正、逆反应的速率。

③ 由于催化作用降低了反应的活化能，根据阿仑尼乌斯公式可知，反应的速率常数是增大的。

④ 催化剂只对热力学上可能发生的反应有作用。热力学证明不能进行的反应，加入催化剂反应也依然不能进行。

⑤ 催化反应的速率同样会受到浓度、温度等因素的影响。如，酸催化蔗糖水解的反应速率随温度升高、蔗糖浓度增加和酸浓度的增加而加快。

（4）影响多相反应的因素

以上讨论的主要是均相反应。对于多相反应来说，影响反应速率的因素除了以上讨论的浓度（压力）、温度和催化剂外，还有扩散速率及接触面积大小等因素。通常扩散速率越快，接触面积越大，反应速率越快。

由于多相反应中参与反应的物质处于不同的相，化学反应只能在相的界面上完成。例如：

$$C(s)+O_2(g) \longrightarrow CO_2(g) \qquad \text{气-固反应}$$

$$2NaOH(aq)+CO_2(g) \longrightarrow Na_2CO_3(aq)+H_2O(aq) \qquad \text{气-液反应}$$

$$CuO(s)+2HCl(aq) \longrightarrow CuCl_2(aq)+H_2O(aq) \qquad \text{固-液反应}$$

因此，接触面积越大，有效碰撞的机会越多，反应速率也越快。另一方面，提高扩散速率，既可以使反应物充分接触，也可以帮助生成物离开反应界面。所以在化工生产中，常采用适当的方法来增加反应物分子间相互接触的机会。例如，使固态物质破碎成颗粒或研磨成粉末，使液态物质淋洒成线流、滴流或喷成雾状的微小液滴，使气态物质成为气泡等方法来扩大反应的接触面积，利用搅拌、振荡、鼓风等方法来强化扩散作用。

4.3 化学平衡

我们不仅要知道化学反应进行的快慢，还应了解在一定条件下化学反应可能进行到什么程度，以及预期产物的产率是多少？如何提高产率？这就涉及化学平衡的问题。

4.3.1 可逆反应与化学平衡

化学反应可分为可逆反应和不可逆反应。不可逆反应是在一定条件下几乎完全进行到底的反应，如 MnO_2 作为催化剂的 $KClO_3$ 的分解，但这类反应是很少的。大多数化学反应都是可逆反应，即在一定条件下正、逆两个方向可同时进行的反应。例如 CO 与 H_2O 在高温下，一方面 $CO+H_2O \longrightarrow CO_2+H_2$；另一方面 $CO_2+H_2 \longrightarrow CO+H_2O$，可将这两个反应合写为：

$$CO+H_2O \rightleftharpoons CO_2+H_2$$

两相反的箭头号“$\rightleftharpoons$”表示可逆。

可逆反应在密闭的容器中不能进行完全。例如，425℃时，氢气和碘蒸气的反应：

$$H_2(g)+I_2(g) \rightleftharpoons 2HI(g)$$

当将 $H_2(g)$ 和 $I_2(g)$ 置于密闭的容器中加热至 425℃时，起初只有反应物，正反应速率 $v_正$ 最大，随着反应的进行，$H_2(g)$ 和 $I_2(g)$ 不断减少，$v_正$ 逐渐减慢，而且由于 HI 的生成，逆反应也开始发生，开始时 $v_正 > v_逆$。随着 HI 生成的量不断增多，逆反应速率逐渐加快，最后达到：

$$v_正 = v_逆$$

即单位时间内，HI 的生成量和消耗量是相同的。此时反应系统中，各物质的量不再发生变化，反应处于平衡状态。如图 4-7 所示。对于可逆反应，当正、逆反应速率相等，各物质的浓度不再发生变化时，系统所

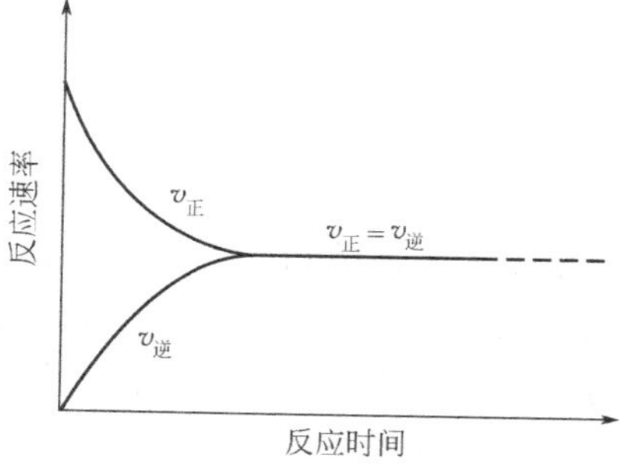

图 4-7　$v_正$、$v_逆$ 与时间的关系

处的状态叫做化学平衡。在这种状态下，正、逆反应仍在进行着，所以化学平衡是动态平衡。若反应条件不改变，这种平衡可以一直持续下去，然而一旦条件发生变化，平衡便被破坏，直至建立新的平衡。

4.3.2 平衡常数

(1) 实验平衡常数

对反应：

$$H_2(g)+I_2(g) \rightleftharpoons 2HI(g)$$

进一步研究发现，尽管 $H_2(g)$ 和 $I_2(g)$ 的初始浓度不同，平衡时各物质的浓度也不同，但是平衡时生成物浓度幂的乘积与反应物浓度幂的乘积的比值 $\frac{c^2(HI)}{c(H_2)c(I_2)}$ 却是相同的。见表 4-6。

表 4-6 平衡系统 $H_2(g)+I_2(g) \rightleftharpoons 2HI(g)$ (425℃)

实例	反应前浓度			平衡时浓度			平衡时的比值 $\frac{c^2(HI)}{c(H_2)c(I_2)}$
	$c(H_2)\times10^3$ /mol·L^{-1}	$c(I_2)\times10^3$ /mol·L^{-1}	$c(HI)\times10^3$ /mol·L^{-1}	$c(H_2)\times10^3$ /mol·L^{-1}	$c(I_2)\times10^3$ /mol·L^{-1}	$c(HI)\times10^3$ /mol·L^{-1}	
1	11.3367	7.5098	0	4.5647	0.7378	13.544	54.468
2	10.6773	10.7610	0	2.2523	2.3360	16.850	53.964
3	10.6663	11.9642	0	1.8313	3.1292	17.671	54.492

表 4-4 所示的结果说明反应达平衡时，比值 $\frac{c^2(HI)}{c(H_2)c(I_2)}$ 是个常数。

对于任一可逆反应

$$dD+eE \rightleftharpoons gG+hH$$

在一定温度下，达平衡时，系统中各物质的浓度都有如下关系：

$$K_c=\frac{c^g(G)c^h(H)}{c^d(D)c^e(E)} \tag{4-27}$$

式中，$c(D)$、$c(E)$、$c(G)$、$c(H)$ 分别是参与反应的物质 D、E、G、H 在反应达到平衡时的浓度；K_c 为化学反应的浓度平衡常数。即在一定温度下，可逆反应达平衡时，生成物的浓度幂的乘积与反应物的浓度幂的乘积之比是一常数 K_c。

对于气相反应，由于温度一定时，气体的分压与浓度成正比，因此可用平衡时气体的分压来代替气态物质的浓度。这样表示的平衡常数称为压力平衡常数，用符号 K_p 来表示。如反应

$$2SO_2+O_2 \rightleftharpoons 2SO_3$$

达平衡时，平衡常数可表示为：

$$K_c=\frac{c^2(SO_3)}{c^2(SO_2)c(O_2)}$$

$$K_p=\frac{p^2(SO_3)}{p^2(SO_2)p(O_2)}$$

浓度平衡常数和压力平衡常数都是由实验测定得出的，因此又将它们合称为实验平衡常数或经验平衡常数。实验平衡常数是有量纲的，其单位由平衡常数的表达式来决定，但在使用时，通常只给出数值，不标出单位。

(2) 标准平衡常数

根据热力学函数计算得出的平衡常数称为标准平衡常数，又称为热力学平衡常数，用符

号 $K^{\ominus}$ 来表示。其表示方式与实验平衡常数相同，只是相关物质的浓度要用相对浓度（$c/c^{\ominus}$）、分压要用相对分压（$p_B/p^{\ominus}$）来代替，其中 $c^{\ominus}=1\text{mol}\cdot\text{L}^{-1}$，$p^{\ominus}=100\text{kPa}$。并且令：物质B的相对浓度 $[\text{B}]=c(\text{B})/c^{\ominus}$；物质B的相对分压 $[p(\text{B})]=p(\text{B})/p^{\ominus}$。

对于可逆反应

$$d\text{D(aq)}+e\text{E(aq)}\rightleftharpoons g\text{G(aq)}+h\text{H(aq)}$$

有

$$K^{\ominus}=\frac{[\text{G}]^g[\text{H}]^h}{[\text{D}]^d[\text{E}]^e}=\frac{[c(\text{G})/c^{\ominus}]^g[c(\text{H})/c^{\ominus}]^h}{[c(\text{D})/c^{\ominus}]^d[c(\text{E})/c^{\ominus}]^e}=\frac{c^g(\text{G})c^h(\text{H})}{c^d(\text{D})c^e(\text{E})}(c^{\ominus})^{(d+e)-(g+h)}$$

$$K^{\ominus}=K_c(c^{\ominus})^{-\sum_{\text{B}}\nu_{\text{B}}} \tag{4-28}$$

因为 $c^{\ominus}=1\text{mol}\cdot\text{L}^{-1}$，所以 $K^{\ominus}$ 在数值上与 K_c 是相同的。

对气相中进行的可逆反应

$$d\text{D(g)}+e\text{E(g)}\rightleftharpoons g\text{G(g)}+h\text{H(g)}$$

有

$$K^{\ominus}=\frac{[p(\text{G})]^g[p(\text{H})]^h}{[p(\text{D})]^d[p(\text{E})]^e}=\frac{[p(\text{G})/p^{\ominus}]^g[p(\text{H})/p^{\ominus}]^h}{[p(\text{D})/p^{\ominus}]^d[p(\text{E})/p^{\ominus}]^e}=\frac{p^g(\text{G})p^h(\text{H})}{p^d(\text{D})p^e(\text{E})}(p^{\ominus})^{(d+e)-(g+h)}$$

$$K^{\ominus}=K_p(p^{\ominus})^{-\sum_{\text{B}}\nu_{\text{B}}} \tag{4-29}$$

因为 $p^{\ominus}=100\text{kPa}$，所以当 $\sum_{\text{B}}\nu_{\text{B}}\neq 0$ 时，$K^{\ominus}$ 与 K_p 的数值是不相等的。

与经验平衡常数不同的是，标准平衡常数 $K^{\ominus}$ 是无量纲的。

平衡常数是衡量化学反应进行的程度的特征常数。对于同一类型的反应，在温度相同时，平衡常数的数值越大，表示反应进行得越完全。在一定的温度下，不同的可逆反应有不同的平衡常数的数值。平衡常数的数值与温度有关，与浓度、压力无关。

在应用标准平衡常数表达式时，应注意以下几点：

① $K^{\ominus}$ 表达式中各物质的相对浓度和相对压力必须是反应达到平衡时的数值。

② 如果有固态或纯液体物质参与反应，它们的浓度可视作常数，不必写入 $K^{\ominus}$ 的表达式中。如反应

$$\text{C(s)}+\text{O}_2\text{(g)}\rightleftharpoons \text{CO}_2\text{(g)}$$

$$K^{\ominus}=\frac{[p(\text{CO}_2)]}{[p(\text{O}_2)]}$$

③ $K^{\ominus}$ 的表达式及数值与化学反应方程式的写法有关。如

$$\text{SO}_2\text{(g)}+\frac{1}{2}\text{O}_2\text{(g)}\rightleftharpoons \text{SO}_3\text{(g)}$$

$$K^{\ominus\prime}=\frac{[p(\text{SO}_3)]}{[p(\text{SO}_2)][p(\text{O}_2)]^{\frac{1}{2}}}$$

$$2\text{SO}_2\text{(g)}+\text{O}_2\text{(g)}\rightleftharpoons 2\text{SO}_3\text{(g)}$$

$$K^{\ominus}=\frac{[p(SO_3)]^2}{[p(SO_2)]^2[p(O_2)]}=(K^{\ominus\prime})^2$$

④ 若有不同相的物质参与反应，那么气体物质用相对压力代入，溶液中溶质用相对浓度代入。如反应

$$dD(aq)+eE(g)+fF(s)\rightleftharpoons gG(aq)+hH(g)+rR(l)$$

有

$$K^{\ominus}=\frac{[G]^g[p(H)]^h}{[D]^d[p(E)]^e}$$

平衡常数决定了平衡系统中各物质浓度之间的数量关系，因此，可用来计算有关物质的浓度以及反应物的转化率。某一反应物的平衡转化率是指化学反应达平衡后，该反应物转化为生成物的百分数。

$$转化率=\frac{某反应物的消耗量}{反应开始时该反应物的总量}\times100\%$$

若反应系统的体积在反应前后不发生变化，转化率又可表示为：

$$转化率=\frac{某反应物消耗的浓度}{反应开始时该反应物的浓度}\times100\%$$

【例 4-10】 在某温度下，反应：$AB+CD\rightleftharpoons AD+BC$ 在密闭容器中进行，平衡后各物质的浓度为：$c(AB)=0.33mol\cdot L^{-1}$，$c(CD)=3.33mol\cdot L^{-1}$，$c(AD)=0.67mol\cdot L^{-1}$，$c(BC)=0.67mol\cdot L^{-1}$。求：①在这个温度下反应的平衡常数 $K^{\ominus}$；②反应开始前 AB、CD 的浓度；③AB 的转化率。

解 ① 由题意可知，各物质的相对浓度为：

$$[AB]=\frac{c(AB)}{c^{\ominus}}=0.33 \qquad [CD]=\frac{c(CD)}{c^{\ominus}}=3.33$$

$$[AD]=\frac{c(AD)}{c^{\ominus}}=0.67 \qquad [BC]=\frac{c(BC)}{c^{\ominus}}=0.67$$

该反应的平衡常数为

$$K^{\ominus}=\frac{[AD][BC]}{[AB][CD]}=\frac{0.67\times0.67}{0.33\times3.33}=0.41$$

② 从反应式可知，每生成 1mol AD 就同时生成 1mol BC，以及消耗 1mol AB 和 1mol CD。

反应开始前：AB 的浓度$=0.33+0.67=1.00mol\cdot L^{-1}$

CD 的浓度$=3.33+0.67=4.00mol\cdot L^{-1}$

③ AB 的转化率$=\frac{0.67}{1.00}\times100\%=67\%$

【例 4-11】 在上例中，若反应开始前 AB 的浓度仍为 $1mol\cdot L^{-1}$，而 CD 的浓度降为 $1mol\cdot L^{-1}$。求：①平衡时各物质的浓度；②AB 的转化率。

解 ① 设平衡时 $c(AD)=x\,mol\cdot L^{-1}$

	AB	+ CD	⇌ AD	+ BC
反应前浓度/$mol\cdot L^{-1}$	1	1	0	0
平衡时浓度/$mol\cdot L^{-1}$	$1-x$	$1-x$	x	x
平衡时的相对浓度	$1-x$	$1-x$	x	x

代入

$$K^{\ominus}=\frac{[AD][BC]}{[AB][CD]}=0.41$$

$$\frac{x^2}{(1-x)^2}=0.41$$

解方程，得 $x=0.4\text{mol}\cdot\text{L}^{-1}$，则平衡时：

$$c(\text{AD})=c(\text{BC})=0.4\text{mol}\cdot\text{L}^{-1}$$

$$c(\text{AB})=c(\text{CD})=1-0.4=0.6\text{mol}\cdot\text{L}^{-1}$$

②
$$\text{AB 的转化率}=\frac{0.40}{1.00}\times100\%=40\%$$

比较【例 4-10】和【例 4-11】可知，降低反应物 CD 的浓度，另一反应物 AB 的转化率将会减少。

【例 4-12】 在合成氨反应：$N_2(g)+3H_2(g)\rightleftharpoons 2NH_3(g)$的原料气中，氮与氢的物质的量之比为 1∶3。在 400℃达平衡，设系统的总压为 5MPa，已知 $K_p=1.69\times10^{-2}(\text{MPa})^{-2}$，问：平衡系统中氨的体积分数为多少？

解 由于原料气中，氮与氢的物质的量之比为 1∶3，而反应中每消耗 1mol N_2 就要消耗 3mol H_2，因而平衡时氮、氢的比例不变，则有：

$$p(N_2):p(H_2)=1:3$$

$$p(H_2)=3p(N_2)$$

由题意
$$p_{总}=p(N_2)+p(H_2)+p(NH_3)=5\text{MPa}$$

即
$$p(N_2)+3p(N_2)+p(NH_3)=5\text{MPa}$$

$$p(NH_3)=5-4p(N_2)$$

$$K_p=\frac{p^2(NH_3)}{p(N_2)p^3(H_2)}=1.69\times10^{-2}$$

解方程，得
$$p(N_2)=1.06\text{MPa}$$

$$p(NH_3)=5-4\times1.06=0.76\text{MPa}$$

又因为
$$\frac{V(NH_3)}{V_{总}}=\frac{p(NH_3)}{p_{总}}=\frac{0.76}{5}=0.152$$

所以，平衡时 NH_3 的体积分数为 0.152。

标准平衡常数与热力学函数之间的关系，可以通过化学反应等温方程式求得。化学反应等温方程式的表达式如下：

$$\Delta_r G_m=\Delta_r G_m^{\ominus}+RT\ln Q \qquad (4\text{-}30)$$

式(4-30) 又称为范特霍夫方程式。式中，$\Delta_r G_m$ 是非标准态时的摩尔反应吉布斯函数变；Q 为反应商，其数学式与标准平衡常数表达式相同[1]，但其中气体分压或溶质浓度值均为非平衡状态时气体的分压或溶质的浓度（$Q=K^{\ominus}$ 时例外）。对反应

$$d\text{D}+e\text{E}\rightleftharpoons g\text{G}+h\text{H}$$

在任意状态下，反应商

$$Q=\frac{[\text{G}]^g[\text{H}]^h}{[\text{D}]^d[\text{E}]^e} \qquad (4\text{-}31)$$

若是气相反应，则有

$$Q=\frac{[p(\text{G})]^g[p(\text{H})]^h}{[p(\text{D})]^d[p(\text{E})]^e} \qquad (4\text{-}32)$$

当反应达到平衡时，$\Delta_r G_m=0$，$Q=K^{\ominus}$，式(4-30) 为：

$$0=\Delta_r G_m^{\ominus}+RT\ln K^{\ominus}$$

或
$$\Delta_r G_m^{\ominus}=-2.303RT\lg K^{\ominus} \qquad (4\text{-}33)$$

[1] 反应商的表达式若与经验平衡常数式相同，则有浓度商（Q_c）和压力商（Q_p）。

由此可见，通过式(4-33)可从热力学函数计算出反应的标准平衡常数。有一些反应的平衡常数难以直接通过实验测定，就可利用热力学函数计算得到。

将式(4-33)代入式(4-30)，可得到$\Delta_r G_m$、$K^\ominus$、Q之间的关系式：

$$\Delta_r G_m = -2.303RT\lg K^\ominus + 2.303RT\lg Q$$

即

$$\Delta_r G_m = 2.303RT\lg \frac{Q}{K^\ominus} \tag{4-34}$$

【例 4-13】 计算反应 $NO(g) + \frac{1}{2}O_2(g) \rightleftharpoons NO_2(g)$ 在 973K 时的 $K^\ominus$。

解 $NO(g) \quad + \quad \frac{1}{2}O_2(g) \rightleftharpoons NO_2(g)$

查表得				
	$\Delta_f H_m^\ominus/kJ \cdot mol^{-1}$	90.25	0	33.18
	$S_m^\ominus/J \cdot mol^{-1} \cdot K^{-1}$	210.76	205.138	240.06

$$\Delta_r H_m^\ominus = 2\Delta_f H_m^\ominus(NO_2,g) - \frac{1}{2}\Delta_f H_m^\ominus(O_2,g) - \Delta_f H_m^\ominus(NO,g)$$

$$= 33.18 - 0 - 90.25 = -57.07kJ \cdot mol^{-1}$$

$$\Delta_r S_m^\ominus = S_m^\ominus(NO_2,g) - \frac{1}{2}S_m^\ominus(O_2,g) - S_m^\ominus(NO,g)$$

$$= 240.06 - \frac{1}{2} \times 205.138 - 210.76 = -73.27J \cdot mol^{-1} \cdot K^{-1}$$

因为

$$\Delta_r G_m^\ominus = \Delta_r H_m^\ominus - T\Delta_r S_m^\ominus$$

所以，有

$$\Delta_r G_m^\ominus(973K) = -57.07 - 973 \times (-73.27 \times 10^{-3}) = 14.22kJ \cdot mol^{-1}$$

根据公式

$$\Delta_r G_m^\ominus = -2.303RT\lg K^\ominus$$

$$\lg K^\ominus = -\frac{\Delta r G_m^\ominus}{2.303RT} = -\frac{14.22 \times 10^3}{2.303 \times 8.31 \times 973} = -0.76$$

得

$$K^\ominus = 0.17$$

4.3.3 多重平衡规则

有时某一个（总）反应可视为由几个反应相加（相减）所组成。例如，700K 时，反应

① $$SO_2(g) + NO_2(g) \rightleftharpoons SO_3(g) + NO(g)$$

$$K^\ominus(1) = \frac{[p(SO_3)][p(NO)]}{[p(SO_2)][p(NO_2)]}$$

可以看做是由以下两个反应相加而成。

② $$SO_2(g) + \frac{1}{2}O_2(g) \rightleftharpoons SO_3(g)$$

$$K^\ominus(2) = \frac{[p(SO_3)]}{[p(SO_2)][p(O_2)]^{\frac{1}{2}}}$$

③ $$NO_2(g) \rightleftharpoons NO(g) + 1/2O_2(g)$$

$$K^\ominus(3) = \frac{[p(NO)][p(O_2)]^{\frac{1}{2}}}{[p(NO_2)]}$$

反应式①=②+③，而且

$$K^\ominus(2)K^\ominus(3) = \frac{[p(SO_3)]}{[p(SO_2)][p(O_2)]^{\frac{1}{2}}} \times \frac{[p(NO)][p(O_2)]^{\frac{1}{2}}}{[p(NO_2)]}$$

$$= \frac{[p(SO_3)][p(NO)]}{[p(SO_2)][p(NO_2)]}$$

$$=K^{\ominus}(1)$$

即
$$K^{\ominus}(1)=K^{\ominus}(2)K^{\ominus}(3)$$

因此可以得出：若某一（总）反应是由几个反应相加（或相减）所得，则这个（总）反应的平衡常数就等于相加（或相减）的几个反应的平衡常数的乘积（或商），这就是多重平衡规则。即当反应N=反应A+反应B+反应C+…时，有：

$$K^{\ominus}(\mathrm{N})=K^{\ominus}(\mathrm{A})K^{\ominus}(\mathrm{B})K^{\ominus}(\mathrm{C})\cdots$$

4.3.4 化学平衡移动

可逆反应在达到平衡时，$\Delta_r G_m=0$，$Q=K^{\ominus}$。然而这个平衡是有条件的，当外界条件（如浓度、压力、温度等）改变时，$\Delta_r G_m \neq 0$，$Q \neq K^{\ominus}$，化学平衡就会被破坏，系统中各物质的浓度也将随之发生改变，直到建立与新条件相应的新平衡为止。在新的平衡状态，系统中各物质的浓度与原来平衡时各物质的浓度不再相同。这种由于条件的改变，可逆反应从一种平衡状态向另一种平衡状态转变的过程叫做化学平衡移动。

（1）浓度（或分压）改变对化学平衡的影响

设在密闭容器中，有一可逆反应：

$$d\mathrm{D(aq)}+e\mathrm{E(g)} \rightleftharpoons g\mathrm{G(aq)}+h\mathrm{H(g)}$$

其反应商

$$Q=\frac{[\mathrm{G}]^g[\mathrm{H}]^h}{[\mathrm{D}]^d[\mathrm{E}]^e}$$

根据化学反应等温方程式(4-23)

$$\Delta_r G_m=2.303RT\lg\frac{Q}{K^{\ominus}}$$

若$Q=K^{\ominus}$，则$\Delta_r G_m=0$，反应处于平衡状态。如果增大生成物的浓度（或分压），或减少反应物的浓度（或分压），都会使反应商Q增大，即$Q>K^{\ominus}$，结果$\Delta_r G_m>0$，平衡只能朝逆反应方向（向左）移动，以降低生成物浓度或增加反应物浓度，达到新的平衡，使Q重新等于$K^{\ominus}$；同理，如果减少生成物浓度（或分压），或增大反应物浓度（或分压），会使Q减小，使$Q<K^{\ominus}$，$\Delta_r G_m<0$，平衡朝正反应（向右）移动。

以上讨论可归纳为：

$Q>K^{\ominus}$时，$\Delta_r G_m>0$，平衡向左移动；

$Q=K^{\ominus}$时，$\Delta_r G_m=0$，反应处于平衡状态；

$Q<K^{\ominus}$时，$\Delta_r G_m<0$，平衡向右移动。

根据浓度（或分压）对化学平衡的影响，在化工生产上，为了提高反应物（原料）的转化率，可按具体情况采用增加或降低某一物质的浓度（或分压）来实现。例如，合成氨反应：

$$N_2(g)+3H_2(g) \rightleftharpoons 2NH_3(g)$$

为增大NH_3的产量，使平衡向右移动，就应该增加原料N_2或者H_2的分压，使反应朝着生成NH_3的方向进行。

（2）系统总压力的改变对化学平衡的影响

压力的改变对液体和固体的影响不大，可以忽略不计。但对有气体参与的可逆反应，改变系统的总压力，通常会引起化学平衡的移动。反应系统总压力的改变，一般可通过改变体积的方法来实现。对可逆反应

$$d\mathrm{D(g)}+e\mathrm{E(g)} \rightleftharpoons g\mathrm{G(g)}+h\mathrm{H(g)}$$

达平衡时有 $\Delta_r G_m=0$。

$$Q=K^{\ominus}=\frac{[p(G)]^g[p(H)]^h}{[p(D)]^d[p(E)]^e}$$

若增加总压使系统的总体积缩小至原来的$\frac{1}{N}(N>1)$，则各气态物质的相对分压也相应增加至原来的 N 倍。即

$$[p'(D)]=[Np(D)] \qquad [p'(E)]=[Np(E)]$$
$$[p'(G)]=[Np(G)] \qquad [p'(H)]=[Np(H)]$$

此时反应商为

$$Q=\frac{[p'(G)]^g[p'(H)]^h}{[p'(D)]^d[p'(E)]^e}=\frac{[Np(G)]^g[Np(H)]^h}{[Np(D)]^d[Np(E)]^e}=N^{(g+h)-(d+e)}K^{\ominus}$$

显然，当$(g+h)=(d+e)$，即反应物气体分子的总数与生成物气体分子总数相等时，$Q=K^{\ominus}$，$\Delta_r G_m=0$，增加系统的总压力对化学平衡没有影响。如

$$CO_2(g)+H_2(g)\rightleftharpoons CO(g)+H_2O(g)$$

当$(g+h)>(d+e)$，即生成物气体分子的总数多于反应物气体分子的总数时，$Q>K^{\ominus}$，$\Delta_r G_m>0$，此时平衡向左移动。如

$$C(s)+CO_2(g)\rightleftharpoons 2CO(g)$$
$$N_2O_4(g)\rightleftharpoons 2NO_2(g)$$

当$(g+h)<(d+e)$，即生成物气体分子的总数少于反应物气体分子的总数时，$Q<K^{\ominus}$，$\Delta_r G_m<0$，此时平衡向右移动。如

$$N_2(g)+3H_2(g)\rightleftharpoons 2NH_3(g)$$
$$2SO_2(g)+O_2(g)\rightleftharpoons 2SO_3(g)$$

概括起来，系统总压的变化只对那些反应物气体分子总数与生成物气体分子总数不相等的可逆反应的平衡产生影响。增加平衡系统的总压力，平衡向气体分子总数少的一方移动。同理，降低总压力，平衡向气体分子总数多的一方移动。

合成氨反应是气体分子总数减少的反应，根据总压力的改变对平衡移动的影响，增加系统的总压力有利于氨的生成，所以合成氨的反应常在高压的条件下进行。

【例 4-14】 在 770K、100kPa 下，容器中的反应 $2NO_2(g)\rightleftharpoons O_2(g)+2NO(g)$ 达平衡时，有 56%的 NO_2 转化为 NO 和 O_2，求 $K^{\ominus}$。若要使 NO_2 的转化率增加到 80%，则平衡时的总压力是多少？

解 设最初容器中有 1mol NO_2，则

		$2NO_2(g)$	$\rightleftharpoons O_2(g)$	$+2NO(g)$
反应初	n_B/mol	1	0	0
平衡时	n_B/mol	1−0.56	0.56	0.28

此时 $n_{总}=(1-0.56)+0.56+0.28=1.28\text{mol}$

各物质的相对分压为：

$$[p(NO_2)]=\frac{p(NO_2)}{p^{\ominus}}=\frac{n(NO_2)}{n_{总}}\times\frac{p_{总}}{p^{\ominus}}=\frac{1-0.56}{1.28}\times\frac{100}{100}=0.34$$

$$[p(NO)]=\frac{p(NO)}{p^{\ominus}}=\frac{n(NO)}{n_{总}}\times\frac{p_{总}}{p^{\ominus}}=\frac{0.56}{1.28}\times\frac{100}{100}=0.44$$

$$[p(O_2)]=\frac{p(O_2)}{p^{\ominus}}=\frac{n(O_2)}{n_{总}}\times\frac{p_{总}}{p^{\ominus}}=\frac{0.28}{1.28}\times\frac{100}{100}=0.22$$

$$K^{\ominus}=\frac{[p(NO)]^2[p(O_2)]}{[p(NO_2)]^2}=\frac{(0.44)^2\times0.22}{(0.34)^2}=0.37$$

若要使 NO_2 的转化率增加到 80%，设平衡时，系统的总压力为 p(kPa)。

$$2NO_2(g) \rightleftharpoons O_2(g)+2NO(g)$$

	$2NO_2(g)$	$O_2(g)$	$2NO(g)$
反应初　n_B/mol	1	0	0
平衡时　n_B/mol	1−0.8	0.8	0.4

$$n_{总}=(1-0.8)+0.8+0.4=1.4mol$$

各物质的相对分压

$$[p(NO_2)]=\frac{p(NO_2)}{p^{\ominus}}=\frac{0.2}{1.4}\times\frac{p}{p^{\ominus}}$$

$$[p(NO)]=\frac{p(NO)}{p^{\ominus}}=\frac{0.8}{1.4}\times\frac{p}{p^{\ominus}}$$

$$[p(O_2)]=\frac{p(O_2)}{p^{\ominus}}=\frac{0.4}{1.4}\times\frac{p}{p^{\ominus}}$$

$$K^{\ominus}=\frac{\left(\frac{0.8}{1.4}\times\frac{p}{p^{\ominus}}\right)^2\left(\frac{0.4}{1.4}\times\frac{p}{p^{\ominus}}\right)}{\left(\frac{0.2}{1.4}\times\frac{p}{p^{\ominus}}\right)^2}=0.37$$

解得

$$p=81kPa$$

(3) 温度变化对化学平衡的影响

温度的改变将引起平衡常数 $K^{\ominus}$ 的变化，从而使化学平衡发生移动。

从化学反应等温方程式可得

$$\Delta_r G_m^{\ominus}=-2.303RT\lg K^{\ominus}$$

而

$$\Delta_r G_m^{\ominus}=\Delta_r H_m^{\ominus}-T\Delta_r S_m^{\ominus}$$

所以

$$-2.303RT\lg K^{\ominus}=\Delta_r H_m^{\ominus}-T\Delta_r S_m^{\ominus}$$

$$\lg K^{\ominus}=-\frac{\Delta_r H_m^{\ominus}}{2.303RT}+\frac{\Delta_r S_m^{\ominus}}{2.303R} \tag{4-35}$$

前面已提到，在一定的温度范围内，$\Delta_r H_m^{\ominus}$、$\Delta_r S_m^{\ominus}$ 可近似地看做不随温度变化的量，当温度从 T_1 变化到 T_2 时，有

$$\lg K^{\ominus}(1)=-\frac{\Delta_r H_m^{\ominus}}{2.303RT_1}+\frac{\Delta_r S_m^{\ominus}}{2.303R}$$

$$\lg K^{\ominus}(2)=-\frac{\Delta_r H_m^{\ominus}}{2.303RT_2}+\frac{\Delta_r S_m^{\ominus}}{2.303R}$$

即

$$\lg\frac{K^{\ominus}(2)}{K^{\ominus}(1)}=\frac{\Delta_r H_m^{\ominus}}{2.303R}\left(\frac{T_2-T_1}{T_1T_2}\right) \tag{4-36}$$

若反应吸热，$\Delta_r H_m^{\ominus}>0$，升高温度时，$T_2>T_1$，有 $K^{\ominus}(2)>K^{\ominus}(1)$，此时平衡将向正反应方向（向右）移动。

若反应放热，$\Delta_r H_m^{\ominus}<0$，升高温度时，$T_2>T_1$，有 $K^{\ominus}(2)<K^{\ominus}(1)$，此时平衡将向逆反应方向（向左）移动。

由此可以得出结论：升高温度，平衡向吸热反应方向移动；降低温度，平衡向放热反应方向移动。

【例 4-15】 计算合成氨反应

$$N_2(g)+3H_2(g) \rightleftharpoons 2NH_3(g)$$

① $K^{\ominus}$ (298K) =? ② $K^{\ominus}$ (600K) =?

解 ①　$N_2(g)+3H_2(g) \rightleftharpoons 2NH_3(g)$

查表得			
$\Delta_f H_m^{\ominus}/kJ \cdot mol^{-1}$	0	0	−46.11
$\Delta_f G_m^{\ominus}/kJ \cdot mol^{-1}$	0	0	−16.45

$$\Delta_r H_m^{\ominus} = 2\Delta_f H_m^{\ominus}(NH_3,g) - \Delta_f H_m^{\ominus}(N_2,g) - 3\Delta_f H_m^{\ominus}(H_2,g)$$
$$= 2\times(-46.11) - 0 - 3\times 0$$
$$= -92.22 kJ \cdot mol^{-1}$$

$$\Delta_r G_m^{\ominus} = 2\Delta_f G_m^{\ominus}(NH_3,g) - \Delta_f G_m^{\ominus}(N_2,g) - 3\Delta_f G_m^{\ominus}(H_2,g)$$
$$= 2\times(-16.45) - 0 - 3\times 0$$
$$= -32.90 kJ \cdot mol^{-1}$$

根据

$$\Delta_r G_m^{\ominus} = -2.303RT\lg K^{\ominus}$$

$$\lg K^{\ominus}(298K) = -\frac{\Delta r G_m^{\ominus}}{2.303RT} = -\frac{(-32.90\times 10^3)}{2.303\times 8.31\times 298} = 5.77$$

即

$$K^{\ominus}(298K) = 5.9\times 10^5$$

② 又因为

$$\lg\frac{K^{\ominus}(2)}{K^{\ominus}(1)} = \frac{\Delta_r H_m^{\ominus}}{2.303R}\left(\frac{T_2 - T_1}{T_1 T_2}\right)$$

$$\lg\frac{K^{\ominus}(600K)}{K^{\ominus}(298K)} = \frac{-92.22\times 10^3}{2.303\times 8.31}\left(\frac{600-298}{298\times 600}\right)$$

可得

$$K^{\ominus}(600K) = 4.3\times 10^{-3}$$

由【例 4-15】可知，合成氨是放热反应，当温度升高时，$K^{\ominus}$ 减小，平衡向 NH_3 分解的方向移动，不利于生产更多的 NH_3。因此从化学平衡的角度来看，这个可逆反应适宜于在较低的温度下进行。当然在实际生产中还应考虑到，低温时，反应速率小，生产周期长。所以应综合化学平衡和反应速率两方面的因素，选择最佳的反应温度，以提高合成氨的产率。

(4) 催化剂对化学平衡的影响

对于可逆反应，催化剂既可使正反应速率大大提高，也可以相同的程度提高逆反应的速率。因此，在平衡系统中，加入催化剂后，正、逆反应的速率仍然相等，不会引起平衡常数的变化，也不会使化学平衡发生移动。但在未达到平衡的反应中，加入催化剂后，由于反应速率的提高，可以大大缩短达到平衡的时间，加速平衡的建立。例如，合成氨的反应中，在使用了铁催化剂后，反应的活化能大大降低，反应速率迅速提高，反应可以在较短的时间内达到平衡，使合成氨的工业化生产得以实现。

(5) 平衡移动总规律——勒夏特列原理

综合浓度、压力和温度等条件的改变对化学平衡的影响，1884 年法国科学家勒夏特列 (H. L. LeChatelier) 归纳总结出了一条普遍规律：改变平衡条件时，平衡系统将向削弱这一改变的方向移动，这个规律又称为勒夏特列原理或平衡移动原理。

在平衡系统内，增加反应物浓度时，平衡就向使反应物浓度减少的方向移动。减少生成物浓度时，平衡就向使生成物浓度增加的方向移动。

增大平衡系统的总压力时，平衡朝着降低压力（气体分子数减少）的方向移动。降低压力时，平衡朝着增加压力（气体分子数增多）的方向移动。

给平衡系统升温时，平衡朝着降低温度（吸热）的方向移动。降低温度时，平衡朝着升高温度（放热）的方向移动。

勒夏特列平衡移动原理是一条普遍规律。它不仅适用于化学平衡，也适用于物理平衡。但必须强调的是，它只能应用于已达平衡的系统，而不适用于非平衡系统。

4.4　化学反应速率和化学平衡在工业生产中综合应用的示例

通过以上内容的学习，我们了解到化学反应速率和化学平衡从两个不同的侧面去研究化学反应进行的过程，通过平衡常数的大小我们可以知道某一反应在一定温度下能够进行的程度；而反应速率所反映的是在一定条件下完成反应所需时间的长短。两者概念不同，但又相互关联。而我们学习的目的更应该是如何运用这些知识解决化工生产中的实际问题，做到理论与实际的结合。以下以接触法制硫酸为例，来说明如何依据反应速率与化学平衡的基本原理，并根据生产的实际情况，合理地选择生产的最佳条件。

接触法（催化法）制 H_2SO_4 的主要过程是：先焙烧硫铁矿或硫黄制得 SO_2，然后借助催化剂使 SO_2 与 O_2 化合生成 SO_3。生成的 SO_3 再用硫酸来吸收。其中 SO_2 被氧化成 SO_3 的反应是一个气体分子总数减少的可逆反应。

$$2SO_2(g)+O_2(g)\xrightleftharpoons{\text{催化剂}}2SO_3(g)$$

在常温、标准态下，反应的

$$\Delta_r H_m^\ominus=-197.78\text{kJ}\cdot\text{mol}^{-1}$$
$$\Delta_r S_m^\ominus=-188.06\text{J}\cdot\text{mol}^{-1}\cdot\text{K}^{-1}$$
$$\Delta_r G_m^\ominus=-141.73\text{kJ}\cdot\text{mol}^{-1}$$

这是一个熵减少的放热反应，在常温、标准态下可自发进行反应。标准态时，欲使反应自发进行的温度条件是：

$$T<\frac{\Delta_r H_m^\ominus}{\Delta_r S_m^\ominus}=\frac{-197.78\times10^3}{-188.06}=1052\text{K}$$

即标准态下，反应能够自发进行的条件是：温度低于 779℃。

根据化学平衡移动的原理可以判断：降低温度和增加压力都有利于提高 SO_3 的产率。

表 4-7 和表 4-8 分别列出了反应在不同温度、压力下的转化率，及在不同温度下的平衡常数。

表 4-7 的数据显示反应在常压下已可达到较高的产率，为减少能耗、降低成本、方便操作，工业生产中采取常压操作。

而从表 4-8 可以看出，温度变化对反应影响很大，且降低温度有利于提高转化率。但温度降低后，反应速率也会减慢（该反应的活化能为 251kJ·mol^{-1}），这对反应是不利的。

表 4-7　$2SO_2+O_2 \rightleftharpoons 2SO_3$ 在不同温度、压力下的转化率/%

温度/℃	压力/kPa					
	1.0×10^2	5.0×10^2	1.0×10^3	2.5×10^3	5.0×10^3	1.0×10^4
400	99.2	99.6	99.7	99.9	99.9	99.9
425	97.5	98.9	99.2	99.5	99.6	99.7
500	93.5	96.9	97.8	98.6	99.0	99.3
550	85.6	92.9	94.9	96.7	97.7	98.3

表 4-8 $2SO_2+O_2 \rightleftharpoons 2SO_3$ 在不同温度下的平衡常数

温度/℃	400	425	450	475	500	525	550	575	600
$K_p=\frac{p^2(SO_3)}{p^2(SO_2)p(O_2)}$	440	241	138	81.8	50.2	31.8	20.7	13.9	9.41

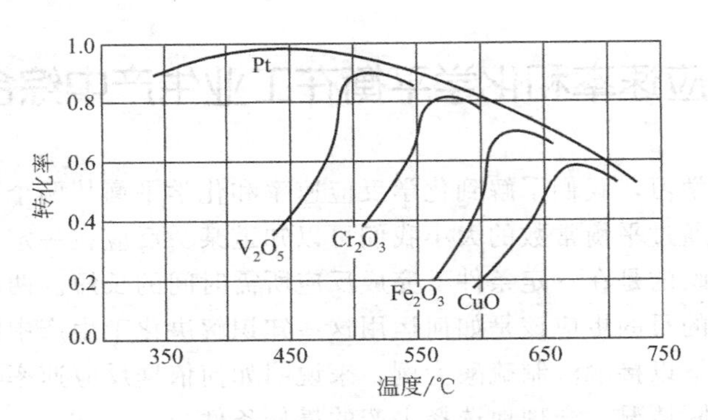

图 4-8 不同的催化剂对 SO_2 转化率的影响

因此，需要寻找合适的催化剂，使反应在较低的温度下迅速进行。图 4-8 列出了几种催化剂对 SO_2 转化率的影响。其中铂催化剂虽然可在较低温度得到很高的转化率，但铂价格昂贵，且易中毒。目前工业生产中实际使用的是以 K_2O 为助催化剂，SiO_2 为载体的 V_2O_5 催化剂，它可使反应在不太高的温度下，快速地使 SO_2 有一令人满意的转化率。

实际生产中为了使 SO_2 达到较高的转化率，一般采取以下措施：

① 加大反应物中 O_2 的配比。原料气中 SO_2 为 7%，O_2 为 11%（其余为 N_2），使 SO_2 与 O_2 分子数之比为 1∶1.6。过量的 O_2 有利于 SO_2 的转化。

② 二次转化，二次吸收。将通过转化炉（转化率可达 90%）的 SO_2 气体通入吸收塔，吸收 SO_3，余下含未转化的 SO_2 气体再次通入转化炉内。这样一方面从平衡系统中取走了产物 SO_3，有利于 SO_2 的转化；另一方面未反应的 SO_2 经过再次利用，使 SO_2 的总转化率大大提高，可达到 99.7%。

③ 采用多段催化氧化过程，并通过换热，不断转移反应放出的能量，使反应始终在适当的温度（420～450℃）下进行，以保证取得足够高的转化率，而且也能充分利用热量。

通过以上具体例子的分析，关于反应速率与化学平衡的综合利用，可以总结出以下几点：

① 让一种价廉易得的原料适当过量，以提高另一种原料的转化率。但须指出，一种原料的过量必须适中，如过量太多会使另一种原料的浓度变小。此外，对于气相反应，要注意原料气的性质，防止它们的配比进入爆炸的范围，以免引发安全事故。

② 对于气体反应，加大压力会使反应速率加快，并可能提高转化率。但增加压力会提高对设备材质的要求，故须结合国情，综合考虑。

③ 升高温度能增加反应速率，对于吸热反应，还能提高转化率。但应注意，有时温度过高会使反应物或生成物分解，还会加大能源的消耗。

④ 采用催化剂可加快反应速率，缩短达到平衡的时间（但并不改变转化率），但选择催化剂时，还必须注意催化剂的活化温度，对容易中毒的催化剂注意原料的纯化。此外，还须考虑催化剂的价格。

总之，在实际工作中，应当反复实践，综合分析，选择有利于化工生产的工艺条件，以最少的能耗、最低的成本、最高的效率和对环境最小的干扰，达到最佳经济效益的生产目的。

思考题

1. 试述下列各化学名词的含义：

状态函数　热力学能　反应焓变　标准摩尔生成焓　熵
吉布斯函数　基元反应　非基元反应　质量作用定律
活化分子　活化能　反应级数　化学平衡　标准平衡常数

2. 什么是热力学中的标准态？

3. 下列反应中哪一个反应的 $\Delta_r H_m^\ominus$ 等于 $\Delta_f H_m^\ominus$（CO，g）？

① C(金刚石)$+1/2O_2(g) \longrightarrow CO(g)$，$\Delta_r H_m^\ominus(1)$；
② 2C(石墨)$+O_2(g) \longrightarrow 2CO(g)$，$\Delta_r H_m^\ominus(2)$；
③ C(石墨)$+1/2O_2(g) \longrightarrow CO(g)$，$\Delta_r H_m^\ominus(3)$；
④ $NO(g)+CO_2(g) \longrightarrow CO(g)+NO_2(g)$，$\Delta_r H_m^\ominus(4)$；
⑤ $1/2CO_2(g)+1/2C$(石墨)$\longrightarrow CO(g)$，$\Delta_r H_m^\ominus(5)$。

4. 不查表，比较下列物质 $S_m^\ominus$ 的大小。

① 水蒸气、水、冰；
② C（金刚石）、C（无定形）；
③ $O_2(g)$、$O_3(g)$、$SO_2(g)$；
④ $Br_2(g)$、$Cl_2(g)$、$F_2(g)$、$I_2(g)$。

5. 估计下列反应是熵增加还是熵减少？

① $2Na(s)+Cl_2(g) \longrightarrow 2NaCl(s)$
② $2NH_4NO_3(s) \longrightarrow 2N_2(g)+4H_2O(g)+O_2(g)$
③ $2SO_2(g)+O_2(g) \longrightarrow 2SO_3(g)$
④ $CaSO_4 \cdot 5H_2O(s) \longrightarrow CaSO_4(s)+5H_2O(l)$
⑤ $NH_3(g)+HCl(g) \longrightarrow NH_4Cl(s)$
⑥ $N_2(g)+3H_2(g) \longrightarrow 2NH_3(g)$

6. 下列物质中，哪些物质的 $\Delta_f G_m^\ominus$ 为零？

$Br_2(g)$、Hg(l)、$Na^+(aq)$、$I_2(s)$、$O_2(g)$、C(石墨)、$H_2O(g)$、Fe(s)

7. 下列说法是否正确？为什么？

① 一个化学反应的反应热在数值上等于该反应的焓变；
② 系统的状态恢复到原来的状态，状态函数却未必恢复到原来的数值；
③ 标准态下，指定的稳定单质的熵值一定等于零；
④ 在某一条件下，反应 $\Delta_r G_m^\ominus>0$，说明该反应是不能自发进行的。
⑤ 由于 $CaCO_3$ 分解需要吸热，所以它的 $\Delta_f H_m^\ominus$ 小于零。
⑥ 同一反应的反应方程式的写法不同，则该反应的 $\Delta_r H$ 和 $\Delta_r S$ 也不相同。

8. 为什么反应速率通常随反应时间的增加而减慢？

9. 反应物分子在碰撞时要符合什么条件才能发生有效碰撞？

10. 气态反应物的分压变化对反应速率有何影响？

11. 催化剂使反应速率加快的原因是什么？

12. 反应：A+B $\longrightarrow$ 生成物，其速率方程为：$v=kc(A)c(B)$。若反应在 $c(B)$ 比 $c(A)$ 大很多的条件下进行，其速率方程又是怎样的？

13. 写出下列可逆反应的 $K^\ominus$ 表达式。

① $2NO(g)+O_2(g) \rightleftharpoons 2NO_2(g)$
② $CaCO_3(s) \rightleftharpoons CaO(s)+CO_2$
③ $Fe_3O_4(s) \rightleftharpoons 3Fe(s)+2O_2(g)$
④ $CaO(s)+H_2O(l) \rightleftharpoons Ca^{2+}(aq)+2OH^-(aq)$

14. 反应 $4NH_3(g)+7O_2(g) \rightleftharpoons 2N_2O_4(g)+6H_2O(g)$ 在某温度下达到平衡。在以下两种情况下向该平衡系统中通入氩气，将会有什么变化？

① 总体积不变，总压增加；

② 总体积改变，总压不变。

15. 下列说法是否正确？为什么？

① 质量作用定律可以适用于任何化学反应。

② 反应的活化能越大，反应进行得越快。

③ 反应 $A+B \longrightarrow$ 生成物，不一定是二级反应。

④ 催化剂不但可以加快化学反应速率，还大大增加了反应的转化率。

⑤ 有气体参加的反应达平衡时，改变总压后，不一定使平衡产生移动，而改变其中任一气体的分压，则一定引起平衡移动。

⑥ 当可逆反应达到平衡时，系统中反应物的浓度等于生成物的浓度。

⑦ 勒夏特列原理是一普遍规律，可适用于任何过程。

16. 若一可逆反应达平衡后，当影响反应速率的因素发生改变时，反应速率常数 $k_{正}$、$k_{逆}$ 的数值都将发生改变。问经验平衡常数是否一定改变？

17. 设有可逆反应：$A+B \rightleftharpoons C+D$，已知在某温度下，$K_c=2$，问：

① 平衡时，生成物浓度幂的乘积大还是反应物浓度幂的乘积大？

② A、B、C、D 四种物质的浓度都为 $1mol \cdot L^{-1}$ 时，此反应系统是否处于平衡状态？正、逆反应速率哪一个大？

18. 为了在较短时间内达到化学平衡，对于大多数气相化学反应来说，适宜的方式是：

① 减少产物的浓度；

② 增加温度和压力；

③ 使用催化剂；

④ 降低温度和减少反应物浓度。

习　题

1. 计算下列反应的 $\Delta_r H_m^\ominus$、$\Delta_r S_m^\ominus$。

① $N_2(g)+O_2(g) \longrightarrow 2NO(g)$

② $CaO(s)+H_2O(l) \longrightarrow Ca(OH)_2(s)$

③ $4NH_3(g)+5O_2(g) \xrightarrow{Pt} 4NO(g)+6H_2O(l)$

④ $Fe_2O_3(s)+3CO(g) \longrightarrow 2Fe(s)+3CO_2(g)$

⑤ $2SO_2(g)+O_2(g) \xrightarrow{V_2O_5} 2SO_3(g)$

2. 已知下列反应的 $\Delta_r H_m^\ominus$，求 C_2H_2 的 $\Delta_f H_m^\ominus$。

① $C(s)+O_2(g) \longrightarrow CO_2(g)$，　$\Delta_r H_m^\ominus(1)=-394kJ \cdot mol^{-1}$

② $H_2(g)+\frac{1}{2}O_2(g) \longrightarrow H_2O(l)$，　$\Delta_r H_m^\ominus(2)=-285.8kJ \cdot mol^{-1}$

③ $C_2H_2(g)+\frac{5}{2}O_2(g) \longrightarrow 2CO_2(g)+H_2O(l)$，　$\Delta_r H_m^\ominus(3)=-1300kJ \cdot mol^{-1}$

3. 计算下列反应的 $\Delta_r H_m^\ominus$、$\Delta_r G_m^\ominus$（298K）和 $\Delta_r S_m^\ominus$，并用这些数据讨论利用该反应净化汽车尾气中 NO 和 CO 的可能性。

$$CO(g)+NO(g) \longrightarrow CO_2(g)+1/2N_2(g)$$

4. 计算下列反应的 $\Delta_r G_m^\ominus$（298K），并判断反应能否自发向右进行。

① $2CO(g)+O_2(g) \longrightarrow 2CO_2(g)$

② $4NH_3(g)+5O_2(g) \longrightarrow 4NO(g)+6H_2O(g)$

③ $4Al_2O_3(s)+9Fe(s) \longrightarrow 8Al(s)+3Fe_3O_4(s)$

5. 反应 $CO_2(g)+C(s) \longrightarrow 2CO(g)$ 在 298.15K 时能否自发进行？如不能自发进行，则需要在什么温度条件下才能自发进行？（不考虑 $\Delta_r H_m^\ominus$、$\Delta_r S_m^\ominus$ 随温度的变化）

6. 试分别计算反应 $Hg(l)+\frac{1}{2}O_2(g) \longrightarrow HgO(s)$ 在25℃、600℃时的 $\Delta_r G_m^\ominus$。并由计算结果给出关于氧化汞热稳定性的结论。

7. 反应 $2Ca(l)+ThO_2(s) \longrightarrow 2CaO(s)+Th(s)$，在 $T=1373K$ 时，$\Delta_r G_m^\ominus=-10.46kJ \cdot mol^{-1}$，$T=1473K$ 时，$\Delta_r G_m^\ominus=-8.37kJ \cdot mol^{-1}$，试估计 $Ca(l)$ 能还原 $ThO_2(s)$ 的最高温度。

8. 已知 H_2 和 Cl_2 生成 HCl 的反应速率与 $c(H_2)$ 成正比，与 $[c(Cl_2)]^{1/2}$ 成反比。写出反应的速率方程式。

9. 在一定的温度范围内，反应 $2NO(g)+Cl_2(g) \longrightarrow 2NOCl(g)$ 为基元反应。

① 写出该反应的速率方程式；

② 其他条件不变，如果将容器的体积增加到原来的2倍，反应速率如何变化？

③ 如果容器体积不变，将NO的浓度增加到原来的3倍，反应速率又将如何变化？

10. $A(g) \longrightarrow B(g)$ 为二级反应。当 $c(A)=0.50mol \cdot L^{-1}$ 时，其反应速率为 $1.2mol \cdot L^{-1} \cdot min^{-1}$。

① 写出该反应的速率方程；

② 计算速率常数；

③ 温度不变时，欲使反应速率加倍，A的浓度应是多少？

11. 在660K时，反应 $2NO+O_2 \longrightarrow 2NO_2$ 的实验数据如下：

序号	起始浓度/$mol \cdot L^{-1}$		起始速率/$mol \cdot L^{-1} \cdot s^{-1}$
	$c(NO)$	$c(O_2)$	
1	0.010	0.010	2.5×10^{-3}
2	0.010	0.020	5.0×10^{-3}
3	0.030	0.020	4.5×10^{-2}

写出该反应的动力学方程式，并确定反应级数是多少。

12. 设某反应的温度在室温下升高10℃，反应的速率增加1倍，问该反应的活化能是多少？

13. 在 $T=298K$ 时，反应 $2N_2O(g) \longrightarrow 2N_2(g)+O_2(g)$，$E_a=240kJ \cdot mol^{-1}$。若以 Cl_2 作为该反应的催化剂，催化反应的 $E_a=140kJ \cdot mol^{-1}$。问：催化后反应速率提高了多少倍？催化反应的逆反应活化能是多少？

14. 密闭容器中CO和 H_2O 在某温度下反应

$$CO(g)+H_2O(g) \rightleftharpoons CO_2(g)+H_2(g)$$

平衡时，设 $c(CO)=0.1mol \cdot L^{-1}$，$c(H_2O)=0.2mol \cdot L^{-1}$，$c(CO_2)=0.2mol \cdot L^{-1}$，问此温度下反应的平衡常数 $K^\ominus=$？反应开始前反应物的浓度各是多少？平衡时CO的转化率是多少？

15. 要使上例平衡时系统中CO的转化率为80%，问反应前CO和 H_2O 的物质的量之比应为多少？

16. 已知反应 $CO(g)+Cl_2(g) \rightleftharpoons COCl_2(g)$ 在密闭容器中进行，373K时 $K^\ominus=1.5 \times 10^8$，反应开始时 $c(CO)=0.035mol \cdot L^{-1}$，$c(Cl_2)=0.027mol \cdot L^{-1}$，$c(COCl_2)=0mol \cdot L^{-1}$。计算373K反应达平衡时各物质的分压及CO的转化率。

17. 已知反应 $H_2(g)+I_2(g) \rightleftharpoons 2HI(g)$ 的 $K^\ominus(698K)=54.5$，若将 $2.0 \times 10^{-3}mol$ H_2 气、$5.0 \times 10^{-2}mol$ I_2 蒸气和 $4.0 \times 10^{-3}mol$ HI气体放在2L的密闭容器中，试通过计算说明此时将有更多的HI气体生成，还是有更多的HI分解。

18. 已知平衡反应：$N_2(g)+O_2(g) \rightleftharpoons 2NO(g)$。在 $T=4200K$ 时测得平衡系统中各气体的分压分别是：$p(N_2)=51kPa$，$p(O_2)=75kPa$，$p(NO)=6.9kPa$，试问：

① $K^\ominus(4200K)=$？

② 若将 N_2、O_2 和NO的分压均为25kPa的气体混合物加热至4200K，平衡时各气体的分压是多少？

19. 已知在937℃时，下列两平衡反应：

$$① \ Fe(s)+CO_2(g) \rightleftharpoons FeO(s)+CO(g) \quad K^\ominus(1)=1.47$$

$$② \ FeO(s)+H_2(g) \rightleftharpoons Fe(s)+H_2O(g) \quad K^\ominus(2)=0.420$$

问在该温度下，反应：$CO_2(g)+H_2(g) \rightleftharpoons CO(g)+H_2O(g)$ 的 $K^\ominus$ 为多少？

20. N_2O_4 按下式解离

$$N_2O_4(g) \rightleftharpoons 2NO_2(g)$$

已知 52℃达到平衡时有一半 N_2O_4 解离，并知平衡系统的总压力为 100kPa。问 K_p、$K^{\ominus}$ 各为多少？

21. 已知反应：$C_2H_6(g) \rightleftharpoons C_2H_4(g) + H_2(g)$。在 $T=298K$、$p(C_2H_6)=80kPa$、$p(C_2H_4)=p(H_2)=3.0kPa$ 时，判断反应自发进行的方向。

22. 查有关热力学数据，计算反应：$N_2O_4(g) \rightleftharpoons 2NO_2(g)$ 的 $K^{\ominus}(298K)$ 和 $K^{\ominus}(350K)$。

23. 计算反应 $2Ag_2O(s) \rightleftharpoons 4Ag(s) + O_2(g)$ 在 298K Ag_2O 分解时氧气的分压。若要使 Ag_2O 的分解压为 10kPa，反应的温度应是多少？

24. 已知反应 $CaCO_3(s) \rightleftharpoons CaO(s) + CO(g)$ 在 937K 时，$K^{\ominus}=2.8\times10^{-8}$，在 1730K 时，$K^{\ominus}=1.0\times10^3$，问：

① 该反应是吸热的还是放热的？

② 反应的 $\Delta_r H_m^{\ominus}$ 是多少？

第5章 电离平衡

5.1 酸碱理论

在化学变化中，大量的反应都属于酸碱反应，研究酸碱反应，首先应了解酸碱的概念。人们对于酸碱的认识，经历了一个由浅入深、由低级到高级的认识过程。最初，人们是从物质所表现出来的性质来区分酸碱的。认为有酸味、能使蓝色石蕊变红的物质是酸；有涩味、滑腻感，能使红色石蕊变蓝的物质是碱。酸碱互相反应后，酸和碱的性质就消失了。后来人们试图从酸的组成来定义酸，当时人们认识的酸为数并不多，而且都是含氧酸，所以便提出了酸的组成中都含有氧元素。19 世纪初，在盐酸、氢碘酸等相继发现后，又认为酸的组成中都含有氢元素。随着生产和科学技术的发展，人们对于酸碱的认识不断深化，19 世纪后期，电离理论创立后，先后又提出了多种现代的酸碱理论，如质子理论、电子理论等。

5.1.1 酸碱的电离理论

1884 年，瑞典化学家阿伦尼乌斯（S. A. Arrhenius）在电离学说的基础上提出了酸碱的电离理论。该理论认为：凡在水中能电离出 H^+ 的化合物叫做酸；凡在水中能电离出 OH^- 的化合物叫做碱。H^+ 是酸的特征，OH^- 是碱的特征。酸碱反应称为中和反应，其实质是 H^+ 与 OH^- 结合生成 H_2O。根据各种溶液导电性的不同，阿伦尼乌斯进一步提出了电离度和酸碱强弱的概念。

酸碱的电离理论是我们所熟悉的，因为无机化学反应大部分是电解质在水溶液中进行的反应。

酸碱的电离理论从物质的化学组成上揭示了酸碱的本质，以电离理论为基础去定义酸碱，是人们对酸碱的认识从现象到本质的一次飞跃，对化学科学的发展起了积极的推动作用。直到现在，该理论仍在化学的各个领域中普遍地应用着。然而，酸碱的电离理论也有局限性，它把酸碱只限于水溶液中，又把碱限制为氢氧化物，按照酸碱的电离理论，离开了水溶液，就没有酸、碱，也没有酸碱反应。此外，科学实验证明，水中的离子是无法独立存在的，氨水的碱性并不是由 NH_4OH 的存在而引起的，许多物质在非水溶液中并不能电离出 H^+ 和 OH^-，却也表现出酸和碱的性质，这些事实都是电离理论无法解释的。

5.1.2 酸碱的质子理论

1923 年，丹麦的布朗斯特（J. N. Bronsted）和英国的劳莱（T. M. Lowry）同时独立地提出了酸碱的质子理论，从而扩大了酸碱的范围，更新了酸碱的含义。

（1）酸碱的定义

质子理论认为：凡能给出质子的物质都是酸，凡能接受质子的物质都是碱。可用简式表示为：

$$酸 \rightleftharpoons 质子 + 碱$$

例如

$$HCl \rightleftharpoons H^+ + Cl^-$$

$$NH_4^+ \rightleftharpoons H^+ + NH_3$$

$$HCO_3^- \rightleftharpoons H^+ + CO_3{}^{2-}$$

$$H_3PO_4 \rightleftharpoons H^+ + H_2PO_4^-$$

$$H_2PO_4^{2-} \rightleftharpoons H^+ + HPO_4^{2-}$$

$$H_3O^+ \rightleftharpoons H^+ + H_2O$$

$$H_2O \rightleftharpoons H^+ + OH^-$$

$$[Fe(H_2O)_6]^{3+} \rightleftharpoons H^+ + [Fe(OH)(H_2O)_5]^{2+}$$

质子理论中的酸碱不局限于分子，也可以是离子。所以酸可以是分子酸，如 HCl、H_3PO_4；阳离子酸，如 $NH_4{}^+$、$[Fe(H_2O)_6]^{3+}$；阴离子酸，如 HCO_3^-、$H_2PO_4^-$。至于碱，也有分子碱，如 NH_3；阳离子碱，如 $[Fe(OH)(H_2O)_5]^{2+}$；阴离子碱，如 $CO_3{}^{2-}$、$H_2PO_4^-$。既能给出质子又能接受质子的物质称为两性物质，如 $H_2PO_4^-$、H_2O。另外，质子理论中没有盐的概念，因为组成盐的离子在质子理论中被看做是离子酸和离子碱。由此可见，质子理论的酸碱范围要比电离理论广泛。

根据酸碱质子理论，酸和碱不是孤立的，酸给出质子后生成相应的碱，而碱接受质子后就生成相应的酸。酸和碱之间这种关系称为酸碱共轭关系，相应的一对酸碱称为共轭酸碱(对)，可表示为：

$$酸 \rightleftharpoons 质子 \quad + \quad 碱$$

(共轭酸)　　　　(共轭碱)

酸给出质子后，生成它的共轭碱；碱接受质子后，生成它的共轭酸。酸越强，它的共轭碱就越弱；酸越弱，它的共轭碱就越强。常见的共轭酸碱对见表 5-1。

(2) 酸碱反应

表 5-1　常见的共轭酸碱对

	共轭酸 ⇌ 共轭碱 + 质子	
↑	$HClO_4 \rightleftharpoons ClO_4^- + H^+$	↑
	$HNO_3 \rightleftharpoons NO_3^- + H^+$	
	$HI \rightleftharpoons I^- + H^+$	
	$HBr \rightleftharpoons Br^- + H^+$	
	$HCl \rightleftharpoons Cl^- + H^+$	
	$H_2SO_4 \rightleftharpoons HSO_4^- + H^+$	
酸	$H_3O^+ \rightleftharpoons H_2O + H^+$	碱
性	$H_3PO_4 \rightleftharpoons H_2PO_4^- + H^+$	性
增	$HNO_2 \rightleftharpoons NO_2^- + H^+$	增
强	$HF \rightleftharpoons F^- + H^+$	强
	$HAc \rightleftharpoons Ac^- + H^+$	
	$H_2CO_3 \rightleftharpoons HCO_3^- + H^+$	
	$H_2S \rightleftharpoons HS^- + H^+$	
	$NH_4{}^+ \rightleftharpoons NH_3 + H^+$	
	$HCN \rightleftharpoons CN^- + H^+$	
	$H_2O \rightleftharpoons OH^- + H^+$	
	$NH_3 \rightleftharpoons NH_2^- + H^+$	

质子理论认为，酸碱反应的实质是两个共轭酸碱对之间质子的传递反应。即

$$\text{酸}_1 + \text{碱}_2 \rightleftharpoons \text{碱}_1 + \text{酸}_2 \quad (H^+ \text{ 由酸}_1 \text{ 传递给碱}_2\text{，由酸}_2 \text{ 传递给碱}_1)$$

式中，酸_1、碱_1 表示一对共轭酸碱；酸_2、碱_2 表示另一对共轭酸碱。例如：

$$HCl + NH_3 \rightleftharpoons Cl^- + NH_4^+$$

质子的传递过程并不要求必须在水溶液中进行，也可以在非水溶剂、无溶剂等条件下进行，只要求质子从一种物质传递到另一种物质。所以，HCl 和 NH_3 的反应，无论是在水溶液中，还是在苯溶液或气相条件下进行，其实质都是一样的。HCl 是酸，给出质子转变成为它的共轭碱 Cl^-；NH_3 是碱，接受质子转变成它的共轭酸 $NH_4{}^+$。

由此可见，酸碱质子理论不仅扩大了酸碱的范围，也扩大了酸碱反应的范围。从质子传递的观点来看，电离理论中的电离作用、中和反应、盐类水解等都属于酸碱反应。

① 电离作用

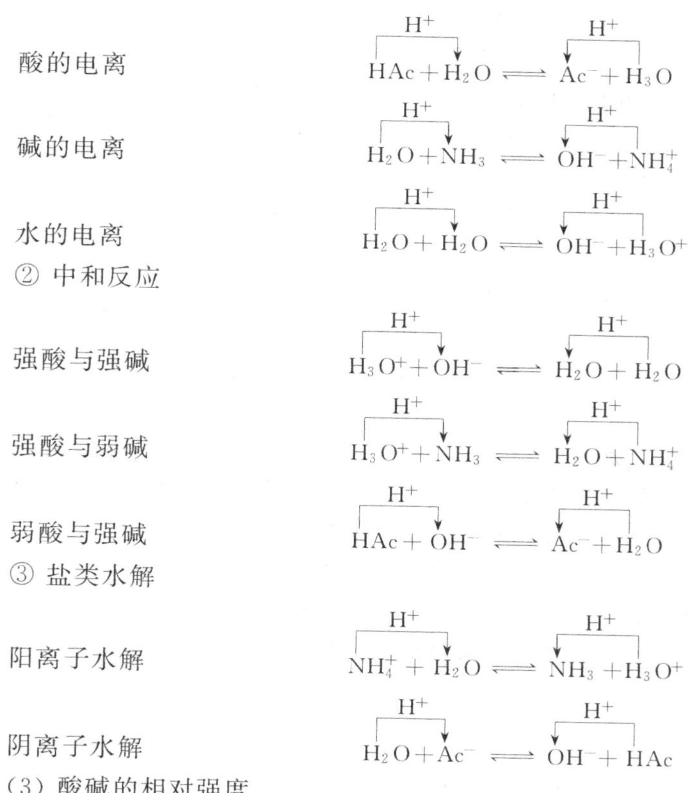

(3) 酸碱的相对强度

根据质子理论，给出质子能力强的物质是强酸，接受质子能力强的物质是强碱。反之，便是弱酸或弱碱。但由于质子不能以游离的形式存在，因此，不能测出酸给出质子倾向强弱的确切程度，也不能测出碱接受质子倾向强弱的确切程度。但可以通过两对共轭酸碱之间质子传递反应的偏向，即平衡常数 $K^{\ominus}$ 值，来确定酸、碱的相对强度。设质子传递反应为：

$$\text{酸}_1 + \text{碱}_2 \rightleftharpoons \text{碱}_1 + \text{酸}_2$$

若酸_1 比酸_2 强而容易给出质子，碱_2 比碱_1 强而容易接受质子，则平衡偏向右方。酸_1

的酸性越强、碱$_2$的碱性越强，平衡越偏向右方，即平衡常数$K^{\ominus}$值越大。如HCl和H_2O的反应：

$$HCl+H_2O \longrightarrow Cl^- + H_3O^+$$

在稀的HCl水溶液中，这个反应可以进行完全，说明HCl的酸性比H_3O^+强，H_2O的碱性比Cl^-强。也可以认为，在水溶液中酸性比H_3O^+强的HCl分子不能存在。因而在以水为溶剂的溶液中，溶剂（H_2O）的共轭酸（H_3O^+）是最强的酸[1]。

若酸$_1$比酸$_2$弱，碱$_2$比碱$_1$弱，则质子传递反应平衡偏向于左方。例如：

$$HAc+H_2O \rightleftharpoons Ac^- + H_3O^+$$

说明HAc的酸性比H_3O^+弱，H_2O的碱性比Ac^-弱。由此可以比较HCl和HAc酸性的相对强弱，即HCl的酸性比HAc强。

酸碱的强弱首先取决于物质的本性，其次与溶剂的性质也有关系。溶剂的碱性（强弱）对酸的强度有很大的影响，使酸呈现出不同的强度。例如，$HClO_4$、HCl、HNO_3在无水乙酸溶剂中，下面的质子传递反应进行的程度不大：

$$HX+HAc \rightleftharpoons X^- + H_2Ac^+$$

（HX表示$HClO_4$、HCl、HNO_3）

和H_2Ac^+相比，这三种酸都表现为弱酸，H_2Ac^+是非常强的酸。从质子传递反应进行的程度可以确定这三种酸的强度及其差别。由它们在无水乙酸溶液中的导电能力可以得到这三种酸的强度按$HClO_4$—HCl—HNO_3顺序减弱。HAc在上述反应中表现为碱。

在碱性比无水乙酸强的溶剂水中，下面的质子传递反应在稀溶液中几乎都可以进行完全：

$$HX+H_2O \rightleftharpoons X^- + H_3O^+$$

（HX表示$HClO_4$、HCl、HNO_3）

和H_3O^+相比，这三种酸都表现为一样强的强酸，这就是说，它们的强度大体上被溶剂水"拉平"了。这种现象叫做溶剂的"拉平效应"。因为HX都比H_3O^+强，在稀水溶液的情况下，是不能确定这些强酸的强度差别的。

当用液氨作为溶剂时，由于它的碱性比水更强，在溶剂的拉平效应的作用下，不少的酸与液氨间的质子传递反应进行完全，连乙酸的酸性也显得像$HClO_4$那样强。

同样，碱的强度也受溶剂的酸性（强弱）的影响，也存在溶剂的拉平效应。

酸碱的质子理论扩大了酸碱及酸碱反应的范围，加深了人们对酸碱及酸碱反应的认识。但是，质子理论也有局限性，它只限于质子的给出和接受，所以不能解释不含质子的一类化合物的酸碱反应。

5.1.3 酸碱的电子理论

酸碱的电子理论是由路易斯（G. N. Lewis）提出来的，因此又称为路易斯酸碱理论。该理论认为：凡能接受外来电子对的物质（分子、原子团或离子）都是酸；凡能给出电子对的物质（分子、原子团或离子）都是碱。酸是电子对的接受体，其中接受电子对的原子叫受电原子；碱是电子对的给予体，其中供出电子对的原子叫给电原子。通常又把这种酸碱称为路易斯酸碱。酸碱反应的实质是形成配位键[2]，生成相应的酸碱加合物。例如：

---

[1] 同理，H_2O的共轭碱OH^-是水溶液中最强的碱。

[2] 两原子间的共用电子对是由一个原子单独提供的化学键称为配位键，通常用"→"表示，箭头从碱的给电原子指向酸的受电原子。

酸（电子对接受体）		碱（电子对给予体）		酸碱加合物
H^+	+	$:OH^-$	$\longrightarrow$	$H \leftarrow OH$
HCl	+	$:NH_3$	$\longrightarrow$	$[H \leftarrow NH_3]^+ + Cl^-$
BF_3	+	$:F^-$	$\longrightarrow$	$[F_3B \leftarrow F]^-$
SO_3	+	$CaO:$	$\longrightarrow$	$CaO \rightarrow SO_3 (Ca^{2+} + SO_4^{2-})$
Cu^{2+}	+	$4:NH_3$	$\longrightarrow$	$[Cu \leftarrow (NH_3)_4]^{2+}$

由上述反应可见，酸碱的电子理论中，酸碱及酸碱反应的范围要比电离理论、质子理论更加广泛。由于在化合物中配位键普遍存在，所以几乎所有化合物都可以看做是酸碱加合物。因此，路易斯酸碱也称为广义酸碱。

酸碱的电子理论摆脱了物质必须具有某种离子或元素，也不受溶剂的限制，而立论于物质的普遍组分，以电子对的给出和接受来定义酸碱和酸碱反应，故较电离理论和质子理论更为全面。但该理论对酸碱的认识过于笼统，且对如何确定酸碱的强度没有一个合适的解决方法，故使其推广应用受到了限制。

5.2 溶液的酸碱性

5.2.1 水的酸碱性

水是一种很弱的电解质，只发生微弱的电离：

$$H_2O \rightleftharpoons H^+ + OH^-$$

电解质的组分离子在水溶液中都是以水合离子状态存在的，即和一定数目的水分子结合。水电离出来的氢离子和氢氧根离子也是水合离子，其中水合氢离子较为特别，因为质子的半径只有 10^{-15}m，因此其表面电荷密度非常高，有强烈的与水结合的倾向，在水溶液中和溶剂 H_2O 分子牢固地结合成 H_3O^+。它的结构大致是平面三角形的，其中 3 个氢原子分布在三角形的顶角上，每个氢原子又可与另一个 H_2O 分子通过氢键结合成平面形的 $H_9O_4^+$，见图 5-1。通常用 H_3O^+ 来表示水合氢离子。但为了简便，在化学反应式中，仍然可用 H^+ 来表示，只有在必要的时候，才写成 H_3O^+ 的形式。

根据实验测定，在 25℃时，纯水中 H^+ 和 OH^- 的浓度均为 1.00×10^{-7}mol·L^{-1}。由于水的电离度很小，因此电离前后水的浓度几乎未变，仍可看做常数[$c(H_2O) = 1000/18 = 55.6$mol·L^{-1}]，所以，对水的电离平衡：

$$H_2O \rightleftharpoons H^+ + OH^-$$

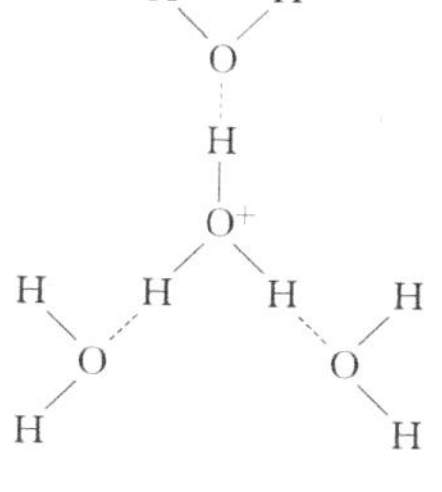

图 5-1　水合氢离子的结构

表 5-2 不同温度下水的离子积

t/℃	$K_w^\ominus$	$pK_w^\ominus$	t/℃	$K_w^\ominus$	$pK_w^\ominus$
0	0.30×10^{-14}	15.53	50	5.5×10^{-14}	13.26
15	0.46×10^{-14}	14.34	60	9.55×10^{-14}	13.02
20	0.69×10^{-14}	14.16	70	15.8×10^{-14}	12.80
25	1.00×10^{-14}	14.00	80	25.1×10^{-14}	12.60
30	1.48×10^{-14}	13.83	90	38.0×10^{-14}	12.42
35	2.09×10^{-14}	13.68	100	55.0×10^{-14}	12.26
40	2.95×10^{-14}	13.53			

$$K^\ominus=[H^+][OH^-]=K_w^\ominus \qquad (5\text{-}1)$$

式中，$[H^+]$、$[OH^-]$ 分别表示在电离平衡时 H^+、OH^- 的相对浓度；$K_w^\ominus$ 称为水的离子积常数[1]，简称水的离子积。这是一个很重要的常数，它直观、明确地表示了在给定温度条件下，溶液中 H^+ 和 OH^- 浓度之间的相互关系。例如，在 298K (25℃) 时，纯水的 $K_w^\ominus$ 为：

$$K_w^\ominus=[H^+][OH^-]$$
$$=1.00\times10^{-7}\times1.00\times10^{-7}$$
$$=1.00\times10^{-14}$$

水的离子积与其他平衡常数一样，是温度的函数。不同温度条件下水的离子积见表 5-2。在常温下，一般可按 $K_w^\ominus=1.00\times10^{-14}$ 来计算。

5.2.2 溶液的酸碱性和 pH

不仅在纯水中存在水的电离平衡，在任何以水为溶剂的溶液中都存在水的电离平衡，并且 H^+ 和 OH^- 浓度的关系均符合 $[H^+][OH^-]=K_w^\ominus$ 的离子积关系式。溶液的酸碱性取决于溶液中 $c(H^+)$ 和 $c(OH^-)$ 的相对大小。一般可认为：

酸性溶液 $c(H^+)>c(OH^-)$，$c(H^+)>1.00\times10^{-7}\text{mol}\cdot L^{-1}$

中性溶液 $c(H^+)=c(OH^-)$，$c(H^+)=1.00\times10^{-7}\text{mol}\cdot L^{-1}$

碱性溶液 $c(H^+)<c(OH^-)$，$c(H^+)<1.00\times10^{-7}\text{mol}\cdot L^{-1}$

溶液中 $c(H^+)$ 越大，表示溶液的酸性越强；$c(OH^-)$ 越大，表示溶液的碱性越强。由于 $[H^+][OH^-]$ 为一定值，所以 $c(H^+)$ 的大小既可表示溶液酸性的强弱，也可表示溶液碱性的强弱。但对于弱酸性或弱碱性溶液，当溶液中 $c(H^+)$ 或 $c(OH^-)$ 较小（$<1\text{mol}\cdot L^{-1}$）时，为方便起见，常不直接用 $c(H^+)$ 或 $c(OH^-)$ 的浓度值，而是用 H^+ 相对浓度 $[H^+]$ 的负对数（称 pH）来表示溶液的酸碱性。

$$pH=-\lg[H^+]$$

根据 $[H^+][OH^-]=K_w^\ominus=1.00\times10^{-14}$，

可令

$$pOH=-\lg[OH^-]$$
$$pK_w^\ominus=-\lg K_w^\ominus$$

则

$$pH+pOH=pK_w^\ominus=14 \qquad (5\text{-}2)$$

只要确定了溶液的 $c(H^+)$ 或 $c(OH^-)$，就能很容易地计算其 pH。例如：

① 纯水中，$c(H^+)=1.00\times10^{-7}\text{mol}\cdot L^{-1}$

则 $$pH=-\lg[H^+]=-\lg(1.00\times10^{-7})=7.00$$

② $0.1\text{mol}\cdot L^{-1}$ 的 HAc 溶液中，$c(H^+)=1.33\times10^{-3}\text{mol}\cdot L^{-1}$

则 $$pH=-\lg[H^+]=-\lg(1.33\times10^{-7})=2.88$$

[1] 溶液的标准态规定为 $1\text{mol}\cdot L^{-1}$，所以溶液中各种标准平衡常数与经验平衡常数 K 在数值上是相同的。

③ 0.1mol·L^{-1}的 $NH_3 \cdot H_2O$ 溶液中，$c(OH^-)=1.33\times10^{-3}$mol·L^{-1}
则

$$pH=14-pOH=14+\lg[OH^-]$$
$$=14+\lg(1.33\times10^{-3})=11.12$$

计算 pH 时取至小数后两位已足够。因为除了高精密度的测定外，通常使用较精密的 pH 计测定溶液的 pH 时，也只能测到小数后两位数字。

由计算可知，pH=7 时，溶液呈中性；pH<7 时，溶液呈酸性；pH>7 时溶液呈碱性。pH 越大，溶液酸性越弱，碱性越强。pH 的使用区间一般在 0～14 之间。

5.2.3　酸碱指示剂

借助于颜色的改变来指示溶液 pH 的物质叫做酸碱指示剂。它们通常是一类复杂的有机物质，并且都是弱酸或弱碱，其颜色只能在一定的 pH 区间内保持，因而可用来确定溶液的 pH。指示剂发生颜色变化的 pH 区间称为酸碱指示剂的变色范围。变色范围中 pH 小的一侧的颜色称为指示剂的酸色，而 pH 大的一侧的颜色称为指示剂的碱色。指示剂的变色范围越窄越好。溶液酸碱性及几种常用酸碱指示剂的颜色和变色范围如图 5-2 所示。

实验室中常用的 pH 试纸是将滤纸经多种指示剂的混合液浸透、晾干而制得的。这种试纸在不同 pH 的溶液作用下，会显示出不同的颜色。将它与标准比色板进行对照，即可确定溶液的 pH。

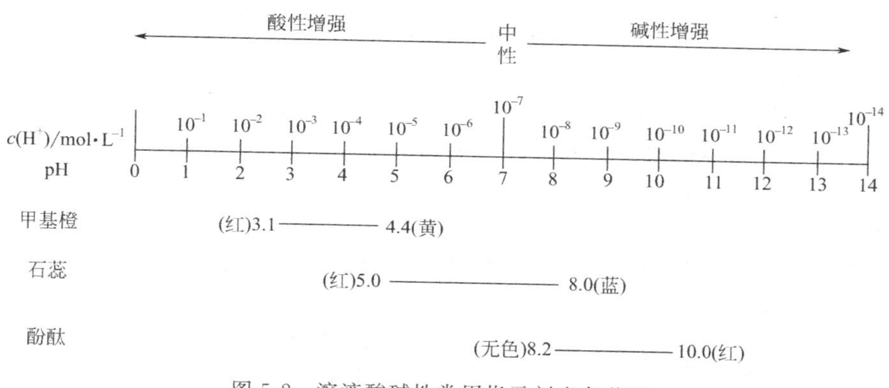

图 5-2　溶液酸碱性常用指示剂变色范围

5.3　弱电解质的电离平衡

各种电解质（如酸、碱、盐）在水中都能发生电离作用（或称解离作用），因而电解质的水溶液都能导电。不同电解质溶液的导电能力相差很大，其主要原因是它们在水中的电离程度差别很大。在水溶液中几乎能完全电离的电解质称为强电解质；在水溶液中仅能部分电离的电解质称为弱电解质。

5.3.1　一元弱酸、弱碱的电离

(1) 电离平衡和电离常数

作为弱电解质的弱酸和弱碱在水溶液中只发生部分电离，所以在水溶液中存在着已电离的弱电解质的组分离子和未电离的弱电解质分子之间的动态平衡。这种平衡称为电离平衡。例如，HA 型一元弱酸在水溶液中存在着如下的电离平衡：

$$HA \rightleftharpoons H^+ + A^-$$

根据化学平衡的原理，电离平衡的平衡常数表达式为：

$$\frac{[H^+][A^-]}{[HA]}=K_i^\ominus \tag{5-3}$$

式中，[HA]、[H$^+$]、[A$^-$] 分别表示 HA、H$^+$、A$^-$ 在电离平衡时的相对浓度；$K_i^\ominus$ 为电离平衡的平衡常数，称为电离常数。一般以 $K_a^\ominus$ 表示弱酸的电离常数，$K_b^\ominus$ 表示弱碱的电离常数。有时为表明不同弱电解质的电离常数，在 $K_i^\ominus$ 后面加圆括号注明具体弱电解质的化学式。例如，一元弱酸 HAc 的电离平衡：

$$HAc \rightleftharpoons H^+ + Ac^-$$

其平衡常数表达式为：

$$K_a^\ominus(HAc)=\frac{[H^+][Ac^-]}{[HAc]} \tag{5-4}$$

对于一元弱碱如 $NH_3 \cdot H_2O$，在水溶液中存在如下的电离平衡：

$$NH_3 \cdot H_2O \rightleftharpoons NH_4{}^+ + OH^-$$

其平衡常数表达式为：

$$K_b^\ominus(NH_3 \cdot H_2O)=\frac{[NH_4^+][OH^-]}{[NH_3 \cdot H_2O]} \tag{5-5}$$

电离常数 $K_i^\ominus$ 是衡量电解质电离程度大小的特征常数。$K_i^\ominus$ 值的大小可用于衡量酸、碱的强度。一般 $K_i^\ominus=10^{-2}\sim10^{-3}$ 的电解质称为中强电解质；$K_i^\ominus \leqslant 10^{-5}$ 者称为弱电解质；$K_i^\ominus \leqslant 10^{-9}$ 者是极弱的电解质。

$K_i^\ominus$ 具有一般平衡常数的特征，对于给定的电解质来说，它与浓度无关，与温度有关。弱电解质的电离常数可以通过实验测得，也可以从热力学数据计算求得。附录Ⅲ列出了一些常见的弱酸、弱碱的电离常数。

(2) 电离度和稀释定律

弱电解质在水溶液中达到电离平衡时的电离百分率，称为电离度。实际使用时通常以已电离的弱电解质的浓度百分率来表示：

$$电离度(\alpha)=\frac{平衡时已电离的弱电解质的浓度}{弱电解质的起始浓度}\times100\%$$

电离度和电离常数是两个不同的概念，它们从不同的角度表示弱电解质的相对强弱。在温度、浓度相同的条件下，电离度越小，电解质越弱。电离度和电离常数都能衡量弱电解质电离程度的大小，它们之间存在一定的关系。现以弱酸 HA 为例，若其起始浓度为 c，电离度为 α，则

	$HA \rightleftharpoons$	H^+ +	A^-
起始浓度	c	0	0
平衡浓度	$c-c\alpha$	$c\alpha$	$c\alpha$

代入平衡常数表达式

$$K_i^\ominus=\frac{[H^+][Ac^-]}{[HAc]}=\frac{c\alpha \cdot c\alpha}{c-c\alpha}$$

$$K_i^\ominus=\frac{c\alpha^2}{1-\alpha}$$

当 $c/K_i^\ominus \geqslant 500$[1] 时，$1-\alpha \approx 1$，则上式可改写为：

[1] 计算表明，当 $c/K_i^\ominus \geqslant 500$ 时，电离度$<5\%$，因此作近似计算时，可用 $1-\alpha \approx 1$ 来处理。

$$K_i^{\ominus}=c\alpha^2$$

$$\alpha=\sqrt{\frac{K_i^{\ominus}}{c}} \tag{5-6}$$

式(5-6)即为弱电解质的电离度、电离常数和浓度三者之间的定量关系式。它表明对某一给定的弱电解质，在一定温度下（$K_i^{\ominus}$ 为定值），电离度随溶液的稀释（浓度减小）而增大。故这个关系式被称为稀释定律。

由此可见，只有在浓度相同的条件下，才能用电离度的大小来比较弱电解质的相对强弱，而电离常数则与浓度无关，因此电离常数能更深刻地反映弱电解质的本性，在实际应用中显得更为重要。

（3）弱电解质溶液中的离子浓度

实际上，在弱电解质的水溶液中，同时存在着两个电离平衡。以弱酸 HA 为例，一个是弱酸 HA 的电离平衡：

$$HA \rightleftharpoons H^+ + A^- \qquad K_a^{\ominus}$$

另一个是溶剂 H_2O 的电离平衡：

$$H_2O \rightleftharpoons H^+ + OH^- \qquad K_w^{\ominus}$$

它们都能电离生成 H^+，当弱酸 HA 的 $K_a^{\ominus} \gg K_w^{\ominus}$，且其起始浓度 c 不是很小时，可以忽略 H_2O 的电离所产生的 H^+，而只考虑弱酸 HA 的电离：

	$HA \rightleftharpoons$	$H^+ +$	A^-
起始浓度	c	0	0
平衡浓度	$c(HA)$	$c(H^+)$	$c(A^-)$

则
$$[H^+]=[A^-],[HA]=c-c(H^+)$$

所以
$$K_a^{\ominus}=\frac{[H^+][A^-]}{[HA]}=\frac{c^2(H^+)}{c-c(H^+)} \tag{5-7}$$

这是计算 HA 型一元弱酸溶液中 $c(H^+)$ 的比较精确的公式。已知 $K_a^{\ominus}$、起始浓度（即配制的酸浓度），即可求得平衡时的 $c(H^+)$。

如果弱酸的电离程度较小，且溶液不是很稀时，弱酸电离部分的浓度与起始浓度相比显得很小。具体来说，当 $c/K_a^{\ominus} \geqslant 500$，则平衡时，$c(H^+) \ll c$，可近似处理为 $c-c(H^+) \approx c$，则

$$c(H^+)=\sqrt{K_a^{\ominus}c} \tag{5-8}$$

式(5-8)是计算 HA 型一元弱酸溶液中 $c(H^+)$ 的最常用的近似公式。

对 BOH 型一元弱碱溶液，同理可推导得：

$$c(OH^-)=\sqrt{K_b^{\ominus}c} \tag{5-9}$$

【例 5-1】 计算 $0.10\ mol \cdot L^{-1}\ NH_3 \cdot H_2O$ 溶液的 $c(OH^-)$、pH 和电离度 α。已知 $K_b^{\ominus}(NH_3 \cdot H_2O)=1.79\times10^{-5}$。

解
$$K_b^{\ominus}(NH_3 \cdot H_2O)=1.79\times10^{-5}, pK_w^{\ominus}=1.0\times10^{-14}$$

$$K_b^{\ominus}(NH_3 \cdot H_2O) \gg K_w^{\ominus}$$

所以可忽略水的电离。

设达到电离平衡时，溶液中 $c(OH^-)=x\ mol \cdot L^{-1}$。

	$NH_3 \cdot H_2O \rightleftharpoons$	$NH_4^+ +$	OH^-
起始浓度/$mol \cdot L^{-1}$	0.10	0	0
平衡浓度/$mol \cdot L^{-1}$	$0.10-x$	x	x

则 $$K_b^{\ominus}(NH_3 \cdot H_2O)=\frac{[NH_4^+][OH^-]}{[NH_3 \cdot H_2O]}=\frac{x \cdot x}{0.10-x}=1.79\times10^{-5}$$

因为 $c/K_b^{\ominus}=0.10/1.79\times10^{-5}>500$，所以可作近似计算，即 $0.10-x\approx0.10$。

则 $$x=c(OH^-)=\sqrt{K_b^{\ominus}c}=\sqrt{1.79\times10^{-5}\times0.10}=1.33\times10^{-3}\,mol\cdot L^{-1}$$

又因为 $$[H^+][OH^-]=K_w^{\ominus}$$

所以 $$[H^+]=\frac{K_w^{\ominus}}{[OH^-]}=\frac{1.0\times10^{-14}}{1.33\times10^{-3}}=7.5\times10^{-12}$$

则 $$pH=-\lg[H^+]=-\lg(7.5\times10^{-12})=11.12$$

$$电离度\ \alpha=\frac{c(OH^-)}{c}\times100\%=\frac{1.33\times10^{-3}}{0.10}\times100\%=1.33\%$$

5.3.2 同离子效应和盐效应

弱电解质的电离平衡和其他一切化学平衡一样，是一种动态平衡，当外界条件发生改变时，会引起电离平衡的移动，其移动的规律同样服从勒夏特列原理。

(1) 同离子效应

在弱酸 HAc 溶液中，存在如下电离平衡：

$$HAc \rightleftharpoons H^+ + Ac^-$$

若在平衡系统中加入与 HAc 含有相同离子（如 Ac^-）的易溶强电解质 NaAc，由于 NaAc 在溶液中完全电离：

$$NaAc \longrightarrow Na^+ + Ac^-$$

这样会使溶液中 $c(Ac^-)$ 增大。根据平衡移动的原理，HAc 的电离平衡会向左（生成 HAc 的方向）移动。达到新平衡时，溶液中 $c(H^+)$ 要比原平衡的 $c(H^+)$ 小，而 $c(HAc)$ 要比原平衡的大，表明 HAc 的电离度减小了。同理，若在 $NH_3 \cdot H_2O$ 溶液中加入铵盐（如 NH_4Cl），也会使 $NH_3 \cdot H_2O$ 的电离度减小。这种在弱电解质溶液中加入含有相同离子的易溶强电解质，使弱电解质电离度减小的现象，称为同离子效应。

同离子效应的实质是浓度对化学平衡移动的影响。在科学实验和生产实际中，可以利用同离子效应调节溶液的酸碱性；选择性地控制溶液中某种离子的浓度，从而达到分离、提纯的目的。

(2) 盐效应

若在 HAc 溶液中加入不含相同离子的易溶强电解质（如 NaCl），则溶液中离子的数目增多，不同电荷的离子之间相互牵制作用增强，从而使 H^+ 和 Ac^- 结合成 HAc 分子的机会和速率均减小，结果表现为弱电解质 HAc 的电离度增大了。这种在弱电解质溶液中加入易溶强电解质使弱电解质电离度增大的现象，称为盐效应。

同离子效应和盐效应是两种完全相反的作用。其实发生同离子效应的同时，必伴有盐效应的发生。只是由于同离子效应的影响比盐效应大得多，因此在一般情况下忽略盐效应的影响。

5.3.3 多元弱酸的电离

多元弱酸在水溶液中的电离，是分步进行的，每一步电离都有相应的电离平衡及电离常数。前面讨论的一元弱酸、弱碱的电离平衡的原理，同样适用于多元弱酸的电离。

现以氢硫酸（H_2S）为例来讨论多元弱酸的电离平衡。H_2S 是二元弱酸，它在水溶液中的电离分两步进行：

第一步电离 $$H_2S \rightleftharpoons H^+ + HS^-$$

$$K_{a1}^{\ominus}(H_2S)=\frac{[H^+][HS^-]}{[H_2S]}=9.1\times10^{-8} \tag{5-10}$$

第二步电离

$$HS^- \rightleftharpoons H^+ + S^{2-}$$

$$K_{a2}^{\ominus}(H_2S)=\frac{[H^+][S^{2-}]}{[HS^-]}=1.1\times10^{-12} \tag{5-11}$$

$K_{a1}^{\ominus}$、$K_{a2}^{\ominus}$的数值表明第二步电离比第一步电离困难得多，其原因有二：一是带两个负电荷的 S^{2-} 对 H^+ 的吸引力比带一个负电荷的 HS^- 对 H^+ 的吸引力强得多；二是第一步电离出来的 H^+ 对第二步电离产生同离子效应，从而抑制了第二步电离的进行。因此，对于任何多元弱酸，一般均存在 $K_{a1}^{\ominus} \gg K_{a2}^{\ominus} \gg K_{a3}^{\ominus}\cdots$的关系。溶液中的 $c(H^+)$ 主要来源于第一步电离。在忽略水的电离的条件下，溶液中 $c(H^+)$ 的计算就类似于一元弱酸，并当 $c/K_{a1}^{\ominus} \geqslant 500$ 时，可作近似计算：

$$c(H^+)=\sqrt{K_{a1}^{\ominus}c} \tag{5-12}$$

而溶液中的 S^{2-} 是第二步电离的产物，故计算时要用第二步电离平衡：

$$HS^- \rightleftharpoons H^+ + S^{2-}$$

$$K_{a2}^{\ominus}=\frac{[H^+][S^{2-}]}{[HS^-]}$$

由于第二步电离非常小，可以认为溶液中 $c(H^+)\approx c(HS^-)$，则

$$c(S^{2-})= K_{a2}^{\ominus} \tag{5-13}$$

多元弱酸在溶液中不仅存在分步电离平衡，也存在着总的电离平衡，将式(5-10) 和式(5-11) 对应的电离方程式相加得到

$$H_2S \rightleftharpoons 2H^+ + S^{2-} \tag{5-14}$$

根据多重平衡规则：

$$K_{a}^{\ominus}=K_{a1}^{\ominus}K_{a2}^{\ominus}=\frac{[H^+]^2[S^{2-}]}{[H_2S]} \tag{5-15}$$

式(5-14) 是总平衡式。它并不表示 H_2S 是按此方式电离的，更不能就此认为溶液中 $c(H^+)$ 为 $c(S^{2-})$ 的两倍。其实溶液中 $c(H^+) \gg c(S^{2-})$，这是因为电离是分步进行的，且 $K_{a1}^{\ominus} \gg K_{a2}^{\ominus}$。它只说明平衡时，在 H_2S 溶液中，$c(H^+)$、$c(S^{2-})$ 和 $c(H_2S)$ 三者之间的关系：在一定浓度的 H_2S 溶液中，S^{2-} 浓度与 H^+ 浓度的平方成反比。即

$$[S^{2-}]=\frac{K_{a}^{\ominus}[H_2S]}{[H^+]^2} \tag{5-16}$$

因此，调节溶液中 H^+ 的浓度，可以控制溶液中 S^{2-} 的浓度。

【例 5-2】 ①计算常温、常压下 H_2S 饱和溶液中 $c(H^+)$、$c(S^{2-})$ 和 H_2S 的电离度。②如果在 0.10mol·L^{-1}的盐酸溶液中通入 H_2S 至饱和，求溶液中 $c(S^{2-})$。

解 ①常温、常压下，H_2S 饱和溶液中，H_2S 的浓度为 0.10mol·L^{-1}。

在 H_2S 水溶液中同时存在着下列三个电离平衡：

$$H_2S \rightleftharpoons H^+ + HS^- \qquad K_{a1}^{\ominus}=9.1\times10^{-8}$$

$$HS^- \rightleftharpoons H^+ + S^{2-} \qquad K_{a2}^{\ominus}=1.1\times10^{-12}$$

$$H_2O \rightleftharpoons H^+ + OH^- \qquad K_{w}^{\ominus}=1.0\times10^{-14}$$

因为 $K_{a1}^{\ominus} \gg K_{a2}^{\ominus}$，$K_{a1}^{\ominus} \gg K_{w}^{\ominus}$，所以在求 $c(H^+)$ 时，可只考虑 H_2S 的第一步电离，并可忽略 H_2O 的电离。

设平衡时溶液中 $c(H^+)=x$mol·L^{-1}，则

$$H_2S \rightleftharpoons H^+ + HS^-$$

起始浓度/$mol \cdot L^{-1}$ 0.10 0 0

平衡浓度/$mol \cdot L^{-1}$ 0.10 $-x$ x x

$$K^{\ominus}_{a1}=\frac{[H^+][HS^-]}{[H_2S]}=\frac{x \cdot x}{0.10-x}=9.1\times10^{-8}$$

因为 $c/K^{\ominus}_{a1}=0.10/9.1\times10^{-8}>500$，可作近似计算，即 $0.10-x\approx0.10$。则

$$x=c(H^+)=\sqrt{K^{\ominus}_{a1}c}=\sqrt{9.1\times10^{-8}\times0.10}=9.5\times10^{-5}\,mol \cdot L^{-1}$$

溶液中 S^{2-} 来自第二步电离，故计算时要根据 H_2S 的第二步电离平衡：

$$HS^- \rightleftharpoons H^+ + S^{2-}$$

$$K^{\ominus}_{a2}=\frac{[H^+][S^{2-}]}{[HS^-]}=1.1\times10^{-12}$$

因为第二步电离出来的离子浓度非常小，所以 $c(HS^-)\approx c(H^+)$。则

$$c(S^{2-})=K^{\ominus}_{a2}=1.1\times10^{-12}\,mol \cdot L^{-1}$$

H_2S 的电离度

$$\alpha=\frac{c(H^+)}{c(H_2S)}\times100\%$$

$$=\frac{9.5\times10^{-5}}{0.10}\times100\%=0.095\%$$

② 盐酸为强电解质，所以溶液中 $c(H^+)=0.10\ mol \cdot L^{-1}$。由于同离子效应，$H_2S$ 的电离非常小，所以 $c(H_2S)=0.10\ mol \cdot L^{-1}$。由 H_2S 的总电离平衡：

$$H_2S \rightleftharpoons 2H^+ + S^{2-}$$

$$K^{\ominus}_{a}=K^{\ominus}_{a1}K^{\ominus}_{a2}=\frac{[H^+]^2[S^{2-}]}{[H_2S]}$$

$$[S^{2-}]=\frac{K^{\ominus}_{a1}K^{\ominus}_{a1}[H_2S]}{[H^+]^2}=\frac{9.1\times10^{-8}\times1.1\times10^{-12}\times0.10}{(0.10)^2}=1.0\times10^{-18}$$

即

$$c(S^{2-})=1.0\times10^{-18}\,mol \cdot L^{-1}$$

5.3.4 强电解质及其电离

(1) 强电解质在溶液中的状况

强电解质一般是离子型化合物（如 NaCl、KNO_3）或是具有强极性键的共价化合物（如 HCl、HNO_3）。按照强电解质能在水中全部电离的观点，似乎它们的电离度都应该是 100%。但是，根据溶液导电性实验所测得的结果表明，强电解质在溶液中的表观电离度却都小于 100%。某些强电解质的电离度如表 5-3 所示。

表 5-3 某些强电解质的电离度（25℃，0.10mol · L^{-1}）

电解质	KCl	$ZnSO_4$	HCl	HNO_3	H_2SO_4	NaOH	$Ba(OH)_2$
电离度/%	86	40	92	92	61	91	81

是什么原因造成强电解质在水溶液中电离不完全的假象呢？1923 年德拜（P. J. W. Debye）和休格尔（E. Hückel）提出的离子互吸理论认为：强电解质在水溶液中是完全电离的，但由于离子都是带电荷的粒子，带有电荷的正、负离子之间存在着强烈的静电作用，正离子周围负离子要多一些，而在负离子周围正离子要多一些。离子互吸理论把离子周围存在的带异电荷的离子的群体称为“离子氛”。如图 5-3 所示。“离子氛”的形成表示离子间存在互相的牵制作用，使得离子不能完全自由运动。这样，由溶液导电性实验所测得的强电解质的电离度一般就要小于 100%。

随后，布耶隆（Bjerrum）进一步提出了离子缔合的概念，认为在强电解质溶液中，两

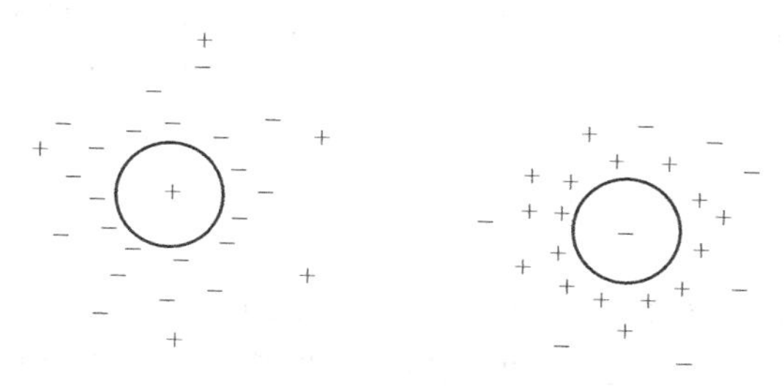

图5-3 “离子氛”示意图

个带相反电荷的离子接近到一定程度时，相互间的吸引能可以超过热运动能，两者就能暂时结合在一起，形成“离子对”。这一过程称为“离子缔合”。所以，离子对又称为离子缔合体。溶液中的正负离子可以缔合成为离子对，而离子对又会解缔成为单个离子，离子和离子对之间可以互相转化，故在溶液中存在离子缔合平衡。到目前为止，已测出相当多强电解质的缔合平衡的平衡常数。例如：

$$Na^+NO_3^+ \text{(离子对)} \rightleftharpoons Na^+ + NO_3^+ \qquad K^\ominus = 3.9$$

$$Na^+Cl^- \text{(离子对)} \rightleftharpoons Na^+ + Cl^- \qquad K^\ominus = 1.4$$

$$K^+Cl^- \text{(离子对)} \rightleftharpoons K^+ + Cl^- \qquad K^\ominus = 3.1$$

由于有部分离子缔合形成了离子对，降低了溶液中自由离子的浓度，因而也就降低了溶液的导电能力，结果使电解质的电离度小于100%。

(2) 活度和活度系数

电解质溶液中能有效地自由运动的离子的浓度称为离子的有效浓度，也称活度，通常以符号 a 表示。它与电解质的真实浓度 (c) 之间有如下关系：

$$a = fc \tag{5-17}$$

式中，f 称为活度系数。由于 $a<c$，所以 $f<1$。显然，溶液中离子浓度越大，离子所带电荷越多，离子氛和离子对出现的机会就越多，离子间的相互牵制作用就越大，活度和浓度之间的差别也就越大，活度系数 f 值就越小；反之，相互牵制作用越小，f 值就越接近于1。因此，活度系数表示了溶液中离子间相互牵制作用的大小。

溶液中离子的活度系数，不仅受它本身的浓度和电荷数的影响，而且还受溶液中其他各种离子的浓度和电荷数的影响，为了更好地说明溶液中各离子浓度及其电荷数对活度系数的影响，引入“离子强度”(I) 的概念，其定义为：

$$I = \frac{1}{2}\sum c_i Z_i^2 \tag{5-18}$$

式中，c_i、Z_i 分别是溶液中第 i 种离子的浓度和电荷数。

一般来说，在离子强度不大的范围内，活度系数随离子强度的增大而减小。在给定的离子强度下，离子的电荷越高，则离子的活度系数越小。表5-4列出了不同离子强度时不同电荷离子的活度系数值。

表5-4 离子在水溶液中的活度系数

电荷数 \ f \ I	1×10^{-4}	5×10^{-4}	1×10^{-3}	5×10^{-3}	1×10^{-2}	5×10^{-2}	0.1
1	0.99	0.97	0.96	0.93	0.90	0.81	0.76
2	0.95	0.90	0.86	0.74	0.65	0.43	0.33
3	0.90	0.80	0.73	0.50	0.39	0.15	0.08

严格来说，电解质溶液中的有关计算都应该用活度。但对于稀溶液，特别是弱电解质的

稀溶液和难溶电解质溶液来说，由于溶液中离子浓度很小，溶液的离子强度也很小，活度系数接近于1，因此可以直接用浓度代替活度进行计算，而不会引起很大的误差。

*5.3.5 超强酸

超强酸或称超酸是一类酸性比以水为溶剂的强酸的酸性强 10^6～10^{10}倍，甚至更强的非水溶液体系。

由于超酸的酸度很高，不能用酸度常数 $K_a^{\ominus}$ 或 pH 表示。1932 年汉默特（L. P. Hammett）提出用酸度函数 H_0 来描述高浓度强酸溶液的酸度。其出发点是：利用与强酸反应的弱碱指示剂 B 的质子化程度来表示强酸的酸度，即

$$B+H^+ \rightleftharpoons BH^+$$

式中，H^+ 表示强酸；B 表示弱碱指示剂，如 *p*-硝基苯胺、三硝基苯胺等。

按酸碱平衡原理，BH^+ 的解离常数可表示为：

$$K_{BH^+}^{\ominus}=\frac{[B][H^+]}{[BH^+]}$$

$$[H^+]=K_{BH^+}^{\ominus}\frac{[BH^+]}{[B]}$$

$$-\lg[H^+]=-\lg K_{BH^+}^{\ominus}-\lg\frac{[BH^+]}{[B]}$$

酸度函数 H_0 的定义为：

$$H_0=-\lg[H^+]=-\lg K_{BH^+}^{\ominus}-\lg\frac{[BH^+]}{[B]}$$

$K_{BH^+}^{\ominus}$ 可用一般测定平衡常数的方法测得，指示剂质子化的比值 $\frac{[BH^+]}{[B]}$ 可通过紫外-可见分光光度法测定。可粗略地把 H_0 看做是 pH=0 以下的 pH 值。H_0 值越负，超酸的强度越大。如无水（100%）H_2SO_4 的 $H_0=-11.9$，氟磺酸（HSO_3F）的 $H_0=-15.1$。表 5-5 列出了一些重要超酸的 H_0 值。

HSO_3F 是很强的质子酸，能发生如下自偶解离：

$$2HSO_3F \rightleftharpoons H_2SO_3F^+ + SO_3F^-$$

根据酸碱质子理论的概念，溶于 HSO_3F 能增加 $H_2SO_3F^+$ 浓度的物质是酸，该物质可以是质子给予体或是能与 SO_3F^- 结合的物质。由于 HSO_3F 是非常强的质子酸，在 HSO_3F 中很少有物质能够给出质子，所以能增加 $H_2SO_3F^+$ 浓度的是那些能与 SO_3F^- 结合的物质，即路易斯酸。其中最重要的是第 15 族元素高氧化态的氟化物，如 SbF_5。SbF_5 在 HSO_3F 中的反应为：

$$SbF_5 + 2HSO_3F \rightleftharpoons H_2SO_3F^+ + [SbF_5(SO_3F)]^-$$

当 HSO_3F 和 SbF_5 以 1∶9（物质的量比）混合时，所得超酸的 $H_0=-26.5$，是目前测得的最高酸度的酸，因此又将 $HSO_3F \cdot SbF_5$ 称为魔酸。

超酸大都是无机酸。按状态分，有液体超酸和固体超酸。按组成分，有质子酸、路易斯酸和共轭质子-路易斯酸。由于超酸具有高强度的酸性和很高的介电常数，能使非电解质变成电解质，能使很弱的碱质子化。在超酸体系中可生成在一般条件下难以形成或不稳定的阳离子，如正碳离子、卤素正离子等。

$$(CH_3)_3COH \xrightarrow{HSO_3F \cdot SbF_5} (CH_3)_3COH_2^+ \xrightarrow[-H_2O]{H^+} (CH_3)_3C^+ + H_3O^+$$

$$3I_2 + S_2O_6F_2 \xrightarrow{HSO_3F} 2I_3^+ + 2SO_3F^-$$

超酸还具有良好的催化性能，可用作饱和烃裂解、重聚、异构化、烷基化的催化剂。因此超酸在化学研究和化工生产上有着广泛的应用。

表 5-5　一些重要超酸的 H_0 值

超　酸	化 学 式	H_0	超　酸	化 学 式	H_0
硫酸	H_2SO_4	−11.9	三氟甲烷磺酸	HSO_3CF_3	−14.0
高氯酸	$HClO_4$	−13.0	氟磺酸	HSO_3F	−15.1
氯磺酸	HSO_3Cl	−13.8	魔酸	$HSO_3F \cdot SbF_5$（物质的量之比 1∶9）	−26.5

5.4　缓冲溶液

缓冲溶液是一种能够抵抗少量外来的酸或碱，而保持溶液本身的 pH 基本不变的溶液。缓冲溶液一般是由弱酸和弱酸盐，弱碱和弱碱盐组成的。例如 HAc-NaAc、$NH_3 \cdot H_2O$-NH_4Cl、H_2CO_3-$NaHCO_3$ 等都可以组成不同 pH 的缓冲溶液。

5.4.1　缓冲作用原理

缓冲溶液保持 pH 基本不变的作用称为缓冲作用。现以 HAc 和 NaAc 组成的混合溶液为例，来说明缓冲作用的原理。

HAc 为弱电解质，只能部分电离，NaAc 为强电解质，几乎完全电离：

$$HAc \rightleftharpoons H^+ + Ac^-$$

$$NaAc \longrightarrow Na^+ + Ac^-$$

在 HAc 和 NaAc 的混合溶液中，由于同离子效应的存在，抑制了 HAc 的电离，所以溶液中存在大量的 HAc 和 Ac^-。当向这个溶液中加入少量强酸时，大量的 Ac^- 立即与外加的 H^+ 结合生成 HAc，使 HAc 的电离平衡向左移动，因此，溶液中的 H^+ 浓度不会显著增大。当加入少量强碱时，外加的 OH^- 与 H^+ 结合生成水，这时 HAc 的电离平衡向右移动，溶液中大量未电离的 HAc 就继续电离以补充 H^+ 的消耗，使 H^+ 浓度保持稳定，从而使溶液的 pH 基本不变。

弱碱与弱碱盐组成的缓冲溶液，其缓冲作用的原理完全类似。

除一元弱酸和它的盐、一元弱碱和它的盐可组成缓冲溶液外，多元弱酸及其盐如 $NaHCO_3$-Na_2CO_3、NaH_2PO_4-Na_2HPO_4、Na_2HPO_4-Na_3PO_4 等也都可以组成缓冲溶液。

由上面的讨论可知，缓冲溶液中都含有两种物质：一种能抵消外加的酸（H^+），另一种能抵消外加的碱（OH^-），这样的两种物质称为缓冲混合物（从酸碱的质子理论看，这两种物质为一对共轭酸碱）。不同的缓冲混合物组成的缓冲溶液具有不同的 pH。

5.4.2　缓冲溶液的 pH

缓冲溶液中都存在着同离子效应。缓冲溶液 pH 的计算实质上就是弱酸或弱碱在同离子效应下的 pH 的计算。现以 HAc 和 NaAc 组成的缓冲溶液为例进行讨论：

	HAc	⇌	H^+	+	Ac^-
起始浓度	c(弱酸)		0		c(弱酸盐)
平衡浓度	c(弱酸)$-x$		x		c(弱酸盐)$+x$

由于同离子效应，x 值很小，则 c(弱酸)$-x \approx c$(弱酸)，c(弱酸盐)$+x \approx c$(弱酸盐)。

根据

$$K_a^{\ominus} = \frac{[H^+][Ac^-]}{[HAc]}$$

得

$$K_a^{\ominus} = \frac{[H^+][\text{弱酸盐}]}{[\text{弱酸}]}$$

$$x = [H^+] = K_a^{\ominus}\frac{[\text{弱酸}]}{[\text{弱酸盐}]} \tag{5-19}$$

取负对数，可得：

$$-\lg[H^+]=-\lg K_a^\ominus-\lg\frac{[弱酸]}{[弱酸盐]}$$

则

$$pH=-\lg K_a^\ominus-\lg\frac{[弱酸]}{[弱酸盐]} \tag{5-20}$$

因为

$$[弱酸]=\frac{c(弱酸)}{c^\ominus}$$

$$[弱酸盐]=\frac{c(弱酸盐)}{c^\ominus}$$

所以式(5-20) 可改写为

$$pH=-\lg K_a^\ominus-\lg\frac{c(弱酸)}{c(弱酸盐)} \tag{5-21}$$

由式(5-21) 可见，当将缓冲溶液适当稀释时，弱酸和弱酸盐浓度的比值不变，pH也不变。

对由弱碱和弱碱盐所组成的缓冲溶液，同理可推导得：

$$pH=pK_w^\ominus-pK_b^\ominus+\lg\frac{c(弱碱)}{c(弱碱盐)} \tag{5-22}$$

【例 5-3】 0.30mol·L^{-1}的 NH_4Cl 溶液和 0.20 mol·L^{-1}的 NaOH 溶液等体积混合，求溶液的 pH。已知：$K_b^\ominus(NH_3\cdot H_2O)=1.79\times10^{-5}$。

解 溶液等体积混合后，其浓度减半：

$$c(NH_4Cl)=\frac{0.30}{2}=0.15\text{mol}\cdot L^{-1}$$

$$c(NaOH)=\frac{0.20}{2}=0.10\text{mol}\cdot L^{-1}$$

在混合溶液中会发生化学反应，0.10mol·L^{-1}的 NaOH 可与 0.10mol·L^{-1}的 NH_4Cl 反应生成 0.10mol·L^{-1}的 $NH_3\cdot H_2O$，还剩下 0.05 mol·L^{-1}的 NH_4Cl。所以混合溶液中存在弱碱和弱碱盐，形成一个缓冲溶液。

设平衡时溶液中 $c(OH^-)=x$ mol·L^{-1}，

	$NH_3\cdot H_2O$	$\rightleftharpoons$ NH_4^+	+ OH^-
起始浓度/mol·L^{-1}	0.10	0.05	0
平衡浓度/mol·L^{-1}	$0.10-x$	$0.05+x$	x

$$K_b^\ominus(NH_3\cdot H_2O)=\frac{[NH_4^+][OH^-]}{[NH_3\cdot H_2O]}$$

$$1.79\times10^{-5}=\frac{(0.05+x)x}{0.10-x}$$

由于同离子效应，x 很小，所以 $0.10-x\approx0.10$，$0.05+x\approx0.05$。

解得

$$x=c(OH^-)=3.6\times10^{-5}\ \text{mol}\cdot L^{-1}$$

则

$$[H^+]=\frac{K_w^\ominus}{[OH^-]}=\frac{1.0\times10^{-14}}{3.6\times10^{-5}}=2.77\times10^{-10}$$

$$pH=-\lg[H^+]=-\lg(2.77\times10^{-10})=9.56$$

【例 5-4】 欲配制 500mL pH 为 5.00、HAc 浓度为 0.20 mol·L^{-1}的缓冲溶液，问需要 2.0mol·L^{-1}的 HAc 溶液多少升？应加入 $NaAc\cdot 3H_2O$ 固体多少克？已知：$K_a^\ominus(HAc)=$

1.76×10^{-5}。

解 设需要 $2.0\ mol\cdot L^{-1}$ HAc 溶液的量为 x(L)。

则
$$x=\frac{0.2mol\cdot L^{-1}\times0.5L}{2.0mol\cdot L^{-1}}=0.05L$$

因为缓冲溶液的 pH=5.00，所以 $[H^+]=1.0\times10^{-5}$。

根据式(5-19)

$$[H^+]=K_a^{\ominus}(HAc)\frac{[HAc]}{[NaAc]}$$

代入得
$$[NaAc]=\frac{1.76\times10^{-5}\times0.20}{1.0\times10^{-5}}=0.352$$

所以
$$c(NaAc)=0.352mol\cdot L^{-1}$$

设应加入 $NaAc\cdot3H_2O$ 固体的量为 y(g)。

$$\begin{aligned}y&=0.5L\times c(NaAc)\times M(NaAc\cdot3H_2O)\\&=0.5L\times0.352mol\cdot L^{-1}\times136g\cdot mol^{-1}=24g\end{aligned}$$

所以，配制缓冲溶液时需要用 $2.0\ mol\cdot L^{-1}$ 的 HAc 溶液 0.05L，加入 $NaAc\cdot3H_2O$ 固体 24g，溶解后加水稀释至体积为 0.5L。

5.4.3 缓冲溶液的选择和应用

(1) 缓冲溶液的选择

由式(5-21) 和式(5-22) 可知，缓冲溶液的 pH 值决定于 $pK_a^{\ominus}$（或 $pK_b^{\ominus}$），以及弱酸（或弱碱）与其盐的浓度的比值。当弱酸（或弱碱）确定后，$K_a^{\ominus}$（或 $K_b^{\ominus}$）为一常数。这样，在一定的范围内改变弱酸（或弱碱）与其盐的浓度的比值，便可调节缓冲溶液本身的 pH。当比值等于 1 时，$pH=pK_a^{\ominus}$(或 $pOH=pK_b^{\ominus}$)。当比值在 0.1～10 之间改变时，缓冲溶液的 pH 变化幅度在 $pK_a^{\ominus}$（或 $pK_b^{\ominus}$）两侧各一个 pH 单位之内。即

$$pH=pK_a^{\ominus}\pm1$$
$$pOH=pK_b^{\ominus}\pm1$$
$$pH=14-pK_b^{\ominus}\mp1$$

这个 pH 值范围就是缓冲溶液的有效缓冲范围，或称为缓冲范围。例如 HAc-NaAc 缓冲溶液，$pK_a^{\ominus}=4.75$，其缓冲范围为 pH=3.75～5.75。又如 $NH_3\cdot H_2O$-NH_4Cl 缓冲溶液，$pK_b^{\ominus}=4.75$，pH=14－pOH=14－4.75=9.25，其缓冲范围为 pH=8.25～10.25。

在实际工作中，选择缓冲溶液时，首先应注意所选用的缓冲溶液除与 H^+ 和 OH^- 反应外，不能与系统中其他物质发生反应。其次，应根据具体需要的 pH 来选择缓冲物质，配制缓冲溶液。因为不同的弱酸（或弱碱）及其盐组成的缓冲溶液，其缓冲范围是不同的。第三，应考虑缓冲溶液的缓冲能力，即缓冲溶液抵消外加酸、碱的能力。缓冲溶液的缓冲能力除与缓冲组分浓度的大小有关外，还与缓冲组分浓度的比值有关。缓冲组分的浓度越大，且比值越接近于 1 时，缓冲能力越大。一般控制缓冲溶液中组分物质浓度的比值在 0.1～10 范围内。

缓冲能力是有限度的，当缓冲溶液中的弱酸或其盐（弱碱或其盐）与外来酸、碱大部分作用后，溶液的 pH 就会发生很大的变化。

(2) 缓冲溶液的应用

缓冲溶液在工业、农业、生物科学、化学等各领域都有很重要的用途。例如土壤中，由于含有 H_2CO_3、$NaHCO_3$ 和 NaH_2PO_4、Na_2HPO_4 以及其他有机酸及其盐类组成的复杂的

缓冲系统，所以能使土壤维持在一定的pH（约5～8）范围内，从而保证了微生物的正常活动和植物的发育生长。

又如甲酸HCOOH分解生成CO和H_2O的反应，是一个酸催化反应，H^+可作为催化剂加快反应。为了控制反应速率，就必须用缓冲溶液控制反应的pH。

人体的血液也是缓冲溶液，其主要的缓冲系统有：H_2CO_3-$NaHCO_3$、NaH_2PO_4-Na_2HPO_4、血浆蛋白-血浆蛋白盐、血红朊-血红朊盐等。这些缓冲系统的相互作用、相互制约使人体血液的pH保持在7.35～7.45范围内，从而保证了人体的正常生理活动。

5.5 盐类的水解

盐类的水解这一概念是根据某些盐的水溶液表现出不同的酸碱性这一现象提出来的。就盐类本身的组成来看（如NaAc、Na_2CO_3、NH_4Cl等），它们在水中既不能电离出H^+，也不能电离出OH^-，但它们的水溶液是有酸碱性的。这说明盐类在水中溶解后，盐的离子能与水电离出来的H^+或OH^-作用，生成弱酸或弱碱，使水的电离平衡发生移动，改变了溶液中H^+和OH^-的相对浓度，从而使溶液呈现出一定的酸碱性。盐类在溶液中，同水作用而改变溶液酸碱性的反应叫做盐类的水解。

强酸强碱组成的盐，在水中不发生水解。因为它们的组分离子与H^+或OH^-不生成弱电解质分子，故不影响水的电离平衡，因而它们的水溶液显中性。其他的盐类，由于组成盐的酸和碱的强弱不同，水解进行的程度就各有差别，溶液的酸碱性也就不同。下面根据组成盐的酸和碱的相对强弱，分别讨论它们的水解情况。

5.5.1 弱酸强碱盐的水解

以NaAc为例，NaAc是由弱酸HAc和强碱NaOH生成的盐，它在水中完全电离为Na^+和Ac^-，作为溶剂的水也能微弱地电离出H^+和OH^-。因此，在NaAc的水溶液中，同时存在着下列反应：

$$
\begin{array}{ccccc}
NaAc & \longrightarrow & Na^+ & + & Ac^- \\
 & & & & + \\
H_2O & \rightleftharpoons & OH^- & + & H^+ \\
 & & & & \Updownarrow \\
 & & & & HAc
\end{array}
$$

由于Ac^-能与H^+结合成弱电解质HAc分子，使$c(H^+)$减小，水的电离平衡遭到破坏，平衡会向右移动，水继续电离出H^+和OH^-，$c(OH^-)$不断增大，最后当H_2O和HAc都达到新的电离平衡时，溶液中$c(OH^-)>c(H^+)$，所以溶液显碱性。

上述水解过程可用以下方程式表示：

$$NaAc+H_2O \rightleftharpoons HAc+NaOH$$

其离子方程式为：

$$Ac^-+H_2O \rightleftharpoons HAc+OH^- \tag{5-23}$$

由此可见，NaAc水解作用的实质是Ac^-与H_2O作用生成弱酸HAc的反应。因此，盐类的水解反应是生成盐的阴、阳离子与水作用生成弱酸或弱碱的反应。

当水解反应达到平衡时，根据化学平衡的一般原理：

$$K_h^\ominus(Ac^-)=\frac{[HAc][OH^-]}{[Ac^-]} \tag{5-24}$$

式中，$K_h^\ominus$ 为水解反应的平衡常数，称为水解常数。

水解平衡时，溶液中必定同时存在着 H_2O 和 HAc 的电离平衡：

$$H_2O \rightleftharpoons H^+ + OH^- \qquad K_w^\ominus$$

$$-)\ HAc \rightleftharpoons H^+ + Ac^- \qquad K_a^\ominus(HAc)$$

$$Ac^- + H_2O \rightleftharpoons HAc + OH^-$$

根据多重平衡规则：

$$K_h^\ominus(Ac^-)=\frac{[HAc][OH^-]}{[Ac^-]}=\frac{K_w^\ominus}{K_a^\ominus(HAc)} \tag{5-25}$$

溶液中 $c(OH^-)$ 的计算与一元弱碱中完全类似。

	Ac^-	+ H_2O	$\rightleftharpoons HAc$	$+OH^-$
起始浓度	$c(NaAc)$		0	0
平衡浓度	$c(Ac^-)$		$c(HAc)$	$c(OH^-)$

因为溶液中 $c(HAc)=c(OH^-)$，当 $c/K_h^\ominus \geqslant 500$ 时，可近似计算。

则

$$c(Ac^-)\approx c(NaAc^-)$$

由式(5-25) 可得：

$$K_h^\ominus(Ac^-)=\frac{[OH^-]^2}{[Ac^-]}=\frac{K_w^\ominus}{K_a^\ominus(HAc)}$$

$$[OH^-]=\sqrt{K_h^\ominus(Ac^-)[Ac^-]}$$

改写为

$$c(OH^-)=\sqrt{K_h^\ominus(Ac^-)c(Ac^-)} \tag{5-26}$$

将 NaAc 水解反应的结果推广到一般一元弱酸强碱盐的水解反应，可得：

$$K_h^\ominus=\frac{K_w^\ominus}{K_a^\ominus} \tag{5-27}$$

$$c(OH^-)=\sqrt{K_h^\ominus c_{盐}} \tag{5-28}$$

在常温下，$K_w^\ominus$ 为一常数，故弱酸强碱盐的水解常数 $K_h^\ominus$ 取决于弱酸的电离常数 $K_a^\ominus$ 的大小。$K_a^\ominus$ 越小，即酸越弱，则 $K_h^\ominus$ 越大，说明该盐的水解程度越大；反之，$K_a^\ominus$ 越大，$K_h^\ominus$ 越小，则水解程度越小。与弱电解质的电离类比，盐的水解程度除可用水解常数 $K_h^\ominus$ 衡量外，也可用水解度来衡量。

$$水解度(h)=\frac{已水解的盐的浓度[c(OH^-)]}{盐的起始浓度(c\ 盐)}\times 100\%$$

在一元弱酸强碱盐溶液中，由于

$$c(OH^-)=\sqrt{K_h^\ominus c_{盐}}$$

而

$$h=\frac{c(OH^-)}{c_{盐}}$$

故有

$$h=\sqrt{\frac{K_h^\ominus}{c_{盐}}} \tag{5-29}$$

这与稀释定律的表达式(5-6) 相同。

5.5.2　弱碱强酸盐的水解

这类盐的水解与弱酸强碱盐的水解相似，不同的地方只是盐的阳离子与水作用生成弱碱。以 NH_4Cl 的水解为例，在溶液中：

$$
\begin{array}{ccccc}
NH_4Cl & \longrightarrow & NH_4^+ & + & Cl^- \\
 & & + & & \\
H_2O & \rightleftharpoons & OH^- & + & H^+ \\
 & & \Updownarrow & & \\
 & & NH_3 \cdot H_2O & &
\end{array}
$$

弱碱 $NH_3 \cdot H_2O$ 的生成，使水的电离平衡被破坏，在达到新的平衡时，溶液中$c(H^+)>c(OH^-)$,所以溶液显酸性。

NH_4Cl 水解反应的实质是盐中的阳离子 NH_4^+ 与水中的 OH^- 作用生成了弱碱$NH_3 \cdot H_2O$。

$$NH_4^+ + H_2O \rightleftharpoons NH_3 \cdot H_2O + H^+$$

采用与弱酸强碱盐同样的分析方法，可推导得出：

$$K_h^\ominus = \frac{K_w^\ominus}{K_b^\ominus} \tag{5-30}$$

溶液中 $c(H^+)$ 的近似计算公式为：

$$c(H^+) = \sqrt{K_h^\ominus c_{盐}} \tag{5-31}$$

【例 5-5】 试计算 $0.010\ mol \cdot L^{-1}$ NH_4Cl 溶液的 pH 和水解度。

解 设达到水解平衡时，溶液中 $c(H^+)=x mol \cdot L^{-1}$。

$$
\begin{array}{lccc}
 & NH_4^+ + H_2O \rightleftharpoons & NH_3 \cdot H_2O + & H^+ \\
起始浓度/mol \cdot L^{-1} & 0.010 & 0 & 0 \\
平衡浓度/mol \cdot L^{-1} & 0.010-x & x & x
\end{array}
$$

$$K_h^\ominus(NH_4^+) = \frac{[NH_3 \cdot H_2O][H^+]}{[NH_4^+]} = \frac{x^2}{0.010-x}$$

查附录Ⅲ可知：$K_b^\ominus(NH_3 \cdot H_2O) = 1.79 \times 10^{-5}$。由式(5-30) 可得：

$$K_b^\ominus(NH_4^+) = \frac{K_w^\ominus}{K_b^\ominus(NH_3 \cdot H_2O)} = \frac{1.0 \times 10^{-14}}{1.79 \times 10^{-5}} = 5.6 \times 10^{-10}$$

因为 $c/K_h^\ominus = 0.010/5.6 \times 10^{-10} > 500$，所以可作近似计算，即 $0.010-x \approx 0.010$。

则
$$\frac{x^2}{0.010} = 5.6 \times 10^{-10}$$

解得
$$x = c(H^+) = 2.4 \times 10^{-6}\ mol \cdot L^{-1}$$

$$pH = -lg[H^+] = -lg(2.4 \times 10^{-6}) = 5.62$$

$$水解度\quad h = \frac{2.4 \times 10^{-6}}{0.010} \times 100\% = 0.024\%$$

5.5.3 弱酸弱碱盐的水解

这类盐的特点是组成盐的阳离子和阴离子都会与水发生作用，使水解更加强烈。以 NH_4Ac 的水解为例，在水溶液中：

$$
\begin{array}{ccccc}
NH_4Ac & \longrightarrow & NH_4^+ & + & Ac^- \\
 & & + & & + \\
H_2O & \rightleftharpoons & OH^- & + & H^+ \\
 & & \Updownarrow & & \Updownarrow \\
 & & NH_3 \cdot H_2O & & HAc
\end{array}
$$

NH_4Ac水解反应的实质是盐中的NH_4^+和Ac^-分别与水中的OH^-和H^+作用，生成弱碱$NH_3 \cdot H_2O$和弱酸HAc。写成离子方程式为：

$$NH_4^+ + Ac^- + H_2O \rightleftharpoons HAc + NH_3 \cdot H_2O$$

$$K_h^\ominus = \frac{[HAc][NH_3 \cdot H_2O]}{[NH_4^+][Ac^-]}$$

$K_h^\ominus$可由溶液中同时存在的多个电离平衡的平衡常数求得：

$$\begin{array}{ll} H_2O \rightleftharpoons H^+ + OH^- & K_w^\ominus \\ -)\ HAc \rightleftharpoons H^+ + Ac^- & K_a^\ominus \\ -)\ NH_3 \cdot H_2O \rightleftharpoons NH_4^+ + OH^- & K_b^\ominus \\ \hline NH_4^+ + Ac^- + H_2O \rightleftharpoons HAc + NH_3 \cdot H_2O & K_h^\ominus \end{array}$$

根据多重平衡规则：

$$K_h^\ominus = \frac{K_w^\ominus}{K_a^\ominus K_b^\ominus} \tag{5-32}$$

由式(5-32)可见，弱酸弱碱盐的水解常数$K_h^\ominus$同时受到$K_a^\ominus$和$K_b^\ominus$的影响，由于分母中的$K_a^\ominus$和$K_b^\ominus$是两个小数，其乘积将更小，所以弱酸弱碱盐的水解常数一般较大，水解程度也较大。

弱酸弱碱盐溶液的酸碱性主要与$K_a^\ominus$、$K_b^\ominus$的相对大小有关，分下列三种情况：

① 当$K_a^\ominus > K_b^\ominus$时，溶液显酸性，如$NH_4F$。

② 当$K_a^\ominus < K_b^\ominus$时，溶液显碱性，如$NH_4CN$。

③ 当$K_a^\ominus = K_b^\ominus$时，溶液显中性，如$NH_4Ac$。

5.5.4　多元弱酸盐的水解

多元弱酸盐的水解比较复杂。它们的水解过程与多元弱酸的电离相似，也是分步进行的，每一步都有相应的水解常数。现以Na_2CO_3为例，在溶液中：

第一步水解

$$CO_3^{2-} + H_2O \rightleftharpoons HCO_3^- + OH^- \qquad K_{h1}^\ominus$$

第二步水解

$$HCO_3^- + H_2O \rightleftharpoons H_2CO_3 + OH^- \qquad K_{h2}^\ominus$$

对于第一步水解，包含着下面两个电离平衡：

$$\begin{array}{ll} H_2O \rightleftharpoons H^+ + OH^- & K_w^\ominus \\ -)\ HCO_3^- \rightleftharpoons H^+ + CO_3^{2-} & K_{a2}^\ominus \\ \hline CO_3^{2-} + H_2O \rightleftharpoons HCO_3^- + OH^- & \end{array}$$

根据多重平衡规则：

$$K_{h1}^\ominus = \frac{K_w^\ominus}{K_{a2}^\ominus} \tag{5-33}$$

同理，可推导得到第二步水解的水解常数为：

$$K_h^\ominus = \frac{K_w^\ominus}{K_{a1}^\ominus} \tag{5-34}$$

由此可见，Na_2CO_3的第一步水解常数$K_{h1}^\ominus$与弱酸H_2CO_3的第二步电离常数$K_{h2}^\ominus$有关，而第二步水解常数$K_{h2}^\ominus$与H_2CO_3的第一步电离常数$K_{a1}^\ominus$有关。由于H_2CO_3的$K_{a2}^\ominus \ll K_{a1}^\ominus$，所以$K_{h1}^\ominus \gg K_{h2}^\ominus$。即$Na_2CO_3$的第一步水解的程度远远大于第二步水解的程度。因此，对Na_2CO_3溶液中离子浓度的计算，可忽略其第二步水解。由此可得，对多元弱酸盐的水解，计算时主要考虑第一步水解，类似于一元弱酸水解的计算。

5.5.5 影响盐类水解的因素

大多数盐类的水解反应进行的程度都很微弱。盐类水解程度的大小，首先决定于盐的水解离子的本性，形成盐的酸或碱越弱，则盐的水解作用就越强。若盐的水解产物是很弱的电解质，而且又是溶解度很小的难溶沉淀或气体，则水解程度就极大，水解反应实际上进行完全。Al_2S_3 的水解就是一个典型的例子：

$$Al_2S_3+6H_2O \longrightarrow 2Al(OH)_3\downarrow+3H_2S\uparrow$$

此外，根据平衡移动的原理，盐的水解程度还与盐溶液的浓度、温度、酸度等因素有关。

(1) 浓度的影响

一般来说，盐的浓度越小，盐的水解度就越大，因此，稀释可促进水解。例如 $Ac^-+H_2O \longrightarrow HAc+OH^-$，溶液稀释时生成物 $c(HAc)$、$c(OH^-)$ 均减小，而反应物只有 $c(Ac^-)$减小，所以水解平衡向右移动。

由式(5-29) 可见，随着盐的浓度减小，盐的水解度增大。

(2) 温度的影响

盐的水解反应是酸碱中和反应的逆反应。中和反应是放热反应，所以盐的水解反应是吸热反应：

$$盐+水 \underset{放热}{\overset{吸热}{\rightleftharpoons}} 酸+碱$$

因此，升高温度，平衡向吸热方向移动，从而促进盐的水解。

(3) 酸度的影响

由于盐的水解反应的产物中有酸或碱，因此控制溶液的酸度就可以促进或抑制水解反应的进行。如果盐的水解产物中有酸生成，则溶液 pH 的提高（碱性增强）会促进水解，而 pH 的降低（酸性增强）则会抑制水解的进行。

5.5.6 盐类水解的抑制与利用

抑制或利用盐类的水解反应，在化工生产和科学实验中是经常使用的方法。实验室中配制一些易水解盐类的溶液时，就要抑制其水解。如配制 Na_2S 溶液时，因为 $S^{2-}+H_2O \rightleftharpoons HS^-+OH^-$，可加入适量的 NaOH 来抑制其水解。在配制 $SnCl_2$、$SbCl_3$、$Bi(NO_3)_3$ 等溶液时，由于水解而不能得到澄清的溶液，因为：

$$SnCl_2+H_2O \rightleftharpoons Sn(OH)Cl\downarrow+HCl$$

$$SbCl_3+H_2O \rightleftharpoons SbOCl\downarrow+2HCl$$

$$Bi(NO_3)_3+H_2O \rightleftharpoons BiONO_3\downarrow+2HNO_3$$

为了防止水解的发生，常先将盐溶于相应的浓酸中，然后加水稀释至一定的浓度。然而，有时人们也常利用盐类水解生成沉淀来达到物质的分离、鉴定和提纯的目的。例如，利用锑盐、铋盐的水解特性来鉴定 Sb、Bi。而在化学试剂的生产中，除去杂质铁的原理也是利用 Fe^{3+} 的易水解性。先用适当的氧化剂（如 H_2O_2）将 Fe^{2+} 氧化 Fe^{3+}，然后调节溶液的酸度为 pH=3～4 并加热，促进 Fe^{3+} 的水解反应，使其完全水解，形成 Fe $(OH)_3$ 沉淀而除去。

5.6 沉淀-溶解平衡

严格来说，在水中绝对不溶的物质是没有的。所谓易溶电解质指的是在水中溶解度较大的电解质。通常把溶解度小于 $0.01g\cdot(100gH_2O)^{-1}$ 的电解质称为难溶电解质，溶解度在 $0.01\sim0.1g\cdot(100gH_2O)^{-1}$ 之间的电解质称为微溶电解质。本节所讨论的对象也包括微溶电解质。难溶电解质在溶液中的状况与前面所讨论的弱电解质不同，难溶电解质的溶解度虽然很小，但溶解的部分是完全电离的，溶液中不存在未电离的分子，所以也常将它们叫做难溶强电解质。

5.6.1 溶度积原理

（1）溶度积常数

一定温度下，在水中加入难溶电解质固体（例如 $BaSO_4$），当它的量超过它的溶解度时，在溶液中就会建立起一个溶解和沉淀之间的多相离子平衡（又称沉淀-溶解平衡）：

$$BaSO_4\ (s) \underset{沉淀}{\overset{溶解}{\rightleftharpoons}} Ba^{2+} + SO_4^{2-}$$

未溶解的固体　　　　溶液中的离子

$BaSO_4$ 是强电解质，在水中电离为相应的离子 Ba^{2+} 和 SO_4^{2-}，同时 Ba^{2+} 和 SO_4^{2-} 也会结合成为 $BaSO_4$ 沉淀，这是一个动态平衡。平衡时的溶液是饱和溶液。根据化学平衡的一般原理，其平衡常数表达式为：

$$K^{\ominus}=[Ba^{2+}][SO_4^{2-}]$$

式中，$K^{\ominus}$ 为多相离子平衡的平衡常数，称为溶度积常数，简称溶度积，一般用符号 $K_{sp}^{\ominus}$ 表示。对 $BaSO_4$ 的沉淀-溶解平衡，其溶度积可表示为：

$$K_a^{\ominus}(BaSO_4)=[Ba^{2+}][SO_4^{2-}]$$

对于任意形式的难溶电解质 A_mB_n 的沉淀-溶解平衡：

$$A_mB_n(s) \rightleftharpoons mA^{n+}+nB^{m-}$$

$$K_{sp}^{\ominus}(A_mB_n)=[A^{n+}]^m[B^{m-}]^n \tag{5-35}$$

$K_{sp}^{\ominus}$ 的大小反映了难溶电解质溶解能力的大小。$K_{sp}^{\ominus}$ 越小，表示难溶电解质在水中的溶解度越小，与其他的平衡常数一样，$K_{sp}^{\ominus}$ 也是温度的函数。附录Ⅵ列出了某些难溶电解质的溶度积。

（2）溶度积与溶解度的相互换算

溶度积和溶解度都可以用来表示物质的溶解能力，它们之间可以相互换算。由于难溶电解质的溶解度很小，所以溶液的浓度很小，难溶电解质饱和溶液的密度可近似认为等于纯水的密度（$1.00g\cdot mL^{-1}$）。

以 AB 型难溶强电解质 $BaSO_4$ 为例，设其在水中的溶解度为 $S(mol\cdot L^{-1})$，因为 Ba^{2+}、SO_4^{2-} 基本上不水解，则在 $BaSO_4$ 的饱和溶液中有如下的沉淀-溶解平衡：

$$BaSO_4\ (s) \rightleftharpoons Ba^{2+} + SO_4^{2-}$$

平衡浓度　　　　　　　　S　　　S

$$K_{sp}^{\ominus}(BaSO_4)=[Ba^{2+}][SO_4^{2-}]=S^2$$

查表 5-6 可知：$K_{sp}^{\ominus}(BaSO_4)=1.1\times10^{-10}$。

则

$$S=\sqrt{K_{sp}^{\ominus}(BaSO_4)}=\sqrt{1.1\times10^{-10}}$$
$$=1.05\times10^{-5}mol\cdot L^{-1}$$

由此可见，对于基本上不水解的 AB 型难溶强电解质，其溶解度（S）在数值上等于其溶度积的平方根。即

$$S=\sqrt{K_{sp}^{\ominus}} \tag{5-36}$$

对于 AB_2 型（或 A_2B 型）难溶强电解质（如 CaF_2、Ag_2CrO_4 等），同理可推导得其溶解度和溶度积的关系式为：

$$S=\sqrt[3]{\frac{K_{sp}^{\ominus}}{4}} \tag{5-37}$$

应该指出，难溶电解质的溶解度和溶度积之间的关系，实际上是比较复杂的。只有在难溶强电解质基本不水解的情况下，溶解度和溶度积之间才符合式(5-36)、式(5-37) 的关系。并且，只有对类型相同的难溶电解质，才可以直接根据溶度积的大小来比较它们溶解度的相对大小。

【例 5-6】 已知 298K 时，AgBr 的溶解度为 1.35×10^{-5} g·$(100gH_2O)^{-1}$，求 AgBr 的溶度积。

解 先将 AgBr 的溶解度换算成物质的量浓度。因为难溶电解质的饱和溶液中离子浓度很小，所以其密度可近似认为与纯水相同，即为 1.00g·mL^{-1}。

AgBr 的摩尔质量为 187.8g·mol^{-1}，则 AgBr 的溶解度可表示为：

$$\frac{1.35\times10^{-5}}{187.8}\times\frac{1000\times1.00}{100}=7.19\times10^{-7}\,mol\cdot L^{-1}$$

因为 AgBr 是强电解质，溶解部分完全电离，所以溶液中：

$$c(Ag^+)=c(Br^-)=7.19\times10^{-7}\,mol\cdot L^{-1}$$

由 AgBr 的沉淀-溶解平衡：

$$AgBr(s)\rightleftharpoons Ag^+ + Br^-$$

可得 AgBr 的溶度积为：

$$\begin{aligned}K_{sp}^{\ominus}(AgBr)&=[Ag^+][Br^-]\\&=(7.19\times10^{-7})^2=5.17\times10^{-13}\end{aligned}$$

(3) 溶度积规则

对于任一难溶电解质的沉淀-溶解平衡，在任意条件下：

$$A_mB_n(s)\rightleftharpoons mA^{n+} + nB^{m-}$$

其反应商为：

$$Q=[A^{n+}]^m[B^{m-}]^n$$

Q 等于生成物离子的相对浓度幂的乘积，所以反应商在沉淀-溶解平衡中又称为离子积。

根据化学平衡移动的一般原理，将离子积 Q 和溶度积 $K_{sp}^{\ominus}$ 进行比较，可以得出：

① $Q>K_{sp}^{\ominus}$，平衡向左移动，有沉淀生成。

② $Q=K_{sp}^{\ominus}$，平衡状态，饱和溶液。

③ $Q>K_{sp}^{\ominus}$，平衡向右移动，沉淀溶解。

以上规则称为溶度积规则，它是难溶电解质的沉淀-溶解平衡移动规律的总结。应用溶度积规则，可以判断溶液中沉淀的生成和溶解。

5.6.2 难溶电解质沉淀的生成与溶解

(1) 沉淀的生成

根据溶度积规则，在难溶电解质溶液中，如果 $Q>K_{sp}^{\ominus}$，就会有该物质的沉淀生成。因此，要使溶液某种离子生成沉淀，就必须加入与被沉淀离子有关的沉淀剂。

例如，在 $AgNO_3$ 溶液中加入 NaCl 溶液，当混合溶液中

$$Q=[Ag^+][Cl^-]>K_{sp}^{\ominus}(AgCl)$$

时，就会生成 AgCl 沉淀。NaCl 就是沉淀剂。

① 同离子效应　在难溶电解质的饱和溶液中，加入含有相同离子的易溶强电解质，难

溶电解质的沉淀-溶解平衡将发生移动。例如在饱和 AgCl 溶液中加入含有相同离子（Cl^-）的易溶强电解质 NaCl，在溶液中发生如下反应：

$$AgCl(s) \rightleftharpoons Ag^+ + Cl^-$$
$$NaCl \longrightarrow Na^+ + Cl^-$$

NaCl 电离产生大量的 Cl^-，使 $Q > K_{sp}^{\ominus}(AgCl)$，则 AgCl 的沉淀-溶解平衡向左移动，析出 AgCl 沉淀。当新的平衡建立时，AgCl 的溶解度降低了。这种在难溶电解质溶液中加入含有相同离子的易溶强电解质而使难溶电解质溶解度降低的现象称为同离子效应。它和同离子效应能降低弱电解质电离度的原理是一样的。

【例 5-7】 在 298K 时，AgCl 的溶度积为 1.8×10^{-10}，试分别计算 AgCl 在纯水中和在 $1.0\ mol \cdot L^{-1}$ HCl溶液中的溶解度。

解　设 AgCl 在纯水中的溶解度为 $S_1(mol \cdot L^{-1})$，则根据 AgCl 的沉淀-溶解平衡：

$$AgCl(s) \rightleftharpoons Ag^+ + Cl^-$$

起始浓度　　$0 \quad 0$

平衡浓度　　$S_1 \quad S_1$

$$K_{sp}^{\ominus}(AgCl) = [Ag^+][Cl^-] = [S_1]^2$$

$$[S_1] = \sqrt{K_{sp}^{\ominus}(AgCl)} = \sqrt{1.8 \times 10^{-10}} = 1.3 \times 10^{-5}$$

即
$$S_1 = 1.3 \times 10^{-5}\ mol \cdot L^{-1}$$

设 AgCl 在 $1.0 mol \cdot L^{-1}$ HCl 溶液中的溶解度为 $S_2(mol \cdot L^{-1})$，则

$$AgCl(s) \rightleftharpoons Ag^+ + Cl^-$$

起始浓度　　$0 \quad 1.0$

平衡浓度　　$S_2 \quad 1.0 + S_2$

$$K_{sp}^{\ominus}(AgCl) = [Ag^+][Cl^-] = [S_2][1.0 + S_2]$$

因为同离子效应，$S_2 \ll 1.0$，所以 $1.0 + S_2 \approx 1.0$。

则
$$[S_2] = K_{sp}^{\ominus}(AgCl) = 1.8 \times 10^{-10}$$

即
$$S_2 = 1.8 \times 10^{-10}\ mol \cdot L^{-1}$$

可见，由于同离子效应，AgCl 在 HCl 溶液中的溶解度比纯水中小得多。

② 盐效应　如果在 AgCl 的饱和溶液中加入不含有相同离子的易溶强电解质，例如 KNO_3，则 AgCl 的溶解度将比在纯水中略为增大。这种由于加入易溶强电解质而使难溶电解质溶解度增大的现象称为盐效应。

盐效应产生的原因是由于电解质溶液中离子间的相互作用。因为随着溶液中离子浓度的增加，带相反电荷的离子间相互吸引、相互牵制作用增强，妨碍了离子的自由运动，也就减少了离子的有效浓度，平衡被破坏，平衡向溶解的方向移动，致使溶解度增大。

因此，在进行沉淀反应时，要使某种离子沉淀完全（一般来说，残留在溶液中的被沉淀离子的浓度小于 $1.0 \times 10^{-5} mol \cdot L^{-1}$ 时，可以认为沉淀完全），首先应选择适当的沉淀剂，使生成的难溶电解质的溶度积尽可能小；其次，加入适当过量的沉淀剂（一般过量 20%～50%即可）以产生同离子效应。一般来说，同离子效应的影响要比盐效应大得多，所以，如果盐的浓度不是很大时，只考虑同离子效应而不考虑盐效应。

【例 5-8】 求 298K 时，Mn^{2+} 浓度为 $0.10 mol \cdot L^{-1}$ 的溶液中，开始生成 $Mn(OH)_2$ 沉淀和沉淀完全时的 pH。

解　查表得 $Mn(OH)_2$ 的溶度积 $K_{sp}^{\ominus} = 1.9 \times 10^{-13}$。当 $Mn(OH)_2$ 沉淀开始生成时，

它在溶液中已达饱和，溶液中存在如下沉淀-溶解平衡：

$$Mn(OH)_2(s) \rightleftharpoons Mn^{2+} + 2OH^-$$

$$K_{sp}^{\ominus} = [Mn^{2+}][OH^-]^2$$

$$[OH^-] = \sqrt{\frac{K_{sp}^{\ominus}}{[Mn^{2+}]}} = \sqrt{\frac{1.9 \times 10^{-13}}{0.10}} = 1.38 \times 10^{-6}$$

$$pH = 14 - pOH = 14 + \lg(1.38 \times 10^{-6}) = 8.14$$

当 pH>8.14 时，溶液中开始生成 $Mn(OH)_2$ 沉淀，至沉淀完全时仍为饱和溶液，此时 $c(Mn^{2+}) = 1.0 \times 10^{-5} mol \cdot L^{-1}$。

$$[OH^-] = \sqrt{\frac{K_{sp}^{\ominus}}{[Mn^{2+}]}} = \sqrt{\frac{1.9 \times 10^{-13}}{1.0 \times 10^{-5}}} = 1.38 \times 10^{-4}$$

$$pH = 14 - pOH = 10.14$$

可见，金属的难溶氢氧化物在溶液中开始沉淀和沉淀完全的 pH 主要取决于其溶度积 $K_{sp}^{\ominus}$ 的大小。因此，适当控制溶液的 pH，可使溶液中某些金属离子沉淀为氢氧化物，而另一些金属离子仍留在溶液中，从而达到分离、提纯的目的。一些常见金属氢氧化物沉淀的 pH 见表 5-6。

表 5-6 常见金属氢氧化物沉淀的 pH

金属氢氧化物		开始沉淀时的 pH		沉淀完全时的 pH（金属离子浓度 $\leqslant 10^{-5}$ mol·L^{-1}）
分子式	$K_{sp}^{\ominus}$	金属离子浓度 1mol·L^{-1}	金属离子浓度 0.1mol·L^{-1}	
$Mg(OH)_2$	1.8×10^{-11}	8.63	9.13	11.13
$Mn(OH)_2$	1.9×10^{-13}	7.64	8.14	10.14
$Co(OH)_2$	1.6×10^{-15}	6.60	7.10	9.10
$Fe(OH)_2$	8.0×10^{-16}	6.45	6.95	8.95
$Zn(OH)_2$	1.2×10^{-17}	5.54	6.02	8.04
$Cu(OH)_2$	2.2×10^{-20}	4.17	4.67	6.67
$Al(OH)_3$	1.3×10^{-33}	3.04	3.37	4.71
$Fe(OH)_3$	4.0×10^{-38}	1.54	1.87	3.20
$Sn(OH)_2$	1.4×10^{-28}	0.07	0.57	2.57

(2) 沉淀的溶解

根据溶度积规则，沉淀溶解的必要条件是 $Q < K_{sp}^{\ominus}$。因此，一切能使溶液中有关离子浓度降低的方法，都能促使沉淀-溶解平衡向溶解的方向移动，沉淀就会溶解。一般采用以下几种方法。

① 酸碱溶解法　利用酸、碱与难溶电解质的组分离子结合生成弱电解质（弱酸、弱碱或 H_2O），以溶解某些弱酸盐、弱碱盐、酸性或碱性氧化物和氢氧化物等难溶物质的方法，称为酸碱溶解法。

例如，金属硫化物是弱酸 H_2S 的盐，它在溶液中溶于酸的反应过程可表示为：

$$\begin{array}{l} MS(s) \rightleftharpoons M^{2+} + S^{2-} \\ \qquad\qquad\qquad\quad + \\ \qquad\qquad\qquad\quad 2H^+ \\ \qquad\qquad\qquad\quad \Updownarrow \\ \qquad\qquad\qquad\quad H_2S \end{array}$$

溶解过程中同时存在着两个平衡：

$$MS(s) \rightleftharpoons M^{2+} + S^{2-} \qquad K_{sp}^{\ominus}$$

$$H_2S(s) \rightleftharpoons 2H^+ + S^{2-} \qquad K_a^{\ominus} = K_{a1}^{\ominus} K_{a2}^{\ominus}$$

两式相减，得溶解反应：

$$MS(s) + 2H^+ \rightleftharpoons M^{2+} + H_2S$$

由多重平衡规则，金属硫化物溶于酸的反应的平衡常数为：

$$K^{\ominus} = \frac{[M^{2+}][H_2S]}{[H^+]^2} = \frac{K_{sp}^{\ominus}(MS)}{K_{a1}^{\ominus}(H_2S) K_{a2}^{\ominus}(H_2S)}$$

在通常条件下，H_2S 饱和溶液的浓度为 0.10mol·L^{-1}。如果已知溶液中金属离子的浓度，就可以根据金属硫化物的溶度积和 H_2S 的电离常数，计算出硫化物沉淀溶解时溶液中的 H^+ 浓度：

$$[H^+] = \sqrt{\frac{[M^{2+}][H_2S] K_{a1}^{\ominus}(H_2S) K_{a2}^{\ominus}(H_2S)}{K_{sp}^{\ominus}(MS)}} \tag{5-38}$$

可见，难溶弱酸盐溶于酸的难易程度与难溶物质的溶度积和弱酸的电离常数有关。$K_{sp}^{\ominus}$ 越大，$K_a^{\ominus}$ 值越小，沉淀溶解所需要的 $[H^+]$ 越小，说明沉淀在酸中的溶解反应越易进行。反之，所需的 $[H^+]$ 就越大，则溶解反应越难进行。例如溶度积较大的 MnS（$K_{sp}^{\ominus} = 2.5 \times 10^{-10}$），不仅可溶于稀盐酸中，甚至可溶于乙酸 [0.1ml·L^{-1} HAc 溶液中，$c(H^+)$ 为 1.3×10^{-3} mol·L^{-1}]；溶度积较小的 ZnS($K_{sp}^{\ominus} = 1.6 \times 10^{-24}$)，只溶于盐酸，而不溶于乙酸；溶度积更小的 CuS($K_{sp}^{\ominus} = 6.3 \times 10^{-36}$)，若溶于盐酸，则所需 $c(H^+)$ 高达 10^7 mol·L^{-1}。这是一个实际上不能达到的浓度，因此 CuS 不能溶于盐酸这样的非氧化性酸。

【例 5-9】 使 0.01mol ZnS 全部溶于 1.0L 盐酸中，计算所需盐酸的最低浓度。

解　当 0.01mol 的 ZnS 全部溶于 1.0L 盐酸中时，溶液中 $c(Zn^{2+}) = 0.01$ mol·L^{-1}。溶解出的 S^{2-} 将与盐酸中的 H^+ 结合生成 H_2S，且 $c(H_2S) = 0.01$ mol·L^{-1}。

溶液中 $c(S^{2-})$ 可由 ZnS 的沉淀-溶解平衡求得：

$$ZnS(s) \rightleftharpoons Zn^{2+} + S^{2-}$$

$$K_{sp}^{\ominus}(ZnS) = [Zn^{2+}][S^{2-}]$$

$$[S^{2-}] = \frac{K_{sp}^{\ominus}(ZnS)}{[Zn^{2+}]} = \frac{1.6 \times 10^{-24}}{0.01} = 1.6 \times 10^{-22}$$

根据 H_2S 的电离平衡，可求得此时溶液中的 $c(H^+)$：

$$H_2S \rightleftharpoons 2H^+ + S^{2-}$$

$$K_a^{\ominus} = K_{a1}^{\ominus} K_{a2}^{\ominus} = \frac{[H^+]^2[S^{2-}]}{[H_2S]}$$

$$[H^+] = \sqrt{\frac{K_{a1}^{\ominus} K_{a2}^{\ominus} [H_2S]}{[S^{2-}]}}$$

$$= \sqrt{\frac{9.1 \times 10^{-8} \times 1.1 \times 10^{-12} \times 0.01}{1.6 \times 10^{-22}}} = 2.50$$

即

$$c(H^+) = 2.50 \text{mol} \cdot L^{-1}$$

这个浓度为溶液中平衡时的 $c(H^+)$。盐酸中的 H^+ 与 0.01mol S^{2-} 结合时消耗掉 0.02mol，所以，所需盐酸的最低浓度应为 2.50+0.02=2.52 mol·L^{-1}。

对于难溶的氢化物或两性氢氧化物，它们溶于酸或碱的反应原理为：

$$nH^+ + MO_n^{n-} \rightleftharpoons M(OH)_n(s) \rightleftharpoons M^{n+} + nOH^-$$

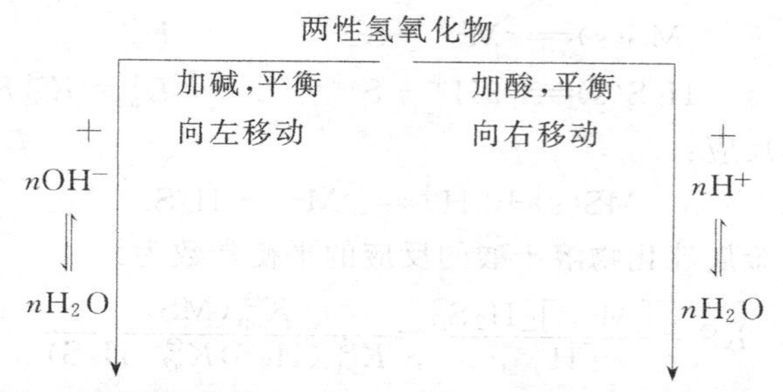

② 氧化-还原溶解法 利用氧化-还原反应来降低溶液中难溶电解质组分离子的浓度，从而使难溶沉淀溶解的方法，称为氧化-还原溶解法。例如 CuS 不溶于 HCl 中，但易溶于具有氧化性的 HNO_3 中，其溶解过程为：

$$\begin{array}{l} CuS(s) \rightleftharpoons Cu^{2+} + S^{2-} \\ \qquad\qquad\qquad\qquad + \\ \qquad\qquad\qquad\quad HNO_3 \\ \qquad\qquad\qquad\qquad \longrightarrow S\downarrow + NO\uparrow + H_2O \end{array}$$

$$\xrightarrow[\text{加入 } HNO_3\text{，平衡向右移动}]{}$$

由于 S^{2-} 被氧化为游离态 S，使溶液中 $c(S^{2-})$ 显著降低，致使离子积 $Q=[Cu^{2+}][S^{2-}]< K_{sp}^{\ominus}(CuS)$，所以 CuS 沉淀被溶解。

③ 配位溶解法 利用加入配位剂使难溶电解质的组分离子形成稳定的配离子来降低难溶电解质组分离子的浓度，从而使难溶沉淀溶解的方法，称为配位溶解法。例如 AgCl 难溶于 HNO_3，但易溶于 $NH_3 \cdot H_3O$ 中，其溶解过程为：

$$\begin{array}{l} AgCl(s) \rightleftharpoons Ag^{+} + Cl^{-} \\ \qquad\qquad\quad\;\; + \\ \qquad\quad 2NH_3 \cdot H_2O \\ \qquad\qquad\quad \longrightarrow [Ag(NH_3)_2]^{+} + 2H_2O \end{array}$$

$$\xrightarrow[\text{加入 } NH_3\cdot H_3O\text{，平衡向右移动}]{}$$

由于 Ag^{+} 与 NH_3 结合成稳定的配离子 $[Ag(NH_3)_2]^{+}$，使溶液中 $c(Ag^{+})$ 降低，致使 $Q=[Ag^{+}][Cl^{-}]< K_{sp}^{\ominus}(AgCl)$，所以 AgCl 沉淀被溶解。

5.6.3 分步沉淀

在实际工作中，溶液中往往含有多种离子，当加入某种沉淀剂时，这些离子可能都会产生沉淀。但由于它们的溶度积不同，所以产生沉淀的先后次序就会不同。例如在含有等浓度 I^{-} 和 Cl^{-} 的混合溶液中，逐滴加入 $AgNO_3$ 溶液，开始仅生成浅黄色的 AgI 沉淀，只有当 $AgNO_3$ 加到一定量后，才会出现白色的 AgCl 沉淀。这种在溶液中离子发生先后沉淀的现象，称为分步沉淀。

根据溶度积规则，可分别计算出生成 AgI 和 AgCl 沉淀时所需 Ag^{+} 的浓度。假定混合溶液中 $c(I^{-})=c(Cl^{-})=1.0\times10^{-2}\ mol\cdot L^{-1}$。

AgI 沉淀时 $$[Ag^{+}]\geqslant\frac{K_{sp}^{\ominus}(AgI)}{[I^{-}]}=\frac{8.3\times10^{-17}}{1.0\times10^{-2}}=8.3\times10^{-15}$$

即 $$c_1(Ag^{+})=8.3\times10^{-15}\ mol\cdot L^{-1}$$

AgCl 沉淀时 $$[Ag^{+}]\geqslant\frac{K_{sp}^{\ominus}(AgCl)}{[Cl^{-}]}=\frac{1.8\times10^{-10}}{1.0\times10^{-2}}=1.8\times10^{-8}$$

即 $$c_2(Ag^{+})=1.8\times10^{-8}\ mol\cdot L^{-1}$$

$$c_1(Ag^+) \ll c_2(Ag^+)$$

可见，使 AgI 生成沉淀所需要的 $c_1(Ag^+)$ 比 AgCl 沉淀所需要的 $c_2(Ag^+)$ 小得多，所以，当滴加 $AgNO_3$ 溶液时，必然首先满足 AgI 的沉淀条件，AgI 首先沉淀出来。随着 I^- 不断被沉淀为 AgI，溶液中 I^- 浓度不断减小。若要使 AgI 继续沉淀，必须不断加入 $AgNO_3$，以提高溶液中 Ag^+ 的浓度，当达到 AgCl 开始沉淀所需要的 Ag^+ 浓度（1.8×10^{-8} $mol\cdot L^{-1}$）时，AgI 和 AgCl 将同时沉淀出来。由于 AgI 和 AgCl 处在同一饱和溶液中，所以溶液中 Ag^+ 浓度必然同时满足 AgI 和 AgCl 两种沉淀的溶度积关系式：

$$[Ag^+][I^-]=K_{sp}^{\ominus}(AgI)$$

$$[Ag^+][Cl^-]=K_{sp}^{\ominus}(AgCl)$$

即

$$[Ag^+]=\frac{K_{sp}^{\ominus}(AgI)}{[I^-]}=\frac{K_{sp}^{\ominus}(AgCl)}{[Cl^-]}$$

$$\frac{[I^-]}{[Cl^-]}=\frac{K_{sp}^{\ominus}(AgI)}{K_{sp}^{\ominus}(AgCl)}=\frac{8.3\times10^{-17}}{1.8\times10^{-10}}=4.6\times10^{-7}$$

也即当 I^- 和 Cl^- 浓度的比值为 4.6×10^{-7} 时，溶液中加入 Ag^+，这两种离子会同时生成沉淀。

由于两种离子的起始浓度均为 $1.0\times10^{-2}mol\cdot L^{-1}$，所以当 AgCl 开始沉淀时，溶液中剩余的 I^- 浓度为：

$$[I^-]=4.6\times10^{-7}\times1.0\times10^{-2}=4.6\times10^{-9}$$

即

$$c(I^-)=4.9\times10^{-9}\ mol\cdot L^{-1}$$

计算结果表明，AgCl 开始沉淀时，I^- 早已沉淀完全。所以，控制 Ag^+ 的浓度，即可达到 I^- 和 Cl^- 分离的目的。

应当注意，分步沉淀的次序不仅与难溶电解质的溶度积和类型有关，而且还与溶液中对应离子的浓度有关，溶液中被沉淀离子浓度的改变，可以使分步沉淀的次序发生变化。例如当混合溶液中 $c(Cl^-)>2.2\times10^6c(I^-)$ 时（此种情况与海水中的情况相近），此时加入 $AgNO_3$ 溶液，首先是 AgCl（而不是 AgI）达到溶度积而沉淀。总之，当溶液中同时有多种离子存在时，离子积 Q 首先超过溶度积的难溶电解质将先生成沉淀。

5.6.4　沉淀的转化

有些沉淀既不溶于酸，也不能用氧化-还原反应和配位反应的方法溶解。这种情况下，可以借助合适的试剂，把一种难溶沉淀转化为另一种难溶沉淀，然后再使其溶解。这种把一种沉淀转化为另一种沉淀的过程，称为沉淀的转化。例如，附在锅炉内壁的锅垢（主要成分为既难溶于水，又难溶于酸的 $CaSO_4$），可以用 Na_2CO_3 溶液将 $CaSO_4$ 转化为可溶于酸的 $CaCO_3$ 沉淀，这样就容易把锅垢清除了。其反应过程如下：

$$CaSO_4(s) \rightleftharpoons Ca^{2+}+SO_4^{2-} \qquad K_{sp}^{\ominus}(CaSO_4)$$

$$CaCO_3(s) \rightleftharpoons Ca^{2+}+CO_3^{2-} \qquad K_{sp}^{\ominus}(CaCO_3)$$

两式相减得：

$$CaSO_4(s)+CO_3^{2-} \rightleftharpoons CaCO_3(s)+SO_4^{2-}$$

$$K^{\ominus}=\frac{[SO_4^{2-}]}{[CO_3^{2-}]}=\frac{K_{sp}^{\ominus}(CaSO_4)}{K_{sp}^{\ominus}(CaCO_3)}$$

$$=\frac{9.6\times10^{-6}}{2.8\times10^{-9}}=3.3\times10^3$$

转化反应的平衡常数 $K^{\ominus}$ 值较大，上述沉淀的转化反应较易进行。

可见，对于类型相同的难溶电解质，沉淀转化程度的大小，取决于两种难溶电解质溶度积的相对大小。一般来说，溶度积较大的难溶沉淀容易转化为溶度积较小的难溶沉淀。反之，则比较困难，甚至不可能转化。

思考题

1. 酸碱电离理论的酸碱定义是什么？酸碱反应的实质是什么？
2. 酸碱质子理论的酸碱定义是什么？酸碱反应的实质是什么？
3. 酸碱电子理论的酸碱概念是什么？酸碱反应的实质是什么？
4. 什么是水的离子积？溶液中 $c(H^+)$ 和 $c(OH^-)$ 的相对大小与溶液酸碱性有何关系？
5. 影响电离度和电离常数的因素有哪些？电离度和电离常数有何联系和区别？
6. 氨水中有哪些电离平衡？溶液中有哪些离子？其中哪种离子浓度最小？
7. 什么是同离子效应和盐效应？
8. 强电解质和弱电解质的电离有何不同？
9. 如何选择缓冲溶液？
10. 盐类完全水解应具备什么条件？举例说明。
11. 什么是溶度积？什么是溶解度？两者之间有何关系？
12. 何谓溶度积规则？如何应用它来判断沉淀的生成和溶解？
13. 同离子效应和盐效应对难溶电解质的溶解度有何影响？
14. 使沉淀溶解的方法有哪些？举例说明。
15. 什么是分步沉淀？影响沉淀次序的因素有哪些？

习 题

1. 根据酸碱质子理论，判断下列物质哪些是酸，哪些是碱，哪些物质既是酸又是碱，哪些物质是共轭酸碱对（以共轭关系式表示）？

H_2S　H_2O　NH_3　HS^-　NH_4^+　HCO_3^-　CN^-　S^{2-}　$H_2PO_4^-$　$[Fe(H_2O)_6]^{3+}$

2. 试计算：

① pH=1.00 与 pH=4.00 的 HCl 溶液等体积混合后溶液的 pH；

② pH=1.00 的 HCl 溶液与 pH=13.00 的 NaOH 溶液等体积混合后溶液的 pH；

③ pH=10.00 与 pH=13.00 的 NaOH 溶液等体积混合后溶液的 pH。

3. 某浓度为 $0.10mol \cdot L^{-1}$ 的一元弱酸溶液，其 pH 为 2.88，求这一弱酸的电离常数及该浓度下的电离度。

4. 有两种一元酸溶液，它们的体积相同，但溶液中 $c(H^+)$ 不同，以 NaOH 分别中和这两溶液时，耗碱量不同，$c(H^+)$ 浓度较大的溶液耗碱量较小。试说明之。

5. 取 $0.10mol \cdot L^{-1}$ 的 HF 溶液 50mL，加水稀释至 100mL，求稀释前后溶液的 $c(H^+)$、pH 和电离度。

6. 将 1L $0.20\ mol \cdot L^{-1}$ 的 HAc 溶液稀释到多大体积时才能使 HAc 的电离度比原溶液增大 1 倍？

7. 试计算 $0.01\ mol \cdot L^{-1}$ H_2SO_3 溶液的 $c(H^+)$ 和 pH。

8. $0.1mol \cdot L^{-1}$ 的 H_2S 溶液和 $0.20mol \cdot L^{-1}$ 的 HCl 溶液等体积混合，问混合后溶液的 S^{2-} 浓度为多少？

9. 已知和空气接触过的蒸馏水含 CO_2 $1.35 \times 10^{-5} mol \cdot L^{-1}$，计算此蒸馏水的 pH。

10. $0.1mol \cdot L^{-1}$ 的 HAc 溶液中 HAc 的电离度为多少？向 1L 此溶液中加入 0.1mol NaAc 固体后（忽略体积变化），HAc 的电离度又为多少？

11. 若要控制 $0.10mol \cdot L^{-1}$ $NH_3 \cdot H_2O$ 中的 OH^- 浓度为 $1.79 \times 10^{-5} mol \cdot L^{-1}$，问需向 1L 此溶液中加入 NH_4Cl 固体多少克？

12. 将 40mL $2.0mol \cdot L^{-1}$ 的 HAc 溶液和 50mL $1.0mol \cdot L^{-1}$ 的 NaOH 溶液混合，求混合溶液的 pH。

在此溶液中分别加入①10mL 2.0mol・L^{-1}的 HCl 溶液；②10mL 2.0mol・L^{-1}的 NaOH 溶液；③10mL H_2O。计算 pH 有何变化？

13. 欲配制 500mL pH 为 9.00、含 NH_4^+ 为 1.0mol・L^{-1}的缓冲溶液，需密度为 0.904g・mL^{-1}、含 NH_3 26.0%的浓氨水多少毫升？需 NH_4Cl 固体多少克？

14. 在 100mL 0.10mol・L^{-1}的 $NH_3 \cdot H_2O$ 溶液中，加入 1.07g NH_4Cl 固体（忽略体积变化），问该溶液的 pH 为多少？在此溶液中再加入 100mL 水，pH 有何变化？

15. 计算下列溶液的 pH：

① 0.20mol・L^{-1} NH_4Cl 溶液；

② 0.02mol・L^{-1} NaAc 溶液；

③ 0.10mol・L^{-1} Na_2CO_3 溶液。

16. 写出下列难溶电解质的溶度积常数表达式。

AgBr　Ag_2S　$Fe(OH)_3$　$Ca_3(PO_4)_2$

17. 已知室温时下列各物质的溶解度，求各物质的溶度积。（不考虑水解）

① AgCl　1.85×10^{-4}g・(100g H_2O)$^{-1}$

② $CaSO_4$　3×10^{-3}mol・L^{-1}

③ BaF_2　6.3×10^{-3}mol・L^{-1}

18. 已知室温时下列各物质的溶度积，求各物质的溶解度。（不考虑水解）

① $K_{sp}^{\ominus}(AgBr)=5.2\times10^{-13}$

② $K_{sp}^{\ominus}(Ag_3PO_4)=1.4\times10^{-16}$

③ $K_{sp}^{\ominus}(PbI_2)=7.1\times10^{-9}$

19. 已知 CaF_2 的溶度积为 5.3×10^{-9}，求 CaF_2 在下列各情况时的溶解度（以 mol・L^{-1}表示）。

① 在纯水中；

② 在 1.0×10^{-2}mol・L^{-1} NaF 溶液中；

③ 在 1.0×10^{-2}mol・L^{-1} $CaCl_2$ 溶液中。

20. 等体积的 0.100mol・L^{-1} $NH_3 \cdot H_2O$ 和 0.020mol・L^{-1} $MgCl_2$ 溶液混合后，有无 $Mg(OH)_2$ 沉淀生成？

21. 如果将 0.100mol・L^{-1} $BaCl_2$ 溶液 10.0mL 和 0.025mol・L^{-1} Na_2SO_4 溶液 40.0mL 混合，求平衡时溶液中 Ba^{2+} 的浓度。

22. 在 1.0×10^{-2}mol・L^{-1}的 $NH_3 \cdot H_2O$ 溶液 100mL 中，至少要加入多少克 NH_4Cl，才能使它与 0.20mol・L^{-1} $MnCl_2$ 溶液 100mL 混合时，不产生 $Mn(OH)_2$ 沉淀。

23. 硬水中的 Ca^{2+} 可以通过加入 SO_4^{2-} 使其沉淀为 $CaSO_4$ 而除去，问欲使 Ca^{2+} 沉淀完全，溶液中 SO_4^{2-} 的最低浓度应为多少？

24. 0.10mol・L^{-1}的 $MgCl_2$ 溶液中含有杂质 Fe^{3+}，欲使 Fe^{3+} 以 $Fe(OH)_3$ 沉淀除去，溶液的 pH 应控制在什么范围？

25. 根据溶度积规则，说明下列事实：

① $CaCO_3$ 沉淀能溶解于 HAc 溶液中；

② $Fe(OH)_3$ 沉淀能溶解于稀 H_2SO_4 溶液中；

③ $BaSO_4$ 沉淀难溶于稀 HCl 溶液中。

26. 计算 0.01mol 的 CuS 溶于 1.0L HCl 中，所需 HCl 的浓度。从计算结果说明 HCl 能否溶解 CuS。

27. 一溶液中含 0.10mol・L^{-1} SO_4^{2-}、0.10 mol・L^{-1} I^-，向此溶液中逐滴加入 $Pb(NO_3)_2$ 溶液时（忽略体积变化），问哪种离子先被沉淀？两种离子有无分离的可能？

28. 计算下列沉淀转化反应的平衡常数。

① $AgCl(s)+Br^- \rightleftharpoons AgBr(s)+Cl^-$

② $ZnS(s)+Cu^{2+} \rightleftharpoons CuS(s)+Zn^{2+}$

③ $PbI_2(s)+S^{2-} \rightleftharpoons PbS(s)+2I^-$

29. 如果 $BaCO_3$ 沉淀中尚有 0.01mol $BaSO_4$，试计算在 1.0L 此沉淀的饱和溶液中，应加入多少摩尔的 Na_2CO_3 才能使 $BaSO_4$ 完全转化为 $BaCO_3$？

第6章 氧化-还原反应 电化学基础

从化学反应过程中有无电子转移的观点来看，化学反应可以分为两大类。一类是反应过程中没有发生电子转移的，如前面讨论的酸碱反应、沉淀反应等，这类反应称为非氧化-还原反应；另一类是反应过程中涉及电子从一种物质转移到另一种物质的，这类反应称为氧化-还原反应。

氧化-还原反应是无机化学中一类重要的反应。它在化工、冶金生产上常常涉及，是化学热能和电能的来源之一。以氧化-还原反应为基础的电化学是化学学科的一个重要的分支学科。本章将对氧化-还原反应的基本概念、电化学的基础知识作一初步讨论。

6.1 氧化-还原反应

6.1.1 氧化态

化学上，为了便于讨论氧化-还原反应，引入了氧化态的概念。1970 年，国际纯粹和应用化学联合会（IUPAC）把氧化态定义为：元素的一个原子所带的形式电荷数。这种形式电荷是假定把分子中成键的电子指定给电负性较大的原子之后，该原子所带的电荷。氧化态可为整数，也可为分数或小数。确定元素氧化态的一般原则如下：

① 在单质中，元素的氧化态为零。

② 任何化合物分子中，各元素氧化态的代数和等于零。

③ 单原子离子的氧化态等于该离子所带的电荷数，多原子离子中各元素氧化态的代数和等于该离子所带的电荷数。

④ 共价化合物中，把属于两原子共用的电子指定给其中电负性较大的那个原子后，各原子上的电荷数即为它的氧化态。如在 H_2S 中，S 的氧化态为－2，H 的氧化态为＋1。

⑤ 氢在化合物中的氧化态一般为＋1，只有与电负性比它小的原子（如 NaH、CaH_2）结合时，氧化态才为－1。氧在化合物中的氧化态一般为－2，仅在过氧化物中为－1，超氧化物中为－1/2，氟化氧 OF_2 中为＋2。氟在化合物中的氧化态都为－1。碱金属、碱土金属在化合物中的氧化态分别为＋1、＋2。

根据以上规则，可以计算复杂分子中任一元素的氧化态。

【例 6-1】 计算 $K_2Cr_2O_7$ 中 Cr 的氧化态。

解 设 $K_2Cr_2O_7$ 中 Cr 的氧化态为 x。

因为氧的氧化态为－2，K 的氧化态为＋1，则有

$$2\times1+2x+7\times(-2)=0$$

$$x=+6$$

所以 Cr 的氧化态为 $+6$。

【例 6-2】 求 Fe_3O_4 中 Fe 的氧化态。

解　设在 Fe_3O_4 中 Fe 的氧化态为 x，已知 O 的氧化态为 -2，则有

$$3x+4\times(-2)=0$$

$$x=+\frac{8}{3}$$

所以 Fe 的氧化态为 $+\frac{8}{3}$。

严格来说，氧化态和化合价是有区别的。化合价只表示元素原子结合成分子时，原子数目的比例关系。从分子结构来看，化合价也就是离子键化合物的电价数或共价键化合物的共价数，所以不可能有分数。化合价虽比氧化态更能反映分子内部的基本属性，但在分子式的书写和反应式的配平中，氧化态的概念更有实用价值。

应该指出的是，在确定有过氧键的化合物中各元素的氧化态时，要依据化合物的结构式。例如，过氧化铬 CrO_5 和过二硫酸中都存在过氧键，它们的结构式分别是：

```
O  O  O              O           O
|\ ‖ /|              ‖           ‖
|  Cr |        H—O—S—O—O—S—O—H
|/   \|              ‖           ‖
O     O              O           O
```

在过氧键中氧的氧化态为 -1，因此 CrO_5 中的 Cr 和 $H_2S_2O_8$ 中的 S 的氧化态均为 $+6$。若将氧的氧化态看做 -2，则 CrO_5 中 Cr 的氧化态为 $+10$，$H_2S_2O_8$ 中 S 的氧化态为 $+7$，这显然与事实不符。

反应　$K_2Cr_2O_7+4H_2O_2+H_2SO_4 \longrightarrow 2CrO_5+K_2SO_4+5H_2O$

是一个过氧键转移的反应，而非氧化-还原反应。

反应　$2Mn^{2+}+5S_2O_8{}^{2-}+8H_2O \xrightarrow{Ag^+} 2MnO_4^-+10SO_4^{2-}+16H^+$

起氧化作用的是 $S_2O_8{}^{2-}$ 中过氧键上的氧原子，其氧化态从 -1 变化到 -2。

另外，还应注意的是，在共价化合物中，元素的氧化态与共价键的数目也是有区别的。首先，氧化态有正、负，而共价键无正、负之分；其次，同一物质中同种元素的氧化态的数值与共价键的数目不一定相同。表 6-1 列出了碳在不同共价化合物中的氧化态和共价键的数目。

表 6-1　碳在不同共价化合物中的氧化态和共价键的数目

分子式	C 的氧化态	C 的共价键数目	分子式	C 的氧化态	C 的共价键数目
CH_4	-4	4	$HC\equiv CH$	-1	4
$H_2C=CH_2$	-2	4	$C\overset{\leftarrow}{=}O$	$+2$	3

6.1.2　氧化剂和还原剂

在氧化-还原反应中，元素的原子（或离子）失去电子而氧化态升高的过程称为氧化；反之获得电子而氧化态降低的过程称为还原。而在反应中能使别的元素氧化而本身被还原的物质叫做氧化剂；能使别的元素还原而本身被氧化的物质叫做还原剂。在氧化-还原反应中，氧化和还原的过程必定同时发生，氧化剂和还原剂总是同时存在，且相互依存。例如：

$$CuSO_4+Zn \longrightarrow ZnSO_4+Cu$$

Zn 失去 2 个电子，氧化态由 0 升至 $+2$，Zn 发生氧化反应，即 Zn 被氧化，故 Zn 称为还原剂；硫酸铜中 Cu 得到 2 个电子，氧化态由 $+2$ 降为 0，Cu^{2+} 发生还原反应，即 Cu^{2+} 被还原，所以 $CuSO_4$ 称为氧化剂。

物质的氧化-还原性又常常是相对的。有时，同一种物质和强的氧化剂作用时，它表现出还原性；而和强的还原剂作用时，则又表现出氧化性。例如下面反应中的SO_2：

$$2SO_2 + O_2 \longrightarrow 2SO_3$$

这里SO_2是还原剂，因为O_2具有更强的氧化性。

$$SO_2 + 2H_2S \longrightarrow 3S\downarrow + 2H_2O$$

这里SO_2是氧化剂，因为H_2S具有更强的还原性。

氧化剂和还原剂也可以是同一种物质。例如下面反应中的Cl_2：

$$Cl_2 + H_2O \longrightarrow HCl + HClO$$

氧化剂和还原剂都是Cl_2。实际上其中一个Cl原子起了氧化剂的作用，另一个Cl原子起了还原剂的作用。

一般判断一个物质是作氧化剂还是还原剂可以依据以下原则：

① 当元素的氧化态是最高值时，因为它本身的氧化态不能再升高，故该元素只能作氧化剂。反之，当元素的氧化态为其最低值时，它的氧化态不能再降低，故该元素只能作还原剂。需要指出的是，元素氧化态的高低只是该物质能否作为氧化剂或还原剂的必要条件，但不是决定因素。如H_3PO_4中P虽达到最高氧化态+5，但它不是氧化剂；F^-中的F虽是最低氧化态，但它并不是还原剂。

② 处于中间氧化态的元素，它既可作氧化剂，也可作还原剂，视具体反应对象的氧化-还原性而定。

③ 反应条件、介质的酸碱性也影响物质的氧化-还原性。如单质C在高温时是强还原剂，但在常温下还原性不明显。

6.1.3 氧化-还原反应方程式的配平

氧化-还原方程式一般比较复杂，反应物除了氧化剂和还原剂之外，常常还有介质（酸、碱和水）的参与，反应物和生成物的化学计量数有时较大，配平这类方程式必须按一定步骤进行。常用的方法有以下两种。

(1) 氧化态法

氧化态法配平氧化-还原方程式的原则是：氧化剂中元素氧化态降低的总数等于还原剂中元素氧化态升高的总数。现以高锰酸钾和亚硫酸钾在稀硫酸溶液中的反应为例，说明氧化态法的具体配平步骤。

① 写出反应物和生成物的化学式：

$$KMnO_4 + K_2SO_3 + H_2SO_4(稀) —— MnSO_4 + K_2SO_4$$

② 标出氧化态有变化的元素，计算出反应前后氧化态变化的数值，并使氧化态升、降值相等：

Mn 氧化态降低 5×2

$$\overset{+7}{KMnO_4} + K_2\overset{+4}{S}O_3 + H_2SO_4(稀) —— \overset{+2}{Mn}SO_4 + K_2\overset{+6}{S}O_4$$

S 氧化态升高 2×5

③ 根据氧化剂中元素氧化态降低的数值必须与还原剂中元素氧化态升高的数值相等的原则，在氧化剂和还原剂前面乘上适当的系数：

$$2KMnO_4 + 5K_2SO_3 + H_2SO_4(稀) —— 2MnSO_4 + 5K_2SO_4$$

④ 配平反应前后氧化态没有变化的原子数。一般先配平除氢和氧以外的其他原子数，然后再检查两边的氢原子数，必要时加水进行平衡。

上式中左边有 12 个 K 原子，而右边只有 10 个 K 原子，所以右边应加上 1 个 K_2SO_4 分子；为使方程式两边有相等的硫酸根（SO_4^{2-}）数目，左边需要 3 分子 H_2SO_4；这样方程式左边有 6 个 H 原子，所以右边应加上 3 个 H_2O 分子。即

$$2KMnO_4+5K_2SO_3+3H_2SO_4(稀)=\!=\!=2MnSO_4+6K_2SO_4+3H_2O$$

⑤ 最后核对氧原子数。上式中两边的氧原子数相等，说明方程式已配平。

对于反应前后氧原子数不等的情况，配平原子数时，往往要添加 H^+、OH^- 或 H_2O 才行。加什么物质才合理，生成什么物质才合适，则必须考虑介质的性质。在酸性条件下反应，就不能加入 OH^- 或生成 OH^-；在碱性条件下反应，则不能加入 H^+ 或生成 H^+。

【例 6-3】 配平硫化亚铁在空气中焙烧，生成氧化铁和二氧化硫的反应方程式。

解

① 写出反应物和生成物：

$$FeS+O_2——Fe_2O_3+SO_2$$

② 使反应前后氧化态的升、降值相等：

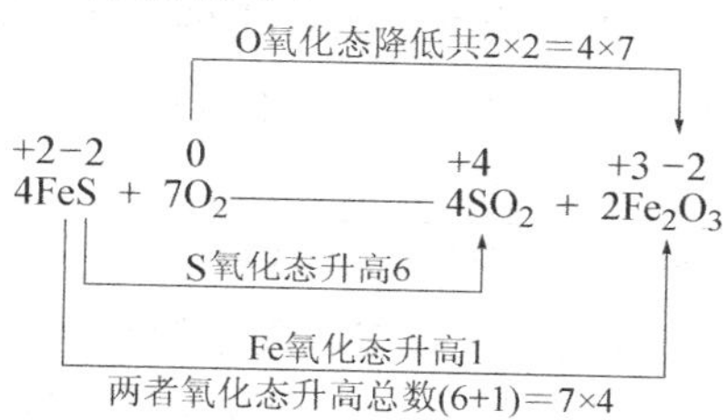

③ 检查反应式两边是否配平，最后得：

$$4FeS+7O_2=\!=\!=4SO_2+2Fe_2O_3$$

（2）离子-电子法

离子-电子法配平氧化-还原方程式的原则是：氧化剂获得电子的总数等于还原剂失去电子的总数。同样以高锰酸钾和亚硫酸钾在稀硫酸溶液中的反应为例，说明离子-电子法的具体配平步骤。

① 将氧化-还原反应式改写成离子方程式：

$$MnO_4^-+SO_3^{2-}——Mn^{2+}+SO_4^{2-}$$

② 将未配平的离子方程式写为两个"半反应式"，一个是氧化剂的还原反应，另一个是还原剂的氧化反应：

还原半反应 $MnO_4^-——Mn^{2+}$

氧化半反应 $SO_3^{2-}——SO_4^{2-}$

③ 分别配平两个半反应式。先配平原子数，再在半反应式的左边或右边加上适当的电子数来配平电荷数：

还原半反应 $MnO_4^-+8H^++5e=\!=\!=Mn^{2+}+4H_2O$

该式中生成物 Mn^{2+} 比反应物 MnO_4^- 少 4 个 O 原子，因该反应在酸性介质中进行，所以反应物一边应加 8 个 H^+，生成 4 个 H_2O 分子。反应物 MnO_4^- 和 8 个 H^+ 的总电荷数为 +7，生成物 Mn^{2+} 的总电荷数为 +2，所以反应物一边应加 5 个电子，使半反应两边的原子数和电荷数均相等。

氧化半反应 $SO_3^{2-}+H_2O=\!=\!=SO_4^{2-}+2H^++2e$

该式中反应物 SO_3^{2-} 比生成物 SO_4^{2-} 少 1 个 O 原子，所以反应物一边应加 1 个 H_2O 分子，同时生成 2 个 H^+。反应物 SO_3^{2-} 的总电荷数为 −2，生成物 SO_4^{2-} 和 2 个 H^+ 的总电荷

数为0，所以生成物一边应加2个电子，使半反应配平。

④ 根据氧化剂获得电子的总数必须与还原剂失去电子的总数相等的原则，将两个半反应式乘上适当的系数，然后两式相加，得配平的离子方程式：

$$\begin{array}{rl|l} & MnO_4^- + 8H^+ + 5e = Mn^{2+} + 4H_2O & \times 2 \\ +) & SO_3^{2-} + H_2O = SO_4^{2-} + 2H^+ + 2e & \times 5 \\ \hline & 2MnO_4^- + 5SO_3^{2-} + 6H^+ = Mn^{2+} + 5SO_4^{2-} + 3H_2O & \end{array}$$

⑤ 加上未参与氧化-还原的离子，可改写为分子反应式：

$$2KMnO_4 + 5K_2SO_3 + 3H_2SO_4 = 2MnSO_4 + 6K_2SO_4 + 3H_2O$$

【例 6-4】 配平反应式： $CrO_2^- + Cl_2 + OH^- —— CrO_4^{2-} + Cl^-$

解 分别写出两个半反应式，并配平。

氧化半反应　　$CrO_2^- + 4OH^- = CrO_4^{2-} + 2H_2O + 3e$

还原半反应　　$Cl_2 + 2e = 2Cl^-$

使两个半反应的得失电子数相等，然后合并，得配平的离子方程式：

$$\begin{array}{rl|l} & CrO_2^- + 4OH^- = CrO_4^{2-} + 2H_2O + 3e & \times 2 \\ +) & Cl_2 + 2e = 2Cl^- & \times 3 \\ \hline & 2CrO_2^- + 3Cl_2 + 8OH^- = 2CrO_4^{2-} + 6Cl^- + 4H_2O & \end{array}$$

氧化态法和离子-电子法各有特点。氧化态法配平简单的氧化-还原反应比较迅速，它的适用范围比较广泛，不限于水溶液中的反应，对于高温反应以及熔融态物质间的反应更为适用。离子-电子法配平时不需要知道元素的氧化态，特别对有介质参与的复杂反应的配平比较方便。但这种方法只适用于水溶液中的反应。

6.2 原电池

6.2.1 原电池的概念

把锌放在硫酸铜溶液中，锌溶解而铜析出，这时发生氧化还原反应：

$$Zn(s) + CuSO_4(aq) \longrightarrow Cu(s) + ZnSO_4(aq)$$

反应的实质是Zn原子失去电子，被氧化成为Zn^{2+}；Cu^{2+}得到电子，被还原成Cu原子。由于锌和硫酸铜溶液直接接触，电子就从Zn原子直接转移给Cu^{2+}。这时电子的转移是无序的，反应中化学能转变为热能而放出，使溶液的温度升高，而不会有电流产生。

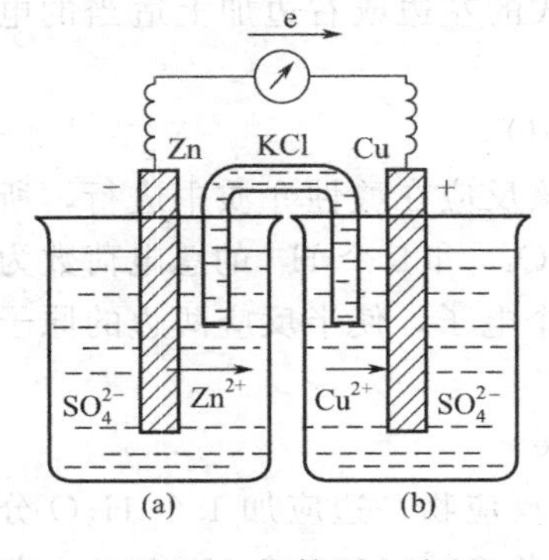

图 6-1　铜锌原电池

如果将上述反应，按图6-1的装置，在一个烧杯中放入硫酸锌和锌片，在另一个烧杯中放入硫酸铜溶液和铜片，用盐桥（饱和的KCl溶液的琼脂胶胨）将两个烧杯中的溶液联系起来，用导线连接锌片和铜片，这样串联在外电路中的检流计指针就会发生偏转，说明有电流产生。从指针偏转的方向可以说明电子是由锌片流向铜片的。这种借助于氧化-还原反应将化学能转变为电能的装置称为原电池。

在原电池中，电子流出的一极称为负极，负极上发生氧化反应；电子流入的一极称为正极，正极上发生还原反应。两极上的反应称为电极反应。又因每一电极是原电池的一半，故电极反应又称为半电池反应。

如铜锌原电池中：

锌片，负极（氧化反应） $Zn(s) \rightleftharpoons Zn^{2+}(aq) + 2e$

铜片，正极（还原反应） $Cu^{2+}(aq) + 2e \rightleftharpoons Cu(s)$

两电极反应（半电池反应）相加，就得到电池反应：

$$Zn(s) + CuSO_4(aq) \rightleftharpoons Cu(s) + ZnSO_4(aq)$$

随着反应的进行，Zn失去电子变成Zn^{2+}进入$ZnSO_4$溶液，将使$ZnSO_4$溶液因Zn^{2+}增加而带正电荷，$CuSO_4$溶液中的Cu^{2+}从铜片上取得电子，成为金属铜沉积在铜片上，将使$CuSO_4$溶液因SO_4^{2-}过剩而带负电荷。这两种情况都会阻碍电子从锌到铜的移动，以致反应终止。盐桥的作用就是使整个装置形成一个回路，随着反应的进行，盐桥中的正离子（K^+）向$CuSO_4$溶液移动，负离子（Cl^-）向$ZnSO_4$溶液移动，以保持溶液电中性，从而使电流持续产生。

6.2.2 原电池的表示方法

任何一个自发的氧化-还原反应，原则上都可以用来组成一个原电池。原电池是由两个半电池组成的。上述铜锌原电池中，Zn和$ZnSO_4$溶液组成锌半电池，Cu和$CuSO_4$溶液组成铜半电池。每一个半电池都由同一元素不同氧化态的两种物质组成。氧化态高的物质称为氧化型物质，如锌半电池中的Zn^{2+}和铜半电池中的Cu^{2+}。氧化态低的物质称为还原型物质，如锌半电池中的Zn和铜半电池中的Cu。氧化型物质和它相对应的还原型物质组成氧化-还原电对，通常用“氧化型/还原型”表示。如铜半电池和锌半电池的电对分别表示为Cu^{2+}/Cu和Zn^{2+}/Zn。氧化型和还原型物质在一定的条件下可以互相转化：

$$\text{氧化型} + ne \rightleftharpoons \text{还原型}$$

式中，n表示电子的计量系数。

在电化学中，原电池的装置可以用符号来表示。如铜锌原电池的电池符号为：

$$(-)Zn \mid ZnSO_4(c_1) \parallel CuSO_4(c_2) \mid Cu(+)$$

负极（－）写在左边，正极（＋）写在右边，“|”表示半电池中两相之间的界面，“‖”表示盐桥。必要时需注明溶液的浓度或活度[1]，气体要注明分压。若溶液中有两种离子参与电极反应，用逗号分开。导体（如Zn、Cu等）总是写在电池符号的两侧。若用惰性电极须注明其材料（如Pt、C）。

例如电池符号：

$$(-)Pt, H_2(p_1) \mid H^+(c_1) \parallel Fe^{3+}(c_2), Fe^{2+}(c_3) \mid Pt(+)$$

表示的反应为：

负极 $H_2 \rightleftharpoons 2H^+ + 2e$

+） 正极 $2Fe^{3+} + 2e \rightleftharpoons 2Fe^{2+}$

电池反应： $H_2 + 2Fe^{3+} \rightleftharpoons 2H^+ + 2Fe^{2+}$

6.2.3 原电池的电动势

在铜锌原电池中，两极一旦用导线连通，电流便从正极（铜极）流向负极（锌极），这说明两极之间存在电势差，而且正极的电势一定比负极的高。这种电势差就是电动势，用符号“E”表示。它是在外电路没有电流通过的状态下，右边电极的电势减去左边电极的电势。即

[1] 活度的概念见本书5.3.4的介绍。

$$E=E_{右}-E_{左}；\quad 或\ E=E_{正}-E_{负}$$

式中，E 值都是相对于同一基准电极的电势。

原电池的电动势可以通过精密电位计测得。电动势的大小主要取决于组成原电池物质的本性。此外，电动势还与温度有关。通常在标准状态下测定，所测得的电动势称为标准电动势。在 298.15K 下的标准电动势以 $E^{\ominus}$ 表示。

6.3 电极电势

6.3.1 金属电极电势的产生

物理学指出：任何两种不同的物体相互接触时，在相界面上都要产生电势差。当把金属浸入其盐溶液中时，金属及其盐溶液就构成了金属电极。此时，在金属和溶液的接触面上就有两种反应过程：一方面，由于受极性溶剂分子的吸引以及本身的热运动，金属表面的一些原子有把电子留在金属上而自身以溶剂化离子的形式进入溶液的倾向，即

$$M \longrightarrow M^{n+}(aq)+ne$$

显然，温度越高，金属越活泼，溶液越稀，这种倾向越大。

另一方面，溶液中的金属离子受到金属表面自由电子的吸引，有结合电子变成中性原子而沉积在金属上的倾向，即

$$M^{n+}(aq)+ne \longrightarrow M$$

一般金属越不活泼，离子浓度越大，这种倾向越大。

当这两种倾向（溶解与沉积）的速率相等时，就建立了动态平衡：

$$M \rightleftharpoons M^{n+}(aq)+ne$$

若金属失去电子进入溶液的倾向大于离子得到电子沉积到金属上的倾向，则达平衡时就形成了金属带负电，靠近金属附近的溶液带正电的双电层结构，这样，金属与溶液间就产生了电势差。如图 6-2(a) 所示。相反，若离子获得电子的能力大于金属失去电子的能力，则形成金属带正电而其附近溶液带负电的双电层结构，金属与溶液间也产生电势差，如图 6-2(b) 所示。这种由金属及其盐溶液间形成的电势差，称为金属的电极电势。金属的活泼性及其盐溶液的浓度不同，金属的电极电势不同。

6.3.2 电极电势的确定

迄今为止，电极电势的绝对值尚无法直接测量，而只能用比较的方法确定其相对值。1953 年，国际纯粹和应用化学联合会（IUPAC）建议采用标准氢电极作为比较用的标准。

标准氢电极的组成如图 6-3 所示。它是将镀有一层海绵状铂黑的铂片，浸入氢离子浓度为 $1.0mol \cdot L^{-1}$ 的 H_2SO_4 溶液中，在温度为 298.15K 时，不断通入压力为 100kPa 的纯氢气流。氢气被铂黑吸附，被氢气饱和了的铂片就像由氢气构成的电极一样。溶液中的氢离子与被铂黑吸附而达到饱和的氢气，建立起如下动态平衡：

$$2H^{+}(aq)+2e \rightleftharpoons H_2(g)$$

此标准氢电极的电极电势规定为零。即

$$E^{\ominus}(H^{+}/H_2)=0.000V$$

将待测电极与标准氢电极组成原电池，并以标准氢电极为负极，待测电极为正极，测定该电池的电动势。由于标准氢电极的电极电势为零，所以测得的原电池的电动势即为待测电极的电极电势。

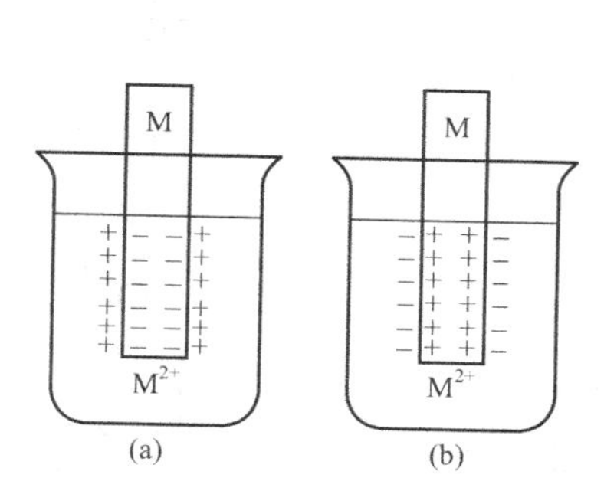

图 6-2 金属的双电层结构

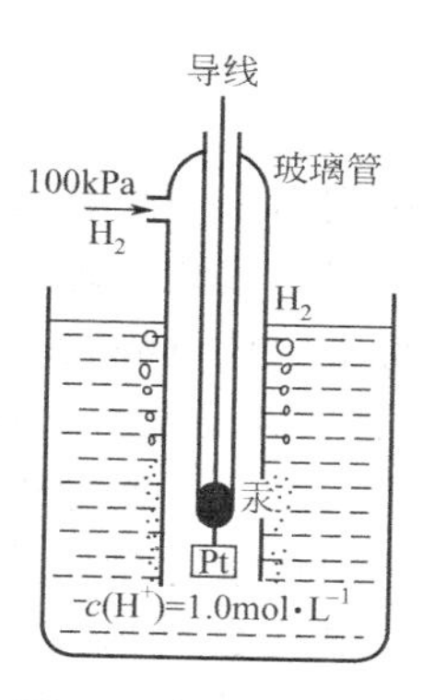

图 6-3 标准氢电极

电极电势的大小，主要取决于物质的本性，但同时又与体系的温度、溶液中离子的浓度等外界条件有关。在实际使用时为了便于比较，提出了标准电极电势的概念。如果待测电对处于标准状态（即固体物质皆为纯净物，组成电对的有关物质的浓度为 1.0mol·L^{-1}，气体的压力为 100kPa）时，所测得的电极的电极电势，称为该电极的标准电极电势（以符号 $E^{\ominus}$ 表示）。通常的测定温度为 298.15K。

例如，欲测定铜电极的标准电极电势，则应组成如下原电池：

$$(-)\mathrm{Pt}, \mathrm{H_2}(100\mathrm{kPa}) \mid \mathrm{H^+}(1.0\mathrm{mol \cdot L^{-1}}) \parallel \mathrm{Cu^{2+}}(1.0\mathrm{mol \cdot L^{-1}}) \mid \mathrm{Cu}(+)$$

测得此电池的标准电动势为 $E^{\ominus}=0.342\mathrm{V}$。即

$$E^{\ominus}=E^{\ominus}_{(+)}-E^{\ominus}_{(-)}=E^{\ominus}(\mathrm{Cu^{2+}/Cu})-E^{\ominus}(\mathrm{H^+/H_2})=0.342\mathrm{V}$$

因为
$$E^{\ominus}(\mathrm{H^+/H_2})=0.000\mathrm{V}$$
所以
$$E^{\ominus}(\mathrm{Cu^{2+}/Cu})=0.342\mathrm{V}$$

如欲测定锌电极的标准电极电势，则应组成如下原电池：

$$(-)\mathrm{Pt}, \mathrm{H_2}(100\mathrm{kPa}) \mid \mathrm{H^+}(1.0\mathrm{mol \cdot L^{-1}}) \parallel \mathrm{Zn^{2+}}(1.0\mathrm{mol \cdot L^{-1}}) \mid \mathrm{Zn}(+)$$

实际测定时，外电路要反接才能测得该电池的标准电动势为 $E^{\ominus}=0.762\mathrm{V}$，说明 $E^{\ominus}(\mathrm{Zn^{2+}/Zn})=-0.762\mathrm{V}$。即

$$E^{\ominus}=E^{\ominus}_{(+)}-E^{\ominus}_{(-)}=E^{\ominus}(\mathrm{H^+/H_2})-E^{\ominus}(\mathrm{Zn^{2+}/Zn})=0.762\mathrm{V}$$

因为
$$E^{\ominus}(\mathrm{H^+/H_2})=0.000\mathrm{V}$$
所以
$$E^{\ominus}(\mathrm{Zn^{2+}/Zn})=-0.762\mathrm{V}$$

“—”号表示与标准氢电极组成原电池时，待测电极实际为负极。

如果组成电极反应的物质都是离子，则用惰性电极（如铂片）插入含有该物质（同种元素不同氧化态的离子）的溶液构成电极。这种电极称为氧化-还原电极。例如，铂浸入 Fe^{3+} 和 Fe^{2+} 的溶液中构成的氧化-还原电极。

电极符号：
$$\mathrm{Fe^{3+}(aq), Fe^{2+}(aq)} \mid \mathrm{Pt}$$
电极反应：
$$\mathrm{Fe^{3+}+e \rightleftharpoons Fe^{2+}}$$

在实际测定电极电势时，使用标准氢电极很不方便，通常用甘汞电极（如图 6-4 所示）代替标准氢电极，这种电极称为参比电极。以饱和甘汞电极为例，它是由 Hg 和糊状 Hg_2Cl_2 及 KCl 饱和溶液组成的。

电极符号：

$$\mathrm{Pt, Hg(l)} \mid \mathrm{Hg_2Cl_2(s)} \mid \mathrm{KCl}(\text{饱和溶液})$$

电极反应：

$$\mathrm{Hg_2Cl_2(s)+2e \rightleftharpoons 2Hg(l)+2Cl^-(aq)}$$

在常温下，饱和甘汞电极具有稳定的电极电势，且容易制备，使用方便。

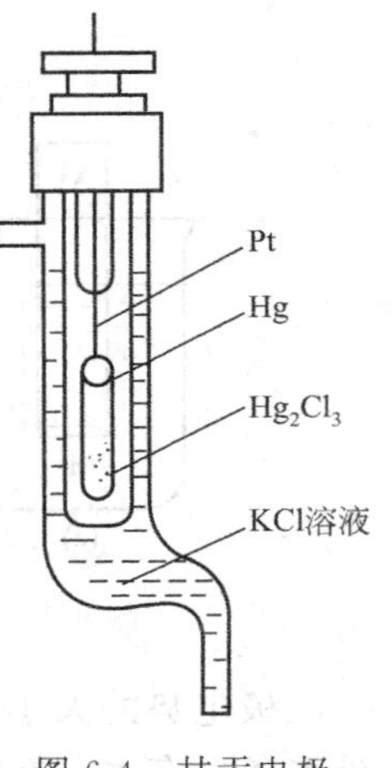

图 6-4 甘汞电极

附录Ⅴ中列出了一些氧化-还原电对的标准电极电势。它们是按照标准电极电势的代数值递增的顺序排列的。现摘录一些列于表 6-2 中。在使用标准电极电势表时，应注意以下几点：

① 表中的电极反应统一书写为还原反应。

$$\text{氧化型}+n\text{e} \rightleftharpoons \text{还原型}$$

它表示电对中氧化型物质得到电子被还原趋势的大小，因此称为还原电势。其代数值越大，说明该电对的氧化型物质得到电子的能力越强，氧化性越强，其对应的还原型物质则越难失去电子。

② 标准电极电势值与电极反应物质的计量系数无关。例如：

$$Cu^{2+}+2e \rightleftharpoons Cu \qquad E^{\ominus}(Cu^{2+}/Cu)=+0.345V$$

$$2Cu^{2+}+4e \rightleftharpoons 2Cu \qquad E^{\ominus}(Cu^{2+}/Cu)=+0.345V$$

③ 表中的数值适用于常温下的水溶液和标准态，而在非水溶液或非标准态则不适用。

④ 该表常分为酸表和碱表。酸表是指在 $c(H^+)=1\ mol \cdot L^{-1}$ 的酸性介质中的标准电极电势；碱表是指在 $c(OH^-)=1\ mol \cdot L^{-1}$ 的碱性介质中的标准电极电势。如未标明酸碱介质的表，则看其列出的电极反应式。式中有 H^+ 出现的为酸性介质，有 OH^- 出现的为碱性介质。

⑤ 电极电势是电极处于平衡状态时表现出来的特征值，它与达到平衡的快慢即速率无关。

表 6-2 一些电对的标准电极电势（298K）

电极反应	$E^{\ominus}$/V	电极反应	$E^{\ominus}$/V
氧化型$+n$e$\rightleftharpoons$还原型		$Pb^{2+}+2e \rightleftharpoons Pb$	−0.1262
$Li^{+}+e \rightleftharpoons Li$	−3.0401	$Fe^{3+}+3e \rightleftharpoons Fe$	−0.037
$K^{+}+e \rightleftharpoons K$	−2.931	$2H_3O^{+}+2e \rightleftharpoons H_2+2H_2O$	0.0000
$Ca^{2+}+2e \rightleftharpoons Ca$	−2.868	$S+2H^{+}+2e \rightleftharpoons H_2S$	0.142
$Na^{+}+e \rightleftharpoons Na$	−2.71	$Sn^{4+}+2e \rightleftharpoons Sn^{2+}$	0.151
$Mg^{2+}+2e \rightleftharpoons Mg$	−2.70	$S_4O_6{}^{2-}+2e \rightleftharpoons 2S_2O_3{}^{2-}$	0.17
$Al^{3+}+3e \rightleftharpoons Al$	−1.662	$SO_4^{2-}+4H^{+}+2e \rightleftharpoons H_2SO_3+H_2O$	0.20
$Mn^{2+}+2e \rightleftharpoons Mn$	−1.185	$Hg_2Cl_2+2e \rightleftharpoons 2Hg+2Cl^{-}$(饱和 KCl)	0.2412
$Zn^{2+}+2e \rightleftharpoons Zn$	−0.762	$Cu^{2+}+2e \rightleftharpoons Cu$	0.3419
$Cr^{3+}+3e \rightleftharpoons Cr$	−0.744	$I_2+2e \rightleftharpoons 2I^{-}$	0.5355
$Fe^{2+}+2e \rightleftharpoons Fe$	−0.447	$MnO_4^{-}+e \rightleftharpoons MnO_4^{2-}$	0.558
$Cr^{3+}+e \rightleftharpoons Cr^{2-}$	−0.407	$H_3AsO_4+2H^{+}+2e \rightleftharpoons H_3AsO_3+H_2O$	0.560
$Sn^{2+}+2e \rightleftharpoons Sn$	−0.1375	$O_2+2H^{+}+2e \rightleftharpoons H_2O_2$	0.695

6.3.3 能斯特方程

前面讨论的是标准状态下的电极电势，但实际情况往往是非标准态。此时电极的电极电势就与下列因素有关：①电极材料；②溶液中离子的浓度或气体分压；③温度。

能斯特（W. Nernst）从理论上推导出电极电势与温度、浓度的关系式——能斯特方程。

若电极反应为：

$$a\ \text{氧化型}+n\text{e} \rightleftharpoons b\ \text{还原型}$$

则

$$E(\text{氧化型/还原型})=E^{\ominus}(\text{氧化型/还原型})+\frac{RT}{nF}\ln\frac{[\text{氧化型}]^a}{[\text{还原型}]^b} \qquad (6\text{-}1)$$

式中，E（氧化型/还原型）表示电极的电极电势；$E^{\ominus}$（氧化型/还原型）表示电极的标准电极电势；R 为摩尔气体常数；T 为热力学温度；n 表示电极反应中电子的计量系数；F 为法拉第常数；[氧化型]^a、[还原型]^b 分别表示电极反应中在氧化型、还原型一侧各物质的相对浓度幂的乘积。

当电极电势单位用 V，浓度单位用 $mol \cdot L^{-1}$，压力单位用 Pa 表示时，则 $R=8.314 J \cdot K^{-1} \cdot mol^{-1}$，$F=96485C \cdot mol^{-1}$。当 T 为 298.15K，自然对数转换为常用对数时，式(6-1) 可改写为

$$E(\text{氧化型/还原型})=E^{\ominus}(\text{氧化型/还原型})+\frac{0.0592}{n}\lg\frac{[\text{氧化型}]^a}{[\text{还原型}]^b} \tag{6-2}$$

应用能斯特方程时，应注意以下几点：

① 电极反应中出现的固体或纯液体，不列入方程式中；若为气体时，方程式中的相对浓度用相对分压代替。

② 电极反应中，如有 H^+、OH^- 等其他离子参与反应，则这些物质也应表示在方程式中。如

$$MnO_4^- + 8H^+ + 5e \rightleftharpoons Mn^{2+} + 4H_2O$$

$$E(MnO_4^-/Mn^{2+})=E^{\ominus}(MnO_4^-/Mn^{2+})+\frac{0.0592}{5}\lg\frac{[MnO_4^-][H^+]^8}{[Mn^{2+}]}$$

由于 H^+ 浓度的方次很高，所以对 E 值的影响较大。这也是介质酸碱性对氧化-还原反应有很大影响的原因所在。

利用能斯特方程可以计算电对在各种浓度下的电极电势，在实际应用中显得非常重要。下面分别讨论溶液中各种情况的变化对电极电势的影响。

(1) 浓度及分压变化对电极电势的影响

【例 6-5】 计算在 25℃时，Zn^{2+} 浓度为 $0.001mol \cdot L^{-1}$时，Zn^{2+}/Zn 的电极电势。

解 电极反应：

$$Zn^{2+} + 2e \rightleftharpoons Zn$$

查表 6-2 得 $E^{\ominus}(Zn^{2+}/Zn)=-0.762V$。

由式(6-2) 得：

$$E(Zn^{2+}/Zn)=E^{\ominus}(Zn^{2+}/Zn)+\frac{0.0592}{2}\lg[Zn^{2+}]$$

$$=-0.762+\frac{0.0592}{2}\lg 0.001=-0.851V$$

【例 6-6】 在 25℃时，$c(Cl^-)=0.100mol \cdot L^{-1}$，$p(Cl_2)=200$ kPa，求所组成电对的电极电势。

解 电极反应：

$$Cl_2 + 2e \rightleftharpoons 2Cl^-$$

由能斯特方程得：

$$E(Cl_2/Cl^-)=E^{\ominus}(Cl_2/Cl^-)+\frac{0.0592}{2}\lg\frac{[p(Cl_2)]}{[Cl^-]^2}$$

$$=1.36+\frac{0.0592}{2}\lg\frac{200/100}{(0.100)^2}=1.43V$$

(2)酸度对电极电势的影响

【例 6-7】 下列电极反应：

$$ClO_3^- + 6H^+ + 6e \rightleftharpoons Cl^- + 3H_2O; \qquad E^\ominus(ClO_3^-/Cl^-) = 1.45V$$

求：$c(ClO_3^-) = c(Cl^-) = 1.0mol \cdot L^{-1}$，$c(H^+) = 10mol \cdot L^{-1}$时的$E(ClO_3^-/Cl^-)$值。

解　根据能斯特方程得：

$$E(ClO_3^-/Cl^-) = E^\ominus(ClO_3^-/Cl^-) + \frac{0.0592}{6}\lg\frac{[ClO_3^-][H^+]^6}{[Cl^-]}$$

将已知数据代入上式得：

$$E(ClO_3^-/Cl^-) = 1.45 + \frac{0.0592}{6}\lg\frac{1.0\times10^6}{1.0} = 1.51V$$

当$c(H^+) = 10mol \cdot L^{-1}$时，$E$（$ClO_3^-/Cl^-$）的值比标准态时的$E^\ominus$（$ClO_3^-/Cl^-$）值增大了0.06V。由此可见，含氧酸在酸性介质中显示出较强的氧化性。即酸度改变对电极电势的影响显著。

(3) 沉淀的生成对电极电势的影响

【例 6-8】　在Ag^+/Ag电对的溶液中加入NaCl溶液后，使Cl^-浓度为$1.0mol \cdot L^{-1}$，求E（Ag^+/Ag）的值。

解　原来的Ag^+/Ag溶液中，电极反应为：

$$Ag^+ + e \rightleftharpoons Ag$$

加入NaCl溶液，则有沉淀反应：

$$Ag^+ + Cl^- \rightleftharpoons AgCl\downarrow$$

当$c(Cl^-) = 1.0mol \cdot L^{-1}$时：

$$[Ag^+] = \frac{K_{sp}^\ominus(AgCl)}{[Cl^-]} = \frac{1.8\times10^{-10}}{1.0} = 1.8\times10^{-10}$$

根据电极反应，由能斯特方程得：

$$\begin{aligned}E(Ag^+/Ag) &= E^\ominus(Ag^+/Ag) + 0.0592\lg[Ag^+]\\ &= 0.7996 + 0.0592\lg1.8\times10^{-10}\\ &= 0.223V\end{aligned}$$

可见，由于AgCl沉淀的生成，使Ag^+浓度减少，Ag^+/Ag电对的电极电势随之下降。上述电对的电极电势实际上就是下列电对的标准电极电势：

$$AgCl(s) + e \rightleftharpoons Ag(s) + Cl^-(aq) \qquad E^\ominus(AgCl/Ag) = 0.223V$$

同理，可以计算出$E^\ominus$（$AgBr/Ag$）和$E^\ominus$（AgI/Ag）的值并列于表6-3。从表6-3可知，随着卤化银的溶度积$K_{sp}^\ominus$降低，Ag^+浓度也随之降低，$E^\ominus$（AgX/Ag）的值逐渐降低，电对所对应的氧化型物质的氧化能力逐渐减弱。

(4) 弱电解质的生成对电极电势的影响

【例 6-9】　电极反应

$$2H^+ + 2e \rightleftharpoons H_2 \qquad E^\ominus(H^+/H_2) = 0.000V$$

在该系统中加入HAc-NaAc溶液，当$p(H_2) = 100kPa$，$c(HAc) = c(Ac^-) = 1.0mol \cdot L^{-1}$时，

表 6-3　卤化银电对的标准电极电势

电极反应	$K_{sp}^\ominus$	$c(Ag^+)/mol \cdot L^{-1}$	$E^\ominus/V$	
$Ag^+ + e \rightleftharpoons Ag$			+0.7996	降低↓
$AgCl(s) + e \rightleftharpoons Ag(s) + Cl^-(aq)$	约10^{-10}	约10^{-10}	+0.223	
$AgBr(s) + e \rightleftharpoons Ag(s) + Br^-(aq)$	约10^{-13}	约10^{-13}	+0.071	
$AgI(s) + e \rightleftharpoons Ag(s) + I^-(aq)$	约10^{-17}	约10^{-17}	−0.152	

求 $E(H^+/H_2)$ 的值。

解 加入的HAc-NaAc溶液是一个缓冲溶液，因此溶液中

$$H^+ + Ac^- \rightleftharpoons HAc$$

所以

$$[H^+]=\frac{K_a^\ominus(HAc)[HAc]}{[Ac^-]}$$

$$[H^+]=\frac{K_a^\ominus(HAc)\times 1.0}{1.0}=K_a^\ominus(HAc)=1.76\times 10^{-5}$$

对于电极反应：

$$2H^+ + 2e \rightleftharpoons H_2$$

则有

$$E(H^+/H_2)=E^\ominus(H^+/H_2)+\frac{0.0592}{2}\lg\frac{[H^+]^2}{[p(H_2)]}$$

$$=0.000+\frac{0.0592}{2}\lg\frac{(1.76\times 10^{-5})^2}{100/100}$$

$$=-0.281V$$

上述所计算的 $E(H^+/H_2)$ 值实际上也就是下列电对的标准电极电势：

$$2HAc+2e \rightleftharpoons H_2+2Ac^- \qquad E^\ominus(HAc/H_2)=-0.281V$$

计算结果表明，由于弱电解质HAc的生成，使 H^+ 浓度减少，故 H^+/H_2 电对的电极电势随之降低。

6.4 电极电势的应用

标准电极电势是化学中重要的数据之一。它能把水溶液中进行的氧化-还原反应系统化。电极电势的应用范围很广泛，主要表现为以下几个方面。

6.4.1 判断氧化剂和还原剂的相对强弱

电极电势的大小，反映了氧化-还原电对中氧化型物质和还原型物质的氧化、还原能力的相对强弱。电极电势的代数值越大，该电对的氧化型物质越易得到电子，是越强的氧化剂。如 $E^\ominus(F_2/F^-)=2.866V$，$E^\ominus(H_2O_2/H_2O)=1.776V$，$E^\ominus(MnO_4^-/Mn^{2+})=1.51V$，说明氧化型物质 F_2、H_2O_2、MnO_4^- 都是强氧化剂，且在标准状态下，氧化能力 $F_2>H_2O_2>MnO_4^-$。电极电势的代数值越小，该电对的还原型物质越易失去电子，是越强的还原剂。如 $E^\ominus(Li^+/Li)=-3.040V$，$E^\ominus(K^+/K)=-2.931V$，$E^\ominus(Na^+/Na)=-2.71V$，说明还原型物质Li、K、Na都是强还原剂，且在标准状态下，还原能力Li>K>Na。

由于标准电极电势表一般是按 $E^\ominus$ 值从小到大的顺序排列的，因此，对于氧化剂来说，其强度在表中的递变规律是从上而下依次增强；而对于还原剂来说，其强度在表中的递变规律是从下而上依次增强。这种规律可用表6-4表示。

查阅标准电极电势表时，应注意：如反应物作为氧化剂，应从氧化型物质一栏查出，然后看其对应的还原型物质是否与还原产物相符；如反应物作为还原剂，则应从还原型物质一栏查出，然后看其对应的氧化型物质是否与氧化产物相符。只有完全相符时，查出的 $E^\ominus$ 值才是正确的。

应该指出，在非标准状态下比较氧化剂和还原剂的相对强弱时，应先利用能斯特方程，计算出该条件下各电对的 E 值，然后再作判断。

表 6-4 氧化剂、还原剂的相对强弱

电对	氧化型$+ne \rightleftharpoons$还原型	$E^{\ominus}$/V
Li^+/Li Zn^{2+}/Zn H^+/H_2 Cu^{2+}/Cu F_2/F^-	越强的还原剂 氧化能力增强↓ 还原能力增强↑ 越强的氧化剂	代数值增大↓

6.4.2 判断氧化-还原反应的方向和限度

(1) 判断氧化-还原反应的方向

氧化-还原反应总是由较强的氧化剂和较强的还原剂相互作用，向着生成较弱的氧化剂和较弱的还原剂的方向进行。即电极电势值大的氧化型物质和电极电势值小的还原型物质之间的反应是自发反应，就是说，作为氧化剂的电对的电极电势大于作为还原剂的电对的电极电势：

$$E_{氧化剂}>E_{还原剂}$$

氧化-还原反应的方向也可由氧化-还原反应组成的原电池的电动势来判断。在原电池中，$E_{正}$ 就是氧化剂电对的 $E_{氧化剂}$，$E_{负}$ 就是还原剂电对的 $E_{还原剂}$。所以原电池的电动势：

$$E=E_{正}-E_{负}=E_{氧化剂}-E_{还原剂}>0$$

即氧化-还原反应向原电池电动势 $E>0$ 的方向进行。例如：

$$Zn+Cu^{2+} \rightleftharpoons Zn^{2+}+Cu$$

$$E^{\ominus}(Cu^{2+}/Cu)=+0.342V$$

$$E^{\ominus}(Zn^{2+}/Zn)=-0.762V$$

显然，Cu^{2+} 的氧化性比 Zn^{2+} 的强，而 Zn 的还原性比 Cu 的强。故 Cu^{2+} 能将 Zn 氧化，上面的反应会自发地向右进行。

此反应组成的原电池的电动势：

$$E^{\ominus}=E^{\ominus}_{氧化剂}-E^{\ominus}_{还原剂}=E^{\ominus}(Cu^{2+}/Cu)-E^{\ominus}(Zn^{2+}/Zn)>0$$

所以反应自发向右进行。

严格来说，用标准电极电势只能判断在标准状态下氧化-还原反应进行的方向。如果两个电对的标准电极电势相差得比较大时（$>0.2V$），一般可以根据标准电极电势判断氧化-还原反应进行的方向。如果两个电对的标准电极电势相差得比较小时（$<0.2V$），在非标准状态下，由于溶液中有关离子的浓度对电极电势的影响，有可能使电动势 E 值改变符号，氧化-还原反应进行的方向可能会改变。此时应计算实际情况（非标准态）下的电动势 E 值，并以此数值来判断氧化-还原反应的方向。

【例 6-10】 判断在酸性溶液中 H_2O_2 与 Fe^{2+} 混合时能否发生氧化-还原反应。若能反应，写出反应的产物。

解 H_2O_2 中氧元素的氧化态为-1，处于中间氧化态，它可以失去电子使氧化态升高而作还原剂，本身被氧化为 O_2，所对应的半反应为：

$$2H^++O_2+2e \rightleftharpoons H_2O_2 \qquad E^{\ominus}=0.695V$$

另一方面，H_2O_2 又可作为氧化剂，本身被还原成氧化态为-2 的氧，对应的半反应为：

$$H_2O_2+2H^++2e \rightleftharpoons 2H_2O \qquad E^{\ominus}=1.776V$$

Fe^{2+}也是中间氧化态，所以Fe^{2+}既可以作氧化剂，也可以作还原剂，有关半反应为：

$$Fe^{3+} + e \rightleftharpoons Fe^{2+} \qquad E^{\ominus} = 0.771V$$

$$Fe^{2+} + 2e \rightleftharpoons Fe \qquad E^{\ominus} = -0.447V$$

分析上述四个可能发生的半反应及其$E^{\ominus}$值可知：电对H_2O_2/H_2O的$E^{\ominus}$值最大，H_2O_2又是氧化型物质，无疑H_2O_2是其中最强的氧化剂。因此，如H_2O_2与Fe^{2+}间发生反应，Fe^{2+}就是还原剂，这样，Fe^{2+}必是电对中的还原型物质（Fe^{3+}/Fe^{2+}）。所以H_2O_2与Fe^{2+}在酸性中混合时，能够发生反应，其反应方向为：

$$2Fe^{2+} + H_2O_2 + 2H^+ \longrightarrow 2Fe^{3+} + 2H_2O$$

反应产物为Fe^{3+}和H_2O。

（2）判断氧化-还原反应的限度

任何一个反应进行的程度，都可以用$K^{\ominus}$来判断。氧化-还原反应的平衡常数可根据有关电对的标准电极电势来计算。例如，下列反应：

$$Zn + Cu^{2+} \rightleftharpoons Zn^{2+} + Cu$$

其平衡常数表达式为：

$$K^{\ominus} = \frac{[Zn^{2+}]}{[Cu^{2+}]}$$

氧化-还原反应由两个电极反应组成：

$$Cu^{2+} + 2e \rightleftharpoons Cu$$

$$E(Cu^{2+}/Cu) = E^{\ominus}(Cu^{2+}/Cu) + \frac{0.0592}{2}\lg[Cu^{2+}]$$

$$Zn^{2+} + 2e \rightleftharpoons Zn$$

$$E(Zn^{2+}/Zn) = E^{\ominus}(Zn^{2+}/Zn) + \frac{0.0592}{2}\lg[Zn^{2+}]$$

随着反应的进行，Cu^{2+}的浓度不断减少，Zn^{2+}浓度不断增加。因而$E(Cu^{2+}/Cu)$的代数值不断减少，$E(Zn^{2+}/Zn)$的代数值不断增大。当$E(Cu^{2+}/Cu) = E(Zn^{2+}/Zn)$时，反应达到平衡。此时

$$E^{\ominus}(Zn^{2+}/Zn) + \frac{0.0592}{2}\lg[Zn^{2+}] = E^{\ominus}(Cu^{2+}/Cu) + \frac{0.0592}{2}\lg[Cu^{2+}]$$

$$\lg\frac{[Zn^{2+}]}{[Cu^{2+}]} = \frac{[E^{\ominus}(Cu^{2+}/Cu) - E^{\ominus}(Zn^{2+}/Zn)] \times 2}{0.0592}$$

因为

$$K^{\ominus} = \frac{[Zn^{2+}]}{[Cu^{2+}]}$$

所以

$$\lg K^{\ominus} = \frac{[E^{\ominus}(Cu^{2+}/Cu) - E^{\ominus}(Zn^{2+}/Zn)] \times 2}{0.0592}$$

查表知：$E^{\ominus}(Cu^{2+}/Cu) = 0.342V$，$E^{\ominus}(Zn^{2+}/Zn) = -0.762V$，代入上式计算出该反应的平衡常数值为：

$$K^{\ominus} = 1.98 \times 10^{37}$$

由于$K^{\ominus}$值很大，可以认为Zn置换Cu^{2+}的反应进行得很完全。

由此可得，氧化-还原反应的标准平衡常数（298.15K）的计算公式为：

$$\lg K^{\ominus} = \frac{(E^{\ominus}_{氧化剂} - E^{\ominus}_{还原剂}) \times n}{0.0592} = \frac{nE^{\ominus}}{0.0592} \tag{6-3}$$

式中，$E^{\ominus}_{氧化剂}$、$E^{\ominus}_{还原剂}$分别为反应中氧化剂与其还原产物组成的电对、还原剂与其氧化产物组成的电对的标准电极电势；n为总反应中转移的电子数目；$E^{\ominus}$为反应的标准电动势。

由式(6-3)可以看出，氧化-还原反应进行的程度与组成反应的两个电对的$E^{\ominus}$有关，而

与反应物浓度无关。两个电对的 $E^{\ominus}$ 相差越大，$K^{\ominus}$ 值就越大，氧化-还原反应进行得越完全。

【例 6-11】 试计算 25℃时反应 $Sn+Pb^{2+} \rightleftharpoons Sn^{2+}+Pb$ 的平衡常数；如果反应开始时，$c(Pb^{2+})$ 为 $2.0mol \cdot L^{-1}$，问平衡时 $c(Pb^{2+})$ 和 $c(Sn^{2+})$ 各为多少？

解　$$Sn+Pb^{2+} \rightleftharpoons Sn^{2+}+Pb$$

查表知：

$$E^{\ominus}(Pb^{2+}/Pb)=-0.126V$$

$$E^{\ominus}(Sn^{2+}/Sn)=-0.138V$$

电动势

$$E^{\ominus}=E^{\ominus}(Pb^{2+}/Pb)-E^{\ominus}(Pb^{2+}/Pb)$$

$$=-0.126-(-0.138)=0.012V$$

因为

$$\lg K^{\ominus}=\frac{nE^{\ominus}}{0.0592}=\frac{2\times 0.012}{0.0592}=0.41$$

所以

$$K^{\ominus}=2.57$$

设平衡时 $c(Sn^{2+})=x\ mol \cdot L^{-1}$，则 $c(Pb^{2+})=2.0-x\ mol \cdot L^{-1}$。

又因为

$$K^{\ominus}=\frac{[Sn^{2+}]}{[Pb^{2+}]}$$

故

$$2.57=\frac{x}{2.0-x}$$

$$x=1.44$$

即

$$c(Sn^{2+})=1.44\ mol \cdot L^{-1}$$

$$c(Pb^{2+})=2.0-1.44=0.56\ mol \cdot L^{-1}$$

计算结果表明，平衡时 $c(Pb^{2+})$ 仍然很大，反应进行得很不完全。

【例 6-12】 利用原电池测定 AgCl 的溶度积 $K_{sp}^{\ominus}(AgCl)$。

解　由有关电对的标准电极电势可求得化学反应的平衡常数。而溶度积常数也是平衡常数，用电化学的方法来测定难溶盐的溶度积时，关键是要设计出一个合理的原电池，使电池反应正好就是难溶盐的沉淀反应。

AgCl 的沉淀平衡为：

$$AgCl(s) \rightleftharpoons Ag^{+}+Cl^{-}$$

将其分解为两个半反应：

负极　$Ag+Cl^{-} \rightleftharpoons AgCl(s)+e$

+）　正极　$Ag^{+}+e \rightleftharpoons Ag$

电池反应：　$Ag^{+}+Cl^{-} \rightleftharpoons AgCl(s)$

电池符号：

$$(-)Ag,AgCl(s)\mid Cl^{-}(1.0mol \cdot L^{-1})\parallel Ag^{+}(1.0mol \cdot L^{-1})\mid Ag(+)$$

原电池的标准电动势：

$$E^{\ominus}=E^{\ominus}(Ag^{+}/Ag)-E^{\ominus}(AgCl/Ag)$$

$$=0.7996-0.223=0.5766V$$

$$\lg K^{\ominus}=\frac{nE^{\ominus}}{0.0592}=\frac{1\times 0.5766}{0.0592}=9.74$$

$$K^{\ominus}=5.50\times 10^{9}$$

所以 AgCl 的溶度积：

$$K_{sp}^{\ominus}(AgCl)=\frac{1}{K^{\ominus}}=\frac{1}{5.50\times 10^{9}}=1.81\times 10^{-10}$$

6.4.3　元素电势图

许多元素具有多种氧化态，各种氧化态物质可以组成不同的电对，为了方便了解同一元素的不同氧化态物质的氧化-还原性，拉提默（W. M. Latimer）提出了元素电势图的概念。

（1）元素电势图的表示方式

元素电势图是这样的一种图式：将同一元素的不同氧化态物质，按其氧化态，从高到低排列，不同氧化态物质之间以直线连接，并在线上标明相邻氧化态物质组成电对时的标准电极电势值。例如，S元素的氧化态有＋6、＋4、＋2、0、－2，在酸性溶液中可组成的电对有：

$$SO_4^{2-}+4H^{+}+2e \rightleftharpoons H_2SO_3+H_2O \qquad E^{\ominus}=0.172V$$

$$H_2SO_3+4H^{+}+2e \rightleftharpoons S+3H_2O \qquad E^{\ominus}=0.449V$$

$$S+2H^{+}+2e \rightleftharpoons H_2S \qquad E^{\ominus}=0.142V$$

如果用元素电势图表示，则为：

$$SO_4^{2-}\frac{\ 0.172\ }{\quad}H_2SO_3\frac{\ 0.449\ }{\quad}S\frac{\ 0.142\ }{\quad}H_2S$$

根据溶液酸碱性的不同，元素电势图又分为酸性介质中的和碱性介质中的两种。

（2）元素电势图的应用

元素电势图的表达直观、方便，可清楚地看出该元素各氧化态物质的氧化-还原性。它的应用主要有：

① 比较元素各氧化态物质的氧化-还原性，以及介质对氧化-还原能力的影响。

如氯元素在酸性介质中的元素电势图为：

$E_A^{\ominus}/V$

$$ClO_4^-\frac{\ +1.189\ }{\quad}ClO_3^-\frac{\ +1.214\ }{\quad}HClO_2\frac{\ +1.64\ }{\quad}HClO\frac{\ +1.628\ }{\quad}Cl_2\frac{\ +1.358\ }{\quad}Cl^-$$

（ClO_3^- 至 Cl_2：+1.47）

$E_B^{\ominus}/V$

$$ClO_4^-\frac{\ +0.36\ }{\quad}ClO_3^-\frac{\ +0.33\ }{\quad}ClO_2^-\frac{\ +0.66\ }{\quad}ClO^-\frac{\ +0.382\ }{\quad}Cl_2\frac{\ +1.358\ }{\quad}Cl^-$$

（ClO_3^- 至 Cl_2：+0.472）

从图可见，在酸性介质中氯元素的电极电势值都为较大的正值，说明氯的氧化态为＋7、＋5、＋3、＋1、0时的各氧化态物质都具有较强的氧化能力，都是强氧化剂。而在碱性介质中，氧化态为＋7、＋5、＋3、＋1时各电对的电极电势值都较小，说明此时它们的氧化能力都较小。故当选用氯的含氧酸盐作为氧化剂时，应选择在酸性介质中进行反应。

② 判断物质能否发生歧化反应。在氧化-还原反应中，有些元素的氧化态可以同时向较高和较低氧化态转变。这种反应称为歧化反应。根据元素电势图可以判断物质的歧化反应能否发生。如：

$$E_B^{\ominus}/V \qquad ClO^-\frac{\ +0.382\ }{\quad}Cl_2\frac{\ +1.358\ }{\quad}Cl^-$$

从图中可知：

$$E_B^{\ominus}(Cl_2/Cl^-)=+1.358V$$

$$E_B^{\ominus}(ClO^-/Cl_2)=+0.382V$$

由于 $E_B^{\ominus}(Cl_2/Cl^-)>E_B^{\ominus}(ClO^-/Cl_2)$，所以电对 Cl_2/Cl^- 中氧化型物质 Cl_2 能够氧化电对 ClO^-/Cl_2 中还原型物质 Cl_2。于是就有反应：

$$Cl_2 + Cl_2 \longrightarrow Cl^- + ClO^-$$

即 Cl_2 发生了歧化反应：

$$2Cl_2 + 2OH^- \longrightarrow Cl^- + ClO^- + H_2O$$

对照在酸性介质中氯的元素电势图：

$$E_A^\ominus/V \qquad HClO \xrightarrow{+1.628} Cl_2 \xrightarrow{+1.358} Cl^-$$

由于 $E_A^\ominus(Cl_2/Cl^-) = 1.358V < E_A^\ominus(HClO/Cl_2) = 1.628V$，故在酸性介质中，$Cl_2$ 不能发生歧化反应。相反，HClO 能氧化 Cl^- 而生成 Cl_2，即有逆歧化反应发生：

$$Cl^- + HClO + H^+ \longrightarrow Cl_2 + H_2O$$

推广至一般，判断歧化反应能否进行的一般规则为：

在元素电势图中

$$A \xrightarrow{E^\ominus_{左}} B \xrightarrow{E^\ominus_{右}} C$$

若 $E^\ominus_{右} > E^\ominus_{左}$，则 B 会发生歧化反应

$$B \longrightarrow A + C$$

若 $E^\ominus_{左} > E^\ominus_{右}$，则 B 不会发生歧化反应，而 A 和 C 能发生逆歧化反应，即

$$A + C \longrightarrow B$$

(3) 计算电对的标准电极电势

根据元素电势图，可以计算出图中任一组合电对的标准电极电势。例如对下列元素电势图：

$$A \xrightarrow[n_1]{E_1^\ominus} B \xrightarrow[n_2]{E_2^\ominus} C \xrightarrow[n_3]{E_3^\ominus} D \quad (A \xrightarrow[n]{E_x^\ominus} D)$$

从理论上可以推导出下列公式：

$$n E_x^\ominus = n_1 E_1^\ominus + n_2 E_2^\ominus + n_3 E_3^\ominus$$

所以

$$E_x^\ominus = \frac{n_1 E_1^\ominus + n_2 E_2^\ominus + n_3 E_3^\ominus}{n} \tag{6-4}$$

式中，n_1、n_2、n_3、n 分别代表各电对的电极反应中电子的计量系数。

【例 6-13】 已知溴在碱性介质中的电势图：

$$E_B^\ominus/V \qquad BrO_3^- \xrightarrow{?} BrO^- \xrightarrow{+0.45} Br_2 \xrightarrow{+1.087} Br^- \quad (BrO_3^- \xrightarrow{0.514} Br_2;\ BrO_3^- \xrightarrow{E_x^\ominus} Br^-)$$

计算 $E^\ominus(BrO_3^-/Br^-)$ 和 $E^\ominus(BrO_3^-/BrO^-)$ 的值。

解 根据式(6-4)得：

$$6E^\ominus(BrO_3^-/Br^-) = 5E^\ominus(BrO_3^-/Br_2) + E^\ominus(Br_2/Br^-)$$

所以

$$E^\ominus(BrO_3^-/Br^-) = \frac{[5 \times E^\ominus(BrO_3^-/Br_2)] + E^\ominus(Br_2/Br^-)}{6}$$

$$= \frac{5 \times 0.514 + 1.087}{6} = +0.61V$$

又因为

$$5E^\ominus(BrO_3^-/Br_2) = 4E^\ominus(BrO_3^-/BrO^-) + E^\ominus(BrO^-/Br_2)$$

所以

$$E^\ominus(BrO_3^-/BrO^-) = \frac{[5 \times E^\ominus(BrO_3^-/Br_2)] - E^\ominus(BrO^-/Br_2)}{4}$$

$$= \frac{5 \times 0.514 - 0.45}{4} = +0.53V$$

6.5 电解与电镀

6.5.1 电解

电解是借助直流电的作用而引起的氧化-还原过程。在电解过程中，电能不断转化为化学能，和前面讨论的原电池正好相反。

（1）电解池及工作原理

实现电解过程的装置称为电解池。在电解池中与电源负极相连的称为阴极，与电源正极相连的称为阳极。电子流从电源负极发出，经导线进入电解池的阴极，阴极上则因电子过剩而带负电；而电源正极吸引电子，使电解池的阳极上缺乏电子，而正电荷过剩。当电解池两极与电源接通时，在电场作用下，离子就发生定向移动，电解池中电解液中的阳离子移向阴极，得到电子，发生还原反应；电解液中的阴离子移向阳极，失去电子，发生氧化反应。在电解池的两极反应中，得失电子的过程都叫放电。这种借助电流的作用使物质发生分解的过程称为电解。

下面以电解 $CuCl_2$ 溶液为例来说明电解的原理。电解槽的两极用石墨或铂片这类惰性材料做成，电解液为 $CuCl_2$ 溶液，装置如图 6-5 所示。当电极与电源接通后，电解槽的阴极从电源负极获得电子，带负电；而阳极则由于电子流向电源的正极，带正电。这样，在两极之间建立起了一个电场。在电场作用下，Cl^- 移向阳极，放出自身的电子，氧化成氯气；Cu^{2+} 移向阴极，获得电子还原成金属铜，沉积在阴极上。

电极反应为：

阳极　$2Cl^- \longrightarrow Cl_2\uparrow + 2e$

阴极　$Cu^{2+} + 2e \longrightarrow Cu\downarrow$

电解反应　$CuCl_2 \longrightarrow Cu\downarrow + Cl_2\uparrow$

电解质溶液中若存在多种离子时，在电极上发生氧化-还原反应（即得失电子）的次序，同样可以用电极电势判断。一般阴极上是电极电势较大的氧化型物质被还原，阳极上则是电极电势较小的还原型物质被氧化。

如果用粗铜代替铂或石墨作为阳极。在阴极上仍有铜析出，但在阳极上并非 Cl^- 被氧化放出 Cl_2，而是阳极铜本身放出电子，变成 Cu^{2+} 进入溶液中。这是因为 Cu 是比 Cl^- 更强的还原剂。此时的反应为：

阳极　$Cu \longrightarrow Cu^{2+} + 2e$

阴极　$Cu^{2+} + 2e \longrightarrow Cu\downarrow$

电解总过程是粗铜不断地从阳极移向阴极。而一些不活泼的金属和非金属杂质变成阳极泥，比铜活泼的金属杂质则留在电解液中。因此，粗铜变成了纯铜，纯度可以达到 99.98%以上。这就是电解法精炼铜的原理。在实际生产中，电解液是由硫酸铜来代替氯化铜的。

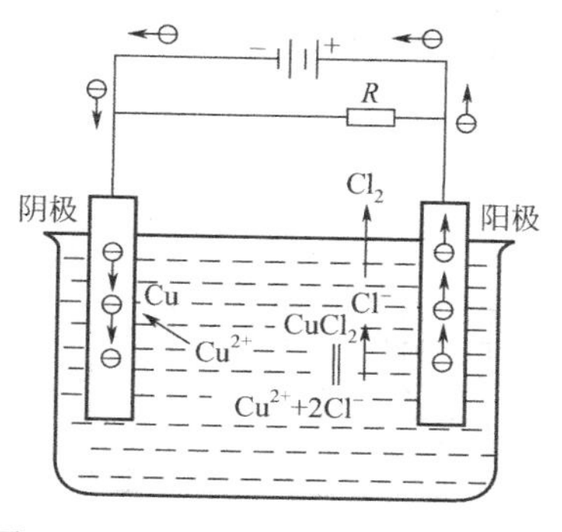

图 6-5　电解 $CuCl_2$ 溶液装置示意图

（2）分解电压

电解之所以能够持续不断地进行，是因为对电解池输入了一定的电压。电解产物，氯气和金属铜分别吸附和沉积在电极上，构成了一个原电池。此原电池的电动势和外加电压大小相等、方向相反，因而抵消了外加电压从而使电流变小，并使反应停止。为使电解持续进行，就必须在两个电极间提高电压。显然，所加的电压要大于电解产物构成原电池的电动势。这种为了使电解作用持续进行所加的最小电压叫做该电解质的分解电压。如果电解时没有其他的副反应发生，那么，分解电压要比电解产物所构成的原电池的电动势大一些。分解电压与相应原电池的电动势之差，称为超电压。

由于分解电压是克服电解产物所构成原电池的反向电动势，且大于该电动势，故可以用计算原电池电动势的方法来近似地计算分解电压的值。

例如，当电解 $1mol \cdot L^{-1} CuCl_2$ 溶液时，由其产物构成的原电池是：

$$(-)Pt \mid CuCl_2(1mol \cdot L^{-1}) \mid Cl_2(p^{\ominus}) \mid Pt(+)$$

其电极反应为：

正极　$$Cl_2 + 2e \rightleftharpoons 2Cl^-$$

负极　$$Cu \rightleftharpoons Cu^{2+} + 2e$$

在 298.15K 时，$E^{\ominus}(Cl_2/Cl^-) = 1.358V$，$E^{\ominus}(Cu^{2+}/Cu) = 0.352V$，$p(Cl_2) = p^{\ominus}$，$c(Cl^-) = 2\ mol \cdot L^{-1}$，$c(Cu^{2+}) = 1\ mol \cdot L^{-1}$。

正极的电极电势为：

$$E_{正} = E^{\ominus}_{正} = 1.358 + \frac{0.0592}{2} \lg \frac{p(Cl_2)}{[Cl^-]^2}$$

$$= 1.358 + \frac{0.0592}{2} \lg \frac{1}{2^2} = 1.34V$$

负极的电极电势为：

$$E_{负} = E^{\ominus}_{负} = 0.352V$$

所以电动势：

$$E = E_{正} - E_{负} = 1.34 - 0.352 = 0.99V$$

0.99V 是从理论上计算所得的，故称为理论分解电压，用 $E_{理}$ 表示。理论上讲，外加电压稍大于理论分解电压，电解过程便能顺利进行。但实际上，外加电压总要比理论分解电压大很多，这种现象称为极化作用。影响极化作用的因素很多，如电极材料、电流密度、温度等等。

根据同一原理，可求得 $ZnCl_2$ 在相同情况下的理论分解电压为：

$$1.34 - (-0.762) = 2.10V$$

当电解 $CuCl_2$ 和 $ZnCl_2$ 的混合溶液时，如用 1.2V 的外加电压，则在阴极上只析出铜，而锌则留在溶液中，这是因为外加电压大于 $CuCl_2$ 的分解电压而小于 $ZnCl_2$ 的分解电压，这一原理在电解精炼金属方面具有重要的实际意义。

6.5.2　电镀

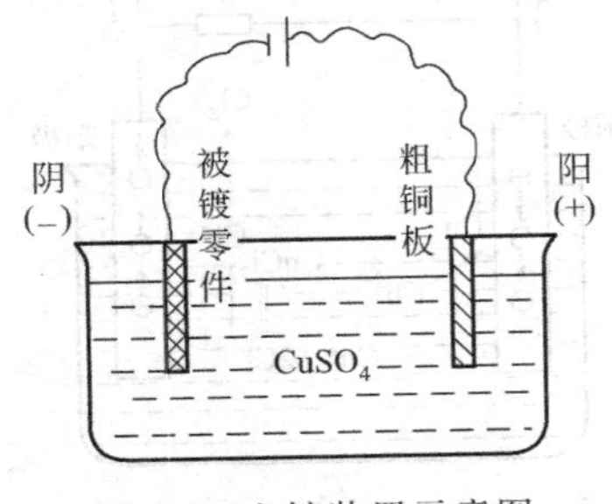

图 6-6　电镀装置示意图

用直流电从电解液中析出金属，并在物件的表面沉积而获得金属覆盖层的方法称为电镀。它也是机械工业中最常用的阻滞金属腐蚀的表面处理方法之一。

电镀的装置如图 6-6 所示。电镀时把待镀的零部件作为阴极与直流电源的负极相连接，把镀层金属作为阳极与直流电源的正极相连接。电镀槽中注入含有镀层金属离子的盐溶液（包括各种必要的添加剂）。

接通电源后，阳极上发生金属溶解的氧化反应（例如镀

Cu 时，$Cu \longrightarrow Cu^{2+}+2e$)，阴极上发生金属析出的还原反应（例如 $Cu^{2+}+2e \longrightarrow Cu$）。这样，阳极上作镀层的金属不断溶解，同时在阴极的工件表面上不断析出，电镀液中的盐浓度不变。如果阳极是不溶性的，则必须随时向溶液中补充适量的盐以维持电解液的浓度。镀层的厚度可由电镀时间控制。

*6.6 化学电源

化学电源又称为电池。理论上，任何自发的氧化-还原反应都可以组成原电池。但设计时必须考虑到实用上的要求，如电池的体积、电压、放电容量、寿命、维护及价格等等。

6.6.1 干电池

干电池是日常使用较多的一种化学电源，它具有体积小、寿命长、使用方便且价格便宜等特点。下面介绍几种干电池的工作原理。

（1）锌锰电池

这是最普通的一种干电池。锌锰电池的装置示意图见图 6-7。以锌皮为外壳，作负极，中央是石墨棒，作正极。石墨棒附近充填石墨粉和 MnO_2 的混合物，周围装入由 NH_4Cl、$ZnCl_2$、淀粉等构成的糊状混合物作为电解质溶液，用多孔纸包起来，使之与锌电极隔开。

当电池放电时，其电极反应如下：

锌极（负极） $Zn \rightleftharpoons Zn^{2+}+2e$

碳极（正极） $2NH_4^{+}+2e \rightleftharpoons 2NH_3+H_2$

在使用过程中，若产物 NH_3 和 H_2 气体在正极附近积累，会阻碍 NH_4^{+} 与正极接触获得电子，产生极化作用。简单来说，电极电势偏离平衡电势的现象称为极化。糊状物中的 Zn^{2+} 和 MnO_2 可分别吸收 NH_3 和氧化 H_2，防止造成极化，保持电势接近恒定。

$$Zn^{2+}+4NH_3 \rightleftharpoons [Zn(NH_3)_4]^{2+}$$

$$2MnO_2+H_2 \rightleftharpoons 2MnO(OH)$$

电池总反应：

$$Zn+2MnO_2+2NH_4^{+} \rightleftharpoons Zn^{2+}+2MnO(OH)+2NH_3$$

此电池的电动势为 1.5V，它是一次性电池。

（2）锌汞电池

锌汞干电池是将锌锰干电池中的填充物 $ZnCl_2$ 和 NH_4Cl 换成 HgO 和湿的 KOH，所以又称碱性电池。该电池放电时的电极反应为：

锌极（负极） $Zn \rightleftharpoons Zn^{2+}+2e$

碳极（正极） $HgO+H_2O+2e \rightleftharpoons Hg+2OH^-$

正极反应产生的 OH^- 和负极反应产生的 Zn^{2+} 生成 $Zn(OH)_2$。这种电池的电动势约为 1.35V。

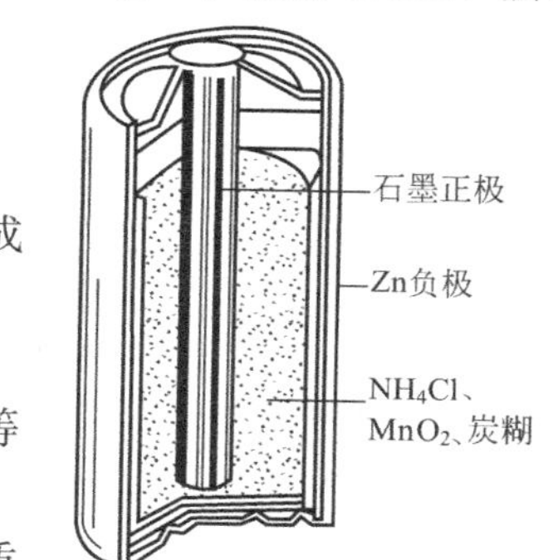

图 6-7 锌锰电池的装置示意图

（3）氧化银电池

氧化银电池广泛应用于电子设备、轻工产品、航空航天等领域，它也是一次性电池。

氧化银电池的构造示意图见图 6-8。氧化银电池中的电解质一般是用 KOH（40%），电池的电动势约为 1.59V。

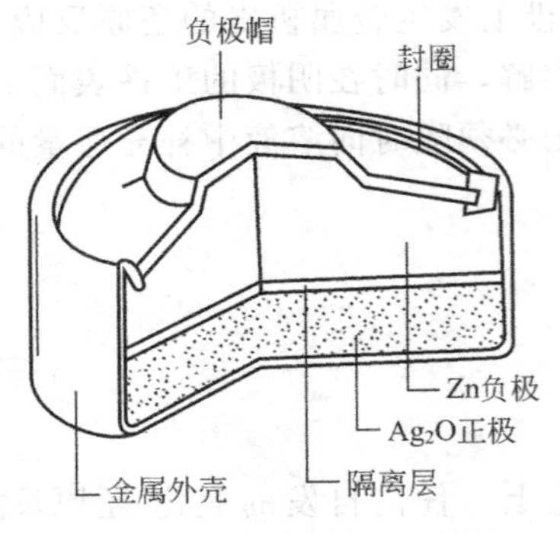

图 6-8　氧化银电池示意图

电极反应如下：

负极　　$Zn+2OH^- \rightleftharpoons Zn(OH)_2+2e$

正极　　$Ag_2O+H_2O+2e \rightleftharpoons 2Ag+2OH^-$

电池总反应

$$Zn+Ag_2O+H_2O \rightleftharpoons 2Ag+Zn(OH)_2$$

这种电池体积小，自放电小，储存寿命长，但由于使用了昂贵的银作电极材料，因而成本较高。

6.6.2　燃料电池

燃料电池是一类新型的化学电源，它是将燃料（如氢气、煤气、甲醇、天然气等）的化学能直接转变为电能的装置。这种电池的转换效率一般可达 60%～70%，是内燃机的 3 倍。它具有排气少、容量大、不污染环境等特点，所以也称为“绿色电池”。

燃料电池的种类很多，下面简单介绍两种。

（1）氢-氧燃料电池

氢-氧燃料电池结构如图 6-9 所示，负极是用多孔碳电极（含铂或钯的催化剂）通入 H_2

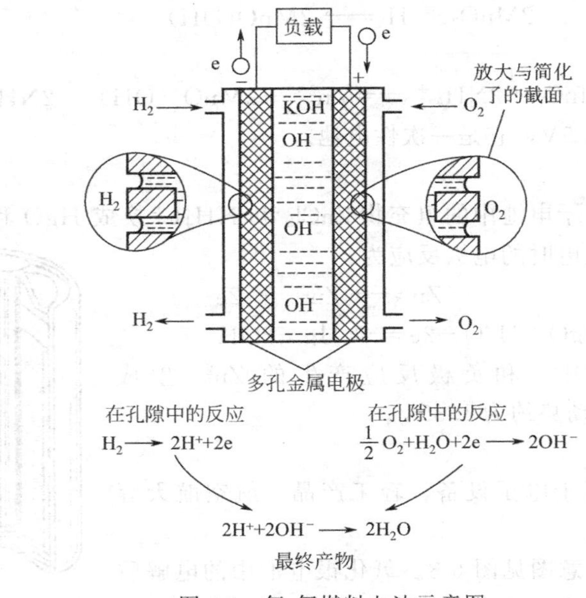

图 6-9　氢-氧燃料电池示意图

等燃料。正极也是用多孔碳电极（含金属氧化物，铂或银的催化剂）通入氧气或氧化剂。电解质为 NaOH（或 KOH）浓溶液，其两极反应如下：

负极 $$H_2(g)+2OH^-(aq) \rightleftharpoons 2H_2O(l)+2e$$

正极 $$\frac{1}{2}O_2(g)+H_2O(l)+2e \rightleftharpoons 2OH^-(aq)$$

电池反应 $$H_2(g)+\frac{1}{2}O_2(g) \rightleftharpoons H_2O(l)$$

电池符号

$$(-)(C)\ H_2(g)\ |\ KOH\ |\ O_2(g)\ (C)(+)$$

氢-氧燃料电池根据电解质不同还可有酸性、熔融盐两种。另根据工作温度的不同，分为低温（25～100℃）、中温（100～500℃）和高温（500～1000℃）等。

（2）甲醇-氧燃料电池

甲醇-氧燃料电池是一种低温燃料电池。正、负极都可用多孔 Pt 为电极，也可用其他材料，如用少量贵金属作催化剂的 Ni 电极为负极，用 Ag 或载有催化剂的活性炭作正极。电解液用 H_2SO_4 或 KOH，燃料为甲醇，工业甲醇可直接使用，它比 H_2 便宜。电解液循环流动，把甲醇带到电极上进行反应：

负极 $$CH_3OH(l)+H_2O(l) \rightleftharpoons CO_2(g)+6H^+(aq)+6e$$

正极 $$\frac{3}{2}O_2(g)+6H^+(aq)+6e \rightleftharpoons 3H_2O(l)$$

电池反应 $$CH_3OH(l)+\frac{3}{2}O_2(g) \rightleftharpoons CO_2(g)+2H_2O(l)$$

电池符号 $$(-)(Pt)CH_3OH(l)\ |\ H_2SO_4(aq)\ |\ O_2(g)\ (Pt)(+)$$

燃料电池的应用十分广泛，如航天、军事和边远地区发电等方面。一种 10～20kW 的碱性 H_2-O_2 燃料电池已成功地用于航天飞机，在美国、日本还有若干 CH_4-O_2 燃料电池发电站。但目前这类电池成本很高，气体净化要求也高，由于使用强碱性 、强酸性电解质，设备的腐蚀严重，并且反应过程中产生大量的水，必须及时移去。这些问题都迫切需要解决。然而燃料电池是最有发展前途的一种电源，它涉及能源的利用率问题，因此成为化学科学的重要研究领域之一。

6.6.3 蓄电池

蓄电池（也称为二次电池）是可以积储电能的一种装置。蓄电池放电后，用直流电源充电，可以使电池回到原来的状态，因此可反复使用。蓄电池中，化学能和电能可以相互转化。

（1）铅蓄电池

铅蓄电池是最常用的蓄电池，它的使用历史最久，技术成熟，价格低廉。

图 6-10 是铅蓄电池的构造示意图。其电极是由两组铅锑合金制成的栅格状极片组成的。分别填塞 PbO_2 和海绵状金属铅作为正极和负极，用 30%（密度 1.2g·cm^{-3}）的硫酸溶液作为电解质。电池符号：

$$(-)Pb\ |\ H_2SO_4\ |\ PbO_2(+)$$

放电时，电极反应如下：

Pb 极（负极） $$Pb+SO_4^{2-} \rightleftharpoons PbSO_4+2e$$

PbO_2 极（正极） $$PbO_2+SO_4^{2-}+4H^++2e \rightleftharpoons PbSO_4+2H_2O$$

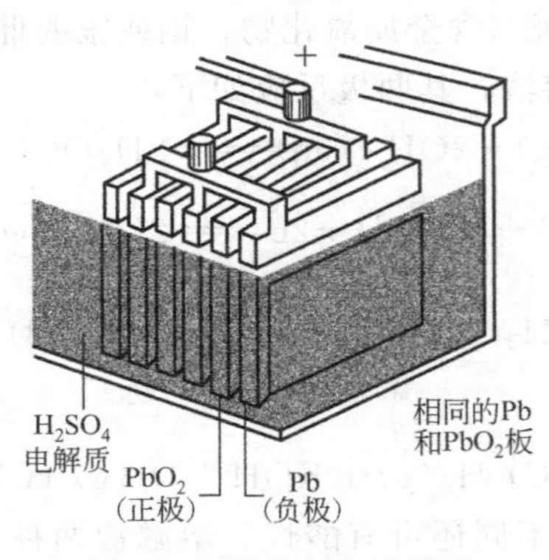

图 6-10 铅蓄电池示意图

总放电反应

$$Pb+PbO_2+2H_2SO_4 \rightleftharpoons 2PbSO_4+2H_2O$$

放电反应使两极表面都沉积一层$PbSO_4$，同时硫酸的浓度逐渐降低，当电动势由 2.2V 降到 1.9V 左右时，就不能继续使用了。此时应该及时充电，否则难以恢复而损坏电池。

充电时，电源正极与蓄电池中进行氧化反应的阳极连接，负极与进行还原反应的阴极连接，充电时，电极反应如下：

阳极 $$PbSO_4+2H_2O \rightleftharpoons PbO_2+SO_4^{2-}+4H^++2e$$

阴极 $$PbSO_4+2e \rightleftharpoons Pb+SO_4^{2-}$$

总充电反应

$$2PbSO_4+2H_2O \rightleftharpoons PbO_2+Pb+2H_2SO_4$$

随铅蓄电池的充电，电池的电动势和硫酸的浓度随之升高。当充电到硫酸密度为 1.2g · cm^{-3}、电动势约 2.2V 时，认为蓄电池已充足电，即可再次使用。

铅蓄电池的充电和放电反应互为可逆反应：

$$Pb+PbO_2+2H_2SO_4 \underset{充电}{\overset{放电}{\rightleftharpoons}} 2PbSO_4+2H_2O$$

(2) 镍氢电池

镍氢电池具有较高的比能量[1]，寿命长，耐过充、过放和反极化以及可通过氢压来指示电池的荷电状态等优点。

镍氢电池中的镍电极由多孔烧结镍基板经电化学浸渍而成，氢电极是用活性炭作载体、聚四氟乙烯（PTFE）黏结的多孔气体扩散电极，它由含铂催化剂的催化层、拉伸镍网导电层、多聚四氟乙烯防水层三者组成。氢电极和镍电极间夹一层吸有饱和 KOH 电解液的石棉膜。电池表示为：

$$(-)H_2 \mid KOH \mid NiO_2(+)$$

电极反应如下：

负极 $$H_2+2OH^- \underset{充电}{\overset{放电}{\rightleftharpoons}} 2H_2O+2e$$

正极 $$NiO_2+2H_2O+2e \underset{充电}{\overset{放电}{\rightleftharpoons}} Ni(OH)_2+2OH^-$$

---

[1] 比能量是指电池单位质量或单位体积所输出的电能。前者称为质量比能量，后者称为体积比能量。

电池总反应 $$2NiO_2 + H_2 \underset{充电}{\overset{放电}{\rightleftharpoons}} 2Ni(OH)_2$$

镍氢电池可用做电子手表、电子计算器、矿灯和电动自行车等的电源。目前正在开发汽车用镍氢电池。

(3) 镍镉电池

镍镉电池中，用金属镉代替镍氢电池中的氢电极。这种电池的使用寿命长，且可以像普通干电池一样制成封闭式的体积很小的电池，所以使用广泛。该电池的电动势约为 1.4V。电池表示为：

$$(-)Cd \mid KOH \mid NiO_2(+)$$

电极反应如下：

负极 $$Cd + 2OH^- \underset{充电}{\overset{放电}{\rightleftharpoons}} Cd(OH)_2 + 2e$$

正极 $$NiO_2 + 2H_2O + 2e \underset{充电}{\overset{放电}{\rightleftharpoons}} Ni(OH)_2 + 2OH^-$$

电池总反应 $$Cd + 2NiO_2 + 2H_2O \underset{充电}{\overset{放电}{\rightleftharpoons}} Cd(OH)_2 + Ni(OH)_2$$

镍镉电池常用于航天部门和用做电子计算器的电源。但由于废弃的镍镉电池中的镉会对环境产生污染，有不少国家已禁止使用镍镉电池。

(4) 锂离子电池

锂离子电池，负极由嵌入锂离子的石墨层组成，正极由 $LiCoO_2$ 组成。锂离子电池在充电或放电条件下，使锂离子往返于正、负极之间。充电时，锂离子由能量较低的正极材料迁移到石墨材料的负极层间而成为高能态；放电时，锂离子由能量高的负极材料层间迁回能量低的正极材料层间，同时通过外电路释放电能。图 6-11 为锂离子电池充、放电示意图。

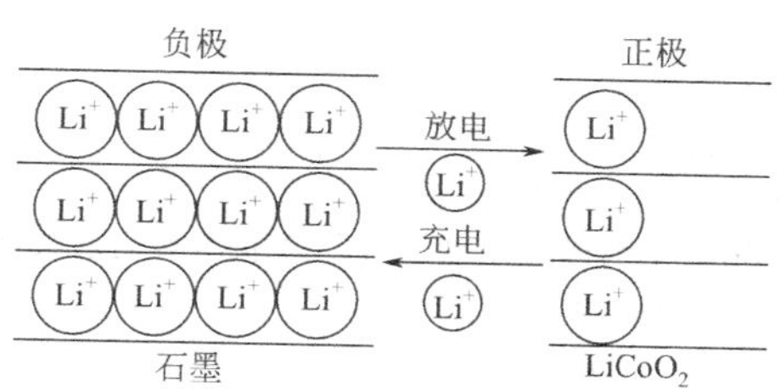

图 6-11 锂离子电池充、放电示意图

电极反应如下：

负极 $$Li_xC_6 \underset{充电}{\overset{放电}{\rightleftharpoons}} xLi^+ + 6C + ne$$

正极 $$xLi^+ + Li_{1-x}CoO_2 + ne \underset{充电}{\overset{放电}{\rightleftharpoons}} LiCoO_2$$

电池总反应

$$Li_xC_6 + Li_{1-x}CoO_2 \underset{充电}{\overset{放电}{\rightleftharpoons}} 6C + LiCoO_2$$

锂离子电池的特点是：体积小，比能量高，单电池的输出电压高达 4.2V，在 60℃左右的条件下仍能保持很好的电性能。

锂离子电池主要用于便携式摄像机、液晶电视机、移动电话机和笔记本电脑等电子设备。

思考题

1. 什么是元素的氧化态？试举例说明。

2. 氧化态法和离子-电子法配平氧化-还原反应方程式各有什么特点？

3. 解释下列各组名词的含义

氧化与还原　　氧化反应与还原反应　　氧化剂与还原剂　　电极与电对　　原电池与半电池

电极反应与电池反应　　电极电势与标准电极电势

4. 构成一个原电池的条件是什么？举例说明。

5. 相同的电对（如 Ag^+/Ag）能否组成原电池？如何组成？应具备什么条件？

6. 判断下列说法是否正确，为什么？

① 电极电势的大小可以衡量物质得失电子的难易程度。

② 某电极的标准电极电势就是该电极双电层的电势差。

③ 原电池中，电子由负极经导线流到正极，再由正极经溶液到负极，从而构成了电回路。

④ 在一个实际供电的原电池中，总是电极电势大的电对作正极，电极电势小的为负极。

⑤ 由于 $E^\ominus(Fe^{2+}/Fe)=-0.447V$，$E^\ominus(Fe^{3+}/Fe^{2+})=+0.771V$，故 Fe^{3+} 与 Fe^{2+} 能发生氧化-还原反应。

7. 氧化-还原电对中氧化型或还原型物质发生下列变化时，电极电势将发生怎样的变化？

① 氧化型物质生成弱电解质；

② 还原型物质生成沉淀。

8. 判断氧化-还原反应的方向应该用 E 还是 $E^\ominus$ 值？计算氧化-还原反应的平衡常数应该用 E 还是 $E^\ominus$ 值？为什么？

9. 根据下列反应，判断 Br_2/Br^-、I_2/I^-、Fe^{3+}/Fe^{2+} 电对电极电势的大小及氧化剂氧化能力的大小（定性判断）。

$$2I^- + 2Fe^{3+} \longrightarrow 2Fe^{2+} + I_2$$

$$Br_2 + 2Fe^{2+} \longrightarrow 2Fe^{3+} + 2Br^-$$

10. 什么是电解？什么是理论分解电压？什么是超电压？

习　题

1. 指出下列物质中各元素的氧化态：

Na_3PO_4　NaH_2PO_4　$Cr_2O_7{}^{2-}$　K_2MnO_4　PbO_2　$HClO$　BaH_2　PH_3　$O_2{}^{2-}$

2. 指出下列物质中哪些只能作氧化剂或还原剂，哪些既能作氧化剂又能作还原剂：

Na_2S　$HClO_4$　$KMnO_4$　$FeSO_4$

Na_2SO_3　Zn　HNO_2　I_2　H_2O_2

3. 用氧化态法配平下列氧化-还原反应方程式。

① $Cu + H_2SO_4$（浓）$\longrightarrow CuSO_4 + SO_2 + H_2O$

② $As_2O_3 + HNO_3 \longrightarrow H_3AsO_4 + NO$

③ $NH_4NO_3 \longrightarrow N_2 + O_2 + H_2O$

④ $(NH_4)_2S_2O_8 + FeSO_4 \longrightarrow (NH_4)_2SO_4 + Fe_2(SO_4)_3$

⑤ $Na_2S_2O_3 + I_2 \longrightarrow Na_2S_4O_6 + NaI$

4. 用离子-电子法配平下列氧化-还原反应方程式。

① $Cr_2O_7{}^{2-} + SO_3{}^{2-} + H^+ \longrightarrow Cr^{3+} + SO_4^{2-}$

② $KMnO_4 + H_2O_2 + H_2SO_4 \longrightarrow MnSO_4 + K_2SO_4 + O_2$

③ $Cl_2 + OH^- \longrightarrow ClO^- + Cl^-$

④ $PbO_2(s) + Cl^- + H^+ \longrightarrow Pb^{2+} + Cl_2$

⑤ $ClO_3{}^- + S^{2-} \longrightarrow Cl^- + S + OH^-$

5. 指出下列反应中，哪个是氧化剂，哪个是还原剂？写出有关半反应及电池符号。

① $Cu^{2+} + Fe \longrightarrow Cu + Fe^{2+}$　　$c(Cu^{2+})=c(Fe^{2+})=0.1mol \cdot L^{-1}$

② $H_2 + Cu^{2+} \longrightarrow Cu + 2H^+$　　$c(Cu^{2+})=c(H^+)=1.0\ mol \cdot L^{-1}$, $p(H_2)=1\times10^5 Pa$

③ $Pb+2H^{+}+2Cl^{-} \longrightarrow PbCl_2+H_2$ $c(Pb^{2+})=c(Cl^{-})=1.0\ mol \cdot L^{-1}, p(H_2)=1\times10^{5}\ Pa$

6. 从标准电极电势推测下列反应能否发生，若能发生反应，写出反应式并配平。

① $KMnO_4+H_2O_2+H^{+} \longrightarrow$

② $IO_3^{-}+I^{-}+H^{+} \longrightarrow$

③ $Br^{-}+Fe^{3+} \longrightarrow$

④ $I_2+Fe^{2+} \longrightarrow$

7. 下列物质在一定条件下可作为氧化剂、还原剂，根据其氧化、还原能力的大小排成顺序，并写出它们的还原、氧化产物（设在酸性溶液中）。

$KMnO_4$ $KClO_3$ $FeCl_3$ HNO_3 $FeSO_4$

I_2 Cl_2 Zn HI Cr^{2+} $SnCl_2$ H_2

8. 根据标准电极电势，指出下列各组物质中，哪些可以共存，哪些不能共存，说明理由。

① Fe^{3+}，I^{-} ② Fe^{2+}，I^{-} ③ Fe，I^{-} ④ Fe^{3+}，I_2

⑤ Fe^{2+}，I_2 ⑥ Fe，I_2 ⑦ Fe^{3+}，Fe

9. 由电对 Fe^{3+}/Fe^{2+} 和 Ag^{+}/Ag 构成原电池。

① 写出该原电池的符号。

② 写出电极反应式和电池反应式。

③ 计算该原电池的 $E^{\ominus}$。

10. 写出下列各原电池的电极反应式和电池反应式，并计算各原电池的电动势。

① $Zn \mid Zn^{2+}(0.01mol \cdot L^{-1}) \parallel Fe^{3+}(0.01\ mol \cdot L^{-1}), Fe^{2+}(0.001\ mol \cdot L^{-1}) \mid Pt$

② $Cu \mid Cu^{2+}(0.01mol \cdot L^{-1}) \parallel Ag(0.1\ mol \cdot L^{-1}) \mid Ag$

③ $Pt, H_2(100kPa) \mid H^{+}(1.0mol \cdot L^{-1}) \parallel KCl(饱和) \mid Hg_2Cl_2(s) \mid Hg(l), Pt$

11. 利用反应 $Pb+2Ag^{+} \longrightarrow Pb^{2+}+2Ag$ 构成原电池。在铅半电池中 Pb^{2+} 浓度为 $1.00\ mol \cdot L^{-1}$，测得电池电动电动势为 0.89V，求银半电池中 Ag^{+} 的浓度。

12. 若 $c(Cr_2O_7^{2-})=c(Cr^{3+})=1\ mol \cdot L^{-1}, p(Cl_2)=1\times10^{5}\ Pa$。下列情况能否利用反应

$$K_2Cr_2O_7+14HCl \longrightarrow 2CrCl_3+3Cl_2+2KCl+7H_2O$$

来制备氯气？

① 盐酸浓度为 $0.1\ mol \cdot L^{-1}$；

② 盐酸浓度为 $12\ mol \cdot L^{-1}$。

13. 已知：

$$H_3AsO_4+2H^{+}+2e \rightleftharpoons H_3AsO_3+H_2O \qquad E^{\ominus}=0.560V$$

$$I_2+2e \rightleftharpoons 2I^{-} \qquad E^{\ominus}=0.5355V$$

反应 $H_3AsO_4+2I^{-}+2H^{+} \rightleftharpoons H_3AsO_3+I_2+H_2O$

① 当 $c(H^{+})=1\times10^{-7}\ mol \cdot L^{-1}$，其他有关组分仍处于标准状态时，反应朝什么方向进行？

② 当 $c(H^{+})=6\ mol \cdot L^{-1}$，其他有关组分仍处于标准状态时时，反应朝什么方向进行？

③ 计算该反应的平衡常数 $K^{\ominus}$。

14. 试设计一原电池，计算 298.15K 时 $PbSO_4$ 的溶度积。

15. 已知：

$$O_2+4H^{+}+4e \rightleftharpoons 2H_2O \qquad E^{\ominus}=1.229V$$

$$O_2+2H_2O+4e \rightleftharpoons 4OH^{-} \qquad E^{\ominus}=0.401V$$

求水的离子积 $K_w^{\ominus}$。

16. 根据有关数据计算 298.15K 时下列反应的 $K^{\ominus}$。

$$2Fe^{3+}+Fe \longrightarrow 3Fe^{2+}$$

17. 根据如下电势图判断：

$E_B^{\ominus}/V$

$$H_3IO_6 \xrightarrow{+0.7} IO_3^{-} \xrightarrow{+0.15} IO^{-} \xrightarrow{+0.43} I_2 \xrightarrow{+0.356} I^{-}$$

（$IO_3^{-} \to I^{-}$：0.26；$IO^{-} \to I^{-}$：0.485）

$E_B^{\ominus}/V$

$$MnO_4^{-} \xrightarrow{+0.585} MnO_4^{2-} \xrightarrow{+0.60} MnO_2 \xrightarrow{-0.25} Mn(OH)_3 \xrightarrow{0.15} Mn(OH)_2 \xrightarrow{-1.56} Mn$$

（$MnO_4^{-} \to MnO_2$：0.595；$MnO_2 \to Mn(OH)_2$：−0.05）

① IO^- 在碱性溶液中能否稳定存在？

② MnO_4^{2-} 在碱性溶液中能否稳定存在？

③ 当 KI 溶液慢慢地加入到 $KMnO_4$ 的碱性溶液中时，反应的产物是什么？写出反应式。

④ 计算该反应的平衡常数 $K^{\ominus}$。

18. 已知锰在酸性介质中的元素电势图：

$E_A^{\ominus}/V$

$$MnO_4^- \xrightarrow{+0.558} MnO_4^{2-} \xrightarrow{2.265} MnO_2 \xrightarrow{0.91} Mn^{3+} \xrightarrow{1.541} Mn^{2+} \xrightarrow{-1.185} Mn$$

① 试判断哪些物质可以发生歧化反应，写出歧化反应式。

② 计算 $E^{\ominus}$（MnO_4^-/Mn^{2+}）。

19. 已知 $E^{\ominus}(H^+/H_2)=0.000V$，$E^{\ominus}(Ag^+/Ag)=0.7996V$，$K_{sp}^{\ominus}(AgI)=8.2\times10^{-17}$。对反应 $2Ag+2H^++2I^- \rightleftharpoons 2AgI+H_2$，当 $c(H^+)=c(I^-)=0.1\ mol\cdot L^{-1}$，$p(H_2)=1\times10^5\ Pa$ 时：

① 判断该反应进行的方向。

② 计算该反应的平衡常数 $K^{\ominus}$。

20. 以镍板为阳极，铁板为阴极，电解硫酸镍溶液，阴、阳两极有何现象？写出电极反应式。

21. 以铂作为电极，电解 $c(NaOH)=0.1mol\cdot L^{-1}$ 溶液，其电解产物是什么？写出电极反应式。

22. 在氢-氧燃料电池中，正极和负极的电极反应如何？它们是如何工作的？

第7章 配位化合物

配位化合物（coordination compounds）简称配合物。最初的这类化合物都是由稳定存在的简单化合物进一步结合而形成的，如 $CoCl_3 \cdot 6NH_3$、$PtCl_2 \cdot 2NH_3$ 和 $KCN \cdot Fe(CN)_2 \cdot Fe(CN)_3$ 等。后来发现绝大多数的无机化合物，包括盐类的水合晶体，都是以配合物的形式存在的，它们广泛存在于动、植物的有机体中。对配合物结构和性质的研究，加深和丰富了人们对化学元素性质的认识，推动了化学键和分子结构理论的发展，同时也促进了无机化学的发展。随着科学技术的进步，大量的新配合物的发现、合成及在各个领域的广泛应用，又促进了配合物研究的迅速发展，配合物化学已从无机化学的分支发展成为一门独立的学科——配位化学。本章将简要地介绍有关配合物的基础知识。

7.1 配合物的基本概念

7.1.1 配合物的定义

配合物的数量众多，组成和结构各异。配合物一般是指由金属原子或金属离子与其他分子或离子以配合键结合而形成的复杂离子或化合物[1]。例如 $[Cu(NH_3)_4]^{2+}$、$[Ag(NH_3)_2]^+$、$[Fe(CN)_6]^{4-}$、$[Al(OH)_4]^-$ $[CoCl_3(NH_3)_3]$、$[Ni(CO)_4]$ 等等。这些复杂离子或化合物也称为配位个体。配位个体中的复杂离子称为配离子。根据配离子所带电荷的不同，可分为配阳离子如 $[Cu(NH_3)_4]^{2+}$、$[Ag(NH_3)_2]^+$，配阴离子如 $[Fe(CN)_6]^{4-}$、$[Al(OH)_4]^-$。严格来说，只有配离子与相反电荷的离子组成的电中性化合物才能称为配合物，如 $[Cu(NH_3)_4]SO_4$、$[Ag(NH_3)_2]Cl$、$K_4[Fe(CN)_6]$、$Na[Al(OH)_4]$。但有些配位个体本身不带电荷，是中性分子，如 $[CoCl_3(NH_3)_3]$、$[Ni(CO)_4]$。这样的配位个体也是配合物。所以，在配位化学中，配离子和配合物通常不作严格区分，有时也将配离子称为配合物。

7.1.2 配合物的组成

（1）中心离子（或原子）

占据配离子中心位置的离子，通常把它叫做中心离子，例如 $[Cu(NH_3)_4]^{2+}$ 中的 Cu^{2+}、$[Fe(CN)_6]^{4-}$ 中的 Fe^{2+}。中心离子为配合物的核心部分，所以也称为配合物的形

---

[1] 关于配合物的更为严格和完整的定义，请参阅《无机化学命名原则》（1980年）。

成体。中心离子必须具有可以接受孤电子对的空轨道，一般为带正电荷的阳离子，常见的为过渡元素的离子。有少数配合物的形成体不是离子而是中性原子，例如 [$Ni(CO)_4$]、[$Fe(CO)_5$] 中的 Ni、Fe 原子。所以，在配位化学中，也不将中心离子和中心原子作严格区分。

(2) 配体和配位原子

在配合物中和中心离子结合（配位）的分子或离子称为配（位）体。例如 $[Cu(NH_3)_4]^{2+}$ 中的 NH_3 分子、$[Fe(CN)_6]^{4-}$ 中的 CN^-。提供配体的物质称为配位剂。配体中与中心离子生成化学键的原子称为配位原子。配位原子提供孤电子对给中心离子的空轨道，从而形成配位键。

例如 NH_3 分子中的 N 原子、CN^- 中的 C 原子。通常，配位原子是电负性较大的非金属原子，如 O、S、N、P、C、F、Cl、Br、I 等。

根据一个配体中所含配位原子数目的不同，可将配体分为单齿配体和多齿配体。

单齿配体：一个配体中只含有一个配位原子，如 NH_3、H_2O、OH^-、CN^-、X^- 等。

多齿配体：一个配体中含有两个或两个以上的配位原子，如 $H_2\ddot{N}—CH_2—CH_2—\ddot{N}H_2$（乙二胺，en）、$H_2\ddot{N}—CH_2—CO\ddot{O}H$（氨基乙酸）、$(H\ddot{O}OC—CH_2)_2\ddot{N}—CH_2—CH_2—\ddot{N}(CH_2—CO\ddot{O}H)_2$（乙二胺四乙酸，EDTA）。当形成配合物时，这些配位原子可同时与中心离子结合成键。

(3) 配位数

在配合物中和中心离子结合的配位原子的总数，称为该中心离子的配位数。例如在 $[Ag(NH_3)_2]^+$ 中，Ag^+ 的配位数为 2；在 $[Cu(en)_2]^{2+}$ 中，Cu^{2+} 的配位数为 4；在 $[Fe(CO)_5]$ 中，Fe 的配位数为 5；在 $[CoCl_3(NH_3)_3]$ 中，Co^{3+} 的配位数为 6。目前已证实，在配合物中，中心离子的配位数可以从 1～12，其中最常见的配位数为 4 和 6。

中心离子配位数的大小，与中心离子和配体的性质（电荷、半径和电子构型等）有关，还与形成配合物时的条件有关，增大配体浓度、降低反应温度均有利于形成高配位数配合物。

(4) 配离子的电荷

配离子的电荷数等于组成它的中心离子和配体二者电荷数的代数和。例如，Cu^{2+} 与 4 个 NH_3 分子配位生成 $[Cu(NH_3)_4]^{2+}$ 的电荷为 +2；Fe^{2+} 与 6 个 CN^- 配位生成 $[Fe(CN)_6]^{4-}$ 的电荷为 −4。

(5) 配合物的内界和外界

从配合物的整体来看，配合物一般可分为内界和外界两个组成部分。内界为配合物的特征部分，是由中心离子和配体结合而成的一个相对稳定的整体，即配离子。在配合物的化学式中，用方括号表示。外界由与配离子电荷相反的其他离子组成，距离配合物的中心较远。由于配合物是电中性的，所以，也可根据外界离子的电荷总数来确定配离子的电荷。例如，$K_3[Fe(CN)_6]$ 和 $K_4[Fe(CN)_6]$ 中，由外界可确定配离子的电荷分别为 −3 和 −4。再根据配体的电荷可推算出中心离子的氧化态分别为 +3 和 +2。

综上所述，关于配合物的组成，以 $[Cu(NH_3)_4]SO_4$ 和 $K_4[Fe(CN)_6]$ 为例，可示意为：

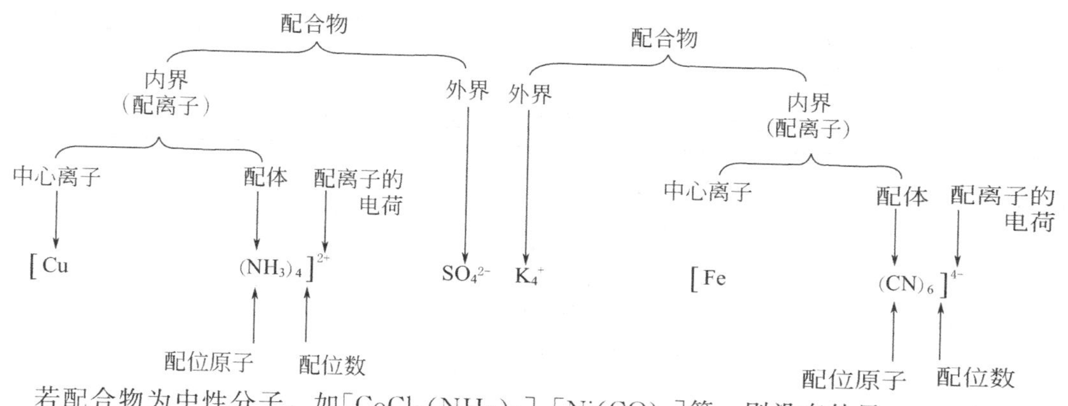

若配合物为中性分子，如$[CoCl_3(NH_3)_3]$、$[Ni(CO)_4]$等，则没有外界。

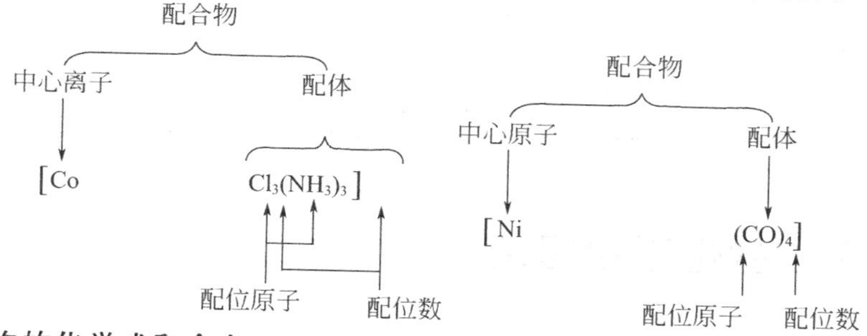

7.1.3　配合物的化学式和命名

由于配合物的组成和结构较复杂，因此需要有一个系统的书写和命名规则。在此，仅介绍简单配合物的书写和命名的一般原则[1]。

（1）配合物的化学式

配合物化学式的书写基本遵循一般无机化合物化学式的书写原则，即阳离子在前，阴离子在后，例如$[Cu(NH_3)_4]SO_4$、$K_4[Fe(CN)_6]$。在配离子的化学式中，先写出中心离子的元素符号，再依次写出阴离子配体及中性分子配体，例如$[CrCl_2(H_2O)_4]^+$、$[CoCl(NH_3)_5]^{2+}$。同类配体的次序，为配位原子元素符号的英文字母次序，例如$[CoCl_2(NH_3)_3(H_2O)]^+$、$[PtCl_2(OH)_2(NH_3)_2]^{2-}$。整个配离子的化学式括在方括号内。

（2）配合物的命名

配合物的命名与一般无机化合物的命名相似。命名时阴离子在前，阳离子在后。若为配阳离子化合物，则在外界阴离子和配阳离子之间用“化”或“酸”字连接，叫做某化某或某酸某。若为配阴离子化合物，则在配离子和外界阳离子之间用“酸”字连接，叫做某酸某。若外界阳离子为氢离子，则在配阴离子之后缀以“酸”字，叫做某酸。

配合物的命名关键在于配离子的命名，配离子的命名按下列原则进行：

① 先命名配体，后命名中心离子。

② 在配体中，先阴离子后中性分子，不同配体之间用中圆点“·”分开，最后一个配体名称之后加“合”字。

③ 同类配体的名称的排列次序，按配位原子元素符号的英文字母顺序。

④ 同一配体的数目用倍数字头一、二、三、四等数字表示。

⑤ 中心离子的氧化态用带圆括号的罗马数字在中心离子之后表示出来。

[1] 关于配合物的严格和完整的书写和命名原则，请参阅《无机化学命名原则》(1980 年)。

此外，某些常见的配合物，除按系统命名外，还有习惯名称或俗名。表 7-1 为一些配合物的化学式和命名示例。

表 7-1 一些配合物的化学式和命名示例

化学式	系统命名	习惯名称
$H_2[SiF_6]$	六氟合硅(Ⅳ)酸	氟硅酸
$K_2[PtCl_6]$	六氯合铂(Ⅳ)酸钾	氯铂酸钾
$K_4[Fe(CN)_6]$	六氰合铁(Ⅱ)酸钾	亚铁氰化钾(黄血盐)
$K_3[Fe(CN)_6]$	六氰合铁(Ⅲ)酸钾	铁氰化钾(赤血盐)
$[Ag(NH_3)_2]OH$	氢氧化二氨合银(Ⅰ)	
$[Cu(NH_3)_4]SO_4$	硫酸四氨合铜(Ⅱ)	
$[Co(NH_3)_4(H_2O)_2]Cl_3$	三氯化四氨・二水合钴(Ⅲ)	
$[CrCl_2(H_2O)_4]Cl$	一氯化二氯・四水合铬(Ⅲ)	
$[PtCl(NO_2)(NH)_4]SO_4$	硫酸一氯・一硝基・四氨合铂(Ⅳ)	
$[Zn(OH)(H_2O)_3]NO_3$	硝酸一羟基・三水合锌(Ⅱ)	
$[Ni(CO)_4]$	四羰基合镍	羰基镍
$[PtCl_2(en)]$	二氯・一乙二胺合铂(Ⅱ)	

7.2 配合物的化学键理论

配合物中的化学键，是指中心离子（或原子）与配体之间的化学键，这种化学键称为配位键。自 20 世纪 20 年代提出配位键的概念，有关配合物中化学键的本质的理论，目前主要有价键理论、晶体场理论和分子轨道理论。本章只对前两种理论作简要讨论。

7.2.1 价键理论

20 世纪 30 年代，美国化学家鲍林把杂化轨道理论的概念应用于配合物，用以说明配合物中的化学键，后经逐步修正和补充完善，形成了配合物的价键理论。

(1) 价键理论的要点

① 中心离子（或原子）与配体形成配合物时，中心离子（或原子）的空的价层轨道首先进行杂化，然后以空的杂化轨道与配位原子的充满孤电子对的原子轨道相互重叠，接受配体提供的孤电子对，从而形成配位键。

② 中心离子（或原子）的杂化轨道类型决定配合物的几何构型。

下面以几个示例来说明价键理论在配合物中的应用。

① 配位数为 2 的配离子。例如$[Ag(NH_3)_2]^+$配离子中，Ag^+的价电子层结构为：

$Ag^+(d^{10})$　　4d ⇅ ⇅ ⇅ ⇅ ⇅　　5s ○　　5p ○ ○ ○

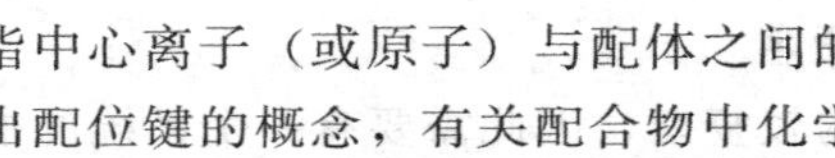

其能级相近的价层 5s 和 5p 轨道是空的，当 Ag^+ 与 2 个 NH_3 分子结合为$[Ag(NH_3)_2]^+$配离子时，Ag^+ 的 1 个 5s 和 1 个 5p 空轨道进行杂化，组成 2 个 sp 杂化轨道，用来接受 2 个 NH_3 分子中的 N 原子提供的 2 对孤电子对而形成 2 个配位键，所以$[Ag(NH_3)_2]^+$配离子的价电子分布为（虚线内杂化轨道中的共用电子对由配位原子提供）：

$[Ag(NH_3)_2]^+$　　⇅ ⇅ ⇅ ⇅ ⇅　　[⇅　⇅] ○ ○
sp杂化

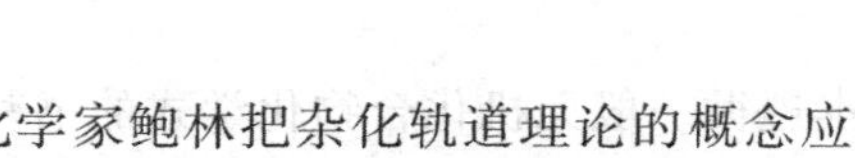

由于中心离子 Ag^+ 的 sp 杂化轨道为直线型取向，所以$[Ag(NH_3)_2]^+$配离子的几何构

型为直线型。

② 配位数为4的配离子。例如$[Ni(NH_3)_4]^{2+}$和$[Ni(CN)_4]^{2-}$配离子中，Ni^{2+}的价电子层结构为：

$Ni^{2+}(d^8)$　　3d　　4s　　4p

其能级相近的4s和4p轨道是空的，当Ni^{2+}与4个NH_3分子结合$[Ni(NH_3)_4]^{2+}$时，Ni^{2+}的1个4s和3个4p空轨道进行杂化，组成4个sp^3杂化轨道，用来接受4个NH_3分子中的N原子提供的4对孤电子对，形成4个配位键。所以$[Ni(NH_3)_4]^{2+}$配离子的价电子分布为：

$[Ni(NH_3)_4]^{2+}$

sp^3杂化

因为sp^3杂化轨道呈空间正四面体取向，所以$[Ni(NH_3)_4]^{2+}$配离子的几何构型为正四面体型，Ni^{2+}位于正四面体的体心，4个配位的N原子在正四面体的4个顶角上。

当Ni^{2+}与4个CN^-结合为$[Ni(CN)_4]^{2-}$配离子时，Ni^{2+}在配体CN^-的影响下，3d电子发生重排，原有的两个自旋平行的成单电子配对，空出一个3d轨道，这个3d轨道和1个4s、24p空轨道进行杂化，组成4个dsp^2杂化轨道，接受4个CN^-中的C原子提供的4对孤电子对，形成4个配位键：

$[Ni^{2+}(CN)_4]^{2-}$

dsp^2杂化

dsp^2杂化轨道的空间取向为平面正方形的4个顶角，所以，$[Ni(CN)_4]^{2-}$配离子的几何构型为平面正方形。Ni^{2+}位于平面正方形的中心，4个配位的C原子在平面正方形的4个顶角上。

③ 配位数为6的配离子。例如$[FeF_6]^{3-}$和$[Fe(CN)_6]^{3-}$配离子，Fe^{3+}的价电子层结构为：

$Fe^{3+}(d^5)$　　3d　　4s　　4p　　4d

当Fe^{3+}与6个F^-结合为$[FeF_6]^{3-}$配离子时，Fe^{3+}的1个4s、3个4p和2个4d空轨道进行杂化，组成6个sp^3d^2杂化轨道，接受由6个F^-提供的6对孤电子对，形成6个配位键：

$[FeF_6]^{3-}$

sp^3d^2杂化

sp^3d^2杂化轨道的空间取向指向正八面体的6个顶角，所以，$[FeF_6]^{3-}$配离子的几何构型为正八面体型，Fe^{3+}位于正八面体的体心，6个配位的F^-在正八面体的6个顶角上。

当Fe^{3+}与6个CN^-结合形成$[Fe(CN)_6]^{3-}$配离子时，Fe^{3+}在配体CN^-的影响下，3d电子发生重排，空出2个3d轨道，这2个3d轨道和1个4s轨道、3个4p轨道进行杂化，组成6个d^2sp^3杂化轨道，接受6个CN^-中的C原子提供的6对孤电子对，形成6个配位键：

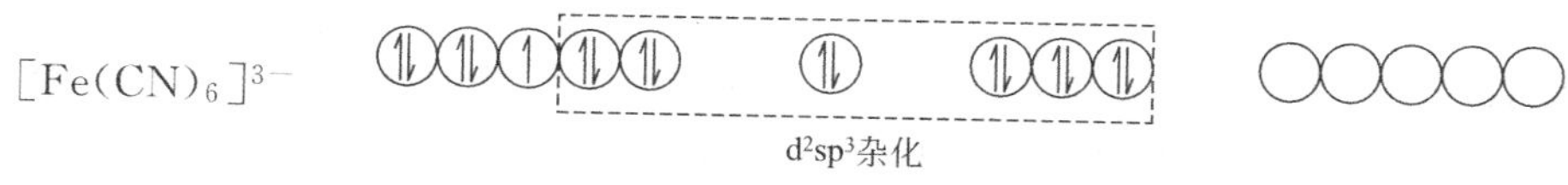

d^2sp^3杂化轨道的空间取向也是正八面体结构，故$[Fe(CN)_6]^{3-}$配离子的几何构型也是正八面体型。

常见的杂化轨道类型与配合物几何构型的对应关系见表7-2。

表 7-2 杂化轨道类型与配合物的几何构型

杂化类型	配位数	几何构型	实例
sp	2	直线型	$[Cu(NH_3)_2]^{2+}$，$[Ag(NH_3)_2]^+$，$[CuCl_2]^-$，$[Ag(CN)_2]^-$
sp^2	3	平面等边三角形	$[CuCl_3]^{2-}$，$[HgI_3]^-$
sp^3	4	正四面体型	$[Zn(NH_3)_4]^{2+}$，$[Ni(NH_3)_4]^{2+}$，$[Ni(CO)_4]$，$[HgI_4]^{2-}$，$[CoCl_4]^{2-}$，$[CdI_4]^{2-}$
dsp^2	4	正方形	$[Ni(CN)_4]^{2-}$，$[Cu(NH_3)_4]^{2+}$，$[PtCl_4]^{2-}$，$[Cu(H_2O)_4]^{2+}$，$[Cu(CN)_4]^{2-}$
dsp^3	5	三角双锥型	$[Fe(CO)_5]$，$[Co(CN)_5]^{3-}$，$[Ni(CN)_5]^{3-}$
sp^3d^2 d^2sp^3	6 6	正八面体型	$[FeF_6]^{3-}$，$[Fe(H_2O)_6]^{3+}$，$[CoF_6]^{3-}$，$[Co(NH)_6]^{2+}$，$[Co(NH_3)_6]^{3+}$，$[PtCl_6]^{2-}$，$[Fe(CN)_6]^{3-}$，$[Fe(CN)_6]^{4-}$

注：●为形成体；○为配体。

(2) 配合物的异构现象

所谓配合物的异构现象，是指化学组成完全相同的一些配合物，由于配体围绕中心离子的排列不同而引起配合物结构和性质不同的现象。配合物的异构现象不仅影响其物理和化学性质，而且与配合物的稳定性也有密切关系。配合物具有很多种类的异构现象，其中较主要的是几何异构现象。

几何异构现象主要发生在配位数为 4 的平面正方形结构和配位数为 6 的八面体结构的配合物中。例如平面正方形结构的 $[PtCl_2(NH_3)_2]$ 有两种几何异构体，其结构如下：

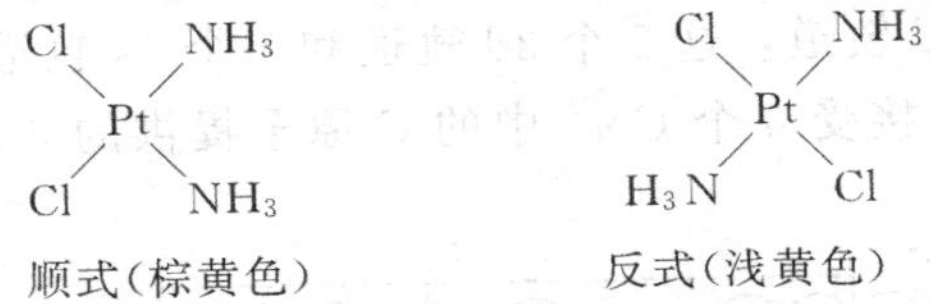

顺式(棕黄色)　　反式(浅黄色)

一种是两个 NH_3（或两个 Cl^-）处于相邻的位置，称为顺式；另一种是两个 NH_3（或两个 Cl^-）处于相对角的位置，称为反式。这两种异构体称为顺反异构体。

配位数为 4 的四面体结构的配合物没有顺反异构体。

配位数为 6 的八面体结构的配合物会有顺反异构体。

例如 $[CrCl_2(NH_3)_4]^+$ 有两个 Cl^- 处于邻位的顺式和两个 Cl^- 处于对位的反式：

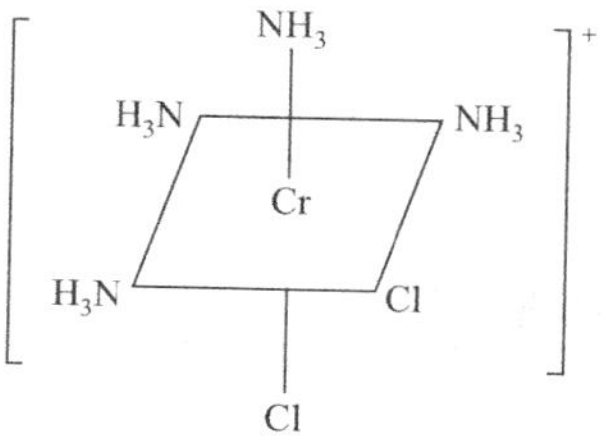

顺式(紫色) 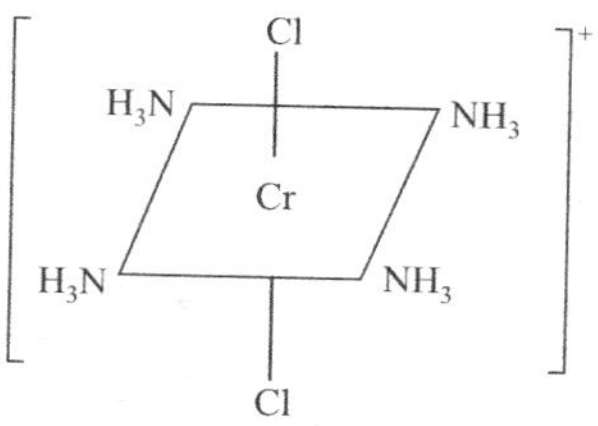　　　　反式(绿色)

除几何异构外，配合物还有其他的异构现象。例如，化学式为 $CrCl_3 \cdot 6H_2O$ 的物质有三种异构体：$[Cr(H_2O)_6]Cl_3$（紫色）、$[CrCl(H_2O)_5]Cl \cdot H_2O$（绿色）和 $[Cl_2(H_2O)_4]Cl_2 \cdot 2H_2O$（暗绿色）。这种由于 H_2O 分子的排列形式不同而产生的异构现象称为水合异构，这三种配合物称为水合异构体。又如，$[Cr(SCN)(H_2O)_5]^{2+}$ 和 $[Cr(NCS)(H_2O)_5]^{2+}$，前者中 Cr^{3+} 与 S 原子键合，后者中 Cr^{3+} 与 N 原子键合，这两种配合物称为键合异构体。

（3）配位键的键型和配合物的类型

这里所讨论的配位键的键型是指中心离子在形成配位键时，所用的杂化轨道是由哪些价层原子轨道组成的，并按此来划分配合物的类型。

中心离子以最外层的原子轨道（ns，np，nd）组成杂化轨道，和配位原子形成的配位键，称为外轨（型）配键，相应的配合物称为外轨型配合物。如 $[Ag(NH_3)_2]^+$、$[Ni(NH_3)_4]^{2+}$ 和 $[FeF_6]^{3-}$ 中，Ag^+ 以 5s、5p 轨道，Ni^{2+} 以 4s、4p 轨道，Fe^{3+} 以 4s、4p、4d 轨道分别组成 sp、sp^3 和 sp^3d^2 杂化轨道与配位原子成键，所以这样的配位键皆为外轨（型）配位键，所形成的配合物皆为外轨型配合物。

若中心离子形成的杂化轨道中有部分次外层的原子轨道参与，如 $(n-1)$ d 轨道，则这样形成的配位键称为内轨（型）配键，相应的配合物称为内轨型配合物。如 $[Ni(CN)_4]^{2-}$ 和 $[Fe(CN)_6]^{3-}$ 中，Ni^{2+} 和 Fe^{3+} 分别以 3d、4s、4p 轨道组成 dsp^2 和 d^2sp^3 杂化轨道，与配位原子成键，这样的配位键皆为内轨（型）配键，所形成的配合物皆为内轨型配合物。

（4）配合物的稳定性和键型的关系

由前面的讨论可知，以 sp^3 和 sp^3d^2 杂化轨道成键的配合物为外轨型配合物，而以 $(n-1)$ dsp^2 和 $(n-1)$ d^2sp^3 杂化轨道成键的配合物为内轨型配合物。很明显，对于同一个中心离子，其内层原子轨道的能量要比外层的低，因此，$(n-1)$ dsp^2 杂化轨道的能量要比 sp^3 杂化轨道的能量低，$(n-1)$ d^2sp^3 杂化轨道的能量要比 sp^3d^2 杂化轨道的能量低。当同一中心离子形成相同配位数的配离子时，如 $[Ni(CN)_4]^{2-}$ 和 $[Ni(NH_3)_4]^{2+}$，$[Fe(CN)_6]^{3-}$ 和 $[FeF_6]^{3-}$，它们的稳定性是不同的，一般来说，内轨型配合物要比外轨型配合物稳定。

（5）配合物的磁性与键型

物质的磁性与组成物质的分子、原子或离子中电子在轨道上的自旋运动有关❶。物质磁性的强弱用磁矩（μ）表示。$\mu=0$ 的物质，说明其中电子都已成对，正自旋电子数和反自旋电子数相等，电子自旋产生的磁效应相互抵消，物质具有反磁性。$\mu>0$ 的物质，说明其中有未成对电子，正自旋电子数和反自旋电子数不相等，总的磁效应不能互相抵消，物质具有顺磁性。物质磁性的强弱与物质内部未成对电子的多少有关，磁矩（μ）的数值随未成对电子数的增多而增大。假定配离子中配体内的电子都已成对，则对 d 区第四周期过渡元素所形成的配离子，其磁矩可用“唯自旋”公式近似计算：

❶ 不考虑原子核的磁性。

$$\mu=\sqrt{n(n+2)} \tag{7-1}$$

式中，磁矩 μ 的单位为玻尔磁子，符号 B. M.。

根据此公式，可计算出未成对电子数 $n=1\sim5$ 的 μ 值（理论值），见表 7-3。

表 7-3 磁矩的理论值

未成对电子数 n	μ / B. M.	未成对电子数 n	μ / B. M.
1	1.73	4	4.90
2	2.83	5	5.92
3	3.87		

测定配合物的磁矩后，并与上述理论值进行比较，即可知中心离子的未成对电子数，从而可以确定该配合物是内轨型的还是外轨型的。

例如，Fe^{3+} 的未成对 d 电子数为 5，通过实验测得 $[FeF_6]^{3-}$ 配离子的磁矩为 5.90B. M.，根据公式(7-1) 或由表 7-3 可知，在 $[FeF_6]^{3-}$ 配离子中，中心离子 Fe^{3+} 仍保留有 5 个未成对电子，所以，Fe^{3+} 是以 sp^3d^2 杂化轨道与配位原子 F 成键的，是外轨配键，因此 $[FeF_6]^{3-}$ 为外轨型配合物。而由实验测得 $[FeF_6]^{3-}$ 配离子的磁矩为 2.0B. M.，这个数值与一个未成对电子的磁矩理论值 1.73B. M. 相近，表明在配离子的成键过程中，中心离子的 d 电子发生了重排，使未成对 d 电子数减小，空出了两个 d 轨道，所以，Fe^{3+} 是以 d^2sp^3 杂化轨道与配位原子 C 形成内轨配键，因此 $[Fe(CN)_6]^{3-}$ 为内轨型配合物。

磁矩的测定是确定配合物键型的一种较有效的方法，但应该知道，这种方法也有其局限性，它只能适用于某一些中心离子所形成的配合物，而像 Cu^{2+}(d^9)、Cr^{3+}(d^3) 等中心离子所形成的配合物，其未成对电子数与成键时是否利用 $(n-1)$ d 轨道无关。

价键理论较成功地解释了配离子的几何构型、配位数、稳定性和磁性等，因此，很久以来一直为人们所接受，在配位化学的发展过程中，起了积极的推动作用。但是，价键理论也有缺陷，它忽略了配体对中心离子的作用，不能定量地解释为什么同一个中心离子与不同的配体形成配合物时，可能采用不同的杂化轨道成键，它也不能说明为什么配合物一般会有特征颜色。因此，从 20 世纪 50 年代后期以来，价键理论的地位已逐渐被晶体场理论和分子轨道理论所取代。

7.2.2 晶体场理论

1929 年，贝塞（H. Bethe）在研究离子晶体时提出了晶体场理论。晶体场理论与价键理论不同，它不是从共价键的角度考虑配合物的成键，而是以静电理论为基础，把配体看做是点电荷或偶极子，再考虑它们对中心离子的电子结构的影响。这个理论最早应用于物理学的某些领域中，直到 20 世纪 50 年代，才开始广泛应用于处理配合物的化学键问题。

(1) 晶体场理论的要点

① 在配合物中，中心离子和配体（阴离子或极性分子）之间为静电作用，并将配体看做点电荷。

② 中心离子的 5 个简并的 d 轨道受周围配体负电场的排斥作用，能级发生分裂，有些轨道能量较高，有些则较低。

③ 由于 d 轨道能级的分裂，d 轨道上的电子将重新分布，系统的能量降低。

(2) 中心离子 d 轨道的能级分裂

为了弄清 d 轨道的能级分裂情况，有必要再次熟悉 5 个 d 轨道在空间的角度分布状态。图 7-1 示出了 d 电子云的角度分布，它和 d 轨道的差别只在“肥、瘦”和正、负号。

当没有与配体发生作用，即中心离子处于自由状态时，5 个 d 轨道虽然空间取向不同，但具有相同的能量（E_0）。如果这个中心离子被一个带负电荷的球形电场包围，d 轨道受到

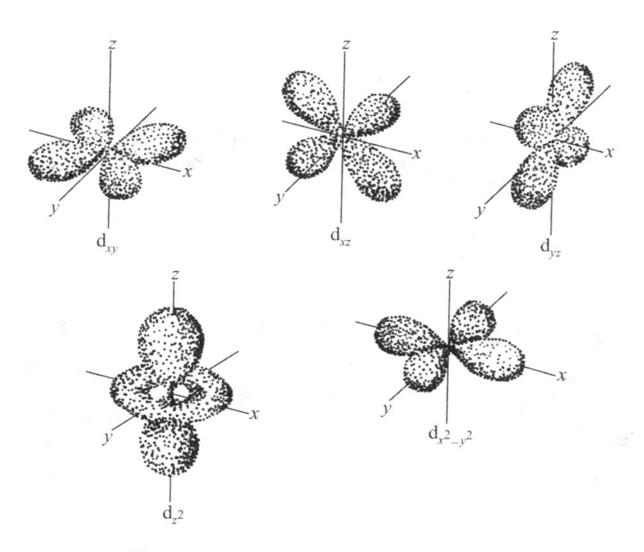

图 7-1　d 电子云的角度分布示意图

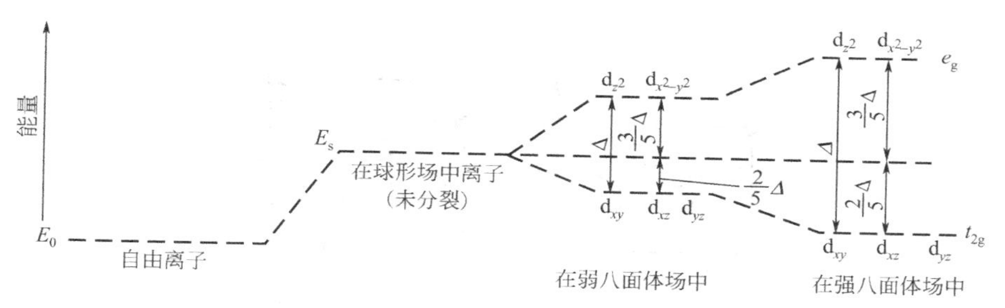

图 7-2　d 轨道能级在八面体场中的分裂

球形场的静电排斥，各 d 轨道的能量都将升高（E_s）。因为 5 个 d 轨道都垂直地指向球壳，受到的静电排斥力是相同的，所以能级并不发生分裂，见图 7-2。

考虑八面体构型的配合物，6 个配体分别占据八面体的 6 个顶点，由此产生的静电场叫做八面体场。6 个配体各沿着 $\pm x$、$\pm y$、$\pm z$ 坐标轴的方向，接近中心离子（图 7-3）形成八面体配合物时，一方面，带正电的中心离子与带负电的配体（或极性分子带负电的一端）相互吸引；另一方面，中心离子 d 轨道上的电子受到配体负电荷的排斥，5 个 d 轨道的能量相对于自由离子状态都将升高。但是，升高的程度是不一样的，由于 d_{z^2} 和 $d_{x^2-y^2}$ 轨道与配体处于“迎头相碰”的位置，所以这两个轨道中的电子受到的静电排斥力较大，能量升高较大。而 d_{xy}、d_{xz}、d_{yz} 轨道却正好处在配体的空隙中间，所以这 3 个 d 轨道中的电子受到的静电排斥力较小，它们的能量比前两个轨道的能量低，但仍然要比中心离子处于自由状态时 d 轨道的能量高。这样，在八面体场配体的影响下，原来能级相等的 d 轨道分裂为两组（见图 7-2)：一组为能量较高的 d_{z^2} 和 $d_{x^2-y^2}$ 轨道，这组轨道称为 e_g 轨道；另一组为能量较低的 d_{xy}、d_{xz} 和 d_{yz} 轨道，这组轨道称为 t_{2g} 轨道。这种能级分裂的现象，是晶体场理论的主要特征，称为晶体场分裂。很明显，配体的电场越强，d 轨道能级分裂的程度越大，如图 7-2 所示。

其他如四面体、平面正方形、三角双锥等构型的配合物，其配体所形成的电场与八面体场不同，中心离子 d 轨道的分裂情况也就不同，分裂的程度也不同。例如，在四面体构型的配合物中，4 个配体分别占据正四面体的 4 个顶点如图 7-4 所示。中心离子的 d 轨道与配体都没有处于迎头相碰的位置，所以静电排斥作用的程度远没有八面体场那样强烈。在四面体

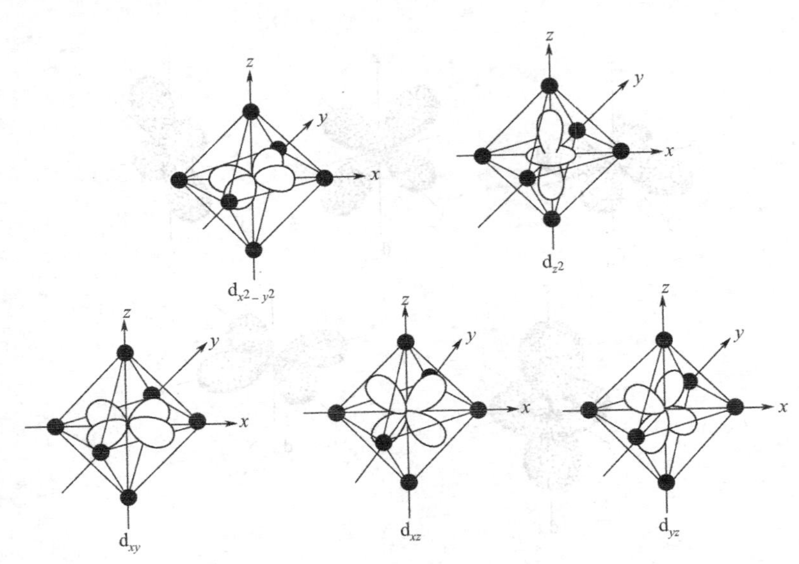

图 7-3　正八面体配合物中 5 个 d 轨道与配体的相对位置示意图

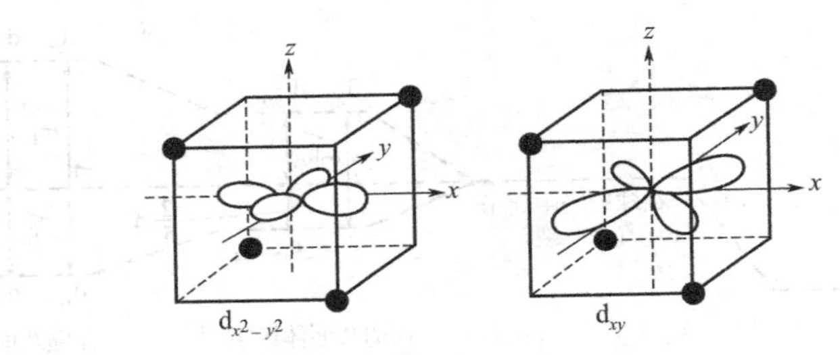

图 7-4　正四面体配合物中 $d_{x^2-y^2}$，d_{xy} 轨道与配体的相对位置示意图

场中，中心离子的 d_{xy}、d_{xz} 和 d_{yz} 轨道与配体靠得较近，故能量升高较多，而 d_{z^2} 和 $d_{x^2-y^2}$ 轨道与配体离得较远，故能量升高较少，正好与八面体场中 d 轨道的分裂情况相反。

(3) 晶体场分裂能及其影响因素

中心离子的 d 轨道在不同的配合物中，不仅能级分裂的情况不同，而且分裂的程度也不同。分裂后最高能级和最低能级之间的能量差称为晶体场分裂能，通常用 Δ 表示。例如八面体场中的分裂能 Δ_o[1] 为：

$$\Delta_o = E_{e_g} - E_{t_{2g}}$$

这相当于一个电子由 t_{2g} 轨道跃迁到 e_g 轨道的能量。这种跃迁叫做 d-d 跃迁。晶体场分裂能的大小可通过配合物的吸收光谱实验测得。

影响晶体场分裂能的主要因素有：

① 配合物的几何构型　在同种配体、同种中心离子且配体与中心离子距离相同的条件下，配合物的几何构型不同，分裂能值的大小明显不同。如四面体场中 d 轨道的分裂能 Δ_t[2]，根据计算，仅为八面体场的 4/9，即

$$\Delta_t = \frac{4}{9}\Delta_o$$

② 配体的性质　同种中心离子与不同的配体形成相同构型的配合物时，分裂能的大小

---

[1] Δ_o 中的下标“o”表示八面体（octahedron）。

[2] Δ_t 中的下标“t”表示四面体（tetrahedron）。

表 7-4　不同配体的晶体场分裂能

配离子	$[CrCl_6]^{3-}$	$[CrF_6]^{3-}$	$[Cr(H_2O)_6]^{3+}$	$[Cr(NH_3)_6]^{3+}$	$[Cr(en)_3]^{3+}$	$[Cr(CN)_6]^{3-}$
分裂能 Δ_o/cm^{-1}	13600	15300	17400	21600	21900	26300

随配体场强弱而变化。不同的配体，有不同的电场强度，配体场愈强，分裂能愈大。例如 Cr^{3+} 与一些不同配体形成八面体配合物时分裂能的大小见表 7-4。

将各种不同的配体，按其与同一中心离子生成的配合物的分裂能由小到大的顺序，得如下排列：

弱场配体 $\longrightarrow$ 强场配体

$I^- < Br^- < SCN^- \approx Cl^- < F^- < OH^- < C_2O_4{}^{2-} < H_2O < NCS^- < EDTA < NH_3 < en < SO_3{}^{2-} < NO_2^- < CN^- < CO$

这个顺序是从配合物的吸收光谱实验获得的顺序，故称为光谱化学序。

③ 中心离子的电荷　同种配体与同一过渡金属形成相同构型的配合物时，高氧化态配合物比低氧化态配合物的分裂能大。这是由于随着中心离子正电荷数的增加，配体更靠近中心离子，从而对中心离子的 d 轨道产生较大的排斥。表 7-5 列出了第四周期过渡元素的某些 M^{2+} 和 M^{3+} 水合配离子的分裂能。

表 7-5　某些 $[M(H_2O)_6]^{2+}$ 和 $[M(H_2O)_6]^{3+}$ 的分裂能 Δ_o/cm^{-1}

中心离子	$[M(H_2O)_6]^{2+}$	$[M(H_2O)_6]^{3+}$	中心离子	$[M(H_2O)_6]^{2+}$	$[M(H_2O)_6]^{3+}$
Ti		20300	Fe	10400	13700
V	12600	17700	Co	9300	18600
Cr	13900	17400	Ni	8500	—
Mn	7800	21000	Cu	12600	—

④ 中心离子所属的周期数　相同氧化态的同族过渡元素离子与同种配体形成相同构型的配合物时，分裂能值随中心离子在周期表中所属的周期数的增加而增大，这主要是由于与 3d 轨道相比，4d、5d 轨道伸展得较远，与配体更接近，受配体场的排斥较大。例如：

	$[CrCl_6]^{2+}$	$[MoCl_6]^{3-}$
Δ_o/cm^{-1}	13600	19200
	$[RhCl_6]^{3-}$	$[IrCl_6]^{3-}$
Δ_o/cm^{-1}	20300	24900

（4）配合物的颜色

d-d 跃迁的能量和分裂能相当。对八面体构型的配合物，Δ_o 一般为 1～3eV，此能量范围恰好落在可见光区，所以，具有 1～9 个 d 电子的中心离子所形成的配合物，大多是有颜色的。图 7-5 示出了可见光的波长、相应的能量以及颜色。

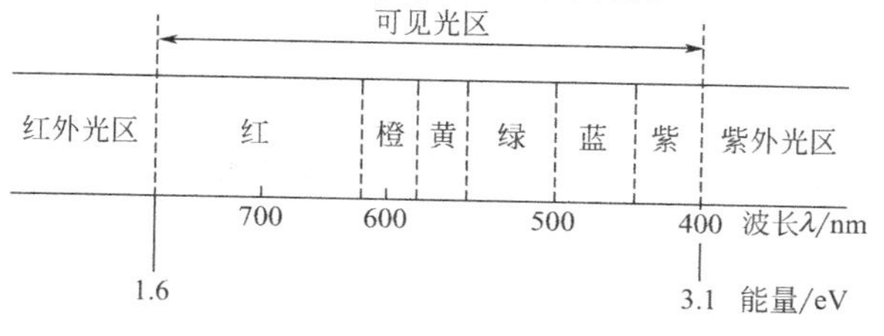

图 7-5　可见光的波长和能量范围

当可见光（白光）照射到物质上时会出现几种情况：若全部被物质吸收，则物质显黑色；若完全不被吸收或全部透过，则物质显白色或无色；若物质对所有波长的光吸收程度都差不多，则显灰色；若物质只吸收白光中某一波长的光，则物质显出这一波长的光的互补色，见图 7-6。例如，具有 1 个 d 电子的 Ti^{3+} 的配合物 $[Ti(H_2O)_6]^{3+}$，当白光照射含有 $[Ti(H_2O)_6]^{3+}$ 的溶液时，其中能量为 $20300cm^{-1}$（相当于波长约 500nm）❶ 的蓝绿色光被配合物所吸收，如图 7-7 所示，所以它呈现与蓝绿光相应的互补色——紫红色。$[Ti(H_2O)_6]^{3+}$ 的 1 个 d 电子获得蓝绿色光的这份能量，发生 d-d 跃迁，如图 7-8 所示。

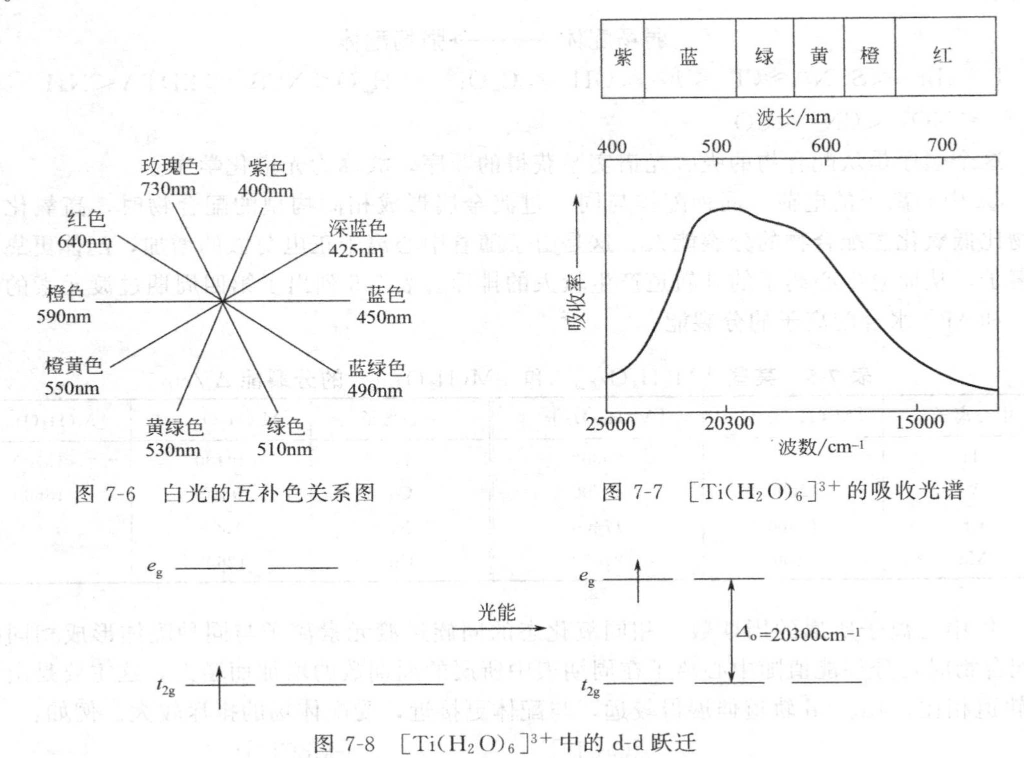

图 7-6　白光的互补色关系图

图 7-7　$[Ti(H_2O)_6]^{3+}$ 的吸收光谱

图 7-8　$[Ti(H_2O)_6]^{3+}$ 中的 d-d 跃迁

对于不同的中心离子或不同的配体，Δ_o 值不相同，d-d 跃迁时吸收不同波长的可见光，故显现不同的颜色。如果中心离子的 d 轨道全空（d^0）或全满（d^{10}），则不能发生这种 d-d 跃迁，其配离子是无色的。

(5) 配合物的磁性

如前所述，物质的磁性可用磁矩来表示。同一中心离子与不同配体所形成的配合物，其分裂能大小不同，这种差别有时会使某些中心离子的 d 电子产生不同的排布状态，使未成对电子数不相同，从而配合物的磁矩也就不同。在八面体场中，d 能级分裂为 t_{2g} 和 e_g 两组，中心离子的 d 电子在 t_{2g} 和 e_g 轨道中的排布，同样服从能量最低原理和洪德规则。

对于具有 $d^1 \sim d^3$ 构型的中心离子，当其形成八面体配合物时，d 电子优先排布在能量较低的 t_{2g} 轨道上，且自旋平行，d 电子的排布方式只有一种。例如 $Cr^{3+}(d^3)$：

---

❶ 波数和波长互为倒数。波数（cm^{-1}）×1.986×10^{-23}为焦耳（J）。波数（cm^{-1}）×1.240 为电子伏特（eV）。

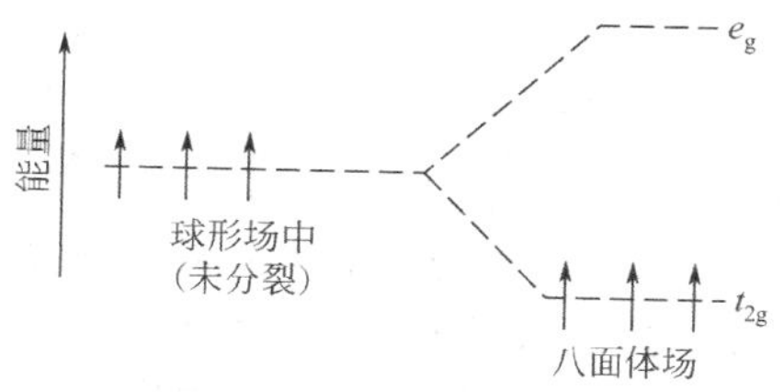

Cr^{3+}(d^3)在八面体场中d电子的排布方式可表示为$t_{2g}^3e_g^0$。

对于具有d^4～d^7构型的离子，在八面体场中，d电子可以有两种排布方式。

以d^4构型的离子（如Cr^{2+}、Mn^{3+}）为例。第一种排布方式，其第4个电子进入e_g轨道，此时需要克服分裂能Δ_o，这种排布方式($t_{2g}^3e_g^1$)，未成对电子数相对较多，磁矩较大，称为高自旋排布，相应的配合物称为高自旋配合物。第二种排布方式，其第4个电子进入t_{2g}轨道，此时需要克服两个电子相互排斥而消耗的能量，称电子成对能(E_p)，这种排布方式($t_{2g}^4e_g^0$)，未成对电子数相对较少，磁矩较小，称为低自旋排布，相应的配合物称为低自旋配合物。

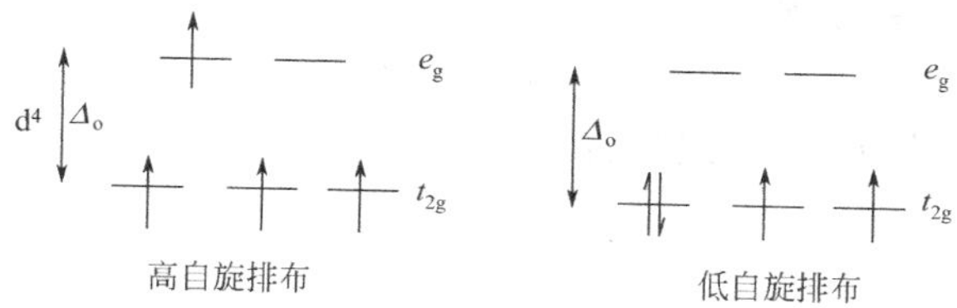

中心离子d轨道上的电子究竟按何种方式排布，取决于分裂能Δ_o和电子成对能E_p的相对大小。

若$\Delta_o<E_p$，电子难成对，而优先进入e_g轨道，保持较多的成单电子，形成高自旋排布。

若$\Delta_o>E_p$，电子尽可能占据能量低的t_{2g}轨道而配对，成单电子数减少，形成低自旋排布。

同样，d^5、d^6、d^7构型的离子，其d电子也有两种排布方式：

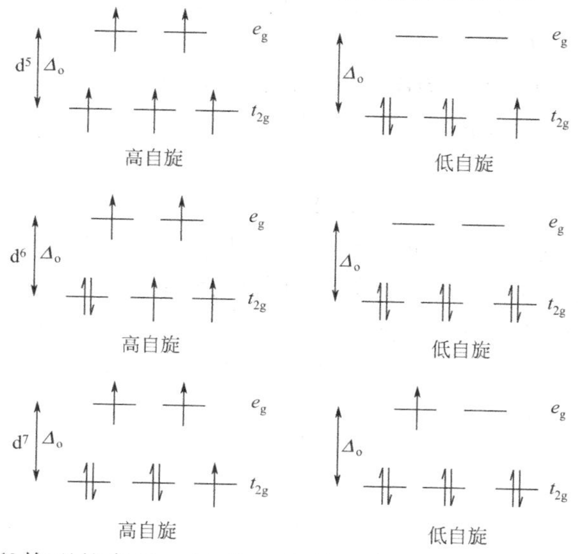

而对于具有d^8～d^{10}构型的离子，与d^1～d^3构型的离子一样，不管分裂能的大小，其d电子的排布只有一种方式，并无高低自旋之分。

d^8 Δ_o e_g t_{2g}　　d^9 Δ_o e_g t_{2g}　　d^{10} Δ_o e_g t_{2g}

E_p的大小可以从自由状态的中心离子的光谱实验数据估算得到，不同的中心离子的E_p值有所不同，但相差不大。Δ_o值的大小却随着中心离子的不同，尤其是随配体的不同而有很大的变化。这样，中心离子 d 电子的排布状态主要取决于Δ_o值的大小。在强场配体（如CN^-）作用下，分裂能较大，此时$\Delta_o > E_p$，易形成低自旋配合物。在弱场配体（如F^-）作用下，分裂能较小，此时$\Delta_o < E_p$，则易形成高自旋配合物。并且Δ_o值可以通过配合物的吸收光谱实验测得，有了某一配合物的E_p和Δ_o值，就可以推断其中心离子 d 电子的排布状态以及磁矩的大小。

(6) 晶体场稳定化能

根据晶体场理论，可以计算八面体场中e_g轨道和t_{2g}轨道的相对能量。一个中心离子由球形场转入八面体场，d 轨道在分裂前后的总能量应当保持不变，以球形场中 d 轨道的能量E_s为相对标准，可令$E_s=0$，则

$$2E_{e_g}+3E_{t_{2g}}=5E_s=0$$

又e_g轨道和t_{2g}轨道的能量差等于分裂能：

$$E_{e_g}-E_{t_{2g}}=\Delta_o$$

联立二式，可得：

$$E_{e_g}=+\frac{3}{5}\Delta_o=+0.6\Delta_o$$

$$E_{t_{2g}}=-\frac{2}{5}\Delta_o=-0.4\Delta_o$$

即在八面体场中，d 轨道能级分裂的结果，与球形场中未分裂前相比较，e_g轨道的能量升高了$0.6\Delta_o$，而t_{2g}轨道的能量则降低了$0.4\Delta_o$。这样，d 电子进入分裂后的轨道与进入未分裂的轨道相比，系统的总能量会有所降低，这个能量降低的总值称为晶体场稳定化能（CFSE）[1]。

例如，Cr^{3+}（d^3）在八面体场中，其电子排布为t_{2g}^3，则晶体场稳定化能为：

$$\text{CFSE}=3E_{t_{2g}}=3\times(-0.4\Delta_o)=-1.2\Delta_o$$

又如，Co^{2+}（d^7），在弱场中为高自旋排布$t_{2g}^5e_g^2$，因此：

$$\begin{aligned}\text{CFSE}&=5E_{t_{2g}}+2E_{e_g}\\&=5\times(-0.4\Delta_o)+2\times(+0.6\Delta_o)\\&=-0.8\Delta_o\end{aligned}$$

考虑电子成对能E_p对稳定化能的影响，$t_{2g}^5e_g^2$排布中有两对电子配对，而 7 个 d 电子进入未分裂的 d 轨道时同样也有两对电子成对，所以它们正好互相抵消。

在强场中，Co^{2+}为低自旋排布$t_{2g}^6e_g^1$。因为$t_{2g}^6e_g^1$排布中有 3 对电子配对，而在未分裂的 d 轨道中排布时只有两对电子成对，所以，电子进入分裂后的 d 轨道呈低自旋排布时，需多付出一对电子成对所需要的能量E_p。因此：

$$\begin{aligned}\text{CFSE}&=6E_{t_{2g}}+E_{e_g}+E_p\\&=6\times(-0.4\Delta_o)+0.6\Delta_o+E_p\\&=-1.8\Delta_o+E_p\end{aligned}$$

[1] CFSE 为 crystal field stabilization energy 的缩写。

表 7-6　中心离子的 d 电子在八面体场中的排布及对应的晶体场稳定化能

d^n	弱场				强场			
	d 电子排列方式		未成对电子数	CFSE	d 电子排列方式		未成对电子数	CFSE
	t_{2g}	e_g			t_{2g}	e_g		
d^1	1		1	$-0.4\Delta_o$	1		1	$-0.4\Delta_o$
d^2	2		2	$-0.8\Delta_o$	2		2	$-0.8\Delta_o$
d^3	3		3	$-1.2\Delta_o$	3		3	$-1.2\Delta_o$
d^4	3	1	4	$-0.6\Delta_o$	4		2	$-0.6\Delta_o+E_p$
d^5	3	2	5	$0.0\Delta_o$	5		1	$-2.0\Delta_o+2E_p$
d^6	4	2	4	$-0.4\Delta_o$	6		0	$-2.4\Delta_o+2E_p$
d^7	5	2	3	$-0.8\Delta_o$	6	1	1	$-1.8\Delta_o+E_p$
d^8	6	2	2	$-1.2\Delta_o$	6	2	2	$-1.2\Delta_o$
d^9	6	3	1	$-0.6\Delta_o$	6	3	1	$-0.6\Delta_o$
d^{10}	6	4	0	$0.0\Delta_o$	6	4	0	$0.0\Delta_o$

由此可见，晶体场稳定化能与中心离子的 d 电子数有关，也与晶体场的场强有关，此外还与配合物的几何构型有关。表 7-6 列出了中心离子的 d 电子在八面体场中的排布及对应的晶体场稳定化能。

由表 7-6 可以看到，d^4～d^7 构型的中心离子，在弱场和强场配体作用下，d 电子的排布方式有高、低自旋之分，其对应的晶体场稳定化能是不同的。对 d^1～d^3 和 d^8～d^{10} 构型的中心离子，无论是弱场还是强场情况，d 电子的排布方式均只有一种。不过，虽然 d 电子的排布方式相同，但由于配体电场的强度不同，分裂能 Δ_o 值不同，因此，其不同配合物的晶体场稳定化能也是有差别的。

在相同条件下，晶体场稳定化能值越负（代数值越小），系统的能量越低，配合物越稳定。

晶体场理论较好地解释了配合物的颜色、磁性、稳定性等问题。但是，它以中心离子和配体间是静电作用为出发点，并只考虑配体对中心离子的 d 轨道的影响。所以它不能说明为什么像 $Fe(CO)_5$ 这样一类中心离子为（电）中性原子的配合物可以稳定存在，也不能满意地解释光谱化学序，为什么中性的 NH_3 分子的场强比卤素阴离子强，以及为什么 CN^- 和 CO 配体的场强最强。晶体场理论的局限性是由于它只考虑配位键的离子性，而忽略了配位键是共价性所引起的。对此，人们进行了修正，在晶体场理论的基础上，吸收分子轨道理论的优点，既考虑中心离子和配体间的静电作用，又考虑它们之间的共价结合，从而提出了较为完善的理论，即配体场理论和分子轨道理论，但这两者的内容已超出本课程的基本要求，本书不作介绍。

7.3 螯合物

7.3.1 螯合物的概念

由中心离子和多齿配体所形成的具有环状结构的配合物称为螯合物（“螯”原意指螃蟹的钳）。如：

$$Cu^{2+}+2\begin{array}{l}CH_2—NH_2\\ |\\ CH_2—NH_2\end{array} = \left[\begin{array}{ccccc} & NH_2 & & NH_2 & \\ H_2C & \searrow & & \swarrow & CH_2\\ | & & Cu & & | \\ H_2C & \nearrow & & \nwarrow & CH_2\\ & NH_2 & & NH_2 & \end{array}\right]^{2+}$$

二乙二胺合铜（Ⅱ）离子

在 $[Cu(en)_2]^{2+}$ 螯合配离子中，有两个五原子环，每个环皆由两个 C 原子、两个配位的 N 原子和中心离子 Cu^{2+} 组成，称为五元环。大多数螯合物具有五元环或六元环结构，而多于或少于五元环、六元环的螯合配离子就不够稳定。

能和中心离子形成螯合物的、含有多齿配体的配位剂称为螯合剂。和中心离子形成环状结构是由螯合剂本身的结构特点所决定的。螯合剂分子（或离子）中含有两个或两个以上的配位原子，而且这些配位原子通常为两三个其他原子所隔开。

螯合剂的种类很多，绝大多数是有机化合物，较常见的是氨羧螯合剂。如氨基乙酸 NH_2CH_2COOH、氨二乙酸 $NH(CH_2COOH)_2$、氨三乙酸 $N(CH_2COOH)_3$ 等。它们的结构如下：

$$H_2\ddot{N}—CH_2—\overset{O}{\overset{\|}{C}}—\ddot{O}—H$$

氨基乙酸

$$H—\ddot{N}\begin{array}{l}—CH_2—\overset{O}{\overset{\|}{C}}—\ddot{O}—H\\ —CH_2—\underset{O}{\underset{\|}{C}}—\ddot{O}—H\end{array}$$

氨二乙酸

$$\ddot{N}\begin{array}{l}—CH_2—\overset{O}{\overset{\|}{C}}—\ddot{O}—H\\ —CH_2COOH\\ —CH_2—\underset{O}{\underset{\|}{C}}—\ddot{O}—H\end{array}$$

氨三乙酸

最常用的是乙二胺四乙酸（EDTA）和它的二钠盐，EDTA 分子的结构如下：

$$\begin{array}{l}H\ddot{O}OCCH_2\\ H\ddot{O}OCCH_2\end{array}\!\!>\ddot{N}—CH_2—CH_2—\ddot{N}<\!\!\begin{array}{l}CH_2CO\ddot{O}H\\ CH_2CO\ddot{O}H\end{array}$$

乙二胺四乙酸

其中 4 个 O 原子和 2 个 N 原子可作为配位原子。通常也用 H_4Y 表示 EDTA 分子，Y^{4-} 表示酸根。H_4Y 和金属离子形成螯合物时，Y^{4-} 是配体。由于 EDTA 难溶于水，通常使用溶解度较大的二钠盐 $Na_2H_2Y\cdot 2H_2O$。它在水溶液中容易解离为 H_2Y^{2-}：

$$Na_2H_2Y \longrightarrow 2Na^{+}+H_2Y^{2-}$$

H_2Y^{2-} 是有 6 个配位原子的二氢酸根离子，当它和金属离子 M^{n+} 螯合时，通常形成螯合比（即 $M^{n+}:Y^{4-}$）为 1∶1 的 $[MY]^{n-4}$ 螯合离子。

EDTA 的螯合能力非常强。在溶液中，它能和绝大多数金属的离子形成螯合物，甚至能和很难形成配合物的、半径大的碱土金属离子（如 Ca^{2+}）形成相当稳定的螯合物。Ca^{2+} 与 EDTA 的螯合反应如下：

$$Ca^{2+}+H_2Y^{2-} \rightleftharpoons CaY^{2-}+2H^{+}$$

图 7-9 所示的是 CaY^{2-} 的结构示意图。在这个配离子内，Ca^{2+} 和 Y^{4-} 的 6 个配位原子构成 5 个五元环。其他金属离子 M^{n+} 与 Y^{4-} 所形成的 $[MY]^{n-4}$ 配离子的结构也是如此。

7.3.2 螯合物的特性和应用

（1）螯合物的特殊稳定性

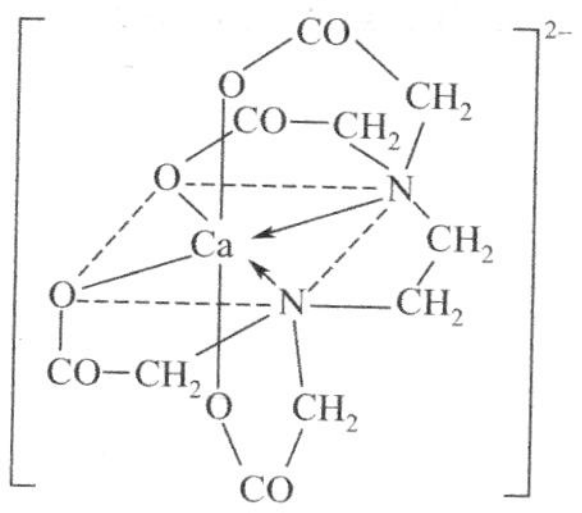

图7-9　CaY^{2-}结构示意图

螯合物一般比组成和结构相近的非螯合配离子稳定得多，即在水溶液中更难解离。例如$[Cu(en)_2]^{2+}$要比$[Cu(NH_3)_4]^{2+}$稳定得多，在$[Cu(en)_2]^{2+}$中有两个五元环，而$[Cu(NH_3)_4]^{2+}$是无环的，这种由于螯环的形成而使螯合物稳定性增加的作用，称为螯合效应。为什么螯合配离子比非螯合配离子稳定呢？由于螯合配离子中的配体有两个或两个以上的配位原子与同一个中心离子形成配位键，当中心离子与配体间有一个配位键被破坏时，剩下的其他配位键仍将中心离子与配体结合在一起，有可能使已破坏的配位键重新形成。在$[Cu(en)_2]^{2+}$中解离出一个乙二胺分子，需破坏两个配位键，而在$[Cu(NH_3)_4]^{2+}$中，解离出一个氨分子，只需破坏一个配位键。

螯合物的稳定性还随螯合物中环的数目的增加而增加。一般地说，一个二齿配体（如乙二胺）与金属离子配位时，可形成一个螯环；一个四齿配体（如氨三乙酸）则可形成三个螯环；而一个六齿配体（如EDTA）则可形成五个螯环。要使螯合物完全解离为金属离子和配体，对于二齿配体所形成的螯合物，需要破坏两个键，对于三齿配体则需要破坏三个键。所以螯合物的环数越多则越稳定。

（2）螯合物的应用

大多数螯合物呈现特征的颜色。例如，在弱碱性条件下，丁二酮肟与Ni^{2+}形成鲜红色螯合物沉淀。

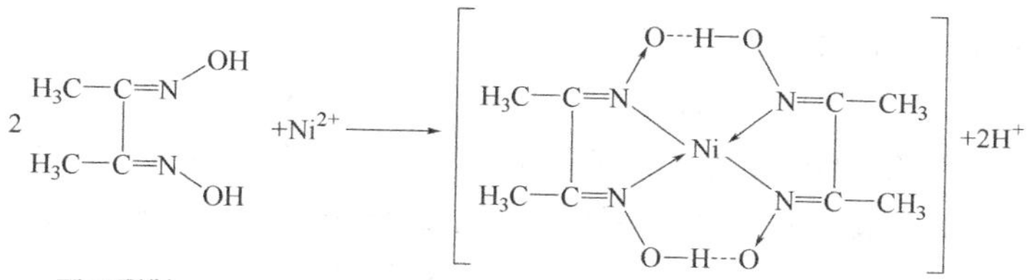

$$2\,(H_3C-C{=}N-OH)_2 + Ni^{2+} \longrightarrow [Ni(C_4H_7N_2O_2)_2] + 2H^+$$

丁二酮肟　　　　二丁二肟合镍（Ⅱ）

这个反应可用于定性检验溶液中是否有Ni^{2+}存在，也可用来定量测定镍。

由于螯合物一般有特征的颜色，绝大多数不溶于水，而溶于有机溶剂。利用这些特点，可达到对某些金属离子进行鉴定、定量测定以及分离的目的。

7.3.3　配合物（包括螯合物）的中心离子在周期表中的分布

周期表中几乎所有的金属元素都可作为配合物的形成体。一般来说，具有11～18电子构型的离子是配位能力最强的形成体，可生成稳定的非螯形配合物。具有8电子稀有气体构型的离子，是配位能力较弱的形成体，仅能生成少数螯合物。在周期表中，位于左端的元素，是配位能力较弱的形成体，而位于周期表中部的元素，是配位能力很强的形成体。特别是表7-7中实线范围内的22种过渡元素，它们能形成种类较多且相当稳定的非螯形配合物和螯合物。表中实线以外点线以内的元素虽能形成稳定的螯合物，但非螯形配合物不稳定。虚线以内的元素仅能形成少数螯合物。可以说，周期表中基本上全部金属阳离子都能形成螯合物。

表 7-7 配合物中心离子在周期表中的分布情况

H																	He
Li	Be											B	C	N	O	F	Ne
Na	Mg											Al	Si	P	S	Cl	Ar
K	Ca	Sc	Ti	V	Cr	Mn	Fe	Co	Ni	Cu	Zn	Ga	Ge	As	Se	Br	Kr
Rb	Sr	Y	Zr	Nb	Mo	Tc	Ru	Rh	Pd	Ag	Cd	In	Sn	Sb	Te	I	Xe
Cs	Ba	La系	Hf	Ta	W	Rc	Os	Ir	Pt	Au	Hg	Tl	Pb	Bi	Po	At	Rn
Fr	Ra	Ac系															

7.4 配位平衡

7.4.1 配合物的不稳定常数和稳定常数

(1) 不稳定常数

一般来说，配合物的内界（配离子）与外界之间是以离子键结合的，与强电解质相似，所以在水溶液中可近似认为配合物完全电离为配离子和外界离子。例如

$$[Cu(NH_3)_4]SO_4 \longrightarrow [Cu(NH_3)_4]^{2+} + SO_4^{2-}$$

因此，当向该溶液中加入 $BaCl_2$ 溶液时，会产生白色 $BaSO_4$ 沉淀。而加入稀 NaOH 溶液时，并没有 $Cu(OH)_2$ 沉淀生成。但如加入 Na_2S 溶液，则能生成黑色的 CuS 沉淀。这说明配离子 $[Cu(NH_3)_4]^{2+}$ 在水溶液中的行为如同弱电解质一样，能微弱地解离出 Cu^{2+} 和 NH_3 分子，即存在着配离子的解离平衡：

$$[Cu(NH_3)_4]^{2+} \rightleftharpoons Cu^{2+} + 4NH_3$$

由 $[Cu(NH_3)_4]^{2+}$ 解离出来的少量的 Cu^{2+} 与 S^{2-} 反应，生成了溶度积很小的 CuS 沉淀。与弱电解质的解离平衡一样，可以写出配离子的解离平衡的平衡常数关系式：

$$K^{\ominus} = \frac{[Cu^{2+}][NH_3]^4}{[Cu(NH_3)_4^{2+}]} \qquad (7\text{-}2)$$

式中，平衡常数 $K^{\ominus}$ 为配离子的解离平衡常数。它表示配离子在溶液中解离的难易。$K^{\ominus}$ 值越大，配离子越易解离，即越不稳定。所以这个常数通常又称为配离子的不稳定常数，用 $K^{\ominus}_{不稳}$ 表示。

实际上，配离子的解离与多元弱酸（或多元弱碱）的解离类似，它们是分步（级）进行的。例如，$[Cu(NH_3)_4]^{2+}$ 配离子的解离是分四步进行的，相应地有四个解离平衡常数（称为分步不稳定常数）。

第一步解离： $[Cu(NH_3)_4]^{2+} \rightleftharpoons [Cu(NH_3)_3]^{2+} + NH_3$

$$K^{\ominus}_{不稳(1)} = \frac{[Cu(NH_3)_3^{2+}][NH_3]}{[Cu(NH_3)_4^{2+}]}$$

第二步解离： $[Cu(NH_3)_3]^{2+} \rightleftharpoons [Cu(NH_3)_2]^{2+} + NH_3$

$$K^{\ominus}_{不稳(2)}=\frac{[Cu(NH_3)_2^{2+}][NH_3]}{[Cu(NH_3)_3^{2+}]}$$

第三步解离：　$[Cu(NH_3)_2]^{2+} \rightleftharpoons [Cu(NH_3)]^{2+}+NH_3$

$$K^{\ominus}_{不稳(3)}=\frac{[Cu(NH_3)^{2+}][NH_3]}{[Cu(NH_3)_2^{2+}]}$$

第四步解离：　$[Cu(NH_3)]^{2+} \rightleftharpoons Cu^{2+}+NH_3$

$$K^{\ominus}_{不稳(4)}=\frac{[Cu^{2+}][NH_3]}{[Cu(NH_3)^{2+}]}$$

将$[Cu(NH_3)_4]^{2+}$的各步解离平衡反应相加，即可得总的解离平衡：

$$[Cu(NH_3)_4]^{2+} \rightleftharpoons Cu^{2+}+4NH_3$$

根据多重平衡规则：

$$K^{\ominus}_{不稳}=\frac{[Cu^{2+}][NH_3]^4}{[Cu(NH_3)_4^{2+}]}$$
$$=K^{\ominus}_{不稳(1)}K^{\ominus}_{不稳(2)}K^{\ominus}_{不稳(3)}K^{\ominus}_{不稳(4)}$$

配离子的不稳定常数是配离子的特征常数。附录Ⅵ列出了一些配离子的不稳定常数的值及其负对数值，并列出了不稳定常数的表达式。利用不稳定常数，我们可以比较相同类型的配离子在水溶液中的稳定性。例如 $K^{\ominus}_{不稳}[HgI_4^{2-}]\approx10^{-30}$、$K^{\ominus}_{不稳}[Zn(OH)_4^{2-}]\approx10^{-18}$、$K^{\ominus}_{不稳}[Zn(NH_3)_4^{2+}]\approx10^{-10}$，比较 $K^{\ominus}_{不稳}$ 可知，这三种配离子中 $[HgI_4]^{2-}$ 最稳定，最难解离，$[Zn(OH)_4]^{2-}$ 次之，$[Zn(NH_3)_4]^{2+}$ 又次之。又如 $K^{\ominus}_{不稳}[Ag(CN)_2^-]\approx10^{-22}$、$K^{\ominus}_{不稳}[Ag(NH_3)_2^+]\approx10^{-8}$，因此在水溶液中$[Ag(CN)_2]^-$比$[Ag(NH_3)_2]^+$要稳定得多。

（2）稳定常数

配离子的稳定常数是该配离子的生成反应（配位反应）的平衡常数。例如：

$$Cu^{2+}+4NH_3 \rightleftharpoons [Cu(NH_3)_4]^{2+}$$

$$K^{\ominus}_{稳}=\frac{[Cu(NH_3)_4^{2+}]}{[Cu^{2+}][NH_3]^4} \quad (7\text{-}3)$$

$K^{\ominus}_{稳}$值越大，表示该配离子在水中越稳定。显然，$K^{\ominus}_{稳}$ 和 $K^{\ominus}_{不稳}$ 分别从不同的方向表示了配离子的稳定性，两者之间具有互为倒数的关系：

$$K^{\ominus}_{稳}=\frac{1}{K^{\ominus}_{不稳}} \quad (7\text{-}4)$$

同理，中心离子与配体形成配离子时，也是分步进行的。因此对每一步配位平衡反应，都有相应的稳定常数，称为分步稳定常数(或逐级稳定常数)，它们分别是相应的分步不稳定常数的倒数。

7.4.2　应用不稳定常数的计算

利用配合物的不稳定常数，可以计算配合物溶液中有关离子的浓度，判断配离子之间及配离子与沉淀之间的转化，计算与配离子有关的电对的电极电势。

（1）计算配合物溶液中有关离子的浓度

【例 7-1】 将 $0.020mol\cdot L^{-1}$的 $CuSO_4$ 和 $1.08mol\cdot L^{-1}$的 $NH_3\cdot H_2O$ 等体积混合，求混合后溶液中的 Cu^{2+} 浓度。

解　两溶液等体积混合后，溶液的浓度为原来的一半，由于 $NH_3\cdot H_2O$ 过量，为了计算方便起见，可先假定 Cu^{2+} 全部生成$[Cu(NH_3)_4]^{2+}$配离子。则

$$c[Cu(NH_3)_4^{2+}]=0.02\times\frac{1}{2}=0.01mol\cdot L^{-1}$$

$$c(NH_3)=1.08\times\frac{1}{2}-0.010\times4=0.50mol\cdot L^{-1}$$

然后考虑$[Cu(NH_3)_4]^{2+}$的解离。

设到达解离平衡时有$x$mol·L^{-1}的$[Cu(NH_3)_4]^{2+}$发生了解离：

$$[Cu(NH_3)_4]^{2+}\rightleftharpoons Cu^{2+}+4NH_3$$

平衡浓度/mol·L^{-1} 　　$0.010-x$ 　　y 　　$0.50+z$

由于$[Cu(NH_3)_4]^{2+}$分步解离，所以$y\neq x$，$z\neq 4x$。

则
$$K^{\ominus}_{不稳}=\frac{[Cu^{2+}][NH_3]^4}{[Cu(NH_3)_4^{2+}]}=\frac{y(0.50+z)^4}{0.010-x}$$

$K^{\ominus}_{不稳}$值很小，而且由于过量氨水引起的同离子效应，进一步抑制$[Cu(NH_3)_4]^{2+}$的各步解离，所以x实际是一个很小的数值，同样z值也很小。则$0.010-x\approx0.010$，$0.50+z\approx0.50$。

上式可简化为：
$$\frac{y(0.50)^4}{0.010}=4.8\times10^{-14}$$

$$y=7.7\times10^{-15}$$

即
$$c(Cu^{2+})=7.7\times10^{-15}mol\cdot L^{-1}$$

两溶液混合后，溶液中Cu^{2+}浓度为7.7×10^{-15}mol·L^{-1}。

(2) 配离子和沉淀之间的转化

【例7-2】 在1L【例7-1】所述的混合液中加入0.001mol NaOH，有无$Cu(OH)_2$沉淀生成？若加入0.001mol Na_2S，有无CuS沉淀生成？

解 ① 当加入0.001mol NaOH后，溶液中$c(OH^-)=0.001mol\cdot L^{-1}$。

已知
$$K^{\ominus}_{sp}[Cu(OH)_2]=2.2\times10^{-20}$$

则离子积
$$Q=[Cu^{2+}][OH^-]^2=7.7\times10^{-15}\times(0.001)^2$$
$$=7.7\times10^{-21}<K^{\ominus}_{sp}[Cu(OH)_2]$$

所以加入0.001mol·L^{-1} NaOH后，无$Cu(OH)_2$沉淀生成。

② 加入0.001mol Na_2S后，溶液中$c(S^{2-})=0.001mol\cdot L^{-1}$（未考虑$S^{2-}$的水解）。

已知
$$K^{\ominus}_{sp}(CuS)=6.3\times10^{-36}$$

$$Q=[Cu^{2+}][S^{2-}]=7.7\times10^{-15}\times0.001$$
$$=7.7\times10^{-18}>K^{\ominus}_{sp}(CuS)$$

所以加入0.001mol Na_2S，有CuS沉淀生成。

若考虑Na_2S的水解，则$c(S^{2-})=1.2\times10^{-4}mol\cdot L^{-1}$，仍有CuS沉淀生成。

在含有配离子的溶液中，加入某些沉淀剂，中心离子有可能转化为沉淀。转化反应的难易及完全程度可用转化反应的平衡常数判断。

例如$[Ag(NH_3)_2]^+$配离子转化为AgCl沉淀和AgI沉淀的反应：

$$[Ag(NH_3)_2]^++Cl^-\rightleftharpoons AgCl\downarrow+2NH_3$$

转化反应的平衡常数表达式为：

$$K^{\ominus}_1=\frac{[NH_3]^2}{[Ag(NH_3)_2^+][Cl^-]}$$

分子分母同乘$[Ag^+]$，则得

$$K_1^{\ominus}=\frac{[NH_3]^2[Ag^+]}{[Ag(NH_3)_2^+][Cl^-][Ag^+]}$$

$$=\frac{K_{不稳}^{\ominus}[Ag(NH_3)_2^+]}{K_{sp}^{\ominus}(AgCl)} \tag{7-5}$$

$$=\frac{9.1\times10^{-8}}{1.8\times10^{-10}}=5.1\times10^2$$

当 $[Ag(NH_3)_2]^+$ 转化为 AgI 沉淀时：

$$[Ag(NH_3)_2]^+ + I^- \rightleftharpoons AgI\downarrow + 2NH_3$$

转化反应的平衡常数为：

$$K_2^{\ominus}=\frac{[NH_3]^2}{[Ag(NH_3)_2^+][I^-]}$$

$$=\frac{K_{不稳}^{\ominus}[Ag(NH_3)_2^+]}{K_{sp}^{\ominus}(AgI)}$$

$$=\frac{9.1\times10^{-8}}{8.3\times10^{-17}}=1.1\times10^9$$

由于 $K_{sp}^{\ominus}(AgI)=8.3\times10^{-17}<K_{sp}^{\ominus}(AgCl)=1.8\times10^{-10}$，所以 $K_2^{\ominus}>K_1^{\ominus}$，则 $[Ag(NH_3)_2]^+$ 配离子转化为 AgI 的反应更完全。

可见，难溶电解质的溶度积 $K_{sp}^{\ominus}$ 值越小，转化反应的平衡常数 $K^{\ominus}$ 值越大，说明转化反应越易进行，配离子转化为难溶电解质的反应就越接近完全。

同样，难溶电解质也可以和某些配合剂形成配离子而或多或少地溶解。沉淀转化为配离子的难易及完全程度也可用转化反应的平衡常数来判断。它是配离子转化为沉淀的反应的逆反应。

例如 AgCl 沉淀转化为 $[Ag(NH_3)_2]^+$ 配离子和 $[Ag(CN)_2]^-$ 配离子的反应：

$$AgCl(s) + 2NH_3 \rightleftharpoons [Ag(NH_3)_2]^+ + Cl^-$$

转化反应的平衡常数表达式为：

$$K_1^{\ominus}=\frac{[Ag(NH_3)_2^+][Cl^-]}{[NH_3]^2}$$

得：

$$K_1^{\ominus}=\frac{K_{sp}^{\ominus}(AgCl)}{K_{不稳}^{\ominus}[Ag(NH_3)_2^+]} \tag{7-6}$$

$$=\frac{1.8\times10^{-10}}{9.1\times10^{-8}}=2.0\times10^{-3}$$

当 AgCl 沉淀转化为 $[Ag(CN)_2]^-$ 配离子时：

$$AgCl(s) + 2CN^- \rightleftharpoons [Ag(CN)_2]^- + Cl^-$$

$$K_{21}^{\ominus}=\frac{K_{sp}^{\ominus}(AgCl)}{K_{不稳}^{\ominus}[Ag(CN)_2^-]}$$

$$=\frac{1.8\times10^{-10}}{7.9\times10^{-22}}=2.3\times10^{11}$$

由于 $K_{不稳}^{\ominus}[Ag(CN)_2^-]=7.9\times10^{-22}<K_{不稳}^{\ominus}[Ag(NH_3)_2^+]=9.1\times10^{-8}$，所以 $K_2^{\ominus}>K_1^{\ominus}$，则 AgCl 沉淀转化为 $Ag(CN)_2^-$ 配离子的反应更容易、更完全。

可见，形成的配离子越稳定，即 $K_{不稳}^{\ominus}$ 越小，转化反应的平衡常数 $K^{\ominus}$ 值越大，说明难溶电解质就越易转化为配离子，沉淀越易溶解，转化反应越接近完全。

总之，金属离子在溶液中究竟发生配位反应生成配离子，还是发生沉淀反应生成难溶电解质，取决于配离子的不稳定常数和难溶电解质的溶度积，以及配位剂和沉淀剂的浓度。配位反应、沉淀反应都是离子互换反应。离子互换反应遵循一条总的规律：反应向着生成更难解离或更难溶解的物质的方向进行。

【例 7-3】 问需用 1L 浓度为多少的氨水才能溶解 0.1mol$AgCl$？

解 假定 $AgCl$ 溶解后，全部转化为$[Ag(NH_3)_2]^+$（实际上$[Ag(NH_3)_2]^+$会发生部分解离，但解离的量很微小）。

则

$$c[Ag(NH_3)_2^+]=0.1mol\cdot L^{-1}$$

$$c(Cl^-)=0.1mol\cdot L^{-1}$$

由转化反应：

$$AgCl+2NH_3 \rightleftharpoons [Ag(NH_3)_2]^+ + Cl^-$$

$$K^{\ominus}=\frac{[Ag(NH_3)_2^+][Cl^-]}{[NH_3]^2}=\frac{K^{\ominus}_{sp}(AgCl)}{K^{\ominus}_{不稳}[Ag(NH_3)_2^+]}$$

$$=\frac{1.8\times10^{-10}}{9.1\times10^{-8}}=2.0\times10^{-3}$$

所以

$$[NH_3]=\sqrt{\frac{[Ag(NH_3)_2^+][Cl^-]}{K^{\ominus}}}=\sqrt{\frac{0.1\times0.1}{2\times10^{-3}}}=2.2$$

即

$$c(NH_3)=2.2mol\cdot L^{-1}$$

氨水的浓度应为平衡浓度加上反应消耗氨水的量，则为：

$$2.2+0.1\times2=2.4mol\cdot L^{-1}$$

所以氨水的浓度至少为 $2.4mol\cdot L^{-1}$。

(3) 配离子间的转化

利用配离子的不稳定常数，也可以判断配离子转化反应进行的方向。当两种配离子稳定性的差别不大时，配离子转化反应不完全。例如：

$$[Ag(NH_3)_2]^+ + 2SCN^- \rightleftharpoons [Ag(SCN)_2]^- + 2NH_3$$

$$K^{\ominus}=\frac{[Ag(SCN)_2^-][NH_3]^2}{[Ag(NH_3)_2^+][SCN^-]^2}$$

分子分母同乘 $[Ag^+]$：

$$K^{\ominus}=\frac{[Ag(SCN)_2^-][NH_3]^2[Ag^+]}{[Ag(NH_3)_2^+][SCN^-]^2[Ag^+]}$$

$$=\frac{K^{\ominus}_{不稳}[Ag(NH_3)_2^+]}{K^{\ominus}_{不稳}[Ag(SCN)_2^-]}$$

$$=\frac{9.1\times10^{-8}}{2.7\times10^{-8}}=3.4$$

从上述配离子转化反应的平衡常数 $K^{\ominus}$ 值的大小，可知这一反应的可逆性比较明显。增大 SCN^- 的浓度，有利于$[Ag(NH_3)_2]^+$转化成$[Ag(SCN)_2]^-$；反之用较浓的氨水，则可促使$[Ag(SCN)_2]^-$转化成为$[Ag(NH_3)_2]^+$。

当两种配离子稳定性的差别很大时，转化为更稳定的配离子的反应就越接近完全，而相反的转化则难以进行。例如：

$$[Ag(NH_3)_2]^+ + 2CN^- \rightleftharpoons [Ag(CN)_2]^- + 2NH_3$$

$$K^{\ominus}=\frac{[Ag(CN)_2^-][NH_3]^2}{[Ag(NH_3)_2^+][CN^-]^2}$$

$$=\frac{K^{\ominus}_{不稳}[Ag(NH_3)_2^+]}{K^{\ominus}_{不稳}[Ag(CN)_2^-]}$$

$$=\frac{9.1\times10^{-8}}{7.9\times10^{-22}}=1.2\times10^{14}$$

$K^{\ominus}$值很大，说明上述转化反应向着生成$[Ag(CN)_2]^-$配离子的方向进行，接近完全。相反，转化成$[Ag(NH_3)_2]^+$的反应则难以进行。

配离子的转化反应具有普遍性。金属离子在水溶液中的配位反应也是配离子的转化反应。例如：

$$Cu^{2+}+4NH_3 \rightleftharpoons [Cu(NH_3)_4]^{2+}$$

实为$[Cu(H_2O)_4]^{2+}$配离子的转化反应：

$$[Cu(H_2O)_4]^{2+}+4NH_3 \rightleftharpoons [Cu(NH_3)_4]^{2+}+4H_2O$$

只是水合配离子中的H_2O分子通常不表示出来，而惯用前一式。

（4）计算配合物的电极电势

电对的电极电势值是元素从一种氧化态转变为另一种氧化态的难易程度的量度。配合物的形成使金属离子的浓度发生了变化，从而引起了电极电势值的变化。

金属的基本电极反应为：

$$M^{n+}+ne \rightleftharpoons M$$

根据能斯特方程：

$$E(M^{n+}/M)=E^{\ominus}(M^{n+}/M)+\frac{0.0592}{n}\lg[M^{n+}]$$

如加入配位剂，则金属离子M^{n+}形成配离子，从而使M^{n+}的浓度降低，导致$E(M^{n+}/M)$值变小。M^{n+}生成的配离子越稳定，配离子的解离越小，溶液中游离的M^{n+}的浓度越低，$E(M^{n+}/M)$值就越小。因此，金属离子形成配合物，可使低氧化态更易变为高氧化态，或者说使高氧化态不易被还原。

【例 7-4】 计算电对$[Ag(NH_3)_2]^++e \rightleftharpoons Ag+2NH_3$的$E^{\ominus}$值。

已知 $Ag^++e \rightleftharpoons Ag$； $E^{\ominus}=0.779V$

$$K^{\ominus}_{不稳}[Ag(NH_3)_2^+]=9.1\times10^{-8}$$

解 对电极反应 $Ag(NH_3)_2^++e \rightleftharpoons Ag+2NH_3$

在298.15K，$c[Ag(NH_3)_2^+]=1.0mol\cdot L^{-1}$、$c(NH_3)=1.0mol\cdot L^{-1}$时，所测得的电极电势即为$[Ag(NH_3)_2]^+/Ag$电对的标准电极电势$E^{\ominus}$。

在该电极反应中，Ag^+的浓度可以通过$[Ag(NH_3)_2]^+$配离子的解离平衡求得：

$$[Ag(NH_3)_2]^+ \rightleftharpoons Ag^++2NH_3$$

平衡浓度/$mol\cdot L^{-1}$ 1.0 x 1.0

$$K^{\ominus}_{不稳}[Ag(NH_3)_2^+]=\frac{[Ag^+][NH_3]^2}{[Ag(NH_3)_2^+]}$$

$$=\frac{x\ (1.0)^2}{1.0}$$

所以

$$[Ag^+]=x=K^{\ominus}_{不稳}[Ag(NH_3)_2^+]=9.1\times10^{-8}$$

即

$$c(Ag^+)=9.1\times10^{-8}mol\cdot L^{-1}$$

求电对$[Ag(NH_3)_2^+]/Ag$的$E^{\ominus}$值，可以转化成求电对(Ag^+/Ag)在$c(Ag^+)=9.1\times10^{-8}mol\cdot L^{-1}$时的$E$值。该$E$值即为电对$[Ag(NH_3)_2^+]/Ag$的$E^{\ominus}$值。

由

$$Ag^+ + e \rightleftharpoons Ag$$

$$E(Ag^+/Ag) = E^\ominus(Ag^+/Ag) + \frac{0.0592}{1}\lg[Ag^+] = E^\ominus[Ag(NH_3)_2^+/Ag]$$

所以

$$E^\ominus[Ag(NH_3)_2^+/Ag] = 0.799 + 0.0592\lg(9.1\times10^{-8}) = 0.38V$$

可见当 Ag^+ 形成配离子后，其 E 值减小，此时单质银的还原能力增强。

配离子的形成会改变电对的电极电势值，从而使氧化-还原反应进行的方向和难易发生变化。例如，金属 Pt 不溶于 HNO_3，即 Pt 不能被 HNO_3 氧化。但当溶液中含有大量 Cl^- 时（王水中），因形成 $[PtCl_6]^{2-}$ 配离子，Pt 在 HNO_3 中的溶解就能顺利进行。其反应为：

$$3Pt + 4NO_3^- + 18Cl^- + 16H^+ \longrightarrow 3[PtCl_6]^{2-} + 4NO + 8H_2O$$

7.5 配位化合物的应用

配位化合物是一类十分重要的化合物，现代配位化学所涉及的领域非常多，已广泛应用于科学研究和工业生产中的许多过程，如化学分析、生物化学、医药、配位催化、电镀、湿法冶金、水质处理、环境保护、原子能工业、造纸工业、食品工业、半导体、激光材料、染料、鞣革等。下面从几个方面作简要介绍。

（1）在分析化学中的应用

许多配合物都具有特征的颜色，可用于某些金属离子的鉴定。如 Fe^{3+} 和 NCS^- 可形成深红色的配离子：

$$Fe^{3+} + NCS^- \longrightarrow [FeNCS]^{2+}$$

若 NCS^- 浓度增大，还生成 $[Fe(NCS)_2]^+$、$[Fe(NCS)_3]$、…、$[Fe(NCS)_6]^{3-}$。这个反应可鉴定 Fe^{3+}，而且颇为灵敏，当溶液中 Fe^{3+} 的浓度低至约 $2\times10^{-4}mol\cdot L^{-1}$ 时，所形成的配离子仍能使溶液呈现出可察觉的红色。根据红色的深浅程度还可以通过比色法测定溶液中 Fe^{3+} 的含量。

此外，丁二酮肟可与 Ni^{2+} 作用产生鲜红色沉淀，$[Cu(NH_3)_4]^{2+}$ 为深蓝色，$[CO(SCN)_4]^{2-}$ 为鲜蓝色，这些特征颜色的产生都可以作为相关离子存在的依据。

在定量分析中，配位滴定（曾称为络合滴定）就是其中重要的分析方法之一，所依据的原理就是配合物的形成和相互转化，常用的分析试剂是 EDTA。

（2）在冶金中的应用

① 湿法冶金提取贵金属　所谓湿法冶金就是用水溶液直接从矿石中将金属以化合物的形式浸取出来，然后再进一步还原成金属的方法。对于稀有金属的提取，湿法冶金最为有效。例如通过形成配合物可从矿石中提取金。将黄金含量很低的矿石用 NaCN 溶液浸渍，并通入空气，可以将矿石中的金几乎完全浸出。反应如下：

$$4Au + 8CN^- + 2H_2O + O_2 \longrightarrow 4[Au(CN)_2]^- + 4OH^-$$

再将含有 $[Au(CN)_2]^-$ 的浸出液用 Zn 还原成单质金：

$$Zn + 2[Au(CN)_2]^- \longrightarrow 2Au + [Zn(CN)_4]^{2-}$$

再如，电解铜的阳极泥只能含有 Au、Pt 等贵金属，可用王水使其生成配合物而溶解，然后再从溶液中分离回收贵金属。

$$Au + 4HCl + HNO_3 \longrightarrow H[AuCl_4] + NO + 2H_2O$$

② 制备高纯金属　几乎所有的过渡金属都能生成羰基化合物，有些金属甚至可以直接与 CO 反应生成羰基化合物。而羰基化合物的熔点和沸点一般比相应的金属化合物低，易挥发，受热易分解为金属和 CO，因此常用于分离或提纯金属。通常是先制成金属羰基化合物，并使之挥发与杂质分离，最后加热分解羰基化合物，即可得到高纯度金属。

例如，利用此法制备可用于制造磁铁芯和催化剂的纯铁粉：

$$Fe+5CO\xrightarrow[20MPa]{200℃}[Fe(CO)_5]\xrightarrow{200\sim250℃}5CO+Fe$$

(3) 在元素分离中的应用

有些元素的性质十分相似，用一般的方法难以分离，但可利用它们形成配合物的稳定性差别和溶解度的不同来进行分离。

例如，Zr 和 Hf 的离子半径几乎相等，性质相似，用一般的方法很难分离。但用配位剂 KF，使 Zr(Ⅳ)和 Hf(Ⅳ)分别生成配合物 $K_2[ZrF_6]$和 $K_2[HfF_6]$，由于 $K_2[HfF_6]$的溶解度比 $K_2[ZrF_6]$ 大两倍，可将它们分离开来。

(4) 配位催化

利用配合物的形成所起的催化作用，称为配位催化。配位催化在有机合成中广泛使用，有些已应用于工业生产。例如，以 $PdCl_2$ 为催化剂，利用 Pd^{2+} 与 C_2H_4 形成配合物，使 C_2H_4 在常温常压下催化氧化为 CH_3CHO：

$$C_2H_4+\frac{1}{2}O_2\xrightarrow[在稀 HCl 中]{PdCl_2，CuCl_2}CH_3CHO$$

(5) 在医药方面的应用

在医药领域中，配合物是药物治疗的一个重要方面。例如，EDTA 的钙配合物是铅中毒的高效解毒剂。这是因为 $[CaY]^{2-}$ 解离出来的 Y^{4-} 可与有毒的 Pb^{2+} 形成更稳定的配合物，并随尿液从人体排出。随着对抗癌配合物的深入研究，已发现多种抗癌能力强、水溶性（易被人体吸收）的广谱抗癌配合物。顺式 $[PtCl_2(NH_3)_2]$（顺铂）有显著的肿瘤抑制功能，顺铂在进入癌细胞后解离出两个 Cl^-，攻击 DNA 的碱基，形成碱基-铂-碱基结构，抑制了 DNA 的复制，阻止癌细胞的分裂，起到治疗癌症的作用。

思考题

1. 解释下列各组名词：

配合物和螯合物　配位原子和配位数　弱场配体和强场配体　高自旋和低自旋

内轨型配合物和外轨型配合物　t_{2g}轨道和 e_g轨道　分裂能和晶体场稳定化能

2. 配合物有哪些组成部分？它们之间有何关系？
3. 何谓配位剂、配体、配位原子和配位数？
4. 如何划分单齿配体和多齿配体？
5. 简述配合物命名的原则。
6. 概述价键理论的要点。
7. 杂化轨道类型与配合物的几何构型的关系如何？
8. 判别内轨型与外轨型配合物的依据是什么？
9. 概述晶体场理论的要点。
10. 晶体场分裂能的大小与哪些因素有关？
11. 什么是光谱化学序？
12. 螯合物在结构上有何特征？螯合物与一般配合物有何不同？
13. 说明配合物的 $K^{\ominus}_{不稳}$ 和 $K^{\ominus}_{稳}$ 的意义。它们之间有何关系？

14. 配离子与难溶电解质之间互相转化的难易及完全程度与哪些因素有关？

15. 当金属离子形成配离子后，其电极电势将发生何种变化？为什么？

习 题

1. 指出下列配离子的中心离子、配体、配位原子和配位数。

配离子	中心离子	配体	配位原子	配位数
$[Ag(NH_3)_2]^+$				
$[Cu(NH_3)_4]^{2+}$				
$[Cr(H_2O)_6]^{3+}$				
$[PtCl(NH_3)_5]^{3+}$				
$[Co(en)_3]^{3+}$				
$[CaY]^{2-}$				

2. 命名下列配合物。

$[Cu(NH_3)_4]SO_4$　　$H_2[PtCl_6]$　　$[Co(en)_3]Cl_3$

$[CrCl_2(NH_3)_2(H_2O)_2]Cl$　　$Cu[SiF_6]$　　$[Cu(NH_3)_4][PtCl_4]$

3. 根据实验测得的磁矩，用价键理论判断下列配合物中心离子的未成对电子数、杂化轨道类型、配合物的空间构型、属内轨型还是外轨型。(列表表示)

① $[CoF_6]^{3-}$　　5.2 B. M.

② $[Co(NH_3)_6]^{3+}$　　0 B. M.

③ $[Fe(H_2O)_6]^{3+}$　　5.4 B. M.

④ $[Mn(CN)_6]^{4-}$　　1.8 B. M.

4. 实验测得$[MnBr_4]^{2-}$和$[Mn(CN)_6]^{3-}$的磁矩分别为 5.9 B. M. 和 2.8 B. M.，试根据价键理论推测这两种配离子的未成对电子数、杂化轨道类型、价电子分布及它们的空间构型。

5. 假定配合物 $[PtCl_4(NH_3)_2]$ 的中心离子以 d^2sp^3 杂化轨道和配体形成配位键。问该配合物的几何构型如何，有无几何异构体？如有，则表示出其空间结构。

6. 已知 $[FeF_6]^{3-}$的分裂能小于电子成对能，问中心离子的 d 电子在 t_{2g}、e_g 轨道上的排布状态如何？并估计其磁矩为多少？该配合物是高自旋还是低自旋配合物？

7. 已知 $[Fe(CN)_6]^{4-}$的分裂能大于电子成对能，问中心离子的 d 电子在 t_{2g}、e_g 轨道上的排布状态如何？估计其磁矩为多少？该配合物是高自旋还是低自旋配合物？

8. 根据实验测得的磁矩，用晶体场理论判断下列配合物中心离子 d 轨道分裂后的 d 电子排布，属高自旋还是低自旋？计算配合物的晶体场稳定化能。(列表表示)

① $[CoF_6]^{3-}$　　5.2　B. M.

② $[Co(NH_3)_6]^{3+}$　　0　B. M.

③ $[Fe(H_2O)_6]^{3+}$　　5.4　B. M.

④ $[Mn(CN)_6]^{4-}$　　1.8　B. M.

9. 构型为 $d^1 \sim d^{10}$ 的过渡金属离子，在八面体配合物中，哪些有高、低自旋之分，哪些没有？为什么？

10. 用晶体场理论定性说明 Fe^{2+} 和 Fe^{3+} 的水合离子的颜色不同的原因。

11. 在 100mL 0.20mol·L^{-1}的 $AgNO_3$ 溶液中加入等体积的浓度为 1.00mol·L^{-1}的 $NH_3 \cdot H_2O$：

① 计算达到平衡时溶液中 Ag^+、$[Ag(NH_3)_2]^+$和 NH_3 的浓度。

② 溶液中加入 0.010mol NaCl 固体，有无 AgCl 沉淀产生？

12. 比较 KSCN 溶液使$[Ag(NH_3)_2]^+$转化为$[Ag(SCN)_2]^-$的反应和 KCN 使$[Ag(SCN)_2]^-$转化为$[Ag(CN)_2]^-$的反应哪一个较完全？

13. 向 $[Cu(NH_3)_4]SO_4$ 溶液中分别加入下列物质：

① 稀 HNO_3　　② $NH_3 \cdot H_2O$　　③ Na_2S 溶液

$[Cu(NH_3)_4]^{2+} \rightleftharpoons Cu^{2+} + 4NH_3$ 平衡向哪一方向移动？

14. 通过计算比较1L 6.0mol·L^{-1}的$NH_3\cdot H_2O$和1L 1.0mol·L^{-1}的KCN溶液，哪一个可溶解较多的AgI?

15. 计算下列反应的平衡常数，并判断在标准状态下反应进行的方向。

① $HgCl_4^{2-}+4I^- \rightleftharpoons HgI_4^{2-}+4Cl^-$

已知：$K^{\ominus}_{不稳}[HgCl_4^{2-}]=8.5\times10^{-16}$；$K^{\ominus}_{不稳}[HgI_4^{2-}]=1.5\times10^{-30}$

② $CuS(s)+4NH_3 \rightleftharpoons [Cu(NH_3)_4]^{2+}+S^{2-}$

已知：$K^{\ominus}_{sp}(CuS)=6.3\times10^{-36}$；$K^{\ominus}_{不稳}[Cu(NH_3)_4^{2+}]=4.8\times10^{-14}$

16. 25℃时，200mL 6.0mol·L^{-1}的氨水可溶解多少摩尔AgCl固体（忽略体积变化）。

已知：$K^{\ominus}_{sp}(AgCl)=1.8\times10^{-10}$；$K^{\ominus}_{不稳}[Ag(NH_3)_2^+]=9.1\times10^{-8}$。

17. 如果在1.0L HCl溶液中溶解0.10mol CuCl固体（忽略体积变化），问HCl的最初浓度至少是多少？已知：$K^{\ominus}_{sp}(CuCl)=1.2\times10^{-6}$；$K^{\ominus}_{不稳}[CuCl_2^-]=3.1\times10^{-6}$。

18. A溶液25mL，含0.20mol·L^{-1} $AgNO_3$；B溶液25mL，含0.20mol·L^{-1} NaCl。问：为防止A、B溶液混合后析出AgCl沉淀，预先需在A溶液中至少加入6.0mol·L^{-1}的$NH_3\cdot H_2O$多少毫升？

19. 已知$E^{\ominus}(Zn^{2+}/Zn)=-0.762V$；$K^{\ominus}_{不稳}[Zn(NH_3)_4^{2+}]=3.5\times10^{-10}$，求电极反应$[Zn(NH_3)_4^{2+}]+2e \rightleftharpoons Zn+4NH_3$的$E^{\ominus}$值。

20. 已知$E^{\ominus}(Au^+/Au)=1.692V$；$E^{\ominus}[Au(CN)_2^-/Au]=-0.58V$，计算配合物$[Au(CN)_2]^-$的$K^{\ominus}_{不稳}$值。

[illegible]

中篇 元素化学

YUANSU HUAXUE

人类一切活动的物质基础都来源于自然，自然界由万物组成，万物由化学元素组成。人类对化学元素的发现、认识和利用的历史，就是人类社会发展的历史。元素作为物质资源的出现，更成为各个历史阶段的里程碑。大约在5000年前，人类发现了铜、锡元素，从此人类进入了青铜器时代。大约在3000年前，发现了铁，由此人类进入了铁器时代。迄今为止，人类已经发现了112种化学元素[1]，存在于自然界的有92种。就是这些元素构成了人类赖以生存和发展的物质世界。人类社会的进步更与元素资源的开发利用息息相关。没有钢铁，人类的近代文明是不可想象的；没有铀核裂变反应的发现，就不会有现代的原子能工业体系；没有硅的开发利用，也就没有以半导体为先导的电子时代，更不可能有当今社会的信息时代。科学技术的发展一步也离不开化学的发展，化学是研究物质变化的科学，而物质的本质就是元素。

[1] 1994年12月在德国达姆斯塔特重离子研究中心（GSI），由德国核化学家彼得·安布拉斯特（P. Armbruster）领导的多国科学家研究组人工合成了111号元素。1996年2月9日又合成了112号元素。之后又有报道，合成了114、116、118号元素。

第8章 卤素　稀有气体

氟（F）、氯（Cl）、溴（Br）、碘（I）和砹（At）统称为卤素。它们位于周期表第17族（ⅦA族），是同周期中最活泼的非金属元素。与之相邻的稀有气体包括氦（He）、氖（Ne）、氩（Ar）、氪（Kr）、氙（Xe）和氡（Rn），位于周期表第18族（ⅧA 族），是所有元素中最不活泼的，曾经被称为惰性气体❶。尽管如此，两族元素，特别是两族元素化合物的结构仍然存在某种相似性。两族元素间的另一重要关系是，制备成功的第一批稀有气体化合物是氟化物，这些氟化物是合成其他稀有气体化合物的最常用的起始物。因此，本章把稀有气体放在卤素之后介绍。

8.1 卤素的通性

卤素单质的性质十分活泼，以至于它们在地壳中都以化合物的形式存在，它们的含量从氟到碘逐渐下降。卤素主要以卤化物的形式存在于自然界中，碘（本族最容易被氧化的元素）还能形成碘酸盐沉积。许多氯化物、溴化物和碘化物还因为易溶于水，被富集于海水和盐卤中。碘在海水中含量甚微（$5\times10^{-8}\%$），但某些海洋生物如海带、海藻等能够富集碘，因此干的海藻是碘的重要来源之一。氟主要以溶解度极小的萤石（CaF_2）、冰晶石（Na_3AlF_6）和磷灰石［$Ca_5F(PO_4)_3$］三种矿物存在。氟、氯、溴和碘的一些基本性质见表8-1。由于砹没有稳定的同位素，人们对砹的化学还缺乏了解，这里不作介绍。

表8-1　卤素的原子结构和性质

元　素	氟(F)	氯(Cl)	溴(Br)	碘(I)
核电荷(原子序数)	9	17	35	53
价电子层结构	$2s^22p^5$	$3s^23p^5$	$4s^24p^5$	$5s^25p^5$
共价半径/pm	64	99	114	133
X^-半径/pm	136	181	196	216
第一电离能/kJ·mol^{-1}	1631	1251	1140	1008
第一电子亲和能/kJ·mol^{-1}	322	348	324	295
电负性	4.0	3.2	3.0	2.7
氧化态	−1	±1,+3,+4,+5,+6,+7	±1,+3,+4,+5,+6,+7	±1,+3,+5,+7

❶ 第18族元素的外围电子构型是：ns^2np^6，其价轨道全部充满，化学性质不活泼，因此，很久以来被称为“惰性气体”。后来证实该族元素也可以形成化合物，故更名为“稀有气体”。见8.6.1。

从表 8-1 可以看出，卤素原子的价电子构型为 ns^2np^5，从上到下随半径的增加，卤素的性质呈规律性的变化，但是氟元素有某种程度的反常。氟元素最引人注目的反常现象是氟原子的电子亲和能低于氯原子的。这是因为氟原子体积太小，当它结合一个电子后，会使电子之间产生强烈的排斥而导致体系能量升高。

由于卤素原子只比同周期的稀有气体原子少一个电子，它们具有强烈的获得一个电子成为稳定的 ns^2np^6 结构的趋势，因此卤素在化合物中常见的氧化态为 -1。氟原子由于其电负性是所有元素中最大的，而且氟原子最外层没有 2d 轨道，它只形成 -1 价的化合物。氯、溴、碘等元素的原子，其最外电子层除了 ns 和 np 轨道外，还有能量相近的空的 nd 轨道，它们的价电子有可能被激发到 nd 轨道上，当它们与电负性更大的元素化合时，就会表现出 $+1$、$+3$、$+5$、$+7$ 氧化态；此外，氯和溴在氧化物中还有 $+4$、$+6$ 异常氧化态，例如 ClO_2、BrO_2、Cl_2O_6 和 Br_2O_6 等。

当一种元素的原子有多个氧化态时，它与氟化合后常常表现出最高氧化态，例如，AsF_5、SF_6 和 IF_7 等。这是因为氟原子体积小，允许中心原子周围容纳较多的氟原子，而氯、溴和碘则较为困难。

8.2　卤素的单质

8.2.1　卤素单质的性质

（1）物理性质

卤素单质彼此的结构非常相似，它们全都是双原子分子。这一点与 p 区的其他各族非金属元素不同。随着卤素原子半径的增大和核外电子数的增多，卤素分子间的色散力也逐渐增大，它们的许多物理性质由上到下表现出规律性的变化。表 8-2 是卤素单质主要的物理性质。

表 8-2　卤素单质的物理性质

卤素单质	氟(F_2)	氯(Cl_2)	溴(Br_2)	碘(I_2)
熔点/ ℃	-219.7	-101.0	-7.3	113.6
沸点/ ℃	-188.2	-34.1	56.1	185.3
固体密度/g · cm^{-3}	1.3	1.9	3.4	4.93
溶解度(20℃)/kJ · mol^{-1}	分解水	0.090	0.210	0.00133
$E^\ominus(X_2/X^-)$/ V	2.87	1.36	1.07	0.53
常温下物态和颜色	淡黄色气体	黄绿色气体	红色液体	紫黑色固体(蒸气为紫色)

从表 8-2 可以看出，卤素单质的熔点、沸点和密度等性质按 F—Cl—Br—I 的顺序依次增大。在常温下，氟、氯为气体，溴是易挥发液体，碘是固体。氯在常温下加压，可形成黄色液体，因此，常把氯液化后储存于钢瓶中。碘固体具有较高的蒸气压，加热时容易升华，因此常利用升华对粗碘进行精制。

颜色是卤素单质最引人注目的性质之一。随着分子量的增大，气态卤素单质的颜色由浅黄、淡黄绿、红棕到紫依次加深。这反映了卤素单质对光的最大吸收逐渐向长波方向移动。物质的颜色通常是由物质对不同波长的光进行选择吸收而产生的。卤素单质的吸收光谱主要是由于分子的特殊电子跃迁引起的，即电子从能量最高的、充满电子的 σ 和 π^* 轨道（能量最高充满电子轨道）跃迁到空的能量最低、反键 σ^* 轨道（能量最低空轨道，见分子轨道理论)，如图 8-1 所示。从 F_2 到 I_2，卤素单质的能量最低空轨道与能量最高充满电子轨道之间的能量差 ΔE（X_2）逐渐减小，因此，吸收光的波长逐渐向能量较低的长波方向移动。例如，氟吸收了可见光中能量较高的短波长的光，从而呈现出可见光中与其成互补色的那部分光的颜色——黄色；碘吸收了能量较低的长波长的光，因而显示其互补色紫色。表 8-3 给出了物质吸收光的波长与呈现颜色的关系。

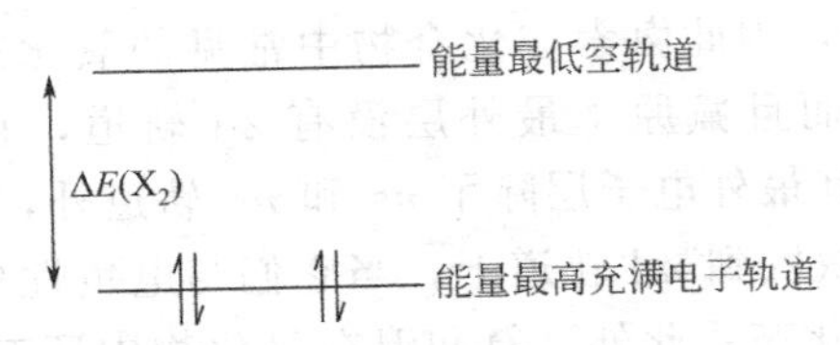

图 8-1 卤素单质的能量最高充满电子轨道与能量最低空轨道

表 8-3 物质颜色与吸收光颜色的关系

吸收光	波长 λ / nm	760～630	630～600	600～570	570～500	500～450	450～430	430～400
	颜色	红	橙	黄	绿	青	蓝	紫
物质的颜色		绿	蓝	紫红	红	橙	黄	黄绿

氟单质能与水发生剧烈的反应，其他的卤素单质在水中的溶解度不大。但是碘单质易溶于碘化物（如碘化钾）的水溶液，这主要是由于 I_2 和 I^- 反应生成了 I_3^-，这一反应是可逆反应，实验室常利用此性质获得浓度较高的碘水溶液。氟分解水。氯、溴、碘的水溶液分别称为氯水、溴水和碘水（卤素溶于水后实际上也发生了化学反应）。卤素单质在有机溶剂中的溶解度比在水中的溶解度要大得多，因为卤素单质是非极性分子，有机溶剂的极性比水小得多，卤素易溶于有机溶剂与“相似相溶”原理是一致的。溴单质能溶于乙醇、乙醚、氯仿、四氯化碳和二硫化碳等溶剂中，溶液的颜色随着溴的浓度增加而加深（从黄到棕红）。碘单质在有机溶剂中的颜色与溶剂的极性有关，极性不同颜色不同，一般来说，在极性溶剂（如醇、醚和酯）中，碘分子与溶剂形成了溶剂化物而呈棕色或红棕色；在非极性或弱极性溶剂中，碘分子不发生溶剂化作用（为什么?），而是以碘分子状态存在，此时，碘单质溶液呈现其本身蒸气的紫色。另外，碘单质遇到淀粉溶液时会出现蓝色，因此，常用淀粉溶液来指示溶液中是否存在碘。

气态卤素单质都有刺激性气味，强烈地刺激眼、鼻、气管等黏膜，吸入较多的蒸气会严重中毒，甚至会死亡。其毒性从碘到氟依次增大，液溴沾到皮肤上会造成难以治愈的灼伤，所以使用卤素时应特别小心。

(2) 卤素的化学性质

卤素单质最突出的化学性质是氧化性。其氧化性顺序为：$F_2 > Cl_2 > Br_2 > I_2$。可以从卤素与其他物质的反应看出这种变化规律。

① 卤素与其他单质的反应 卤素都能与氢气直接化合。氟气与氢气即使在低温下也会爆炸。氯与氢在常温时会缓慢化合，在光照下或 250℃时，瞬间完成反应并可能爆炸。溴单质仅在 600℃时才与氢有明显反应。碘单质只能在强热或在催化剂存在下与氢化合，而且反应不能进行到底，只是一个可逆反应。

氟和氯几乎能与所有金属直接化合。溴和碘只能与活泼金属反应。同一金属与卤素化合时，反应温度常常是从 F_2 到 I_2 依次升高。但是，氟与铜、镍和镁作用时，由于生成金属氟化物保护膜，阻止了氧化的继续进行，因此可将氟储存于铜、镁、镍或它们的合金制造的容器中。干燥的氯气不与铁作用，因此常把氯储存于铁罐中。

氟可以和除了氧、氮以外的其他非金属（包括某些稀有气体）直接化合，而且反应十分激烈，常伴随着燃烧和爆炸。氯不能与氧、氮、碳以及稀有气体直接化合。溴和碘与非金属的反应更弱。

② 卤素与水反应　卤素与水反应有两种类型：一是置换水中的氧，二是水解反应。卤素置换水中氧的反应如下：

$$2X_2 + 2H_2O \longrightarrow 4HX + O_2$$

氟剧烈分解水就属于这类反应，反应放出氧气（同时有少量 H_2O_2、OF_2 和 O_3）；氯在日光下缓慢地放出氧；溴与水作用放出氧的反应极慢，相反，当氢溴酸浓度较高时，HBr 会被 O_2 氧化而析出单质溴；碘不能置换水中的氧，相反 HI 会被 O_2 氧化而析出碘（见 8.4.2 元素电势图）。

卤素的水解反应如下：

$$X_2 + H_2O \rightleftharpoons H^+(aq) + X^-(aq) + HXO(aq)$$

该反应的特点是氧化-还原反应发生在同一分子内的同一种元素上，即该元素原子的一部分被氧化，另一部分被还原，这种自身氧化-还原反应称为歧化反应。卤素中的氟不发生歧化反应。其他卤素的歧化反应都是可逆的，其平衡常数为：

$$K^{\ominus} = \frac{[H^+][X^-][HXO]}{[X_2]}$$

25℃时，平衡常数分别为：$Cl_2(4.2\times10^{-4})$，$Br_2(7.2\times10^{-9})$，$I_2(2.0\times10^{-13})$。所以该歧化反应进行的程度不大，而且从氯到碘趋势渐弱，这也是氯、溴、碘在水中溶解度不大的原因之一。加碱可以促使歧化反应正向进行，生成卤化物和次卤酸盐。漂白粉就是因此而制成的。相反，加酸会使反应逆向进行，生成卤素单质，漂白粉的漂白作用就是因为发生了逆向反应。

8.2.2 卤素的制备

众所周知，卤素主要以卤化物的形式存在于自然界中，因此，一切制备卤素单质的方法，都可以归结为卤素负离子的氧化。

F^- 的还原性很弱，虽然已经可以用化学法制得 F_2，但是，电解法目前还是唯一实用的制氟方法。电解法是在溶有 HF 的 KF·2HF 熔盐（77～100℃）电解槽中进行的。阳极逸出氟气，阴极放出氢气：

$$2HF \xrightarrow{\text{在熔融的 KF·2HF 中电解}} H_2 + F_2$$

显然，电解一定要在无水的状态下进行。因为，H_2O 分子或 OH^- 比 F^- 更容易放电。

化学法制氟直到 1986 年才获得成功。被设计的反应如下：

$$2KMnO_4 + 2KF + 10HF + 3H_2O_2 \longrightarrow 2K_2MnF_6 + 3O_2\uparrow + 8H_2O$$

$$SbCl_5 + 5HF \longrightarrow SbF_5 + 5HCl$$

$$K_2MnF_6 + 2SbF_5 \xrightarrow{150℃} 2KSbF_6 + MnF_3 + \frac{1}{2}F_2\uparrow$$

虽然反应成本高、操作困难，目前尚不能取代电解法制 F_2，但是这一研究成果表明了化学家敢于向“老大难”课题挑战的决心和勇气。

工业上，都采用电解饱和食盐水的方法制取氯气。电解时以石墨为阳极，以铁丝网为阴极，阴、阳两极用高分子阳离子交换膜（Na^+ 渗透性高，而 Cl^- 和 OH^- 渗透性低）隔离，在电解槽中进行电解。电解反应如下：

$$2NaCl + 2H_2O \xrightarrow{\text{电解}} 2NaOH + H_2\uparrow + Cl_2\uparrow$$

阳极得到氯气，阴极得到氢气和 NaOH 溶液。另外，氯气也是电解熔融氯化镁制取金属镁的副产品：

$$MgCl_2(\text{熔融}) \xrightarrow{\text{电解}} Mg + Cl_2 \uparrow$$

实验室用少量氯气时，也可用 MnO_2、$KMnO_4$、$K_2Cr_2O_7$、$KClO_3$ 等氧化剂与浓盐酸（稀盐酸可以吗?）反应来制取：

$$MnO_2 + 4HCl(\text{浓}) \xrightarrow{\triangle} MnCl_2 + Cl_2 \uparrow + 2H_2O$$

$$2KMnO_4 + 16HCl(\text{浓}) \longrightarrow 2MnCl_2 + 2KCl + 5Cl_2 \uparrow + 8H_2O$$

溴、碘常利用不同卤素间的置换反应来制备。以海水提取溴的工艺为例，在 110℃下，通氯气于 pH 为 3.5 的海水中把单质溴先置换出来：

$$2Br^- + Cl_2 \longrightarrow Br_2 + 2Cl^-$$

用空气把 Br_2 吹出后，再用 Na_2CO_3 溶液吸收，得到较浓的 NaBr 和 $NaBrO_3$ 混合溶液：

$$3CO_3^{2-} + 3Br_2 \longrightarrow 5Br^- + BrO_3^- + 3CO_2 \uparrow$$

最后，用硫酸酸化，把单质溴从溶液中游离出来：

$$5Br^- + BrO_3^- + 6H^+ \longrightarrow 3Br_2 + 3H_2O$$

在这一工艺的最后两步，人们是通过改变酸度，来实现化学反应方向的改变。

在碘化物溶液中通入 Cl_2，也可以置换出单质碘：

$$2I^- + Cl_2 \longrightarrow I_2 + 2Cl^-$$

但是必须注意，过量 Cl_2 会进一步使 I_2 氧化为 IO_3^- [因为 $E^\ominus(Cl_2/Cl^-) = +1.358V$，而 $E^\ominus(IO_3^-/I_2) = +1.195V$]：

$$I_2 + 5Cl_2 + 6H_2O \longrightarrow 2IO_3^- + 10Cl^- + 12H^+$$

大量的碘是从碘酸钠制取的。方法是把从智利硝石提取 $NaNO_3$ 后剩余的母液（含 $NaIO_3$），用酸式亚硫酸盐处理：

$$2IO_3^- + 5HSO_3^- \longrightarrow I_2 + 3H^+ + 5SO_4^{2-} + H_2O$$

卤素单质都有重要的用途。氟大量用于制造有机氟化物，例如氟用于制造耐高温绝缘材料聚四氟乙烯[$(-CF_2-CF_2-)_n$]，这是一种非常优秀的材料。氟还用于制冷剂氟里昂(CCl_2F_2)、高效灭火剂（CBr_2F_2）、杀虫剂（CCl_3F）等氯氟烃（CFCs）的制造中。然而这类化合物正逐渐被减少或禁止使用。因为它们进入高空大气层后，受紫外线照射会分解产生氯原子 Cl，Cl 会和 O_3 反应消耗臭氧，而且生成的 Cl—O 还会捕捉自由氧原子阻止 O_3 的形成。

$$Cl + O-O-O \longrightarrow Cl-O + O-O$$

$$Cl-O + O \longrightarrow Cl + O-O$$

这两方面的反应都会减少臭氧层中 O_3 分子的浓度(据统计几个氯原子就能破坏多达 1000 个臭氧分子)，造成臭氧层破坏。南极上空的臭氧层空洞就是这样造成的。

大量氯气主要用于合成盐酸和聚氯乙烯，漂白纸浆，制造漂白粉、农药、有机溶剂、化学试剂等。氯也用于饮用水消毒。但近年来，人们正逐渐用二氧化氯(ClO_2)来替代氯气作消毒剂。

大量的溴用来制造二溴乙烷($C_2H_4Br_2$)，它是汽油抗震剂的添加剂。此外，溴还用于制造染料、感光材料。溴也用于军事上制造催泪性毒剂等。碘和碘化钾的酒精溶液是医用消毒剂。碘化物是重要的化学试剂。碘化银用于制造照相底片和人工降雨等。

8.3 卤化氢和卤化物

8.3.1 卤化氢

卤化氢的水溶液是氢卤酸。其中以氢氟酸和盐酸最为重要。常用的浓盐酸，其质量分数为 37%，浓度为 $12mol \cdot L^{-1}$，密度为 $1.19g \cdot cm^{-3}$，是重要的工业原料和化学试剂，用于制造各种氯化物，在皮革、焊接、搪瓷、医药以及食品工业有广泛的应用。氢氟酸广泛用于分析化学，以测定矿物或钢样中 SiO_2 的含量；还用于玻璃器皿的刻蚀，毛玻璃和灯泡的“磨砂”等。因此，了解卤化氢及其水溶液的性质和制备十分重要。

（1）性质

卤化氢均为无色、具有强烈刺激性气味的气体，在空气中会与水蒸气结合，产生酸雾而“冒烟”。表 8-4 示出了卤化氢和氢卤酸的一些性质。

表 8-4　卤化氢和氢卤酸的一些性质

性　质	HF	HCl	HBr	HI
熔点/℃	−83.1	−114.8	−88.5	−50.8
沸点/℃	19.54	−84.9	−67.2	−35.38
$\Delta_f H_m^\ominus / kJ \cdot mol^{-1}$	−271	−92.30	−36.4	+ 26.5
键能 / $kJ \cdot mol^{-1}$	566	431	366	299
$\Delta H^\ominus_{汽化} / kJ \cdot mol^{-1}$	30.31	16.12	17.62	19.77
分子偶极矩 $\mu / \times 10^{-30} C \cdot M$	6.40	3.61	2.65	1.27
表观电离度($0.1mol \cdot L^{-1}$,18℃)	10%	93%	93.5%	95%
溶解度/$g \cdot (100g\ H_2O)^{-1}$	35.3	42	49	57

从表中可以看出，卤化氢的性质依 HCl—HBr—HI 的顺序有规律地变化。但氟化氢在很多性质上表现反常，它的熔点、沸点和汽化热特别高。这与其分子中存在氢键、形成缔合分子有关。氟化氢在固态时，甚至形成了锯齿形无限长的链。

F—H···F—H···F—H···F—H···F—H···F（锯齿形链，键角 140°）

氢卤酸的酸性按 HF－HCl－HBr－HI 依次增强，除氢氟酸外都是强酸。HF 为弱酸的原因可以通过计算 HF 电离反应的 $\Delta_r G_m^\ominus$，进而算得 $K_a^\ominus$ 来说明（见习题 3）。氢氟酸的弱酸性与一般的弱电解质不同，它的电离度随浓度增大而增大，浓度大于 $5mol \cdot L^{-1}$ 时，它已变成了强酸。这一反常的原因被认为是生成了缔合离子 HF_2^- 等。

$$HF \rightleftharpoons H^+ + F^- \qquad K_a^\ominus(HF) = 3.53 \times 10^{-4}$$

$$HF + F^- \rightleftharpoons HF_2^- \qquad K_a^\ominus(HF_2^-) = 5.1$$

电离产生的 F^- 与未电离的 HF 结合，促使 HF 进一步电离产生浓度增大和酸性增强的结果。氢氟酸和碱能生成酸式盐（如 KHF_2），也说明 HF_2^- 有一定的稳定性。

虽然氢卤酸中的 H^+ 具有氧化性，但其中的 X^- 只有还原性。氢卤酸还原性的强弱，可用 $E^\ominus(X_2/X^-)$ 值来衡量。事实上，HF 不能被一般氧化剂所氧化，HCl 较难被氧化，HBr 较易被氧化，HI 则更容易被氧化，例如，HI 易被空气中的 O_2 氧化。HBr 和 HI 还能被浓硫酸氧化，而 HCl 不被浓硫酸氧化，只能被强氧化剂，例如，$KMnO_4$、$KClO_3$ 等所氧化。

$$2HBr + H_2SO_4 \longrightarrow Br_2 + SO_2 + 2H_2O$$

$$8HI + H_2SO_4 \longrightarrow 4I_2 + H_2S + 4H_2O$$

氢氟酸的独特性质是，它能与 SiO_2 或硅酸盐反应，生成气态的 SiF_4：

$$SiO_2 + 4HF \longrightarrow SiF_4\uparrow + 2H_2O$$

$$CaSiO_3 + 6HF \longrightarrow SiF_4\uparrow + CaF_2 + 3H_2O$$

$$Na_2O \cdot CaO \cdot 6SiO_2 + 28HF \longrightarrow Na_2[SiF_6] + Ca[SiF_6] + 4SiF_4\uparrow + 14H_2O$$

（玻璃的主要成分）

所以氢氟酸可用于溶解各种硅酸盐、刻划玻璃以及制造毛玻璃。因此，氢氟酸应储存于塑料容器中。

（2）制备

HF 可以用浓硫酸与萤石粉共热来制备：

$$CaF_2 + H_2SO_4(浓) \longrightarrow CaSO_4 + 2HF\uparrow$$

但反应不能在玻璃器皿中进行。少量 HCl 也可以用类似的方法制取。HBr 和 HI 不能用此方法制备。

工业用 HCl 采用氯气与氢气直接化合来制备。用电解食盐溶液得到的 Cl_2 和 H_2，通过燃烧反应制得 HCl，冷却后的 HCl 用水吸收就得到了盐酸。研究指出，Cl_2 和 H_2 的化合是链锁反应，其反应机理是：首先一个氯分子吸收光子或在高温（如点火）下解离成两个活化氯原子：

$$Cl_2 + h\nu \longrightarrow 2Cl\cdot$$

能量较高的 Cl· 与氢分子反应生成 HCl 分子和活化氢原子 H·：

$$Cl\cdot + H_2 \longrightarrow HCl + H\cdot$$

活化氢原子 H· 再与氯分子反应形成 HCl 和活化氯原子 Cl·：

$$H\cdot + Cl_2 \longrightarrow HCl + Cl\cdot$$

反应链锁地进行下去。由于 Cl_2 和 H_2 的链锁反应进行得极快（有些链锁反应比较慢，例如，Br_2 和 H_2 的反应），反应瞬间即可完成以至于在极短的时间内所产生的热量足以发生爆炸。因此，绝不能先把 Cl_2 和 H_2 混合再启动反应，而应该让反应在特制的燃烧塔中进行。常用的反应塔是在其中装置了双层燃烧管，Cl_2 自内管引入，H_2 自外管引入，用火点燃使 Cl_2 在 H_2 中平稳燃烧生成 HCl。

溴化氢和碘化氢是用非金属卤化物水解的方法制备。例如：

$$PX_3 + 3H_2O \longrightarrow H_3PO_3 + 3HX\uparrow$$

实际操作通常是把液溴滴加到磷与少许水的混合物中，或把水滴加在磷和碘的混合物中，即可产生 HBr 或 HI。

8.3.2 卤化物

广义上说，卤化物包括金属卤化物和非金属卤化物。非金属和准金属卤化物都是共价型的，例如，BCl_3、$SiCl_4$、AsF_3、SF_6 等，它们的熔、沸点低，具有挥发性，熔融时不导电。

金属卤化物的情况比较复杂，可以形成离子型、共价型以及过渡型卤化物。其成键类型与成键元素的电负性、原子或离子的半径以及金属离子的电荷有关。一般来说，氧化态较高、半径较小的金属形成的是共价型卤化物，例如，$SnCl_4$、$PbCl_4$ 等。而碱金属（Li 除外）、碱土金属（Be 除外）和大多数镧、锕系等金属形成的是离子型卤化物，其中电负性最大的氟和电负性最小、离子半径最大的铯形成的氟化铯（CsF），是最典型的离子型卤化物。

离子型卤化物的熔、沸点高，挥发性低，熔融时能导电。但共价型和离子型卤化物之间没有严格的界限，例如，$FeCl_3$是易挥发的共价型卤化物，它熔融时能导电，人们把这种兼有离子型和共价型性质的卤化物称为过渡型卤化物。

另外，同一金属的不同卤化物，由于 X^- 的变形性不同，所形成卤化物的键型也各不相同 。例如，Al^{3+} 的卤化物，除了 AlF_3是离子型外，其余的卤化物都是共价型的。

大多数卤化物易溶于水，但氯、溴、碘的银盐（AgX）、铅盐（PbX_2）、亚汞盐（Hg_2X_2）、亚铜盐（CuX）难溶于水。卤化物的溶解度规律是：若是离子型卤化物，则同一金属卤化物的溶解度为：碘化物＞溴化物＞氯化物＞氟化物；若是共价型卤化物，则溶解度递变规律与此相反，即氟化物＞氯化物＞溴化物＞碘化物。

大部分非金属卤化物遇水发生完全水解。例如：

$$PCl_3 + 3H_2O \longrightarrow H_3PO_3 + 3HCl$$

$$PCl_5 + 4H_2O \longrightarrow H_3PO_4 + 5HCl$$

$$SiCl_4 + 4H_2O \longrightarrow H_4SiO_3 + 4HCl$$

但 NCl_3水解比较特殊：

$$NCl_3 + 3H_2O \longrightarrow NH_3 + 3HOCl$$

8.4 卤素的含氧化合物

8.4.1 卤素的氧化物

除氟外，所有卤素都能与氧形成卤素氧化物。氟虽然能与氧形成二元化合物，但由于氟的电负性比氧大，它们的二元化合物是氟化氧，而不是氧化氟。大部分卤素氧化物是共价化合物，但 I_2O_4和 I_4O_9被认为是离子型化合物，可看成是$(IO)^+(IO_3)^-$和 $I^{3+}(IO_3{}^-)_3$离子化合物。已知卤素的氧化物见表 8-5。

表 8-5 卤素的氧化物

氧化态	−1	+1	+4	+5	+6	+7	其他
F	OF_2，O_2F_2						
Cl		Cl_2O	ClO_2		Cl_2O_6	Cl_2O_7	
Br		Br_2O	BrO_2		BrO_3	Br_2O_7	
I			I_2O_4	I_2O_5			I_4O_9

在这些氧化物中，大多数是不稳定的，它们受到震动或有还原剂存在时会爆炸。一般来说，高氧化态的卤素氧化物更稳定一些，其中 I_2O_5是最稳定的卤素氧化物。

I_2O_5是一种白色固体，能定量地把 CO 氧化成 CO_2，因此常被用来检测一氧化碳 CO。

$$I_2O_5 + 5CO \longrightarrow 5CO_2 + I_2$$

生成的 I_2可以用其他方法进行定性或定量测定，从而间接测得 CO 的含量。

把碘酸加热到 170℃时，就会很容易地脱水生成 I_2O_5：

$$2HIO_3 \longrightarrow I_2O_5 + H_2O$$

在卤素氧化物中，氯的氧化物实际上较为重要，其中以 ClO_2的用途较为广泛。人们发现，普通的含氯制剂在水中会产生三氯甲烷等对人体有害的物质，因此不是理想的消毒剂。ClO_2作为高效消毒剂，却不会产生上述有害物质，是理想的消毒剂。目前，

ClO_2被广泛用于纸浆漂白，以及自来水生产、食品加工、药品生产和医院等行业进行消毒和除臭。

大量的 ClO_2 是用氯酸钠在硫酸溶液中，用 SO_2 还原制得的：

$$2NaClO_3 + SO_2 + H^+ \longrightarrow 2ClO_2 + HSO_4^- + 2Na^+$$

也可以用甲醇取代 SO_2 作还原剂。由于液态 ClO_2 不稳定并具有强烈刺激性等缺点，在生产、运输和使用时受到很大的限制，近年人们正致力于固载二氧化氯的开发，即把 ClO_2 吸附在载体（例如，羧甲基纤维素或聚丙烯酸树脂等）上，使用时再徐徐释放出来。

8.4.2 卤素含氧酸的通性

(1) 卤素含氧酸的结构

除了氟不能形成含氧酸外，其他卤素的各种含氧酸的通式及结构如下：

H—O—X	H—O—X=O	H—O—X(=O)(=O)	H—O—X(=O)(=O)(=O)
(HXO)	(HXO_2)	(HXO_3)	(HXO_4)
次卤酸	亚卤酸	卤酸	高卤酸

其中高碘酸还有另一种化学式 H_5IO_6（结构也不同于 HXO_4）。它们的含氧酸根离子（或含氧酸）结构如图 8-2 所示。在这些离子中，除了 $IO_6{}^{5-}$ 是 sp^3d^2 杂化外，其他卤素原子都采取 sp^3 杂化轨道与氧成键。

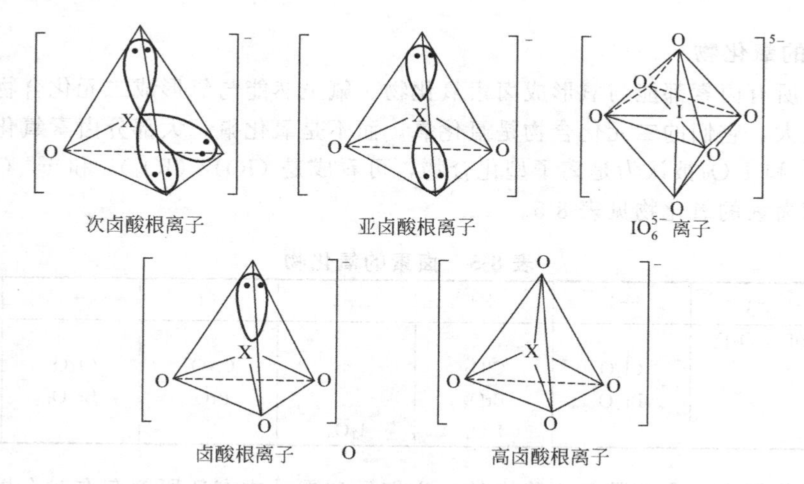

图 8-2 卤素离子的含氧酸根离子结构

(2) 卤素含氧酸的酸性

卤素的不同元素同类含氧酸，其酸性从氯到碘依次减弱，例如，HClO＞HBrO＞HIO。相同元素的不同含氧酸，表现出酸性 HXO＜HOXO＜$HOXO_2$＜$HOXO_3$ 的规律。

这些含氧酸的通式可以写成 $(HO)_mRO_n$。其中 n 越大，酸中的非羟基氧原子数目越多，含氧酸的酸性就越强。这是因为酸中非羟基氧的数目越多，R 的电正性越高，H—O 键的极性越显著，在水分子作用下越容易离解出 H^+，所以酸性越强。表 8-6 示出了这种关系。次卤酸和亚卤酸一般是弱酸，卤酸和高卤酸是强酸。

(3) 卤素含氧酸的氧化性

卤素含氧酸的氧化性见卤素的元素电势图（见图 8-3）。

表 8-6　含氧酸 $(HO)_mRO_n$ 中 n 的数目与 $pK_a^{\ominus}$ 值的关系

n 的数目	$n=0$ $(HO)_mR$	$n=1$ $(HO)_mRO$	$n=2$ $(HO)_mRO_2$	$n=3$ $(HO)_mRO_3$
含氧酸的 $pK_a^{\ominus}$ 值	(HO)Cl 7.2 (HO)Br 8.7 (HO)I 10.0	(HO)ClO 2.0 $(HO)_5IO$ 1.6	$(HO)ClO_2$ −1 $(HO)IO_2$ 0.8	$(HO)ClO_3$ (−7)①
	$(HO)_6Te$ 8.8	$(HO)_2SO$ 1.9 $(HO)_2SeO$ 2.6 $(HO)_2TeO$ 2.7	$(HO)_2SO_2$ (−3) $(HO)_2SeO_2$ (−3)	
	$(HO)_3As$ 9.2 $(HO)_3Sb$ 11.0	(HO)NO 3.3 $(HO)_3PO$ 2.1 $(HO)_2HPO$ 1.8 $(HO)_3AsO$ 2.3	$(HO)NO_2$ (−1.4)	
		$(HO)_2CO$ 3.9		
	$(HO)_3B$ 9.2			
$pK_a^{\ominus}$ 大致平均值	9.16	2.42	−1.52	—

① 括号内是估计数据，$HClO_4$ 属于最强酸，其 $pK_a^{\ominus}$ 没有定值。

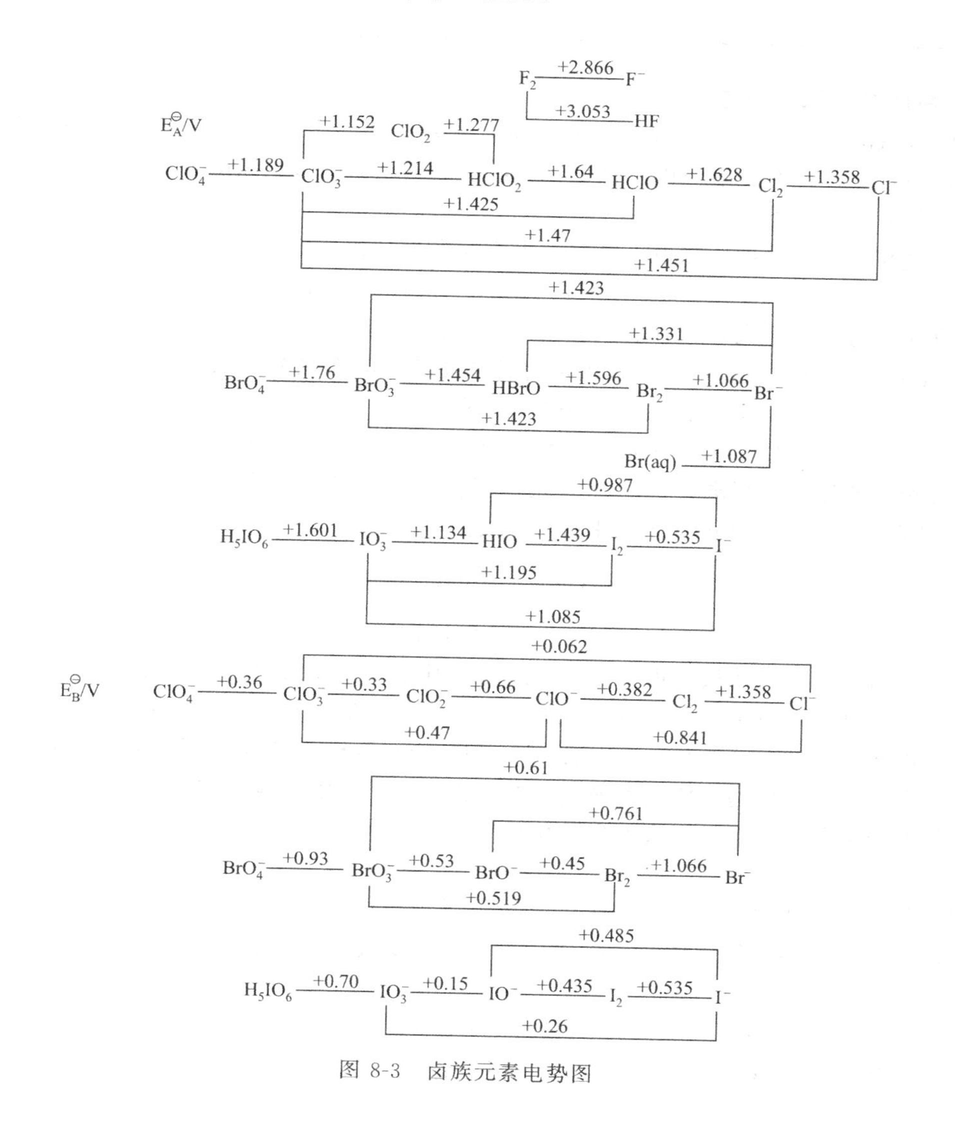

图 8-3　卤族元素电势图

由图 8-3 可以看出，卤素含氧酸的氧化性都比较强，而且在酸性介质中氧化性更强一些，许多中间氧化态物质容易发生歧化反应。氯的各种含氧酸的氧化性有 $HClO > HOClO_2 > HOClO_3$ 的变化规律。有人曾用 ^{18}O 标记的 HOCl 与 NO_2^- 反应，结果 ^{18}O 连接在生成物 NO_3^- 上：

$$NO_2^- + H^{18}OCl \longrightarrow H^+ + [^{18}ONO_2^-] + Cl^-$$

这说明含氧酸的氧化还原反应机理是：中心原子 Cl 的脱 O（即 Cl—O 键的断裂）和还原剂结合 O（即 N—O 新键的形成）的过程。由于氯的各种含氧酸的最终还原产物都是 Cl^- 和 H_2O，因此，其氧化性的强弱主要取决于 Cl—O 键的断裂难易。表 8-7 列出了含氧酸根中 Cl—O 键的键长和键能数据，足以说明 OCl^-、ClO_3^-、ClO_4^- 中，Cl—O 键的断裂是按此顺序从易到难。

表 8-7　氯的含氧酸根中 Cl—O 的键长和键能数据

含氧酸根	Cl—O 键的键长/pm	Cl—O 键的键能/$kJ \cdot mol^{-1}$
OCl^-	170	209
ClO_3^-	157	244
ClO_4^-	145	364

8.4.3　氯的含氧酸及其盐

氯的含氧酸有次氯酸、亚氯酸、氯酸和高氯酸。其中，亚氯酸是目前唯一已知的亚卤酸，极不稳定，仅存在于溶液中。这里只介绍次氯酸、氯酸和高氯酸及其盐的性质。

(1) 次氯酸及其盐

从氯气与水反应的性质知道，氯气与水主要发生歧化反应，生成次氯酸和盐酸：

$$Cl_2 + H_2O \longrightarrow H^+(aq) + Cl^-(aq) + HClO(aq)$$

但正向反应进行程度不大，得到的次氯酸浓度很低，如果能加入一些与 HCl 发生反应的物质（如 HgO、Ag_2O、$CaCO_3$ 等），则可得到浓度较大的次氯酸溶液。由于次氯酸的酸性弱于碳酸，常通氯气于 $CaCO_3$ 的悬浮液来制备次氯酸。

$$CaCO_3 + 2Cl_2 + H_2O \longrightarrow 2HClO + CaCl_2 + CO_2\uparrow$$

次氯酸的酸性虽然很弱，但它的氧化性却很强。次氯酸很不稳定，只存在于稀溶液中（得不到浓酸）。次氯酸的分解有两种基本方式：

$$2HClO \xrightarrow{光} 2HCl + O_2\uparrow$$

$$3HClO \xrightarrow{\triangle} 2HCl + HClO_3$$

把氯气通入冷的碱溶液，可生成次氯酸盐，其中生成漂白粉的反应最为重要：

$$2Cl_2 + 3Ca(OH)_2 \longrightarrow Ca(ClO)_2 + CaCl_2 \cdot Ca(OH)_2 \cdot H_2O + H_2O$$

漂白粉是次氯酸钙和碱式氯化钙的混合物，其中 $Ca(ClO)_2$ 是有效成分，使用时必须加酸才能产生漂白作用。把浸泡过漂白粉液的织物，在空气中晾晒也有同样的效果。

次氯酸根离子在溶液中也会发生歧化反应：

$$3ClO^- \longrightarrow 2Cl^- + ClO_3^-$$

在常温下歧化反应速率很小，但在 75℃以上则进行得很快。因此，把氯气通入 75℃ 以上的热碱溶液中，得到的是氯化物和氯酸盐，而不是次氯酸盐。次氯酸盐也具有氧化性，例如，它可以氧化 CN^-：

$$10ClO^- + 4CN^- + 2H_2O \longrightarrow 10Cl^- + 4HCO_3^- + 2N_2\uparrow$$

此反应可以用来处理含 CN^- 废水，以消除其剧毒性。

(2) 氯酸及其盐

氯酸既是强酸又是强氧化剂。氯酸的酸性强度接近于盐酸和硝酸。氯酸的氧化性很强，例如，它能把单质碘氧化成碘酸：

$$2HClO_3 + I_2 \longrightarrow 2HIO_3 + Cl_2\uparrow$$

氯酸不稳定，仅存在于溶液中，若将浓度提高到40%即分解，若含量再高，就会迅速分解并爆炸。

$$3HClO_3 \longrightarrow Cl_2\uparrow + 2O_2\uparrow + HClO_4 + H_2O$$

氯酸钡与稀硫酸反应即可制得氯酸：

$$Ba(ClO_3)_2 + H_2SO_4 \longrightarrow BaSO_4\downarrow + 2HClO_3$$

通 Cl_2 于热的（75℃以上）强碱溶液中，可以得到氯酸盐和氯化物，例如：

$$3Cl_2 + 6KOH \xrightarrow{\triangle} 5KCl + KClO_3 + 3H_2O$$

但这种制备氯酸盐的方法，氯气的利用率很低。

工业上通常采用无隔膜电解氯化钾热溶液（60～70℃）的方法来制备 $KClO_3$。电解反应为：

$$2KCl + 2H_2O \xrightarrow{\text{电解}} \underset{\text{(阳极)}}{Cl_2} + \underbrace{H_2 + 2KOH}_{\text{(阴极)}}$$

阳极生成 Cl_2，阴极生成 H_2 和 KOH。由于两极距离较近而且无隔膜，阳极产生的 Cl_2 和阴极生成的 KOH 进一步反应生成 ClO_3^- 和 Cl^-。Cl^- 又会在阳极放电生成氯气，并再生成 ClO_3^-。如此循环，电解液中的 ClO_3^- 浓度不断增大，最终得到 $KClO_3$ 浓溶液，冷却到室温，即可得到 $KClO_3$ 晶体。

氯酸盐溶液在中性时，氧化性不强，但在酸性条件下有较强的氧化性。例如，$KClO_3$ 和 KI 的混合溶液只有在酸化后，才能生成 I_2，显示出 I_3^- 特有的棕黄色。

$$ClO_3^- + 6I^- + 6H^+ \longrightarrow 3I_2 + Cl^- + 3H_2O$$

$$\underset{\text{(无色)}}{I_2} + \underset{\text{(无色)}}{I^-} \longrightarrow \underset{\text{(棕黄色)}}{I_3^-}$$

固体氯酸钾在催化剂存在时，200℃下发生“分子内”Cl 原子和 O 原子之间的氧化-还原反应，生成氯化钾和氧气（实验室制备氧气的方法）：

$$2KClO_3 \xrightarrow{MnO_2} 2KCl + 3O_2$$

如果没有催化剂，400℃左右，氯酸钾主要发生“分子内”Cl 原子的歧化反应，生成高氯酸钾和氯化钾：

$$4KClO_3 \xrightarrow{400℃} 3KClO_4 + KCl$$

固体 $KClO_3$ 与易燃物（如磷、硫、碳等）的混合物，在摩擦或撞击下会爆炸，因此 $KClO_3$ 主要用于制造火药、火柴和焰火等。氯酸钠一般没有上述用途，因为钠盐易于潮解。

(3) 高氯酸及其盐

高氯酸是已知酸中最强的酸。高氯酸的浓溶液有较强的氧化性，但是冷的稀溶液氧化性很弱。浓 $HClO_4$（>60%）不稳定，受热易分解：

$$4HClO_4 \xrightarrow{\triangle} 2Cl_2 + 7O_2 + 2H_2O$$

与易燃物相遇会发生猛烈的爆炸。

工业上，用电解氯酸盐的方法制备高氯酸。阳极生成高氯酸盐，加硫酸酸化，再减压蒸馏就可以获得 60％的 $HClO_4$。

阳极：
$$ClO_3^- + H_2O - 2e \longrightarrow ClO_4^- + 2H^+$$
$$ClO_4^- + H_2SO_4 \longrightarrow HSO_4^- + HClO_4$$

高氯酸盐较稳定，$KClO_4$ 的热分解温度比氯酸钾还高。用 $KClO_4$ 制造的炸药比用 $KClO_3$ 为原料的炸药要稳定一些。$KClO_4$ 在 610℃时熔化，同时开始分解：

$$KClO_4 \xrightarrow{\triangle} KCl + 2O_2$$

溶液中 ClO_4^- 非常稳定，SO_2、H_2S、Zn、Al 等较强的还原剂都不能使它还原。与所有含氧酸一样，当溶液的酸度增加时，ClO_4^- 的氧化性增强。ClO_4^- 的配位能力很弱，因此在研究溶液中配合物的行为时，可加入高氯酸盐来保持溶液的离子强度。

大多数高氯酸盐是可溶的，但半径较大的 Cs^+、Rb^+、K^+ 及 NH_4^+ 的高氯酸盐，其溶解度都很小。一般来说，阴、阳离子半径相近的盐溶解度比较小。

8.5 拟卤素

8.5.1 拟卤素及其通性

某些原子团自相结合成分子时，具有与卤素相似的性质，我们称这些原子团为拟卤素。拟卤素和卤素的相似性摘要列于表 8-8。

表 8-8 拟卤素与卤素的对比

拟卤素以两个原子团结合而成的原子团分子	拟卤素与氢结合溶于水而成一元酸	拟卤素与金属离子结合成盐其负离子为－1 价
$(CN)_2$氰 $(OCN)_2$氧氰 $(SCN)_2$硫氰	HCN 氰化氢,氢氰酸 HOCN 氰酸 HSCN 硫氰酸	MCN 氰化物 MOCN 氰酸盐 MSCN 硫氰酸盐
拟卤素单质 X_2,属于有限分子	拟卤化氢 HX,属于有限分子	拟卤化物 MX,是盐类,大都是离子化合物

拟卤素的性质与卤素很相似。游离状态的拟卤素皆为二聚体，通常具有挥发性。像卤素一样，拟卤素也能被还原为一价负离子：

$$NC—CN(aq) + 2e \longrightarrow 2CN^-(aq)$$

生成的拟卤素阴离子叫拟卤离子，例如氰阴离子 CN^-。拟卤离子也具有还原性，例如：

$$2SCN^- + MnO_2 + 4H^+ \longrightarrow Mn^{2+} + (SCN)_2 + 2H_2O$$
$$2Cl^- + MnO_2 + 4H^+ \longrightarrow Mn^{2+} + Cl_2 + 2H_2O$$

拟卤素和卤素离子的还原性顺序为：$I^- > SCN^- > CN^- > Br^- > Cl^- > OCN^- > F^-$。

拟卤素在水或碱溶液中也易发生歧化反应，例如：

$$(CN)_2 + H_2O \longrightarrow HCN + HOCN$$
$$(CN)_2 + 2OH^-(冷) \longrightarrow CN^- + OCN^- + H_2O$$

拟卤素的氢化物溶于水后也形成酸。这些酸除了氢氰酸为弱酸外，其余都是强酸。这些酸的盐，其熔、沸点也比较高，其中的银、汞(Ⅰ)和铅(Ⅱ)盐也难溶于水。

但是，拟卤素和拟卤化物也有不同于卤素和卤化物之处。例如，拟卤离子不是球形离子，因而离子化合物往往具有不同的结构；拟卤离子的电负性通常低于较轻的卤离子；某些拟卤离子作为配位体时，可以有两个配位原子，例如硫氰酸根离子$[S—C≡N]^-$，既可以通过S原子配位，也可以通过N原子配位。

拟卤素中比较重要的是氰、硫氰和氧氰及其化合物。下面分别介绍之。

8.5.2 氰、氰化氢和氰化物

氰$(CN)_2$可以通过加热含有CN^-和Cu^{2+}的溶液制得，反应如下：

$$6CN^- + 2Cu^{2+} \longrightarrow 2[Cu(CN)_2]^- + (CN)_2\uparrow$$

氰的分子结构为N≡C—C≡N。氰为剧毒性无色气体，在水或碱溶液中发生歧化反应。

氰化氢可以通过加热甲酸铵获得，但加热时还要加入P_2O_5作脱水剂：

$$HCOONH_4 \longrightarrow HCN + 2H_2O$$

氰化氢的分子结构为H—C≡N。它是无色液体，沸点为25.7℃，在−14.2℃以下凝固。氰化氢的水溶液为氢氰酸，是极弱的酸。氢氰酸的盐称为氰化物，常见的有氰化钠（NaCN）和氰化钾（KCN）。

所有氰化物都有剧毒，毫克剂量的NaCN或KCN足可以使人致死。含CN^-废水可用漂白粉处理，漂白粉氧化CN^-的反应如下：

$$4CN^- + 10ClO^- + 2H_2O \longrightarrow 10Cl^- + 2N_2 + 4HCO_3^-$$

氰化物能与Au^+、Ag^+等金属离子形成稳定的配合物，因此，用于金、银等的提炼以及电镀。氰化物在医药、农药和有机物合成中也有广泛应用。另外，它也是实验室和科研中的常用试剂。

8.5.3 硫氰、硫氰酸和硫氰酸盐

把硫氰酸银悬浮于乙醚中，用溴处理，可以得到硫氰$(SCN)_2$：

$$2Ag(SCN) + Br_2 \longrightarrow (SCN)_2 + 2AgBr$$

其分子结构为N≡C—S—S—C≡N。硫氰为黄色液体，易于分解，它的氧化能力与溴相似。

硫氰酸盐可以通过氰化钾与硫共熔制得，例如：

$$KCN + S \longrightarrow KSCN$$

硫氰酸钾也称硫氰化钾。硫氰酸根离子的结构为$[S—C≡N]^-$。它能与Fe^{3+}生成血红色物质，因此，硫氰酸盐是检验Fe^{3+}的灵敏试剂。

硫氰酸钾与硫酸氢钾反应，可以制得硫氰酸 HSCN：

$$KSCN + KHSO_4 \longrightarrow HSCN + K_2SO_4$$

硫氰酸在0℃以下是稳定固体，常温时分解，其水溶液显强酸性。它有两种同分异构体，即正硫氰酸（H—S—C≡N）和异硫氰酸（H—N═C═S）。

硫氰酸盐主要用于印染工业，也作化学试剂。

8.6 稀有气体

氦（He）、氖（Ne）、氩（Ar）、氪（Kr）、氙（Xe）、氡（Rn）六种元素位于周期表中的第18（ⅧA或零）族，统称氦族元素。由于它们在自然界中的存量极微，所以又称为稀有气体。

8.6.1 稀有气体的发现简史

1868年天文学家在观察日全食时，发现太阳光谱中有一条新的特殊的橙黄色光谱线，后经研究发现是地球上尚未被发现的新元素，并将它命名为“氦”，意为“太阳元素”。1895年英国化学家拉姆赛（W. Ramsy）在用无机酸处理钇铀矿时，得到了具有与氦相同谱线的

气体，证实了地球上也存在着氦。此后在其他矿物及空气中又发现有氦的存在。

1882年英国物理学家瑞利（J. M. S. Rayleigh）研究气体的密度时发现，从空气中除去氧以后得到的氮气的密度为 $1.2572g \cdot L^{-1}$，而用分解氨气的方法获得的氮气的密度为 $1.2507g \cdot L^{-1}$，两种方法产生了 $0.0065g \cdot L^{-1}$ 的误差，已超过了实验的误差范围。以后，拉姆赛和瑞利一起进行了反复实验，从空气中除去氧气、二氧化碳、水蒸气、氮气后，得到了很少的残留气体，它比氮气要重一些，而且化学性质很不活泼，不与任何物质起反应。这种新的气体就是"氩"，希腊文意为"懒惰"。

然而，当时新发现的氦和氩两个元素在周期表中并没有合适的位置，拉姆赛通过对稀有气体的研究，认为元素周期表还应存在零族元素族（即18族），根据相对原子质量的大小，氦应排在周期表中氢和锂之间，氩应该排在氯和钾之间，它们不与其他元素化合，化合价为零，因此称为零族元素。此外，零族元素除了氦和氩之外，还应有其他几种类似的元素存在。在这种思路的指导下，拉姆赛和他的同事们经过几年的不懈努力，终于从百余吨液态空气中分离出了另外三种稀有气体——氖、氪、氙，它们的希腊文含义分别为"新"、"隐藏"和"陌生"。

1900年德国物理学家道恩（F. E. Dorn）从镭的化合物中发现了氡。以后，拉姆赛等人又测定了氡的相对原子质量和半衰期。

稀有气体在被发现的最初几十年里，由于它们的化学性质不活泼，一直被称为"惰性气体"，它们的用途也不广泛。1962年以后，在加拿大工作的英国化学家巴特利特（N. Bartlett）根据 O_2 可以和六氟化铂 $[PtF_6]$ 反应生成化合物 $O_2^+[PtF_6]^-$，而 O_2 分子的第一电离能与Xe的第一电离能很相近，推测Xe也可以与 PtF_6 发生类似的反应，并且粗略地计算反应热 $\Delta_r H_m^{\ominus}$ 来判断合成 $Xe[PtF_6]$ 的可能性。计算表明，在25℃，标准压力下，反应：

$$Xe + PtF_6 \longrightarrow Xe[PtF_6]$$

可以进行。当他把无色气体Xe与 PtF_6 混合后，得到了第一个稀有气体化合物：六氟合铂酸氙 $Xe[PtF_6]$ 的橙黄色固体，突破了稀有气体的"惰性"概念。此后，人们又合成出了数以百计的稀有气体化合物，开创了稀有气体的研究领域。

8.6.2 稀有气体的存在和分离

除了氡以外，其他几种稀有气体主要存在于空气中，约占空气体积的1%，其中氩的含量最高，占整个稀有气体总量的99%以上。空气中稀有气体的体积分数见表8-9。

表8-9 空气中稀有气体的体积分数

He	Ne	Ar	Kr	Xe
5.24×10^{-4}	1.82×10^{-3}	0.934	1.14×10^{-4}	8.7×10^{-6}

氦是放射性元素的蜕变产物，在放射性矿物中都含有氦，有些天然气中也含有1%以下的氦。氡也是放射性元素的蜕变产物，在某些地方的地下水中可以测定到微量的氡。

目前稀有气体主要是通过分离液态空气来制取。即根据液态空气中各组分气体的沸点不同，进行分级蒸馏。先除去液态空气中大部分氮等沸点较低的组分以后，稀有气体就富集在液态氧中（还有少量的氮）。将液氧进一步蒸发分馏，并将含有稀有气体、氮、氧以及二氧化碳等的混合气体，依次通过氢氧化钠柱（除去二氧化碳）、灼热的铜丝（除去氧）和灼热的镁屑（除去氮），剩余的气体就是以氩为主的稀有气体混合物。

稀有气体混合物再经过低温分馏或低温选择性吸附（如用活性炭做吸附剂）的方法，可以将其中各组分气体分离出来。

8.6.3　稀有气体的性质和用途

稀有气体中除了氦的外围电子层结构为 $1s^2$ 外，其余原子的电子层结构均为稳定的 ns^2np^6，因此稀有气体的化学性质很不活泼，而且在自然界中以单原子形式存在。表 8-10 列出了稀有气体的性质。

表 8-10　稀有气体的性质

名称 元素符号	氦 He	氖 Ne	氩 Ar	氪 Kr	氙 Xe	氡 Rn
原子序数	2	10	18	36	54	86
电子层结构	$1s^2$	[He] $2s^22p^6$	[Ne] $3s^23p^6$	[Ar] $3d^{10}4s^24p^6$	[Kr] $4d^{10}5s^25p^6$	[Xe] $4f^{14}5d^{10}6s^26p^6$
原子半径/pm	122	160	191	198	217	
第一电离能/kJ·mol^{-1}	2372.3	2080.6	1520.6	1350.7	1170.3	1041
熔点/℃	−272.2①	−248.7	−189.2	−156.6	−111.9	−71
沸点/℃	−268.9	−246.0	−185.7	−152.3	−107.1	−61.8
气体密度(标准态下)/10^{-3}g·cm^{-3}	0.1785	0.9002	1.7809	3.708	5.851	9.73
在水中的溶解度(20℃)/mol·L^{-1}	13.8	14.7	37.9	73	110.9	—

① 2.6MPa 压力下的值。

稀有气体之间存在着较弱的色散力，因此它们的熔、沸点都很低。同族自上而下，由于色散力逐渐增大，熔、沸点也呈递增的趋势。氦的沸点只有−268.9℃，是所有物质中最低的。液氦是最冷的一种液体，因此液氦常用于低温技术的研究和应用。

氦是除了氢以外最轻的气体，而且不能燃烧，用氦气代替氢气填充气球、飞船更为安全。氦在人体血液中的溶解度小于氮气，用氦取代氮气，配成体积分数为氦 80%、氧 20% 的"人造空气"，供潜水员在深水作业时呼吸使用，可以避免潜水员从深水中上升到水面时，因压力骤降使原来溶解在血液中的大量氮气逸出而形成的气泡堵塞血管造成的"潜水病"。氦还可以作为保护气体，用于活泼金属的焊接和食品的保存。

在电场的激发下，氩能发出蓝光，氖能发出红光。因此，氩灯和氖灯可用做霓虹灯、航标灯和信号灯等。氩气也可以用做金属焊接时的保护气体，如氩弧焊接技术。氩气以及氩和氮的混合气体用来填充灯泡，可避免钨丝被氧化，大大地延长了灯泡的使用寿命。

氪和氙具有极高的发光强度，可用于特殊的电光源。如氙灯有"人造小太阳"之称，可用于机场、体育场和广场等的照明光源。氪和氙在医学领域中也有广泛的应用，如含氧气体积分数为 0.2 的氙气，可用做麻醉剂，效果好，且无副作用。

氡在医学上用于恶性肿瘤的放疗。但人若吸入含有氡的粉尘，则可能引起肺癌。在 0℃ 和一定的压力（氩为 15MPa，氪为 1.5MPa，氙为 0.1MPa）条件下，稀有气体和水可生成气体水合物，其组成为 $A\cdot 6H_2O$（A=Ar，Kr，Xe）。这种由两种不同的分子结合成的、组成一定的化合物叫做分子化合物。它们的结构与冰很相似，只是气体分子（稀有气体视为单原子分子）穴居在冰的晶格中。形象地说，这些气体分子成为水分子"编织"成的笼中之物，所以这种结构的分子化合物又称为笼合物。稀有气体的笼合物的稳定性，同族自上而下稳定性增强。例如，$Ar\cdot 6H_2O$、$Kr\cdot 6H_2O$、$Xe\cdot 6H_2O$ 达到常压时的温度分别为−43℃、−28℃、−4℃。

8.6.4　稀有气体化合物

迄今为止，已合成出来的稀有气体化合物仅限于稀有气体中电离能较大的元素氪、氙和氡，其中以氙的含氟化合物和含氧化合物为主。

(1) 氟化物

将氙和氟放在一密闭的镍容器内加热，氙和氟即发生反应。氙和氟的配比不同，得到不同的产物：

$$Xe + F_2 \longrightarrow XeF_2$$
$$Xe + 2F_2 \longrightarrow XeF_4$$
$$Xe + 3F_2 \longrightarrow XeF_6$$

XeF_2、XeF_4 和 XeF_6 都是共价化合物，常温下为无色的固体，其熔点依 XeF_2、XeF_4 和 XeF_6 顺序降低，热稳定性也依次降低，且它们都是强氧化剂。

$$XeF_2 + 2HCl \longrightarrow 2HF + Xe + Cl_2$$

还可以定量地被 H_2 还原：

$$XeF_2 + H_2 \longrightarrow Xe + 2HF$$
$$XeF_4 + 2H_2 \longrightarrow Xe + 4HF$$
$$XeF_6 + 3H_2 \longrightarrow Xe + 6HF$$

它们还都是优良且温和的氟化剂：

$$XeF_2 + C_6H_6 \longrightarrow Xe + C_6H_5F + HF$$
$$XeF_4 + 2SF_4 \longrightarrow Xe + 2SF_6$$
$$2XeF_6 + SiO_2 \longrightarrow 2XeOF_4 + SiF_4$$

(2) 含氧化合物

已知氙的含氧化合物主要是 Xe(Ⅵ) 的三氧化氙 (XeO_3) 和氙酸 H_2XeO_4 及 Xe(Ⅷ) 的四氧化氙 (XeO_4) 和高氙酸 (H_4XeO_6)。在酸性介质中，Xe(Ⅵ) 的化合物较稳定；在碱性介质中，Xe(Ⅷ) 的化合物较稳定。

$$H_2XeO_6^{2-} + H^+ \longrightarrow HXeO_4^- + \frac{1}{2}O_2 + H_2O$$
$$XeO_3 + OH^- \longrightarrow HXeO_4^-$$
$$\hookrightarrow XeO_6^{4-} + Xe + O_2 + H_2O$$

XeO_3 是白色易潮解、易爆炸的固体，其水溶液不导电。XeO_3 具有强氧化性，可将 Cl^-、Br^- 和 Mn^{2+} 分别氧化为 Cl_2、BrO_3^- 和 MnO_4^-。

XeF_6 和 $Ba(OH)_2$ 反应，可生成高氙酸钡：

$$4XeF_6 + 18Ba(OH)_2 \longrightarrow 3Ba_2XeO_6 + Xe + 12BaF_2 + 18H_2O$$

在酸性介质中，XeO_6^{4-} 的氧化性比 MnO^{4-}、F_2 还强。Ba_2XeO_6 与无水 H_2SO_4 反应生成 XeO_4。常温下 XeO_4 是不稳定、易爆炸的气体，它会缓慢分解为 Xe、XeO_3 和 O_2。

8.6.5　稀有气体化合物的结构

氙的卤化物和含氧化合物的几何构型可以通过价层电子对互斥理论来解释。结构测定证明：XeF_2 是直线型分子，XeF_4 是平面正方形分子，XeF_6 是略变形的八面体型分子。如图 8-4 所示。

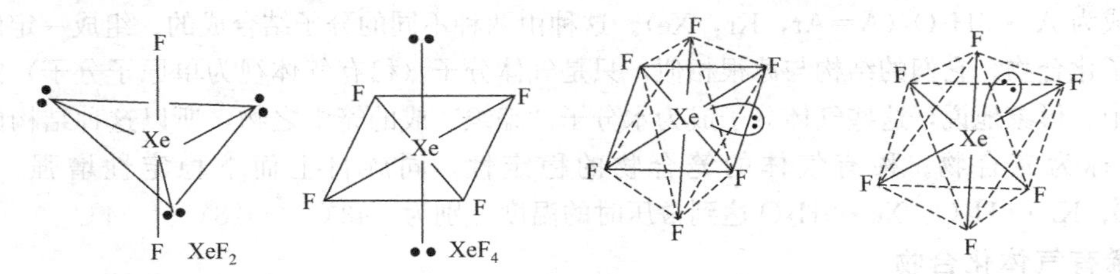

图 8-4　氟化氙的分子结构

根据价层电子对互斥理论推断，XeF_2分子中 Xe 的价电子层有五对电子对，其中三对孤电子对位于等边三角形时，排斥力最小，所以 XeF_2分子的稳定结构是直线型。XeF_4分子中，Xe 的价电子层有 6 对电子对，当 2 对孤电子对位于正八面体的 2 个对角位置时，排斥力最小，其余 4 个顶点，构成 XeF_4的正方形结构。XeF_6的几何构型目前尚难于通过实验来确定。在 XeF_6分子中，Xe 的价电子层上有 7 对电子对。有人认为其中 6 对成键电子对占据着八面体的 6 个顶点，剩下的一对孤电子对位于棱面或棱边的中心，并且它还在这两种构型之间做快速的转换，同时对邻近的成键电子对产生排斥作用，这样 XeF_6的几何结构就是变形八面体。

思考题

1. 请解释为什么 HBr 和 HI 不能用浓硫酸与相应的卤化物制备。

2. 电解饱和食盐水时，阴极和阳极发生什么电极反应？阳极为什么是 Cl^- 放电生成氯气，而不是 H_2O 或 OH^- 放电生成氧气？

3. 指出通式相同的卤素含氧酸，从氯到碘其酸性变化规律如何？

4. 使用漂白粉漂白或消毒时为什么要加点酸？浸泡过漂白粉的织物，在空气中晾晒为什么也能产生漂白作用？

5. 氟有哪些特性？

6. 氟化氢和氢氟酸有哪些特性？

7. 电解制氟时，为什么不用 KF 的水溶液？液态氟化氢为什么不导电，而氟化钾的无水氟化氢溶液却能导电？

8. 解释 I_2难溶于纯水却易溶于 KI 溶液。

9. 为什么向 KI 溶液中通入氯气时，溶液开始呈现棕黄色，继续通入氯气，颜色褪去。

10. 试述 HX 的还原性、热稳定性和氢卤酸的酸性递变规律。

11. 分别举例说明下面两类卤化物熔、沸点的变化规律，并加以解释。

① 同一金属元素的不同氧化值的氯化物；

② 相同氧化值的同一元素与不同卤素组成的卤化物。

12. 请解释 I_2溶解在 CCl_4 中得到紫红色溶液，而溶解在乙醇中却显示红棕色。

13. 为什么具有多种氧化态的元素与氟化合时，该元素总表现出最高氧化态？氯、溴、碘为什么不行？

14. 从 ClO_4^- 和 ClO_3^- 的结构方面分析，为什么高氯酸盐比氯酸盐具有更高的热稳定性？

15. 试分别从价层电子对互斥理论和杂化轨道理论来说明 XeF_2 和 XeF_4 分子的几何构型。

16. 试说明稀有气体的熔、沸点的变化趋势，并解释之。

17. 试述稀有气体的用途。

习　题

1. 计算说明在标准状态下，能否用 MnO_2、$KMnO_4$、$K_2Cr_2O_7$、$KClO_3$ 氧化盐酸来制取氯气。标准状态下不能制备氯气的物质，请估算需要盐酸浓度大约分别是多大，才能制得氯气。

2. 试计算下列反应在 298.15K 时的 $\Delta_r G_m^\ominus$，来说明 HF 能腐蚀玻璃，而 HCl 不能。

$$SiO_2(s) + 4HX(g) \longrightarrow SiX_4(g) + 2H_2O(l)$$

其中 SiF_4 (g) 和 $SiCl_4$ (g) 的 $\Delta_f G_m^\ominus$ 分别为 $-1572.65kJ \cdot mol^{-1}$，$-619.84kJ \cdot mol^{-1}$。

3. 试用下列热化学循环，通过计算电离反应在 298.15K 时的 $K_a^\ominus$，说明氢氟酸的酸性比盐酸弱的原因。

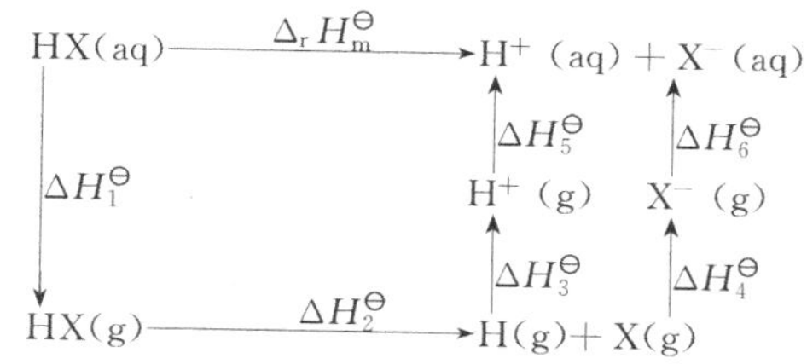

已知：298K 时，HF、HCl 的脱水焓（水合焓的负值）$\Delta H_1^{\ominus}$ 分别为 $48kJ \cdot mol^{-1}$、$18kJ \cdot mol^{-1}$；HF（g）、HCl（g）的键解焓 $\Delta H_2^{\ominus}$ 分别为 $566kJ \cdot mol^{-1}$、$431kJ \cdot mol^{-1}$；H 原子的电离能 $\Delta H_3^{\ominus}$ 为 $1312kJ \cdot mol^{-1}$；F、Cl 原子的电子亲和能 $\Delta H_4^{\ominus}$ 分别为 $-322kJ \cdot mol^{-1}$、$-348kJ \cdot mol^{-1}$；H^+ 的水合生成焓 $\Delta H_5^{\ominus}$ 为 $-1091kJ \cdot mol^{-1}$；F^-、Cl^- 的水合生成焓 $\Delta H_6^{\ominus}$ 分别为 $-515kJ \cdot mol^{-1}$、$-381kJ \cdot mol^{-1}$；HF（aq）、HCl（aq）电离反应的 $T\Delta_r S_m^{\ominus}$ 分别为 $-29kJ \cdot mol^{-1}$、$-13kJ \cdot mol^{-1}$。

4. 根据电势图计算在 298 K 时，Br_2 在碱性水溶液中歧化反应为 Br^- 和 BrO_3^- 的反应平衡常数。

5. 试指出卤素单质从氟到碘颜色变化的规律并解释之。

6. 利用电极电势解释下列现象：在淀粉碘化钾溶液中加入少量 NaClO 时，得到蓝色溶液 A，加入过量 NaClO 时，得到无色溶液 B，然后酸化之并加少量固体 Na_2SO_3 于 B 溶液中，则 A 的蓝色复现，当 Na_2SO_3 过量时蓝色又褪去成为无色溶液 C，再加入 $NaIO_3$ 溶液，蓝色的 A 溶液又出现。指出 A、B、C 各为何物，并写出各步反应方程式。

7. 写出氯气与钛、铝、氢、磷、水和碳酸钾反应的方程式，并指出必要的条件。

8. 写出下列制备过程的反应式，并注明条件：

① 从食盐制氯气、次氯酸盐、氯酸钾、高氯酸；

② 从海水制液溴；

③ 从溴酸盐制高溴酸。

9. 用电极电势计算说明溴能从含碘离子的溶液中取代出碘，碘又能从溴酸钾溶液中取代出溴。

10. 用反应方程式表示下列反应过程并注明条件：

① 用过量 $HClO_3$ 处理 I_2；

② 氯气长时间通入 KI 溶液中。

11. 试用 H^+ 浓度对含氧酸的电极电势影响来说明，为什么氯酸盐、高氯酸盐在中性介质中的氧化性不如在酸性介质中强。

12. 已知 $\Delta_f H_m^{\ominus}$（XeF_4，s）$= -261kJ \cdot mol^{-1}$，XeF_4（s）的升华热为 $47kJ \cdot mol^{-1}$，试计算 $\Delta_f H_m^{\ominus}$（XeF_4，g）。

13. 完成下列反应方程式：

$$XeF_2 + C_6H_6 \longrightarrow$$

$$XeF_4 + H_2 \longrightarrow$$

$$XeF_2 + F_2 \longrightarrow$$

$$XeF_2 + HCl \longrightarrow$$

第9章 氧族元素

9.1 氧族元素通性

周期系中第16（ⅥA）族元素包括氧（O）、硫（S）、硒（Se）、碲（Te）和钋（Po）五种元素，总称为氧族元素。各元素的性质随原子序数的增加，表现出规律性的变化。氧和硫是典型的非金属元素，硒和碲是半金属元素，钋是具有放射性的金属元素。氧族元素及其单质的一些基本性质列于表9-1。

氧族元素原子的价电子构型为ns^2np^4，有获得2个电子形成M^{2-}（M=O，S，Se，Te）离子，从而达到相邻稀有气体的稳定电子层结构的趋势，表现出较强的非金属性。氧的电负性最大，生成O^{2-}的倾向特别突出。随着原子序数的增加，氧族元素的电负性依次减小，非金属性依次减弱，而逐渐显示出金属性。氧化态为−2的化合物的稳定性依次降低，还原性依次增强。例如，H_2O通常情况下是稳定的，也没有还原性；H_2S常温下稳定性稍差，且有较强的还原性；H_2Te常温下则很不稳定，酸性介质中是强还原剂。

氧的电负性很大，仅次于氟，所以只有当它与氟化合时，氧化态才为正值，在一般化合物中，其氧化态均为负值。除氧之外，其他氧族元素原子的价电子层有空的nd轨道，当它们和电负性大的元素结合时，ns和np轨道上的成对电子有可能被激发到nd轨道上，形成2、4、6个未成对电子，从而显示出+2、+4、+6的氧化态。

表9-1 氧族元素及其单质的一些性质

元素	氧(O)	硫(S)	硒(Se)	碲(Te)	钋(Po)
原子序数	8	16	34	52	84
价电子层结构	$2s^22p^4$	$3s^23p^4$	$4s^24p^4$	$5s^25p^4$	$6s^26p^4$
共价半径/pm	66	104	117	137	153
M^{2-}半径/pm	140	184	198	221	230
M^{6+}半径/pm	9	29	42	56	56
第一电离能/kJ·mol^{-1}	1314	1000	941	869	813
第一电子亲和能/kJ·mol^{-1}	−141	−200	−195	−190	−180
第二电子亲和能/kJ·mol^{-1}	780	590	420	—	—
电负性	3.5	2.5	2.4	2.1	2.0
氧化态	−2,−1,0	−2,0,+2,+4,+6	−2,0,+2,+4,+6	−2,0,+2,+4,+6	−2,0,+2,+4,+6
熔点/℃	−218	119	221	450	254
沸点/℃	−183	445	685	1009	962
常温下物态和颜色	无色气体	黄色固体	灰色固体	银灰色固体	—

氧族元素中，只有电负性最大的氧与典型金属（如碱金属、碱土金属等元素）化合时，才形成典型的离子化合物。其他氧族元素，因为半径较大，变形性较大，形成共价化合物的倾向增大。氧族元素与非金属元素化合时，均形成共价化合物。氧族元素在单质及共价型化合物中，除形成σ键外，氧原子的2p轨道有形成（p-p）π键的明显趋向。因为氧原子的内层电子少，原子半径小，p轨道易于互相靠近而形成π键（如O_2、CO_2中）。S原子形成（p-p）π键的倾向明显不如氧，只在少数的化合物中可形成（p-p）π键（如CS_2、SO_2中），更多地是自相结合成由σ键构成的硫链（如S_8、S_x^{2-}中）。

在氧族元素中，氧和硫能以单质和化合物的形式存在于自然界中。硒和碲是分散性稀有元素，存在于各种硫化物矿中。氧族元素单质的化学活泼性按O＞S＞Se＞Te的顺序降低。在加热条件下，氧几乎能与所有元素化合而生成相应的氧化物。硫与许多金属接触都能发生反应，高温下能与氢、氧、碳等非金属元素作用。硒和碲也能与多数元素反应。

本章重点介绍氧、硫元素及其重要的化合物。

9.2 氧及其化合物

氧是地壳中含量最多、分布最广的元素，其质量约占地壳的一半。在土壤和岩石中，氧主要以硅酸盐、氧化物和含氧酸盐的形式存在；在海洋中主要以水（H_2O）的形式存在；在大气中主要以单质状态（O_2）存在，其含量以质量计约占23%，以体积计约占21%。

9.2.1 氧和臭氧

（1）氧气

氧气是无色、无臭的气体，在−183℃时凝聚为淡蓝色液体。氧气常以15MPa压力装入钢瓶内储存。氧气（O_2）分子是非极性分子，在水中的溶解度很小，0℃时1L水中只能溶解49.1mL氧气，尽管如此，这却是水中能够有生命体存在的重要条件。

氧气（O_2）的分子结构，用分子轨道理论可以得到满意的说明。按照分子轨道理论，O_2的分子轨道式为：

$$O_2[KK(\sigma_{2s})^2(\sigma_{2s}^*)^2(\sigma_{2p_x})^2(\pi_{2p_y})^2(\pi_{2p_y})^2(\pi_{2p_y}^*)^1(\pi_{2p_x}^*)^1]$$

即O_2分子中，有一个σ键和两个三电子π键。σ键由$(\sigma_{2p_x})^2$构成，两个三电子π键分别由$\pi(2p_y)^2\pi^*(2p_y)^1$及$\pi(2p_z)^2\pi^*(2p_z)^1$构成。O_2分子的结构式可表示为：

```
[ ·   ·   · ]
 :O  —  O:
[ ·   ·   · ]
```

由于O_2分子的两个等价的$\pi_{2p_y}^*$和$\pi_{2p_z}^*$轨道上各有1个成单电子，所以O_2分子具有顺磁性。

O_2分子中有4个净成键电子，键级为2，因此O_2的键解能较大：

$$O_2 \longrightarrow 2O; \quad D^{\ominus}(O—O)=497.9kJ\cdot mol^{-1}$$

常温下，氧气的反应活性低，空气中游离的O_2分子可以稳定存在就是证明。

在某些化学反应中，氧气（O_2）分子并不需要完全解离为两个O原子，这与反应机理有关。如果O_2分子在反应过程中获得1个电子，这个电子将充填在O_2分子的π_{2p}^*反键轨道上，2个π_{2p}^*反键电子的能量与2个π_{2p}成键电子的能量互相抵消，从而形成超氧离子$[:O\overset{\cdots}{—}O:]^-$；如果$O_2$分子获得2个电子，则完全抵消所有$\pi_{2p}$成键电子的能量，从而

形成过氧离子 $[:O—O:]^{2-}$。可以预料，它们的稳定性均比 O_2 分子差。

如果 O_2 分子在反应过程中获得4个电子，则它们将分别充填在 O_2 分子的 π_{2p}^* 反键轨道和 $\sigma_{2p_x}^*$ 反键轨道上。这样，所有反键轨道上的电子数便与所有成键轨道上的电子数相等，能量全部抵消，分子轨道便还原为原子轨道，即 O_2 分子获得4个电子成为2个 O^{2-}。

在加热条件下，除卤素、少数贵金属（Au、Pt等）和稀有气体外，氧几乎和所有元素直接化合成相应的氧化物。

（2）臭氧

臭氧（O_3）是氧气（O_2）的同素异形体。臭氧层存在于大气层的平流层中，是由于太阳对高空中氧气的强烈辐射作用而形成的。雷雨的时候，空气中的氧受电火花的作用也会产生少量臭氧。实验室中一般用无声放电的方法来制取臭氧。

臭氧为三原子分子，其分子结构如图9-1所示。

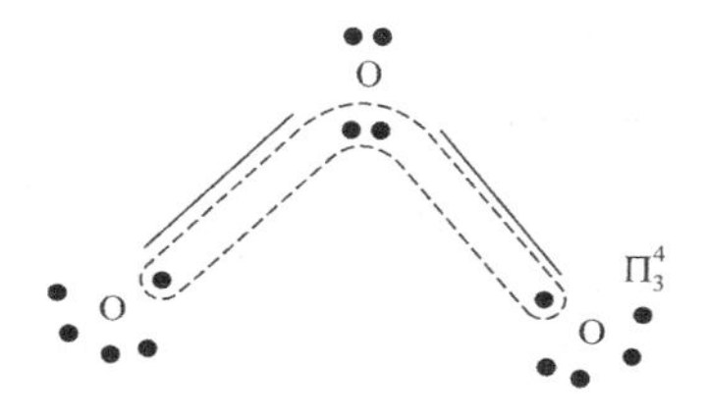

图9-1　O_3 分子的结构

O_3 分子中氧原子是如何成键的？一般认为，中间的氧原子采取不等性 sp^2 杂化，形成如下的电子分布：

2s (⇅)　　p_x (↑) p_y (↑) p_z (⇅)　$\xrightarrow{\text{杂化}}$　sp^2 (⇅)(↑)(↑)　　p_z (⇅)

所形成的三个 sp^2 杂化轨道上共有4个电子，其中一个杂化轨道为孤电子对所占据，另两个杂化轨道上各有1个未成对电子。

两旁的氧原子则通过另外一种不等性 sp^2 杂化，形成如下的电子分布：

2s (⇅)　　p_x (⇅) p_y (↑) p_z (↑)　$\xrightarrow{\text{杂化}}$　sp^2 (⇅)(⇅)(↑)　　p_z (↑)

形成的三个 sp^2 杂化轨道中，两个杂化轨道均为孤电子对所占据，另一个杂化轨道上有1个未成对电子。

这样，中间氧原子的 sp^2 杂化轨道上的2个未成对电子分别与两旁氧原子的 sp^2 杂化轨道上的未成对电子形成两个（sp^2-sp^2）σ 键。而中间氧原子的未参与杂化的2个 p_z 电子和两旁氧原子的未参与杂化的 p_z 电子，形成大 π 键（也称为离域 π 键），表示为 Π_3^4，垂直于 sp^2 杂化轨道平面。所以，O_3 分子中包含两个 σ 键和一个3原子4电子大 π 键，如图9-2所示。实验测得 O_3 分子中∠OOO键角为117，两键长相等，d（O—O）键长为128pm。

从电负性差值考虑，O—O键是非极性的，但 O_3 分子的"V"形结构及各氧原子上孤电子对数目的不同，导致了分子的偶极矩不等于零，所以，O_3 分子是极性分子。

臭氧是淡蓝色气体，具有特殊臭味。液态臭氧易爆炸，臭氧比氧气易溶于水，液态臭氧与液态氧气不能互溶。臭氧不稳定，它的分解反应是放热反应：

$$2O_3 \longrightarrow 3O_2 \qquad \Delta_r H_m^\ominus = -285\text{kJ} \cdot \text{mol}^{-1}$$

如无催化剂存在，常温下分解缓慢。臭氧分解过程中产生的原子氧具有很强的化学活

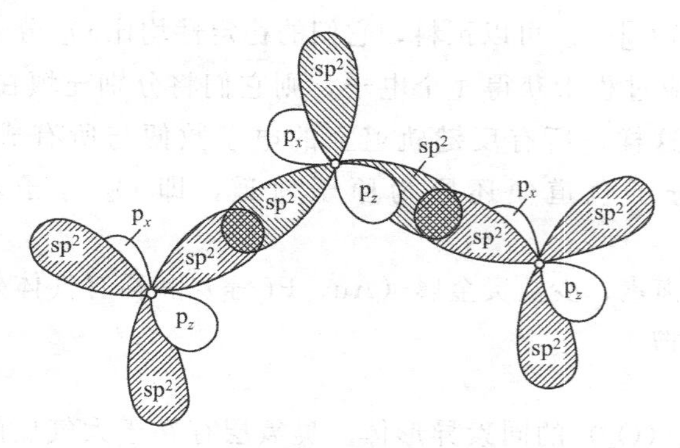

图 9-2 O_3 分子中的 σ 键和大 π 键

性，所以臭氧的化学性质比氧气活泼。

$$O_2+4H^++4e \rightleftharpoons 2H_2O \qquad E_A^\ominus=+1.229V$$

$$O_2+2H_2O+4e \rightleftharpoons 4OH^- \qquad E_B^\ominus=+0.401V$$

$$O_3+2H^++2e \rightleftharpoons O_2+H_2O \qquad E_A^\ominus=+2.076V$$

$$O_3+H_2O+2e \rightleftharpoons O_2+2OH^- \qquad E^\ominus=+1.24V$$

由标准电极电势数据可知，无论在酸性还是碱性介质中，臭氧均是比氧强得多的氧化剂。臭氧能氧化许多不活泼的单质，如 Hg、Ag、S 等，而氧气则不能。臭氧的氧化性仅次于 F_2，它能从碘化钾溶液中将碘析出：

$$O_3+2I^-+2H^+ \longrightarrow I_2\downarrow+O_2\uparrow+H_2O$$

这一反应用于测定臭氧的含量。

臭氧的用途主要是基于它的强氧化性和不易导致二次污染的优点。如用于饮水和食品的消毒、净化，不但杀菌效果好，而且不会带入异味。空气中 O_3 的质量分数一般为 1×10^{-9}，微量的臭氧不仅能杀菌，还能刺激中枢神经，加速血液循环。但是，如果空气中 O_3 的质量分数达到 1×10^{-6}时，会使人感到疲倦和头痛，有损人体健康。臭氧能吸收太阳光的紫外辐射，距地面 20～25km 处（位于平流层）的臭氧层对于生命是极其重要的，它保护着地球表面免受过量紫外线的照射。近年来，发现大气上空的臭氧锐减，甚至在南极和北极上空已出现了臭氧空洞。造成臭氧减少的主要原因是作为制冷剂和工业清洗剂主要成分的化学物质——氯氟烃的大量使用。有研究认为，大气中的臭氧每减少 1%，太阳的紫外线辐射到地面的量就增加约 2%，皮肤癌患者就可能增加 5%～7%。因此，保护臭氧层，保护人类的生态环境已引起全球的广泛关注，相关内容可参考本书 18.2.1。

9.2.2 氧的化合物

(1) 氧化物

除轻稀有气体外，几乎所有元素都能生成氧化物。这里所说的氧化物是指氧以单个原子参与化学结合所形成的二元化合物，可用化学式 R_xO_y表示，其中氧的氧化态为−2，它与过氧化物、超氧化物及臭氧化物是有区别的。

① 氧化物的键型和结构　按氧化物的组成，氧化物可分为金属氧化物和非金属氧化物；按氧化物的键型，氧化物可分为离子型氧化物和共价型氧化物。活泼金属的氧化物均为离子型氧化物，非金属元素的氧化物都是共价型氧化物。氧化物的键型还与 R 的半径和氧化态有关，即键型受离子相互极化的影响。氧化物的熔点、沸点主要取决于它们的结构类型。离子晶体和原子晶体的氧化物，其熔、沸点一般都较高，如 MgO、Al_2O_3、SiO_2 等。分子晶

表 9-2　氧化物的分类

酸性氧化物	与水反应生成含氧酸	B_2O_3, CO_2, NO_2, P_4O_{10}, SO_2, SO_3
	只能与碱共熔生成盐	SiO_2
碱性氧化物	与水反应生成可溶性碱	Li_2O, Na_2O, K_2O, BaO
	与水反应生成难溶性碱	MgO, CaO, SrO
	只能与酸反应生成盐	Bi_2O_3, CuO, Ag_2O, HgO, FeO, MnO
两性氧化物	与酸或碱反应生成盐	BeO, Al_2O_3, SnO_2, TiO_2, Cr_2O_3, ZnO
中性氧化物	不与酸或碱反应	CO, N_2O, NO

体结构的氧化物，其熔、沸点都较低，如 CO、NO_2、SO_2 等在室温下都呈气态。

② 氧化物的酸碱性　根据氧化物对水、酸、碱的反应，氧化物可分为四类：酸性氧化物、碱性氧化物、两性氧化物和中性氧化物。见表 9-2。

氧化物 R_xO_y 的酸碱性，首先决定于 R 的金属性和非金属性的强弱，即与 R 在周期表中的位置有关，其次也与 R 的氧化态有关。一个元素如有几种不同氧化态的氧化物，则高氧化态氧化物的酸性要比低氧化态氧化物的酸性显著，但不能就此认为高氧化态氧化物就是酸性氧化物，低氧化态氧化物就是碱性氧化物，而中间氧化态氧化物就一定是两性氧化物。表 9-3 列出了周期系中多数元素其氧化物的酸碱性类别。

表 9-3　氧化物的酸碱性

类型＼族	1 (ⅠA)	2 (ⅡA)	3 (ⅢB)	4 (ⅣB)	5 (ⅤB)	6 (ⅥB)	7 (ⅦB)	8	9 (ⅧB)	10	11 (ⅠB)	12 (ⅡB)	13 (ⅢA)	14 (ⅣA)	15 (ⅤA)	16 (ⅥA)	17 (ⅦA)
碱性	Li_2O Na_2O K_2O Rb_2O Cs_2O	MgO CaO SrO BaO	Sc_2O_3 Y_2O_3 La_2O_3 Ac_2O_3	TiO ZrO	VO V_2O_3	CrO MoO Mo_2O_3 WO_2	MnO Mn_2O_3	FeO RuO OsO	CoO Co_2O_3 RhO IrO	NiO PdO PtO	Cu_2O Ag_2O Au_2O	CdO Hg_2O HgO	Tl_2O Tl_2O_3		Bi_2O_3		
两性		BeO		TiO_2 ZrO_2 HfO_2	V_2O_4 V_2O_5 Nb_2O_5	Cr_2O_3 MoO_2	MnO_2	Fe_2O_3 RuO_2 Os_2O_3 OsO_2	Rh_2O_3 RhO_2 Ir_2O_3 IrO_2	PdO_2 PtO_2	CuO Au_2O_3	ZnO	Al_2O_3 Ga_2O_3 In_2O_3	GeO SnO PbO SnO_2 PbO_2	As_4O_6 As_2O_5 Sb_2O_3	TeO_2	
酸性					Ta_2O_5	CrO_3 MoO_3 WO_3	MnO_3 Mn_2O_7	RuO_3 RuO_4 OsO_3 OsO_4					B_2O_3	CO_2 SiO_2 GeO_2	N_2O_3 N_2O_5 P_4O_6 P_4O_{10} Sb_2O_5	SO_2 SO_3 SeO_2 SeO_3 TeO_3	Cl_2O Cl_2O_7 I_2O_5
中性	H_2O													CO	N_2O NO	TeO	

一般来说，酸性氧化物易与碱反应而溶（熔）于碱，碱性氧化物易与酸反应而溶（熔）于酸，两性氧化物跟酸和碱都会发生反应。了解氧化物的酸碱性，对实际工作具有指导意义。例如，金属材料表面常会产生锈蚀，这些锈蚀一般都是碱性氧化物，所以可用稀酸清洗

除去。在分解氧化物矿物时，也应根据矿物的酸、碱性选择不同的碱、酸性试剂作溶（熔）剂。在冶金工业中，一些高熔点氧化物常用做耐火材料，酸性耐火材料的主要成分是 SiO_2，碱性耐火材料的主要成分为 MgO、CaO 等。所以在冶炼金属时，为避免耐火层遭到破坏，应根据炉中灼烧物质的酸碱性来选择耐火砖。此外，酸性耐火材料与碱性耐火材料也不能直接组合使用。

（2）过氧化氢

① 结构与性质　过氧化氢的分子式为 H_2O_2，俗称“双氧水”。分子中有一个过氧键，每个氧原子各联结一个氢原子。经结构测定，H_2O_2 分子不是直线型，而是立体结构。如图 9-3 所示。所以 H_2O_2 是极性分子，其偶极矩 $\mu(H_2O_2) = 6.7\times10^{-30}$ C·m，比水的极性更强 [$\mu(H_2O) = 6.0\times10^{-30}$ C·m]。

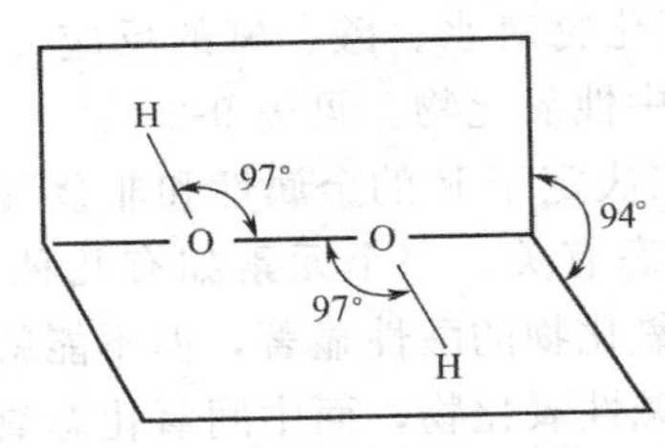

图 9-3　H_2O_2 的分子结构

纯的过氧化氢是一种无色液体，沸点 151.4℃，熔点 −0.89℃。分子间有氢键存在。由于极性比水强，所以，H_2O_2 的缔合程度比水大，密度比水大，它与水可以任意比例互溶。市售试剂是 $w(H_2O_2) = 30\%$ 的水溶液。在化学性质方面，过氧化氢主要表现为以下几方面。

a. 不稳定性　由于过氧键—O—O—的键能较小，因此过氧化氢分子不稳定，易分解：

$$2H_2O_2(l) \longrightarrow 2H_2O(l) + O_2(g)$$

$$\Delta_r H_m^\ominus = -196\text{kJ}\cdot\text{mol}^{-1}$$

纯的过氧化氢在暗处和低温下，分解很慢；若受热而达到 153℃时，即猛烈地爆炸式分解。过氧化氢在碱性介质中比在酸性介质中分解快得多。微量杂质或金属离子（Fe^{3+}、Mn^{2+}、Cu^{2+}、Cr^{3+} 等）的存在均能加速过氧化氢的分解。为防止分解，实验室中常把过氧化氢装在棕色瓶中置于阴凉处，也常加入一些稳定剂，如微量的锡酸钠、焦磷酸钠或 8-羟基喹啉等来抑制杂质的催化分解作用而使过氧化氢稳定。

b. 弱酸性　H_2O_2 具有极弱的酸性：

$$H_2O_2 + H_2O \rightleftharpoons H_3O^+ + HO_2^- \qquad K_1^\ominus = 1.55\times10^{-12}(293\text{K})$$

$$HO_2^- + H_2O \rightleftharpoons H_3O^+ + O_2^{2-} \qquad K_2^\ominus \sim 10^{-25}(293\text{K})$$

所以 H_2O_2 可以和某些碱直接反应，例如：

$$H_2O_2 + Ba(OH)_2 \longrightarrow BaO_2 + 2H_2O$$

BaO_2 可看做是 H_2O_2 的盐。

c. 氧化还原性　过氧化氢分子中，氧的氧化态为 −1，介于 0 和 −2 之间，因此，过氧化氢既有氧化性，又有还原性。H_2O_2 的电势图如下：

$$E_A^\ominus/\text{V} \qquad O_2 \xrightarrow{+0.695} H_2O_2 \xrightarrow{+1.776} H_2O$$

$$E_B^\ominus/\text{V} \qquad O_2 \xrightarrow{-0.146} HO_2^- \xrightarrow{+0.878} OH^-$$

从标准电极电势的数值可知，过氧化氢在酸性和碱性介质中都显强氧化性。例如：

$$H_2O_2 + 2I^- + 2H^+ \longrightarrow I_2 + 2H_2O$$

$$2[Cr(OH)_4]^- + 3H_2O_2 + 2OH^- \longrightarrow 2CrO_4^{2-} + 8H_2O$$

过氧化氢的还原性较弱，只有当遇到比它更强的氧化剂时，才表现出还原性。例如：

$$2MnO_4^- + 5H_2O_2 + 6H^+ \longrightarrow 2Mn^{2+} + 5O_2 + 8H_2O$$

$$Cl_2 + H_2O_2 \longrightarrow O_2 + 2Cl^- + 2H^+$$

过氧化氢的热分解实际为 H_2O_2 的歧化反应：

$$2H_2O_2 \longrightarrow 2H_2O + O_2$$

过氧化氢的主要用途是以它的强氧化性为基础的，使用 H_2O_2 作氧化剂的优点是其还原产物为 H_2O，不会给反应系统引入新的杂质，而且过量部分很容易在加热条件下分解为 H_2O 和 O_2，O_2 可从系统中逸出。工业上，过氧化氢常用于漂白毛、丝、羽毛等不宜用 Cl_2 漂白的物质。医药上，常用稀 H_2O_2 溶液（3%）作为温和的消毒杀菌剂。高浓度的 H_2O_2 可作火箭燃料。

② 过氧化氢的制备　工业上制备过氧化氢，过去主要采用电解法。用金属铂作电极，电解硫酸氢铵饱和溶液，先制得过二硫酸铵溶液：

$$2NH_4HSO_4 \xrightarrow{\text{电解}} \underset{(\text{阳极})}{(NH_4)_2S_2O_8} + \underset{(\text{阴极})}{H_2\uparrow}$$

在过二硫酸铵溶液中加入硫酸氢钾，则析出过二硫酸钾。然后将过二硫酸钾在酸性溶液中水解，生成 H_2O_2。

$$K_2S_2O_8 + 2H_2O \xrightarrow{H_2SO_4} 2KHSO_4 + H_2O_2$$

由于电解法能耗较大，成本较高，现在多采用新的生产工艺乙基蒽醌法。其反应过程为：先将 2-乙基蒽醌溶解在苯溶剂中，然后在钯的催化作用下用氢气还原，得到 2-乙基蒽醇。

O　C2H5　O　+H2 —Pd→　OH　C2H5　OH　……

再鼓入富氧空气（O_2+空气），2-乙基蒽醇被氧化为 2-乙基蒽醌，同时生成 H_2O_2。

OH　C2H5　OH　+O2 →　O　C2H5　O　+H2O2

2-乙基蒽醌可循环使用。因此，整个反应过程中消耗的只是 H_2 和 O_2，生成的是 H_2O_2。用水将 H_2O_2 提取出来，经减压蒸馏可得到浓度为 30%左右的 H_2O_2 溶液。

9.3 硫及其化合物

9.3.1 单质硫

硫在自然界中以两种形态出现——单质硫和化合态硫。化合态的硫大多以硫化物和硫酸盐的形式存在。重要的硫化物有黄铁矿（FeS_2）、黄铜矿（$CuFeS_2$）、闪锌矿（ZnS）和方铅矿（PbS）等，重要的硫酸盐矿石有石膏（$CaSO_4 \cdot 2H_2O$）、重晶石（$BaSO_4$）、芒硝（$Na_2SO_4 \cdot 10H_2O$）和天青石（$SrSO_4$）等。单质硫有多种同素异形体。天然硫是黄色固体，具有斜方晶形的结构，叫做斜方硫（或正交硫、菱形硫）。将斜方硫加热到95.5℃以上时，就渐渐地转变为另一种晶形，浅黄色的单斜硫。当温度低于95.5℃时，单斜硫又渐渐地转变为斜方硫。

$$S(斜方) \xrightleftharpoons{95.5℃} S(单斜) \qquad \Delta_r H_m^{\ominus} = 0.33kJ \cdot mol^{-1}$$

斜方硫和单斜硫的分子都是由8个硫原子组成的，具有环状结构（八角绉环），如图9-4所示。它们的差别在于S_8分子在晶体中的排列方式不同而已。

在S_8环状分子中，键角∠SSS为107.6°，每个硫原子各以不等性sp^3杂化轨道与两个相邻的硫原子形成σ键，S_8分子之间以分子间力结合，所以硫的熔点较低（115.2℃）。将单质硫加热时，发生如下变化：加热至熔点，得到浅黄色、透明、易流动的液体（仍为S_8环状结构）。继续加热至160℃左右，S_8环开始断裂，并聚合成中长链的大分子，因此液体颜色变暗，黏度显著增大。继续加热至190℃左右，环继续断开，并聚合成长链的巨分子，由于链与链之间互相纠缠在一起，使之不易流动，此时黏度最大，已不易从容器中倒出。再继续加热至200℃，液体变黑，长链分子开始断裂成较短的链状分子，黏度又变小，流动性增加。温度达到444.6℃时，液体沸腾，蒸气中含有S_8、S_6、S_4、S_2等气态分子。温度越高，分子中硫原子数目越少。

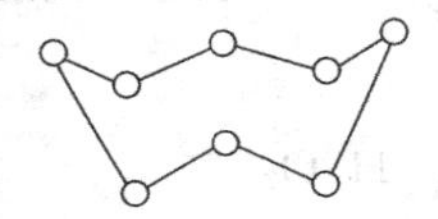
图9-4 S_8分子的结构

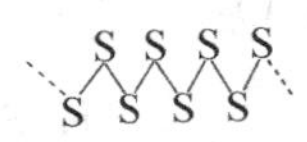

图9-5 弹性硫的链状结构

将加热到190℃的液态硫迅速倒入冷水中冷却，可以得到弹性硫（图9-5）。由于骤冷，长链状硫分子来不及成环，仍以长链的形式存在于固体中，所以形成的固态硫具有弹性。弹性硫不溶于任何溶剂，长期静置逐渐变脆，最后转变为稳定的晶态硫（斜方硫）。

硫的化学活泼性虽不如氧，但还是比较活泼的，它既可以从金属获得两个电子形成氧化态为−2的硫化物，例如：

$$2Al + 3S \longrightarrow Al_2S_3$$

$$Hg + S \longrightarrow HgS$$

也可与非金属性比它更强的元素化合，形成正氧化态的化合物，例如：

$$S + 3F_2 \longrightarrow SF_6$$

$$S + O_2 \longrightarrow SO_2$$

所以硫既有氧化性，又有还原性，但硫的氧化性不如氧，而还原性比氧强。

硫还能与热的浓硫酸、硝酸及碱反应：

$$S + 2H_2SO_4(浓) \longrightarrow 3SO_2 + 2H_2O$$

$$S + 2HNO_3(浓) \longrightarrow H_2SO_4 + 2NO$$

$$3S + 6NaOH(浓) \longrightarrow 2Na_2S + Na_2SO_3 + 3H_2O$$

硫主要用于生产硫酸，在橡胶、造纸工业也有广泛应用。硫还用于制造黑火药、医用药剂和杀虫剂等。

9.3.2 硫化物和多硫化物

(1) 硫化氢

硫蒸气和氢气可直接化合生成硫化氢气体：

$$S(g)+H_2(g) \longrightarrow H_2S(g) \qquad \Delta_r H_m^{\ominus}=-20.6\ kJ \cdot mol^{-1}$$

实验室中，常用金属硫化物与非氧化性酸反应来制备少量硫化氢。例如：

$$FeS+2HCl \longrightarrow FeCl_2+H_2S \uparrow$$

虽然用稀硫酸可以代替稀盐酸，但生成的 $FeSO_4$ 易于结晶，常常堵塞启普发生器。又因为硝酸能氧化生成的硫化氢，故不能用硝酸代替盐酸。

硫化氢是无色、有臭鸡蛋气味的剧毒气体。空气中如含有1%的 H_2S 就会引起头痛、眩晕和恶心，吸入大量 H_2S 会引起严重中毒导致昏迷甚至死亡。工业上，H_2S 在空气中允许的最高含量为 $0.01mg \cdot L^{-1}$。

H_2S 分子中，硫原子以不等性 sp^3 杂化与两个氢原子形成两个 σ 键，分子呈“V”形结构，与 H_2O 分子相似。所以 H_2S 为极性分子，但极性比水小，几乎不能形成氢键，因此熔点（−86℃）、沸点（−60℃）都比水低得多。

硫化氢的化学性质主要有下列两个方面。

① 弱酸性　硫化氢气体能溶于水，在 20℃时，1 体积水能溶解 2.6 体积 H_2S 气体，所得硫化氢饱和溶液的浓度约为 $0.1mol \cdot L^{-1}$。硫化氢的水溶液称氢硫酸。它是一个很弱的二元酸：

$$H_2S \rightleftharpoons H^+ + HS^- \qquad K_1^{\ominus}=9.1\times10^{-8}$$

$$HS^- \rightleftharpoons H^+ + S^{2-} \qquad K_2^{\ominus}=1.1\times10^{-12}$$

关于硫化氢在水溶液中的状况见 5.3.3。

② 还原性　在硫化氢分子中，硫的氧化态为−2，处于最低氧化态，同时因硫对电子的亲和力不太大，故 S^{2-} 容易失去电子而具有较强的还原性。

硫化氢气体能在空气中燃烧，生成二氧化硫和水，若空气不足，则生成硫和水：

$$2H_2S+3O_2 \longrightarrow 2SO_2+2H_2O$$

$$2H_2S+O_2(\text{不足}) \longrightarrow 2S+2H_2O$$

硫化氢的水溶液暴露在空气中，易被氧化析出游离硫而使溶液变浑浊：

$$2H_2S+O_2 \longrightarrow 2H_2O+2S$$

许多氧化剂都能使硫化氢氧化而析出硫，例如：

$$H_2S+I_2 \longrightarrow 2HI+S$$

$$H_2S+H_2SO_4(\text{浓}) \longrightarrow SO_2+2H_2O+S$$

如遇强氧化剂还可氧化成 S^{+6}，例如：

$$H_2S+4Cl_2+4H_2O \longrightarrow H_2SO_4+8HCl$$

由标准电极电势数值可知，无论是酸性介质还是碱性介质，硫化氢都可作为还原剂。

$$S+2H^+ +2e \rightleftharpoons H_2S \qquad E_A^{\ominus}=+0.142V$$

$$S+2e \rightleftharpoons S^{2-} \qquad E_B^{\ominus}=-0.476V$$

（2）金属硫化物

金属硫化物可以看成是氢硫酸的盐。因为氢硫酸是二元酸，所以有两种类型的盐：酸式盐和正盐。酸式盐均易溶于水。正盐中，碱金属（包括 NH_4^+）的硫化物和 BaS 易溶于水，碱土金属硫化物微溶于水（BeS 难溶），其他金属的硫化物大多难溶于水，有些还难溶于酸，且多数具有特征的颜色。一些金属硫化物在酸中的溶解情况见表 9-4。

表 9-4　某些金属硫化物的颜色和溶解性

溶于稀盐酸 (0.3mol·L⁻¹HCl)	难溶于稀盐酸		
	溶于浓盐酸	难溶于浓盐酸	
		溶于浓硝酸	仅溶于王水
MnS (肉色)　CoS (黑色) ZnS (白色)　NiS (黑色) FeS (黑色)	SnS (褐色)　Sb_2S_3 (橙色) SnS_2 (黄色)　Sb_2S_5 (橙色) PbS (黑色)　CdS (黄色) Bi_2S_3 (暗棕)	CuS (黑色)　As_2S_3 (浅黄) Cu_2S (黑色)　As_2S_5 (浅黄) Ag_2S (黑色)	HgS (黑色) Hg_2S (黑色)

金属硫化物在水中溶解度的大小，实际上与离子间的互相极化作用有关。从结构来看：S^{2-}的离子半径较大，因此变形性较大。显然，如果金属离子的极化力和变形性越大，则与S^{2-}之间的互相极化作用就越强，生成的化学键（M—S 键）的共价成分就越多，其硫化物的溶解度就越小。

根据平衡移动原理和溶度积原理，要使不溶于水的金属硫化物溶解，关键在于降低其溶液中金属离子和硫离子的浓度。通常情况下，主要是采用降低硫离子浓度的方法，这可以通过增加溶液中氢离子的浓度（即加入酸）来实现。根据金属硫化物在酸中的溶解情况，可将其分为如下四类。

① 不溶于水但溶于稀盐酸的金属硫化物。这类硫化物的溶度积相对较大，$K_{sp}^{\ominus}(MS) > 10^{-24}$，稀盐酸即可有效降低溶液中 S^{2-} 的浓度而使之溶解。例如：

$$FeS + 2HCl \longrightarrow FeCl_2 + H_2S\uparrow$$

② 不溶于水和稀盐酸，但溶于浓盐酸的金属硫化物。此类硫化物的 $K_{sp}^{\ominus}$（MS）值在 $10^{-25} \sim 10^{-30}$之间，浓盐酸除了降低 S^{2-} 浓度的作用外，Cl^- 与金属离子发生配位作用，同时降低了金属离子的浓度，从而使硫化物溶解。例如：

$$CdS + 4HCl \longrightarrow H_2[CdCl_4] + H_2S\uparrow$$

③ 不溶于水和盐酸，但溶于浓硝酸的金属硫化物。这类硫化物的溶度积很小，$K_{sp}^{\ominus}$（MS）$< 10^{-30}$，硝酸通过氧化反应将溶液中的 S^{2-} 氧化为 S，从而使 S^{2-} 浓度大大降低，导致硫化物溶解。例如：

$$3CuS + 8HNO_3 \longrightarrow 3Cu(NO_3)_2 + 3S\downarrow + 2NO\uparrow + 4H_2O$$

④ 仅溶于王水的金属硫化物。这类硫化物的溶度积更小，仅靠硝酸的氧化作用使 S^{2-} 浓度的降低还不足以使其溶解，必须同时借助于 Cl^- 与金属离子的配位作用使金属离子的浓度也同时降低，才能使硫化物溶解。例如：

$$3HgS + 2HNO_3 + 12HCl \longrightarrow 3H_2[HgCl_4] + 3S\downarrow + 2NO\uparrow + 4H_2O$$

此外，有些金属硫化物，如 SnS_2、As_2S_3、Sb_2S_3 等，会在碱金属硫化物 Na_2S 或 $(NH_4)_2S$ 的溶液中溶解，这是因为生成极难解离的硫代酸根离子的缘故。

由于氢硫酸是弱酸，故所有硫化物在水中都有不同程度的水解。碱金属硫化物易溶于水，由于水解而使溶液呈碱性。所以碱金属硫化物俗称为“硫化碱”，其水解反应为：

$$S^{2-} + H_2O \rightleftharpoons HS^- + OH^-$$

微溶性的碱土金属硫化物，遇水也发生水解作用。例如：

$$2CaS + 2H_2O \rightleftharpoons Ca(HS)_2 + Ca(OH)_2$$

所生成的酸式硫化物可溶于水。若将溶液煮沸，水解可进行完全：

$$Ca(HS)_2 + 2H_2O \longrightarrow Ca(OH)_2 + 2H_2S$$

一些易水解的金属离子（如 Al^{3+}、Cr^{3+}），其硫化物遇水发生完全水解：

$$Al_2S_3 + 6H_2O \longrightarrow 2Al(OH)_3 \downarrow + 3H_2S \uparrow$$

$$Cr_2S_3 + 6H_2O \longrightarrow 2Cr(OH)_3 \downarrow + 3H_2S \uparrow$$

因此，这类硫化物在水溶液中是不能存在的，其制备不能用湿法而必须采用干法。

$$2Cr + 3S \xrightarrow{\text{高温}} Cr_2S_3$$

（3）多硫化物

在可溶性硫化物的浓溶液中加入硫粉，硫溶解而生成相应的多硫化物。例如：

$$(NH_4)_2S + (x-1)S \longrightarrow (NH_4)_2S_x$$

多硫化物中含有多硫离子 S_x^{2-}，x 可由 2～6，通常生成的产物是含有不同数目硫原子的各种多硫化物的混合物，随着硫原子数目 x 的增加，多硫化物的颜色从黄色经过橙黄色而变为红色。实验室中的 Na_2S 溶液，放置时颜色会越来越深，就是因为 Na_2S 易被空气氧化，产物 S 溶于 Na_2S 而生成 Na_2S_x（多硫化钠）的缘故。

多硫化物中存在过硫键，与过氧化物中的过氧键相似，因此，多硫化物既有氧化性，又有还原性。例如：

$$SnS + S_2^{2-} \longrightarrow SnS_3^{2-}$$

$$3FeS_2 + 8O_2 \longrightarrow Fe_3O_4 + 6SO_2$$

多硫化物与酸反应生成多硫化氢（H_2S_x），它不稳定，易歧化分解为硫化氢和单质硫：

$$S_x^{2-} + 2H^+ \longrightarrow H_2S_x \longrightarrow H_2S + (x-1)S$$

多硫化物在制革工业中用做原皮的除毛剂，在农业上用做杀虫剂。

9.3.3 硫的含氧化合物

（1）二氧化硫

硫在空气中燃烧生成二氧化硫：

$$S + O_2 \longrightarrow SO_2$$

二氧化硫 SO_2 分子呈“V”形结构，其成键方式与臭氧（O_3）类似，硫原子和两旁氧原子除以 σ 键结合外，还形成一个三中心四电子的大 π 键 Π_3^4（图 9-6）。SO_2 分子中，∠OSO 键角为 119.5，S—O 键长为 143.2pm。所以 SO_2 是极性分子，偶极矩 $\mu(SO_2) = 5.4 \times 10^{-30} C \cdot m$。$SO_2$ 易溶于水。

二氧化硫是一种无色、有强烈刺激性气味的气体，熔点 −75.5℃，沸点 9.83℃，容易液化。液态 SO_2 中存在如下电离平衡：

$$2SO_2 \rightleftharpoons SO^{2+} + SO_3^{2-}$$

所以，液态 SO_2 是一种良好的非水溶剂。以液态 SO_2 作溶剂时，它既不放出质子，也不接受质子，这是它与水不同的地方。

在 SO_2 分子中，硫的氧化态为 +4，介于 −2 与 +6 之间，所以二氧化硫既有氧化性，又有还原性，且以还原性较为显著，只有遇到强还原剂时，才表现出氧化性。例如，在

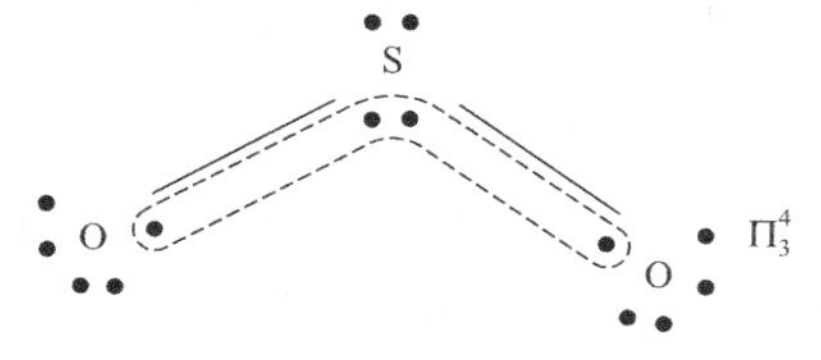

图 9-6 SO_2 的分子结构

500℃时，用铝矾土作催化剂，SO_2 作为氧化剂可被 CO 还原成硫：

$$SO_2 + 2CO \longrightarrow 2CO_2 + S$$

这是从烟道气中分离回收硫的一种方法。

二氧化硫主要用于生产硫酸和亚硫酸盐，也用做消毒剂和防腐剂，还可用做漂白剂等。

(2) 亚硫酸及其盐

二氧化硫溶于水，生成很不稳定的亚硫酸，存在下列电离平衡：

$$H_2SO_3 \rightleftharpoons H^+ + HSO_3^- \qquad K_{a1}^{\ominus} = 1.3 \times 10^{-2}$$

$$HSO_3^- \rightleftharpoons H^+ + SO_3^{2-} \qquad K_{a2}^{\ominus} = 6.1 \times 10^{-8}$$

亚硫酸只存在于水溶液中，H_2SO_3 作为一种纯物质尚未被分离出来。实验表明，SO_2 在水中主要是物理溶解，SO_2 分子与 H_2O 分子之间的作用是较弱的。因此有人认为，亚硫酸水溶液中，主要存在的是二氧化硫气体的水合物 $SO_2 \cdot xH_2O$。

亚硫酸既有氧化性，又有还原性，其有关电对的标准电极电势如下。

酸性介质：

$$H_2SO_3 + 4H^+ + 4e \rightleftharpoons S + 3H_2O \qquad E_A^{\ominus} = +0.449V$$

$$SO_4^{2-} + 4H^+ + 2e \rightleftharpoons H_2SO_3 + H_2O \qquad E_A^{\ominus} = +0.172V$$

碱性介质：

$$SO_4^{2-} + 4H^+ + 2e \rightleftharpoons SO_3^{2-} + 2OH^- \qquad E_B^{\ominus} = -0.93V$$

由标准电极电势的数值可知，亚硫酸是较强的还原剂，空气中的氧就可以将其氧化为 H_2SO_4。

$$2H_2SO_3 + O_2 \longrightarrow 2H_2SO_4$$

只有遇到更强的还原剂时，H_2SO_3 才表现出氧化性。例如：

$$H_2SO_3 + 2H_2S \longrightarrow 3S + 3H_2O$$

亚硫酸可形成两种类型的盐，酸式盐和正盐。酸式盐均溶于水，正盐除碱金属盐外，都不溶于水。在含有不溶性正盐的溶液中通入 SO_2 可使其转变为可溶性的酸式盐。例如：

$$CaSO_3 + SO_2 + H_2O \longrightarrow Ca(HSO_3)_2$$

亚硫酸盐比亚硫酸具有更强的还原性，在空气中易被氧化为硫酸盐，因此，亚硫酸盐常被用做还原剂。例如，在染织工业上，亚硫酸钠常用做去氯剂：

$$Na_2SO_3 + Cl_2 + H_2O \longrightarrow Na_2SO_4 + 2HCl$$

亚硫酸盐或亚硫酸氢盐与强酸反应发生分解，放出二氧化硫，因为酸对 H_2SO_3 的电离平衡产生了影响：

$$2H^+ + SO_3^{2-} \rightleftharpoons H_2O + SO_2$$

$$HSO_3^- + H^+ \rightleftharpoons H_2O + SO_2$$

这也是实验室制取 SO_2 的方法。

(3) 三氧化硫

虽然 S (Ⅳ) 的化合物都具有还原性，但要使 SO_2 氧化为 SO_3 却比氧化亚硫酸和亚硫酸盐慢得多。当有催化剂存在并加热时，能加速 SO_2 的氧化反应：

$$2SO_2(g) + O_2(g) \xrightarrow[400℃]{V_2O_5} 2SO_3(g) \qquad \Delta_r H_m^{\ominus} = -198kJ \cdot mol^{-1}$$

气态 SO_3 为单分子，其分子构型呈平面三角形，如图 9-7 所示。在 SO_3 分子中，∠OSO 键角为 120°，d(S—O) 键长为 143pm，比 S—O 单键的键长 (155pm) 短，所以具有双键的特征。SO_3 为非极性分子。

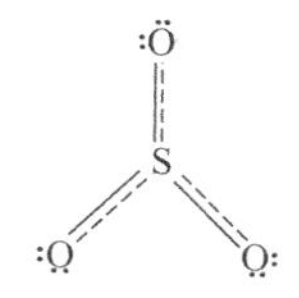

图 9-7　SO_3 的分子结构

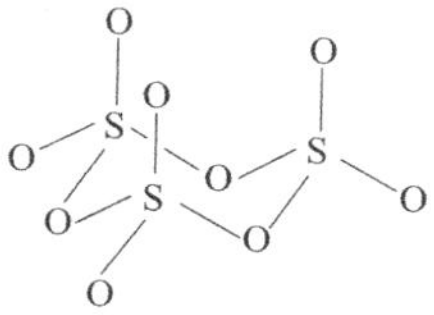

图 9-8　固体 SO_3 的三聚体结构

纯三氧化硫是一种无色、易挥发的固体，熔点 16.8℃，沸点 44.5℃。固态 SO_3 有多种晶型，其中一种为冰状结构的三聚体 $(SO_3)_3$ 分子，如图 9-8 所示。

三氧化硫具有强烈的氧化性。例如，它可以使单质磷燃烧：

$$10SO_3+4P \longrightarrow P_4O_{10}+10SO_2$$

三氧化硫极易与水化合生成硫酸，同时释放出大量的热：

$$SO_3+H_2O \longrightarrow H_2SO_4 \qquad \Delta_r H_m^{\ominus}=-132kJ \cdot mol^{-1}$$

SO_3 在潮湿的空气中挥发呈雾状物，实际是细小的硫酸液滴。

(4) 硫酸及其盐

硫酸是最重要的基础化工产品之一。目前我国主要是用接触法生产硫酸。其主要反应过程如下：

$$S 或 FeS_2 \xrightarrow[燃烧]{O_2} SO_2 \xrightarrow[V_2O_5]{O_2} SO_3 \xrightarrow[吸收]{H_2O} H_2SO_4$$

从完成化学反应的观点来看，用水吸收 SO_3 即生成硫酸。但实际工业生产上是用浓硫酸吸收。这是因为用水吸收 SO_3 时，反应放出大量的热，会使水汽化。水蒸气与 SO_3 化合成为硫酸酸雾，酸雾难以再被水吸收，它会随尾气排放，不仅使产率降低，还会造成环境污染。很明显，用浓硫酸吸收时，硫酸越浓，含水越少，水汽就越少，则酸雾也就越少。目前常采用质量分数为 98% 的浓硫酸作为 SO_3 的吸收剂。

硫酸 (H_2SO_4) 的分子结构如图 9-9 所示。H_2SO_4 分子中，各键角和键长不完全相等，见图 9-9(a)。其成键过程示意如下。

首先，中心硫原子的 3s、3p 轨道上的成对电子，激发成 6 个未成对电子：

然后进行 sp^3 杂化，4 条 sp^3 杂化轨道与 4 个氧原子形成 4 个 σ 键，其中 2 个氧原子再与 2 个氢原子形成 2 个 σ 键，另外 2 个氧原子与硫原子的 2 个 3d 电子形成 2 个 (p-d) π 键。

所以，S═O 双键是由 1 个 σ 键和 1 个 (p-d) π 键构成的。H_2SO_4 的结构式也可表示为图 9-9(b) 中的形式。

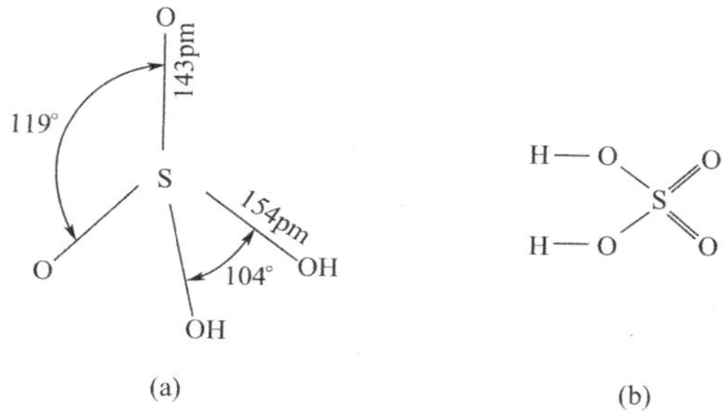

(a)　　(b)

图 9-9　H_2SO_4 的分子结构

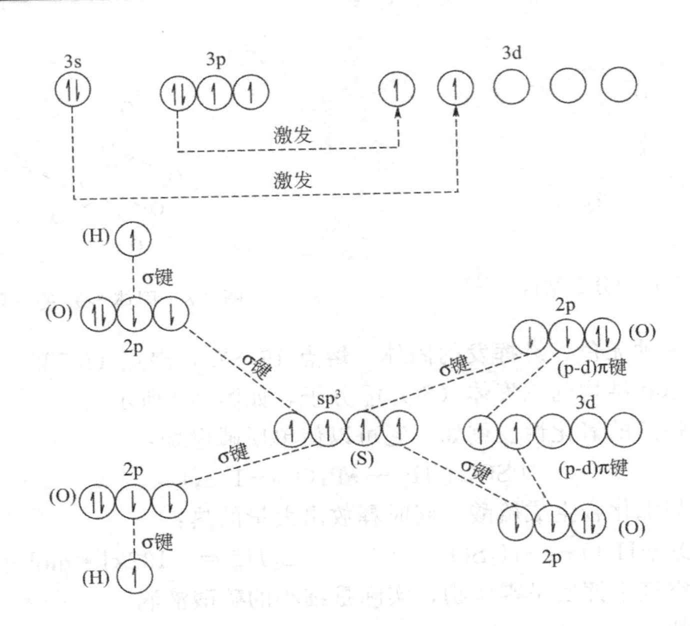

(p-d) π 键的形成如图 9-10 所示。同样需要符合共价键的成键三原则，在对称性匹配的情形下，p 轨道和 d 轨道要达到最大的有效重叠，其能量必须相近，即两原子的半径需相近，因此，与 S 原子同周期的 P 原子、Cl 原子也能跟 O 原子形成 (p-d) π 键。

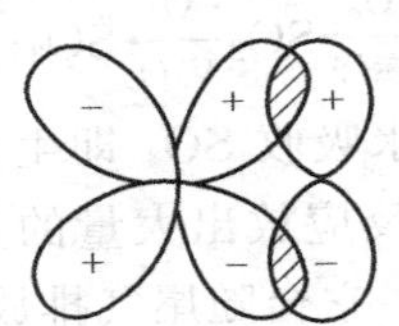

图 9-10 (p-d) π 键的形成

纯硫酸是一种无色油状的液体，熔点 10.4℃。市售的浓度为 98% 的浓硫酸，其沸点为 338℃，密度为 $1.84g \cdot cm^{-3}$，浓度约为 $18mol \cdot L^{-1}$。因为硫酸分子间形成氢键，所以硫酸的沸点很高，利用此性质，将其与某些挥发性酸的盐共热，可以将挥发性酸置换出来。例如：

$$NaNO_3(s) + H_2SO_4 \longrightarrow NaHSO_4 + HNO_3\uparrow$$

$$NaCl(s) + H_2SO_4 \longrightarrow NaHSO_4 + HCl\uparrow$$

硫酸的化学性质，最突出的有以下几方面。

① 强酸性 硫酸是二元酸中酸性最强的，它的第一步电离可以认为是完全的，但第二步电离并不完全：

$$H_2SO_4 \longrightarrow H^+ + HSO_4^-$$

$$HSO_4^- \rightleftharpoons H^+ + SO_4^{2-} \qquad K_2^\ominus = 1.0\times10^{-2}$$

② 热稳定性 在含氧酸中，硫酸是比较稳定的，一般温度下并不分解，但在沸点以上的高温下，也可分解为三氧化硫和水。

③ 吸水性 硫酸是 SO_3 的水合物，除了硫酸 H_2SO_4 ($SO_3 \cdot H_2O$) 和焦硫酸 $H_2S_2O_7$ ($2SO_3 \cdot H_2O$) 外，SO_3 和 H_2O 还生成一系列的其他水合物：

$$H_2SO_4 \cdot H_2O \qquad (SO_3 \cdot 2H_2O)$$

$$H_2SO_4 \cdot 2H_2O \qquad (SO_3 \cdot 3H_2O)$$

$$H_2SO_4 \cdot 4H_2O \qquad (SO_3 \cdot 5H_2O)$$

这些水合物很稳定，因此浓硫酸有很强的吸水性。当它与水混合时，由于形成各种水合物而释放出大量的热，可使水局部沸腾而迸溅，所以，稀释硫酸时需非常小心。应将浓硫酸在搅拌下慢慢倒入水中，切不可将水倒入浓硫酸中。

利用浓硫酸的强吸水性，可以干燥不与硫酸起反应的各种气体，如氢气、氯气和二氧化碳等。所以浓硫酸也是实验室常用的干燥剂之一。浓硫酸不仅可以吸收气体中的水分，而且还能从一些有机化合物中按水的组成比，把氢原子和氧原子夺取出来，使有机物炭化。

$$C_mH_{2n}O_n \xrightarrow{H_2SO_4} mC + H_2SO_4 \cdot nH_2O$$

因此，浓硫酸有强的腐蚀作用，使用时必须注意安全。

④ 氧化性　稀硫酸的氧化性是由 H^+ 的氧化作用所引起的，所以只能与电化序在氢以前的金属如 Zn、Mg、Fe 等反应而放出 H_2。浓硫酸的氧化性是由 H_2SO_4 中处于最高氧化态的 S（Ⅵ）所产生的。热的浓硫酸其氧化性更为显著，几乎能氧化所有的金属。一些非金属如 C、S 等也可被它氧化。硫酸的还原产物一般为 SO_2，例如：

$$Cu + 2H_2SO_4(浓) \longrightarrow CuSO_4 + SO_2 + 2H_2O$$

$$C + 2H_2SO_4(浓) \longrightarrow CO_2 + 2SO_2 + 2H_2O$$

如果金属比较活泼，则其还原产物可以是 S 甚至是 H_2S，视反应条件（如温度、固体的粒度等）而定，例如：

$$Zn + 2H_2SO_4(浓) \longrightarrow ZnSO_4 + SO_2 + 2H_2O$$

$$3Zn + 4H_2SO_4 \longrightarrow 3ZnSO_4 + S + 4H_2O$$

$$4Zn + 5H_2SO_4 \longrightarrow 4ZnSO_4 + H_2S + 4H_2O$$

浓硫酸与金属反应并无氢气放出，一般所说浓硫酸具有氧化性，是指成酸元素硫的氧化性。

硫酸是一种重要的基本化工原料，大量用于化肥、化纤、医药、农药以及石油、冶金、国防等各个工业部门。

硫酸是二元酸，所以有两种类型的盐，酸式盐和正盐。用 X 射线衍射法对硫酸晶体及各种硫酸盐晶体结构的研究表明，SO_4^{2-} 具有正四面体型结构，如图 9-11 所示。仅最活泼的碱金属元素（Na、K）能形成稳定的固态酸式硫酸盐。酸式硫酸盐大多易溶于水。正盐中除 $CaSO_4$、$SrSO_4$、$BaSO_4$、$PbSO_4$ 等不溶于水外，其余都易溶于水。大多数硫酸盐结晶时，常含有结晶水，例如 $CuSO_4 \cdot 5H_2O$、$FeSO_4 \cdot 7H_2O$ 等。这些结晶水在结构上并不完全相同，例如上述硫酸盐的结构简式可分别表示为 $[Cu(H_2O)_4][SO_4(H_2O)]$ 和 $[Fe(H_2O)_6][SO_4(H_2O)]$。水合金属离子中的水是配位体，水合负离子中的水通过氢键与 SO_4^{2-} 中的氧原子相联结：

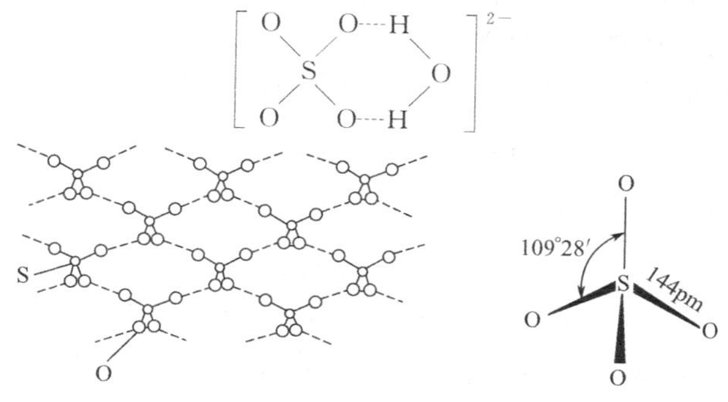

图 9-11　硫酸的晶体结构和硫氧四面体

另外，容易形成复盐是硫酸盐的又一特性。组成符合通式 $M(I)_2SO_4 \cdot M(III)_2(SO_4)_3 \cdot 24H_2O$的复盐，常称为矾，例如：$K_2SO_4 \cdot Al_2(SO_4)_3 \cdot 24H_2O$（明矾）、$K_2SO_4 \cdot Cr_2(SO_4)_3 \cdot 24H_2O$（铬矾）等。有时，一些过渡金属的硫酸盐也被俗称为矾，例如：$CuSO_4 \cdot 5H_2O$（胆矾或蓝矾）、$FeSO_4 \cdot 7H_2O$（绿矾）。

由于硫酸根难以被极化而变形，故硫酸盐均为离子晶体。硫酸盐的热稳定性及分解方式与金属阳离子的极化作用有关。活泼金属的硫酸盐对热是稳定的，例如：Na_2SO_4、K_2SO_4、$BaSO_4$ 等在1000℃时也不分解。这是由于上述盐的阳离子是低电荷、8 电子构型的，它们的极化作用较小。但一些较不活泼金属的硫酸盐如 $CuSO_4$、$PbSO_4$ 等，它们的阳离子是高电荷的、18 电子构型或 9～17 不饱和电子构型，在高温下，晶格中离子的热振动加强，强化了离子之间的相互极化，阳离子起着向阴离子争夺氧离子的作用。因而，这些金属的硫酸盐在高温下会分解成金属氧化物和三氧化硫。例如：

$$CuSO_4 \xrightarrow{\triangle} CuO + SO_3$$

如果金属离子有更强的极化作用，其氧化物可进一步分解成金属单质，例如：

$$Ag_2SO_4 \xrightarrow{\triangle} Ag_2O + SO_3$$

$$2Ag_2O \xrightarrow{\triangle} 4Ag + O_2$$

（5）硫的其他含氧酸及其盐

硫的含氧酸数量多且较稳定。根据结构的类似性，可将硫的含氧酸划分为 4 个系列（表 9-5），即亚硫酸系列、硫酸系列、连硫酸系列和过硫酸系列。

硫的含氧酸及盐中，除了已讨论过的亚硫酸、硫酸及其盐以外，比较重要的还有以下几种。

① 焦硫酸及其盐　在浓硫酸中溶解了过多的 SO_3 时，得到发烟硫酸，它的组成可以表示为 $H_2SO_4 \cdot xSO_3$。发烟硫酸暴露在空气中，挥发出来的 SO_3 与空气中的水形成酸雾而发烟。当 $x=1$，即等物质的量的 H_2SO_4 和 SO_3 化合时，就得到焦硫酸 $H_2S_2O_7$。它是一种无色的晶状固体，熔点 35℃。焦硫酸也可以看做是由两分子硫酸之间脱去一分子水所得的产物：

$$\mathrm{H{-}O{-}\overset{\overset{\displaystyle O}{\|}}{\underset{\underset{\displaystyle O}{\|}}{S}}{-}O{-}\boxed{H\ H{-}O}{-}\overset{\overset{\displaystyle O}{\|}}{\underset{\underset{\displaystyle O}{\|}}{S}}{-}O{-}H \longrightarrow H{-}O{-}\overset{\overset{\displaystyle O}{\|}}{\underset{\underset{\displaystyle O}{\|}}{S}}{-}O{-}\overset{\overset{\displaystyle O}{\|}}{\underset{\underset{\displaystyle O}{\|}}{S}}{-}O{-}H + H_2O}$$

焦硫酸与水反应又生成硫酸：

$$H_2S_2O_7 + H_2O \longrightarrow 2H_2SO_4$$

焦硫酸比硫酸具有更强的氧化性、吸水性和腐蚀性。它还是良好的磺化剂，工业上用于制造染料、炸药和其他有机磺酸化合物。

酸式硫酸盐受热到熔点以上时，首先脱水转变为焦硫酸盐：

$$2KHSO_4 \xrightarrow{\triangle} K_2S_2O_7 + H_2O$$

进一步加热，则再脱去 SO_3，生成硫酸盐：

$$K_2S_2O_7 \xrightarrow{\triangle} K_2SO_4 + SO_3$$

SO_3 是酸性氧化物，利用此性质，将某些既不溶于水又不溶于酸的金属氧化物矿物（如 Al_2O_3、Cr_2O_3、TiO_2 等）与 $K_2S_2O_7$ 或 $KHSO_4$ 共熔，可使矿物转变成可溶性硫酸盐，例如：

$$Al_2O_3 + 3K_2S_2O_7 \xrightarrow{\triangle} Al_2(SO_4)_3 + 3K_2SO_4$$

表 9-5　硫的重要含氧酸

分类	名　称	化学式	硫的平均氧化态	结构式	存在形式
亚硫酸系列	亚硫酸	H_2SO_3	+4	O ‖ HO—S—OH	盐
	连二亚硫酸	$H_2S_2O_4$	+3	O　O ‖　‖ HO—S—S—OH	盐
硫酸系列	硫酸	H_2SO_4	+6	O ‖ HO—S—OH ‖ O	酸,盐
	硫代硫酸	$H_2S_2O_3$	+2	O ‖ HO—S—OH ‖ S	盐
	焦硫酸	$H_2S_2O_7$	+6	O　　O ‖　　‖ HO—S—O—S—OH ‖　　‖ O　　O	酸,盐
连硫酸系列	连四硫酸	$H_2S_4O_6$	+2.5	O　　　　O ‖　　　　‖ HO—S—S—S—S—OH ‖　　　　‖ O　　　　O	盐
	连多硫酸	$H_2S_xO_6$ (x=3～6)		O　　　　O ‖　　　　‖ HO—S—$(S)_{x-2}$—S—OH ‖　　　　‖ O　　　　O	盐
过硫酸系列	过一硫酸	H_2SO_5	+6	O ‖ HO—S—O—O—H ‖ O	酸,盐
	过二硫酸	$H_2S_2O_8$	+6	O　　　　O ‖　　　　‖ HO—S—O—O—S—OH ‖　　　　‖ O　　　　O	酸,盐

这是分析化学中处理难溶样品的一种重要方法（酸熔法）。

② 硫代硫酸及其盐　凡含氧酸分子中的氧原子为硫原子所取代而得的酸称为硫代某酸，其对应的盐称为硫代某酸盐。硫代硫酸 $H_2S_2O_3$ 可以看做是 H_2SO_4 分子中一个氧原子被硫原子取代得到的产物，其结构可表示为：

```
        O
        ‖
H—O—S—O—H
        ‖
        S
```

硫代硫酸极不稳定，实际上自由的硫代硫酸是不存在的。

$Na_2S_2O_3 \cdot 5H_2O$ 是最重要的硫代硫酸盐，俗称大苏打或海波。硫代硫酸钠是无色透明的晶体，易溶于水，溶液呈弱碱性。亚硫酸钠溶液在沸腾温度下能和硫粉化合生成硫代硫酸钠：

$$Na_2SO_3 + S \longrightarrow Na_2S_2O_3$$

硫代硫酸钠的稳定性与外界条件有很大关系，细菌，溶于水中的 CO_2、O_2 等都会使它分解，在中性或碱性溶液中很稳定，在酸性溶液中因为生成的硫代硫酸不稳定而分解为 S、SO_2 和 H_2O：

$$S_2O_3^{2-} + 2H^+ \longrightarrow S + SO_2 + H_2O$$

硫代硫酸钠具有显著的还原性，它是一个中强还原剂，与强氧化剂作用时，被氧化为硫酸钠：

$$Na_2S_2O_3 + 4Cl_2 + 5H_2O \longrightarrow Na_2SO_4 + H_2SO_4 + 8HCl$$

因此，在纺织和造纸工业中用 $Na_2S_2O_3$ 作除氯剂。当它与较弱的氧化剂作用时，被氧化为连四硫酸钠：

$$2Na_2S_2O_3 + I_2 \longrightarrow Na_2S_4O_6 + 2NaI$$

分析化学中的“碘量法”就是利用这一反应来定量测定碘的。

硫代硫酸钠的另一个重要性质是它的配位性，$S_2O_3^{2-}$ 具有很强的配位能力，可与某些金属离子形成稳定的配离子。例如，不溶于水的 AgBr 可以溶解在 $Na_2S_2O_3$ 溶液中：

$$AgBr + 2Na_2S_2O_3 \longrightarrow Na_3[Ag(S_2O_3)_2] + NaBr$$

硫代硫酸钠用做照相业的定影剂，就是利用此反应以溶去底片上未曝光的溴化银。

重金属的硫代硫酸盐难溶且不稳定。例如，Ag^+ 与 $S_2O_3^{2-}$ 生成白色沉淀 $Ag_2S_2O_3$，在溶液中 $Ag_2S_2O_3$ 迅速分解，由白色经黄色、棕色，最后生成黑色的 Ag_2S，用此反应可鉴定 $S_2O_3^{2-}$：

$$2Ag^+ + S_2O_3^{2-} \longrightarrow Ag_2S_2O_3 \downarrow$$

$$Ag_2S_2O_3 + H_2O \longrightarrow Ag_2S \downarrow + H_2SO_4$$

③ 过硫酸及其盐　凡含氧酸的分子中含有过氧键者，称为过某酸。硫酸分子中含有过氧键就称为过硫酸。过硫酸也可看做过氧化氢（H—O—O—H）分子中的氢原子被磺酸基（—SO_3H）所取代的产物。

单取代物：H—O—O—SO_3H 即 H_2SO_4，称为过一硫酸。

```
H—O—O     O
     \   //
       S
     /   \\
   HO     O
```

双取代物：HO_3S—O—O—SO_3H 即 $H_2S_2O_8$，称为过二硫酸。

```
O    O——O    O
 \\  /     \  //
   S        S
 //  \     /  \\
O    OH  HO    O
```

工业上用电解冷硫酸溶液的方法制备过二硫酸，电极反应如下：

阳极　　$2HSO_4^- \longrightarrow H_2S_2O_8 + 2e$

阴极　　$2H^+ + 2e \longrightarrow H_2$

过二硫酸是无色晶体，熔点 65℃。与浓硫酸一样，过硫酸也有强的吸水性，并可以使有机物炭化。

$K_2S_2O_8$ 和 $(NH_4)_2S_2O_8$ 是重要的过二硫酸盐，它们都是很强的氧化剂：

$$S_2O_8^{2-}+2e \rightleftharpoons 2SO_4^{2-} \qquad E_A^{\ominus}=+2.123V$$

过二硫酸盐在 Ag^+ 作催化剂的条件下，能将 Mn^{2+} 氧化为紫红色的 MnO_4^-：

$$2Mn^{2+}+5S_2O_8^{2-}+8H_2O \xrightarrow{Ag^+} 2MnO_4^-+10SO_4^{2-}+16H^+$$

此反应在钢铁分析中用于锰含量的测定。过硫酸及其盐的氧化性实际上是由过氧键所引起的，它们作为氧化剂参与氧化-还原反应时，过氧键断裂，这两个氧原子的氧化态发生变化，而硫的氧化态没有变化。

过硫酸及其盐的稳定性较差，受热时容易分解，实际上固体过二硫酸盐也常因分解而逐渐失去氧化性：

$$2K_2S_2O_8 \xrightarrow{\triangle} 2K_2SO_4+2SO_3+O_2$$

④ 连二亚硫酸及其盐　凡含氧酸分子中的成酸原子不止一个且直接相连者，称为“连某酸”，并按连接的成酸原子的数目，称为“连几某酸”。所以，连二亚硫酸 $H_2S_2O_4$ 的结构可表示为：

$$\begin{array}{c} \quad\ \ O \quad O \\ \quad\ \ \| \quad\ \| \\ H—O—S—S—O—H \end{array}$$

连二亚硫酸很不稳定，遇水立即分解为硫代硫酸和亚硫酸：

$$2H_2S_2O_4+H_2O \longrightarrow H_2S_2O_3+2H_2SO_3$$

硫代硫酸又分解为硫和亚硫酸：

$$H_2S_2O_3 \longrightarrow S+H_2SO_3$$

连二亚硫酸盐比连二亚硫酸稳定。$Na_2S_2O_4 \cdot 2H_2O$ 是重要的连二亚硫酸盐，为白色粉末状固体，俗称保险粉。在无氧条件下，用锌粉还原亚硫酸氢钠即可制得连二亚硫酸钠：

$$2NaHSO_3+Zn \longrightarrow Na_2S_2O_4+Zn(OH)_2$$

$Na_2S_2O_4$ 能溶于冷水，但水溶液很不稳定，易分解：

$$2S_2O_4^{2-}+H_2O \longrightarrow S_2O_3^{2-}+2HSO_3^-$$

$Na_2S_2O_4$ 受热时，也发生分解：

$$2Na_2S_2O_4 \xrightarrow{\triangle} Na_2S_2O_3+Na_2SO_3+SO_2$$

连二亚硫酸钠是一种很强的还原剂：

$$2SO_3^{2-}+2H_2O+2e \rightleftharpoons S_2O_4^{2-}+4OH^- \qquad E_B^{\ominus}=-1.12V$$

它能将硝基化合物还原为胺，能将 I_2、IO_3^-、H_2O_2、Cu^{2+}、Ag^+、Hg^{2+} 等物质还原。许多不溶于水的有机染料，用保险粉还原后转变为可溶于水。连二亚硫酸钠易被空气中的氧氧化：

$$2Na_2S_2O_4+O_2+2H_2O \longrightarrow 4NaHSO_3$$

$$Na_2S_2O_4+O_2+H_2O \longrightarrow NaHSO_3+NaHSO_4$$

因此，在气体分析中用于分析氧气。

连二亚硫酸钠除了大量用于染料工业外，还广泛应用于食品、医药、化纤、造纸等工业中。

思考题

1. 氧与本族其他元素的性质有什么不同之处？

2. 比较 O_2 和 O_3 的结构和性质。大 π 键形成的条件是什么？

3. 根据 H_2O_2 的标准电极电势，讨论它在酸性和碱性溶液中的氧化性和还原性。举例说明。

4. O—O 之间容易形成（p-p）π 键，而 S—S 之间则难以形成（p-p）π 键，为什么？

5. 为什么氧族元素的氧化态会出现＋2、＋4、＋6 的偶数？

6. 简述硫加热时，随温度升高观察到的现象，并解释之。

7. 为什么不能较长时间保存 Na_2S 溶液？长期放置的 Na_2S 溶液为什么颜色会变深？

8. 金属硫化物为什么大多难溶于水？按其在水和酸中的溶解情况，金属硫化物可分为哪几类？

9. 讨论硫酸的分子结构，并指出分子中存在哪几种化学键。

10. SO_3、H_2SO_4、发烟硫酸之间有什么关系？浓硫酸为什么是黏稠的液体？

习 题

1. 试用分子轨道理论，讨论下列分子或离子中 O—O 之间键的强度顺序，并指出各物质的磁性（顺磁性或反磁性）。

$$O_2 \qquad O_2^{2-} \qquad O_2^- \qquad O_2^+ \qquad O_2^{2+}$$

2. 解释下列事实：

① 不能用硝酸或硫酸与 FeS 作用制备 H_2S。

② 通 H_2S 于 $Al_2(SO_4)_3$ 溶液中，得不到 Al_2S_3 沉淀。

③ 实验室中不能长久保存 H_2S、Na_2S 和 Na_2SO_3 溶液。

3. 试从标准电极电势说明下列反应进行的可能性。如能进行，则写出反应式。

① 通 H_2S 于 Br_2 水。

② 通 SO_2 于 I_2 水。

③ 通 O_2 于 H_2S 水溶液。

4. 100kPa，25℃时，1 体积的水可溶解 2.6 体积的 H_2S 气体，试求此条件下 H_2S 饱和水溶液的浓度。

5. 用一简便方法，区分下列五种固体，并写出反应式：

$$Na_2S \qquad Na_2S_x \qquad Na_2SO_3 \qquad Na_2S_2O_3 \qquad Na_2SO_4$$

6. $AgNO_3$ 溶液中加入少量 $Na_2S_2O_3$ 与 $Na_2S_2O_3$ 溶液中加入少量 $AgNO_3$，两者反应有何不同？写出反应式。

7. 某物质的水溶液既有氧化性，又有还原性：

① 在此溶液中加入碱时生成盐。

② 将①所得的溶液酸化，加入适量的 $KMnO_4$ 溶液，可使 $KMnO_4$ 褪色。

③ 在②所得的溶液中加入 $BaCl_2$ 溶液，得到白色沉淀。

试根据上述实验现象，判断是什么物质的水溶液。

8. 一种无色透明的盐 A 溶于水后加入稀盐酸，有刺激性气体 B 产生，同时有淡黄色沉淀 C 析出。气体 B 可使 $KMnO_4$ 溶液褪色。若通 Cl_2 于 A 溶液中，得溶液 D，在溶液 D 中加入 $BaCl_2$ 溶液，产生不溶于酸的白色沉淀 E。试判断 A、B、C、D、E 各为什么物质？写出有关反应式。

9. 通过计算说明 0.10mol MnS 能否溶于 1L 0.10 mol·L^{-1} 的 HAc 中？已知：$K_{sp}^{\ominus}(MnS)=2.5\times10^{-10}$；$K_a^{\ominus}(HAc)=1.76\times10^{-5}$；$K_{a1}^{\ominus}(H_2S)=9.1\times10^{-8}$；$K_{a2}^{\ominus}(H_2S)=1.1\times10^{-12}$

10. 完成并配平下列反应式：

① $O_3+KI+H_2SO_4 \longrightarrow$

② $H_2O_2+KI+H_2SO_4 \longrightarrow$

③ $H_2O_2 + KMnO_4 + H_2SO_4 \longrightarrow$

④ $H_2S + H_2O_2 \longrightarrow$

⑤ $Cu + H_2SO_4$（浓）$\longrightarrow$

⑥ $Na_2S_2O_3 + I_2 \longrightarrow$

⑦ $Na_2S_2O_3 + Cl_2 + H_2O \longrightarrow$

⑧ $H_2S + H_2SO_3 \longrightarrow$

⑨ $S + I_2 \longrightarrow$

⑩ $Al_2O_3 + K_2S_2O_7 \xrightarrow{\text{共熔}}$

第10章 氮族元素

10.1 氮族元素通性

氮族元素位于周期系中第15（ⅤA）族，它包括氮（N）、磷（P）、砷（As）、锑（Sb）和铋（Bi）五种元素。本族元素随原子序数的增加，非金属性减弱，金属性增强的性质最为突出。氮和磷是典型的非金属元素，硒和锑具有准金属性质，铋是典型的金属元素。氮族元素及其单质的一些基本性质列于表10-1。

氮族元素的价电子层结构为 ns^2np^3，即价电子层上有5个价电子。它们和电负性较大的元素结合时，氧化态主要为+3和+5。氮族元素自上而下元素氧化态为+3的物质稳定性增加，而氧化态为+5的物质稳定性降低。这种同族元素的 ns^2 电子对越来越稳定的现象，称为"惰性电子对效应"。氮的原子半径小，价层只有2s、2p轨道，氮只能生成三卤化物而无五卤化物，这是氮与本族其他元素的不同之处。氮与氧结合时形成多种形式的大π键，它的5个价电子可以全部参与成键，所以氮有氧化态+5的含氧化合物。

本族元素原子基态时p轨道为半充满，和周期系中前后的元素相比有相对较高的电离能。因此，形成共价化合物是本族元素的特征。虽然氮和磷可与一些活泼金属形成氧化态为−3的离子型化合物（如 Mg_3N_2、Ca_3P_2 等），但在水溶液中由于水解而不会存在 N^{3-} 和 P^{3-} 的离子。本族元素形成−3氧化态的趋势从N→Bi减弱，铋甚至不能形成−3氧化态的

表10-1 氮族元素及其单质的一些性质

元素	氮(N)	磷(P)	砷(As)	锑(Sb)	铋(Bi)
原子序数	7	15	33	51	83
价电子层结构	$2s^22p^3$	$3s^23p^3$	$4s^24p^3$	$5s^25p^3$	$6s^26p^3$
共价半径/pm	70	110	121	141	155
M^{3-}半径/pm	171	212	222	245	213
M^{5+}半径/pm	11	34	47	62	74
第一电离能/kJ·mol^{-1}	1402	1012	947	834	703
第一电子亲和能/kJ·mol^{-1}	0	74	77	101	101
电负性	3.0	2.1	2.0	1.9	1.9
氧化态	−3,+1,+2 +3,+4,+5	−3,+3,+5	−3,+3,+5	+3,+5	+3,+5
熔点/℃	−210	44.2(白磷)	升华	631	271.4
沸点/℃	−195	431(红磷)	603(升华)	1587	1564
常温下物态和颜色	无色气体	白色、红色或黑色固体	灰色固体	银色固体	银色固体

稳定化合物。例如，氢化物中 NH_3 是稳定的，而铋化氢在室温下就自发地分解了。

10.2 氮及其化合物

10.2.1 氮气及其特殊稳定性

（1）氮气

氮气是无色、无味、无臭的气体，它是空气的主要成分，体积分数约为 0.78。因而工业上由液态空气分馏来获取氮气产品，它通常贮存在钢瓶中运输和使用。从空气分馏得到的氮气纯度约为 99%，其中含少量的氧气、氩气及水杂质。

实验室制备少量氮气的方法很多。例如，可由固体亚硝酸铵的热分解来产生氮气。

$$NH_4NO_2 \xrightarrow{\triangle} N_2\uparrow + 2H_2O$$

此反应剧烈，不易控制。故常采取在饱和亚硝酸钠溶液中，滴加热的饱和氯化铵溶液，或直接加热饱和亚硝酸铵溶液的方法来得到氮气。

$$NH_4Cl + NaNO_2 \xrightarrow{\triangle} NH_4NO_2 + NaCl$$

$$NH_4NO_2 \xrightarrow{\triangle} N_2\uparrow + 2H_2O$$

重铬酸铵热分解也能产生氮气：

$$(NH_4)_2Cr_2O_7 \xrightarrow{\triangle} N_2\uparrow + Cr_2O_3 + 4H_2O$$

上述反应是爆发式的，但若加入硫酸盐则可得到控制。

常温常压下，氮气的化学性质很不活泼，不易起反应，因此氮气常用于隔离周围空气，保护那些暴露于空气中易被氧化的物质和挥发性易燃液体。有些化学反应也常需要在氮气的保护下才能顺利进行。N_2 分子很稳定，如何使空气中的氮气转化为氮的化合物（固氮）是当今化学研究的热门课题。固氮的关键在于削弱 N_2 分子中的化学键，使 N_2 分子活化，从而提高氮的转化率。目前国内外都在大力开展“化学模拟生物固氮”的研究（参见 17.4.3）。N_2 的重要物理常数见表 10-2。

（2）N_2 分子的结构

N_2 的特殊稳定性，是由它的分子结构所决定的。N_2 的分子轨道能级图如图 10-1 所示。

N_2 的分子轨道式为：

$$[KK(\sigma_{2s})^2(\sigma_{2s}^*)^2(\pi_{2py})^2(\pi_{2pz})^2(\sigma_{2px})^2]$$

表 10-2 N_2 的重要物理数据

性 质	温度/K	数 值	性 质	温度/K	数 值
转变温度（α-立方到β-立方）/℃	35.61	−237.55	离解能/kJ·mol^{-1}		941.8
熔点/℃	63.14	−210.01	固体密度/g·cm^{-3}		
沸点/℃	77.36	−195.79	α-型	20.6	1.0265
临界温度/℃	126.2	−146.95	β-型	63	0.8792
临界压力/MPa		3.40	液体密度/g·cm^{-3}	76.21	0.8163
转变热（α→β）/J·mol^{-1}	35.61	228.9	气体密度/g·cm^{-3}	273.1/101.3kPa	1.25046
熔化热/J·mol^{-1}	63.14	720	液体介电常数	78.5	1.455
蒸发热/kJ·mol^{-1}	77.36	5.586	液体黏度/Pa·s	64	2.1×10^{6}
$C_p^{\ominus}$（热熔）/J·K^{-1}·mol^{-1}	298	29.12	液体表面张力/N·cm^{-1}	70	4.624×10^{-5}

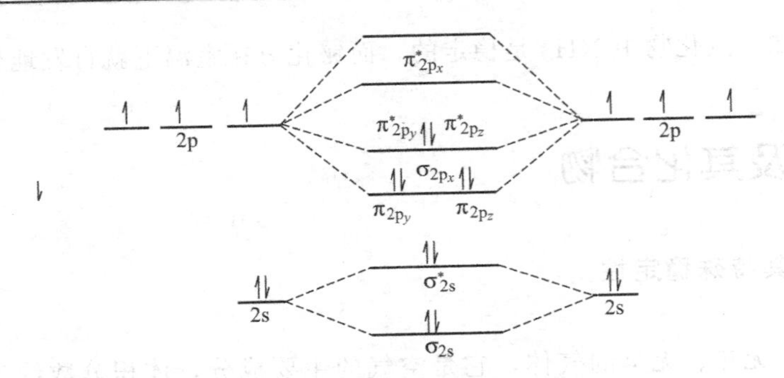

图 10-1　N_2 的分子轨道能级图

分子中含有 1 个 σ 键和 2 个 π 键，其结构式为：∶N≡N∶。

N_2 分子中无未成对电子，因此氮气是反磁性物质。光电子能谱实验已证实 N_2 分子中 π 轨道的能量低于 σ 键，这与 C≡C 三键是不同的。表 10-3 列出了 N_2 和 C_2H_2（乙炔）的键能数据。

表 10-3　N—N 键和 C—C 键的键能/kJ・mol⁻¹

N≡N	N═N	N—N	C≡C	C═C	C—C
946	418	160	813	598	356
$\Delta_1=528$	$\Delta_2=258$		$\Delta_1=215$		$\Delta_2=242$

从表 10-3 可知：N_2 分子的总键能（$946kJ \cdot mol^{-1}$）很高，π 键又比 σ 键稳定，断开第一个键所需的能量（$528kJ \cdot mol^{-1}$）较大，这就是 N_2 分子非常稳定，在通常情况下难以参加化学反应的主要原因。

室温下，氮气仅能与金属锂反应，生成氮化锂。提高温度，特别是在催化剂的作用下，氮的活泼性增加。例如：

$$N_2 + 3H_2 \longrightarrow 2NH_3$$

$$N_2 + O_2 \longrightarrow 2NO$$

$$N_2 + 3Mg \longrightarrow Mg_3N_2$$

10.2.2　氨和铵盐

（1）氨

在氨分子中，N 是以 4 个 sp^3 杂化轨道中的 3 个轨道与 3 个 H 原子成键，另一个轨道为未键合的孤电子对所占有，氨分子呈三角锥型［见图 2-11(a)］。这样的结构使它具有很强的极性，偶极矩 $\mu(NH_3)=4.9\times10^{-30}C \cdot m$。氨极易溶于水，室温下 1 体积水可溶解 700 体积的 NH_3。

氨为无色有刺激性气味的气体。因 NH_3 分子间存在有氢键，所以它的熔、沸点均高于本族其他元素的氢化物。氨易在常温下加压液化，且汽化热较高（$23.32kJ \cdot mol^{-1}$），故常用做制冷剂。

氨的化学性质相当活泼，它有以下四类反应。

① 配位（加合）反应　按照路易斯酸碱理论，氨分子中的 N 原子上有一对孤电子对，是路易斯碱，因此它能与许多过渡金属离子形成共价配键的氨化合物。如：$[Ag(NH_3)_2]^+$、$[Cu(NH_3)_4]^{2+}$、$[Zn(NH_3)_4]^{2+}$ 等，这样可使一些难溶于水的化合物溶解在氨水中，所以常用做配位剂。

氨还能与一些具有空轨道的路易斯酸发生加合反应，如：

$$BF_3 + :NH_3 \longrightarrow F_3B \leftarrow NH_3$$

$$H^+ + :NH_3 \longrightarrow NH_4^+$$

② 取代反应 NH_3 分子中的 H 原子可依次被其他原子或原子团取代，生成氨基（$H_2N—$）、亚氨基（$\overset{|}{\text{HN}}—$）和氮化物（$\overset{|}{\underset{|}{\text{N}}}—$）。如：

$$2Na + 2NH_3 \xrightarrow{300℃} 2NaNH_2 + H_2$$

氨基化钠

$$Ca + NH_3 \xrightarrow{\triangle} CaNH + H_2$$

亚氨基化钙

$$2Al + 2NH_3 \xrightarrow{\triangle} 2AlN + 3H_2$$

氮化铝

NH_3 分子中的一个氢原子被$—NH_2$ 基取代的衍生物称为联氨（N_2H_4），又称为肼。它的结构如图 10-2 所示。联氨中每个 N 原子以 sp^3 杂化轨道成键，由于孤电子对的排斥作用，两个孤电子对在外对位。

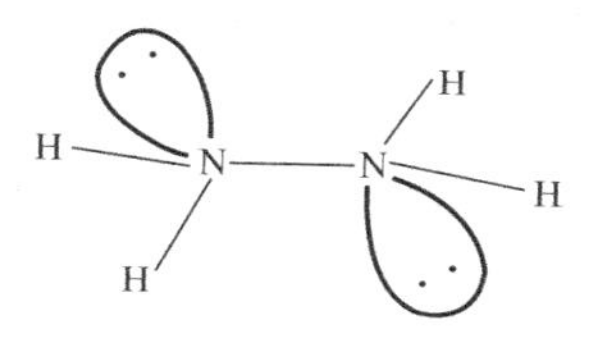

图 10-2 肼的分子结构

无水联氨在室温下为无色发烟液体，介电常数高，沸点 113.5℃，熔点 1.4℃。联氨为二元碱，碱性比氨弱：

$$N_2H_4(aq) + H_2O \rightleftharpoons N_2H_5^+ + OH^- \qquad K_{b1}^{\ominus} = 8.5 \times 10^{-7}$$

$$N_2H_5^+(aq) + H_2O \rightleftharpoons N_2H_6^+ + OH^- \qquad K_{b2}^{\ominus} = 8.9 \times 10^{-16}$$

联氨中 N 的氧化态为-2，所以联氨既有氧化性又有还原性，但以还原性为主：

$$N_2 + 4H_2O + 4e \rightleftharpoons N_2H_4 + 4OH^- \qquad E_B^{\ominus} = -1.16V$$

基于联氨的还原性及其氧化产物为 N_2，在贵金属湿法冶金中常用做还原剂。

$$4AgBr + N_2H_4 \longrightarrow 4Ag + N_2 + 4HBr$$

$$4CuO + N_2H_4 \longrightarrow 2Cu_2O + N_2 + 2H_2O$$

联氨在空气中燃烧，放出大量的热：

$$N_2H_4(l) + O_2(g) \longrightarrow N_2(g) + 2H_2O(l) \qquad \Delta_r H_m^{\ominus} = -622.3kJ \cdot mol^{-1}$$

正是由于 N_2H_4 燃烧反应的热效应很大，加之质量小，1kg N_2H_4 燃烧可产生的热量高，燃烧后产物为有助于形成高压喷射的小分子物质，因此，联氨及其衍生物可用做导弹及火箭的燃料。

由于 N—N 键能较小，联氨在 250℃时分解：

$$N_2H_4(g) \longrightarrow N_2(g) + 2H_2(g)$$

$$3N_2H_4(g) \longrightarrow 4NH_3(g) + N_2(g)$$

联氨可由氨水与次氯酸钠作用制得，反应分两步：

$$NH_3 + NaClO \longrightarrow NaOH + NH_2Cl$$

$$NH_3 + NH_2Cl + NaOH \longrightarrow N_2H_4 + NaCl + H_2O$$

反应系统中加入明胶来阻止副反应的发生。

NH_3 分子中的一个氢原子被羟基（—OH）取代的衍生物称为羟胺（NH_2OH）。羟胺是一种白色晶体，熔点 33℃，不稳定，室温时分解为 N_2、NH_3、N_2O 和 H_2O 的混合物，在高温分解时会发生爆炸。羟胺易溶于水，水溶液稳定，它的碱性比氨弱。

$$NH_2OH(aq)+H_2O \rightleftharpoons NH_3OH^+ + OH^- \qquad K_b^\ominus = 6.6\times10^{-9}$$

羟胺中 N 的氧化态为－1，因此羟胺既有氧化性又有还原性，但以还原性为主：

$$N_2+4H^+ +2H_2O+2e \rightleftharpoons 2NH_3OH^+ \qquad E_A^\ominus = -1.87V$$

羟胺的盐称为羟胺盐。如盐酸羟胺（NH_3OH）Cl、硫酸羟胺（$NH_3OH)_2SO_4$ 常用做还原剂，作为胶片显影剂的抗氧化剂、单体稳定剂以及在丙烯纤维染色过程中将 Cu(Ⅱ) 还原为 Cu(Ⅰ)。以硫酸羟胺的形式吸附在硅胶上的羟胺能和 N_2O、NO 以及 NO_2 反应，因而在燃烧分析中用做吸收剂。羟胺是有机合成中的重要试剂。

③ 氧化反应 NH_3分子中的 N 氧化态为－3，处于最低氧化态，所以 NH_3 具有还原性，在一定条件下能被氧化剂氧化，其氧化产物除与氧化剂本性有关外，还与反应的条件有关。如：

$$4NH_3+3O_2 \xrightarrow[\text{无催化剂}]{400℃} 2N_2+6H_2O$$

$$4NH_3+5O_2 \xrightarrow[\text{Pt-Rh}]{800℃} 4NO+6H_2O$$

卤素在常温下能氧化 NH_3。如：

$$8NH_3+3Cl_2 \longrightarrow N_2+6NH_4Cl$$

$$NH_3+3Cl_2 \longrightarrow NCl_3+3HCl$$

高温下 NH_3 能被某些金属氧化物所氧化。如：

$$3CuO+2NH_3 \xrightarrow{\triangle} 3Cu+N_2+3H_2O$$

④氨解反应 液氨作为一种非水极性溶剂，能溶解碱金属，形成含有溶剂化电子的深蓝色导电溶液：

$$Me+nNH_3 \rightleftharpoons Me^+ + e(NH_3)_n^-$$

液氨也有微弱的电离作用：

$$2NH_3 \rightleftharpoons NH_4^+ + NH_2^- \qquad K^\ominus = 1.9\times10^{-30}(223K)$$

在液氨中 NH_4^+ 看做酸，NH_2^- 则视为碱。

同水解一样，有些物质在液氨中发生氨解反应，如：

$$PCl_3+3NH_3 \longrightarrow P(NH_2)_3+3HCl$$

$$HgCl_2+2NH_3 \longrightarrow HgNH_2Cl+NH_4Cl$$

(2) 铵盐

铵盐是氨和酸进行加合反应的产物。铵盐一般是无色晶状化合物，易溶于水（只有少数难溶，如 NH_4MgPO_4）。因 NH_3 是弱碱，所以铵盐均易水解，弱酸的铵盐更易水解。

铵盐加热易分解。铵盐分解是一个质子转移过程，如：

$$NH_4\ HS(s) \longrightarrow NH_3+H_2S$$

与 NH_4^+ 结合的阴离子碱性越强，则夺取质子的能力越强，分解温度越低。固体铵盐的分解产物与组成铵盐的酸的性质有关，大致可分为以下几种。

① 易挥发的无氧化性的酸组成的铵盐，分解产物氨和酸一起挥发，如：

$$NH_4HCO_3 \xrightarrow{\triangle} NH_3\uparrow + CO_2\uparrow + H_2O$$

$$NH_4Cl \xrightarrow{\triangle} NH_3\uparrow + HCl\uparrow$$

② 难挥发的无氧化性或氧化性不够强的酸组成的铵盐，分解产物只有氨挥发，如：

$$(NH_4)_2SO_4 \xrightarrow{\triangle} NH_3\uparrow + NH_4HSO_4$$

$$(NH_4)_3PO_4 \xrightarrow{\triangle} 3NH_3\uparrow + H_3PO_4$$

③ 氧化性酸组成的铵盐，分解出的氨被氧化，生成氮或氮的氧化物，如：

$$NH_4NO_3(s) \xrightarrow{200\sim260℃} N_2O(g) + 2H_2O(g)$$

$$2NH_4NO_3(s) \xrightarrow{300℃} 2N_2(g) + 4H_2O(g) + O_2(g)$$

基于上述反应产生大量气体，硝酸铵可作炸药的主要成分。

铵盐是重要的化工原料。硫酸铵、碳酸氢铵、硝酸铵可作肥料；氯化铵作锌锰干电池的电解质及焊接金属时的焊料，也是合成无机高分子氮苯化合物的重要原料。

10.2.3　氮的含氧化合物

(1) 氮的氧化物

氮和氧有多种不同的化合形式，常见的氧化物有：N_2O、NO、N_2O_3、NO_2、N_2O_5 等，其中氮的氧化态可以从 +1～+5。表 10-4 列出它们的简单性质和分子结构。其中以 NO 和 NO_2 最为重要。

① 一氧化氮　NO 分子中，氮原子和氧原子的价电子总数为 11，即含有未成对电子，所以具有顺磁性。这种价电子数为奇数的分子称为奇电子分子。成单电子可以互相偶合或与其他物质反应。在低温时 NO 分子可以聚合成双聚分子 $(NO)_2$ 而呈现反磁性，结构如图 10-3 所示。

NO 分子中氮的氧化态为 +2，处于中间氧化态，所以既有氧化性，又有还原性。例如

表 10-4　氮的氧化物

化学式	性　质	熔点/℃	沸点/℃	气体分子结构
N_2O	无色气体，略有甜味，溶于水，是一种氧化剂，吸入少量有麻醉作用，俗称笑气	−90.8	−88.5	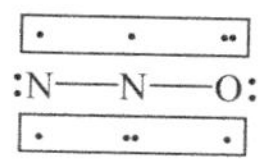 :N—N—O:
NO	无色气体，不助燃，结构上不饱和，有加合性，可作配体，易被氧化为 NO_2	−163.3	−151.8	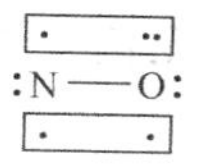 :N—O:
N_2O_3	低于 3.5℃ 为蓝色液体，不稳定，常温下即分解为 NO 和 NO_2	−100.7	3 (分解)	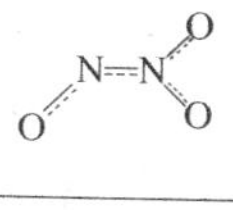 O—N=N(O)O
NO_2	红棕色气体，易溶于水生成 HNO_3，有毒，具氧化性，低温时聚合为无色的 N_2O_4 气体	−11.2	21.2	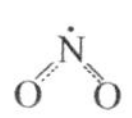 O—Ṅ—O
N_2O_5	无色离子型固体 NO_2^+ NO_3^-，极不稳定，是强氧化剂，溶于水生成 HNO_3	32.4	(升华)	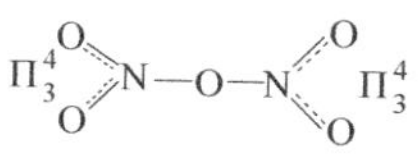 Π_3^4 O₂N—O—NO₂ Π_3^4

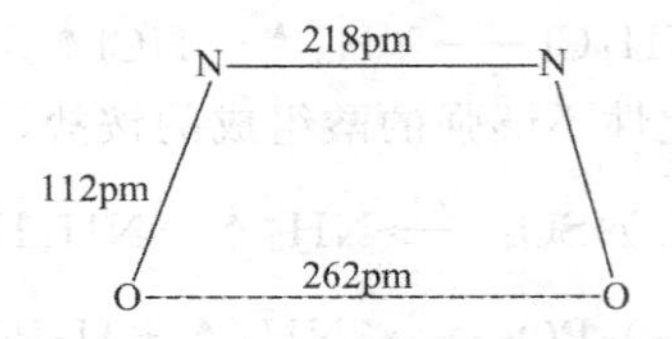

图 10-3　$(NO)_2$ 结构示意图

氧化剂高锰酸钾能将 NO 氧化成 NO_3^-：

$$10NO + 6KMnO_4 + 9H_2SO_4 \longrightarrow 6MnSO_4 + 10HNO_3 + 3K_2SO_4 + 4H_2O$$

而红热的铁、镍、碳等还原剂又能将 NO 还原成 N_2：

$$2Ni + 2NO \longrightarrow 2NiO + N_2$$

$$C + 2NO \longrightarrow CO_2 + N_2$$

同时也可以认为，NO 分子具有成单电子，它可与氧化剂反应失去一个电子成 NO^+，例如与氧化剂 Cl_2 反应生成氯化亚硝酰：

$$2NO + Cl_2 \longrightarrow 2NO^+Cl^-$$

也可与还原剂反应得到一个电子成 NO^-，例如与还原剂金属钠（在液氨中）反应：

$$NO + Na \longrightarrow Na^+NO^-$$

NO 分子中有孤对电子，所以能与金属离子形成加合物。例如 NO 能与 Fe^{2+} 加合生成棕色的 $[Fe(NO)]^{2+}$

$$FeSO_4 + NO \longrightarrow [Fe(NO)]SO_4$$

NO 是大气污染中的主要有害物质之一，它刺激呼吸系统，与血红素结合生成亚硝基血红素而引起中毒。另一方面，NO 又是一种重要的生物活性分子，它广泛分布在人体内的神经组织中，在心、脑血管调节，神经信号传递，免疫调节等方面具有十分重要的作用。

② 二氧化氮　NO_2 为红棕色气体，其价电子总数为 17，是奇电子分子，在低温时可以聚合成四氧化二氮。N_2O_4 结构如图 10-4 所示。

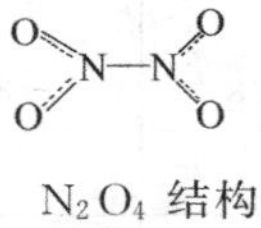

图 10-4　N_2O_4 结构示意图

N_2O_4 为无色气体，当温度在 $-10℃$ 以下时可以形成无色晶体。室温时 N_2O_4 和 NO_2 之间建立平衡：

$$N_2O_4(g) \rightleftharpoons 2NO_2(g) \qquad \Delta_r H_m^{\ominus} = 55.3 kJ \cdot mol^{-1}$$

NO_2 分子中，N 原子采取不等性 sp^2 杂化，以 2 个 sp^2 杂化轨道与 2 个 O 原子 $2p_x$ 轨道重叠形成 N—Oσ 键，另一个 sp^2 杂化轨道由 1 个电子占据，N 的 $2p_z$ 轨道（有 2 个电子）与 2O 的 $2p_z$ 轨道（各有 1 个电子）平行重叠形成 Π_3^4 大 π 键（也有 Π_3^3 的说法，目前仍无定论）。

NO_2 分子中氮的氧化态为 $+4$，处于中间氧化态，既有氧化性，又有还原性，但以氧化性为主。在水溶液中，NO_2 具有较强的氧化性和较弱的还原性：

$$NO_2 + H^+ + e \rightleftharpoons HNO_2 \qquad E_A^{\ominus} = +1.065V$$

$$NO_3^- + 2H^+ + e \rightleftharpoons NO_2 + H_2O \qquad E_A^{\ominus} = +0.803V$$

从标准电极电势的数值可知，NO_2 可以发生歧化反应。NO_2 溶于水中歧化为硝酸和亚硝酸，溶于碱中得到硝酸盐和亚硝酸盐：

$$2NO_2 + 2H_2O \longrightarrow HNO_2 + HNO_3$$

$$2NO_2 + 2NaOH \longrightarrow NaNO_2 + NaNO_3 + H_2O$$

由于亚硝酸不稳定，受热即分解为硝酸和一氧化氮，所以 NO_2 在热水中的歧化反应为：

$$3NO_2 + H_2O(热) \longrightarrow 2HNO_3 + NO$$

(2) 亚硝酸及其盐

亚硝酸可由亚硝酸盐溶液和定量的稀硫酸反应而制得：

$$Ba(NO_2)_2 + H_2SO_4 \longrightarrow BaSO_4 \downarrow + 2HNO_2$$

亚硝酸是弱酸：

$$HNO_2 \rightleftharpoons H^+ + NO_2^- \quad K_a^\ominus = 5.1 \times 10^{-4}$$

亚硝酸极不稳定，只能存在于稀溶液中，浓溶液会立刻分解：

$$2HNO_2 \rightleftharpoons H_2O + N_2O_3 \rightleftharpoons H_2O + NO + NO_2$$

在低温下分解得 N_2O_3，溶于水呈天蓝色，随温度升高进一步分解为 NO 和 NO_2。

若将 HNO_2 的浓溶液加热，则分解为：

$$3HNO_2 \longrightarrow HNO_3 + 2NO + H_2O$$

亚硝酸和亚硝酸盐分子中，氮的氧化态为+3，为中间氧化态，既有氧化性，又有还原性。

$$HNO_2 + H^+ + e \rightleftharpoons NO + H_2O \qquad E_A^\ominus = +0.983V$$

$$NO_3^- + 3H^+ + 2e \rightleftharpoons HNO_2 + H_2O \qquad E_A^\ominus = +0.934V$$

从标准电极电势的数值可知，亚硝酸及其盐在酸性介质中主要表现为氧化性，例如：

$$2HNO_2 + 2KI + H_2SO_4 \longrightarrow 2NO + I_2 + K_2SO_4 + 2H_2O$$

$$2NaNO_2 + 2KI + 2H_2SO_4 \longrightarrow 2NO + I_2 + Na_2SO_4 + K_2SO_4 + 2H_2O$$

利用该反应可测定 NO_2^- 的含量。

只有遇上更强的氧化剂时亚硝酸或其盐才显还原性。例如：

$$2MnO_4^- + 5NO_2^- + 6H^+ \longrightarrow 2Mn^{2+} + 5NO_3^- + 3H_2O$$

亚硝酸虽然不稳定，但亚硝酸盐却是稳定的。亚硝酸根 NO_2^- 的结构如图 10-5 所示，为“V”形，它与 O_3 为等电子体，结构相似。中心氮原子采取 sp^2 杂化与氧原子以 σ 键和 Π_3^4 键键合，在氮原子上尚有一对孤电子对。

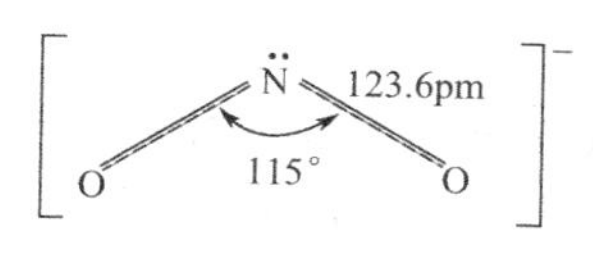

图 10-5　NO_2^- 的结构

NO_2^- 是一个很好的配体，因为在氧原子和氮原子上都有孤电子对，它们可与金属离子形成两种配合物（如 M←NO_2 和 M←ONO）。

碱金属、碱土金属的亚硝酸盐都是白色晶体，易溶于水。重金属的亚硝酸盐微溶于水，热分解温度低，如 $AgNO_2$ 于 100℃开始分解。亚硝酸盐中以 $NaNO_2$ 最为重要，它大量用于染料工业及有机合成工业中。亚硝酸盐是有毒的致癌物。

(3) 硝酸及其盐

① 硝酸的制法　硝酸是工业上重要的三酸之一。它是制造炸药、染料、塑料、硝酸盐和许多其他化工产品的重要化工原料。实验室用 $NaNO_3$ 和浓 H_2SO_4 经加热发生复分解反应制取硝酸。

$$NaNO_3 + H_2SO_4(浓) \xrightarrow{>120℃} HNO_3 + NaHSO_4$$

工业上用氨的催化氧化法，反应式如下：

$$4NH_3 + 5O_2 \xrightarrow[Pt\text{-}Rh]{800℃} 4NO + 6H_2O \qquad \Delta_r H_m^{\ominus} = -905kJ \cdot mol^{-1}$$

$$2NO + O_2 \longrightarrow 2NO_2$$

$$3NO_2 + H_2O \longrightarrow 2HNO_3 + NO$$

此方法制得的硝酸溶液约含 50％HNO_3，加入浓 H_2SO_4 或无水 $Mg(NO_3)_2$，加热脱水，收集 HNO_3 蒸气，冷凝后可得到 99％的浓硝酸。

② 硝酸的结构　HNO_3 的结构如图 10-6 所示。硝酸的分子为平面型，N 原子以 sp^2 杂化轨道，分别与 3 个氧原子的 2p 轨道形成 3 个 σ 键，孤电子对则与 2 个氧原子的另一 2p 轨道形成 3 中心 4 电子大 π 键 Π_3^4，第三个氧原子的另一 2p 轨道与氢原子的 1s 轨道形成 1 个 σ 键。HNO_3 分子中还有一个分子内氢键。

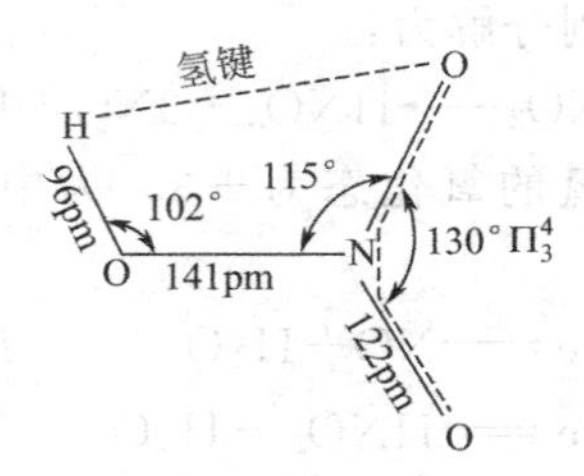

图 10-6　HNO_3 的结构

③ 硝酸的性质　纯 HNO_3 为无色液体，沸点 83℃，易挥发，属挥发性酸。HNO_3 与水可以任意比例互溶。通常市售的 HNO_3 是硝酸的水溶液，其质量分数为 0.68～0.70，密度为 $1.4g \cdot cm^{-3}$，物质的量浓度 $c(HNO_3) = 15mol \cdot L^{-1}$，沸点 122℃。溶有过多 NO_2 的浓硝酸称为发烟硝酸。硝酸的主要化学性质有以下几方面。

a. 不稳定性　HNO_3 受热或见光都会逐渐分解：

$$4HNO_3 \longrightarrow 4NO_2\uparrow + O_2\uparrow + 2H_2O$$

温度愈高，浓度愈大，分解愈甚。因此，在实验室常把硝酸盛于棕色瓶中，避免受阳光照射。由于硝酸分解时产生红棕色 NO_2，NO_2 溶于硝酸，使硝酸呈黄到红色，溶解愈多，颜色愈深。

b. 氧化性　硝酸是一种强氧化性酸，它能氧化许多非金属和金属，硝酸则被还原成氮的低氧化态的产物。在酸性溶液中，氮的元素电势图如下：

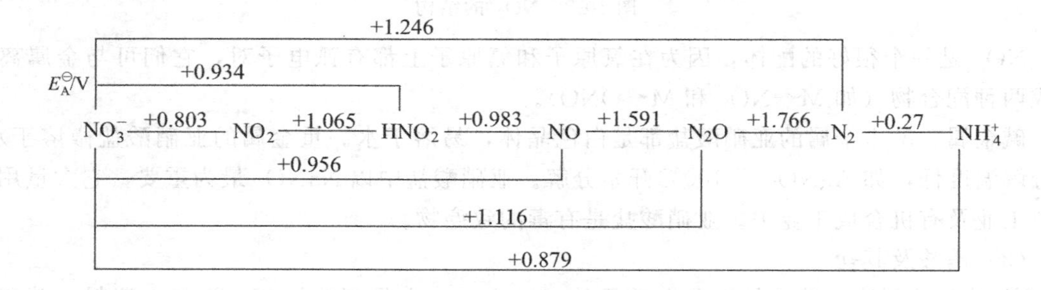

从相关电对的标准电极电势来看，稀硝酸被还原到 N_2 的趋势最大，但实际上稀硝酸的还原产物一般不是 N_2。这是由于标准电极电势只能预测氧化-还原反应的方向和限度，仅是

一种可能性。反应的实际产物还与反应的速率有关，有时动力学因素起着决定性的作用。

硝酸与非金属单质反应，一般可把非金属单质氧化成相应的酸，无论是浓硝酸还是稀硝酸，其还原产物主要为 NO。例如：

$$4HNO_3 + 3C \longrightarrow 3CO_2 + 4NO + 2H_2O$$

$$2HNO_3 + S \longrightarrow H_2SO_4 + 2NO$$

某些还原性较强的物质（如 H_2S、HI 等）更易被硝酸氧化，一些金属硫化物可以被浓硝酸氧化为单质硫而溶解，有些有机物质（如松节油）与浓 HNO_3 接触时，因剧烈氧化可燃烧起来。

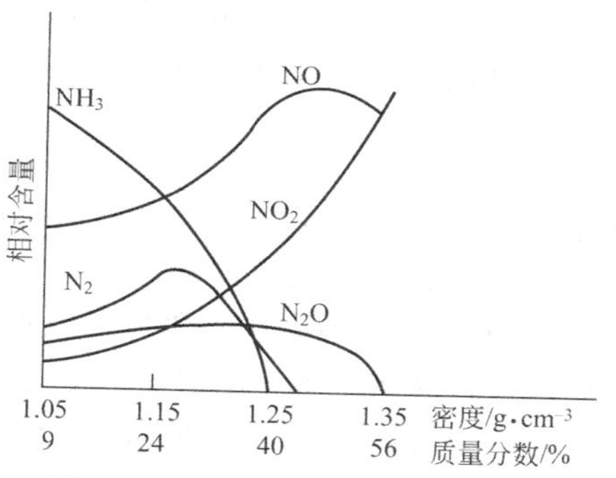

图 10-7　硝酸与铁反应的产物与硝酸浓度的关系

硝酸几乎能与所有的金属（Au、Pt、Rh、Ir 等除外）反应，其还原产物比较复杂。从氮的元素电势图可知，硝酸被还原成各级还原产物的可能性都存在，但反应产物还与反应速率有关，而影响反应速率的因素与金属种类及其表面状态、硝酸浓度及其还原产物有无催化作用有关。硝酸与金属反应生成 N_2 的反应速率慢，所以主要还原产物不是 N_2。

例如硝酸和铁反应，见图 10-7。随 HNO_3 浓度的增大，产物中 NH_3（酸性介质中为 NH_4^+）的含量逐渐减少，NO 的含量逐渐增多。当 HNO_3 浓度增大到 40%时，NH_3 已不存在，此时主要产物为 NO，其次为 NO_2 和微量的 N_2O。当 HNO_3 浓度增大到 56%时，其还原产物主要是 NO_2。当 HNO_3 浓度增大到 68%时，则不再与铁反应，这是因为浓 HNO_3 使金属表面生成了一层不溶于 HNO_3 的致密氧化膜，阻止了金属内部的进一步氧化，这种作用称为“钝化”。

如果金属的活泼性不同，硝酸的浓度也不同，则情况更为复杂。

一般说来，浓 HNO_3 与金属反应，不论金属活泼与否，它的主要还原产物是 NO_2：

$$4HNO_3(\text{浓}) + Cu \longrightarrow Cu(NO_3)_2 + 2NO_2 + 2H_2O$$

$$4HNO_3(\text{浓}) + Zn \longrightarrow Zn(NO_3)_2 + 2NO_2 + 2H_2O$$

稀 HNO_3 与不活泼金属反应时，它的主要还原产物一般是 NO：

$$3Cu + 8HNO_3(\text{稀}) \longrightarrow 3Cu(NO_3)_2 + 2NO + 4H_2O$$

倘若是活泼金属（如 Zn、Mg 等），其主要产物是 N_2O。极稀 HNO_3 与活泼金属反应则被还原为 NH_4^+：

$$4Mg + 10HNO_3(\text{稀}) \longrightarrow 4Mg(NO_3)_2 + N_2O + 5H_2O$$

$$4Zn + 10HNO_3(\text{极稀}) \longrightarrow 4Zn(NO_3)_2 + NH_4NO_3 + 3H_2O$$

锑、锡与 HNO_3 反应生成氧化物和水：

$$Sn + 4HNO_3(\text{浓}) \longrightarrow SnO_2 + 4NO_2 + 2H_2O$$

$$2Sb + 6HNO_3(\text{浓}) \longrightarrow Sb_2O_3 + 6NO_2 + 3H_2O$$

铝、铬等与铁类似，能溶于稀 HNO_3，但由于钝化而不溶于浓 HNO_3。钝化了的金属，很难甚至不再溶于稀 HNO_3。

金和铂不溶于 HNO_3，但可溶于王水（1 体积浓 HNO_3 和 3 体积浓 HCl 的混合物）。这是由于王水中不仅含有 HNO_3、Cl_2、NOCl 等强氧化剂：

$$HNO_3 + 3HCl \longrightarrow NOCl + Cl_2 + 2H_2O$$

还有高浓度的 Cl^-，它与金属离子形成稳定的配离子，使金属离子的浓度降低，电极电势降低，增强了金属的还原性。

$$Au+HNO_3+4HCl \longrightarrow HAuCl_4+NO+2H_2O$$

c. 硝化反应　HNO_3 分子中的 NO_2^+ 基（硝基）可以取代有机分子中的 H 原子。如：

$$C_6H_6+HNO_3 \xrightarrow{浓\ H_2SO_4} C_6H_5NO_2+H_2O$$

硝化反应是有机合成中一类主要的反应。通过硝化反应，可以制造硝化甘油、三硝基甲苯（TNT）、三硝基苯酚等烈性炸药。

④ 硝酸盐　硝酸盐通常是由硝酸作用于相应的金属或金属氧化物而制得的。几乎所有的硝酸盐都易溶于水，硝酸盐都是离子化合物。NO_3^- 的结构如图 10-8 所示。它是平面三角形结构。中心 N 原子仍然是 sp^2 杂化，N 除了与 3 个氧原子形成 3 个 σ 键外，还与这些氧原子形成一个 4 中心 6 电子大 π 键 Π_4^6。

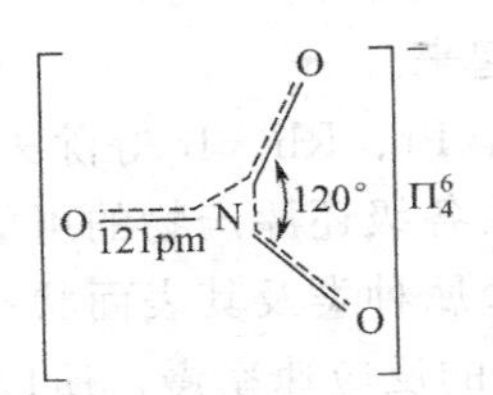

图 10-8　NO_3^- 的结构

与硝酸不同的是，硝酸盐的水溶液几乎没有氧化性，只有在酸性介质中才有氧化性。室温下，所有的固体硝酸盐都十分稳定，加热则发生分解，其热分解产物与金属离子有关。

硝酸盐的热分解大致可分成三种类型。

a. 电化序位于 Mg 以前的金属（主要是碱金属和碱土金属）的硝酸盐，如：

$$2NaNO_3 \xrightarrow{\triangle} 2NaNO_2+O_2$$

b. 电化序位于 Mg—Cu 之间的硝酸盐，如：

$$2Pb(NO_3)_2 \xrightarrow{\triangle} 2PbO+4NO_2+O_2$$

c. 电化序位于 Cu 之后的金属硝酸盐，如：

$$2AgNO_3 \xrightarrow{\triangle} 2Ag+2NO_2+O_2$$

上述三种热分解规律，可以用离子极化理论来说明。NO_3^- 的中心是 N^{5+}，N^{5+} 被 3 个 O^{2-} 围成一平面三角形，O^{2-} 被 N^{5+}（半径小、电荷多）强烈极化产生偶极，随着温度升高，极化作用增强，N^{5+} 可以从一个 O^{2-} 中夺取 2 个电子，变成 NO_2^- 和原子 O，然后两个原子 O 结合成 O_2，所以硝酸盐受热都有 O_2 放出。另外，与 NO_3^- 结合的正离子也会对 O^{2-} 产生极化作用，其极化产生的偶极的方向刚好与 N^{5+} 极化产生的偶极相反，因而这种极化作用会削弱 N^{5+} 与 O^{2-} 的结合，称为正离子对 N^{5+} 的反极化作用。当这种反极化作用大于 N^{5+} 的极化作用时，O^{2-} 便会脱离 N^{5+}，而与正离子结合成氧化物。第二种金属硝酸盐的分解类型便属这种情况。第三类金属硝酸盐中，其金属离子的极化力更强，其分解过程可以设想为生成金属氧化物，随后又进一步分解为金属单质和 O_2。由于 H^+ 是裸核，半径较小，反极化作用极强，所以 HNO_3 的稳定性不如其盐。

硝酸盐热分解都放出氧气，所以硝酸盐熔体是强氧化剂，它们和可燃性物质组成混合物，受热之后剧烈燃烧，甚至爆炸，故硝酸盐常用于烟火和炸药的制造中。如 KNO_3 与硫粉、碳按一定比例混合制成黑火药，是我国的四大发明之一。

$$2KNO_3+3C+S \longrightarrow N_2+3CO_2+K_2S$$

(4) NO_3^- 和 NO_2^- 的特征反应

硝酸盐的水溶液经酸化后，具有氧化性。硝酸根离子在强酸性溶液中，可被硫酸亚铁还原成 NO：

$$NO_3^- + 3Fe^{2+} + 4H^+ \longrightarrow 3Fe^{3+} + NO + 2H_2O$$

生成的 NO 再与过量的硫酸亚铁发生加合反应，生成棕色化合物 $[Fe(NO)]SO_4$。这是硝酸根离子的特征反应。

$$FeSO_4 + NO \longrightarrow [Fe(NO)]SO_4$$

亚硝酸根离子也有同样的反应，但 NO_2^- 在弱酸性溶液中（如 HAc 溶液）即可被硫酸亚铁还原成 NO：

$$HNO_2 + Fe^{2+} + H^+ \longrightarrow Fe^{3+} + NO + H_2O$$

从而使溶液呈棕色。

用硫酸亚铁鉴别 NO_3^- 和 NO_2^- 时，它们的区别在于介质的酸性强度不同。另外，在弱酸性介质中，NO_2^- 能氧化 I^-，而 NO_3^- 在此条件下不能，借此反应也可鉴别 NO_3^- 和 NO_2^-。

10.2.4 氮化物

氮化物是指氮与电负性比它小的元素生成的二元化合物。按照它们的性质和结构，可将其分为 3 类，即离子型、共价型和金属型氮化物。

① 离子型氮化物　碱金属和碱土金属形成的氮化物以离子键为主，故称为离子型氮化物，也称为类盐氮化物。它们易水解，和水反应生成相应的氢氧化物和氨。

$$Ca_3N_2 + 6H_2O \longrightarrow 3Ca(OH)_2 + 2NH_3$$

在离子型氮化物中，唯有氮化锂（Li_3N）受到工业应用上的重视。它是一种离子导体，也是当前能提供的最好的固体锂电解质之一。

氮化锂呈深红色，熔点 813℃，晶体结构具有六方对称性。Li_3N 作为固体电解质的突出优点是制备简单，可在 200℃、1MPa 下由 Li 和 N_2 直接反应形成。它在潮湿的气氛中稳定，且能和固态或液态的金属锂共存，直至它的熔点。这样就有可能在锂电池中以金属锂为阳极，直接和 Li_3N 电解质接触。此外，在常温下 Li_3N 的离子电导率很高，而电子电导率却很低，可忽略不计。目前，以 Li_3N 作固体电解质的全固态锂电池有 $Li/Li_3N/PbI_2$ 和 $Li/Li_3N/TiS_2$ 电池等。

② 共价型氮化物　共价型氮化物包括 BN、AlN、Si_3N_4 等。此类氮化物以共价键为主，结构单元为四面体，类似于金刚石，故又称做类金刚石氮化物。共价型氮化物的化学性质稳定，硬度高、熔点高，大多是绝缘体或半导体。它们是现代高科技新材料的重要部分。氮化硼具有耐热、耐腐蚀、润滑、电绝缘和硬度高等优良性能；氮化硅陶瓷是像钢一样强、“像金刚石一样硬、像铝一样轻”的新型无机材料；氮化铝热分解温度在 2573K 以上，耐酸、耐碱、抗氧化、绝缘性好、介电耗损低、能带宽，是极有前途的电子绝缘基片材料，用于大型集成电路中。

③ 金属氮化物　金属氮化物主要是过渡金属氮化物，也称为间充型氮化物。此类氮化物不能看做是氨的简单取代物，氮原子位于金属密堆积的间隙中，它们的化学式并非严格遵守化学计量关系，多数具有 MN 型化学式，且为 NaCl 型晶体结构。此类氮化物一般具有金属的性质，如金属的光泽和导电性，且有高硬度、高熔点、耐磨和耐腐蚀特征。例如 TiN 在高速钢切削工具上作涂层，能明显减少磨损，提高切削速率，延长刀具使用寿命。GaN 晶体管的微波输出功率是目前移动电话、军用雷达和卫星转播器所使用的晶体管的数百倍，有着巨大的应用潜力。

10.3 磷及其化合物

10.3.1 磷单质

磷在自然界中主要以磷酸盐的形式存在，如磷酸钙 $Ca_3(PO_4)_2$ 和磷灰石 $CaF_2 \cdot Ca_3(PO_4)_2$。

磷的单质有多种同素异形体，其中主要的是白磷、红磷和黑磷。磷蒸气迅速冷却得到的总是白磷。白磷是无色透明的晶体，遇光逐渐变为黄色，故又称黄磷。白磷、红磷和黑磷的化学活泼性有较大差别，白磷最活泼，黑磷最不活泼。白磷在空气中自燃，因此必须贮存于水中。白磷剧毒，0.1g 即可致人死亡，空气中白磷允许的最高含量为 $0.1mg \cdot m^{-3}$。

白磷在隔绝空气和 400℃的条件下加热数小时，就转化为红磷。白磷在高压（1.2×10^6kPa）下加热至 197℃时得到黑磷。

将磷矿石、焦炭和硅石分别粉碎后，按一定的配比混合，投入电弧炉经高温熔化反应，生成的磷蒸气在水溶液中冷凝得白磷：

$$2Ca_3(PO_4)_2+10C+6SiO_2 \xrightarrow{\triangle} P_4+6CaSiO_3+10CO$$

白磷是由 P_4 分子组成的，其分子结构如图 10-9 所示。每一个磷原子以它的 3p 轨道和另外 3 个磷原子以 σ 单键相联结，∠PPP 为 60°，P—P 键长 221pm。因键轴偏离了 p 轨道的对称轴，所以 P_4 分子是有张力的。P—P 键能较小，易断裂而有很高的化学活性。

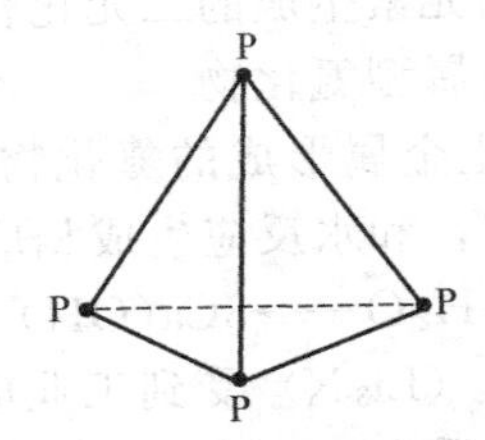

图 10-9 P_4 的分子结构

10.3.2 磷的氢化物和卤化物

(1) 磷化氢

磷化氢（PH_3）又称为膦，是无色、大蒜味、剧毒的气体，熔点 −133.5℃，沸点 −87.7℃。纯膦不自燃，但由于 PH_3 中常含有少量的联膦（P_2H_4），因而在常温下可自燃。

膦可由金属磷化物与水作用而制得：

$$Ca_3P_2+6H_2O \longrightarrow 3Ca(OH)_2+2PH_3$$

PH_3 的结构与 NH_3 相似，为三角锥型，∠HPH 为 93°，P—H 键长 142pm，极性比 NH_3 小。由于 P 电负性较小，PH_3 和 H_2O 分子间难以形成氢键。在化学性质上 PH_3 也有弱碱性、加合性和还原性。

PH_3 仅微溶于水，易溶于有机溶剂，是比氨弱得多的碱（$K_b^{\ominus}\approx10^{-26}$）。

膦与卤化氢加合生成卤化鏻：

$$PH_3+HI \longrightarrow PH_4I$$

由于 PH_3 是弱碱，因此鏻盐易水解：

$$PH_4I+H_2O \longrightarrow PH_3+H_3O^++I^-$$

PH_3 的还原性比 NH_3 强，它能使某些金属离子如 Cu^{2+}、Ag^+、Au^{3+} 还原成金属：

$$PH_3+6Ag^++3H_2O \longrightarrow 6Ag+6H^++H_3PO_3$$

PH_3 和它的衍生物 PR_3 中的 P 原子上都有一对孤电子对，和 NH_3 一样，能与过渡元素形成配合物。

(2) 磷的氯化物

除 PI_5 不易生成外，磷可与所有的卤素单质化合生成三卤化物 PX_3 和五卤化物 PX_5。其中较重要的是 PCl_3 和 PCl_5。干燥的氯气与过量的磷反应，得 PCl_3；用过量的氯气则得 PCl_5。

三氯化磷是无色液体，分子结构为三角锥型（如图 10-10 所示），稍有挥发性，在潮湿的空气中迅速水解，有烟雾，生成 H_3PO_3 和 HCl：

$$PCl_3 + 3H_2O \longrightarrow H_3PO_3 + 3HCl$$

PCl_3 能与氨、醇进行氨解和醇解反应：

$$PCl_3 + 3NH_3 \longrightarrow P(NH_2)_3 + 3HCl$$

$$PCl_3 + 3ROH \longrightarrow P(OR)_3 + 3HCl$$

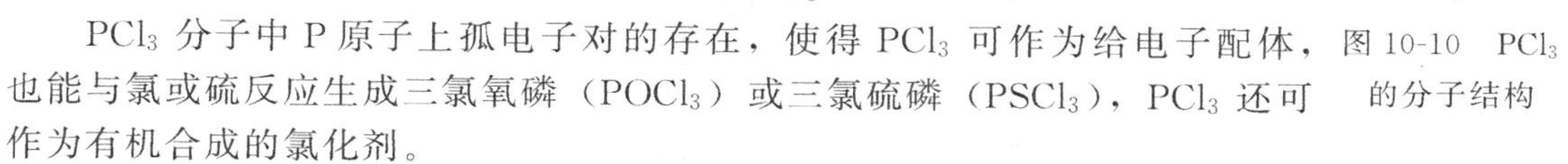

图 10-10 PCl_3 的分子结构

PCl_3 分子中 P 原子上孤电子对的存在，使得 PCl_3 可作为给电子配体，也能与氯或硫反应生成三氯氧磷（$POCl_3$）或三氯硫磷（$PSCl_3$），PCl_3 还可作为有机合成的氯化剂。

磷的外层电子排布是 $3s^2 3p^3$，3d 为空轨道，在形成五氯化磷时，3s 的一个电子被激发到 3d，形成 5 个 sp^3d 杂化轨道，分子结构呈三角双锥构型。如图 10-11 所示。这 5 个 sp^3d 杂化轨道可认为是由 sp^2 和 pd 杂化而构成的。中部的 xy 平面是由磷原子的 3s、$3p_x$、$3p_y$ 轨道组成的 sp^2 杂化轨道构成，这 3 个杂化轨道与 3 个氯原子成键的键角为 120°；另 2 个杂化轨道是由 $3p_z$ 和 $3d_{z^2}$ 轨道组成的 pd 杂化轨道。这种杂化轨道如图 10-12 所示，这 2 个杂化轨道与 2 个氯原子成键的键角为 180°，其键轴垂直于 xy 平面的中心。

固态的五氯化磷是离子型化合物，由 $PCl_4^+ PCl_6^-$ 组成❶。它易分解为 PCl_3 和 Cl_2：

$$PCl_5 \underset{\text{放热}}{\overset{\text{吸热}}{\rightleftharpoons}} PCl_3 + Cl_2$$

PCl_5 可以被水完全分解，生成 H_3PO_4 和 HCl：

$$PCl_5 + H_2O \longrightarrow POCl_3 + 2HCl$$

$$POCl_3 + 3H_2O \longrightarrow H_3PO_4 + 3HCl$$

三氯氧磷（$POCl_3$）和 PCl_5 的蒸气都是有毒的，它们主要应用于有机合成。

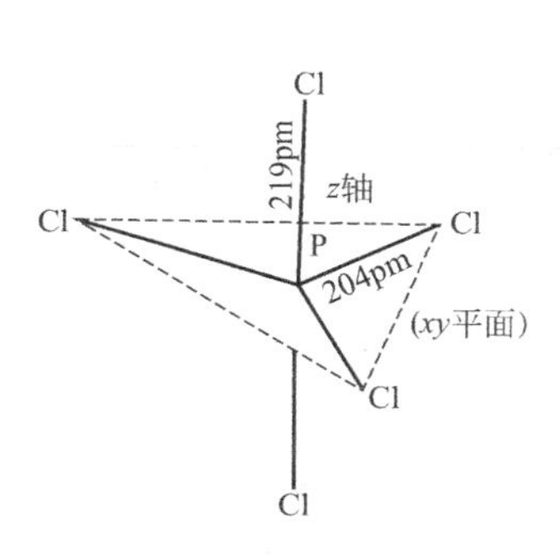

图 10-11 PCl_5（气）分子结构

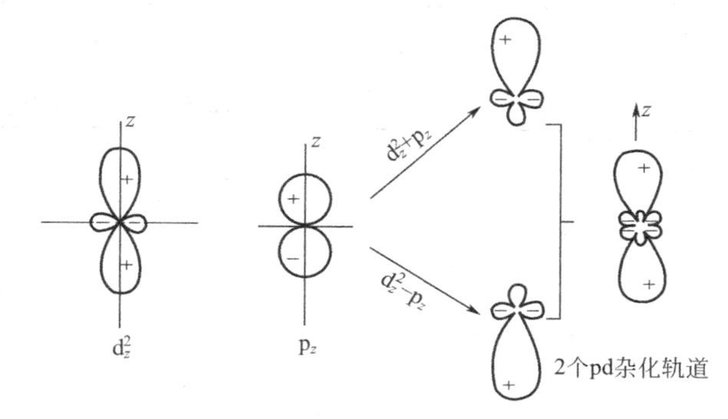

图 10-12 pd 杂化的一种类型

10.3.3 磷的含氧化合物

(1) 磷的氧化物

磷在空气中充分燃烧生成五氧化二磷（P_4O_{10}），当空气不足时生成三氧化二磷（P_4O_6）。

P_4O_6 及 P_4O_{10} 的分子结构均以 P_4 四面体为基本骨架，如图 10-13 所示。

P_4O_6 是亚磷酸的酸酐，为天蓝色挥发性晶体，熔点为 23.9℃。它与冷水作用缓慢，生成亚磷酸 H_3PO_3；与热水作用剧烈，歧化成膦和磷酸。

$$P_4O_6 + 6H_2O(\text{冷}) \longrightarrow 4H_3PO_3$$

$$P_4O_6 + 6H_2O(\text{热}) \longrightarrow PH_3(g) + 3H_3PO_4$$

---

❶ 三角双锥结构的对称性不及八面体、四面体。因此，八面体、四面体结构较三角双锥结构稳定。PCl_5 由气态变成晶体时，它就转变成较稳定的 PCl_4^+（四面体）、PCl_6^-（八面体）。

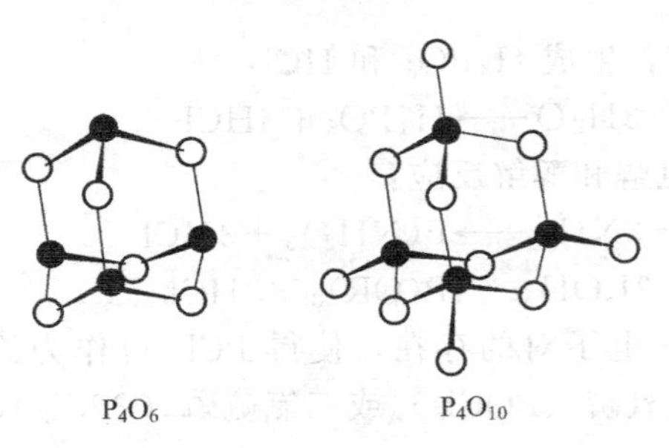

图 10-13　P_4O_6、P_4O_{10}的结构

P_4O_{10}是磷酸的酸酐，白色粉末状固体，有强烈的吸水性，在空气中吸收水分迅速潮解，因此，在实验室中常用做酸性干燥剂。P_4O_{10}甚至能从其他物质中夺取化合状态的水。例如，可使硫酸、硝酸脱水成硫酐和硝酐。

$$P_4O_{10}+6H_2SO_4 \longrightarrow 6SO_3+4H_3PO_4$$

$$P_4O_{10}+12HNO_3 \longrightarrow 6N_2O_5+4H_3PO_4$$

P_4O_{10}与水反应，随水量的多少和反应温度不同，而生成各种磷酸。

$$P_4O_{10} \xrightarrow[\text{(冷)}]{+2H_2O} (HPO_3)_4 \xrightarrow[\text{(热)}]{+2H_2O} 2H_4P_2O_7 \xrightarrow[\text{(沸)}]{+2H_2O} 4H_3PO_4$$

P_4O_{10}有强的吸水性，必须贮存在耐酸密闭容器中。它对皮肤和黏膜有腐蚀性，使用时应注意不要沾在皮肤上。

(2) 磷的含氧酸及其盐

磷能形成多种含氧酸。磷的含氧酸按氧化态的不同可分为次磷酸、亚磷酸、正磷酸等。由于同一氧化态的磷酸能脱水缩合形成许多缩合酸（多酸），因此又可分为正、偏、聚、焦磷酸等。表 10-5 列出了常见的几种磷的含氧酸。

表 10-5　几种磷的含氧酸

分子式	命　名	结　构	酸的强度
$H_3\overset{+1}{P}O_2$	次磷酸	O=P(OH)(H)(H)	一元酸 $K^{\ominus}=5.9\times10^{-2}$
$H_3\overset{+3}{P}O_3$	亚磷酸	O=P(OH)(H)(OH)	二元酸 $K_1^{\ominus}=3.7\times10^{-2}$ $K_2^{\ominus}=2.9\times10^{-7}$
$H_3\overset{+5}{P}O_4$	正磷酸	O=P(OH)(OH)(OH)	三元酸 $K_1^{\ominus}=7.11\times10^{-3}$ $K_2^{\ominus}=6.23\times10^{-8}$ $K_3^{\ominus}=4.5\times10^{-13}$
$(HPO_3)_n$	偏磷酸		$K^{\ominus}\approx10^{-1}$
$H_4\overset{+5}{P}_2O_7$	焦磷酸	HO—P(=O)(OH)—O—P(=O)(OH)—OH	四元酸 $K_1^{\ominus}=2\times10^{-1}$ $K_2^{\ominus}=6.5\times10^{-3}$ $K_3^{\ominus}=1.6\times10^{-7}$ $K_4^{\ominus}=2.6\times10^{-10}$

由表可见，次磷酸、亚磷酸和正磷酸都是中强酸。这 3 种酸中，虽然都含有 3 个氢原子，但只有正磷酸是三元酸，亚磷酸和次磷酸分别是二元酸和一元酸。它们的性质与其分子结构有关，所有的磷酸分子都是四面体结构，直接与磷原子相连的氢原子（P—H 基团）不显酸性，而只有与氧原子结合的氢原子（P—OH 基团）才可解离显酸性。

① 磷酸及其盐　在磷的含氧酸中以磷酸（H_3PO_4）最为稳定。纯净的磷酸是无色透明晶体，熔点 42.4℃，难挥发，易溶于水。通常市售的磷酸是一种黏稠状的浓溶液，$w(H_3PO_4)=85\%\sim98\%$。

磷酸是四面体构型。磷原子位于四面体中心，氧原子在 4 个顶角上，分子间以氢键联结。如图 10-14 所示。

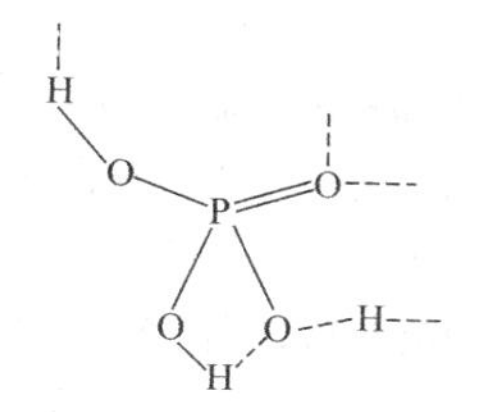

图 10-14　H_3PO_4 分子结构

磷酸中 P 的氧化态为+5，是磷的最高氧化态，但磷酸几乎没有氧化性：

$$E^{\ominus}(H_3PO_4/H_3PO_3)=-0.276V$$

$$E^{\ominus}(H_3PO_4/H_3PO_2)=-0.499V$$

$$E^{\ominus}(H_3PO_4/P)=-0.454V$$

从电极电势值可知，磷酸的氧化性很弱，不能作氧化剂。

将磷酸加热，根据其脱水和聚合程度的不同，可得焦磷酸、三偏磷酸 $(HPO_3)_3$、四偏磷酸 $(HPO_3)_4$、三聚磷酸（$H_5P_3O_{10}$）等等。

焦磷酸是由 2 个正磷酸分子脱去 1 分子 H_2O 而形成的：

$$\mathrm{HO{-}P(\to O)(OH){-}OH + H{-}O{-}P(\to O)(OH){-}OH \xrightarrow{-H_2O} HO{-}P(\to O)(OH){-}O{-}P(\to O)(OH){-}OH}\text{（焦磷酸）}$$

3 个正磷酸分子脱去 3 分子 H_2O 即形成三偏磷酸：

$$3\,\mathrm{HO{-}P(\to O)(OH){-}OH \xrightarrow{-3H_2O}} \text{环状 } \mathrm{[HO{-}P(\to O){-}O{-}]_3}\text{（三偏磷酸）}$$

3 个正磷酸分子脱去 2 分子 H_2O 即形成二缩三磷酸（三聚磷酸）：

$$\mathrm{HO{-}P(\to O)(OH){-}OH + H{-}O{-}P(\to O)(OH){-}OH + H{-}O{-}P(\to O)(OH){-}OH \xrightarrow{-2H_2O}}$$

$$\mathrm{HO{-}P(\to O)(OH){-}O{-}P(\to O)(OH){-}O{-}P(\to O)(OH){-}OH}\text{（三聚磷酸）}$$

由多个单酸分子脱水缩合而成的各种酸，通常称为（缩）（聚）多酸。多磷酸是通过共用磷氧四面体角顶上的氧原子而联结起来的。这种联结可以发展成直链、支链和环状结构的多聚磷酸。

磷酸盐可分为简单磷酸盐和多聚磷酸盐。简单磷酸盐是指正磷酸的三种类型的盐：磷酸正盐 M_3PO_4、磷酸一氢盐 M_2HPO_4 和磷酸二氢盐 MH_2PO_4（M 为+1 价金属离子）。各种磷酸盐中，磷酸一氢盐和磷酸正盐（除钾、钠、铵盐外）均不溶于水，但能溶于酸。磷酸二氢盐均能溶于水。

可溶性磷酸盐在溶液中都能发生不同程度的水解。Na_2HPO_4 的水溶液由于 HPO_4^{2-} 的水解作用大于电离作用，呈弱碱性，而 NaH_2PO_4 溶液则由于电离作用大于水解作用而呈弱酸性。

磷酸二氢钙是重要的磷肥。磷酸的碱金属盐主要用做缓冲试剂、食品加工的焙粉和乳化剂，如磷酸二氢盐（NH_4^+、Na^+、Ca^{2+} 盐）用于发酵制品中：

$$NaH_2PO_4 + Na_2CO_3 \longrightarrow CO_2 + Na_3PO_4 + H_2O$$

难溶性的磷酸盐可作优良的无机黏结剂，如 $Al_2(HPO_4)_3$ 和 CuO 粉末调制而成的磷酸盐黏结剂，能耐高温（1273K）和低温（87K）。磷酸锰铁 $Mn(H_2PO_4)_2 \cdot Fe(H_2PO_4)_2$ 是钢铁防锈的磷化剂，并为油漆提供特别黏附的底面。

磷酸盐与过量的钼酸铵 [$(NH_4)_2MoO_4$]，在硝酸的水溶液中加热，可慢慢析出黄色磷钼酸铵沉淀：

$$PO_4^{3-} + 12MoO_4^{2-} + 24H^+ + 3NH_4^+ \longrightarrow (NH_4)_3PO_4 \cdot 12MoO_3 \downarrow + 12H_2O$$

这个反应可用做 PO_4^{3-} 的鉴定反应。

多聚磷酸盐中，比较重要的有三聚磷酸钠（$Na_5P_3O_{10}$）和六偏磷酸钠 [$(NaPO_3)_6$]。三聚磷酸钠曾主要用做合成洗涤剂的助剂、软水剂，但由于其产生的废水可使水体富营养化，现趋向于使用无磷洗涤剂。此外，它对润滑油与脂肪有强烈的乳化作用，可用来调节缓冲皂液的 pH。六偏磷酸钠能与碱土金属化合成可溶性复盐，因此它可作锅炉水垢的溶解剂，是一种良好的软水剂。六偏磷酸钠在食品工业中，可作为食品的品质改良剂、pH 调节剂、黏着剂和膨胀剂等。

② 亚磷酸和亚磷酸盐　亚磷酸（H_3PO_3）是无色晶体，熔点 73℃，易潮解，易溶于水，是二元酸，能形成两种类型的盐。碱金属和钙的亚磷酸盐易溶于水，其他金属的亚磷酸盐均难溶。

亚磷酸是较强的还原剂，在空气中逐渐氧化成磷酸，能将 Ag^+、Cu^{2+} 等还原成金属：

$$H_3PO_3 + 2Ag^+ + H_2O \longrightarrow 2Ag + H_3PO_4 + 2H^+$$

亚磷酸溶液受热时，发生歧化反应：

$$4H_3PO_3 \longrightarrow PH_3 + 3H_3PO_4$$

10.4 砷、锑、铋

10.4.1 砷、锑、铋的单质

砷、锑、铋在自然界中主要以硫化物的形式存在，如雌黄（As_2S_3）、雄黄（As_2S_4）、辉锑矿（Sb_2S_3）、辉铋矿（Bi_2S_3）等。砷、锑、铋的熔点较低，且从砷到铋依次降低，铋的熔点为 271.4℃。砷、锑、铋易挥发，气态时，它们都是多原子分子。砷蒸气和锑蒸气的

分子为 As_4 和 Sb_4，800℃以上开始分解为 As_2 和 Sb_2，铋蒸气是双原子分子和单原子分子的平衡态。

常温下，砷、锑、铋在水和空气中都比较稳定，不与稀酸作用，但能与硝酸作用生成砷酸、锑酸（水合五氧化二锑）和铋（Ⅲ）盐。高温时，砷、锑、铋与许多非金属（如卤素、氧、硫等）反应生成相应的化合物：

$$2M+3X_2 \longrightarrow 2MX_3$$ [1]（M=As，Sb，Bi；X代表卤素）

$$4M+3O_2 \longrightarrow M_4O_6(2Bi_2O_3)$$

$$2M+3S \longrightarrow M_2S_3$$

砷能溶于熔融的氢氧化钠，而锑、铋则不能：

$$2As+6NaOH \longrightarrow 2Na_3AsO_3+3H_2$$

砷、锑、铋能与绝大多数金属形成合金和化合物。如易熔的伍德合金（Bi、Pb、Sn、Cd的质量比4∶2∶1∶1）熔点71℃；与碱金属形成 A_3M 型的化合物（A=Li、Na、K、Rb、Cs；M=As、Sb、Bi）；与第13（ⅢA）族金属形成砷化镓（GaAs）、锑化镓（GaSb）、砷化铟（InAs）、锑化铝（AlSb）等。这些化合物都可作半导体材料。

10.4.2 砷的氢化物

砷、锑、铋都能形成氢化物 MH_3（M=As、Sb、Bi），它们都是共价分子，结构与 NH_3 类似。它们的稳定性依次降低，通常条件下都是不稳定的气体，有毒。它们的热稳定性和碱性从砷到铋依次降低，还原性依次增强。其中较重要的是砷化氢 AsH_3（又名胂）。

AsH_3 是一种无色、具有大蒜味的剧毒气体。金属砷化物水解或用强还原剂还原砷的氧化物，均可制得胂：

$$Na_3As+3H_2O \longrightarrow AsH_3+3NaOH$$

$$As_2O_3+6Zn+6H_2SO_4 \longrightarrow 2AsH_3+6ZnSO_4+3H_2O$$

室温下，胂在空气中自燃：

$$2AsH_3+3O_2 \longrightarrow As_2O_3+3H_2O$$

在缺氧条件下，胂受热分解成单质：

$$2AsH_3 \xrightarrow{\triangle} 2As+3H_2$$

这是马氏试砷法的主要反应。检验方法是：将试样、锌和盐酸混合在一起，将生成的气体导入热玻璃管中，如试样中有砷的化合物存在，则生成的胂在加热部位分解，形成黑色的"砷镜"。

胂是一种很强的还原剂，除了能与常见的氧化剂反应外，还能与重金属盐反应而析出金属单质。例如：

$$2AsH_3+12AgNO_3+3H_2O \longrightarrow As_2O_3+12HNO_3+12Ag\downarrow$$

这是古氏试砷法的主要反应。

10.4.3 砷、锑、铋的氧化物及其水合物

砷、锑、铋有+3和+5两种氧化态的氧化物及其水合物。

直接燃烧砷、锑、铋的单质可得到三氧化物（M_2O_3）：

$$4M+3O_2 \longrightarrow M_4O_6(2Bi_2O_3)$$

三氧化二砷（As_2O_3）俗称砒霜，是剧毒的白色粉末状固体，致死量为0.1g。它可用

[1] 锑还可以生成少量 SbF_5、$SbCl_5$，砷可以生成 AsF_5。

于制造杀虫剂、除草剂和含砷药物。

用硝酸氧化砷、锑的单质或它们的三氧化物，可得五氧化物（M_2O_5）或五氧化物的水合物（$M_2O_5 \cdot nH_2O$）：

$$3As_2O_3 + 4HNO_3 + 7H_2O \longrightarrow 6H_3AsO_4 + 4NO\uparrow$$

$$3Sb + 5HNO_3 + 2H_2O \longrightarrow 3H_3SbO_4 + 5NO\uparrow$$

将含氧酸加热脱水可制得相应的氧化物：

$$2H_3AsO_4 \xrightarrow{\triangle} As_2O_5 + 3H_2O$$

$$2H_3SbO_4 \xrightarrow{\triangle} Sb_2O_5 + 3H_2O$$

砷、锑、铋的氧化态为+3的氧化物 As_2O_3、Sb_2O_3 和 Bi_2O_3，其稳定性依次增大，而氧化态为+5的氧化物 As_2O_5、Sb_2O_5 和 Bi_2O_5，其稳定性却依次降低。这是由于"惰性电子对效应"引起的。Bi_2O_5 极不稳定，会自发分解：

$$Bi_2O_5 \longrightarrow Bi_2O_3 + O_2$$

砷、锑、铋的氧化物及其水合物的主要性质是它们的酸碱性和氧化还原性。其变化规律如下所示：

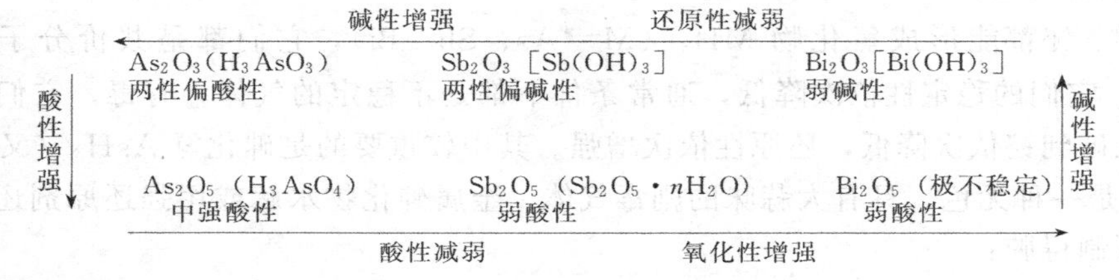

（1）酸碱性

砷、锑、铋的氧化物及其水合物酸碱性的递变，完全符合周期表中元素性质的递变规律。元素的非金属性越显著，其氧化物及其水合物的酸性就越强。砷、锑、铋的非金属性依次减弱，所以它们的氧化物及其水合物的酸性依次减弱。若把同族的氮、磷放在一起比较，HNO_3 的酸性最强，H_3PO_4 次之，H_3AsO_4 更次之。同一元素的氧化物及其水合物的酸碱性，随元素氧化态的升高，酸性增强，碱性减弱。所以 H_3AsO_4 的酸性比 H_3AsO_3 强，Bi_2O_3 显弱碱性，而 Bi_2O_5 则不显碱性。

（2）氧化还原性

砷、锑、铋的+3和+5两种氧化态的氧化物及其水合物的氧化-还原性，可以用惰性电子对效应来解释。由 As—Sb—Bi 顺序，ns^2 电子对越来越稳定，所以+3氧化态的还原性依次降低，而+5氧化态的氧化性依次增强。这一递变规律，也可以用电极电势来说明。

酸性介质：

$$E^{\ominus}(H_3AsO_4/H_3AsO_3) = 0.560V$$

$$E^{\ominus}(Sb_2O_5/SbO^+) = 0.581V$$

$$E^{\ominus}(Bi_2O_5/BiO^+) = 1.593V$$

由标准电极电势值可以看出，H_3AsO_3—SbO^+—BiO^+ 系列中的 H_3AsO_3 具有相对最强的还原性。H_3AsO_4—Sb_2O_5—Bi_2O_5 系列中的 Bi_2O_5 具有最强的氧化性。

10.4.4 砷、锑、铋的盐类

砷、锑、铋的盐类有两种形式，即 MO_3^{3-} 盐、MO_4^{3-} 盐和 M（Ⅲ）盐、M（Ⅴ）盐。

在三氧化物（M_2O_3）中，As_2O_3、Sb_2O_3 显两性，可形成亚砷（锑）酸盐和砷（Ⅲ）、锑(Ⅲ)盐；Bi_2O_3 只显碱性，故只能形成铋(Ⅲ)盐。这些盐类都极易水解。例如：

$$AsCl_3 + 3H_2O \longrightarrow H_3AsO_3 + 3HCl$$

$SbCl_3$、$BiCl_3$ 都水解生成白色碱式盐沉淀：

$$SbCl_3 + H_2O \longrightarrow SbOCl\downarrow + 2HCl$$
$$BiCl_3 + H_2O \longrightarrow BiOCl\downarrow + 2HCl$$

Sb(Ⅲ)、Bi(Ⅲ)的硝酸盐和硫酸盐也会水解生成白色的相应碱式盐沉淀。根据盐类水解平衡移动的原理，加酸可以遏制上述盐类的水解。因此，配制上述盐的水溶液时，必须在其相应的酸中配制，才能得到澄清的盐溶液。

亚砷酸钠在水溶液中水解为：

$$Na_3AsO_3 + H_2O \longrightarrow Na_2HAsO_3 + NaOH$$
$$Na_2HAsO_3 + H_2O \longrightarrow NaH_2AsO_3 + NaOH$$

因此，As_2O_3 溶于 NaOH 溶液生成的是酸式盐而不是正盐。亚砷酸盐在碱性溶液中可用做强还原剂，容易被氧化成砷酸盐。

As、Sb、Bi 的五氧化物（M_2O_5）的酸碱性递变规律与三氧化物（M_2O_3）相似，只是酸性比相应的 M_2O_3 稍强，故它们较易形成含氧酸 MO_4^{3-} 盐而难以形成 M（Ⅴ）盐。

砷、锑、铋酸盐在酸性溶液中都具有氧化性，其中以铋酸盐最强。例如铋酸钠 $NaBiO_3$（按命名法应叫做偏铋酸钠），在酸性溶液中能把 Mn^{2+} 氧化成 MnO_4^-：

$$5NaBiO_3(s) + 2Mn^{2+} + 14H^+ \longrightarrow 2MnO_4^- + 5Bi^{3+} + 5Na^+ + 7H_2O$$

此反应为鉴定 Mn(Ⅱ)离子的特征反应。

在 As、Sb、Bi 的 M(Ⅲ)盐溶液中或经酸化后的 MO_3^{3-}、MO_4^{3-} 盐溶液中通入 H_2S，都能生成有颜色的硫化物沉淀：

As_2S_3（黄色）	Sb_2S_3（橙色）	Bi_2S_3（黑色）
两性偏酸性	两性	弱碱性
As_2S_5（淡黄色）	Sb_2S_5（橙色）	
酸性	两性偏酸性	

砷、锑、铋硫化物的酸碱性、氧化还原性及其变化规律和相应的氧化物很相似。As_2S_3 两性偏酸性，所以可溶于碱，不溶于浓盐酸；Sb_2S_3 显两性，既可溶于碱又可溶于酸；Bi_2S_3 显碱性，只溶于酸不溶于碱。

$$As_2S_3 + 6NaOH \longrightarrow Na_3AsO_3 + Na_3AsS_3 + 3H_2O$$
$$Sb_2S_3 + 6NaOH \longrightarrow Na_3SbO_3 + Na_3SbS_3 + 3H_2O$$
$$Sb_2S_3 + 12HCl \longrightarrow 2H_3SbCl_6 + 3H_2S$$
$$Bi_2S_3 + 6HCl \longrightarrow 2BiCl_3 + 3H_2S$$

As_2S_3、Sb_2S_3 还可溶于碱性硫化物中生成硫代亚砷（锑）酸盐，而 Bi_2S_3 则不溶。

$$As_2S_3 + 3Na_2S \longrightarrow 2Na_3AsS_3$$
$$Sb_2S_3 + 3(NH_4)_2S \longrightarrow 2(NH_4)_3SbS_3$$

As_2S_5、Sb_2S_5 的酸性比相应的三价硫化物强，所以更易溶于碱或碱性硫化物中。

$$As_2S_5 + 3Na_2S \longrightarrow 2Na_3AsS_4$$
$$Sb_2S_5 + 3(NH_4)_2S \longrightarrow 2(NH_4)_3SbS_4$$

As_2S_3、Sb_2S_3 都具有还原性，能被多硫化物氧化生成硫代酸盐，而还原性极弱的 Bi_2S_3 则不反应。

$$As_2S_3 + 3S_2^{2-} \longrightarrow 2AsS_4^{3-} + S$$

砷、锑的硫代酸盐、硫代亚酸盐只能在中性或碱性介质中存在，遇酸又会分解成相应的硫化物并放出硫化氢：

$$2AsS_3^{3-}+6H^+ \longrightarrow As_2S_3\downarrow+3H_2S\uparrow$$

$$2SbS_4^{3-}+6H^+ \longrightarrow Sb_2S_5\downarrow+3H_2S\uparrow$$

硫代酸盐的生成和分解常用于这些离子的分离和鉴定。

思考题

1. 为什么在常温下 N_2 可被用做保护气体？
2. 判断下列说法是否正确：
① 含氧酸酸性越强，氧化性越强；
② 含氧酸的氧化性越强，稳定性越弱；
③ 氧化态越高的含氧酸，酸性越强，氧化性也越强；
④ 含氧酸的氧化性比它的盐强。
3. 试解释：
① 氨极易溶于水；
② 氨是路易斯碱；
③ 氨是良好的冷冻剂；
④ 铵盐受热易分解。
4. 氮族元素氢化物的酸碱性、氧化还原性及热稳定性有何变化规律？
5. 硝酸盐热分解有哪几种类型？举例说明。
6. 磷酐为什么能作干燥剂？磷酐吸水与硅胶吸水有何不同？
7. 为什么亚磷酸（H_3PO_3）分子中含有 3 个氢原子，但却是二元酸？
8. 氮的非金属性强于磷，但为什么白磷比氮气活泼？
9. HNO_3 和金属作用有几种类型？
10. 试述 AsH_3 的制法和砷的检验方法。

习 题

1. NO 是制 HNO_3 的重要原料，工业上采用氨的催化氧化法制取：$4NH_3+5O_2 \xrightarrow{Pt} 4NO+6H_2O\ (g)$；自查有关热力学数据，计算该反应的 $\Delta_r G_m^{\ominus}$，并说明为什么不采用 N_2 和 O_2 直接化合法？

2. NH_4NO_3 的热分解方式可有下列两种类型：
① $NH_4NO_3(s) \longrightarrow NH_3(g)+HNO_3(l)$
② $NH_4NO_3(s) \longrightarrow N_2O(g)+2H_2O(g)$
试自查有关热力学数据，通过计算说明哪种分解方式的热力学可能性较大。

3. 工业上采用氨的催化氧化法制取 HNO_3，试计算在 1073K、100kPa 下，每消耗 $1m^3$ 的氨气，理论上可制得浓度为 70% 的 HNO_3 多少千克？

4. 写出下列各盐的热分解方程式：
NH_4Cl　　NH_4NO_2　　$(NH_4)_2Cr_2O_7$　　KNO_3　　$Zn(NO_3)_2$　　$Hg(NO_3)_2$

5. 为什么在 $H_2PO_4^-$ 和 HPO_4^{2-} 溶液中加入 $AgNO_3$ 均生成黄色 Ag_3PO_4 沉淀？析出沉淀后溶液的酸碱性发生什么变化？

6. 如何用简便方法鉴别下列各组物质的溶液？
① NH_4Cl 和 $(NH_4)_2SO_4$
② KNO_2 和 KNO_3
③ $AsCl_3$、$SbCl_3$ 和 $BiCl_3$

7. 画出 PCl_5 的电子结构式，并说明气态 PCl_5 的几何构型。

8. 写出制备砷和锑的硫代酸盐的反应式。铋能否生成硫代酸盐？为什么？

9. 为什么配制 $SbCl_3$ 溶液时加水会出现白色浑浊？怎样才能配成澄清的 $SbCl_3$ 溶液？

10. 在经稀 HNO_3 酸化的化合物 A 溶液中加入 $AgNO_3$ 溶液，生成白色沉淀 B。B 能溶解于氨水得一溶液 C。C 中加入稀 HNO_3 时，B 重新析出。将 A 的水溶液以 H_2S 饱和，得一黄色沉淀 D。D 不溶于稀 HCl，但能溶于 KOH 和 $(NH_4)_2S_2$。D 溶于 $(NH_4)_2S_2$ 时得到溶液 E 和单质硫。酸化 E，析出淡黄色沉淀 F，并放出一腐臭气体 G。试写出有关反应式，并标明字母所示物质。

11. 将砷、锑、铋的硫化物在下列试剂中的溶解情况（溶、不溶）填入下表。

硫化物	As_2S_3	As_2S_5	Sb_2S_3	Sb_2S_5	Bi_2S_3
在浓 HCl 中					
在 NaOH 中					
在 Na_2S 中					

12. 完成并配平下列反应式：

① $NO_2^- + I^- + H^+ \longrightarrow$

② $NO_2^- + MnO_4^- + H^+ \longrightarrow$

③ $Au + HNO_3 + HCl \longrightarrow$

④ $P_4O_{10} + HNO_3 \longrightarrow$

⑤ $PCl_3 + H_2O \longrightarrow$

⑥ $As_2S_3 + NaOH \longrightarrow$

⑦ $AsO_3^{3-} + H_2S + H^+ \longrightarrow$

⑧ $Sb + HNO_3$（浓）$\longrightarrow$

⑨ $Sb_2S_3 + O_2 \xrightarrow{\triangle}$

⑩ $Bi(NO_3)_3 + H_2O \longrightarrow$

13. 在下列图中箭头旁填上适当的试剂，以实现各物质之间的转变。

①

$$Na_3AsO_4 \rightleftharpoons Na_3AsO_3 \rightleftharpoons As(OH)_3 \rightleftharpoons AsCl_3$$

$$Na_3AsO_3 \downarrow As^{3+} \downarrow As_2S_3 \rightleftharpoons Na_3AsO_3$$

②

$$Na_3SbO_3 \rightleftharpoons Sb(OH)_3 \rightleftharpoons SbCl_3 \rightleftharpoons SbOCl$$

$$Na_3SbO_3 \downarrow Sb^{3+} \downarrow Sb_2S_3 \rightleftharpoons Na_3SbO_3$$

③

$$Bi(OH)_3 \longrightarrow NaBiO_3$$

$$NaBiO_3 \rightleftharpoons Bi(NO_3)_3$$

$$Bi(OH)_3 \rightleftharpoons Bi(NO_3)_3 \rightleftharpoons BiONO_3$$

$$Bi(NO_3)_3 \rightleftharpoons Bi_2S_3$$

第11章 碳族元素

11.1 碳族元素通性

第 14(ⅣA) 族元素包括碳（C)、硅（Si)、锗（Ge)、锡（Sn）和铅（Pb)。其中碳是非金属元素，硅和锗是准金属元素，锡和铅是金属元素。

在元素周期表中，碳和硅是形成化合物最多的两种元素。碳以 C—C 链化合物构成了整个有机界，生物体、矿物燃料（煤、石油、天然气）都是碳的有机化合物的集合体。硅则以 Si—O—Si 链化合物与其他元素一起构成了整个矿物界。碳是矿物燃料的最主要组成元素，煤、石油和天然气不仅是当今最重要的能源，而且还是有机化工原料的主要来源。硅及其化合物作为材料，几乎伴随了整个人类发展过程。燧石（SiO_2）是人类最早使用的天然材料之一，陶瓷（硅酸盐）是人类最早制造的人工材料，当今人们使用的各种陶瓷、砖、水泥、玻璃等都是硅酸盐的不同形式；高纯单质硅是现代信息产业最为基础的材料之一；硅光电池则是目前卫星、空间站、宇宙飞船等的主要动力源。锡和铅早在公元前 2000 年前就已被人们使用。锗是比硅更早被应用的半导体，只不过锗不如硅稳定，随着硅纯制技术的发展逐渐被硅取代。

在矿物界，碳以各种碳酸盐、金刚石、石墨和矿物燃料（煤、石油、天然气）等形式存在；在生物界，碳以脂肪、蛋白质、淀粉、纤维素等形式存在。硅元素在地壳中的含量仅次于氧，占第二位，它主要以硅酸盐和石英矿等形式存在于自然界中。锗常以硫化物的形式伴生在其他金属的硫化物矿中。锡和铅主要以氧化物（如锡石 SnO_2）或硫化物（如方铅矿 PbS）矿存在于自然界。表 11-1 列举了 C、Si、Ge、Sn 和 Pb 的一些基本性质。

碳元素的价电子层结构为 $2s^2 2p^2$，价电子数目与价电子轨道数目相等的原子被称为等电子原子。它可以用 sp、sp^2 或 sp^3 杂化轨道形成 σ 键。C—C 键的强度很大（见表 11-2)，碳有强烈的自相结合成链的能力。由于碳是第二周期的元素，能够形成 p-pπ 键，因此碳还能形成多重键。又因为 C—H 键比 C—C 键更强，因此由碳氢元素形成的有机化合物，其数目庞大、结构复杂，已经发展成为一门独立的化学分支——有机化学。本章主要介绍除有机化合物以外的碳单质及其化合物的性质。

硅的价电子层结构为 $3s^2 3p^2$。硅的原子半径比碳的大，硅在外层还有空的 3d 轨道，因此硅与碳有相似的性质，也有明显的不同。由于硅原子的半径比较大，硅的 sp 和 sp^2 态不稳定，而且硅自相结合成 Si—Si 键的能力也比较弱，因此，含 Si—Si 键的化合物的数量和种类比碳氢化合物要少得多，硅主要以 sp^3 杂化轨道与氧形成硅氧四面体，后者再以不同的共用氧原子的方式构成链状、层状或立体网格状化合物。锗的性质与硅相似。

表 11-1　C、Si、Ge、Sn、Pb 的一些基本性质

性质	碳	硅	锗	锡	铅
元素符号	C	Si	Ge	Sn	Pb
原子序数	6	14	32	50	81
相对原子质量	12.011	28.086	72.61	118.71	207.2
价电子层结构	$2s^22p^2$	$3s^23p^2$	$4s^24p^2$	$5s^25p^2$	$6s^26p^2$
主要氧化态	+4、+2、(−4、−2)	+4、(+2)	+4、(+2)	+4、(+2)	(+4)、+2
原子半径/pm	77	117	122	141	175
第一电离能/$kJ \cdot mol^{-1}$	1086	786	762	709	716
电负性	2.5	1.8	1.8	1.8	1.9
熔点/℃	3550℃(金刚石)	1410	937	231	327
硬度(莫氏)	10(金刚石)	7	6	3.75	1.5
密度/$g \cdot cm^{-3}$	2.51(金刚石)	2.32	5.35	7.28	11.34

表 11-2　一些单键键能的平均值/$kJ \cdot mol^{-1}$

单键	键能	单键	键能	单键	键能
C—C	356	Si—H	323	C—F	485
Si—Si	222	B—H	293	Si—F	565
Ge—Ge	188	C—O	357.7	B—F	548
Sn—Sn	146.4	Si—O	452	Si—C	318
B—B	293±21	B—O(a)	561～690		
C—H	416	Al—O(b)	577		

锡和铅主要表现为金属性。它们有氧化态为+2 和+4 的化合物。从锡到铅+2 氧化态趋于稳定。因此 Sn(Ⅱ) 的化合物有明显的还原性，而 Pb(Ⅳ) 的化合物有强的氧化性。

11.2 碳

11.2.1 碳的单质

(1) 金刚石、石墨、C_{60}和碳纳米管

自然界中的单质碳有金刚石和石墨两种同素异形体。1985 年后，又发现了碳的第三种同素异形体——球碳，它是一种由 60 个碳原子构成的分子（C_{60}）。后来又相继发现了 C_{50}、C_{70}、C_{84}、C_{120}等，随后人们又发现了碳纳米管。图 11-1 所示的是金刚石、石墨和 C_{60}及碳纳米管的结构。

金刚石和石墨的结构在第 3 章中已有讨论，这里主要介绍 C_{60}的结构。C_{60}分子是由含有多个六角环的石墨小碎片卷联而成的多面体。它的结构是 20 个正六角环和 12 个正五角环拼成的近似足球状的 32 面体，也称“足球烯”或“富勒烯”。C_{60}的 60 个碳原子占据了 32 面体的 60 个顶点。C_{60}上的每个碳原子以 sp^2杂化轨道与相邻三个碳原子相连，每个碳原子剩余的 p 轨道电子在 C_{60}的外围和内腔形成共轭大 π 键，因而具有很强的电子亲和力和还原性。由于双键的存在，C_{60}具有活泼的化学反应性能，使得 C_{60}这一三维基元具有多变性，为合成新的具有光电磁性质的材料开辟了广阔的空间。当 C_{60}封闭结构的某一方向不断延长时，形成有极大长径比的笼形管状结构，称为碳纳米管。单壁碳纳米管（由一层石墨片“卷起来”形成的管状结构）的侧面由碳原子六边形组成，长度一般为几十纳米至微米级，管的两端由碳原子五边形封顶。图 11-1(d) 是单壁碳纳米管（单壁碳纳米管的结构之一）的示意图。

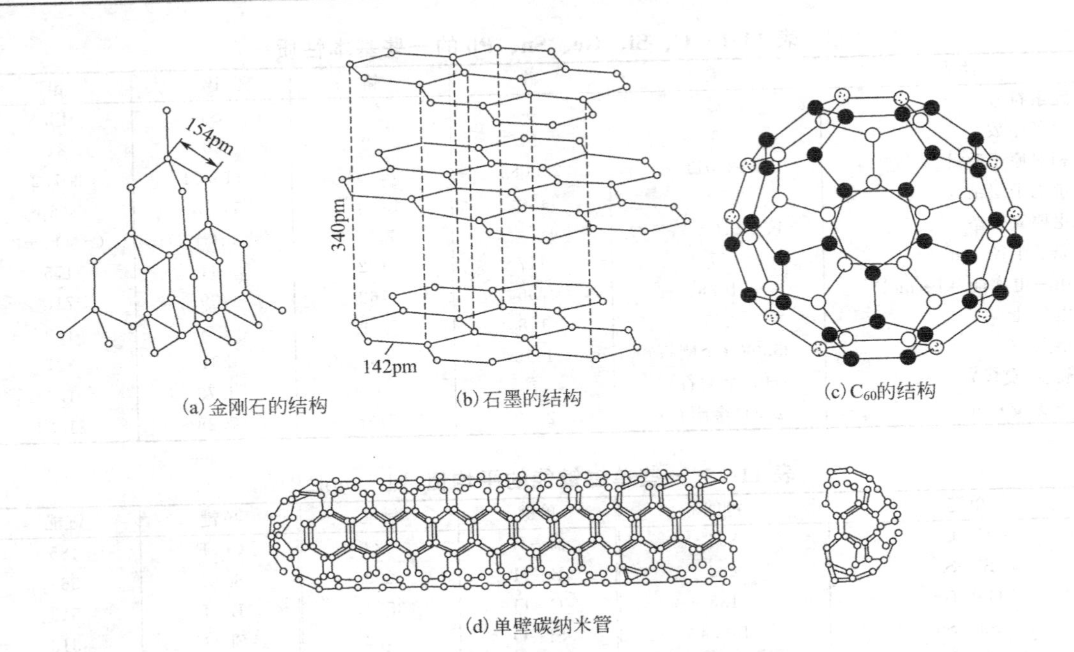

图 11-1 金刚石、石墨和 C_{60} 及碳纳米管的结构

固体 C_{60} 是分子晶体。其晶胞是面心立方结构，C_{60} 分子占据面心立方晶胞的顶点和面心位置。C_{60} 分子之间主要以范德华力相结合。晶胞参数 $a=1.420$nm。

C_{60} 的制备较为困难。目前人们使用一种电弧装置使石墨蒸发，适当地调节氦气的压力，可使 C_{60} 的产率达到烟灰的 10%左右。处理烟灰可以提取出 C_{60} 样品，得到的样品还必须除去少数 C_{70} 等。目前采用色谱技术分离除去 C_{70} 等杂质，已经能得到纯度 99.9%的 C_{60} 样品。北京大学首先在国际上建立了重结晶分离 C_{60} 和 C_{70} 的方法，回收率高，设备简单，适合于大规模生产。C_{60} 有可用做催化剂、润滑剂、超导体等的基质材料，但目前尚处于研究阶段。

金刚石为无色透明晶体，熔点高、硬度大、不导电。在所有单质中，它的熔点最高（3550℃），硬度最大（莫氏硬度为 10）。金刚石在室温下呈化学惰性，但在空气中加热到 820℃左右能燃烧成 CO_2。金刚石主要用做装饰品和工业用硬质材料。

工业用金刚石主要采用静态加压法人工合成。将石墨片、催化剂片（Co、Ni 或 Ni-Cr-Fe 为催化剂），以间隔的方式填入中空的叶蜡石块中，组成一合成件，然后把它放在六面顶压机上施加高温高压（一般为 1300～1500℃，6×10^{6}Pa），1～5min 后取出合成件，捣碎并从中取出完整的合成试棒。在合成试棒的石墨片上可以看到浅黄色或浅绿色的人造金刚石小晶粒，其颜色随催化剂而变。把合成试棒捣碎，相继用电解法清除催化剂，用 $HClO_4$ 清除石墨，用熔融 NaOH 清除合成件带来的硅酸盐，最后得到纯净的、直径为几微米的人造金刚石粉。将它们与作黏结剂的 Co 粉一起成型、烧结，即可获得商品名为 diamond compax 的超硬陶瓷工具材料。1998 年，我国科学家钱逸泰，让 CCl_4 和金属钠在不锈钢密封体内，在催化剂存在下，于 700℃合成了金刚石晶体，被国外科学家誉为“稻草变黄金”的发现，提出了低温合成金刚石的新思路。

石墨为灰黑色柔软固体，密度较金刚石小，熔点较金刚石低 50℃左右，有导电性；在常温下虽然对化学试剂也呈现惰性，但较金刚石活泼。例如，在催化剂（$K_2Cr_2O_7$）的存在下，石墨也可以被热的浓 $HClO_4$ 氧化，使人造金刚石得以提纯。

$$7C(石墨)+4HClO_4（浓）\xrightarrow{K_2Cr_2O_7}2Cl_2+7CO_2+2H_2O$$

在催化剂（PbO 或 Bi_2O_3）的存在下，石墨 427℃时就被空气迅速氧化成 CO_2。这也可以作为人造金刚石中石墨杂质的清除方法，并能减少用浓 $HClO_4$ 清除石墨时造成的环境污染。

石墨在工业上广泛用做电极、高温热电偶、坩埚、冷凝器、火箭喷嘴、宇宙飞船和导弹的某些部件，核反应堆的中子减速剂。石墨粉可以用做润滑剂、颜料和铅笔芯。

工业用石墨也以人造为主，主要用石油焦炭或沥青，经过成型、烘干，最后在真空炉中加热到 3000℃左右制得。

（2）活性炭和碳纤维

工业上还常用到一类微晶体碳单质，又称为炭，如木炭、骨炭、焦炭和炭黑等。微晶体碳实际上是由石墨或金刚石碎片无序连接而成的碳单质。碳纤维是另一类重要的微晶体碳，它是由石墨和金刚石碎片无序连成的链状碳单质。

炭的化学性质不活泼，但由于它们有大的比表面（1g 物质所具有的总表面积），其性质比石墨或金刚石还是活泼一些。

① 炭在氧气中燃烧　炭可以在氧气中燃烧，生成 CO_2。灼热的 C 还能和 O_2 反应生成 CO。生成的 CO 能把许多金属氧化物还原为金属。工业上用焦炭炼铁，实际上起还原剂作用的正是 CO。

$$C(s)+O_2(g) \longrightarrow CO_2(g)$$

$$2C(\text{灼热})+O_2(g) \longrightarrow 2CO(g)$$

$$Fe_2O_3(s)+3CO(g) \longrightarrow 2Fe(l)+3CO_2(g)$$

② 炭与氧化剂反应　炭还可以作还原剂与一些氧化剂反应，例如：

$$2H_2SO_4(\text{浓})+C(s) \longrightarrow CO_2(g)+2SO_2(g)+2H_2O(l)$$

$$H_2O(g)+C(\text{灼热}) \longrightarrow CO(g)+H_2(g)$$

灼热的炭与水蒸气反应是工业上用焦炭合成水煤气（或氢气）的方法，也是人们尝试研究“煤液化”的中间反应之一。

③ 炭的其他反应　炭在电弧炉中能与许多物质反应，例如：

$$2S(s)+C(s) \longrightarrow CS_2(l)$$

$$CaO(s)+3C(s) \longrightarrow CaC_2(s)+CO(g)$$

生成的 CS_2 是重要的溶剂，生成的 CaC_2 是生产乙炔（C_2H_2）的重要原料，它们都可以用焦炭合成。

把木材、煤、骨、气态碳氢化合物等，隔绝空气加热或干馏，即可制得木炭、焦炭、骨炭和炭黑等微晶碳。经过处理的微晶碳，其表面积更大，有很强的吸附能力，又称为活性炭。它能吸附很多物质，可以净化空气、提纯物质、脱色和去臭等。例如，把它装在空调的过滤板上可以净化空气；把它与咖啡豆混合后，用超临界 CO_2 处理，就可以吸附并除去咖啡豆中的有害物质——咖啡碱。

把有机纤维如聚丙烯腈（腈纶）隔绝空气加热到 1000℃以上，能得到黑色、纤细而柔软的碳纤维（现在用沥青也可以制成碳纤维）。把碳纤维分散在诸如树脂、塑料，甚至金属和陶瓷等基体中，可以达到增强这些基体的目的，因此制得了一类碳纤维复合材料。例如，将碳纤维分散在树脂中，可以制成高弹性、高韧性复合材料，波音 767 飞机的外壳就部分地使用了这种材料；将碳纤维表面覆以 TiB_2 或 TiC 等，可以将其分散在含 Si 的铝合金中，制得增强铝合金；将碳纤维表面涂以 SiC 后分散在玻璃中，可获得高强度、高弹性的复合材料等等。碳纤维复合材料是一类用途广泛的复合材料。

11.2.2 碳的氧化物

(1) 一氧化碳

CO的结构为 :C⩵O: ，其中有一个 O→C 的配位键，使 CO 的偶极矩几乎为零。由于分子内形成配位键，使碳原子周围的电子云密度增大，增强了碳原子的配位能力，因此CO与金属形成配合物时，一般是C作配位原子。

CO为无色、无味、可燃性的有毒气体。CO在高温下能使 Fe_2O_3、CuO、MnO_2 等许多金属氧化物还原为金属。冶金工业中，用焦炭作还原剂，实际上起主要作用的是CO。

CO能和一些有空轨道的金属原子（或离子）形成配合物，如 $Ni(CO)_4$、$Fe(CO)_5$ 和 $Cr(CO)_6$ 等。煤气中毒也与CO的配位能力较强有关。CO与血红蛋白（Hb）结合的能力约为 O_2 的230～270倍。CO与血红蛋白（Hb）结合后，Hb就失去结合氧的能力，使生物机体因缺氧而致死。空气中的CO达到0.1%时，就会引起中毒。

CO能与Pd(Ⅱ)盐溶液反应生成黑色金属钯，

$$CO + PdCl_2 + H_2O \longrightarrow Pd\downarrow + CO_2\uparrow + 2HCl$$

这一反应可用来检验气体中是否含CO。在工业气体分析中，常用亚铜盐的氨水溶液或盐酸溶液来吸收混合气体中的CO，生成 $CuCl \cdot CO \cdot 2H_2O$，这种溶液经过处理放出CO，然后重新使用。合成氨工业中用铜洗液吸收CO，来净化氢气也是同一道理：

$$\underset{\text{乙酸二氨合铜（Ⅰ）}}{[Cu(NH_3)_2]CH_3COO} + CO + NH_3 \longrightarrow \underset{\text{乙酸羰基·三氨合铜（Ⅰ）}}{[Cu(NH_3)_3CO]CH_3COO}$$

CO能与氢气反应。催化剂不同，反应产物不同。例如，以 $Cr_2O_3 \cdot ZnO$ 为催化剂，354～400℃时，CO和 H_2 反应生成甲醇（CH_3OH）；若以Fe、Co或Ni为催化剂，250℃和101kPa条件下反应，则生成 CH_4。这些反应可以使水煤气转化成甲醇或其他有机物，是人们对煤进行“液化”以解决石油危机所做的努力。

工业上制取CO是将水蒸气和空气交替通入红热的炭层，产物除CO和 H_2 外，还有少量 CO_2，这种混合气体通常称为水煤气。反应热可以阐明要向炽热炭层交替通入水蒸气和空气的原因，否则反应就会停止。

$$C + O_2 \longrightarrow CO_2 \qquad \Delta_r H_m^{\ominus} = -393.7\text{kJ} \cdot \text{mol}^{-1}$$

$$2C + O_2 \longrightarrow 2CO \qquad \Delta_r H_m^{\ominus} = -220.5\text{kJ} \cdot \text{mol}^{-1}$$

$$C + H_2O \longrightarrow CO + H_2 \qquad \Delta_r H_m^{\ominus} = 131.3\text{kJ} \cdot \text{mol}^{-1}$$

实验室制备CO的方法是把甲酸滴入热的浓硫酸。在热的浓硫酸催化下，甲酸分解生成CO。

$$HCOOH(l) \xrightarrow{\text{热 } H_2SO_4} CO(g) + H_2O(l)$$

(2) 二氧化碳

CO_2 分子是直线型的，它的结构曾被认为是O═C═O。但研究其键长可知，CO_2 中碳氧键应有一定程度的三键特征，因为

C—O 单键的键长（在 H_3CH_2C—OH 中）为148pm

C═O 双键的键长［在 $(H_3C)_2C$═O 中］为124pm

C≡O 三键的键长（在CO中）为112.8pm

而 CO_2 中碳氧键长为116pm，介于C═O和C≡O键长之间，所以可能在直线型的 CO_2 分子中存在着离域的 Π_3^4 键体系：

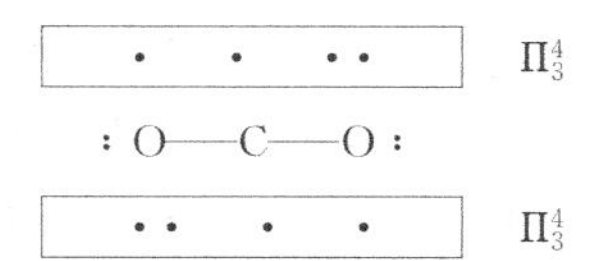

CO_2是无色、无臭气体，比空气重 1.5 倍。CO_2临界温度较高（31℃），加压时易液化。液态 CO_2 的汽化热很高，−56℃时为 $25.1kJ \cdot mol^{-1}$。当部分液态 CO_2汽化时，另一部分 CO_2即被冷却为雪花状固体，俗称“干冰”。干冰同乙醚、氯仿或丙酮等所组成的冻膏冷浴可保持最低温度到−77℃，因此干冰是工业上广泛使用的制冷剂。但在 CO_2临界温度（31℃）以上对 CO_2加压时，无论压力有多高，CO_2不再液化，高压下的 CO_2，其力学性质介于液体和气体之间，是超临界流体（见 11.2.5）。

大气中的 CO_2含量为 0.03%。CO_2通过生物的光合作用和呼吸作用，在自然界中循环，使大气中的 CO_2 含量基本保持恒定。CO_2能够吸收部分太阳辐射能，它与大气中的水蒸气、甲烷等一起被称为“温室气体”。温室气体的“温室效应”使地球表面温差不大，适宜生物生长。但 20 世纪以来，由于人类大量使用矿物燃料，向大气中排入大量 CO_2，导致“全球气候变暖”，随之而来出现了冰川退化、土地沙漠化加剧和海平面上升等环境问题。因此，减少 CO_2的排放量也是不容忽视的环保措施。

CO_2是酸性氧化物，它能与碱反应。CO_2 被大量用于生产 Na_2CO_3、$NaHCO_3$、纯 Al_2O_3、铅白[$Pb(OH)_2 \cdot 2PbCO_3$]、化肥等，还可以用于制造饮料［制汽水的 CO_2压力约为（3～4）$\times 10^2$kPa］。

CO_2无毒，但若在空气中含量过高，也有使人因为缺氧而发生窒息的危险。人进入地窖时应手持燃着的蜡烛，若烛灭，表示地窖内 CO_2过多，暂时不宜进入。

工业用的 CO_2主要为水泥厂、石灰窑、炼铁高炉和酿酒厂的副产物。

11.2.3　碳酸及碳酸盐

CO_2在水中溶解度不大。常温下，1 体积水只溶解近乎 1 体积的 CO_2。溶于水中的 CO_2只有 1%～4%转变为 H_2CO_3。即使如此，这种溶解行为也会使蒸馏水的 pH 小于 7，更会使地球表层的碳酸盐矿石被侵蚀。

H_2CO_3为二元酸，它能生成两种盐——碳酸氢盐和碳酸盐。$CO_3{}^{2-}$ 中碳原子以 sp^2杂化轨道与 3 个 O 原子的 2p 轨道成键，它的另一个 p 电子与 3 个 O 原子的 2p 轨道形成一个 Π_4^6，离子为平面三角形。$HCO_3{}^-$ 中碳原子除了与 3 个 O 原子形成 3 个 σ 键外，还形成 Π_3^4 键。

CO_3^{2-}　　　　HCO_3^-

所有碳酸氢盐都溶于水。碳酸盐中只有铵盐和碱金属的盐溶于水。但碳酸氢铵和碱金属碳酸氢盐的溶解度比相应的正盐的溶解度要小。因此向浓碳酸铵溶液中通入 CO_2至饱和，可沉淀出 NH_4HCO_3，这与 HCO_3^- 在它们的晶体中通过氢键结合成链有关。

碱金属的碳酸盐和碳酸氢盐在水中分别呈强碱性和弱碱性。因此，在它们的水溶液中，除了有 HCO_3^-、CO_3^{2-} 以外，还有 OH^-。当其他金属离子遇到碱金属碳酸盐溶液时，会产生不同的沉淀，有碳酸盐、碱式碳酸盐或氢氧化物：

$$Ba^{2+} + CO_3^{2-} \longrightarrow BaCO_3 \downarrow$$

$$2Fe^{3+} + 3CO_3^{2-} + 3H_2O \longrightarrow 2Fe(OH)_3 + 3CO_2 \uparrow$$

$$2Cu^{2+} + 2CO_3^{2-} + H_2O \longrightarrow Cu_2(OH)_2CO_3 + CO_2 \uparrow$$

至于形成何种沉淀，一般来说，其氢氧化物的碱性较强者可沉淀为碳酸盐；氢氧化物碱性较弱者，可沉淀为碱式碳酸盐；水解性较强者，可沉淀为氢氧化物。

由于多数碳酸盐的溶解度小，自然界中有许多碳酸盐矿石。大理石、石灰石、方解石以及珍珠、珊瑚、贝壳等的主要成分都是 $CaCO_3$。白云石、菱镁矿都含有 $MgCO_3$。地球表层的碳酸盐矿石在 CO_2 和水的长期侵蚀下可以部分地转变为 $Ca(HCO_3)_2$ 而溶解。所以天然水中含有 $Ca(HCO_3)_2$，它经过长期的自然分解或人工加热，又析出 $CaCO_3$。

$$CaCO_3 + CO_2 + H_2O \longrightarrow Ca(HCO_3)_2$$

这个转化反应能说明自然界中钟乳石和石笋的形成以及暂时硬水软化的原理。

碳酸盐的另一个重要性质是热不稳定性，碳酸盐受热分解的难易程度与阳离子的极化作用有关。阳离子的极化作用越大，使 $CO_3{}^{2-}$ 越不稳定，碳酸盐就越容易分解，见表 11-3。

表 11-3　碳酸盐的分解热和分解温度

与 CO_3^{2-} 结合的离子部分	Be	Mg	Ca	Sr	Ba	Zn	Pb	Li_2	Na_2	K_2	Rb_2	Cs_2	Ag_2	Tl_2
$\Delta_r H_m^{\ominus}$/kJ·mol^{-1}	—	117	177	334	267	71	87	226	321	391	404	407	82	—
分解温度/℃	100	540	897	1189	1360	300	315	1270	很高	很高	很高	很高	218	>300

H^+（质子）的极化作用超过一般金属离子，所以，有下列热稳定性顺序：

$$M_2CO_3 > MHCO_3 > H_2CO_3 \qquad \text{(M 表示一价金属)}$$

11.2.4　碳化物

碳可以和一些金属和非金属形成离子型、金属型和共价型碳化物。电负性低的金属或它们的氧化物与碳强热得到的是离子型碳化物，如

$$CaO(s) + 3C(s) \longrightarrow CO \uparrow + CaC_2(s)$$

第 1(ⅠA) 族和第 2(ⅡA) 族（Be 除外）金属的碳化物中存在 $C_2{}^{2-}$，其结构式为[∶C≡C∶]$^{2-}$，此二碳离子是弱酸——乙炔的共轭碱，与水反应产生乙炔：

$$CaC_2(s) + 2H_2O(l) \longrightarrow Ca(OH)_2 \downarrow + C_2H_2 \uparrow$$

Be_2C 及 Al_4C_3 中则含有 C^{4-}，它们与水反应产生 CH_4：

$$Al_4C_3(s) + 12H_2O(l) \longrightarrow 4Al(OH)_3 \downarrow + 3CH_4 \uparrow$$

用类似制备离子型碳化物的方法可以得到离子型硅化物和硼化物。它们与酸反应转变为硅烷和硼烷。

碳与第 4(ⅣB)、5(ⅤB)、6(ⅥB)、7(ⅦB) 族及第 8、9、10(ⅧB) 族的 d 过渡元素的碳化物均为金属型化合物。这些化合物按组成又可以分为 MC(TiC、ZrC、HfC、…)、M_2C(Mo_2C、W_2C) 和 M_3C(Mn_3C、Fe_3C) 三类。在这些碳化物中，碳原子嵌在金属原子密堆积的多面体间隙中，碳原子的价电子可以部分地进入金属空的 d 轨道，增强了金属键。因此，它们具有熔点高、硬度大等特点。MC 和 M_2C 型碳化物还抗腐蚀，但 M_3C 对热和化学作用都不稳定，能被稀酸分解而释放出烃。这些碳化物在工业上常用做硬质合金或耐高温合金，如碳化钨是常用的硬质工具材料。TiC、TaC、HfC 的熔点在 3127℃以上，硬度大，热膨胀系数小，导热性好，作为高温材料，它们已经用做火箭的芯板和火箭用的喷嘴材料。用 20%的 HfC 和 80%的 TaC 制得的合金是已知物中熔点最高的。

碳化硅（SiC）和碳化硼（B_4C）属于共价型碳化物。SiC 是具有金刚石结构的无色晶体，又称金刚砂。碳化硼为黑色固体，其结构复杂，但也是以共价键相结合的三维网格结构，和碳化硅一样，硬度大、熔点高，具有化学惰性，是优良的磨料和切削工具材料，B_4C 还用于制原子反应堆中的控制棒。SiC 与 Si_3N_4（反应见 11.3.5）一样，具有耐高温、耐磨损、耐腐蚀、强度高、密度小、抗氧化等优点，它们并列为精细陶瓷中理想的高温结构材料。用 SiC 或 Si_3N_4 陶瓷制造发动机部件，可以承受 1300℃以上的高温而无须冷却，可以节约 30%的燃料且能将热效率提高到 50%（金属制发动机的燃料热效率只有 28%～38%）。

*11.2.5　超临界流体

物质处于其临界温度（T_c）和临界压力（p_c）以上状态时，向该气体加压，气体不会液化，只是密度增大，在保留气体性能的同时还具有液体的性质，这种状态的流体就称为超临界流体。超临界流体兼具气体和液体的性质，既能够像气体一样易于扩散，又能够像液体那样对溶质有比较大的溶解度。更重要的是在临界点附近，当压力和温度有一微小的变化时，流体的密度就会发生很大的变化，并相应地表现为溶解度的变化。因此，可通过压力和温度的变化，利用超临界流体来进行物质的萃取和分离。CO_2 的临界温度接近室温（31℃），临界压力适中（7.39MPa），超临界 CO_2 的密度较大，而且便宜易得，无毒，惰性，极易从萃取产物中分离，所以超临界 CO_2 是目前普遍使用的超临界流体。在 CO_2 临界温度（31℃）以上，对 CO_2 施加一定压力时，CO_2 不再液化，高压下的超临界 CO_2 流体对一些有机物有特殊的溶解性，可溶解固体，特别是生物体中的一些有用成分，之后再降低压力，使被溶解的有用成分析出，实现固体萃取的目的。整个过程在一定高压和几乎常温的条件下进行。这种萃取对生物活性物质的破坏程度低，是十分有用的生物质提取方法，和先进的分离技术。超临界 CO_2 萃取技术已经在大豆卵磷脂的提取，咖啡豆中咖啡因的除去，生物碱、黄酮类化合物的提取等食品、医药行业得到应用。此外超临界流体还可作为介质应用于高分子的聚合反应，在材料制备、化学反应、环境保护等领域的应用也受到了越来越多的重视。

11.3　硅

11.3.1　单质硅

（1）单质硅的性质

晶态硅是金刚石型的原子晶体。常用的晶态硅分为多晶硅和单晶硅。在晶体硅中，Si—Si 键的强度比金刚石中的 C—C 键的强度低，因此，晶体硅的熔点和硬度都比金刚石低。

硅的化学性质介于金属和非金属之间，但主要表现为非金属性。化学上，常把性质介于金属和非金属之间的元素称为“准金属”或“类金属”或“半金属”。准金属常作半导体材料使用。晶体硅为银灰色、有金属光泽的固体，性质稳定。粉末状硅因为有大的比表面，性质比晶体硅活泼，其化学性质如下。

① 与非金属反应　Si 在常温下只能与 F_2 反应，生成 SiF_4；在 400℃与 Cl_2 反应，生成 $SiCl_4$。硅的卤化物具有挥发性，可以通过精馏 $SiCl_4$ 来提纯硅。Si 在 600℃与 O_2 反应生成 SiO_2。经过提纯的高纯 Si 与 O_2 反应，生成的高纯 SiO_2 是制作光导纤维的原料。Si 在 2000℃时与碳反应生成 SiC，SiC 是重要的硬质工具材料和磨料。纯硅粉在 1300℃与 N_2 在非氧气氛下反应得到 Si_3N_4。

$$3Si(s)+2N_2 \xrightarrow{1300℃} Si_3N_4(s)$$

生成的Si_3N_4是最有希望的耐高温陶瓷结构材料，它极有可能替代单晶铁镍耐高温合金，在高于1100℃温度下作陶瓷发动机材料（见11.3.4）。

② 与金属作用　Si能与某些金属作用生成硅化物。如金属镁与硅强热可以得到离子型硅化镁。离子型硅化物与水或酸作用可以制得硅烷。

$$2Mg + Si \xrightarrow{\triangle} Mg_2Si(s)$$

$$Mg_2Si(s) + 4HCl \longrightarrow SiH_4(g) + 2MgCl_2$$

③ 与酸作用　Si在含氧酸中被钝化，但在氧化剂如HNO_3、CrO_3、$KMnO_4$、H_2O_2存在的条件下，与HF酸反应。如氧化剂为HNO_3时，反应为：

$$3Si + 18HF + 4HNO_3 \longrightarrow 3H_2[SiF_6] + 4NO + 8H_2O \qquad \Delta_r G_m^{\ominus} = -2133kJ \cdot mol^{-1}$$

④ 与碱作用　粉末Si能与强碱猛烈反应，放出H_2：

$$Si + 2NaOH + H_2O \longrightarrow Na_2SiO_3 + 2H_2\uparrow$$

（2）单质硅的制备

工业上是用焦炭在电炉（3000℃）中将石英砂还原，来制备Si：

$$SiO_2 + 2C \longrightarrow Si + 2CO\uparrow$$

得到的是粗硅，可以把粗硅转化成挥发性卤化物，用分馏的办法进行精馏，反应如下：

$$Si(粗) + 2Cl_2 \xrightarrow{450\sim500℃} SiCl_4(l)$$

$$Si(粗) + 3HCl(g) \xrightarrow{250\sim300℃} SiHCl_3(l) + H_2\uparrow$$

也可以按下列反应直接得到卤化硅：

$$SiO_2 + 2C + 2Cl_2 \xrightarrow{\triangle} SiCl_4(l) + 2CO\uparrow$$

把精馏纯化后的卤化硅，用纯氢（用金属钯过滤氢气，因为只有氢气可以穿过钯）还原即可获得高纯硅。

$$SiCl_4 + 2H_2 \xrightarrow[Mo丝]{电炉} Si(纯) + 4HCl\uparrow$$

制备高纯Si还有许多其他方法，加热分解硅烷是近代用得较多的一种方法。把高纯硅再用特殊的方法制成单晶硅，就可以作为原料来制造各种半导体元件、太阳能电池、集成电路等（见20.1.4）。

11.3.2 硅的氢化物——硅烷

和碳一样，硅也可以形成一系列氢化物，但是硅的自相结合能力比碳差，形成的氢化物比碳少得多。已经制得的硅烷有12个左右。其中熟悉的有SiH_4、Si_2H_6、Si_3H_8、Si_4H_{10}、Si_5H_{12}、Si_6H_{14}等，其通式[Si_nH_{2n+2} $(7\geqslant n\geqslant 1)$]和结构与碳烷烃类似。

近来更多的是利用硅烷热分解来制高纯硅。使用量较大的是SiH_4。硅烷制备方法和性质的研究在很大程度上与此目的有关。

简单的硅烷常用金属硅化物与酸反应来制取，如

$$Mg_2Si + 4HCl \longrightarrow SiH_4\uparrow + 2MgCl_2$$

或者用强还原剂$LiAlH_4$还原硅的卤化物：

$$2Si_2Cl_6(l) + 3LiAlH_4(s) \longrightarrow 2Si_2H_6\uparrow + 3LiCl(s) + 3AlCl_3(s)$$

硅烷为无色、无臭气体或液体，熔、沸点都很低。因此利用硅烷的挥发性，可以用精馏的方法使硅烷得以提纯，达到纯化硅的目的。但是硅烷的化学性质活泼，给提纯操作带来困难，如硅烷的还原性很强，能与O_2或其他氧化剂猛烈反应。它们在空气中能自燃，燃烧时

放出大量热，产物为 SiO_2：

$$SiH_4 + 2O_2 \longrightarrow SiO_2 + 2H_2O$$

硅烷在纯水中不发生水解，但当水中存在极少量碱时，硅烷在碱的催化下，猛烈地水解：

$$SiH_4 + (n+2)H_2O \xrightarrow{OH^-} SiO_2 \cdot nH_2O\downarrow + 4H_2\uparrow$$

这些反应对硅烷的提纯是很不利的。

硅烷的热稳定性差，且随分子量增大稳定性减小。适当加热高硅烷，它们分解为低硅烷，低硅烷在温度高于500℃时即分解为单质硅和氢气，如：

$$SiH_4 \xrightarrow{>500℃} Si + 2H_2\uparrow$$

11.3.3 硅的卤化物

硅的卤化物主要有 SiF_4 和 $SiCl_4$。与硅烷相似，硅的卤化物都是共价化合物，溶、沸点都比较低，易于用精馏的方法提纯，常被用做制备其他化合物的原料。99.99%的 SiF_4 是制造太阳能电池用的非晶体硅的原料。$SiCl_4$ 主要用于制硅酸酯类、有机硅单体、高温绝缘漆和硅橡胶，还用于制取生产光导纤维所需要的高纯石英。SiF_4 可由氢氟酸与 SiO_2 反应制得；$SiCl_4$ 可由粗硅直接加热氯化或将 SiO_2 与焦炭在氯气氛下加热制得，反应如下：

$$SiO_2 + 4HF \longrightarrow SiF_4\uparrow + 2H_2O$$

$$Si + 2Cl_2 \longrightarrow SiCl_4\uparrow$$

$$SiO_2 + 2C + 2Cl_2 \longrightarrow SiCl_4\uparrow + 2CO\uparrow$$

SiF_4 为无色、有刺激性气味的气体，$SiCl_4$ 在室温下为无色、强烈刺激性液体，易挥发（沸点为68℃）。SiF_4 和 $SiCl_4$ 都易溶于水并水解，这一点与 CCl_4 不同。因为 Si 的外层还有空3d轨道，能与 H_2O 配位进而发生水解，而碳不具备此条件。$SiCl_4$ 在潮湿的空气中会因水解而产生白雾，因此它可作烟雾剂，反应如下：

$$SiCl_4 + 4H_2O \longrightarrow H_4SiO_4\downarrow + 4HCl$$

SiF_4 的水解产物为氟硅酸和正硅酸，SiF_4 与氢氟酸能直接生成酸性比硫酸还强的酸：

$$3SiF_4 + 4H_2O \longrightarrow H_4SiO_4\downarrow + 4H^+ + 2[SiF_6]^{2-}$$

$$SiF_4 + 2HF \longrightarrow 2H^+ + [SiF_6]^{2-}$$

氟硅酸在水中以 $[SiF_6]^{2-}$ 和 H_3O^+ 形式存在。金属锂、钙等的氟硅酸盐溶于水，而钠、钾、钡的盐难溶于水。用纯碱溶液吸收 SiF_4 气体，可以得到白色的氟硅酸钠 $Na_2[SiF_6]$ 晶体。

$$3SiF_4 + 2Na_2CO_3 + 2H_2O \longrightarrow 2Na_2[SiF_6]\downarrow + H_4SiO_4 + 2CO_2\uparrow$$

生产磷肥时，利用此反应除去有害的废气 SiF_4，同时得到有用的副产物 $Na_2[SiF_6]$。

SiF_4 与碱性氟化物反应，可以得到氟硅酸盐。

$$SiF_4 + 2KF \longrightarrow K_2[SiF_6]$$

$K_2[SiF_6]$ 用于制备太阳能级的纯 Si（含量99.97%）。

11.3.4 硅的含氧化合物

硅的含氧化合物有 SiO_2、硅酸、硅胶、分子筛、硅酸钠及其他人工或天然硅酸盐。

（1）二氧化硅

从地面往下16km，几乎65%为二氧化硅的矿石。天然的二氧化硅有晶态和非晶态两大类。纯石英为无色晶体，大而透明的棱柱状石英俗称水晶。紫水晶、玛瑙和碧玉都是含有杂质的有色晶体。沙子也是含有杂质的石英小晶体，硅藻土和燧石是非晶态二氧化硅。

SiO_2 为原子晶体。在晶体中，硅以 sp^3 杂化轨道与氧成键，形成硅氧四面体（SiO_4）结构单元，四面体单元之间再通过共用氧原子，规则地排列成原子晶体。Si—O 键能很高，因

此 SiO_2 熔点高、硬度大。将石英在 1600℃熔融，冷却时，硅氧四面体单元来不及规则地排列，只是缓慢硬化形成非晶态石英玻璃，这时它相当于一种过冷液体。

石英玻璃的热膨胀系数小，可以耐受温度的剧变，可用以制造耐高温的仪器。石英玻璃能透过紫外线，可用以制造光学仪器等；在高纯石英中加入添加剂并将其拉成丝，这种丝具有很高的强度和弹性，还具有极高的导光性，可以制成光导纤维。石英光纤的透明度可以达到晴朗冬日空气的透明度，广泛地用于各种通讯系统。

SiO_2 为酸性氧化物，可以和热的强碱溶液或熔融的碳酸钠反应，生成可溶性的硅酸盐：

$$SiO_2 + 2OH^- \longrightarrow SiO_3^{2-} + H_2O$$

$$SiO_2 + Na_2CO_3 \longrightarrow Na_2SiO_3 + CO_2 \uparrow$$

将 Na_2CO_3、$CaCO_3$ 和 SiO_2 共熔（约 1600℃），得到硅酸钠和硅酸钙透明混合物，即是普通玻璃。

H_2 即使在高温下都不能把 SiO_2 还原，但镁、铝及硼可以把 SiO_2 还原，C 在高温下也可以还原 SiO_2 为 Si。但当 C 过量时，得到的产物将是 SiC，后者是重要的耐高温和硬质材料。

$$SiO_2 + 2C(\text{适量}) \longrightarrow Si + 2CO \uparrow$$

$$SiO_2 + 3C(\text{过量}) \longrightarrow SiC + 2CO \uparrow$$

（2）硅酸

硅酸是组成复杂的白色固体，通常用化学式 H_2SiO_3 表示。SiO_2 为硅酸的酸酐，但 SiO_2 不溶于水，因此，硅酸只能用可溶性硅酸盐与酸反应制得，实际的反应过程十分复杂，反应式一般写为：

$$SiO_3^{2-} + 2H^+ + H_2O \longrightarrow H_4SiO_4 \downarrow$$

H_4SiO_4 称为正硅酸，经过脱水可得到一系列其他硅酸，如偏硅酸和多硅酸等。产物的组成随形成条件不同而不同，常用通式 $x SiO_2 \cdot y H_2O$ 表示，如偏硅酸（H_2SiO_3）、二硅酸（$H_6Si_2O_7$）等。

在各种硅酸中，以偏硅酸的组成最简单。可溶性硅酸盐与酸反应，开始形成的是单分子 H_4SiO_4，它能溶于水，因此，刚生成的硅酸并不立即沉淀，当这些单分子硅酸逐渐缩合为多酸时，就形成了溶胶。在此溶胶中加电解质，或在适当浓度的硅酸盐溶液中加酸，可以得到半凝固状、软而透明且有弹性的硅酸凝胶（此时，多酸骨架中包含有大量的水）。将硅酸凝胶充分洗涤除去可溶性盐类，干燥脱水后即成为多孔性固体，称为硅胶。若将硅酸凝胶用 $CoCl_2$ 溶液浸泡，干燥活化后可以制得变色硅胶。因为无水 $CoCl_2$ 为蓝色，水合 $CoCl_2 \cdot 6H_2O$ 为红色，根据变色硅胶由蓝变红就可以判断硅胶的吸水程度，反应如下：

$$\underset{\text{(蓝色)}}{CoCl_2} \rightleftharpoons \underset{\text{(蓝紫)}}{CoCl_2 \cdot H_2O} \rightleftharpoons \underset{\text{(紫红)}}{CoCl_2 \cdot 2H_2O} \rightleftharpoons \underset{\text{(粉红)}}{CoCl_2 \cdot 6H_2O}$$

硅胶除了是很好的干燥剂外，还是很好的吸附剂和催化剂载体。

（3）硅酸盐

硅酸盐有可溶性的和不溶性的两大类。钠、钾的某些硅酸盐是可溶的，其余大多数硅酸盐是不溶性的。把一定比例的 SiO_2 和 Na_2CO_3 放在反射炉中煅烧，可以得到组成不同的硅酸钠，它是一种玻璃态、常因含铁而呈现蓝绿色，用水蒸气处理能使其溶解成黏稠液体，成品俗称“水玻璃”。水玻璃具有很广泛的用途。它也是制备硅胶和分子筛的原料。

不溶性硅酸盐的阴离子十分复杂，但其基本结构单元是 SiO_4 四面体。硅氧四面体通过不同方式共用两个或三个氧原子时，可以形成链状、片状或环状结构的复杂阴离子。这些阴离子借助金属离子结合成为各种硅酸盐，见表 11-4。

表 11-4　天然硅酸盐

Si—O 基团	矿　石	结　构
SiO_4^{4-}	镁橄榄石 $(Mg,Fe)_2SiO_4$	
$Si_2O_7^{6-}$	锆石 $ZrSiO_4$	
	硅铅石　$Pb_2Si_2O_7$	
	异极矿　$Zr_4(Si_2O_7)(OH)_2 \cdot 2H_2O$	
$Si_3O_9^{6-}$（环状）	硅灰石　$Ca(Si_3O_9)$	
$[Si_4O_{12}]^{8-}$（环状）	星叶石 $Na_2FeTi(Si_4O_{12})$	
$Si_6O_{18}^{12-}$（环状）	绿宝石 $Be_3Al_3(Si_6O_{18})$	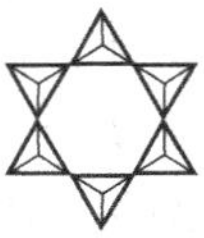
$(SiO_3)_n^{2n-}$（单链状）	石棉 $CaMg_3(SiO_3)_4$	
$(Si_4O_{11})_n^{6n-}$（双链状）	透辉石　$CaMg(SiO_3)_2$	
	透闪石　$Ca_2Mg_5(Si_4O_{11})_2(OH)_2$	
	白云母　$KAl_2(AlSi_3O_{10})(OH)_2$	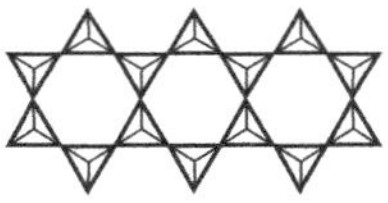
	滑石　$Mg_3[Si_4O_{10}](OH)_2$	
	正长石　$K[AlSi_3O_8]$	
	钙长石　$Ca[Al_2Si_2O_8]$	
	钠沸石　$Na[Al_2Si_3O_{10}(H_2O)_2]$	
SiO_2（骨架状）	石英	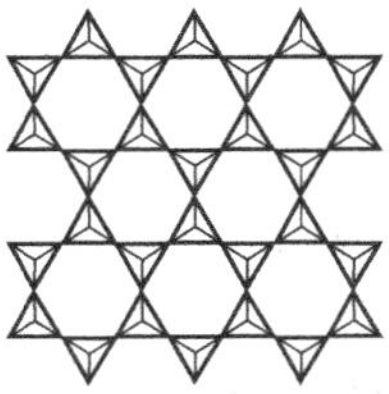

若硅氧四面体的四个氧原子都被共用，则可以形成各种各样的立体网格结构。如果格架中的部分 Si^{4+} 被 Al^{3+} 取代，格架就带负电荷，在格架的空隙中必须存在补偿电荷的阳离子，形成硅铝酸盐。含有结晶水的硅铝酸盐，失水后成为多孔性晶体。这些孔穴能让气体或液体混合物中直径比孔道小的分子进入，而让大分子留在外面，起着“筛分”分子的作用，因此，有“分子筛”之称。

以水玻璃、偏铝酸钠（$NaAlO_2$）和 NaOH 为原料，可以制得人造分子筛。改变操作条件，可以制得不同类型的分子筛。有些分子筛用于气体干燥、净化、富氧及轻油脱蜡；有些用于石油的催化裂化或其他有机反应的催化；还有些用于酸性介质中或酸性物质的处理。

11.3.5　硅化物

硅化物主要有离子型硅化物和共价型硅化物。离子型硅化物是单质硅粉和活泼金属在强热条件下形成的（见 11.3.1）。生成的离子型硅化物用来制备硅烷。共价型硅化物是新型陶瓷材料，其中重要的有 SiC 和 Si_3N_4。SiC 是重要的硬质工具材料和磨料（见 11.2.4）。而 Si_3N_4 是耐高温陶瓷材料。把单质 Si 与 N_2 在 1300℃下反应生成的 Si_3N_4 粉（见 11.3.1），通过特殊的成型和烧结工艺，可以制成零部件，最终可以制成陶瓷发动机。硅和 d、f 区过渡元素可以形成硅化物，它们是非整比化合物。其中含硅量高的，在高温下抗氧性能好。硅化物主要用做耐火材料和耐酸材料。

11.4 锡、铅

11.4.1 锡、铅的单质

(1) 锡

自然界中锡主要以锡石（SnO_2）存在，其次是黄锡石（$Cu_2S \cdot FeS \cdot SnS_2$）。锡的冶炼通常先将矿石氧化焙烧、酸处理后分离得到SnO_2，再用炭还原。

$$SnO_2 + 2C \longrightarrow Sn + 2CO$$

高纯锡一般含锡在99.999%以上。生产高纯锡大多采取电解法、电解-真空挥发法和电化学-区域熔炼法。高纯锡及特种锡合金是电子工业和超导材料的原料之一。

锡有两种晶型，18℃以上稳定的是β型，称为白锡，18℃以下稳定的是α型，称为灰锡。α型锡的晶体结构类似于碳的金刚石型结构。β型锡的晶体结构如图11-2所示，为畸变的八面体结构，这种结构接近于理想的密堆积，所以它的密度比金刚石结构灰锡要大。

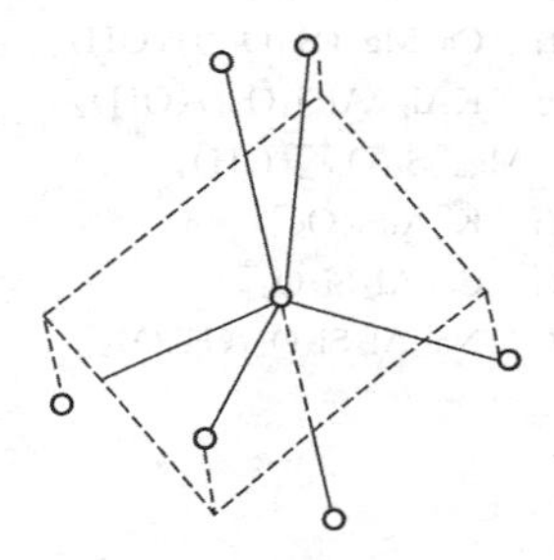

图11-2 β型锡晶体的畸变八面体结构

通常使用的金属锡属于β型。白锡转变成灰锡的相变温度为18℃。但是如果没有催化剂存在，即使温度远低于18℃也很难发生晶型的相变，白锡可以在相当长的时间内处于过冷的亚稳状态。但是只要有一粒白锡变成灰锡，它就成为β型锡转变为α型锡的催化剂，因此在低于18℃时相变一旦开始，进程就变得十分迅速。相变时密度变小，导致块状锡的迸裂并完全粉碎成灰锡粉末，这种现象被称为“锡瘟”。

白锡很软，它没有延性，不能拉制成丝，但富有展性，可以展成极薄的锡箔。

锡具有较好的抗腐蚀性，大量用于制造马口铁。锡与其他金属制成的合金有良好的抗腐蚀性和机械性能，因而用于机器制造工业。高纯锡广泛用于电子工业、半导体工业和制造超导合金（Nb_3Sn）等。

(2) 铅

最重要的铅矿是方铅矿（PbS），它广泛分布于世界各地。其次还有白铅矿（$PbCO_3$）、硫酸铅矿（$PbSO_4$）、磷氯铅矿[$PbCl_2 \cdot 3Pb_3(PO_4)_2$]等。由于铅矿石成分复杂，且含铅量不高，所以先要将矿石经过选矿处理。把浮选的铅矿在空气中熔烧成PbO，再进行还原制得金属Pb：

$$2PbS + 3O_2 \longrightarrow 2PbO + 2SO_2$$

$$PbO + CO \longrightarrow Pb + CO_2$$

将粗铅经过电解精制可以得到纯度为99.999%的高纯铅。由于方铅矿中含有少量金、银，故在提取Pb的过程中，还可以得到Au和Ag。

铅没有同素异形体，其唯一的晶体是具有面心立方结构的晶体。纯铅的硬度为1.5，是重金属中最软的一种，其表面可用指甲刻出痕迹。铅的展性好，可制成铅箔，但它的机械强度和弹性限度较低。铅在低于7.23K时具有超导性。

铅大量用于制造铅蓄电池及汽油抗震剂四乙基铅；另外，还广泛用于电缆包衣、铅管和设备内衬、合金等。

(3) 锡、铅的化学性质

锡、铅的电子构型分别为$5s^25p^2$、$6s^26p^2$，氧化态为+2、+4，它们的电极电势如下：

$E_A^{\ominus}$ N

$$Sn^{+4} \xrightarrow{0.15} Sn^{+2} \xrightarrow{-0.137} Sn$$

$$Pb^{+4} \xrightarrow{1.46} Pb^{+2} \xrightarrow{-0.126} Pb$$

$$Pb^{+4} \xrightarrow{1.69} PbSO_4 \xrightarrow{-0.36} Pb$$

$E_B^{\ominus}$ N

$$[Sn(OH)_6]^{2-} \xrightarrow{-0.93} [Sn(OH)_4]^{2-} \xrightarrow{-0.91} Sn$$

$$PbO_2 \xrightarrow{0.25} PbO \xrightarrow{-0.576} Pb$$

从电极电势值可以看出，锡、铅均是较活泼的两性金属。在常温下由于锡表面有一层保护膜，所以它在空气中和水中都很稳定，因此把锡镀在铁皮的表面，可以防止腐蚀。同样，常温下在空气中的铅，表面形成一层碱式碳酸铅，也能保护底层金属不被氧化。

$$2Pb + O_2 + H_2O + CO_2 \longrightarrow Pb_2(OH)_2CO_3$$

因为铅及铅的化合物都有毒，而含有氧气的水能腐蚀铅，因此能造成水的污染，所以不能用铅管输送饮用水。如果水中含有少量的CO_2、SO_4^{2-}、CO_3^{2-}、SiO_3^{2-}等，它们与铅反应生成不溶性的铅盐而成保护膜，可以防止铅的进一步腐蚀并减少污染。

锡、铅都能与一些酸，例如HCl、H_2SO_4、HNO_3等作用，锡与这些酸的反应较慢。锡与非氧化性酸反应生成二价化合物。锡与氧化性酸反应生成Sn(Ⅳ)化合物，其中与硝酸反应的Sn(Ⅳ)产物为难溶的β-锡酸。

$$Sn + 4HCl(浓) \xrightarrow{\triangle} H_2[SnCl_4] + H_2\uparrow$$

$$Sn + 4H_2SO_4(浓) \xrightarrow{\triangle} Sn(SO_4)_2 + 2SO_2\uparrow + 4H_2O$$

$$Sn + 4HNO_3(浓) \xrightarrow{\triangle} SnO_2 \cdot H_2O\downarrow(\beta\text{-锡酸}) + 4NO_2\uparrow + H_2O$$

铅与稀HCl反应生成$PbCl_2$，$PbCl_2$微溶，覆盖在铅表面使反应中止。但$PbCl_2$在浓盐酸中可以生成$H_2[PbCl_4]$，所以铅不溶于稀盐酸但溶于浓盐酸。铅与稀硝酸反应生成$Pb(NO_3)_2$，具体反应如下：

$$Pb + 2HCl(稀) \xrightarrow{\triangle} PbCl_2\downarrow + H_2\uparrow$$

$$Pb + 4HCl(浓) \xrightarrow{\triangle} H_2[PbCl_4] + H_2\uparrow$$

$$3Pb + 8HNO_3(稀) \xrightarrow{\triangle} 3Pb(NO_3)_2 + 2NO\uparrow + 4H_2O$$

由于$Pb(NO_3)_2$不溶于浓硝酸中，所以铅不溶于浓硝酸中，可以用铅作衬里或管道来贮存和运输浓硝酸。

铅在有氧的存在下可溶于乙酸，生成易溶的$[Pb(CH_3COO)_3]^-$配合物。因此，可以用乙酸从含铅的矿石中浸取铅。

$$2Pb + O_2 \longrightarrow 2PbO$$

$$PbO + 3CH_3COOH \longrightarrow H[Pb(CH_3COO)_3] + H_2O$$

锡、铅都是两性元素，它们也可以和浓的强碱反应：

$$Sn + 2OH^- + 2H_2O \longrightarrow [Sn(OH)_4]^{2-} + H_2\uparrow$$

$$Pb + 2OH^- + 2H_2O \longrightarrow [Pb(OH)_4]^{2-} + H_2\uparrow$$

锡、铅也能和卤素、硫等非金属反应，生成卤化物和硫化物等。

11.4.2 锡、铅的氧化物及其水合物

(1) 氧化物

锡、铅主要有三种类型的氧化物：MO_2（SnO_2，PbO_2）、混合型氧化物（Pb_2O_3、Pb_3O_4）和 MO（SnO、PbO）。这些氧化物都是两性的，其中高氧化态的MO_2以酸性为主，低氧化态的 MO 以碱性为主。它们的酸碱性递变规律如下：

$$\begin{array}{ccc} SnO_2 & \xleftarrow{\text{酸性增强}} & SnO \\ \uparrow{\scriptsize\text{酸性增强}} & & \downarrow{\scriptsize\text{酸性增强}} \\ PbO_2 & \xrightarrow[\text{碱性增强}]{} & PbO \end{array}$$

锡的氧化物主要有 SnO 和SnO_2，其中SnO_2较为重要。SnO_2可以由金属锡在空气中加热得到，不溶于水，难溶于酸、碱；与 NaOH 共熔，或与Na_2CO_3和 S 共熔，可以生成可溶性的盐：

$$SnO_2 + 2NaOH \xrightarrow{\text{熔融}} Na_2SnO_3 + H_2O$$

$$SnO_2 + 2Na_2CO_3 + 4S \xrightarrow{\text{熔融}} Na_2SnS_3 + 2CO_2 + Na_2SO_4$$

Na_2SnO_3是 Sn(Ⅳ) 的稳定化合物。在它的溶液中加入适量的盐酸，可以得到胶状的α-锡酸（$SnO_2 \cdot xH_2O$）。

SnO_2可用于制造半导体气敏元件，用来检测H_2、CO、CH_4等有毒和易燃气体。SnO_2大量用于陶瓷工业作釉料、搪瓷不透明剂等，它还可以制成电极发光元件等。

铅的氧化物除了 PbO 和PbO_2以外，还有一些“混合氧化物”，常见的有鲜红色的Pb_3O_4（铅丹）和橙色的Pb_2O_3。

PbO 俗称“密陀僧”，由铅在空气中加热，或者$Pb(OH)_2$加热脱水而成。它有两种变体，红色的四方晶体和黄色的正交晶体。常温下红色变体更稳定，不溶于水，易溶于乙酸和硝酸，较难溶于碱，偏碱性。PbO 主要用于制造铅酸蓄电池、玻璃、颜料以及铅盐的原料和油漆的催干剂等。

在碱性溶液中用氧化剂氧化 PbO 或铅（Ⅱ）盐，可以制得PbO_2，例如：

$$2PbAc_2 + Ca(ClO)_2 + 4NaOH \longrightarrow 2PbO_2\downarrow + CaCl_2 + 4NaAc + 2H_2O$$

PbO_2是两性偏酸性氧化物，与强碱共热可得铅酸盐：

$$PbO_2 + 2NaOH + 2H_2O \xrightarrow{\triangle} Na_2[Pb(OH)_6]$$

PbO_2是强氧化剂，它与红磷或硫一起研磨就能着火，这是PbO_2被用来制造火柴的依据。它在酸性介质中是非常强的氧化剂，是少数几个能把Mn^{2+}直接氧化成MnO_4^-的氧化剂之一。例如：

$$PbO_2 + 4HCl \longrightarrow PbCl_2 + Cl_2\uparrow + 2H_2O$$

$$PbO_2 + 2HNO_3 \longrightarrow Pb(NO_3)_2 + H_2O + \frac{1}{2}O_2\uparrow$$

$$PbO_2 + H_2SO_4 \xrightarrow{\triangle} PbSO_4 + H_2O + \frac{1}{2}O_2\uparrow$$

$$5PbO_2 + 2Mn^{2+} + 4H^+ \longrightarrow 2MnO_4^- + 5Pb^{2+} + 2H_2O$$

PbO_2是非整比化合物，在它的晶体中，氧原子与铅原子的数量比为 1.88，而非 2。由于晶体中出现了氧原子的空缺，从而形成带正电荷的空穴，所以 PbO_2 可以导电。基于 PbO_2的强氧化性和导电性，它被用做铅酸蓄电池的正极材料。

把 PbO 在 450℃ 的空气中氧化即得到 Pb_3O_4。在 Pb_3O_4 的晶体中含有 Pb(Ⅳ) 和 Pb(Ⅱ)。让 Pb_3O_4 和 HNO_3反应能够得到 PbO_2和 $Pb(NO_3)_2$：

$$Pb_3O_4 + 4HNO_3 \longrightarrow PbO_2\downarrow + 2Pb(NO_3)_2 + 2H_2O$$

证明 Pb_3O_4属于混合氧化态的化合物，是铅酸亚铅盐 $Pb_2(PbO_4)$。铅丹（Pb_3O_4）有良好的防锈性能，因此主要用于油漆船舶和桥梁的钢架等。

不同铅的氧化物稳定存在的温度范围如下：

$$PbO_2 \xrightarrow{290\sim300℃} Pb_2O_3 \xrightarrow{390\sim420℃} Pb_3O_4 \xrightarrow{530\sim550℃} PbO$$

由此可知，温度越高，低氧化态的氧化铅越稳定。

(2) 氢氧化物

锡、铅的氧化物都难溶于水，制备相应的氢氧化物是用其盐溶液和碱反应生成的。与它们相应的氧化物一样，锡、铅的氢氧化物也都是两性物质，它们的酸碱性递变规律如下：

$$\begin{array}{ccc} Sn(OH)_4 & \xleftarrow{\text{酸性增强}} & Sn(OH)_2 \\ \text{酸性增强}\uparrow & & \downarrow\text{酸性增强} \\ Pb(OH)_4 & \xrightarrow[\text{碱性增强}]{} & Pb(OH)_2 \end{array}$$

$Sn(OH)_4$的酸性最显著，$Pb(OH)_2$的碱性最显著。

$Sn(OH)_2$既溶于酸又溶于碱，$Sn(OH)_2$溶于碱生成$[Sn(OH)_4]^{2-}$，习惯上称为亚锡酸根。

$$Sn(OH)_2 + 2H^+ \longrightarrow Sn^{2+} + 2H_2O$$

$$Sn(OH)_2 + 2OH^- \longrightarrow [Sn(OH)_4]^{2-}$$

$Pb(OH)_2$也有类似的反应，是两性氢氧化物，但以碱性为主：

$$Pb(OH)_2 + 2H^+ \longrightarrow Pb^{2+} + 2H_2O$$

$$Pb(OH)_2 + 2OH^- \longrightarrow [Pb(OH)_4]^{2-}$$

亚锡酸根离子$[Sn(OH)_4]^{2-}$是强还原剂，在碱性介质中可以把三价铋 Bi(Ⅲ)还原为黑色的金属铋沉淀。这个反应可以用来鉴定 Bi^{3+}。

$$3Na_2[Sn(OH)_4] + 2BiCl_3 + 6NaOH \longrightarrow 2Bi\downarrow + 3Na_2[Sn(OH)_6] + 6NaCl$$

锡（Ⅳ）氢氧化物是两性略偏酸性。正锡酸易失水成为偏锡酸（H_2SnO_3），最后得到酸酐。正锡酸 $SnO_2 \cdot xH_2O$ 有 α-锡酸和 β-锡酸两种，一般认为 α-锡酸为非晶体，而 β-锡酸是稳定的晶体。α-锡酸长时间放置会转变为 β-锡酸。α-锡酸是 $SnCl_4$在低温下水解形成的。

$$SnCl_4 + 4H_2O \longrightarrow Sn(OH)_4\downarrow + 4HCl$$

$$SnCl_4 + 4NH_3 \cdot H_2O \longrightarrow Sn(OH)_4\downarrow + 4NH_4Cl$$

α-锡酸能溶于酸和碱：

$$Sn(OH)_4 + 4HCl \longrightarrow SnCl_4 + 4H_2O$$

$$Sn(OH)_4 + 2NaOH \longrightarrow Na_2[Sn(OH)_6]$$

β-锡酸不溶于一般的酸和碱，但与 NaOH 可以共熔并转化为 $Na_2[Sn(OH)_6]$，与浓 HCl 共热可以转化为 $[SnCl_5]^-$ 和 $[SnCl_6]^{2-}$。

11.4.3 锡、铅的卤化物

把金属直接与卤素或者与浓的氢卤酸反应，或者用它们的氧化物与氢卤酸反应都可以得到相应的卤化物 MX_2、MX_4。例如：

$$Sn + 2Cl_2 \longrightarrow SnCl_4$$

$$Pb + Cl_2 \longrightarrow PbCl_2$$

$$SnO_2 + 6HCl \longrightarrow H_2[SnCl_6] + 2H_2O$$

卤化物都水解，在过量的氢卤酸或含有卤离子的溶液中容易形成卤配阴离子。例如：

$$SnCl_2 + 2Cl^- \longrightarrow [SnCl_4]^{2-}$$

$$SnCl_4 + 2Cl^- \longrightarrow [SnCl_6]^{2-}$$

无水的高价卤化物（MX_4）为共价分子，熔点低，易挥发或升华。MX_2 为离子型化合物。

（1）二卤化物

① $SnCl_2$　锡的 MX_2 主要有 $SnCl_2$。让 Sn 和盐酸反应可以得到无色晶体 $SnCl_2 \cdot 2H_2O$，它是生产和化学实验室中常用的还原剂，例如，适量的 $SnCl_2$ 可以把 $HgCl_2$ 还原为白色 Hg_2Cl_2 沉淀。过量的 $SnCl_2$ 可以把 Hg_2Cl_2 进一步还原为黑色的金属 Hg。

$$2HgCl_2 + SnCl_2(\text{适量}) \longrightarrow SnCl_4 + Hg_2Cl_2\downarrow(\text{白色})$$

$$Hg_2Cl_2 + SnCl_2(\text{过量}) \longrightarrow SnCl_4 + Hg\downarrow(\text{黑色})$$

此反应常用来检验 Hg^{2+} 或 Sn^{2+} 的存在。

$SnCl_2$ 容易水解生成白色沉淀：

$$SnCl_2 + H_2O \rightleftharpoons Sn(OH)Cl\downarrow(\text{白色}) + HCl$$

所以配制 $SnCl_2$ 时，要先把 $SnCl_2$ 固体溶解在少量浓盐酸中，再加水稀释。为了防止 Sn^{2+} 被氧化，常在新配制的溶液中加入少量的金属锡。

② PbX_2　通氯气于 300℃的金属铅上可以制得 $PbCl_2$，或者让氯化氢气体作用于 PbO 也可以得到 $PbCl_2$。$PbCl_2$ 难溶于冷水，比较易溶于热水，也可以因为生成配离子而溶于盐酸中：

$$PbCl_2 + 2HCl \rightleftharpoons H_2[PbCl_4]$$

$PbCl_2$ 在碱性介质中可以被强氧化剂如 H_2O_2 氧化为 PbO_2，反应如下：

$$PbCl_2 + 2NaOH \rightleftharpoons Pb(OH)_2\downarrow + 2NaCl$$

$$Pb(OH)_2 + H_2O_2 \longrightarrow PbO_2\downarrow + 2H_2O$$

PbI_2 是黄色亮片状沉淀，不溶于冷水，易溶于热水，也能因为生成配离子而溶于 KI 中：

$$PbI_2 + 2KI \rightleftharpoons K_2[PbI_4]$$

硝酸铅和 KI 反应很容易制得 PbI_2 沉淀。

（2）四卤化物

在 110～115℃温度下，金属锡与氯气可以直接反应生成无水四氯化锡：

$$Sn + 2Cl_2 \longrightarrow SnCl_4$$

工业上利用此反应从镀锡废物中回收锡。

无水 $SnCl_4$ 为共价化合物，常温下为液体，易溶于许多有机溶剂，也溶于水。在水中重新结晶得到的是带有结晶水的 $SnCl_4 \cdot 5H_2O$。无水 $SnCl_4$ 在有机合成上用做氯化催化剂。含水 $SnCl_4 \cdot 5H_2O$ 可以用做镀锡试剂。

在低温下，向盐酸酸化的 $PbCl_2$ 中通入 Cl_2 气，可以制得 $PbCl_4$ 黄色油状液体，它极不稳定，在常温下迅速分解为 $PbCl_2$ 和 Cl_2。$PbCl_4$ 的分解在 PbO_2 与 HCl 反应中也可以观察到。常温下，向 PbO_2 固体上滴加 HCl，可以生成黄绿色的 Cl_2 气。

$$PbO_2 + 4HCl \longrightarrow PbCl_4 + 2H_2O$$

$$PbCl_4 \longrightarrow PbCl_2 + Cl_2\uparrow$$

由于 Pb(Ⅳ)的强氧化性，所以 $PbBr_4$ 和 PbI_4 不存在。但是配位作用对 Pb(Ⅳ)有稳定的效应，所以 $[PbBr_6]^{2-}$ 和 $[PbI_6]^{2-}$ 还是能稳定存在的。

$$\xrightarrow{\text{Sn(IV)}\ \text{Pb(IV)}} \text{稳定性减弱，氧化性增强}$$

$$\xleftarrow{\text{Sn(II)}\ \text{Pb(II)}} \text{稳定性减弱，还原性增强}$$

即由锡到铅，低氧化态稳定性增强。低氧化态稳定，意味着(Pb($6s^2 6p^2$))价轨道上的 $6s^2$ 电子不容易失去，这种现象在元素铊（Tl）和铋（Bi）上都出现过。例如 Tl^+ 比 Tl^{3+} 稳定，Bi^{3+} 比 Bi^{5+} 稳定，由于惰性电子对效应，它们的 $6s^2$ 电子都不容易失去，只失去外面的 6p 电子。

11.4.4　锡、铅的硫化物

锡和铅可以生成 MS 和 MS_2 两类硫化物。用硫化氢作用于相应的盐溶液可以得到硫化物沉淀，铅(Ⅳ)的氧化性很强，因此 PbS_2 不存在。锡、铅的硫化物都有颜色：

SnS	SnS_2	PbS
（棕色）	（黄色）	（黑色）

锡、铅的硫化物都不溶于水和稀酸，它们与相应的氧化物相似，高氧化态的硫化锡（SnS_2）呈两性（偏酸性），低氧化态的硫化物呈碱性。SnS_2 可以溶于盐酸，此时 Cl^- 与 Sn(Ⅳ)配位，发生如下反应：

$$SnS_2 + 4H^+ + 6Cl^- \longrightarrow [SnCl_6]^{2-} + 2H_2S$$

SnS_2 与碱以及碱金属硫化物反应比较特别，可以生成硫代锡酸盐：

$$3SnS_2 + 6OH^- \longrightarrow 2SnS_3^{2-} + [Sn(OH)_6]^{2-}$$

$$SnS_2 + S^{2-} \longrightarrow SnS_3^{2-}$$

利用 SnS 的 $K_{sp}^{\ominus}$ 和 H_2S 的 $K_a^{\ominus}$ 计算可知，SnS 可溶于中等浓度的 HCl，生成 $[SnCl_4]^{2-}$ 配离子。

$$SnS + 2H^+ + 4Cl^- \longrightarrow [SnCl_4]^{2-} + H_2S$$

与 SnS_2 不同，SnS 不能生成硫代锡酸盐，所以不溶于 Na_2S 溶液中。但多硫化物 $(NH_4)_2S_2$ 中的多硫离子 $S_2{}^{2-}$ 可以把 SnS 氧化成 Sn(Ⅳ)，因此 SnS 能溶解于 $(NH_4)_2S_2$ 中，反应如下：

$$SnS + S_2^{2-} \longrightarrow SnS_3^{2-}$$

向 SnS_3^{2-} 溶液中加酸会析出黄色的 SnS_2 沉淀：

$$SnS_3^{2-} + 2H^+ \longrightarrow SnS_2\downarrow + H_2S\uparrow$$

说明 SnS 溶于 $(NH_4)_2S_2$ 的过程中发生了氧化反应。

PbS 不溶于稀酸和碱金属硫化物，也不能被多硫化物氧化，但可以与浓盐酸形成 $[PbCl_4]^{2-}$ 配离子而溶解：

$$PbS+4HCl \longrightarrow [PbCl_4]^{2-}+2H^++H_2S\uparrow$$

也可以用稀硝酸氧化PbS中的硫原子使PbS溶解。

$$3PbS+8H^++2NO_3^- \longrightarrow 3Pb^{2+}+3S\downarrow+2NO\uparrow+4H_2O$$

由以上讨论可知，对不同的难溶硫化物，可采用不同的方法，例如，使用氧化剂、配合剂等手段使其溶解。

思考题

1. 碳和硅都是第14(Ⅳ)族元素，为什么碳的化合物有几百万种，而硅的化合物种类远不如碳的化合物那样多？

2. 如何检验CO和CO_2气体？

3. 为什么CO分子的偶极矩几乎为零？

4. 如何从离子极化角度解释碳酸盐热稳定性的递变规律？

5. 为什么石墨能导电而金刚石却是电的绝缘体？为什么石墨的横向断面和垂直断面上的导电性有极大的差别？

6. 试解释C_{60}的分子结构和晶体结构，并说明它与金刚石和石墨的不同。

7. 如何从碳和硅的电子层结构以及它们的二氧化物和四氯化物的结构来解释在常温常压下：

① CO_2是气体而SiO_2为固体；

② CCl_4不与水作用而$SiCl_4$强烈地水解。

8. 如何解释碳最多能与四个氟原子形成CF_4，而硅最多能与六个氟原子形成$[SiF_6]^{2-}$。

9. 如何鉴定CO_3^{2-}和SiO_3^{2-}？

10. 如何解释氯化亚锡中含有高锡；氯化高锡中含有亚锡。

11. 如何在实验室中配制和保存$SnCl_2$溶液？为什么？

12. 如何鉴别Sn^{2+}和Pb^{2+}？

13. 在Pb_3O_4中铅存在几种氧化态？

14. PbO_2与HCl、H_2SO_4和HNO_3的作用是否相同，为什么？

习　题

1. 写出下列几种盐分别与Na_2CO_3反应的反应方程式。

$BaCl_2$　　$FeCl_3$　　$CuSO_4$　　$Pb(NO_3)_2$

2. 通过热力学数据计算，判断下列反应

$$MgCO_3(s) \longrightarrow MgO(s)+CO_2(g)$$

① 在101.325kPa，227℃时，反应能否自发进行？

② 使反应能自发进行的最低温度是多少？

3. 完成并配平下列反应式：

① SiO_2+HF(少量)$\longrightarrow$　　② $SiO_2+Na_2CO_3 \xrightarrow{熔融}$

③ $Na_2SiO_3+CO_2+H_2O \longrightarrow$　　④ $SiCl_4+H_2O \longrightarrow$

⑤ $PbO_2+Mn(NO_3)_2+H^+ \longrightarrow$　　⑥ $Pb_3O_4+HNO_3 \longrightarrow$

⑦ $SnS+(NH_4)_2S_2 \longrightarrow$　　⑧ $SnS_2+(NH_4)_2S \longrightarrow$

⑨ $HgCl_2+SnCl_2$（过量）$\longrightarrow$　　⑩ $PbO_2+H_2O_2 \longrightarrow$

4. 说明下列现象的原因。

① 制备纯硅时，用H_2作还原剂比用活泼金属或碳好；

② 让装有水玻璃的试剂瓶长期敞开口后，水玻璃变浑浊；

③ 石棉和滑石都是硅酸盐，石棉具有纤维性质而滑石可作为润滑剂。

5. 用配平的化学反应方程式表示下列化学变化：

① 碳→二硫化碳→四氯化碳；

② 白砂→四氯化硅→纯硅；

③ 硅石→水玻璃→硅胶。

6. 将含有 Na_2CO_3 和 $NaHCO_3$ 的固体混合物 60.0g 溶于少量水后稀释到 2.00L，测得该浓溶液的 pH 为 10.6，试计算原来的混合物中含 Na_2CO_3 及 $NaHCO_3$ 各多少克。[$K_2^{\ominus}(H_2CO_3)=5.61\times10^{-11}$]

7. 试述 SiH_4 和 $SiCl_4$ 的制备及性质。

8. 在实验室，一般用下列方法鉴别碳酸盐和碳酸氢盐。试写出有关反应方程式。

① 试样中仅有一种固体，加热（在 423K 左右）时放出 CO_2，则样品为碳酸氢盐。

② 若试样为溶液，可加 $MgSO_4$，立即有白色沉淀的为正盐，煮沸后才得到沉淀的为酸式盐。

③ 若试液中兼有二者，可先加过量的 $CaCl_2$，正盐先沉淀。继续在滤液中加氨水，白色沉淀出现说明有酸式盐。

9. 14mg 某灰黑色固体 A 与浓 NaOH 共热时，能产生无色气体 B 22.4mL（标准状况）。A 燃烧的产物为白色固体 C。C 与氢氟酸作用时，能产生一无色气体 D。D 通入水中时，产生白色沉淀 E 及溶液 F。E 用适量的 NaOH 溶液处理可得溶液 G。G 中加入 NH_4Cl 溶液则 E 重新沉淀。溶液 F 加过量的 NaCl 时，得一无色晶体 H。该灰黑色物质是什么？写出有关反应式。

10. 与二氧化硅有关的化学反应中不少是高温反应，如炼铁、炼钢中的造渣作用等。请用化学反应方程式表示下列作用：

① 石英与纯碱作用；

② 炼铁中以石灰石除去矿石中的 SiO_2；

③ 以碳还原 SiO_2 制成结晶硅。

11. 锡与盐酸作用只能得到 $SnCl_2$，而不是 $SnCl_4$；锡与氯气作用得到 $SnCl_4$，而不是 $SnCl_2$。试用有关电对的电极电势加以说明。如何实现由氯气与锡作用制得 $SnCl_2$？

12. 已知 $E^{\ominus}(Sn^{2+}/Sn)=-0.136V$，$E^{\ominus}(Pb^{2+}/Pb)=-0.126V$

① 试用原电池符号表示此两电对组成的原电池反应方程式；

② 求算此电池反应的标准平衡常数。

13. 有一块合金和适量浓硝酸共煮至反应终止。将未能溶解的白色沉淀和溶液过滤分离，然后试验它们的性质，发现：

① 白色沉淀不溶于一般的酸和碱，只溶于熔融的苛性碱和热的浓 HCl 中；

② 当把滤液调至弱酸性，加入 $K_2Cr_2O_7$ 时，有黄色沉淀生成。问此合金由哪两种金属组成？（提示：β-锡酸 H_2SnO_3 不溶于一般的酸和碱）

14. 今有一白色固体，可能含有 $SnCl_2$、$SnCl_4$（结晶水合物）、$PbCl_2$、$PbSO_4$ 等化合物。从下列实验现象判断哪几种物质确实存在，并写出反应方程式：

① 白色固体用水处理得到一乳液 A 和不溶固体 B；

② 乳浊液 A 加入少量盐酸则澄清，滴加碘淀粉溶液可以褪色；

③ 固体 B 可溶于盐酸；通 H_2S 得到黑色沉淀，此沉淀与 H_2O_2 反应后转变为白色。

15. 下列各对离子能否共存于溶液中？不能共存者写出反应方程式。

①Sn^{2+} 和 Fe^{2+}；　　②Sn^{2+} 和 Fe^{3+}；

③Pb^{2+} 和 Fe^{3+}；　　④Pb^{2+} 和$[Pb(OH)_4]^{2-}$；

⑤$[PbCl_4]^{2-}$ 和 $[SnCl_4]^{2-}$。

16. 用化学方法区分下列各对物质。

①SnS 与 SnS_2；　　②$Pb(NO_3)_2$ 与 $Bi(NO_3)_3$；

③$Sn(OH)_2$ 与 $Pb(OH)_2$；　　④$SnCl_2$ 与 $SnCl_4$；

⑤$SnCl_2$ 与 $AlCl_3$；　　⑥$SnCl_2$ 与 $SbCl_3$。

第12章 硼族元素

12.1 硼族元素通性

周期表中第13族（ⅢA）元素包括硼（B）、铝（Al）、镓（Ga）、铟（In）、铊（Tl）五个元素。其中硼是准金属，铝、镓、铟和铊都是金属，本族元素从上到下完成了从准金属到金属的过渡。表12-1是本族元素的基本性质。

在周期表中，本族元素从上到下，随着原子半径的增加，元素的金属性逐渐增强。硼主要表现为非金属性质，铝虽然表现为两性，但其性质以金属性为主。镓、铟和铊则是典型的金属，它们的最高氧化态为+3，最低氧化态为+1，从镓到铟，低价态趋于稳定，这从它们的标准电极电势逐渐增大可以看出，其中 Tl^{3+} 在酸性介质中的氧化性与 Fe^{3+} 相当。由于镓、铟、铊属于稀有分散金属（见13.1.1），因此本章中不作介绍。

硼和铝在地壳中的丰度分别为0.0012%和8.05%。硼主要以含氧化合物的矿石存在。铝在地壳中含量居第三位（仅次于氧和硅），也是最丰富的金属元素。它广泛存在于黏土和长石中，主要的矿石有铝矾土（$Al_2O_3 \cdot 2H_2O$）、冰晶石（$Na_3[AlF_6]$）、高岭土（含铝约20%）。

硼和铝的价电子层结构类似，分别是 $2s^22p^1$ 和 $3s^23p^1$，因此在发生化学反应时，趋于失去全部外层电子，生成氧化态为+3的化合物。硼和铝的另一个相似之处在于它们都是亲

表12-1　硼、铝、镓、铟、铊的一些基本性质

性质	硼	铝	镓	铟	铊
元素符号	B	Al	Ga	In	Tl
原子序数	5	13	31	49	81
相对原子质量	10.811	26.982	69.723	114.82	204.38
价电子层结构	$2s^22p^1$	$3s^23p^1$	$4s^24p^1$	$5s^25p^1$	$6s^26p^1$
主要氧化态	+3	+3	+3、+1	+3、+1	(+3)、+1
原子半径/pm	88	143	122	163	170
离子半径/pm	20(B^{3+})	50(Al^{3+})	62(Ga^{3+})	81(In^{3+})	95(Tl^{3+})，144(Tl^{+})
第一电离能/$kJ \cdot mol^{-1}$	801	578	579	558	589
电负性	2.0	1.6	1.6	1.7	1.8
标准电极电势/V					
$H_3BO_3 + 3H^+ + 3e \longrightarrow 3B + 3H_2O$	−0.87				
$M^{3+}(aq) + 3e \longrightarrow M(s)$		−1.66	−0.549	−0.338	+0.741
$M^{+}(aq) + e \longrightarrow M(s)$					−0.336

氧元素，所以它们的含氧化合物十分稳定。

硼和铝的不同在于，尽管硼的外层也只有三个价电子，但硼原子外层没有 2d 轨道，而且硼原子的半径较小、电负性较大，要失去电子成为正离子比较困难，因此，硼倾向于形成共价键。但是，由于硼原子的价电子数少于价轨道数目，因此硼原子除了以 sp^2 或 sp^3 杂化轨道形成一般的 σ 键，还可以用其杂化轨道形成多中心键，如三原子两电子键（又称为三中心两电子键），这种缺电子键几乎是硼元素独有的成键方式。当硼原子与氢原子形成硼烷时，其独有的缺电子性，使硼烷的结构具有独特的立体复杂性，使它们对结构化学的发展起了重要的推动作用。

12.2 硼

12.2.1 单质硼

（1）硼晶体的结构

自然界中没有游离态的硼。人工合成的单质硼，有晶体也有粉末。晶态硼呈灰黑色，粉末硼呈棕色。晶态硼有多种变体，它们都以 B_{12} 正二十面体为基本结构单元。这个二十面体由 12 个硼原子组成，它有 20 个等边三角形的面和 12 个顶角，每个顶角有一个硼原子，每个硼原子与邻近的 5 个硼原子等距离（0.177nm），见图 12-1。

由于多个 B_{12} 二十面体的连接方式和键不同，所形成的硼晶体类型也不相同。α 菱形硼是最普通的一种。它是由 B_{12} 单元组成的层状结构，每一层中的每个 B_{12} 单元通过 6 个硼原子（图 12-2 所示的中心 B_{12} 的 1、2、7、12、10、4）用 6 个 B—B—B 三中心两电子键（键距 0.203nm）与在同一平面的 6 个 B_{12} 单元连接（图 12-2）。每一个 B_{12} 单元又通过 6 个硼原子 [图 12-1(b) 中的 3、8、9、5、6、11] 用 6 个 B—B 的 σ 键（键长 0.171nm）与前后两层的 6 个 B_{12} 单元连接（三个在前一层，三个在后一层）。所以在 α 菱形硼晶体中，既有普通的 σ 键，又有三中心键，许多硼原子的成键电子在相当大的程度上是离域的，形成的晶体属于原子晶体。因此，硼的硬度大，熔点、沸点高，化学性质也不活泼。

（2）硼的性质

粉末硼单质比较活泼，在赤热下，水蒸气和粉末硼反应生成硼酸和氢气：

$$2B + 6H_2O \longrightarrow 2B(OH)_3 + 3H_2\uparrow$$

无氧存在时，粉末硼不溶于酸中，但热的浓 H_2SO_4 和浓 HNO_3 能逐渐把硼氧化成硼酸：

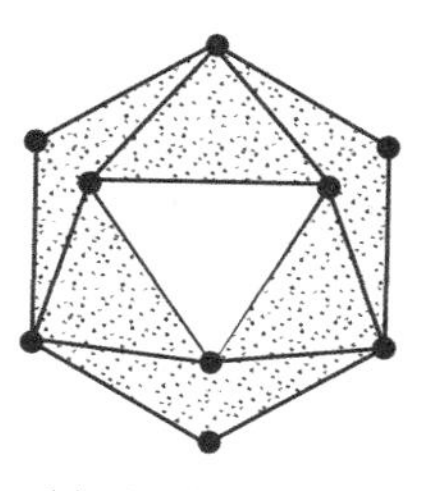

(a) 正二十面体外形

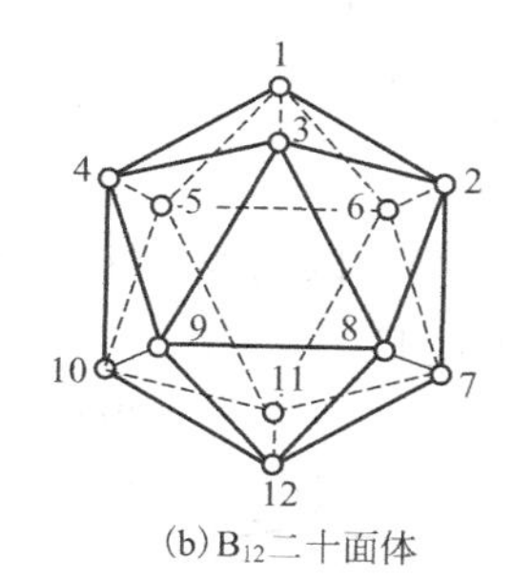

(b) B_{12} 二十面体

图 12-1 B_{12} 二十面体

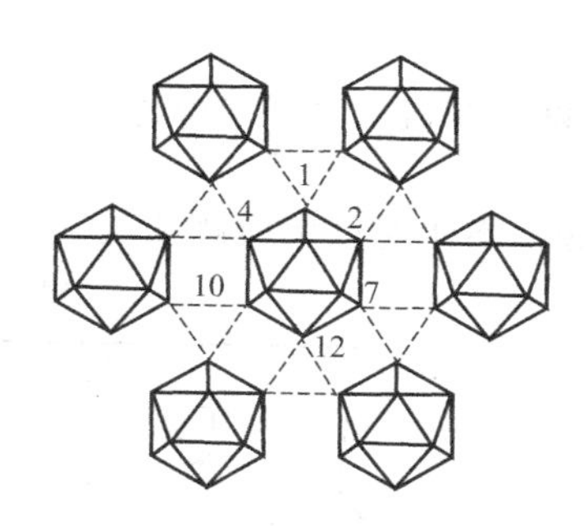

图 12-2 α 菱形硼中的三中心键

[虚线三角形表示三中心键，中心的二十面体中硼原子标号和图 12-1(b) 相同]

$$B+3HNO_3(浓) \longrightarrow B(OH)_3+3NO_2\uparrow$$

$$2B+3H_2SO_4(浓) \longrightarrow 2B(OH)_3+3SO_2\uparrow$$

有氧化剂存在时，硼和强碱共熔可以生成偏硼酸盐：

$$2B+2NaOH+3KNO_3 \xrightarrow{\triangle} 2NaBO_2+3KNO_2+H_2O$$

无氧化剂存在时，硼和浓的强碱反应放出氢气：

$$2B+2NaOH+2H_2O(热,浓) \longrightarrow 2NaBO_2+3H_2\uparrow$$

硼在高温下可以和 N_2、O_2、S、X_2 等单质反应，也能在高温下同金属反应生成金属硼化物：

$$4B+3O_2 \longrightarrow 2B_2O_3$$

$$2B+3Cl_2 \longrightarrow 2BCl_3$$

$$2B+N_2 \longrightarrow 2BN$$

单质硼没有特殊的用途，它常作为原料来制备一些有特殊用途的硼的化合物，例如，金属硼化物、碳化硼（B_4C）和氮化硼（BN）等。其中，氮化硼中的 B—N 与碳单质中的 C—C是等电子体（价电子数目相同，原子数目也相同的两种分子称为等电子分子）。氮化硼（BN）与碳单质类似，也有层状结构和立方结构的化合物。六方层状氮化硼与石墨有类似的结构，是白色固体，除了不导电外，其他性质和石墨极为相似，例如，六方氮化硼也可以在高温下转化为立方氮化硼。立方氮化硼具有金刚石结构，相对密度也和金刚石相近，虽然硬度略低于金刚石，但耐热性比金刚石高。立方氮化硼对钢铁的切削和磨削性能优于金刚石，是新型高温硬质陶瓷材料。

12.2.2 硼的氢化物——硼烷

与碳和硅相似，硼也可以形成一系列共价型氢化物，称为硼烷。目前已知的硼烷有 20 多种，它们分别为 B_nH_{n+4} 和 B_nH_{n+6} 两大类。

最简单的硼烷是乙硼烷（B_2H_6）。根据正常的价键理论，B_2H_6 结构中需要 14 个价电子成键，而 B_2H_6 只能提供 12 个价电子，因此 B_2H_6 是“缺电子”化合物。研究结果指出，B_2H_6 的六个氢原子中有两个氢原子与其他四个氢原子的成键方式不同，如图 12-3 所示。每个硼原子与四个氢原子中的 2 个，以正常共价键结合，并且两个 BH_2 处于同一平面上；另外 2 个氢原子中的每一个都分别与两个硼原子靠 2 个电子成键，即形成所谓的“三中心两电子”键，B_2H_6 中的这两个氢原子又称为氢桥。氢桥位于两个 BH_2 组成的平面的上和下。

所以在 B_2H_6 分子中有两种键：B—H 硼氢键和 $\overset{H}{B\frown B}$ 氢桥键。在高硼烷中还可能有：

B—B 键，开口 $\overset{H}{B\frown B}$ 三中心键和闭合 $\overset{B}{\underset{B\quad B}{\curlywedge}}$（或 $\overset{B}{B\triangle B}$）三中心键。

硼烷不能通过单质硼和氢气直接化合制得，但可以用类似于硅烷的制备方法制取，如：

$$2MnB+6H^{+} \longrightarrow B_2H_6+2Mn^{3+}$$

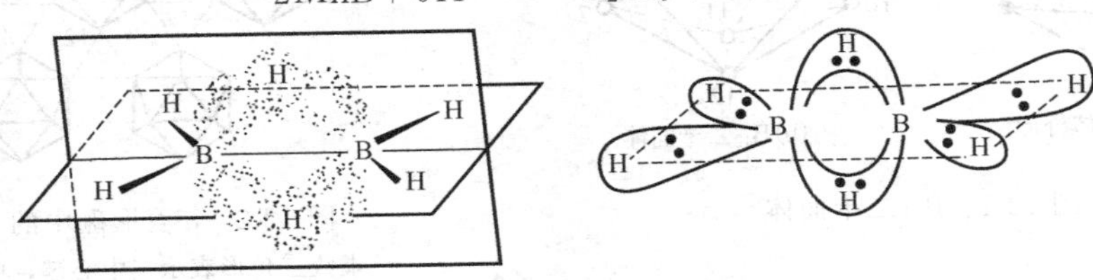

图 12-3 B_2H_6 的分子结构

$$2BCl_3 + 6H_2 \longrightarrow B_2H_6 + 6HCl$$

$$3LiAlH_4 + 4BF_3 \xrightarrow{\text{乙醚}} 2B_2H_6 + 3LiF + 3AlF_3$$

将乙硼烷加热至高于 100℃以上时，乙硼烷转变为高硼烷。B_2H_6 的分解产物很复杂，有 B_4H_{10}、B_5H_9、B_5H_{11}、$B_{10}H_{14}$ 等等。控制不同的条件，得到不同的产物。常见硼烷的性质见表 12-2。

表 12-2　常见硼烷的性质

分子式	B_2H_6	B_4H_{10}	B_5H_9	B_5H_{11}	B_6H_{10}	$B_{10}H_{14}$
名称	乙硼烷	丁硼烷	戊硼烷-9	戊硼烷-11	己硼烷	癸硼烷
室温下的状态	气体	气体	液体	液体	液体	固体
沸点/℃	−92.5	18	48	63	110	213
熔点/℃	−165.5	−120	−46.6	−123	−62.1	99.6
溶解情况	易溶于乙醚	易溶于苯	易溶于苯	—	易溶于苯	易溶于苯
水解情况	室温下很快	室温下缓慢	90℃三天尚未水解完全	—	90℃时 16h 尚未水解完全	室温缓慢加热较快
稳定性	100℃以下稳定	不稳定	很稳定	室温分解	室温缓慢分解	极稳定

硼烷多数有毒、有气味且不稳定。硼烷的物理性质和具有相应组成的碳烷相似，但其化学性质接近于硅烷。它们在空气中激烈燃烧，且放出大量的热。

$$B_2H_6 + 3O_2 \longrightarrow B_2O_3 + 3H_2O \qquad \Delta_r H_m^{\ominus} = -2095\text{kJ} \cdot \text{mol}^{-1}$$

硼烷还可以水解放出氢气，并放出大量热：

$$B_2H_6 + 6H_2O \longrightarrow 2H_3BO_3\downarrow + 6H_2\uparrow$$

因此 B_2H_6 适用于作水下发射火箭燃料。

人们曾试图利用硼烷的高燃烧热值，把它们作为火箭或导弹的高能燃料，但由于所有硼烷都有很高的毒性，且储存条件苛刻，最终不得不放弃。然而它们的发展过程大大地丰富了硼的化学知识，并对结构化学的发展也起了很重要的推动作用。现有的硼烷燃料是硼烷的衍生物，如 $(C_2H_5)_3B_5H_6$ 是液体高能燃料，$(C_2H_5)_2B_{10}H_{12}$ 和 $(C_4H_9)_2B_{10}H_{12}$ 是固体高能燃料。

12.2.3　硼的卤化物

三卤化硼都是共价化合物，熔、沸点都很低，并规律地随 F、Cl、Br、I 的顺序而逐渐增高。其蒸气分子均为单分子。硼的卤化物与硅的卤化物在组成上和物理性质上十分相似，见表 12-3。

表 12-3　卤化硅和卤化硼的性质比较

性　质	SiF_4	$SiCl_4$	$SiBr_4$	SiI_4	BF_3	BCl_3	BBr_3	BI_3
室温下存在状态	气	液	液	固	气	液	液	固
熔点/℃	−90(升华)	−70	5.4	120.5	−126.7	−107.3	−48	49.9
沸点/℃	−88	57.6	154	287.5	−99.9	12.5	91.3	210
生成热 $\Delta_r H_m^{\ominus}$/kJ·mol^{-1}	−1614.9	−687.0	−457.3	−189.5	−1137.0	−427.2	−239.7	71.1
键能 $X_3Si—X$ 或者 $X_2B—X$[①]/kJ·mol^{-1}	565	381	310	234	644	456	377	381

① X 表示卤素。

与 $SiCl_4$ 相似，BCl_3 和 BF_3 遇水也能强烈水解，只不过水解机理和水解产物有些不同。

$$BCl_3(l) + 3H_2O \longrightarrow H_3BO_3 \downarrow + 3HCl$$

$$4BF_3 + 3H_2O \longrightarrow 3[BF_4]^- + 3H^+ + H_3BO_3 \downarrow$$

$SiCl_4$ 的水解机理是 Si 原子利用了其外层空的 3d 轨道，而 BCl_3 能够水解是因为它是缺电子分子。三卤化硼都有强烈地接受电子对的倾向，它们是很强的路易斯酸，不仅能接受 H_2O 分子的电子对，还能从其他许多配体如 HF、NH_3、醚、醇、胺类等接受电子对，所以它们是有机合成中常用的催化剂。BF_3 的水解产物与其他三卤化硼有所不同，BF_3 水解产生的 F^- 又可以和未水解的 BF_3 形成 $[BF_4]^-$，这一点和 SiF_4 类似。

BF_3 很容易由 B_2O_3 和浓 H_2SO_4、CaF_2 反应制得，得到的 BF_3 再与 $AlCl_3$ 或 $AlBr_3$ 反应，可得到 BCl_3 或 BBr_3，因此，BF_3 的合成是制取其他硼的卤化物的关键。

$$B_2O_3 + 6HF \longrightarrow 2BF_3 \uparrow + 3H_2O$$

$$BF_3 + AlCl_3 \longrightarrow AlF_3 + BCl_3 \uparrow$$

12.2.4 硼的含氧化合物

硼的重要含氧化合物有 B_2O_3、H_3BO_3 和硼酸盐。在二氧化硅、硅酸和硅酸盐中，其基本结构单元为 SiO_4 四面体，但 B_2O_3、H_3BO_3 和硼酸盐的基本结构单元是 BO_3 平面三角形，见图 12-4(a)。

在 H_3BO_3 晶体中，每个硼原子用 3 个 sp^2 杂化轨道分别与三个羟基（—OH）中的氧原子以共价键相结合，见图 12-4(b)。每个氧原子除以共价键与一个硼原子和一个氢原子结合外，还通过氢键与另一个 H_3BO_3 单元中的氢原子结合而连成片层结构，见图 12-4(c)。层与层之间以微弱的范德华力相结合。

硼酸的这种缔合结构使它在冷水中的溶解度很小，但加热时由于晶体中的部分氢键断裂，因此硼酸在热水中溶解度较大。硼酸在灼热时还发生下列变化：

$$H_3BO_3 \xrightleftharpoons[-H_2O]{149^\circ C} HBO_2 \xrightleftharpoons[-H_2O]{305^\circ C} B_2O_3$$

H_3BO_3 是一元弱酸，它的酸性源于 B 原子的缺电子性。H_3BO_3 是通过与 H_2O 中的 OH 配合，释放出了 H^+ 而显酸性的。

$$H_3BO_3 + H_2O \rightleftharpoons \left[\begin{array}{c} OH \\ | \\ HO—B—OH \\ | \\ OH \end{array}\right]^- + H^+$$

H_3BO_3 的这种缺电子性质，使其在加入多羟基化合物（如甘二醇或甘油）后，酸性大大增强，所生成的配合物会表现出一元强酸的性质，由此可以用强碱来滴定 H_3BO_3 的含量。

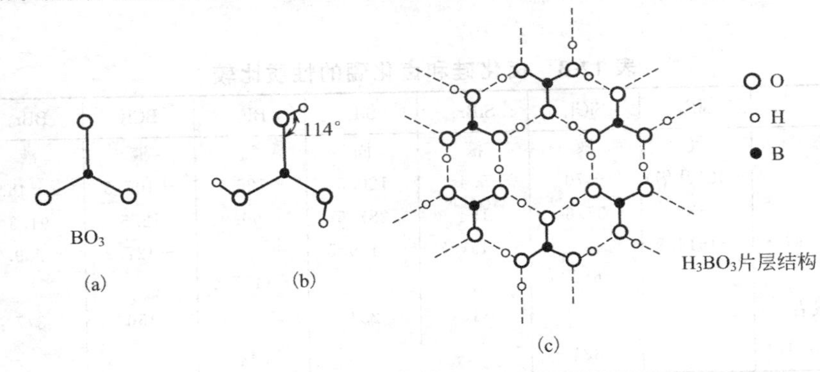

图 12-4 平面 BO_3 单元和 H_3BO_3 的结构示意图

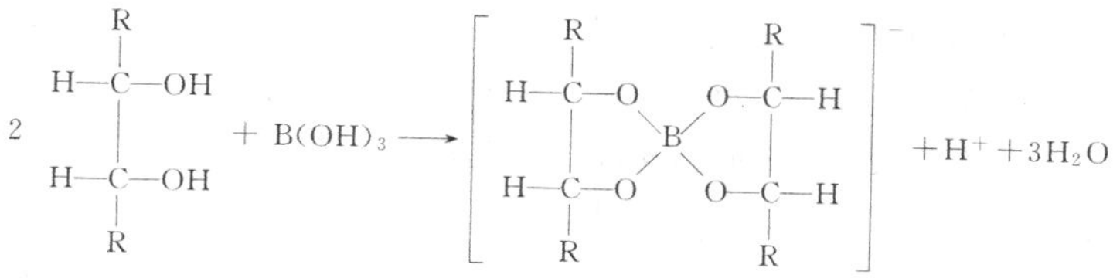

$$2\ \text{R-CH(OH)-CH(OH)-R} + B(OH)_3 \longrightarrow [B(O_2C_2H_2R_2)_2]^- + H^+ + 3H_2O$$

硼酸的定性检验方法是，在浓 H_2SO_4 存在下，让硼酸和甲醇或乙醇反应，生成挥发性的硼酸酯，后者燃烧时具有特别的绿色火焰。

$$H_3BO_3 + 3CH_3OH \xrightarrow{H_2SO_4} B(OCH_3)_3 + 3H_2O$$

$$2B(OCH_3)_3 + 9O_2 \longrightarrow B_2O_3 + 9H_2O + 6CO_2$$

硼酸和强碱作用时，生成偏硼酸盐如 $NaBO_2$。硼酸和弱碱作用时，生成四硼酸盐，如硼砂（$Na_2B_4O_7 \cdot 10H_2O$）。

硼酸盐中，第 1 族金属元素的硼酸盐易溶于水，其余多数金属的硼酸盐不溶于水。最常用的硼酸盐是硼砂。其晶体结构是：$[B_4O_5(OH)_4]^{2-}$ 通过氢键连成链状结构，链与链之间通过 Na^+ 以离子键结合，水分子存在于链之间。所以硼砂的分子式应写为 $Na_2B_4O_5(OH)_4 \cdot 8H_2O$。图 12-5 是 $[B_4O_5(OH)_4]^{2-}$ 的结构。

硼砂被加热到 377℃左右，失去全部结晶水，在 877℃熔化成玻璃态。熔融态的硼砂能够溶解一些金属氧化物，并显示出特征的颜色。例如：

$$Na_2B_4O_7 + CoO \longrightarrow Co(BO_2)_2 \cdot 2NaBO_2$$

（蓝宝石色）

$$Na_2B_4O_7 + NiO \longrightarrow Ni(BO_2)_2 \cdot 2NaBO_2$$

（棕色）

$$Na_2B_4O_7 + MnO \longrightarrow Mn(BO_2)_2 \cdot 2NaBO_2$$

（绿色）

因此，分析化学中常用硼砂做硼砂珠试验，用来鉴定金属离子。此性质也被用于陶瓷和搪瓷的上釉以及焊接金属时除去金属表面的氧化物。

硼酸盐的 B—O—B 键，没有硅酸盐中的 Si—O—Si 键牢固，所以硼砂较易水解。

$$[B_4O_5(OH)_4]^{2-} + 5H_2O \longrightarrow 2B(OH)_4^- + 2B(OH)_3$$

让硼酸盐与 H_2O_2 反应或者用硼酸与碱金属的过氧化物反应，都可以得到过硼酸盐。

$$B(OH)_3 + Na_2O_2 + HCl + 2H_2O \longrightarrow NaBO_3 \cdot 4H_2O + NaCl$$

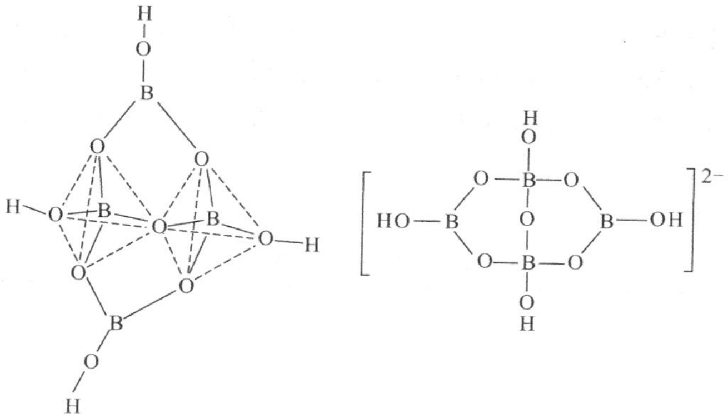

图 12-5　$[B_4O_5(OH)_4]^{2-}$ 的立体结构

过硼酸钠（$NaBO_3 \cdot 4H_2O$）是强氧化剂，水解时放出 H_2O_2，可以用于漂白羊毛、丝、革和象牙等。其分子结构尚不清楚，可看做是含 H_2O_2 的水合物。

把固态的硼砂与固体 NH_4Cl 一同加热，再用盐酸、热水处理，溶解除去生成的 NaCl 和 B_2O_3，可以得到白色六方层状氮化硼固体。

$$Na_2B_4O_7(s) + 2NH_4Cl(s) \longrightarrow 2NaCl(s) + B_2O_3(s) + 2BN(s) + 4H_2O\uparrow$$

12.2.5 硼和硅的相似性

硼和硅在性质上有许多相似之处。

① B—O 键（键能 $536kJ \cdot mol^{-1}$）和 Si—O 键（键能 $455.7kJ \cdot mol^{-1}$）都有很高的稳定性。

② 硼和硅都能和 NaOH 作用产生氢气：

$$2B + 2NaOH（热，浓）+ 2H_2O \longrightarrow 2NaBO_2 + 3H_2\uparrow$$

$$Si + 2NaOH + H_2O \longrightarrow Na_2SiO_3 + 2H_2\uparrow$$

③ 硼和硅的卤化物易水解：

$$BCl_3 + 3H_2O \longrightarrow H_3BO_3 + 3HCl$$

$$SiCl_4 + 4H_2O \longrightarrow H_4SiO_4 + 4HCl$$

④ 硼和硅的氟化物易与 HF 起加合反应：

$$BF_3 + HF \longrightarrow H[BF_4]$$

$$SiF_4 + 2HF \longrightarrow H_2[SiF_6]$$

以上硼与硅相似的性质，表现出硼与其本族元素的性质有较大的差异。除了硼和硅有相似性以外，还有几对元素表现出相似性，关于这方面的内容见 13.5。

12.3 铝及其化合物

12.3.1 铝的单质

（1）铝单质的性质

铝的价电子构型为 $3s^2 3p^1$，与本族的硼元素不同，它是一个活泼金属元素。单质铝的密度只有 $2.7g \cdot cm^{-3}$，属于轻金属。铝的性质很活泼，它与氧极容易结合，在空气中被氧化为一层致密的氧化铝薄膜，覆盖在金属铝表面。这层氧化铝膜具有保护作用，使金属铝在常温下，与空气中的 O_2、H_2O、H_2S 气，以及浓 HNO_3、浓 H_2SO_4 不发生反应。人们经常利用纯铝的这个特性，制造铝储罐运输浓 HNO_3 和浓 H_2SO_4。铝和热水反应能置换出 H_2，但因表面生成 $Al(OH)_3$ 沉淀使反应很快停止。铝合金质轻且强度接近于钢，因而应用于制造飞机和汽车发动机等。铝合金在日常生活中用于制造炊具、包装铝箔和建筑门窗等。

铝是活泼的两性金属元素，其电极电势列于表 12-4。

表 12-4 铝元素标准电极电势 $E^{\ominus}$/V

Ⅲ　　0	Ⅲ　　0
$Al^{3+} \xrightarrow{-1.662V} Al$	$Al(OH)_3 \xrightarrow{-2.31V} Al$
$[AlF_6]^{3-} \xrightarrow{-2.069V} Al$	$[Al(OH)_4]^- \xrightarrow{-2.328V} Al$

铝能和碱、稀酸反应放出氢气。如：

$$2Al+2OH^{-}+6H_2O \longrightarrow 2[Al(OH)_4]^{-}+3H_2\uparrow$$

$$2Al+6H^{+} \longrightarrow 2Al^{3+}+3H_2\uparrow$$

Al 和盐酸反应得到的是带有结晶水的氯化铝 $AlCl_3 \cdot 6H_2O$。无水氯化铝 $AlCl_3$ 只能通过 Al 和 Cl_2 或者干燥的 HCl 气体反应得到。受热时，Al 和一些非金属如 B、Si、P、As、S、Se、Te 直接反应生成相应的化合物。但 Al 不能和 H_2 直接化合。

铝是强还原剂，能从金属氧化物中将金属还原出来，常用此方法制备金属单质，称之为“铝热法”。如：

$$2Al(s)+Cr_2O_3(s) \longrightarrow Al_2O_3(s)+2Cr(s) \qquad \Delta_r H_m^{\ominus}=-536kJ \cdot mol^{-1}$$

$$4Al(s)+3SiO_2(s) \longrightarrow 2Al_2O_3(s)+3Si(s) \qquad \Delta_r H_m^{\ominus}=-641kJ \cdot mol^{-1}$$

以上反应之所以能发生，是由于 Al 和 O_2 反应放出大量热：

$$4Al(s)+3O_2(g) \longrightarrow 2Al_2O_3(s) \qquad \Delta_r H_m^{\ominus}=-3351kJ \cdot mol^{-1}$$

铝和其他金属生成合金和金属间化合物，如铝镁合金是极重要的轻金属材料。

(2) 铝的制取及用途

工业上制取金属铝分两个步骤：①从矿石中提取和纯制氧化铝并脱水；②将氧化铝溶解在熔融的冰晶石中电解。

在加压下用苛性钠溶解铝矿土中的 Al_2O_3，得到 $NaAl(OH)_4$，反应如下：

$$Al_2O_3+2NaOH+3H_2O \longrightarrow 2Na[Al(OH)_4]$$

然后沉降、过滤，最后弃去红泥（含铁和钛等化合物）得到滤液。往滤液中通入 CO_2 生成 $Al(OH)_3$ 沉淀：

$$2Na[Al(OH)_4]+2CO_2 \longrightarrow 2Al(OH)_3+2NaHCO_3$$

经过滤、洗涤、干燥和灼烧后得到 Al_2O_3。

氧化铝能溶解在熔融的电解质中。电解质的组成为：冰晶石（Na_3AlF_6），2%～8%的 Al_2O_3 以及大约 10%的 CaF_2（降低电解质熔化温度和改善操作条件）。电解温度 960～970℃，阳极是石墨，阴极是熔融的金属铝，电流效率为 85%～92%，电解池终端电压为 4～6V，电解产物铝的纯度可达 99.8%。电解反应式为：

阴极 $$4Al^{3+}+12e \longrightarrow 4Al$$

阳极 $$6O^{2-}-12e \longrightarrow 3O_2$$

铝经过精炼，纯度可超过 99.99%。由于金属铝的密度小，它的合金被广泛用于建筑、交通、电力、化学、食品包装、机械制造和日用品等工业，其中建筑业的铝用量很大。铝还是一种战略金属，在军事工业领域大量使用铝合金。高纯铝具有更好的导电性、可塑性、反光性和抗腐蚀性，因此用于各种无线电器件、天文、宇宙飞船、人造卫星等方面。

12.3.2 铝的重要化合物

(1) 氧化铝

Al_2O_3 是铝的重要氧化物，它主要有三种变体：α-Al_2O_3、β-Al_2O_3 和 γ-Al_2O_3。加热氢氧化铝，温度不同，可以得到氧化铝的不同变体。在 450℃左右，脱水可以制得 γ-Al_2O_3，大于 1000℃可以制得 α-Al_2O_3。自然界中存在的刚玉就是 α-Al_2O_3。就硬度而言，α-Al_2O_3 仅次于金刚石和金刚砂（SiC）。γ-Al_2O_3 的硬度比 α-Al_2O_3 的差一些。

α-Al_2O_3 是白色结晶，呈菱形六面体状，如图 12-6 所示。

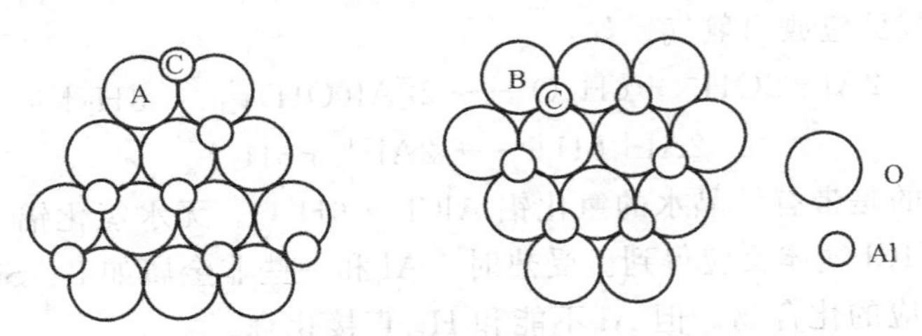

图 12-6　α-Al_2O_3 中氧和铝原子的密置层

它不溶于水，也不溶于酸或者碱中，只能用 $K_2S_2O_7$ 把它转化成可溶性的硫酸铝：

$$Al_2O_3 + 3K_2S_2O_7 \longrightarrow 3K_2SO_4 + Al_2(SO_4)_3$$

α-Al_2O_3 耐腐蚀，硬度大，电绝缘性好，用做高硬度研磨材料和耐火材料。天然或人造刚玉由于含有不同杂质而呈现多种颜色。如红宝石中含有痕量的 Cr^{3+}，蓝宝石中含有痕量的 Fe^{3+}、Fe^{2+} 或者 Ti^{4+}。人造红宝石或者蓝宝石可作为激光光源产生相干光。

γ-Al_2O_3 是具有缺陷的尖晶石结构。这种 Al_2O_3 不溶于水，但能溶于酸或碱，只在低温下稳定，它的比表面很大，具有强的吸附能力和催化活性，可作为吸附剂和催化剂。

β-Al_2O_3 是含有少量 Na_2O 杂质的氧化铝。β-Al_2O_3 的结构中存在大量缺陷，具有很强的离子传导能力，是良好的固体离子导体，是固体电池的理想材料。用 β-Al_2O_3 作隔膜构建的钠硫电池，其蓄电能力是铅蓄电池的约 10 倍。

（2）氢氧化铝

氢氧化铝是两性氢氧化物：

$$Al(OH)_3(s) \rightleftharpoons Al^{3+}(aq) + 3OH^-(aq);K_{sp}^{\ominus} = 1.3\times10^{-33}$$

$$Al(OH)_3(s) \rightleftharpoons AlO_2^-(aq) + H_3O^+(aq);K_{sp}^{\ominus} = 6.3\times10^{-12}$$

光谱证实，溶液中含有 $Al(OH)_4^-$，简写为 AlO_2^-。

氢氧化铝可溶于酸，也可溶于碱，反应如下：

$$Al(OH)_3(s) + H^+ \longrightarrow Al^{3+}(aq) + 3H_2O$$

$$Al(OH)_3 + OH^- \longrightarrow [Al(OH)_4]^-$$

由此可知，Al(Ⅲ)在水溶液中有三种存在形式：Al^{3+}、$Al(OH)_3$ 和 $[Al(OH)_4]^-$。它的这些存在方式依赖于溶液的 pH。由图 12-7 可知，当 pH＜3 时，$0.01mol\cdot L^{-1}$ 的 Al^{3+} 以 $[Al(H_2O)_6]^{3+}$ 形式存在；当 pH＝3～9 时，Al^{3+} 以 $Al(OH)_3$ 形式存在；当 pH＝10 时，Al^{3+} 以 $[Al(OH)_4]^-$ 形式存在。

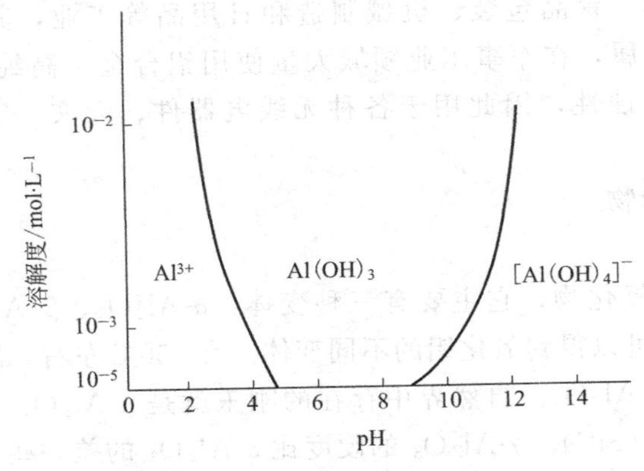

图 12-7　$Al(OH)_3$ 的溶解度-pH 图

（3）卤化铝

在铝的三卤化物中，AlF_3 与其他的 AlX_3 不同，它是白色难溶的离子型化合物，Al^{3+} 和 F^- 较易形成配离子：

$$Al^{3+}+6F^- \rightleftharpoons [AlF_6]^{3-};K^{\ominus}_{稳}=7.0\times10^{12}$$

它的钠盐 $Na_3[AlF_6]$（六氟铝酸钠）就是冰晶石。

无水三氯化铝是无色晶体，在常温下能挥发，180℃时升华，在靠近沸点蒸气中，三氯化铝是双聚分子（Al_2Cl_6），在较高的温度下离解为三角形的 $AlCl_3$。

由于铝原子也是缺电子原子，$AlCl_3$ 分子为缺电子分子，在 Al 原子上有空轨道，可以作为电子接受体，而氯原子有孤电子对，可作电子的给予体，所以 $AlCl_3$ 自身有强烈加合作用的倾向，容易形成 Al_2Cl_6。图 12-8 是 Al_2Cl_6 的结构。

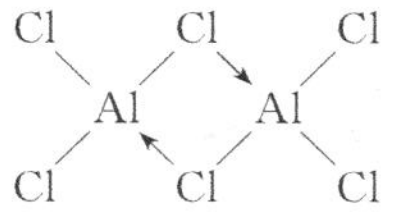

Cl　Cl　Cl
Al　Al
Cl　Cl　Cl

图 12-8　Al_2Cl_6 的结构

图中每个 Al 原子和四个 Cl 原子都以 sp^3 杂化，2 个 Al 原子分别与两端的 4 个 Cl 原子共处一个平面。中间的 2 个 Cl 原子以“桥键”的方式位于该平面的上、下方，每个 Cl 原子上的一对孤电子对进入 Al 原子的空轨道上形成配位键，并与上述平面垂直，这种由 Cl 原子作“桥”的键又被称为“氯桥键”。

无水 $AlCl_3$ 在水中的溶解度很大，溶于水后，H_2O 分子立刻取代 Cl 原子与 Al 原子配位，反应如下：

$$AlCl_3(s)+6H_2O \longrightarrow [Al(H_2O)_6]^{3+}+3Cl^-$$

由于 Al^{3+} 的高氧化态，使它对水分子有很强的极化作用，以至于使配位的水分子发生“水解”，导致溶液呈酸性。

$$[Al(H_2O)_6]^{3+} \longrightarrow [Al(H_2O)_5(OH)]^{2+}+H^+$$

$AlCl_3$ 在空气中发烟，就是因为它被空气中的水汽水解形成盐酸雾滴造成的。

$$AlCl_3(s)+6H_2O \longrightarrow [Al(H_2O)_5(OH)]Cl+HCl$$

无水 $AlCl_3$ 是典型的缺电子化合物，Al 原子上有空轨道，可以与孤电子对加合，可以催化许多有机反应，是重要的催化剂。

$AlCl_3$ 可以由铝和氯气直接合成，也可以在氯气存在下用炭还原氧化铝制备：

$$2Al+3Cl_2 \overset{\triangle}{=\!=\!=} 2AlCl_3$$

$$Al_2O_3+3C+3Cl_2 \overset{\triangle}{=\!=\!=} 2AlCl_3+3CO$$

溴化铝（Al_2Br_6）、碘化铝（Al_2I_6）和氯化铝（Al_2Cl_6）的结构相似，也存在类似的“桥键”。它们的性质也相似。

（4）硫酸铝和矾

无水硫酸铝为白色粉末。用纯的氢氧化铝溶于热的浓硫酸，或者用硫酸直接处理铝土矿（或高岭土）获得的是含水硫酸铝。

$$2Al(OH)_3+3H_2SO_4 \longrightarrow Al_2(SO_4)_3+6H_2O$$

$$Al_2O_3+3H_2SO_4 \longrightarrow Al_2(SO_4)_3+3H_2O$$

在常温下从溶液中析出了无色针状晶体，化学式为：$Al_2(SO_4)_3\cdot18H_2O$。

硫酸铝易溶于水，由于水解而使溶液呈酸性，其水解产物是一些碱式盐或 $Al(OH)_3$ 的胶状沉淀。这种沉淀具有吸附和絮凝作用，所以硫酸铝被广泛用做净水剂、媒染剂[$Al(OH)_3$的胶状沉淀易吸附染料]。$Al_2(SO_4)_3$ 饱和溶液用于泡沫灭火器中，使用时和 $NaHCO_3$ 溶液反应生成 $Al(OH)_3$和 CO_2：

$$Al^{3+} + 3HCO_3^- \longrightarrow Al(OH)_3\downarrow + 3CO_3\uparrow$$

硫酸铝与 K^+、Rb^+、Cs^+ 和 $NH_4{}^+$ 等的硫酸盐结合而形成复盐（又称为矾），其通式为 $MAl(SO_4)_2 \cdot 12H_2O$。

经验指出：体积较大的 M^{I}（半径＞100pm）和体积较小的 M^{III}（半径 50～70pm）比较容易形成矾的晶体。锂离子不易成矾，是因为它的体积太小；三价镧系金属离子的硫酸盐也不能成矾，因为镧系金属离子的体积比 Al^{3+} 大。

思考题

1. 什么是缺电子原子？什么是缺电子化合物？举例说明。
2. 举例说明什么是等电子体。
3. 分析乙硼烷的分子结构。为什么说乙硼烷是缺电子化合物？
4. 在焊接金属时，使用硼砂的原理是什么？什么叫硼砂珠实验？
5. 从单质、含氧酸及其盐、多酸及其盐等方面，讨论硼和硅的相似性，并简要说明原因。
6. 如何鉴定硼酸盐？
7. 为什么 $AlCl_3$ 只能形成二聚分子，而 $BeCl_2$ 能形成长链聚合分子？
8. 铝的卤化物蒸气密度测定表明，气态的 $AlCl_3$、$AlBr_3$、AlI_3 等都具有双分子缔合结构，试说明之。
9. 铝是活泼金属，为什么能广泛应用在建筑、汽车、航空以及日用品等方面？
10. 能否用 $AlCl_3 \cdot 6H_2O$ 加热脱水制得无水 $AlCl_3$？反之，能否用无水 $AlCl_3$ 制得 $AlCl_3 \cdot 6H_2O$？

习 题

1. 写出乙硼烷的结构式，并指出其中各化学键的名称。
2. 写出硼砂分别与 NiO、CuO 共熔时的反应式。
3. 完成并配平下列反应式：

① $B_2H_6 + H_2O \longrightarrow$　　② $B_2H_6 + O_2 \longrightarrow$

③ $BF_3 + HF \longrightarrow$　　④ $B + H_2O(g) \longrightarrow$

⑤ $B_2O_3 + CaF_2 + H_2SO_4 \longrightarrow$　　⑥ $BCl_3 + LiAlH_4 \xrightarrow{乙醚} B_2H_6 + LiCl +$

⑦ $BCl_3 + NH_3 \longrightarrow$　　⑧ $B(OH)_3 + C_2H_5OH \longrightarrow$

⑨ $Al^{3+} + CO_3^{2-} + H_2O \longrightarrow$

4. 请说明制备纯硼时，用 H_2 作还原剂比用活泼金属或碳要好的原因。
5. 用配平的化学反应方程式表示下列化学变化：

$$硼镁矿 \longrightarrow 硫酸 \longrightarrow 硼酸$$

6. 铝在电势序列中的位置远在氢之前，但它不能从水中置换出氢气，却很容易从氢离子浓度比水低得多的碱溶液中把氢取代出来。说明其原因，并用化学方程式表示。

7. 氯化铝在有机溶液中以 Al_2Cl_6 形式存在，而在水中已转化为$[Al(H_2O)_6]^{3+}$，并水解为$[Al(OH)(H_2O)_5]^{2+}$，原因何在？

第13章 碱金属 碱土金属

前面主要介绍了非金属元素的单质和化合物的性质，虽然也涉及了几种 p 区金属的性质，但从本章开始将要介绍的都是金属元素的单质及其化合物的基本性质。因此，在介绍这些金属之前，我们先简单概述一下金属的通性。

13.1 金属概述

13.1.1 金属的分类

到目前为止，已知的元素有 112 种。其中 17 种是非金属元素，它们是第 18（ⅧA）、17（ⅦA）族元素，以及氧、硫、氮、磷、碳、氢。8 种是准金属元素，它们是硼、硅、锗、砷、锑、硒、碲和钋，它们的物理化学性质介于金属和非金属之间。其余的元素都是金属元素。可以根据这些金属的外观，把它们可分为黑色金属和有色金属两大类。黑色金属包括铁、锰和铬以及它们的合金。有色金属是除铁、锰、铬之外的所有金属。有色金属又可以大致分为以下几类：

① 轻有色金属　是指密度在 $4.5\times10^3 kg\cdot m^{-3}$ 以下的有色金属。它们包括钠、钾、镁、钙、锶、钡、铝。它们的化学性质活泼，与氧、硫、碳和卤素的化合物都相当稳定。

② 重有色金属　是指密度在 $4.5\times10^3 kg\cdot m^{-3}$ 以上的有色金属，其中有铜、锌、镉、汞、镍、钴、铅、锡、锑、铋等。

③ 贵金属　是密度大 [$(10.4\sim22.4)\times10^3 kg\cdot m^{-3}$]、熔点高（916～3000℃）、化学性质稳定的一些金属，包括金、银和铂族金属钌、锇、铑、铱、钯、铂。贵金属在地壳中含量少，开采和提取比较困难，因而价格较贵。

④ 稀有金属　是自然界中含量很少，或者含量不少但分布稀散，难以提取、应用有限的一类金属，它们包括：稀有轻金属锂、铷、铯、钫（人造元素）；难熔稀有金属钛、锆、铪、钒、铌、钽、钼、钨、锝（人造元素）、铼；稀有分散金属镓、铟、铊、锗；稀土元素和人造超铀元素金属等。对它们的研究一般比较少。但近年来，随着新材料的不断研制，稀有金属与普通金属的名称界限正逐渐消失。

13.1.2 金属的自然存在

各种金属由于其化学活泼性相差很大，因此它们在自然界中的存在形式各不相同。极少数化学性质不活泼的元素，以单质的形式存在于自然界，如金、铂等。大多数活泼金属元素总是以其最稳定的化合物存在于自然界。一些可溶的金属化合物，主要溶解在海水、湖水中，少数埋藏在不受流水冲刷的岩石下面。那些难溶的金属化合物则形成各种岩石，构成坚硬的地壳。

轻金属一般以氯化物、碳酸盐、磷酸盐、硫酸盐等盐类形式存在，个别轻金属也有氧化物的形式。重金属通常形成氧化物或硫化物，也有的以碳酸盐的形式存在。

海洋作为资源越来越受到人们的重视，除了海底有丰富的矿藏外，海水中还含有80多种元素，其中多数是金属元素。海水中金属离子的浓度虽然低，但海水量巨大，所以金属总量相当可观，如海水中大量存在钠、钾、钙、镁等。海水中还含有约5百万吨黄金、1亿6千万吨白银、8千万吨镍、40亿吨铀等。如何从海洋中提取低浓度金属元素，是湿法冶金学者要解决的难题。目前，除了钠、镁等金属是从海水中提取的外，大多数金属是从地壳矿石中提取的。

13.1.3 金属的冶炼

大多数金属都是从含有金属和金属化合物的矿石中提炼的。提炼金属的过程一般要经过三大步骤：①矿石的富集；②冶炼；③精炼。

矿石的富集主要是预先把矿石中所含的大量脉石（主要是石英、石灰石和长石等）除去，以提高矿石中有用成分的含量。富集选矿的方法很多，可以利用矿石中有用成分与脉石的密度、磁性、黏度和熔点等性质的不同，分别采取水选、磁选和浮选等方法进行富集。

金属的冶炼主要是把被富集于矿石中的化合态金属进行还原提取金属。根据金属离子得电子能力的不同，工业上主要采取三类冶炼方法：①电解法；②热还原法；③热分解法。图13-1列出了金属在周期表的位置与提炼方法的大致关系。

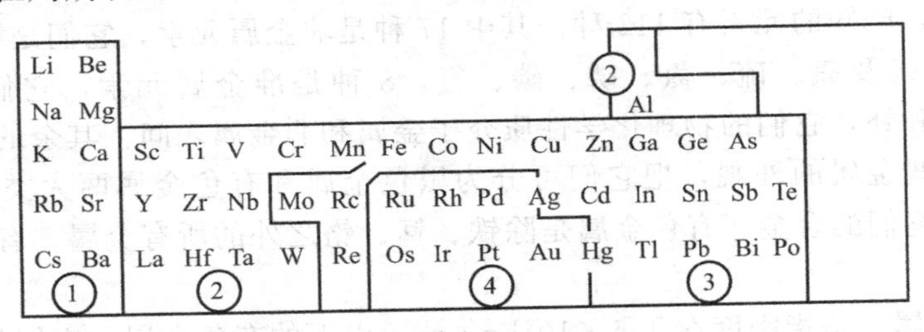

图13-1 金属提炼的方法

①活泼金属主要用熔盐电解法冶炼。例如，电解氯化镁熔盐提取金属镁。②以含氧阴离子或二氧化物的形式存在、对氧有较强亲和力、正电荷高的活泼金属常用电解法或化学还原法来冶炼。若用化学还原法冶炼，通常要在真空或惰性气氛中用活泼金属来置换。例如，电解熔融 Al_2O_3 生产金属铝。③以硫化物矿存在的元素通常先焙烧，使之变成氧化物后，再用热还原法或热分解法处理。如果能用碳作还原剂，是最经济的方法。例如，硫铁矿先焙烧，再用碳还原生产铁。④元素以容易分解的化合物存在时，可以用热分解法处理。例如，氧化汞热分解生成汞。

从矿石中提炼的金属常含有杂质，许多情况下要对其进行精炼。常用的精炼方法有：①电解精炼。将不纯的金属做成电解槽的阳极，薄片纯金属做成阴极，通过电解，纯金属在阴极上析出。Cu、Au、Pb、Zn、Al等常用此方法进行精炼。②区域熔炼。把不纯的物质放入一个套管内，套管外装有一个可移动的加热线圈。强热时，线圈区域便形成一个熔融带。由于混合物的熔点一般比它们相应纯的物质的熔点低，因此杂质常常被汇集在熔融带内。随着线圈的移动，熔融带便随着线圈前进，杂质就被加热线圈“驱赶”到样品的末端，如图13-2所示。以这种方法精炼金属，始端物质中的杂质含量可低于 10^{-12}。一些高熔点金属和半导体镓和锗以及计算机等用的高纯单晶硅可用此法进行提纯。③气相精炼。镁、汞、锌、锡等可以用直接蒸馏法，使杂质挥发除去。还有一些金属可以用气相析出法进行提纯。

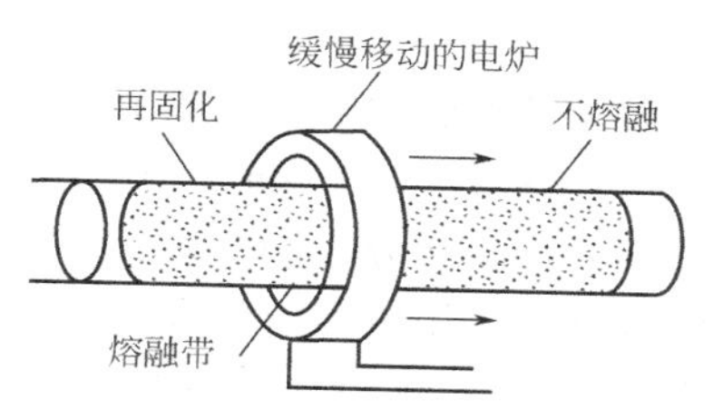

图 13-2 区域熔炼法示意图

让粗金属生成挥发性的金属化合物，精馏这些化合物，最后将它们热分解或热还原，使金属析出，达到提纯的目的。羰化法是一种较新的气相析出提纯法。以镍为例，将粗镍装入高压釜内，在 $1.013\times10^4\sim2.532\times10^4$ kPa，150～220℃时进行高压羰化，生成的气体导入冷凝器内得到液体羰基化物，然后精馏（55～60℃），低沸点的 $[Ni(CO)_4]$ 先蒸发，最后在 240～320℃下热分解，得到纯镍粉，分解出来的 CO 返回再用。

13.1.4 金属的物理性质

我们知道，金属原子是以金属键结合，并以密堆积的方式形成金属晶体的。因此，金属具有许多共同的性质，如良好的导电性、导热性、延展性以及金属光泽等。这些性质都与金属特有的内部结构有关。

金属的导热性及导电性与金属内部的自由电子有关。当金属两端存在温度差时，不停运动的自由电子不断地与晶格结点上振动的金属离子碰撞并交换能量形成导热现象。当没有外电场作用时，金属中的自由电子没有一定的运动方向，因此不产生电流；当金属接到电源的正、负两极时，自由电子在两极电场的“驱动”下定向移动形成电流，显示出导电性。当温度升高时，金属离子和金属原子的振动增强，自由电子的运动受阻程度增加，因此金属的导电性也就随温度的升高而降低。在所有金属中，导电能力和导热能力最强的是 Ag，然后依次是 Cu、Au、Al、Zn、Pt、Sn、Fe、Pb、Hg。

金属光泽也与金属中存在自由电子有关。当有光线照射金属表面时，自由电子吸收所有频率的光，然后很快又放出来，因此，大多数金属呈现钢灰色甚至银白色的金属光泽。至于那些显示其他颜色的金属，如黄色的金、紫红色的铜、淡红色的铋、淡黄色的铯以及灰蓝色的铅，是因为它们较易吸收某一些频率的光。需要指出的是，金属光泽只有在整块时才能表现出来，在粉末态时，一般金属都呈暗灰色或黑色。这是因为在粉末态时，晶格排列得不规则，吸收的可见光辐射不出去，所以呈黑色。

有些金属在光照下还能放出电子，例如金属铯，这种现象称为光电效应，利用金属的光电效应可以制造光电管或光电池等，实现光电能量转化。另一些金属被加热到高温时能放出电子，这种现象称为热电效应，利用金属的热电效应可以制造测量温度的热电偶，也可以进行温差发电。

金属的延展性与金属的密堆积以及自由电子的存在有关。金属的延性是指金属可以被抽成丝，如最细的铂丝其直径为 1/5000mm。金属的展性是指金属可以被压成薄片，如最薄的金箔只有 1/10000mm 厚。当金属受到外力作用时，金属原子之间容易发生相对位移，但金属原子与自由电子之间仍保持着金属键的结合力，当金属发生形变时，不会使金属断裂，因此金属具有良好的变形性。但是，也有少数金属如锑、铋、锰等，性质较脆，没有延展性。

金属的其他物理性质，如密度、熔点、沸点、硬度等都与金属特有的内部结构有关。例如，金属键的强度越大，金属的熔点、沸点、硬度越大；金属原子堆积的密集程度越大，金属的密度就越大。

13.1.5 金属的化学性质

金属最主要的化学性质是，失去最外层的电子生成金属正离子，表现出较强的还原性。

$$M - ne \longrightarrow M^{n+} \quad (n = 1, 2, 3)$$

但不同金属元素失去电子的难易程度十分不同，因此它们的还原性强弱也有很大差异。在气相中，金属原子失去电子的难易可以用电离能的大小来衡量。在水溶液中，金属失去电子能力则可以用电极电势的数值来衡量。表 13-1 是一些金属按标准电极电势由负到正排成的金属活动性顺序，以及它们的主要化学性质。

表 13-1 一些金属的主要化学性质

<table>
<tr><td>金属活动顺序</td><td colspan="7">K Ca Na Mg Al Mn Zn Fe Ni Sn Pb H Cu Hg Ag Pt Au</td></tr>
<tr><td>金属在溶液中失去电子的能力</td><td colspan="7">依次减小 还原性减弱</td></tr>
<tr><td>在空气中与氧的反应</td><td>易被氧化</td><td colspan="3">常温时能被氧化</td><td></td><td>加热时能被氧化</td><td>不能氧化</td></tr>
<tr><td>与水反应</td><td>常温取代出氢气</td><td>常温反应很慢</td><td>在赤热时与水蒸气反应</td><td colspan="4">不能取代水中的氢</td></tr>
<tr><td rowspan="2">与酸反应</td><td colspan="4">能取代稀酸(HCl、H_2SO_4)中的氢</td><td></td><td colspan="2">不能取代稀酸中的氢</td></tr>
<tr><td>作用剧烈</td><td colspan="3">作用依次减慢</td><td></td><td>能与 HNO_3 和浓 H_2SO_4 反应</td><td>难与 HNO_3 和浓 H_2SO_4 反应，能与王水反应</td></tr>
<tr><td>与碱反应</td><td colspan="7">仅 Al、Zn 等两性金属与碱反应</td></tr>
<tr><td>与盐反应</td><td colspan="7">前面的金属可以从盐中取代后面的金属离子 $M_{前} + M_{后}^{n+} \longrightarrow M_{前}^{n+} + M_{后}$</td></tr>
</table>

13.1.6 合金

几种金属，或金属与少数非金属混合后经过“熔合”形成具有金属特性的物质称为合金。与纯金属相比，合金具有许多更为优良的性能，因此，常用的金属材料多为合金。合金的结构要比纯金属复杂得多。合金一般有以下三种基本类型的结构：①金属固溶体；②金属化合物；③低共熔混合物。

(1) 金属固溶体

金属固溶体是由合金元素彼此相互溶解而形成的具有均匀组织的晶体。固溶体中，被溶解的组分（溶质）可以有限或无限地溶于基体组分（溶剂）的晶格中。金属固溶体有两种类型：一是当两种金属的晶体结构相同、原子半径相差很小、原子的价电子构型和电负性相近时，溶质原子能以任意比例置换溶剂金属晶格结点上的原子，形成置换固溶体，例如 Cu-Au 合金、W-Mo 合金。二是当溶质原子半径很小时（如 C、B、N、H），溶质原子进入溶剂金属的晶格间隙，形成间隙固溶体，例如，铁碳合金——钢、硬质合金（见第 20 章）就是这种合金。

(2) 金属化合物

两种电负性、价电子构型和原子半径差别较大的金属元素混合时，形成的是金属化合物（又称金属互化物）合金。只有少数金属化合物是组成固定的“正常价”化合物，例如，Mg_2Pb。大多数金属化合物的组成是可变的电子化合物。由于这类合金的性质决定于电子数和原子数之比，故称为电子化合物。电子化合物的特征是金属化合物中价电子数与原子数之比有一个确定的比值。当价电子数与原子数之比达到 $\frac{3}{2}$、$\frac{21}{13}$和$\frac{7}{4}$ 时，一般分别出现 β 相、γ 相和 ε 相。每一比值都对应着一定的晶格类型。如表 13-2 所示。

表 13-2 电子数/原子数与晶格类型的关系

$\frac{电子数}{原子数}$	$\frac{3}{2}$	$\frac{21}{13}$	$\frac{7}{4}$
晶格类型	体心立方晶格 β 相	复杂立方晶格 γ 相	六方晶格 ε 相
合金	CuZn Au_3Al	Cu_5Zn_8 Fe_5Zn_{21}	$CuZn_3$ Au_3Sn

(3) 低共熔混合物

低共熔混合物是两种金属的非均匀混合物。它是由形成合金的各种金属的极细微晶体互相紧密地混合而成的。这种低共熔混合物只有在各种金属按特定比例混合时才能形成。此时合金的熔点最低，称为最低共熔温度，对应组成的合金称为低共熔混合物。这种合金的特点是它的熔点比任何一种组成它的纯金属都低。如果组成这种合金的元素不是按上述特定比例混合时，显微镜下可以观察到，其中过量金属的较大的晶体颗粒散布在低共熔混合物的整体中。

13.2 碱金属和碱土金属的通性

13.2.1 概述

周期表中的第 1（ⅠA）族包括锂（Li）、钠（Na）、钾（K）、铷（Rb）、铯（Cs）、钫（Fr）六种金属。由于钠和钾的氢氧化物具有强碱性，所以本族金属称为碱金属。在第 2（ⅡA）族铍（Be）、镁（Mg）、钙（Ca）、锶（Sr）、钡（Ba）、镭（Ra）中，由于钙、锶、钡氧化物的性质介于"碱性"和"土性"（以前把既难溶于水又难熔融的黏土的主要成分 Al_2O_3 称为"土"）之间，所以，这几个金属有碱土金属之称，现习惯上把铍和镁也包括在内。表 13-3 和表 13-4 分别列出了碱金属和碱土金属元素的基本性质。

碱金属和碱土金属的化学性质很活泼，它们以化合物的形式存在于自然界。碱金属中的钾和钠在地壳中分布很广，主要有钠长石（$Na[AlSi_3O_8]$）和钾长石（$K[AlSi_3O_8]$），光卤石（$KCl \cdot MgCl_2 \cdot 6H_2O$）以及明矾石 [$K_2SO_4 \cdot Al_2(SO_4)_3 \cdot 24H_2O$]。海水中 NaCl 的含量为 2.7%，植物灰中也含有钾盐。锂的重要矿物有锂辉石（$Li_2O \cdot Al_2O_3 \cdot 4SiO_2$）。锂、铷和铯是稀有金属。

表 13-3 碱金属元素的基本性质

性质	锂	钠	钾	铷	铯
元素符号	Li	Na	K	Rb	Cs
原子序数	3	11	19	37	55
相对原子质量	6.941	22.990	39.098	85.4678	132.9054
价电子层结构	$2s^1$	$3s^1$	$4s^1$	$5s^1$	$6s^1$
主要氧化态	+1	+1	+1	+1	+1
原子半径/pm(金属半径)	152	186	227.2	247.5	265.4
离子半径/pm	68	97	133	147	167
第一电离能/$kJ \cdot mol^{-1}$	520	496	419	403	376
第二电离能/$kJ \cdot mol^{-1}$	7295	4591	3088	2675	2436
电负性	0.98	0.93	0.82	0.82	0.79
标准电极电势/V $M^+(aq) + e \longrightarrow M(s)$	−3.040	−2.714	−2.931	−2.98	−3.026

表 13-4 碱土金属元素的基本性质

性质	铍	镁	钙	锶	钡
元素符号	Be	Mg	Ca	Sr	Ba
原子序数	4	12	20	38	56
相对原子质量	9.01218	24.305	40.078	87.62	137.33
价电子层结构	$2s^2$	$3s^2$	$4s^2$	$5s^2$	$6s^2$
主要氧化态	+2	+2	+2	+2	+2
原子半径/pm(金属半径)	111.3	160	197.3	215.1	217.3
离子半径/pm	35	66	99	112	134
第一电离能/$kJ \cdot mol^{-1}$	899	738	590	550	503
第二电离能/$kJ \cdot mol^{-1}$	1768	1460	1152	1070	971
电负性	14939	7658	4942	4351	3575
标准电极电势/V	1.5	1.2	1.0	0.95	0.89
$M^{2+}(aq) + 2e \longrightarrow M(s)$	−1.847	−2.70	−2.868	−2.87	−2.91
$M(OH)_2 + 2e \longrightarrow M(s) + 2OH^-$	−2.63	−2.69	−3.02	−2.88	−2.99

除了镭外，碱土金属在自然界分布也很广泛。镁除有光卤石外，还有白云石（$CaCO_3 \cdot MgCO_3$）和菱镁矿（$MgCO_3$）等。铍的最重要的矿物有绿柱石（$3BeO \cdot Al_2O_3 \cdot 6SiO_2$）。钙、锶、钡在自然界中主要以碳酸盐和硫酸盐的形式存在，例如，方解石（$CaCO_3$）、碳酸锶矿（$SrCO_3$）、石膏（$CaSO_4 \cdot 2H_2O$）、天青石（$SrSO_4$）和重晶石（$BaSO_4$）等。海水中含有大量镁的氯化物和硫酸盐，1971 年世界镁产量有一半以上是以海水为原料生产的。

碱金属和碱土金属元素的价电子构型分别是 ns^1 和 ns^2，次外层为稳定的 8 电子（Li 和 Be 为 2 电子）结构，在同一周期中，它们具有较大的原子半径和较少的核电荷，它们极容易失去外层价电子形成氧化态为+1 和+2 的离子，这些阳离子的极化作用一般较小，因此所形成的化合物主要是离子型化合物。然而，由于 Li^+ 和 Be^{2+} 为 2 电子构型，而且半径小于同族其他阳离子，因此具有较大的极化作用，故锂、铍的化合物具有一定程度的共价性。

13.2.2 单质的重要性质

（1）物理性质

由于碱金属和碱土金属具有较大的原子半径和较少的核电荷，因此，它们的金属键很不牢固，相应的熔点、沸点、硬度、升华热都很低，并按同一族自上而下的顺序下降。但相对来说，碱土金属的熔点、沸点比碱金属的高，密度和硬度也比碱金属的大。例如，Li 的密度为 $0.53 \times 10^3 kg \cdot m^{-3}$，是最轻的金属，保存金属锂时，需要浸于液体石蜡或封存于固体石蜡中。碱金属和 Ca、Sr、Ba 均可以用刀切，其中最软的是 Cs。碱金属和碱土金属的新鲜表面都有银白色光泽，接触空气后会生成一层含有氧化物、氮化物和碳酸盐的外壳而颜色变暗。

碱金属和碱土金属是同周期中金属性最强的元素，其失去电子的能力自上而下逐渐增强，从左到右逐渐减弱。碱金属中的 Rb 和 Cs 失去电子的能力可以强到仅受光照，电子就可以从金属表面逸出，因此，常用来制造光电管，进行光电信号的转化。例如，铯光电管制成的自动报警装置，可以报告远处的火警；制成天文仪器可以根据由星光转换成电信号的强度测出天体的亮度，进而判断天体与地球的距离。

（2）化学性质

不言而喻，碱金属和碱土金属是强的还原剂，这可以从它们都有很低的标准电极电势值看出，而且同族元素的标准电极电势随原子序数增加而降低。但是，Li 的标准电极电势却反常地比 Cs 还低，这是因为 Li^+的半径较小，易与水分子结合并放出较多的能量。由于 Li

是最轻的金属，又具有极低的标准电极电势，因此，高能锂电池是目前市场上流行的高品质电池。

碱金属都可以与水反应。锂在反应中不熔化。钠与水的反应剧烈，反应放出的热使钠熔化成小球。钾与水反应更剧烈，产生的氢气能燃烧。铷、铯与水剧烈反应并发生爆炸。碱土金属也都可以与水反应。铍能与水蒸气反应，镁能将热水分解，而钙、锶、钡与冷水就能比较剧烈地进行反应，这里起氧化剂作用的是水中的 H^+。

碱金属在室温下能与空气中的氧迅速反应生成一层氧化物，在锂的表面还生成氮化物。钠、钾在空气中稍微加热就燃烧，而铷和铯在室温下遇空气就立即燃烧。

$$4Li + O_2 \longrightarrow 2Li_2O$$

$$6Li + N_2 \longrightarrow 2Li_3N$$

它们的氧化物在空气中易吸收 CO_2 形成碳酸盐：

$$Na_2O + CO_2 \longrightarrow Na_2CO_3$$

因此，除了锂以外，碱金属应保存在煤油中。碱土金属活泼性略差，室温下这些金属表面缓慢生成氧化膜。

高温下，碱金属和碱土金属具有很强的还原性。例如：

$$SiO_2 + 2Mg \longrightarrow Si + 2MgO$$

$$TiCl_4 + 4Na \longrightarrow Ti + 4NaCl$$

因此，它们常被用于提炼以含氧阴离子或二氧化物形式存在、对氧有较强亲和力并且正电荷高的活泼金属。

碱金属最有趣的性质之一是它们在液氨中的性质。碱金属的液氨稀溶液呈现蓝色，随着碱金属溶解量的增加，溶液颜色变深。当液氨溶液中钠的含量超过 $1mol \cdot L^{-1}$ 以后，再添加碱金属，溶液由蓝色变为青铜色。如将溶液蒸发，又可以重新得碱金属。研究认为，在碱金属的液氨稀溶液中，碱金属离解生成碱金属正离子和溶剂合电子：

$$M(s) + (x+y)NH_3(l) \longrightarrow M(NH_3)_x^+ + e(NH_3)_y^-$$

显然，这种溶液具有很强的还原性。事实上，它们被广泛应用于无机和有机制备中。这种溶液还具有导电性和顺磁性，这些都与溶液中生成了氨合电子有关。但是，痕量杂质如过渡金属的盐类、氧化物和氢氧化物的存在，以及光化作用都能促进溶液中的碱金属和液氨之间反应而生成氨基化合物：

$$2Na + 2NH_3(l) \longrightarrow 2NaNH_2 + H_2\uparrow$$

钙、锶、钡也能溶于液氨生成类似的蓝色溶液，只是溶解得比钠慢一些，量也少一些。

近年来，在碱金属性质研究方面取得的一项重要成果是合成了碱金属负离子。1973 年，J. L. Dye 等将金属钠溶于二环聚醚二胺（以 C 表示）的乙胺溶液（或四氢呋喃溶液）中，得到了 NaC^+Na^- 的晶体化合物，晶体中存在钠负离子。这种在真空中制得的结晶盐具有金属光泽。室温下，因为钠负离子会侵蚀有机穴状配体分子，晶体慢慢变暗，并失去光泽。这种晶体熔点为 353K。熔融时，晶体分解成金属钠和游离的穴状配体。钾、铷、铯的负离子也被制取出来。由此可以看出，碱金属负离子虽然比相应的正离子稳定性差得多，但这种被电子填满的 s 轨道比起只有半充满的 s 轨道还是要稳定些。

要成功地制备碱金属负离子，关键是要把碱金属正离子捕集在具有笼状结构的有机分子之中。穴状配体能包围碱金属正离子，改善碱金属在有机溶剂中的溶解度，有助于形成碱金属负离子，并阻止碱金属负离子与其正离子反应形成中性原子。

13.3 碱金属和碱土金属的化合物

13.3.1 氢化物

碱金属和碱土金属在加热时，能与氢气直接化合形成离子型氢化物。例如：

$$2K+H_2 \longrightarrow 2KH$$

$$Ca+H_2 \longrightarrow CaH_2$$

它们是白色固体，性质类似盐，又称为盐型氢化物，这有点类似卤化物。在这些氢化物中，氢是以 H^- 的形式存在的，因此，它们具有很强的还原性，例如，它们易与水反应而产生氢气：

$$MH+H_2O \longrightarrow MOH+H_2\uparrow$$

又例如，在400℃时，NaH 可以把 $TiCl_4$ 还原成金属钛：

$$TiCl_4+4NaH \longrightarrow Ti+4NaCl+2H_2\uparrow$$

离子型氢化物在受热时可以分解为氢气和游离金属：

$$2MH \xrightarrow{\triangle} 2M+H_2\uparrow$$

$$MH_2 \xrightarrow{\triangle} M+H_2\uparrow$$

但分解温度各不相同。在碱金属的氢化物中，以 LiH 最为稳定；在碱土金属氢化物中，以 CaH_2 最为稳定。

由于 H^- 的电荷少而半径大，故能在非极性溶剂中同 B^{3+}、Al^{3+} 和 Ga^{3+} 等结合成复合氢化物。例如生成氢化铝锂：

$$4LiH+AlCl_3 \xrightarrow{\text{乙醚}} Li[AlH_4]+3LiCl$$

这类化合物还有 $Na[BH_4]$等。其中 $Li[AlH_4]$ 是最重要的还原剂。$Li[AlH_4]$ 在干燥的空气中比较稳定，遇水发生猛烈反应，生成相应的氢氧化物和氢气。

在有机合成工业中，离子型氢化物，特别是 $Na[BH_4]$、$Li[AlH_4]$ 等常用于有机官能团的还原，例如，可把醛、酮和羧酸等还原为醇，将硝基还原为氨基等，在高分子化学工业中用做某些聚合反应的引发剂和催化剂。在其他化学工业中和科学研究中，它们也都有广泛应用。

13.3.2 氧化物

碱金属和碱土金属能形成多种氧化物：普通氧化物（含有 O^{2-}）、过氧化物（含有 O_2^{2-}）、超氧化物（含有 O_2^-）和臭氧化物（O_3^-）。碱金属和碱土金属在空气中燃烧时，生成不同类型的氧化物。Li 以及所有碱土金属生成普通氧化物，钠生成过氧化钠（Na_2O_2），而钾、铷、铯则生成超氧化物 KO_2、RbO_2、CsO_2。

(1) 普通氧化物

钠、钾、铷、铯的普通氧化物要用间接的方法来制备。例如，用金属钠还原过氧化钠制得白色氧化钠，用金属钾还原硝酸钾制得淡黄色氧化钾：

$$Na_2O_2+2Na \longrightarrow 2Na_2O$$

$$2KNO_3+10K \longrightarrow 6K_2O+N_2$$

氧化物（M_2O）与水反应生成氢氧化物（MOH）。与水反应的程度，从 Li_2O 到 Cs_2O 依次加强。Li_2O 与水反应很慢，但 Rb_2O 和 Cs_2O 与水反应时会发生燃烧甚至爆炸。

碱土金属的氧化物通常用它们的碳酸盐或硝酸盐加热分解制得，例如：

$$CaCO_3 \xrightarrow{\triangle} CaO + CO_2 \uparrow$$

$$2Sr(NO_3)_2 \xrightarrow{\text{高温}} 2SrO + 4NO_2 \uparrow + O_2 \uparrow$$

碱土金属的氧化物均为白色粉末，一般在水中溶解度较小。除了 BeO 是 ZnS 型晶体外，其余均为 NaCl 型晶体。由于正、负离子都带有两个电荷，而 M—O 的距离又较小，所以 MO 有较大的晶格能，因此，它们的熔点和硬度都很高，并从 Be 到 Ba 依次降低。根据这种特性，BeO 和 MgO 常用来制造耐火材料和新型陶瓷。特别是 BeO，还具有反射放射线的能力，常用做原子反应堆外壁砖块材料。

（2）过氧化物和超氧化物

过氧化物是含有过氧基（—O—O—）的化合物，可以看做是 H_2O_2 的衍生物。除了 Be 以外，所有碱金属和碱土金属都能形成过氧化物。其中比较常用的是 Na_2O_2 和 BaO_2。工业用的 Na_2O_2 是将金属钠在铝制容器中熔融，并通入已经除去二氧化碳的干燥空气来合成的：

$$2Na + O_2 \longrightarrow Na_2O_2$$

工业上制备 BaO_2 是在高温、加压条件下用 BaO 与 O_2 作用：

$$2BaO + O_2 \xrightarrow{\text{加压、高温}} 2BaO_2$$

过氧化钠在碱性介质中是强氧化剂，常用做熔矿剂，以使既不溶于水又不溶于酸的矿石被氧化分解为可溶于水的化合物，熔融时要用铁或镍制容器。例如，过氧化钠可以使铬铁矿分解：

$$2Fe(CrO_2)_2 + 7Na_2O_2 \longrightarrow 4Na_2CrO_4 + Fe_2O_3 + 3Na_2O$$

过氧化钠也用于纺织品和纸浆的漂白。过氧化钠在熔融时几乎不分解，但遇到棉花、木炭或铝粉等还原性物质时，就会发生爆炸，因此，使用时要特别小心。过氧化钡可用做供氧剂和引火剂等。

除了锂、铍、镁以外，碱金属和碱土金属都能形成超氧化物。其中钠、钾、铷和铯在过量的氧气中燃烧可直接生成超氧化物。

过氧化物、超氧化物与水或稀酸反应生成过氧化氢。室温下，过氧化氢又分解放出氧气。

$$Na_2O_2 + 2H_2O \longrightarrow 2NaOH + H_2O_2$$

$$BaO_2 + H_2SO_4 \longrightarrow BaSO_4 \downarrow + H_2O_2 \text{（实验室制 } H_2O_2 \text{ 的方法）}$$

$$2H_2O_2 \longrightarrow 2H_2O + O_2 \uparrow$$

过氧化物和超氧化物与二氧化碳反应放出氧气：

$$2Na_2O_2 + 2CO_2 \longrightarrow 2Na_2CO_3 + O_2 \uparrow$$

$$4KO_2 + 2CO_2 \longrightarrow 2K_2CO_3 + 3O_2 \uparrow$$

因此，过氧化物和超氧化物与二氧化碳的反应常用做高空飞行或潜水的供氧剂。

13.3.3 氢氧化物

碱金属的氢氧化物因为对皮肤和纤维有强烈的腐蚀作用，又被称为苛性碱。NaOH 和 KOH 通常分别被称为苛性钠（又名烧碱）和苛性钾。碱金属和碱土金属的氢氧化物都是白色固体，放置在空气中容易吸水而潮解，所以固体 NaOH 和 $Ca(OH)_2$ 是常用的干燥剂。它们还容易与空气中的 CO_2 反应生成碳酸盐，所以要封存。但在 NaOH 表面难免会因接触空气而带有 Na_2CO_3，分析化学用的不含 Na_2CO_3 的 NaOH 标准溶液是按照下列方法配制的：先配制 NaOH 的饱和溶液，Na_2CO_3 因不溶于饱和 NaOH 溶液而沉淀析出，静置，取上层清液，用煮沸后冷却的新鲜蒸馏水稀释，最后用标准酸溶液标定浓度即可。除了 LiOH 以外，碱金属氢氧化物在水中的溶解度很大，并全部电离，因此碱性很强。碱土金属氢氧化物的溶解度比碱金属氢氧化物要小得多，碱式离解程度也较差，所以碱性要弱一些。表13-5列出了碱金属和碱土金属氢氧化物的溶解度。

表 13-5 碱金属和碱土金属氢氧化物的溶解度

碱金属氢氧化物	溶解度		碱土金属氢氧化物	溶解度	
	293K	288K		293K	288K
	$g\cdot(100g\ H_2O)^{-1}$	$mol\cdot L^{-1}$		$g\cdot(100g\ H_2O)^{-1}$	$mol\cdot L^{-1}$
LiOH	13	5.3	$Be(OH)_2$	0.0002	8×10^{-6}
NaOH	109	26.4	$Mg(OH)_2$	0.0009	5×10^{-4}
KOH	112	19.1	$Ca(OH)_2$	0.156	6.9×10^{-3}
RbOH	180(288K)	17.9	$Sr(OH)_2$	0.81	6.7×10^{-2}
CsOH	395.5(288K)	25.8	$Ba(OH)_2$	3.84	2×10^{-1}

碱性是碱金属和碱土金属氢氧化物的突出性质。它们的碱性随金属原子的原子序数的增加而增强：

LiOH	NaOH	KOH	RbOH	CsOH
中强碱	强碱	强碱	强碱	强碱
$Be(OH)_2$	$Mg(OH)_2$	$Ca(OH)_2$	$Sr(OH)_2$	$Ba(OH)_2$
两性	中强碱	强碱	强碱	强碱

其中 $Be(OH)_2$ 为两性氢氧化物，它既溶于酸也溶于碱，反应如下：

$$Be(OH)_2+2H^+\longrightarrow Be^{2+}+2H_2O$$

$$Be(OH)_2+2OH^-\longrightarrow [Be(OH)_4]^{2-}$$

对于氢氧化物碱性的强弱以及是否具有两性，可以用离子势来粗略地判断。以 ROH 代表氢氧化物，它可以有两种离解方式：

$$R—O—H\longrightarrow R^+ + OH^- \quad 碱式离解$$

$$R—O—H\longrightarrow RO^- + H^+ \quad 酸式离解$$

究竟以何种方式为主，或者二者兼而有之，这和 R 的离子电荷数 Z 与 R 的半径 r 之比的大小有关。把阳离子的电荷数 Z 除以它的半径 r 所得的数值定义为离子势，即

$$\Phi=\frac{Z}{r}$$

显然，Φ 值越大（Z 越大、r 越小），静电引力越强，则 R 吸引氧原子的电子云越强：

$$R—O—H$$

结果 O—H 键被削弱得越多，使 ROH 越容易以酸式离解为主。反之，Φ 值越小（Z 越小、r 越大），则 R—O 键越弱，ROH 越容易以碱式离解为主。据此，有人提出用$\sqrt{\Phi}$值作为判断 R—O—H 酸碱度的经验公式。如果离子半径用 nm 为单位时，则

$\sqrt{\Phi}$ 值	<7	7～10	>10
R—O—H 酸碱性	碱性	两性	酸性

表 13-6 列出了碱金属和碱土金属氢氧化物的酸碱性递变与 $\sqrt{\Phi}$值的关系。

由于碱金属氢氧化物的水溶液或熔融物具有强碱性，以至于它们既能溶解某些两性金属（Al、Zn 等）及其氧化物，也能溶解许多非金属（Si、B 等）及其氧化物。

表 13-6　碱金属和碱土金属氢氧化物的酸碱性

碱金属氢氧化物	$\sqrt{\Phi}$值	碱土金属氢氧化物	$\sqrt{\Phi}$值
LiOH	4.08	$Be(OH)_2$	8.03
NaOH	3.26	$Mg(OH)_2$	5.53
KOH	2.75	$Ca(OH)_2$	4.49
RbOH	2.59	$Sr(OH)_2$	4.21
CsOH	2.43	$Ba(OH)_2$	3.86

碱性增强（碱金属自上而下）；$\sqrt{\Phi}$值减小（碱土金属自上而下）；$\sqrt{\Phi}$值减小，碱性增强（自右向左）

$$2Al + 2NaOH + 6H_2O \longrightarrow 2Na[Al(OH)_4] + 3H_2\uparrow$$

$$Al_2O_3 + 2NaOH \xrightarrow{熔融} 2NaAlO_2 + H_2O$$

$$Si + 2NaOH + H_2O \longrightarrow Na_2SiO_3 + 2H_2\uparrow$$

$$SiO_2 + 2NaOH \longrightarrow Na_2SiO_3 + H_2O$$

由此可以推知，氢氧化钠可以腐蚀玻璃。事实上，实验室盛放氢氧化钠溶液的试剂瓶塞是橡皮塞，而不用玻璃塞，因为长时间存放后，NaOH 会和瓶口玻璃中的 SiO_2 反应生成黏性的 Na_2SiO_3，把玻璃瓶塞与瓶口黏结在一起而无法打开。

由于氢氧化钠、氢氧化钾易于熔化，又具有溶解某些金属氧化物和非金属氧化物的能力，因此，工业生产和分析化学工作中常用来分解矿石。由于熔融的氢氧化钠腐蚀性更强，工业上熔化氢氧化钠一般用铸铁容器，实验室用镍或银器。

氢氧化钠是重要的化工原料，在工业和科研上有很多重要用途。工业上是用电解食盐水溶液的方法制备的。

13.3.4　重要盐类

（1）通论

碱金属和碱土金属最常见的盐有卤化物、硫酸盐、硝酸盐、碳酸盐和磷酸盐。下面分别介绍它们的各种共同性质。

① 键型　除了锂盐和铍盐外，碱金属和碱土金属盐类的化合物主要是以离子键结合的。Li^+ 和 Be^{2+} 的价电子构型都是 $1s^2$，且 Be^{2+} 半径小，电荷较多，极化力强，当它与容易变形的阴离子如 Cl^-、Br^-、I^- 结合时，其化合物已经过渡为共价化合物。例如，$BeCl_2$ 熔点低，易升华，能溶于有机溶剂中。这些性质都表明 $BeCl_2$ 是一个共价化合物。Li^+ 的电荷数较 Be^{2+} 的少，虽然它的极化力不及 Be^{2+} 的强，但部分锂盐也具有共价性。

② 热稳定性　碱金属盐类一般具有较高的热稳定性。卤化物在高温时挥发而难分解。硫酸盐在高温时既难挥发也难分解。碳酸盐除了 Li_2CO_3 在 1270℃ 以上分解为 Li_2O 和 CO_2 外，其余的碳酸盐都难分解。只有硝酸盐稳定性较低，加热到一定温度就可分解，例如：

$$4LiNO_3 \xrightarrow{500℃} 2Li_2O + 4NO_2\uparrow + O_2\uparrow$$

$$2NaNO_3 \xrightarrow{380℃} 2NaNO_2 + O_2\uparrow$$

$$2KNO_3 \xrightarrow{400℃} 2KNO_2 + O_2\uparrow$$

碱土金属的卤化物、硫酸盐和碳酸盐也较稳定。但它们的热稳定性比碱金属碳酸盐的要低。它们分解产生 100kPa 的 CO_2 所需的温度为：

$BeCO_3$	$MgCO_3$	$CaCO_3$	$SrCO_3$	$BaCO_3$
不存在	540℃	900℃	1280℃	1360℃

碱土金属碳酸盐的热稳定性，按 $BeCO_3 \rightarrow BaCO_3$ 的顺序升高，这一规律也可以用离子极化的观点来说明。Be^{2+} 的极化力很强，它使 CO_3^{2-} 发生很大的变形以至于使之分解为 CO_2，从 $Mg^{2+} \rightarrow Ba^{2+}$ 半径依次增大，离子极化作用依次减小，CO_3^{2-} 被极化而发生变形程度依次减弱，正、负离子作用力中的离子键成分依次增加，因此，虽然正离子半径增大，但热稳定性还是依次增大。

③ 水溶性　碱金属盐一般都溶于水。仅有少数碱金属盐难溶于水，一类是一些锂盐，如 LiF、Li_2CO_3、Li_3PO_4 等；另一类是 K^+（还有 NH_4^+）、Rb^+、Cs^+ 与一些体积较大的阴离子形成的盐，例如，高氯酸钾 $KClO_4$（白色）、六氯铂酸钾 $K_4[PtCl_6]$（淡黄色）、钴亚硝酸钠钾 $K_2Na[Co(NO_2)_6]$（亮黄色）、四苯硼酸钾 $KB(C_6H_5)_4$（白色）、六羟基锑酸钠 $Na[Sb(OH)_6]$（白色）和乙酸铀酰锌钠 $NaZn(UO_2)_3(Ac)_9 \cdot 9H_2O$（黄绿色结晶）。钠、钾的一些难溶盐常用于鉴定钠、钾离子。

碱土金属盐类中，除了卤化物和硝酸盐外，多数碱土金属的盐溶解度较小，如表 13-7 所示。

表 13-7　碱土金属常见盐在水中的溶解度（18～25℃）$/g \cdot (100gH_2O)^{-1}$

阴离子 \ 阳离子	Be^{2+}	Mg^{2+}	Ca^{2+}	Sr^{2+}	Ba^{2+}
SO_4^{2-}	易溶	易溶	0.204	0.01	0.0002
CrO_4^{2-}	易溶	易溶	2.3	0.12	0.00034
CO_3^{2-}	—	0.0094	0.0015	0.0011	0.0017
$C_2O_4^{2-}$	易溶	0.03	0.0006	0.006	0.0009
F^-	易溶	0.009	0.0011	0.017	0.12

由表 13-7 可见，铍盐中多数易溶，镁盐有部分易溶，而钙、锶、钡的盐则多数难溶。其中依 Ca—Sr—Ba 的顺序，硫酸盐和铬酸盐的溶解度递减，氟化物的溶解度递增。铍盐和可溶性钡盐都有毒。

④ 焰色反应　碱金属和钙、锶、钡的挥发性盐在无色火焰中灼烧时，能使火焰呈现出一定颜色，这叫"焰色反应"。原子结构不同，发出不同波长的光，光的颜色也不同。表 13-8 列出了碱金属和几种碱土金属的焰色。

表 13-8　碱金属和几种碱土金属的焰色

离子	Li^+	Na^+	K^+	Rb^+	Cs^+	Ca^{2+}	Sr^{2+}	Ba^{2+}
焰色	红	黄	紫	紫红	紫红	橙红	红	黄绿
谱线波长/nm	670.8	589.0 589.6	404.4 404.7	420.2 429.8	455.5 459.3	612.2 616.2	687.8 707.0	553.6

利用焰色反应，可以根据火焰的颜色定性鉴别这些离子的存在，但只可以鉴别单个离子。各种礼花和焰火也是利用这些金属盐在灼烧时产生不同焰色的原理制造的。

(2) 碳酸盐

在碱金属和碱土金属的碳酸盐中，以碳酸钠和碳酸钙较为重要。下面分别加以介绍。

① 碳酸钠　碳酸钠是重要的化工原料。工业上采用索尔维（E. Solvay）氨碱法制备 Na_2CO_3。此法是把冷却的饱和食盐溶液用氨气饱和，然后在加压下通入 CO_2，即可产生 $NaHCO_3$ 晶体。再把滤出的 $NaHCO_3$ 晶体进行煅烧即可得产品 Na_2CO_3，产生的 CO_2 可循

环使用。向母液中加入 $Ca(OH)_2$，使之和 NH_4Cl 反应，可回收 NH_3 循环使用。反应如下：

a. 碳酸氢钠的生成

$$NH_3 + CO_2 + H_2O \longrightarrow NH_4HCO_3(aq)$$

$$NH_4HCO_3 + NaCl \longrightarrow NaHCO_3\downarrow + NH_4Cl$$

b. 碳酸钠的生成

$$2NaHCO_3 \xrightarrow{煅烧} Na_2CO_3 + CO_2\uparrow + H_2O\uparrow$$

c. 母液中氨的回收

$$2NH_4Cl + Ca(OH)_2 \longrightarrow 2NH_3\uparrow + CaCl_2 + 2H_2O$$

由上可知，尽管过程中产生的 CO_2 和 NH_3 可以循环使用，但大量的副产物 $CaCl_2$ 用途不大，难于处理，并且此法中 NaCl 的利用率仅有 70%，30% 的 NaCl 还和 $CaCl_2$ 一起留在母液中。

1942 年，我国著名的化工专家侯德榜发明了联合制碱法，避免了 $CaCl_2$ 废渣的产生，而且把 NaCl 的利用率提高到 96%。他根据常温时 NH_4Cl 的溶解度比 NaCl 大，但在低温时 NH_4Cl 的溶解度更小的原理，在 5～10℃下，向析出 $NaHCO_3$ 后的母液中加入 NaCl，由于 Cl^- 浓度增大，母液中的 NH_4Cl（可用做氮肥）析出，而溶液中的 NaCl 又可循环使用。

② 碳酸钙　碳酸钙也是重要的化工原料，但它们多取自天然矿物。天然存在的碳酸钙有多种形式，例如，石灰石、方解石、大理石。珍珠、珊瑚、贝壳等的主要成分也都是碳酸钙。地表层中的碳酸钙矿石在 CO_2 和水的长期侵蚀下可以部分地转变为 $Ca(HCO_3)_2$ 而溶解，它经过人工加热或长期自然分解又析出 $CaCO_3$。前者可以说明暂时硬水的软化原理，后者可以说明自然界中的钟乳石、石笋等自然景观的形成原理。

$$CaCO_3 + CO_2 + H_2O \rightleftharpoons Ca(HCO_3)_2$$

碳酸钙在工业上有广泛的用途，高温加热使石灰石分解可制得生石灰。把石灰石与黏土一起加热到 1723K 左右，使之成为烧结块，再磨碎筛分可以制得水泥。较纯净的 $CaCO_3$、Na_2CO_3 和石英砂一起加热共熔，冷却后即是普通玻璃。

（3）硫酸盐

碱金属和碱土金属的硫酸盐也很多，这里介绍硫酸钾和硫酸钡。

① 硫酸钾　与氯化钾相比，硫酸钾是高品质的重要钾肥。因为 Cl^- 不是植物生长的必需元素，而硫元素是仅次于氮、磷、钾的重要植物生长必需元素，另外，硫酸钾的溶解度比氯化钾小，施肥后，能减少由于被淋溶而流入江河造成水体的富营养化污染。然而，天然生成的钾盐主要是氯化钾，必须实施由氯化钾到硫酸钾的转化。目前，大规模、低成本、少污染的硫酸钾生产还有技术上的困难，现在采取的方法主要有芒硝（$Na_2SO_4 \cdot 10H_2O$）与氯化钾反应、硫酸与氯化钾反应两大类，但它们都存在着某些技术上的不足。

② 硫酸钡　硫酸钡是重要的难溶硫酸盐。生成硫酸钡是分析化学上常用的 Ba^{2+}、SO_4^{2-} 的鉴定和定量分析方法。另外，硫酸钡是重要的白色颜料。

13.4 镁和锂的相似性

由于锂原子的半径较小，它与同族元素的性质差异较大，但与它下一周期右下方的镁，在性质上较为相似。主要表现在：

① 单质在过量的氧气中燃烧时，都只生成普通氧化物；

② 氢氧化物都为中强碱，而且在水中的溶解度都不大；

③ 氟化物、碳酸盐、磷酸盐等都难溶于水；

④ 氯化物都能溶解在有机溶剂（如乙醇）中；

⑤ 碳酸盐受热时，都能分解成相应的氧化物（Li_2O、MgO）。

锂和镁的相似性可以用离子极化的观点进行粗略的说明。Li^+ 和 Na^+ 虽然同属一族，离子电荷相同，但 Li^+ 的半径小，而且具有 2 电子结构，所以 Li^+ 的极化力比同族的 Na^+ 强得多，因而使锂与钠的化合物在性质上差别较大。Mg^{2+} 由于其电荷较高，而半径又小于 Na^+，导致它与 Li^+ 的极化力很接近，因此，Li^+ 与它右下方的 Mg^{2+} 在性质上显示出某些相似形。

13.5 铍和铝的相似性

① 铍、铝都是两性金属，既能溶于酸，也能溶于碱；与冷的浓硝酸接触，其表面都会发生钝化。

② 铍、铝的氧化物都是高熔点、高硬度的物质。氧化物和氢氧化物都具有两性而且难溶于水。

③ 无水 $BeCl_2$ 和 $AlCl_3$ 是共价化合物，易升华，易聚合，易溶于乙醇、乙醚等有机溶剂。

④ 铍、铝的氟化物都能与碱金属的氟化物反应生成相应的 $Na[BeF_4]$、$Na_3[AlF_6]$。

以上铍和铝的相似性质，表现出铍与其本族元素的性质有较大的差异。

13.6 对角线规则

在周期表中，除了锂和镁性质相似以外，还有几对元素性质相似，分别是铍和铝具有相似性，硼和硅具有相似性，呈现出一定的规律性，即在 s 区和 p 区元素中，位于左上方的元素与其右下方的元素，在性质上呈现相似性，这种规律被称为对角线规则。

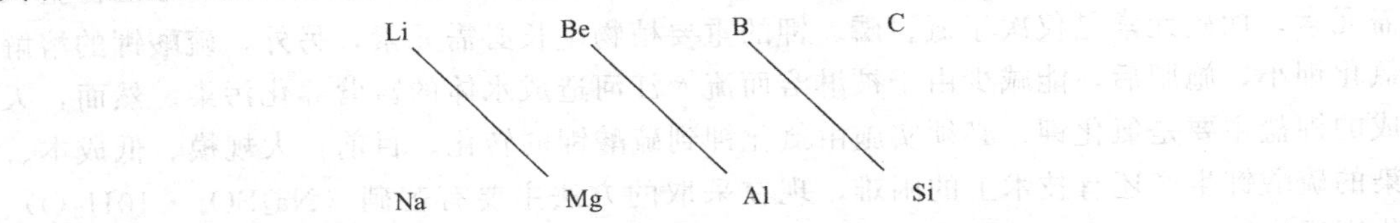

目前关于对角线元素所表现出的相似性的原因，尚无完满的解释。

*13.7 硬水及其软化

13.7.1 硬水

自来水厂通常都是从江河湖泊中取水。取来的水经过自然沉降除去泥沙，加入絮凝剂（如明矾等）除去胶体状悬浮物，再通入氯气杀菌除臭，最后经输水管道送到千家万户。然而，天然水常因含有大量 Ca^{2+}、Mg^{2+}、Fe^{2+}、Cl^-、SO_4^{2-}、HCO_3^- 等离子而具有一定“硬度”，其中钙、镁离子含量是计算硬度的主要指标。含有大量离子的水用在化工生产上，会影响产品的纯度和质量。若水中的 Ca^{2+}、Mg^{2+} 以碳酸氢盐形式存在，还会因为加热而分解出沉淀，使锅炉内形成很厚的锅垢，这不仅浪费燃料，还会烧坏锅炉，造成安全隐患。因此，需要经常对水的“硬度”进行分析测定，并根据需要对硬水进行软化处理。我国对水的“硬度”的规定是：当每升水含 MgO、CaO 总量相当于 10mg CaO 时，其硬度为1°。通常 8°（相当于含 $80mg \cdot L^{-1}$）的水为硬水。水的总硬度一般包括暂时硬度和永久硬度。暂时硬度是指水中 Ca^{2+}、Mg^{2+} 的碳酸氢盐的部分，它们可以被加热除去。

$$Ca(HCO_3)_2 \xrightarrow{\triangle} CaCO_3 \downarrow + H_2O + CO_2 \uparrow$$

永久硬度是指水中 Ca^{2+}、Mg^{2+} 的硫酸氢盐或氯化物部分，它们不会因加热而被除去。

13.7.2 硬水的软化

工业上常要对硬水进行“软化”处理。硬水的“软化”就是降低硬水中的 Ca^{2+}、Mg^{2+} 等离子浓度。硬水的软化方法有多种，例如，暂时硬水煮沸法、化学沉降法、离子交换法等。下面介绍化学沉降法和离子交换法。

（1）化学沉降法

对于永久硬水，由于 Ca^{2+}、Mg^{2+} 以硫酸盐或氯化物的形式存在，煮沸法不能使之软化，要用石灰乳和纯碱来除去 Ca^{2+}、Mg^{2+} 等离子：

$$Mg^{2+} + Ca(OH)_2 + 3Na_2CO_3 \longrightarrow Mg_4(OH)_2(CO_3)_3 \downarrow + Ca^{2+} + 6Na^+$$

$$Ca^{2+} + Na_2CO_3 \longrightarrow CaCO_3 \downarrow + 2Na^+$$

相关的 Ca^{2+}、Mg^{2+} 离子盐的溶解度如下：

化合物	$CaSO_4$	$Ca(OH)_2$	$MgCO_3$	$Mg(OH)_2$	$CaCO_3$
溶解度(20℃)/ $g \cdot (100g\ H_2O)^{-1}$	0.204	0.166	0.01	0.0029	0.0013

也可以用 Na_3PO_4 或 Na_2HPO_4 作沉淀剂，使之与 Ca^{2+}、Mg^{2+} 反应生成 $Ca_3(PO_4)_2$、$Mg_3(PO_4)_2$，不必过滤，因为沉淀疏松而且稳定，不会生成锅垢，所以带磷酸盐沉淀的水即可送入锅炉使用。

（2）离子交换法

早期，人们使用自然界中存在的泡沸石（一种硅铝酸钠），利用其中的 Na^+ 来交换水中的 Ca^{2+}、Mg^{2+} 等离子，而使水软化。今天，许多新型的合成离子交换剂可以用来交换水中的 Ca^{2+}、Mg^{2+} 等离子，使水软化，满足工业要求。人造沸石就是其中之一。人造沸石的主要成分是 $Na_2O \cdot Al_2O_3 \cdot 2SiO_2 \cdot nH_2O$，可以简写为 Na_2Z。当硬水通过沸石颗粒时，其中的 Na^+ 能被水中的 Ca^{2+} 和 Mg^{2+} 取代：

$$Na_2Z + Ca^{2+} \rightleftharpoons CaZ + 2Na^+$$

$$Na_2Z + Mg^{2+} \rightleftharpoons MgZ + 2Na^+$$

结果 Ca^{2+} 和 Mg^{2+} 留在交换剂上，而 Na^+ 则进入溶液，达到软化水的目的。待交换剂失去软化能力时，可用 8%～10% 的 NaCl 溶液浸泡，把 Ca^{2+} 和 Mg^{2+} 交换下来，使交换剂再生。

有些离子交换树脂甚至能把“硬水”交换成“去离子水”。这些离子交换树脂是一些具有网状结构的高分子聚合物。在网状结构的骨架上，含有酸性基团（如—SO_3H、—COOH 等）的称为阳离子交换树脂，用 HR 表示；含有碱性基团[如—NH_3OH、—$N(CH_3)_3OH$ 等]的称为阴离子交换树脂，用 ROH 表示。当含有离子的水通过阳离子交换树脂 HR 时，水中的阳离子留在树脂上，H^+ 进入水中；紧接着再让它们通过阴子交换树脂 HOR，水中的阴离子留在树脂上，而OH^-进入水中。两步反应生成的H^+和OH^-结合生成H_2O，这样就把水中的阴、阳离子全部除去得到“去离子水”。

$$n\,HR + M^{n+} \rightleftharpoons MR_n + n\,H^+$$

$$n\,ROH + X^{n-} \rightleftharpoons R_nX + n\,OH^-$$

交换过的阳离子树脂用酸处理，阴离子树脂用碱处理，就可以使它们再生，并循环使用。

思考题

1. 试解释金、银、汞、铅、铜等重金属发现最早，而钾、钠、钙等直到19世纪才被发现的原因。
2. 举例说明金属元素在自然界的存在形态。
3. 指出下列金属分别属于哪类金属：铁、镉、铪、银、铟、镍、锰、汞、锂、钾、钙。
4. 已知金属铜为面心立方晶体，铜的相对原子质量为63.54，密度为$8.936g\cdot cm^{-3}$。试求：①单位晶胞的边长是多少？②铜的金属半径是多少？
5. 工业上提炼金属常用哪几种方法？举例说明。
6. 举例说明合金在工业上的应用。
7. 在自然界，有无碱金属单质或氢氧化物矿石存在？为什么？
8. 碱金属元素有哪些最基本的共性？并简述其变化规律。
9. 锂的电离能比铯大，但锂的标准电极电势比铯还低，这两者矛盾吗？
10. 请解释锂的标准电极电势比钠低，但锂与水的作用却不如钠剧烈。
11. 请解释碱金属液氨溶液具有导电性和顺磁性的原因？
12. 能否用从水溶液中结晶出来的三氯化铝和氢化锂来制备氢化铝锂？为什么？
13. 用分子轨道理论说明过氧化物和超氧化物存在的原因。
14. 试说明$BeCl_2$是共价化合物，而$CaCl_2$是离子化合物。
15. 与同族元素相比，金属Li、Be有何特殊性？
16. 在周期表中，有哪三对元素呈对角线关系，性质上具有类似性？

习　题

1. s区金属的氢氧化物中，哪些是两性氢氧化物，分别写出它们与酸碱反应的方程式。
2. 完成下列反应方程式。

① $CaH_2 + H_2O \longrightarrow$　　② $Na_2O_2 + H_2O \longrightarrow$

③ $Be(OH)_2 + OH^- \longrightarrow$　　④ $Mg(OH)_2 + NH_4^+ \longrightarrow$

⑤ $KO_2 + CO_2 \longrightarrow$　　⑥ $BaO_2 + H_2SO_4 \longrightarrow$

3. 钙在空气中燃烧生成什么产物？产物与水反应有何现象发生？用化学方程式说明之。
4. 为什么电解饱和食盐水溶液不能制得金属钠？
5. 金属Li和K如何保存？如果在空气中保存会发生哪些反应？写出相应的反应方程式。
6. 为什么不能用水，也不能用CO_2来扑灭镁的燃烧？请提出一种扑灭镁燃烧的方法。
7. 从下列反应的$\Delta_r G_m^{\ominus}$值可得出BeO—CaO—BaO系列中何种性质的变化规律性？

	$\Delta_r G_m^{\ominus}/kJ\cdot mol^{-1}$
$BeO(s) + CO_2(g) \longrightarrow BeCO_3(s)$	+21.01
$CaO(s) + CO_2(g) \longrightarrow CaCO_3(s)$	−130.2
$BaO(s) + CO_2(g) \longrightarrow BaCO_3(s)$	−218.0

8. ①如果要使$CaCO_3(s)$在101.3kPa分解为$CaO(s)$和$CO_2(g)$，问使反应能够进行的最低温度是多少？②试计算在298K和101.3kPa下，在密闭容器中，$CaCO_3(s)$上部的$CO_2(g)$的平衡分压。
9. 商品NaOH中为什么常含有碳酸钠杂质？怎样用最简便的方法加以检验？如何除去它？
10. 试以NaCl为主要原料来制备下列物质，并用反应方程式表示。

HCl　NaOH　Na_2CO_3　Na_2SO_3　$Na_2S_2O_3$　$NaNO_3$　Na_2O_2

11. 简述硬水产生的原因和处理方法。

12. 完成下列各步反应方程式：

① $MgCl_2 \rightleftharpoons Mg \longrightarrow Mg(OH)_2 \longrightarrow MgO \longleftarrow Mg(NO_3)_2 \longleftarrow MgCO_3 \longrightarrow MgCl_2$

② $CaCO_3 \rightleftharpoons CaO \rightleftharpoons Ca(NO_3)_2 \longleftarrow Ca(OH)_2 \longleftarrow Ca \longleftarrow CaCl_2 \rightleftharpoons CaCO_3$

13. 为什么选用过氧化钠作为潜水密封舱中的供氧剂？1 kg 过氧化钠在标准状况下，可以得到多少升氧气？

14. 有一份白色固体混合物，其中可能含有 KCl、$MgSO_4$、$BaCl_2$、$CaCO_3$，根据下列实验现象，判断混合物中有哪几种化合物？

① 混合物溶于水，得澄清透明溶液；

② 对溶液作焰色反应，通过钴玻璃观察到紫色；

③ 向溶液中加碱，产生白色胶状沉淀。

15. 如何用简单可行的化学方法将下列各组物质分别鉴定出来。

① 金属钠和钾　　② 纯碱、烧碱和小苏打

③ 石灰石和石灰　　④ 碳酸钙和硫酸钙

⑤ 硫酸钠和硫酸镁　　⑥ 氢氧化铝、氢氧化镁和碳酸镁

16. 粗食盐常含有 Ca^{2+}、Mg^{2+}、SO_4^{2-}，请提出精制粗食盐的方案，写出反应方程式。

17. 试述侯德榜联合制碱法及其优点。

第14章 过渡元素(一)

通常把 d 区元素称为过渡元素。它们都是金属元素，故又称为过渡金属。过渡元素分成以下三个系列：

第一过渡系　　从 Sc(21) 到 Zn(30)

第二过渡系　　从 Y(39) 到 Cd(48)

第三过渡系　　从 Lu(71) 到 Hg(80)

Cu、Ag、Au 和 Zn、Cd、Hg 具有全充满的 $(n-1)$d 轨道；镧系和锕系在 $(n-2)$f 轨道上填充电子，将另辟两章讨论。本章所讨论的过渡元素，是具有 $(n-1)$d 轨道未充满电子的那些元素。

14.1 过渡元素的通性

14.1.1 元素的原子结构和性质

(1) 原子的电子层构型和原子半径

过渡元素的原子随着核电荷增加，电子依次填充在次外层的 d 轨道上，最外层只有 1～2 个电子。它们的价电子层结构为 $(n-1)d^{1\sim10}ns^{1\sim2}$（Pd 为 $4d^{10}5s^{0}$）。

图 14-1 表示过渡元素的原子半径随周期和原子序数变化的情况。同一过渡系的元素，随着原子序数的增加，原子半径减小，但到 Cu 族前后又逐渐回升。这是因为当 d 轨道的电子未充满时，电子的屏蔽效应较小，而核电荷却依次增加，对外层电子的吸引力增大，所以原子半径依次减小，直到铜族（第 11 族）d 轨道充满，使屏蔽效应增强，才使原子半径又出现增大。

由于镧系收缩（见第 16 章）的结果，除钪族原子半径的递变规律同主族一样，从上到

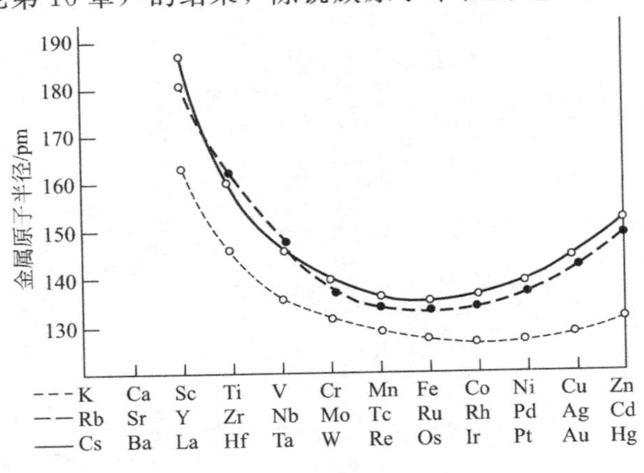

图 14-1　过渡元素的原子半径

下逐渐增大以外，其余各族元素中，第二、三过渡系的两种元素的原子半径很接近，甚至 Hf 的原子半径小于 Zr。这就使得第 4（ⅣB）族的 Zr 和 Hf、第 5（ⅤB）族的 Nb 和 Ta、第 6（ⅥB）族的 Mo 和 W 在性质上很相似，在自然界中各自共生在一起，较难分离。

（2）元素的氧化态

因为过渡元素除最外层的 s 电子可以作为价电子外，次外层的 d 电子也可部分作为价电子参加成键，所以过渡元素常有多种氧化态。一般可由 +2 依次增加到与族数相同的氧化态（第 8 族以后除外）。同一族中从上到下，高氧化态趋于稳定，即第一过渡系元素一般容易呈现低氧化态，第二、第三过渡系元素倾向于呈现高氧化态。表 14-1 列出了过渡元素的氧化态。

表 14-1　过渡元素的氧化态

第一过渡系	Sc	Ti	V	Cr	Mn	Fe	Co	Ni	Cu	Zn
价电子层结构	$3d^1 4s^2$	$3d^2 4s^2$	$3d^3 4s^2$	$3d^5 4s^1$	$3d^5 4s^2$	$3d^6 4s^2$	$3d^7 4s^2$	$3d^8 4s^2$	$3d^{10} 4s^1$	$3d^{10} 4s^2$
氧化态					(+7)					
				(+6)	+6	+6				
			(+5)	+5	+5	+5				
		(+4)	+4	+4	(+4)	+4	+4	+4		
	(+3)	+3	+3	(+3)	+3	(+3)	+3	+3	+3	
		+2	+2	+2	(+2)	(+2)	(+2)	(+2)	(+2)	(+2)
									(+1)	
第二过渡系	Y	Zr	Nb	Mo	Tc	Ru	Rh	Pd	Ag	Cd
价电子层结构	$4d^1 5s^2$	$4d^2 5s^2$	$4d^4 5s^1$	$4d^5 5s^1$	$4d^5 5s^2$	$4d^7 5s^1$	$4d^8 5s^1$	$4d^{10} 5s^0$	$4d^{10} 5s^1$	$4d^{10} 5s^2$
氧化态						+8				
					(+7)	+7				
				(+6)	+6	+6	+6			
			(+5)	+5	+5	+5				
		(+4)	+4	+4	+4	(+4)	+4	(+4)		
	(+3)	+3	+3	+3		+3	(+3)	+3	+3	
		+2	+2	+2			+2	(+2)	+2	(+2)
							+1	+1	(+1)	
第三过渡系	Lu	Hf	Ta	W	Re	Os	Ir	Pt	Au	Hg
价电子层结构	$5d^1 6s^2$	$5d^2 6s^2$	$5d^3 6s^2$	$5d^4 6s^2$	$5d^5 6s^2$	$5d^6 6s^2$	$5d^7 6s^2$	$5d^9 6s^1$	$5d^{10} 6s^1$	$5d^{10} 6s^2$
氧化态						(+8)				
					+7	+7				
				(+6)	+6	+6	+6	+6		
			(+5)	+5	+5	+5	+5	+5		
		(+4)	+4	+4	+4	(+4)	(+4)	(+4)		
	(+3)	+3	+3	+3	+3	+3	(+3)		(+3)	
		+2	+2	+2	+2	+2	+2	(+2)		(+2)
									(+1)	(+1)

注：括号内的氧化态为比较常见、稳定的氧化态。

过渡元素在形成低氧化态（＋1、＋2、＋3）化合物时，一般以离子键相结合。它们在水溶液中，容易形成组成确定的水合离子，如 $[Cr(H_2O)_6]^{3+}$、$[Co(H_2O)_6]^{2+}$ 等。当形成高氧化态（＋4 或＋4 以上）的化合物时，则以极性共价键相结合。它们在水溶液中表现为含氧的水合离子，如 TiO^{2+}、VO^{2+}、CrO_4^{2-} 等，其中心原子的次外层 d 轨道和 d 电子参加了价键的形成。

14.1.2　过渡元素的性质

(1) 过渡金属的物理性质

过渡元素一般具有较小的原子半径，不仅 s 电子而且 d 电子也可以参与形成金属键，并且晶格中的金属键大都较强或很强。一般认为，在这些金属原子间，除了主要以金属键结合外，还可以形成部分共价键，随着原子中未成对 d 电子数增多，原子间以共价键结合的趋势也增大。这些就大大地影响了过渡金属单质的物理性质（表 14-2）。过渡金属一般呈银白色或灰色（锇呈灰蓝色），有光泽。除钪和钛属轻金属外，其余都是重金属。

表 14-2　过渡金属的物理性质

第一过渡系	Sc	Ti	V	Cr	Mn	Fe	Co	Ni	Cu	Zn
密度/$g \cdot cm^{-3}$	2.992	4.507	6.1	7.2	7.30	7.86	8.9	8.90	8.92	7.1
硬度		4		9	5	4～5			2.5～3	2.5～3
熔点/℃	1539	1660	1917	1857	1244	1537	1494	1455	1084	419.5
沸点/℃	2730	3318	3421	2682	2120	2872	2897	2920	2567	907
第二过渡系	Y	Zr	Nb	Mo	Tc	Ru	Rh	Pd	Ag	Cd
密度/$g \cdot cm^{-3}$	4.478	6.52	8.57	10.2	11.487	12.45	12.41	12.023	10.5	8.642
硬度						6.5		4.8	2.5～3	2
熔点/℃	1530	1852	2477	2610	2250	2427	1963	1554	961.9	321
沸点/℃	3304	4504	4863	4646	4647	4119	3727	2940	2212	765
第三过渡系	Lu	Hf	Ta	W	Re	Os	Ir	Pt	Au	Hg
密度/$g \cdot cm^{-3}$	9.842	13.31	16.60	19.35	21.04	22.61	22.65	21.45	19.3	13.545
硬度						7	6～6.5	4～4.5	2.5～3	液
熔点/℃	1663	2222	2985	3407	3180	约 2727	2454	1772	1065	约 38.87
沸点/℃	3402	4450	5513	5663	5687	约 5500	4389	3824	3080	357

过渡金属的熔点和沸点一般都很高（Zn、Cd、Hg 除外）。钨是所有金属中最难熔化的。过渡金属硬度也较大，其中铬是金属中最硬的。

(2) 过渡金属的化学性质

一般来说，过渡金属的金属性比同周期的 p 区相应元素要强，而远弱于同周期的 s 区元素。第一过渡系比第二、三过渡系的典型过渡元素活泼。除铜外，第一过渡系金属一般都可以从稀酸（盐酸和硫酸）中置换氢，它们与酸反应时容易形成低氧化态。而第二、三过渡系金属则不能被稀酸中的 H^+ 氧化。

① 过渡元素氧化物的酸碱性　过渡元素氧化物（氢氧化物或水合氧化物）的碱性，同一周期中从左到右逐步减弱；在高氧化态时表现为从碱到酸。例如 Sc_2O_3 为碱性氧化物，TiO_2 为具有两性的氧化物，CrO_3 是较强的酸酐（铬酸酐），而 Mn_2O_7 在水溶液中已成强酸了。这种有规律的变化是和过渡元素高氧化态离子半径有规律的变化相一致的。

此外，同一元素在高氧化态时酸性较强，随着氧化态的降低，酸性减弱（或碱性增强）。例如，MnO 呈碱性，MnO_2 呈中性，而 Mn_2O_7 则呈酸性。

② 离子的颜色　过渡元素离子的配合物一般都是有色的。这是因为具有 $d^{1\sim9}$ 型的过渡元素离子与配体成键时，原等价的 d 轨道发生能级分裂，而分裂的能级差正好落在可见光区

的波长范围内。当配合物吸收白光中某一种颜色的波长时，电子便从较低能级的 d 轨道向较高能级的 d 轨道跃迁（d-d 跃迁），而显出白色中这种颜色的互补色。例如，紫色和黄绿色为互补色，配合物显紫色是由于其吸收了白光中的黄绿色。

表 14-3 列出了过渡元素的离子形成一些配离子后的颜色。

表 14-3 第一过渡元素 $[M(H_2O)_6]^{2+}$ 的颜色

元素	Ti	V	Cr	Mn	Fe	Co	Ni	Cu	Zn
M^{2+} 中 d 电子数	2	3	4	5	6	7	8	9	10
$[M(H_2O)_6]^{2+}$ 颜色	褐	紫	天蓝	浅桃红（几乎无色）	浅绿	粉红	绿	浅蓝	无色

③ 过渡元素形成配合物的倾向　过渡元素较容易形成配合物。这是因为过渡元素的离子（或原子）具有能量相近的价电子轨道 $(n-1)dnsnp$，通常 $(n-1)$ d 轨道部分填充电子，对核的屏蔽效应较小，因而有较大的有效核电荷；同时其原子或离子半径又比主族元素要小，使得它们对于配体有较大的极化作用。此外，过渡元素的离子本身具有较大的变形性。这些因素都使得过渡元素的原子或离子具备了接受孤电子对的空轨道和吸引配体的能力，所以它们有很强的形成配合物的倾向。

④ 过渡元素的催化性　许多过渡金属及其化合物具有催化性。例如，氧化 SO_2 为 SO_3 所用的催化剂是 V_2O_5；烯烃的加氢反应，常用钯做催化剂；许多生物上的重要反应，都有酶（生物化学反应的催化剂）参加，而酶中大多含有过渡元素。例如：维生素 B_{12} 辅酶的中心有钴原子；在固氮酶中同时含有钼和铁。过渡元素的催化作用显然是与过渡元素容易形成配合物和有多种氧化态密切相关的。

14.2 钛、钒

14.2.1 钛及其化合物

钛位于周期系中第 4（ⅣB）族。其价电子层结构为 $3d^24s^2$，共有 4 个价电子，最高氧化态为+4，此外还有+2、+3 氧化态。

钛在自然界中主要存在于钛铁矿和金红石中。我国有丰富的钛资源，主要分布在四川、湖南、海南、广西等地。

(1) 金属钛

金属钛具有银白色光泽，外观似钢。它具有钢的机械强度而又比钢轻，而且钛熔点高、耐磨、耐低温、无磁性、延展性好。金属钛具有优越的抗腐蚀性能，这是由于在表面上能形成一层致密的氧化物薄膜，保护钛不易被氧化。

金属钛不被稀酸和稀碱侵蚀，但它可溶于热盐酸和冷硫酸，产生钛（Ⅲ）盐：

$$2Ti + 3H_2SO_4 \longrightarrow Ti_2(SO_4)_3 + 3H_2$$

硝酸与钛反应后表面生成一层偏钛酸，因而使钛钝化。

$$Ti + 4HNO_3 \longrightarrow H_2TiO_3 + 4NO_2 + H_2O$$

钛易溶于氢氟酸中生成 TiF_3：

$$2Ti + 6HF \longrightarrow 2TiF_3 + 3H_2$$

钛广泛地用于制造涡轮的引擎、喷气式飞机以及化学工业和航海事业的各种装备。在国防工业中，钛用于制造军舰、导弹，是重要的国防战略物资。此外，在生物医学工程中，金属钛被称为“生物金属”，可用于接骨、用做假牙的材料等。

(2) 钛的重要化合物

钛的价电子层结构为 $3d^2 4s^2$，在形成化合物时，可表现 +2、+3、+4 各种氧化态，其中以 +4 氧化态最为重要。钛的化合物中比较重要的有二氧化钛、硫酸钛酰和四氯化钛。

二氧化钛（TiO_2）在自然界中以金红石或锐钛矿的形式出现，是钛的重要矿物之一。它是红色或黄红色的晶体。但在制钛过程中用沉淀法制得的 TiO_2 是白色粉末，俗称“钛白”，它兼有铅白的掩盖和锌白的持久性，光泽好，是一种高级的白色颜料。二氧化钛的重要用途是制造钛的其他化合物。另外，二氧化钛是一种具有应用前景的光催化剂。

二氧化钛不溶于水，也不溶于稀酸，与浓硫酸共热生成 $Ti(SO_4)_2$ 和 $TiOSO_4$。后者称为硫酸钛氧基或硫酸钛酰[1]，是白色粉末，可溶于冷水中，当完全水解时可生成“钛酸” $Ti(OH)_4$（或 H_4TiO_4）：

$$TiOSO_4 + 3H_2O \longrightarrow H_4TiO_4\downarrow + H_2SO_4$$

将 TiO_2 与强碱共熔即得钛酸盐，例如 Na_2TiO_3，故 TiO_2 具有两性。TiO_2 溶于氢氟酸中生成 H_2TiF_6。

$$TiO_2 + 2NaOH \xrightarrow{\text{共熔}} Na_2TiO_3 + H_2O$$

$$TiO_2 + 6HF \longrightarrow H_2TiF_6 + 2H_2O$$

所谓“钛酸”，大概是二氧化钛的水化物（$TiO_2 \cdot xH_2O$）。钛酸有两种形式，在室温下以碱作用于四价钛盐溶液所得的是 α-钛酸；如煮沸四价钛盐使之水解，所得的是 β-钛酸。两种钛酸都是白色固体，不溶于水，具有两性。α-钛酸的反应活性比 β-钛酸大得多。两种形式的钛酸的不同之处是其粒子大小及聚结程度不同。

用强碱液溶解 α-钛酸，可得钛酸盐（例如 Na_2TiO_3），钛酸盐易于水解：

$$Na_2TiO_3 + 2H_2O \longrightarrow TiO(OH)_2 + 2NaOH$$

$TiO(OH)_2$ 称偏钛酸，也可写成 H_2TiO_3，是白色的沉淀。

纯 $TiCl_4$ 是无色透明的液体，沸点 136℃，易水解：

$$TiCl_4 + (2+x)H_2O \longrightarrow TiO_2 \cdot xH_2O + 4HCl$$

由于 TiO_2 很稳定，从 TiO_2 直接还原制备金属钛很困难[2]，所以，金属钛的生产不像其他金属那样，可用矿石的直接还原法，而是先制备 $TiCl_4$，再还原为金属钛。

四氯化钛通常是以 TiO_2 的还原与氯化联合法来制备的：

---

[1] 由于钛的 4 个价电子全部失去所需的能量很高，以至于简单的 Ti^{4+} 不能存在。Ti(Ⅳ) 的化合物都是共价化合物，最稳定的是 TiO^{2+}。而实际上在晶体和溶液中并不存在简单的 TiO^{2+}，而是钛与钛之间通过氧原子聚合成 $(TiO)_n^{2n+}$ 长链：

```
        Ti            Ti            Ti
       /  \          /  \          /  \
      O    O        O    O        O
     /      \      /      \      /
   Ti        Ti          Ti
```

[2] 例如，从 $\Delta_r H_m^\ominus$、$\Delta_r G_m^\ominus$ 来考察 TiO_2 与 C 的反应。

$$TiO_2(s) + 2C(s) \longrightarrow Ti(s) + 2CO(g)$$

$\Delta_f H_m^\ominus / kJ \cdot mol^{-1}$	−944.4	0	0	−110.5	$\Delta_r H_m^\ominus = 723.4 kJ \cdot mol^{-1}$
$\Delta_f G_m^\ominus / kJ \cdot mol^{-1}$	−889.5	0	0	−137.2	$\Delta_r G_m^\ominus = 615.1 kJ \cdot mol^{-1}$

计算表明：在 298.15K 时，$\Delta_r G_m^\ominus > 0$，反应不能自发进行。虽然该反应的熵增加，升高温度有利于反应的进行，但反应的 $\Delta_r H_m^\ominus$ 太大，难以使 $T\Delta_r S_m^\ominus > \Delta_r H_m^\ominus$，故反应不易进行。

$$TiO_2 + 2C + 2Cl_2 \longrightarrow TiCl_4 + 2CO$$

其制备方法是把二氧化钛和焦炭一起混合磨碎，并由煤焦油一类物质作为黏结剂将混合物黏结，然后放在窑内加热，以除去挥发性物质。再将得到的硬而多孔的物质压碎，做成团块，装入氯化器内进行氯化。由于反应是放热的，所以反应开始前加热之后，便可用释放的热来维持氯化温度。

生成的 $TiCl_4$ 可被熔融镁还原，但要在氩气氛中进行：

$$TiCl_4 + Mg \longrightarrow Ti + 2MgCl_2$$

蒸去 $MgCl_2$ 和残余的 Mg，得海绵状钛。

14.2.2 钒及其化合物

钒位于周期系中第 5（ⅤB）族。其价电子层结构为：$3d^3 4s^2$，共有 5 个价电子，最高氧化态为+5，此外还有+2、+3、+4 等氧化态。

我国钒资源丰富。钒在其矿物中主要以两种氧化态存在。由于 V^{3+} 半径（74pm）与 Fe^{3+}（64pm）半径相近，许多铁矿中含有钒，例如，我国四川的钒钛铁矿。含 V(Ⅴ) 的矿物主要有钒酸铀酰钾矿 [$K(UO_2)VO_4 \cdot (3/2)H_2O$]、钒铅矿 [$Pb_5(VO_4)_3Cl$]。

（1）金属钒

钒是银灰色金属。纯钒有延展性，但含有杂质时质硬而脆。钒的熔、沸点比钛高。

由于钒易呈钝态，常温下化学活泼性较低，块状钒能抵抗空气氧化和海水腐蚀，苛性碱、稀硫酸、盐酸均不与钒作用。但钒可溶于氢氟酸、浓硫酸、硝酸和王水中。高温时，钒能和大多数非金属化合，在 660℃ 以上钒被氧化，生成各种氧化态的氧化物，呈现各种颜色。钒与非金属生成的许多化合物中，有一些是非化学计量的。

（2）钒的重要化合物

在水溶液中，钒的各级氧化态最普遍的离子有：V^{2+}、V^{3+}、VO^{2+}、VO_3^-（或 VO_4^{3-}）。其中 VO_3^- 稳定，其余低氧化态的化合物容易被氧化。在水溶液中不存在简单的 V^{5+}。

在钒的化合物中，+5 氧化态的化合物比较重要，其中五氧化二钒和钒酸盐尤为重要。它们是制取其他钒的化合物的重要原料，也是从矿石提取钒的主要中间产物。所有钒的化合物都有毒，随着 V 的氧化态升高，其毒性增大。

① 五氧化二钒　灼热偏钒酸铵可获得极纯的五氧化二钒（V_2O_5）：

$$2NH_4VO_3 \longrightarrow V_2O_5 + 2NH_3 + H_2O$$

五氧化二钒呈橙黄至砖红色，无臭、无味、有毒、微溶于水。V_2O_5 是两性氧化物，既能溶于强碱生成偏钒酸盐或钒酸盐：

$$V_2O_5 + 2NaOH \longrightarrow 2NaVO_3 + H_2O$$

也能溶于强酸：

$$V_2O_5 + 2H^+ \longrightarrow 2VO_2^+ + H_2O$$

但溶于盐酸时，则被还原为 V(Ⅳ) 化合物：

$$V_2O_5 + 6HCl \longrightarrow 2VOCl_2 + Cl_2 + 3H_2O$$

这里 V_2O_5 是较强的氧化剂。

五氧化二钒还可以被还原成为其他氧化物：VO_2、V_2O_3、VO。

五氧化二钒主要用做催化剂。例如，SO_2 接触氧化制造硫酸。

② 钒酸及其盐　五氧化二钒溶于水生成钒酸。制成自由状态的钒酸有偏钒酸（HVO_3）

和四钒酸（$H_2V_4O_{11}$）。

钒酸盐的形式是多种多样的。在水溶液中，各种钒酸根存在下列平衡：

$$2VO_4^{3-}+2H^+ \rightleftharpoons V_2O_7^{4-}+H_2O \qquad pH \geqslant 13$$

$$3V_2O_7^{4-}+6H^+ \rightleftharpoons 2V_3O_9^{3-}+3H_2O \qquad pH \geqslant 8.4$$

$$10V_3O_9^{3-}+12H^+ \rightleftharpoons 3[V_{10}O_{28}]^{6-}+6H_2O \qquad 8>pH>3$$

$$[V_{10}O_{28}]^{6-}+H^+ \rightleftharpoons [HV_{10}O_{28}]^{5-}$$

$$[HV_{10}O_{28}]^{5-}+H^+ \rightleftharpoons [H_2V_{10}O_{28}]^{4-}$$

$$[H_2V_{10}O_{28}]^{4-}+14H^+ \rightleftharpoons 10VO_2^+ +8H_2O \qquad pH<3$$ [1]

由上可见，随着溶液 pH 的降低，单钒酸根逐渐脱水缩合而成多钒酸根。这是因为钒-氧之间的结合并不十分牢固，其中的 O^{2-} 可以和 H^+ 结合成水。所标明的 pH 范围是各种多钒酸根存在的稳定区域。例如，$V_2O_7^{4-}$ 的稳定区为 pH=8～13。

钒酸根离子在溶液中的缩合平衡，除和 pH 有关之外，还随浓度的不同而不同，这里不再详细讨论。

在上述钒酸根中，因成酸元素的原子都多于 1 个，称为同多酸，它们的盐称为同多酸盐，例如 $[V_2O_7]^{4-}$、$[H_2V_4O_{13}]^{4-}$、$[H_4V_5O_{16}]^{3-}$ 等等。同多酸是由多个含氧酸分子彼此缩水而成的。前面学过的多硼酸、多硅酸、多磷酸都是同多酸。钒酸不但自身容易缩水成为多酸，而且能和一些别的含氧酸缩水形成含有两种成酸元素的所谓杂多酸，它们的盐称为杂多酸盐，例如 $Na_7[PV_{12}O_{36}]$（十二钒磷杂多酸钠）。

同多酸和杂多酸是配合物的另一种形式。在过渡元素中，第 5（ⅤB）族的 V、Nb、Ta 和第 6（ⅥB）族的 Cr、Mo、W 最容易形成多酸。

钒酸盐除了缩合性以外，在强酸性溶液中还有氧化性。在酸性溶液中，钒的电势图如下：

$$E_A^{\ominus}/V \quad VO_2^+ \xrightarrow{+0.991} VO^{2+} \xrightarrow{+0.337} V^{3+} \xrightarrow{-0.255} V^{2+} \xrightarrow{-1.175} V$$

（黄色）　（蓝色）　（绿色）　（紫色）

VO_2^+ 可被 Fe^{2+}、草酸等还原为 VO^{2+}：

$$VO_2^+ +Fe^{2+}+2H^+ \longrightarrow VO^{2+}+2Fe^{3+}+H_2O$$

（黄色）　（蓝色）

$$2VO_2^+ +H_2C_2O_4+2H^+ \longrightarrow 2VO^{2+}+2CO_2+2H_2O$$

（黄色）　（蓝色）

上述反应可用于氧化-还原法测定钒。

VO^{2+} 只有用较强的还原剂，如 Sn^{2+} 或 SO_2 才能将其还原为 V^{3+}。此外，从电极电势图还可得知，V^{2+}、V^{3+} 在空气中易被氧化为 VO^{2+}。

14.3 铬、锰

14.3.1 铬及其化合物

铬位于周期系中第 6（ⅥB）族。其价电子层结构为：$3d^54s^1$，共有 6 个价电子，最高

---

[1] $2H_2V_{10}O_{28}^{4-}+8H^+ \longrightarrow 10V_2O_5\downarrow +6H_2O \qquad pH\approx 2$

$V_2O_5+2H^+ \longrightarrow 2VO_2^+ +H_2O \qquad pH\approx 1$

氧化态为 +6，此外还有 +2、+3 等氧化态[1]。+6 氧化态的化合物是强氧化剂。

自然界中铬的主要矿物为铬铁矿 [$Fe(CrO_2)_2$]。

铬族元素的第一电离能并不特别的高，但它们的金属性实际上并不活泼。这是在金属表面上形成了致密的氧化物薄膜而使之钝化的缘故。标准电极电势的数值也说明了这一点。铬是强的还原剂，例如，常温下铬能溶于稀盐酸和热浓硫酸中。在红热情况下，铬与水蒸气反应而放出氢气。

$$2Cr + 3H_2O \longrightarrow Cr_2O_3 + 3H_2$$

（1）金属铬

铬是银白色、带有光泽的金属，熔点高（1857℃）。金属中以铬的硬度为最大。

由于氧化物薄膜的生成，铬在空气、水中都稳定。铬慢慢地溶解于冷稀的盐酸和硫酸之中，但不溶于硝酸；在热盐酸和热浓硫酸中很快地溶解放出氢气，溶液呈蓝色（Cr^{2+}），但随即又被空气氧化：

$$2Cr + 2HCl \longrightarrow \underset{\text{(蓝色)}}{CrCl_2} + H_2$$

$$4CrCl_2 + 4HCl + O_2 \longrightarrow \underset{\text{(绿色)}}{4CrCl_3} + 2H_2O$$

由于铬的耐腐蚀性能好，常作为其他金属的保护镀层和不锈钢的重要成分。铬和镍的合金用来制造电热丝和电热设备。

（2）铬的重要化合物

① 铬（Ⅲ）的化合物

a. 氧化铬（Ⅲ）和亚铬（Ⅲ）酸　高温下金属铬与氧化合生成氧化铬（Ⅲ）(Cr_2O_3)；重铬酸铵的热分解也得 Cr_2O_3：

$$(NH_4)_2Cr_2O_7 \longrightarrow 4H_2O + N_2 + Cr_2O_3$$

它是绿色固体，和 Al_2O_3 一样，不溶于水，呈现两性，即不但溶于酸，而且溶于强碱生成亚铬酸盐：

$$Cr_2O_3 + 2NaOH \longrightarrow 2NaCrO_2 + H_2O$$

灼烧过的 Cr_2O_3 不溶于酸中，但可与酸性溶剂共熔转变为可溶性盐：

$$Cr_2O_3 + 3K_2S_2O_7 \longrightarrow Cr_2(SO_4)_3 + 3K_2SO_4$$

Cr_2O_3 常用做颜料，少量 Cr_2O_3 能使玻璃呈美丽的绿色。陶瓷的绿色釉也掺有 Cr_2O_3。它也是炼铬的原料。

向铬（Ⅲ）盐溶液加少量氨水，可得到蓝灰色胶状 $Cr(OH)_3$ 沉淀。它是两性氢氧化物。$Cr(OH)_3$ 与碱液反应如下：

$$Cr(OH)_3 + OH^- \longrightarrow 2H_2O + \underset{\text{(亮绿色)}}{CrO_2^-}$$

---

[1] 从铬的价电子层结构看，Cr^+ 为半充满的 d^5 构型，应是稳定的，但实际上却未能合成出这类物质。现通过热力学数据加以讨论。如反应

$$Cr(s) + \frac{1}{2}Cl_2(g) \longrightarrow CrCl\ (s)$$

$\Delta_f H_m^\ominus$ / kJ·mol^{-1}　　0　　0　　75（可由玻恩-哈伯计算得出）

$\Delta_r H_m^\ominus = 75\ kJ \cdot mol^{-1} > 0$，$\Delta_r S_m^\ominus < 0$，$\Delta_r G_m^\ominus = \Delta_r H_m^\ominus - T\Delta_r S_m^\ominus > 0$。所以该反应在任何温度条件下均不能自发进行。CrCl 是热力学不稳定的化合物。

也可以用形成可溶性配合物来说明这种溶解：

$$Cr(OH)_3 + NaOH \longrightarrow Na[Cr(OH)_4]$$

或

$$Cr(OH)_3 + OH^- \longrightarrow Cr(OH)_4^-$$

b. 硫酸铬(Ⅲ) 将 Cr_2O_3 溶于冷的浓硫酸中，得深紫色的 $Cr_2(SO_4)_3 \cdot 18H_2O$。在硫酸盐中还有绿色的 $Cr_2(SO_4)_3 \cdot 6H_2O$。无水 $Cr_2(SO_4)_3$ 是桃红色的。硫酸铬(Ⅲ) 和硫酸铝类似，容易和碱金属硫酸盐形成矾。例如，$KCr(SO_4)_2 \cdot 12H_2O$，它是蓝紫色的结晶，和铝矾同晶型。硫酸铬和铬矾与其他三价铬盐一样，在水中能够水解生成胶状的 $Cr(OH)_3$ 沉淀。铬矾常用做媒染剂或鞣革剂。

由标准电极电势：

$$Cr_2O_7^{2-} + 14H^+ + 6e \rightleftharpoons 2Cr^{3+} + 7H_2O \qquad E_A^\ominus = 1.232V$$

$$CrO_4^{2-} + 2H_2O + 3e \rightleftharpoons CrO_2^- + 4OH^- \qquad E_B^\ominus = -0.13V$$

可见，+3 氧化态的铬在碱性溶液中比在酸性溶液中有更强的还原性。铬(Ⅲ) 盐或亚铬酸盐 (CrO_2^-) 在碱性溶液中易被 H_2O_2、Na_2O_2、NaClO 或 Cl_2 等氧化为铬酸盐。例如：

$$2NaCrO_2 + 3NaClO + 2NaOH \longrightarrow 2Na_2CrO_4 + 3NaCl + H_2O$$

但在酸性溶液中，只有用很强的氧化剂，如 $(NH_4)_2S_2O_8$ 或 $KMnO_4$ 等才能将 Cr^{3+} 氧化成 Cr(Ⅵ)：

$$2Cr^{3+} + 3S_2O_8^{2-} + 7H_2O \longrightarrow Cr_2O_7^{2-} + 6SO_4^{2-} + 14H^+$$

c. 铬(Ⅲ) 的配合物 Cr(Ⅲ) 离子的价电子层结构为 $3d^3$，有 6 个空的价层轨道。这种 9～17 电子构型对核的屏蔽作用比 18 电子构型小，因此，Cr^{3+} 具有较高的有效核电荷。同时 Cr^{3+} 的半径也较小，有较强的正电场。这就是说，Cr^{3+} 容易形成 d^2sp^3 型配合物。

Cr(Ⅲ) 离子在水溶液中是以六水合铬离子 $[Cr(H_2O)_6]^{3+}$ 形式存在的。$[Cr(H_2O)_6]^{3+}$ 中的水分子还可以被 NH_3 分子或阴离子等配体所取代。例如，在不同浓度的氨水中，$[Cr(H_2O)_6]^{3+}$ 可以形成水-氨配离子或氨配离子。

$[Cr(H_2O)_6]^{3+}$	(紫色)	$[Cr(NH_3)_2(H_2O)_4]^{3+}$	(紫红色)
$[Cr(NH_3)_3(H_2O)_3]^{3+}$	(浅红色)	$[Cr(NH_3)_4(H_2O)_2]^{3+}$	(橙红色)
$[Cr(NH_3)_5(H_2O)]^{3+}$	(橙黄色)	$[Cr(NH_3)_6]^{3+}$	(黄色)

此外，铬(Ⅲ) 还能形成多核酸合物，这里不再介绍。

值得注意的是，Cr^{3+} 和同一过渡系的其他 M^{3+} (Ti^{3+}、V^{3+}、Mn^{3+}、Fe^{3+} 和 Co^{3+}) 相比较，Ti^{3+} 和 V^{3+} 可作为还原剂；在 Cr^{3+} 后的 Mn^{3+}、Fe^{3+} 和 Co^{3+} 可作为氧化剂。而介于 V^{3+} 和 Mn^{3+} 之间的 Cr^{3+}，则既不是强还原剂，也不是强氧化剂。

② 铬 (Ⅵ) 的化合物

a. 三氧化铬 三氧化铬俗称"铬酐"。向重铬酸钾 (钠) 浓溶液中加入过量的浓硫酸时，则有橙红色的三氧化铬晶体析出：

$$K_2Cr_2O_7 + H_2SO_4 \longrightarrow K_2SO_4 + 2CrO_3 + H_2O$$

CrO_3 的熔点为 196℃，对热不稳定，加热超过熔点时便逐步分解，最后产物是 Cr_2O_3：

$$2CrO_3 \xrightarrow[400\sim500℃]{\triangle} Cr_2O_3 + \frac{3}{2}O_2$$

铬酐容易潮解，易溶于水得相应的酸 (铬酸 H_2CrO_4)，溶于碱得铬酸盐。

铬酐有强的氧化性，遇到易燃的有机化合物，如乙醇时，易着火，本身还原为 Cr_2O_3。

b. 铬酸盐和重铬酸盐 铬酸盐溶液是黄色的，酸化此溶液可得橙色的重铬酸盐。这个变化分两步：

$$H^+ + CrO_4^{2-} \rightleftharpoons HCrO_4^- \qquad K_1^\ominus = 3.2\times10^6$$

$$2HCrO_4^- \rightleftharpoons Cr_2O_7^{2-} + H_2O \qquad K_2^\ominus = 34$$

这两步平衡通常用总平衡表示：

$$\underset{（黄色）}{2CrO_4^{2-}} + 2H^+ \rightleftharpoons \underset{（橙色）}{Cr_2O_7^{2-}} + H_2O \qquad K^\ominus = (K_1^\ominus)^2 K_2^\ominus = 3.5\times10^{14}$$

根据平衡移动原理，在酸性溶液中，以 $Cr_2O_7^{2-}$ 为主，溶液显橙色，在碱性溶液中，以 CrO_4^{2-} 为主，溶液显黄色。

钾、钠的铬酸盐和重铬酸盐是最重要的盐类。K_2CrO_4 是黄色晶状固体，$K_2Cr_2O_7$ 是橙红色的晶体，俗称红矾钾（$Na_2Cr_2O_7$ 称红矾钠）。$K_2Cr_2O_7$ 在低温下的溶解度极小，又不含结晶水，很易通过重结晶法提纯，故常作为分析化学中的基准试剂。

由铬元素的电势图：

$$E_A^\ominus/V \quad Cr_2O_7^{2-} \xrightarrow{+1.232} Cr^{3+} \xrightarrow{-0.41} Cr^{2+} \xrightarrow{-0.91} Cr \quad (Cr^{3+} \xrightarrow{-0.74} Cr)$$

$$E_B^\ominus/V \quad CrO_4^{2-} \xrightarrow{-0.13} Cr(OH)_3 \xrightarrow{-1.48} Cr$$

可知，重铬酸盐在酸性溶液中有强氧化性。重铬酸钾是实验室中常用的氧化剂，可以氧化 H_2S、H_2SO_3、$FeSO_4$ 等物质，本身被还原为 Cr^{3+}：

$$Cr_2O_7^{2-} + 6Fe^{2+} + 14H^+ \longrightarrow 2Cr^{3+} + 6Fe^{3+} + 7H_2O$$

在分析化学里常利用这个反应来测定试液中 Fe^{2+} 的含量。

在加热时，重铬酸钾可氧化浓盐酸，放出氯气：

$$Cr_2O_7^{2-} + 6Cl^- + 14H^+ \longrightarrow 2Cr^{3+} + 3Cl_2\uparrow + 7H_2O$$

利用 $K_2Cr_2O_7$ 在酸性溶液中的强氧化性，过去实验室中常将饱和的 $K_2Cr_2O_7$ 溶液和浓硫酸混合制得铬酸洗液，用于洗涤玻璃仪器。洗液长期使用后，就会从棕红色转变为暗绿色，此时，Cr(Ⅵ) 转变为 Cr(Ⅲ)，洗液即失效。

在酸化的 $Cr_2O_7^{2-}$ 溶液中，加 H_2O_2 和乙醚时，有蓝色的过氧化铬 CrO_5 [含两个过氧键，实际应表示为 $CrO(O_2)$] 生成。

$$Cr_2O_7^{2-} + 4H_2O_2 + 2H^+ \longrightarrow 2CrO_5 + 5H_2O$$

CrO_5 不稳定，放置或微热，立即分解成 Cr^{3+} 并放出 O_2。总反应为：

$$Cr_2O_7^{2-} + 3H_2O_2 + 8H^+ \longrightarrow 2Cr^{3+} + 3O_2 + 7H_2O$$

CrO_5 在乙醚或戊醇中的稳定性大于在水中的稳定性，蓝色褪去得较慢。可用这一反应来鉴定溶液中是否存在 Cr(Ⅵ)。

某些重金属的离子，如 Ag^+、Pb^{2+}、Ba^{2+} 和 K_2CrO_4 溶液反应，可以生成具有特征颜色的沉淀：

$$Pb^{2+} + CrO_4^{2-} \longrightarrow PbCrO_4\downarrow \quad（黄色，铬黄）$$

$$Ba^{2+} + CrO_4^{2-} \longrightarrow BaCrO_4\downarrow \quad（黄色，柠檬黄）$$

$$2Ag^+ + CrO_4^{2-} \longrightarrow Ag_2CrO_4\downarrow \quad（砖红色）$$

铬黄和柠檬黄用做颜料。

14.3.2 锰及其化合物

锰位于周期系中第 7(ⅦB) 族。其价电子层结构为 $3d^54s^2$，由于失去 2 个电子之后，外层电子的构型为 $3d^5$（半充满），所以锰(Ⅱ) 盐相当稳定，这也和第一过渡元素易于形成低氧化态混合物相一致。锰的 3d 电子也能参与成键，形成 +3～+7 的氧化态，其中以 +2、+4、+7 氧化态的锰化合物较重要。

锰在自然界中主要以软锰矿（$MnO_2 \cdot xH_2O$）的形式存在。此外，也有黑锰矿（Mn_3O_4）和水软矿（$Mn_2O_3 \cdot H_2O$）。在海底也发现有锰矿，主要以“锰结核”的形式存在。调查表明，世界大洋底锰结核的蕴藏量约有3万亿吨。锰结核矿含有锰、铜、铁、镍、钴等76种金属元素。如果把大洋底锰结核全部开采出来，按照目前的工业消耗量计算，锰可供人类使用上万年。并且，大洋底的锰结核还以每年1000万吨左右的速度生长着。专家们预计，大洋底锰结核将是未来世界上众多国家开发的热点海洋矿产资源。自20个世纪70年代以来，我国政府就相继开展了多次海底资源的勘察活动，成立了专门机构，并制定了大洋多金属结核资源调查开发研究计划。经多年调查勘探，我国的“向阳红5”号、“海洋4”号等海洋调查船在夏威夷西南，北纬7°～13°、西经138°～157°的范围内，探明了一块可采储量为20亿吨的富矿区。1991年3月，“联合国海底管理局”正式批准“中国大洋矿产资源研究开发协会”的申请，使中国得到15万平方公里的大洋底锰结核矿产资源开发区。同时，依据1982年《联合国海洋法公约》，中国继印度、法国、日本、俄罗斯之后，成为第5个注册登记的大洋底锰结核采矿“先驱投资者”。这在我国海洋开发史上是一件非常有意义的事情。

(1) 金属锰

块状的锰在空气中生成一层致密的氧化物保护膜；粉末状态的锰却很容易被氧化。加热时，锰与卤素猛烈地反应。在高温下，锰也和硫、磷、碳等元素直接化合。锰和热水反应生成 $Mn(OH)_2$ 和 H_2，金属锰可溶于稀盐酸、稀硫酸和极稀硝酸中。在有氧化剂存在下，金属锰还能与熔碱反应生成锰（Ⅵ）酸盐：

$$2Mn + 4KOH + 3O_2 \longrightarrow 2K_2MnO_4 + 2H_2O$$

块状锰是白色的金属、质硬而脆，故不能进行热加工和冷加工。但它是特种合金钢的重要组成元素。当钢中锰的质量分数＞0.01时，叫做锰钢（普通的钢，由于冶炼时用锰作为脱氧剂，所以都含有少量的锰，质量分数＝0.003～0.008）。锰钢具有强度大、硬度高和耐磨、耐大气腐蚀的特性。

(2) 锰的氧化物和氢氧化物

锰的各级氧化态的氧化物和氢氧化物的形式及其性质列于表14-4。

表14-4 锰的氧化物和氢氧化物

氧化态	+2	+3	+4	+6	+7
氧化物	MnO （氧化锰）	Mn_2O_3 （三氧化二锰）	MnO_2 （二氧化锰）	—	Mn_2O_7 （高锰酸酐）
氢氧化物及其性质	$Mn(OH)_2$ ［氢氧化锰（Ⅱ）］ 碱性	$Mn(OH)_3$ ［氢氧化锰（Ⅲ）］ 酸性	$Mn(OH)_4$ ［氢氧化锰（Ⅳ）］ 两性	H_2MnO_4 （锰酸） 酸性	$HMnO_4$ （高锰酸） 酸性

MnO 是绿色的粉末，不溶于水，但溶于酸中形成锰（Ⅱ）盐。Mn_2O_3 和 MnO_2 在常温下也稳定，不溶于水，溶于酸后由于对应氧化态盐的不稳定，总是转变为锰（Ⅱ）盐。

MnO_2 是最稳定的氧化物。低氧化态锰化合物的氧化或高氧化态锰化合物的还原都容易生成 MnO_2。

MnO_2 在酸性介质中是强的氧化剂，它与浓盐酸共热产生氯气：

$$MnO_2 + 4HCl(浓) \xrightarrow{\triangle} MnCl_2 + Cl_2\uparrow + 2H_2O$$

高锰酸酐（Mn_2O_7）是绿色油状的物质。把粉末状 $KMnO_4$ 加入冷却至－20℃的浓硫酸中，即可制得 Mn_2O_7。高锰酸酐由于其强氧化性，是很不稳定的化合物。Mn_2O_7 在0℃以下可以蒸馏，但 10℃时便爆炸分解放出 O_2，甚至有 O_3。

$$2Mn_2O_7 \longrightarrow 4MnO_2 + 3O_2$$

与氧化物对应的氢氧化物或其水合物，随着氧化态的增高和离子半径的减小，氢氧化物的碱性减弱而酸性增强。其氧化性也以同样的顺序增强。

锰元素的电势图如下：

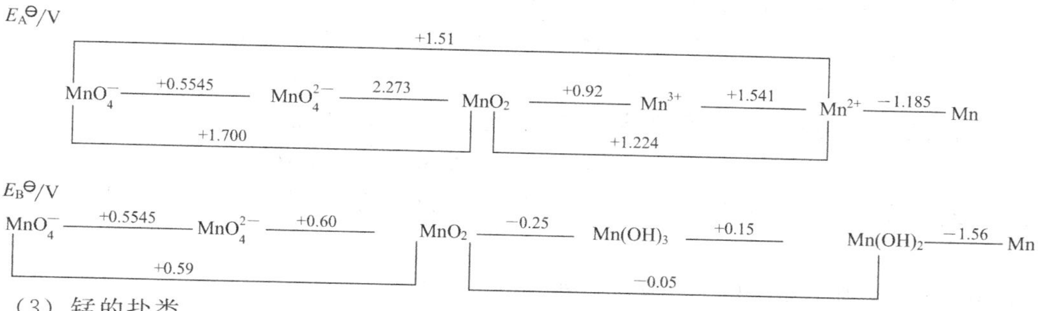

（3）锰的盐类

① 锰（Ⅱ）的化合物　锰的化合物中，以锰（Ⅱ）最为稳定。

锰（Ⅱ）的强酸盐都易溶于水，只有少数弱酸盐，如 $MnCO_3$、MnS 等不溶于水。

将天然的软锰矿（$MnO_2 \cdot xH_2O$，黑色）溶于酸，即得锰（Ⅱ）盐：

$$2MnO_2 + 2H_2SO_4 \longrightarrow 2MnSO_4 + O_2\uparrow + 2H_2O$$

硫酸锰（Ⅱ）可形成粉红色的各种水合晶体，如 $MnSO_4 \cdot 4H_2O$、$MnSO_4 \cdot 5H_2O$。加热时可脱水成为白色无水硫酸锰（Ⅱ）。硫酸锰（Ⅱ）是最稳定的锰（Ⅱ）盐。

由锰的电势图可见，锰（Ⅱ）的化合物在碱性介质中比在酸性介质中有较强的还原性。当锰（Ⅱ）盐与碱液反应时，可沉淀出胶状的白色 $Mn(OH)_2$，后者在空气中不稳定，被 O_2 氧化为棕色的氢氧化锰（Ⅳ）$MnO(OH)_2$（可看成是 $MnO_2 \cdot H_2O$）：

$$MnSO_4 + 2NaOH \longrightarrow Mn(OH)_2\downarrow + Na_2SO_4$$

$$2Mn(OH)_2 + O_2 \longrightarrow 2MnO(OH)_2\downarrow$$

Mn^{2+} 在酸性介质中稳定，只有当锰（Ⅱ）盐与强氧化剂（如铋酸钠 $NaBiO_3$、二氧化铅 PbO_2）在高酸度的热溶液中反应时，Mn^{2+} 才被氧化为高锰酸根而呈紫色：

$$2Mn^{2+} + 5NaBiO_3 + 14H^+ \longrightarrow 2MnO_4^- + 5Bi^{3+} + 5Na^+ + 7H_2O$$

由于 MnO_4^- 的颜色很深，即使在很稀的浓度时，仍可察觉到它的存在，因而可利用这一反应来检验溶液中的 Mn^{2+}。

锰（Ⅱ）盐具有一定的毒性，吸入含锰粉尘会引起神经系统的慢性中毒。

② 锰酸盐　二氧化锰与碱混合，在空气中加热至 250℃共熔，可制得绿色的锰酸盐；也可以用 $KClO_3$ 等氧化剂代替空气中的氧：

$$2MnO_2 + 4KOH + O_2 \longrightarrow 2K_2MnO_4 + 2H_2O$$

$$3MnO_2 + 6KOH + KClO_3 \longrightarrow 3K_2MnO_4 + KCl + 3H_2O$$

由锰的电势图可见，锰酸盐很不稳定，只能存在于强碱性介质中。在中性或酸性溶液中，它可歧化分解：

中性溶液　$3K_2MnO_4 + 2H_2O \longrightarrow 2KMnO_4 + MnO_2 + 4KOH$

酸性溶液　$3K_2MnO_4 + 2CO_2 \longrightarrow 2KMnO_4 + MnO_2 + 2K_2CO_3$

锰酸盐常作为制备高锰酸盐的中间产物。在锰酸盐溶液中加入氧化剂（如氯气）或电解氧化，锰酸盐转变成高锰酸盐：

$$2K_2MnO_4 + Cl_2 \longrightarrow 2KMnO_4 + 4KCl$$

$$2K_2MnO_4 + 2H_2O \xrightarrow{电解} 2KMnO_4 + 2KOH + H_2$$

③ 高锰酸盐　高锰酸（$HMnO_4$）是强酸，但不稳定，只存在于溶液中。其质量分数超过 0.2 时，即分解为二氧化锰和氧。

高锰酸钾是最重要的高锰酸盐，它是暗紫色的晶体[1]；易溶于水，在常温下，每 100g 水溶解 6～7g $KMnO_4$；对热不稳定，加热至 200℃时，就分解而放出氧：

$$2KMnO_4 \longrightarrow K_2MnO_4 + MnO_2 \downarrow + O_2$$

$KMnO_4$ 溶液也不十分稳定，在酸性溶液中慢慢地分解，析出棕色的二氧化锰：

$$4MnO_4^- + 4H^+ \longrightarrow 4MnO_2 \downarrow + 2H_2O + 3O_2$$

但在中性或微碱性溶液中分解得非常慢。光线对 $KMnO_4$ 的分解有促进作用，因此，溶液常保存在棕色瓶里。

在 $KMnO_4$ 中加入浓 KOH 溶液，即有 MnO_4^{2-} 形成：

$$4MnO_4^- + 4OH^- \longrightarrow 4MnO_4^{2-} + 2H_2O + O_2$$

若溶液长时间放置，还有 MnO_2 析出。这一事实说明了在强碱性介质中，Mn^{2+} 的氧化得不到 MnO_4^- 的原因。

高锰酸钾无论是在酸性、中性还是碱性介质中，都有很强的氧化性（见 Mn 元素的电势图）。在酸性介质中，其还原产物是锰（Ⅱ）盐：

$$2MnO_4^- + 5SO_3^{2-} + 6H^+ \longrightarrow 2Mn^{2+} + 5SO_4^{2-} + 3H_2O$$

在中性或微酸性或微碱性介质中，其还原产物为棕色 MnO_2：

$$2MnO_4^- + 3SO_3^{2-} + H_2O \longrightarrow 2MnO_2 \downarrow + 3SO_4^{2-} + 2OH^-$$

在强碱性介质中，其还原产物为 MnO_4^{2-}：

$$2MnO_4^- + SO_3^{2-} + 2OH^- \longrightarrow 2MnO_4^{2-} + SO_4^{2-} + H_2O$$

高锰酸钾俗称灰锰氧，主要用做氧化剂，在工业上用来漂白纤维和油脂脱色，广泛用于杀菌消毒，亦用做毒气吸收剂。

14.4 铁系元素

铁（Fe）、钌（Ru）、锇（Os）；钴（Co）、铑（Rh）、铱（Ir）；镍（Ni）、钯（Pd）、铂（Pt）分别位于周期系中第 8、9、10（ⅧB）族。这九种元素虽然存在着纵向相似性，但更多的却是横向相似性，因此这九种元素按横向相似性分成两组：位于第四周期的 Fe、Co、Ni 称为铁系元素（铁族元素）；位于第五、六周期的 Ru、Rh、Pd、Os、Ir、Pt 统称为铂系元素（铂族元素）。

铁系元素中铁的主要矿物有赤铁矿（Fe_2O_3）、磁铁矿（Fe_3O_4）和黄铁矿（FeS_2）。钴和镍在自然界中常共生，主要矿物有镍黄铁矿（NiS·FeS）和辉钴矿（CoAsS）。

---

[1] MnO_4^- 的颜色不是 d 电子跃迁产生的。因为锰（Ⅶ）的价电子层结构为 d^0，不会产生 d-d 跃迁。MnO_4^- 的颜色是由于在 MnO_4^- 中 Mn—O 键间存在较强的极化效应，使 O^{2-} 的电子容易吸收部分可见光向 Mn（Ⅶ）迁移，即电荷迁移。因为在 MnO_4^- 中电荷迁移吸收的是能量较低的红光和黄光，因而 MnO_4^- 呈现紫红色。通常电荷迁移产生的颜色比 d-d 跃迁产生的颜色深。

14.4.1　铁系元素的一般性质

铁、钴、镍不像它们前面的过渡系元素，易形成 VO_3^-、CrO_4^{2-} 和 MnO_4^- 那样的含氧酸根阴离子。铁虽也能形成 FeO_4^{2-}（高铁酸根），但很不稳定，是个强氧化剂；而钴和镍还未发现有类似的含氧阴离子。这一事实再一次说明：一旦 d 轨道达半满之后，d 电子成键的能力大大降低。然而，氧化态为 +2、+3，而离子半径又相对小（Fe^{2+}，83pm；Co^{2+}，82pm；Ni^{2+}，78pm；Fe^{3+}，67pm；Co^{3+}，65pm；Ni^{3+}，62pm），以及未完全充满的 d 轨道，使这些元素有形成配合物的强烈趋向。尤其是钴(Ⅲ）所生成的配合物，有阴离子的，有阳离子的，还有中性分子的，数量特别多。

一般条件下，铁表现 +2 和 +3 的氧化态；钴表现 +2 氧化态，在强氧化剂作用下也表现 +3 氧化态；镍则经常表现 +2 氧化态。

铁、钴、镍都是白色而有光泽的金属。铁和镍的延展性好，而钴则硬而脆。纯铁块在大气中较稳定，但含有杂质的铁在潮湿空气中易于生锈。由于锈层疏松多孔，因而腐蚀可继续深入。钴、镍虽能被空气所氧化，但其氧化膜较致密，腐蚀难于深入内层。在加热情况下，它们可与硫、氯、溴等发生猛烈的作用。赤热状态的金属铁可与水蒸气反应而生成 Fe_3O_4。

铁、钴、镍都是中等活泼的金属，其标准电极电势 $E^{\ominus}$（M^{2+}/M）都是负值，并按 Fe—Co—Ni 的顺序减少，即这三种金属的还原性按同一顺序递减。它们都能溶于稀酸，其溶解程度也按 Fe—Co—Ni 顺序降低。浓硝酸可使它们成为钝态。强碱对它们不起作用。

14.4.2　铁的化合物

（1）铁的氧化物和氢氧化物

铁有三种氧化物：氧化亚铁（FeO）、四氧化三铁（Fe_3O_4）、氧化铁（Fe_2O_3）。它们都倾向于形成非整比化合物，例如 FeO 的化学组成常为 $Fe_{0.95}O$。Fe_2O_3 是两性物质，但碱性强于酸性。在低温下制得的 Fe_2O_3 易溶于强酸生成铁（Ⅲ）盐；在 600℃以上制得的则不易溶于强酸，但能与碳酸钠共熔生成铁（Ⅲ）酸盐：

$$Fe_2O_3 + Na_2CO_3 \longrightarrow 2NaFeO_2 + CO_2$$

氧化铁(Ⅲ）及其水合物具有多种颜色，故可作为颜料。

四氧化三铁是黑色具有磁性的物质。铁丝在氧气中燃烧或赤热的铁与水汽的反应均可得到 Fe_3O_4。粉末状的 Fe_3O_4 可作为颜料，称为“铁黑”。可认为 Fe_3O_4 是混合氧化物或铁(Ⅲ)酸铁(Ⅱ)

$$FeO + Fe_2O_3 \longrightarrow Fe(FeO_2)_2 \text{ 或 } FeO \cdot Fe_2O_3$$

铁的氢氧化物有 $Fe(OH)_2$ 和 $Fe(OH)_3$。它们都是难溶于水的弱碱。在亚铁盐（除尽空气）、铁盐溶液中加碱时，即有氢氧化物沉淀生成。所谓氢氧化铁 [$Fe(OH)_3$]，是含水量不定的水合氧化物。

$$Fe^{2+} + 2OH^- \longrightarrow Fe(OH)_2 \downarrow$$

（白色胶状物）

$$Fe^{3+} + 3OH^- \longrightarrow Fe(OH)_3 \downarrow$$

（棕色胶状物）

$Fe(OH)_2$ 与 $Fe(OH)_3$ 能溶于酸生成相应的盐。新沉淀的 $Fe(OH)_3$ 具有微弱的两性，能溶于浓热的 KOH 溶液：

$$Fe(OH)_3 + KOH \longrightarrow KFeO_2 + 2H_2O$$

（2）铁(Ⅱ）盐和铁(Ⅲ）盐及其相互转化

在酸性溶液中：

$$2Fe^{2+} + Fe \rightleftharpoons 3Fe^{3+}$$

$$K^{\ominus} = \frac{[Fe^{2+}]^3}{[Fe^{3+}]^2} \approx 10^{41}$$

从反应的平衡常数可见，这个反应向右进行的程度是很大的。

根据这一原理，人们常在亚铁盐溶液中加入铁屑以防止 Fe^{2+} 的氧化。

另一方面，根据铁的各氧化态的标准电极电势：

$$Fe^{3+} + e \rightleftharpoons Fe^{2+} \qquad E^{\ominus} = 0.771V$$

$$Fe(OH)_3 + e \rightleftharpoons Fe(OH)_2 + OH^- \qquad E^{\ominus} = -0.56V$$

可知，Fe^{2+} 在碱性溶液中极易氧化为 Fe^{3+}，这就是新沉淀的 Fe $(OH)_2$ 在空气中颜色变深的原因所在。

$$4Fe(OH)_2 + O_2 + 2H_2O \longrightarrow 4Fe(OH)_3$$

在酸性溶液中，Fe^{2+} 比较稳定。

① 铁(Ⅱ) 盐　铁(Ⅱ) 的强酸盐，如硫酸盐、硝酸盐、卤化物、高氯酸盐等，几乎都溶于水。由于微弱的水解：

$$Fe^{2+} + H_2O \rightleftharpoons Fe(OH)^+ + H^+$$

溶液呈酸性。亚铁盐溶液呈浅绿色，稀溶液则几乎无色。

亚铁盐的弱酸盐，例如碳酸盐、磷酸盐、硫化物等，大都难溶于水而溶于酸。

常见的亚铁盐是 $FeSO_4 \cdot 7H_2O$，俗称绿矾。它不稳定，在水溶液中容易被空气氧化为 Fe(Ⅲ)：

$$4FeSO_4 + O_2 + 2H_2O \longrightarrow \underset{\text{(棕色)}}{4Fe(OH)SO_4}$$

因此，亚铁盐溶液常杂有 Fe^{3+}。$FeSO_4 \cdot 7H_2O$ 在空气中逐渐风化变为白色粉末。加热绿矾，逐步失去结晶水，最后分解生成红色的 Fe_2O_3。其反应如下：

$$2(FeSO_4 \cdot 7H_2O) \xrightarrow{250℃} Fe_2O_3 + SO_2 + SO_3 + 14H_2O$$

因此，可以把生产钛白的副产品 $FeSO_4 \cdot 7H_2O$ 用于生产红色颜料 Fe_2O_3。

硫酸亚铁铵 $[(NH_4)_2SO_4 \cdot FeSO_4 \cdot 6H_2O]$ 比绿矾稳定得多，是分析化学中常用的还原剂，用于标定 $Cr_2O_7^{2-}$、MnO_4^- 或 Ce^{4+} 的浓度。

② 铁(Ⅲ) 盐　由于 $Fe(OH)_3$ 的碱性比 $Fe(OH)_2$ 更弱，因此，铁(Ⅲ) 盐较铁(Ⅱ) 盐更易水解。铁(Ⅲ) 盐溶液常呈褐色，就是由水解引起的。

Fe^{3+} 是一种处于中间氧化态的离子，它可以获得一个电子变成 Fe^{2+}，呈现氧化性，例如，Fe^{3+} 在酸性溶液中能将 $SnCl_2$、HI、H_2S 等氧化：

$$2Fe^{3+} + Sn^{2+} \longrightarrow 2Fe^{2+} + Sn^{4+}$$

$$2Fe^{3+} + 2I^- \longrightarrow 2Fe^{2+} + I_2$$

Fe^{3+} 又可以失去电子变成 FeO_4^{2-}，呈现还原性。从比较 Fe(Ⅲ) 在酸性介质中和在碱性介质中的标准电极电势：

$$FeO_4^{2-} + 8H^+ + 3e \rightleftharpoons FeO_4^{2-} + 4HO; \qquad E_A^{\ominus} = 2.20V$$

$$FeO_4^{2-} + 2H_2O + 3e \rightleftharpoons FeO_2^- + 4OH^-; \qquad E_B^{\ominus} = 0.9V$$

可知，在酸性介质中，FeO_4^{2-} 是个强氧化剂，一般的氧化剂很难把 Fe^{3+} 氧化成 FeO_4^{2-}；相反，在强碱性介质中，FeO_2^- 可以被一些氧化剂（如 Cl_2、NaClO）氧化，生成红紫色的 FeO_4^{2-} 溶液。

$$2FeO_2^- + 3ClO^- + 2OH^- \longrightarrow 2FeO_4^{2-} + 3Cl^- + H_2O$$

也可以将 Fe_2O_3 与 KOH 加热共熔，生成高铁酸钾：

$$Fe_2O_3 + 3KNO_3 + 4KOH \longrightarrow 2K_2FeO_4 + 3KNO_2 + 2H_2O$$

三氯化铁是重要的铁(Ⅲ）盐。通氯气于加热的铁，可得棕黑色的无水盐。它是共价键占优势的化合物，可以升华。它在蒸气中以双聚分子 Fe_2Cl_6 存在，其结构与 Al_2Cl_6 相似：

Cl　Cl　Cl — Fe　Fe — Cl　Cl　Cl

无水氯化铁在空气中易潮解，在空气中受热则变为 Fe_2O_3：

$$4FeCl_3 + 3O_2 \longrightarrow 2Fe_2O_3 + 6Cl_2$$

若将 Fe_2O_3 溶于盐酸，所得的是 $FeCl_3 \cdot 6H_2O$，它是个深黄色的晶体，其结构和 $[Al(H_2O)_6]Cl_3$ 相似。用加热法不能脱去结晶水而成无水盐（因为发生水解作用）。三氯化铁可用做水的净化剂、有机合成的催化剂，以及印刷电路印花滚筒的蚀刻剂等。

硫酸铁(Ⅲ）是另一个重要的铁(Ⅲ）盐，和铝盐类似，易于成矾。例如，铁铵矾 $[NH_4Fe(SO_4)_2 \cdot 12H_2O]$ 是紫蓝色的晶体，与明矾同晶型。

由于 Fe^{3+}、Cr^{3+} 和 Al^{3+} 所带电荷相同，半径相近，相同类型的铁(Ⅲ)、铝(Ⅲ)、铬(Ⅲ）化合物有许多相似之处。例如，它们与碱金属盐类反应容易生成矾。

③ 铁的配合物

a. 亚铁氰化钾　亚铁氰化钾的三水合物 $K_4[Fe(CN)_6] \cdot 3H_2O$ 是黄色的晶体，称黄血盐，在水溶液中按下式解离：

$$K_4[Fe(CN)_6] \longrightarrow 4K^+ + [Fe(CN)_6]^{4-}$$

$[Fe(CN)_6]^{4-}$ 是极稳定的配离子，$K^{\ominus}_{不稳} \approx 10^{-37}$，因此，溶液中不呈 Fe^{2+} 和 CN^- 的特征反应，中心铁(Ⅱ）离子也不被空气氧化。当黄血盐与铁(Ⅲ）盐反应时，立即生成蓝色沉淀，称为普鲁士蓝。

$$Fe^{3+} + K^+ + [Fe(CN)_6]^{4-} \longrightarrow \underset{(蓝色)}{KFe[Fe(CN)_6]} \downarrow$$

如遇 Fe^{2+}，则生成 $K_2Fe[Fe(CN)_6]$ 白色沉淀。

b. 铁氰化钾　Fe^{3+} 不能与 KCN 直接生成 $K_3[Fe(CN)_6]$。它是由氯气氧化 $K_4[Fe(CN)_6]$ 的溶液而制得的：

$$2K_4[Fe(CN)_6] + Cl_2 \longrightarrow 2K_3[Fe(CN)_6] + 2KCl$$

$K_3[Fe(CN)_6]$ 是深红色的无水晶体，又名赤血盐。赤血盐的溶液中含有配阴离子 $[Fe(CN)_6]^{3-}$。当 Fe^{2+} 与赤血盐反应时，也可得到蓝色沉淀，称为滕氏蓝。

$$K^+ + Fe^{2+} + [Fe(CN)_6]^{3-} \longrightarrow \underset{(蓝色)}{KFe[Fe(CN)_6]} \downarrow$$

过去曾认为普鲁士蓝和滕氏蓝的组成不同，现在晶体结构分析证明，这两者的结构、组成都相同，其最简式为 $KFe^{2+}Fe^{3+}(CN)_6$。它们的基本结构是 Fe^{2+} 和 Fe^{3+} 通过“CN 桥”联结起来。如图 14-2 所示，Fe^{2+} 与 C 原子相连，Fe^{3+} 与 N 原子相连，即—Fe^{2+}—C≡N—Fe^{3+}—，每个铁离子都有 6 个 CN 根配位，K^+

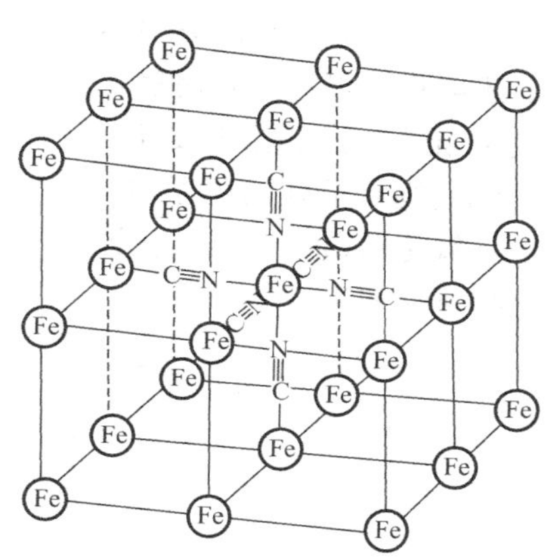

图 14-2　$KFe[Fe(CN)_6]$ 的结构（K 未标出）

（和 H_2O 分子）位于立方晶格的空穴中。

c. 硫氰配铁离子 当在铁(Ⅲ)盐溶液中加入 KSCN 或 NH_4SCN 时，可得到一系列互成平衡的配合物：$[Fe(NCS)^{2+}]$、$[Fge(NCS)_2]^+$、$[Fe(NCS)_3]$、$[Fe(NCS)_4]^-$、$[Fe(NCS)_5]^{2-}$、$[Fe(NCS)_6]^{3-}$，其中 $[Fe(NCS)]^{2+}$ 是血红色，这是检验 Fe^{3+} 的灵敏反应。

d. 五羰配铁 五羰配铁 $[Fe(CO)_5]$ 是在 150～200℃和 10MP 下，由铁粉与 CO 反应制成的。它是黄色液体，不溶于水而溶于苯或乙醚中。将它的蒸气在隔绝空气中加热至 140℃即分解为铁和一氧化碳。利用这一反应可以制备纯铁。

这类化合物统称为金属羰化物，其中心原子的氧化态为零。

14.4.3 钴和镍的重要化合物

钴和镍的氧化还原性质可由它们在酸性溶液中的标准电极电势作出估计（为比较起见，同时列入铁）：

$$Fe^{3+} + e \rightleftharpoons Fe^{2+}; \quad E^{\ominus} = 0.771V$$

$$Co^{3+} + e \rightleftharpoons Co^{2+}; \quad E^{\ominus} = 1.92V$$

$$NiO_2 + 4H^+ + 2e \rightleftharpoons Ni^{2+} + 2H_2O; \quad E^{\ominus} = 1.678V$$

因为 $E^{\ominus}(Fe^{3+}/Fe^{2+})$ 值最小，Fe^{2+} 具有还原性。而在钴和镍的简单化合物中，+2 氧化态较稳定，+3 氧化态的钴是个强氧化剂，+3 氧化态的镍也是强氧化剂，且更不稳定。但+3 氧化态钴的配合物较为稳定，例如：

$$[Co(NH_3)_6]^{3+} + e \rightleftharpoons [Co(NH_3)_6]^{2+}; \quad E^{\ominus} = 0.108V$$

由于配合物的形成，电极电势值明显下降。即配合物的形成，能够稳定高氧化态的中心离子。

(1) 氧化物和氢氧化物

在钴(Ⅱ)盐和镍(Ⅱ)盐的溶液中，加入碱液，分别析出 $Co(OH)_2$ 和 $Ni(OH)_2$ 沉淀。和 $Fe(OH)_2$ 类似，它们主要显碱性。但又和 $Fe(OH)_2$ 不同：首先，它们可溶于氨水形成 $[Co(NH_3)_6]^{2+}$ 和 $[Ni(NH_3)_4]^{2+}$；其次，在碱性介质中，$Fe(OH)_2$ 极易被空气氧化，而 $Co(OH)_2$ 则缓慢地被氧化，至于 $Ni(OH)_2$ 则要用氧化剂如 Cl_2 或 NaClO 等才能使之氧化。这是和它们的标准电势相一致的。在碱性溶液中：

$$Fe(OH)_3 + e \rightleftharpoons Fe(OH)_2 + OH^-; \quad E^{\ominus} = -0.56V$$

$$Co(OH)_3 + e \rightleftharpoons Co(OH)_2 + OH^-; \quad E^{\ominus} = 0.17V$$

$$NiO_2 + H_2O + 2e \rightleftharpoons Ni(OH)_2 + 2OH^-; \quad E^{\ominus} = 0.490V$$

$$O_2 + 2H_2O + 4e \rightleftharpoons 4OH^-; \quad E^{\ominus} = 0.401V$$

从上述电势可以看出：高氧化态氢氧化物的氧化性按 Fe—Co—Ni 顺序依次增强；而低氧化态氢氧化物的还原性按 Fe—Co—Ni 顺序依次减弱。其中 NiO_2 是最强的氧化剂，而 $Fe(OH)_2$ 则是最强的还原剂。空气中的氧不能氧化 $Ni(OH)_2$。

氢氧化钴(Ⅲ)、氢氧化镍(Ⅲ)和氢氧化铁(Ⅲ)类似，是各自氧化物的水合物。各种氢氧化物对比如下：

还原性增强 ←

$Fe(OH)_2$	$Co(OH)_2$	$Ni(OH)_2$
白色	粉红色	浅绿色
$Fe(OH)_3$	$Co(OH)_3$	$Ni(OH)_3$
棕红色	棕黑色	黑色

→ 氧化性增强

加热 $Co(OH)_2$ 和 $Ni(OH)_2$，便脱水转变为 CoO 和 NiO。若小心加热 $Co(NO_3)_2$ 和

$Ni(NO_3)_2$，可制得 Co_2O_3 和 Ni_2O_3，后者极不稳定。当 Co_2O_3、Ni_2O_3、$Co(OH)_3$、$Ni(OH)_3$ 与酸反应时，得到的不是相应的钴（Ⅲ）盐和镍（Ⅲ）盐，而是二价盐类。例如：

$$M_2O_3 + 6HCl \longrightarrow 2MCl_2 + Cl_2\uparrow + 3H_2O \quad (M=Co 或 Ni)$$

$$4Co(OH)_3 + 4H_2SO_4 \longrightarrow 4CoSO_4 + O_2\uparrow + 10H_2O$$

$$2Co(OH)_3 + 6HCl \longrightarrow 2CoCl_2 + Cl_2\uparrow + 6H_2O$$

在这里，它们的作用和 MnO_2 或 PbO_2 类似，是氧化剂。在溶解的同时，发生了氧化-还原反应，使水或 Cl^- 氧化，而本身还原为 Co^{2+} 或 Ni^{2+}。

CoO 可作颜料，用于玻璃或瓷器的着色。

(2) 钴盐和镍盐

如上所述，+3 氧化态的简单化合物的稳定性按 Fe—Co—Ni 顺序递减。钴（Ⅱ）和镍（Ⅱ）的强酸盐几乎都溶于水，但由于水解作用而使溶液呈酸性。它们的弱酸盐，例如，碳酸盐、磷酸盐、硫化物都是不溶的。可溶盐的离子都有颜色，如 Co^{2+} 粉红色，Ni^{2+} 亮绿色。但无水盐的颜色却不同于水合离子的颜色，如 Co^{2+} 蓝色，Ni^{2+} 黄色。

二氯化钴（$CoCl_2$）是常用的钴盐，它随所含结晶水分子数的不同而呈现不同的颜色。

水分子数目	6	4	2	1.5①	1	0
颜色	深红	红	浅红紫	暗红紫	蓝紫	浅蓝

① 可视为 $2CoCl_2 \cdot 3H_2O$。

作干燥剂用的变色硅胶常浸有氯化钴（Ⅱ）的水溶液，利用氯化钴因吸水而发生的颜色变化，来显示硅胶的吸湿情况。当温度升高时，变色硅胶脱水，由粉红色变为蓝色，当变色硅胶吸水后，逐渐变为粉红色。$NiCl_2$ 也有若干水合物，和 $CoCl_2$ 同晶型。

(3) 钴和镍的配合物

钴和镍，尤其是钴，形成为数众多的配合物。在配合物中，Co(Ⅲ) 较 Co(Ⅱ) 稳定。例如，$[Co(CN)_6]^{4-}$ 很容易氧化为 $[Co(CN)_6]^{3-}$。

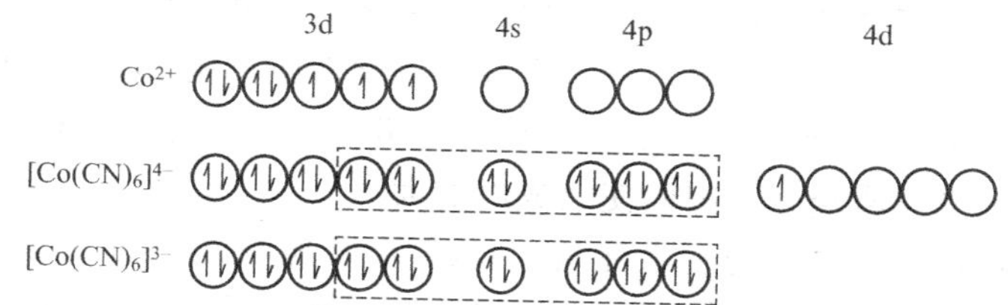

当 Co^{2+} 和 CN^- 以 d^2sp^3 杂化成键时，Co^{2+} 原有三个未成对电子中有两个配对，余下 1 个激发到 4d 轨道上，此电子极易失去而成为 $[Co(CN)_6]^{3-}$。

镍与钴不同，二价镍的配合物是稳定的。这大概与其电子层结构比较完整有关。例如：

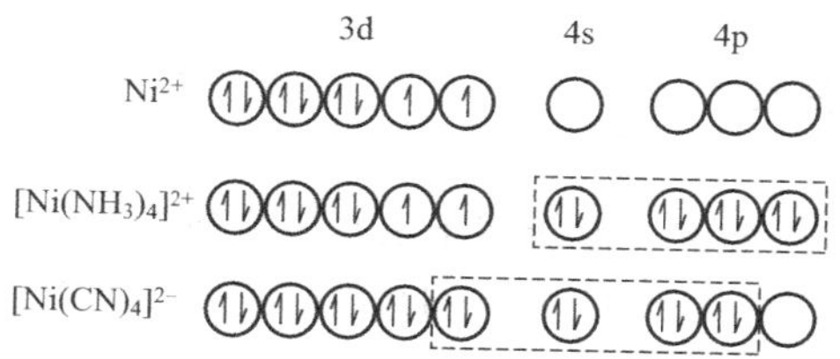

14.5 铂系元素

铂系元素包括钌（Ru）、铑（Rh）、钯（Pd）和锇（Os）、铱（Ir）、铂（Pt）。根据它们密度的不同，前三种元素称为轻铂系元素；后三种称为重铂系元素。铂系元素又称为铂族金属，它们与金银统称为贵金属。

元　素	钌(Ru)	铑(Rh)	钯(Pd)	锇(Os)	铱(Ir)	铂(Pt)
密度/$g \cdot cm^{-3}$	12.45	12.41	12.03	22.61	22.65	21.45

铂系元素在地壳中的含量极微，通常以微量组分（金属或合金形态）存在于火成岩中。整个世界铂族金属资源集中在少数国家里，不少大国的资源和产量不能满足自己需要。我国的铂族金属储量居世界第六位。

14.5.1 铂族金属的性质和用途概述

铂族元素不仅表现在相同过渡系横行元素性质的相似，而且由于镧系收缩的影响，同一纵行的元素，其性质也很相似。

铂族元素氧化态的变化，遵守过渡元素氧化态变化的一般规律，即渡过了第 7（ⅦB）族以后，同一过渡系从左向右，氧化态渐趋变低；同族元素从上到下，氧化态渐趋升高。例如，钌和锇都能生成氧化态为＋8 的 RuO_4 和 OsO_4，但后者稳定得多。钯与铂的氧化态，通常都是＋2 和＋4，但钯主要是＋2，而铂除了能生成稳定的 PtO_2 外还能生成不稳定的 PtO_3。

大多数铂系金属能吸收气体，特别是吸收氢气。其中又以钯最易，锇最难，块状的锇几乎不吸收氢气。由于铂系金属具有吸收气体的性能，因而具有高度的催化活性，是优良的氢化催化剂。钯和铂的催化剂已获得了广泛的应用。

由于铂族金属具有高熔点、高沸点、低蒸气压和高温抗氧化、抗腐蚀等优良性能，故可用做高温容器（坩埚、器皿）、发热体等。其精密合金材料广泛用于各种仪器、仪表。某些铂族金属及其合金具有高温热电性能和稳定的电阻温度系数，使它成为当今最好的高温热电偶和电阻测量材料。铂族金属这种高化学惰性还可用于惰性电极材料。

铂族金属和其氧化物的超微细粉，具有良好的电学性质，用于微电子厚膜浆料，后者用丝网印刷在陶瓷基片上，经烧成后，可制得厚膜电路。一片基片上可印刷上若干层厚膜电路，层与层之间用绝缘介质隔开，因而使集成度加大。

铂族金属配合物作为抗癌药物引人注目。1967 年发现顺式二氯二氨合铂(Ⅱ)（顺铂）能治疗癌症。现已出现第二代铂族抗癌药物，如环己二氨铂等。

铂族金属由于其性能独特，除作为饰物和货币外，在工业上也得到广泛的应用，素有“工业维生素”之称。近几十年来，铂族金属对新技术的发展更起着越来越大的作用，被许多国家列为战备物资。

14.5.2 铂、钯的重要化合物

(1) 氯铂酸及其盐

铂不溶于一般强酸和氢氟酸中，但能溶于王水生成氯铂酸：

$$Pt + 6HCl + 4HNO_3 \longrightarrow H_2PtCl_6 + 4NO_2\uparrow + 4H_2O$$

将此溶液蒸发，可得红棕色 $H_2PtCl_6 \cdot 6H_2O$ 柱状晶体。

在氯铂酸盐中，Na_2PtCl_6 易溶于水，而氯铂酸的铵盐、钾盐、铷盐、铯盐等均是难溶于水的黄色晶体。因此，加 NH_4Cl 或 KCl 至 H_2PtCl_6 溶液中，可沉淀出黄色晶体：

$$2NH_4Cl + H_2PtCl_6 \longrightarrow (NH_4)_2PtCl_6\downarrow + 2HCl$$

在分析化学上，可利用此反应检验 NH_4^+、K^+ 等离子。

$(NH_4)_2PtCl_6$ 在加热的条件下，可溶于王水。

$$(NH_4)_2PtCl_6+6HCl+4HNO_3 \xrightarrow{\triangle} 2NCl_3+4NO\uparrow+8H_2O+H_2PtCl_6$$

将 $(NH_4)_2PtCl_6$ 加热至360℃时开始分解，升温至700～800℃可煅烧成海绵铂：

$$3(NH_4)_2PtCl_6 \xrightarrow{\triangle} 3Pt+16HCl+2NH_4Cl+2N_2\uparrow$$

工业上，常用 NH_4Cl 沉淀法来提纯铂，不过起码要经过4次重复操作才能达到要求。

氯铂酸或其盐与还原剂（如 SO_2、草酸）作用，可被还原成氯铂（Ⅱ）酸：

$$H_2PtCl_6+SO_2+2H_2O \longrightarrow H_2PtCl_4+H_2SO_4+2HCl$$

$$K_2PtCl_6+H_2C_2O_4 \longrightarrow K_2PtCl_4+2HCl+2CO_2\uparrow$$

（2）氯钯酸及其盐

将钯溶于王水或通有 Cl_2 的盐酸溶液中，可以生成 H_2PdCl_6：

$$Pd+6HCl+4HNO_3 \longrightarrow H_2PdCl_6+4NO_2\uparrow+4H_2O$$

$$Pd+2HCl+2Cl_2 \longrightarrow H_2PdCl_6$$

与 H_2PtCl_6 不同，H_2PdCl_6 只存在于溶液中，若加热或蒸发其溶液至干，得到的是 H_2PdCl_4 或 $PdCl_2$：

$$H_2PdCl_6 \xrightarrow{\triangle} H_2PdCl_4+Cl_2\uparrow$$

$$H_2PdCl_6 \xrightarrow{\triangle} PdCl_2+2HCl+Cl_2\uparrow$$

M_2PdCl_6（$M=NH_4^+$、K^+）与 M_2PtCl_6 相似，也难溶于水，可由 $PdCl_2$ 水溶液加入相应的MCl后，通入 Cl_2 而得：

$$PdCl_2+2MCl+Cl_2 \longrightarrow M_2PdCl_6\downarrow \quad (M=NH_4^+、K^+)$$

生成的沉淀是红色晶体。M_2PdCl_6 比 M_2PtCl_6 的稳定性差，当加热 M_2PdCl_6 悬浮液至沸腾时，便发生分解，并溶解：

$$(NH_4)_2PdCl_6 \xrightarrow{\triangle} (NH_4)_2PdCl_4+Cl_2\uparrow$$

利用 $(NH_4)_2PdCl_6$ 的不稳定性，易分解为 $(NH_4)_2PdCl_4$，而后者通 Cl_2 又可氧化成 $(NH_4)_2PdCl_6$，工业上用于铂与钯分离，以及和贱金属（Cu、Fe、Ni）离子的分离。这种氧化沉淀-溶解的操作要重复4～5次，才能达到铂、钯分离的要求。

（3）铂、钯的氨配合物

+2氧化态的铂、钯形成的配合物的几何构型为平面四方形；+4氧化态形成的配合物的几何构型为八面体。下面介绍+2氧化态的铂、钯氨配合物的生成。

在 $[PtCl_4]^{2-}$、$[PdCl_4]^{2-}$ 的酸性溶液中，逐渐加入氨水，则 NH_3 分子可逐步取代出 Cl^-，形成1～4个 NH_3 取代的配合物。其中含1、3或4个 NH_3 的配合物易溶于水，而2个 NH_3 的配合物则为不溶于水的黄色沉淀：

$$[PtCl_4]^{2-}(aq)+2NH_3(aq) \xrightleftharpoons{pH=0.5} Pt(NH_3)_2Cl_2\downarrow+2Cl^-(aq)$$

$$[PdCl_4]^{2-}(aq)+2NH_3(aq) \rightleftharpoons Pd(NH_3)_2Cl_2\downarrow+2Cl^-(aq)$$

生成的黄色沉淀，继续加入氨水，可以溶解：

$$Pd(NH_3)_2Cl_2+2NH_3(aq) \longrightarrow [Pd(NH_3)_4]^{2+}(aq)+2Cl^-(aq)$$

$$Pd(NH_3)_2Cl_2+2NH_3(aq)+[PdCl_4]^{2-}(aq) \xrightleftharpoons{pH=5} \underset{(玫瑰色)}{[Pd(NH_3)_4]PdCl_4}\downarrow+2Cl^-(aq)$$

$$[Pd(NH_3)_4]PdCl_4+4NH_3(aq) \xrightleftharpoons{pH=8} \underset{(无色或淡黄色)}{2[Pd(NH_3)_4]^{2+}(aq)}+4Cl^-(aq)$$

当向 $[Pd(NH_3)_4]^{2+}$ 溶液中加 HCl 时，则上述反应逆转，pH 降低至 0.5～2 时产生黄色沉淀：

$$[Pd(NH_3)_4]^{2+}(aq)+2HCl(aq) \longrightarrow Pd(NH_3)_2Cl_2\downarrow+2NH_4^+(aq)$$

工业上，常利用配合、酸化的方法，使 Pd 与 Pt 和其他贵金属、贱金属离子分离，达到提纯的目的。此操作往往要重复 4～5 次。

值得注意的是，铂化合物有毒，能引起呕吐、腹泻、黑便，若吸入 0.02g 剂量便会出现中毒症状。有些人接触铂化合物或吸入其粉尘会出现“铂过敏症”，出现红色斑点、哮喘、流泪等，有些人佩戴铂戒指也可能会出现接触性皮炎。

思考题

1. 过渡元素有哪些性质？
2. 简述金属钛的主要性质和用途。
3. 试述从钛铁矿（$FeTiO_3$）提取金属钛的反应原理。
4. 什么是同多酸和杂多酸？试以钒为例说明影响同多酸缩聚平衡的因素。
5. 在酸性溶液中钒元素的电势图如下：

$$E_A^{\ominus}/V \quad VO_2^+ \xrightarrow{+0.991} VO^+ \xrightarrow{+0.337} V^{3+} \xrightarrow{-0.255} V^{2+} \xrightarrow{-1.175} V$$

在酸性溶液中分别与 Fe^{2+}、Sn^{2+}、Zn 作用，最终的产物各是什么？VO^{2+} 能否歧化为 VO_2^+ 和 V^{3+}？

6. 将 $K_2Cr_2O_7$ 溶液加入以下各溶液中，会发生什么变化（自己选择介质）？写出反应的化学方程式和现象。

① Cl^-，Br^-，I^-；

② OH^-；

③ NO_2^-；

④ H_2O_2

7. 欲把 Cr（Ⅲ）氧化为 Cr（Ⅵ），在酸性还是碱性溶液中更易进行？如果要在酸性溶液中把 Cr（Ⅲ）氧化为 Cr（Ⅵ），应采用什么氧化剂？

8. 解释下列实验事实，并写出相应的反应方程式：

① $TiCl_4$ 在空气中冒烟。

② 铬酸钡溶于浓盐酸中得绿色溶液。

③ 将 H_2S 通入已用 H_2SO_4 酸化的 $K_2Cr_2O_7$ 溶液时，溶液的颜色由橙红色变为蓝绿色，同时析出乳白色沉淀。

④ 新沉淀的 $Mn(OH)_2$ 是白色的，但在空气中慢慢变黑。

⑤ 在少量的 $MnSO_4$ 溶液中加入适量的 HNO_3，再加入 $NaBiO_3$ 固体，溶液出现紫红色，如果用 HCl 代替 HNO_3 做同样的实验，却得不到紫红色。

⑥ 制备 $Fe(OH)_2$ 时，如果试剂不除去氧，则得到的产物不是白色的。

⑦ 把含 I^- 和淀粉溶液加入到含 Fe^{3+} 的溶液中，出现蓝色。但在含 Fe^{3+} 的溶液中先加入 CN^-，再加入含 I^- 及淀粉的溶液，则不出现蓝色。

⑧ Co^{3+} 盐具有强氧化性，而 $[Co(CN)_6]^{4-}$ 却易被氧化为 $[Co(CN)_6]^{3-}$。

9. 在酸溶液中，用足够的 Na_2SO_3 与 MnO_4^- 反应时，为什么 MnO_4^- 总是被还原为 Mn^{2+} 而不能得到 MnO_4^{2-}、MnO_2 或 Mn^{3+}？

10. 根据有关的标准电极电势值，在 $c(H_3O^+)=1mol\cdot L^{-1}$ 时，估计 Mn^{3+} 能否歧化为 MnO_2 和 Mn^{2+}。若能歧化，写出歧化反应式。

11. 已知下列电对的标准电极电势值：

$$Mn^{3+}+e \longrightarrow Mn^{2+}; \qquad E^{\ominus}=+1.541V$$

$$[Mn(CN)_6]^{3-}+e \longrightarrow [Mn(CN)_6]^{4-}; \qquad E^{\ominus}=-0.244V$$

说明锰的这两种氰配离子哪一种较稳定，形成氰配离子后氧化还原性质有何变化？

12. 在 Mn^{2+} 和 Cr^{3+} 的混合溶液中，采取什么方法把这两种离子分离开来？

13. 铁制容器能否用于装储浓硝酸、浓硫酸或稀盐酸、稀硫酸？为什么？

14. $Co(NH_3)_6{}^{3+}$ 和 Cl^- 能共存于同一溶液中，而 Co^{3+} 和 Cl^- 不能共存于同一溶液中，试根据有关数据解释上述现象。

习　题

1. 选择适当的试剂，使下列的前一化合物转化为后一化合物，并写出反应的化学反应方程式。

$$K_2CrO_4 \longrightarrow K_2Cr_2O_7 \longrightarrow CrCl_3 \longrightarrow Cr(OH)_3 \longrightarrow KCrO_2$$

2. 写出下列反应方程式：

① $K_2Cr_2O_7 + FeSO_4 + H_2SO_4 \longrightarrow$

② $K_2Cr_2O_7$（饱和溶液）$+ H_2SO_4$（浓）$\longrightarrow$

③ $KMnO_4 + HCl \longrightarrow$

④ $KMnO_4 + KNO_2 + H_2SO_4 \longrightarrow$

⑤ $PbO_2 + MnSO_4 + H_2SO_4 \longrightarrow$

⑥ $FeCl_3 + HI \longrightarrow$

3. 写出下列反应的离子方程式，并选择适当的化合物，写出相应的化学反应方程式：

① $Cr^{3+} + OH^-$（过量）$\longrightarrow$

② $CrO_2^- + Br_2 + OH^- \longrightarrow$

③ $Cr_2O_7^{2-} + SO_3^{2-} + H_3O^+ \longrightarrow$

4. 今有组成为 $CrCl_3 \cdot 6H_2O$ 的一种化合物。

① 当溶于水后，加入 $AgNO_3$ 溶液，其中有 1/3 的氯可被沉淀法除去；

② 将固体 $CrCl_3 \cdot 6H_2O$ 置于盛浓硫酸的干燥剂中，则 $CrCl_3 \cdot 6H_2O$ 可以失去两分子水；

③ 该化合物的水溶液，以某种实验方法（如冰点降低法）测知其含有两种离子。根据上述试验，写出此化合物可能的结构式，并写出它的名称。

5. 写出下列反应的离子方程式，并选择适当的化合物，写出相应的化学反应方程式：

① $MnO_4^- + SO_3^{2-} + H_2O \longrightarrow$

② $MnO_4^- + Fe^{2+} + H_3O^+ \longrightarrow$

③ $MnO_4^- + S^{2-} + H_3O^+ \longrightarrow$

6. 某绿色固体 A 可溶于水，其水溶液中通入 CO_2 即得棕黑色沉淀 B 和紫红色溶液 C，B 与浓 HCl 溶液共热时放出黄绿色气体 D，溶液近于无色，将此溶液和溶液 C 混合，即得沉淀 B。将气体 D 通入 A 的溶液，可得 C，试判断 A 是哪种钾盐。写出有关反应方程式。

7. 现有 Al^{3+}、Cr^{3+} 和 Fe^{3+} 的混合液，试用化学方法分离之。

8. 用盐酸处理 $Fe(OH)_3$、$Co(OH)_3$、$Ni(OH)_3$ 各发生什么反应？为什么？

9. 写出和下述实验现象有关的反应的化学方程式：

向含有 Fe^{2+} 的溶液中加入 NaOH 溶液后，生成白绿色沉淀，渐渐变为棕色。过滤后，用 HCl 溶解棕色沉淀，溶液呈黄色。加入几滴 KSCN 溶液，立即变红色。通入 SO_2 后，红色消失。滴加 $KMnO_4$ 溶液，紫色褪去。最后加入黄血盐溶液，生成蓝色沉淀。

10. 某金属 M 溶于稀 HNO_3，生成溶液 A，其 M^{2+} 的磁矩为 2.83B. M.。在溶液 A 中滴加 NaOH，生成苹果绿色沉淀 B。该沉淀可溶于酸，但不被空气中的氧所氧化，只能在强碱性溶液中用强氧化剂（Cl_2）氧化为黑色沉淀 C。沉淀 B 溶于过量 KCN，生成黄色溶液 D。确定各字母所代表的物质，并写出有关的反应方程式。

11. 试说明 $[CoF_6]^{3-}$ 是顺磁性，$[Co(CN)_6]^{3-}$ 是反磁性。

12. 写出下列反应式：

① 铂溶于王水；

② 氯铂酸铵溶于王水；

③ 将氯铂酸铵固体加热至 700～800℃；

④ 加热氯钯酸铵悬浮液至沸腾。

13. 在氯化钯的酸性溶液中加入氨水，至 pH=0.5 时，出现什么现象？继续加入氨水至 pH=5，又有什么现象？再继续加入氨水至 pH=8，又出现什么现象？写出各现象的化学反应方程式。

第15章 过渡元素(二)

本章内容包括铜族元素［第 11(ⅠB) 族］和锌族元素［第 12(ⅡB) 族］。铜族元素包括铜 (Cu)、银 (Ag)、金 (Au)。锌族元素包括锌 (Zn)、镉 (Cd)、汞 (Hg)。这两族元素的原子外电子层结构分别为 $(n\text{-}1)d^{10}ns^1$（铜族）和 $(n\text{-}1)d^{10}ns^2$（锌族）。铜族的 Cu、Ag、Au 分别与同周期的碱金属［第 1(ⅠA) 族］K、Rb、Cs 相比，它们最外层电子数分别相同，但次外层不同。前者次外层有 18 个电子，后者次外层有 8 个电子；由于相同的电子层中 d 电子的屏蔽效应比 s、p 电子的弱，铜族元素原子的有效核电荷比同周期相应的碱金属元素的有效核电荷大，前者的原子半径相应地比后者的显著地小，电离能相应地比后者的显著地大。锌族的 Zn、Cd、Hg 分别与同周期的碱土金属［第 2(ⅡA) 族］Ca、Sr、Ba 相比较时也有相同的情况。所以铜、锌两族元素单质的化学性质远不及相应的碱金属、碱土金属元素单质的性质活泼。另一方面，铜、锌两族元素形成配合物的能力则强得多。

表 15-1 和表 15-2 对铜族元素与碱金属元素性质、锌族元素与碱土金属元素性质分别进行了比较。

表 15-1　铜族元素与碱金属元素性质的比较

元素性质	第 4 周期		第 5 周期		第 6 周期	
	K	Cu	Rb	Ag	Cs	Au
价电子层结构	$4s^1$	$3d^{10}4s^1$	$5s^1$	$4d^{10}5s^1$	$6s^1$	$5d^{10}6s^1$
金属半径/pm	227	128	248	144	265	144
I_1/kJ·mol^{-1}	419	745	403	804	376	890
I_2/kJ·mol^{-1}	3088	1958	2675	2073	2436	1978
电负性	0.8	1.9	0.8	1.9	0.79	2.4
氧化态	(+1)	(+1),(+2),+3	(+1)	(+1),+2,+3	+1	+1,+2,+3
$E^\ominus(M^+/M)$	−2.931	0.52	−2.98	0.7996	−3.026	1.692

表 15-2　锌族元素与碱土金属元素性质的比较

元素性质	第 4 周期		第 5 周期		第 6 周期	
	Ca	Zn	Sr	Cd	Ba	Hg
价电子层结构	$4s^2$	$3d^{10}4s^2$	$5s^2$	$4d^{10}5s^2$	$6s^2$	$5d^{10}6s^2$
金属半径/pm	197	133	215	149	217	160
I_1/kJ·mol^{-1}	590	906	550	868	503	1007
I_2/kJ·mol^{-1}	3088	1958	2675	2073	2436	1978
电负性	1.0	1.6	1.0	1.7	0.9	1.9
氧化态	(+2)	+1,(+2)	(+2)	+1,(+2)	(+2)	+1,(+2)
$E^\ominus(M^+/M)$	−2.931	0.52	−2.98	0.7996	−3.026	1.692

15.1 铜族

铜的主要矿石有黄铜矿（$CuFeS_2$）、辉铜矿（Cu_2S）、孔雀石［$Cu_2(OH)_2CO_3$］、赤铜矿（Cu_2O）等。银在自然界中主要以硫化物形式，少量存在于铜、铅、锌等的硫化物矿中，单独存在的辉银矿（也称闪银矿，Ag_2S）很少见。金主要以单质状态存在于自然界，散布于岩石中的金称岩脉金，存在于砂砾中的金称冲积金（也称砂金矿）。

表15-3列出了铜族单质的晶格形式与一些物理性质。

表15-3 铜族单质的晶体结构和性质

单　质	铜	银	金	单　质	铜	银	金
晶型	面心立方	面心立方	面心立方	沸点/℃	2567	2212	3080
颜色	赤红色	白色光泽	黄色光泽	硬度	3	2.7	2.5
固体密度(20℃)/$g \cdot cm^{-3}$	8.96	10.5	19.3	导电性(Hg=1)	56.9	59.0	39.6
熔点/℃	1083.4	961.9	1064.4				

铜、银、金单质的化学性质不大活泼。它们的标准电极电势大于氢，因此，不能从稀酸中置换出氢气。

15.1.1 铜族单质

（1）铜

金属铜有良好的延展性，是电和热的良导体。在所有的金属中，铜的导电性仅次于银；由于铜远较银价廉，大量的铜用来制造电线。电气工业是用铜的主要部门，其用量约占铜产出量的一半以上。

铜以各种合金的形式，如铜-锌合金（黄铜）、铜-锡合金（青铜）、铜-铝合金（铝青铜）、铜-镍合金（蒙乃尔合金）和铜-铍合金（铍青铜）等，被广泛地用来制造各种开关、轴承、油管、换热器、高强度和高韧性铸件、抗蚀性和高导电性零件以及无线电设备等。铜还是国防工业不可缺少的极其重要的材料，各种子弹、炮弹、飞机、舰艇的制造都需要大量的铜。

常温时铜在干燥空气中是稳定的。在潮湿空气中，铜的表面上会缓慢地产生绿色的铜锈（或称铜绿），其化学成分为碱式碳酸铜：

$$2Cu+O_2+H_2O+CO_2 \longrightarrow Cu_2(OH)_2CO_3$$

铜在普通温度下就与卤素单质反应。加热时铜与氧气或硫黄都能反应。但氮气、碳即使在高温也不与铜反应。

铜可溶于硝酸：

$$Cu+4HNO_3(浓) \longrightarrow Cu(NO_3)_2+2NO_2\uparrow+2H_2O$$

$$3Cu+8HNO_3(稀) \longrightarrow 3Cu(NO_3)_2+2NO\uparrow+4H_2O$$

铜溶于热的浓硫酸生成硫酸铜并放出SO_2。

隔绝空气时，铜不溶于盐酸或稀硫酸。当有空气存在时，铜可缓慢溶解于稀盐酸或稀硫酸中：

$$2Cu+2H_2SO_4+O_2 \longrightarrow 2CuSO_4+2H_2O$$

$$2Cu+4HCl+O_2 \longrightarrow 2CuCl_2+2H_2O$$

铜能溶于浓的氰化钠溶液，并有氢气放出：

$$2Cu+8CN^-+2H_2O \longrightarrow 2[Cu(CN)_4]^{3-}+2OH^-+H_2\uparrow$$

这个反应的实质是铜置换出水中的氢，反应之所以能发生，是由于生成了极稳定的配离子$[Cu(CN)_4]^{3-}$。

(2) 银

金属银呈银白色；它和铜类似，也有良好的延展性；它的导电、传热性能在金属中最高。银主要用于制造首饰、照相材料、银镜、蓄电池及电子工业和发电设备的零件等。银合金主要用于制造高级实验仪器和仪表元件。银也可应用于牙科治疗，它和金、铂、钯、铱、铜、锌等的合金，可制作齿套、牙鞘、牙钩和牙桥等。此外，银还可用于制作原子反应堆的操纵杆，以及光电转换元件等。

常温下，银在空气中是稳定的。若把它加热到熔融状态，它能溶入大量的氧。在有氧存在的条件下，银会与H_2S反应，表面生成黑色的Ag_2S：

$$2Ag+H_2S+\frac{1}{2}O_2 \longrightarrow Ag_2S+H_2O$$

银与铜相似，能溶于硝酸或热的浓硫酸中。银还能溶于含有空气的氰化钠溶液中：

$$4Ag+8CN^-+2H_2O+O_2 \longrightarrow 4[Ag(CN)_2]^-+4OH^-$$

15.1.2 铜的化合物

铜有+1、+2、+3（如$KCuO_2$）氧化态的化合物。其中+3氧化态的铜化合物不常见，也不稳定，故不予讨论。

铜在酸性溶液中的电势图如下：

$$E_A^{\ominus}/V \qquad Cu^{2+} \xrightarrow{+0.17} Cu^+ \xrightarrow{+0.521} Cu \quad (Cu^{2+} \xrightarrow{0.345} Cu)$$

从图可见，$E^{\ominus}(Cu^{2+}/Cu^+)<E^{\ominus}(Cu^+/Cu)$，故在酸性溶液中，$Cu^+$是不稳定的，容易进行歧化反应：

$$2Cu^+ \longrightarrow Cu^{2+}+Cu$$

$$K^{\ominus}(298K)=\frac{[Cu^{2+}]}{[Cu^+]^2}=1.4\times10^6$$

因平衡常数大，故可溶性Cu(Ⅰ)的化合物溶于水即歧化为Cu^{2+}和Cu。根据平衡移动原理，在溶液中只有形成难溶性Cu(Ⅰ)的化合物或稳定的Cu^+配合物时，Cu(Ⅰ)的化合物才能够稳定存在。例如，Cu^{2+}与I^-反应，由于生成难溶的CuI，反应得以进行：

$$2Cu^{2+}+4I^- \longrightarrow 2CuI+I_2\downarrow$$

由于Cu^{2+}的极化作用比Cu^+强，在高温下，Cu^{2+}化合物变得不稳定，受热可变成稳定的Cu(Ⅰ)化合物。例如，氧化铜加热到1000℃以上，就分解为O_2和Cu_2O：

$$4CuO \longrightarrow O_2+2Cu_2O$$

其他如CuS、$CuCl_2$、$CuBr_2$加热至高温都可以分解为相应的Cu(Ⅰ)的化合物。

(1) 铜的氧化物与氢氧化物

一般用下述方法制备氢氧化铜（Ⅱ）：加适量氨水于硫酸铜（Ⅱ）溶液，使铜（Ⅱ）离子保持在溶液中，继续加入与铜等化学剂量的强碱，使之沉淀为氢氧化铜（Ⅱ），也可把上述溶液用硫酸干燥以除去氨，得到结晶状氢氧化铜（Ⅱ）。

氢氧化铜（Ⅱ）显两性，既溶于酸，又溶于过量浓碱生成蓝色$[Cu(OH)_4]^{2-}$。

$$Cu(OH)_2+2NaOH \longrightarrow \underset{\text{四羟基铜酸钠}}{Na_2[Cu(OH)_4]}$$

氢氧化铜（Ⅱ）溶于氨水，生成强碱性的配合碱：

$$Cu(OH)_2 + 4NH_3 \longrightarrow [Cu(NH_3)_4]^{2+} + 2OH^-$$

这个铜氨溶液具有溶解纤维的性能，在所得的纤维溶液中再加酸时，纤维又可沉淀析出。工业上利用这种性质来制造人造丝。先将棉纤维溶于铜氨液中，然后从喷丝嘴中将溶入了棉纤维的铜氨溶液喷注于稀酸中，纤维素以细长而具有蚕丝光泽的细丝从稀酸中沉淀出来。

$Cu(OH)_2$ 的热稳定性比碱金属氢氧化物差得多，受热易分解，在溶液中加热至 80℃ 即脱水变成黑褐色的氧化铜 CuO。加热硝酸铜、碱式碳酸铜、硫酸铜等也可得氧化铜。此外在空气中加热金属铜粉可制得氧化铜。目前工业生产多采用铜粉空气氧化法。氧化铜常用做玻璃、陶瓷、搪瓷的绿色、红色或蓝色颜料，光学玻璃磨光剂，油类的脱硫剂，有机合成的催化剂等。

用温和的还原剂如葡萄糖在碱性溶液中还原 Cu(Ⅱ) 盐，可制得暗红色 Cu_2O：

$$2[Cu(OH)_4]^{2-} + \underset{\text{葡萄糖}}{C_6H_{12}O_6} \longrightarrow Cu_2O\downarrow + 4OH^- + \underset{\text{葡萄糖酸}}{C_6H_{12}O_7} + 2H_2O$$

有机分析中利用这个反应测定醛，医学上用这个反应来检查糖尿病。由于制备方法和条件的不同，Cu_2O 晶粒大小各异而呈现出多种颜色，如黄、橘黄、鲜红或深棕色。

Cu_2O 对热十分稳定。Cu_2O 不溶于水，但溶于氨水生成稳定的无色配合物 $[Cu(NH_3)_2]^+$，$[Cu(NH_3)_2]^+$ 很快被空气中的氧气氧化成 $[Cu(NH_3)_4]^{2+}$，利用这种性质可以除去气体中的氧：

$$4[Cu(NH_3)_2]^+ + 8NH_3 + O_2 + 2H_2O \longrightarrow 4[Cu(NH_3)_4]^{2+} + 4OH^-$$

合成氨工业中常用乙酸二氨合铜(Ⅰ)$[Cu(NH_3)_2]Ac$ 溶液吸收对合成氨的催化剂有毒害的 CO 气体：

$$[Cu(NH_3)_2]Ac + CO \longrightarrow [Cu(NH_3)_2]Ac \cdot CO$$

加压降温有利于吸收。减压加热，又能将气体放出再生，循环使用。

Cu_2O 常用于制造船舶底漆、红玻璃和红瓷釉，农业上用做杀菌剂。Cu_2O 具有半导体性质，常用它和铜装成亚铜整流器。

工业上常用干法（高温煅烧铜粉和 CuO 的混合物）、湿法（Na_2SO_3 还原 $CuSO_4$）和电解法（铜作电极，食盐水作电解液）生产 Cu_2O 粉。

氢氧化亚铜极不稳定，很易脱水生成氧化亚铜。

(2) 铜的盐类

① 硫化铜和硫化亚铜　往铜盐如 $CuSO_4$ 溶液中通入 H_2S 气体，则有黑色的硫化铜 (CuS) 沉淀析出。CuS 不溶于水，也不溶于稀盐酸中，但较易溶于热硝酸中。CuS 常用做涂料和颜料。工业上常用 H_2S 通入铜盐溶液或铜和硫在低于 114℃ 下反应生产 CuS。

硫化亚铜为黑色，可由过量的铜和硫加热制得：

$$2Cu + S \longrightarrow Cu_2S$$

在硫酸铜溶液中加入硫代硫酸钠溶液，加热，也能生成 Cu_2S 沉淀，在分析化学中常用此反应除去铜：

$$2Cu^{2+} + 2S_2O_3^{2-} + 2H_2O \longrightarrow Cu_2S\downarrow + S\downarrow + 2SO_4^{2-} + 4H^+$$

② 硫酸铜　$CuSO_4 \cdot 5H_2O$ 俗称胆矾，其结构式是 $[Cu(H_2O)_4]SO_4 \cdot H_2O$，若加热胆矾，随着温度的升高逐步脱水，在 250℃ 时，变为白色的无水硫酸铜。无水硫酸铜吸水性很强，吸水后即显蓝色。借此可以检验或除去有机液体中的少量水分，是常用的干燥剂。硫酸铜易溶于水，其溶液具有较强的杀菌能力，把它加入蓄水池或水稻秧田中可防止藻类生长。

由于其单独使用时，对植物的破坏性较大，一般把它和石灰乳混合配成波尔多液来使用。波尔多液的有效成分是氢氧化铜或碱式硫酸铜，它与农作物分泌出的酸性物质反应，可转化成可溶性铜盐而发挥其杀菌防病的效用。硫酸铜还用于原电池、电镀、电子复印技术、印染、木材防腐、选矿和制备某些无机颜料，在医药上用做收敛剂、防腐剂和催吐剂。工业上常用硫酸溶解金属铜（往溶液中鼓入空气）或 CuO 来生产硫酸铜。

③ 氯化铜　卤化铜（Ⅱ）除碘化铜不存在外，其他皆可通过碳酸铜与氢卤酸反应制得。碘化铜不存在的原因，是 Cu^{2+} 具氧化性，I^- 具还原性，I^- 能把 Cu^{2+} 还原成 Cu^+，故得不到 CuI_2。

无水 $CuCl_2$ 呈棕黄色，为共价化合物。其结构为链状：

```
    Cl      Cl      Cl
   /  \    /  \    /  \
Cu      Cu      Cu      ······
   \  /    \  /    \  /
    Cl      Cl      Cl
```

$CuCl_2$ 易溶于水。在很浓的溶液中，$CuCl_2$ 可形成黄色的 $[CuCl_4]^{2-}$：

$$Cu^{2+} + 4Cl^- \longrightarrow [CuCl_4]^{2-}$$

也可与水分子形成蓝色溶液：

$$Cu^{2+} + 4H_2O \longrightarrow [Cu(H_2O)_4]^{2+}$$

因此，在 $CuCl_2$ 溶液中存在着如下平衡：

$$\underset{\text{(黄色)}}{[CuCl_4]^{2-}} + 4H_2O \longrightarrow \underset{\text{(蓝色)}}{[Cu(H_2O)_4]^{2+}} + 4Cl^-$$

溶液的颜色视 $CuCl_4{}^{2-}$ 与 $[Cu(H_2O)_4]^{2+}$ 的浓度比而定。根据平衡移动原理，在很浓的溶液中，上述平衡偏向左边，溶液的颜色呈黄绿色；随着溶液的稀释，平衡逐渐向右移动，$[Cu(H_2O)_4]^{2+}$ 逐渐增多，而 $[CuCl_4]^{2-}$ 逐渐减少，因此，溶液的颜色也就逐渐转变为绿色，最后变为蓝色。黄绿色、绿色都是 $[CuCl_4]^{2-}$ 和 $[Cu(H_2O)_4]^{2+}$ 并存的颜色。

从氯化铜水溶液生成结晶时，在 26～42℃得二水盐，在 15℃以下得四水盐，在 15～25.7℃得三水盐，在 42℃以上得一水盐。氯化铜常用做消毒剂、食品添加剂和催化剂（如烃的卤化）等。工业上一般采用盐酸溶解氧化铜或碳酸铜及铜粉氯化法生产。

在热盐酸溶液中，用铜粉还原可制得难溶于水的 CuCl：

$$Cu^{2+} + 2Cl^- + Cu \longrightarrow 2CuCl\downarrow$$

这是一个歧化反应的逆反应。因为有难溶 CuCl 的生成，$E^\ominus(Cu^{2+}/CuCl) = 0.56V > E^\ominus(CuCl/Cu) = 0.12V$，使反应得以进行。

CuCl 由于能形成可溶性的 $[CuCl_2]^-$ 和 $[CuCl_3]^{2-}$ 等配离子，故可溶于盐酸。CuCl 的盐酸溶液能吸收 CO 而形成氯化碳酰铜（Ⅰ），$[Cu(CO)Cl \cdot H_2O]$。在气体分析中，利用此性质测定混合气体中 CO 的含量。

CuCl 用于有机合成工业、染料工业的催化剂（如丙烯腈的生产）和还原剂，石油工业的脱硫剂及脱色剂，还可作为肥皂、脂肪和油类的凝聚剂及制墨水、焰火等。工业上常采用食盐-盐酸溶液浸取金属铜（在通入空气条件下）来生产 CuCl。

(3) 铜的配合物

Cu^{2+} 是较好的配合物形成体，能与许多配体如 OH^-、Cl^-、F^-、SCN^-、H_2O、NH_3 等，以及一些有机配体形成配合物。由于 Cu^+ 只带有一个正电荷，因此 Cu^+ 的配位能力不如 Cu^{2+}，但也能与一些配体如 Cl^-、CN^- 及 NH_3 等形成低配位数的配合物。

在 Cu^{2+} 盐溶液中，加入过量氨水，可得深蓝色的 $[Cu(NH_3)_4]^{2+}$。除溶解度很小的

CuS外，其他常见难溶的Cu^{2+}的化合物，均可因形成铜氨配离子而溶解于氨水。溶液中含Cu^{2+}量越低，加入氨水时形成的蓝色铜氨配离子的溶液颜色越浅。据此，分析化学上用它作比色分析测定铜含量。

在热的Cu^{2+}溶液中加入CN^-，得到白色的沉淀CuCN，而不是$Cu(CN)_2$：

$$Cu^{2+}+4CN^- \longrightarrow 2CuCN\downarrow + (CN)_2\uparrow$$

继续加入过量的CN^-，CuCN溶解形成无色的$[Cu(CN)_x]^{1-x}$配离子：

$$CuCN+(x-1)CN^- \longrightarrow [Cu(CN)_x]^{1-x}$$

在电镀工业上，铜（Ⅰ）氰配离子溶液用做镀铜的电镀液。由于氰化物有剧毒，目前国内外无氰电镀工艺发展迅速，如以焦磷酸铜、柠檬酸铜配离子作电镀液来取代氰化法镀铜。

15.1.3 银的化合物

银的化合物中，银的氧化态为+1（如$AgNO_3$）、+2（如AgO）和+3（如Ag_2O_3）。其中+1氧化态的最稳定和比较常见，本节只讨论它的化合物。

除AgF、$AgNO_3$可溶，Ag_2SO_4微溶外，其他银盐大都难溶于水。Ag^+是无色的。

（1）氧化银

可溶性银盐溶液中加入强碱，可得到暗褐色的氧化银沉淀：

$$2Ag^+ +2OH^- \longrightarrow Ag_2O\downarrow +H_2O$$

这个反应可以认为先生成AgOH。因Ag^+极化力和变形性都较大，故其氢氧化物极不稳定，在常温下就立即脱水而成Ag_2O。

Ag_2O受热不稳定，加热到300℃即完全分解为Ag和O_2。

氧化银可溶于硝酸，也可溶于氰化钠或氨水溶液中：

$$Ag_2O+4CN^- +H_2O \longrightarrow 2[Ag(CN)_2]^- +2OH^-$$

$$Ag_2O+4NH_3+H_2O \longrightarrow 2[Ag(NH_3)_2]^+ +2OH^-$$

氧化银的氨水溶液，在放置过程中，可能会生成一种爆炸性很强的物质（可能是Ag_3N或Ag_2NH），因此，该溶液不宜久置。若要破坏银氨配离子，可以加入HCl。

（2）卤化银

银离子（Ag^+）和卤离子（X^-）都是无色的，但卤化银中AgF无色，AgCl为白色，AgBr是浅黄色，AgI是黄色。这是由于Ag^+的强极化作用和变形性，且阴离子的变形性按F^-—Cl^-—Br^-—I^-顺序增强，使得AgF—AgCl—AgBr—AgI离子极化作用递增。离子极化后，递增的能级会发生改变，激发态和基态间的能量差缩小。当能量差缩小到可见光的范围时，电子便吸收可见光中的某些波长的光，使物质呈现出其互补色。AgX的颜色随离子极化增强而加深。

AgF溶于水，AgCl、AgBr、AgI均难溶于水，其中AgI溶解度最小。这也与离子的极化作用有关。

AgCl、AgBr、AgI感光可分解：

$$2AgX \xrightarrow{\text{日光}} 2Ag+X_2$$

基于卤化银的感光性，可用它作照相底片上的感光物质。在照相底片上敷有一层含有AgBr胶体粒子的明胶，在光照下，AgBr分解成“银核”（银原子）：

$$AgBr \xrightarrow{\text{光照}} Ag+Br$$

然后在显影（显影液中主要含有有机还原剂）的条件下，使含有“银核”的AgBr粒子被还原为金属，变为黑色。最后在定影（定影液中主要含有$Na_2S_2O_3$，它能溶解AgBr）条件下，使未感光的 AgBr 溶解，剩下的金属银则不再变化。

(3) 硝酸银

硝酸银是最重要的可溶性银盐。银溶解于硝酸，所得溶液经蒸发结晶，便得白色或无色的硝酸银晶体。

硝酸银熔点为 209℃，加热到 440℃时分解：

$$2AgNO_3 \longrightarrow 2Ag + 2NO_2\uparrow + O_2\uparrow$$

在硝酸银中，如含有微量有机物，见光后也可分解析出银，因此，$AgNO_3$ 常保存在棕色瓶内。

硝酸银是氧化剂，可被 Cu、Zn 等金属还原成 Ag。

$$2Ag^+ + Cu \longrightarrow 2Ag + Cu^{2+}$$

硝酸银在医药上可作为杀菌剂，例如治疗结膜炎。

(4) 银的配合物

Ag^+ 有可利用的 5s5p 空轨道。它通常以 sp 杂化轨道与配体形成配位数为 2 的配离子。下面列出一些常见的银配离子的不稳定常数：

$[AgCl_2]^-$ ($K^{\ominus}_{不稳} = 1.76\times10^{-5}$)；　　$[Ag(NH_3)_2]^+$ ($K^{\ominus}_{不稳} = 9.1\times10^{-8}$)

$[Ag(S_2O_3)_2]^{3-}$ ($K^{\ominus}_{不稳} = 3.5\times10^{-11}$)；　$[Ag(CN)]_2^-$ ($K^{\ominus}_{不稳} = 7.9\times10^{-22}$)

AgCl 难溶于水，但在浓盐酸或氯离子浓度很高的溶液中，会因形成 $[AgCl_2]^-$ 而显著地溶解。

根据银盐溶解度的不同和银配离子不稳定性的差异，沉淀的溶解和生成，配离子的形成和解离可以交替发生。

① 在 AgCl 沉淀中加入氨水，因形成 $[Ag(NH_3)_2]^+$ 而使 AgCl 溶解：

$$AgCl(s) + 2NH_3(aq) \rightleftharpoons [Ag(NH_3)_2]^+ + Cl^-$$

$$K^{\ominus} = \frac{[Ag(NH_3)_2^+][Cl^-]}{[NH_3]^2} = \frac{K^{\ominus}_{sp}(AgCl)}{K^{\ominus}_{不稳}[Ag(NH_3)_2^+]}$$

$$K^{\ominus} = \frac{1.8\times10^{-10}}{9.1\times10^{-8}} = 2.0\times10^{-3}$$

② 在 $[Ag(NH_3)_2]^+$ 溶液中加入 Br^-，因 AgBr 沉淀的生成而使 $[Ag(NH_3)_2]^+$ 解离：

$$Ag(NH_3)_2^+ + Br^- \rightleftharpoons AgBr\downarrow + 2NH_3$$

$$K^{\ominus} = \frac{[NH_3]^2}{[Ag(NH_3)_2^+][Br^-]} = \frac{K^{\ominus}_{不稳}[Ag(NH_3)_2^+]}{K^{\ominus}_{sp}(AgBr)}$$

$$K^{\ominus} = \frac{9.1\times10^{-8}}{7.7\times10^{-13}} = 1.2\times10^{5}$$

③ 在 AgBr 沉淀中加入 $S_2O_3^{2-}$，因 $[Ag(S_2O_3)_2]^{3-}$ 的形成而使 AgBr 溶解：

$$AgBr(s) + 2S_2O_3^{2-} \rightleftharpoons Ag(S_2O_3)_2^{3-} + Br^-$$

$$K^{\ominus} = \frac{[Ag(S_2O_3)_2^{3-}][Br^-]}{[S_2O_3^{2-}]^2} = \frac{K^{\ominus}_{sp}(AgBr)}{K^{\ominus}_{不稳}[Ag(S_2O_3)_2^{3-}]}$$

$$K^{\ominus} = \frac{7.7\times10^{-13}}{3.5\times10^{-11}} = 2.2\times10^{-2}$$

④ 在 $[Ag(S_2O_3)_2]^{3-}$ 溶液中加入 I^-，因 AgI 沉淀的生成而使 $[Ag(S_2O_3)_2]^{3-}$ 解离：

$$Ag(S_2O_3)_2^{3-} + I^- \rightleftharpoons AgI\downarrow + 2S_2O_3^{2-}$$

$$K^{\ominus} = \frac{[S_2O_3^{2-}]^2}{[Ag(S_2O_3)_2^{3-}][I^-]} = \frac{K^{\ominus}_{不稳}[Ag(S_3O_3)_2^{3-}]}{K^{\ominus}_{sp}(AgI)}$$

$$K^{\ominus}=\frac{3.5\times10^{-11}}{1.5\times10^{-16}}=2.3\times10^{5}$$

⑤ 在 AgI 沉淀中加入 CN^-，因$[Ag(CN)_2]^-$配离子形成而使 AgI 溶解：

$$AgI(s)+2CN^- \rightleftharpoons [Ag(CN)_2]^- + I^-$$

$$K^{\ominus}=\frac{[Ag(CN)_2^-][I^-]}{[CN^-]^2}=\frac{K_{sp}^{\ominus}(AgI)}{K_{不稳}^{\ominus}[Ag(CN)_2^-]}$$

$$K^{\ominus}=\frac{1.5\times10^{-16}}{7.9\times10^{-22}}=1.9\times10^{5}$$

⑥ 在$[Ag(CN)_2]^-$溶液中加入 S^{2-}，因 Ag_2S 沉淀的生成而使$[Ag(CN)_2]^-$解离：

$$2Ag(CN)_2^- + S^{2-} \rightleftharpoons Ag_2S\downarrow + 4CN^-$$

$$K^{\ominus}=\frac{[CN^-]^2}{[Ag(CN)_2^-]^2[S^{2-}]}=\frac{\{K_{不稳}^{\ominus}[Ag(CN)_2^-]\}^2}{K_{sp}^{\ominus}(Ag_2S)}$$

$$K^{\ominus}=\frac{(7.9\times10^{-22})^2}{1.6\times10^{-49}}=3.9\times10^{6}$$

从上述各步转化反应的平衡常数的大小，可知各步转化的难易及其完全程度。平衡常数越大，其转化就越容易和越完全。利用上述各反应，可以分离 Cl^-、Br^-、I^-。例如，在这三种离子的混合液中，加入 Ag^+ 则得到 AgCl、AgBr、AgI 沉淀。将此混合沉淀物加入氨水，则 AgCl 溶解而 AgBr、AgI 不溶，达到 Cl^- 与 Br^-、I^- 的分离。再在不溶的 AgBr、AgI 沉淀中加入 $S_2O_3^{2-}$，则 AgBr 溶解而 AgI 不溶，达到 Br^- 与 I^- 分离的目的。

15.2 锌族

锌（Zn）、镉（Cd）、汞（Hg）分别位于第一、二、三过渡系之末，它们单质的熔点、沸点都比同一过渡系金属单质的低。在所有金属中，汞的熔点最低，常温下是液体。这是由于汞的电离能很高，使其价电子难于参与金属键合的缘故。

它们单质的化学活泼性，依锌、镉、汞的顺序减弱。锌和镉性质上较相近，而汞则和它们差别较大。在干燥的空气中，锌、镉、汞单质都较稳定，受热时，锌和镉燃烧生成氧化物，汞则氧化得很慢。由于锌、镉的电极电势为负值，汞的电极电势为正值，故锌和镉都能溶于稀硫酸和盐酸中，汞则完全不溶解。汞只能溶于硝酸或热的浓硫酸：

$$3Hg+8HNO_3(稀) \longrightarrow 3Hg(NO_3)_2+2NO\uparrow+4H_2O$$

$$Hg+2H_2SO_4 \xrightarrow{\triangle} HgSO_4+SO_2\uparrow+2H_2O$$

15.2.1 锌族单质

(1) 金属锌

除上述通性外，锌还可与含有 CO_2 的潮湿空气相接触，表面生成一层碱式碳酸盐薄膜，它能阻止锌进一步被氧化：

$$4Zn+2O_2+3H_2O+CO_2 \longrightarrow ZnCO_3\cdot3Zn(OH)_2$$

基于锌在表面上形成一层薄膜，而且锌又比铁活泼，故常把锌镀在铁片上（叫镀锌铁，俗称白铁皮），以防铁片生锈。若锌层被损坏，铁皮裸露时，在裸露的地方，附上一层水膜形成原电池，由于锌比铁活泼，锌是原电池的负极，铁是正极，所以锌被腐蚀，而铁仍得到保护。

锌在红热状态时，可被水蒸气或CO_2所氧化：

$$Zn+H_2O \rightleftharpoons ZnO+H_2\uparrow$$

$$Zn+CO_2 \rightleftharpoons ZnO+CO$$

所以在冶炼金属锌的过程中，如反应在密闭体系中有H_2O或CO_2存在，是得不到金属锌的。

锌与铝相似，能溶于强碱：

$$Zn+2NaOH \longrightarrow Na_2ZnO_2+H_2\uparrow$$

与铝不同的是，锌还能溶于氨水：

$$Zn+2H_2O+4NH_3 \longrightarrow [Zn(NH_3)_4](OH)_2+H_2\uparrow$$

(2) 汞

汞是银白色的液态金属，故又有“水银”之称。汞的液体密度很大。汞受热时均匀地膨胀且不湿润玻璃，可用于制造温度计。汞具有挥发性，室内空气中即使含有微量的汞蒸气，都有害于人体健康。水银溅落，微细汞滴无孔不入，为防止汞蒸气的污染，必须把溅落的水银尽量收集起来。微小的汞滴可用锡箔把它“沾起”(因形成汞齐)。凡有可能遗留汞的地方(特别是缝隙)，都要覆盖上硫黄，使汞变成极难溶的HgS。

汞能溶解许多金属（如Na、K、Ag、Au、Zn、Cd、Sn等）形成汞齐。汞齐是汞的合金，有许多重要用途。例如，铊汞齐（含Tl的质量分数为0.085）在-60℃时才凝固，可做低温温度计；钠汞齐与水反应放出氢，在有机合成方面用做还原剂。混汞法提金，就是利用汞与金矿中的金形成汞齐，而与金矿中其他矿物分离。

15.2.2 锌的主要化合物

锌在化合物中的氧化态常为$+2$，Zn^{2+}为无色。锌的卤化物（氟化物除外）、硝酸盐、硫酸盐和乙酸盐都易溶于水。氧化锌、氢氧化锌、硫化锌、碳酸锌等难溶于水。锌的化合物与Cu^{2+}的化合物在某些方面有相似之处。

(1) 氧化锌和氢氧化锌

① 氧化锌　纯氧化锌色白，有锌白之称，可作白色颜料。晶格中Zn—O键键长的实验值为194pm，这与计算出来的共价键长（197pm）很接近，故氧化锌是共价化合物。氧化锌微溶于水，溶于酸或碱而形成各种锌盐或锌酸盐。溶有痕量金属锌的氧化锌能发出绿色荧光，可作荧光剂。氧化锌无毒性，有适度的收敛性和微弱的防腐性。因此，在医疗卫生上，用它来治疗溃烂表皮和各种皮肤病。

② 氢氧化锌　在锌盐溶液中加入适量的强碱可析出氢氧化锌沉淀。它与氢氧化铜相似，都是两性氢氧化物，但两性比Cu(OH)$_2$更突出，溶于酸成锌盐，溶于碱则成锌酸盐：

$$Zn(OH)_2+2NaOH \longrightarrow Na_2[Zn(OH)_4] \quad (即\ Na_2ZnO_2\cdot 2H_2O)$$

氢氧化锌可溶于氨水：

$$Zn(OH)_2+4NH_3 \longrightarrow [Zn(NH_3)_4]^{2+}+2OH^-$$

这与氢氧化铝不同。因此，可利用氨水来分离溶液中的Al^{3+}与Zn^{2+}。

(2) 硫化锌

自然界存在的ZnS有闪锌矿和纤锌矿。在锌盐溶液中加入$(NH_4)_2S$，可析出白色沉淀ZnS。因ZnS溶于酸，在锌盐的酸性溶液中通入H_2S得不到沉淀，只有在碱溶液中通H_2S才能沉淀出ZnS：

$$Zn^{2+}+3OH^- \longrightarrow HZnO_2^-+H_2O$$

$$HZnO_2^-+H_2S \longrightarrow ZnS\downarrow+OH^-+H_2O$$

硫化锌含有微量的铜或银的化合物，作活化剂时，能发出不同的荧光，可作荧光剂。ZnS 与 $BaSO_4$ 的混合物叫做锌钡白（俗称立德粉），用做白色颜料。

（3）氯化锌

卤化锌中以氯化锌最为重要。水合氯化锌（$ZnCl_2 \cdot H_2O$）在加热时不易脱水，而是水解形成碱式盐：

$$ZnCl_2 \cdot H_2O \rightleftharpoons Zn(OH)Cl + HCl$$

$ZnCl_2$ 在水中的溶解度很大（在10℃，每100g水可溶330g无水盐）。浓的溶液有显著的酸性：

$$ZnCl_2 \cdot H_2O \longrightarrow H[ZnCl_2(OH)]$$

因此它能溶解金属氧化物，如：

$$FeO + 2H[ZnCl_2(OH)] \longrightarrow H_2O + Fe[ZnCl_2(OH)]_2$$

在焊锡时，用 $ZnCl_2$（焊药）清除金属表面的氧化物，就是根据这一性质。

15.2.3 汞的主要化合物

汞在化合物中的氧化态有+1、+2。由于汞原子的最外层上的2个6s电子很稳定，所以 Hg^+ 强烈地趋向于形成二聚体，其结构式为 $^+Hg:Hg^+$，简写为 Hg_2^{2+}。因此，硝酸亚汞的化学式是 $Hg_2(NO_3)_2$ 而不是 $HgNO_3$。至于汞的氧化态为+2的化合物，除硫酸盐和硝酸盐在固态时是离子型的外，其余大多数化合物，如硫化物、卤化物等，都是共价化合物。

汞的电势图如下：

$$E_A^{\ominus}/V \qquad Hg^{2+} \xrightarrow{+0.92} Hg_2^{2+} \xrightarrow{+0.797} Hg \quad (Hg^{2+}/Hg:\ 0.851)$$

从电势图来看：$E^{\ominus}(Hg^{2+}/Hg_2^{2+}) > E^{\ominus}(Hg_2^{2+}/Hg)$，故在溶液中，$Hg^{2+}$ 可氧化 Hg 成 Hg_2^{2+}：

$$Hg^{2+} + Hg \rightleftharpoons Hg_2^{2+}; \qquad K^{\ominus}(298K) = \frac{[Hg_2^{2+}]}{[Hg^{2+}]} \approx 160$$

从该反应的平衡常数来看，平衡时 Hg^{2+} 基本上都转变为 Hg_2^{2+}，但反应的可逆性是存在的。反应的方向将取决于反应条件的控制。根据平衡移动原理，如果 Hg^{2+} 成难溶的沉淀或难解离的配合物，就能降低溶液中 Hg^{2+} 的离子浓度，上述平衡便移向左方，也就是说发生歧化反应。例如：

$$Hg_2^{2+} + 2OH^- \longrightarrow HgO\downarrow + Hg\downarrow + H_2O$$

$$Hg_2^{2+} + S^{2-} \longrightarrow HgS\downarrow + Hg\downarrow$$

$$Hg_2^{2+} + 2CN^- \longrightarrow \underset{(弱电解质)}{Hg(CN)_2} + Hg\downarrow$$

（1）汞的氧化物

由于 Hg^{2+} 极化力强和变形性大，汞的氢氧化物极不稳定，以致在可溶性汞盐溶液中，加碱得到的是氧化物沉淀而不是氢氧化物。例如：

$$Hg(NO_3)_2 + 2NaOH \longrightarrow 2NaNO_3 + H_2O + HgO\downarrow \quad (黄色)$$

黄色的 HgO 受热可转变为红色的氧化汞。汞（Ⅱ）盐和银盐在与碱作用这一方面是相似的，两者得到的是相应的氧化物而不是氢氧化物。

亚汞盐与碱反应得到的黑褐色沉淀是 HgO 与 Hg 的混合物。

$$Hg_2(NO_3)_2 + 2NaOH \longrightarrow 2NaNO_3 + H_2O + HgO\downarrow + Hg\downarrow$$

（2）汞的氯化物

汞的氯化物有氯化亚汞（Hg_2Cl_2）和氯化汞（$HgCl_2$）。Hg_2Cl_2 和 $HgCl_2$ 的分子结构是直线型的，这是因为 Hg 原子以 sp 杂化轨道成键的结果。

① 氯化汞　氯化汞熔点低，易升华，通常叫做升汞。升汞有剧毒，可溶于水但电离度很小，在溶液中略有水解作用：

$$HgCl_2 + H_2O \longrightarrow Hg(OH)Cl + HCl$$

在 $HgCl_2$ 溶液中加入稀氨水，可生成白色氯化氨基汞沉淀：

$$HgCl_2 + 2NH_3 \longrightarrow Hg(NH_2)Cl\downarrow + NH_4Cl$$

在浓 NH_4Cl 存在下或通入氨气则能得到白色的氨配合物 $[Hg(NH_3)_2]Cl_2$：

$$HgCl_2 + 2NH_3 \longrightarrow [Hg(NH_3)_2]Cl_2\downarrow$$

在 $HgCl_2$ 的酸性（HCl）溶液中，加适量的 $SnCl_2$ 可将它还原为白色 Hg_2Cl_2：

$$2HgCl_2 + SnCl_2 + 2HCl \longrightarrow Hg_2Cl_2\downarrow + H_2SnCl_6$$

加过量的 $SnCl_2$，则析出黑色金属汞：

$$Hg_2Cl_2 + SnCl_2 + 2HCl \longrightarrow 2Hg\downarrow + H_2SnCl_6$$

利用上述反应，可以检验 Hg^{2+}。

② 氯化亚汞　氯化亚汞味甘，有甘汞之称。将 Hg 和 $HgCl_2$ 固体一起研磨，可制得白色 Hg_2Cl_2：

$$HgCl_2 + Hg \longrightarrow Hg_2Cl_2$$

Hg_2Cl_2 与氨水反应，可歧化为氯化氨基汞和金属汞：

$$Hg_2Cl_2 + 2NH_3 \longrightarrow Hg(NH_2)Cl\downarrow + Hg\downarrow + NH_4Cl$$

$Hg(NH_2)Cl$ 原是白色的，但其中分散有很细的黑色金属汞珠，故显灰白色。这个反应可用来检验 Hg_2^{2+}。

(3) 汞的硝酸盐

汞的硝酸盐有硝酸亚汞 $[Hg_2(NO_3)_2]$ 和硝酸汞 $[Hg(NO_3)_2]$。它们都溶于水，并水解生成碱式盐。

$$Hg_2(NO_3)_2 + H_2O \longrightarrow HNO_3 + Hg_2(OH)NO_3$$

$$Hg(NO_3)_2 + H_2O \longrightarrow HNO_3 + Hg(OH)NO_3$$

在 $Hg(NO_3)_2$ 溶液中，加入 KI 可产生红色 HgI_2 沉淀：

$$Hg(NO_3)_2 + 2KI \longrightarrow HgI_2\downarrow + 2KNO_3$$

生成的沉淀可溶于过量 KI 中，形成配合物：

$$HgI_2 + 2KI \longrightarrow K_2[HgI_4]$$

$[HgI_4]^{2-}$ 是较稳定的配离子，加入强碱也不会生成 HgO 沉淀。含 $[HgI_4]^{2-}$ 配离子的碱性溶液称为奈斯勒试剂，该试剂与 NH_3 或 NH_4^+ 反应而生成显黄色或棕色的沉淀，其颜色随含 NH_4^+ 量增加而加深。

$$2[HgI_4]^{2-} + NH_3 + 3OH^- \longrightarrow \underset{\text{碘化氨基氧汞（II）}}{HgOHgNH_2I}\downarrow + 7I^- + 3H_2O$$

或

$$2[HgI_4]^{2-} + NH_4^+ + 3OH^- \longrightarrow HgO\cdot HgNH_2I\downarrow + 7I^- + 3H_2O$$

上述反应可用于检验氨或 NH_4^+。

在 $Hg_2(NO_3)_2$ 溶液中加入适量 KI，先生成淡绿色 Hg_2I_2 沉淀：

$$Hg_2(NO_3)_2 + 2KI \longrightarrow Hg_2I_2\downarrow + 2KNO_3$$

继续加入 KI 溶液，则形成 $K_2[HgI_4]$ 和析出黑色汞：

$$Hg_2I_2 + 2KI \longrightarrow K_2[HgI_4] + Hg\downarrow$$

在 $Hg_2(NO_3)_2$ 溶液中加入氨水，可得碱式氨基汞盐和金属汞：

$$2Hg_2(NO_3)_2 + 4NH_3 \longrightarrow 2Hg(NH_2)NO_3\downarrow + 2Hg\downarrow + 2NH_4NO_3$$

$$Hg(NH_2)NO_3 + H_2O \longrightarrow HgO + NH_4NO_3$$

$$+)\ Hg(NH_2)NO_3 + HgO \longrightarrow Hg(NH_2)NO_3 \cdot HgO$$

$$2Hg_2(NO_3)_2 + 4NH_3 + H_2O \longrightarrow Hg(NH_2)NO_3 \cdot HgO\downarrow + 2Hg\downarrow + 3NH_4NO_3$$

思考题

1. 试从原子结构的观点，说明铜族和碱金属元素性质的差异。
2. 锌族和碱土金属元素的原子结构和性质有何异同？
3. 总结 Cu^{2+}、Ag^+ 分别与过量的 NaCN 溶液反应的情况。用反应方程式来表示。
4. 总结 Cu^{2+}、Zn^{2+}、Ag^+、Hg^{2+} 分别与氨水或氢氧化钠溶液反应的情况。用反应方程式来表示。
5. 总结 Cu^{2+} 盐和 Hg_2^{2+} 盐进行歧化反应的规律。并用电势图和平衡移动原理来说明。
6. 用平衡移动原理解释 AgI 沉淀为什么会溶于 NaCN 溶液，所得的溶液加入 Na_2S 又会生成 Ag_2S 沉淀。
7. 银溶于氰化钠溶液的必要条件是什么？
8. $CuCl_2$ 的浓溶液逐渐加水稀释时，溶液的颜色是如何变化的？为什么？
9. 在含有 Zn^{2+}、Mg^{2+}、Al^{3+} 的混合溶液中，分别加入过量 NaOH 和过量的氨水各有何变化？
10. 在硝酸汞的溶液中，依次加入过量的 KI 溶液、NaOH 溶液和铵盐溶液，有什么现象？写出反应方程式。
11. 如何用化学方法区别 Hg^{2+} 和 Hg_2^{2+} 盐？
12. 用适当的方法区别下列物质：

① 镁盐与锌盐　② 锌盐与铝盐　③ 甘汞和升汞

13. 铁能被 Cu^{2+} 腐蚀，而铜又能被 Fe^{3+} 腐蚀。两者是否矛盾？试说明之。
14. 选用适当的配位剂，使下列沉淀分别溶解，写出反应方程式。

CuCl　$Cu(OH)_2$　AgI　HgS

AgBr　$Zn(OH)_2$　HgI_2　CuS

习　题

1. 从下列电势图判断下列反应进行的方向：

$$Cu_2SO_4(aq) \longrightarrow CuSO_4(aq) + Cu$$

$E^\ominus/V$　$Cu^{2+} \xrightarrow{+0.17} Cu^+ \xrightarrow{+0.521} Cu$；$Cu^{2+} \xrightarrow{0.345} Cu$

2. 写出下列反应方程式：

① $Cu + H_2SO_4$(浓) $\longrightarrow$

② $Cu + NaCN + H_2O \longrightarrow$

③ $CuO \xrightarrow[1000℃]{\triangle}$

④ $Cu_2O + H_2SO_4 \longrightarrow$

⑤ $CuSO_4 + NaI \longrightarrow$

⑥ $Cu^{2+} + CN^-$（过量）$\longrightarrow$

⑦ $Cu^{2+} + NH_3$（过量）$\longrightarrow$

⑧ $Ag^+ + OH^- \longrightarrow$

⑨ $Ag^+ + NH_3$（过量）$\longrightarrow$

⑩ $AgCl + Na_2S_2O_3$（过量）$\longrightarrow$

3. 试用简便的方法区别以下三种白色固体：CuCl、AgCl、Hg_2Cl_2。
4. 在含有大量 NaF 的 $0.1mol \cdot L^{-1}$ $CuSO_4$ 和 $0.1mol \cdot L^{-1}$ $Fe_2(SO_4)_3$ 的混合溶液中，加入 $0.1mol \cdot$

L^{-1}KI溶液。问有何现象发生？为什么？写出反应方程式。

5. 解释以下事实：

① 铜器在含有CO_2的潮湿空气中表面会产生一层铜绿；

② 焊接金属时用浓$ZnCl_2$溶液来处理金属的表面；

③ 将H_2S气体通入$ZnSO_4$溶液中ZnS不能沉淀完全；

④ $AgNO_3$溶液应保存在棕色瓶中；

⑤ 在含有H_2S的空气中银器的表面会慢慢变黑。

⑥ 将H_2S气体通入$Hg_2(NO_3)_2$溶液中得不到Hg_2S沉淀。

6. 写出下列方程式：

① $Zn+NaOH$(过量)$\longrightarrow$

② $Zn+NH_3\cdot H_2O$(过量)$\longrightarrow$

③ $Zn+CO_2\longrightarrow$

④ $Hg+NHO_3$(浓)$\longrightarrow$

⑤ $HgCl_2+Hg\xrightarrow{\text{研磨混合}}$

⑥ $Hg(NO_3)_2+KI$(适量)$\longrightarrow$

⑦ $Hg(NO_3)_2+KI$(过量)$\longrightarrow$

⑧ $HgCl_2+NH_3\cdot H_2O\longrightarrow$

7. 有一无色溶液A：

① 在A中加入氨水时有白色沉淀生成；

② 在A中加入稀的强碱则有黄色沉淀；

③ 在A中滴加KI溶液，先析出橘红色沉淀，KI过量时，橘红色沉淀消失；

④ 若在A中加入数滴汞并振荡，汞逐渐消失。此时再加氨水得灰黑色沉淀。问此无色溶液A中含有哪种化合物？写出有关的反应方程式。

8. 某一化合物A溶于水得一浅蓝色溶液。在A溶液中加入NaOH可得蓝色沉淀B。B能溶于HCl溶液，也能溶于氨水。A溶液中通入H_2S，有黑色沉淀C生成。C难溶于HCl溶液而易溶于热HNO_3中。A溶液中加入$Ba(NO_3)_2$溶液，无沉淀产生，而加入$AgNO_3$溶液时，有白色沉淀D生成。D溶于氨水。试判断A、B、C、D各是什么物质？写出有关的反应方程式。

9. 有一黑色固体A，不溶于水和氢氧化钠，但易溶于热盐酸，并生成绿色溶液B。B与铜粉一起煮沸，逐渐变为土黄色溶液C。C用大量水稀释时出现白色沉淀D。白色沉淀D溶于氨水成无色溶液E。E在空气中转变成蓝色溶液F。向F中加入KCN，蓝色消失，生成溶液G。向G中撒入锌粉，生成红色沉淀H。H溶于热硝酸中生成蓝色溶液I。用碱处理I，生成浅蓝色沉淀J。将J滤出后强热，又变成A。试确定A、B、C、D、E、F、G、H、I、J所代表的物质，并写出反应方程式。

10. 为防止$Hg_2(NO_3)_2$溶液被氧化，可在溶液中加入少量汞。试从化学平衡的观点加以说明，并根据热力学数据计算下列反应的平衡常数$K^{\ominus}$：

$$Hg^{2+}+Hg\longrightarrow Hg_2^{2+}$$

11. 设计实验方案分离下列混合离子：

① Cu^{2+}、Zn^{2+}、Mn^{2+}；

② Ag^{+}、Pb^{2+}、Hg^{2+}；

③ Cu^{2+}、Ag^{+}、Zn^{2+}、Hg^{2+}。

第16章 镧系和锕系元素

镧系元素和锕系元素通常被称为内过渡元素，其价电子层结构为$(n\text{-}2)f^{0\sim14}(n\text{-}1)d^{0\sim2}ns^2$，属于f区元素。在常用的周期表中，镧系元素包括第六周期从57号La到71号Lu共15个元素，锕系元素包括第七周期从89号Ac到103号Lr，也是15个元素。而71号Lu和103号Lr的价电子层结构分别是$4f^{14}5d^16s^2$和$5f^{14}6d^17s^2$，按照核外电子布入原子轨道的三个原则，最后一个电子布入的分别是5d和6d亚层。这与f区元素为最后一个电子布入$(n\text{-}2)$f亚层的定义不符，且f亚层最多也只能容纳14个元素。因此，有一新的提法就是镧系元素只包括57号镧到70号Yb，锕系元素只包括89号Ac到102号No，这样镧系元素和锕系元素就分别只有14个元素。本书采用的就是这种新的分类方法，并以Ln表示镧系元素，An表示锕系元素。以下将分别讨论镧系元素和锕系元素。

16.1 镧系元素

镧系元素常与周期表中第3(ⅢB)族中的钇（Y）、镥（Lu）元素共生于自然界中的某些矿物中，它们的氧化物大都难溶于水（具有“土”性），且很稀少，因此这16种元素被统称为稀土元素，以RE表示。

镧系元素[1]的电子构型和一些性质列于表16-1。

16.1.1 镧系元素的通性

（1）双峰效应和镧系收缩

从表16-1和图16-1(a)可知：镧系元素的原子半径，随着原子序数的增加，不是逐渐地变化，而是在铕（Eu）和镱（Yb）处出现骤升的峰值或陡降的谷值，这种现象叫做镧系元素性质递变的“双峰效应”。这种双峰效应也表现在镧系金属的熔点和电负性等性质上（见图16-2）。双峰效应的产生，是由于Eu和Yb没有5d电子，而是具有比较稳定的f^7和f^{14}电子构型。在镧系的金属晶体中，外数第三层4f电子不是自由电子，只有5d和6s电子才是自由电子，除Eu和Yb外，其他2个自由电子（$6s^2$）参与形成金属键，所以Eu、Yb的金属键不及其他镧系金属牢固。这样，这两种元素的原子半径就异常大，它们的性质也就和其他镧系有较显著的差别。

再从原子的电离能来看，从Eu和Yb原子电离第三个电子是从较为稳定的f^7和f^{14}亚层中电离的，所需能量较大，故它们第一、二、三总电离能在Eu和Yb处出现两个极大值。

---

[1] 由于历史原因，本书仍把镥并入镧系元素一起讨论，以下同。

表 16-1　镧系元素的电子构型和一些性质

原子序数	名称	符号	价电子层结构	金属原子半径/pm	M^{3+}半径/pm	$(I_1+I_2+I_3)$/kJ·mol^{-1}	氧化态	电负性	熔点/℃
57	镧	La	$5d^16s^2$	188	106	3493	+3	1.11	921
58	铈	Ce	$4f^15d^16s^2$	183	103	3512	+3,+4	1.12	799
59	镨	Pr	$4f^36s^2$	183	101	3623	+3,+4	1.13	931
60	钕	Nd	$4f^46s^2$	182	100	3705	+3	1.14	1021
61	钷	Pm	$4f^56s^2$	181	98	—	+3	1.1	1168
62	钐	Sm	$4f^66s^2$	180	96	3898	+2,+3	1.17	1077
63	铕	Eu	$4f^76s^2$	204	95	4033	+2,+3	1.0	822
64	钆	Gd	$4f^75d^16s^2$	180	94	3744	+3	1.20	1313
65	铽	Tb	$4f^96s^2$	178	92	3792	+3,+4	1.1	1356
66	镝	Dy	$4f^{10}6s^2$	178	91	3898	+3,+4	1.22	1412
67	钬	Ho	$4f^{11}6s^2$	177	89	3937	+3	1.23	1474
68	铒	Er	$4f^{12}6s^2$	177	88	3908	+3	1.24	1529
69	铥	Tm	$4f^{13}6s^2$	176	87	4038	+2,+3	1.25	1545
70	镱	Yb	$4f^{14}6s^2$	194	86	4197	+2,+3		819
(71)	(镥)	Lu	$4f^{14}5d^16s^2$	173	85	3898	+3	1.27	1656

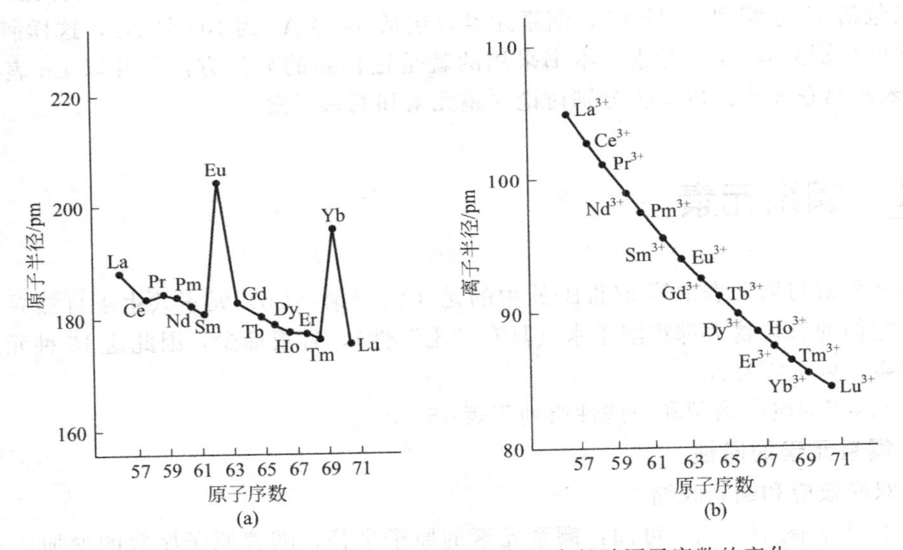

图 16-1　镧系元素的金属原子半径和离子半径随原子序数的变化

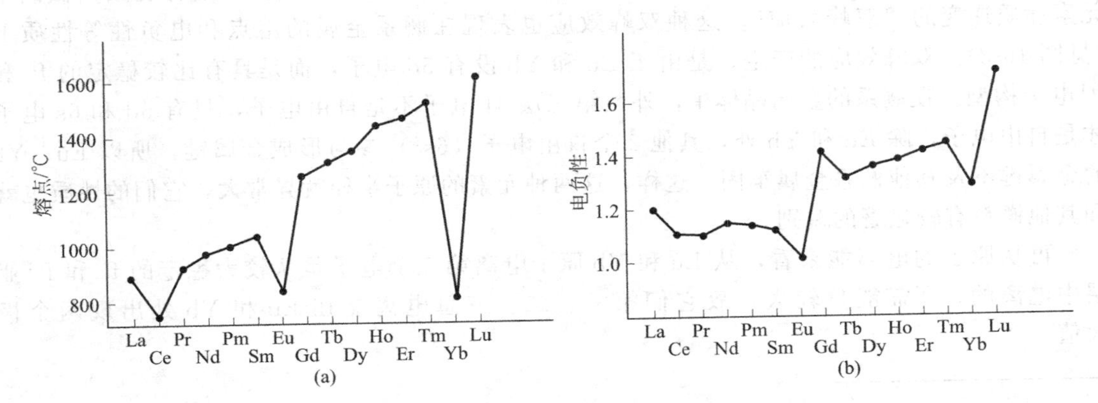

图 16-2　镧系元素的熔点、电负性随原子序数的变化

从表 16-1 中可见，镧系金属原子的半径随着原子序数从 57 增加到 71 时，半径收缩了近 15pm。这种半径收缩体现在 Ln^{3+}（Ln 代表镧系元素的符号）上更为有规律。其原因是，Ln^{3+} 的最外层都具有相同的电子构型（$5s^25p^6$），只是在次外层的 4f 轨道上电子数不同。f 电子云对原子核的屏蔽常数小于 1，核电荷每增加 1 个，虽 4f 电子也增加 1 个，但总的有效核电荷仍逐渐增大，其结果是离子半径逐渐缩小。

镧系收缩的结果，使得镧系以后的铪（Hf）、钽（Ta）、钨（W）等的原子半径相应缩小，而分别与第五周期的同族元素锆（Zr）、铌（Nb）、钼（Mo）的半径非常接近，造成锆和铪、铌和钽、钼和钨的性质非常相似。镧系收缩也使得第五周期第 3(ⅢB)族的钇的原子半径和 Y^{3+} 半径落在镧系元素的中间，造成钇的性质与镧系元素也非常相似。

（2）氧化态

从表 16-1 所示镧系元素的氧化态数据可以看出，镧系元素的特征氧化态为 +3。镧系元素的价电子层结构为 $4f^x5d^{0\sim1}6s^2$，它们可失去最外层 6s 电子、次外层 5d 电子和部分 4f 亚层的电子。对于 La、Gd 两元素，由于具有 $5d^16s^2$ 电子层结构，失去 3 个电子后形成稳定的电子层结构（La 为 4f 全空，Gd 为 4f 半充满），所以，它们的氧化态只有 +3。其他镧系元素也有形成 f^0、f^7、f^{14} 稳定结构的趋势。其中某些元素还能表现出其他氧化态。由于 $La^{3+}(4f^0)$、$Gd^{3+}(4f^7)$、$Lu^{3+}(4f^{14})$ 的电子层结构比较稳定，位于它们右侧的元素（Ce^{3+}、Pr^{3+}、Tb^{3+}）比稳定状态多 1 或 2 个电子，可氧化为 +4 氧化态，位于它们左侧的元素（Sm^{3+}、Eu^{3+}、Yb^{3+}）比稳定状态少 1 或 2 个电子，可还原为 +2 氧化态。例如，铈、镨、铽可形成 +4 氧化态的化合物；钐、铕、镱可形成 +2 氧化态的化合物。

近几十年来，随着对稀土化学研究的发展，具有反常氧化态的稀土元素越来越多。例如，用高温氟化法可以制得 Ce(Ⅳ)、Pr(Ⅳ)、Nd(Ⅳ)、Tb(Ⅳ)、Dy(Ⅳ) 化合物；用汞阴极电解法可制得稀土 +2 氧化态的化合物。除原有已知的钐、铕、镱外，又扩充到镧、铈、钕、钷、钇、铒、镥。

（3）离子的颜色

镧系元素的离子（M^{3+}）一般是有颜色的。La^{3+}、Ce^{3+}、Gd^{3+}、Yb^{3+}、Lu^{3+} 是无色的，其余 M^{3+} 的颜色则按两个系列由浅变深，然后由深变浅。如表 16-2 所示。

表 16-2 镧系元素离子（M^{3+}）的颜色

4f 电子能级构造	成对电子	57	58	59	60	61	62	63	64	65	66	67	68	69	70	71
$4f^0$ 或 $4f^{14}$	0	La^{3+}（无色）														Lu^{3+}（无色）
$4f^1$ 或 $4f^{13}$	1		Ce^{3+}（无色）												Yb^{3+}（无色）	
$4f^2$ 或 $4f^{12}$	2			Pr^{3+}（绿色）										Tm^{3+}（绿色）		
$4f^3$ 或 $4f^{11}$	3				Nd^{3+}（淡紫色）								Er^{3+}（淡紫色）			
$4f^4$ 或 $4f^{10}$	4					Pm^{3+}（粉红色）						Ho^{3+}（黄色）				
$4f^5$ 或 $4f^9$	5						Sm^{3+}（黄色）				Dy^{3+}（黄色）					
$4f^6$ 或 $4f^8$	6							Eu^{3+}（极浅粉红色）		Tb^{3+}（极浅粉红色）						
$4f^7$	7								Gd^{3+}（无色）							

对比以上两系列的离子的颜色，发现 $4f^x$ 和 $4f^{14-x}$ 的每对元素的+3氧化态的离子的颜色是相同的或者相近的。这是由于这两种离子的成单电子基态相近的缘故。当两种物质吸收可见光时，基态相近的电子从基态跃迁到激发态，只要基态和激发态的能量差都和被吸收的那一部分光的能量相等或相近，它们就呈现相同或相近的颜色。基态和激发态的能量差越小，散射出来的那一部分光的波长就越短，呈现的颜色就越深；基态和激发态的能量差越大，呈现的颜色就越浅。

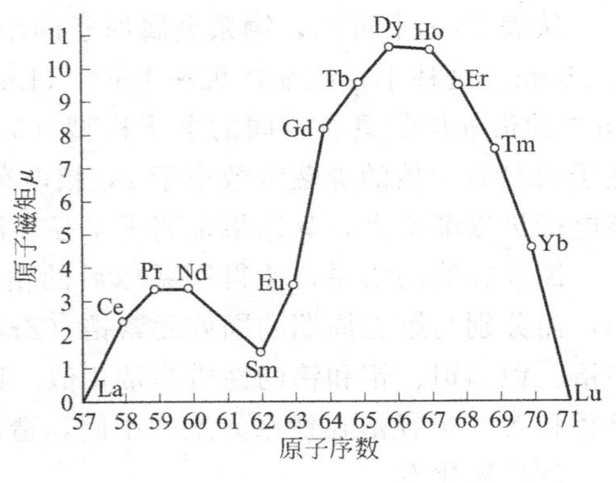

图 16-3 三价镧系元素的磁矩

(4) 磁性

镧系元素，由于外层 $5s^2 5p^2$ 的屏蔽作用，4f 电子受晶体场或配位场的影响较小，它们的轨道矩和自旋矩都参加了磁化。几乎所有镧系元素都有顺磁性（镧、镥例外），见图 16-3。

由图 16-3 看出，铈组元素的顺磁性比钆组元素小；同时个别元素的磁矩是很不相同的。实践证明，一些镧系元素，例如 Dy、Ho、Er 等元素具有铁磁性。正如 Fe、Co、Ni 一样，可以利用这些金属作为生产磁性材料的原料。

(5) 化学活泼性

从镧系元素原子的第一、二、三电离能的总和比较低（3500～4200kJ・mol^{-1}）以及镧系元素 M^{3+}/M 电对的标准电极电势的代数值很小（见表 16-3）来看，它们都是化学性质活泼的金属，或者说是较强的还原剂。从整个镧系来看，其还原能力随原子序数的增加而减弱。

表 16-3 稀土元素的电极电势表

稀土元素	La^{3+}	Ce^{3+}	Pr^{3+}	Nd^{3+}	Pm^{3+}	Sm^{3+}	Eu^{3+}	Gd^{3+}	Tb^{3+}
$E^{\ominus}/V$ $Ln^{3+}+3e \longrightarrow Ln$	−2.37	−2.48	−2.47	−2.44	−2.42	−2.41	−2.41	−2.40	−2.30
稀土元素	Dy^{3+}	Ho^{3+}	Er^{3+}	Tm^{3+}	Yb^{3+}	Lu^{3+}	Y^{3+}	Sc^{3+}	
$E^{\ominus}/V$ $Ln^{3+}+3e \longrightarrow Ln$	−2.35	−2.32	−2.30	−2.28	−2.29	−2.25	−2.37	−2.08	

一种离子的性质决定于它的半径、电荷和电子构型。镧系元素这三种因素相近，因此镧系元素 Ln^{3+} 化合物的性质极为相似，它们在自然界中总是共生在一起。由于钇离子（Y^{3+}）的半径（90pm）介于 Dy^{3+}、Ho^{3+} 之间，因此钇元素也和镧系元素共生。从稀土矿石分解后所得的混合稀土中，分离提纯单一稀土元素，在化学工艺上是比较困难的。

根据它们相互间某些性质的不同，稀土元素可以分为两组：铈组和钇组。

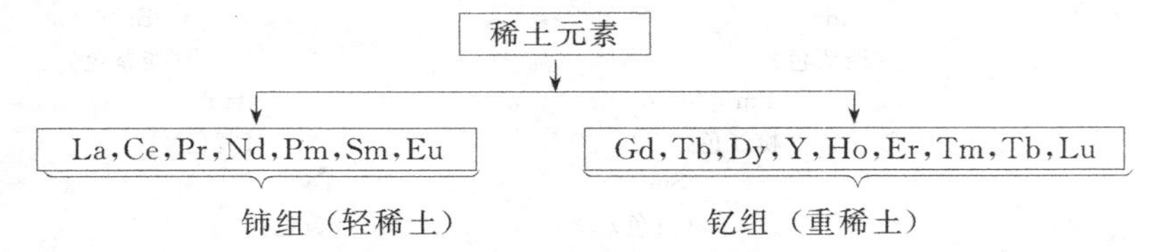

按照稀土硫酸复盐溶解度的大小，稀土又可分为轻、中、重三组：难溶的铈组或轻稀土（La，Ce，Pr，Nd，Pm，Sm）；微溶的铽组或中重稀土（Eu，Gd，Tb，Dy）；钇组或重稀土（Y，Ho，Er，Tm，Tb，Lu）。

16.1.2　稀土元素的重要化合物

（1）氧化物和氢氧化物

稀土元素氧化物（RE_2O_3）的颜色基本上和 RE^{3+} 的颜色一致。所有稀土元素氧化物（RE_2O_3）具有很高的化学稳定性。它们在 2000℃左右才熔化，而且不分解。它们不溶于水，但能和水反应生成水合氧化物。RE_2O_3 都具有碱性，易溶于酸，并能从空气中吸收 CO_2 生成碱式碳酸盐，但它们的碱性随原子序数递增而递减，碱性越小，溶于酸的反应越难。

稀土元素的氧化物通常是由焙烧相应的氢氧化物、草酸盐、碳酸盐等制得的。但焙烧铈盐时，生成的不是 Ce_2O_3 而是淡黄色 CeO_2。在空气中焙烧镨和铽的盐类时，也生成高氧化物（棕色），如 Pr_6O_{11}（$Pr_2O_3 \cdot 4PrO_2$）和 Tb_4O_7（$Tb_2O_3 \cdot 2TbO_2$）。如果用强氧化剂作用，可以制得黑色氧化物 PrO_2 和 TbO_2。

稀土元素的氢氧化物都不溶于水和碱液中。在稀土盐溶液中加入氨水即可得到稀土氢氧化物沉淀。

（2）盐类

稀土元素的硫酸盐可溶于水，硝酸盐和氯化物溶解度很大。

稀土硫酸盐在水中的溶解是放热的，所以其溶解度随温度的升高而降低。利用这种现象可分离稀土元素和其他金属元素。

稀土硫酸盐与碱金属硫酸盐复合可形成硫酸复盐[1]。其溶解度由镧至镥依原子序数的增加而增大。因此，稀土工业常根据其硫酸盐在饱和硫酸钠或硫酸钾溶液中溶解度的差别把稀土元素分为轻、中、重三组。

硝酸复盐的稳定性随原子序数的增加而减小。铈组可以生成很多种稳定的结晶态的硝酸复盐，而钇组除 Tb 外，实际上不形成硝酸复盐。因此，可以在硝酸介质中用分步结晶法分离铈组稀土元素。

稀土硝酸盐可以和 Na^+、K^+、NH_4^+、Mg^{2+} 等的硝酸盐形成复盐。其中最重要的是铵和镁的硝酸复盐，它们的溶解度随原子序数的增加而增加，见表 16-4，并随温度的升高而大幅度地增大。

表 16-4　稀土元素和铵及镁硝酸复盐的相对溶解度（以 La^{3+} 为 1）

复　　盐	La^{3+}	Ce^{3+}	Pr^{3+}	Nd^{3+}	Sm^{3+}
$RE(NO_3)_3 \cdot 2NH_4NO_3 \cdot 4H_2O$	1	1.5	1.7	2.2	4.6
$2RE(NO_3)_3 \cdot 3Mg(NO_3)_2 \cdot 24H_2O$	1	1.2	1.2	1.5	3.8

稀土元素碳酸盐、氟化物、草酸盐、磷酸盐在水中的溶解度很小。

稀的碳酸钾、碳酸钠或碳酸铵溶液加到稀土盐溶液里，即沉淀出稀土元素碳酸盐[$RE_2(CO_3)_3 \cdot nH_2O$]。在过量的碱金属碳酸盐的作用下，即生成可溶性碳酸复盐[$M_2CO_3 \cdot RE_2(CO_3)_3 \cdot 12H_2O$]。钇组稀土元素的碳酸复盐比铈组更容易生成，并且溶解度也较大。

稀土元素草酸盐难溶于水和稀的无机酸中。当草酸加到稀土元素可溶性盐和含游离的无机酸溶液时，便沉淀出稀土元素草酸盐[$RE_2(C_2O_4)_3 \cdot nH_2O$]。利用这种性质可分离稀土离子和与其共存的非稀土离子。

[1] 稀土硫酸复盐的晶格是由 RE^{3+}、M^+ 和 SO_4^{2-} 有规律地排列而成的，并非两种单盐结晶的随意混合。

草酸盐不溶于过量草酸中。草酸铵以及草酸钾能溶解钇组稀土草酸盐，生成 $(NH_4)_3[RE_2(C_2O_4)_3]$，而铈组稀土元素则不生成这种配合物。利用稀土草酸盐的这一性质，在进行稀土草酸盐沉淀时，多在中性或微酸性溶液中用草酸来进行，而不是用草酸盐，也不在碱性溶液中进行。

工业上生产稀土化合物多是通过沉淀成草酸盐，然后经过烘干灼烧得到氧化物。加热稀土草酸盐时，一般300℃时就可完全脱去结晶水，此时草酸盐开始氧化转变为碳酸盐，至700～800℃则分解为氧化物。

(3) 配合物

与d区过渡元素比较，RE(Ⅲ) 离子形成配合能力并不很强。因为 RE^{3+} 的4f电子位于内层，被外层5s、5p轨道上的电子有效地屏蔽起来，成为一种稀有气体构型的离子，成键能力弱。它们一般通过静电引力吸引配体，在金属与配体之间的作用力具有相当程度的离子性。其配位能力与 Ca^{2+}、Mg^{2+} 相接近，只有某些强场配体或螯合剂所形成的配合物才是稳定的。虽然镧系元素配合物不多，但却在镧系元素的分离和分析中起着重要的作用。

目前配位稀土用的配体大致分为有机配体和无机配体两类。有机配体有含氧、含氮、含磷三种有机化合物。含氧有机配体包括羧酸类、羟基羧酸类、β-二酮类以及简单的醇、酮、酯等。含氮有机配体主要是氨基羧酸即氨羧配合剂，例如，氮三乙酸（NTA）、乙二胺四乙酸（EDTA）等。含磷有机配体则有磷酸酯类，例如磷酸三丁酯（TBP）、二（2-乙基己基）磷酸（P204）等等。

稀土配合物的稳定性一般随原子序数的增加而增大。同一元素各种配合物的稳定性决定于配合物的性质和溶液的pH。通常它们在碱性或中性介质中都很稳定，随着酸性的增大而稳定性减弱，直至分解。这种关于稳定性的变化规律，已广泛地应用于离子交换法和溶剂萃取法分离镧系元素。

16.1.3　稀土元素的提取和分离

稀土在地壳中的含量与常见元素锌、锡、钴的含量相近。已发现的稀土矿物有250种以上。最有开采价值和最重要的稀土矿是：氟碳铈镧矿 $[(Ce,La)FCO_3]$、独居石 $[CePO_4 \cdot Th_3(PO_4)_4]$、磷钇矿 $[Y(PO_4)]$；此外还有我国所具有的独特的、含有丰富稀土元素的铁矿和风化-淋积型（又称离子吸附型）稀土矿，后者是花岗岩或火山岩风化壳矿，稀土以离子形式被高岭土等黏土矿物吸附在表面上。

我国稀土资源极其丰富，居世界之首，工业储量是国外稀土储量的2.2倍。我国稀土品种齐全，不仅有轻稀土为主的稀土矿，而且有世界上罕见的，含有中、重稀土为主的风化-淋积型稀土矿。仅战略物资钇的储量，就占了世界总储量的90%。得天独厚的稀土资源，为我国发展稀土工业提供了极为有利的条件。目前我国稀土产品综合生产能力仅次于美国，居世界第二位。

(1) 稀土元素的提取

根据矿物性质的不同，可采用酸法、碱法、氯化法和电解质溶液浸取法等，从稀土矿中提取混合稀土化合物。图16-4所示的是从粒子吸附型稀土矿提取混合稀土氧化物的工艺流程。

从露天开采出的风化-淋积型稀土矿 $[w(REO)$[1] $=0.001 \sim 0.0015]$，直接放入浸矿池（池的底部有过滤隔板），用 $(NH_4)_2SO_4$ 溶液浸泡，使被吸附的 RE^{3+} 被 NH_4^+ 交换出来。浸出液用草酸沉淀为难溶的稀土草酸盐，然后过滤、洗涤沉淀，最后在850～900℃进行灼烧得混合稀土氧化物，其质量分数大于92%，可用做稀土分离的原料。

[1] REO代表混合稀土氧化物。$w(REO)$ 表示稀土氧化物的质量分数。

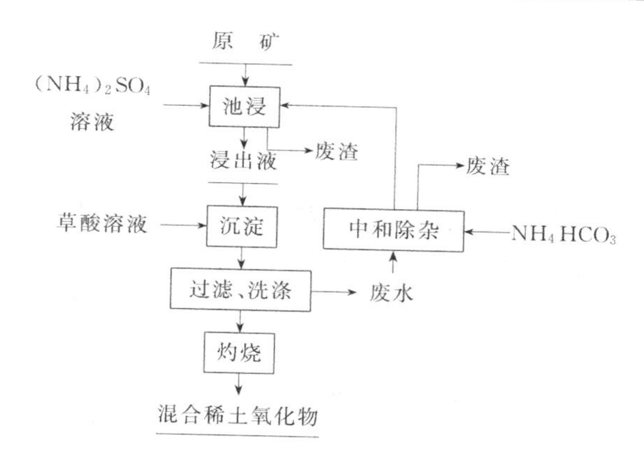

图 16-4 从风化-淋积型稀土矿提取稀土氧化物的工艺流程图

(2) 稀土元素的分离

由于稀土元素的化学性质极其相似，彼此分离很困难，过去工业生产上，即使经过上千次分级沉淀或分级结晶的操作，也难于达到现代高科技中所需要的单一稀土的纯度要求。目前，国内外稀土分离采用的近代分离技术中有溶剂萃取法和离子交换法。

① 溶剂萃取法 RE^{3+} 具有稀有气体最外电子层构型，电荷多，因而不易被极化变形。它们对氧和氮的配位能力较强，所以绝大多数的稀土萃取剂是含氧配体。例如，国内常用的稀土萃取剂有磷酸三丁酯（TBP）、二-2-乙基己基磷酸（P204）、环烷酸、2-乙基己基膦酸单 2-乙基己酯（P507）等。

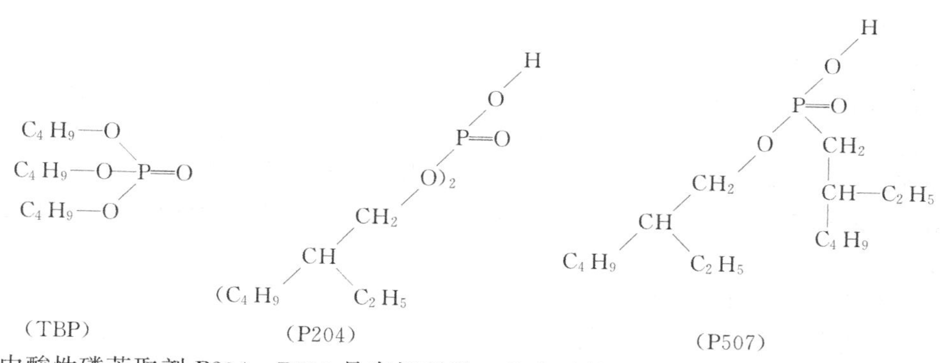

其中酸性磷萃取剂 P204、P507 是有机弱酸，能在酸性溶液中进行萃取。其分配比和萃取性能随稀土原子序的增加而增加。它们是目前稀土工业生产上应用最广的萃取剂，主要用于稀土分组、制取二元或多元富集物和纯单一稀土。一种具有我国特色的稀土分离新工艺，就是把混合稀土氧化物溶于盐酸后作为萃取用的料液（水相），用 P507-磺化煤油作为萃取的有机相，两相逆流动，经萃取、洗涤、反萃等历程，在 455 个混合澄清槽中进行，从 10 个水相出口处可以分别得到 La、Ce、Pr、Nd、Sm、Gd、Dy 七种单一稀土和富 Eu、富 Tb、富 Y 三种稀土。

其过程的主要化学反应如下：

料液制备 $RE_2O_3 + 6HCl \longrightarrow 2RECl_3 + 3H_2O$

有机相制备 $(HA)_2 + NH_3 \longrightarrow NH_4(HA_2)$ 式中$(HA)_2$代表二聚分子

萃取 $3NH_4(HA_2) + RECl_3 \longrightarrow RE(HA_2)_3 + 3NH_4Cl$

反萃 $RE(HA_2)_3 + 3HCl \longrightarrow 3(HA_2) + RECl_3$

溶剂萃取法具有处理量大、工艺过程连续化、产品成本低等特点，因此发展较快。

② 离子交换法 20 世纪 50 年代中期，离子交换法已成为最有效的、唯一能将所有稀土

元素制成高纯单一稀土化合物的分离方法。目前，离子交换法在生产上仍不失为重要手段之一。

离子交换反应是在固相和液相中进行的。首先使稀土离子吸附于阳离子交换树脂的上部；接着用配合剂依次淋洗出个别稀土离子。

离子交换剂一般采用磺基苯乙烯阳离子交换树脂，至于选用 H^+ 型、NH_4^+ 型、Cu^{2+}、Zn^{2+} 型或其他，则视淋洗时采用的配合剂的种类而定。装料比（待分离的混合物和柱中树脂的质量比）一般取 1%～2%。用于淋洗的配合剂大都用柠檬酸的 NH_4^+ 盐或 Na^+ 盐、EDTA 的 NH_4^+ 盐或 Na^+ 盐、氮三乙酸。

离子交换剂的吸附顺序主要决定于水化稀土离子半径的大小。离子半径最小的 Lu^{3+} 有最大的水化离子半径；最大的 La^{3+} 有最小的水化离子半径。因此，水化的 La^{3+} 和树脂结合得较牢，而水化的 Lu^{3+} 和树脂结合得较弱。因为稀土离子和配合剂生成的配阴离子的稳定常数一般随原子序数的增加而增加，所以，当用配合剂淋洗时，Lu^{3+} 首先被配合剂淋洗出来（在适当的 pH 范围内）。淋洗的顺序是从 Lu^{3+} 到 La^{3+}。

离子交换法的生产周期较长，间断操作，生产成本较高，但它有可能得到高纯度产品，因此它适合用于萃取法粗分离制得的富集物或萃取法难于分离的稀土对。

近几十年来，为了克服或改善离子交换法的缺点，有人已用高压离子交换法来强化生产过程。也有人把萃取剂分子接枝（或吸附）在人工合成树脂上做成萃淋树脂，以提高分离效率，均取得可喜的进展。例如用 P507 萃淋树脂，从富 Tb 溶液中制取纯 $TbCl_3$ 已用于生产。

16.1.4 稀土元素的应用

稀土在国民经济的各个部门和国防尖端技术中有着十分广泛的用途。

（1）在冶金工业中的应用

稀土在钢中的作用主要是精炼、脱氧、变性、中和低熔点有害杂质以及固溶体合金化和形成新的化合物而使钢强化。铈组元素氧化物有很好的热稳定性，因而铈组稀土是较好的脱氧剂。同理，稀土金属也是较好的脱硫剂。稀土与易熔组分结合成为难熔的二元或多元化合物，和熔渣一起从液体金属中排出，从而消除易熔杂质在钢中所引起的热脆性，并提高钢的塑性和韧性。

（2）在石油化工方面的应用

在石油工业中，稀土主要用做制备分子筛型裂化催化剂。稀土 Y 型分子筛催化剂中 RE_2O_3 的质量分数为 0.02，其他成分是 Na_2O、Al_2O_3 等。此种催化剂用于石油裂化，与原硅铝催化剂相比，在相同转化率条件下，可使装置能力提高到 1.3～1.5 倍或在相同焦炭产率下，可多生产 1.15～1.2 倍的汽油。在化学工业中，稀土可用做合成氨、合成橡胶催化剂等。此外，复合稀土氧化物用做内燃机尾气净化剂。它可使尾气中的有害成分 CO、碳氢化合物氧化成 CO_2 和水蒸气，把部分氮氧化物还原成氮和氧，从而达到控制环境污染的目的。

（3）在玻璃陶瓷工业中的应用

混合稀土氧化物广泛用做玻璃抛光材料，用做玻璃的脱色剂、着色剂、澄清剂，还可以用来制造国防工业中用的耐辐射玻璃和激光玻璃等。在陶瓷方面，目前以氧化钇、氧化镝为主，再配以其他氧化物，能制造出比日用陶瓷、无线电陶瓷性能优良得多的耐高温透明陶瓷。这种透明陶瓷可用做火箭的红外窗和高温炉窗，还可在微波技术、电真空技术、激光技术、红外光学以及陀螺仪上使用。

（4）在新材料方面的应用

几十年来，稀土在激光材料上的应用发展非常迅速，已成为激光材料中的一类很重要的元素。最常用的稀土激光材料有掺钕的钇铝石榴石和钕玻璃。稀土作为荧光材料已用于彩色电视和油漆的荧光剂。稀土永磁材料的发展也极为迅速，用钐-钴合金或钕-铁-硼合金制成的永磁体是重要的永磁材料。

稀土储氢材料是 20 世纪 70 年代新发展的功能材料。已经发现 $LaNi_5$ 合金，在常温下，1kg 合金可吸收 172L 氢气。稀土储氢材料一般吸氢量大，吸氢、放氢速度快，而且可以反复使用，并可在常温条件下使用，既方便又安全，是一种很有前途的储氢材料。

稀土在超导材料方面的应用也极引人注目。科学家们一直致力于有实用价值的高温超导的研究，直至 1986 年贝德奥兹（J. D. Bednorz）和摩罗利亚（K. A. Miiller）用共沉淀法制得临界温度高达 35K 含有稀土的陶瓷超导材料 $Ba_xLa_{5-x}Cu_5O_{5(3-y)}$（$x=10.75$，$y>0$）才有所突破。他们因此也获得了 1987 年诺贝尔物理学奖。

此外稀土在农业上作为微量化肥，施于农田可以使田间作物增产。在医药上稀土药物的研究也很活跃。

16.2　锕系元素

16.2.1　锕系元素的通性

锕系元素包括：锕（Ac）、钍（Th）、镤（Pa）、铀（U）、镎（Np）、钚（Pu）、镅（Am）、锔（Cm）、锫（Bk）、锎（Cf）、锿（Es）、镄（Fm）、钔（Md）、锘（No）14 种元素。它们都具有放射性。在铀以后的元素是在 1940 年以后通过人工核反应合成的，称为超铀元素。

锕系元素[1]中的 Ac、Pa、Np、Pu 也存在于自然界中，含量极微，而 Th、U 则是锕系元素中发现最早和在地壳中储量较多的两种放射性元素。

现在把锕系元素原子的价电子构型和离子半径列于表 16-5 中。

表 16-5　锕系元素原子的价电子构型和离子半径

原子序数	名称	符号	价电子层结构	半径/pm			熔点/℃	$E^\ominus$/V
				M(原子)	M^{3+}	M^{4+}		($M^{3+}+3e \rightleftharpoons M$)
89	锕	Ac	$6d^17s^2$	187.8	113	—	1050	−2.58
90	钍	Th	$6d^27s^2$	179	114	95	1750	—
91	镤	Pa	$5f^26d^17s^2$	163	112	98	<1870	—
92	铀	U	$5f^36d^17s^2$	156	111	97	1132	−1.64
93	镎	Np	$5f^46d^17s^2$	155	109	96	637	−1.86
94	钚	Pu	$5f^67s^2$	159	107	95	639	−2.031
95	镅	Am	$5f^77s^2$	173	106	93	995	−2.32
96	锔	Cm	$5f^76d^17s^2$	174		92	1340	
97	锫	Bk	$5f^97s^2$	170.4				
98	锎	Cf	$5f^{10}7s^2$	186				
99	锿	Es	$5f^{11}7s^2$	186				
100	镄	Fm	$5f^{12}7s^2$	(194)				
101	钔	Md	$5f^{13}7s^2$					
102	锘	No	$5f^{14}7s^2$					
103	铹	Lr	$5f^{14}6d^17s^2$					

[1] 由于历史原因，本书把铹并入锕系元素一起讨论，以下同。

表 16-6　锕系元素的氧化态

Ac	Th	Pa	U	Np	Pu	Am	Cm	Bk	Cf	Es	Fm	Md	No	Lr
						+2			+2	+2	+2	+2	+2	
+3	+3	+3	+3	+3	+3	+3	+3	+3	+3	+3	+3	+3	+3	+3
	+4	+4	+4	+4	+4	+4	+4	+4						
		+5	+5	+5	+5	+5			+5(?)					
			+6	+6	+6	+6								
				+7	+7									

和镧系收缩现象相似，随着核电荷的增加，锕系元素的离子半径也顺序地减小。锕系元素化学性质并没有像镧系元素所表现的那样显著的相似性。例如，镧系元素氧化态一般都是+3，个别的可有+4 或+2，但是锕系元素的氧化态大都不止一种，如表 16-6 所示。

由表 16-6 看出，锕系头几种元素，特别是铀（U）、镎（Np）、钚（Pu）、镅（Am），具有好几种氧化态，这可以从这几种元素 5f 和 6d 电子的能量相差极小，电子容易由 5f 能级激发到 6d 能级变为成键电子去理解。而镧系元素原子 4f 和 5d 电子的能量有较大的差别，其氧化态多为+3；锕系后半部元素的电子从 5f 跃迁到 6d 所需要的能量大，和镧系元素相似，显低氧化态。

从标准电极电势看出，Ac、Pa、Np、Pu、Am、Cm 都是还原剂，在酸性介质中容易形成 M，其中以 Ac 的还原性最强，其次是 Am，再次是 Pu。

锕系元素最突出的特性就是放射性。

16.2.2　钍和铀的化合物

在锕系元素的化合物中，最常见的是钍和铀的化合物。稀土元素的大多数矿物都或多或少地含有钍和铀。一般认为这与它们的离子半径和某些稀土的离子半径相近有关。因此，在稀土冶金中常遇到分离钍、铀的问题。

(1) 钍的化合物

钍的价电子层结构是 $6d^2 7s^2$，它的主要氧化态是+4。在水溶液中，钍只以 Th(Ⅳ) 的氧化态存在，电对 Th^{4+}/Th 的标准电极电势为−1.90V。

Th^{4+} 无色，它比其他+4 价离子较难水解。钍的可溶性盐有硝酸盐、硫酸盐和氯化物等。硝酸钍［$Th(NO_3)\cdot 5H_2O$］在水中溶解度很大，还能溶于醇、酮和酯等有机溶剂中。硝酸钍与碱金属元素（$M^{Ⅰ}$）或碱土金属元素（$M^{Ⅱ}$）的硝酸盐可生成 $Th(NO_3)_4\cdot 2M^{Ⅰ}NO_3$ 或 $Th(NO_3)_4.M^{Ⅱ}NO_3\cdot 8H_2O$ 型的复盐。

钍的难溶化合物有氢氧化钍、草酸钍、碳酸钍、磷酸钍、氟化钍等。

钍的氢氧化物在 pH=3.5～3.6 的范围内从溶液中呈白色无定形沉淀析出，$Th(OH)_4$ 的溶度积在 10^{-39}～10^{-42}之间。$Th(OH)_4$ 沉淀的 pH 比稀土氢氧化物的低。利用这一性质可进行钍与稀土元素的分离。新析出的氢氧化钍易溶于硫酸、硝酸和盐酸中，但放置一段时间或经干燥后溶于酸的能力减小。灼烧氢氧化钍得二氧化钍。二氧化钍为白色粉末，经强烈灼烧过的 ThO_2 几乎不溶于酸。

在 Th(Ⅳ) 盐溶液中加入草酸就能析出 $Th(C_2O_4)_2\cdot 6H_2O$ 沉淀。草酸钍不溶于水和稀酸，比稀土元素草酸盐的溶解度低，但它能溶解于草酸钠或草酸铵溶液中生成配合物 $M_4^{Ⅰ}[Th(C_2O_4)_4]$（$M^{Ⅰ}$ 代表 Na^+、NH_4^+ 等）。在 500～600℃灼烧草酸钍所得的二氧化钍密度较小，它在稀酸中可形成溶胶。

在 Th(Ⅳ) 盐溶液中加入碱金属的碳酸盐或碳酸铵就沉淀出碱式碳酸钍 ($ThOCO_3 \cdot 8H_2O$)，它能溶在过量沉淀剂中生成 $M_6{}^{I}[Th(CO_3)_5]$配盐。

(2) 铀的化合物

铀的价电子层结构是 $5f^3 6d^1 7s^2$，其氧化态可从 +2～+6，在水溶液体系中以氧化态为 +6 时的化合物最稳定。

铀的主要氧化物有 UO_3 (橙黄色)、U_3O_8 (暗绿色) 和 UO_2 (暗棕色)。三氧化铀 UO_3 具有两性，溶于酸生成铀酰阳离子 (UO_2^{2+}) 盐，例如它溶于硝酸的反应为：

$$UO_3 + 2HNO_3 \longrightarrow UO_2(NO_3)_2 + H_2O$$

溶液中可析出柠檬黄色的硝酸铀酰晶体[$UO_2(NO_3) \cdot 6H_2O$]。它易溶于水、乙醚、丙酮等溶剂中。它与碱金属 (M) 硝酸盐生成组成为 $MNO_3 \cdot UO_2(NO_3)_2$ 的复盐。硝酸铀酰溶于水中时因水解而显酸性。

$UO_2(NO_3)_2$ 的溶液中加 NaOH，则有黄色的重铀酸钠 ($Na_2U_2O_7 \cdot 6H_2O$) 沉淀生成：

$$2UO_2(NO_3)_2 + 2NaOH + H_2O \longrightarrow Na_2U_2O_7 \downarrow + 4HNO_3$$

$Na_2U_2O_7 \cdot 6H_2O$ 加热脱水后得无水盐，叫做铀黄，可作为黄色颜料用于瓷釉或玻璃工业中。

重铀酸盐一般都难溶于水，溶于酸时形成铀酰阳离子盐，如

$$Na_2U_2O_7 + 6HNO_3 \longrightarrow 2UO_2(NO_3)_2 + 2NaNO_3 + 3H_2O$$

如果将硝酸铀酰加热到 350℃，则分解而生成 UO_3，进一步加热至约 700℃ 则生成 U_3O_8。沥青铀矿的主要成分就是 U_3O_8。U_3O_8 溶于硫酸的反应为：

$$U_3O_8 + 4H_2SO_4 \longrightarrow 2UO_2SO_4 + U(SO_4)_2 + 4H_2O$$

根据这个反应，可认为 U_3O_8 中两个 U 的氧化态分别为 +6 和 +4，即 U_3O_8 可看做 $UO_2 \cdot 2UO_3$。U_3O_8 溶于 HNO_3 时则由于后者的氧化性强，得到的产物中就没有 U(Ⅳ)：

$$U_3O_8 + 20HNO_3 \longrightarrow 9UO_2(NO_3)_2 + 2NO + 10H_2O$$

U_3O_8 与 NaOH 溶液反应，得重铀酸钠和氢氧化铀(Ⅳ)：

$$U_3O_8 + 2NaOH + H_2O \longrightarrow Na_2U_2O_7 \downarrow + U(OH)_4 \downarrow$$

$U(OH)_4$ 只有弱碱性。将 U_3O_8 在氢气流中加热，可得 UO_2。

UF_6 在常温是无色固体，在 56.5℃ 即升华。它可用多种方法制取。利用 UF_6 的挥发性，并利用 $^{238}UF_6$ 和 $^{235}UF_6$ 蒸气扩散速度的差别，可使 U-238 和 U-235 分离，达到富集核燃料铀 235 的目的。

16.3 放射性同位素

原子核由一定数目的带正电荷的质子 (p) 和中子 (n) 组成。组成核的质子和中子统称为核子，核内质子数 Z 和中子数 N 的总和等于其质量数 A，即

$$A = Z + N$$

具有确定质子数和中子数的原子核所对应的原子称为核素，用 $^A_Z X$ 表示，其中 X 为元素符号。

在同一元素所有原子的原子核里，质子数都相同，可是中子数并一定相同。这种质子数相同，而中子数不同的原子，叫做该元素的同位素。每种元素都有同位素，目前知道的同位

素约有 1500 种。

锕系元素的前四种元素——锕（Ac）、钍（Th）、镤（Pa）、铀（U）是重要的天然放射性同位素。超铀元素是人工放射性同位素。在整个的超铀元素系列里，值得特别提出的是紧接在铀后的两个元素——镎和钚，其中钚已经和铀在一起作为获取原子能的重要元素。

同种元素的同位素，它们的化学性质基本相同，所不同的只是相差几个中子，正由于这种差别，使得原子核性能相差很大。例如，$^{1}_{1}H$（氢）和$^{2}_{1}H$（氘）的原子核是稳定的，属于稳定同位素，在自然界中，多数是这一类同位素。而$^{3}_{1}H$（氚）则不然，它不稳定，会自发地从原子核放出射线，变成氦同位素$^{3}_{2}He$。$^{3}_{1}H$ 就属于放射性同位素。

天然放射性同位素不断地、自发地发出 α 或 β 射线，有时还伴随有 γ 射线放出。α、β 和 γ 射线都是从原子核发射出来的。α 射线是带正电的高速粒子流，这种粒子叫 α 粒子。它实际上就是氦的原子核（$^{4}_{2}He$），带两个单位正电荷。它以 $20Mm \cdot s^{-1}$ 左右的速度从放射性元素的原子核中放射出来。α 射线只能穿透十几微米厚的铝箔，在穿透空气时能使空气变为导电体。β 射线是高速运动的电子流，也是从原子核内放射出来的，其速度为 $200Mm \cdot s^{-1}$。β 射线能穿透的厚度为 α 射线的 100 倍，在穿过空气时变成导电体，但电离能力则不及 α 射线。γ 射线是光子流（波长很短的电磁波），光子不带电，它们的速度在真空中为 $300Mm \cdot s^{-1}$，能穿透 100mm 以上的铝板。一切可见光、X 射线、紫外线等都是光子流，其中以 γ 射线光子的能量为最大。

放射性同位素放出射线（核衰变），就变成另一种同位素。放射性同位素不同，衰变的速率也不一样。通常用半衰期表示放射性同位素的衰变速率。所谓半衰期，就是放射性同位素放出射线后，其原子数目减少到原来一半所经历的时间。例如，$^{60}_{27}Co$ 的半衰期为 5.26 年。放射性同位素的半衰期有的长达几十亿年，有的短至不到 1s。常用放射性同位素的半衰期如表 16-7 所示。

表 16-7 常用放射性同位素的半衰期

放射性同位素	符号	半衰期	放射性同位素	符号	半衰期
铀 238	$^{238}_{92}U$	4.5×10^{9} 年	铁 59	$^{59}_{26}Fe$	46.3 日
磷 32	$^{32}_{15}P$	14.3 日	钴 60	$^{60}_{27}Co$	5.26 年
钙 43	$^{43}_{20}Ca$	152 日	镭 226	$^{226}_{88}Ra$	1622 日
硫 35	$^{35}_{16}S$	37.1 日	氡 222	$^{222}_{86}Rn$	3.8 日

目前绝大多数放射性同位素是用从原子反应堆生产出来的中子流，轰击各种元素的原子核制造出来的。

16.4 原子核反应

核反应和化学反应不同。化学反应前后元素的种类不变，各种元素的原子量不变，而原子核反应常涉及原子核里质子和中子的增减，经过核反应后，一种元素转变为另一种元素（在有些情况下，元素种类不变，只是由一种同位素变成另一种同位素）。因此，在写核反应方程式时，要写出反应前后各种元素原子的原子序数和质量数。下面以铀-镭放射系为例，写出其中几个核反应：

$$^{238}_{92}\mathrm{U}\xrightarrow[4.5\times10^{9}年]{半衰期}{}^{234}_{90}\mathrm{Th}+{}^{4}_{2}\mathrm{He}\ (\alpha\text{-衰变})$$

$$^{234}_{90}\mathrm{Th}\xrightarrow[24.1日]{半衰期}{}^{234}_{91}\mathrm{Pa}+{}^{0}_{-1}\mathrm{e}\ (\beta\text{-衰变})$$

由上可见，当放射性元素从原子核里放射 α 粒子时，质量数减少 4，核电荷减少 2（原子序数也减少 2），生成的新元素在周期系中的位置向左移了两格；从原子核里放射 β 粒子时，质量数不变，核电荷增加 1（原子序数也增加 1），生成的新元素在周期系中的位置向右移了一格。这种因放射出 α 粒子或 β 粒子而引起元素在周期系中移位的规律，叫做放射位移定律。

16.4.1　放射性蜕变

它包括天然放射性和人工放射性。例如铀放射系的蜕变：

$$^{238}_{92}\mathrm{U}\xrightarrow[4.5\times10^{9}年]{\alpha}{}^{234}_{90}\mathrm{Th}\xrightarrow[24.1日]{\beta}{}^{234}_{91}\mathrm{Pa}\xrightarrow[1.22分]{\beta}{}^{234}_{92}\mathrm{U}\xrightarrow[2.67\times10^{5}年]{\alpha}{}^{230}_{90}\mathrm{Th}\xrightarrow[8\times10^{4}年]{\alpha}{}^{226}_{88}\mathrm{Ra}$$

$$\xrightarrow[1622]{\alpha}{}^{222}_{83}\mathrm{Rn}\xrightarrow[2.823日]{\alpha}{}^{218}_{84}\mathrm{Po}\xrightarrow[3.05分]{\alpha}{}^{214}_{82}\mathrm{Pb}\xrightarrow[26.8分]{\beta}$$

$$\rightarrow{}^{214}_{83}\mathrm{Bi}\begin{cases}\xrightarrow[19.7分]{\alpha}{}^{210}_{81}\mathrm{Tl}\xrightarrow[1.32分]{\beta}\\ \xrightarrow[19.7分]{\beta}{}^{214}_{84}\mathrm{Po}\xrightarrow[4.5\times10^{-4}\mathrm{s}]{\alpha}\end{cases}\rightarrow{}^{210}_{82}\mathrm{Pb}\xrightarrow[2.21年]{\beta}{}^{210}_{83}\mathrm{Bi}$$

$$\xrightarrow[5.02年]{\beta}{}^{210}_{84}\mathrm{Po}\xrightarrow[138日]{\alpha}{}^{206}_{82}\mathrm{Pb}\ (稳定)$$

16.4.2　粒子轰击原子核与人工合成元素

这是把高速粒子（如质子 p、中子 n 等）或简单原子核（如氘 d、氦 α 等）当做炮弹，轰击原子核使之变为另一种原子核，与此同时放出另一种粒子的核反应，称为人工核反应。这些高速粒子可以是天然的粒子，但主要是经过加速器的质子流、氘核流等带电粒子流及反应堆产生的中子流等。这类核反应可按轰击原子核所用的粒子和起作用后放出的粒子来分类。例如，(d，n) 反应是指用重氢粒子（$^{2}_{1}\mathrm{H}$）轰击原子核，作用后放出中子 (n) 的反应：

$$^{6}_{3}\mathrm{Li}+{}^{2}_{1}\mathrm{H}\longrightarrow{}^{7}_{4}\mathrm{Be}+{}^{1}_{0}\mathrm{n}$$

此反应也可简写为$^{6}_{3}\mathrm{Li(d, n)}^{7}_{4}\mathrm{Be}$。其他核反应都可用此方式表示，例如：

$$^{6}_{3}\mathrm{Li}(\mathrm{n},\alpha)^{3}_{1}\mathrm{H},\ ^{11}_{4}\mathrm{Be(d,p)}^{12}_{4}\mathrm{Be}$$

利用这类反应可人工合成新元素。1940 年用中子轰击$^{238}_{92}\mathrm{U}$，首次合成 93 号元素 Np：

$$^{238}_{92}\mathrm{U}+{}^{1}_{0}\mathrm{n}\longrightarrow{}^{239}_{92}\mathrm{U}$$

$$^{239}_{92}\mathrm{U}\longrightarrow{}^{239}_{93}\mathrm{Np}+{}^{0}_{-1}\mathrm{e}$$

自此以后，至 1999 年，通过人工方法已先后合成了从 $Z=93$ 到 $Z=118$ 共 23 种新元素。例如，在 1970 年用$^{15}_{7}\mathrm{N}$ 核轰击$^{249}_{98}\mathrm{Cf}$，制得 $Z=105$ 元素（Db）的同位素：

$$^{249}_{98}\mathrm{Cf}+{}^{15}_{7}\mathrm{N}\longrightarrow{}^{260}_{105}\mathrm{Db}+4\,{}^{1}_{0}\mathrm{n}$$

1996 年用$^{70}_{30}\mathrm{Zn}$ 核轰击$^{208}_{82}\mathrm{Pb}$，制得了 112 号超铀元素：

$$^{208}_{82}\mathrm{Pb}+{}^{70}_{30}\mathrm{Zn}\longrightarrow{}^{277}_{112}\mathrm{Unb}+{}^{1}_{0}\mathrm{n}$$

表 16-8 列出了一些超铀元素的合成反应、发现年份等简要情况。

表 16-8　超铀元素的合成

原子序数	元素		合成反应	发现年份	发现人
93	镎	Np	${}^{238}U(n,\gamma){}^{239}U \xrightarrow{\beta} {}^{239}Np$	1940	E. M. McMllan 等
94	钚	Pu	${}^{238}U(D,2n){}^{238}Np \xrightarrow{\beta} {}^{238}Pu$	1940	G. T. Seaborg 等
95	镅	Am	${}^{239}Pu(2n,\gamma){}^{241}Pu \xrightarrow{\beta} {}^{241}Am$	1944/1945	G. T. Seaborg 等
96	锔	Cm	${}^{239}Pu(\alpha,n){}^{242}Cm$	1944	G. T. Seaborg 等
97	锫	Bk	${}^{241}Am(\alpha,2n){}^{243}Bk$	1949	S. G. Thompson 等
98	锎	Cf	${}^{242}Cm(\alpha,n){}^{245}Cf$	1950	S. G. Thompson 等
99	锿	Es	${}^{238}U({}^{14}N,6n){}^{246}Es$	1952	A. Ghiorso 等
100	镄	Fm	${}^{238}U({}^{16}O,4n){}^{250}Fm$	1952	A. Ghiorso 等
101	钔	Md	${}^{253}Es(\alpha,n){}^{256}Md$	1955	A. Ghiorso 等
102	锘	No	${}^{245}Cm({}^{12}C,6n){}^{252}No$ ${}^{241}Pu({}^{16}O,5n){}^{252}No$	1957 1958	A. Ghiorso 等
103	铹	Lr	${}^{249\sim252}Cf+{}^{11}B \longrightarrow {}^{256}Lr$	1961	A. Ghiorso 等
104	𬬻	Rf	${}^{242}Pu({}^{22}Ne,4n){}^{260}104$ ${}^{249}Cf({}^{12}C,4n){}^{257}104$	1964 1968	G. N. Flerov 等 A. Ghiorso 等
105	𬭊	Db	${}^{243}Am({}^{22}Ne,4(5)n){}^{261,260}105$ ${}^{240}Cf({}^{15}N,4n){}^{260}105$	1968 1970	G. N. Flerov 等 A. Ghiorso 等
106	𬭳	Sg	${}^{54}Cr({}^{103}Pb,\gamma){}^{262}106$ ${}^{149}Cf({}^{18}O,4n){}^{263}106$	1974 1974	G. N. Flerov 等 A. Ghiorso 等
107	𬭛	Bh	${}^{209}Bi({}^{54}Cr,2n){}^{261}107$ ${}^{209}Bi({}^{54}Cr,n){}^{262}107$	1976 1981	G. N. Flerov 等 G. Munzenberg 等
108	𬭶	Hs	${}^{208}Pb({}^{58}Fe,n){}^{265}108$	1984	德国 Darmstadt 重离子研究所
109	鿏	Mt	${}^{209}Bi({}^{58}Fe,n){}^{266}109$	1982	G. Munzenberg 等
110		Uun	${}^{208}_{82}Pb+{}^{62}_{28}Ni \longrightarrow {}^{269}110+{}^{1}_{0}n$	1994	P. Armbrustar 等
111		Uuu	${}^{209}_{83}Bi+{}^{64}_{28}Ni \longrightarrow {}^{272}111+{}^{1}_{0}n$	1994	P. Armbrustar 等
112		Uub	${}^{208}_{82}Pb+{}^{70}_{30}Zn \longrightarrow {}^{277}112+{}^{1}_{0}n$	1996	P. Armbrustar 等

16.4.3　核裂变反应和核电站

核裂变反应是用中子轰击较重原子核使之分裂成较轻原子核的反应。核裂变反应会释放出巨大能量。如 1g ${}^{235}_{92}U$(U-235)裂变所放出的能量约 8.5×10^{7}kJ，相当于约 2.7 吨标准煤燃烧时所放出的能量。

目前世界上核电厂中的核反应堆所使用的核燃料是 U-235。它是自然界仅有的能由慢中子（热中子）引起裂变的核素。用慢中子轰击 U-235 时，引起的裂变反应可用通式表示为：

$${}^{235}_{92}U+{}^{1}_{0}n \xrightarrow{裂变} {}^{c}_{b}X+{}^{235+1-c-d}_{92-b}X+d\,{}^{1}_{0}n \quad (d=2,\ 3,\ 4)$$

U-235 裂变反应产物非常复杂，已发现的裂变反应产物有 36 种元素（从 Zn 到 Tb），其放射性同位素有 200 种以上。如：

$${}^{235}_{92}U+{}^{1}_{0}n=[{}^{236}_{92}U] \longrightarrow \begin{cases} {}^{144}_{56}Ba+{}^{89}_{36}Kr+3\,{}^{1}_{0}n \\ {}^{70}_{30}Zn+{}^{169}_{62}Sm+4\,{}^{1}_{0}n \\ {}^{137}_{52}Fe+{}^{97}_{70}Zr+2\,{}^{1}_{0}n \end{cases}$$

考虑各种不同类型可能的裂变方式，平均一次裂变放出 2～4 个中子（第二代中子）；第

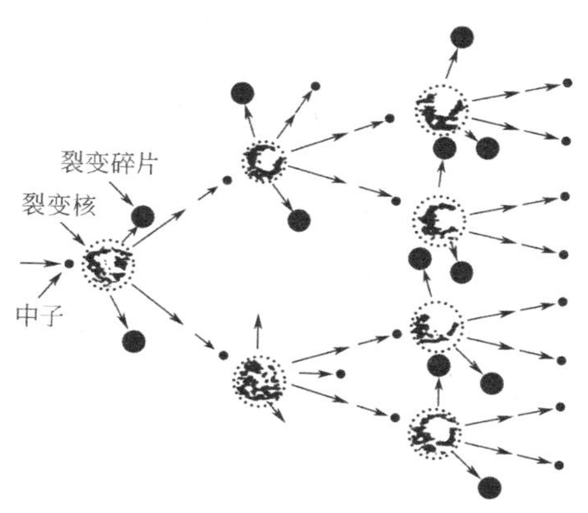

图 16-5　中子诱发 U-235 裂变形成链式反应

二代中子又能使其他 U-235 发生裂变，同时再产生几个中子，并再使 U-235 裂变，这样就形成了链式反应，如图 16-5 所示。

裂变所放出的第二代中子是能量较大的快中子，这种快中子打到 U-235 上，裂变概率只有慢中子引起裂变概率的 1/500，因此必须要用慢化剂把它慢化到慢中子，以引发链式反应。常用的慢化剂是水（也称轻水）、重水和石墨。目前的核电站常用水做慢化剂。

由于核裂变反应产生的中子数多于消耗的中子数，所以必须对中子数加以严格控制。如果幸存中子数小于 1，链式反应就会越来越弱；如果幸存中子数大于 1，链式反应就会越来越强，最后则可以在瞬间酿成巨大的爆炸，这是制造原子弹的基本原理。故我们希望幸存中子数恰好等于 1，让链式反应连续进行下去，产生热能以加热水蒸气，推动发电机发电。驾驭链式反应可通过控制棒实现，控制棒用能较好地吸收中子且本身不发生裂变的材料如镉、硼和铪制成。核电站工作流程如图 16-6 所示。

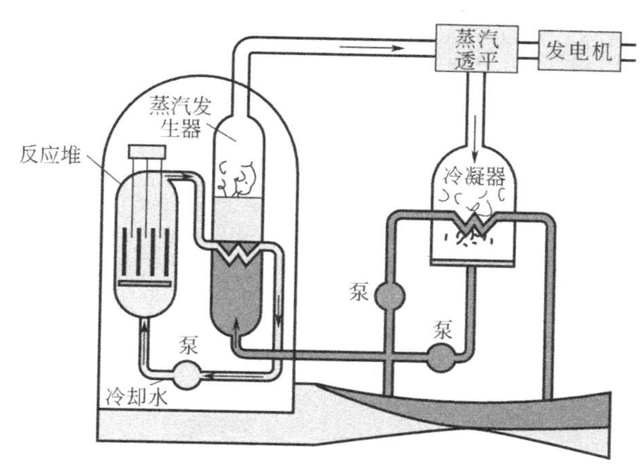

图 16-6　核电站工作流程图

核电站不会像原子弹那样爆炸，因为核电站和原子弹所用的核燃料浓度不同，核电站动力堆用的核燃料中，U-235 的浓度一般为 3%～4%，而原子弹的核燃料中，U-235 的浓度必须在 90%以上。因此核电站动力堆根本不具备原子弹那样的爆炸条件。

16.4.4　热核反应

由很轻的原子核在极高温度（2×10^7℃）下，合并成较重核的反应叫做热核反应或聚变反应。和重核裂变时一样，轻核聚变时也放出大量的能。下面是热核反应的一个例子：

$$^{2}_{1}H + ^{3}_{1}H \longrightarrow ^{4}_{2}He + ^{1}_{0}n$$

这是氘核和氚核合并成氦核的热核反应，氢弹爆炸时就发生像上述的核反应。引起这类核反应所需的高温是由原子弹爆炸时产生的。在太阳内部就进行着这一类型的核反应而放出大量的能：

$$^{3}_{1}H + ^{3}_{1}H \longrightarrow ^{4}_{2}He + 2\,^{1}_{1}H$$

因为太阳内部有大量氢元素存在，而且温度又高达 2×10^{7}℃，两个氢核（$^{1}_{1}H$）就能聚合成氘核（$^{2}_{1}H$）；形成的氘核不稳定，又很快地俘获另一个氢核而变成氚核（$^{3}_{1}H$）；然后两个氚核又相互结合成为氦核（$^{4}_{2}He$），同时生成两个氢核（$^{1}_{1}H$）。

习　题

1. 什么叫做“镧系收缩”？讨论镧系收缩的原因和它对第 6 周期中镧系后面元素的性质所发生的影响。
2. 镧系元素的特征氧化态是多少？它们的氢氧化物的酸碱性如何？
3. 为什么铈、镨、铽常呈现＋4 氧化态，而钐、铕、镱却能呈现＋2 氧化态？
4. 从 Ln^{3+} 的电子构型、离子的电荷和离子半径来说明它们在性质上的类似性。
5. 稀土元素草酸盐有什么特性？其在分离、制备过程中的重要性怎样？
6. 比较镧系和锕系元素氧化态的变化。
7. 用核反应方程式表示下列核反应：

$^{6}_{3}Li(n,\alpha)^{3}_{1}H$　　$^{10}_{5}B(p,\gamma)^{11}_{6}B$

$^{11}_{4}Be(d,p)^{12}_{4}Be$　　$^{242}_{96}Cm(\alpha,n)^{245}_{98}Cf$

8. 钚是一种重要的核燃料，它可以由用处不大的 $^{238}_{92}U$ 在反应堆里产生。用中子轰击 U-238，产生 U-239，后者放出 2 个 β 粒子后变成钚-239，写出有关核反应。

下篇 [继往开来的无机化学]

JIWANGKAILAI DE WUJI HUAXUE

无机化学是最古老的化学分支。无论是古代实用化学阶段的陶瓷、酿造、炼金术，还是最初期的冶金、医药业的出现，人类最早从事的化学活动，几乎都是在无机化学的范畴内。无机化学也是最有发展前景的化学分支之一。自20世纪40年代以来，无机化学步入复兴时期，其标志是配合物化学的迅速发展和广泛应用，并由此派生出多个交叉的边缘学科，如有机金属化学、原子簇化学、生物无机化学等。此外，随着环境污染和环境保护问题的日益突出，环境化学也应运而生；随着无机固体材料的社会需求日益增加，无机固体化学也随之形成。

当今的无机化学把最新的量子力学成就作为阐述元素和化合物的性质的理论基础，也力图以热力学和动力学的知识去揭示无机反应的机理；强调运用分子设计和分子工程思想于新型化合物的合成及特殊物质聚集状态的研究，重视从分子和超分子层次阐明功能性无机物质的结构与性能关系。无机化学的任务也不再是仅仅研究元素及其化合物的性质，而是运用无机化学的知识去探索、解决诸如新材料、新能源、生命奥秘、环境保护等一系列具有重大理论和实践意义的问题。随着无机化学与材料科学和生命科学等学科的日益紧密交叉与融合，毫无疑问，无机化学将在新的世纪中取得长足的发展和重大突破。

第17章 无机化学的发展

如前所述，无机化学的复兴始于配合物化学的发展和广泛应用，但究其根本原因，还是社会的需要促进了该学科的发展。第二次世界大战以来的原子能技术极大地"催化"了无机化学的发展。原子能技术是一项综合工程，它涉及物理和化学的各个领域，尤其向无机化学提出了更多的课题。原子反应堆的建立，促进了对具有特殊性能的新无机材料的合成的研究。同位素工厂的建设，促进了各种现代分析分离方法的发展。各种粒子加速器的建造推动了超铀元素的合成。随着原子能计划的实施，以及量子力学物理测试手段在无机化学中的应用，使得无机化学在理论上也渐趋成熟。例如周期律理论，原子、分子结构的理论，配位化学理论，无机热力学、动力学理论等都获得了显著的发展。除此之外，对其他领域，如半导体、航天航空的发展，也起到了促进作用。

本章概要介绍配位化学的发展与元素分离、有机金属化学、超分子化学、生物无机化学和无机固体化学等无机化学的新兴领域，旨在使读者对无机化学的发展有一个总的、初步的认识。关于这些领域详细的内容，读者可参阅相关的章节或专著。此外，现代无机化学的内容远不止这些，有兴趣的读者可参阅有关书籍。

17.1 配位化学的发展与元素分离

17.1.1 现代配位化学的发展

配位化学真正得以发展，是在20世纪40年代以后。进入40年代以后，社会生产和科学技术发展的需要，给配位化学的发展施以强大的推动力。同时，由于这一时期化学键理论的进一步完善（L. Pauling所著"The Nature of the Chemical Bond"一书于1939年出版）以及适合于研究配合物化学的物理方法取得了较大进展（J. Bjerrum所著"Metal Ammine Formation in Aqueous Solution"一书于1941年出版，为这一时期的代表作），在理论和研究方法上为配位化学的发展提供了有力的武器。

恩格斯曾指出："社会一旦有技术上的需要，则这种需要就会比十所大学更能把科学推向前进。"在近几十年中，配位化学在社会需要的推动下，得到了迅猛的发展。20世纪40年代，原子能、火箭等技术已开始被人们重视。进入50年代，由于原子能、半导体、火箭等尖端技术的发展，要求工业提供大量的核燃料、高纯稀有元素及高纯化合物等新材料、新原料。这种需求大大促进了分离技术和分析方法的发展。高纯物质的分离多涉及湿法冶金，而在水溶液中的任何分离方法（如溶剂萃取、离子交换等）几乎都与配合物的形成有关。

20世纪60年代以来，现代石油化工和有机合成工业的发展需要高效、专一的催化剂，从而推动了小分子配位的过渡金属配合物的研究。在一定条件下，小分子（如O_2、H_2、

N_2、CO、CO_2、NO、SO_2、烯烃分子等）通过和过渡金属离子配位而获得活化，从而引起插入、氧化加成、还原消去等反应的进行。因此，某些过渡金属配合物成为聚合、氧化还原、异构化、环化、羰基化等反应的高效、高选择性催化剂。例如，用 $[RhCl(CO)(pph_3)_2]$ 代替羰基钴催化剂，使甲醇转化为乙酸的反应压力由 650×10^5 Pa 降低为 1×10^5 Pa，温度由 573K 降低为 473K 左右，而催化剂的选择性高达 99%。高效、专一过渡金属配合物催化剂的研制以及配位催化机理的研究，成为过渡金属配合物迅速发展的巨大动力。

与此同时，大量的有机分子或离子作为配体的配合物得以合成，使配合物的种类和数量迅速增加，而且得到了广泛的应用。其中值得一提的是一些 π 配合物｛如二茂铁 $[(C_5H_5)_2Fe]$、二苯铬 $[(C_6H_6)_2Cr]$、蔡斯盐 $K[Pt(C_2H_4)Cl_3]$ 等｝的合成，使有机金属化合物的合成达到了一个新的水平，逐渐形成了一门新的边缘科学——有机金属化学。

配位化学向生物科学的渗透导致在 20 世纪 60 年代末、70 年代初逐渐形成了另一门新的边缘科学——生物无机化学。生物体中含有许多种金属元素，含量虽少，但对生命过程却起着至关重要的作用。分子生物学的研究业已证明，生物体内发生的化学反应都是在一定的酶的催化作用下进行的，而其中金属酶约占 1/3，达数百种之多。其中的金属元素几乎都是以生物大分子的配合物形式存在的。除此之外，血红素、叶绿素、维生素 B_{12} 等也是以金属配合物的形成存在的。生物无机化学的任务之一就是研究金属酶、金属辅酶和其他生物活性物质的结构和作用机理。其主要手段是采用金属配合物来模拟酶的活性中心的结构及功能。例如，1965 年，人们从固氮菌中分离出含铁及钼的固氮酶，这一发现启发人们进行温和条件下化学模拟固氮作用的研究。此外，人工合成氧载体也取得了可喜的成果，人造血已经在临床应用。可以预见，生物模拟一旦取得突破，将导致化学科学的新革命。

对于化学家而言，太阳能的利用不是局限于光电池。人们梦寐以求的愿望是利用一种廉价的方法将水分解为 H_2 和 O_2。以 H_2 作为燃料，其优点不言而喻。利用太阳能来分解是最理想的方法。显然，这一过程不能自发进行，需要加入能有效吸收光能的化合物作为“敏化剂”，同时还需要一个合适的半导体表面使电子得以流动。已有的工作表明，使用胶状 TiO_2 作为半导体，敏化剂为配合物三(2,2′-联吡啶) 合钌（Ⅱ）$[Ru(bipy)^3]^{2+}$ 的衍生物。当敏化剂和胶粒都分散在水中时，在可见光作用下即可放出氢和氧。目前，这一过程的效率和速度都还不高，但这一结果的确令人振奋。效率的高低在于半导体制备及敏化剂的性质。或许化学家们正处在最终解决能源问题的门槛上。

由此可见，现代配位化学不再是简单的合成和组成的确定，它涉及配合物的结构、性质及其在各个方面的应用研究。当然，这与进入 20 世纪 60 年代以后，现代物理方法的迅速发展是分不开的。今天，配合物或配合物化学所涉及的领域已远远超过以上所提及的方面，配位化学已成为当代化学学科中最活跃的领域之一。有关配位化合物的论文在现代无机专业杂志中所占的比例已超过 70%，并保持着继续增长的趋势。

17.1.2 元素分离

维尔纳配位理论的建立，是配位化学在理论上的突破。然而，配位化学真正得以迅速发展，始于元素的分离。因此，了解元素分离，对于了解配位化学的发展很有帮助。

在前面相应的章节里，我们已经了解到，一些半径相近的元素总是倾向于共生、共存，例如 Zr 和 Hf、稀土的 17 种元素等。还有一些金属元素如 Au、Pt、Pd、Ru、Rh 等，不仅共生，且很分散，矿物中含量很低。所有这些元素的提取，都存在一个元素分离的问题，这就形成了一个以配位化学理论和方法为基础的行业——湿法冶金。湿法冶金不仅可分离元素，还可制备高纯物质。以下扼要介绍元素分离方法中的溶剂萃取、沉淀分离和离子交换。

(1) 溶剂萃取

溶剂萃取是一种简便而快速的分离技术，尤其对痕量物质的分离和富集特别有效。对于大多数无机化合物的萃取过程，常伴随着被萃物与萃取剂的配位反应，生成的配合物进入有机相，其他一些无机物则留在水相。20 世纪 40 年代以来，由于原子能工业的出现和发展，溶剂萃取法开始用于工业规模的金属元素分离或提纯过程中，并日益发展。

研究萃取平衡，了解影响萃取平衡的各种因素，从而选择有利的萃取条件很重要，现以螯合萃取体系为例略加讨论。螯合萃取是指利用疏水性的电荷为零的螯合物（即内配盐）的形成，将有关金属元素从水相萃入有机相的过程。

螯合萃取平衡可用下列通式表示：

$$M^{n+}(aq)+nHA(O)\rightleftharpoons MA_n(O)+nH^+(aq) \tag{17-1}$$

则萃取平衡常数

$$K^{\ominus}_{萃}=\frac{[MA_n]_O[H^+]^n_{aq}}{[M^{n+}]_{aq}[HA]^n_O} \tag{17-2}$$

式(17-1) 中的螯合萃取平衡实际包含下列各个平衡。

① 螯合剂在两相中的分配平衡：

$$HA(aq)\rightleftharpoons HA(O)$$

分配常数

$$K^{\ominus}_{DHA}=[HA]_O/[HA]_{aq} \tag{17-3}$$

② 螯合剂在水相中的离解平衡：

$$HA(aq)\rightleftharpoons H^+(aq)+A^-(aq)$$

电离平衡常数

$$K^{\ominus}_{HA}=\frac{[H^+]_{aq}[A^-]_{aq}}{[HA]_{aq}} \tag{17-4}$$

③ 金属离子与螯合剂的配位平衡：

$$M^{n+}(aq)+nA^-(aq)\rightleftharpoons MA_n(aq)$$

$$\beta^{\ominus}_{MA_n}=\frac{[MA_n]_{aq}}{[M^{n+}]_{aq}[A^-]^n_{aq}} \tag{17-5}$$

④ 螯合物在两相中的分配平衡：

$$MA_n(aq)\rightleftharpoons MA_n(O)$$

分配常数

$$K^{\ominus}_{DMA_n}=\frac{[MA_n]_O}{[MA_n]_{aq}} \tag{17-6}$$

将式(17-3)～式(17-6) 代入式(17-2) 得

$$K^{\ominus}_{萃}=\frac{K^{\ominus}_{DMA_n}\beta^{\ominus}_{MA_n}(K^{\ominus}_{HA})^n}{(K^{\ominus}_{DHA})^n} \tag{17-7}$$

由式(17-7) 可知，$K^{\ominus}_{萃}$与萃取剂的电离常数 $K^{\ominus}_{HA}$、它在两相间的分配常数 $K^{\ominus}_{DHA}$、螯合物（萃合物）的稳定常数 $\beta_{MA_n}{}^{\ominus}$ 和它在两相间的分配常数 $K^{\ominus}_{DMA_n}$ 有关。所以 $K_{萃}{}^{\ominus}$ 值将随萃取剂的种类、金属离子和稀释剂的性质不同而不同。

若 MA_n 在水相中浓度很小，可忽略不计，则萃取分配比

$$D=\frac{[MA_n]_O}{[M^{n+}]_{aq}} \tag{17-8}$$

将此式代入式(10-2)，得

$$D=\frac{K^{\ominus}_{萃}[HA]^n_O}{[H^+]^n_{aq}} \tag{17-9}$$

则

$$\lg D=\lg K^{\ominus}_{萃}+n\lg[HA]_O+npH \tag{17-10}$$

故影响螯合物分配比的因素有：pH、$K^{\ominus}_{萃}$和 $c(HA)_O$ 等。下面分述它们对萃取能力的影响。

① pH 的影响 由式(17-10) 可看出，pH 对分配比影响很大。对于一定的萃取体系，当金属离子、螯合剂的量固定时，pH 每增加一个单位，D 要增加 10^n 倍，n 为金属离子的价数。

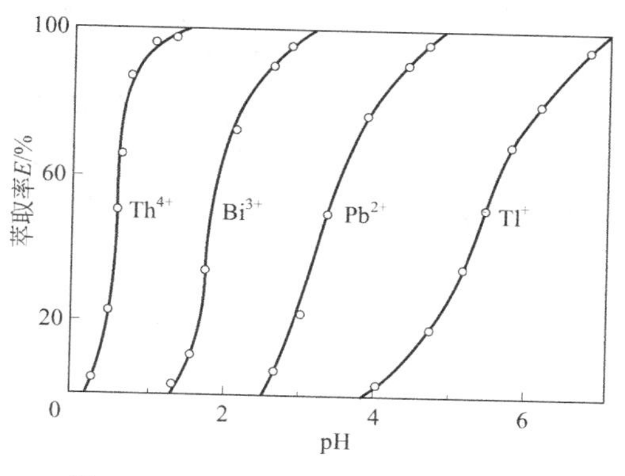

图 17-1 0.2mol·L^{-1}MTTA-C_6H_6 萃取曲线（相比 1∶1）

设萃取平衡时螯合物萃取百分率为 E[1]，在 E-pH 图中，$E=50\%$时的 pH 标为 $pH_{1/2}$。如果两种金属离子 $pH_{1/2}$ 差别大，则只须控制 pH 便可达到分别萃取的目的。图 17-1 是 0.2mol·L^{-1}MTTA-C_6H_6 萃取四种不同价态金属子时 E-pH 曲线。控制 pH 在 1 左右，只有 Th^{4+} 被定量萃取，而其他离子留在溶液中。

② 金属离子对萃取能力的影响 一般来说，随着金属离子电荷的增加和半径的减小，其螯合物的稳定性增强，$pH_{1/2}$变小。$pH_{1/2}$相差两个单位以上的元素往往一次萃取便可达到定量分离。

③ 萃取剂对萃取能力的影响 萃取剂的 $K^{\ominus}_{HA}$ 越大，酸性越强，在水相中越易形成可萃取的金属螯合物，故 $K^{\ominus}_{萃}$ 也越高，越有利于萃取。

(2) 沉淀分离

在沉淀分离中，配位试剂作为沉淀剂，由于配体与金属离子生成配合物的溶解度不同而达到分离。如锆与铪的分离：锆(Ⅳ)、铪(Ⅳ) 离子半径几乎相等 [Zr(Ⅳ)：0.79nm，Hf(Ⅳ)：0.78nm]，性质很相似，用一般方法难以完全分离。若用配位试剂 KF，使 Zr(Ⅳ) 和 Hf(Ⅳ) 分别生成 K_2ZrF_6 和 K_2HfF_6 配合物，因为 K_2HfF_6 的溶解度比 K_2ZrF_6 的大 2 倍，所以可实现 Zr(Ⅳ) 和 Hf(Ⅳ) 的分离。

配位沉淀剂，特别是螯合沉淀剂，不仅选择性高，组成稳定，且形成的是溶解度小（因螯合剂一般不含亲水基团）的晶形沉淀。这样不仅有利于沉淀的过滤，而且也减少了对溶液中其他离子的吸附及共沉淀现象。例如在 pH＝5 的乙酸缓冲溶液中，可在 Cu^{2+}、Pb^{2+}、Mn^{2+} 及碱金属、碱土金属离子共存时沉淀锌。再如，在含有 0.2mol·L^{-1}酒石酸盐的氢氧化钠溶液中，可从 Al^{3+}、Sb^{5+}、As^{5+}、Cr^{3+}、Fe^{3+}、Pb^{2+} 中定量分离锌。

(3) 离子交换

离子交换法是利用离子交换树脂来分离和提纯物质的一种方法。树脂的离子交换能力大小决定于离子对树脂的亲和力。如果几种离子性质相似，对树脂的亲和力差别不大，在树脂上交换次序只有细微差异，则彼此不能分开。这时可用配位试剂作洗脱剂，利用配位试剂与离子生成的配合物稳定性不同，而将离子进一步分离。生成稳定性高的配合物的离子先被洗脱剂洗出交换柱；稳定性差的离子后被洗脱。经过反复洗脱，就可将性质相似的离子分开。稀土各元素的分离通常是十分困难的，但用离子交换法可较好地达到分离目的。一般是将稀土离子用阳离子交换树脂交换，然后用配位试剂，常为柠檬酸盐作为洗脱剂，利用在不同的

[1] 萃取百分率 $E=\frac{被萃物质B在有机相中的总量}{被萃物质B在水相中起始时的总量}\times 100\%$

pH 下稀土离子与柠檬酸根生成的配合物的稳定性不同而达到分离的目的。

近年来螯合树脂和螯合吸附的应用日益增多。与一般离子交换树脂的不同之处在于，它们是含有能与金属离子形成螯合物的特征基团的一类球状、膜状或纤维状的高聚物。这类树脂不仅具有一般树脂的优点，而且还具备有机试剂所特有的高选择性。例如亚氨基羧酸类螯合树脂与金属离子（M）形成的螯合物为：

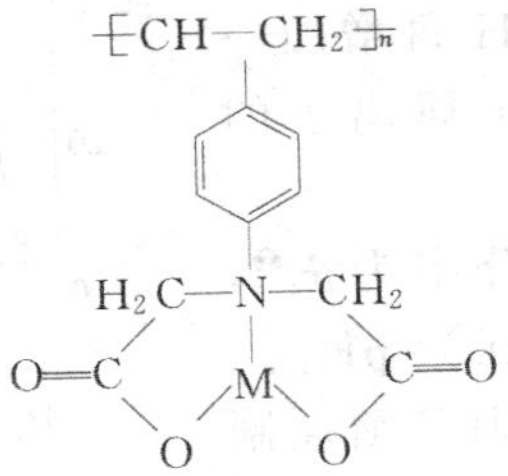

$$-\!\!\left[CH-CH_2\right]\!\!-_n$$

（苯环）

$H_2C-N-CH_2$

$O=C \quad M \quad C=O$

$O \qquad O$

螯合树脂和螯合吸附剂一般具有高选择性，但由于成本高，目前主要用于分析分离中。

17.2 有机金属化学

顾名思义，有机金属化学是研究有机金属化合物的一个化学分支。所谓有机金属化合物，是指含有金属-碳键（M—C）的一类化合物，如著名的二茂铁 $(C_5H_5)_2Fe$、蔡斯盐 $K[PtCl_3(C_2H_4)]\cdot H_2O$ 及 $Ni(CO)_4$ 等。因此，有机金属化学研究的是为数众多的一大类化合物，它是有机和无机化学相互渗透的交叉领域，是当今无机化学最为活跃的研究领域之一。

有机金属化学之所以引起化学家的兴趣，除了它们的结构和化学键有许多独到之处以外，还因为它们有很多重要的用途，其中最突出的是用做催化剂。例如，烷基铝化合物是齐格勒-纳塔（Ziegler-Natta）催化体系的基础。众所周知，齐格勒-纳塔催化剂广泛地用做乙烯或丙烯均相聚合的工业催化剂。此外，有机金属化合物还是烯烃的氢醛基化反应、同分异构化反应以及氧化加成等反应的催化剂。

除作催化剂以外，有机金属化合物还有多方面的实际应用。例如，二烷基锡是聚氯乙烯和橡胶的稳定剂，用以抗氧和过滤紫外线。利用形成四羰基镍可以达到精炼镍的目的。CO 能跟镍直接反应，产生四羰基镍：

$$Ni(s)+4CO(g)\underset{200℃}{\overset{60℃}{\rightleftharpoons}}Ni(CO)_4(g)$$

而在上述反应条件下，铁、钴等杂质金属不能跟一氧化碳反应，于是达到了和镍分离的目的。产生的气态四羰基镍，在 43℃或以下便冷凝为无色液体。然后，再把它加热到 200℃，发生上式的逆反应，便可得到高纯度的镍。

在半导体研制中，利用有机金属化合物的热解，已经成功地制备了一系列第 13(ⅢA)～15(ⅤA) 族和第 12(ⅡB) 族的化合物。如：

$$Ga(CH_3)_3+AsH_3\xrightarrow{630\sim675℃}GaAs+3CH_4$$

$$Cd(CH_3)_2+H_2S\xrightarrow{475℃}CdS+2CH_4$$

此外，近年来利用有机金属化合物的热解，通过气相沉积来得到高附着性的金属膜发展很快。由热解三丁基铝或三异丙基苯铬来得到金属铝膜或铬膜就是两例。

本节概要介绍金属羰基化合物、金属-不饱和烃化合物及金属-环多烯化合物。

17.2.1　有机金属化合物的分类

有机金属化学领域发展迅速，迄今已合成出大量的有机金属化合物。有机金属化合物分类的方法很多，若从化学键性质的角度，可将有机金属化合物分成以下三大类。

（1）碳原子为 σ 给予体

在碳原子作为 σ 给予体的有机金属化合物中，配体大都为有机基团的阴离子，如烷基、苯基等。以上曾提到的金属-烷基化合物均属此类。图 17-2 和图 17-3 表示了两个这类化合物的结构。

（2）碳原子既为 σ 给予体又为 π 接受体

在碳原子既为 σ 给予体又为 π 接受体的有机金属化合物中，配体一般为中性分子，如 CO、RNC 等。图 17-4 和图 17-5 表示了两例。

（3）碳原子为 π 给予体

碳原子为 π 给予体的有机金属化合物，其配体或者是直链的不饱和烃，如烯烃和炔烃；或者是具有离域 π 键的环状体系，如环戊二烯基、苯等。其中最著名的就是蔡氏盐和二茂铁。图 17-6 和图 17-7 表示了另外两例。

17.2.2　金属羰基化合物

（1）金属羰基化合物简介

一氧化碳是最重要的 σ 给予体和 π 接受体配体，它和过渡金属形成的羰基化合物不仅数量多，而且它们的结构、化学键性质以及催化性能等都引了人们极大的兴趣和重视。

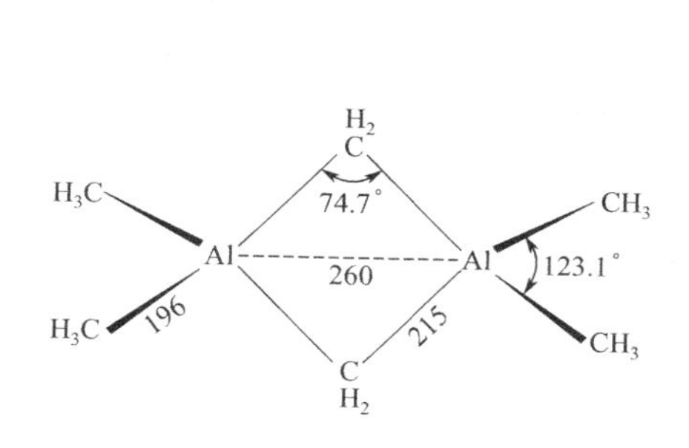

图 17-2　$Al_2(CH_3)_6$ 的结构

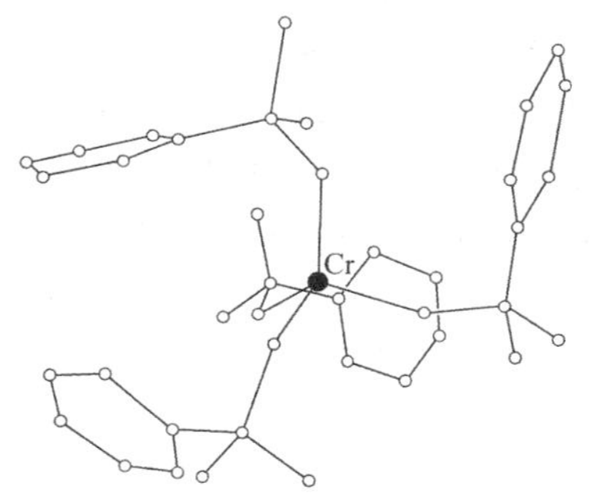

图 17-3　$Cr(CH_2CPhMe_2)_4$ 的结构（H 原子未示出）

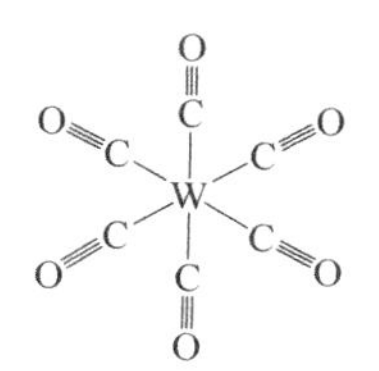

图 17-4　$W(CO)_6$

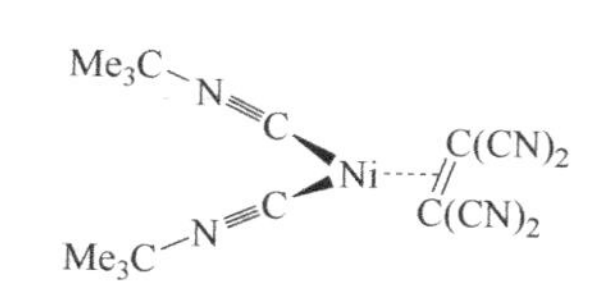

图 17-5　$Ni(CNCMe_3)_2[C_2(CN)_4]$

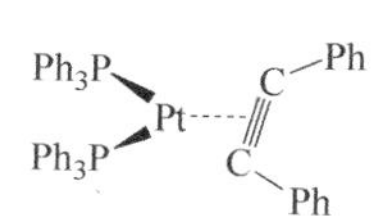

图 17-6　$(C_2Ph_2)Pt(PPh_3)_2$

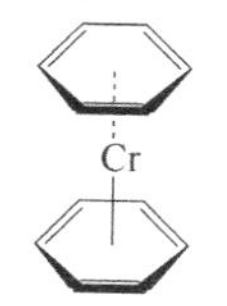

图 17-7　$(C_6H_6)_2Cr$

表 17-1 某些单核二元羰基化合物及其性质

化合物	颜色及状态	熔点/℃	点群	说明
$V(CO)_6$	黑色固体 橙黄色溶液	70℃分解	O_h	真空中升华，顺磁性，V—C=200.8pm
$Cr(CO)_6$	无色晶体	130℃分解	O_h	易升华，Cr—C=191.3pm
$Mo(CO)_6$	无色晶体	—	O_h	易升华，Mo—C=206pm
$W(CO)_6$	无色晶体	—	O_h	易升华，W—C=206pm
$Fe(CO)_5$	浅黄色液体	−20	D_{3h}	沸点 103℃
$Ru(CO)_5$	无色液体	−22	D_{3h}	挥发性强
$Os(CO)_5$	无色液体	−15	D_{3h}	挥发性强，难以制取纯净的化合物
$Ni(CO)_4$	无色液体	−25	T_d	沸点 43℃，易燃，剧毒，Ni—C=183.8pm

金属羰基化合物有单核、双核和多核之分。表 17-1 列举了某些单核二元羰基化合物以及它们的物理性质。

在室温下，这些单核的羰基化合物，或者是憎水液体，或者是挥发性固体。它们都不同程度地溶于非极性溶剂。一般来讲，单核的羰基化合物遵循 18 电子规则，只有少数例外，如 $V(CO)_6$ 的价电子数为 17。

某些双核二元羰基化合物及其性质列于表 17-2 中。$Mn_2(CO)_{10}$，还有 Tc、Re 类似的化合物，以及 $Co_2(CO)_8$ 是相应元素最简单的羰基化合物。$Mn(CO)_5$ 和 $Co(CO)_4$ 均为 17 电子构型的自由基，它们通过形成 M—M 单键二聚后，满足 18 电子规则。

在双核的羰基化合物中，有些仅含端梢的羰基，如 $M_2(CO)_{10}$（M=Mn、Tc、Re）；有些既含端梢又含桥式的羰基，如 $Co_2(CO)_8$ 和 $Fe_2(CO)_9$，见图 17-8。根据红外和拉曼（Raman）光谱的研究，$Co_2(CO)_8$ 在溶液里存在着三种互变异构体，图 17-8(b) 和 (c) 表示了其中的两种，第三种的结构尚未确定。这三种互变异构体的相对浓度依赖于温度和溶剂等因素。在 $Co_2(CO)_8$ 的晶体结构中，则仅含图 17-8(c) 所表示的桥式异构体。

表 17-2 某些双核二元羰基化合物及其性质

化合物	颜色	熔点/℃	点群	说明
$Mn_2(CO)_{10}$	黄	154	D_{4d}	易升华，Mn—Mn=293pm
$Tc_2(CO)_{10}$	白	160	D_{4d}	
$Re_2(CO)_{10}$	白	177	D_{4d}	
$Fe_2(CO)_9$	金黄	100℃分解	D_{3d}	F—Fe=246pm
$Os_2(CO)_9$	橙黄	64～67		
$Co_2(CO)_8$	橙红	51℃分解	C_{2c} 或 D_{3d}	D_{3d} Co—Co=254pm

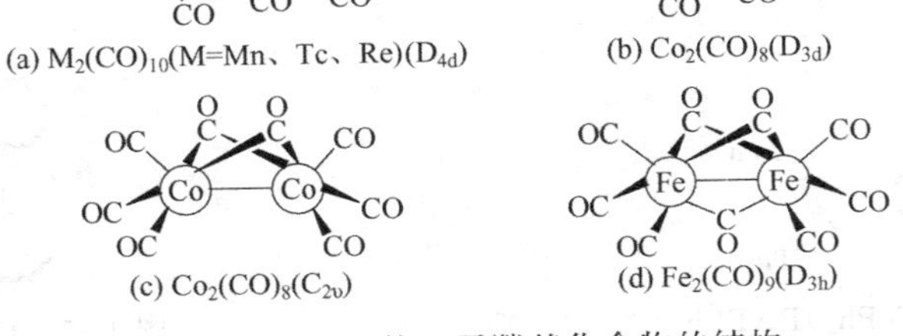

(a) $M_2(CO)_{10}$(M=Mn、Tc、Re)(D_{4d})

(b) $Co_2(CO)_8$(D_{3d})

(c) $Co_2(CO)_8$(C_{2v})

(d) $Fe_2(CO)_9$(D_{3h})

图 17-8 某些双核二元羰基化合物的结构

表 17-3　若干单核的羰基衍生物

取代基	羰基衍生物	取代基	羰基衍生物
H	$Mn(CO)_5H$、$Fe(CO)_4H_2$、$Co(CO)_4H$	PPh_3	$Mo(CO)_4(PPh_3)_2$
X^-	$Mn(CO)_5Cl$	PEt_3	$Mo(CO)_3(PEt_3)_3$
RCN	$W(CO)_5(NCCH_3)$	YPh_3(Y=As、Sb、Bi)	$Mo(CO)_5(YPh_3)$
RNC	$Mo(CO)_5(CNCH_3)$	$Y'Ph_2$(Y'=S、Se)	$Mo(CO)_5(Y'Ph_2)$
Py	$Mo(CO)_5(Py)$、$Mo(CO)_4(Py)_2$	$C_5H_5^-$	$(C_5H_5)M(CO)_3$　(M=Cr、Mo、W)
en	$Mo(CO)_4(en)$	C_6H_6	$(C_6H_6)Cr(CO)_3$
PX_3	$Mo(CO)_5(PF_3)$	C_7H_8	$(C_7H_8)Mo(CO)_3$

二元金属羰基化合物中的配体，可部分地被其他的基团取代，形成一系列相应的衍生物。取代基可以是同种配体，也可以是不同的配体，表 17-3 列出了其中极少部分的实例。除中性的金属羰基化合物以外，还存在大量的金属羰基阴离子或阳离子。显而易见，金属羰基化合物及其衍生物是种类繁多的一类化合物。

(2) 金属羰基化合物的制备

此处仅举一例来说明二元金属羰基化合物的制备。

在通常条件下，CO 与金属并不作用，但在升温、加压的条件下，许多金属可与 CO 作用。例如，镍和铁能在较温和的条件下，直接与 CO 气体反应，形成羰基化合物：

$$Fe+5CO \xrightarrow[CO,加压]{200℃} Fe(CO)_5$$

其他的二元金属羰基化合物，大都间接地由相应金属的卤化物、氧化物或其他的盐还原得来。通常使用的还原剂有钠、烷基铝、一氧化碳本身或一氧化碳和氢气的混合气。

17.2.3　金属-不饱和烃化合物

过渡金属与烯烃、炔烃等含有 π 键的不饱和分子所形成的配合物在成键方式上完全不同于经典配合物，其成键特征是分子中不饱和键上的 π 电子填入中心离子的空轨道，因此也称 π 配合物。π 电子给予体除了烯烃、炔烃等链状的不饱和烃外，还有环状的不饱和烃，如环戊二烯、苯等。这里只介绍烯、炔烃配合物。

(1) 乙烯配合物

过渡金属与链状不饱和烃形成的第一个配合物是 $K[PtCl_3(C_2H_4)]$，它是 1827 年由丹麦化学家蔡斯（Zeise）制得的，所以称 $K[PtCl_3(C_2H_4)]$ 为蔡斯盐。关于它的结构，直到 20 世纪 50 年代通过 X 射线衍射方法才加以确证。它的结构如图 17-9 所示。Pt(Ⅱ) 与三个氯原子处于同一平面，此平面与乙烯所在的平面垂直，但 Pt 所在的平面正方形稍有些变形。

在蔡斯盐中，乙烯与 Pt(Ⅱ) 究竟以怎样的方式结合呢？20 世纪 50 年代初期，Dewer-Chatt-Duncason 提出 C_2H_4 与 Pt(Ⅱ) 键合的模型（简称 DCD 模型）。DCD 模型认为乙烯作为配体，它是以成键 π 电子与 Pt(Ⅱ) 的 dsp^2 空轨道形成三中心配键，$Pt \leftarrow \begin{matrix} C \\ \| \\ C \end{matrix}$，这种键属于 σ 配键。同时 Pt(Ⅱ) 轨道上的未成键电子反馈到乙烯空的反键 π 轨道，形成另一个三中心反馈 π 键。图 17-10 为乙烯与 Pt(Ⅱ) 成键的 DCD 模型。

由于 σ 配键和反馈 π 键的协同作用，使得蔡斯盐相当稳定。烯烃配合物中碳-碳双键的削弱程度可用红外光谱的 $\nu_{C=C}$ 振动频率加以估计，已知烯烃配合物中 $\nu_{C=C}$ 比未配合的烯烃 $\nu_{C=C}$ 低 60～150cm^{-1}，说明配位后 C═C 键增长了。

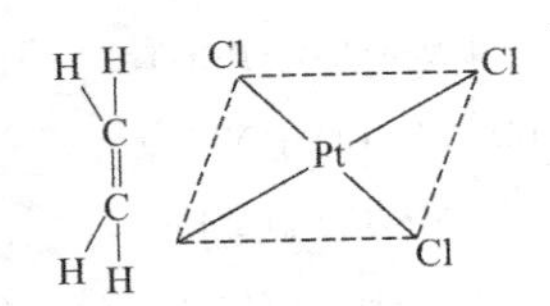

图 17-9　$[PtCl_3(C_2H_4)]^-$ 的结构

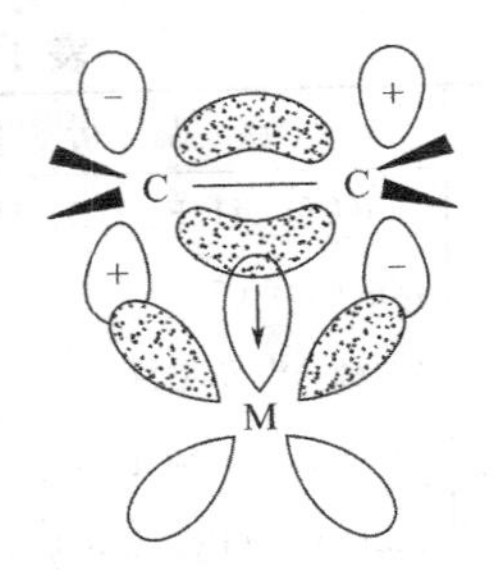

图 17-10　Pt(Ⅱ)和乙烯的键合模型

又如烯丙基的过渡金属配合物 $[(CO)_5Mn—C_3H_5]$，烯丙基是以 σ 键相结合的。但烯丙基的 π 电子也可键合：其中三个碳原子与金属是等距的。

与单烯一样，双烯中的一个双键也可发生 π 配位，但如果位置合适，更常见的是两个双键同时发生配位。一个典型的例子是 $Fe(Co)_5$ 与丁二烯共热生成的三羰基 η-丁二烯合铁。

$$Fe(Co)_5 + CH_2{=}CHCH{=}CH_2 \longrightarrow (C_4H_6)Fe(CO)_2 + 2CO$$

而镍可生成二(η-丁二烯)合镍。

$$Ni + 2C_4H_6 \longrightarrow (C_4H_6)_2Ni$$

(2) 乙炔配合物

炔烃也可以与过渡金属形成配合物，其成键情况与烯烃配合物相似。这类配合物中为人们所熟知的是铂的三(三苯基膦) π 炔烃配合物，它可以通过炔烃置换三(三苯基膦)合铂的配体来制取。

$$(PPh_3)_3Pt + CH_3CH_2C{\equiv}CCH_2CH_3 \longrightarrow (Ph_3P)_2Pt(CH_3CH_2C{\equiv}CCH_2CH_3) + PPh_3$$

一般 d^{10}、d^8 电子构型的原子或低价离子因其反馈 d 电子的能力较强，故易形成不饱和烃配合物。

金属的有机链状不饱和烃配合物在工业上有其重要意义。这些烯烃和炔烃的过渡金属配合物，常与不饱和烃的氧化、氢化、聚合等反应中的催化作用相联系。如乙烯氧化法制备乙醛，就是其中一例。

17.2.4　金属夹心配合物

金属夹心配合物即是金属-环多烯化合物。第一个金属夹心配合物是在 1951 年被发现的二茂铁 $[Fe(C_5H_5)_2]$，由于其特殊的夹心结构和特别高的稳定性，引起人们广泛的兴趣。目前已经知道许多烯的夹心配合物，例如 $[M(C_nH_n)_2]$。它们的共同结构特点是金属原子对称地“夹”在两个平行的碳环体系之间。除了同环的双环体系之外，现在还知道有单环体系，如 $[NiNO(C_5H_5)]$ 和 $[Cr(CO)_3(C_6H_6)]$ 等；混合环体系，如 $[V(C_5H_5)(C_7H_7)]$ 和 $[Mn(C_5H_5)(C_5H_6)]$ 等；多环体系，如 $[Ni_2(C_5H_5)_3]^+$ 的夹心配合物。

从广义上来说，夹心配合物需要符合以下两个条件：①分子中至少有一个 C_nH_n 环；②金属原子处于环的 n 重对称轴上，等价地与环中所有的碳原子结合。

能与过渡金属形成夹心配合物的环多烯都为片状结构且具有芳香性。这些芳环中的 π 电子数都符合 HuKel 规则，等于 4π+2。

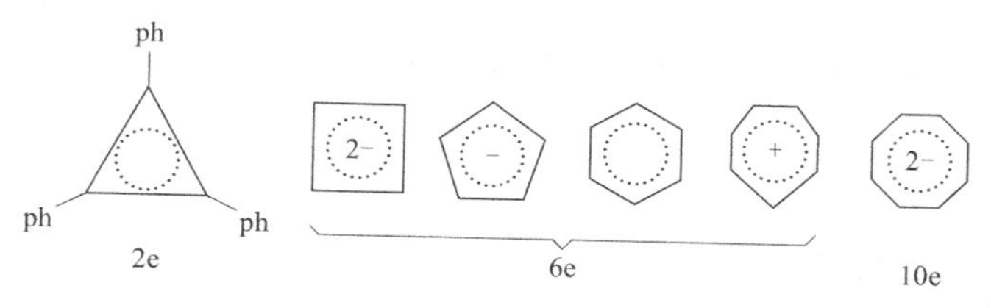

这样，芳环所呈现的电荷常用于确定金属原子的表观氧化数，例如，$[Fe(C_5H_5)_2]$ 中 Fe 的表观氧化数为 +2。

（1）二茂铁

① 性质　二茂铁是易升华的橘红色固体，熔点 446K，隔绝空气加热至 773K 都不分解，因此它是一种稳定的共价化合物。二茂铁是反磁性的，易被氧化成顺磁性 $[Fe(C_5H_5)_2]^+$。它不溶于水，能溶于乙醇、乙醚和苯等有机溶剂；与 10%NaOH 及浓盐酸均不反应；溶于稀 HNO_3 和浓 H_2SO_4 中，溶液呈深红色且具有强蓝色荧光，该溶液能使 $KMnO_4$ 溶液褪色。

二茂铁中的环戊二烯类似苯的性质，但与亲电试剂反应比苯还活泼。例如，酰化作用：

② 结构　含平面的 $C_5H_5^-$ 的环戊二烯基化合物的结构与其结合的金属原子有关。通过 X 射线衍射的研究得知，二茂铁具有夹心型结构，固态二茂铁中两个茂环的相对取向呈交错型。气态时，环的相对取向是重叠型。如图 17-11 所示。

(a) 交错型　(b) 重叠型

图 17-11　$Fe(C_5H_5)_2$ 的交错型和重叠型结构

(2) 二苯铬

二苯铬是继二茂铁后，于1959年合成的第二个金属夹心配合物。它是褐色的固体，熔点557K。苯的夹心配合物中以它最为稳定，但热稳定性不及二茂铁，它易被氧化成黄色的$[Cr(C_6H_6)_2]^+$。

$$2[Cr(C_6H_6)_2]+O_2+2H_2O \longrightarrow 2[Cr(C_6H_6)_2]OH+H_2O_2$$

当反应中加入还原剂，如次磷酸、连二亚硫酸钠时，二苯铬阳离子又可变成中性的二苯铬。二苯铬是非常好的还原剂。它也可用做乙烯聚合的催化剂。二苯铬的结构如图17-7所示。中心铬原子与12个C原子之间的距离是相等的，长215pm，两个苯分子彼此平行。

以上所介绍的几种有机金属化合物只是一些典型的类型和具体的实例。事实上，自从20世纪50年代初二茂铁问世以来，新的有机金属化合物层出不穷，已合成出了大量的这类化合物。同时，随着现代分析、测试手段不断进步，对于这些化合物结构的研究也更加得心应手，使得有机金属化学这门学科也日趋完善和成熟，有兴趣的读者还可参阅相关的专著。

17.3 超分子化学

18世纪道尔顿-盖·吕萨克-阿伏加德罗-康尼查罗的“原子-分子学说”被公认为是化学发展的里程碑，它在长达一个多世纪里有效地指导并推动了化学学科的发展。近代化学完全可以称之为“分子化学”，因为它多以共价键为基础，以分子为研究对象。分子知识的高度积累，不可避免地将人类认知层次推向更高级的结构——分子聚集体，“如今已到了考虑非共价分子间作用力的时代了”。1978年，法国化学家Lehn引入了“超分子化学”的概念，并和另外两名化学家Pedersen和Cram，共同因超分子化学研究的杰出成就荣膺1987年度诺贝尔化学奖。此后，超分子化学更是引起了全球性的关注和重视，研究内容一再扩大和深入，并且取得了巨大的进展。

17.3.1 超分子化学的研究对象

超分子化学是研究两种或两种以上的化学物种通过分子间的非共价相互作用缔合而成的复杂有序且具有特定功能的超分子体系的化学。简而言之，超分子化学如同分子的“社会学”，各种非共价相互作用，例如范德华力、氢键、离子键、配位作用、π-π堆积力、疏水亲脂力等，是这种分子社会的纽带和关键。

同共价键力相比，非共价键力属于弱相互作用。这些作用力对于化学家来说并不陌生，但是在化学家的观念中，一直将这些相互作用看做是一种难以将分子结合成稳定分子集合的弱相互作用力，因而未对其进行进一步研究。直到20世纪80年代，随着对冠醚化学研究的深入，化学家发现分子之间的多种作用力具有协同作用特性，通过协同作用，分子之间能克服弱相互作用的不足，形成有一定方向性和选择性的强作用力，成为超分子形成、分子识别和分子组织的主要作用力，其强度不次于化学键。

超分子体系在生命现象中尤为普遍。众多生物过程如底物与受体蛋白的结合，酶反应，多蛋白复合物的组装，基因密码的存储、读出和转录都和超分子体系奇妙的结合方式（分子的相互作用）密切相关。因此，超分子化学是化学、物理，特别是和生物学高度交叉的学科。表17-4比较了超分子化学和分子化学的一些不同。超分子化学正是通过研究表中比较的诸项达到认识进而设计特定结构和功能超分子体系的目的的。

表 17-4　分子化学和超分子化学的比较

项　目	分子化学	超分子化学
结构单元	原子或原子团、合成子(synthon)	具有组装能力的分子、构筑子(tacton)
结合力	共价键	非共价键
结构的实现	合成化学	分子组装
结构	分子结构	超分子结构
性能	物理、化学性能	物质、能量和信息传输功能

自从超分子化学这一概念提出后，其研究目标慢慢集中到几个方面：①分子间相互作用的专一性空间位置与作用力的协同，分子识别机理与识别过程；②基于分子识别的不同结构层次的组装体的组装过程及组装方法；③超分子体系中结构与功能的关系，包括在识别过程中与高级结构的化学反应。

17.3.2　超分子化学的一些基本概念

超分子化学的兴起，改变了化学家两个传统的观念：一是弱相互作用在一定的条件下可通过加和与协同转化为强的结合能；二是通过组装过程可使超分子体系具有新的禀性，分子不再是保持物性的最小单位。随着超分子化学的发展，逐渐形成了超分子化学的一些比较富于特色的概念，这里择要介绍超分子化学中的一些基本概念。

(1) 分子识别

分子识别是指给定受体（receptor）对底物（substrate）选择性结合并产生某些特定功能的过程。它是基于抗原-抗体、酶-底物特异性结合现象提出的概念。识别过程需要底物与受体空间匹配、力场互补，实际上是超分子的信息处理过程，其中相互作用的化学物种称为底物及受体，较小的分子称为底物（又称客体），较大的分子称为受体（又称主体）。发生在实体局部间的识别称为位点识别，发生在分子间的识别则为分子识别。分子识别在酶促反应、免疫反应和蛋白质的生物合成等许多生命化学过程中均具有重要意义。分子识别引导着所有生理和化学过程中大分子之间的选择性相互作用，分子识别过程既包括键合过程又包括受体对于底物的选择过程，只有作用不是识别，因为识别是一种有目的的、有选择的作用，因此选择性是分子识别的重要特征。按照客体分子的电荷特征，分子识别可以分为对阴离子的识别、对阳离子的识别以及对中性分子的识别。

(2) 分子组装

超分子化学中，“组装”的重要性就如同分子化学中的“合成”一样。自组装是指两个以上分子或纳米颗粒等结构单元在平衡条件下靠非共价作用自发地形成热力学上稳定的、结构上确定的、性能上特殊的一维、二维甚至三维有序的空间结构的过程。该过程是自发的，不需要借助于外力。超分子自组装常利用分子识别和位点识别的方式来保证组织体系的有序性，其构筑基元可以是无机分子、有机小分子、高分子以及生物大分子等。自组装主要有两大类：静态自组装和动态自组装。它们的区别在于是否涉及能量耗散。目前，大多数自组装的研究都集中在静态自组装。动态自组装涉及能量耗散，简单的如振荡化学反应，复杂的如生物细胞，其形成的超分子体系可具有自修复和自复制的特征，动态自组装尚处于研究的初级阶段。

形成分子自组装体系有两个重要的条件：自组装的推动力及导向作用。非共价键的弱相互作用力维持了自组装体系的结构稳定性和完整性。分子自组装体系构建主要有三个层次：第一，通过有序的共价键合成特定的结构与功能的一些分子单元；第二，不同分子单元之间通过非共价键的协同作用，形成结构稳定的分子聚集体；第三，由一个或几个分子聚集体作为结构单元，多次重复自组织排列成有序分子组装体。超分子体系中的相互作用多呈现加和与协同性，并具有一定的方向性和选择性，其中分子识别是形成高级有序分子组装体的关键。同时，大多数超分子体系还具有一个附加特征：它们具有内部调整能力以便进行错误校正，这是通常纯粹共价体系达不到的。

在超分子体系中，不同类型的分子间的相互作用力是可以区分的，根据它们不同程度的强度、取向以及对距离和角度的依赖性，可以分为金属离子的配位键、氢键、π-π 堆积作用、静电作用和疏水作用等。它们的强度分布由氢键的弱到中等，到金属离子配位键的强或非常强。这些作用力成为驱动超分子自组装的基动力。这样我们就可以根据分子自组装的原则，以分子间的相互作用力为工具，把具有特定结构和功能的组分和建筑模块按照一定的方式组装成新的超分子化合物。这些新的化合物不仅仅能表现出单个分子所具有的特有性质，而且能大大增加化合物的数目，把人们对物质世界的认识和理解引向更高的一个层次。如果人们能够很好地控制超分子的自组装过程，就可以按预期的想法更简单、更可靠地得到具有特定结构和功能的化合物。同时自组装是一个过程，它遵循能量最低原理，对于开放的、远离平衡态的有高度活性的体系可能服从于耗散结构的准则。如何模拟生物超分子体系，构筑功能集成的超分子组装体，同时赋予超分子组装体生命物质的一些特征；如何实现无界面依托的三维组装；如何通过组装构筑三维的功能超分子器件。弄清这些问题将有助于超分子自组装理论与技术的突破。

（3）超分子

超分子是指由两个以上的分子亚单位通过自组装而形成的具有特定结构与功能的分子聚集体。超分子具有识别、转化和输运三大基本功能，如图 17-12 所示。

随着人们对分子识别过程中各种作用力本质的理解逐渐深入，人们已经从制备具有特定结构的构筑基元出发来组装多维和高度有序结构的复杂超分子组装体。例如有机-无机复合超分子组装体、超分子高分子组装体、生物超分子组装体等。此外，还发展出了异超分子体系的概念。所谓异超分子体系（heterosupramolecular system），是指由分子或超分子与凝聚态物理相粒子（如纳米金属氧化物粒子）经由分子识别而自组装结合在一起的功能聚集体(aggregate)。异超分子体系在染料敏化太阳能电池材料的研发方面有着非常重要的潜在应用前景。

（4）分子开关与分子机器

所谓分子开关，泛指结构上组织化了的具有“开/关”功能的化学体系。生物体系中已有大量分子水平的开关执行着多种生理功能，例如新陈代谢物质通过细胞膜的迁移，神经信号的传递，以及蛋白质组分（如细胞色素中的血红素、氨基酸）通过氧化还原发生折叠等。分子机器的概念来源于生物，是对一大类广泛存在于细胞内部，能够把化学能直接转换为机

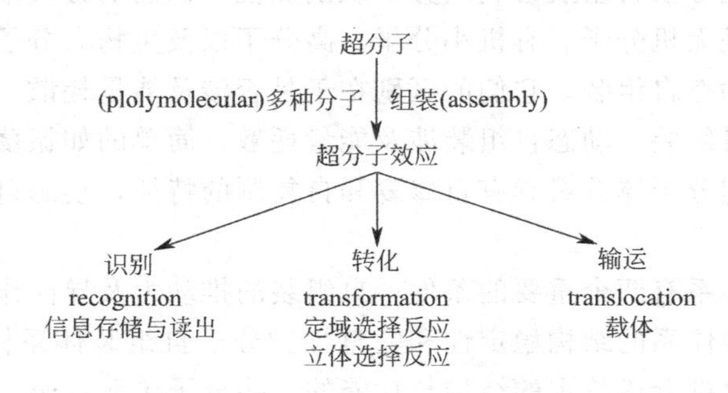

图 17-12 超分子的三大基本功能

械能的酶蛋白大分子的总称。分子机器是将能量转变为可控机械运动的一类分子器件。它们是多组分体系，其中某些部分不动，而另一些部分当提供“燃料”后可以连续运动。分子发动机在自然界中很常见。在人体里，分子发动机在肌肉收缩、细胞内外物质的传递等过程中都发挥着关键作用。事实上，ATP 合成酶是世界上最小的发动机，它催化无机磷酸酯与 ADP 反应合成 ATP。最近的研究直接观察到其活性中心部位蛋白由 pH 梯度驱动的旋转运动。化学分子的运动通常是绕着单键的转动，通过化学、光、电信号可以控制这类运动的方向，据此有可能设计出分子棘轮、分子梭、分子旋转栅门、分子刹车等分子机器或分子开关。近年来国际上开始了这方面的研究，已有不少新的研究成果，有兴趣者可以进一步查阅相关的研究文献。

(5) 超分子材料

以超分子化学为基础的超分子材料，是一种正处于开发阶段的现代新型材料，它一般指利用分子间非共价键的键合作用（如氢键相互作用、电子供体-受体相互作用、离子相互作用和憎水相互作用等）而制备的材料。决定超分子材料性质的，不仅是组成它的分子，很大程度上取决于这些分子所经过的自组装过程，因为材料的性质和功能寓于其自组装过程中。

从 20 世纪 80 年代以来，通过超分子组装来设计开发新型材料已引起人们极大的关注。例如，采用超分子组装技术可获得所希望的生物材料。综合当今国内外有关超分子材料的研究状况，程序化共混和非共价键型高分子等均属超分子材料研究中的新概念。同时，通过分子识别和自组装，对分子间相互作用加以利用和操控，可以在更广泛的空间去创造新的材料，这是目前超分子材料研究所追寻的目标。

17.3.3　超分子化学的发展前景

目前，超分子化学的理论和方法正发挥着越来越重要的作用，该学科的研究将更加紧密地与各化学分支相结合。可以预见，作为超分子化学起源的主客体化学将与有机合成化学、配位化学和生物化学互相促进，为生命科学、能源与材料科学的发展提供新的动力。超分子化学方法在无机化学中的应用，将使人们获得多种具特定功能的配合物、晶体、陶瓷等材料；物理化学则要改变当前超分子化学的定性科学现状，从微观和宏观上把选择性分子间力、分子识别、分子自组装等过程用适当的变量进行定量描述，从而提高人们对超分子化学的认识和预测、控制能力，最终要寻求解释超分子体系内在运动规律和预言此类体系整体功能的理论工具。

超分子化学为我们展开了一个丰富多彩的分子世界，超分子化学的出现对传统的化学提出了新的挑战，学科交叉与碰撞产生的超分子科学必然会成为 21 世纪新思路、新概念与高技术的一个重要源头。

17.4　生物无机化学

一个活的机体具有储存和传递信息、繁衍后代、调节和适应、利用环境中的物质与能量等功能。经典生物学从细胞水平看问题，所以无法充分理解和解释这些功能的由来。生物化学改变了经典生物学的面貌。生物化学从分子水平解释生命现象。人类对生命的认识进入一个新的境界，开始认识到各种生物功能无非是许多生物分子之间有组织的化学反应的表现。于是，展现在人们面前的是许多配合准确、默契的化学反应的复杂组合。尽管人们可以在实验室里合成一个又一个复杂结构的化合物，在试管中重复一个又一个的反应，但它们不能组织起来，因而不能产生生命。自然界巧妙安排的这种反应组合具有高度选择性和准确性，物质与能量的利用经济合理，而且以极高的灵敏度被调控，从而实现了由低级运动形式到高级运动形式的转化。实际上，自然界只利用为数不多的结构单元——氨基酸、核苷酸、脂肪酸、单糖等有机基本成分和一些无机离子，构成大量具有生物功能的分子，它们可以在指定时间和部位被合成和利用，而又在另一时间或部位转化成另一种分子，它们可以相当准确地对体内外的刺激或信息做出应答，而从不浪费能量和物质。

经典生物化学发现了这些特点，但不能理解这些特点。自从化学的观点和方法被引入这一领域后，把对生物系统化学本质的研究引向了亚分子水平。化学家按其传统的思路力求研究各种生物分子的结构-性质-生物功能三者间的关系。他们使用他们熟悉的方法测定生物分子结构，如血红蛋白、羧肽酶等。后来，从各化合物和各反应的关系中发现了一个长期被忽视的方面，这就是金属离子在上述反应的实现和组合中起着重要作用。生物化学家在研究酶时就已经认识到绝大多数的酶要靠金属离子表现其活性。他们还认识到维持生物体内水和电解质平衡也需要金属离子。此外，血液凝固、肌肉收缩等都与金属离子有关。没有金属离子，就没有生命。在这个基础上，从 20 世纪 60 年代后期起逐渐形成了生物无机化学这门新学科。

17.4.1 生物无机化学研究的对象

生物无机化学主要研究在生命过程中起作用的金属（和少数非金属）离子及其化合物。这些物质有的是生命必需的，它们所参加的反应起着物质和信息的运送，反应速率和进度的调节，生物体的结构组成以及在众多反应中发挥开关、调节、传递、控制等作用。此外还研究一些并非必需的，甚至有害的元素及其化合物。无论必需元素化合物的功能，还是有害元素的毒性，都是它们的生物活性。生物无机化学就是要研究这些生物活性物质的结构-性质-活性的关系，以及它们在体内环境中参与反应的机理。

可以把含金属和需要金属的生物分子大体分为图 17-13 中所示的几类。这些生物分子都是由金属离子与生物配体（主要是蛋白质）组成的各种配合物。因此生物无机化学的研究对象主要是这些有生物功能的金属和生物配体以及由它们构成的含金属（和少数非金属）的生物分子。

生物无机化学的任务就是运用化学家熟悉的诸如结构测定、分子模拟、热力学和动力学等方法，来研究生物分子结构-性质-生物功能三者之间的关系，确定生物化学反应的机理，并在此基础上进行生物模拟和药物合成工作等。

17.4.2 生命元素

元素周期表中大约有 90 种稳定的元素，而生命系统只选择了部分元素作为其结构元素和维持生存。通常把维持生命所必需的元素称为生命元素。生命元素有以下特征：①存在于正常的组织中。②在各物种中有一定的浓度范围。③如果从机体中排除这种元素，将会引起生理或结构变态，影响正常功能或导致其消亡。

按照上述定义，生物体的必需元素至少有 26 种，它们是氢、碳、氧、氮、磷、硫、钠、钾、钙、镁、氯、铁、锌、铜、锰、钼、钴、铬、钒、镍、锡、氟、碘、硼、硅和硒。由于目前对某些微量元素的生理功能尚缺乏了解，认识也不大一致，在不同的文献和书籍中，列举的必需元素数目不尽相同。随着分析技术的进步和对微量元素功能认识的深化，必需元素的数目将会增加。

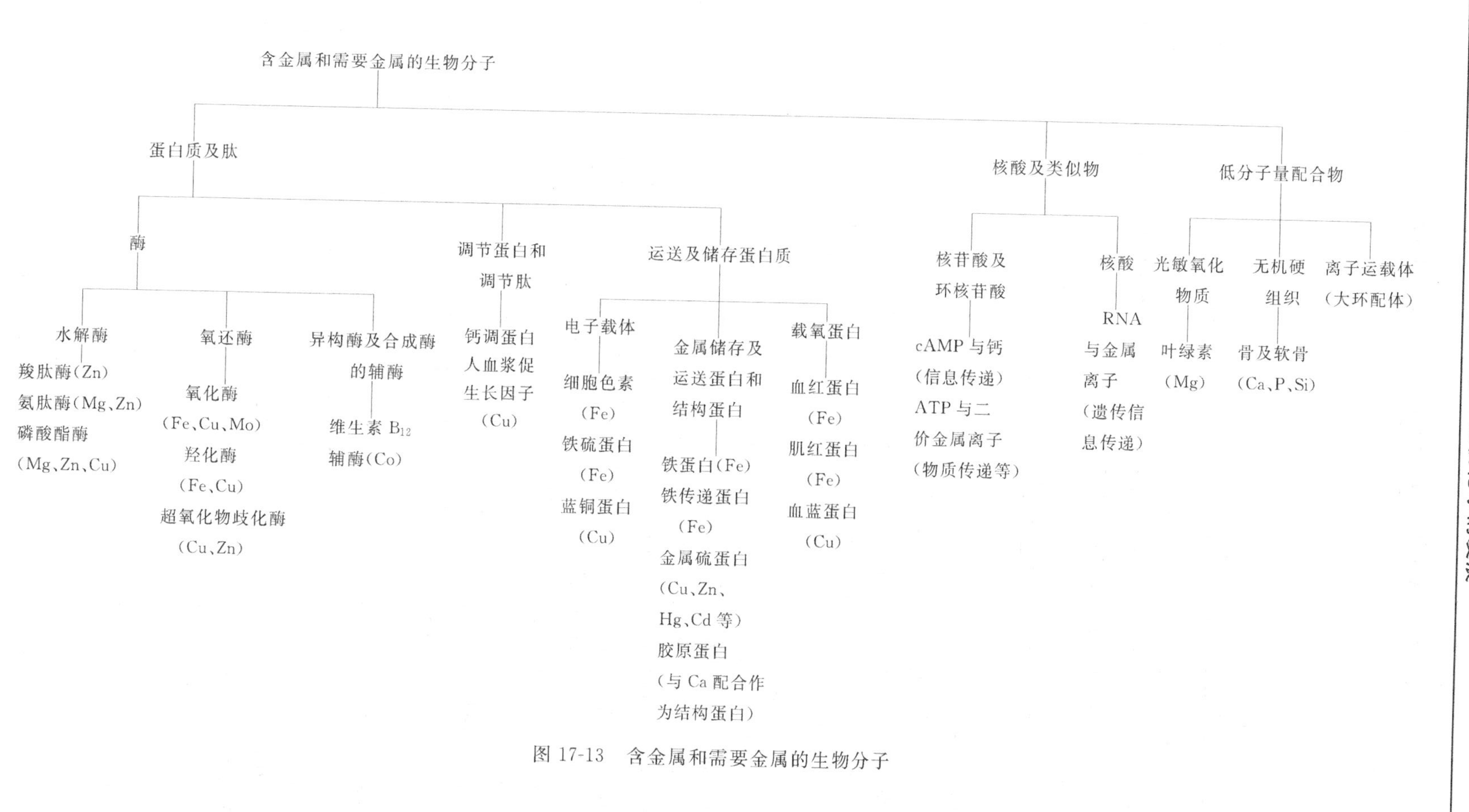

图 17-13　含金属和需要金属的生物分子

表 17-5 体重 70 公斤的人的主要元素平均含量

元素	含量/$g \cdot 人^{-1}$	元素	含量/$g \cdot 人^{-1}$	元素	含量/$g \cdot 人^{-1}$
H	6580	Na	70	Zn	1～2
C	12590	K	250	Mn	<1
N	1815	Mg	42	Mo	<1
O	43550	Ca	1700	Co	<1
P	680	Cl	115	Cu	<1
S	100	Fe	6	Ni	<1

表 17-5 列举了人体的主要元素组成。在生物体内，氢、碳、氧、氮、磷和硫占很大比例。它们组成生物体中的蛋白质、糖类、脂肪、核酸等生命基础物质。另外，钠、钾、钙、镁、氯也占一定比例，它们通常以离子形式存在于生物体中。这些元素称为常量元素。铁、锌和铜的含量较低；锰、钼、钴、铬、钒、镍、锡、氟、碘、硼、硅和硒的含量更低。它们被称为微量元素。对生物体，特别是对人体有毒的元素，如汞、镉、铅等重金属，通常称为有害元素。

17.4.3 生物酶与生物模拟

生物酶是极好的催化剂，它可以在常温、常压和接近中性的条件下高效而专一地催化生物化学反应的进行。实现在温和条件下高效率催化工业化学反应的进行一直是化学家们的梦想。对生物酶和生物过程的化学模拟是非常重要的，它不仅可以加深我们对酶及生命系统作用机制的认识，而且还可以为我们研发高效的仿生催化剂、发展仿生化工开辟途径。

（1）酶的化学本质和特性

迄今为止，分离和纯化出的所有酶都已证实是蛋白质。许多酶分子都有以不同牢固程度与酶蛋白结合的非蛋白组分。它可以是金属离子，或者是分子量相当低的有机分子，我们称之为辅助因子，所以这些酶是结合蛋白质。辅助因子对于保持全部酶活性是必不可少的。酶的蛋白质部分称为脱辅基酶蛋白，而由脱辅基酶蛋白加辅助因子组成的完整酶称为全酶。全酶的酶蛋白决定着酶促反应的专一性和高效率。辅助因子在反应中直接传递电子、原子或某些基团。辅助因子又分为辅酶和辅基。辅基与酶蛋白结合牢固，不易用透析法分离；辅酶则容易用透析法分离。两者只是与酶蛋白结合的牢固程度不同，并无严格界限。也有一些酶是简单蛋白，其水解产物全是氨基酸，催化活性只取决于蛋白质的结构，如脲酶、淀粉酶、核糖核酸酶。由于酶的化学本质是蛋白质，因此酶也具有蛋白质的各种理化性质。酶可因热和某些化学试剂的作用而变性，使四、三和二级结构遭到破坏，呈现出没有催化活性的随机卷曲形式。

与一般催化剂相比，酶作为生物催化剂，有以下特性：①催化效率高。以分子比表示，酶促反应速率比非催化反应高 $10^8 \sim 10^{20}$ 倍，比其他催化反应高 $10^7 \sim 10^{13}$ 倍。②具有高度专一性。一种酶通常只作用于某一类或一种特定物质。③反应条件温和。酶促反应在常温、常压和接近中性的酸碱度进行。④酶比一般催化剂更易失去活性。⑤酶的活力可以受到多种形式的调节控制。

（2）酶的催化功能与构效关系

① 酶的活性中心　研究结果表明，酶的特殊催化能力只局限于整个大分子的某一部分。在催化过程中，酶（E）首先与底物（S）结合形成中间产物（ES），然后再分解为产物（P）和酶。

$$E + S \longrightarrow ES \longrightarrow E + P$$

酶的活性中心是指酶分子中直接与底物结合形成酶-底物复合物的区域。一般认为活性中心有两个功能部位，直接与底物结合的称为结合部位，催化底物发生特定化学反应的称为催化部位。

② 酶的专一性与酶-底物的结合　与无机催化剂不同，酶对其催化的反应有着惊人的专一性。通常可将酶的专一性分为三种：a. 绝对专一性，是指一种酶只能催化一种底物进行一种反应。如过氧化氢酶只催化过氧化氢分解。b. 相对专一性，是指一种酶能催化一类具有相同化学键或基团的底物进行某种类型的反应。如酯酶能催化各种含酯键物质的水解。c. 立体异构专一性，包括旋光异构专一性和几何异构专一性。当底物有旋光异构体时，酶只能作用于其中一种，这称为旋光异构专一性。例如，L-氨基酸氧化酶只能催化 L-氨基酸氧化，对于 D-氨基酸没有作用。当底物有顺反异构体时，酶只能作用于其中一种，这称为几何异构专一性。如延胡索酸水化酶只能催化延胡索酸（即反丁烯二酸）水合成苹果酸或它的逆反应，而不能催化马来酸（顺丁烯二酸）水合作用或它的逆反应。

1894 年，E. Fisher 首次提出酶的专一性是由底物与酶活性部位紧密地互补“契合”而引起的。这一概念后来发展成了解释酶-底物结合专一性的“锁-钥”模型。如图 17-14 所示。

酶与底物之间可逆互补契合的证据是由酶的竞争性抑制现象提供的。在这一方面，最著名的例子是丙二酸对琥珀酸脱氢酶的竞争性抑制。某些有生物活性的化合物，它们的作用就是归因于酶的竞争性抑制作用。例如对氨基苯磺酰胺（磺胺），它能选择性地使某些人类病原菌中毒，而对人的危害相当小。对氨基苯甲酸（PAB）是细菌必需的代谢物前体，可以把它看做是细菌的维生素。以 PAB 为底物的酶受到分子结构上与 PAB 很类似的磺胺药物的竞争抑制，这就是磺胺对那些需要 PAB 的细菌的毒理基础。

③ 辅助因子的作用

a. 金属离子的催化作用。有些酶的活力依赖于金属离子的存在，如钴、锌和锰等。这几种金属和其他这类金属全都属于过渡金属，并且具有未填满的原子轨道。金属离子通过在酶和底物分子间形成配位键而起着连接作用，并参与酶促反应。例如，碳酸酐酶含锌，它催化二氧化碳和水形成碳酸的反应。酶的锌离子与底物的氧原子形成配位键，见图 17-15，从而有助于反应发生所必需的电子转移。

b. 辅酶或辅基。辅酶或辅基的种类很多，在酶促反应中主要起传递氢原子、电子、转移官能团等作用。图 17-16 所示的是辅酶Ⅰ(NAD) 和辅酶Ⅱ(NADP) 的结构。它们都是脱

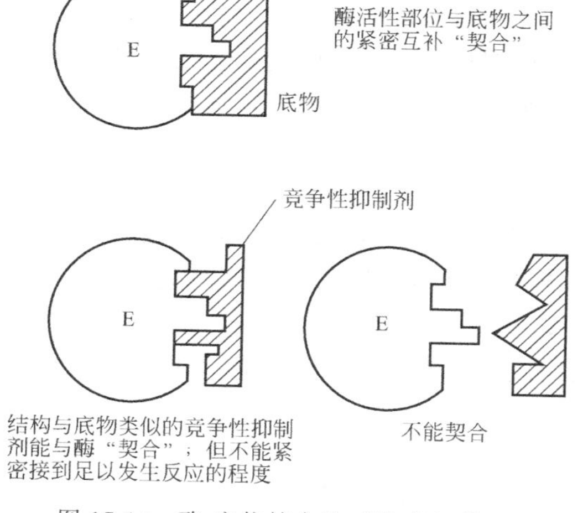
E
酶活性部位与底物之间的紧密互补“契合”
底物
竞争性抑制剂
E
E
结构与底物类似的竞争性抑制剂能与酶“契合”；但不能紧密接到足以发生反应的程度
不能契合

图 17-14　酶-底物结合的“锁-钥”模型

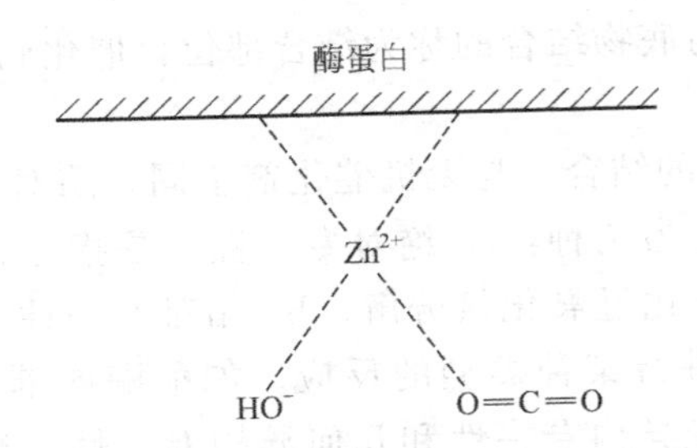

图 17-15 锌离子在碳酸酐酶中的功能

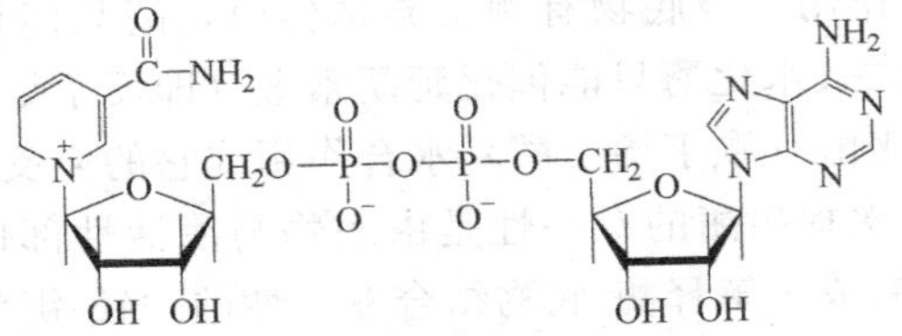

烟酰胺腺嘌呤二核苷酸 (NAD)

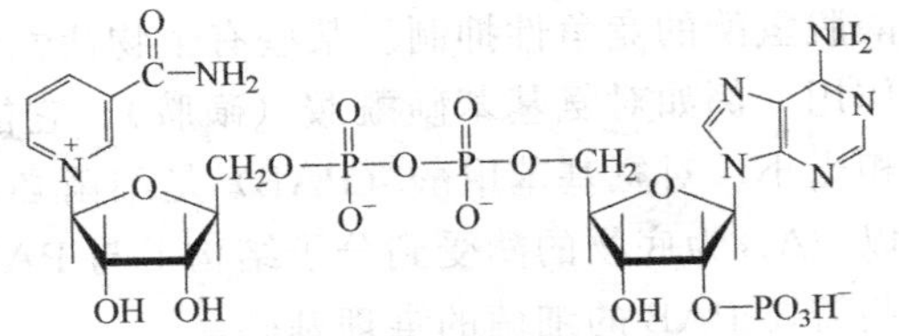

烟酰胺腺嘌呤二核苷酸磷酸 (NADP)

图 17-16 辅酶Ⅰ(NAD) 和辅酶Ⅱ(NADP) 的结构

氢酶的辅酶，与酶蛋白结合很松弛，主要功能是传递氢和电子。

④ 酶蛋白的作用 酶蛋白具有特殊的功能，它可以在几种可能的反应中选择和指令其中一种并对其加以促进。酶蛋白不仅对反应发生的可能性起着高度专一、指令的作用，而且它的存在赋予酶催化反应以巨大的效率。酶蛋白对于酶促反应的影响，在于它能够修改与之结合的非蛋白辅助因子的催化作用或其他性质。例如，血红素本身是不活泼的褐色化合物，每个分子都含有一个亚铁离子。它不溶于水，能与氧化合产生羟高铁血红素。而血红蛋白与肌红蛋白中的血红素却可以很容易地可逆结合氧，铁的化合价并不发生变化。当血红素与另外一类蛋白结合时，结果便产生出能可逆携带电子的蛋白质——细胞色素。细胞色素氧化酶也含有血红素，它能专一性地催化电子从细胞色素直接转移到分子氧上的反应。因此，血红素具有某种潜在性质，在与某些特异蛋白结合后，这些性质就有选择性地“显现”出来，并得到加强。

⑤ 酶系统 在活的细胞中，很少有一种酶单独发挥功能，它们几乎总是与另外一些酶联系在一起组成酶系统来发挥功能。在这一过程中，辅助因子起着重要作用。图 17-17 是由两个酶 E_1 和 E_2 组成的酶系统，其功能是把氢从 A 传递到它的末端受体 B 上。实际上，中间载体 C 起着辅酶的功能，它把两个酶 E_1 和 E_2 联合到一起。如果有若干个酶以这种方式通过辅酶联系在一起，便构成一个复杂的多酶系统。在活的细胞中，酶和酶系统的活力按照代谢需要而受到控制和调节。

(3) 生物模拟固氮

① 自然中的氮循环 氮在生物圈中的循环如图 17-18 所示。固氮作用与含氮有机物分解产生的氨，都能被微生物利用。这些微生物可以使氨氧化，经过一系列的反应最终生成硝

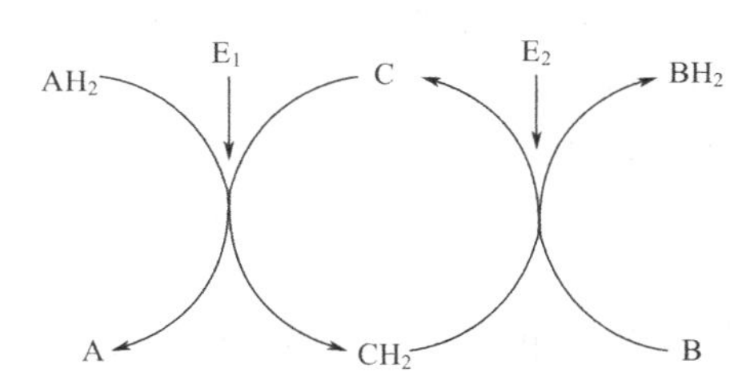

图 17-17　两个酶 E_1 和 E_2 组成的酶系统

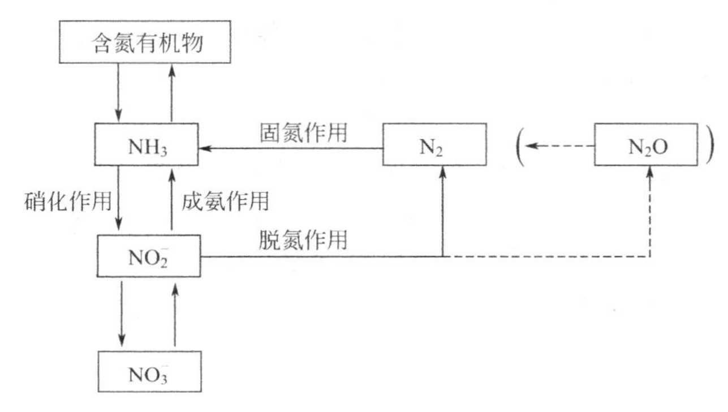

图 17-18　自然中的氮循环

酸盐，这个过程称为硝化作用。硝化作用放出的能量被用于还原二氧化碳，作为合成新物质的碳源。与硝化作用相反，同时存在硝酸盐还原的过程。其中生成氨的作用称为成氨作用，生成氮的途径称为脱氮作用。

② 固氮微生物与固氮酶　固氮微生物有两个主要类群：自生固氮微生物和共生固氮微生物。自生固氮微生物是能够独立固氮的微生物。在这一类群中，有厌氧细菌，如巴氏芽孢梭菌；有需氧微生物，如固氮菌；还有兼性细菌，如芽孢杆菌。共生微生物在独立存在时没有固氮作用，当它们侵入宿主植物之后，从宿主植物获得碳源和能源便可固氮。根瘤菌与豆科植物的根瘤关系密切，当它们在根瘤内处于一种退化状态时才能起固氮作用。固氮微生物的固氮作用主要依赖固氮酶。来源于多种多样固氮微生物的固氮酶，能和许多小分子底物发生作用，没有严格的专一性。下列反应可以在固氮酶的作用下完成：

$$N_2 + 6H^+ \xrightarrow{6e} 2NH_3$$

$$HCN + 6H^+ \xrightarrow{6e} CH_4 + NH_3$$

$$CH_2NC + 6H^+ \xrightarrow{6e} CH_4 + CH_3NH_2$$

$$N_3^- + 7H^+ \xrightarrow{6e} N_2H_4 + NH_3$$

$$HCN + 4H^+ \xrightarrow{4e} CH_3NH_2$$

$$N_3^- + 3H^+ \xrightarrow{2e} N_2 + NH_3$$

$$N_2O + 2H^+ \xrightarrow{2e} N_2 + H_2O$$

$$C_2H_2 + 2H^+ \xrightarrow{2e} C_2H_4$$

$$2H^+ \xrightarrow{2e} H_2$$

$$3\underset{\diagdown\ \diagup \atop CH_2}{CH{=}CH} + 6H^+ \xrightarrow{6e} \underset{\diagdown\ \diagup \atop CH_2}{CH_2{-}CH_2} + 2CH_3{-}CH{=}CH_2$$

从多种固氮微生物分离出来的固氮酶都是由大同小异的钼铁蛋白和铁氧还原蛋白组成的，其比例为1∶1或2∶1。它们单独存在时，均无催化活性。目前对具有电子传递作用的铁氧还原蛋白的活性中心已有一定的了解，而对起固氮作用的钼铁蛋白的活性中心仍然缺乏完整的认识。一般认为，固氮酶中钼铁蛋白的功能是络合底物分子，使底物分子活化并把它还原。

铁氧还原蛋白是由两个相同亚基组成的二聚体，相对分子质量约为58000～72000，含有一个 Fe_4S_4 原子簇。多种铁氧还原蛋白的一级结构已经测定，它们的氨基酸残基顺序十分相似，其中约有20%酸性氨基酸残基、10%碱性氨基酸残基。铁氧还原蛋白活性中心 Fe_4S_4 的模型化合物已合成出来，并证实了它可以在各种模拟实验中代替铁氧还原蛋白。

各种固氮酶钼铁蛋白相对分子质量在200000～240000之间。钼铁蛋白分子是由两个 α 亚基和两个 β 亚基组成的四聚体。α 链的相对分子质量为60000，β 链的相对分子质量为50000～59000。每个钼铁蛋白分子内，钼、铁、无机硫原子数依次是2、24～36、22～34。钼铁蛋白分子中含有四个 Fe_4S_4 原子簇和两个铁钼辅基。图17-19是我国科学家卢嘉锡等提出的铁钼辅基的两种结构模型。有关固氮酶铁钼辅基结构的研究仍在继续进行。对固氮酶的活性中心结构及作用机制也有待进一步深入探讨。

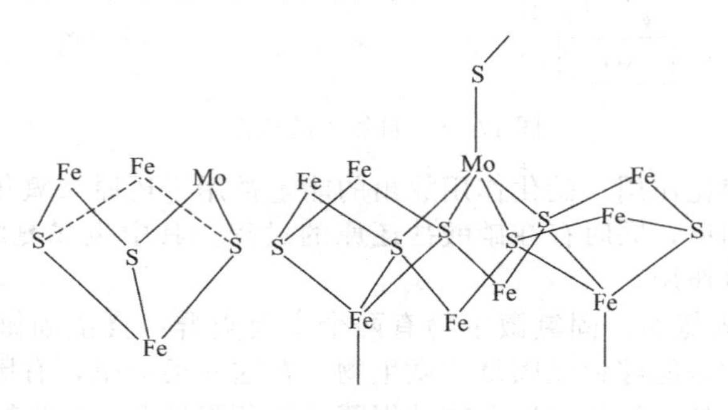

图17-19　铁钼辅基的两种结构模型

③ 固氮酶模拟　微生物中的固氮酶能在常温常压下高效率把氮转化为氨，为地球上的生物提供氮源。从20世纪60年代起，化学模拟生物固氮引起了很多科学家的注意。目前，有关固氮酶结构与机制方面的背景知识仍然不够充分，人们还不可能按照固氮酶的结构-功能关系来设计人工模拟固氮酶，只好通过研究一些简单的配合物来做一些有意义的探索。

固氮酶对底物没有严格的专一性，因此其钼铁蛋白活性中心结构不一定有很高的专属性，现已发现多种化合物能结合氮分子并使之活化。由于固氮酶含有钼，有关钼配合物固氮酶模型化合物的研究自然较为引人注目。钼配合物类固氮酶模型化合物大致有四类：a. 钼铁硫原子簇；b. 钼-硫醇（包括钼-半胱氨酸体系）；c. 钼-二硫代氨基甲酸；d. 钼-氰负离子。

钼铁硫原子簇化合物的组成和结构最接近铁钼辅基，因此，这类化合物作为固氮酶活性中心模型的研究相当活跃。有几十个钼铁硫原子簇化合物已被制备出来，其基本结构可以分为立方烷和线型两大类。立方烷含有 $MoFe_3S_4$ 结构单元，钼的价态一般为+3或+4，Mo-Fe和Mo-S键长与铁钼辅基的相应数据很接近。线型结构含有 MoS_2Fe 结构单元，钼的价态一般为+5或+6，相应键长则随配位数的不同有明显差别。图17-20和图17-21是立方烷和线型结构钼铁硫原子簇的结构示意图。

生物重组实验研究结果表明，不同组成的钼铁硫原子簇化合物与固氮酶的钼铁蛋白混合时，均显示相当高的生物重组活性。有关机理还有待进一步研究。

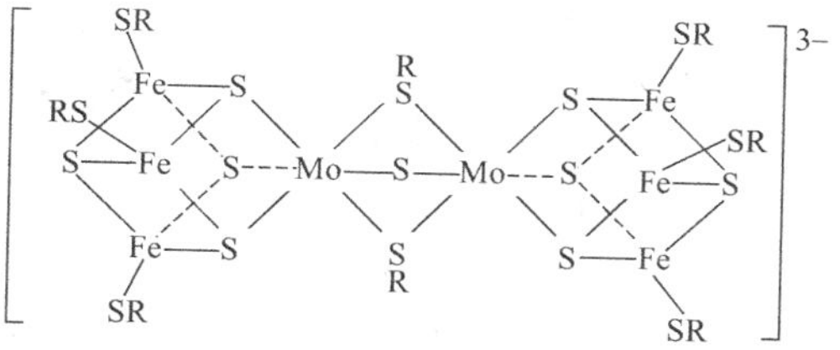

图 17-20　一种立方烷型 Mo-Fe-S 簇合物的结构

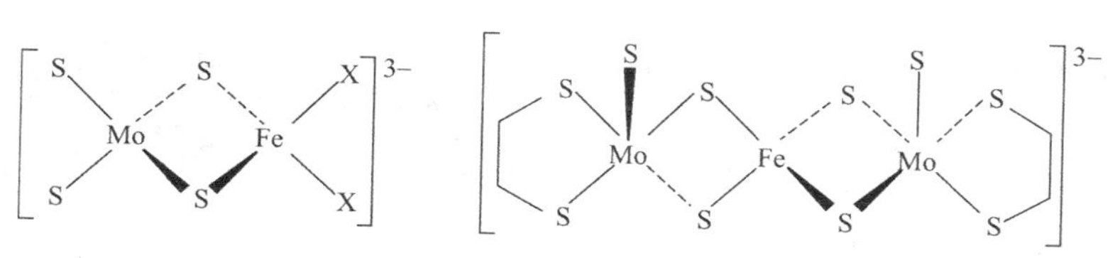

图 17-21　两种线型 Mo-Fe-S 簇合物的结构

(4) 生物模拟与未来的化学工业

地球上的生物是由基本的生命分子经过漫长的自组织过程演化而来的。每一个细胞都是一座奇妙的化学工厂，里面进行着成千上万的化学反应。生命系统中所有的反应都是在温和条件下进行的，而且具有高效率与高选择性。“细胞工厂”的精巧和优越性是当今任何化学工业所无法比拟的。例如，N_2 在常温下化学性质极不活泼，是最稳定的双原子分子，工业上通常是在 30MPa(300atm) 左右，450～550℃时用铁做催化剂，利用 N_2 与 H_2 直接反应合成氨。这么苛刻的反应条件不仅对设备的要求很高，而且能耗也很大。而固氮微生物在常温下就能高效率将空气中的氮气转变成氨，提供生物生长所需的氮源。如果能对固氮微生物的功能进行化学模拟，实现常温常压下高效率合成氨，这无疑是一场化学工业的革命。当今，对生命系统结构与功能的化学模拟研究方兴未艾，是基础化学与化工研究的重要领域。这一领域研究的任何突破，对于当今化学工业来说都是革命性的。采取人工利用或模拟生物功能的方法来发展与改进化工生产是未来化学工业的发展方向所在。

17.4.4　生物无机化学的发展趋势

国际生物无机化学在过去的十年中取得了令人瞩目的成就和发展，研究队伍不断壮大。生物无机化学已经成为化学学科的重要分支。随着化学科学与生命科学的日益融合，生物无机化学呈现出了大量有创新潜力的发展方向。以下是一些比较值得关注的研究领域。

(1) 无机化合物（包括金属离子、配合物、非金属小分子、无机物纳米粒子、无机超分子等）与生物大分子的相互作用和引起的结构功能变化研究

这是生物无机化学研究的基础，主要研究有选择性调控生物大分子功能的无机化合物与生物大分子的作用及其机理，如金属离子与某些蛋白质作用中的分子识别、分子折叠和选择性聚集。

(2) 金属蛋白和金属酶（包括含硒蛋白）的结构、功能和模拟酶研究

这是应用生物无机化学研究的重要课题，除应用金属配合物对各类生物酶的结构与功能进行模拟研究外，还包括金属酶和金属蛋白的基因表达，通过基因表达合成新的金属酶，金属离子在蛋白质与 DNA、蛋白质与蛋白质相互识别、构象变化和缔合中的作用研究等。

(3) 细胞层次的生物无机化学研究

主要研究无机化合物对细胞的生理、病理与毒理等过程的干预与调控作用及其机制，阐明细胞对不同无机化合物应答的化学规律，如无机物与细胞相互作用时，细胞化学组成、结

构、功能方面的变化和无机物结构变化机理；无机化合物与细胞相互作用中的细胞化学计量关系；金属离子介入细胞信号系统的规律；无机化合物和自由基对细胞增殖、分化和凋亡级联过程中的作用位点、干预方式、作用机理；无机化合物对某些相关基因组和蛋白组的影响；在上述基础上，研究用无机物定向控制细胞增殖、分化的途径等。

(4) 化合物在重大疾病防治中的作用和作用机理的研究

研究金属离子和配合物在人体内的吸收、转化、分布、排出和毒性与组成、结构和性质的关系；研究干预和调整细胞病理过程为基础的针对性无机药物的作用机理（如过度积累的金属的螯合排出、抑制活性氧生成转化、阻断或调整病理信号转导过程、生物脱矿的阻断等）；探索无机药物分子设计与合成的新途径。

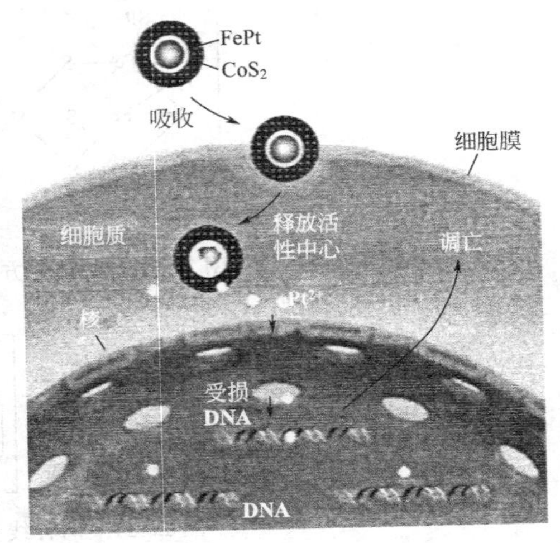

图 17-22　$FePt@CoS_2$ 杀死宫颈癌细胞的假设机理

(5) 无机仿生材料和固体生物无机化学

生物矿化是生物无机化学研究中的一个重要领域，利用模拟生物矿化实现有序无机功能材料与仿生材料的合成也是应用生物无机化学的重要课题。此外，由于纳米科学和纳米药物的兴起，（纳米）固体生物无机化学将是生物无机化学研究的一个崭新领域。例如，已经发现具有核-壳结构的无机纳米晶 $FePt@CoS_2$ 可以杀死癌细胞（见图 17-22，J Am Chem Soc，2007，129：1428）。

17.5　无机固体化学

大多数无机物是以固体形态存在的，呈现种种特殊的光、电、磁、声、热、力性质以及它们之间的相互转化（光-电、压电、热电、声-电……），再加上催化、吸附、离子交换等特性的无机固体，是当今社会的三大支柱——材料、能源、信息的基础。因此，近 20 年来，无机固体化学得到了迅速发展，已成为一门独立的涉及物理、化学、晶体学及各种技术学科的边缘学科。

无机固体材料涉及的范围很广，具体来讲包括单晶、多晶、非晶态、玻璃、陶瓷、薄膜、涂料、低维化合物、复合材料、超细粉末、金属、合金与金属间化合物等。目前，无机固体化学对无机固体化合物的合成、组成、结构、相图、价态与光、电、磁、热、声、力学及化学活性等化学、物理性能和理论展开了广泛而深入的研究，并在很多领域中如高温超导体、激光、发光、高密度存储、永磁、固体电解质、结构陶瓷、太阳能利用与传感等方面取得了重要的应用。通过大量的基础与应用的研究工作，探讨组成、结构与性能的关系，宏观和微观的关系，整体与局部的关系，这将有助于进一步达到对无机固体材料设计的目的。根据所需要的给定性能，设计出所需要的组成与结构的固体化合物。特别需要结合我国的丰产元素，如稀土、钨、钛、锑等开展它们的固态化学的研究，进一步开发利用我国的丰产资源，为我国的建设提供新型的化合物。近年来，下列无机固态化学中的问题引起了国内外广泛注意。

（1）固态的有序与缺陷的研究

理想的单晶是由原子有序而完整地排列而组成的。但在实际所得的单晶中总是存在空位和位错等缺陷。所以，如何合成与生长无位错接近理想的完整的单晶，正是如何获得高光学质量的激光晶体（如掺钕的钇铝石榴石）和性能良好的用于磁泡存储器（如钆镓石榴石）及集成电路的单晶片所急需解决的问题。

有时，缺陷的存在并非坏事，一些缺陷的存在正是获得可调谐的色心激光晶体和制备探测辐射剂量的具有热释光性能的固体化合物所必需的条件。因此，如何在无机固态物质中有意识地消除或引入缺陷成了材料设计中的重要问题。

（2）固体的无序或近程有序而远程无序的研究

近年来发展了一系列的非晶物质，它们具有一些比有序的晶态物质更优越的性能，如光的信息存储、永磁、磁光和光生伏特效应等。在无机合成中展开了一些在特殊条件下（如采用急冷）制备非晶态物质的新方法，并带动了一系列测定与表征非晶态的方法。

（3）无机固态物质表面与晶界的研究

由于电子能谱、高分辨电镜、隧道显微镜和原子力显微镜等新技术的应用，使人们有可能对这方面的工作进行深一步的研究。特别是一些具有特殊性能的物质对表面和晶界有特殊的要求，更促进了这方面的研究工作日益发展。为制得高存储密度的磁粉和为提高催化剂活性以及提高化学反应的速率，要求制备表面积很大的超细粉末。制备粒度和性能一致的粉末原料已成为保证和稳定一些产品质量的一致性的重要问题。

陶瓷物质的晶界对其性能有重要的影响，改善晶界的状态将可提高精细结构陶瓷的耐高温性能和克服其脆性，同时也是进一步提高陶瓷高温超导体的临界电流密度的关键问题之一。

（4）低维化合物的制备及其性能的研究

层状或链状结构化合物即属于低维化合物，研究其组成、结构与结晶化学，探讨其产生电子离域和定域的条件，电子和离子的输运机理以及影响其输运的因素，研究层与层之间的间距，键强以及配位方式对电学和力学性能的影响，从而寻找出新型的无机高温超导体、电子和离子导体及耐高温的润滑材料。

（5）非整比化合物的合成与研究

近年来，出现了一系列具有重要用途的非整比化合物，其中的高温超导体 $YBa_2Cu_3O_{7-x}$ 就是这一类具有二价和三价铜的混合价态的非整比化合物。研究这类非整比化合物的组成、结构、价态、自旋状态与性能，对寻找新型的无机功能材料将是很重要的。

（6）探求新的无机合成方法和新的反应

根据新材料发展的需要，发展了无机合成的新技术。如为了制备薄膜，发展了外延技术、金属有机化学气相沉积、LB 膜和急冷高转速制备非晶态薄膜等；又如利用离子注入法进行掺杂；利用溶胶凝胶法和辉光放电法制备超细粉末；利用固态电解法制备高纯稀土金属；利用极端条件（超高压、超低真空、超高温、超低温、失重、辐照等）进行合成。

新的反应的出现和应用可大大简化工艺、降低成本、提高产品质量和提供新的产品。近年来，利用分子束外延等微观加工技术制备的超晶格，正揭开发展第三代半导体材料的序幕。

（7）异常价态与价态起伏的研究

元素的价态不同，其性质亦不同。发现元素新的价态，则可赋予这些元素完全新的性质而具有新的用途。

在合成化学中离子不等价取代，可使化合物中的一些变价元素的价态发生改变或产生混合价态，从而可使化合物的电、磁性能发生明显的变化。例如利用这些不等价取代方法合成含 Fe、Co、Ni、Cr、Mn、V、Cu 等可变价的 d 过渡元素的化合物，并研究其价态和自旋状态的变化，有可能提供一些新型的电学和磁学材料。

(8) 在固态化合物中有关能量的转换、存储、传递和损耗的研究

功能材料的特性之一是可使能量以一种方式加入之后通过材料的作用转换为另一种方式(如光电、热电、声光、压电、磁光等)，起到换能器的作用，从而衍生出一系列的功能材料。功能材料的特性之二是可使能量存储，如储氢材料。功能材料的特性之三是可使能量传递，如利用电子或离子输运的电子导体或离子导体和固体电解质。

为了提高功能材料的效率，必须研究能量在其中的损耗，如吸收光能后以晶格振动的形式损耗，或与陷阱相遇后以猝灭的形式损耗等。因此，找出克服能量损耗的途径是提供优质高效的无机固态功能材料的重要课题。

思考题

1. 为何说无机化学是一个继往开来的化学学科？
2. 试述现代无机化学发展的背景。
3. 试述元素分离对现代科学技术进步所起的重要作用。
4. 试述有机金属化学的发展。
5. 试述超分子化学的研究对象与应用前景。
6. 试述生物无机化学的研究对象和所要解决的问题。
7. 生命元素的特征是什么？哪些元素是常量元素，哪些元素是微量元素？
8. 酶的化学本质与特性是什么？酶的专一性表现为哪几个方面？
9. 固氮微生物是如何固氮的？目前固氮酶的模拟化合物主要有哪几类？
10. 关于血红蛋白中铁与氧的键合模型目前主要有哪几种？
11. 无机固体化学有哪些主要研究领域？
12. 何谓功能材料？功能材料有哪些类型？

第18章 水环境 大气化学

自18世纪以来，工业革命的发展产生了巨大的社会生产力，使得人类利用和改造自然的能力大大加强，人类的生活也发生了天翻地覆的变化。然而，随着资源的过度使用，废弃物的大量排放，自然环境的组成、结构和状态发生了很大的变化，资源被滥采滥用，生态平衡被破坏，有害物质对大气、水体、土壤及生物体系产生污染，有些甚至达到了致害的程度，诸此种种破坏了人与自然的和谐关系，威胁着人类的生存与发展。因此，环境问题已成为全球瞩目的重要问题。本章从无机化学的原理出发，着重对水、大气的污染与防治加以阐述。

18.1 水环境

地球表面的70%被水覆盖着，因此，水是地球上分布最广的资源之一。水还是生命的源泉，是人类生存和发展不可或缺的物质。但是，可供利用的淡水资源仅占地球总水量的0.63%。随着世界人口的激增，工农业生产的发展，有限的淡水资源越来越不能满足人类的需求，与此同时，人类的活动还使大量的污染物被排入水体，造成水体污染，水质下降。因此，保护水资源是摆在我们面前的重要任务之一，我们必须合理利用水资源，节约用水，防止水质污染。

水环境化学的主要研究任务是从热力学和动力学两个方面研究化学物质在天然水体中的存在形式、反应机理、迁移转化、归趋的规律与化学行为及对生态环境的影响，并为水资源保护和水污染控制提供科学依据。

18.1.1 水的结构与性质

氢气在氧气中燃烧就可以产生水。

$$2H_2+O_2 \longrightarrow 2H_2O$$

纯水是一种无臭、无味、无色的液体，在压力为100kPa时，水的凝固点是0℃，沸点是100℃，水的密度在4℃时最大，在0～4℃范围内水的体积不是“热胀冷缩”，而是“冷胀热缩”。

在水分子中，O原子在成键过程中形成四个不完全等同的sp^3杂化轨道，其中有两个sp^3杂化轨道分别由O原子上的孤电子对占据，另两个sp^3杂化轨道为成键轨道，如图2-11(b)所示。这两个成键sp^3杂化轨道分别与两个H原子的s轨道重叠，形成两个O—H键。这两个O—H键的夹角是104.5°，因此，水分子呈V形结构。由于水分子结构不对称，偶级矩$\mu=6.23\times10^{-30}$C·m，所以水是强极性分子。

在水分子之间还存在着氢键，致使水分子在液态和固态时产生缔合现象。

$$nH_2O \underset{解缔}{\overset{缔合}{\rightleftharpoons}} (H_2O)_n + 热$$

正是由于水分子之间存着氢键，使水具有一些特殊的性质，与同族的 H_2S、H_2Se、H_2Te 相比，水具有较高的熔点、沸点、熔化热和蒸发热。

在冰中，水分子形成四面体骨架结构，如图 18-1 所示。每个 O 原子与四个 H 原子相连，其中两个 H 原子以共价键结合，另两个 H 原子通过氢键结合。这样形成一个敞开结构。在冰结构中存在着较大的空隙，使冰的密度较低。当冰融化时，一些氢键被破坏，敞开结构也被破坏，水分子彼此更为紧密地排列在一起，所以水的密度比冰的密度大。4℃时，水分子排列得最紧密，因而密度也最大。加热使水温升高，一些氢键断裂，大的缔合分子断裂成小的缔合分子，在蒸气状态时，水几乎完全以单分子形式存在。

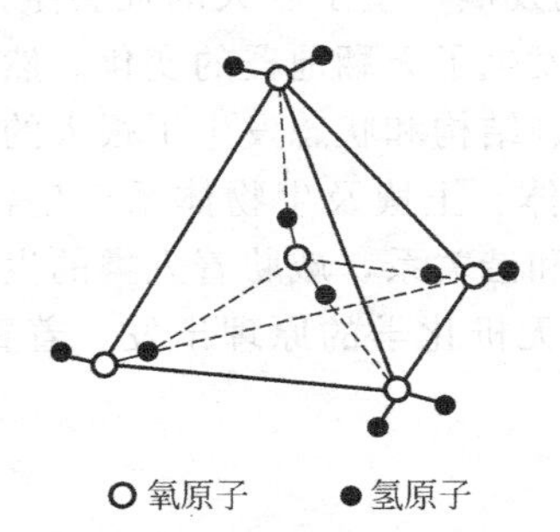

图 18-1　冰晶体中的氢键

水是一种良好的溶剂，很多化学反应都可以在水溶液中进行。

纯水可以传导电流，但导电能力很弱，原因是纯水是一种很弱的电解质，可微弱地电离出 H^+ 和 OH^-：

$$H_2O \rightleftharpoons H^+ + OH^-$$

水可以和许多金属进行化学反应。活泼的金属能同冷水反应，生成金属氢氧化物，并放出 H_2：

$$2Na + 2H_2O(冷) \longrightarrow 2NaOH + H_2\uparrow$$

$$2K + 2H_2O(冷) \longrightarrow 2KOH + H_2\uparrow$$

活泼性较弱的金属则需在高温的条件下与水蒸气反应。

$$3Fe + 4H_2O \longrightarrow Fe_3O_4 + 4H_2$$

水还可以与一些非金属进行化学反应，如 F_2、Cl_2、Br_2 在常温下可与水反应。

$$Cl_2 + H_2O(冷) \longrightarrow HCl + HClO$$

白热的碳同水蒸气反应生成 H_2 和 CO。

$$C + H_2O(水蒸气) \longrightarrow CO + H_2$$

水与金属氧化物反应可得到相应的氢氧化物；与非金属氧化物反应则得到相应的酸。

$$Na_2O + H_2O \longrightarrow 2NaOH$$

$$SO_2 + H_2O \longrightarrow H_2SO_3$$

水能够与许多盐类进行"水解作用"。由于水中的氧原子上有孤电子对，因此，水可以作为配位体与许多金属离子形成配位离子。

18.1.2　水体中的重金属污染及其治理

环境污染中所指的重金属主要是 Hg、Cr、Pb、Cu、Zn、Co、Ni、Mn、Ag 等生物毒性显著的金属元素，以及毒性与重金属元素相当，与人类健康关系密切的 As、Se、Be

元素。

重金属污染物主要来源于工业排放，废水中重金属的存在形式随介质的酸碱性及产物的方式不同而异，其价态及存在形式不同，毒性也不一样。许多重金属的中毒浓度都很低，其中危害较大的有Hg、Cd、Cr、Pb和As，均被列为第一类污染物。

重金属不能被微生物降解为无害物，重金属废水排入水体后，除部分为鱼类等水生物吸收外，其余大部分被水中各种有机和无机胶体及微粒物质吸附，再经聚集沉降于水体底部，一方面重金属污染物因沉降得到净化，另一方面，在某些条件下，已被吸附的沉降物又重新被置换，释放返回水中，再次污染水体。通常水体中只要含有微量的重金属，就会造成严重的危害，并通过生物富集浓缩，由食物链危及人类，且其毒性可长期持续存在。因此重金属污染物如不经处理直接排入环境，对环境和人类产生的影响将是非常严重的。这就要求我们在生产过程中改进工艺，减少废水产生量，对排出的废水进行合理整治，尽量回收有用金属，处理后废水进行循环再利用，对处理产生的无回收价值污泥和浓缩液，进行无害化处理，以避免二次污染的产生。

（1）含汞污水及其治理

水体中汞的污染主要来源于有色金属冶炼、化工、电解、农药、造纸等生产和使用汞的生产部门排出的工业废水。

水体中的汞主要有无机汞和有机汞两种存在形式。无机汞的存在形态为Hg_2^{2+}、Hg^{2+}。有机汞的存在形式为CH_3Hg^+、CH_3HgCH_3、$CH_3Hg(OH)$、CH_3HgCl、$C_6H_5Hg^+$等。在微生物的作用下，无机汞可转变为毒性很大的甲基汞、二甲基汞。

$$\text{无机汞} \xrightarrow{\text{微生物}} CH_3Hg^+ \xrightarrow{CH_3^-} CH_3HgCH_3$$

汞能干扰人体中的酶和蛋白质的合成功能，对肾脏造成严重伤害，使其丧失从血液中排除废物的能力。甲基汞具有很强的亲脂性，在脂肪中的溶解性大于在水中的溶解性，对生物膜的渗透能力很强，能够渗透血浆、血红细胞和神经系统，进入生物体后几乎全部被吸收，且可长时间停留，形成积累性中毒。水中的甲基汞被水生生物吸收、富集，通过生物链最终对人类造成严重的威胁。发生在日本水俣湾的“水俣病”就是甲基汞中毒的典型病例，其症状表现为严重的中枢神经系统损伤、视觉收缩、听说障碍、四肢麻痹、动作失调及情绪失常等。

我国含汞废水的排放浓度规定为$\leqslant 0.05mg \cdot L^{-1}$，且不得检出有机汞。

消除水体中汞的污染可采用以下一些方法：

① 沉淀法 Hg^{2+}与S^{2-}有较强的亲和力，在含汞的废水中加入Na_2S或NaHS，可生成溶解度很小的HgS［$K_{sp}^{\ominus}(HgS)=4.0\times10^{-33}$］沉淀：

$$Hg^{2+} + S^{2-} \longrightarrow HgS\downarrow$$

根据溶度积规则，加入过量的沉淀剂Na_2S可使HgS沉淀完全，但由于HgS溶于过量的Na_2S后生成溶于水的$[HgS_2]^{2-}$：

$$HgS + NaS \longrightarrow Na_2[HgS_2]$$

为避免HgS与过量的Na_2S反应，可加入混凝剂$FeSO_4$，使Fe^{2+}与过量的S^{2-}反应，生成FeS沉淀：

$$FeSO_4 + S^{2-} \longrightarrow FeS\downarrow + SO_4^{2-}$$

FeS与悬浮的HgS发生吸附作用共同沉淀下来。

② 化学还原法 利用Fe粉、Cu屑、Al粉、Zn粒、$Na_2S_2O_3$、Na_2SO_3、$NaBH_4$、肼

等作还原剂，可将废水中的 Hg^{2+} 还原为金属汞，并加以回收利用。

用 Fe 粉处理含汞废水时，需在酸性条件下进行。

$$Fe + Hg^{2+} \longrightarrow Fe^{2+} + Hg\downarrow$$

$$Fe + 2H^{+} \longrightarrow Fe^{2+} + H_2\uparrow$$

用 Fe 粉还原法除汞率可达 99%以上，但由于酸度较高，Fe 粉消耗量大，且放出大量的 H_2，安全性较差。

Al 粉可用来处理单一的含汞废水，Hg^{2+} 被 Al 粉还原后，在以金属汞形式析出的同时又与 Al 形成铝汞齐，附着于 Al 粉的表面。加热 Al 粉，使其分解，可得到汞。

$NaBH_4$ 与 Hg^{2+} 的反应为：

$$Hg^{2+} + BH_4^- + 2OH^- \longrightarrow Hg\downarrow + 3H_2\uparrow + BO_2^-$$

③ 离子交换法　离子交换是依靠离子交换树脂上的离子与废水中的离子进行交换，从而达到去除污染物质的目的。用离子交换法处理含汞废水时，通常先使废水流经阳离子交换树脂，Hg^{2+} 与 H^+ 交换后留在树脂上，然后再用 HCl 溶液将 Hg^{2+} 洗下回收。

含汞废水的处理方法还有活性炭吸附法、电解法、微生物法等。

(2) 含铬污水及其治理

化学工业、冶金、电镀、制革、油漆、印染等工业生产部门将含铬废水排入水体，均会使水体受到污染。水体中的铬主要以三价态（Cr^{3+}、CrO_2^-）和六价态（CrO_4^{2-}、$Cr_2O_7^{2-}$）化合物为主。

Cr(Ⅵ) 化合物的毒性比 Cr(Ⅲ) 化合物大 100 倍，这主要是其强氧化性引起的。Cr(Ⅵ) 被认为是致癌物质，对皮肤和消化道有刺激作用。皮肤长期接触含铬溶液会发痒、产生红点，并渐渐侵入深部。饮用含铬污水将引起贫血、肾炎、神经炎等疾病。Cr(Ⅵ) 和 Cr(Ⅲ) 的化合物对鱼类、农作物均有毒害作用。

我国含铬废水的排放浓度规定为 $\leqslant 1.5mg \cdot L^{-1}$，其中 Cr(Ⅵ) 的排放浓度规定为 $\leqslant 0.5mg \cdot L^{-1}$。

含铬废水的处理要考虑污水的水质、数量和排污点的位置等因素，避免产生二次污染。可将 Cr(Ⅵ) 转化为毒性较小的 Cr(Ⅲ)，并以氢氧化物的形式沉淀，再灼烧为氧化物回收，可用于颜料、磁性材料等。也可直接处理含有铬酸根的污水。

① 化学还原法 含铬废水常用 $FeSO_4$ 或亚硫酸盐进行还原处理，使 Cr(Ⅵ) 还原为 Cr(Ⅲ)：

$$Cr_2O_7^{2-} + 6Fe^{2+} + 14H^{+} \longrightarrow 6Fe^{3+} + 2Cr^{3+} + 7H_2O$$

$$Cr_2O_7^{2-} + 3SO_3^{2-} + 8H^{+} \longrightarrow 3SO_4^{2-} + 2Cr^{3+} + 4H_2O$$

然后加入碱（可用廉价的石灰），调节溶液的 pH，Cr(Ⅲ) 以沉淀的形式分离：

$$Cr^{3+} + 3OH^- \longrightarrow Cr(OH)_3\downarrow$$

② 电解还原法 将含铬废水放入以铁作为阴、阳极的电解槽中，电极反应为：

阴极　$$2H_2O + 2e \longrightarrow H_2\uparrow + 2OH^-$$

阳极　$$Fe \longrightarrow Fe^{2+} + 2e$$

Fe^{2+} 再将 Cr(Ⅵ) 还原为 Cr^{3+}。随着反应的进行，溶液的 pH 增大，Cr^{3+} 和 Fe^{3+} 在阴极区生成氢氧化物沉淀：

$$Cr^{3+} + 3OH^- \longrightarrow Cr(OH)_3\downarrow$$

$$Fe^{3+} + 3OH^- \longrightarrow Fe(OH)_3\downarrow$$

$Cr(OH)_3$ 和 $Fe(OH)_3$ 具有良好的絮凝作用，可吸附溶液中的其他有害离子，产生共沉淀，达到同时除去的目的。

③ 铁氧体法 处理含铬废水时，先向含铬废水中加入过量的 $FeSO_4$ 溶液，使 $Cr_2O_7^{2-}$ 或 $HCrO_4^-$ 被还原：

$$HCrO_4^- + 3Fe^{2+} + 7H^+ \longrightarrow Cr^{3+} + 3Fe^{3+} + 4H_2O$$

然后加入适量 NaOH 使 Cr^{3+} 和 Fe^{3+} 以及未反应完的 Fe^{2+} 沉淀为氢氧化物。在加热的条件下通入空气，使部分 Fe^{2+} 氧化为 Fe^{3+}，当 Fe^{2+} 和 Fe^{3+} 的含量达一定比例时，可以生成具有磁性的氧化物 $Fe_3O_4 \cdot xH_2O$，即铁氧体。铁氧体具有强磁性，利用 Cr^{3+} 和 Fe^{3+} 具有相同的电荷和相近的离子半径，在沉淀过程中 Cr^{3+} 可取代部分 Fe^{3+} 的特点，用磁铁将沉淀物吸出以达到净化水的目的。

④ 沉淀法 用 $BaCO_3$ 作为沉淀剂，使含铬废水中的 Cr(Ⅵ) 转化为 $BaCrO_4$ 沉淀，经分离除去。

$$Ba^{2+} + CrO_4^{2-} \longrightarrow BaCrO_4 \downarrow$$

由于 Ba^{2+} 也具有毒性，因此，$BaCO_3$ 的用量要适中。

⑤ 离子交换法 离子交换法是直接处理含铬废水的方法。该法是使含铬废水流经阴离子交换树脂，发生离子交换后 $HCrO_4^-$ 留在树脂上，然后用 NaOH 溶液进行淋洗，$HCrO_4^-$ 重新进入溶液加以回收，同时树脂也得到再生，其反应如下：

$$R—OH + HCrO_4^- \underset{再生}{\overset{交换}{\rightleftharpoons}} R—HCrO_4 + OH^-$$

该法可用于处理大量的低浓度含铬废水。

另外，还可用阳离子交换树脂除去废水中的 Cr(Ⅲ)。留在树脂上的 Cr^{3+} 用一定浓度的 HCl 或 H_2SO_4 溶液淋洗。

含铬废水还可用活性炭吸附、活性污泥生化处理、液膜分离、电渗析、溶剂萃取等方法处理。

(3) 含镉污水及其治理

进入水体的镉主要来自冶金、电镀、电池、颜料等工业含镉废水的排放，大气镉尘的沉降和雨水对地面的冲刷。水体中的镉主要以 Cd^{2+} 状态存在，可与一些无机物和有机配体形成多种可溶性化合物，如 $CdOH^+$、$HCdO_2^-$、CdO_2^-、$CdCl^+$、$CdCl_3^-$、$Cd(NH_3)_3^{2+}$、$Cd(NH_3)_4^{2+}$、$CdHCO_3^+$、$CdHSO_4^+$ 等，水体中镉的溶解度受碳酸根和氢氧根浓度的影响。

水体中悬浮物和沉积物对镉有较强的吸附能力，水生生物可富集水体中的镉，并通过食物链的作用对人类造成严重的威胁。最早发生于日本的"骨痛病"，就是由于当地居民长期饮用含镉的水，食用镉污染的稻米和水产品引起的中毒。镉的化合物主要通过消化道和呼吸道进入人体，当镉进入骨质中则会取代部分钙，引起骨质疏松、软化，骨骼萎缩、变形，关节痛，甚至自然断折，使患者有难以忍受的骨痛感。镉还能够置换锌酶中的 Zn(Ⅱ)，干扰锌酶的生物活性，导致肌体组织代谢的障碍，引发肾脏疾患，如糖尿病、尿蛋白、慢性肾炎等。

我国含镉废水的排放浓度规定为 $\leqslant 0.1mg \cdot L^{-1}$。

含镉废水的处理方法有沉淀法、氧化法、离子交换法、气浮法、碱性氯化法等。

① 沉淀法 在碱性条件下，Cd^{2+} 能形成稳定的 $Ca(OH)_2$ 沉淀，pH>11 时，刚经沉淀的新鲜残留液中 Cd^{2+} 的浓度小于 0.00075mg L^{-1}。

$$Cd^{2+} + 2OH^- \longrightarrow Cd(OH)_2 \downarrow \qquad K_{sp}^{\ominus}[Cd(OH)_2] = 2.5 \times 10^{-14}$$

因此，可向仅含有镉的废水中加入石灰或电石渣，使 Cd^{2+} 转化为难溶的 $Cd(OH)_2$ 沉淀。若同时加入混凝剂（如铁盐或铝盐），则可通过共沉淀使除镉效率大大提高。

此外，可溶性的硫化物也可用做沉淀剂，使镉以 CdS 沉淀形式分离去除。

$$Cd^{2+} + S^{2-} \longrightarrow CdS\downarrow$$

为了更有效地除去水体中的镉，还可采取石灰和 Na_2S 分步二级沉淀的方法。

② 氧化法　若废水中除镉外还含有较多的 CN^-，镉则以配离子的形式存在于废水中，如 $Cd(CN)_4^{2-}$，上述沉淀法将会因可溶性配离子的存在，而不能达到有效去除镉的目的。此时应加入漂白粉，使镉生成沉淀 $Cd(OH)_2$，CN^- 被氧化为无毒的 HCO_3^- 和 N_2。

$$Ca(OCl)_2 + 2H_2O \longrightarrow Ca(OH)_2\downarrow + 2HOCl$$

$$Cd(CN)_4^{2-} \longrightarrow Cd^{2+} + 4CN^-$$

$$2CN^- + 5ClO^- + H_2O \longrightarrow 5Cl^- + N_2\uparrow + 2HCO_3^-$$

$$Cd^{2+} + Ca(OH)_2 \longrightarrow Cd(OH)_2\downarrow + Ca^{2+}$$

③ 离子交换法　利用阳离子交换树脂去除废水中的 Cd^{2+}。

(4) 含铅污水及其治理

铅及其化合物的种类繁多，广泛应用于建筑材料、电池、弹药、颜料、油漆、杀虫剂、媒染剂、稳定剂、放射性物质贮器、电脑显示器等。在其冶炼、加工、生产制备、应用等过程中不免污染环境和转入人体，并显示它们的毒害作用。水体中铅主要以 Pb^{2+} 状态存在，其含量和形态受水中 CO_3^{2-}、SO_4^{2-}、OH^-、Cl^- 等离子含量的影响，铅可以 $PbOH^+$、$Pb(OH)_2$、$Pb(OH)_3^-$、$PbCl^+$、$PbCl_2$ 等多种形态存在。有机铅在水中的溶解度小、稳定性差，尤其在光照下容易分解。但在一些鱼的体内已发现含有占总铅量 10%左右的有机铅化合物，包括烷基铅和芳基铅。水体中悬浮颗粒物和沉积物对铅有强烈的吸附作用。

存在于环境中的铅及其化合物可通过呼吸道、皮肤、消化道进入人体，还可由母体胎盘进入胎儿体内。铅离子易与蛋白质分子中半胱氨酸内的巯基（—SH）发生反应，干扰肌体内的生化和生理活动，损害人体的神经系统、消化系统、生殖系统、心脏和造血功能。儿童对铅的吸收率比成人高出 4 倍以上，且体内缺铁、缺钙的儿童摄入和吸收铅的速率更快。儿童铅中毒时常会引起脑病综合征，具有呕吐、嗜睡、昏迷、运动失调、活动过度等神经病学症状，重者失明、失聪，乃至死亡。

由于铅及其化合物多数有毒，所以各国普遍重视含铅废料的回收和再利用。

我国含铅废水的排放浓度规定为 $\leqslant 1.0mg \cdot L^{-1}$。

含铅废水的处理方法有：

① 沉淀法　用碱调节废水的 pH 在 8.0～10.0 的范围内可使 Pb^{2+} 以 $Pb(OH)_2$ 的形式沉淀析出，从沉淀的泥渣中还可回收铅。

$$Pb^{2+} + 2OH^- \longrightarrow Pb(OH)_2\downarrow$$

此外，还可用石灰、碳酸钠、白云石、磷酸盐作沉淀剂，使 Pb^{2+} 转化为相应的难溶盐沉淀而除去。

$$Pb^{2+} + CO_3^{2-} \longrightarrow PbCO_3\downarrow$$

$$3Pb^{2+} + 2PO_4^{3-} \longrightarrow Pb_3(PO_4)_2\downarrow$$

但使用磷酸盐作沉淀剂时，需要在 pH 大于 7.0 和 3 倍剂量的沉淀剂的条件下进行，所以处理后的出水中会含有大量的 PO_4^{3-}。

② 混凝法　在处理烷基铅生产厂排出的含有较高浓度有机铅的废水时，常用沉淀剂先

除去其中的无机铅，再用硫酸亚铁或硫酸铁作混凝剂将其中的有机铅沉降去除。得到的含铅泥渣可精炼回收铅，达到变废为宝的目的。该法亦可用于城市供水的处理。

③ 离子交换法　废水中的无机铅和有机铅均可用离子交换法除去。通常是先经沉淀法降低废水中铅的含量，再用磷酸型树脂吸附处理。去除铅的效果可达99%以上。

（5）含砷污水及其治理

含砷废水主要来源于采矿、冶金、制酸、颜料、杀虫剂、防腐剂、砷酸盐药物生产的排放水等。水体中砷可以H_3AsO_3、$H_2AsO_3^-$、H_3AsO_4、$H_2AsO_4^-$、$HAsO_4^{2-}$、AsO_4^{3-}等形态存在。水体无机砷化合物可被环境中的厌氧菌还原、甲基化后形成有机砷化合物。砷可被颗粒物吸附，共沉淀到底部沉积物中。水生生物可富集水体中的无机砷和有机砷化合物。

砷的化合物都有较大的毒性，其中低价砷的毒性强于高价砷。砷对肌体的危害是由于它可以促进胆汁排硒，破坏硒清除人体内自由基的功能，损害人的肝、肾及神经等。

我国含砷废水的排放浓度规定为$\leqslant 0.5mg \cdot L^{-1}$。

含砷废水的处理方法通常有沉淀法、离子交换法、吸附法、电凝聚法、生化法等。

① 沉淀法　对于含砷量较高的酸性废水，可用廉价的石灰乳作沉淀剂，与废水中的砷生成亚砷酸钙或砷酸钙沉淀。

$$3Ca^{2+} + 2AsO_3^{3-} \longrightarrow Ca_3(AsO_3)_2 \downarrow$$

$$3Ca^{2+} + 2AsO_4^{3-} \longrightarrow Ca_3(AsO_4)_2 \downarrow$$

若废水的含砷量较低，且近中性或弱碱性，处理时还可加入铁盐或铝盐作絮凝剂，通过共沉淀更有效地除去废水中的砷。

$$2Fe^{3+} + 3Ca(OH)_2 \longrightarrow 2Fe(OH)_3 \downarrow + 3Ca^{2+}$$

$$AsO_4^{3-} + Fe(OH)_3 \longrightarrow FeAsO_4 \downarrow + 3OH^-$$

$$AsO_3{}^{3-} + Fe(OH)_3 \longrightarrow FeAsO_3 \downarrow + 3OH^-$$

由于絮凝剂更易于吸附砷酸盐，所以在絮凝处理前需将亚砷酸盐氧化为砷酸盐，以提高除砷的效果。

酸性条件下，砷以阳离子形式存在。加入可溶性硫化物时，可生成难溶的As_2S_3沉淀。

$$As^{3+} + S^{2-} \longrightarrow As_2S_3 \downarrow$$

为加速硫化砷的沉降分离，可辅以投加少量高分子絮凝剂。在酸性条件下产生的硫化氢气体，需用碱液吸收。同时排放前还应进一步处理剩的硫离子，以免造成二次污染。

由于亚砷酸盐的溶解性大于砷酸盐，另一种处理方法是先用软锰矿（MnO_2）将亚砷酸盐氧化为砷酸盐，再用石灰进行沉淀。

$$H_2SO_4 + MnO_2 + H_3AsSO_3 \longrightarrow HAsO_4 + MnSO_4 + 2H_2O$$

② 生化法　利用活性污泥对砷的吸附作用去除废水中的砷。由于活性污泥只对含五价砷的废水处理效果较好，因此对含三价砷或酸度较高的含砷废水通常不用生化法进行处理。

18.2 大气化学

大气是地球上一切生命赖以生存的气体环境，也是人类的保护伞。

大气是由多种气体以及悬浮在其中的固态、液态等物质组成的混合物，按其成分的可变性，可分为稳定组分、可变组分和不确定组分三种类型。稳定组分是氮、氧和一些稀有气体。可变组分是可随地域、人类活动、季节、气象等因素影响而发生变化的组分，如CO_2、水汽等。不确定组分包括火山爆发、森林火灾、地震和人类的生活、交通、生产等活动产生的尘埃、烟尘、SO_x、NO_x 等。

按大气组分的含量分有：主要成分、微量成分和痕量成分。主要成分（含量 99.96%）有氮、氧、氩。微量成分（含量 $1\times10^{-8}\sim1\times10^{-4}$）有水汽、$CO_2$、$CH_4$、He、Ne、Kr 等。痕量成分（含量低于 1×10^{-8}）包括 H_2、O_3、Xe、NO、N_2O、NO_2、NH_3、SO_2、CO 等。

地球上的生物与大气的关系十分密切，它们需要从大气中摄取某些必需的成分，经过物质和能量交换使大气的组分保持平衡。但是，当人类活动或自然过程改变了大气层中某些原有成分的含量或增加了某些有毒有害的物质，致使大气质量恶化，破坏了原有的生态平衡体系时，就造成了大气污染。大气污染严重地威胁着人类生存的环境，影响人体健康和工农业生产，对建筑物和设备财产等造成损坏。

大气污染物的种类很多，见表 18-1。

表 18-1 常见的大气污染物

污染物	一次污染物	二次污染物
粉尘	烟、雾、粉尘、煤尘、重金属微粒、气溶胶等	
含硫化合物	SO_2、H_2S	SO_3、H_2SO_4 及其酸雾、RSH 等
含氮化合物	NO、NH_3	NO_2、N_2O、HNO_3 及其酸雾
碳氧化合物	CO、CO_2	
氧化剂		O_3、自由基、过氧化物
卤化物	Cl_2、HF、HCl、氟里昂等有机卤化物	
有机化合物	烃类	醛、酮、有机酸、多环致癌物等

根据污染物的性质，可将大气污染物分为一次污染物与二次污染物。一次性污染物（又称初生污染物）是从污染源直接排放的污染物。二次污染物（又称次生污染物）是由一些一次污染物在大气环境中发生化学反应（如光化学反应、水解、催化氧化等）后的产物。无论是一次污染物还是二次污染物，都能引起大气污染，对环境及人类产生不同程度的影响。

大气污染物的来源分成天然源和人为源两大类。天然源来自火山喷发、森林火灾、土壤风化、植物花粉等自然活动。人为源来自人类生活及生产活动，这是目前大气污染的主要原因。人工污染源又可分为燃料的燃烧、工业生产、交通运输三大类。

按照大气污染的范围，大气污染可分为小范围污染、地区性污染、广于一个城市范围的广域污染、全球性污染。

18.2.1 臭氧层的破坏与保护

在距地面 20～25km 的平流层中有一层自然形成的臭氧层，它是 O_2 吸收了紫外线后，发生光解反应的产物：

$$O_2 + h\nu \longrightarrow 2O \quad (\lambda \leqslant 243\text{nm})$$

$$O + O_2 \longrightarrow O_3$$

总反应 $$3O_2 + h\nu \longrightarrow 2O_3$$

在 O_3 生成的同时，也存在着 O_3 的消耗过程。O_3 的消耗有两种，其一是光解反应，即 O_3 吸收波长为 220～330nm 范围内的紫外线进行光解：

$$O_3 + h\nu \longrightarrow O_2 + O$$

正是这一反应使 O_3 吸收了来自太阳的大部分紫外线，使地球上的生物免遭强紫外线的伤害。因为强紫外线影响动、植物的正常生长，甚至造成某些物种灭绝。它还会伤害到人的皮肤、眼睛及免疫系统，引发皮肤癌的发生。

另一过程是生成 O_3 的逆过程：

$$O_3 \longrightarrow O + O_2$$

O_3 的生成过程和消耗过程是同时存在的，在正常情况下两者处于动态平衡，使得 O_3 的浓度保持恒定。

但近年来的研究表明，平流层中 O_3 的浓度在减少。1985 年，在南极上空甚至发现了臭氧层空洞。1998 年，欧洲上空也发现了臭氧空洞，这不能不引起人们的广泛关注。

造成臭氧层被破坏的主要原因是有大量的氮氧化物、氟氯烃等消耗臭氧层的物质（ODS）进入平流层。

平流层中的氮氧化物主要来源于超音速飞机的排气、宇航飞行的发射、核爆炸以及自然界中微生物产生的 N_2O 气体，垂直扩散上升至平流层。

$$O_3 + NO \longrightarrow NO_2 + O_2$$

$$NO_2 + O \longrightarrow NO + O_2$$

总反应

$$O_3 + O \longrightarrow 2O_2$$

这里的 NO 实际上起着催化剂的作用。

氟氯烃在对流层被认为是无害的物质，广泛用于制冷剂、发泡剂、灭火剂等。但当氟氯烃上升至平流层时，在波长 175～220nm 的紫外线照射下，分解为氯原子：

$$CFCl_3 + h\nu \longrightarrow CFCl_2 + Cl$$

$$CF_2Cl_2 + h\nu \longrightarrow CF_2Cl + Cl$$

Cl 原子可与臭氧反应，从而造成臭氧层的破坏。

$$O_3 + Cl \longrightarrow ClO + O_2$$

$$ClO + O \longrightarrow Cl + O_2$$

总反应

$$O_3 + O \longrightarrow 2O_2$$

鉴于臭氧层被不断破坏的情况日趋严重，1987 年，24 个发达国家的代表在加拿大的蒙特利尔市召开了关于保护臭氧层的国际会议，签署了《关于消耗臭氧层物质的蒙特利尔协定书》，对氟氯烃等破坏臭氧层的物质进行控制，并制定全面废除使用的时间表。1991 年 6 月，我国加入了修改后的议定书。

除了减少消耗臭氧层物质的排放外，人们也在积极地开发研制无害的能够替代这些物质的代用品。比如用溴化锂、水、液氨以及天然气作制冷剂以替代氟里昂。

18.2.2 二氧化碳与温室效应

由于大气层的反射和吸收，到达地表的太阳辐射主要是可见光和一些长波辐射。它们被地球吸收后，又以长波辐射的形式向外散发。大气中的 CO_2、H_2O、CH_4 等组分具有吸收长波辐射，同时有以相同的波长释放这些辐射的特性。被这些组分气体释放出的长波辐射有一部分又返回了地表，对地球起到保温的作用，又称为温室效应。能产生温室效应的气体被称为温室气体。

在正常的情况下，大气层的组分不会发生大的变化，地表的温度基本恒定在一个适宜生命存在的范围内。但是，随着工业发展、人口增加、人类活动频繁、矿物燃料的燃烧量剧增、森林覆盖面积减少等，导致大气中 CO_2 含量不断增加，同时还排放出其他具有温室效应的气体，如氟氯烃和各种易挥发的有机化合物，使得温室效应加强，全球气候变暖的趋势日益加剧。长此下去，必将产生一系列严重的环境问题。例如冰川和南北极冰冠融化，海平面上升，使一些沿海地区被淹没；高温、台风、洪涝、干旱等灾害频发，土地荒漠化速度加快；气候的变化使生态系统处于混乱状态，生物的生长周期遭受被坏，某些种群的灭绝加速，同时农业、渔业减产，导致饥荒；高温又导致由细菌、病毒引发的传染病增加等等，这些都将威胁到人类的生存。

为避免和减缓全球气候变暖，首先就应从控制温室气体的排放入手。例如，开发新能源以减少化石燃料的使用量，保护森林资源，扩大绿化面积以及控制人口的增长等。其次是对温室气体进行回收治理，比如，可将烟道气中放出的 CO_2 气体，通入到碱性的印染废水中，它与印染废水中的碱性物质（NaOH）反应。

$$2NaOH + CO_2 \longrightarrow Na_2CO_3 + H_2O$$

电解 Na_2CO_3，使之转化为 NaOH、O_2、H_2 和 CO_2，H_2 和 CO_2 经催化可合成 CH_3OH。这是一种以废治废、变废为宝、经济有效的方法。还可用膜分离法、甲醇胺的湿式吸收法、分子筛的干式吸附法等吸收 CO_2。

18.2.3 光化学烟雾的形成与治理

大气中的某些一次污染物在一定的气象条件下（强日光、低风速、低湿度），发生一系列复杂的光化学反应，生成了二次污染物。这种由一次污染物和二次污染物的混合物（气体、气溶胶）所形成的烟雾污染的现象，称为光化学烟雾。其中的一次污染物主要为来源于汽车尾气和工业废气的碳氢化合物和氮氧化合物，它们在经光化学反应后生成的二次污染物是 O_3、过氧乙酰硝酸酯（PAN）、醛、酮、自由基等。

光化学反应的大致过程为：

$$2NO(g) + O_2(g) \longrightarrow 2NO_2(g)$$

$$NO_2(g) + h\nu \longrightarrow NO(g) + O(g)$$

$$O(g) + O_2(g) \longrightarrow O_3(g)$$

生成的原子氧（O）和 O_3 均可氧化碳氢化合物。

$$O + RH \longrightarrow RCHO + RCO_2$$

$$RCO_2 + O_2 + NO \longrightarrow RC(O_2)ONO_2$$

当 R 为甲基（CH_3—）时，$RC(O_2)ONO_2$ 为过氧乙酰硝酸酯（PAN）

O_3 在平流层中是保护地球的一道屏障，而在对流层中，O_3 则与光化学烟雾中的其他成分如醛类、PAN 及大量的气溶胶等都是有害的，它们具有较强的氧化性，影响动植物的生长，使一些化工产品如橡胶制品老化、脆裂，染料褪色，并损害油漆、涂料、纺织纤维和塑料制品。在发生光化学烟雾的地区，大气能见度低，人的眼睛、咽喉、鼻腔等受到刺激，肺部正常功能受到影响，严重的甚至导致死亡。

光化学烟雾最早是于 1940 年发生在美国的洛杉矶，之后在世界各地不断发生，出现的次数和分布的地区也在明显增加。像英国、日本、德国、澳大利亚及中国等地的一些大城市，都曾出现过光化学烟雾。预防光化学烟雾主要是控制碳氢化合物、氮氧化合物的排放。在汽车数量不断增多的今天，最有效的办法就是改进汽车发动机，安装尾气净化器，提高燃油的质量，推广天然气汽车，研制电动汽车、太阳能汽车等新型环保汽车。

18.2.4 酸雨的形成与防治

正常雨水的 pH 约为 6，这是由于大气中的 CO_2 溶于雨水后造成的。而当雨水的 pH 小于5.6时，就出现了酸雨，它是大气污染的表现。

酸雨的形成是一个复杂的大气物理和化学过程，主要是由于人们燃烧含硫的煤炭、冶炼金属硫化矿、燃烧油料等产生的废气中含有SO_x、NO_x，排入大气造成的。它们在大气中被氧化并吸收水分形成硫酸和硝酸，随雨水一起降落。

大气中的SO_2主要被氧化成SO_3。这种氧化过程有两种：一是催化氧化；二是光化学氧化。

(1) SO_2的催化氧化

在干净的空气中，SO_2氧化成SO_3是缓慢的均相反应，但如果是处在火电厂、冶金炉附近的大气，因含有带$FeCl_3$、$MgCl_2$、$Fe(SO_4)_3$、$MgSO_4$等物质的烟尘，它们可作为催化剂，使SO_2被氧化的速度增加10～100倍。

$$2SO_2 + O_2 + 2H_2O \xrightarrow{\text{烟尘}} 2H_2SO_4$$

$$2H_2SO_3 + O_2 \xrightarrow{\text{烟尘}} 2H_2SO_4$$

(2) SO_2的光化学氧化

空气中的SO_2受太阳辐射时被缓慢地氧化成SO_3，在有H_2O存在时，SO_3迅速地转变成H_2SO_4。

$$SO_2 + O_2 + h\nu \longrightarrow SO_3 + O$$

$$SO_3 + H_2O \longrightarrow H_2SO_4$$

NO在空气中氧化成NO_2，NO_2溶于水生成硝酸和亚硝酸。

$$2NO + O_2 \longrightarrow 2NO_2$$

$$2NO_2 + H_2O \longrightarrow HNO_3 + HNO_2$$

酸雨使水域或土壤酸化，危害农作物和林木生长，$pH<4.8$时鱼类就会受到危害。酸雨还腐蚀建筑物、工厂设备和文化古迹，以及危害人类健康，如不及时采取措施，酸雨还可能破坏生物圈的食物链，摧毁人类生存的自然环境。酸雨是一种超越国境的污染物，它可随大气转移到更远的地区，即使在被认为没有受到污染的北极圈内的冰雪中，也可检测出含量相当高的酸雨物质，因此酸雨是一个全球性的污染问题，它所造成的危害十分广泛。在我国，造成酸性降水的主要物质是SO_4^{2-}。酸雨最早出现在使用高硫煤的四川、贵州等地，后又蔓延至华南和华东沿海的大片地区。随着全国燃油用量和燃煤电厂的增加，目前酸雨向北方地区扩展的趋势日益加剧，在华北、东北一些地方也频繁出现酸性降水。因此，控制酸雨的形成，防止酸雨造成的危害，已成为我们亟待解决的环境问题之一。

防治酸雨的根本在于减少SO_x和NO_x的人为排放。主要采取的对策有：

① 有效的能源战略。一方面节约能源，减少煤炭、石油的消耗量，改善燃烧条件，尽可能减少SO_2和NO_x污染物的排放量。另一方面，开发新能源，使用太阳能、水能、地热能、风能、核能、氢能等无污染或少污染的能源。

② 对SO_2、NO_x污染物进行有效的治理。对于烟道中的SO_2气体可用活性炭吸附法除去，还可用NaOH、Na_2SO_3、氨水、石灰乳等碱性溶液吸收去除。这些方法中有的运行费用高，有的副产物价值低，产品滞销，造成“二次污染”。

目前较先进的脱硫方法是用Na_2S溶液来吸收SO_2，产生价值较高的$Na_2S_2O_3$副产品。Na_2S溶液吸收SO_2的反应十分复杂，在碱性条件下，会有大量的多硫化物和少量的硫代硫酸钠及单质硫生成；$pH\approx9$时，溶液中有大量的硫化氧逸出；在酸性条件下，吸收液中主要有硫代硫酸钠、亚硫酸钠、硫酸钠和单质硫存在；pH<2 时，溶液中会有大量的 SO_2 和 H_2S 逸出。吸收过程的主要反应如下：

$$3SO_2(g)+2Na_2S \longrightarrow 2Na_2S_2O_3+S$$
$$3SO_2(g)+2Na_2S \longrightarrow 2Na_2SO_3+3S$$
$$Na_2S+(x-1)S \longrightarrow Na_2S_x$$
$$Na_2S+SO_2(g)+H_2O \longrightarrow Na_2SO_3+H_2S(g)$$
$$2SO_2(g)+O_2(g)+2Na_2S \longrightarrow 2Na_2S_2O_3 \quad \text{(氧气不足)}$$
$$3O_2(g)+2Na_2S_2O_3 \longrightarrow 2Na_2SO_4+2SO_2(g) \quad \text{(氧气充足)}$$
$$O_2(g)+2Na_2SO_3 \longrightarrow 2Na_2SO_4 \quad \text{(氧气充足)}$$
$$Na_2S_2O_3 \longrightarrow Na_2SO_3+S$$

由上可见，反应产物中除有单质硫外，还有各种含硫的阴离子。奥托昆普（Outokumpu）公司为实现无废排放，将它们制成可利用的产品——硫黄。方法是将吸收了 SO_2 的溶液送入高压釜，在一定温度下，把各种含硫阴离子（SO_4^{2-} 除外）转变为 SO_4^{2-}（Na_2SO_4）和 S，Na_2SO_4 溶液用 BaS 再生为 Na_2S 循环使用，生成的 $BaSO_4$ 在高温下用焦炭还原为 BaS。这种方法的缺点在于：脱硫工艺过程能耗高，产业的单质硫价值低，反应难以控制。为克服其缺点，华南理工大学古国榜教授等研究出了用硫化钠吸收 SO_2，一步合成产品价值较高的 $Na_2S_2O_3$ 的工艺。方法是：在硫化钠吸收液中加入阻氧剂来控制反应的氧含量，使反应在氧气不足的条件下，朝着生成硫代硫酸钠的方向进行。

$$2Na_2S+2SO_2+O_2 \longrightarrow 2Na_2S_2O_3$$

整个吸收过程为闭路循环系统，其流程为吸收—浓缩—结晶—分离—再循环，因此无废水和废渣等二次污染物产生。

烟气中的 NO_x，可利用其氧化性，采用催化还原法除去。例如，用 NH_3 作还原剂，在催化剂 CuO-CrO 的存在下，除去 NO_x 气体，转化率可达 99%：

$$6NO+4NH_3 \longrightarrow 5N_2+6H_2O$$
$$6NO_2+8NH_3 \longrightarrow 7N_2+12H_2O$$

18.3 绿色化学和清洁生产

18.3.1 绿色化学简介

化学科学的发展为社会的进步和人类生活水平的提高奠定了丰富的物质基础。然而传统化学在研发新化合物时主要看重的是化学反应的高选择性和高产率，常常忽视了反应物分子中原子的有效利用率问题，以及反应完成后废物处理的问题。因此，许多已有的化工过程，虽然具有满意的经济效益，却不能有效地利用资源，对人类的健康和生存环境造成了极大的负面影响。面对环境保护、充分利用资源的挑战，应该更有效地利用原料分子中的原子，使反应实现废物“零排放”，或尽可能减少废物的排放。这是摆在化学家面前的一项十分迫切的任务。因此，传统化学向绿色化学转变就成了化学发展的必然趋势。

绿色化学，又称为环境无害化学，是运用现代化学的原理和方法，减少或消除化学产品在设计、生产、应用和最终处置的全过程中有毒有害物质的使用和产生的一门学科。绿色化学是对传统化学思维的更新和发展，它着眼于对环境友好的化学过程，其目的是使可对环境产生的污染消除在产品生产和化学过程的源头，并最大限度地减少对原材料和能源的消耗，因而对环境保护和社会的可持续发展有着十分重要的意义，并受到世界各国政府的关注，成为推动化学发展的重要研究领域。

绿色化学的最终目标是在生产可造福人类的化学产品的同时，从源头防止污染的产生，研究的是与环境友好的化学反应和技术，利用化学来预防污染。它与目前的环境化学是有区别的，环境化学研究影响环境的化学问题，是对已经造成的污染进行治理。因此，绿色化学是更高层次的化学，有利于人类社会与自然环境的协调发展。

根据绿色化学的研究特点，可总结出以下12条基本原则：

① 从源头防止污染的产生，而不是污染形成后再治理。

② 设计能够最大限度地将反应过程中使用的所有材料转化为最终产品的合成方法，即提高反应的原子经济性。

③ 合成过程中应尽可能使用和产生无毒或低毒性的物质。

④ 设计具有良好功效，但毒性较低的化学产品。

⑤ 尽可能避免使用溶剂、助剂等辅助性物质，如需使用时应选用无毒物质。

⑥ 考虑到能源消耗对环境和经济的影响，应最大限度地降低能耗。合成应在常温、常压的条件下进行。

⑦ 技术上和经济上可行时，尽可能使用可再生资源。

⑧ 尽量避免不必要的衍生步骤，减少副产物的生成。

⑨ 使用高选择性催化剂。

⑩ 设计在使用终结后能够降解为无毒物质的化学产品。

⑪ 实现分析方法的实时监测，使有害物质在形成前得以控制。

⑫ 在化学过程中，选择和使用安全的物质，以降低发生泄漏、爆炸、火灾等意外事故的可能性。

18.3.2 清洁生产技术

绿色合成反应是绿色化学即环境友好化学的核心内容，在其基础上发展起来的技术又称为环境友好技术或清洁生产技术。联合国环境规划署工业与环境活动中心对清洁生产给出的定义是："清洁生产是指将综合预防的环境保护策略持续应用于生产过程和产品使用过程中，以期减少对人类和环境的风险。"其中包含了对生产全过程和产品整个生命周期全过程的控制。对生产过程而言，是节约原材料、降低能耗，尽可能不使用有毒的原材料，最大限度减少有害物质的排放和毒性；对产品而言，是从原材料的提取到产品最终处置的整个过程都尽可能地减少对环境的影响。清洁生产技术的主要内容就是使传统的化学过程绿色化，即通过设计环境友好的化学反应路线，物质和能量构成封闭循环的化学工艺流程，生产绿色产品，将传统的化学工业改造成可持续发展的绿色化学工业。

传统化学对一个合成过程效率的评价，通常使用产率。常会出现一个合成路线的产率可达到100%，而在生成目标产品的同时，还产生比目标产物更多的废物。这是因为产率是实际得到的目标产物的质量与理论上相同数量原料转化为目标产物的质量之比，其中并没有体现出合成中可能产生的废物。因此用产率来评价一个合成过程的效率是不完全的。

按照绿色化学的标准，一个合成过程或化工过程是否绿色化可从三个方面来衡量：原子利用率、环境因子 E 和产品的环境熵 EQ。

用原子利用率可以衡量在一个化学反应中，生产一定量目标产物能够生成多少废物，其定义为：

$$原子利用率=\frac{目标产品的量}{化学方程式中按计量所得物质的量的总和}\times 100\%$$

理想的原子利用率是100 %，即在化学反应中，参加反应的分子所发生的变化，只是原子的重新组合，参加化学反应的所有原子都转化到了目标产物中。按照绿色化学的要求，所有化学反应都应该是：既要最大限度利用原料，又要最大限度减少废物排放，也就是要提高"原子利用率"。

通常，制备同一个产品，采用的路线不同，就会有不同的原子利用率。例如，以乙烯为原料合成环氧乙烷可采用以下两种方法。

经典氯代乙醇法：

$$CH_2{=}CH_2 + Cl_2 + H_2O \longrightarrow ClCH_2CH_2OH + HCl$$

$$ClCH_2CH_2OH + Ca(OH)_2 \xrightarrow{HCl} H_2C\overset{O}{\frown}CH_2 + CaCl_2 + 2H_2O$$

总反应：

$$C_2H_4 + Cl_2 + Ca(OH)_2 \longrightarrow C_2H_4O + CaCl_2 + H_2O$$

摩尔质量 44 111 18

$$原子利用率=\frac{44}{173}=25\%$$

以银作催化剂的一步催化法：

$$CH_2{=}CH_2 + \frac{1}{2}O_2 \xrightarrow{Ag} H_2C\overset{O}{\frown}CH_2$$

$$原子利用率=100\%$$

后一方法不产生废物，既节约了资源，又消除了副产物对环境的污染，更符合清洁生产的要求。

原子利用率只是从反应路线去考察合成方法或生产过程，而根据绿色化学的观点，还必须同时考虑对环境造成的影响。1992年荷兰有机化学家 Roger A. Sheldon 提出了环境因子（E因子）的概念，用以衡量生产过程对环境的影响程度，其定义为：

$$E=\frac{废物质量}{目标产品质量}$$

其中的废物是指除目标产品外的所有物质。对一个合成反应来说，E因子越小，产生的废物就越少，对环境的污染也就越少。原子利用率为100%的反应，由于没有废物产生，因而E因子为零。目前，石油化工工业$E\approx0.1$，化学工业$E=1\sim5$，精细化工$E=5\sim50$，医药品$E=55\sim100$。

E因子只是单位目标产品产生的废物的量，而废物排放到环境中后，其对环境的影响和污染程度还与相应废物的性质以及废物在环境中的毒性行为有关。为了更全面地分析和评价一个合成反应对环境造成的影响，还应综合考虑废物在环境中的行为对环境产生的危害程度。这个综合评价可用环境熵（EQ）来衡量。

$$EQ=E\times Q$$

其中E为环境因子；Q为废物在环境中的行为对环境产生的不友好度。例如，无害的NaCl的Q值定为1，则不同重金属离子的盐类的Q值为100～1000。因此，EQ可以作为评价和选择合成工艺的重要参数。

对于化学合成而言，从生态经济的角度出发，研究绿色合成反应和清洁生产工艺，对提高生产效益，节约资源和能源，有效改善环境，促进社会、经济和环境的和谐发展都具有十分重要的意义，已成为当前化学研究和化工技术的热点和重要科技前沿。

思考题

1. 水有哪些特殊的物理、化学性质？
2. 简述重金属离子对人体的危害。
3. 用可溶性硫化物处理含汞废水时应注意什么事项？说明加入 $FeSO_4$ 的作用。
4. 用石灰-絮凝剂法处理含砷废水时，为何要先将亚砷酸盐氧化为砷酸盐？
5. 说明漂白粉在处理含 $Cd(CN)_4^{2-}$ 废水时所起的作用。
6. 如何用铁氧体法处理含铬废水？
7. 简述大气污染对人体健康的危害。
8. 说明酸雨形成的原因。
9. 何谓温室气体？说明温室效应对环境的影响。
10. 大气层中的臭氧是怎样产生的？解释在对流层和平流层中臭氧对人类的影响有何不同。
11. 如何治理大气中的 SO_2 和 NO_x 污染物？
12. 说明光化学烟雾的特征及其形成的原因。
13. 解释下列名词：

    原子利用率　　环境因子　　环境熵
14. 为什么说绿色化学是促进人类可持续发展的必然趋势？
15. 简要说明清洁生产技术的基本原理。
16. 为了防止污染，并节约原料，请你设计一个用铜和浓硫酸制备硫酸铜的最佳方法。

第19章 氢和氢能源

能源是人类生存和发展的重要物质基础，是从事各种经济活动的原动力，也是社会经济发展水平的重要标志。国民经济的发展，人口的增长以及生活水平的提高都迫切需要更多的能源。经过漫长的地质年代所形成的矿物燃料（如煤、石油、天然气）是一类非再生性能源，储量极其有限。因此，开发新能源是当今人类面临的十分重要的课题。在所有可能的新能源中，氢气作为动力燃料有许多优势，例如氢作为燃料，其产物是水，对生态环境没有污染，产生的热值是汽油的3倍。因此，氢气被认为是理想的二次能源。从地球资源、生产技术以及环境保护诸方面来看，氢能源是未来最有希望的理想能源。

19.1 氢的结构、性质与存在

19.1.1 氢的结构与性质

氢是周期系中第一个元素，其原子结构是所有元素中最简单的。氢原子的电子层结构为 $1s^1$，它可失去一个电子形成 H^+，与碱金属相似；又可与碱金属作用形成 H^-，且其存在形式是双原子的气态分子，这又与卤素相类似。因此，氢在周期表中的位置可有几种：①归于第1（ⅠA）族；②归于第17（ⅦA）族；③既放在第1（ⅠA）族，又放在第17（ⅦA）族；④不放在任何一族，而是单独放在周期表的最上面。目前最常见的还是把氢放在第1（ⅠA）族的位置上。表19-1列出了氢的一些重要性质。

从表19-1中氢的电离能、电负性以及电子亲和能等可以看出，氢既能与金属反应，也可以与非金属结合。它的成键特征为：①失去价电子成为 H^+。②得到一个电子成为 H^-，如氢与活泼金属作用形成离子型化合物。③形成共用电子的共价化合物，如氢很容易同其他非金属以共用电子对结合，形成共价型氢化物。

19.1.2 氢的化学性质

（1）氢与金属氧化物的反应

表19-1 氢的性质

项目	参数	项目	参数
价层电子构型	$1s^1$	电子亲和能/$kJ \cdot mol^{-1}$	72.9
氧化态	−1,0,+1	电负性	2.2
熔点/℃	−259.14	气体密度(20℃)/$g \cdot L^{-1}$	0.0899
沸点/℃	−252.8	离子半径/pm	
原子半径/pm	37	H^+	10^{-3}
电离能/$kJ \cdot mol^{-1}$	1312	H^-	208

把氢气通过灼热的氧化铜，则有：

$$CuO + H_2 \xrightarrow{\triangle} Cu + H_2O$$

这是氢气用于冶金工业的重要反应之一。许多其他金属氧化物如 WO_3、TiO_2 等，在高温下也能与氢气反应。此外，氢气也可以从某些非金属化合物中，将非金属还原出来。例如：

$$SiCl_4 + 2H_2 \longrightarrow Si + 4HCl$$

（2）氢气与有机化合物的反应

氢气与不饱和有机化合物，在催化剂存在下，进行加氢反应：

$$H_2C{=}CH_2 + H_2 \xrightarrow{\text{催化剂}} H_3CCH_3$$

因此，氢气可广泛用于石油化工、食品工业的油脂氧化和有机合成工业。

（3）氢气与非金属单质的反应

氢的电负性为 2.2，因此它与电负性大的非金属有形成极性共价键的趋势。如：

$$2H_2 + O_2 \longrightarrow 2H_2O$$

$$H_2 + S \longrightarrow H_2S$$

（4）氢气与活泼金属的反应

氢气与电负性小的活泼金属反应，可生成含有氢负离子（H^-）的离子型氢化物。如：

$$2Na + H_2 \longrightarrow 2NaH$$

$$Ca + H_2 \longrightarrow CaH_2$$

（5）氢能形成氢桥键化合物

将氢气与金属钠、铝在高温高压条件下加催化剂，则可以生成具有氢桥键的金属铝氢合物。如：

$$Na + Al + 2H_2 \xrightarrow[\text{423K}]{\text{烃稀释剂}} NaAlH_4$$

$$4LiH + AlCl_3\text{（无水）} + H_2 \xrightarrow{\text{乙醚}} LiAlH_4 + 3LiCl$$

后者是一个很活泼的化学试剂，可用它来制备多种金属和非金属氢化物、金属氢化物的配合物和有机化合物，特别是氢化铝锂在有机合成中是一种选择性高的还原剂。$LiAlH_4$ 在醚类溶剂中有较高的溶解度。

（6）氢与过渡金属形成金属氢化物

氢气与 d 区和 f 区金属反应，常产生具有金属的外貌和传导性的物质，因此称它为金属型氢化物。以前曾经认为这类氢化物中氢是间充在金属晶格的空隙中，现已明确：大多数这类氢化物的结构不同于原来金属的结构。过渡金属吸收氢后往往发生晶格膨胀，使氢化物的密度小于原来金属的密度。它们的组成是可变的，也就是说形成了非整比化合物，如 $PdH_{0.8}$、$LaH_{2.76}$ 等。这类被金属吸收的氢，在减压加热时又可以释放出来，因此，根据需要能可逆地加氢（储氢）和析氢（放氢）：

$$M + x/2H_2 \underset{\text{吸热}}{\overset{\text{放热}}{\rightleftharpoons}} MH_x \text{（M 为金属）}$$

所以过渡金属或其合金可作为储氢的材料。

（7）氢分子的催化激活

氢分子可以用多相催化剂（Raney 镍、Pd 或 Pt 等）或用均相加氢催化剂［$RhCl(PPh_3)_3$ 等］和光照得到激活。例如，由烯加氢酰化形成醛或醇：

$$RCH{=}CH_2 + H_2 + CO \xrightarrow{Co催化剂} RCH_2CH_2CHO \xrightarrow{H_2} R(CH_2)_3OH$$

19.1.3 氢的存在

氢是宇宙中最丰富的一种元素，也是星球中一切聚变过程的根源。在地壳中，氢的丰度是比较高的。在自然界中，氢主要以化合物的形式存在于水、石油、天然气以及所有的生物体中。空气中氢气含量很微小，在大气中仅占约 10^{-7}。氢有三种同位素，即氕（^1H）、氘 D（^2H）、氚 T（^3H）。其中 ^1H 含量最多，占 99.985%，H 和 D 比例约为 6700∶1，T 因中子过多，极不稳定，在自然界中含量甚微。本章主要讨论由轻同位素 H 组成的氢。

19.2 制备氢气的方法

有多种方法制备氢气，常用的几种实验室和工业上的制氢气方法如下。

19.2.1 金属与水、酸或碱反应制氢气

金属钠或钠汞齐、金属钙与水反应，产生 H_2 和氢氧化物。金属锌与酸（稀盐酸或稀硫酸）反应产生 H_2，如果锌中含有杂质，所得氢气纯度不高，常含有 PH_3、AsH_3、H_2S 等杂质气体。硅、铝等金属与强碱溶液反应也能获得 H_2。

19.2.2 金属氢化物与水反应制氢气

常用 CaH_2 或 NaH 与水反应来产生 H_2。由于 CaH_2 最稳定，把它装在罐里，作为氢气源，便于野外工作时使用（如充填气象观测气球）。

19.2.3 电解水制氢气

在工业上用镀镍的铁电极电解 15%KOH 水溶液来制备 H_2，该法产生的 H_2 纯度较高（99.9%），但耗电量大。另外，在氯碱工业中，电解饱和 NaCl 水溶液，产生大量的 H_2。

19.2.4 化石燃料制氢气

迄今，全球 90%以上的氢气是由化石燃料（煤、石油或天然气等）制备的。在石油化学工业中，烷烃脱氢制取烯烃可以副产氢气。在催化剂存在下，甲烷高温脱氢或与水蒸气反应均能获得氢气。赤热的焦炭同水蒸气作用得到水煤气 $CO(g)+H_2(g)$，在催化剂（氧化铁）的作用下，水煤气与水蒸气反应，CO 转化为 CO_2，经分离出 CO_2，可得氢气。

$$C_2H_6(g) \xrightarrow{\triangle} C_2H_4(g) + H_2(g)$$

$$CH_4(g) \xrightarrow[催化剂]{1273K} C(g) + 2H_2(g)$$

$$CH_4(g) + H_2O(g) \xrightarrow[催化剂]{1273K} CO(g) + 3H_2(g)$$

$$C + H_2O(g) \xrightarrow{1273K} H_2(g) + CO(g)（水煤气）$$

$$CO(g) + H_2(g) + H_2O \xrightarrow[催化剂]{723K} CO_2(g) + 2H_2(g)$$

传统的化石燃料制氢气都伴有大量的 CO_2 排出（常用 K_2CO_3 溶液吸收生成 $KHCO_3$）。近年来已开发的无 CO_2 排放的化石燃料制氢气技术，不向大气排放 CO_2（转化为固体炭），制得的氢气纯度高，减轻了对大气环境的污染。

19.2.5 热化学循环分解水制氢气

该方法是在水反应体系中加入一种中间物（如由 Fe、Mg、Ca、Cu、Cd、Hg、Li、

Cs、Ni等金属及S、I、Br、Cl等非金属元素组成)，经过不同的反应阶段，最终将水分解为氢气和氧气，中间物不被消耗，可循环利用，各阶段反应温度均较低（水的直接热分解需要4273K以上的高温)。如在473～1003K时，用Ca、Br和Hg等化合物作为中间介质，经过下列4步反应可使水分解产生H_2，热量的使用效率超过50%。

$$CaBr_2+2H_2O\xrightarrow{1003K}Ca(OH)_2+2HBr$$

$$Hg+2HBr\xrightarrow{553K}HgBr_2+H_2$$

$$HgBr_2+Ca(OH)_2\xrightarrow{473K}CaBr_2+HgO+H_2O$$

$$HgO\xrightarrow{873K}Hg+1/2O_2$$

总反应：

$$H_2O\xrightarrow{\text{催化剂}}H_2+1/2O_2$$

热化学循环反应是一类节省能源、节省反应物料的技术。有人提出将热化学循环反应与太阳能利用结合起来，可能成为成本低廉的制氢气工艺。热化学循环制氢气的缺点是工艺复杂、投资费用高，某些中间过程会产生有腐蚀性或有毒物质，造成设备腐蚀和环境污染。

19.2.6　光解水制氢气

实现水的光解至少需要吸收286kJ·mol^{-1}的能量，这相当于250nm的紫外线，因此太阳光不能直接光解水。若在水中加入少量光催化剂[如Ce(Ⅲ)、Ce(Ⅳ)、Ru(Ⅱ)配合物]，则可实现用太阳光分解水制氢。

$$H_2O\xrightarrow{h\nu}H_2+1/2O_2$$

目前，光分解制氢气效率很低，工艺和材料上尚存在不少问题，有待进一步研究和完善。

19.3　氢能源

氢能是一种理想的二次能源。专家预言，它将成为最有希望的替代化石燃料的能源之一。氢能之所以成为未来的新能源，是基于它的如下特点：

① 氢气具有干净、无毒、不污染环境等优点，是一种理想的绿色能源。

② 除核燃料外，氢气的发热值是所有化石燃料、化工燃料和生物燃料中最高的。1kg氢气完全燃烧放出的热量为1.43×10^5kJ，是汽油发热值的3倍，是焦炭发热值的4.5倍(均为相同质量相比)。

③ 资源丰富。氢气可以从水分解制得。

④ 氢气燃烧性能好、燃烧速度快、燃烧分布均匀、点火温度低。

⑤ 在所有气体中，氢气的导热性最好，因此在能源工业中氢气是极好的传热载体。

⑥ 氢气可以气态、液态或固态金属氢化物的形式出现，能适应储运及各种应用环境的不同要求。氢气能发电、供热和提供动力等，是一种具有很大发展潜力的新能源，如液态氢已经被作为人造卫星和宇宙飞船中的能源。

作为二次能源，氢气的输送与储存损失比电力小。要使氢气成为广泛使用的能源，关键是要解决廉价制氢气技术以及氢气的储存和运输的问题。

19.4 储氢材料

由于世界性的能源危机和环境污染日益严重，能源的开发和清洁问题已经提到议事日程上来，氢能源的利用备受科技工作者的广泛关注。氢能的利用包括三个方面的问题，即氢气的制备、储运和应用。氢气密度小、体积大、难压缩液化、易扩散和易爆炸，所以氢气的储运便成为开发氢能源的关键和难点。

人们发现，有些合金可以在温和条件下，可逆地同氢气反应成为金属氢化物，把氢气储藏起来，然后在一定条件下使金属氢化物分解放出大量氢气，所形成的氢化物的储氢密度甚至高于液态氢。人们把这些合金称为储氢合金材料，这类合金在氢气的储存、输送和应用等方面起着十分重要的作用。

19.4.1 储氢材料的组成及特性

利用氢气作能源，必须把氢气安全有效地储存起来，使有效体积中能存放足够的气体。传统的办法是将氢气液化，但要消耗能量，约用去氢热值的 1/4；制作高压［14MPa (140atm)］氢气也需要耗用大量的机械能，约合氢热值的 1/6～1/7。而且笨重的钢瓶输送很不方便、不安全。为了解决氢气的存储和运输问题，科学工作者做出了大量的研究，发现某些合金如 FeTi、$LaNi_5$、$TiMn_{1.5}$、$LaNi_4Cu$、FeTiNi、$ZrMn_2$、TiNi、Mg_2Ni 等（主要成分有：Mg、Ni、Nb、V、Zr 和稀土类金属，添加如下成分：Cr、Fe、Mn、Co、Ni、Cu 等）具有储氢的功能。

实用的储氢材料应具备如下特性：

① 吸氢能力大，即单位质量或单位体积储氢量大；

② 金属氢化物的生成热适当；

③ 平衡氢压适中，最好在室温附近只有几个大气压，便于储氢和释放氢气；

④ 吸氢、释氢速度快；

⑤ 传热性能好；

⑥ 对氧气、水和二氧化碳等杂质敏感小，反复吸氢、释氢，材料性能不至于严重衰减；

⑦ 在储存与运输中性能可靠、安全、无害；

⑧ 化学性质稳定、经久耐用；

⑨ 价格便宜等。

19.4.2 作用机制

储氢材料具有可逆吸放氢气的功能，现以储氢材料 $LaNi_5$ 为例来说明其储备和释放氢气的机理。$LaNi_5$ 是稀土系储氢合金的典型代表，最引人注目的优点是储氢量大，易活化，吸附和脱附均极快，反应是可逆的，并具有抗杂质气体中毒的特性。

块状 $LaNi_5$ 合金在温室下与一定压力的氢气发生氢化反应，其反应方程式表示如下：

$$LaNi_5 + 3H_2 \underset{\text{释氢(吸热)}}{\overset{\text{储氢(放热)}}{\rightleftharpoons}} LaNi_5H_6$$

可逆反应过程中，氢化反应（正向）吸氢，为放热反应；逆向反应解吸，为吸热反应。改变温度与压力条件可使反应按正反方向反复交替进行，实现材料的吸释氢功能。

$LaNi_5$ 是一种具有 $CaCu_5$ 型晶体结构（可看做由层状结构堆积而成）的金属化合物。人们感兴趣的是 H_2 在合金中究竟以何种状态存在？Ni 和 La 在其中扮演什么角色？实验研究表明，这些氢化物都有明确的物相，它们的结构完全不同于母体金属的结构（氢化钯除外，为非整比的），H 原子进入金属的空隙中形成 $LaNi_5H_6$。H_2 能被 $LaNi_5$ 所吸附，首先 H_2 需要原子化，即 H_2 分子在合金表面解离为 2H 原子，以原子状态进入合金内部。那么 H_2 分子的化学键是怎样断开的呢？这是因为 Ni 活化了 H_2 分子。当 H_2 吸附在 $LaNi_5$ 表面上，H_2 的 $\sigma_{1s}{}^*$ 轨道和 Ni 的 d 轨道（如 d_{xy}）对称性匹配、相互叠加、Ni 的 d 电子进入 H_2 的 $\sigma_{1s}{}^*$ 反键轨道，从而削弱了 H—H 键，使 H_2 分子发生分离，如图 19-1 所示。

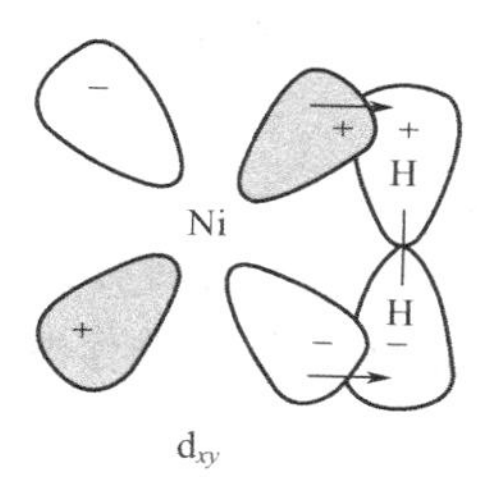

图 19-1　Ni 活化 H_2 的过程示意图

$LaNi_5$ 具有高的储氢能力和高的安全性的实质是氢分子以原子态形式存在于合金之中。氢气重新以分子态从氢化物中解吸逸出，须经扩散、相变和化合过程，受到热效应与速度的制约，即使遇到意外事故，氢化物装置（容器）也不会爆炸。

$LaNi_5$ 形成氢化物后仍基本保持原晶体结构不变，但晶体体积膨胀约 23.5%，大块合金碎为粉末。

$LaNi_5$ 储氢材料的最大缺点是成本高，大规模应用受到限制。

19.4.3　储氢合金的应用

储氢材料主要应用于氢气的储运、氢气的净化、氢气的分离与回收、高纯度氢气的制备、氢能汽车、金属氢化物电池以及加氢反应催化剂等很多领域。以下主要介绍高纯度氢气的制备和金属氢化物镍电池。

（1）制备高纯度氢气

利用储氢合金对氢气的选择吸收特性，可制备 99.9999%以上的高纯度氢气。如含有少量杂质的氢气与储氢合金接触，氢气被吸收。由于它只能吸收氢气，形成氢化物，而不吸收诸如 O_2、CO、CH_4、CO_2、N_2 等其他气体。杂质则被吸附于合金表面，除去杂质后，再使氢化物释氢，则得到的是高纯度的氢气。在这方面，$TiMn_{1.5}$ 及稀土系储氢合金应用效果较好。

（2）金属氢化物镍电池

金属氢化物镍电池（用符号 MH-Ni 电池表示）具有以下特点：①比能量高，是 Cd-Ni 电池的 1.5～2 倍；②工作电压为 1.2～1.3V，与 Cd-Ni 电池有互换性；③可快速充电，耐过充、过放电性能优良，无记忆效应；④不产生镉污染，被誉为“绿色电池”。

MH-Ni 电池反应为

$$NiOOH+MH \underset{充电}{\overset{放电}{\rightleftharpoons}} Ni(OH)_2+M$$

电池符号表示为

$$(-)MH|KOH|NiOOH(+)$$

金属氢化物镍电池是一种新型碱性蓄电池，其组成是以氢氧化钾作电介质，用储氢合金和氢氧化镍等作电极材料。M 代表储氢合金，MH 为金属氢化物。

充电时，外加电流使蓄电池发生了电解氢氧化钾水溶液的反应，在阴极产生氢气，在阳极产生氧气。储氢合金材料（作阴极）立即将析出的活性氢吸收生成金属氢化物，以储氢的形式把电能收集起来。阳极的氢氧化镍立即被析出的活性氧氧化生成 NiOOH。

总充电反应

$$M + Ni(OH)_2 \longrightarrow MH + NiOOH$$

放电时，金属氢化物（作负极）放出氢气，NiOOH（作正极）放出氧气，两者结合成水，产生电流（化学能转变成电能），实现了充电反应（电解水）的逆过程。

总放电反应

$$NiOOH + MH \longrightarrow Ni(OH)_2 + M$$

由此可见，充放电过程是氢原子从一个电极转移到另一个电极的重复过程。

电极反应的活性物质是氢气，而储氢合金则是作为活性物质的储氢介质，故 M 担负着储氢和电化学反应的双重任务。

19.5　氢能的用途

氢气的用途很广，可作燃料和化工原料，也可用做多种冶炼的还原剂、燃料电池的燃料等。

在民用方面，氢气可用做城市燃气，用管道输送到千家万户。罐装氢燃料也可用于家庭烹饪、供取暖和冷气空调。

氢能可以直接用来发电。燃料电池是水电解的逆反应，使氢和氧化合可获得水和电，热效率可达 70%以上，广泛用做家用电源和工业电源。

氢能还可以用于汽车工业和航天工业，可作为汽车和航天器的清洁燃料。随着时代的发展，氢能源的开发和应用会越来越引起人们的关注。

思考题

1. 氢能源有何特点？为什么说氢能源是未来的清洁能源？
2. 工业和实验室有哪些制备氢气的方法？写出有关反应方程式。
3. 氢元素能以共价键、离子键、氢键等形成化合物，举例说明。
4. 目前大规模使用氢能源存在哪些问题？
5. 什么是储氢材料？以储氢合金 $LaNi_5$ 为例，说明其储氢机理。

第20章 新型无机材料

20 世纪 40 年代，无机化学开始“复兴”，其“复兴”的重要原因之一是新型无机材料的研制。所谓材料是指人们用来制作有用物件的化学物质，所谓新型无机材料是指那些不同于诸如钢铁、水泥、有机高分子材料等传统材料的，具有特殊用途的无机材料，例如，特种无机结构材料和新型无机功能材料等。化学工作者应用其丰富的化学知识、娴熟的合成技术发现自然界未知的或创造自然界没有的新物质，并从中筛选出能够用做材料的化学物质，找出廉价生产这些物质的方法和工艺条件，最终实现工业生产，从而推动材料科学研究和材料生产的发展 。从这个意义上说，化学是材料研究和材料生产的最坚实基础。

总体上说，材料可以分为无机材料和有机高分子材料。无机材料包括金属材料和无机非金属材料（也称为陶瓷材料）。根据用途还可以把材料分为结构材料和功能材料。所谓结构材料，是指人们利用其物理、化学性质以及硬度、强度或韧性等力学性质，用于机械、工程、交通和能源等部门的材料。所谓功能材料，是指人们利用其特有的声、光、电、磁和热等特殊功能，用于微电子、激光、通讯、能源和生物工程等领域的材料。本章将介绍一些在现代科学技术领域中发挥或将要发挥重要作用的无机功能材料和特殊无机结构材料。

20.1 无机功能材料

无机功能材料种类很多，有些已获得应用，例如，形状记忆合金、减振合金、光学材料、电学材料、磁性材料等；有些尚处于研究阶段或接近实用阶段，例如，储氢合金、超导材料等。它们几乎应用于现代科学技术的各个领域。在以后的相应课程中，同学们还会了解到诸如液晶材料、分离膜、医用聚合物材料等有机功能材料。这里介绍一些典型的无机功能材料。

20.1.1 形状记忆合金

在室温下，用 1∶1 钛镍合金丝编织一个抛物面形状的天线，低温下把它揉成小团放在登月舱中送上月球，在月面上安装后让阳光照射，揉成小团的天线在阳光下可以自动地恢复原来的抛物面形状，这是美国实施的月面天线计划。把管道接口在使用温度下按要求加工成合适的内径，在低温下机械扩口并进行套接，套接后在室温下放置，管道接口可自动恢复原来的内径尺寸从而实现管道之间的紧密配合。这种技术在美国 F-14 战斗机的油压系统的接头、沿海及海底输送管的接口都有成功的应用。上面所说的 1∶1 钛镍合金和管道接口材料都是一些具有形状记忆功能的合金。

所谓形状记忆合金，是指那些具有形状记忆效应的合金。而形状记忆效应是指材料在发生塑性变形后，经加热到某一温度以上后，能够自动恢复到变形前形状的性质。

最早引起人们注意的形状记忆合金是钛镍合金。这种合金具有重量轻、强度高的特性，而且对海水具有非常优异的耐腐蚀性，因此，起初它是被作为潜水艇和登陆艇的结构材料来研究的。然而，当研究者对钛镍比例为 1∶1 的合金作了弯曲强度试验后发现，被弯曲的合金试样竟能自动地恢复到试验前的笔直形状。进一步研究发现，外界温度的提高是引起试样恢复原状的原因。由此，人们开始了对形状记忆现象和形状记忆合金的研究。后来，人们在多种合金体系中都发现了形状记忆现象，例如，Ti50 Ni(60℃)、Ti51Ni(－30℃)、Ti20Ni30Cu(80℃)、Ti47Ni3Fe(－90℃)、Ni36.6Al(60℃±5℃)、Pt25Fe(7℃) 等等。这些表示式中，元素符号后的数字是该原子的原子分数（%），括弧中的温度是合金由高温相转变为低温相的开始转变温度 T_{Ms}。不同合金体系其开始转变温度 T_{Ms}不同，因此，它们具有不同的适用温度范围。不过到目前为止，形状记忆效果最好的还是钛镍合金，其应用领域也比较广泛。值得注意的是铁基记忆合金的发现，这类合金具有强度高、塑性好、加工容易、价格便宜、使用方便等优点，因而它们无论在学术上还是在应用领域上都有重要的研究价值，引起国际上极大的关注。

形状记忆的机理是材料在温度改变后发生了相变。大多数金属在低温下要硬一些，但形状记忆合金的情况恰好相反，其低温相比较软，而高温相比较硬。当形状记忆合金的高温相经过加工成型后，要使其发生塑性变形比较困难，如果把它冷冻后再进行塑性变形就比较容易。把在低温下发生了塑性变形的形状记忆合金加热后，由于相变可以使其自动恢复塑性变形前的形状，因此产生了形状记忆效果。

美国的月面天线计划是形状记忆合金的最早应用实例。它有效地解决了登月行动中，体积庞大的天线运输问题。目前，形状记忆合金用量最大的领域是被用来制作管道接口。其实，形状记忆合金还可以用于热致机构，例如制造温室窗的开闭器和水暖系统温度调节阀等。在医疗方面，人们把钛镍合金制成脊柱形状可以治疗脊柱侧弯症；制成合金板安装在骨折部位，可以防止陈旧性骨折等。人们还设计了形状记忆式热发动机等。

20 世纪 80 年代末，有机的形状记忆树脂被合成出来，它们可以用于异径管接口和铆钉、医疗用固定器具、火灾报警装置等。这些具有形状记忆功能的有机物将在后续课程中介绍。

20.1.2　减振合金

机械、车辆、结构件通常是用铸铁铸造的。之所以选用铸铁而不用普通钢材，是因为铸铁可以使机械、车辆、结构件的振动能和噪声迅速衰减，因此被称为减振合金。减振合金的种类很多，按振动能衰减机理的不同，可以把减振合金分为复合型、铁磁性型、位错型和孪晶型。减振合金的内耗能量都非常大，振动能和热能的交换能力很强，可以使振动能迅速衰减，达到减轻机械振动和降低噪声的目的。下面分别介绍上述四种类型减振合金的减振机理。

复合型减振合金的减振原因是材料中存在着第二相，这种第二相可以使振动能迅速衰减。以铸铁为例，铸铁中的石墨在振动的作用下，经受反复的塑性变形，可以使振动能量变成摩擦热而消耗掉，达到减振的目的。铸铁中的石墨含量越高，则衰减系数越大。因此，铸铁是常用的机器制造材料。另外，Al78Zn 合金也属于复合型减振合金。

铁磁性型减振合金的减振原因是，材料在外界振动下，出现了磁畴（见 20.1.6 磁性材料）移动和旋转，这样，就消耗了部分振动能量，使振动和噪声迅速衰减。12%铬钢、加入了 3%以下铝的 12%铬钢（又叫消声合金）、高纯度铁和高纯度镍都是这类减振合金。此外，还有根特（Genter）合金（含 12%Cr、2%Al 和 3%Mo 的铁合金）等。研究表明，根特合金的减振效应在降低加工表面粗糙度方面有明显的作用；对于机械加工中用的镗杆，当采用全长的 60%用根特合金其余 40%用硬质合金制成复合刀杆时，其减振性能最好。

位错型减振合金是一类由合金内部存在的位错和杂质原子之间相互作用而吸收振动能的减振合金。在 Mg 中加入 6%Zr 是专门被研制的减振合金，它可以保护控制盘和陀螺罗盘等精密仪器免受导弹发射时的激烈冲击。高纯度 Mg 以及在 Mg 中加入 5.8%～19%Ni 所制成的合金，也属于这类材料。

锰铜合金是很有名的减振材料，它们属于孪晶型减振合金。锰铜系合金是在由面心立方结构向面心正交结构相变时，由于生成的孪晶发生晶界移动而吸收振动能，由此，它们具有了减振效应。当它们被用做潜水艇的螺旋桨材料时，其“寂静的潜航能力”曾受到高度评价。含铜 37%、铝 4.25%、铁 3%、镍 1.5%的锰合金，含铜 40%、铝 1.4%～2.25%的锰合金都是孪晶型减振合金。另外，含钛 49%（原子分数）的钛镍合金、Cu13～21Al4Ni 等也是这类减振合金。

20.1.3　电学材料

自从学会用电，人们的生活便离不开电学材料。铜、铝电线是最常见的电学材料。实际上，电学材料的种类还有很多，用途也很广泛。所谓电学材料是被人们利用其电学性质的一类功能材料。根据材料的导电性，可以把电学材料分为导体、半导体和绝缘体。根据导体中载流子的不同又可以把导体分为电子导体和离子导体。金属、半导体等是电子导体，强电解质液体、固体电解质等是离子导体。也有一些无机导体，其中的离子和电子是同时起导电作用的。绝缘体虽然不能导电，但在外电场和应力的作用下，或改变温度时，它们会产生感应电极化作用而使材料带电，从而表达其电性质，这些绝缘体可以做介电材料、压电材料、热释电材料和铁电材料等。这里只介绍超导材料、固体电解质、压电材料和硅半导体材料。

（1）超导材料

人们常用的电线是有电阻的，电能在输送过程中常会因为电阻而被部分损耗。但人们在研究材料的低温电性质时发现，有些材料在低温下会失去电阻。材料在低温下失去电阻的现象称为超导。具有低温超导性质的材料被称为超导材料。目前，人们发现具有超导现象的物质有：某些金属及其合金、某些金属氧化物（又称为超导陶瓷）、C_{60}及其衍生物的碱金属化合物和一些有机化合物等。

研究表明，材料要处于超导状态，温度 T、磁场强度 H 和电流密度 J 都必须处于临界温度 T_c、临界磁场强度 H_c 和临界电流密度 J_c以下，其中临界温度 T_c的高低是制约超导材料应用的主要因素。因此，人们一直致力于寻找高温超导材料，而找到临界温度 T_c为室温的超导材料一直是材料学家的梦想。

最早被发现具有超导性质的物质是金属汞。汞在液氦温度（4.2K）下，其电阻会突然消失，即处于超导态。超导现象被发现后的几十年里，人们一直在众多的金属中寻找临界温度更高的超导体，期望能得到在较高温度下使用的超导体，以降低使用成本。但是，直到 1986 年的上半年，能得到的最好的超导材料仍然是 1973 年发现的 Nb_3Ge，其 $T_c=23.2K$，也就是说，这种合金仍然要用液氦来控制温度。1986 年 1 月，瑞士苏黎世国际商用机器公司（IBM）的米勒（K. A. Müller）和贝德诺兹（J. G. Bednorz），测定 La-Ba-Cu-O 系氧化物烧结体的低温性质时意外地发现，在 30K 时，材料出现超导转变，13K 时电阻降至零，但同年 4 月份发表的这一发现并未受到人们的重视。在 1986 年 12 月的一次学术讨论会上，日本东京大学和美国休斯敦大学都宣布重复做出同样的结果，这才开始了一场席卷全球的“超导热”。中国科学院首次在世界上公布了 Y-Ba-Cu-O 体系，其临界温度 $T_c=93K$。这一发现使超导体的临界温度 T_c 首次超过了液氮温度（77K）。这就意味着这种超导氧化物（也称超导陶瓷）可以在液氮温度下使用，因此能大大降低超导材料的使用成本。后来，人们在对 C_{60} 及其衍生物进行研究时发现，在 C_{60} 中掺入碱金属时，常温下为金属导体，低温下呈现超导性，其中临界温度 T_c 较高的是 Rb_3C_{60}、Rb_2CsC_{60} 和 $RbCs_2C_{60}$，T_c 分别是 30K、33K 和 30K。与超导陶瓷相比，C_{60} 系列超导化合物的 T_c 显然太低，而且还要用惰性气氛保护，一般认为难以替代高 T_c 的氧化物超导体，但其独特的立体结构对研究三维超导机理具有重要的意义。

对于材料具有超导性质的原因，目前还没有完全弄清楚。但有一点是肯定的，超导金属、超导陶瓷和超导有机物的超导机理并不相同，其超导机理应分别与它们各自的特殊结构有关。弱耦合理论解释了超导金属的超导性。弱耦合理论认为，在临界点以下，在构成超导体晶体结构的原子振动的帮助下，电子形成所谓的库珀对。这些配对的电子彼此无排斥现象，而是成对地运动。库珀对在超导体的晶格中穿行时，不受阻碍，因此没有任何阻力。但是弱耦合理论无法解释高 T_c 的氧化物超导体。许多研究者认为，高温氧化物超导体的超导机理可能与它们特殊的晶体结构有关，图 20-1 是钇、钡、铜的氧化物超导晶体结构图。在钇、钡、铜的氧化物超导晶体中，铜原子和氧原子共同构成许多平面层，其他元素的原子构成砌块的其余部分。在晶格的每一个砌块中都有一层或多层这种铜-氧层，层数越多，临界温度就越高，当这些砌块像一副纸牌那样堆叠在一起时，便填满了整个晶体，因此，它们的超导性与铜氧层有关，可以认为是二维超导体。

C_{60} 系列超导体的超导机理与 C_{60} 的球状结构及碱金属的特殊掺入方式有关。在碱金属

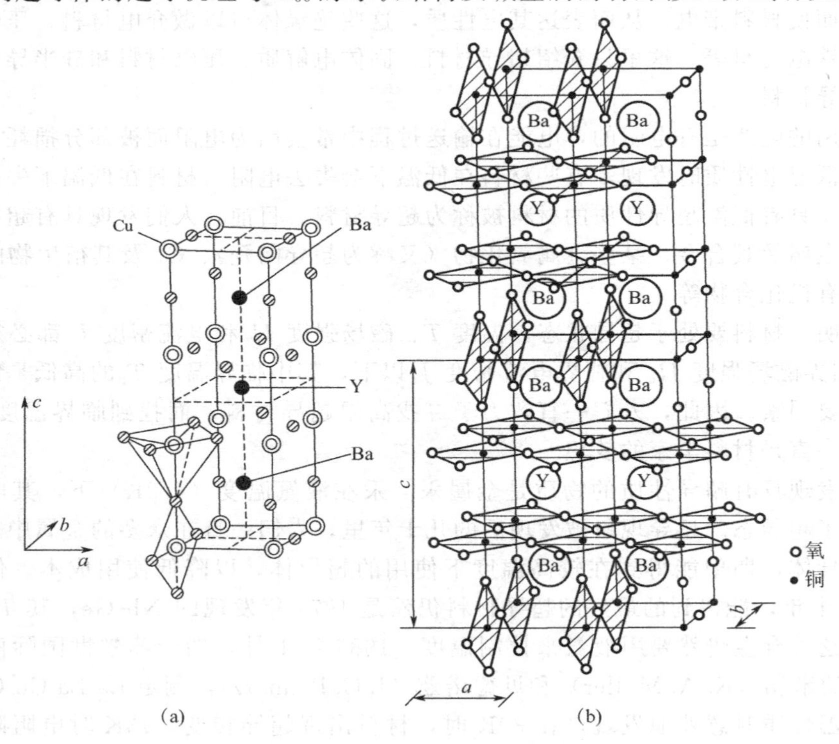

图 20-1 钇、钡、铜的氧化物超导晶体结构图

（a）Cu—O 构成的结构单元：CuO_5 的“金字塔”和 CuO_3 的四边形；

（b）二维的 Cu—O 层和一维的 Cu—O 带（Cu—O 链），一般认为后者对超导起重要作用

的 C_{60} 化合物中，碱金属位于面心立方结构的 C_{60} 分子晶体的四面体和八面体空隙中，掺入的碱金属元素必须正好充满这两种空隙。由于 C_{60} 的电子亲和力强，形成电子转移体系，金属的外层电子进入了 p 电子最低未占领分子轨道。当掺入的金属与 C_{60} 的比例是 3 时，晶体中传导电子的有效密度达到最高。这也是 Rb_3C_{60}、Rb_2CsC_{60} 和 $RbCs_2C_{60}$ 比别的 C_{60} 类超导体的 T_c 高的原因。目前氧化物超导陶瓷已接近实用阶段。其他各类超导体因其 T_c 尚处于由液氦控制的温度范围，还不具备实用条件。

（2）固体电解质

众所周知，在离子晶体中，正、负离子交替地排列在固定的位置上，因此离子晶体不导电。然而有一小类离子晶体在高温下能够像电解质液体一样导电，人们把这类能够导电的固体叫做固体电解质。例如，Li_2SO_4 和 AgI 在 25℃时都不导电，当它们分别被加热到 572℃和 146℃时就会导电。研究表明，这两种化合物在高温下导电的原因是发生了相变，形成了能够导电的 α-Li_2SO_4 和 α-AgI 新相，在这些新相的内部，分别存在着可自由流动的 Li^+ 和 Ag^+。其他固体电解质的情况也基本类似。由此可以看出，固体电解质是一类性质和结构介于普通离子晶体和强电解质液体之间的中间状态。其结构中的一些离子作为骨架保持晶格结构，另一种离子则像在液态电解质中那样可以在晶格中自由穿行。下面以 β-氧化铝钠为例说明固体电解质的导电机理。

β-氧化铝钠是通式为 $M_2O \cdot nX_2O_3$（$n=5\sim11$，$M=Cu^+$、Na^+、Ag^+、Ga^+、In^+、NH_4^+、H_3O^+ 等一价阳离子，$X=Al^{3+}$、Ga^{3+}、Fe^{3+} 等三价阳离子）的一大类化合物中最重要的一个。1966 年，人们发现当 β-氧化铝钠处于室温或室温以上时，其中的 Na^+ 极易流动，因而具有高导电性。后来经研究发现，这种高导电性与它的特殊结构有关。在 β-氧化铝钠中，O^{2-} 按密堆积方式层叠排列，Al^{3+} 则分布在氧离子层间的四面体和八面体空隙中。但是 O^{2-} 在排列堆垛时，每隔四层就有一层失去 3/4 的氧离子，在这些缺少氧的氧离子层中排列了一些 Na^+，但 Na^+ 没有填满，还存在许多 Na^+ 空穴未被占据，由于 Na^+ 的半径比 O^{2-} 小得多，因此，Na^+ 可以比较容易地在缺氧的氧离子层内流动，使 β-氧化铝钠具有高的导电性。对众多的 β-氧化铝类固体研究发现，Na^+ 和 Ag^+ 的导电性最好。

目前发现的可以作固体电解质的晶体还有 AgI 的衍生物（如 $RbAg_4I_5$、$RbAg_4I_4CN$、Ag_3SI 等）、PbF_2、掺入 Y_2O_3 的 ZrO_2 等，它们的导电离子和导电机理分别与各自的固体结构有关。

固体电解质的主要用途是制造各种电池。例如，以 β-氧化铝钠作电解质的 Na-S 电池是最重要的一种高能蓄电池，在一些国家已经应用在电车和发电站方面；以 $RbAg_4I_5$ 为电解质的 Ag-I 电池可以用做电子表、心脏起搏器等的电源；稳定化的 ZrO_2 是燃料电池的电解质，等等。

（3）压电材料

在大海中游弋的潜艇，如果需要进行水下通讯时，一般采用声音来传递信息，这是因为声音在水中可以远距离地传送，因此，潜艇上都安装有声纳系统。声纳系统的关键部件是要把电磁信号转变为声音信号。把磁信号转变为声信号用的是磁致伸缩材料；把电信号转变为声信号用的是压电材料。

一般来说，不导电的物质称为电介质。将它们放置在电场中时，虽然不导电，但会被极化而两极带电。因此，它们大多用做电容器和电绝缘体。然而，有一些特殊的电介质，当对它们施加机械应力而不是电场时，它们也能产生感应电荷，使受力的一面带正电荷，另一面带负电荷。人们把这种由于机械应力而产生的电极化现象称为正压电效应。利用材料的正压电效应，可以制作声音信号接受器，实现机械能转化为电能。反之，当对这类晶体施加外电场时，晶体还会出现尺寸大小的变化，人们把这种由于外电场作用而引起晶体应变的现象称为逆压电效应，也称为电致伸缩效应。利用材料的逆压电效应，可以制作声音信号发生器。把具有压电效应的材料称为压电材料。由此可以看出，压电材料能够实现电能和机械能的相互转化。

压电材料之所以具有压电效应，与它们本身的结构有关。研究发现，那些没有对称中心的低对称性晶体具有压电特性，而且压电晶体的共同特点是具有极轴，在外力作用下，沿极轴方向才会出现压电效应，因此，压电效应产生与否，还与所施加的外力的方向有关。另外，就现在发现的压电晶体来说，一般都含有四面体结构单元，例如 ZnS、ZnO、水晶等，由于四面体的切应力畸变，常常会出现压电特性。

最早被发现具有压电效应的物质是石英晶体，目前，人们已经制造出一大类这种材料。较为著名的压电材料还有水晶、酒石酸氢钾、磷酸二氢钾、磷酸铝、$KNbO_3$、$LiNbO_3$、$PbTiO_3$、$LiGaO_3$等晶体；GdS、ZnO 等薄膜；性能优异的压电陶瓷，例如组成为 1∶1 的 $PbZrO_3$-$PbTiO_3$ 陶瓷等。

压电材料可以做成电声器件、谐振器、声纳和拾音器等；近代激光技术和电子技术的应用和需要又使其应用扩展到电光器件和声光器件等领域。

(4) 硅半导体材料

高纯硅具有半导体性质。应用诸如光刻、掩蔽、扩散、隔离和薄膜、镀膜等技术，将二极管、电阻、电容 、电感等元件制作在高纯单晶硅片上，形成完整的电路即成了集成电路(IC)。单晶硅纯度越高、直径越大，上述元件尺寸越小，集成电路的集成度就越高。

集成电路自问世以来，经历了硅单片上约有 1 万个元件［20 世纪 70 年代的大规模集成(LSI)］、100 万个元件［80 年代的超大规模集成（VLSI)］和 1 亿个元件［90 年代的特大规模集成（ULSI)］的发展过程，目前正在发展中的是集成系统（IS）。集成度的提高，单位元件的成本下降，大大推动了信息产业的蓬勃发展，因此衍生了以半导体硅命名的“硅谷文化”，也使移动电话、家用电脑、互联网等大踏步地进入寻常百姓家。超大规模以上的集成电路要求高纯单晶硅的直径在 125mm 以上，这类单晶硅的拉制需要很高的技术水平，目前只有少数几个国家掌握此项技术，中国就是其中之一。

向高纯半导体中掺入外来杂质可以得到性质独特的掺杂半导体。应用高温扩散的方法，可以将适当的杂质元素掺入高纯硅（或锗）晶体中。往硅中加入第 13（ⅢA）族元素（B、Al、Ga、In)，使之取代晶体中部分硅，成键时就少了一个电子，形成可以导电的空穴，这种半导体被称为 p 型半导体；向硅中加入第 15（ⅤA）族元素，成键时就多出了一个可以导电的电子，这种材料被称为 n 型半导体；向硅的一边掺入第 13 族元素，另一边掺入第 15 族元素，中间部分就形成了被称为 p-n 结的区域。这种具有 p-n 结的半导体有许多独特的功能。

① 可以制成光电池　当具有 p-n 结的半导体被太阳光照射时，在 p-n 结区域形成一个电势能垒，在 p-n 结的两端可以产生正、负电荷，将 p 端和 n 端分别结在外线路上，就会产生光电流，实现光能转化为电能的目的。n-p 型单晶硅光电池是各种人造卫星、宇宙飞船和空间站的主电源。目前人们还致力于降低光电池成本，以利于民用的研究。

② 可以制成整流器　把 n-p 型半导体的 p 端与外电源正极相接，n 端与负极相接。在外电压的作用下，p-型区的空穴和 n-型区的电子将同时被驱向 p-n 结处，并以电子落入空穴的方式被消灭，外电源又源源不断地补入电子和空穴。总的结果是：按这种方法接入的半导体

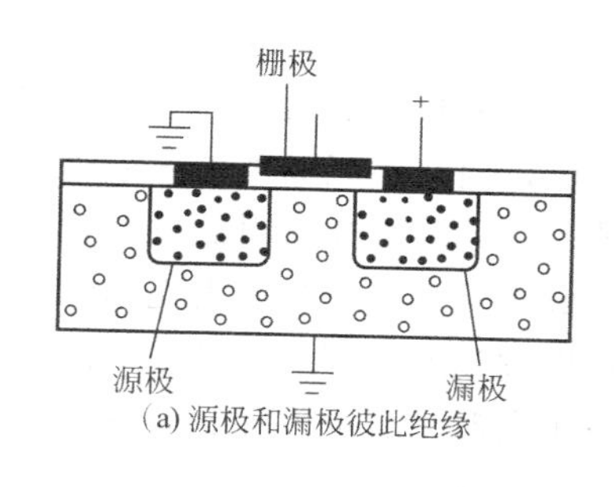

(a) 源极和漏极彼此绝缘

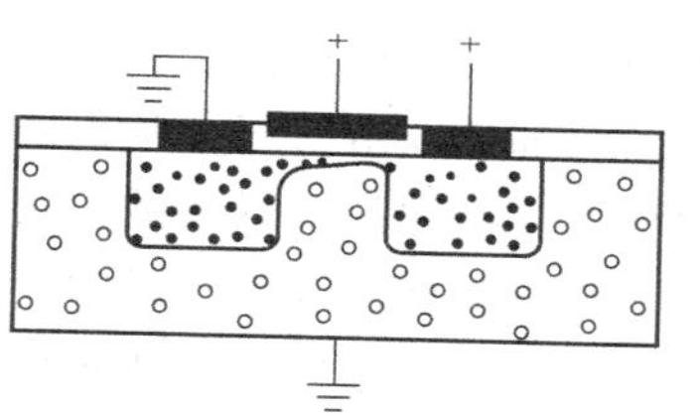

(b) 在栅极施加高电压使源极和漏极之间建立一个n型通道

图 20-2　放大的 MOS 晶体管的横断面
黑区是金属铝，白区是 SiO_2，黑点区是 n-型硅，圆圈区是 p-型硅

可以导电，当它被反向接入时，p-n 结上无载流子通过，只要外加电压不太高，不至于将 p-n 结击穿，这种接入方式就不导电，因此 p-n 结能够将交流电变为直流电，用以整流。

③ 可以制成绝缘栅场效应晶体管　这种晶体管也叫做 MOS（金属、氧化物、半导体）晶体管。把 p-n 结按图 20-2 的方式来制作，当栅压（V_D）为零时，由于 p-型硅（圆圈区）使两个 n-型硅彼此绝缘，没有电流从源极流向漏极，如图 20-2(a)；当向栅极施加正电压时，空穴就被赶离栅极下边的 SiO_2 和硅界面。

当所加电压足够高时，栅极下很薄的一层硅，由 p-型变为 n-型，形成 n-型电子通道，如图 20-2(b)。控制栅极电压大小就可以控制电流大小。硅互补 MOS 技术占整个集成电路 IC 销售额的 70% 以上，是半导体技术的主流技术。

20.1.4　光学材料

人们每天都享受着光学材料为我们生活和工作带来的方便。涂敷了发光材料的日光灯和彩色电视荧光屏、安装了硒鼓（由非晶体硒光导材料制成，它在黑暗中为绝缘体，光照下成为导体）的静电复印机、由光纤材料制成的电话线等，都是光学材料的应用实例。此外，激光材料以及各种非线性光学材料（例如，能使入射光频率发生改变的倍频晶体材料等）也是对许多科学技术领域来说必不可少的材料。所谓光学材料是指被人们利用其光学性质的一类功能材料。它们包括的范围很广，这里只介绍发光材料和激光材料。

（1）发光材料

发光材料是那些因吸收外来能量而发光的材料。发光材料根据其激发源离开后发光持续时间的长短，可以分为荧光材料和磷光材料。激发源离开后发光很快停止的材料，叫荧光材料；激发源离开后，发光还持续较长时间的材料叫磷光材料。

也可以根据材料发光时所吸收外来能量形式的不同把发光材料分为：吸收电能而发光的电致发光材料（例如，发光二极管）、吸收光能而发光的光致发光材料（例如，日光灯用磷光材料）和吸收阴极射线或电子束而发光的阴极致发光材料（例如，电视机用荧光材料）。其中光致和阴极致发光材料的发光本质基本相似，它们都是材料中的发光中心，因吸收外来能量跃迁到不稳定的高能量激发态，在固体中以热能的形式损失少量能量后，跃迁返回最稳定的基态，同时发出光子释放所吸收能量。这里只介绍阴极射线发光材料中彩色电视屏幕用发光材料的发光机理和相应的发光化合物。

阴极射线发光材料的发光是一个比较复杂的过程。阴极射线的电子射入发光材料的晶格后，一般有两种情况发生：①部分入射电子直接激发发光中心产生发光作用，或者入射后进行一系列弹性碰撞产生“二次”电子，部分“二次”电子再激发发光中心产生发光作用；②另一部分入射电子或“二次”电子以二次发射的形式损失，不产生发光作用。

一般而言，技术上对发光材料有三个指标要求：①发光材料的颜色。不同的发光材料应该发出不同颜色的光以供人们选择。人们研制的发光材料一般为红、绿、蓝三种彼此独立的基色材料，其他颜色都可以由这三种基色匹配而成，但在匹配成某种颜色时不是三种颜色的叠加，而是从两种颜色叠加的结果中减去第三种颜色。②发光材料的发光强度。由于发光材料的发光强度是随激发强度而变的，通常用发光效率来表征材料的发光本领。发光效率有三种表示方法，能量效率是其中之一。能量效率是以发光能量与激发源输入能量的比值来表征发光强度的。③发光材料的发光持续时间。一般用余辉来表征发光材料的发光持续时间。所谓余辉是指激发源停止激发到材料所发光衰减到10%时，所经历的时间。

表 20-1 列出了目前通用的彩色电视机显像管用红、绿、蓝发光粉及其性能。

表 20-1　彩色显像管用发光材料

颜色	组成	主峰波长/nm	能量效率/%	10%余辉
红	$Zn_3(PO_4)_2$:Mn	636	6.7	27ms
	(Zn,Gd)S:Ag	670	16.0	—
	YVO_4:Eu	620	7.1	1～3ms
	Y_2O_3:Eu	610	8.7	1～3ms
	Y_2O_2S:Eu	626	13.0	0.5～2ms
绿	Zn_2SiO_4:Mn	525	7.4	25ms
	(Zn,Gd)S:Al	535	18.4	15～30μs
	ZnS:Cu,Al	530	21.8	15～30μs
	ZnS:Cu,Au,Al	535	—	15～30μs
蓝	ZnS:Ag	450	20.4	5～15μs

(2) 激光材料

激光材料是一类特殊的发光材料。普通发光材料在吸收外来能量跃迁到激发态后，约在 10^{-8}s 内就自发地跃迁回基态并释放出光子发光。在激光材料中，由于存在着一种比普通激发态稳定得多的亚稳态能级，粒子会在这个亚稳态上停留较长的时间。当材料持续受到激发时，材料中越来越多的粒子由基态转变为亚稳态，最终使亚稳态粒子数目超过基态粒子，造成粒子数反转。这时，如果有能量相同的光入射时，处于亚稳态的众多粒子将会一齐跃迁回基态，发出与入射光相同的光子，产生单色性好、强度大、相干性好的激光。下面以红宝石激光器为例说明激光器产生激光的原因。

图 20-3 是红宝石激光器结构示意图。它的主体是一根长数百厘米、直径为 1～2cm 的红宝石棒。棒的一端装有一个反射镜帮助发出的光返回棒中，另一端装有一个可旋转的反射

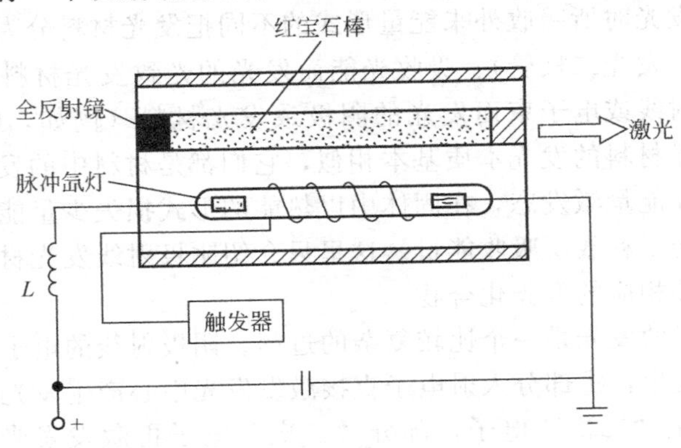

图 20-3　红宝石激光器结构示意图

镜。当产生的激光强度不大时，它能把光反射回棒中，这样激光束在棒中往返通过，不断激发棒中粒子，使它们转变成亚稳态粒子，形成更多的活化中心，就会使初始形成的相干辐射脉冲强度不断变大，当产生的激光强度达到最佳要求时被允许射出来。

红宝石棒是以刚玉 Al_2O_3 为基质，掺入少量的 Cr^{3+} 作为活化中心的晶体。Cr^{3+} 有一个寿命约为 5×10^{-3} s 的亚稳态和两个不稳定的激发态能级。当氙灯的闪光照射红宝石时，Cr^{3+} 吸收光能跃迁到两个不稳定的激发态，再以热振动跃迁转移到亚稳态上，由于亚稳态寿命较长，可以使处于亚稳态的 Cr^{3+} 大量积累，形成粒子的反转分布，当有某种外来光子射入时，它们会一起跃迁回基态并发出光子，其中一部分光子射出棒外，而沿棒的轴线方向的另一部分光子被反射回棒中，这些光子又会使 Cr^{3+} 跃迁，在亚稳态积累，并受激辐射产生更多的光子，这样光在棒中反复振荡，就会产生很强的激光输出。

目前，人们已研制出来的激光器有多种，根据激光材料的不同可以分为固体激光器、气体激光器、液体激光器和半导体激光器。固体激光器的主要品种有红宝石激光器、掺钕的钇铝石榴石和钕玻璃激光器等；气体激光器的主要品种有氦-氖激光器、CO_2 激光器和氩离子激光器等。液体激光器主要有掺有稀土离子的无机液体激光器和香豆素类等有机染料液体激光器。半导体激光器主要有砷化镓、硫化镉、锑化铟等激光器。

20.1.5 磁性材料

磁性材料是人们十分熟悉的一类材料，磁带、磁盘都是生活中信手拈来的磁性材料产品。所谓磁性材料是指被人们利用其磁性质的一类材料。磁性材料是一些铁磁性物质。在这类材料的内部存在着许多自发磁化达到饱和的微小区域，也叫磁畴，如图 20-4(a) 所示。现在已能从实验中观察到磁畴的存在：在磨光的铁磁质表面，撒上一层极细的铁粉，在显微镜下可以观察到粉末沿磁畴边界积聚而成的某种图形分布，如图 20-4(b) 所示。

在没有外加磁场作用时，材料内部各磁畴的取向是混乱的，对外不呈现磁性。当把这类材料置于外磁场中时，那些与外磁场同向的磁畴体积逐渐扩大，而反向的磁畴体积逐渐缩小，当外加磁场增加到一定值时，所有磁畴都转向外加磁场的方向，材料磁化程度达到饱和，材料将产生很强的同向附加磁场，如图 20-5 所示。有趣的是，铁磁性物质在磁化过程中，磁畴方向的改变往往会引起铁磁性物质内部晶格间距离的改变，进而引起长度与体积的改变，因此产生磁致伸缩现象。所以，和压电材料一样，磁致伸缩材料也是制造扬声器等的重要材料。

当外加磁场去除后，由于介质的掺杂和内应力的影响，将会阻止磁畴恢复到原有的混乱状态，使材料保留一定的剩磁，产生磁滞现象。要消除剩磁，必须加上反向磁场，使之退磁。根据铁磁性材料剩磁的大小和是否容易退磁，把磁性材料分为：软磁材料、硬磁材料和矩磁材料。

(a) 磁畴结构

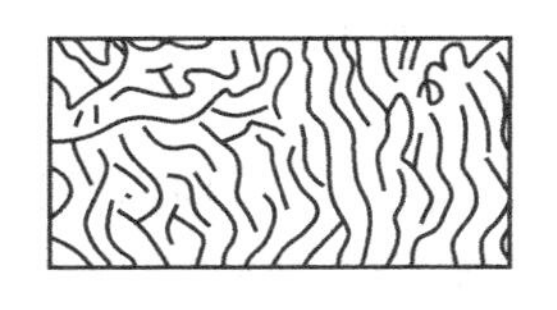

(b) 显示磁畴结构的铁粉图形

图 20-4 磁畴结构示意图

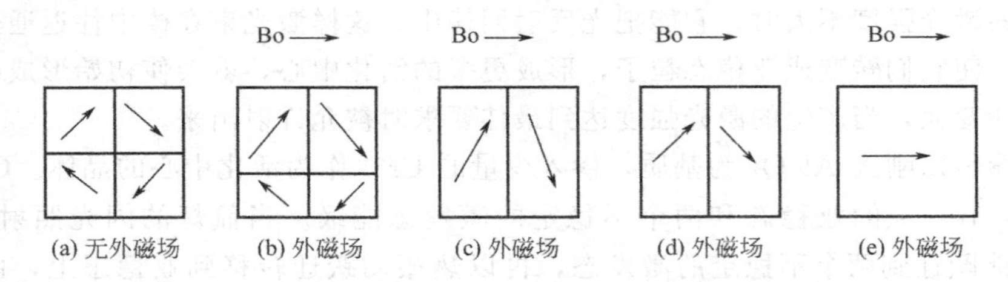

图 20-5　外磁场从零增大时畴壁移动及磁畴取向示意图

软磁材料是剩磁很小、退磁容易的铁磁性物质。它们磁滞特性不显著，容易磁化，也容易退磁，在交变磁场中磁滞损耗小。它们用来制造电气设备中的各种电感元件，例如，变压器、镇流器、电动机和发电机中的铁芯，以及继电器、电磁铁的铁芯和磁记录中录放磁头的铁芯等。常用的软磁材料有工业纯铁、硅铁合金（含 0.5%～4%硅的铁合金）、低镍坡莫合金（含 40%～50%镍的铁合金）、高镍坡莫合金（含 70%～80%镍的铁合金）、锰锌铁氧体（$Mn_dZn_{1-d}Fe_2O_4$）和镍锌铁氧体（$Ni_dZn_{1-d}Fe_2O_4$）等。目前，人们还致力于开发非晶态金属软磁材料。

硬磁材料是一类剩磁较大、退磁也较难的铁磁质。它们的磁滞特性非常显著，磁化后仍能保留较强的磁性。硬磁材料适宜制造永磁体。各种电表、扬声器、微音器、耳机、电话机、录音机等都要用到由硬磁材料制造的永磁体。此外，录音带、录像带等也要使用硬磁材料来制作。常用的硬磁材料有目前广泛使用的铝镍钴系材料、铁氧体材料、铁铬钴系材料、稀土钴材料、铁-稀土-硼材料以及非晶硬磁材料等。

矩磁材料是一类保留剩磁能力特别大的铁磁质。如果让矩磁材料被正、反向磁化，当磁化电流去除后，它仍能保留正向和反向两种不同的剩磁“1”和“0”。矩磁材料还可用来制造控制线路的开关和逻辑线路的逻辑元件等。常用的矩磁材料有氧化物和金属，例如，γ-Fe_2O_3（实际上是一种空位尖晶石$\square_{0.33}Fe_{2.67}O_4$和氢尖晶石 $H_{0.5}Fe_{2.5}O_4$ 的混合物），铁、钴、镍及其合金。目前，人们还致力于开发磁泡存储器等其他存储器。所谓磁泡，实际上是一种圆柱形磁畴。在一些很薄的磁性材料中，如果在垂直于薄片的方向加磁场，原先呈蜿蜒曲折的条状磁畴会收缩，当磁场达到一定大小时，则会收缩成圆柱状，它们在材料表面表现为圆形，好像水面上漂浮着一群水泡，在磁场作用下运动。若以磁泡的有无来表示 1 和 0 两种信息，也会完成信息的存储、记录、逻辑运算等功能。

20.2　特种金属结构材料

虽然我们使用的金属材料 90%以上都是钢铁或钢铁基合金，但在许多工业和科技领域仍需要各种特种金属材料，如轻质合金、硬质合金、耐高温合金、耐低温合金等。

20.2.1　轻质合金

在航空航天领域里，飞行器的自身重量越轻，其载重量越大，燃料消耗量越小，飞行效率就越高。因此，用于制造飞行器的结构材料是轻质合金。

铝合金是主要的轻质合金。一架现代化超音速飞机，铝及其铝合金的使用量占所用金属材料的 75%。航天飞机的骨架桁条和蒙皮舱壁，绝大部分用的是铝合金。此外铝合金还用于制造火箭和导弹；近年来，汽车制造业也越来越多地使用这种材料。

之所以选择铝，是因为金属铝的相对密度只有 2.702g · cm^{-3}，铝合金耐腐蚀。另外铝元素在地壳中含量丰富，现代工业已经能够大量生产保证供应。然而，纯铝质软、不耐磨、强度低，不能作结构材料。把铝合金化后可以大大改善其力学性质，所以用做结构材料的是铝合金。向铝中加入铜、镁、锰、硅和铁等可以得到硬铝，如果向硬铝中再加入 5%～7% 的锌，就制成了超强度硬铝合金。超强度硬铝的比强度远高于钢。

铝合金中加入的其他合金元素，大多数为密度较大的元素，因此，铝合金的密度可能要高于纯铝的密度。这不利于降低油耗和提高飞行性能的商业竞争要求。因此，选择密度较小的其他元素是轻质合金的研究方向，于是铝锂合金作为新型轻质合金品种，于 20 世纪 80 年代应运而生。

金属锂的相对密度只有 0.53，在铝合金中添加金属锂后，可以显著提高铝的刚性，形成相对密度小、刚性好的铝锂合金。美国已把铝锂合金的研制列为最优先的发展计划，取得了重大进展。据报道，已研制出的两种型号的铝锂合金，其性能分别与 2024T3 和 7075T6 铝合金不相上下，具有较高的弹性模量，但相对密度却分别降低了 7%和 9%。

但是，铝锂合金在生产上需要有专门的技术，原因是金属锂的化学性质十分活泼，容易与氧、氮、氢、水等化合，还容易与氧化铝、石墨等坩埚材料反应，这给铸造带来困难，而且铸造件在锻造时，还要特别注意，以防出现裂纹；若采用粉末冶金法制造铝锂合金，所制造的铝锂合金有较好的机械性能，但制造过程中粉末容易爆炸，必须在惰性气体中进行。

强轻合金的研究方兴未艾，各种新型强轻合金的出现，使现代工业技术得到不断的完善和发展。

20.2.2　硬质合金

在采矿、钻井和开凿隧道等作业中，要求机器的钻头要足够硬；在机械加工中，也要求切削金属用的工具、冲压和展薄金属用的模具要足够硬，因为，这些特殊的工作都要求工具材料保持高温下的热硬性和耐腐蚀性。因此，硬质合金和硬质陶瓷材料可以满足上述要求。

硬质合金是由第 4（ⅣB)、5（ⅤB)、6（ⅥB）族金属和原子半径比较小的非金属元素如 B、C、N 等形成的间隙合金。硬质合金之所以有很高的熔点和硬度，是因为第 4（ⅣB)、5（ⅤB)、6（ⅥB）族元素的原子半径较小、d 轨道上有较多的未成对电子，这些元素在形成金属晶体时，原子间可以发生 d 轨道重叠，使这些金属的金属键具有一定的共价性，因此，这些金属本身的熔点和硬度都很大。当在这些金属晶体中加入一些原子半径小的非金属元素，如 C、B、N 等时，非金属元素通常进入这些金属的晶格间隙中。处于间隙的非金属元素，其价轨道也可以和金属元素的 d 轨道发生重叠，这进一步加强了元素间的结合力，因此，硬质合金的熔点更高、硬度更大。综上所述，元素间强的结合力才是硬质合金具有高熔点、高硬度的根本原因。钢中虽然也存在碳的间隙合金结构，但铁的未成对 d 电子数目较少，其金属键的共价程度较小，所以其硬度小于硬质合金。

硬质合金的熔点和硬度都很高，很难用常规的铸造或轧制技术制造成型。因此，各种硬质合金的工具或刀具常常是用粉末冶金法加工而成的。即用一种或多种高硬度难熔金属碳化物粉与金属钴粉（作黏合剂）一起，经独特的制粉、成型和烧结工艺，制成所需形状的工具，制成的工具只要稍微加工即为成品。我国常用的硬质合金有钨钴类和钛钨钴类。硬质合金中再加入碳化铌或碳化钽时可明显提高其热硬性。碳化钛具有高硬度、高熔点、抗高温氧化、密度小和成本低等众多优点，是一种非常重要的碳化物合金，在航空、航天、舰船兵器等重要工业部门获得广泛应用。

20.2.3　超低温合金

通常，把常温以下直到热力学零度的较大温度范围称为低温。目前，人类活动和科学技术的许多方面越来越多地涉及低温领域，而且所涉及的温度也越来越低，相应的结构件材料就要承受越来越低的低温。例如，输送和储存液化丙烷用的结构件材料只要承受低于231K（－42℃）的低温；在液氮温度下工作的材料（例如，为超导材料提供低温的结构件材料）就要承受77.2K（－195.8℃）的低温；在液氢温度下工作的材料（例如，火箭的液氢燃料箱）要承受20K（－253℃）的超低温；而在液氦下工作的材料（例如，核聚变用的液氦容器）更要承受4K（－269℃）这种接近热力学零度的超低温，如此的超低温，对材料提出严峻的考验。

超低温材料必须具备以下几方面的条件：①材料不会在所工作的低温下变脆。②材料的热膨胀系数应尽可能地小。③材料必须是非磁性的。具有面心立方结构的金属，如铝合金、奥氏体系不锈钢等，不会在低温下变脆。在体心立方结构的铁素体钢中添加镍，也可以降低其韧性-脆性的转变温度，达到防止脆性破坏的目的。如果材料必须反复经历低温和室温的多次变化时，热膨胀系数大的材料容易发生热变形。例如，低温强度和韧性都好的铝合金、不锈钢在这样的工作环境就不合适，因为它们的热膨胀系数都比较大，因此，低膨胀合金，如铁镍合金、钛合金的开发便受到关注。超低温技术多在磁场下应用，低温构件如果有磁性，将会对磁场产生不良影响，因此，在这种环境下工作要选择非磁性的低温合金。

考虑材料的价格，针对不同的低温领域、不同的工作环境，应选择与之相适应的耐低温合金材料。像气体液化、冷冻、冷藏等在173K（－100℃）以上的温度范围工作时，价格低廉的铁素体钢就可以满足要求；含镍9%的钢可以在液化天然气（－163℃）中使用；含25%铬、20%镍的不锈钢可以用于超导电磁体和电机设备等磁场环境。如果把铁镍铬不锈钢中的镍、铬分别由锰、铝代替，则可制成铁锰铝新合金钢。其强度、韧性都十分优异，它们在常温下还有良好的加工性。据认为，这是一种在超低温下强度、延伸率、耐冲击值都大的，可能对低温技术发展产生重要影响的优秀材料。

20.2.4 耐高温合金

在许多情况下，要求金属材料在1273K或以上的温度下工作。例如，某些化工设备（如水蒸气重整炉、乙烯分解炉等）、各种加热炉、热处理炉、城市垃圾焚烧炉等；另外像汽轮机、喷气发动机也要求材料在很高温度下工作，以提高其工作效率。如此严酷的工作环境，首先要求金属在高温下具有优良的抗腐蚀性，其次要求金属在高温下具有较高的强度和韧性。

金属在高温下的抗腐蚀性，取决于金属在高温下氧化反应的程度。氧化反应的程度又取决于表面的氧原子是否能进一步向金属内部扩展。如果金属表面氧化膜结构疏松，氧原子很容易穿过表面氧化膜使氧化向深层推进，这样金属的耐腐蚀能力就很差。相反，如果金属表面氧化膜结构稳定而且致密，氧原子就很难穿越它们使金属内部被氧化，因此，其抗氧化能力就很强。为此，人们经常向金属中加入Cr、Al、Si等亲氧元素，使之优先在金属表面形成稳定、致密的Cr_2O_3、Al_2O_3或SiO_2等氧化物保护膜，以提高金属的抗腐蚀性。

为提高金属的高温强度，常常向金属中加入适量其他金属，形成耐热合金。例如，向钢中加入W或Mo可增强它的耐高温蠕变性能；加入V可以提高其高温强度；加入Ni和Mn能改变其组织状态，保证合金基体成为稳定的面心立方结构，从而提高其耐热性。

一般来说，金属熔点的60%左右是金属理论上可以使用的温度上限。由于第5（ⅤB）、6（ⅥB）、7（ⅦB）族元素原子的未成对价电子数很多，在金属晶体中能形成很强的金属键，而且它们的原子半径小，晶格结点上粒子间距离短，相互作用力大，所以，它们都是高熔点、高硬度金属，可以考虑选择它们作为耐高温金属。但是考虑到高温工作环境对材料的要求，人们一般常常选择第 5～7 族元素和第 8～10（ⅧB）族元素的合金作为耐高温合金。

常用的耐高温合金是铁基、镍基和钴基合金。其中铁镍基合金（含镍 25%～60%及含铁的合金）是重要的高温合金，例如，我国生产的 GH901（主要成分为 Ni-34Fe-13Cr-6Mo-3Ti）就是这样的铁镍基高温合金。另外，如果改变铁镍基合金的铸造方法，还可以进一步提高铁镍合金的使用温度。例如，采用单晶涡轮叶片铸造工艺生产的单晶飞机涡轮机叶片，其工作温度可以提高约 150K，喷气发动机的寿命可以延长 4 倍。

当然，由于铁、镍和钴的熔点分别为 1812K、1726K 和 1768K，而合金的熔点低于纯金属，因此，铁基、镍基和钴基合金的使用温度不大可能超过 1323～1373K。如果要得到使用温度更高的高温合金，就要考虑用其他高熔点金属（如钨、钼、铌、钽等）来研制高温合金，相应地还要研究新的制造工艺。

20.3 新型陶瓷材料

一般来说，除了金属以外的所有无机材料都属于陶瓷的范畴。陶瓷材料可以分为传统陶瓷和新型陶瓷。传统陶瓷包括各种日用陶瓷制品、玻璃、水泥等建筑材料，其主要成分都是硅酸盐和硅铝酸盐。新型陶瓷材料的成分从硅酸盐或者硅铝酸盐扩展到氧化物、碳化物、氮化物、硼化物等。这些新型陶瓷有些可以作为特种结构材料，例如耐高温结构陶瓷和超硬陶瓷；有些可以作为功能材料，如电子陶瓷、光学陶瓷、生物陶瓷等。第 11、12 章介绍过的耐骤冷和骤热的氮化硅属于高温陶瓷，人造金刚石和具有金刚石结构的氮化硼属于超硬陶瓷，光导纤维以及本章介绍的超导氧化物和红宝石激光材料等属于功能陶瓷。下面再介绍几种新型陶瓷。

20.3.1 透明陶瓷

普通陶瓷不透明是因为陶瓷内部含有杂质和气孔。杂质会吸收可见光，气孔会令光波产生散射。如果选用高纯度而且不吸收可见光的原料，通过工艺手段排除气孔，就可以制得透明陶瓷。这些透明陶瓷的熔点一般在 2000℃以上，因此，它们不仅有优异的光学性能，而且还耐高温。它们的透明度、强度、硬度都高于普通玻璃，它们耐磨损、耐划伤，可以用来制造防弹玻璃、坦克的观察窗、轰炸机的轰炸瞄准器和高级防护眼镜等。

透明陶瓷的重要用途是制造高压钠灯，它的发光效率是高压汞灯的一倍，使用寿命达 2 万小时，是使用寿命最长的高效电光源。高压钠灯的工作温度高达 1200℃，压力大、腐蚀性强，选用的透明陶瓷是氧化铝。被研制出的透明陶瓷还有氧化镁、氧化铍、氧化钇、氧化钇-锆等多种氧化物系列透明陶瓷。近期又研制出非氧化物透明陶瓷，如砷化镓（GaAs）、硫化锌（ZnS）、硒化锌（ZnSe）、氟化镁（MgF_2）、氟化钙（CaF_2）等。

20.3.2 生物陶瓷

生物陶瓷是用于人体器官和组织修复或再造的材料，要求其生物相容性要好，对肌体无免疫排异反应；血液相容性好，无溶血、凝血反应；不会引起代谢作用异常现象，对人体无毒，不会致癌。目前已经发展起来的生物合金、生物高分子和生物陶瓷基本上能满足这些要求。

生物陶瓷以其质硬、耐腐蚀等特点，广泛用于制作假牙和各种关节部位，如膝关节、肘关节、肩关节、指关节和髋关节等。用氧化铝陶瓷制作的假牙与天然牙齿十分接近，ZrO_2

陶瓷的强度、断裂韧性和耐磨性比氧化铝陶瓷好，可以用来制造牙根、骨和股关节等。羟基磷灰石［$Ca_{10}(PO_4)_6(OH)_2$］是骨骼组织的主要成分，人工合成的羟基磷灰石与骨的生物相容性非常好，可用于颌骨、耳听骨修复和人工牙种植。目前发现用熔融法制得的生物玻璃，如 $CaO-Na_2O-SiO_2-P_2O_5$，具有与骨骼键合的能力。陶瓷材料最大的弱点是性脆，韧性不足。纳米材料和技术的出现有望解决陶瓷性脆的不足。

20.3.3 纳米陶瓷

许多陶瓷都是多晶无机非金属材料。这些陶瓷是由众多单晶小颗粒通过烧结形成的固体。每一个单晶小颗粒内部的原子或离子都是按一定的规则排列的，颗粒之间是晶界，但处于晶界的原子或离子排列一般比较混乱，因此，晶体内部和晶界之间存在着较大的性质差异。

纳米陶瓷是一类颗粒直径界于1～100nm之间的多晶烧结体。每个单晶颗粒的直径非常小，以至于使处于晶界原子的比例大为提高，而处于整齐排列的晶体内部的原子比例大为减少。例如，当单晶颗粒直径为5nm时，材料中界面的体积约占总体积的50%，也就是说，组成材料的原子有一半左右分布在界面上，这样就减少了材料内部晶体和晶界之间的性质差异，使得纳米陶瓷具有许多特殊的性质。例如，在组成相同的情况下，纳米级的陶瓷烧结温度比较低；纳米陶瓷具有延性，有的甚至具有超塑性，如室温下合成的 TiO_2 陶瓷，它可以弯曲，其塑性达到100%，韧性极好。因此，陶瓷材料的脆性问题有望通过发展纳米技术得以解决。

制造纳米陶瓷的技术关键是制备颗粒为纳米级的粉体原料。纳米级粉体的制备方法有物理法、化学法和综合法三大类。物理法主要包括蒸发冷凝法、离子溅射法、机械研磨法、低温等离子法、氢脆法、电火花法和爆炸法等；化学法主要有水热法、水解法、熔融法等；综合法主要有激光诱导化学沉淀法、等离子加强化学沉淀法等。

纳米陶瓷只是纳米材料中的一种，人们还制成了纳米金属等。纳米金属的性质也不同于常规多晶金属材料，例如，金和银的熔点分别是1063℃和960.8℃，而纳米金和银分别只有330℃和100℃；纳米铂黑催化剂，可以使乙烯氢化反应的温度从600℃降至室温；纳米铁的抗断裂应力比普通铁高12倍；那些无法用传统的锻造和铸造技术加工的耐高温和高硬度材料，通常采用粉末冶金技术（独特的制粉、成型和烧结工艺）进行加工，如果采用先进的纳米制粉技术进行制粉，会对粉末冶金技术带来新的革命。

20.4 无机材料的未来

无机材料的发展方兴未艾，未来对材料的要求大致有以下几个特点：①结构与功能的结合。即要求材料既能作为结构材料使用，又能具有特定的功能或多种功能，最近的梯度功能材料的发展就是一个明显的例子。②智能型。要求材料本身具有感知、自我调节和反馈的能力，具有敏感和驱动的双重功能，如同模仿生命体系的作用一样。③少污染。要求材料的制作和废弃的过程中尽可能减少对环境的污染。④可再生性。要求材料在使用后可以重新回收利用。这样一方面可以保护和充分利用自然资源，另一方面又不为地球积存太多的废弃物。⑤节约能源。要求材料在制作时其能耗尽可能少，同时又能利用或开辟新的能源。⑥长寿命。要求材料能少维修或不维修。这些基本要求构成了新一代材料发展的总趋势。

思考题

1. 什么是结构材料？什么是功能材料？

2. 什么是形状记忆效应？形状记忆合金记忆形状的原因是什么？请举出几种形状记忆合金的例子。

3. 以铸铁为例说明减振合金的减振原因。

4. 什么是超导？具有超导性质的物质有哪几类？超导材料在应用上还存在哪些困难？

5. 举例说明固体电解质能够导电的原因。

6. 什么是压电效应？举例说明压电材料能被制成拾音器的原因。

7. 什么是荧光材料和磷光材料？根据激发源不同，发光材料可以分为哪几类？说明阴极射线发光材料的发光过程。

8. 激光材料产生激光的原因是什么？已研制成功的激光器有哪几种类型？

9. 请解释铁磁性材料被磁化后有很强的附加磁场的原因。

10. 硬铝和超硬铝在成分上有何异同？生产铝锂合金为什么需要专门的技术？

11. 硬质合金主要由哪些元素组成？合金的结构特点是什么？

12. 材料必须具备哪些条件才可以用于低温甚至超低温？目前被认为最有发展潜力的超低温合金是什么？

13. 请解释透明陶瓷透明的原因。

14. 纳米陶瓷的结构特征是什么？

部分习题参考答案

绪论

1. ① 0.5mol
   ② 2.0mol
   ③ 0.33mol
   ④1.0mol
2. 5.0L
3. 249L
4. ① $p_{总}=132kPa$，$x(O_2)=0.45$，$x(CO_2)=0.55$
   ② $p_{总}=330kPa$，$x(O_2)=0.45$，$x(CO_2)=0.55$
5. $p(CO)=300kPa$，$p(H_2)=50kPa$，$n(CO)=3.6mol$，$n(H_2)=0.6mol$

第1章

1. ① $n=3$，4，…
   ② $l_i=1$
   ③ $s_i=+1/2$，$-1/2$
   ④ $m_i=0$，-1，$+1$
2. ① 合理
   ② 合理
   ③ 合理
   ④ 合理
   ⑤ 不合理
   ⑥ 不合理
3. 提示：4s、4p、4d、4f 四个能级

第2章

4. 键角由大到小的顺序：$HgCl_2$、BF_3、$PCl_4{}^+$、NH_3、H_2S

10. $9.2\times10^{-11}m$，$1.27\times10^{-10}m$，$1.41\times10^{-10}m$，$1.61\times10^{-10}m$

第3章

6. $\Delta_f H_m^{\ominus}=-262.7kJ\cdot mol^{-1}$。

8. 虽然 $r(Mg^{2+})=78pm$，$r(Mn^{2+})=91pm$，但 Mn^{2+} 属于 9～17 电子构型，极化作用和变性都比 Mg^{2+} 大。

10. 提示：① Ge^{4+} 氧化态高，半径小，极化作用强。
   ② Zn^{2+} 属于 18 电子构型，极化作用和变性都比 Ca^{2+} 大。
   ③ Fe^{+3} 氧化态高，半径小，因此具有更强的极化作用。

11. 提示：$r(Mg^{2+})<r(Ba^{2+})$，故 MgO 的晶格能更大。

第4章

1. ① $\Delta_r H_m^\ominus = 180.50 kJ \cdot mol^{-1}$，$\Delta_r S_m^\ominus = 24.774 J \cdot mol^{-1} \cdot K^{-1}$

   ② $\Delta_r H_m^\ominus = -65.17 kJ \cdot mol^{-1}$，$\Delta_r S_m^\ominus = -26.27 J \cdot mol^{-1} \cdot K^{-1}$

   ③$\Delta_r H_m^\ominus = -1169.54 kJ \cdot mol^{-1}$，$\Delta_r S_m^\ominus = -532.99 J \cdot mol^{-1} \cdot K^{-1}$

   ④$\Delta_r H_m^\ominus = -24.75 kJ \cdot mol^{-1}$，$\Delta_r S_m^\ominus = 15.36 J \cdot mol^{-1} \cdot K^{-1}$

   ⑤$\Delta_r H_m^\ominus = -197.78 kJ \cdot mol^{-1}$，$\Delta_r S_m^\ominus = -188.06 J \cdot mol^{-1} \cdot K^{-1}$

2. $\Delta_f H_m^\ominus (C_2H_2) = 226.2 kJ \cdot mol^{-1}$

3. $\Delta_r H_m^\ominus = -373.23 kJ \cdot mol^{-1}$，$\Delta_r G_m^\ominus = -343.74 kJ \cdot mol^{-1}$，$\Delta_r S_m^\ominus = -98.89 J \cdot mol^{-1} \cdot K^{-1}$
可利用该反应净化汽车尾气。

4. ① $\Delta_r G_m^\ominus = -514.382 kJ \cdot mol^{-1}$，自发；

   ② $\Delta_r G_m^\ominus = -959.432 kJ \cdot mol^{-1}$，自发；

   ③ $\Delta_r G_m^\ominus = 3283 kJ \cdot mol^{-1}$，非自发。

5. $T = 298.15K$ 时，反应不能自发进行；$T > 981K$ 时，反应可自发进行。

6. $\Delta_r G_m^\ominus (298K) = -58.539 kJ \cdot mol^{-1}$，HgO 稳定；$\Delta_r G_m^\ominus (873K) = 3.73 kJ \cdot mol^{-1}$，HgO 不稳定。

7. $T = 1874K$

8. $v = kc(H_2)[c(Cl_2)]^{-1/2}$

9. ① $v = kc^2(NO)c(Cl_2)$

   ② 为原反应速率的$\frac{1}{8}$倍

   ③ 为原反应速率的 9 倍

10. ① $v = kc^2(A)$

    ②$k = 4.8 mol^{-1} \cdot L \cdot min^{-1}$

    ③ $c(A) = 0.71 mol \cdot L^{-1}$

11. $v = kc^2(NO)c(O_2)$，$n = 3$

12. $E_a = 52.9 kJ \cdot mol^{-1}$

13. 3.4×10^{-17}，$304 kJ \cdot mol^{-1}$

14. $K^\ominus = 2.0$，66.7%

15. $n(CO) : n(H_2O) = 5 : 12$

16. $p(CO) = 24.8 kPa$，$p(Cl_2) = 2.3 \times 10^{-6} kPa$，$p(COCl_2) = 83.7 kPa$，77.1%

17. $Q = 0.16 < K^\ominus$，有更多 HI 生成。

18. ① $K^\ominus (4200K) = 1.24 \times 10^{-2}$

    ② 平衡向逆反应方向移动，

    $p(N_2) = 45 kPa$，$p(O_2) = 45 kPa$，$p(NO) = 5 kPa$

19. 0.617

20. $K_p = 133.6 kPa$，$K^\ominus = 1.33$

21. $\Delta_r G_m^\ominus (298K) = 100.97 kJ \cdot mol^{-1}$，$K^\ominus = 2.03 \times 10^{-18}$，$Q = 1.125 \times 10^{-3}$
平衡向逆反应方向移动

22. $K^\ominus (298K) = 0.15$，$K^\ominus (350K) = 4.44$

23. $T = 298K$ 时，$p(CO_2) = 1.17 \times 10^{-2} kPa$；$T = 406K$

24. ①吸热；②$\Delta_r H_m^\ominus = 178.2 kJ \cdot mol^{-1}$

第5章

2. ①1.3

   ②7.0

   ③12.7

3. 1.74×10^{-5}，1.32%

5. 稀释前：$c(H^+)=5.94\times10^{-3}$，pH=2.23，电离度为5.94%
   稀释后：$c(H^+)=4.20\times10^{-3}$，pH=2.38，电离度为8.40%

6. 4L

7. $c(H^+)=6.9\times10^{-3}\,mol\cdot L^{-1}$，pH=2.16

8. $c(S^{2-})=5.0\times10^{-19}\,mol\cdot L^{-1}$

9. pH=5.6

10. 1.33%，0.0176%

11. 5.4g

12. pH=4.98
    ① 4.93
    ② 5.60
    ③ 不变

13. 20.2mL，26.75g

14. 8.95，无变化

15. ① 4.97
    ② 8.53
    ③ 11.62

17. ① 1.66×10^{-10}
    ② 9×10^{-6}
    ③ 1.0×10^{-6}

18. ① $7.2\times10^{-7}\,mol\cdot L^{-1}$
    ② $4.8\times10^{-5}\,mol\cdot L^{-1}$
    ③ $1.2\times10^{-3}\,mol\cdot L^{-1}$

19. ① $1.1\times10^{-3}\,mol\cdot L^{-1}$
    ② $5.3\times10^{-5}\,mol\cdot L^{-1}$
    ③ $3.6\times10^{-4}\,mol\cdot L^{-1}$

20. 有

21. $1.05\times10^{-5}\,mol\cdot L^{-1}$

22. 0.69g

23. $0.91mol\cdot L^{-1}$

24. 3.20～9.13

26. $1.26\times10^{6}\,mol\cdot L^{-1}$，不能

27. SO_4^{2-}，无可能

28. ① 3.5×10^{2}
    ② 2.5×10^{11}
    ③ 6.6×10^{19}

29. 0.47mol

第6章

9. ③ 0.0286V

10. ① 1.71 V
    ② 0.517V
    ③ 0.24V

11. $0.25\,mol\cdot L^{-1}$

12. ① 不能
    ② 能

13. ① 逆向
   ② 正向
   ③ 8.4
14. $K_{sp}^{\ominus}(PbSO_4)=1.4\times10^{-8}$
16. 1.4×10^{41}
17. ④ 9.0×10^{33}
18. ② 1.51V
19. ① 正向
   ② 1.4×10^{5}

第7章

11. ① $c(Ag^+)=1.1\times10^{-7}$ mol·L^{-1}，$c[Ag(NH_3)_2^+]=0.10$ mol·L^{-1}，$c(NH_3)=0.30$ mol·L^{-1}
   ② 有沉淀
12. 后一转化更完全
14. KCN 可溶解更多的 AgI
15. ① $K^{\ominus}=5.7\times10^{14}$，正向
   ② $K^{\ominus}=1.31\times10^{-22}$，逆向
16. 0.05mol
17. 0.36 mol·L^{-1}
18. 20.2mL
19. −1.04V
20. 4.2×10^{-39}

第8章

1. 需要盐酸的浓度：对于 MnO_2 约为 5.7 mol·L^{-1}；对于 $K_2Cr_2O_7$ 约为 4.4 mol·L^{-1}。
2. $\Delta_r G_m^{\ominus}(SiF_4)=-169.87$kJ·mol^{-1}，可以腐蚀玻璃；
   $\Delta_r G_m^{\ominus}(SiCl_4)=71.738$kJ·mol^{-1}，不可以腐蚀玻璃。
3. $\Delta_r H_m^{\ominus}(HF)=-2$kJ·mol^{-1}，$\Delta_r H_m^{\ominus}(HCl)=-59$kJ·mol^{-1}；
   $\Delta_r G_m^{\ominus}(HF)=27$kJ·mol^{-1}，$\Delta_r G_m^{\ominus}(HCl)=-46$kJ·mol^{-1}；
   $K_a^{\ominus}(HF)=1.85\times10^{-5}$，$K_a^{\ominus}(HCl)=1.15\times10^{8}$。
4. $K^{\ominus}=1.58\times10^{46}$
12. $\Delta_f H_m^{\ominus}(XeF_4, g)=-214$kJ·mol^{-1}

第9章

4. $c(H_2S)=0.10$mol·L^{-1}

6. 提示：Ag^+ 可与 $Na_2S_2O_3$ 生成 $Ag_2S_2O_3$ 沉淀，在过量的 $Na_2S_2O_3$ 溶液中又会有 $[Ag(S_2O_3)_2]^{3-}$ 生成。

7. SO_2 水溶液

9. 能溶

第10章

1. −959.43kJ·mol^{-1}
3. 1.01kg
5. 提示：从平衡移动的角度解释。沉淀析出后溶液的酸性增强。

9. 水解，加适量 HCl 溶液

第 11 章

2. ① $\Delta_r G_m^{\ominus} > 0$，反应不能自发进行
   ② 575K
6. 44g Na_2CO_3；16g $NaHCO_3$
12. ②$K^{\ominus}=2.18$

第 13 章

7. 稳定性
8. ① $T > 837℃$
   ② $p(CO_2)=1.4\times10^{-18}$ Pa
13. 160L

第 14 章

4. $[CrCl_2(H_2O)_4]Cl \cdot 2H_2O$

第 15 章

1. 反应正向进行
4. 提示：Fe^{3+} 与大量 NaF 生成 $[FeF_6]^{3-}$ 配离子，氧化性降低。
10. $K^{\ominus}=80.7$

附　录

附录Ⅰ　有关计量单位

国际单位制（SI）是1960年第11届国际计量大会通过的并决定推广的一种单位制，也是我国法定计量单位的基础。1984年2月27日，国务院发布了《关于在我国统一实行法定计量单位的命令》。规定我国的计量单位一律采用《中华人民共和国的法定计量单位》。1993年12月27日，国家技术监督局发布了中华人民共和国国家标准（GB 3100—93～GB 3102—93）。为了贯彻执行国家标准，本书全部采用我国法定计量单位。

1. 国际单位制基本单位（列于表1）

表1　国际单位制基本单位

量的名称	单位名称	单位符号	量的名称	单位名称	单位符号
长度	米	m	热力学温度	开[尔文]	K
质量	千克(公斤)	kg	物质的量	摩[尔]	mol
时间	秒	s	光强度	坎[德拉]	cd
电流	安[培]	A			

注：方括弧中的字，在不引起混淆、误解的情况下，可以省略。去掉方括弧中的字即为其名称的简称。圆括弧中的名称是它前面名称的同义词。（下同）

2. 国际单位制中具有专门名称的导出单位（摘录于表2）

表2　国际单位制导出单位（摘录）

量的名称	单位名称	符号	SI导出单位表示	SI基本单位表示
压力(压强)	帕[斯卡]	Pa	N/m^2	$kg \cdot m^{-1} \cdot s^{-2}$
能、功、热量	焦[耳]	J	$N \cdot m$	$kg \cdot m^2 \cdot s^{-2}$
力、重力	牛[顿]	N	—	$kg \cdot m \cdot s^{-2}$
功率	瓦[特]	W	J/s	$kg \cdot m^2 \cdot s^{-3}$
频率	赫[兹]	Hz	—	s^{-1}
电量、电荷	库[仑]	C	—	$s \cdot A$
电位(电势)、电压、电动势	伏[特]	V	W/A	$kg \cdot m^2 \cdot s^{-3} \cdot A^{-1}$
电容	法[拉]	F	C/V	$kg^{-1} \cdot m^{-2} \cdot s^4 \cdot A^2$
电阻	欧[姆]	Ω	V/A	$kg \cdot m^2 \cdot s^{-3} \cdot A^{-2}$
电导	西[门子]	S	A/V	$kg^{-1} \cdot m^{-2} \cdot s^3 \cdot A^2$
摄氏温度	摄氏度	℃	—	K

3. 国家选定的非国际单位制单位（摘录于表 3）

表 3 国家选定的非国际单位制单位（摘录）

量的名称	单位名称	单位符号	换算关系和说明
时间	分 [小]时 天(日)	min h d	1min=60s 1h=60min=3600s 1d=24h=86400s
平面角	度 分 秒	° ′ ″	$1°=(\pi/180)$rad $1'=(1/60)°=(\pi/10800)$rad $1''=(1/60)'=(\pi/648000)$rad
体积	升	L,(l)	$1L=1dm^3=10^{-3}m^3$
质量	吨 原子质量单位	t u	$1t=10^3$kg $u\approx1.6605655\times10^{-27}$kg
能	电子伏	eV	$1eV\approx1.6021892\times10^{-19}$J

4. 用于构成十进倍数和分数单位的词头（列于表 4）

表 4 表示倍数和分数单位的词头

因数	词头名称	词头符号	因数	词头名称	词头符号
10^{24}	尧[它] (yotta)	Y	10^{-1}	分 (deci)	D
10^{21}	泽[它] (zetta)	Z	10^{-2}	厘 (centi)	c
10^{18}	艾[克萨] (exa)	E	10^{-3}	毫 (milli)	m
10^{15}	拍[它] (peta)	P	10^{-6}	微 (micro)	μ
10^{12}	太[拉] (tera)	T	10^{-9}	纳[诺] (nano)	n
10^9	吉[咖] (giga)	G	10^{-12}	皮[可] (pico)	p
10^6	兆 (mega)	M	10^{-15}	飞[姆托] (femto)	f
10^3	千 (kilo)	k	10^{-18}	阿[托] (atto)	a
10^2	百 (hecto)	h	10^{-21}	仄[普托] (zepto)	z
10^1	十 (deca)	da	10^{-24}	幺[科托] (yocto)	y

5. 几种单位的换算

(1) 压力

单位名称	帕斯卡 Pa	巴 bar	标准大气压 atm	毫米汞柱(托) mmHg(Torr)
帕斯卡 Pa	1	1×10^{-5}	9.86923×10^{-6}	7.50062×10^{-3}
巴 bar	10^5	1	0.986923	750.062
标准大气压 atm	101325	1.01325	1	760
毫米汞柱(托)mmHg(Torr)	133.322	1.33322×10^{-8}	1.31579	1

（2）能量

单位名称	焦耳 J	热化学卡 cal_{th}	尔格 erg	大气压升 atm·l	电子伏 eV
焦耳 J	1	0.239006	10^{7}	9.86923×10^{-3}	6.242×10^{18}
热化学卡 cal	4.184	1	4.184×10^{7}	4.12929×10^{-2}	2.612×10^{19}
尔格 erg	10^{-7}	2.390×10^{-3}	1	9.869×10^{-4}	6.242×10^{11}
大气压升 atm·l	101.325	24.2173	1.013×10^{8}	1	6.325×10^{20}
电子伏 eV	1.602×10^{19}	3.829×10^{-20}	1.602×10^{-12}	1.581×10^{-15}	1

6. 一些物理和化学的基本常数（列于表5）

表5　一些物理和化学的基本常数

量的名称	符　号	数　值	单　位	备　注
光速	c	299792458	$m\cdot s^{-1}$	准确值
真空导磁率	μ_0	$4\pi\times10^{-7}$ $1.2566370614\times10^{-6}$	$H\cdot m^{-1}$	准确值
真空电容率 $\varepsilon_0=1/(\mu_0c^2)$	ε_0	$8.854187817\times10^{-12}$	$F\cdot m^{-1}$	准确值
牛顿引力常数	G	$6.67259(85)\times10^{-11}$	$m^3\cdot kg^{-1}\cdot s^{-1}$	
普朗克常数	h	$6.6260755(40)\times10^{-34}$	$J\cdot s$	
$h/(2\pi)$	$\hbar$	$1.05457266(63)\times10^{-34}$	$J\cdot s$	
基本电荷	e	$1.60217733(49)\times10^{-19}$	C	
电子质量	m_e	$9.1093897(54)\times10^{-31}$	kg	
质子质量	m_p	$1.6726231(10)\times10^{-27}$	kg	
阿伏加德罗常数	N_A	$6.0221367(36)\times10^{23}$	mol^{-1}	
法拉第常数	F	96485.309(29)	$C\cdot mol^{-1}$	
摩尔气体常数	R	8.314510(70)	$J\cdot mol^{-1}\cdot K^{-1}$	
玻耳兹曼常数	k	$1.380658(12)\times10^{-23}$	$J\cdot K^{-1}$	
原子质量常数	m_u	$1.6605402(10)\times10^{-27}$	kg	原子质量单位 $1u=1.6605402(10)\times10^{-27}kg$
标准压力	$p^{\ominus}$	100	kPa	
标准压力和273.15K 摩尔理想气体的体积	$V_m^{\ominus}$	2.241383×10^{-2}	$m^3\cdot mol^{-1}$	

注：圆括弧中的数字表示前面给定值的一个标准差的不确定度。

附录Ⅱ 一些物质的热力学性质（298.15K，p=100kPa）

物质(状态)	$\Delta_f H_m^{\ominus}$ /kJ·mol^{-1}	$\Delta_f G_m^{\ominus}$ /kJ·mol^{-1}	$S_m^{\ominus}$ /J·mol^{-1}·K^{-1}
Ag(cr)	0	0	42.55
Ag_2O(cr)	-31.05	-11.20	121.3
AgF(cr)	-204.6	—	—
AgCl(cr)	-127.068	-109.789	96.2
AgBr(cr)	-100.37	-96.9	107.1
AgI(cr)	-61.84	-66.19	115.5
$AgNO_3$(cr)	-124.39	-33.41	140.92
Al(cr)	0	0	28.83
Al_2O_3(cr,刚玉)	-1675.7	-1582.3	50.92
AlF_3(cr)	-1504.1	-1425.0	66.44
$AlCl_3$(cr)	-704.2	-628.8	110.64
Ar(g)	0	0	154.843
As(cr)	0	0	35.1
$AsCl_3$(l)	-305.0	-259.4	216.3
As_2S_3(cr)	-169.0	-168.6	-163.6
Au(cr)	0	0	47.40
B(cr)	0	0	5.86
B_2O_3(cr)	-1272.77	-1193.65	53.97
B_2H_6(g)	35.6	86.7	232.11
H_3BO_3(cr)	-1094.33	-968.92	88.83
BF_3(g)	-1137.00	-1120.33	254.12
BCl_3(l)	-427.2	-387.4	206.3
BBr_3(l)	-239.7	-238.5	229.7
BN(cr)	-254.4	-228.4	14.81
Ba(cr)	0	0	62.8
BaO(cr)	-553.5	-525.1	70.42
$BaCl_2$(cr)	-858.6	-810.4	123.68
$BaSO_4$(cr)	-1473.2	-1362.2	132.2
$BaCO_3$(cr)	-1216.3	1137.6	112.1
$BaCrO_4$(cr)	-1446.0	-1345.22	158.6
$Ba(NO_3)_2$(cr)	-992.07	-796.59	213.8
Be(cr)	0	0	9.50
Bi(cr)	0	0	56.74
$BiCl_3$(cr)	-379.1	-315.0	177.0
BiOCl(cr)	-366.9	-322.1	120.5
Br_2(l)	0	0	152.231
Br_2(g)	30.907	3.110	245.463
HBr(g)	-36.40	-53.45	198.695
C(cr,石墨)	0	0	5.740
C(cr,金刚石)	1.895	2.900	2.377
CO(g)	-110.525	-137.168	197.674
CO_2(g)	-393.509	-394.359	213.74
CH_4(g)	-74.81	-50.72	186.264
C_2H_6(g)	-84.68	-32.8	229.6
C_2H_4(g)	52.26	68.15	219.56
C_2H_2(g)	226.73	209.20	200.94

物质(状态)	$\Delta_f H_m^{\ominus}$ /kJ·mol^{-1}	$\Delta_f G_m^{\ominus}$ /kJ·mol^{-1}	$S_m^{\ominus}$ /J·mol^{-1}·K^{-1}
C_6H_6(l)	49.1	124.5	173.4
CH_3OH(l)	-238.66	-166.27	126.8
CH_3OH(g)	-200.66	-161.96	239.81
C_2H_5OH(l)	-277.6	-174.8	160.7
$(CH_3)_2O$(g)	-184.05	-112.59	266.38
CH_3CHO(g)	-166.19	-128.86	250.3
HCOOH(l)	-424.72	-361.35	128.95
CH_3COOH(l)	-484.3	-389.9	159.8
$(NH_2)_2CO$(cr)	-333.51	-197.33	104.60
CCl_4(l)	-135.44	-65.21	216.40
CS_2(l)	89.70	65.27	151.34
HCN(g)	135.1	124.7	201.78
Ca(cr)	0	0	41.42
CaH_2(cr)	-186.2	-147.2	42.0
CaO(cr)	-635.09	-604.03	39.75
$Ca(OH)_2$(cr)	-986.09	-898.49	83.39
CaF_2(cr)	-1219.6	-1167.3	68.87
$CaCl_2$(cr)	-795.8	-748.1	104.6
$CaCO_3$(cr，方解石)	-1206.92	-1128.79	92.9
$CaSO_4$(cr，无水石膏)	-1434.11	-1321.79	106.7
$CaSO_4 \cdot 2H_2O$(cr,透石膏)	-2022.63	-1797.28	194.1
$CaC_2O_4 \cdot H_2O$(cr)	-1674.86	-1513.87	156.5
Cd(cr,γ)	0	0	51.76
CdO(cr)	-258.2	-228.4	54.8
CdS(cr)	-161.9	-156.5	64.9
$CdCO_3$(cr)	-750.6	-669.4	92.5
Cl_2(g)	0	0	223.066
HCl(g)	-92.307	-95.299	186.908
Co(cr,α)	0	0	30.04
$Co(OH)_2$(cr,桃红色,沉淀的)	-539.7	-454.3	79.0
$CoCl_2$(cr)	-312.5	-269.8	109.16
Cr(cr)	0	0	23.77
Cr_2O_3(cr)	-1139.7	-1058.1	81.2
Ag_2CrO_4(cr)	-731.74	-641.76	217.6
Cs(cr)	0	0	85.23
Cu(cr)	0	0	33.150
CuO(cr)	-157.3	-129.7	42.63
Cu_2O(cr)	-168.6	-146.0	93.14
CuCl(cr)	-137.2	-119.86	86.2
$CuCl_2$(cr)	-220.1	-175.7	108.07
CuI(cr)	-67.8	-69.5	96.7

续表

物质(状态)	$\Delta_f H_m^\ominus$ /kJ·mol^{-1}	$\Delta_f G_m^\ominus$ /kJ·mol^{-1}	$S_m^\ominus$/J·mol^{-1}·K^{-1}
CuS(cr)	−53.1	−53.6	66.5
Cu_2S(cr)	−79.5	−86.2	120.9
$CuSO_4$(cr)	−771.36	−661.8	109
$CuSO_4\cdot 5H_2O$(cr)	−2279.65	−1879.745	300.4
CuCN(cr)	96.2	111.3	84.5
F_2(g)	0	0	202.78
HF(g)	−271.1	−273.1	173.779
Fe(cr)	0	0	27.28
Fe_2O_3(cr，赤铁矿)	−824.2	−742.2	87.40
Fe_3O_4(cr，磁铁矿)	−1118.4	−1015.4	146.4
$Fe(OH)_2$(cr，沉淀的)	−569.0	−486.5	88.0
$Fe(OH)_3$(cr，沉淀的)	−823.0	−696.5	106.7
$FeCl_3$(cr)	−399.49	−334.00	142.3
FeS_2(cr，黄铁矿)	−178.2	−166.9	52.93
FeS(cr)	−100.0	−100.4	60.29
$FeSO_4$(cr)	−928.4	−820.8	107.5
$FeSO_4\cdot 7H_2O$(cr)	−3014.57	−2509.87	409.2
$Fe(CO)_5$(l)	−774.0	−705.3	338.1
H_2(g)	0	0	130.684
H_2O(l)	−285.830	−237.129	69.91
H_2O(g)	−241.818	−228.572	188.825
H_2O_2(l)	−187.78	−120.35	109.6
He(g)	0	0	126.15
Hg(l)	0	0	76.02
Hg(g)	61.317	31.820	174.96
HgO(cr,黄)	−90.46	−58.409	71.1
HgO(cr,红)	−90.83	−58.539	70.29
$HgCl_2$(cr)	−224.3	−178.6	146.0
Hg_2Cl_2(cr)	−265.22	−210.745	192.5
HgI_2(cr,红)	−105.4	−101.7	180.0
Hg_2I_2(cr)	−121.34	−111.00	233.5
HgS(cr,红)	−58.2	−50.6	82.4
HgS(cr,黑)	−53.6	−47.7	88.3
I_2(cr)	0	0	116.135
I_2(g)	62.438	19.327	260.69
HI(g)	26.48	1.70	206.594
K(cr)	0	0	64.18
KH(cr)	−57.74	—	—
K_2O(cr)	−361.5	—	—
KO_2(cr)	−284.93	−239.4	116.7
K_2O_2(cr)	−494.1	−425.1	102.1
KOH(cr)	−424.764	−379.08	78.9
KF(cr)	−567.27	−537.75	66.57

物质(状态)	$\Delta_f H_m^\ominus$ /kJ·mol^{-1}	$\Delta_f G_m^\ominus$ /kJ·mol^{-1}	$S_m^\ominus$/J·mol^{-1}·K^{-1}
KCl(cr)	−436.747	−409.14	82.59
KBr(cr)	−393.798	−380.66	95.90
KI(cr)	−327.900	−324.892	106.32
$KClO_3$(cr)	−397.73	−296.25	143.1
$KClO_4$(cr)	−432.75	−303.09	151.0
K_2SO_4(cr)	−1437.79	−1321.37	175.56
$K_2S_2O_8$(cr)	−1916.1	−1697.3	278.7
KNO_3(cr)	−494.63	−394.86	133.05
K_2CO_3(cr)	−1151.02	−1063.5	155.52
$KHCO_3$(cr)	−963.2	−863.5	115.5
KCN(cr)	−113.0	−101.86	128.49
$KMnO_4$(cr)	−837.2	−737.6	171.71
K_2CrO_4(cr)	−1403.7	−1295.7	200.12
$K_2Cr_2O_7$(cr)	−2061.5	−1881.8	291.2
$KAl(SO_4)_2\cdot 12H_2O$(cr)	−6061.8	−5141.0	687.4
Kr(g)	0	0	164.082
Li(cr)	0	0	29.12
LiH(cr)	−90.54	−68.35	20.008
Li_2O(cr)	−597.94	−561.18	37.57
LiOH(cr)	−484.93	−438.95	42.80
LiF(cr)	−615.97	−587.71	35.65
LiCl(cr)	−408.61	−384.37	59.33
Li_2CO_3(cr)	−1215.9	−1132.06	90.37
Mg(cr)	0	0	32.68
MgH_2(cr)	−75.3	−35.09	31.09
MgO(cr，方镁石)	−601.70	−569.43	26.94
$Mg(OH)_2$(cr)	−924.54	−833.51	63.18
MgF_2(cr)	−1123.4	−1070.2	57.24
$MgCl_2$(cr)	−641.32	−591.79	89.62
$MgCO_3$(cr)	−1095.8	−1012.1	65.7
Mn(cr)	0	0	32.01
MnO_2(cr)	−520.03	−465.14	53.05
$MnCl_2$(cr)	−481.29	−440.50	118.24
$MnSO_4$(cr)	−1065.25	−957.36	112.1
Mo(cr)	0	0	28.66
N_2(g)	0	0	191.61
NO(g)	90.25	86.55	210.761
NO_2(g)	33.18	51.31	240.06
N_2O(g)	82.05	104.20	219.85
N_2O_3(g)	83.72	139.46	312.28
N_2O_4(g)	9.16	97.89	304.29
N_2O_5(g)	11.3	115.1	355.7
NH_3(g)	−46.11	−16.45	192.45
HNO_3(l)	−174.10	−80.71	155.60
N_2H_4(l)	50.63	149.34	121.21
NH_4NO_3(cr)	−365.56	−183.87	151.08
NH_4Cl(cr)	−314.43	−202.87	94.6
NH_4ClO_4(cr)	−295.31	−88.75	186.2

续表

物质(状态)	$\Delta_f H_m^\ominus$ /kJ·mol^{-1}	$\Delta_f G_m^\ominus$ /kJ·mol^{-1}	$S_m^\ominus$ /J·mol^{-1}·K^{-1}
$(NH_4)_2SO_4$(cr)	−1180.85	−901.67	220.1
$(NH_4)_2S_2O_8$(cr)	−1648.1	—	—
Na(cr)	0	0	51.21
NaH(cr)	−56.275	−33.46	40.016
Na_2O(cr)	−414.22	−375.46	75.06
Na_2O_2(cr)	−510.87	−447.7	95.0
NaO_2(cr)	−260.2	−218.4	115.9
NaOH(cr)	−425.609	−397.494	64.455
NaF(cr)	−573.647	−543.494	51.46
NaCl(cr)	−411.153	−384.138	72.13
NaBr(cr)	−361.062	−348.983	86.82
NaI(cr)	−287.78	−286.06	98.53
$NaNO_2$(cr)	−358.65	−284.55	103.8
$NaNO_3$(cr)	−467.85	−367.00	16.52
Na_3PO_4(cr)	−1917.40	−1788.80	173.8
Na_2HPO_4(cr)	−1748.1	−1608.2	150.50
Na_2CO_3(cr)	−1130.68	−1044.44	134.98
$NaHCO_3$(cr)	−950.81	−851.0	101.7
Na_2SO_4(cr)	−1387.08	−1270.16	149.58
$Na_2SO_4 \cdot 10H_2O$(cr)	−4327.26	−3646.85	592.0
$Na_2S_2O_3 \cdot 5H_2O$(cr)	−2607.93	−2229.8	372.0
$Na_2B_4O_7 \cdot 10H_2O$(cr)	−6288.6	−5516.0	586.0
Ne(g)	0	0	146.328
Ni(cr)	0	0	29.87
$Ni(OH)_2$(cr)	−529.7	−447.2	88.0
NiS(cr)	−82.0	−79.5	52.97
O_2(g)	0	0	205.138
O_3(g)	142.7	163.2	238.93
P(cr,白磷)	0	0	41.09
P(cr,红磷)	−17.6	−12.1	22.80
P_4O_{10}(cr,六方晶的)	−2984.0	−2697.7	228.86
PH_3(g)	5.4	13.4	210.23
PCl_3(l)	−319.7	−272.3	217.1
PCl_5(cr)	−443.5	—	—
Pb(cr)	0	0	64.81
PbO(cr,黄)	−217.32	−187.89	68.70
PbO_2(cr)	−277.4	−217.33	68.6
Pb_3O_4(cr)	−718.4	−601.2	211.3
$PbCl_2$(cr)	−359.41	−314.10	136.0
$PbBr_2$(cr)	−278.7	−261.92	161.5

物质(状态)	$\Delta_f H_m^\ominus$ /kJ·mol^{-1}	$\Delta_f G_m^\ominus$ /kJ·mol^{-1}	$S_m^\ominus$ /J·mol^{-1}·K^{-1}
PbI_2(cr)	−175.48	−173.64	174.85
PbS(cr)	−100.4	−98.7	91.2
$PbSO_4$(cr)	−919.94	−813.14	148.57
$PbCO_3$(cr)	−699.1	−625.5	131.0
Rb(cr)	0	0	76.78
S(cr,正交)	0	0	31.80
SO_2(g)	−296.830	−300.194	248.22
SO_3(g)	−395.72	−371.06	256.76
H_2S(g)	−20.63	−33.56	205.79
SF_6(g)	−1209.0	−1105.3	291.82
$SbCl_3$(cr)	−382.17	−323.67	184.1
Sc(cr)	0	0	34.64
Se(cr,黑,六方晶)	0	0	42.442
Si(cr)	0	0	18.83
SiO_2(cr,石英)	−910.94	−856.64	41.84
SiO_2(无定形)	−903.49	−850.70	46.9
SiF_4(g)	−1614.94	−1572.65	282.49
$SiCl_4$(l)	−687.0	−619.84	239.7
$SiBr_4$(l)	−457.3	−443.9	277.8
Sn(cr,白)	0	0	51.55
Sn(cr,灰)	−2.09	0.13	41.14
SnO(cr)	−285.8	−256.9	56.5
SnO_2(cr)	−580.7	−519.6	52.3
$SnCl_4$(l)	−511.3	−440.1	258.6
SnS(cr)	−100.0	−98.3	77.0
Sr(cr,α)	0	0	52.3
Ti(cr)	0	0	30.63
TiO_2(cr,锐钛矿)	−939.7	−884.5	49.92
TiO_2(cr,金红石)	−944.7	−889.5	50.33
$TiCl_4$(l)	−804.2	−737.2	252.34
V(cr)	0	0	28.91
V_2O_5(cr)	−1550.6	−1419.5	131.0
W(cr)	0	0	32.64
WO_3(cr)	−842.87	−764.03	75.90
Xe(g)	0	0	169.683
Zn(cr)	0	0	41.63
ZnO(cr)	−348.28	−318.3	43.64
$ZnCl_2$(cr)	−415.05	−369.398	111.46
ZnS(cr,闪锌矿)	−205.98	−201.29	57.7
$ZnCO_3$(cr)	−812.78	−731.52	82.4

注：本表数据取自 Wagman D D，Evans W H，Parker V B，et al. NBS 化学热力学性质表．刘天和、赵梦月译．北京：中国标准出版社，1998。

附录Ⅲ　弱酸、弱碱在水中的电离常数（298K）

酸或碱	电离方程式		电离常数 $K^{\ominus}$	$pK^{\ominus}$
HAc	$CH_3COOH \rightleftharpoons H^+ + CH_3COO^-$		1.76×10^{-5}	4.75
HCN	$HCN \rightleftharpoons H^+ + CN^-$		4.93×10^{-10}	9.31
HF	$HF \rightleftharpoons H^+ + F^-$		3.53×10^{-4}	3.45
H_3BO_3	$H_3BO_3 + H_2O \rightleftharpoons H^+ + B(OH)_4^-$		5.8×10^{-10}	9.24
HNO_2	$HNO_2 \rightleftharpoons H^+ + NO_2^-$		5.1×10^{-4}	3.29
HClO	$HClO \rightleftharpoons H^+ + ClO^-$		2.95×10^{-8}(291K)	7.53
$H_2C_2O_4$	$H_2C_2O_4 \rightleftharpoons H^+ + HC_2O_4^-$	$K_1^{\ominus}$	5.9×10^{-2}	1.23
	$HC_2O_4^- \rightleftharpoons H^+ + C_2O_4^{2-}$	$K_2^{\ominus}$	6.4×10^{-5}	4.19
H_2S	$H_2S \rightleftharpoons H^+ + HS^-$	$K_1^{\ominus}$	9.1×10^{-8}(291K)	7.04
	$HS^- \rightleftharpoons H^+ + S^{2-}$	$K_2^{\ominus}$	1.1×10^{-12}(291K)	11.96
H_2O_2	$H_2O_2 \rightleftharpoons H^+ + HO_2^-$	$K_1^{\ominus}$	2.4×10^{-12}	11.62
	$HO_2^- \rightleftharpoons H^+ + O_2^{2-}$	$K_2^{\ominus}$	1.0×10^{-25}	25.00
H_2SO_3	$H_2SO_3 \rightleftharpoons H^+ + HSO_3^-$	$K_1^{\ominus}$	1.54×10^{-2}(291K)	1.81
	$HSO_3^- \rightleftharpoons H^+ + SO_3^{2-}$	$K_2^{\ominus}$	1.02×10^{-7}(291K)	6.91
H_2CO_3	$CO_2 + H_2O \rightleftharpoons H^+ + HCO_3^-$	$K_1^{\ominus}$	4.4×10^{-7}	6.36
	$HCO_3^- \rightleftharpoons H^+ + CO_3^{2-}$	$K_2^{\ominus}$	5.61×10^{-11}	10.25
H_3PO_4	$H_3PO_4 \rightleftharpoons H^+ + H_2PO_4^-$	$K_1^{\ominus}$	7.52×10^{-3}	2.12
	$H_2PO_4^- \rightleftharpoons H^+ + HPO_4^{2-}$	$K_2^{\ominus}$	6.23×10^{-8}	7.21
	$HPO_4^- \rightleftharpoons H^+ + PO_4^{3-}$	$K_3{}^{\ominus}$	4.4×10^{-13}	12.36
		$K_3{}^{\ominus}$	2.2×10^{-13}(291K)	12.67
$NH_3\cdot H_2O$	$NH_3\cdot H_2O \rightleftharpoons NH_4^+ + OH^-$		1.79×10^{-5}	4.75
$Ca(OH)_2$	$CaOH^+ \rightleftharpoons Ca^{2+} + OH^-$	$K_2^{\ominus}$	3.1×10^{-2}	1.50
$Ba(OH)_2$	$BaOH^+ \rightleftharpoons Ba^{2+} + OH^-$	$K_2^{\ominus}$	2.3×10^{-1}	0.64
$Pb(OH)_2$	$Pb(OH)_2 \rightleftharpoons PbOH^+ + OH^-$	$K_1^{\ominus}$	9.6×10^{-4}	3.02
	$PbOH^+ \rightleftharpoons Pb^{2+} + OH^-$	$K_2^{\ominus}$	3.0×10^{-8}	7.52
$Zn(OH)_2$	$Zn(OH)_2 \rightleftharpoons ZnOH^+ + OH^-$	$K_1^{\ominus}$	4.4×10^{-5}	4.36
	$ZnOH^+ \rightleftharpoons Zn^{2+} + OH^-$	$K_2^{\ominus}$	1.5×10^{-9}	8.82

附录Ⅳ 难溶电解质的溶度积（291～298K）

难溶电解质	化学式	溶度积 $K_{sp}^{\ominus}$	难溶电解质	化学式	溶度积 $K_{sp}^{\ominus}$
氯化银	AgCl	1.8×10^{-10}	硫化亚铁	FeS	6.3×10^{-18}
		1.3×10^{-9}（50℃）	硫化汞	HgS(黑)	1.6×10^{-52}
溴化银	AgBr	5.2×10^{-13}	氯化亚汞	Hg_2Cl_2	1.3×10^{-18}
碘化银	AgI	8.2×10^{-17}	硫化亚汞	Hg_2S	1.0×10^{-47}
硫化银	Ag_2S	6.3×10^{-10}	碳酸镁	$MgCO_3$	3.5×10^{-8}
碳酸银	Ag_2CO_3	8.1×10^{-12}	氢氧化镁	$Mg(OH)_2$	1.8×10^{-11}
铬酸银	Ag_2CrO_4	2.0×10^{-12}	碳酸锰	$MnCO_3$	1.8×10^{-11}
氰化银	AgCN	1.2×10^{-16}	氢氧化锰	$Mn(OH)_2$	1.9×10^{-13}
氢氧化铝	$Al(OH)_3$	1.3×10^{-33}	硫化锰	MnS（无定形）	2.5×10^{-10}
碳酸钡	$BaCO_3$	5.1×10^{-9}	氢氧化镍	NiS（新析出）	6.2.0×10^{-15}
硫酸钡	$BaSO_4$	1.1×10^{-10}	硫化镍	α-NiS	3.2×10^{-19}
碳酸钙	$CaCO_3$	2.8×10^{-9}		β-NiS	1.0×10^{-24}
硫酸钙	$CaSO_4$	9.1×10^{-6}	碳酸铅	$PbCO_3$	6.3×10^{-10}
氢氧化钙	$Ca(OH)_2$	5.6×10^{-6}	硫酸铅	$PbSO_4$	1.6×10^{-8}
磷酸钙	$Ca_3(PO_4)_3$	2.0×10^{-29}	碘化铅	PbI_2	7.1×10^{-9}
氟化钙	CaF_2	5.3×10^{-9}	氯化铅	$PbCl_2$	1.6×10^{-5}
硫化铜	CuS	6.3×10^{-36}	硫化铅	PbS	1.08×10^{-28}
硫化亚铜	Cu_2S	2.5×10^{-48}	氢氧化铅	$Pb(OH)_2$	2.0×10^{-15}
氯化亚铜	CuCl	1.2×10^{-6}	氢氧化锑	$Sb(OH)_3$	4.0×10^{-42}
碘化亚铜	CuI	1.1×10^{-12}	氢氧化亚锡	$Sn(OH)_2$	1.4×10^{-28}
氢氧化铜	$Cu(OH)_2$	2.2×10^{-20}	硫化亚锡	SnS	1.0×10^{-25}
硫化镉	CdS	8.0×10^{-27}	硫化锡	SnS_2	2.0×10^{-27}
氢氧化钴	$Co(OH)_2$（新析出）	1.6×10^{-15}	碳酸锶	$SrCO_3$	1.1×10^{-10}
硫化钴	α-CoS	4.0×10^{-21}	硫酸锶	$SrSO_4$	5.6×10^{-10}
	β-CoS	2.0×10^{-25}	铬酸锶	$SrCrO_4$	2.2×10^{-5}
氢氧化铬	$Cr(OH)_3$	6.3×10^{-31}	氢氧化锌	$Zn(OH)_2$	1.2×10^{-17}
氢氧化亚铁	$Fe(OH)_2$	8.0×10^{-16}	硫化锌	α-ZnS	1.6×10^{-24}
氢氧化铁	$Fe(OH)_3$	4.0×10^{-38}			

附录Ⅴ　标准电极电势(298.15K)

(1) 在酸性溶液中

氧化-还原电对	电极反应		$E^{\ominus}/V$
	氧化型	$+ne \rightleftharpoons$ 还原型	
Li^+/Li	Li^+	$+e \rightleftharpoons Li$	−3.0401
Cs^+/Cs	Cs^+	$+e \rightleftharpoons Cs$	−3.026
Rb^+/Rb	Rb^+	$+e \rightleftharpoons Rb$	−2.98
K^+/K	K^+	$+e \rightleftharpoons K$	−2.931
Ba^{2+}/Ba	Ba^{2+}	$+2e \rightleftharpoons Ba$	−2.912
Sr^{2+}/Sr	Sr^{2+}	$+2e \rightleftharpoons Sr$	−2.89
Ca^{2+}/Ca	Ca^{2+}	$+2e \rightleftharpoons Ca$	−2.868
Na^+/Na	Na^+	$+e \rightleftharpoons Na$	−2.71
Mg^{2+}/Mg	Mg^{2+}	$+2e \rightleftharpoons Mg$	−2.372
H_2/H^-	$1/2H_2$	$+e \rightleftharpoons H^-$	−2.23
Sc^{3+}/Sc	Sc^{3+}	$+3e \rightleftharpoons Sc$	−2.077
$[AlF]^{3-}/Al^-$	$[AlF]^{3-}$	$+3e \rightleftharpoons Al+F^-$	−2.069
Be^{2+}/Be	Be^{2+}	$+2e \rightleftharpoons Be$	−1.847
Al^{3+}/Al	Al^{3+}	$+3e \rightleftharpoons Al$	−1.662
Ti^{2+}/Ti	Ti^{2+}	$+2e \rightleftharpoons Ti$	−1.630
Ti^{3+}/Ti	Ti^{3+}	$+3e \rightleftharpoons Ti$	−1.37
$[SiF_6]^{2-}/Si$	$[SiF_6]^{2-}$	$+4e \rightleftharpoons Si+6F^-$	−1.24
Mn^{2+}/Mn	Mn^{2+}	$+2e \rightleftharpoons Mn$	−1.185
V^{2+}/V	V^{2+}	$+2e \rightleftharpoons V$	−1.175
Cr^{2+}/Cr	Cr^{2+}	$+2e \rightleftharpoons Cr$	−0.913
H_3BO_3/B	$H_3BO_3/B+3H^+$	$+3e \rightleftharpoons B+H^2O$	−0.8698
Zn^{2+}/Zn	Zn^{2+}	$+2e \rightleftharpoons Zn$	−0.7618
Cr^{3+}/Cr	Cr^{3+}	$+3e \rightleftharpoons Cr$	−0.744
As/AsH_3	$As+3H^+$	$+3e \rightleftharpoons AsH_3$	−0.608
Ga^{3+}/Ga	Ga^{3+}	$+2e \rightleftharpoons Ga$	−0.549
H_3PO_2/P	$H_3PO_2+H^+$	$+e \rightleftharpoons P+2H_2O$	−0.508
TiO_2/Ti^{2+}	TiO_2+4H^+	$+2e \rightleftharpoons Ti^{2+}+2H_2O$	−0.502
H_3PO_3/P	$H_3PO_3+3H^+$	$+3e \rightleftharpoons P+3H_2O$	−0.454
Fe^{2+}/Fe	Fe^{2+}	$+2e \rightleftharpoons Fe$	−0.447
Cr^{3+}/Cr^{2+}	Cr^{3+}	$+e \rightleftharpoons Cr^{2+}$	−0.407
Cd^{2+}/Cd	Cd^{2+}	$+2e \rightleftharpoons Cd$	−0.403
PbI_2/Pb	PbI_2	$+2e \rightleftharpoons Pb+2I^-$	−0.365
$PbSO_4/Pb$	$PbSO_4$	$+2e \rightleftharpoons Pb+SO_4^{2-}$	−0.3588
Co^{2+}/Co	Co^{2+}	$+2e \rightleftharpoons Co$	−0.28
H_3PO_4/H_3PO_3	$H_3PO_4+2H^+$	$+2e \rightleftharpoons H_3PO_3+H_2O$	−0.276
Ni^{2+}/Ni	Ni^{2+}	$+2e \rightleftharpoons Ni$	−0.257
AgI/Ag	AgI	$+e \rightleftharpoons Ag+I^-$	−0.1522
Sn^{2+}/Sn	Sn^{2+}	$+2e \rightleftharpoons Sn$	−0.1375
Pb^{2+}/Pb	Pb^{2+}	$+2e \rightleftharpoons Pb$	−0.1262
P(红)/$PH_3(g)$	P(红)$+3H^+$	$+e \rightleftharpoons PH_3(g)$	−0.111
WO_3/W	WO_3+6H^+	$+6e \rightleftharpoons W+3H_2O$	−0.090
Fe^{3+}/Fe	Fe^{3+}	$+3e \rightleftharpoons Fe$	−0.037
H^+/H_2	$2H^+$	$+2e \rightleftharpoons H_2$	0.0000
$AgBr/Ag$	$AgBr$	$+e \rightleftharpoons Ag+Br^-$	0.07133
$S_4O_6^{2-}/S_2O_3^{2-}$	$S_4O_6^{2-}$	$+2e \rightleftharpoons 2S_2O_3^{2-}$	0.08
S/H_2S	$S+2H^+$	$+2e \rightleftharpoons H_2S$	0.142
Sn^{4+}/Sn^{2+}	Sn^{4+}	$+2e \rightleftharpoons Sn^{2+}$	0.151
Sb_2O_3/Sb	$Sb_2O_3+6H^+$	$+6e \rightleftharpoons 2Sb+H_2O$	0.152
Cu^{2+}/Cu^+	Cu^{2+}	$+2e \rightleftharpoons Cu^+$	0.153
SO_4^{2-}/H_2SO_3	$SO_4^{2-}+4H^+$	$+2e \rightleftharpoons H_2SO_3+H_2O$	0.172
$AgCl/Ag$	$AgCl$	$+e \rightleftharpoons Ag+Cl^-$	0.2223
Hg_2Cl_2/Hg	Hg_2Cl_2	$+2e \rightleftharpoons 2Hg+2Cl^-$	0.2681
Bi^{3+}/Bi	Bi^{3+}	$+3e \rightleftharpoons Bi$	0.308
VO^{2+}/V^{3+}	$VO^{2+}+2H^+$	$+e \rightleftharpoons V^{3+}+H_2O$	0.337
Cu^{2+}/Cu	Cu^{2+}	$+2e \rightleftharpoons Cu$	0.3419

续表

氧化-还原电对	电极反应		$E^{\ominus}$/V
	氧化型	$+ne \rightleftharpoons$ 还原型	
$[Fe(CN)_6]^{3-}/[Fe(CN)_6]^{4-}$	$[Fe(CN)_6]^{3-}$	$+e \rightleftharpoons [Fe(CN)_6]^{4-}$	0.358
$2H_2SO_3/S_2O_3{}^{2-}$	$2H_2SO_3+2H^+$	$+4e \rightleftharpoons S_2O_3^{2-}+3H_2O$	0.4101
Ag_2CrO_4/Ag	Ag_2CrO_4	$+2e \rightleftharpoons 2Ag+CrO_4^{2-}$	0.447
H_2SO_3/S	$H_2SO_3+4H^+$	$+4e \rightleftharpoons S+2H_2O$	0.449
Cu^+/Cu	Cu^+	$+e \rightleftharpoons Cu$	0.521
I_2/I^-	I_2	$+2e \rightleftharpoons 2I^-$	0.5355
MnO_4^-/MnO_4^{2-}	MnO_4^-	$+e \rightleftharpoons MnO_4^{2-}$	0.558
H_3AsO_4/H_3AsO_3	$H_3AsO_4+2H^+$	$+2e \rightleftharpoons H_3AsO_3+H_2O$	0.560
$S_2O_6^{2-}/H_2SO_3$	$S_2O_6^{2-}+4H^+$	$+2e \rightleftharpoons 2\ H_2SO_3$	0.564
Sb_2O_5/SbO^+	$Sb_2O_5+6H^+$	$+4e \rightleftharpoons 2SbO^++3H_2O$	0.581
O_2/H_2O_2	O_2+2H^+	$+2e \rightleftharpoons H_2O_2$	0.695
Fe^{3+}/Fe^{2+}	Fe^{3+}	$+e \rightleftharpoons Fe^{2+}$	0.771
Hg_2^{2+}/Hg	Hg_2^{2+}	$+2e \rightleftharpoons 2Hg$	0.7973
Ag^+/Ag	Ag^+	$+e \rightleftharpoons Ag$	0.7996
NO_3^-/N_2O_4	$2NO_3^-+4H^+$	$+2e \rightleftharpoons N_2O_4+2H_2O$	0.803
Hg^{2+}/Hg	Hg^{2+}	$+2e \rightleftharpoons Hg$	0.851
SiO_2/Si	SiO_2+4H^+	$+4e \rightleftharpoons Si+2H_2O$	0.857
N_2O_4/NO_2^-	N_2O_4	$+2e \rightleftharpoons 2NO_2^-$	0.867
Hg^{2+}/Hg_2^{2+}	$2Hg^{2+}$	$+2e \rightleftharpoons Hg_2{}^{2+}$	0.920
NO_3^-/HNO_2	$NO_3^-+3H^+$	$+2e \rightleftharpoons HNO_2+H_2O$	0.934
NO_3^-/NO	$NO_3^-+4H^+$	$+3e \rightleftharpoons NO+2H_2O$	0.957
HNO_2/NO	HNO_2+H^+	$+e \rightleftharpoons NO+2H_2O$	0.983
HIO/I^-	$HIO+H^+$	$+2e \rightleftharpoons I^-+H_2O$	0.987
N_2O_4/NO	$N_2O_4+4H^+$	$+4e \rightleftharpoons 2NO+2H_2O$	1.035
N_2O_4/HNO_2	$N_2O_4+2H^+$	$+2e \rightleftharpoons 2HNO_2$	1.065
Br_2/Br^-	Br_2	$+2e \rightleftharpoons 2Br^-$	1.066
IO_3^-/I^-	$IO_3^-+6H^+$	$+6e \rightleftharpoons I^-+3H_2O$	1.085
SeO_4^{2-}/H_2SeO_3	$SeO_4^{2-}+4H^+$	$+2e \rightleftharpoons H_2SeO_3+H_2O$	1.151
ClO_3^-/ClO_2	$ClO_3^-+2H^+$	$+e \rightleftharpoons ClO_2+H_2O$	1.152
ClO_4^-/ClO_3^-	$ClO_4^-+2H^+$	$+2e \rightleftharpoons ClO_3^-+H_2O$	1.189
IO_3^-/I_2	$IO_3^-+6H^+$	$+5e \rightleftharpoons I_2+3H_2O$	1.195
MnO_2/Mn^{2+}	MnO_2+4H^+	$+2e \rightleftharpoons Mn^{2+}+2H_2O$	1.224
O_2/H_2O	O_2+4H^+	$+4e \rightleftharpoons 2H_2O$	1.229
$Cr_2O_7^{2-}/Cr^{3+}$	$Cr_2O_7^{2-}+14H^+$	$+6e \rightleftharpoons 2Cr^{3+}+7H_2O$	1.232
$ClO_2/HClO_2$	ClO_2+H^+	$+e \rightleftharpoons HClO_2$	1.277
HNO_2/N_2O	$2HNO_2+4H^+$	$+4e \rightleftharpoons N_2O+3H_2O$	1.297
$HBrO/Br^-$	$HBrO+H^+$	$+4e \rightleftharpoons Br^-+H_2O$	1.331
Cl_2/Cl^-	Cl_2	$+2e \rightleftharpoons 2Cl^-$	1.3583
ClO_4^-/Cl^-	$ClO_4^-+8H^+$	$+8e \rightleftharpoons Cl^-+4H_2O$	1.389
ClO_4^-/Cl_2	$ClO_4^-+8H^+$	$+7e \rightleftharpoons 1/2Cl_2+4H_2O$	1.39
BrO_3^-/Br^-	$BrO_3^-+6H^+$	$+6e \rightleftharpoons Br^-+3H_2O$	1.423
HIO/I_2	$2HIO+2H^+$	$+2e \rightleftharpoons I_2+2H_2O$	1.439
ClO_3^-/Cl^-	$ClO_3^-+6H^+$	$+6e \rightleftharpoons Cl^-+3H_2O$	1.4531
PbO_2/Pb^{2+}	PbO_2+4H^+	$+2e \rightleftharpoons Pb^{2+}+2H_2O$	1.455
ClO_3^-/Cl_2	$ClO_3^-+6H^+$	$+5e \rightleftharpoons 1/2Cl_2+3H_2O$	1.47
$HClO/Cl^-$	$HClO+H^+$	$+2e \rightleftharpoons Cl^-+H_2O$	1.482
BrO_3^-/Br_2	$2BrO_3^-+12H^+$	$+10e \rightleftharpoons Br_2+6H_2O$	1.482
Au^{3+}/Au	Au^{3+}	$+3e \rightleftharpoons Au$	1.498
MnO_4^-/Mn^{2+}	$MnO_4^-+8H^+$	$+5e \rightleftharpoons Mn^{2+}+4H_2O$	1.507
$HClO_2/Cl^-$	$HClO_2+3H^+$	$+4e \rightleftharpoons Cl^-+2H_2O$	1.570
NO/N_2O	$2NO+2H^+$	$+2e \rightleftharpoons N_2O+H_2O$	1.591
$NaBiO_3/Bi^{3+}$	$NaBiO_3+6H^+$	$+2e \rightleftharpoons Bi^{3+}+Na^++3H_2O$	1.60
$H_5IO_6/IO_3{}^-$	$H_5IO_6+H^+$	$+e \rightleftharpoons IO_3^-+3H_2O$	1.601
$HClO/Cl_2$	$2HClO+2H^+$	$+2e \rightleftharpoons Cl_2+2H_2O$	1.611
$HClO_2/HClO$	$HClO_2+2H^+$	$+e \rightleftharpoons HClO+H_2O$	1.645
NiO_2/Ni^{2+}	NiO_2+4H^+	$+2e \rightleftharpoons Ni^{2+}+2H_2O$	1.678
Au^+/Au	Au^+	$+2e \rightleftharpoons Au$	1.692
MnO_4^-/MnO_2	$MnO_4^-+4H^+$	$+3e \rightleftharpoons MnO_2+2H_2O$	1.696
H_2O_2/H_2O	$H_2O_2+2H^+$	$+2e \rightleftharpoons 2H_2O$	1.776
Co^{3+}/Co^{2+}	Co^{3+}	$+e \rightleftharpoons Co^{2+}$	1.92
$S_2O_8{}^{2-}/SO_4^{2-}$	$S_2O_8{}^{2-}$	$+2e \rightleftharpoons 2SO_4^{2-}$	2.010
O_3/O_2	O_3+2H^+	$+2e \rightleftharpoons O_2+H_2O$	2.076
F_2/F^-	F_2	$+e \rightleftharpoons 2F^-$	2.866
F_2/HF	F_2+2H^+	$+2e \rightleftharpoons 2HF$	3.053

（2）在碱性溶液中

氧化-还原电对	电极反应		$E^{\ominus}$/V
	氧化型	$+ne \rightleftharpoons$ 还原型	
$Ca(OH)_2/Ca$	$Ca(OH)_2$	$+2e \rightleftharpoons Ca+2OH^-$	−3.02
$Ba(OH)_2/Ba$	$Ba(OH)_2$	$+2e \rightleftharpoons Ba+2OH^-$	−2.99
$Sr(OH)_2/Sr$	$Sr(OH)_2$	$+2e \rightleftharpoons Sr+2OH^-$	−2.88
$Mg(OH)_2/Mg$	$Mg(OH)_2$	$+2e \rightleftharpoons Mg+2OH^-$	−2.690
$Al(OH)_4^-/Al$	$Al(OH)_4^-$	$+e \rightleftharpoons Al+4OH^-$	−2.328
$Al(OH)_3/Al$	$Al(OH)_3$	$+3e \rightleftharpoons Al+3OH^-$	−2.31
SiO_3^{2-}/Si	$SiO_3^{2-}+H_2O$	$+4e \rightleftharpoons Si+6OH^-$	−1.697
$Mn(OH)_2/Mn$	$Mn(OH)_2$	$+2e \rightleftharpoons Mn+2OH^-$	−1.56
$Cr(OH)_2/Cr$	$Cr(OH)_2$	$+3e \rightleftharpoons Cr+3OH^-$	−1.48
ZnO/Zn	$ZnO+H_2O$	$+2e \rightleftharpoons Zn+2OH^-$	−1.260
$Zn(OH)_2/Zn$	$Zn(OH)_2$	$+2e \rightleftharpoons Zn+2OH^-$	−1.249
$SO_3^{2-}/S_2O_4^{2-}$	$2SO_3^{2-}+2H_2O$	$+2e \rightleftharpoons S_2O_4^{2-}+2OH^-$	−1.12
PO_4^{3-}/HPO_3^{2-}	$2PO_4^{3-}+2H_2O$	$+2e \rightleftharpoons HPO_3^{2-}+3OH^-$	−1.05
$Sn(OH)_6^{2-}/HSnO_2^-$	$Sn(OH)_6^{2-}$	$+2e \rightleftharpoons HSnO_2^-+3OH^-+H_2O$	−0.93
SO_4^{2-}/SO_3^{2-}	$2SO_4^{2-}+H_2O$	$+2e \rightleftharpoons SO_3^{2-}+2OH^-$	−0.93
$Fe(OH)_2/Fe$	$Fe(OH)_2$	$+2e \rightleftharpoons Fe+2OH^-$	−0.8914
P/PH_3	$P+3H_2O$	$+3e \rightleftharpoons PH_3+3OH^-$	−0.87
NO_3^-/N_2O_4	$2NO_3^-+2H_2O$	$+2e \rightleftharpoons N_2O_4+4OH^-$	−0.85
H_2O/H_2	$2H_2O$	$+2e \rightleftharpoons H_2+2OH^-$	−0.8277
$Co(OH)_2/Co$	$Co(OH)_2$	$+2e \rightleftharpoons Co+2OH^-$	−0.73
$Ni(OH)_2/Ni$	$Ni(OH)_2$	$+2e \rightleftharpoons Ni+2OH^-$	−0.72
AsO_4^{3-}/AsO_2^-	$AsO_4^{3-}+2H_2O$	$+2e \rightleftharpoons AsO_2^-+4OH^-$	−0.71
AsO_2^-/As	$AsO_2^-+2H_2O$	$+3e \rightleftharpoons As+4OH^-$	−0.68
$SO_3^{2-}/S_2O_3^{2-}$	$2SO_3^{2-}+3H_2O$	$+4e \rightleftharpoons S_2O_3^{2-}+6OH^-$	−0.571
$Fe(OH)_3/Fe(OH)_2$	$Fe(OH)_3$	$+e \rightleftharpoons Fe(OH)_2+OH^-$	−0.56
S/S^{2-}	S	$+2e \rightleftharpoons S^{2-}$	−0.4763
NO_2^-/NO	$NO_2^-+H_2O$	$+e \rightleftharpoons NO+2OH^-$	−0.46
$Cu(OH)_2/Cu$	$Cu(OH)_2$	$+2e \rightleftharpoons Cu+2OH^-$	−0.222
$CrO_4^{2-}/Cr(OH)_3$	$2CrO_4^{2-}+4H_2O$	$+3e \rightleftharpoons Cr(OH)_3+5OH^-$	−0.13
$Cu(OH)_2/Cu_2O$	$2Cu(OH)_2$	$+2e \rightleftharpoons Cu_2O+2OH^-+H_2O$	−0.08
O_2/HO_2^-	O_2+H_2O	$+2e \rightleftharpoons HO_2^-+OH^-$	−0.076
$MnO_2/Mn(OH)_2$	MnO_2+2H_2O	$+2e \rightleftharpoons Mn(OH)_2+2OH^-$	−0.0514
NO_3^-/NO_2^-	$2NO_3^-+H_2O$	$+2e \rightleftharpoons NO_2^-+2OH^-$	0.01
$[Co(NH_3)_6]^{3+}/[Co(NH_3)_6]^{2+}$	$[Co(NH_3)_6]^{3+}$	$+e \rightleftharpoons [Co(NH_3)_6]^{2+}$	0.108
IO_3^-/IO^-	$2IO_3^-+2H_2O$	$+4e \rightleftharpoons IO^-+4OH^-$	0.15
$Mn(OH)_3/Mn(OH)_2$	$Mn(OH)_3$	$+e \rightleftharpoons Mn(OH)_2+OH^-$	0.15
NO_2^-/N_2O	$2NO_2^-+3H_2O$	$+4e \rightleftharpoons N_2O+6OH^-$	0.15
$Co(OH)_3/Co(OH)_2$	$Co(OH)_3$	$+e \rightleftharpoons Co(OH)_2+OH^-$	0.17
IO_3^-/I^-	$IO_3^-+3H_2O$	$+6e \rightleftharpoons I^-+6OH^-$	0.26
Ag_2O/Ag	Ag_2O+H_2O	$+2e \rightleftharpoons 2Ag+2OH^-$	0.342
ClO_4^-/ClO_3^-	$ClO_4^-+H_2O$	$+2e \rightleftharpoons ClO_3^-+2OH^-$	0.36
O_2/OH^-	O_2+2H_2O	$+4e \rightleftharpoons 4OH^-$	0.401
BrO^-/Br_2	BrO^-+2H_2O	$+6e \rightleftharpoons Br_2+4OH^-$	0.45
IO^-/I^-	IO^-+H_2O	$+2e \rightleftharpoons I^-+2OH^-$	0.485
$NiO_2/Ni(OH)_2$	NiO_2+2H_2O	$+2e \rightleftharpoons Ni(OH)_2+2OH^-$	0.490
MnO_4^-/MnO_2	$MnO_4^-+2H_2O$	$+3e \rightleftharpoons MnO_2+4OH^-$	0.595
MnO_4^{2-}/MnO_2	$MnO_4^{2-}+2H_2O$	$+2e \rightleftharpoons MnO_2+4OH^-$	0.60
BrO_3^-/Br^-	$BrO_3^-+3H_2O$	$+6e \rightleftharpoons Br^-+6OH^-$	0.61
ClO_3^-/Cl^-	$ClO_3^-+3H_2O$	$+6e \rightleftharpoons Cl^-+6OH^-$	0.62
ClO_2/Cl^-	ClO_2+H_2O	$+2e \rightleftharpoons Cl^-+2OH^-$	0.66
H_5IO_6/IO_3^-	H_5IO_6	$+2e \rightleftharpoons IO_3^-+3OH^-$	0.7
ClO_2^-/Cl^-	$ClO_2^-+2H_2O$	$+4e \rightleftharpoons Cl^-+4OH^-$	0.76
NO/N_2O	$NO+H_2O$	$+2e \rightleftharpoons N_2O+2OH^-$	0.76
BrO^-/Br^-	BrO^-+H_2O	$+2e \rightleftharpoons Br^-+2OH^-$	0.761
ClO^-/Cl^-	ClO^-+H_2O	$+2e \rightleftharpoons Cl^-+2OH^-$	0.841
HO_2^-/OH^-	$HO_2^-+H_2O$	$+2e \rightleftharpoons 3OH^-$	0.878
O_3/O_2	O_3+H_2O	$+2e \rightleftharpoons O_2+2OH^-$	1.24

附录Ⅵ 一些配离子的不稳定常数（常温）

配离子	不稳定常数 $K^{\ominus}_{不稳}$	$K^{\ominus}_{不稳}$值 ($pK^{\ominus}$)
$[Ag(NH_3)_2]^+$	$K^{\ominus}_{不稳}=\frac{[Ag^+][NH_3]^2}{[Ag(NH_3)_2^+]}$	9.1×10^{-8} (7.04)
$[Ag(SCN)_2]^-$	$K^{\ominus}_{不稳}=\frac{[Ag^+][SCN^-]^2}{[Ag(SCN)_2^-]}$	2.7×10^{-8} (7.57)
$[Ag(CN)_2]^-$	$K^{\ominus}_{不稳}=\frac{[Ag^+][CN^-]^2}{[Ag(CN)_2^-]}$	7.9×10^{-22} (21.10)
$[Ag(S_2O_3)_2]^{3-}$	$K^{\ominus}_{不稳}=\frac{[Ag^+][S_2O_3^{2-}]^2}{[Ag(S_2O_3)_2^{3-}]}$	3.5×10^{-11} (10.46)
$[Cu(NH_3)_4]^{2+}$	$K^{\ominus}_{不稳}=\frac{[Cu^{2+}][NH_3]^4}{[Cu(NH_3)_4^{2+}]}$	4.8×10^{-14} (13.32)
$[Cu(CN)_2]^-$	$K^{\ominus}_{不稳}=\frac{[Cu^{2+}][CN^-]^4}{[Cu(CN)_2^-]}$	1.0×10^{-24} (24.00)
$[Zn(NH_3)_4]^{2+}$	$K^{\ominus}_{不稳}=\frac{[Zn^{2+}][NH_3]^4}{[Zn(NH_3)_4^{2+}]}$	3.5×10^{-10} (9.46)
$[Zn(OH)_4]^{2-}$	$K^{\ominus}_{不稳}=\frac{[Zn^{2+}][OH^-]^4}{Zn(OH)_4^{2-}}$	2.2×10^{-18} (17.66)
$[Zn(CN)_4]^{2-}$	$K^{\ominus}_{不稳}=\frac{[Zn^{2+}][CN^-]^4}{[Zn(CN)_4^{2-}]}$	2.0×10^{-17} (16.70)
$[Cd(NH_3)_4]^{2+}$	$K^{\ominus}_{不稳}=\frac{[Cd^{2+}][NH_3]^4}{[Cd(NH_3)_4^{2+}]}$	7.6×10^{-8} (7.12)
$[HgI_4]^{2-}$	$K^{\ominus}_{不稳}=\frac{[Hg^{2+}][I^-]^4}{[HgI_4^{2-}]}$	1.5×10^{-30} (29.82)
$[HgCl_4]^{2-}$	$K^{\ominus}_{不稳}=\frac{[Hg^{2+}][Cl^-]^4}{[HgCl_4^{2-}]}$	8.5×10^{-16} (15.07)
$[Hg(CN)_4]^{2-}$	$K^{\ominus}_{不稳}=\frac{[Hg^{2+}][CN^-]^4}{[Hg(CN)_4^{2-}]}$	4×10^{-42} (41.40)
$[SnCl_4]^{2-}$	$K^{\ominus}_{不稳}=\frac{[Sn^{2+}][Cl^-]^4}{[SnCl_4^{2-}]}$	3.3×10^{-2} (1.48)
$[Fe(CN)_6]^{4-}$	$K^{\ominus}_{不稳}=\frac{[Fe^{2+}][CN^-]^6}{[Fe(CN)_6^{4-}]}$	1.26×10^{-37} (36.90)
$[Fe(CN)_6]^{3-}$	$K^{\ominus}_{不稳}=\frac{[Fe^{3+}][CN^-]^6}{[Fe(CN)_6^{3-}]}$	1.3×10^{-44} (43.89)
$[Co(NH_3)_6]^{2+}$	$K^{\ominus}_{不稳}=\frac{[Co^{2+}][NH_3]^6}{[Co(NH_3)_6^{2+}]}$	7.7×10^{-6} (5.11)
$[Co(NH_3)_6]^{3+}$	$K^{\ominus}_{不稳}=\frac{[Co^{3+}][NH_3]^6}{[Co(NH_3)_6^{3+}]}$	6.3×10^{-36} (35.20)

附录Ⅶ　一些无机化合物的商品名或俗名

商品名或俗名	化学名称	主要成分的化学式
苛性碱、烧碱、火碱	氢氧化钠	$NaOH$
芒硝、元明粉、皮硝	硫酸钠	Na_2SO_4
硫化碱	硫化钠	Na_2S
大苏打、海波	硫代硫酸钠	$Na_2S_2O_3 \cdot 5H_2O$
保险粉	连二亚硫酸钠	$Na_2S_2O_4 \cdot 2H_2O$
智利硝石、钠硝石	硝酸钠	$NaNO_3$
食盐	氯化钠	$NaCl$
水玻璃、泡花碱	硅酸钠	Na_2SiO_3
红矾钠	重铬酸钠	$Na_2Cr_2O_7$
硼砂	四硼酸钠	$NA_2B_4O_7 \cdot 10H_2O$
山柰	氰化钠	$NaCN$
苏打、纯碱	碳酸钠	Na_2CO_3
小苏打、重碱	碳酸氢钠	$NaHCO_3$
冰晶石	氟化铝钠	Na_3AlF_6
苛性钾	氢氧化钾	KOH
红矾钾	重铬酸钾	$K_2Cr_2O_7$
赤血盐	铁氰化钾	$K_3[Fe(CN)_6]$
黄血盐	亚铁氰化钾	$K_4[Fe(CN)_6]$
灰锰氧	高锰酸钾	$KMnO_4$
明矾	硫酸铝钾	$K_2SO_4 \cdot Al_2(SO_4)_3 \cdot 24H_2O$
钾碱、草碱	碳酸钾	K_2CO_3
光卤石	氯化镁钾	$MgCl_2 \cdot KCl \cdot 6H_2O$
绿长石	三硅酸铝钾	$KAlSi_3O_8$
硇砂	氯化铵	NH_4Cl
摩尔盐	硫酸亚铁铵	$(NH_4)_2SO_4 \cdot FeSO_4 \cdot 6H_2O$
苦土	氧化镁	MgO
苦盐、泻盐	硫酸镁	$MgSO_4$
熟石灰、消石灰	氢氧化钙	$Ca(OH)_2$
石膏	硫酸钙	$CaSO_4 \cdot 2H_2O$
萤石、氟石	氟化钙	CaF_2
方解石、石灰石	碳酸钙	$CaCO_3$
天青石	硫酸锶	$SrSO_4$
重土	氧化钡	BaO
重晶石	硫酸钡	$BaSO_4$
立德粉、锌钡白	硫化锌＋硫酸钡	$ZnS+BaSO_4$
笑气	一氧化二氮	N_2O
金刚砂	碳化硅	SiC
砒霜	三氧化二砷	As_2O_3
雌黄	三硫化二砷	As_2S_3
硅石、石英、燧石	二氧化硅	SiO_2
锡石	二氧化锡	SnO_2
密陀僧、黄丹	一氧化铅	PbO
铅丹、红铅	四氧化三铅	Pb_3O_4
矾土、刚玉	氧化铝	Al_2O_3
铁红	氧化铁	Fe_2O_3
赤铁矿	氧化铁	Fe_2O_3
铁黑	四氧化三铁	Fe_3O_4
磁铁矿	四氧化三铁	Fe_3O_4
孔雀石	碱式碳酸铜	$Cu_2(OH)_2CO_3$
钛白粉	二氧化钛	TiO_2
金红石、锐钛矿	二氧化钛	TiO_2
绿矾、铁矾	硫酸亚铁	$FeSO_4 \cdot 7H_2O$
胆矾、蓝矾	硫酸铜	$CuSO_4 \cdot 5H_2O$
皓矾	硫酸锌	$ZnSO_4 \cdot 7H_2O$
锌白	氧化锌	ZnO
朱砂、辰砂、丹砂	硫化汞	HgS
甘汞	氯化亚汞	Hg_2Cl_2
升汞	氯化汞	$HgCl_2$
软锰矿	二氧化锰	MnO_2
铬酐	三氧化铬	CrO_3
铬黄	铬酸铅	$PbCrO_4$
铬绿	三氧化二铬	Cr_2O_3

附录Ⅷ 本书使用的符号意义

符号	意义	单位或定义	符号	意义	单位或定义
a	离子的有效浓度(活度)		I	离子强度	单位与 c 或 m 相同
a_0	玻尔半径	$a_0=52.92\mathrm{pm}$	k	反应速率常数	单位视表达式而定
aq	水合离子状态		$K_a^{\ominus}$	弱酸的电离常数	
A	指前因子		$K_b^{\ominus}$	弱碱的电离常数	
[B]	物质B的相对浓度		K_c	浓度平衡常数	单位视表达式而定
B	里德堡常数	$B=13.6\mathrm{eV}$ 或	$K_h^{\ominus}$	水解平衡的平衡常数	
		$2.179\times10^{-18}\mathrm{J}$	$K_i^{\ominus}$	电离平衡的平衡常数	
$c^{\ominus}$	溶质的标准物质的量浓度	$c^{\ominus}=1\mathrm{mol\cdot L^{-1}}$	K_p	压力平衡常数	单位视表达式而定
c	溶质的物质的量浓度	$\mathrm{mol\cdot L^{-1}}$	$K_{sp}^{\ominus}$	溶度积常数(溶度积)	
c_B	物质B的物质的量浓度	$\mathrm{mol\cdot L^{-1}}$	$K_w^{\ominus}$	水的离子积常数	
CFSE	晶体场稳定化能	$\mathrm{cm^{-1}}$	$K^{\ominus}$	标准平衡常数	
d	核间距	pm	$K^{\ominus}_{不稳}$	配离子的不稳定常数	
$D^{\ominus}$	键解能	$\mathrm{kJ\cdot mol^{-1}}$	$K^{\ominus}_{稳}$	配离子的稳定常数	
e	电子		l_i	轨道角动量量子数	
E	量子的能量	J或eV	Ln	镧系元素	
E	原电池的电动势	V	l	键长;偶极长度	pm
E	电极电势	V	l	液态	
E_a	活化能	$\mathrm{kJ\cdot mol^{-1}}$	m_i	磁量子数	
$E_A^{\ominus}$	酸性介质中的标准电极电势	V	$m^{\ominus}$	溶质的标准质量摩尔浓度	$m^{\ominus}=1\mathrm{mol\cdot kg^{-1}}$
E_B	键能	$\mathrm{kJ\cdot mol^{-1}}$	m	溶质的质量摩尔浓度	$\mathrm{mol\cdot kg^{-1}}$
$E_B^{\ominus}$	碱性介质中的标准电极电势	V	n	电极反应中电子的计量系数	
EDTA	乙二胺四乙酸		n	反应级数	
en	乙二胺		n	量子数或主量子数	
E_p	电子成对能	$\mathrm{cm^{-1}}$	n	未成对电子的数目	
$E^{\ominus}$	标准电极电势	V	n	物质的量	mol
$E^{\ominus}$	原电池的标准电动势	V	n	中子	
f	活度系数		p	压力	Pa
F	法拉第常数	$F=96485\mathrm{C\cdot mol^{-1}}$	p	质子	
G	吉布斯函数	kJ	$[p(\mathrm{B})]$	物质B的相对分压	
g	气态		p_B	气体B的分压	Pa
h	普朗克常数	$h=6.626\times10^{-34}\mathrm{J\cdot s}$	$p^{\ominus}$	标准压力	$p^{\ominus}=100\mathrm{kPa}$
h	水解度		q	偶极极上电荷	C
H	焓	kJ	Q	热量	kJ
I	电离能	$\mathrm{kJ\cdot mol^{-1}}$	Q_p	恒压热效应	kJ

续表

符号	意义	单位或定义	符号	意义	单位或定义
Q_V	恒容热效应	kJ	$\sum_B$	数学符号，表示式中各项相加	
Q	反应商		α	α射线(粒子)	
Q	离子积		α	电离度	
r	轨道半径	pm	β	β射线(粒子)	
R	摩尔气体常数	R=8.31J·mol^{-1}·K^{-1}	$\Delta_f G_m^\ominus$	标准摩尔生成吉布斯函数	kJ·mol^{-1}
r_+	正离子半径	pm	$\Delta_f H_m^\ominus$	标准摩尔生成焓	kJ·mol^{-1}
r_-	负离子半径	pm	Δ_o	八面体场的分裂能	cm^{-1}
RE	稀土元素		$\Delta_r G_m^\ominus$	标准摩尔反应吉布斯函数变	kJ·mol^{-1}
s	固态		$\Delta_r G$	反应吉布斯函数变	kJ
S	溶解度	mol·L^{-1}	$\Delta_r H_m^\ominus$	标准摩尔反应焓变	kJ·mol^{-1}
S	熵	J·K^{-1}	$\Delta_r H$	反应焓变	kJ
s_i	自旋角动量量子数		$\Delta_r S_m^\ominus$	标准摩尔反应熵变	J·mol^{-1}·K^{-1}
$S_m^\ominus$	标准摩尔熵	J·mol^{-1}·K^{-1}	Δ_t	四面体场的分裂能	cm^{-1}
T	热力学温度	K	Φ	离子势	
U	晶格能	kJ·mol^{-1}	θ	键角	(°)
U	热力学能	kJ	λ	波长	nm
v	恒容条件下均相反应的速率	mol·L^{-1}·s^{-1}	μ	磁矩	B. M.
V	体积	L	μ	偶极矩	C·m
V_B	气体B的分体积	L	μ_B	键矩	C·m
W_V	体积功	kJ	ν	频率	s^{-1}
W	功	kJ	ν_B	物质B的化学计量系数	
x_B	物质B的物质的量分数		ξ	反应进度	mol
Y	电子亲和能	kJ·mol^{-1}	$\dot{\xi}$	反应速率	mol·L^{-1}·s^{-1}
Y^{4-}	乙二胺四乙酸根		Π_n^m	n中心m电子大π键	
Z^*	有效核电荷		σ	屏蔽常数	
Z	离子的电荷数		χ	电负性	
Z	原子序数，核电荷		ψ	波函数	

参考文献

[1] 华南理工大学无机化学教研室．无机化学．第3版．北京：高等教育出版社，1994.
[2] 朱裕贞等．现代基础化学．第2版．北京：化学工业出版社，2004.
[3] 苏小云，臧祥生．工科无机化学．第3版．上海：华东理工大学出版社，2004.
[4] 陈吉书等．无机化学．南京：南京大学出版社，2002.
[5] 傅献彩．无机化学．北京：高等教育出版社，1999.
[6] 大连理工大学无机化学教研室．无机化学．第4版．北京：高等教育出版社，2001.
[7] 邵学俊等．无机化学．武汉：武汉大学出版社，1994.
[8] 天津大学无机化学教研室．无机化学．第3版．北京：高等教育出版社，2002.
[9] 刘新锦，朱亚先，高飞．无机元素化学．北京：科学出版社，2005.
[10] 戴安邦等．配位化学．北京：科学出版社，1987.
[11] 孙家跃等．无机材料制造与应用．北京：化学工业出版社，2001.
[12] 贡长生等．新型功能材料．北京：化学工业出版社，2001.
[13] 刘海涛等．无机材料合成．北京：化学工业出版社，2003.
[14] 徐如人等．无机合成与制备化学．北京：高等教育出版社，2001.
[15] 关鲁雄等．高等无机化学．北京：化学工业出版社，2004.
[16] 洪茂椿，陈荣．21世纪的无机化学．北京：科学出版社，2005.
[17] 戴树桂．环境化学．北京：高等教育出版社，1997.
[18] 陈军，袁华堂．新能源材料．北京：化学工业出版社，2003.
[19] [法] Lehn J M. 超分子化学——概念和展望．沈兴海等译．北京：北京大学出版社，2002.
[20] 江玉和等．非金属材料化学．北京：科学技术文献出版社，1992.
[21] 冯瑞等．材料科学导论．北京：化学工业出版社，2002.
[22] 王佛松等．展望21世纪的化学．北京：化学工业出版社，2000.
[23] 沈敦瑜等．生物无机化学．成都：成都科技大学出版社，1993.
[24] 周公度．化学词典．北京：化学工业出版社，2004.
[25] 唐小真等．材料化学导论．北京：高等教育出版社，1997.
[26] 唐有祺等．化学与社会．北京：高等教育出版社，1997.
[27] 唐宗薰．中级无机化学．北京：高等教育出版社，2003.
[28] 杨华明等．新型无机材料．北京：化学工业出版社，2005.

索　引

A

B

C

D

E

F

G

H

J

K

L

M

N

O

P

Q

R

S

T

W

X

Y

Z

元素周期表

IUPAC 2013

氧化态(单质的氧化态为0，未列入；常见的为红色)

以 $^{12}C=12$ 为基准的原子量(注✦的是半衰期最长同位素的原子量)

图例	
+2 +3 +4 +5 +6	氧化态
95	原子序数
Am	元素符号(红色的为放射性元素)
镅˄	元素名称(注˄的为人造元素)
$5f^7 7s^2$	价层电子构型
243.06138(2)✦	原子量

s区元素　p区元素　d区元素　ds区元素　f区元素　稀有气体

周期＼族	1 ⅠA	2 ⅡA	3 ⅢB	4 ⅣB	5 ⅤB	6 ⅥB	7 ⅦB	8 ⅧB(Ⅷ)	9 ⅧB(Ⅷ)	10 ⅧB(Ⅷ)	11 ⅠB	12 ⅡB	13 ⅢA	14 ⅣA	15 ⅤA	16 ⅥA	17 ⅦA	18 ⅧA(0)	电子层
1	−1 +1 1 H 氢 $1s^1$ 1.008																	2 He 氦 $1s^2$ 4.002602(2)	K
2	+1 3 Li 锂 $2s^1$ 6.94	+2 4 Be 铍 $2s^2$ 9.0121831(5)											+3 5 B 硼 $2s^2 2p^1$ 10.81	−4 +2 +4 6 C 碳 $2s^2 2p^2$ 12.011	−3 −2 −1 +1 +2 +3 +4 +5 7 N 氮 $2s^2 2p^3$ 14.007	−2 −1 8 O 氧 $2s^2 2p^4$ 15.999	−1 9 F 氟 $2s^2 2p^5$ 18.998403163(6)	10 Ne 氖 $2s^2 2p^6$ 20.1797(6)	L K
3	−1 +1 11 Na 钠 $3s^1$ 22.98976928(2)	+2 12 Mg 镁 $3s^2$ 24.305											+3 13 Al 铝 $3s^2 3p^1$ 26.9815385(7)	−4 +2 +4 14 Si 硅 $3s^2 3p^2$ 28.085	−3 −2 +1 +3 +5 15 P 磷 $3s^2 3p^3$ 30.973761998(5)	−2 +2 +4 +6 16 S 硫 $3s^2 3p^4$ 32.06	−1 +1 +3 +5 +7 17 Cl 氯 $3s^2 3p^5$ 35.45	18 Ar 氩 $3s^2 3p^6$ 39.948(1)	M L K
4	−1 +1 19 K 钾 $4s^1$ 39.0983(1)	+2 20 Ca 钙 $4s^2$ 40.078(4)	+3 21 Sc 钪 $3d^1 4s^2$ 44.955908(5)	−1 0 +2 +3 +4 22 Ti 钛 $3d^2 4s^2$ 47.867(1)	0 ±1 +2 +3 +4 +5 23 V 钒 $3d^3 4s^2$ 50.9415(1)	−3 0 ±1 ±2 +3 +4 +5 +6 24 Cr 铬 $3d^5 4s^1$ 51.9961(6)	−2 0 ±1 +2 ±3 +4 +5 +6 +7 25 Mn 锰 $3d^5 4s^2$ 54.938044(3)	−2 0 ±1 +2 +3 +4 +5 +6 26 Fe 铁 $3d^6 4s^2$ 55.845(2)	0 ±1 +2 +3 +4 +5 27 Co 钴 $3d^7 4s^2$ 58.933194(4)	0 ±1 +2 +3 +4 28 Ni 镍 $3d^8 4s^2$ 58.6934(4)	+1 +2 +3 +4 29 Cu 铜 $3d^{10} 4s^1$ 63.546(3)	+1 +2 30 Zn 锌 $3d^{10} 4s^2$ 65.38(2)	+1 +3 31 Ga 镓 $4s^2 4p^1$ 69.723(1)	+2 +4 32 Ge 锗 $4s^2 4p^2$ 72.630(8)	−3 +3 +5 33 As 砷 $4s^2 4p^3$ 74.921595(6)	−2 +2 +4 +6 34 Se 硒 $4s^2 4p^4$ 78.971(8)	−1 +1 +3 +5 +7 35 Br 溴 $4s^2 4p^5$ 79.904	+2 +4 36 Kr 氪 $4s^2 4p^6$ 83.798(2)	N M L K
5	−1 +1 37 Rb 铷 $5s^1$ 85.4678(3)	+2 38 Sr 锶 $5s^2$ 87.62(1)	+3 39 Y 钇 $4d^1 5s^2$ 88.90584(2)	+1 +2 +3 +4 40 Zr 锆 $4d^2 5s^2$ 91.224(2)	0 ±1 +2 +3 +4 +5 41 Nb 铌 $4d^4 5s^1$ 92.90637(2)	0 ±1 ±2 +3 +4 +5 +6 42 Mo 钼 $4d^5 5s^1$ 95.95(1)	0 ±1 +2 +3 +4 +5 +6 +7 43 Tc 锝˄ $4d^5 5s^2$ 97.90721(3)✦	0 +1 ±2 +3 +4 +5 +6 +7 +8 44 Ru 钌 $4d^7 5s^1$ 101.07(2)	0 ±1 +2 +3 +4 +5 +6 45 Rh 铑 $4d^8 5s^1$ 102.90550(2)	0 +1 +2 +3 +4 46 Pd 钯 $4d^{10}$ 106.42(1)	+1 +2 +3 47 Ag 银 $4d^{10} 5s^1$ 107.8682(2)	+1 +2 48 Cd 镉 $4d^{10} 5s^2$ 112.414(4)	+1 +3 49 In 铟 $5s^2 5p^1$ 114.818(1)	+2 +4 50 Sn 锡 $5s^2 5p^2$ 118.710(7)	−3 +3 +5 51 Sb 锑 $5s^2 5p^3$ 121.760(1)	−2 +2 +4 +6 52 Te 碲 $5s^2 5p^4$ 127.60(3)	−1 +1 +3 +5 +7 53 I 碘 $5s^2 5p^5$ 126.90447(3)	+2 +4 +6 +8 54 Xe 氙 $5s^2 5p^6$ 131.293(6)	O N M L K
6	−1 +1 55 Cs 铯 $6s^1$ 132.90545196(6)	+2 56 Ba 钡 $6s^2$ 137.327(7)	57~71 La~Lu 镧系	+1 +2 +3 +4 72 Hf 铪 $5d^2 6s^2$ 178.49(2)	0 ±1 +2 +3 +4 +5 73 Ta 钽 $5d^3 6s^2$ 180.94788(2)	0 ±1 ±2 +3 +4 +5 +6 74 W 钨 $5d^4 6s^2$ 183.84(1)	0 ±1 +2 +3 +4 +5 +6 +7 75 Re 铼 $5d^5 6s^2$ 186.207(1)	0 +1 +2 +3 +4 +5 +6 +7 +8 76 Os 锇 $5d^6 6s^2$ 190.23(3)	0 ±1 +2 +3 +4 +5 +6 77 Ir 铱 $5d^7 6s^2$ 192.217(3)	0 +2 +3 +4 +5 +6 78 Pt 铂 $5d^9 6s^1$ 195.084(9)	+1 +2 +3 +5 79 Au 金 $5d^{10} 6s^1$ 196.966569(5)	+1 +2 +3 80 Hg 汞 $5d^{10} 6s^2$ 200.592(3)	+1 +3 81 Tl 铊 $6s^2 6p^1$ 204.38	+2 +4 82 Pb 铅 $6s^2 6p^2$ 207.2(1)	−3 +3 +5 83 Bi 铋 $6s^2 6p^3$ 208.98040(1)	−2 +2 +3 +4 +6 84 Po 钋 $6s^2 6p^4$ 208.98243(2)✦	±1 +5 +7 85 At 砹 $6s^2 6p^5$ 209.98715(5)✦	+2 86 Rn 氡 $6s^2 6p^6$ 222.01758(2)✦	P O N M L K
7	+1 87 Fr 钫˄ $7s^1$ 223.01974(2)✦	+2 88 Ra 镭 $7s^2$ 226.02541(2)✦	89~103 Ac~Lr 锕系	104 Rf 𬬻˄ $6d^2 7s^2$ 267.122(4)✦	105 Db 𬭊˄ $6d^3 7s^2$ 270.131(4)✦	106 Sg 𬭳˄ $6d^4 7s^2$ 269.129(3)✦	107 Bh 𬭛˄ $6d^5 7s^2$ 270.133(2)✦	108 Hs 𬭶˄ $6d^6 7s^2$ 270.134(2)✦	109 Mt 鿏˄ $6d^7 7s^2$ 278.156(5)✦	110 Ds 𫟼˄ 281.165(4)✦	111 Rg 𬬭˄ 281.166(6)✦	112 Cn 鿔˄ 285.177(4)✦	113 Nh 鿭˄ 286.182(5)✦	114 Fl 𫓧˄ 289.190(4)✦	115 Mc 镆˄ 289.194(6)✦	116 Lv 𫟷˄ 293.204(4)✦	117 Ts 鿬˄ 293.208(6)✦	118 Og 鿫˄ 294.214(5)✦	Q P O N M L K

★ 镧系	+3 57 La★ 镧 $5d^1 6s^2$ 138.90547(7)	+2 +3 +4 58 Ce 铈 $4f^1 5d^1 6s^2$ 140.116(1)	+3 +4 59 Pr 镨 $4f^3 6s^2$ 140.90766(2)	+2 +3 +4 60 Nd 钕 $4f^4 6s^2$ 144.242(3)	+3 61 Pm 钷˄ $4f^5 6s^2$ 144.91276(2)✦	+2 +3 62 Sm 钐 $4f^6 6s^2$ 150.36(2)	+2 +3 63 Eu 铕 $4f^7 6s^2$ 151.964(1)	+3 64 Gd 钆 $4f^7 5d^1 6s^2$ 157.25(3)	+3 +4 65 Tb 铽 $4f^9 6s^2$ 158.92535(2)	+3 +4 66 Dy 镝 $4f^{10} 6s^2$ 162.500(1)	+3 67 Ho 钬 $4f^{11} 6s^2$ 164.93033(2)	+3 68 Er 铒 $4f^{12} 6s^2$ 167.259(3)	+2 +3 69 Tm 铥 $4f^{13} 6s^2$ 168.93422(2)	+2 +3 70 Yb 镱 $4f^{14} 6s^2$ 173.045(10)	+3 71 Lu 镥 $4f^{14} 5d^1 6s^2$ 174.9668(1)
★ 锕系	+3 89 Ac★ 锕 $6d^1 7s^2$ 227.02775(2)✦	+3 +4 90 Th 钍 $6d^2 7s^2$ 232.0377(4)	+3 +4 +5 91 Pa 镤 $5f^2 6d^1 7s^2$ 231.03588(2)	+2 +3 +4 +5 +6 92 U 铀 $5f^3 6d^1 7s^2$ 238.02891(3)	+3 +4 +5 +6 +7 93 Np 镎 $5f^4 6d^1 7s^2$ 237.04817(2)✦	+3 +4 +5 +6 +7 94 Pu 钚 $5f^6 7s^2$ 244.06421(4)✦	+2 +3 +4 +5 +6 95 Am 镅˄ $5f^7 7s^2$ 243.06138(2)✦	+3 +4 96 Cm 锔˄ $5f^7 6d^1 7s^2$ 247.07035(3)✦	+3 +4 97 Bk 锫˄ $5f^9 7s^2$ 247.07031(4)✦	+2 +3 +4 98 Cf 锎˄ $5f^{10} 7s^2$ 251.07959(3)✦	+2 +3 99 Es 锿˄ $5f^{11} 7s^2$ 252.0830(3)✦	+2 +3 100 Fm 镄˄ $5f^{12} 7s^2$ 257.09511(5)✦	+2 +3 101 Md 钔˄ $5f^{13} 7s^2$ 258.09843(3)✦	+2 +3 102 No 锘˄ $5f^{14} 7s^2$ 259.1010(7)✦	+3 103 Lr 铹˄ $5f^{14} 6d^1 7s^2$ 262.110(2)✦